U0494798

1990年6月5日与高觉敷(前排中)等教授参加研究生论文答辩会后在南京师大幼教楼门前留影

1982 年冬与高觉敷教授(左图前排中、右图左)带研究生赴山东师大讲授“心理学史与现代流派”,在济南大明湖留影

1988年12月赴澳大利亚访问期间，在悉尼歌剧院前

1989年春在华夏教育图书馆前

1989 年春刘恩久、刘行端夫妇在南京师大校园里

心理学史
西方心理学的新发展
西方社会心理学发展史
西方心理学家文选
社会心理学简史
心理学简史
西方近代心理学史
心理学史
中国大百科全书出版社

心理教育
中国矿业大学出版社
心理学原理与应用
暨南大学出版社
心理学著作辞典
国外心理学的发展与现状
西方心理学家文选
人民教育出版社
现代心理学史
心理学史
中国大百科全书出版社
西方近代心理学史
高觉敷 主编
心理学简史
甘肃人民出版社
社会心理学简史
刘恩久 主编
江苏教育出版社
西方心理学的新发展
心理学史——心理学思想的主要趋势
上海译文出版社
西方现代哲学与心理学
心理学词典

南京师范大学出版资助金资助出版

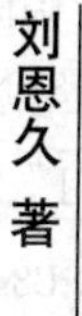

刘恩久 著

刘恩久文选

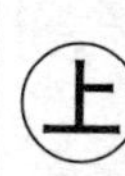

（上册）

随园文库

南京师范大学出版社

图书在版编目(CIP)数据

刘恩久文选/刘恩久著. —南京:南京师范大学出版社,2009.8
(随园文库丛书)
ISBN 978-7-81101-897-4/B·54

Ⅰ. 刘… Ⅱ. 刘… Ⅲ. 心理学史—西方国家—文集
Ⅳ. B84-095

中国版本图书馆 CIP 数据核字(2009)第 144905 号

书　　名　刘恩久文选(上、下)
作　　者　刘恩久
责任编辑　王欲祥
出版发行　南京师范大学出版社
地　　址　江苏省南京市宁海路 122 号(邮编:210097)
电　　话　(025)83598077(传真)　83598412(营销部)
　　　　　83598297(邮购部)
网　　址　http://press.njnu.edu.cn
E — mail　nspzbb@njnu.edu.cn
印　　刷　丹阳教育印刷厂
开　　本　850×1168　1/32
印　　张　34.25
插　　页　2
字　　数　856 千
版　　次　2009 年 8 月第 1 版　2009 年 8 月第 1 次印刷
书　　号　ISBN 978-7-81101-897-4/B·54
定　　价　98.00 元(精)　68.00 元(平)

出 版 人　闻玉银

《随园文库》编委会

总 序

公元 1998 年。21 世纪的钟声，已经在人们的心头敲响。

踩在新世纪的门坎上，我校领导立足于建设教学科研型的新型一流师范大学的高度，经多次研究决定，汇集本校历史上以及当今知名教授的学术著作，编辑出版《随园文库》；选择颇见功力的青年教学研究人员的力作，编辑出版《青年学者文丛》；资助出版若干本校教师编写的优秀教材。这项举措，受到了全校广大师生的欢迎。为保证这三个系列图书的出版，由学校和校出版社共同出资，设立了"南京师范大学出版资助金"，成立了以校长为主任委员的"南京师范大学出版资助金管理委员会"，其职能机构为"南京师范大学出版资助金管理办公室"。同时，还专门成立了由数十位高水平专家学者组成的《随园文库》编辑委员会，以保证《随园文库》、《青年学者文丛》这两套丛书的学术质量。教材资助项目，则直接由出版资助金管理委员会把关。

《随园文库》所收学术著作，须是南京师范大学著名教授的代表性作品。南京师范大学的历史，可上溯至 1902 年由清末名臣张之洞奏请创办的"三江师范学堂"。百年沧桑，几度分合，时序交替，迭经变迁，这所学校终成南京乃至全国高等教育的重要发祥地之一，成为许多名校之宗。各校取其所取，彰其所彰。唯师范主脉，绵延而下，为今南京师范大学所承继。近百年间，多少学界巨子，讲坛精英，举师范薪火，耀群星而璀璨，传万姓以燎原。尤其是中华人民共和国成立以来，大江南北，教育事业空前发达起来。处在江苏省师范教育龙头地位、在全国颇有影响的南京师范大学，越来越显示她巨大的作用和夺目的光彩。历史表明，要振兴教育，尤其是振兴高等教育，绝对要凭借一代又一代的名师硕儒，学术巨擘。否则，即使学校规模再大，也难免空头学府之讥。代表性学者的创造精神和他们的名家风范，对于文化的传播，对于科学的发展，对于学风的垂范，实在有无可估量的价值。出版他们的著作，虽然是求其学识品行于万一，但对于后学诸子，仍然弥足珍贵。

文库取名“随园”，盖因南京师范大学之老校区，是在原金陵女子文理学院的院址上扩而大之，其地在南京城内清凉山东，小仓山下，据考证乃清代文学家袁枚“随园”之故地。“随园”早湮灭难考，袁枚在此所著《随园诗话》却久传不衰。青年大学生们常喜以“随园学子”自称。昔日“随园”，亭台楼阁，堪称海内名园之最；今日校舍，雕梁画栋，享有“东方最美丽的校园”之誉。可见，“随园”二字，内含多少文化信息！以“随园”来命名这套文库，既发思古之幽情，又达传世之美意，更挟后学之襟怀，岂不善哉！

《青年学者文丛》所收著作，多为本校 40 岁以下之青年学者的扛鼎之作。他们正负重登山，不上则下。为他们出书，无疑是提供一点促进的助力。他们的著作，也许不如《随园文库》那样圆润周至，精辟老辣，但是他们敢立一家之言，敢树独家之帜，在知识创新的呼声日甚一日的今天，正顺应着时代的方向，代表着学术昌盛的未来。他们是学校学术发展的希望之所在。新一代的学界巨子，将从他们中间走出来。如果说，南京师范大学在过去一个世纪里，曾经风光过，靠的是《随园文库》作者那一批精英；那么，要风光未来的一个世纪，靠的将是这一代青年和他们的承继者！

《随园文库》和《青年学者文丛》要通过多年才能臻于完成。现在采用的是逐年申报、逐步实施的办法。每年申报的选题，经《随园文库》编辑委员会认真评选、投票表决而确定。出版费用由南京师范大学出版资助金全额资助或部分资助。从筛选书稿，到编辑校对、装帧设计，直至印刷包装，均严格按照出版精品的要求来对待，务求使其成为精品。这些书稿凝结着我校几代学者的心血汗水、聪明才智。《随园文库》的作者有的已经作古。为了确保这两套图书得以精品的面貌问世，我们对书稿本身的要求是比较高的。为此，作者或者其亲友传人，在出版图书的过程中，付出了辛勤的劳动；在出版活动的各个环节，都有许多同志不辞辛劳，精益求精，谨此，我们一并表示衷心的感谢！

编辑出版这两套大规模的系列图书，我们尚缺乏经验。选题时间跨度较长，又涉及多种学科，有些书稿又需后人整理，客观上存在许多困难。我们一定通过自己不懈的努力，尽可能高质量地完成任务。但是，在编辑出版的过程中，肯定还会存在一些不足之处，祈请作者及读者海涵，并不吝赐教。

《随园文库》编辑委员会

一九九八年十二月

目　录

序……………………………………………………………刘行端(1)

从心理学研究方法的四次突破看心理学的发展前景………(1)
克服今日西方心理学危机的三条途径 ………………………(11)
库恩的范式论及其在心理学革命上的有效性 ………………(21)
作为西德心理学方法论的拉卡托斯的“科学研究纲领”…(34)
作为美国学习心理学方法论的劳丹的“研究传统”………(43)
西方社会心理学的形成和发展 ………………………………(50)
西方社会心理学的方法论探索 ………………………………(59)
跨文化心理学的新动向 ………………………………………(71)
跨文化心理学研究的几个理论问题 …………………………(80)
消灭意识,还是保卫意识………………………………………(89)
德国心理学现状 ………………………………………………(98)
德国心理学上两条道路的斗争(1970—1991)……………(103)
美国关于弗洛伊德精神分析学的科学范畴问题的
　论战(1982—1987)……………………………………(117)
从科学心理学的观点看慧远的“神不灭论”………………(132)
感情心理学的历史发展概述…………………………………(142)
心理工程学的诞生……………………………………………(160)

冯特的成果
——纪念世界上第一个心理实验室
创建 100 年(1879—1979)…………………………(173)
冯特的民族心理学思想……………………………………(248)
恩斯特·马赫述评……………………………………………(264)
奥斯瓦尔德·屈尔佩述评……………………………………(271)
胡塞尔的现象学方法在西方心理学领域中的渗透………(279)
胡塞尔构造现象学中的意识结构论………………………(285)
狄尔泰的社会科学心理学思想……………………………(295)
斯特恩的人格主义心理学…………………………………(307)
康德在意识论领域中的涉猎………………………………(319)
约瑟夫·狄慈根的心理学观点……………………………(331)
黑格尔的《精神现象学》对近现代心理学发展的意义
——为纪念黑格尔《精神现象学》出版 180 周年而作 ……(351)
瓦辛格的《仿佛的哲学》中的心理学思想…………………(360)
卡西勒的文化哲学思想及其在勒温心理学中的应用……(367)
社会归因现象学家 G. 移希海舍在当代社会心理学中的
地位和作用…………………………………………………(373)
皮亚杰学派评介……………………………………………(387)
瓦龙唯物主义的行动心理学………………………………(404)
拉康——“巴黎弗洛伊德学派”的创始者与解散者………(421)
从 G. 波利采尔到 L. 塞夫
——关于人格理论的论述…………………………………(431)
米德的社会行为主义心理学思想…………………………(443)
G. W. 奥尔波特的人格成长论 ……………………………(452)
F. H. 奥尔波特的个体行为机构论 ………………………(461)
杜威的人本主义社会心理学………………………………(469)

斯金纳的黑暗年代及其《沃尔登第二》…………………… (476)
结构主义心理学家布鲁纳的“发现法”述评………………… (482)
尼采哲学之主干思想……………………………………… (487)
尼采的价值哲学…………………………………………… (530)

Pre-Scientific Psychological Thought as Cultural and Historical Reference for Indigenous Scientific Psychology: The Experience of the West and of China ……………………………………………………… (542)
The Birth of Psychological Engineering ……………… (546)

皮亚杰著《儿童的道德判断》一书梗概…………………… (552)
尼采是第一个伟大的、深奥的心理学家 ………………… (564)
论心理科学的概念和任务………………………………… (577)
一种心理生理学的观点…………………………………… (596)
心理学的概念和任务……………………………………… (607)
维果茨基对辩证唯物主义心理学的贡献………………… (617)
情感和意志的理论………………………………………… (635)
人的现代化………………………………………………… (655)
表象形成中模仿的作用
——为向 H. 瓦龙表示敬意而作 ……………………… (668)
皮亚杰评论
——纪念皮亚杰会议记录汇编………………………… (671)

一个社会主义者在认识论领域中的漫游………………… (693)
看哪，这个人！ ………………………………………… (774)
现代社会心理学的历史背景……………………………… (876)

《实验心理学史》评介……………………………………………………(992)
《高觉敷心理学文选》评介 ……………………………………………(1000)
可贵的成果　最新的贡献
——评王丕教授主编的《学校教育心理学》…………(1010)
有益的探索　可喜的成果
——评朱钧侃、宋月丽《现代人事管理心理学》………(1013)
《华夏教育图书馆通讯》发刊词 ………………………………………(1016)
《二十世纪伦理学》中译本序 …………………………………………(1018)

心理学史一代宗师——高觉敷 ………………………………………(1023)
忆我国理论心理学大师——潘菽教授 ………………………………(1027)
张学良将军和我 ……………………………………………………………(1034)
努力培养合格的西方心理学史研究生 ………………………………(1036)
随园十年 ……………………………………………………………………(1042)
访澳印象 ……………………………………………………………………(1044)
访墨尔本威廉镇初级小学 …………………………………………………(1047)

附录:刘恩久学术活动年表……………………………………………(1050)

序

先生刘恩久是我北京大学的同学。莫逆于怀，相知于心，遂成琴瑟之好；风雨同舟，相濡以沫，历经沧桑岁月。方期金婚，孰料恩久撒手人寰，天人永隔，至今十又四年。“不思量，自难忘”，歔欷感叹，古今同理。

恩久1920年生于东北，垂髫之年，目睹“9·18”事变，民族危亡，国家衰微，人民受难，冲击幼小心灵，立志科学救国。他发愤读书，出国留学，接受新科学，新思想。回国后又到北京大学哲学系研读。

恩久一生治学，勤勉严谨。他专攻哲学、心理学，凭着坚实的德语、日语、英语、法语、俄语功底，翻译、介绍、研究西方哲学与心理学，兼及古典与现代，沟通中西，汲取文明成果。尼采、康德、狄慈根、冯特、弗洛伊德、皮亚杰等等哲学家和心理学家，悉心探究。尔后，对中国哲学和心理学也做涉猎，融会贯通，中西合璧。十年“文革”浩劫，他身在“牛棚”，心系学术，不肯虚度年华，于是研究英语教学，作《毛主席语录》英译本的语法、语言注释，写《英语语调实践手册》。学者学者，时时刻刻，不离本色，虽然时危世艰，但他坚信科学的春天必将来临。因此，在1978年时来运转之后，他更是争分夺秒，深感时不我待，孜孜不倦，努力工作。既有著作，又有翻译；既要自己著书立说，又要协助高觉敷老人完成许多重大工程；既教书，又带研究生；还到处奔波，参加有关学术会议，举办各种培训班。明媚春阳，学术研究百废俱兴，恩久厚积薄发，与时俱进，尽职尽责，与有功焉。然而，积劳终久成疾，天不佑人，哲人萎兮，1993 年 1 月 28 日，恩久赍志以殁。

恩久的学术论著一直散佚未集，今承南师大领导的关心、南师大出版社同志的努力，以其可以传之于世者，辑录成帙。感谢郭本禹教授作了精心整理。恩久文选问世，遂其夙愿，了我心念，可以无憾矣。

九秩老人刘行端

2007 年 9 月 20 日

从心理学研究方法的四次突破看心理学的发展前景

1879 年冯特在莱比锡成立心理实验室，到现在已经 108 年了。在这一百多年中，心理学的发展，超过了由英国哲学家洛克开始的经验心理学发展的二百年。这一百年来心理学的发展，曾经历过四次突破，可以说四个关键时期，而使心理学的科学水平有了较显著的提高。

第一次突破是冯特的功绩。他确立了心理学的实验科学性质，把自然科学的实验方法引进心理学中，使心理学脱离哲学领域，成为一门独立的学科。

冯特是什么人呢？他是一位生理学家、哲学家和心理学家，1832 年出生于德国，做过海德堡大学生理学讲师，苏黎世大学哲学教授，莱比锡大学校长，1920 年去世。他一生著述很多，据他女儿艾里诺在《冯特的著作》中统计，共有 491 种，按页数计算总计达 53 735 页，其著作之多，为同时代的心理学家所不及。

从古代到近代（18 世纪中叶），心理学同哲学处于未分化的统一状态之中，心理学的内容融化或包括在哲学体系之中。心理学的研究者是由哲学家来兼任。一句话，在冯特之前，心理学还不是一门独立的学科。

心理学这个名称出现在 16 世纪末，到 18 世纪中叶才广泛地使用起来。德国的哲学家、教育家赫尔伯特（Herbart，1776—1841）曾提出心理学是一门科学，并且在 1824 年—1825 年发表过题为《心理科学》的著作。但是，赫尔伯特反对在心理学中运用实验法，因此他的心理学实际上并未成为一门独立的科学。

冯特是心理学史上第一个脱离哲学怀抱的心理学家之一，是使心理学成为一门独立科学的创始人之一。同时，冯特创造了实验心理学，欧洲的资产阶级心理学家称他为“实验心理学之父”。

冯特厌弃对不朽灵魂性质的研究，反对把心理学的对象思辨化和哲学化，强调心理学对象的特殊性与独立性。在他看来，心理学的对象不仅同哲学有区别，而且同自然科学也有区别。冯特从唯心主义经验论出发，认为经验是主观与客观浑然一体的唯一存在，是认识论的出发点，是各门科学的研究对象。他认为自然科学的对象是研究“间接经验”，而心理学的对象是研究“直接经验”。在这里，冯特不但没有正确解决心理学的对象问题，反而颠倒了主体与客体的关系，把客体融化于主体之中，这是错误的。但是他强调，将心理学作为一门独立科学来研究，着重探讨主体的本质、属性、作用及其相互关系，这又是有积极意义的。

冯特使心理学成为一门独立的科学，是当时整个资本主义社会历史发展的必然产物，也是冯特在心理学史上的一个大功绩。

冯特在心理学史上的另一个重要贡献是：建立了世界上第一个心理实验室，开展了大量的实验心理学的研究。

在冯特以前，心理学并没有对心理现象进行科学分析、解剖和实验的研究，主要是依靠正统的直观、推断和猜测。

在冯特看来，心理学是科学，“科学”的意思就是实验，所以他非常重视实验法。他说过：“我们心理学在分析意识过程中，要尽量利用近代生理学所提供的工具。”基于这种思想，冯特于1879年在德国莱比锡大学建立了世界上第一个专门的心理学实验室，运用实验法，系统地开展了实验心理学的研究。在这里，冯特研究的不是通常的青蛙和狗，而是具有“神秘”心灵、精神的人。这是心理学史上一个划时代的变革，是心理学上的第一个伟大突破。

心理学上的第二次突破是巴甫洛夫的条件反射法。

巴甫洛夫是俄国伟大的生理学家、心理学家。1849 年生，直到革命后的 1936 年去世。他 1890 年起即在军医学院担任教授。

和西欧、美国的资产阶级心理学家不同，巴甫洛夫所从事的实验工作，是以一种完全崭新的姿态出现的。他一方面重视从感官得来的事实，一方面并不忽视理性的作用；他把现象和产生现象的泉源结合起来进行观察，把后果和原因联系起来进行思维。

巴甫洛夫非常反对心理学中的内省法，他认为“内省法”是一种主观的方法，对观察心理现象不但没有帮助而且有害。他主张观察心理现象要用客观方法，他非常注重观察。在库尔吐斯巴甫洛夫实验室的主楼前檐上，按巴甫洛夫的指示，刻上了“观察、观察、再观察”这个警句。关于实验，他认为是更严格的、更复杂的、更深入的观察。

长期以来，心理学还没有发展成为一门精确的科学，而且是一门不稳定的科学。这是由于心理学对自己的研究对象还没有严格的界定，同时还没有确定的、特殊的、可靠的研究方法。从巴甫洛夫开始，心理学的方法学大进了一步。巴甫洛夫所用的实验方法符合客观研究方法的要求，使实验方法摆脱形而上学的束缚，走上康庄大道。

巴甫洛夫所用的实验方法，他称为条件反射法。条件反射法的发现，使心理学在方法学上产生了巨大的革命，为心理学方法学开辟了新天地。

条件反射法和过去资产阶级心理学家所用的实验方法在原则上有明显的区别:(1)分析和综合并重;(2)心理与环境的结合;(3)观察人的心理活动和观察大脑的活动分不开;(4)根据决定论原理进行观察实验(找心理现象的因果律、因果关系)。这种实验方法是符合辩证法的要求的,它和在主观主义和形而上学指导下的实验方法是完全不同的,是尖锐对立的。

巴甫洛夫是生理学家,同时也是一位杰出的心理学家。他用他的事业证明,心理现象可以从条件反射实验法中探明。虽然直到现在,心理活动的规律尚未完全为心理学家所掌握,但是从条件反射实验法应用以后,人们对心理活动规律的认知确实大大进步了。在心理学家面前展开了一条客观研究心理现象的平坦大道。

巴甫洛夫曾经指出:一切教育、教学、各种训练和各种习惯都是一系列条件反射,所以研究这些现象的形成过程,就必须用条件反射实验法。人们的智能(智力、技能)、性格、意志和情感是由社会通过教育的手段形成的,而这个形成过程,在本质上就是一种条件反射形成的过程。这个道理启发我们:如果心理学家要应用条件反射法去研究人的心理过程,那就不能脱离教育。人怎样从无知到有知,情感如何发生,意志怎样形成,都必须在人们受教育这一活动上去分析。而进行这种分析就必须依靠条件反射实验法。

有人认为条件反射实验法只适用于对动物的实验,不适用于对人的实验。这种说法是不对的。固然,巴甫洛夫从事条件反射的实验研究是从动物开始的,是从狗身上开始的,这是为了进行“比较”研究,为了遵循“从简单到复杂”这一公理。

当巴甫洛夫从狗身上取得了简单的心理事实后,即进入了研究复杂的人的心理事实。当巴甫洛夫发现“正是词语使我们成为人类”时,人类的心理秘密开始为人类自己窥见一斑了。从第一信号系统的发现到第二信号系统的发现,这是一个飞跃。而条件反射实验法从它在分析第一信号系统到分析第二信号系统的过程中也是一个飞跃。到用条件反射实验法来分析第二信号系统时,这种方法的应用范围和价值是以前所不能比拟的了。

心理学方法上的第三次突破是皮亚杰把数理逻辑的方法引入心理学中。

皮亚杰于1896年出生于瑞士。起初学习动物学,以后又从哲学转到心理学。他一直在日内瓦大学担任心理学教授。1955年,他集合各国著名的心理学家、逻辑学家、哲学家、语言学家、控制论学者、数学家和动物学家,在日内瓦建立了“国际发生认识论研究中心”,专门研究认识的发生发展问题。在现代心理学流派中,他属于机能主义学派。他一生最卓越的贡献是对儿童心理发展的研究。

近二十年来,自然科学所取得的成就是以前的科学发展所不能比拟的。人类观察自然、驾驭自然的巨大力量表现出极其雄伟的壮观。自然科学取得如此伟大的成就,观察工具的进步具有决定性的作用,最大的射电天文望远镜能看到的距离是一百亿光年,用高能加速器轰击原子核,可以发现大小约为10^{-13}厘米数量级的基本粒子。但对大脑的活动,没有可以用来直接观察的工具,所以,研究人的心理活动的秘密只能用间接方法去观察。

皮亚杰把数理逻辑的方法引进心理学的研究工作,成为心理学研究应用模拟方法的先驱。对复杂的隐蔽心理现象进行科学研究,可以应用观察法、实验法,但也可以用模拟法。

模拟法是把对客体的直接研究转化为间接研究的一种有效

的方法。

借助于模拟法，可以把复杂的现象变为有条理的，把隐蔽的现象变为明显的。我们不能看到和听到人的思维活动，但可以把他的反应、行为、语言、表情、生理变化等等方面记录下来，间接地对他的心理现象、心理过程、心理状态进行研究。许多心理现象具有模拟的特性，对此要进行方法学的分析，使心理学研究进入应用模拟方法的时代。这是一条研究心理学的新道路，能否走得通，要看以后的实践。

谈到模拟方法就必须联系到心理学的数学方法。心理学的研究是否可以使用数学方法呢？这个问题已经不是能不能的问题，而是如何实践的问题。拓扑学早已运用于心理学之中，如德国格式塔学派的“勒温拓扑心理学”。信息论、博弈论、数理逻辑、概率论、代数论等等数学分支，都已经运用于心理学的研究上。

在数学物理学、数学生物学、数学语言学之外，数学心理学这一心理学分支已经处于建立的过程中。数学的模拟方法已经成为探索复杂的心理奥秘的一种不能忽视的方法。

心理学方法学上的第四次突破是奈瑟把计算机模拟和类比的方法引入心理学，这是认知心理学上采用的一种特殊方法。

奈瑟是德裔美国心理学家，生于1928年，康奈尔大学心理学教授，专门从事知觉和语言的实验研究。他在20世纪60年代就提出了人工智能的思想，1967年出版了世界上第一本《认知心理学》专著。《认知心理学》的出版标志着心理学发展中一个崭新阶段的开端，对于认知心理学的兴起具有里程碑的作用。奈瑟本人也因此被称为“认知心理学之父”。

奈瑟的认知心理学的一个基本观点是可以用计算机来模拟和类比人的内部心理过程。计算机接受符号输入，进行编码，对编码输入加以决策、存储，并给出符号输出。这可以类比于人如何接受信息，如何编码和记忆，如何决策，如何变换内部认知状态，如何把这种状态译成行为输出。计算机与认知过程的这种类比只是一种水平上的类比，即在计算机程序水平上描述内部心理过程。

奈瑟的认知心理学的理论与实验方法对西方心理学的发展具有一定的推动作用和进步意义。

由冯特在莱比锡建立心理实验室以来的一百年，心理学经过了曲折复杂的道路，出现了种种不同的学派。它的发展历史证明了心理学研究方法每前进一步，心理学也跟着出现新的发展。可以这样说，心理学的发展史就是研究方法的变迁史。因为对于心理现象的观察或探索，依赖于观察或探索的手段和方法。实验心理学的诞生是一次方法学上的革命。这一方法学上的革命，开启了心理学的新时代。开创心理学的新时代，冯特、巴甫洛夫、皮亚杰和奈瑟功不可没。

我们从心理学研究方法上的四次突破可以看出，心理学要得到发展，必须把它放置在自然科学领域中。下面再从心理学的分类学、心理学的科学学和心理学的未来学三个方面来透视未来心理学的发展。

1. 首先从心理学的分类学看心理学的发展前景

心理学在科学分类上处于什么地位，是自然科学还是精神科学？是物质科学还是生物科学？是自然科学还是社会科学？是客观科学还是主观科学？是具体科学还是抽象科学？是基本科学还是附属科学？如何回答，这对心理学的发展具有决定意义。

例如：冯特是从生理学去研究心理学，从生理学的实验的启发而从事于实验心理学的创建，这是把心理学放在自然科学的基础上去研究，研究大脑这块特殊物质的特殊形态，揭示心理现象的奥秘。但冯特并不这样做，他把心理学从与之有密切关系的生理学分开，把心理学放在社会学、历史学、法律学、经济学一起而同属于精神科学中。这就限制了心理学的实验方法的使用。冯特创造了实验法，但又压制了实验法，这是矛盾的但又千真万确的事实。假如不把心理学划在自然科学之中，假如心理学没有实验法，心理学就不能成为科学。

心理学虽然也有教育心理学、医学心理学、工程心理学等的划分，但这是指它的应用方面。基本理论方面如何分工研究，心理学是落后于其他实验科学的。如果心理学需要处理数量方面的事实，则必须建立数理心理学。近年来电子计算机的使用，仿生学的研究，控制论的发展，都对心理学的研究有很大的启发。心理学工作者应该考虑是否要建立智能学、测验学、心理仿生学等等分支科学。在感觉知觉方面的研究，要有心理光学、心理声学等等分支学科。在声学的研究部门，已经有了心理声学的研究。但心理光学还有待于建立，使之成为心理学研究的一个分支。

由于现代科学的交叉，各门学科分支很多，这反映出现代学科相互渗透的情况。例如原子能科学的发展，使化学和物理学两门学科就不能分家了。生物学与物理学各个分支的相互渗透，对心理学工作者是一个启示：要发展心理学，不能闭关自守，不能夜郎自大，不能“单打一”，要注意相邻学科，要注意交叉学科，要注意边缘学科。心理学要向物理学、化学、生物学、神经学、大脑化学、仿生学、控制论、信息论、计算机科学等等学科求助。从冯特成立心理实验室以来的一百多年，心理学发展比其他自然科学学科缓慢得多，其中重要的原因之一就是“闭关自守”，搞“单打一”。最近几年，这种情况基本上改变了，心理学能够与其他学科合作了。这样，心理学的发展就有了指望。

2. 从心理学的科学学角度看心理学的发展前景

科学学(scientology)又称为“科学的科学”,它是英国科学家贝尔纳(J. D. Bernal,1901—1971)创立的。这个科学名称的提出是在1939年。到1965年6月第11届国际科学史大会上,科学学就已经成为国际学术活动的课题了。

在心理学的领域中,必须建立心理学的科学学这一学科,这对于发展心理学这门科学有重大的作用和迫切的需要。例如:心理学工作者要研究心理学的社会功能,心理学对社会起过什么作用和将会起什么作用;要研究在当前的自然科学和社会条件下心理学发展的道路;要研究心理学的发展史;要研究心理学的方法学;要研究心理学流派,一个流派怎样产生,一个流派怎样消失;要研究心理学的现状;要研究心理学从信息论、控制论、数学模拟、仿生学等等学科中得到什么新的滋养,新的启示;要研究心理学如何为我国在本世纪内实现四个现代化任务而服务。所有这些问题都是心理学的科学学研究的课题。要使心理学得到日新月异的发展,加快心理学的科学学的研究是心理学工作者刻不容缓的一项任务。

3. 从心理学的未来学角度看心理学发展的前景

未来学(futurology)是近年来发展迅速、规模庞大的一门综合学科。目前世界上不少国家成立了“未来研究”机构或研究中心。1966年在美国成立了《美国未来学会》,总部设在华盛顿,有八十个国家约一万六千名会员参加,团体会员七十多个。

美国的未来研究有悲观派、幻想派、乐观派等等流派。现在主要的有生态学悲观主义者和工艺学乐观主义者两个学派。前者被称为新马尔萨斯主义者,后者被称为新凯恩斯主义者。

他们的著作比较集中地探讨了三个问题:第一,粮食危机:在人口增长和农业落后的情况下,如何摆脱饥饿和死亡的威胁。

第二,工艺学危机:在现代工业迅速发展的情况下,如何摆脱环境污染对千百万人身体健康的威胁。第三,生理学和心理学危机:机器人、计算机的广泛利用,在严格的程序设计和自动控制的情况下,如何摆脱对人类生理上和心理上的威胁。

我们是马克思主义者,对于社会的未来,我们是乐观的。世界的未来是实现共产主义,它不仅要在一个国家实现,而且将在全世界实现。我们与新马尔萨斯和新凯恩斯主义者不同,我们是乐观派,我们认为科学艺术的发展会加快共产主义的实现。

由于未来学研究的扩大和影响,心理学也必须考虑它的未来。现代科学技术的迅速发展是否会引起心理学的危机呢?不会的。由于科学技术的发展,心理学展现出更加光明的前景。遗传工程学的发展,如果到了可以创造新的人造的遗传因素,那时人们的记忆、思维、智力、意识、甚至大脑的发展都可以有效地控制。遗传工程学是不能忽视的未来的一个重要方面,它与心理学的未来有着密切的关系。

再如:脑化学研究的发展对心理学有极其重大的影响。1977 年 11 月在美国加利福尼亚的一次会上,四千名脑神经学者进一步证实,只有通过化学途径,才能了解大脑活动的一切机理。这不但对生理学意义重大,对心理学的影响也是无法估计的。未来的生理心理学或脑心理学的前景将是冯特时代的生理心理学无法与之比拟的。

冯特成立心理实验室以来的一百多年间,心理学已经不断发展。展望未来,完全可以肯定,伴随着自然科学的突飞猛进,心理学将会有更加光辉的前景。

(江苏省心理学会《心理学论文选》,1987 年)

克服今日西方心理学危机的三条途径

西方心理学在它漫长而又曲折的发展过程中，可以说既不缺乏理论，也不缺乏实践，既不缺乏指导思想，也不缺乏研究方法。自 1890 年以来，一些著名的心理学派开始进行论争，如：以冯特、铁钦纳为首的构造主义学派；以布伦塔诺、屈尔佩为首的意动心理学派；以詹姆斯、杜威为首的机能主义学派；以惠特海默、勒温为首的格式塔学派；以华生、斯金纳为首的新老行为主义学派；以弗洛伊德、埃里克森为首的新老精神分析学派；以马斯洛、罗杰斯为首的人本主义学派，以及以皮亚杰为首的发生认识论学派，它们都曾经各领风骚，给心理学的发展留下了不可磨灭的影响。尽管那些学术争论已经象一阵风似地烟消云散，但各种新式的局部理论，如人格心理学、发展心理学、信息加工认知心理学以及瑞士的新皮亚杰学派、国际信息加工论的新皮亚杰学派，又如雨后春笋般地出现在人类的面前。它们的成就也获得了举世的承认。

但是，心理学从 1879 年成为科学至今，由于科学技术水平的限制，特别是神经生理学尚不能从系统的角度，全面地揭示人如何发生各种心理活动，特别是大脑如何产生思维和意识的生理机制，因此，心理学始终存在着下列两个问题：

第一，不少概念或者含义不确切，浮于表面未作深究；或者不能更多地解释由这个概念所引起的各种心理现象及其发生、发展的规律。

第二,缺乏一种众望所归的有说服力的科学体系。即小型理论繁多,但没有一种能协调、整合各种学派理论的统一思想和方法,及其衡量的标准。

因此,著名的心理学史家黎黑(T. H. Leahey)教授说:"心理学似乎成为一门永远是危机的科学。"[①]"心理学也不被看作一门真正的科学。"[②]约翰逊(Johnson)在其所著的《现代心理学的崩溃》一书中指出:"现代心理学是一部记录,不是科学进步的记录,而是理智退却的记录。"[③]吉布森(Gibson)也说过:"心理学是站不住脚的。"[④]这种情况使人们,也包括一些有见识的心理学家对心理学的理论和方法既感到厌烦,又感到悲观与失望。的的确确,今日的西方心理学处在危机之中!

那么,如何才能克服今日西方心理学的危机以使它走上康庄大道呢?这有三条有效的途径:(1)着手理论上的整合;(2)进行方法论的革命;(3)测量工具的运用。以下分述之。

一、着手理论上的整合

各学派在理论上如何整合(integration)?在什么基础上整合?现在国际上的心理学家都有了一些初步设想,一般都主张以社会心理学为主体进行各种分支的整合。

芬兰塔姆派尔大学艾斯考拉(Antti Eskola)教授说:"如果

① 黎黑:《心理学史》,刘恩久主译,上海译文出版社 1990 年版,第492 页。

② 同上书,第 493 页。

③ 同上书,第 512 页。

④ 同上书,第 512 页。

社会心理学能够摆脱思维的狭隘的实验室试验，作为一个整体的心理学将会得到加强，并且具有更为广阔的前景。用布来克曼(Brickman)的话来说，把社会心理学作为人类科学的一个汇合点来进行探讨。在20世纪90年代，心理学的发展将不会自动地把我们带至某个方向。心理学更多地依赖于作为研究者的我们——如何发展我们的科学。①

这就是说，以社会心理学为主体，并将其作为各门科学的汇合点，这样心理学的整合与发展将会按照西方心理学家的期望来进行。另外，1987年美国东南社会心理学会召开了探讨心理学如何整合问题的年会，会后出版了一本论文汇编：《社会心理学的现状》(Mark K. Leary：A State of Social Psychology，1989)。大家主张要以社会心理学为主体、为核心，对心理学进行整合。他们的主张可分作六点来说明：

(一)社会心理学与社会学的整合

塞拉诺(S. Sulaner)提出了一个相互作用的观点，强调社会学必须重新回到心理学中。社会心理学是社会学与心理学二者结合的产物，它研究人与人之间的相互作用问题。如果不从事相互作用(interaction)问题的研究，法杰(R. Forge)称之为"社会心理学的羞耻"。②

在这个问题上，许多社会心理学家指责G. W.奥尔波特(G. W. Allport)的定义。认为他只强调了研究个体的行为如何受他人的行为和思维的影响，这只是单一的归因，没有明确研究

---

① 艾斯考拉：《1990年代心理学的趋势、威胁与挑战》，见K.拉吉尔斯主编：《1990年代的心理学》，1984年英文版，第520～521页。

② 法杰：《社会科学的理论和方法》，1987年第12期，第52页。

相互作用的问题,同时也没有强调相互作用的重要性。这个定义对心理学的整合是不利的。

(二)社会心理学与个体社会心理学的整合

最近几年,个体社会心理学的研究为社会心理学的研究增加了一系列的新课题:

(1)印象管理(impression management):管理的目标是一个被知觉的和消极的群众。郜夫曼(Goffman)强调社会管理和过程的相互作用。在某些情境中,合作者的相互作用在印象的创造和维持中起着积极的作用。

(2)态度变化(attitude Change):真正的人们之间的相互作用必须研究最初的信息——态度以及操纵变化中进行劝说的信息的形成。

(3)孤独症(autism):最初的研究只考虑给予帮助的决定因素和接受帮助者的反应,而相互作用的社会心理学则把这两方面结合起来进行研究,同时还研究给予和接受帮助如何改变关系以及关系的变化,又如何影响孤独症的行为。

(4)人际吸引(interpersonal attraction):过去的社会心理学只研究生理吸引,近几年来开始考虑人与人之间的心理吸引,亲爱关系,个体爱的模式。合作者相互信任的情感,个体的满意水平,均成为研究相互作用的心理学的新课题。哥尔德斯密特(Goldschmidt)说过,社会的相互作用是“生活的本质”。这是社会心理学的核心,忽视相互作用观点的社会心理学不是科学的心理学。

因此,根据以上几种新课题,自然就形成了个体社会心理学与社会心理学的整合。

(三)社会心理学与发展心理学的整合

认知的研究能够证明社会心理学与发展心理学二者是可以整合的领域。一是因为发展心理学长期以来已经对认知的研究感兴趣了,二是因为社会心理学已经开始研究行为的认知方面了。

目前是把社会心理学的原则应用于儿童发展的研究,而很少有把发展心理学的研究应用于社会心理学的理论和模式的建设中。瓦尔登(Tedra A. Walden)则认为把两方面结合起来的潜能很大。

社会参照(social reference)是发展二者的良好方法,使两个学科不得不互相整合。

(四)社会心理学与工业心理学的整合

斯托克(S. Stok)提出了疑问:社会心理学和工业心理学到底是朋友还是敌人?工业心理学经过了二十年的自我检查和自我发展,现已考虑应如何走上整合的道路。

由于工业心理学一直忽视不可数的东西,忽视应用测量的重要性,所以不能引起工业心理学家对社会心理学的注意和重视。工业心理学还将个体(人)作为愚蠢的测量对象,或作为一种技能的集合体或任务的机械接受者,而不看作一个具有完整人格的人。

社会心理学直到1927年以后才关心工业心理学的问题。1930年后期勒温团体动力学的研究,李皮特(Lipitte)和怀特(White)对群体气氛的研究,关于领导艺术的研究,成为社会心理学研究的主题。在工厂中,又研究了领导艺术——评价中心(the Assessment Center)问题,以致把社会心理学和工业心理学两个学科整合起来。

另外,近几年两个学科联合起来研究特质理论,了解工厂雇员的动机、工作态度、归因理论、行为表现的评价过程,以及个体与群体行为表现的反馈。这都表现出两个学科正在进行整合研究。

(五)社会心理学与临床与咨询心理学的整合

在这方面,探讨了社会与个人之间相互作用过程与所谓的变态行为或心理治疗之间的关系。继弗洛伊德和勒温之后,学科开始探索社会或个人之间相互作用过程在心理问题的发展和研究中所起的关键作用。最近几年,关于社会心理学与临床、咨询、异常心理学之间的关系的研究逐步盛行起来。哈维(Harvey)、布莱特(Bratt)和勒楠(Lenon)从1987年起就开始了这方面的研究。

(六)社会心理学与认知心理学的整合——认知社会心理学的诞生

1968年在贝塔朗菲(Ludwig von Bertalanffy)发表《一般系统论》(General System Theory)的同时,认知社会心理学的系统研究在美国各地逐步孕育和发展起来。1976年海德(Heider)认为社会心理学要有“整合”的设想,这一呼吁有力地促进了社会心理学与认知心理学的整合,认知社会心理学诞生了。

认知社会心理学强调对社会认知过程本身的探讨,并把它看作理解复杂的目的性社会行为的钥匙。试图通过对依赖于情境、个人目标、动机、情感等认知元素变量作用的社会认知过程进行研究,来揭示社会行为产生的原因、过程和影响。

应该指出，认知社会心理学并非是社会心理学加上"认知"，而是有其自身的特点：

(1)在研究策略上的不同。认知社会心理学具有显著的个体化倾向，从注重个体的认知结构、情感、动机等因素的多重作用方面，来揭示特定情境下特定的个体行为，强调人与人、情境与情境之间的差异性。

(2)对人的"认知"含义不同。过去只关心认知的内容，忽视过程及其灵活性、复杂性，而认知社会心理学不仅关心认知的内容，而且强调认知的过程。

(3)认知社会心理学具有全面的系统性，而社会心理学则是缺乏的。

总之，概括起来，认知社会心理学有三大特点：过程性、整体的认知结构性与目的导向性。

以上这六个方面的整合就是当前美国社会心理学家所共同制定的纲领。我认为，这一纲领是有一定的可行性的，我也同意实践这一纲领。

二、进行方法论的革命

本来心理学应该是一种统一而严密的科学，而所有的心理学家都应该使用同样一种方法论，并在单一的理论上来论述和研究人的心理(意识)的形成和发展的规律。可是，一百年来心理学发展的历史却事与愿违。从 1879 年冯特建立世界上第一个心理实验室而使心理学走上科学道路以来，以实证论、现象学、科学哲学和新科学哲学为代表的方法论，主宰着心理学。实证论的科学观停留在经验的表面，必然缺少科学认识方向上理论的宏观指导，也就不能引导心理学沿着正确的轨道发展。在心理学史上,受实证论科学观影响的构造主义心理学和行为主义心理学都以危机和失败而告终。而现象学的科学观过度地强调人的先验的主观性,而偏离了这个先验主观性的客观来源的可能性,这就使现象学的方法陷入主观主义的泥坑而不能自拔。受现象学方法论影响的,有从19世纪末到20世纪初的形质说、二重心理学和现代的格式塔心理学、人本主义心理学,以及与现象学遥相呼应的当代信息加工的认知心理学,这些学说都没有得到应有的发展。在科学哲学和新科学哲学领域,影响当代心理学发展并作为方法论的有库恩(T. Kuhn)的范式论、拉卡托斯(I. Lakatos)的科学研究纲领、夏皮尔(D. Shapere)的科学实在论和劳丹(L. Laudan)的研究传统论。这些观点已经被用来解决意识、实验心理学、社会科学、社会心理学、教育心理学(学习心理学)、认知心理学、传记学以及诊断学等领域的问题了。可是哪一种方法论能挽救今天西方心理学的危机,能成为心理学发展和整合的灵丹妙药呢?每个心理学家各执一词,争论不休。就以美国的心理学家来看,赞成库恩的范式论并作为心理学的科学革命方法论的有舒尔茨(Duane Schultz)和黎黑(T. H. Leahey)。他们二人在他们的心理学史著作中使用库恩范式论的观点。舒尔茨说:"心理学尚未达到范式科学的阶段。"①黎黑说:"心理学决不能挣得库恩所称呼的科学前范式阶段的完全的过去,心理学家曾经无休止地争论关于本质、目的、方法和他们研究领域的定义的基本问题。"②而不赞成库恩范式论的则有高尔森(B. Gholsen)。他说:"十分清楚,心理学史中的事件更近似于拉卡托斯和劳丹所描述的模式,而非展现在库恩模式中

① 舒尔茨:《现代心理学史》,1981年英文版,第12页。

② 黎黑:《心理学史》,1980年英文版,第492页。

的范式。”[①]这就证明了西方心理学一直没有使用一种统一的科学的方法论,而每一个心理学家或心理学派已经使用的那些方法论又都不能跳出主观经验主义和实用主义的窠臼。毫无疑问,这不能解决心理学的发展和整合的问题。因此,西方心理学要想突破危机、谋求整合,必须进行方法论的革命,选择一个放之四海而皆准的科学方法论,这就是辩证唯物主义与历史唯物主义。

辩证唯物主义与历史唯物主义是以上世纪的生物进化论、能量转化和细胞学的科学发现为理论基础的。这些理论知识本身具有唯物辩证法。同时,辩证唯物主义反映论定义心理、意识为:脑的机能(本体论),客观现实的反映(认识论),或者客观现实的主观映象(本体论与认识论的辩证统一),恰好是解决心理学这一最重要最核心的心理实质问题的理论基础。只有将西方心理学的种种学派以及种种理论纳入辩证唯物主义和历史唯物主义的基本原理指导之下,才能克服危机,充分发挥它们的作用。

三、测量工具的运用

翻开百年来的西方心理学史,可以看到各个不同的学派都有其本身的研究对象和所使用的研究方法。例如,构造主义学派的研究对象是心理结构和元素的问题,使用实验、内省报告的方法;机能主义学派研究心理过程和机能的问题,使用经验和描述法;格式塔学派研究心理完形和场的问题,使用实验和现象学

① 高尔森:《库恩·拉卡托斯与劳丹》,《美国心理学家》,1985 年第 7 期,第 767 页。

方法(现象经验);行为主义研究外显行为和强化的问题,使用刺激——反应实验法;精神分析学派研究本能、冲突、意识和发展的问题,使用临床分析和经验描述法;当代的心理学主流——认知心理学研究心理机能和结构,心理过程和发展的问题,使用实验、模拟和口述报告的方法。由于这些学派都不能全面坚持"量"(quantity)(心理测量)的研究,而侧重于"内省"、"经验"、"现象经验"以及"经验描述"的研究,即"质"(quality)(心理内容)的研究,以致它们都没有得到应有的发展。

可喜的是,自 1980 年以来,随着计算机科学的迅速发展以及它对心理测量科学的渗透,强大而有力的测量技术给各学派和各领域以巨大的推动,从而增加了心理学突破本身危机的活力。例如,在个体智力测验、特殊对象智力测验、团体智力测验、人格测验、人际关系、人事甄选、临床诊断、投射技术、异常行为测量、教育与职业辅导、健康心理学、环境学、行为毒物学和环境医疗学等领域中,均证明了心理测量技术作为一门工具科学,在人类社会的生活中占有不可缺少的地位。同时,随着心理测量的广泛应用,对于测验中所产生的社会和道德问题也越来越受到人们的重视。凡此一切,更说明了人的心理现象的发生发展规律的研究,不能只偏重"质"的研究,还要重视"量"的研究,质量并重才能发展心理科学。

由此可见,着手理论的整合,进行方法论的革命,发展心理测量技术,彻底克服当前西方心理学的危机,已成为全世界心理科学工作者的神圣而崇高的使命了!

(《心理测量国际学术讨论会论文集》,
中国南京师范大学教育系,1991 年)

库恩的范式论及其在心理学革命上的有效性

在当代,用库恩(Thomas S. Kuhn)的范式(paradigm)[①]论作为方法论来进行心理学的重建或是革命,已经不是一种空谈,而是早已见诸行动了。这种行动不仅在美国进行,在北欧的丹麦与荷兰等国家也进行了。那么,成效怎样?用库恩的思想究竟能否作为武器来进行心理学的重建或是革命?对这两个问题的答复,就是本文写作的目的。

一、库恩科学哲学理论的基础——范式论

库恩是美国著名的科学史家、科学哲学家和教育家。1922年7月18日生于美国的辛辛那提。1943年在哈佛大学以最优异的成绩获物理学学士,1946年获文科硕士学位,1949年获哲

---

① paradigm一词是库恩援引于维特根斯坦(Wittgenstein)纯属语言学的"paradigm",原意为"词形变化",库恩则作"范式"用。简单来说,所谓范式(规范),一般是指一定的科学共同体所接受的假说、定律和准则、方法等等的总和。范式是科学的标志,范式的存在标志科学成其为科学,而范式不存在则标志尚未形成科学。所以,范式成为在科学与非科学之间划界的标准,一种范式被另一种新的范式所代替,在科学中就出现了革命。

学博士学位，1973年在诺特丹大学获法学博士学位。现任美国麻省理工学院“科学、技术与社会计划”教授。他的主要著作有：《哥白尼革命：西方思想发展中的行星天文学》(1957)；《科学革命的结构》(1962)；《量子物理学史原始资料：目录和报告》(1967)；《必要的张力》(1977)；《黑体理论和量子的不连续性》(1978)。他的代表作《科学革命的结构》在1962年首版发行后，在西方直至北欧、东欧都发生了很大的影响。

库恩的范式论的出现绝非偶然，是有其深刻的历史背景的。他生长在当代世界科学中心的美国，保持着与实际科学研究的密切联系。他对物理学、哲学、历史、法学以及科学史都有深入的研究，对心理学、社会学、语言学具有浓厚的兴趣。他治学态度严谨，但又不被传统思想束缚，勇于创新和突破。他置身于蓬勃的科学发展之前沿，随时注意科学研究的动态，充分利用科学史学家的资料与他人在心理学、社会学、科学哲学等方面的研究成果，以三十余年的时光，对科学发展规律进行了孜孜不倦的探索，有一定的成就。

从库恩的世界观和哲学理论的来源来看，内在论史学派的代表柯依烈(A. Koyré)的思想和著作、奎因(Quine)的实用主义分析哲学、皮亚杰的发生认识论、德国的感觉心理学和格式塔心理学、汉森(N. R. Hansen)的“观察渗透理论”的思想，特别是爱因斯坦的科学与哲学思想，都给予他以重大的影响。而在这些影响中，促使他构成其科学体系的是这样的一些思想：对世界的看法取决于种种标准类型的知觉、语言和概念图式。这几方面推动了他关于范式及其形成和作用方式的观念的发展。

又由于19世纪末20世纪初的物理学革命，促使人们普遍关心科学发展的原因、规律、趋势及社会后果。科学的突飞猛进的发展给予归纳主义观点以毁灭性的打击，越来越暴露出传统的积累主义科学史观的问题，逻辑实证主义的大厦摇摇欲坠，波普(K. R. Popper)的证伪主义理论虽然有一定成就，流行一时，但也面临着困难。所有这些主客观因素的相互作用，导致库恩科学观的产生。

库恩的范式论是探索、说明科学发展规律的一种理论，是科学哲学中历史主义学派的一种有代表性的典型理论。

它的主要特点是：

(1)范式(或译“规范”)论是库恩科学观的基石。库恩运用“范式”的特殊概念，目的是使他的理论与其他的科学哲学理论区别开来。库恩在写作1962年出版的《科学革命的结构》以后，曾承认他原来使用“范式”(paradigm)的意义是含糊不清的。在该书1970年版的《跋》中，他区分了这个术语的广义和狭义。广义是指“学科基质”(disciplinary matrix)，狭义他用“范例”(exemplar)代替。一般从库恩的理论论述来看，指的是他已重新命名为学科基质的东西。①

(2)库恩的范式是科学性的范式，它是作为科学活动的基础和科学研究的工具的东西，它属于科学的范畴，或说是科学方法论的范畴。

(3)在一种范式内工作的人们，不论这种范式是什么科学，都是在从事库恩所说的常规科学。常规科学家在解释和揭示实验结果时阐明和发展范式。

(4)范式具有韧性，没有一个事实可以证实或推翻一种范式。只有当有更好的范式代替它并为科学家们接受时，才能由

---

① A. F. 查尔默斯，《科学究竟是什么?》，商务印书馆1982年版，第114页。

新范式代替旧范式。

(5)范式一开始就处于反常海洋的包围中,它能够同化和吸收许多反常,但不能吸收所有的反常。当反常已深入到范式的核心,常规科学长期解不开它所应当解开的难题从而感到走入迷途时,理论的调整和修补就无济于事了。科学就进入了一个显著不稳定的时期——危机。这就要求大规模的破坏范式以及对常规科学的问题和技巧进行重大变革,革命的时机就到来了。所以,在库恩看来,科学革命是常规科学发展的必然趋势。这样,他规定科学发展的图式(或称科学发展的规律)为:前科学—常规科学—危机—革命—新的常规科学—新的危机。他认为,一切科学的发展都是按照这个科学革命的规律发展的。[①] 当然他也认为,心理科学的革命也决不能跳出这个规律的范围。

应该指出,库恩的范式论并不是完美无缺的理论,也不是当前发展阶段上科学哲学的最好理论,而只是探索、说明科学发展规律的一种富有特色的新颖理论。如果说,波普的哲学标志逻辑实证主义是科学哲学发展中的一个转折点,那么库恩的哲学在科学哲学史上具有上承波普、下启拉卡托斯(I. Lakatos)的作用。同时,库恩强调科学发展的节奏性,因此他是周期性科学发展模式的首创者,又是科学哲学中历史主义学派的一个杰出代表。

但是,不应忘记,支配库恩理论的哲学世界观是实用主义(当然是唯心主义的),奎因的实用主义分析哲学对其思想有深刻的影响。因此,他的根本错误在于以共同体约定的标准来代

---

① J. W. 斯台格弥勒:《自然科学哲学问题丛刊》,1981 年第 1 期,第 43 页。

替实践标准，否定客观真理，从而滑向相对主义和不可知论。这是他的实用主义的世界观、思想方法的主观片面性和认识论上的相对主义造成的。所以在研究库恩的范式论时，这方面的严重错误是必须予以分辨的。

二、库恩的范式论在心理科学革命中的应用

在1960年至1970年间运用库恩的范式论于心理科学革命的，有北欧的丹麦和荷兰以及心理学派别众多的美国。通过实践，成效各不相同。有的半肯定，有的否定，有的有点成就，有的毫无结果。兹分述之。

（一）丹麦对库恩范式论的应用持半肯定的态度

丹麦的一位著名的心理学史家马森（K. B. Madsen）[①]说："在我的心理学史工作中，我发现库恩的'革命'理论在科学的发展上是一种很有用的参照框架，而我使用它解释和描述五种阶段过程的心理学的发展：(1)哲学时期，它代表了心理学的前科学阶段；(2)古典实验心理学（1860—1900）时期，它在我们的科学史上构成了第一个所谓（用库恩的话来说）常规时期；(3)学派的形成时期（1900—1933），它是（用库恩的话来说）在心理学上第一次危机的时期。在这一时期中看到了三个主要学派行为主义、格式塔心理学和精神分析的出现；(4)整合时期（1933—1960），在心理学上它是第二个常规时期，而其主要代表是勒温（Lewin）、墨雷（Murray）、托尔曼（Tolman）；(5)其他学派的形

① 马森（1922— ）丹麦哥本哈根大学哲学博士，丹麦皇家教育研究院教授，著有《动机的理论》（1959），《近代的动机理论》（1974）等书。

成时期(从 1960 年左右开始),它代表了心理学的第二个危机的时期。其主要学派是人本主义(与存在主义)的心理学、行为主义、精神分析和马克思主义心理学。”同时马森还指出“丹麦心理学的发展同样是跟踪这五个阶段的”。① 他为了更清楚地一窥全貌,把丹麦心理学的发展分为三个阶段:

第一个阶段是哲学心理学时期。丹麦的心理学受三个大哲学家思想的影响。即:克尔凯廓尔(Sren Kierkegaard,1813—1855)的存在主义哲学;霍夫丁(Harald Höffding,1843—1931)的中立经验主义和中性一元论;约金森(Jörgen Jörgensen,1894—1969)的逻辑实证主义的形式逻辑。

第二个阶段是实验心理学的奠基与早期发展的时期。黎曼(Alfred Lehman,1858—1921)把费希纳和冯特的思想介绍到丹麦来,并于 1886 年在哥本哈根大学建立了心理实验室。以后黎曼的接班人哥本哈根大学教授卢宾(Edgar Rubin,1886—1951)受格式塔心理学的影响,研究图形—背景之间的关系。他写了大量的论文,发表在《实验心理学》(1949)中。

第三个阶段是第二次大战后的发展时期。黎曼和卢宾二人统治丹麦的心理学足有五十年之久。卢宾较黎曼更接近格式塔心理学。在第二次世界大战前,在丹麦没有竞争的学派,也没有超过卢宾的人格和理论能力的任何现代的丹麦心理学家。马森指出:“在库恩看来,各学派之间的竞争对于科学的发展是有好处的。在丹麦的心理学中没有这种竞争当然就没有革命的进

① Saxton V. S. and Mislak, Psychology around the World, Brooks/Cole Publishing Company, 104—105,1976.

步。"[①]尽管在第二次大战后,哥本哈根大学中的卢宾的接班人,如荷尔特-汉森(Kristian Holt-Hansen)、莱温特劳(Ivan Reventlow)、纳斯葛尔德(Sigurd Naesgaard)等人在漫长时期建设起来的、居统治地位的、描述现象学的心理学的道路上前进,但也没有学派的竞争。这一点是和库恩的科学发展规律不相符的。

(二)荷兰对库恩范式论的应用持否定的态度

荷兰列顿(Leyden)大学教授芬·戴尔(Van Dael)是心理学史家,他不同意库恩对心理科学的发展分为五个阶段的观点。他认为:科学心理学的发展经历了三个阶段:第一个阶段是科学的联想主义:冯特(Wundt)、缪勒(G. E. Müller)、闵斯特伯格(Münsterberg)以及艾宾浩斯(Ebbinghaus);第二个阶段是符茨堡学派的思维和意志的心理学:马尔比(Marbe)、彪勒(Bühler)、阿哈(Ach)、麦舍(Messer)和米萧特(Michotte);第三个阶段包括格式塔心理学、行为主义、"理解"心理学(狄尔泰 Dilthey、斯普兰格 Spranger、雅斯贝尔斯 Jaspers 与艾里斯曼 Erismann)、克鲁格—铁钦纳(Krüger-Titchener)的构造心理学、精神分析,以及斯腾(Stern)的人格心理学。这个第三阶段代表着对联想心理学的极端的反动。

像芬·戴尔这样的划分阶段,从库恩及其追随者的观点来看,必然认为是不真实的。因为在 1929 年,所有这三种阶段的体系和理论仍然肩并肩地存在着,分作三个阶段是不妥当的。但是,芬·戴尔说:"按照其真实的情况来看,它是属于第一个阶段的。"

---

① Saxton V. S. and Mislak, Psychology around the World, Brooks/Cole Publishing Company, 311—312,1976.

上面的这一事实说明什么呢？正是说明芬·戴尔教授不接受库恩的阐述科学发展规律的范式论。

列顿大学另一位教授芬·厚恩（William van Hoorn，1939— ）指出了一件非常重要的事实。这就是荷兰自1975年以来开始了心理学上方法论的争吵。芬·厚恩称这种争吵是一个有效的富有康健和生命力的信号。在心理学的方法论上，有的人赞成库恩学派（pro-Kuhnian），有的人反对库恩学派（anti-Kuhnian），有的人赞成福柯学派（pro-Foucault），有的人反对福柯学派（anti-Foucault），而反对福柯学派的人在当时引起轰动。芬·厚恩说："但是我们在未来可以期待，历史的心理学和心理学的历史具有一种成果的生命。"而这一事实正好说明荷兰的心理学界对库恩与福柯的理论曾经进行过抉择。

（三）美国根据库恩范式论所进行的"革命"并未成功

在库恩生长的美国曾经运用他的范式论进行过两次"科学革命"。第一次是在1960年，第二次是在1970年。

第一次革命是由语言学家乔姆斯基（Noam Chomsky）的理性心理学挑起的。革命的对象是华生（Watson）、托尔曼和赫尔（Hull）的行为主义。行为主义从1920年到1955年一直受到人们的重视。但是由于它在实践中没有成为常规科学，只是停留在前范式科学或是危机科学的特征中，所以在1960年间爆发了一场革命的抉择。乔姆斯基呼吁行为主义能在他的语言学上，能在皮亚杰的认知发展上，能在理智的计算机上，甚至能在人本主义心理学上摆脱危机，使心理学进行革命。

第一次革命（指革命的抉择）并未成功。当行为主义的危机持续到70年代时，出现了一件有趣的事实。这就是达尔文的进化论影响着美国的心理学。因为机能主义者和行为主义者双方都把心理和行为看作是适应的过程，是有机体对其环境的调整。他们采用经验主义白板论的假定和种属的一般学习规律，而忽视了对行为进行研究。这是外围论，是违反进化论原意的。同时，乔姆斯基以其转换生成语法理论对斯金纳(Skinner)的语言行为进行批判，就由于这两个原因又导致行为主义危机的深化。其次，由于1955年格林斯朋(J. Greenspoon)对意识问题的实验，动摇了行为主义S—R的基本公式，否定了行为主义者的意识和行为没有联系的错误论断。到了1960年，各式各样的研究者不再着迷于行为主义，而经常在乔姆斯基的影响下展开对“格林斯朋效应”(Greenspoon's effect)的论战。论战结果，很多心理学家一致认为语言的S—R公式是不恰当的。他们认为，S—R公式是在条件作用的学习曲线基础上提出来的，实验和理论都证明它并不可靠。这样，S—R这个基本公式被否定了。行为主义在1968年出现了严重的危机。这种危机持续到1970年，于是爆发了第二次革命，这就是认知心理学的产生(美国心理学史上真正的革命，第一次是1920年行为主义的兴起，第二次即认知心理学的产生)。

1971年，帕勒牟(Palermo)指出：“许多认知心理学家相信这里发生了一场革命。而从库恩那里借来的理论已经被广泛地应用了，经常可能发现为认知心理学家所论及的‘革命’、‘范式种类’和‘范式替换’。一份长篇论文提出：‘一场科学革命是在心理学上发生的吗？’他们自己回答说：‘是。’”①

认知心理学有三种理论：(1)皮亚杰学派的结构主义。他经常提到智力和认识，把它们看作有用的适应环境的器官。他的

① Leahey T. H., A History of psychology, Prentice Hall Inc., Englewood Cliffs, New Jersey, 372, 1980.

理论是适应心理学。但是他的理论很少得到美国的结构主义者或行为主义者的同意。(2)心灵主义。这一理论没有提供一般抉择的范式。他们对行为主义没有可靠的集中的论点,他们扮演联想主义的牛虻角色,更多于扮演系统理论家的角色。(3)讯息加工心理学。他们在内省报告上没有特殊的价值,只是依靠慎重地对人的行为进行描写。而在研究预报行为和控制行为两方面,并不研究人的意识的说明。他们承认把讯息加工的语言应用到动物行为上,在人和动物之间没有严格的分界线。他们也是跟随詹姆斯(James)和托尔曼的脚步察看在底下的行为,以研究和解释认知过程。它卷入反对S—R的心理学中,是一种科学革命的反抗,但归根结底并不是革命的跳跃。因此,美国心理科学近二十年来的两次"革命"都没有克服它真正的危机,心理学仍然处在前范式阶段。难怪美国的心理学直到今天依旧没有成为常规科学,其原因就在这里。

美国著名心理学史家舒尔茨(Duane Schultz)说过:"心理学尚未到达范式科学的阶段。"①另一位著名心理学史家黎黑(T. H. Leahey)也说过:"心理学似乎成为一门永远是危机的科学。它决不能挣得库恩所称呼的科学前范式阶段的完全的过去。心理学家曾经无休止地争论关于本质、目的、方法和他们研究领域的定义的基本问题。只有在学派内部,在那里有过对这些问题的较为一致的看法,甚至各学派通常能容纳交战的派别时,心理学才能成为一门科学。"②

---

① Schultz, D., Modern History of Psychology, Academic Press, New York, 12, 1981.

② Leahey, T. H., A History of Psychology, Prentice Hall Inc., Englewood Cliffs, New Jersey, 383～384, 1980.

总之,从以上三方面的情况看,库恩的范式论在应用于心理学的实践和革命上是不成功的。

三、库恩范式论的贡献和局限

探索科学发展规律非常有意义,但又十分艰巨。库恩不畏艰险,勇于创新,经过多年的辛苦钻研,提出了富有特色的科学发展模式,以建立其科学的"系统发育"的动态模型理论。他和波普一样,"都反对科学通过累加而进步的观点,都强调新理论抛弃并取代与之不相容的旧理论的革命过程,都特别注意在这个过程中,旧理论由于对付不了逻辑、实验、观察的挑战所起的作用"。[①] 这在探索科学发展规律的征途上作出了重要贡献。他的思想和著作在国际学术界受到的注意和产生的影响,远远超出了自身的学科范围。

但是,我们从上一节中看到,库恩的范式论受到了反对、否定,并在美国心理学科学革命过程中作为方法论而遭到失败的事实。这就可以证明他的范式论的有效性是有一定的局限的,原因有下列几个方面:

(1)库恩是以他的不可知论来论证他的范式论的。他认为,范式不是对客观世界的认识,更不是对客观世界的规律性的反映,而是在不同社会历史条件下所形成的科学共同体的共同心理信念。范式的变化不是认识的深化,而是心理信念的变化或是"格式塔的改变"。[②]

(2)在库恩看来,由于科学的范式不是关于客观世界的知

① 库恩:《自然科学哲学问题》,1980年第3期,第10页。

② 库恩:《必要的张力》,福建人民出版社,1981年版,第266页。

识，而仅是科学家集团在不同心理条件下产生的不同的信念，因此它们没有什么真假之分，或没有什么真理性可言。这导致他把真理比喻为科学家集团所共同使用的工具，即一种用以解除科学研究中各种难题的工具。

(3)由于库恩否认客观真理，否认科学发展日益逼近真理，他反对科学发展的客观进步性。尽管他也承认科学的进步，但他认为，一种范式仅是一种工具，只要它在应付环境中有用，就是真的；它越有用，就越进步。这样，他就把客观的进步，认作是实用主义的"进步"或"工具性"的进步。

(4)库恩所提出的科学发展规律，把科学发展的量变与质变、肯定与否定、进化与革命这两种对立的因素统一起来。这符合科学发展的历史事实，因而也更符合马克思主义的辩证法。但他对科学发展规律的理解或解释却是错误的。由于他把范式的更替理解为心理信念的更替，而不是认识的深化，从而否认了科学理论内容的丰富的发展，把科学的发展过程歪曲成为各代科学家的心理转变过程或他们的宗教信仰的改变过程。这就从根本上否认了科学发展的连续性和前进性。

(5)库恩在范式论中坚持主客体混同论。他认为，理论的本体论及其"实际"类似物相对应的观念根本是个幻想，把机械论的反映观，即"本体论本质"的被动模写同一般的反映原则混为一谈。这就违反了主体的认识活动与客观实际相互关系的辩证唯物主义的反映论，以致使他在解释科学的发展上陷入困境之中。

由于库恩的范式论有以上五种主要的困难，所以要应用他的理论于心理科学的革命实践，当然是不会成功的。因此，完全有理由说，心理科学的革命必须在辩证唯物主义和历史唯物主义的指导下，对心理学上所有的问题进行实事求是的严密的科学分析才能达到它的目的。列宁说:“遵循着马克思的理论的道路前进,我们将愈来愈接近客观真理(但决不会穷尽它);而遵循着任何其他的道路前进,除了混乱和谬误之外,我们什么也得不到。”[①]

(《心理学报》,1984 年,第 4 期)

① 列宁:《列宁选集》第 2 卷,人民出版社,1972 年 10 月第 2 版,第 143 页。

作为西德心理学方法论的拉卡托斯的"科学研究纲领"

20 世纪 70 年代以来，西德形成了一个以曼因海姆大学阿尔波特(H. Albert)教授为首的"批判的理性主义"心理学的学派。阿尔波特是以科学哲学家波普(K. Popper)的"证伪论"(或译"否证论")为理论基础的。[①] 他力图反对东德柏林洪堡大学荷尔兹坎普(K. Holzkamp)教授所主张的"批判的解放心理学"。但由于阿尔波特的心理学坚持以波普的理论为方法论，而这种方法论不是真正合理的科学的解释，于是遭到了阿尔波特的曼因海姆大学同事——人格心理学家赫尔曼(Theo Hermann)教授的反对。赫尔曼非常赞赏波普的学生拉卡托斯的"科学研究纲领"，于是提出了以拉卡托斯的"科学研究纲领"作为心理学的方法论的主张。他的这种主张，直到今天还在统领着西德的心理学的研究和发展。因此，探究一下拉卡托斯的"科学研究纲领"的内容结构，对理解今天西德心理学的实质与发展方向将是很有意义的。

---

① "批判理性主义的领头代表人物是阿尔波特，一位受过训练的经济学家，他成为在德国的波普的解释者。"(R. 巴布纳著《现代德国哲学》，1981 年英文版，第 109 页。)

一、拉卡托斯的著述及其思想的形成

拉卡托斯是继波普和库恩(Kuhn)之后在西方影响较大的英国数学哲学家和科学哲学家,是现代科学哲学“历史学派”的主要代表人物之一。他提出的“科学研究纲领”方法论,是继库恩提出“科学革命论”后在世界各国引起广泛注意的新理论,是现代科学哲学发展到20世纪70年代的重要成果之一。

拉卡托斯(Imre Lakatos,1922—1974)生于匈牙利的一个犹太人家庭,原姓利普施茨(Lipschitz)。他的母亲和祖母在纳粹的奥斯威辛集中营被杀害,之后他参加了反纳粹的抵抗运动。他曾是匈牙利共产党员,1947年成为匈牙利教育部的高级官员。1950年在清党运动中被捕入狱三年多,在1955和1956年的匈牙利之春期间,他被平反并成为裴多菲俱乐部的学生和成员。1956年逃至维也纳,最后到英国剑桥,并加入英国国籍。他还成为波普伦敦经济学院集团的成员,一直在伦敦经济学院执教。自1960年以来,他从事科学哲学的研究。从此,他成了波普的学生和同事。他先后发表了《经验主义在最近数学哲学中的复兴》(1967)、《科学与伪科学》(1973)、《判决性实验在科学中的地位》(1974),逝世后发表《证明和反驳:数学发现的逻辑》、《数学和认识》以及《证伪与科学研究纲领方法论》(1970)等著作。这最后一篇著作,集中反映了他在科学哲学方面最重要的成就。

在科学哲学的研究中,他与库恩一起,深刻批判了逻辑实证主义,开辟了一条用历史观点去考查科学现象的途径。他把科学理论作为一个有结构的整体加以分析,并就如何评价科学理论、理论与实验的关系等问题,特别是关于如何发挥理性的能动作用的问题,提出了不少独到的见解。

由于他与波普同在伦敦经济学院执教,经常接触,关系密切,在哲学思想上他受到波普很深的影响。他说过:"波普思想标志着20世纪哲学的一个重要的发展。就个人来说,我要感谢他的地方是数不清的。他改变了我的生活。当我终于被吸入他那智慧的'磁场'时,我已经接近40岁了。他的哲学帮助我与黑格尔哲学观最终决裂,我曾经信奉这种哲学观约20年,更重要的是,他给我提出了许多富于启发性的问题,使我接触到一个研究纲领。"①

可以说,拉卡托斯的科学哲学思想是在批判历史各学派理论的局限性当中逐渐形成的。他抓住了科学认识的起点(分界)、发展(知识成长问题)和证明这三个环节,尤其是关于划界和证明问题。总之,他认为各学派对这些问题的处理是一个比一个进步的。但是他认为,从卡尔纳普(R. Carnap)直到库恩,都还未能很好地解决这个问题。

作为波普的学生,他起先赞成波普的证伪主义,但从1967年至1974年逝世,他对波普的证伪主义进行了激烈的批评,对库恩的"范式论"也持保留态度。他试图从科学史哲学立场出发,把库恩与波普的观点糅合起来,建立另一种科学哲学,这就是他的"科学研究纲领"的方法论。这当然在科学哲学界引起了广泛的兴趣。

二、拉卡托斯关于"科学研究纲领"的论述

拉卡托斯指出,"科学研究纲领"一词最早出现在波普的著

① 拉卡托斯:《波普的哲学》,1974年英文版,第241页。

作中，但他不同意波普把科学理论看成是一个待“证伪”的孤立的假说，因而他对“科学研究纲领”的解释与波普相异。他认为，作为一个整体的科学，实际上是“理论系列”，其中包括很多描述重大科学成就的“典型描述单位”。这些“描述单位”不是相互孤立的理论或假说，而是包含着“一系列的假说和反驳”的“科学研究纲领”。例如笛卡儿的宇宙机械论、牛顿的引力论、玻尔的量子论、爱因斯坦的相对论、弗洛伊德的精神分析心理学和马克思主义等，都是“科学研究纲领”。可见，他的“科学研究纲领”近似于库恩的“科学范式”。然而由于他强调研究纲领之间的发展上的连续性，因而又与库恩的“范式”不完全相同。由此可见，拉卡托斯的“科学研究纲领”是一种开放式的，随时间延续而发展的动态结构。

三、“科学研究纲领”的内部结构

拉卡托斯所说的“科学研究纲领”，就是一组具有严格的内部结构的科学理论系统。

拉卡托斯对于作为“科学研究纲领”的科学理论的结构与性质，提出了与波普和库恩完全不同的看法。

在拉卡托斯看来，每个“科学研究纲领”都有“硬核”(hard core)。“硬核”是一个科学理论的理论核心或是最基本的理论。它由基本的假说构成，如牛顿力学三定律和万有引力定律就是牛顿纲领的“硬核”；又如地球和其他行星自转并围绕太阳旋转就是哥白尼理论纲领的“硬核”。“硬核”是不可反驳的，否则纲领就不能自立。

此外，他认为每个纲领还有一个“保护带”(protective belt)，它是由一些“辅助性假说”(规定着一个理论纲领建立的初始条件或先决性条件)所构成。这个“保护带”是纲领的外围部分,是纲领的可反驳的弹性地带。当理论在检验中受到反常现象或否定事件的冲击时,科学家总是通过修改、更换这些辅助性假说,来保护理论纲领的“硬核”,使纲领免遭反驳或证伪。因此他认为,科学理论有一种“韧性”,并不是可以被轻易驳倒或被赶掉的。例如,非欧几何学对欧氏几何学来说,虽是一种新的“研究纲领”或“范式”,但在它的反驳下,欧氏几何的“硬核”——“三角形三内角之和等于180°”并没有被打碎,而是通过修改先决条件,提出“设空间曲率等于零”这辅助性假设后得到了保护。

同时,拉卡托斯指出,研究纲领具有一些方法论规则:一些规则告诉科学家哪些研究途径要避开,即告诉科学家哪些事不应该去做,这叫反面启发法(negative heuristic);其他的法则告诉科学家应该遵循什么样的研究途径,即告诉科学家应该怎样去做,这叫正面启发法(positive heuristic)。

应该指出,拉卡托斯认为,反面启发法要求在这个纲领发展过程中不得修改或触动其“硬核”,正面启发法则指出该研究纲领可以如何发展的概略的指导方针。这种发展包括为了说明以往已知现象和预见新现象而作出的辅助性假设,用以补充“硬核”。为了保护“硬核”,这个辅助性假设的“保护带”,必须受到考验时首当其冲的加以调整和再调整,甚至“不惜自我牺牲”(即完全被替代),以捍卫“硬核”。如果这样做的结果能够成功地指导新现象的发现,那么这个研究纲领就是进步的。

拉卡托斯的科学研究纲领的方法论是在批判波普的证伪主义和库恩的范式论的基础上发展起来的。他合理地把科学理论看做具有某种结构的整体,又强调了科学发展中的连续性和科学进步的合理性,具有波普和库恩两种理论所不及的优点。

四、赫尔曼对拉卡托斯“科学研究纲领”的应用

作为西德哲学传统的批判的理性主义、人格心理学家的赫尔曼，不论从哲学的角度还是从心理学角度，都赞成拉卡托斯以上所论述的这个“科学研究纲领的模式”。他认为拉卡托斯的“科学研究纲领的模式”是建设心理学的指导思想。他以美国新行为主义心理学家斯金纳(Skinner)的理论为例来说明“科学研究纲领的模式”的正确。他指出，在斯金纳的操作条件反射的实验过程中，当有机体的行为受到强化时，其行为变得更为可能。这个强化原理就是“硬核”，而它的“保护带”就是由语言实验的斯金纳箱(Skinner's Box)所组成的。同时，他还说，斯金纳的学生易斯特斯(W. K. Estes)曾经发现在操作条件反射进行过程中，间断的惩罚比继续强化还能对消退有更大的抗力。这一事件证明了这并不导向强化原理(“硬核”)的废除，而是去建立一种补助性的假设：如果停止惩罚即意味着强化(这是“保护带”)。因此，赫尔曼严厉批评了用认知心理学来代替行为主义的看法。他认为认知心理学并没有决定性的实验。但按照拉卡托斯的科学研究纲领的要求，它并不能构成重叠网络(overlapping network)。另外，从“被规定的操作的概念”(operationally defined concept)这一点来看，认知心理学是不重视这个概念的，而在精神分析和行为主义的理论之间早已就成为必须提供的概念了。[①] 因此，在这一点上，他赞成弗洛伊德的精神分析和斯金纳的新行为主义心理学。

---

① 赫尔曼：《心理学与批判的——多元的科学纲领》，见 K. A. 施尼温德著《心理学的科学理论基础》，1977 年德文版，第 60～61 页。

由于赫尔曼在西德坚持拉卡托斯的"科学研究纲领"的理论，他对东德柏林洪堡大学普通心理学教授克里克斯(Friedhart Klix)[①]所研究的信息加工、心理生理学、人类学习、统计方法等传统实验领域持反对态度。他把克里克斯的研究称为"马克思主义的认识研究纲领"。他说克里克斯对这方面的坚定的研究是可以的，但是他们在研究过程中坚持马克思主义的全球(global)概念则是固执的。他承认西德的"非全球"的研究方法确实来自西欧和美国，但这是有选择性的。他希望克里克斯教授不要对非马克思主义心理学家每天每日的研究持敌视态度，因为这是没有道理的。[②] 他的意思是说，克里克斯的马克思主义心理学的研究，不得排斥他的研究。这也就是各走各的道路。

五、简短的评价

拉卡托斯的科学哲学理论比起库恩的理论来要合理、进步得多。但是，他的基本观点是建立在波普的证伪主义理论基础上的，因而在根本上是错误的。

然而，由于拉卡托斯的"科学研究纲领"是库恩的范式论的改造和发展，所以又有如下的几个优点：

首先，拉卡托斯的"科学研究纲领"，讨论了科学理论结构的具体内容，指出它是由"硬核"(基本理论、基本框架)、保护带(辅助性假设)、正反启发法几个部分组成的，它们彼此联系，互相作用。现在不论它的内容是否符合或完全符合科学理论的现实，

---

① 克里克斯还是1984年国际心理学会新选出来的主席。

② 赫尔曼:《作为问题的心理学》,1977年德文版，第119页。

但是它为西方的科学哲学,特别是西德的心理学指出了研究的新方法、新方向,这是应该肯定的。

其次,拉卡托斯认为他的"科学研究纲领"理论并非纯粹的心理的信念,而是认识论领域中理性的产物。拉卡托斯写道:"我所说的'科学革命',决不是库恩所理解的宗教式范式的变换,而是理性的进步。"①

再次,拉卡托斯的科学研究纲领纠正了库恩对科学精神的歪曲。他认为,即使在库恩所称的常态科学时期(即拉卡托斯所称的科学研究纲领的进化阶段),科学家也应有批判精神。不过,批判的不是硬核,而是保护带。这种看法是比较符合客观事实的,在科学研究中是可取的。

最后,从批判的理性主义的实质来说,它有两个标志:(1)反对经验主义;(2)不同意哲学史上的理性主义,而主张科学进步、知识增长、认识过程都不是从观察开始,不是以经验为基础,而是从问题开始;猜测性理论通过理性自由创造出来,而不是从对经验的归纳中得来。因此,它强调理性的态度,即批判的态度。同时它把科学理论都当作假设,认为它们决不可证实。区分科学与非科学(或伪科学),其判据在于可否验证。按照这个分界标准,批判的理性主义不承认马克思主义是科学。批判的理性主义创始人波普公开反对唯物史观,提倡表现批判理性态度的开放的社会。由此可见,波普以及拉卡托斯一流人物的思想是不正确的。须知,科学是一种社会意识形态,它归根到底受社会物质条件制约,对于科学发展规律及其模式的研究,毫无疑问应与社会物质条件变化的研究结合起来。但是拉卡托斯不仅不能

① 拉卡托斯:《证伪与科学纲领方法论》,1978 年英文版,第 10 页。

认识到这一点，反而攻击马克思主义的观点是“粗俗”、“错误”，①这就证明了他的世界观的严重的局限性。而心理学家赫尔曼的“批判的理性主义心理学”竟以拉卡托斯的“科学研究纲领”作为其理论与实践的方法论的基础，其局限性当然也就可以理解了。

总之，不论拉卡托斯也好，赫尔曼也好，他们的理论尽管存在着这样或那样的问题，但仍有一些富于启发性的独到见解，在心理学的研究中还是值得我们进一步作深入细致的研究的。

(1985 年 11 月，未发表)

① 拉卡托斯：《证伪与科学研究纲领方法论》，1978 年英文版，第 104～105 页。

作为美国学习心理学方法论的劳丹的“研究传统”

新科学哲学中的新历史主义学派可分为两翼:一翼以夏佩尔为代表,把新历史主义的方向引向科学实在论;另一翼以劳丹为代表,把新历史主义的方向引向实用主义。

拉里·劳丹(Larry Laudan,1941—)是美国新科学哲学领域颇有影响的后起之秀。他曾获美国普林斯顿大学哲学博士学位,现任匹兹堡大学科学史和科学哲学系主任。

他的主要著作有《进步及其问题》(1977)等。他认为:不论是库恩的范式,还是拉卡托斯的“科学研究纲领”都有着许多缺陷,都难以说明科学进步的性质。他综合了两者的优点并力图克服其不足而提出了“研究传统”的概念。

一、反实在论

劳丹站在实用主义的立场上,坚决反对科学实在论。他声称:塞拉斯(Sellars)、普特南(Putnam)等人肯定科学理论表述外部世界、科学知识的进步是不断增加客观真理的内容、不断逼近客观真理的观点是“逼真实在论”,并断言他们的“逼真实在论”是一种毫无科学根据的形而上学的“神话”。

劳丹认为,有许多被科学实在论者认为并不表述外部世界的错误理论,在科学史上却曾一度获得成功。例如,天文学中的地心说、化学中的燃素说、亲和力说和物理学中的以太说等等。它们在科学史上都曾一度成功地解释了许多经验现象，从而被人们认为是获得成功的理论。反之，被科学实在论者认为是正确表述外部世界的科学理论，在科学发展史上却并不一定成功的，甚而在一定时期内表现为不成功。例如，18 世纪 20 年代的光波理论，17、18 世纪的热分子运动理论以及 19 世纪的胚胎学理论等等。因此，劳丹得出结论说，科学史的事实并没有为科学实在论提供证据，恰恰相反，而是证明了“有用就是真理”的实用主义真理论的正确性。其实，这是劳丹对科学发展历史事实的歪曲。众所周知，地心说所以在中世纪以前能解释一些天文现象从而获得一定的成功，这是由于它在某种程度上正确地反映了人们在地球表面观察天体运行的现象。因而当人们的认识进一步从现象深入到其本质时，它就被日心说所代替了。又如，光波说所以在 18 世纪 20 年代未能获得成功，这是由于它只是一种正确反映光的波动性那一方面的片面真理，它忽视了光的微粒性那另一个重要方面。因而，科学发展的历史事实并没有为劳丹的实用主义真理观提供证据，恰恰相反，而是证明了唯物主义反映论的正确性。

二、“研究传统”的理论

劳丹在反对科学实在论，宣扬实用主义真理论的基础上，建立了他的“科学研究传统”的科学哲学。

劳丹的“研究传统”包括两方面的内容：(1)有关组成某个研究领域的实体和过程的一组信念；(2)一组认识论与方法论的准则，即关于怎样对这些领域进行研究，怎样检验理论，怎样搜集资料等等的准则。一句话，就是有关该研究领域内哪些可以做，哪些又不可以做的一套本体论和方法论的规定。

"研究传统"是历史的产物,它随着历史的发展而产生、发展和衰亡着。劳丹说:"每一门智力学科,不论是科学还是非科学,都有一部充满着研究传统的历史,如哲学上的经验论和唯名论,神学中的唯意志论和必然论,心理学中的行为主义和弗洛伊德主义,伦理学的功利主义和直觉主义,经济学中的马克思主义和资本主义,生理学中的机械论和活力论等等",[1]都是"研究传统"。

劳丹认为,以上所提出的这些"研究传统"都具有如下的特征:

(1)其中有许多特殊理论,有的是同时代的,有的是前后相继的,可以用来说明并构成这一研究传统;

(2)有某些区别于其他研究传统特征的形而上学规定和方法论规定;

(3)每个研究传统都经历过许多不同的、表述往往相互矛盾的、长期的发展形式。相比之下,特殊理论则往往是短暂的,研究传统为发展特殊理论提供一套指导方针和合适的研究方法。

劳丹的这种理论与拉卡托斯的"硬核论"是不同的。拉卡托斯的硬核是始终不变的,神圣不可侵犯的。这就被认为难以说明新纲领如何产生的问题。而劳丹的研究传统则允许其核心假定可作稍许修改,以解决明显的反常和概念问题。他强调:只有当不管怎样修改其核心假定,仍不能达到预期的目的时,科学家才抛弃旧研究传统,而接受新的传统。但如果某些研究传统的拥护者,试图去从事一项研究传统的本体论和方法论所禁止的工作,那就等于否定了这一研究传统,或成了该研究传统的叛

---

① 劳丹:《进步及其问题》,1977 年英文版,第 78 页。

逆了。

劳丹的"研究传统"理论目的在于说明科学进步及科学的理性。他认为,研究传统随着时间的推延而解决问题的有效性逐渐增加,这就是科学进步;尽量发挥研究传统的进步性,使之获得迅速的进步,这就是科学的理性。劳丹把逻辑经验主义的理性标准倒转了过来。在逻辑经验主义看来,科学的进步和发展应由理性标准来评断,凡合乎理性标准的就是进步的,科学的进步性在于它的合理性。劳丹认为,科学的进步,即增加解决问题的能力,才是理性的,科学的理性在于它的进步性,在于它解决问题的能力的增长。

劳丹的"研究传统"理论为探讨科学的进步和理性提供了一条新线索,但他根本否定科学的进步是向真理的接近,单纯强调这只是解决问题能力的增长,不免使他陷入实用主义的泥潭而不能自拔。同时,在思想上仍然未能跳出老历史主义学所固有的主观经验主义的窠臼,与老历史主义在本质上没有多大区别。

三、"研究传统"理论对学习心理学的指导作用

在学习心理学上,首先证实了劳丹的"研究传统"的一个重要论点:思想是随后继者的理论而变化的。这个观点批驳了拉卡托斯研究纲领中所谓硬核既不可侵犯也不能随后继者的理论而变化的论断。

在这个问题上,心理学中有两个实例完全可以证明。第一个实例是调解理论(mediation theory)。它开始于1946年的库恩尼(Kuenne)。她认为:当儿童6～7岁时,语言改变了基本的学习过程。她发现年幼儿童好似动物被试,在"近"测验上呈现出转换,在"远"测验上则没有转换。可是,大于6～7岁的儿童

在两种测验上均呈现转换反应。库恩尼得出结论:她的发现意味着与语言反应相连的两种发展阶段改变着行为的选择,但没有探索变化的原因。

第二个实例是 1962 年肯德尔(H. H. Kendler)更为详细地探索了行为变化的原因。他断定儿童的行为好像白鼠可用纯粹的刺激——反应联结来说明其原因。然而,为了说明较大的儿童行为的原因,必须把两种刺激——反应连结在一起,第二次连结是必不可少的,因为儿童的语词过程包括在行为序列中,在环境输入和行为结果之间进行调停。因此,较大的儿童或成人运用隐蔽的语词符号对环境进行分类并控制可见的行为。

后期的持调解理论的心理学家,如怀特(White,1965)、里斯(Reese,1972,1977)、肯德尔(1979)所作的理论供述,均扬弃了必须按照控制过程来说明所有学习原因的假设。取而代之的是两种学习模式:一种包括条件控制过程,另一种包括认知过程。年幼儿童的学习大都是通过控制过程进行的,但较大儿童和成人的学习则是通过检验假设进行的。

从以上几种情况可知,拉卡托斯的硬核思想必然要遇到不可解决的困难。

按照拉卡托斯的观点,一个研究纲领的硬核可以不受直接实验的反驳的影响,它在功能上是形而上学的。但问题是,这种基本的形而上学原则(只有库恩的范式论对它感兴趣)是否为所有科学所承认?它是否能够鉴别模糊不清的硬核而不去鉴别已经被明确定了的硬核?在这些问题上,拉卡托斯遇到了不好解决的困难。

劳丹给这些困难提出了两步解决的方法。首先,他观察到:在一个方案中的硬核原则不可能无变化地通过后继者的理论。尽管有一些连续性,但是没有一种研究传统的元素本质达到不可再改变的程度。我们相对比较容易地发现一些原则，它们分别为哥白尼和伽利略、哥白尼和开普勒或开普勒和伽利略、牛顿和纲领发展的每一位前辈所共有。在每一事件中不存在同样的原则，但它们均和其他团体的成员共同分享某些原则。然而，在劳丹看来，硬核的原则在功能上并不是形而上学的，所以它们可按对经验检验的反应来进行修改。可是，第二，劳丹还确认了一个形而上学的命题。等级在任何特定时刻仅与一个研究传统相结合。尽管形而上学的思想可以随研究纲领的发展而变化，[①]为了进行研究，鼓励他们去建构一些与本体论相连的理论，但禁止他们去建构那些与本体论不相容的理论。这些原则不需要明确地加以陈述，实际上只有通过长时间的分析，它们才能显露出来。因此这些原则自然是顺应了库恩和派普(Pepper)的基本的形而上学思想。

其次，劳丹的研究传统提供了一种自然主义的方式来顺应单个历史实体中的理论链条，并通过控制特别的超感觉思想来作出决定。一个研究传统包括了一个有着共同本体论和方法论基础的理论系列(或理论链条)，但这些思想并不能刻板地决定理论的发展。实际上，在某些事件中，相冲突的理论可从同样基本的思想中获得发展，物理学史和心理学史的事件均说明了这一点。

在心理学史中，具有共同本体论和方法论的相冲突的理论链条的相同实例是为人所熟知的。古斯里(Guthvie,1959)的相邻理论(后称数学学习理论)、霍尔-斯宾斯(Hull-Spence,1951—1960)的理论和斯金纳(Skinner,1968)的理论都是条件理论，在他们的全盛时期均代表了研究传统的主流。可是，它们

① 劳丹:《进步及其问题》,第101页。

每一个都包括着差别的理论链条,后继者的理论相对地从其他链条中孤立出来而可获得发展。

总之,当代美国学习心理学的发展比较详细地证明了拉卡托斯和劳丹所论述的模式的应用价值。如果这些模式可以得出一个强有力的科学信条的话,那么,心理学是科学的实证就会和物理学是科学的实证一样会达成。

所以,"十分清楚,心理学史中的事件更近似于拉卡托斯和劳丹所描述的模式,而非展现在库恩模式中的范式"。①

(1987 年 10 月,未发表)

① B. Gholsen 等:《库恩、拉卡托斯与劳丹》,1985 年 7 月《美国心理学家》,第 767 页。

西方社会心理学的形成和发展

西方社会心理学是研究关于人的社会行为的科学。它的研究对象是社会环境中(即社会和社会集团内部)人与人以及人与社会之间的关系的形成和相互影响的规律。它的基本研究方法是实验,它的历史很短但有广阔的发展前景。

一、哲学与心理学背景

古代和近代的许多大思想家都注意对人与人、人与社会之间的关系的探讨。柏拉图的《理想国》提出,在一个理想国度中,每个人都可以根据自己的能力找到一个合适的位置;如果这个国度是一种合理的社会组织,那么它可以保护个人并防止受到他人的侵害。霍布斯(Hobbes)认为,人组成社会是为了满足需要和防止受到攻击,社会使人产生恐惧与自私自利的心理。

19世纪的一些思想家,预见到社会心理学的建立。在英国,本森(J. Bentham)最初提出了"功利主义"的学说。根据这一理论,人的自私自利——他的寻找快乐而逃避痛苦的倾向——引起了许多社会的不平等与不公平。然而,明哲的社会领袖,可以使广大的群众获得最多的利益。J. 穆勒(J. Mill)和J. S. 穆勒(J. S. Mill)发展了这一理论。他们对社会和经济的行为进行了心理学的分析。

1860年,德国一些人类学家(以后被称为"民族心理学家”），如拉扎鲁斯（Lazaras）和斯汤达尔（Steinthal）在 1859 年创办了《民族心理学和语言学》杂志，并发表了《关于民族心理学的引论》一文。在这篇文章中，他们说明了这样一种思想，即历史的主要力量是民族，或称“整体精神”，它在艺术、宗教、语言、神话、风俗等方面都表现出来。至于个人的意识则仅仅是它的产物，是某种心理联系的环节。社会心理学的任务在于“认识民族精神的心理实质，揭示民族精神活动的规律”。

1863 年，冯特（W. Wundt）的《关于人和动物的心理的讲义》和 1900 年至 1919 年他的 10 卷《民族心理学》两本书的出版，对民族心理学思想又有所发展。他强调，民族心理学要对文化产物——语言、神话、风俗、艺术等进行分析研究。

在达尔文（C. Darwin）的《物种起源》一书出版之前，迈出重要一步而积极建立社会心理学的理论体系的则是斯宾塞（H. Spencer）。他应用生物进化的思想来解释社会的行为和社会的发展。他认为：用社会发展的理论就可以理解复杂的近代社会。他用“超有机环境（superorganic environment）”的词语来描述建筑物、器具、语言、习惯、宗教以及其他的人造器物，并将其与自然环境相对比。这种人为的环境，后来称为“文化”或是“社会继承物”，成为一切社会科学家，包括社会心理学家在内的最重要的研究问题之一。

二、社会心理学的开端

1890 年，社会心理学成为一门独立的学科。这是因为社会心理学作为研究人对其他人的行为的规律的理论已经形成了。

1890 年，法国的社会学家、犯罪学家塔尔德（J. G. Tarde）发表了《模仿规律》一书，指出人的社会行为只能借助于模仿，而不能有别的解释。因为人们相互之间的交往主要是由于有意识的和无意识的模仿，如社会的变迁、习俗、潮流、发明、宗教的歇斯底里以及其他种类的社会行为都来自模仿。塔尔德所说的模仿就是我们今天所说的“暗示”。这一思想影响了精神病学家李厄保(Liebeault)和伯恩海姆(Bernheim)关于催眠和暗示问题的研究。

法国的社会心理学家列蓬(Gustave Le Bon)也利用暗示的精神病学的研究写了《群众论》一书。他的“集体心理”理论强调个人的心理是由集体心理所组成的。这种“集体心理”成为争斗的一种原因。

1908 年在美国出现了两本以社会心理学为名的著作。一本是美国社会心理学家罗斯(Edward A. Ross)写的。书中阐述了“暗示”和“模仿”的问题，说明了他如何对现代社会、政治和经济事件进行研究。另一本书是麦独孤(W. McDougall)写的。书中解释了在本能基础上的社会行为问题。在他看来，社会行为是由一些生来具有的天性或本能决定的，社会心理学可以通过个体心理学来理解。麦独孤的观点在 1920 年的美国引起了一场范围广泛的反本能论运动。这两本书的出版，标志着社会心理学进入一个新的发展阶段。

应该指出，社会心理学的新阶段，实际上是第一次世界大战后，奥尔波特(F. H. Allport)和缪德(W. Moede)把社会心理学变为一门实验科学而开始的。

三、社会心理学的理论探索

在 1920 年至 1980 年的 60 年间，西方社会心理学的理论有了很大的发展。美国的社会心理学占有压倒一切的优势，成为欧洲社会心理学的典范。

近十余年来，美国社会心理学界要求重视理论研究的呼声很高，认为制定理论是社会心理学的最重要的任务。

美国社会心理学的派别虽多，但从理论上来看，不外分为两大类：一为心理学定向；一为社会学定向。这就是说，美国有两种社会心理学：社会学的社会心理学和心理学的社会心理学。前者研究人和社会的关系，解释人和社会的互相影响；后者研究与社会刺激相联系的个人心理过程，了解社会刺激对个人的影响。

属于心理学定向的有新行为主义定向、认知定向和精神分析定向；属于社会学定向的有相互作用定向。

(一)新行为主义定向

新行为主义定向的传统研究项目是学习。近年来，研究这个方向的成果较多，理论也较多，分述如下。

1. **模仿学习说**(imitative learning theory)

这一学说是米勒(Miller)与多拉德(Dollard)于 1941 年开始研究的。他们从学习心理学的立场来研究模仿，认为模仿学习在引起产生社会行为上作用很大。1965 年班都拉(Bandura)与瓦特兹(Walters)更强调学习在社会行为的塑造与个人人格的发展上所具有的重要性。

2. **替代学习说**(vicarious learning theory)

这一学说是瓦尔登(Warden)、费尔特(Field)和考斯(Koch)于 1940 年创立的。他们认为，学习者在当时或事后并不直接重复他人的动作，而只是经由观察他人的操作过程而得知解决问题的要领。

3. **自居作用说**(identification theory)

这一学说认为,在社会化过程中,个体常有"想作某某人"的倾向。这一倾向会使其在感觉、思想、态度及行动上模仿他人。这种对他人的整个人格所发生的全面、持久的模仿学习,便称为自居作用,被称作"综合性"的模仿学习。

主张这种学说的,已有四种理论:(1)1950 年出现的默瑞(Mowrer)的次级强化论(secondary reinforcement theory);(2)1959 年至 1960 年出现的怀庭(Whiting)的身份妒羡论(Status-envy theory);(3)1959 年出现的马考比(Maccoby)等人的社会权力论(social power theory);(4)1961 年出现的斯托兰(Stotland)的类似特质论(similar traits theory)。

(二)认知定向

认知定向是美国社会心理学中最占优势的一派。它主要是借助描写人所特有的认知过程来解释社会行为,并从心理活动、心理生活的各种结构等方面出发,着重研究认知(cognition)过程。

1969 年,兹姆巴多(Zimbardo)把"认知"解释为"认识的行动或是过程";并指出,认知定向的理论来源于格式塔心理学和勒温(Lewin)的场论。认知心理学家借用了格式塔心理学的一系列概念,如"形象"、"心物同型"、"内在动力"以及"同化"和"对比"等。他们自称为格式塔心理学派的学生。

美国社会心理学的中心人物——勒温提出了拓扑心理学的场论。这一理论是认知定向派的又一个来源。他提出了研究个性的原则。因此,既研究"形象"概念,也研究"动机"概念。勒温对美国社会心理学的影响是巨大的。他还提出有名的"团体动力论"(group dynamics theory),在认知心理学领域中独树一帜。

勒温的弟子费斯廷格(L. Festinger)于1957年提出了认知失调论(theory of cognitive dissonance)。这一理论所处理的基本单位是认知元素(cognitive element)。所谓认知元素,是指有关环境、个人以及个人行为的任何知识、意见和信念。而个人的任何一种想法、看法、意见、信念或态度均可视作一个认知元素。当个体觉得他自己所持有的两个或两个以上的认知元素相互矛盾(不一定是逻辑上的矛盾)或不一致时,便会产生一种失调状态(dissonance)。费斯廷格认为,认知失调论可以用来说明态度的组织与改变。

另外,1946年海德(Heider)的结构平衡论,1955年奥斯古德(Osgood)的认知协调论,1959年纽考姆(Newcomb)的交往动作论,1964年麦克古里(McGuire)的思想灌输论,1968年安德森(Anderson)的信息整合论,都是认知定向派中的重要理论。

(三)精神分析定向

精神分析定向主要是受弗洛伊德学说的影响,特别是受其《集体心理学和对自我的分析》(1921)一书的影响。在这本书中,他提出了团体动力论的理论,认为非性欲的里比多(Libido)和自居作用是人在集体中的普遍表现形式。他还认为集体心理学的关键人物是领袖。集体成员与领袖的关系是头等重要的关系,它在某种程度上决定成员之间的关系。集体成员一旦和领袖的关系破裂,集体也就不存在了。

弗洛伊德的信念后来为其女儿安娜(Anna)的学生和助手艾里克森(E. H. Erikson)所发展。艾里克森在所著《同一性:青春期与危机》(1968)一书中提出了自我同一性论(ego identity theory)。

艾里克森的自我同一性概念源于精神分析中的“自我理想”(ego idea)一词,但二者又有区别。艾里克森认为,自我理想的意象,代表了个人在儿童期通过自居作用奋力以求但不易达到的理想目标;而自我同一性则是指个人在现实社会中能真正达到的、但又在不断加以修正的一种现实之感。他企图用这一理论来证明,用精神分析的方法消除自我发展中的纷扰,再用临床的理解分析自我和社会组织的关系。

近年来,艾里克森深入研究了当代美国资本主义社会的一些棘手问题,如黑人的地位、妇女作用的变更、青少年异常行为等问题。他的自我心理学理论已超出精神分析的临床范围,广泛地渗透到社会心理学及其他社会科学的领域中去了。

(四)相互作用定向

相互作用定向是社会心理学中唯一来自社会学的定向。这一定向的基本出发点不是分析单个的个体,而是社会的过程。所谓社会过程就是集体中、社会中诸个体相互作用的过程。他们认为,分析这一过程对于了解人的社会行为是必不可少的。这一定向中最重要的理论有:

1. **社会角色论**(social role theory)

这一理论是 1965 年由纽考姆、图尔纳(Turner)和康维斯(Converse)等人提出的。他们认为社会角色是社会行为的中心,因为整个社会组织与功能,可以说是各种社会角色彼此交织而产生的相互作用。就社会方面言,各种角色不但是对应的、交互影响的,而且各有其权利与义务;就个人方面言,每个人在不同的社会情境中扮演不同的数个角色,所以每个人都必须在其社会化的历程中,学习符合各种角色所期待的角色行为。因此,个人在行为社会化的历程中,不但必须学习扮演在不同社会情境中符合社会规范的各种社会角色,而且也要学会适时适地恰如其分地扮演各种角色。近年来,社会角色已成为社会心理学的中心概念,同时也用来解释人格的结构和形式。

2. **符号相互作用论**(symbolic interaction theory)

这一理论产生于1962年,以米德(G. Mead)的学生布卢莫(H. Blumer)和鲁斯(Rose)为代表。他们根据米德的《意识、自我、社会》(1934)一书来阐述米德的社会心理学观点。其基本论题之一是论证个体和个性从来就是社会性的,也就是说,个性不可能在社会之外形成。同时还强调,人不仅生活在自然环境、物理环境中,也生活在"符号环境"中。所以,他们对意义的形成过程,解释情境的过程以及符号交往的其他认知特点也都进行了研究。

符号相互作用论基本上分为两派。一派是以米德的学生布卢莫为首的"芝加哥学派",这一派最正统地继承了米德的社会心理学传统。另一派是以库恩(M. Kuhn)为首的"衣阿华学派",这一派企图改变米德的个别概念,以符合新实证主义的精神。

3. **参照组论**(reference group theory)

这一理论以纽考姆和谢利夫(M. Sherif)为代表。他们认为,参照组是了解社会定势和自我评价形成过程的"钥匙",社会学家认为它是社会结构功能分析的工具。美国现代著名社会学家基特(A. Gitter)的著作中也采用了参照组的概念。用这个概念来研究第二次世界大战期间,在欧洲作战过的美国士兵集体的社会定势和行为。他的著作被认为是美国社会心理学中的典范。

上述四大定向理论各有自己的渊源和特点,而他们之间的界限划分并不是极其严格的。今天美国社会心理学中最有代表性的特点是理论上的折衷主义，在同一个研究项目中交织着各种不同的理论方向。他们过分强调实验工作而忽视理论的研究和概括。这就证明，美国社会心理学正经历着一场深刻的危机。而欧洲的社会心理学家，尽管在实验方法上照搬美国的，但在理论上则不断进行新的探索。他们反对美国以实验为主的社会心理学，而提出理论要多些，实验要少些。他们强调并分析研究社会变化的心理方面，分析个体意识中的变化，分析在社会变化的基础上个体行为变化等问题。同时，还应看到近年来美国有一种趋势，即有些学者对这个以实证主义哲学为指导思想的社会心理学进行了批判。这种趋势，目前还有所发展，应予以注意。

参考文献

1. R. T. 拉皮尔，P. R. 范斯沃斯：《社会心理学》，1936，纽约，伦敦。

2. 克特. W. 巴克：《社会心理学》，1977，纽约，伦敦。

3. 约翰·兰伯斯：《社会心理学》，1980，纽约。

4. 凯利. G. 谢弗：《社会心理学原理》，波士顿。

（《社会学与现代化》，1985 年，第 1 期）

西方社会心理学的方法论探索

自19世纪中叶(1851)德国民族心理学的奠基人、柏林大学教授拉扎鲁斯(Moritz Lazarus,1824—1903)提出民族心理学(社会心理学)的名称和理论以来,至今已一百四十余年。社会心理学的研究对象是个人之间的相互作用(interaction),这一基本论题一直没有改变。然而,研究个人之间相互作用的这个社会心理学论题究竟应该研究什么,如何研究,在什么理论指导下进行研究,一直是不明确的、似是而非的。尽管在20世纪初期,社会心理学也使用了一些理论作为方法论,但对它的形成与发展,并未起到应有的作用。这里探索出五种影响现代和当代西方社会心理学的方法论理论,可以从中窥见西方社会心理学为什么迄今未能积极发展、未有较大影响的原因,以此证明,选择的方法正确与否对一门科学的发展是至关重要的。

一、作为方法论的希尔巴哈的全球性理论

希尔巴哈(Willy Hellpach,1877—1955)是德国海德堡大学哲学与心理学教授,冯特晚年所赏识的弟子。他继承了冯特的民族心理学的衣钵,一生著述很多。他的代表作是1933年出版的《社会心理学教科书》一书。他提出了关于现代人和社会关系的问题完全是一个全球性(global)问题的思想。这一思想表现在下面的三种理论中:

(一)环境论

希尔巴哈著有《风土心理:在气象和风土、土壤和地形影响下的人的心灵》[①](1965)一书(去世后出版)。他在书中指出,人类生态学(human ecology)是德国哲学家洪堡(Wilhelm von Humboldt,1767—1835)奠基并发展起来的,但到今天已经成为全球性的问题了,已经成为人类生活中排除公害、污染、生态系(ecosystem)的问题了。在1970年,联合国的“人类环境宣言”(Statement for Human Environmental Quality)采用了希尔巴哈的这种观点。希尔巴哈认为,所谓生态学就是“为人类生存的科学”,即对气象、土壤、地形等所谓天然的自然在心理上影响的研究。他也注重人类的心理反映着颜色、声音、水和空气的问题。根据这一观点,他提出了“风土心理”的理论。以后他称这一理论为“临床社会心理学”的环境论或环境心理学。

(二)文化价值论

1953年,希尔巴哈出版了他的《文化心理学》[②]一书。在书中,他首先指出了社会心理学的研究方向,即最主要的应该结合人类的需求(needs)进行研究,同时也要结合人类的价值(values)进行研究。所谓人类的价值就是由于他们的大脑分化的结果和发展,两足直立行走而使双手(hands)得到解放。从持有所有物时开始,过着有价值的生活,促进了生存的充沛感情和思考到自己要有创造性,使他们的认知结构再结构化,更多地认

① W. Hellpach: Geopsyche, Die Menschenseele unter dem Einfluss Von Wetter und Klima, Boden und Landschaft, 1965.

② W. Hellpach: Kultur Psychologie, 1953.

识人类存在的意义，认识“文化财富中的和平与幸福”，从而使人类的身体和心灵更加充实。

(三)人类关系论

1951 年，希尔巴哈著有《社会心理学：对于研究和实践的一本基础的教科书》。[①] 在该书中，希尔巴哈论述了莫雷诺(Moreno)的社会测量学和社会学的角色理论，帕森斯(Parsons)的核心家族与亲子关系理论，詹宁(Jennings)的情绪集体与社会群体的理论。在这些理论中，以“社会的”问题为中心，研究各家关于“社会化”、“相互作用”、“暗示”、“爱情”、“信任对怀疑”等问题，即人类的共有心理。同时，还从问题意识之中探讨发展心理学、团体动力学以及剥夺母性(maternal deprivation)或伦理学(moralogy)。最后，还要研究人类怎样由教育与教养而成为人、成为社会成员、成为有教养的真正的人。

总之，希尔巴哈所探讨的以上三种理论，其实就是要研究：(1)个性化(individuation)；(2)社会化(socialization)；(3)文化化(enculturation)。由于这三方面的相互作用、相互沟通，人在社会活动中便成为了“真正的人”，或是成为了“真人”，即形成了人格(persönlichkeit)。希尔巴哈的这三种理论，迄今已成为德国(西德)社会心理学的方法论基础。

---

① W. Hellpach: Sozial Psychologie: Ein Elementarlehrbuch für Studierende und Praktizierende, 1951.

二、作为方法论的韦伯与帕森斯的社会哲学理论

(一)韦伯的理论

韦伯(Max Weber,1864—1920)是德国著名的社会学家、经济学家,柏林大学和弗莱堡大学教授。1897年以来任海德堡大学教授。主要著作有《社会学与社会政治学论文集》(1924)。

在韦伯看来,作为一门科学的社会哲学对社会的认识不能是经验事实和论据的简单堆砌,而是要通过建立有关的概念范畴,即“理想类型”(ideal type),把社会事实的联系剖析出来。“理想类型”又称为“纯粹类型”(pure type),这种类型并不意味着一定是可取的,因为它本身并不包含任何价值判断。它是由研究社会的人,从不纯的现实中,抽取他认为能表征某一概念的决定性因素,而在人的思维抽象中形成的。正如“经济人”、“法人”这样一些概念,在现实生活中并不是以那样纯粹的形态存在的,只是为了分析的方便,假设出这样一个理想类型,为了减少对许多次要因素的考虑。理想类型是帮助人们认识复杂社会的工具,它与现实社会之间的比较分析看作是认识社会的方法,并率先在社会哲学中使用如“社会行动”这样的属于理想类型的新概念。

英国在人类学中形成的早期功能分析学派主张:把社会看作一个整体,通过对社会活动及其功能分析,达到对人类社会的认识,这种观点就是受韦伯思想影响的。

(二)塔尔科特·帕森斯的理论

帕森斯(Talcott Parsons,1902—1979)是美国哈佛大学教

授，美国社会哲学结构——功能分析学派的主要代表。主要著作有《社会行动的结构》(1937)一书。在书中，他用系统的观点阐述了社会行动的理论。他认为，他的思想主要来源于韦伯。他是最早把韦伯的著作译成英文而在美国发表的人。

帕森斯认为，社会生活主要表现在社会行动上，只有在社会行动者(social actor)的社会行动中才能解释社会生活中各种现象和过程的意义。这里的社会行动者可以是一个人、一个小群、一个大型组织，也可以是整个社会。在这个意义上，社会系统和社会行动者可以代换使用，即把社会、组织、群体和个体都看成人格化的社会行动者。

在帕森斯看来，社会行动是社会行动者的相互作用(interaction)过程，可以用“自我”和“他”这两个概念表示：在相互期待的基础上相互作用于对方的两个或两个以上的角色(role)。这种相互作用具有“互补”的性质，即“自我”认为是自己权利的，“他”则认为是自己的义务，反之亦然。这种互补性是以双方对于同一道德规范的价值具有共同的认识为前提的，即确认并遵守一定的社会行为规范。这就是说，社会行动是经过社会化(socialization)的社会行动者的互动。帕森斯把这种行动称为人格系统的社会行动，并把它作为社会哲学分析研究的最基本单位。由此出发，通过对社会行动系统(文化系统、社会系统和个性系统)的研究到达社会的认识。

这个以帕森斯为代表的结构——功能主义，直接继承和发展了孔德、斯宾塞的实证主义哲学传统，无论从理论观点上还是从研究方法上看，更多的是属于当代的客观主义的唯科学主义思潮。这个学派的观点在西方社会学和社会哲学的研究中占据着统治地位。在它的方法论的影响下，西方社会学和社会哲学在对社会现象进行经验研究上，研制了许多比较先进的操作技术和方法，因而它也推动和指导了西方社会心理学的理论与实验的发展。

三、作为方法论的梅洛-庞蒂的身体论理论

梅洛-庞蒂（Maurice Merlau-Ponty，1908—1961）是当代法国著名哲学家，里昂大学和巴黎大学哲学教授，1952年继柏格森之后取得了法兰西学院的哲学讲席。主要著作是《行为结构》（1942），其中批判了当代各种心理学理论，并对他自己的基本哲学观点作了论述。他最知名的著作为《知觉现象学》（1945）。

梅洛-庞蒂在哲学上走第三条路线。与各种形式的实证主义者和实用主义者有所不同，他不否定思维和存在、意识和物质的关系这个问题本身，不否定哲学应当研究世界的本质和基础，他甚至承认这个问题是哲学的首要问题。他只是反对明确地肯定物质第一性或者精神第一性，认为它们是同时存在的，同样是实在的，它们之间并没有什么界限。

1951年，他在日内瓦的一次讲演中说："20世纪取消了身体和心灵之间的分界线，把人的生命完全看作是精神的和有形体的，总是以身体为基础，也总是……关心个人之间的关系。"[①]这句话涉及了他在社会心理学上提出以身体论作为方法论的根本特点。

在他驳斥了笛卡儿以来的二元论之后指出，人既是物质的，又是精神的实在。作为物质的东西的身体和作为精神的东西的心灵是人的统一的两个不同方面。人的身体不同于其他物质对象，其中包含了精神的东西，而精神的东西也正是存在于身体之

① 梅洛-庞蒂：《符号》，1964年英文版，第226～227页。

中。当人作为主体与其他对象以及世界发生关系时,或者说进行“对话”时,这个主体指的既不是没有精神性的单纯形体,也不是离开形状的心灵,而是指既包含了物质方面,又包含了精神方面的人的身体,即所谓“身体—主体”。作为主体的身体与作为单纯的物质存在的身体是不同的。前者可称之为“现象的身体”(le Corps Phénoménal),后者可称为“客观的身体”(le Corps Objectif)。而只有“现象的身体”才是活着的、经验着的现实的人的身体。至于“客观的身体”只是一种抽象物,一种只有概念意义的存在,“它不过是一种贫乏的影像”。[①] 因此,他坚决反对行为主义心理学对行为的解释。因为行为主义者否定了行为的内在的、心理的意义,把心理活动归结为物理的(生理的)活动。作为主体的行为既不是物,也不是观念,而是一种中性的东西。

怎样理解“身体—主体”的概念呢?他认为必须描述和认识人的意识与行为的结构。要认识这一结构,首先就要描述和认识人的知觉。知觉就是主体对世界的视觉,知觉的世界就是人们所看到的世界。他的这种主张完全是胡塞尔现象学的一种解释和发挥。毫无疑问,走上了唯心主义。这样,他把人与世界、有机体与环境的相互作用的关系问题,完全站在了主观决定客观的唯心主义路线一边。

最后,梅洛-庞蒂指出:“身体论,既非肉体的理论,也非意识的理论,是具体的身体的理论。它是当前之现实的忠实描述而非其他。”[②]他之所以要忠实地描述身体论,就是因为人的社会性是存在于身体之中的。他称之为“带在身体上的社会性”,[③]

① 梅洛-庞蒂:《知觉现象学》,1945 年法文版,第 493 页。

② 梅洛-庞蒂:《哲学家及其影子》,1953 年法文版,第 273 页。

③ 梅洛-庞蒂:《知觉现象学》,1945 年法文版,第 415 页。

这就是他的方法论意义之所在。

四、作为方法论的米德的角色论理论

米德(George Herbert Mead,1863—1931)是美国著名的社会心理学家,曾任芝加哥大学、哥伦比亚大学哲学与心理学教授。主要著作有《意识、自我与社会》(1934)和《行动哲学》(1938)等。

米德最感兴趣的是社会问题,强调社会高于个人。研究个人有机体与他所从属的社会集团的关系,即个人的"自我"和意识同世界和社会的关系问题。他认为,解决这个问题的关键便是分析个人有机体的行为。这种行为不能孤立地考察,因为在每一具体场合都作为某种社会行动的一个组成部分而出现。因此,他把自己的观点称为"社会行为主义"。

在米德看来,个体有机体包括人的有机体在内,决不能与"自我"混为一谈。人只有在开始把自己作为客体来对待时,人才能成为真正的人、个性、"自身"或"自我"。他说:"自我只存在于同其他自我的关系之中。"[①]换言之,个人将自我置于他人的地位上,开始起他人的作用。这一过程在幼儿个性的形成中表现得特别明显。例如,在初期的游戏(play)中,幼儿扮演着自己的父母或医生或厨娘等等角色,后来在有固定规则的游戏(game)中,他所扮演的角色(role-taking)是一般游戏者、队员等。他逐步学会使自己服从集体的要求,习惯于遵守集体所通过的规则。当个人采取了任何一个他人或一个"概括化(一般化)的他人"的立场时,这一过程便告结束。"实际上,只有当他

① A.J.莱克主编:《G.H.米德选集》,1964年英文版,第103页。

在一定意义上将各种角色(他以这些角色的身分与自己打交道)的立场结合起来时,他才能获得个性的统一”。[①] 这就是著名的米德的角色论。

当代美国社会心理学家纳塔森(M. Natanson)在其所著的《现象学与社会角色》一书中,对米德的角色论给予了很高的评价。他指出:“有人认为所谓角色是慢性病理上的东西。其实角色并非只是我和社会界或他人之间的障碍物,角色永远给予我们以成长的机会。由于所谓人们扮演角色,人才成为人。”[②]可见,米德所提出的角色论,对西方社会心理学具有一定的方法论指导意义。

五、作为方法论的行为科学理论

行为科学并不是一般人所认为的是华生(Watson)行为主义理论的延续,而是像米勒(J. G. Miller)所指出的:“行为科学(包括它的理论体系的基础理论)是建立在自然科学之上的。它是自然科学的延续。”[③]行为科学是一种科学上的革命,用库恩(T. kuhn)的话来说,它不仅在范式(paradigm)上进行了变革,而且在逻辑变换上也进行了革命。行为科学坚持:(1)贯彻客观主义立场,对人的行为、行动作客观的分析研究;(2)强调学际性,注重各科学的联系,也包括与诸社会科学的联系;(3)确立综合的体系,致力于综合化,利用先进科学的自然科学,如物理学、化学、分子生物学等等的概念。研究方法基本与这些科学所使

---

① A. J. 莱克主编:《G. H. 米德选集》,1964 年英文版,第 245 页。

② 纳塔森:《现象学与社会角色》,1974 年英文版,第 212～213 页。

③ 米勒:《面向行为科学的一般理论》,1956 年英文版,第 29 页。

用的一样,并采用还原主义。这一科学理论是在1963年由伯莱尔森(B. Berelson)提出的。[①]

社会心理学是行为科学的支柱之一。行为科学家要在社会心理学之内搞多样化。社会心理学家豪斯(J. S. House)根据行为科学的原理,把社会心理学分为三个部分:(1)心理学的社会心理学;(2)象征性的相互作用主义;(3)心理学的社会学。[②] 以上这三个方面都有相应的研究方法:(1)心理学的社会心理学,用实验室实验法;(2)象征性的相互作用主义,用观察法,研究人与社会的相互作用;(3)心理学的社会学,研究巨大的社会现象(组织、社会构造)和个人的心理特性和行为的关系,偏重量的处理方法。

1964年,汉底(R. Handy)和库尔兹(P. Kurtz)提出了行为科学的五个准则。

(1)实用准则:行为科学的研究成果,注重效率和经济。

(2)行为种类准则:研究的焦点是行为的种类。例如:言语行为、政治行为、经济行为,这也叫做整合准则,把各式各样的行为相互联系起来进行研究。

(3)行为水平(level)准则:生理学家研究细胞、器官或者有机体的水平;心理学家研究个人行为的水平,着重点不在与社会的相互作用的研究上;社会学家研究集团或社会制度的水平;人类学家必须注重遗传问题的研究。

(4)使用同样的方法准则:行为科学不着重于研究对象,而着重于研究方法。行为科学于不同的科学领域使用同样的方

---

① 伯莱尔森:《行为科学导引》,见《今日的行为科学》,1963年英文版,第2~3页。

② 豪斯:《社会心理学的三个方面》,见《社会测量》,1977年,第40卷,第2期,第161~177页。

法。而统计学的方法不能只作为心理、经济、政治和人类学共有的方法,它要求各门科学都要促进其发展。

(5)共同的问题准则:实际的研究水平是各领域共同的问题,如犯罪问题,社会变动问题。要提出反面意见或方法,使行为科学成为新的政策科学。

这种行为科学的理论、方法和实践,成为推动今天欧美社会心理学的一种动力,产生了不小的影响。它有把心理学和社会心理学统称为行为科学之势。

六、结语

所谓方法论,从根本上说,就是这门科学研究最高的或原则性的指导思想。一门科学的这种指导思想就是要指明这门科学为什么要研究,研究的领域和范围,而尤其重要的是怎样去研究。当然,科学的这种根本的指导思想,是和从事科学研究的人养成的世界观密切结合在一起的。一个人的世界观又和他在一定的社会条件下所形成的基本立场有不可分割的联系。有了一定的立场,就有一定的看待事物的观点;有了一定的看待事物的观点,就有一定的看待事物的方法。一个科学家的这种立场、观点和方法就构成他相应的世界观,也就构成他的科学家的方法论的基础。

科学家的世界观不外有三种:唯物主义的世界观、唯心主义的世界观和二元论的世界观。而作为一个科学家,只能是一个唯物主义者,抱有唯心主义世界观的人不可能得到科学的认识。至于具有二元论世界观的人,则有一半是唯物主义的。这样的科学家是有的,而且还大有人在。由于科学家世界观基础的不同,所以他们所使用的方法也就有所不同。因此,具体到研究社会心理学的人，他们不是唯物主义者，就是唯心主义者或者二元论者。如果是唯心主义者或二元论者，其研究结果就容易有意或无意地滑到唯心主义或二元论和形而上学方面去，这是必然的、合乎事实的。

本文所论述的五种支配现代和当代社会心理学的方法论理论，如：希尔巴哈的全球性理论的实质是历史唯心主义的；韦伯和帕森斯的社会哲学的理论是实证主义的；梅洛-庞蒂的身体论的理论实质是实在主义和现象学的；米德的角色论的理论实质是机能主义与行为主义，是新实在论的主观唯心主义；行为科学注重自然科学和量的处理方法是机械唯物主义的。所以，它们都不能对社会心理学的发展有着强大的推动和影响。这是引以为戒的经验教训！

为了使社会心理学完全科学化，使它发展为成熟的科学，我国的社会心理学工作者就必须在方法论上全面接受和贯彻辩证唯物主义和历史唯物主义的思想指导。这是必须采取的、也是必定要采取的方法论的最高原则。

（1992年9月，未发表）

跨文化心理学的新动向

跨文化心理学是建立在心理的跨文化比较方法之上并探求群体心理行为差异与相似的一门学科。它发端于20世纪初，形成于70年代。近二十年来获得了长足的发展，被认为代表了心理学未来的主要方向之一。

一、跨文化心理学的现代概念

跨文化心理学有一个有代表性的最新定义，是在1989年由加拿大皇后大学贝里(Berry)教授等人提出的："跨文化心理学研究各种文化和民族群体中个体心理的社会功能上的相似与差异。它试图找出：(1)个体水平上的心理变量与；(2)群体水平上的文化、社会、经济、生态及生物学变量之间的系统的相互关系，并且考察个体对上述群体水平变量的变化的实际体验。"①

从这一最新定义中，可以看到跨文化心理学领域的延续性及其变化。首先，对个体心理及社会功能之文化差异的研究持续不衰。但相似性，即人类心理的普遍性(universal)正越来越成为中心课题。对变异性与一致性的关注，对立统一地存在于整个跨文化心理学研究之中。

---

① C.卡吉塞巴西等：《跨文化心理学：当前的研究和趋势》，见《心理学评论》，1989年英文版，第40卷，第493～531页。

其次，上述定义中包含了民族群体的概念。这体现了近年来对多元文化社会中、至少部分地保持独特的那些文化群体进行跨文化比较研究的兴趣。民族心理学的兴起，带来了理论及研究方法上的许多变化。

第三，跨文化心理学的核心内容仍然是个体行为的社会文化度量，但人们越来越多地强调应从最广泛的生态学环境（包括生物变量）的角度来理解行为。

第四，跨文化心理学已不再仅仅满足于找出行为与文化的某些客观特征之间的相互关系，而更倾向于了解个体对群体水平诸变量的实际体验，具体表现在两个方面：(1)试图评估个体身处特定文化活动中的实际过程，以及从中学习的机会。(2)努力理解所研究现象的本土(indigenous)概念与认识。

上述定义中所包含的最后一个变化，是从横向、静态转向纵向、动态的角度，来理解行为—文化关系，考察个体对文化迁移适应(acculturation)及社会经济因素导致的环境变化的适应过程。

上述几方面高度概括了跨文化心理学领域的变化及其方向。但不同研究者对某些问题的观点仍迥然相异，其中分歧较大的基本问题有：emicetic 途径，比较的层次，个体反作用于文化的问题，本土研究的不同定向等。

二、关于知觉与认知的研究

对知觉的文化差异比较和智力测验的跨文化应用，是跨文化心理学的最早研究领域。20 世纪初至 70 年代，心理测验在异族文化中的应用经历了数代人的漫长研究过程。这是跨文化心理学早期的基础工作，而知觉方面的研究多为比较不同群体的FD/FID。近年来已把这些研究融合在认知的跨文化比较中。关于认知测验的跨文化应用,主要的问题仍然是测验分数的所谓结构意义(construct-referenced meaning)和标准意义(criterion-referenced meaning)或描述意义(descriptive meaning)问题,即跨文化结构效度问题。

当前关于知觉与认知的研究趋势有:一是将跨文化领域的理论和经验性工作与认知—加工及心理测量的实验室工作相结合;二是在跨文化心理学工作应用于教育、工业和发展问题方面,出现了许多开创性工作。

值得注意的是,近年来对东方文化群体的认知研究迅速增多,如对日本人的能力与成就,认知加工方面如对中文阅读眼动,中国人的数字记忆与存储,正方形知觉的建立与学写日本汉字的关系等研究。这些研究试图将语言的具体特征(手迹、词长、书写方向等)和文化的具体特征(如算盘的使用,心算训练等)与一般知觉与认知能力联系起来。

本领域总的经验与趋向是:详细考察知觉和认知的文化变量,理解这些因素如何能够通过社会化和成熟过程而影响知觉与认识的发展。

近年来,鲍丁格(Poortinga)等人以脑电、唤醒电位等生物学指标为基础,比较不同文化的认知操作水平,以此作为跨文化可比性的一个基本条件。

三、关于社会心理学的研究

当前流行的认知社会心理学(cognitive social psychology)的基本元理论特征(metatheoretical features)是其个体主义的自然科学倾向。个体认知加工理论以全人类普适性作为前题假设，没有考虑文化界所界定的定义，因而无法有效地解释跨文化研究的发现。

雅霍达(Jahoda)根据跨文化研究材料指出，社会心理学对所谓自然“法则”或“过程”的研究，实际上是受特定文化局限的(大多是美国或西方文化)。派皮顿(Pepitone)强调，除非社会心理学理论立足于机体生物学或人类共同的生态学及社会结构特征之上，否则其跨文化的普遍性便不能予以接受。徒纳尔(Turner)进一步提出了社会认同理论，作为一种非还原主义的交互作用研究，以取代社会心理学的个体主义元理论。邦德(Bond)总结了跨文化研究和社会心理学主流工作在这方面的主要努力。近年来，研究较多的领域有：人际关系、归因理论和社会知觉理论。

四、关于人的发展理论的研究

作为研究儿童发展文化建设的一个理论框架，沙波(Super)和哈克奈斯(Harkness)提出了“发展的小生境”(development niche)的概念(类比于生物学的“生态学小生境”)。它由三种成分组成：物理的及社会的环境，儿童照料和养育，照管者心理学。小生境中的内稳态机制以适应于儿童发展水平和个体特征的方式协调这三个亚系统，这些亚系统也与更大的文化与生态环境相互作用。遵循这一观点，达森(Dasen)提出了一个研究人的发展的新范型，以处在发展中的有机体与“环境”的交互作用为分析的单位。罗沟夫(Rogoff)提出了一个类似的交互作用的认知发展理论。他认为：(1)文化与行为(或思想)并不是相互分离的而是交织在一起的变量，反对将文化作为一个独立变量；(2)儿童的社会化是由儿童与成人共同调节的。这类跨文化概念模式有助于澄清人的发展的复杂过程,并可提供第三世界国家共同需要的文化适宜性政策指导。

近年来儿童社会发展的跨文化研究的课题有:寻求帮助行为;儿童—双亲对偶行为的因素结构;儿童对成人准则的理解;母亲调节儿童行为的策略以及一项著名的关于攻击性的时间稳定性的五国纵向研究。

另外,对科尔伯格(Kohlberg)的道德发展阶段假说,有几项跨文化检验工作。斯纳雷(Snarey)对二十七个文化区域的四十五项研究的批评性回顾,支持了科尔伯格的理论。

其他的跨文化的发展研究还有霍夫曼(Hoffman)的九国"儿童价值观"研究以及毕生(Life-Span)的发展研究、双亲价值观、家庭与家庭变迁等的研究。

五、关于个人主义与集体主义维度的研究

作为文化和个体水平双重变量的个人主义与集体主义(individualism-collectivism)维度,20 世纪 80 年代迄今受到广泛的研究,出现了多种理论概念。常见的有:个体水平的自我中心—他人定向(idiocentric-allocentric),自我中心—社会群体中心(idiocentric-sociocentric),个体忠诚性与团体忠诚性(individual/group loyalty),联系型—分离型文化(culture of relatedness/separateness)。个人主义文化和集体主义文化中的被试,分别具有个人主义的和集体主义的价值观和行为,这种差异也反映在其他心理过程和行为上。如学习和强化,社会知觉等等。比如,中国被试强调公共情感、社会有用性和对权威的接受,而澳大利亚被试则崇尚竞争、自信心和自由。集体主义文化中的社会闲散现象因其"群体定向性"而少于个人主义文化。

美国人比日本人更多地采用个人的应对机制。一项关于合作—竞争维度的研究表明,越是密切网络的社会环境(如农村地区、不发达国家以及崇尚相互联系的文化),个体的合作取向越强。

六、本土心理学运动

跨文化心理学目前有两种明显对立的趋向:一方面,不同文化对自身心理现象的对立的深入研究,导致了本土心理学(indigenous psychologies)观点的产生;另一方面,从寻求人类普遍性的角度来研究人类心理现象多样性的兴趣与日俱增。本土心理学的发展一直是近年来的一个重要运动。许多特定文化的心理学史专著,以及对当前各国地区心理学家活动的评述,如鲍里克(K. Pawlik)的《国际心理学家名录》(1985)和盖尔根(A. R. Gilgen)等描述 30 个国家自 1945 年以来的心理学发展状况的《国际心理学手册》(1987),还有大量的文章,为本土心理学提供了广阔的视野。同时还有较具体领域的工作,如本土认知、抑郁的本土观念等。一些研究者努力从本土文化心理学的各个领域中排除所有外来文化的优势影响,而另一些人则从研究特定文化的某些突出特性出发,白手起家地来建立本土心理学体系。

七、关于工作与组织心理学的研究

自 1980 年霍夫斯太德(Hofstede)关于工作价值观的研究以来,对组织行为的文化解释日益流行。社团文化(corporate culture)的概念已经取代了先前社会心理学关于组织功能方式及其相互间差异的理论。大量经验性研究对具有广泛差异的管理方式进行了比较，如对太平洋盆地商业至关重要的东西文化差异的研究。猜木盆那尔斯(Trompenaars)提出了两种对立的典型的理想性组织结构概念体系，以合成、直觉和情绪为基础的“gemeinschaft”(集体)样右半球脑型和着重分析与逻辑推理的“gesellschaft”(社会)样左半球脑型。在所研究的十个国家中，美国人位于左脑型的顶端，瑞典人和荷兰人紧随其后；委内瑞拉人则居右脑型一端，新加坡人、意大利人和西班牙人依次接近。哥里费斯(Griffeth)等采用多变量群簇技术(multi-variate clustering)对十五国的管理者的态度和知觉进行了分析，区别出了一个盎格鲁文化簇(包括荷兰)和一个拉丁欧洲(包括希腊)文化。

上述研究多采用西方的工具检验其效度。孟罗(Munro)则提出了一种非结构性调查法，以取代西方的工具，用于揭示工作价值观的本土心理构造。

这方面的工作，既有直接的现实作用，又对探索不同文化群体心理结构的本质差异与相似性具有潜在意义，因此是当前跨文化心理学研究中的一个热点。

八、关于民族心理学与文化迁移适应的研究

近年来，心理学对民族群体、移民、难民以及多元文化社会中的土著人民的研究数量大增。这既是多元社会中各种群体的政治愿望变化的反映，也是移民和难民问题日益突出的结果。首先，多元社会中的某些群体已不再被看作是从居“主流”(mainstream)社会外缘的“少数民族”或“边际”(marginal)群体，而逐渐从人类学的角度将其视为文化上有别的群体。理论上的这一重新取向具有方法论意义。在研究设计中，必须对这

类群体给以充分全面的考虑,从其自身的观点加以理解,并给予与其他群体等量的研究时间和力量。

另一项理论的发展是从"同化"(群体被吸收)转向"适应"(adaptation)的观点。适应意味着除同化之外还包含多样性的变化,如整合(integration)、分离(separation)和边际化(marginalisation)。因此,必须创造新的工具以测量这些替代同化的概念。

最后一项理论性变化是将文化迁移适应作为一种随时间推移而导致不同心理后果的动力学过程来考虑。在方法学上,这意味着从横向研究转向纵向研究。在纵向研究中可对个体的身份同一性(identity)、价值观以及行为的变化进行观察,并可能对文化迁移适应过程的普遍规律作出描述。

相当一部分有关文化迁移适应群体文献的核心课题仍然是心理卫生问题,尤其是"文化迁移适应性紧张状态"(acculturative stress),其流行的说法为"文化休克"(culture shock)。它是指经历文化迁移适应过程的个体中常见的,但并非必然的一类表现。

其他如难民心理问题,关于寄居人员(sojourner)的研究等,均反映了世界文化相互交往增多所带来的现实问题。

除上述八种领域外,跨文化心理学近年来发展较快的领域还有跨文化比较方法及方法学,生物学特性,人格,性格,心理卫生与治疗的跨文化比较,与跨文化心理学有关的双语研究(billingulism)、文化间互动与传播(intercultural interaction and communication)以及对社会心理学的跨文化的挑战等。

参考文献

1. C. Kagitcibasi，J. W. Berry：Cross-Cultural Psychology：Current Research and Trends. Annual Review of Psychology，1989. 40:493—531.

2. H. C. Triandis et al. Handbook of Cross-Cultural Psychology. Boston：Allyn & Bacon，6. Vol. 1980.

3. Y. Poortinga，R. MalPass：Making Inferences from Cross-cultural data. In Lonner & Berry eds. Field Methods in Cross-Cultural Research. Beverly Hills：sage. 1986.

4. R. Pawlik：International Directory of Psychologists. Amsterdam：North-Holland. 1985.

5. A. R. Gilgen：International Handbook of Psychology. London：Aldwych Press，1987.

6. Journal of Cross-Cultural Psychology. Vol. 20. No. 4. Dee，pp. 434～439. 1989.

（《心理学探新》，1992 年第 1 期）

跨文化心理学研究的几个理论问题[①]

确切地说，跨文化心理学是由一大类建立在比较文化方法基础上的心理学研究所构成的一个领域，它的所谓理论问题，主要体现为对心理学的比较文化方法和方法论课题的理论思考。

跨文化心理学的方法来自两个方面。一是人类学、社会学、政治学等学科比较方法的借鉴与移植，二是传统心理学方法的跨文化改造。大部分的研究者对这种借鉴移植与改造过程中的理论问题的观点，只是或隐或显地散在于各自的跨文化心理学研究中，很少有建立统一的理论框架的尝试。目前较为突出、争论较多的有如下几个方面：关于"文化"的概念，跨文化心理学的研究层次和焦点，考察差异与寻求相似两种途径的意义及其关系等。

一、关于文化的概念

跨文化心理学实质上是一种比较人类不同群体心理现象异同的研究，因此从理论上讲，凡可能造成人类群体心理—行为差异的一切方面，均在比较之列。在此意义上，跨文化心理学中的文化概念，应是一种最广义的人类环境。从目前研究所及可见，包括自然地理特点、生态环境、社会经济条件、生产

① 王太平为本文的第二作者。

生活方式、传统习俗、宗教、语言、以及民族、人种和人类生物学特征等方面。这实质上是一种扩展了的人类学或文化人类学的文化概念。

这种文化概念的借鉴,是一个必然过程。心理学在对文化的研究中,首先面对的便是如何认识与理解自身及其他文化的问题。在这方面,人类学提供了现成的方法。跨文化心理学最初发端于心理学与人类学的结合,就体现了这一点。在主要的跨文化心理学方法文献中,文化人类学的各种方法都占有重要地位。

但人类学的文化概念并不能完全涵盖可能造成人类心理群体差异的一切要素,而且也不适合心理学的经验性研究。因而,近年来一些研究者试图将文化作为跨文化心理学研究的“母体”(universe)进行心理学化的概念操作。这方面的工作可分为两种趋势。

一种趋势是从多学科的角度概括出造成心理差异的各类范畴,如伦纳(Lonner)从生物学、语言学、人类学、心理学的角度提出了七类被认为适于解释所有文化行为的范畴,作为跨文化心理学的研究实体。另一个方向,是根据心理学经验性实验研究的原则,从心理差异的一切可能原因中归纳出可进行跨文化心理学经验性证伪的操作化的研究实体,如波尔廷加(Poortinga)等根据三个标准提出的八种跨文化研究实体。这些研究实体更符合实验研究设计和检验原则。

在具体的研究方法上,如何处理“文化”这一造成人类群体心理差异的原因,存在两种不同的途径。

一种途径是将文化作为自变量,心理为因变量。个体对这些自变量的文化体验,可看作是实验意义上的处理条件。这是跨文化心理学中最常见的方法。另一种对立的观点,认为“文化"是不可避免地网织在一个人的心理结构之中的因素。这意味着文化不仅是一个人类学、社会学概念,它同时也是一个相应的心理学概念。文化体现在个体的行为—心理之中。是一个变量间存在的复杂相关系统,而不是各种处理条件件的集合。

上述种种对"文化"的认识有一个共同特征,即将文化看做一种静态的、单向地影响着个体心理—行为的因素。对此有人提出,跨文化心理学研究应将文化看作一个变化过程,研究个体对变化着的文化的体验及其在这一过程中的发展,以及个体活动对文化的反作用过程。

目前,"文化"问题仍是困扰着跨文化心理学研究的主要问题。但也有人认为,所谓文化问题,只不过是一个"确定自然的和人造的环境中确实影响着人类行为的各种因素"的问题。

总体上看,跨文化心理学关于"文化"的研究正试图构造其自身的对"文化"这一造成人类行为—心理差异的研究对象的概念。有的学者建议采用其他更合适的概念如人种(race)来取代"文化"这一宽泛的术语,或许跨文化心理学最终将不再采用"文化"这一含混不清的概念术语来表示造成人类不同群体心理差异的原因。

二、跨文化心理学研究的焦点与层次

在跨文化心理学这个宽泛的大主题之下,不同的研究者所注目的研究焦点与层次多种多样。这首先反映了各自对"文化"概念的认识不同,同时对"心理"研究应包括哪些范畴也看法不一。这种研究焦点与层次的不同体现在许多方面。

首先,目前研究所涉及的对象大致可分为三类。第一类是个体的外显行为、活动,第二类是个体社会关系与交往,第三类则是较深层次的个体心理机能特征。这几类研究在跨文化心理学中均有大量实例，还体现为一种不同的层次。目前大部分的研究者已不再将行为的表面异同作为研究的重点，而倾向于在此行为表面现象之下的个体心理机能及其社会功能性意义。这应是跨文化心理学的主要研究层次。

与此有关的一个问题是，对一项跨文化心理学研究的结果，即不同人群的心理—行为的差异或相似性，可以从多种角度加以解释。其原因可能是文化特异性经验，也可解释为心理特质的结果，还可以有其他阐释。这体现为一种研究实体的“包容性”(inclusiveness)水平。这种包容性水平对研究设计，尤其是对结果的解释与推论是至关重要的。

埃肯斯贝格尔(Eckensberger)将跨文化心理学研究概括为五种理论模式，其中第二种模式研究环境与行为变量之间的因果关系。这是跨文化比较研究的根本目的。但是他认为跨文化心理学研究局限于这一模式的一个严重缺陷是，作为人类行动的产物和行为改变的相伴物的文化及其变迁问题没有得到考虑。因为跨文化心理学研究应当解释有机体的发展、文化环境与个体行为间的辩证关系等。这实质上是跨文化心理学研究范围的扩展与抽象水平的提高，这种扩展与抽象化倾向于超出心理学经验性检验的框架。

从经验性心理学研究来看，跨文化心理学的研究对象，实质上是一种多层次的研究实体问题。波尔廷加(Poortinga)和马尔帕斯(Malpass)对目前跨文化研究的分类可作为一种代表性的观点。分类的条件有三个：(1)所比较的对象是跨文化同一性实体还是成分不同的文化特异性现象(identical or nonidentical universe)；(2)所取样本是代表性的还是选择性的(representative sample or selected elements)；(3)研究的焦点是内在心理特质还是外在行为表现(attributes of behavior or repertoire of actions)。由这三种条件可组合构成八种跨文化研究实体(见表一)。

其中C类类似于成就测验。C类实际上属不可比现象,H类是对所谓"假设构造"(hypothetical constructs)的比较。大部分的跨文化心理学研究属此类范畴。此类研究有一些共同特点。(1)以某种"假设构造"作为所研究各文化的共同比较量表;(2)采用某种测量程序从各文化中得出一个观察的变量量表;(3)在"假设构造"量表与观察分数量表之间存在一个转换函数关系(transformat on function)。跨文化心理学的研究设计、测量工具的使用、结果的解释都体现在上述三个特点之中。

从客观的人民生活水平分析检验的可行性来看,跨文化心理学中的各种比较的对象可归为下列四种,按其可检验性水平由低到高排列为:(1)概述性实体,即较高抽象水平的理论性陈述;(2)弱检验实体,是指那些构造效度已在不同文化中证明了的概念;(3)强检验实体,这类概念有某个等距(interval)量表,该量表可对某文化内不同情况下测量结果的差异进行跨文化的比较;(4)严格检验实体,即可用一个同一性量表(identical scale)进行跨文化比较的概念。

这种从心理学经验性研究的原则出发,界定跨文化心理学研究的复杂性水平,确定研究焦点的初步工作,是跨文化心理学理论和方法发展的一个主要方向。

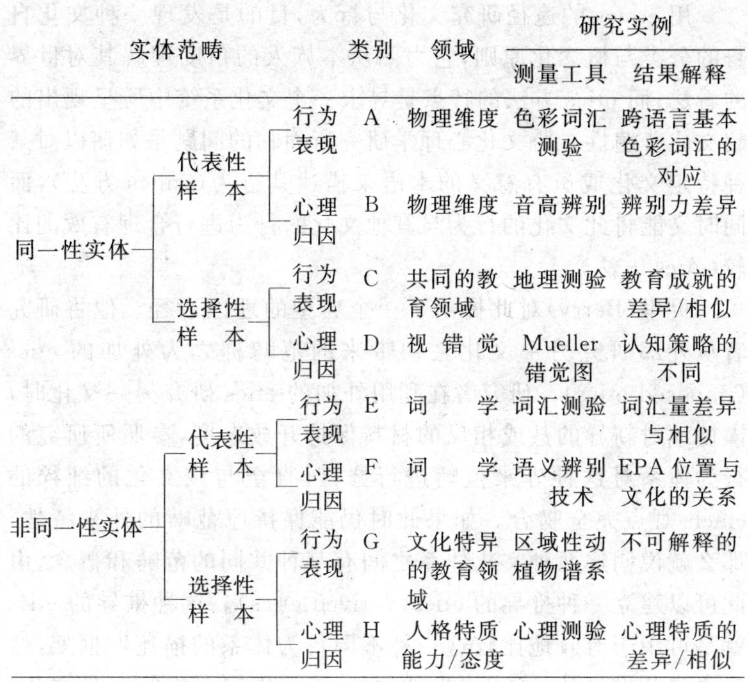

实体范畴		类别		领域	研究实例 测量工具	 结果解释
同一性实体	代表性样本	行为表现	A	物理维度	色彩词汇测验	跨语言基本色彩词汇的对应
		心理归因	B	物理维度	音高辨别	辨别力差异
	选择性样本	行为表现	C	共同的教育领域	地理测验	教育成就的差异/相似
		心理归因	D	视错觉	Mueller错觉图	认知策略的不同
非同一性实体	代表性样本	行为表现	E	词学	词汇测验	词汇量差异与相似
		心理归因	F	词学	语义辨别技术	EPA位置与文化的关系
	选择性样本	行为表现	G	文化特异的教育领域	区域性动植物谱系	不可解释的
		心理归因	H	人格特质能力/态度	心理测验	心理特质的差异/相似

三、差异与相似及其关系

跨文化心理学的早期工作大都侧重于比较不同文化个体在心理—行为上的差异。近年来,强调探求人类文化心理相似与普遍性的工作越来越多。

比较差异和寻求普遍性的工作,对跨文化心理学研究来说都是不可缺少的。但从研究定向来看,它们具有不同的意义。在跨文化心理学文献中,差异与相似的问题根本体现为所谓emics与etics两种研究方向的问题。

用 emics 的途径研究文化与行为，目的是发现一种文化自身的分类与概念化原则，它力图从本族人的角度理解其对世界的看法；而 etics 方法的特点是寻求一个文化系统中所呈现出的超文化普遍性。跨文化心理学研究所面临的问题是如何以对某种特定文化成员有意义的术语来描述其行为（emics 方法），而同时又能将此文化的行为与其他文化的行为进行合理有效的比较（etics 方法）。

贝里（Berry）对此提出了一个典型的理论途径。他将研究者从外部研究另一文化之初带来的范畴称之为外加的 etics（imposed etics）。研究者在利用外加的 etics 研究另一文化时，谨慎地对新异的甚或相反的材料保持开放态度，参照所研究的行为体系对这种外来范畴进行修订，直至与该文化的纯粹的 emcis 观点完全吻合。如果此时仍能保持原范畴的外来特性，那么就说明这两种文化体系之间有某种共同的范畴和概念，由此可以建立一种推导的 etics（derived etics）。这种推导的 etics 就是可用于有效地比较这一种不同行为体系的描述性框架，然后再将此推导的 etics 作为外加的 etics 用于研究第三种文化。重复上述过程，便可得出适用于三种文化的推导的 etics 框架。对所有可比较的行为体系重复此程序，就可以得到对最初那个特定行为体系的超文化普遍性的描述。

有人认为 emics 与 etics 都是跨文化心理学的基本分析层次，并不是对一种材料的截然两分，而常常代表了从两种不同的角度对同一材料的观察。但在实际研究中，极端侧重 emics 的途径，往往导致文化相对主义的观点，认为对一种文化现象的研究只能以其自身的术语进行。而强调 etics 途径，则表现为一种寻求人类心理普遍性的立场（universalist's point of view）。

近年来有研究者用文化普遍性和特异性（universalcultural-specific)来代替 emics 与 etics。

另一种值得注意的观点认为,差异与相似是一个维度的两极。在此维度上,可以表示出不同文化群体的心理材料之间的不变度(degree of invariance)。

关于文化差异与相似的关系,有人提出了另一种理论上的可能性,即存在着文化特异性行为,数种文化共有的特点,以及真正的全人类普遍性心理规律。

跨文化心理学的差异与相似性问题,还表现在对比较研究结果的解释上。对差异的比较研究,其结果不外两种,即“不同”或“相似”的值。

比较若得出显著差异的值,则可能意味着可以排除虚无假设,从而证实所预期的差异。但在这之前,须排除其他误差的可能作用。

若结果为相等或近似的值,则可能同时意味着:(1)分数变量恰好反映了不同文化中的相对应的行为方面;(2)所比较的文化在某一测量量表上占据同一个位置。

有人认为,如果在比较研究设计中先验地确定某项统计检验结果应为相等的值,那么若该研究结果没有发现差异的话,即可说明群体间存在某变量的相似性。证明群体间不存在差异的最重要证据,是某种变量分数的分布呈现相当的重合(overlap)。目前,越来越多的人认为,试图证明不同文化间不存在差异的研究比寻求差异的方法更富有成效。也就是说,跨文化心理学的主要目的应为寻求跨文化的相似性与普遍性而不是比较差异。

四、跨文化心理学的两种基本趋向

体现在上述理论问题中的各种观点，可以归纳为两种不同的研究趋向，亦即跨文化心理学研究的两种立场和态度——扩展与改造跨文化心理学的愿望和以实证主义的经典心理学实验原则来界定跨文化心理学研究的努力。

扩展工作体现在埃肯斯贝格尔对心理学研究的模式划分及其引进文化变迁和个体行为反作用等观点；采用更为抽象的理论概念解释不同文化特异性行为；以及从多学科的角度界定跨文化心理比较研究的实体等。

而更为彻底的改造以强调 emics 途径的激进文化相对主义为代表。本土心理学的兴起，反映了各文化体系试图建立自身心理学体系的努力。一些研究者认为这种观点可能导致心理学分裂为无数互不相关的"独立的心理学"，而一个统一的全球性心理科学将不复存在。

与上述趋向相对立的，是试图将跨文化心理学研究纳入经典的经验性心理学范畴和体系之中的努力。前述关于比较研究实体的分类、研究焦点与层次的界定，以及从研究结果统计检验的角度考察相似与差异的问题等工作，体现了这种努力。这实质上也是一种有限意义上的改造。因为心理学面对跨文化比较这一新的课题，改造与发展是不可避免的。

体现在跨文化心理学研究理论问题中的两种趋势，已逐渐演变为本学科发展的两个不同方法。跨文化心理学的未来在很大程度上取决于这些理论问题的发展与演变。

（《心理学探新》，1990 年第 3、4 期）

消灭意识，还是保卫意识

"在目前时期，在科学、哲学和艺术领域中，马克思主义者同马赫主义者的斗争已经居于首要地位。如果闭眼不看这个有目共睹的事实，那至少是很可笑的"。①

——列宁

一

"物质消灭了"，"意识消灭了"。——这两个口号是20世纪初马赫主义向物理学和心理学进攻的基本战斗口号。特别是由于马赫主义向心理学的挑战和渗入，心理学的危机就变得极端尖锐了。

在当代的欧洲和美国的心理学中，消灭意识是朝着两个基本方向进行的：一些资产阶级的心理学家企图证明，意识是一种愚昧无知的非理性的心理力量，它好象是宿命地预先决定了人的生活和思想意识的；另一些人则坚决否认人的意识的存在，在这里，人的生活、工作、学习和活动的内容失去了意义，而人本身则被解释为对外界刺激盲目反应的机械人。他们的这两种极端错误的论调，归根结底都是马赫主义的创始者马赫本人的心理

---

① 《列宁全集》，第16卷，人民出版社，1959年4月第1版，第201页。

生理学的“人是机械”谬论的翻版!

现在就来透视一下这批人的活动情景。在这个消灭意识的逆流中,在美国首先推动这个逆流前进的是詹姆斯。他在1905年出版的纲领性的论文《意识存在吗?》一文中,把意识解释为要素的某种结构,而这些要素就自己内部的本性来说并不包含任何意识的、精神的、心理的东西。这样,意识就在经验的内部跟未被意识到的实在区别开了。所以詹姆斯说,毫无疑问,“意识消灭了”。

其次,推动这个逆流最起劲的就是在1912年出头露面的华生。他的行为主义通常被认为是资产阶级心理学的现代危机最明显的代表。他提倡要把心理学变成自然科学,并用它去研究行为,即有机体对外界环境刺激的反应,以代替意识,从而彻底地消灭意识。

紧跟着摇旗呐喊的就是一直延续到今天的所谓新行为主义者,如:拉施里、亨特、魏斯、托尔曼和斯金纳等人。他们都是把意识、心理的东西,庸俗而机械地归结为物理的东西。他们一致主张要彻头彻尾地拥护詹姆斯和华生的关于意识必定消失的谬论。

同时,实用主义者杜威和麦德也追随马赫主义,强调“意识、精神是借助于符号机能而被规定的”,因此说,意识像幻影般地消失了。

在英国,首先推动这个逆流前进的是罗素。他在1924年出版的《心的分析》一书中,积极发展马赫主义的论题:物质和意识是由同样的材料构成的。并且他在对布伦塔诺和麦农的批判中,想借助于消灭“意动”而把心理的内容跟主体分开,并用这一点来消除意识和客体之间的差别,从而消灭意识。

在法国,当代心理学上最有影响的则是杜尔克姆和勃朗德尔。他们在当时消灭意识的逆流影响之下,也错误地强调“意识是自然而然地形成的,因而也是不可能为科学所认识的”。不仅如此,勃朗德尔更为露骨地认为:研究个体心理的心理学的真正客体,应该用排除意识的方法来加以恢复。结果,在他们那里,意识也被消灭了。

在德国,在马赫主义产生的故乡,从冯特开始一直到今天的西德,一百多年来心理学上关于意识的研究销声匿迹了。作为实验心理学的奠基者冯特,到了20世纪初,完全接受了马赫主义关于心理学和生理学都是研究同一经验而是角度不同的论点,毅然取消了意识的研究。

以后,经过马赫、阿芬那留斯、艾宾浩斯、斯顿夫、米勒、布伦塔诺、麦农、屈尔佩、科尼立阿斯一直到今天的西德,认为心理学的研究对象是各式各样的经验而不是意识。

西德大部分的心理学家认为,布伦塔诺的再传弟子科尼立阿斯的主张是经典性的,因此完全同意了科尼立阿斯所谓的“心理学只能是经验科学”①的论断。足证马赫主义的心理学思想影响之大。

那么,为什么这股马赫主义的“意识消灭了”的逆流这样强而有力呢?为什么意识心理学为那么多的资产阶级的心理学家所厌恶呢?从形式上来看,是令人诧异的,但从实质上来看,是没有什么令人奇怪的。这充分表明了,这是一直到今天在欧美所展开的思想斗争和政治斗争的必然产物;同时也表明了现代资产阶级心理学正处在危机中,其主要原因是它已经变成了政治工具。他们企图运用这一工具来破坏马克思列宁主义关于意识的学说,即意识反映世界、并通过实践改造世界的学说。

---

① 劳肯与奥古斯特:《心理学研究引论》,1978年德文版,第17页。

这是最后的斗争！我们必须为反对消灭意识为全力保卫意识而进行不懈的斗争。

二

针对国际上心理学战线的这种形势，我们的口号是：保卫意识！那么，我们应该怎么做呢？毫无疑问，我们就是要用马克思列宁主义和毛泽东思想这个战无不胜的武器，认真、具体、踏实而深入地去进行意识的研究，把意识心理学的体系建立起来，使它能为建设四个现代化的社会主义祖国作出贡献。

因此，保卫意识的第一件工作就是要把意识的本质揭示出来。

什么是意识？这个问题是近百年来哲学和心理学上的难题，使许许多多的哲学家和心理学家费尽了心思。又由于研究者的观点与立场的不同，使意识的解释得不出统一的意见来。例如：康德认为"意识是纯粹的先验的统觉"；黑格尔认为"意识是对自我的反思"；休谟认为"意识是一簇表象"；冯特认为"意识就是统觉"；齐亨认为"意识是心理"；舒佩认为"意识是直接给予的东西"；尼采认为"意识是不自觉的冲动和力量"；詹姆斯认为"意识是心理体验的总和"，等等。这些资产阶级的哲学家和心理学家对意识的看法，都是从意识是关于自我、关于精神的内在的自我这一直观出发的，都没有揭露出意识的本质究竟是什么。

意识这个字就其词的本义而言，含有存在的知识或对存在的认识之意。马克思早在1845年所写的《德意志意识形态》一书中就把意识的本质揭示出来了。他说："意识(das Bewusstsein)在任何时候都只能是被意识到了的存在，而人们的存在则是他们的实际生活过程。"[①]多年来，由于人们对这个辩证唯物主义的基本原理没有达到科学的理解，以致直到今天心理学上的这个关键性问题未能获得令人满意的解决。

那么，应该怎样来理解意识就是"被意识到了的存在"呢？

在马克思看来，意识就是存在的一个形态、一种特性，它之所以不同于其他的存在形态，就在于它是意识。性质不可以说明，但可以被经验出来。我们从经验出发，得知"在意识中"即"在意识到了的存在中"，含有主观和客观的区分，有思维和存在、形式和内容、现象和本质、属性和实体、特殊和一般之间的对立和矛盾。由于意识中含有这样一系列的对立和矛盾，那么我们就可以理解到意识具有概括对立和矛盾的能力。这也就是说这种能力既能概括相异的东西，又能加以区分。因此就可以断定意识就是概括的能力，同时也是区分的能力。简言之，也就是分析综合能力。再具体地来说，意识就是理解的能力或称之为认识的能力。而对这种能力的研究就成为心理学的责无旁贷的任务。

可是，又应该怎样来理解马克思所说的"人们的存在就是他们的实际生活过程"呢？

这就是说，存在决定意识、社会存在决定社会意识。人的意识的产生是和他们的实际生活过程密切联系着的，没有一定的客观物质或是物质环境，意识就不会在人脑中产生。因此，恩格斯非常明确地指出："我们的意识和思维，不论它看起来是多么

① 《马克思恩格斯选集》第1卷，人民出版社，1972年5月第1版，第30页。

超感觉的，总是物质的、肉体的器官即人脑的产物。”[①]列宁也说：“感觉的确是意识和外部世界的直接联系，是外部刺激力向意识事实的转化。”[②]还说：“意识是自然过程在思维着的头脑中的反映。”[③]由此可见，马克思对意识的这种看法是：“以现实的、活生生的个体本身为出发点，并把意识仅仅当作他们的意识来考察的。”这就是说：“不是意识决定生活，而是生活决定意识。”[④]心理学上就因为有了马克思、恩格斯这一唯物主义的理论，而使列宁构成了心理学上的反映论的思想，而这一思想的基本核心就是意识、心理的东西是脑的机能、是客观实在的反映这一基本论点。

由此可见，马克思列宁主义关于意识本质的阐述，完全否定了马赫主义者的意识消失了的谬论。

三

与资产阶级的内省心理学和行为主义心理学完全不同，马克思列宁主义武装起来的心理学认为：意识，就其本质来说，不是封闭在自己内部世界中的个体的狭隘个性的所有物，而是通过社会形成的，因此可以说它是社会的形成物。这是因为：“意识一开始就是社会的产物，而且只要人们还存在着，它就仍然是

① 《马克思恩格斯选集》第4卷，人民出版社，1972年5月第1版，第223页。

② 《列宁选集》第2卷，人民出版社，1972年10月第2版，第46页。

③ 同上书，第84页。

④ 《马克思恩格斯选集》第1卷，人民出版社，1972年5月第1版，第31页。

这种产物。”[①]

另一方面，更应该着重指出：意识是和人借以反映世界和改造世界的有意识的实践活动不可分割地联系着的。所以说：“人的意识不仅反映客观世界，并且创造客观世界。”[②]这就是说意识是人在实践活动中，即人在和客观世界、主体和客体的相互作用中产生、形成、发展和表现出来的。离开实践活动，则无所谓意识。

毛泽东同志说“认识从实践始”[③]，“真正亲知的是天下实践着的人”。[④] 还说：“你要有知识，你就得参加变革现实的实践。你要知道梨子的滋味，你就得变革梨子，亲口吃一吃。你要知道原子的组织和性质，你就得实行物理学和化学的实验，变革原子的情况。你要知道革命的理论和方法，你就得参加革命。一切真知都是从直接经验发源的。”[⑤]

这就完全证明了，人的认识、知识、意识是从实践活动中、参加了变革现实的实践中得来的。

同时，人的意识的运动和发展不只是依赖于变革现实的实践活动，而变革现实的活动也依赖于意识。恩格斯说：“推动人去活动的一切，都要通过人的头脑，甚至吃喝也是通过头脑感觉到的饥渴引起的，并且是由于同样通过头脑感觉到饱足而停

---

① 《马克思恩格斯选集》第1卷，人民出版社，1972年5月第1版，第35页。

② 《列宁全集》第38卷，人民出版社，1955年第1版，第228页。

③ 《毛泽东选集》第1卷，人民出版社，1960年版，第269页。

④ 同上书，第265页。

⑤ 同上书，第264页。

止。”[①]离开了大脑中的意识的调节作用,变革现实的实践活动是根本不可能进行的。

不仅如此,人的意识不仅在实践活动中形成和发展,而且也表现在实践活动中,并以这种表现来鉴定一个人的心理特征。列宁说过:“我们应当按照哪些标志来判断真实的个人的思想和感情呢?显然这样的标志只有一个,就是这个人的活动。”还说:“判断一个人的好坏,不能凭他本人的自吹自擂,而要看他的实际行动,——您还记得马克思主义的这个真理吗?”列宁在这里所说的马克思主义的真理就是意识和实践活动的辩证统一的原理。

综合以上所述,心理学上对意识的探讨,必须把意识和实践活动紧密地联系起来,并把实践活动也作为心理学研究对象的一个中心问题来考虑。这样,对意识的研究才能得出科学的结论。资产阶级内省心理学否认意识、心理的实践性,离开实践活动来研究意识;而行为主义心理学则是否认行为、实践活动的意识性,离开意识来研究行为,其结果必然走入机械论的泥坑而不能自拔。

所以我们为了保卫意识,就要在心理学的理论和实验中,坚决贯彻意识与实践活动是统一的观点,从而战胜马赫主义。

四

当前,在保卫意识从而深入研究意识的同时,还要对意识是如何发展变化的问题进行重点研究。这个问题直接牵涉到对作为意识体现者的个人本质的揭示。心理学上恰好对这个问题的

---

① 《马克思恩格斯选集》第4卷,人民出版社,1972年5月第1版,第228页。

研究没有给予应有的重视。

马克思主义的历史唯物主义早已对上述这个问题的研究指出方向和途径了。

马克思说:“人们的观念、观点、概念,简短些说,人们的意识是随着人们的生活条件、人们的社会关系和人们的社会存在的改变而改变的——这一点难道需要有什么深奥的思想才能了解吗?”①

这就是说,在马克思看来,人的本质是由生活条件、社会关系和社会存在,一句话,即由社会关系的总和来决定的。人对于现实的关系较动物对现实的关系复杂得多,人对于周围现实的关系是由他的社会关系表现出来的。因此,马克思再三强调:“人的本质并不是单个人所固有的抽象物,在其现实性上,它是一切社会关系的总和。”②

如果心理对人的意识发展变化的根源是无知的、对人的本质是无知的、对社会关系的总和是无知的,那么将永远无法揭示这个意识体现者的个人的本质——他的个性的内在关系。这个问题的解决不仅关系到人的个性的发展,也关系到心理学的发展。

因此,要求心理学工作者在这个重要问题上严格坚持历史唯物主义的原则,不断提高马克思列宁主义和毛泽东思想的水平,战胜马赫主义及其一切变种,坚决保卫意识,为创建崭新的心理科学的体系而奋勇前进!

(1980 年 8 月,未发表)

---

① 《马克思恩格斯选集》第 1 卷,人民出版社,1972 年 5 月第 1 版,第 270 页。

② 同上书,第 18 页。

德国心理学现状

第二次大战以后,德国在政治上的分裂影响了德国的科学,苏联和美国的影响分别深入到德意志民主共和国和德意志联邦共和国的心理学中。因此,德国的东西两部都存在着越来越明显的赶追苏联和美国的要求。可以说,在东德是保持德国心理学的传统,走苏联的道路,而在西德则是保持德国心理学的传统,走美国的道路。这就是两个德国在心理学领域里所表现的不同特点。

东德从1953年起就想用马克思列宁主义和巴甫洛夫学说来建立心理学体系。在这种思想指导下,柏林大学的克列姆(Klemm)教授写了一本《心理学是一门客观的科学》的书。这部书是整个民主德国的心理学工作者和大专院校以及中学的心理学教师的必读书。书中首先试图用马克思列宁主义的反映论来阐明人的心理的实质,通过主体和客体的关系来论证意识的发生与发展;并突出地强调意识的发生与发展在于主体的依赖性(Abhängigkeit)和客体的制约性(Bedingtheit),即主体必须依赖于客体,而客体制约着主体。其次说明巴甫洛夫学说是心理学的自然科学基础。最后用大量的客观事实论证"人是一个反射体吗"的问题。这本书虽然不是什么卷帙浩繁的巨著,但它影响了东欧各国,被誉为名著。

为了评价弗洛伊德的学说,德国柏林精神病研究所所长米特(Alexander Mette)于1954年在《建设》杂志上发表了《弗洛伊德还是巴甫洛夫?》的文章。1955 年又在《新德意志报》上发表了《弗洛伊德与巴甫洛夫》的论文。1956 年柏林人民健康出版社又出版了他的《西格蒙德·弗洛伊德》(论述其生平、著述和思想的)一书。这本书出版时,《建设》杂志上发表了一篇评论《今日的弗洛伊德》,确认米特对弗洛伊德的评论是恰如其分的。从总的倾向来看,有过高地评价巴甫洛夫学说而贬低弗洛伊德理论的偏向。在评论弗洛伊德后不久,又于 1958 年开展了全国性的对华生(Watson)行为主义的批判。

这一时期,在德意志联邦共和国,也开始了对心理学的整顿和建设工作。各大学、师范院校普遍设立了心理学课程,但所用的教材、参考书大都是美国的。

在心理学基本理论的建设上,不遗余力地进行探讨的是科隆大学的波普(Popper)教授,著有《心理学》(1957)一书。他主张心理学是一门经验的科学。

他指出,经验科学的目的就是对一切事物都得到"满意的说明"(befriedi-genden Erklärungen),而"说明"就是表现有所需要(bedürfen)。满意的说明就是求得"变量"(Variable)。

变量=Veränderliche(变化)。

变量是一种特征,在事物的差别中至少出现两种塑造的等级。而经验科学的心理学就要求得这种变量,所以要用观察法、实验法和逻辑—数学分析法去研究它。

今天,在联邦德国绝大多数心理学家对心理学的研究对象的解释都是这样。例如在 1969 年,托玛(Thomae)和费格尔(Feger)说:"心理学是一门经验的科学,因为它的科学基础是放在经验之上的。"(哈勒与尼克尔著:《教育科学中的心理学》第一卷,1978 年,第 1 页)

在这一时期,联邦德国主要是对普通心理学进行研究。如法兰克福大学出版的葛劳曼(C. F. Grauman)著的《心理学概论》(7卷本),哥廷根大学出版的《心理学手册》(共12卷,其中一卷是心理学史),慕尼黑大学编的卡尔(W. Keil)和沙德尔(M. Sader)著的《心理学的基本问题》,斯图加特大学库尔哈玛(Kohlhammer)著的《标准心理学:基础书——学习教材》。

1960年开展了对狄尔泰(W. Diltey)、斯普兰格(E. Spranger)和雅斯贝尔斯(K. Jaspers)等的心理学思想的研究。继续探讨了"狄尔泰与艾宾浩斯(Ebbinghaus)的论战"问题。符茨堡大学心理学史家彭格拉茨(L. J. Pongratz)写了一篇《描述的和分析的研究:狄尔泰反对艾宾浩斯》的文章,记录了论战的始末(见布劳柴克(J. Brožek)和彭格拉茨合著:《现代心理学的历史编纂学》,加拿大多伦多,1980年)。

现在在联邦德国,狄尔泰的思想被现代人本主义心理学认为是当前心理学的"第三种势力",可以与行为主义和精神分析竞争。而狄尔泰的名字可以与彪勒(C. Bühler)、马斯洛(A. Maslow)和罗杰斯(C. Rogers)齐名。

从1961年到现在,长达二十年左右的时期是东西两个德国研究活动的增长时期。这个时期的特点,一是东德和西德的心理学家开始合作,开始互通情报、进行协作;二是逐渐减少无批判地依赖外国心理学,做法是使本国的心理学思想兴盛起来,并最终建立民族信心,使心理科学走向独立。这一点从1966年出版的K. 哥特沙尔特和莱施编写的十卷本《心理学手册》中便可看出。

为了深入地研究冯特,在莱比锡卡尔·马克思大学和柏林科学院成立了冯特档案馆,还在德莱斯登成立了州立的冯特档案馆。

卡尔·马克思大学的冯特档案馆出版了两部有价值的书:

一部是彼得森(Peter Peterson)的《冯特及其时代》,一部是哲学系学生克来舍(L. Kreiser)的《冯特的数学观点》。两部书都是使用冯特档案馆的资料写成的,均出版于1979年。

近十余年来,联邦德国心理学的研究工作远远超过民主德国。研究范围相当广泛,成果很多。

研究工作比重最大的是对精神分析学派的研究,如萨尔伯(W. Salber)出版了三卷本的巨著《弗洛伊德心理学的发展》(1973),其中分阶段地用了大量新材料论证弗洛伊德心理学思想的来源、发展和变化,是一部很有价值的书。

此外,对于荣格(Jung)、阿德勒(Adler)和埃里克森(Erikson)的研究也为数不少,仅次于对精神分析学派研究的是对日内瓦学派发生认知论的研究。

值得一提的是,在联邦德国认知心理学和社会心理学的研究也很广泛。认知心理学主要是优先研究方法学方面的东西。实验证明:用语言方式表现认知过程比用情感和行动过程来表现更容易理解和检验。大部分心理学家把注意力集中在社会心理问题的研究上,一方面是由于美国社会心理学的影响;一方面可能因为第二次世界大战的后果,使当代的科学思想意识发生了较大的变化,以致必须更多地把注意力转到人存在于群体和社会这样的一种问题上。

在联邦德国还扩大了对诊断心理学、抽象心理学和用统计方法(平均数)探讨人的心理的研究。联邦德国的心理学会成立了诊断心理学分会。诊断心理学家的头衔,即将得到法律上的承认。

为了深入研究冯特的心理学遗产,两个德国联合开过三次纪念大会。

1979年12月1—2日在民主德国莱比锡卡尔·马克思大

学召开了国际冯特座谈会。讨论的总题目是《威廉·冯特:进步的传统、科学的发展与现在》。

1979 年 12 月 4—5 日在联邦德国海德堡大学召开了国际学术会议。讨论题是:(1)研究心理学史是为了理解心理学的潮流;(2)从冯特的思想和著作的不同方面来研究他的心理学的重要意义。

1980 年 7 月 6—12 日在民主德国莱比锡歌剧院举行了国际第 22 届科学心理学会议,在 54 号室中召开了纪念冯特的座谈会。我国派代表团参加了这次会议,盛况空前。

总之,两个德国的心理学的研究正在大踏步地向前发展。"典型德国式"的心理学时代已经成为过去,德国的心理学现在又与国际性的研究重新联系起来了。

参考文献

1. Uwe Laucken und August Schick: Einführungen an die Psychologische Studien, 1978.

2. E. Messner: Psychologie Heute, 1978.

3. Kurt Heller und Horst Nickel: Psychologie in die Pädagogischen Wissenschaft, 1978.

4. Josef Brožek and Ludwig J. Pongratz: Historiography of Modern Psychology, 1980.

(《心理科学通讯》,1982 年第 4 期)

德国心理学上两条道路的斗争
(1970—1991)

1990年德国终于统一。但在德国尚未统一之前,东德和西德的心理学,其理论是嵌在哲学的探讨之中的。因而在西德的心理学中受三种主要的居领导地位的哲学流派的影响:一为法兰克福的马克思主义,二为批判的理性主义,三为现象学。在法兰克福一开始就出现了马克思主义的新左派,工作地点设在柏林和东德,面向苏联。批判的理性主义倾向右派,工作地点设在曼因海姆和巴伐利亚,面向英国和美国。现象学是政治的中心,工作地点在莱茵省和斯瓦比亚,它是再生的法国思潮。然而,由于在东德是以马克思列宁主义作为心理学建设的指导思想,势力相当强大,所以在东西两个德国之间,心理学战线上毫无疑问要展开两条路线的斗争。这些斗争充分表现在上述三个学派的批评与反批评之间。

一、马克思主义与法兰克福的马克思主义的斗争

先从1961年在杜平根召开的德国社会学会议说起。法兰克福学派参加这个会议的代表是阿道尔诺(Theodor Adorno)。他是《否定的辩证法》(1966)一书的作者。该书是他在1961年去法国巴黎讲课时的讲稿。书中的主题是说:理论是必要的,但现在,它除了是否定之外,不能是别的东西,思维本身就是否定,

而且由于万物皆变，在这个意义上任何哲学体系都是不可能的。所以，否定的辩证法又被称作反体系。因此，他在这次会上用批判的马克思主义理论攻击了所谓实证论的波普(Karl Popper)。这场斗争就是关于社会科学的逻辑与社会科学家对社会责任的同步斗争。

到了1970年代，在西德形成了一个以曼因海姆大学阿尔波特(Hans Albert)教授①为首的"批判的理性主义"心理学的学派。阿尔波特是以波普的"证伪论"为理论基础的。他力图反对东德柏林洪堡大学霍尔兹康普(Holzkampf)教授所主张的"批判的解放心理学"。他们之间也不断展开了一点勉强的斗争。

霍尔兹康普的"批判的解放心理学"是对心理学方法的批判和对社会上不公平的解放。他赞赏"资产阶级心理学"所研究的实验的主体(正常的有机体)，他认为需要从根本上研究人类的知觉、记忆、学习和动机，并与抽象的心理学不同，马克思主义者提倡更为具体的心理学，希望心理学能提出工作场所、精神病院、学校等等的问题。

在东德，自第二次世界大战至1990年，产生了一种马克思主义者的心理学。这种心理学是更为传统的和实验的，比起西德的法兰克福的马克思主义来，只有很少的人认为它是意识形态的。在这里，苏联心理学的影响作用更为彻底，因而翻译出版了包括列昂节夫、鲁宾斯坦、洛莫夫和加里波林在内的一些心理学著作。在东柏林的洪堡大学，在1984年国际心理学会主席克

---

① "批判的理性主义的领头代表人物是阿尔波特，一位受过训练的经济学家，他成为在德国的波普的解释者。"(R.巴布纳:《现代德国哲学》，1981年英文版，第109页。)

里克斯(Friedhart Klix)[①]的领导下,普通心理学的研究成果很多。他代表着信息加工、心理生理学、人的学习和统计方法等传统的实验领域。19世纪心理学家被列入纪念会《论文集》中的有艾宾浩斯、冯特、普莱尔(Preyer)和费希纳。心理学界为他们分别召开了国际会议,因而促进了国际社会的交流。例如:克里克斯写过《艾宾浩斯——柏林洪堡大学祝贺150周年纪念论文集,论柏林大学心理学研究的根源与开端》(柏林,1969);梅希纳(Wolfram Meischner)和梅兹(Anneros Metge)写过《冯特——进步的传统,科学的发展和现代》(莱比锡,卡尔·马克思大学,1980);艾克哈尔特(Georg Eckhardt)等编了《1982年普莱尔座谈会论文集》;梅希纳和梅兹合编了《1988年费希纳座谈会论文集》。另外,用马克思主义观点研究德国的民族心理学传统的工作也在进行中。

在东德,一直强调心理学面向应用,这一点是值得注意的(除了在柏林强调普通心理学之外)。例如,在社会心理学方面,黑毕希(Hans Hiebsch)和曼弗雷德·冯·维葛(Manfred Vorwerg)合著了《社会心理学》(1980年柏林版)。书中第一章是黑毕希所写的"社会心理学的一般基础"与曼弗雷德·冯·维葛所写的"社会心理学是心理学的分支学科"(第15—55页)。第七章为艾克哈尔特所写的"资产阶级社会心理学的发生和发展"(第425—466页)。在其他领域,德莱斯登、耶那和莱比锡等大学,把研究社会、人格、寿命、工程、劳动、教育、临床、法庭,以及职业等心理学问题作为中心工作,其标准明显地是以社会的应用为主,而并非只注重心理学的革新与发展。

---

① F.克里克斯曾于1987年9月来我国参加中国心理学会第6届年会(杭州),并写了《计算机科学与认知心理学》的论文。

二、批判的理性主义对马克思主义的斗争

在西德由于阿尔波特的心理学坚持以波普的理论为方法论,因为不是真正合理的科学解释,便遭到了阿尔波特的曼因海姆大学同事——人格心理学家赫尔曼(Theo Hermann)教授的反对。赫尔曼非常赞赏波普的学生拉卡托斯的“科学研究纲领”,于是提出了以拉卡托斯的“科学研究纲领”作为心理学的方法论的主张。他的这种主张,一直到今天还在统治着西德的心理学的发展。因此,研究一下拉卡托斯的“科学研究纲领”的内容结构,对理解今天西德心理学的实质与发展方向将是很有意义的。

1. 拉卡托斯的著述及其思想的形成

拉卡托斯是继波普和库恩(Kuhn)之后在西方影响较大的英国数学哲学家和科学哲学家,是现代科学哲学“历史学派”的主要代表人物之一。他提出的“科学研究纲领”方法论,是继库恩提出“科学革命论”后在世界各国引起广泛注意的新理论,是现代科学哲学发展到20世纪70年代的重要成果之一。

拉卡托斯(Imre Lakatos,1922—1974)生于匈牙利的一个犹太人家庭,原姓利普施茨(Lipschitz)。他的母亲和祖母在纳粹的奥斯威辛集中营被杀害,之后他参加了反纳粹的抵抗运动。他曾是匈牙利共产党党员,1947年成为匈牙利教育部的高级官员。1950年在清党运动中被捕入狱,有三年多的时间。在1955和1956年的匈牙利之春期间,他被平反并成为裴多菲俱乐部的学生和成员。1956年逃至维也纳,最后到英国剑桥,并加入英国国籍。他还成为波普伦敦经济学院集团的成员,一直在伦敦经济学院执教。自1960年以来,他从事科学哲学的研究。从

此,他成了波普的学生和同事。他先后发表了《经验主义在最近数学哲学中的复兴》(1967)、《科学与伪科学》(1973)、《判决性实验在科学中的地位》(1974),逝世后发表《证明和反驳:数学发现的逻辑》、《数学和认识》以及《证伪与科学研究纲领方法论》(1970)等著作。这最后一篇著作,集中反映了他在科学哲学方面最重要的成就。

在科学哲学的研究中,他与库恩一起,深刻批判了逻辑实证主义,开辟了一条用历史观点去考查科学现象的途径。他把科学理论作为一个有结构的整体加以分析,并就如何评价科学理论、理论与实验的关系等问题,特别是关于如何发挥理性的能动作用的问题,提出了不少独到的见解。

由于他与波普同在伦敦经济学院执教,经常接触,关系密切,在哲学思想上他受到波普很深的影响。他说过:"波普思想标志着 20 世纪哲学的一个重要的发展。就个人来说,我要感谢他的地方是数不清的,他改变了我的生活。当我终于被吸入他那智慧的'磁场'时,我已经接近四十岁了。他的哲学帮助我与黑格尔哲学观最终决裂,我曾经信奉这种哲学观约二十年,更重要的是,他给我提出了许多富于启发性的问题,使我接触到一个研究纲领。"①

可以说,拉卡托斯的科学哲学思想,是在批判历史各学派理论的局限性当中逐渐形成的。他抓住了科学认识的起点(分界)、发展(知识成长问题)和证明这三个环节,尤其是关于划界和证明问题。总之,他认为各学派对这些问题的处理是一个比一个进步的。但是他认为,从卡尔纳普(Carnap)直到库恩,都还未能很好地解决这个问题。

---

① 拉卡托斯:《波普的哲学》,1974 年英文版,第 241 页。

作为波普的学生，他起先赞成波普的证伪主义，但从1967年至1974年逝世，他对波普的证伪主义进行了激烈的批评，而对库恩的"范式论"也持保留态度。他试图从科学史哲学立场出发，把库恩与波普的观点糅合起来，建立另一种科学哲学，这就是他的"科学研究纲领"的方法论，在科学哲学界引起了广泛的兴趣。

2. **拉卡托斯关于"科学研究纲领"的论述**

拉卡托斯指出，"科学研究纲领"一词最早出现在波普的著作中，但他不同意波普把科学理论看成是一个待"证伪"的孤立的假说，因而他对"科学研究纲领"的解释与波普相异。他认为，作为一个整体的科学，实际上是"理论系列"，其中包括很多描述重大科学成就的"典型描述单位"。这些"描述单位"不是相互孤立的理论或假说，而是包含着"一系列的假说和反驳"的"科学研究纲领"。例如笛卡儿的宇宙机械论、牛顿的引力论、波尔的量子论、爱因斯坦的相对论、弗洛伊德的精神分析心理学和马克思主义等，都是"科学研究纲领"。可见，他的"科学研究纲领"近似于库恩的"科学范式"。然而由于他强调研究纲领之间的发展上的连续性，因而又与库恩的"范式"不完全相同。由此可见，拉卡托斯的"科学研究纲领"是一种开放式的，随时间延续而发展的动态结构。

3. **"科学研究纲领"的内部结构**

拉卡托斯所说的"科学研究纲领"，就是一组具有严格的内部结构的科学理论系统。

拉卡托斯对于作为"科学研究纲领"的科学理论的结构与性质，提出了与波普和库恩完全不同的看法。

在拉卡托斯看来，每个"科学研究纲领"都有"硬核"(hard core)，"硬核"是一个科学理论的理论核心或是最基本的理论。

它由基本的假说构成,如牛顿力学三定律和万有引力定律就是牛顿纲领的“硬核”,又如地球和其他行星自转并围绕太阳旋转就是哥白尼理论纲领的“硬核”。“硬核”是不可反驳的,否则纲领就不能自成。

此外,他认为每个纲领还有一个“保护带”(protective belt)。它是由一些“辅助性假说”(规定着一个理论纲领建立的初始条件或先决性条件)所构成。这个“保护带”是纲领的外围部分,是纲领的可反驳的弹性地带。当理论在检验中受到反常现象或否定事件的冲击时,科学家总是通过修改、更换这些辅助性假说,来保护理论纲领的“硬核”,使纲领免遭反驳或证伪。因此他认为,科学理论有一种“韧性”,并不是可以被轻易驳倒或被赶掉的。例如,非欧几何学对欧氏几何学来说,虽是一种新的“研究纲领”或“范式”,但在它的反驳下,欧氏几何的“硬核”——“三角形三内角之和等于180°”并没有被打碎,而是通过修改先决条件,提出“设空间曲率等于零”这辅助性假设后得到了保护。

同时,拉卡托斯指出,研究纲领具有一些方法论规则:一些规则告诉科学家哪些研究途径要避开,即告诉科学家哪些事不应该去做,这叫反面启发法(negative heuristic);其他的法则告诉科学家应该遵循什么样研究途径,即告诉科学家应该怎样去做,这叫正面启发法(positive heuristic)。

应该指出,拉卡托斯认为,反面启发法要求在这个纲领发展过程中不得修改或触动其“硬核”,正面启发法指出该研究纲领可以如何发展的概略的指导方针。这种发展包括为了说明以往已知现象和预见新现象而作出的辅助性假设,用以补充“硬核”。为了保护“硬核”,这个辅助性假设的“保护带”,必须受到考验时首当其冲加以调整和再调整,甚至“不惜自我牺牲”(即完全被替代),以捍卫“硬核”。如果这样做的结果能够成功地指导新现象的发现，那么这个研究纲领就是进步的。

拉卡托斯的科学研究纲领的方法论是在批判波普的证伪主义和库恩的范式论的基础上发展起来的。他合理地把科学理论看做具有某种结构的整体，又强调了科学发展中的连续性和科学进步的合理性，具有波普和库恩两种理论所不及的优点。

4. **赫尔曼对拉卡托斯“科学研究纲领”的应用**

作为西德哲学传统的批判的理性主义、人格心理学家的赫尔曼(T. Herrmann)，不论从哲学的角度还是心理学角度，都赞成拉卡托斯的以上所论述的这个“科学研究纲领的模式”。他认为，拉卡托斯的“科学研究纲领的模式”是建设心理学的指导思想。他举美国新行为主义心理学家斯金纳(Skinner)的理论为例来说明“科学研究纲领的模式”的正确。他指出，在斯金纳的操作条件反射的实验过程中，当有机体的行为受到强化时，其行为变得更为可能。这个强化原理就是“硬核”，而它的“保护带”就是由语言实验的斯金纳箱(Skinner's Box)所组成的。同时，他还说，斯金纳的学生易斯特斯(W. K. Estes)曾经发现在操作条件反射进行过程中，间断的惩罚比继续强化还能对消退有更大的抗力。这一事件证明了这并不导向强化原理(“硬核”)的废除，而是去建立一种补助性的假设：如果停止惩罚即意味着强化(这是“保护带”)。因此，赫尔曼严厉批评了用认知心理学来代替行为主义的看法，他认为“认知心理学并没有决定性的实验。但按照拉卡托斯的科学研究纲领的要求，它并不能构成重叠网络(overlapping network)。另外，从‘被规定的操作的概念’(operationally defined concept)这一点来看，认知心理学是不重视这个概念的，而在精神分析和行为主义的理论之间早已就成为必须提供的概念了”。[1] 因此,在这一点上,他赞成弗洛伊德的精神分析和斯金纳的新行为主义心理学。

由于赫尔曼在西德坚持拉卡托斯的“科学研究纲领”的理论,他对东德柏林洪堡大学普通心理学教授克里克斯(Friedhart Klix)[2]所研究的信息加工、心理生理学、人类学习、统计方法等传统实验领域持反对态度。他把克里克斯的研究称为“马克思主义的认识研究纲领”。他说克里克斯对这方面的坚定的研究是可以的,但是他们在研究过程中坚持马克思主义的全球(Global)概念则是固执的。他承认西德的“非全球”的研究方法确实来自西欧和美国,但这是有选择性的。他希望“克里克斯教授不要对非马克思主义心理学家每天每日的研究持敌视态度,因为这是没有道理的”。[3] 他的意思是说,克里克斯的马克思主义心理学的研究,不得排斥他的研究。这也就是各走各的道路。

最后还应指出,在概念上与批判的理性主义有关的是爱尔朗根(Erlangen)学派的“结构哲学”(它源于新康德学派)。这种哲学为海德格尔的学生卡姆雷(W. Kamlah)和逻辑学家劳伦兹(P. Lorenzen)所创立。学派严格履行方法论与道德实际的结合。结构主义的纲领是用理性的命题重建语言和行动,这一程序被认为是比批判的理性主义更为周到的。他们认为非经验的预先假定应用到一定的工作任务上是明确的,对于心理学来说是很方便的。

---

① 赫尔曼:《心理学与批判的——多元的科学纲领》,见 K. A. 施尼温德著《心理学的科学理论基础》,1977 年德文版,第 60～61 页。

② 克里克斯还是 1984 年国际心理学会新选出来的主席。

③ 赫尔曼:《作为问题的心理学》,1977 年德文版,第 119 页。

三、现象学横行全国

德国著名的哲学家与心理学家斯皮哥尔贝格(Spiegelberg)说过:“在德国的现象学似乎无处不在,无所不有。它渗透到所有课本、论文和文章中……”又说:“要得到当今心理学现象学地位的确切描述,则是一个可怕的任务。”①可见现象学心理学在德国发展之普遍。

自从1960年海德堡大学的哲学教授加达摩尔(Hans-Georg Gadamer)发表了划时代的著作《真理与方法》(德文版,1972;英文版,1975)以来,不仅恢复了狄尔泰(Dilthey)和斯普兰格(Eduard Spranger)的释义学(hermeneutic)传统,而且使现象学作为方法论又成为心理学理论与实践的研究中心。斯普兰格学识是奥尔波特(G. W. Allport)和弗农(Vernon)价值量表的理论基础和来源。斯普兰格的学生托玛(Hans Thomae)是德意志(西德)心理学会的领导者,著有《发展的概念与发展》(1975)、《人格,一种动力的解释》(1981)和《人的行为的动力》(1985)等书。他以胡塞尔的现象学为指导思想,开辟了寿命发展心理学的研究领域。他还强调人类的阶级差别与文化差别。

当代德国(西德)心理学家除托玛外,还有阿莱希(Johannes von Allesch)、勒希(Philip Lersch)、梅兹格(Wolfgang Metzger)、密尔克(Karl Mierke)以及威尔克(Albert Weilk),他们都是德国有名望的心理学家。他们均吸收了胡塞尔以来的现象学倾向,并把它用于心理学许多问题的研究中。威尔克

① 尼塞克等:《现象学、存在主义与人本主义心理学》,1973年英文版,第34页。

(1904—1972)是美因茨(Mainz)大学心理学教授和心理学协会主席。在对人类理论持特殊兴趣的同时,他始终把心理学的本质和方法论看作是现象学的精神。他把心理学定义为"既不是自然科学又不是人文科学,而是自成一类的东西。它有独特的问题和方法,它的对象是不变的:经验、行为和心理结构"。[①] 他自认为也的确是代表了在德国的美国"第三势力",也就是德国的第一势力——人本主义心理学。

托玛的学生在不同的方向上展开了这个概念,近年来的方向是研究心理学史。戈伊特(Ulfried Geuter)试图把心理学变为军官们甄别鉴定的领域。他在心理学的概念上可真是左派(但与霍尔兹康普相比,则是右派)指南中心理学史的发言人。另一个方面是研究第三世界的心理学,如派楚尔德(Petzold)、戴楼(Diallo)和哈特纳克(Hartnack)等人,都为这同一本指南的新领域作了介绍。

另一位德意志心理学会的前任主席,又是海德堡大学心理学协会主席和美国《现象学心理学》杂志的编辑,他是葛劳曼(Carl Friedlich Graumann),是托玛最早的学生。1960 年出版过一本《现象学的基础与透视法的现象学》。书中主要讨论了社会知觉、交际和交往、心理语言学、道德学和生态学的心理学。现在葛劳曼受勒温(Lewin)著作的影响,偏好机能模式,并接受了还原论的现象学的批判。葛劳曼和米特劳(Métraux)在他们合著的《心理学中现象学的方向》(1983)一书中,肯定了主观因素与客观因素是同一的,因此行为是主观的"内在规则"和客观的"环境条件"的一种机能。社会心理学是它们入门的理论与历

① 尼塞克等:《现象学、存在主义与人本主义心理学》,1973 年英文版,第 35 页。

史的描述(第27—54页)。所以,他们排斥一切马克思主义的心理学思想。可见,在东、西德国马克思主义对这些唯心主义思想斗争任务的艰巨,今后的情况如何,我们将拭目以待。

英国新哈姆肖尔州立大学心理学系武德沃德(William R. Woodward)教授曾认真地总结了以上三种哲学思潮对东、西德国心理学影响的共同特点:

(1)科学心理学关心实践的联系,特别重视社会—经济的、个人—群体的关系。

(2)严格的方法论和没有掩饰的规定性,在三种哲学思潮对心理学的影响中,可以找到对人、社会和历史本质上不同的理解。

(3)在三种哲学思潮中解释历史的范畴都认为是不可缺少的。①

此外,在当前的西德心理学界还有一个特征,就是几个流派的领袖们尽管观点不同,但能够携手合作。其成果首先表现在《心理学百科全书》(Enzyklopädie der Psychologie)的出版上。这部大型辞书准备出版85卷。它由西德心理学会所组成的一个集体担任编写任务,并把此辞典列为世界科学文献。总编辑为哲学博士厚葛莱费(C. J. Hogrefe)教授,编委有海德堡大学的葛劳曼(Carl F. Graumann)教授、曼因海姆大学的赫尔曼(Theo Herrmann)教授和伊尔路(Martin Irle)教授、波肖姆大学的郝尔曼(Hans Hormann)教授、波恩大学的托玛(Hans Thomae)教授与慕尼黑大学的魏纳特(Franz E. Weinert)。该辞典从1982年开始编写,至1990年已出版四组十八卷。如:一

① H. 卡平特罗:《在其历史范围中的心理学》(西班牙出版,1984—1985年)英文版,第378页。

组是心理学的研究方法,已出版五卷。第一卷为心理学的方法论基础,第二卷为事实调查,第三卷为测量与测验,第四卷为事实的构成和还原,第五卷为证明假设。

另一组是心理诊断学。第一卷是心理诊断学的基础,第二卷是智力和行为诊断学,第三卷是人格诊断学,第四卷是关系诊断学。

还有一组是动机与情绪。第一卷是动机的学说和形式,第二卷是动机心理学,第三卷是情绪心理学,第四卷是认知、动机和行为。

刚刚出版的一组是经济、组织和劳动心理学。第一卷是劳动心理学,第二卷是工程心理学,第三卷是组织心理学,第四卷是作为社会科学的市场心理学,第五卷是市场心理学中的方法和应用。

正在编写或即将出版的各组的主题范围是:

(1)主题范围 A:心理学在科学中的历史和地位。第一卷,心理学史,第二卷,科学中的心理学,第三卷,心理学的概念辞典(准备出三至四个分册)。

(2)主题范围 B:方法论和方法。第一卷,心理学的研究方法,第二卷,心理诊断学,第三卷,价值研究。

(3)主题范围 C:学说和研究。第一卷,生理心理学,第二卷,认知,第三卷,语言,第四卷,动机和情绪,第五卷,发展,第六卷,社会心理学,第七卷,文化比较心理学,第八卷,差异心理学和人格研究,第九卷,生态学心理学。

(4)主题范围 D:实践领域。第一卷,教育心理学,第二卷,临床心理学,第三卷,经济的、组织的和劳动的心理学,第四卷,法学中的心理学,第五卷,运动心理学,第六卷,交往心理学。

以上所说的"卷"是指"大卷",因为"大卷"中还包括"小卷"。

这套百科全书共计八十五个小卷，准备近年内出齐。

还有一部由各派联合起来编写的《20 世纪德国心理学史：概观》，这部书由阿希（Mitchell G. Ash）和托玛的学生戈伊特（Ulfried Geuter）担任主编，1985 年西德出版社出版。全书共 11 个专题。除导论（M. G. Ash，U. Geuter）外，第一个专题是“主观心理学”或“无主体心理学”；第二个专题是从威廉时代到国家社会主义德国语言大学中的实验心理学（Mitchell G. Ash）；第三个专题是到 1933 年心理学实践领域的产生（Siegfried Jaeger）；第四个专题是到 1945 年的精神分析学（Karl Fallend，Bernhard Handlbauer，Werne Kienreich，Jahaunes Reichmagr，Marion Steiner）；第五个专题是 1914—1945 年德意志帝国的军事与心理学（Ulfried Geuter）；第六个专题是国家社会主义的意识形态与心理学（Ulfried Geuter）；第七个专题是战后德国西方的心理学——专业的连续性与社会的复兴（Peter Mattes）；第八个专题是 1950 年至 1970 年联邦共和国心理学的美国化和方法上的论争（Alexandre Métraux）；第九个专题是在咨询、社会活动和心理疗法上新职业领域的发展和临床心理学的职业化（Georg Hörmann、Frank Nestmann）；第十个专题是学生运动的心理学批判（Peter Mattes），在这一专题中突出地提到资产阶级心理学的阶级性与马克思列宁主义政党与科学批判的问题；第十一个专题是心理学的危机和传统问题的现实性（Walter Gummersbach）。全书共 364 页。

总之，该书对西德当代心理学作了比较深刻的论述和介绍，是一本值得推荐的当代德国心理学形成和发展的好书。

（1991 年 12 月，未发表）

美国关于弗洛伊德精神分析学的科学范畴问题的论战（1982—1987）

从 1929 年至 1990 年长达六十多年的时间里，美国的心理学界发表了不少的论文。① 这些论文把弗洛伊德描写成一个还原论者和生物决定论者，以致把弗洛伊德归入神经生理学与社会生物学的范畴之中。这种界定是否正确，值得引起全世界有关领域学者的探讨。本文拟介绍两种截然不同的主张，一种是 1982 年的主张，一种是 1987 年对 1982 年主张的反驳，供研究者参考。

一篇是综合论述，论文题目是《弗洛伊德学派的精神分析学与社会生物学》（1982）。著者是美国克莱顿大学的黎克（Gary K. Leak）教授和东华盛顿大学的克里斯朵夫（S. B. Christopher）教授。论文发表在 1982 年 3 月号《美国心理学家》期刊上。

---

① 例如 Sulloway 在 1929 年在其所著的《弗洛伊德传》中，认为弗洛伊德的生物学观点是通过社会生物学而进行的具有成果的探索。1965 年的 Amacher 和 1976 年的 Pribram 和 Gill 认为弗洛伊德的深厚的生物科学，尤其是神经学的训练对于其建构心理学是有很大影响的。Hobson 和 McCarley 于 1977 年和 1979 年在一系列文章中强调了 1890 年的神经生物学对弗洛伊德研究成果的影响。

两位作者文中的基本论调是:“不容怀疑,弗洛伊德学派的精神分析学是20世纪心理学中的‘第一势力’。作为人格理论,精神分析学是最全面而有效的理论。它评述了人格的结构、动力和发展,这并非它的竞争者所能超越的。对于适应形势的心理学家来说,令人为难的一个特殊的来源是弗洛伊德强调生物决定论,或者,至少他所强调的心理决定论是扎根于有机体的生物学。众所周知,弗洛伊德是一个临床内科医生的科学家,他深信他所构成的概念,如伊底、自我和超我,必定会发现其有生理学的也许甚至有进化论的根源。”①

他们首先从弗洛伊德的心理结构来证明他与社会生物学的一致性:在人类行为特质的起源上,弗洛伊德明确地强调进化过程的重要性,尽管他运用了心理域这个术语,但是,很清楚,他的伊底、自我和超我的概念都是行为的描述和它们的潜在动机。在下一部分,我们将这些概念与社会生物学概念加以比较。

1. 伊底

社会生物学家认为,人类的动机和行为根本上是自私自利的,这与弗洛伊德的信念——人格的核心特征——伊底根本上是自私自利的极为一致。弗洛伊德强调,伊底在生物学上,显示种族过去对人的存在本质发生的影响。伊底受制于快乐原则,是动物性的,它贯穿于人的一生,并毫无顾忌地表现它的目的:个体的生存和成功的再生。而且,和基因一样,伊底不具备认知能力。它委派这些来区分结构:对弗洛伊德来说,是自我;而对社会生物学家来说,则为大脑的皮层区域。

2. 自我

如果基因和伊底真正地自私自利,那么,对结构来说,影响

① 《美国心理学家》,1982年,第3期,第314页。

辅助机制的发展和有效地适应社会和物质现实是必要的。没有如此间接的结构,基因或伊底均不能达到它们自私的目的。在生物学意义上,种系发生上发展皮层大脑结构以有效地适应变化着的物质和文化环境,它是明显适合的;同样,在心理学意义上,它也是适合的,甚至是绝对必要的。对个体来说,个体发生上有"进化的"功能,弗洛伊德认为它受自我的控制。自我负责个体的保护,防止外部世界固有的危险和来自于无约束的本能需要的危害。而且,由于它的高级目标,自我有其生活的维持和种族的再生作用。正如我们下面所指出的,后者是社会生物学思想的一个重要的分歧。

弗洛伊德相信,心理结构有基本的生物学成分。生物学和弗洛伊德学派的本能之间的紧密联系是明确的,但自我控制的遗传基础则较为模糊。然而,弗洛伊德为生物学和自我的直接联系开辟了道路。霍尔(Hall)和林兹(Lindzey)(1968)指出:"可以这样认为,甚至在自我产生之前,它随后的发展路线、它的倾向和它的反应已由遗传决定了。"(p. 251)弗洛伊德的观点——自我不是本身经验的产物,"而是作用于成熟的有机体的经验的产物"(Hall and Lindzey,1968,p. 251),与社会生物学所强调的人的行为特性(表现型)是遗传型和环境相互作用的产物非常一致。社会生物学家和弗洛伊德学派的人认为,人类行为的潜在动机深深扎根于有机体的生物学基础之上;而且,许多高度发展的人类特征归功于一个坚强的结构并受先天因素的制约。弗洛伊德把这些特征归因于伊底和自我心理结构,而社会生物学家则将它们归因于遗传结构,创造一个与环境相互作用的成熟的有机体。

3. **超我**

这个负责产生道德行为的心理过程系统,弗洛伊德称为超我。很明显,必须以他们的家庭和社会的固有行为准则向个体灌输。良心是一个主要通过行为的犯罪感去惩罚违反父母和社会规范的子系统。自我的理想通过鼓舞人的积极情感如自尊,以及奖赏受到赞许的行为而实现。弗洛伊德把超我的机制称为维护社会的一个手段,犹如长者对孩子进行教育的装置。在精神分析学看来,尽管健康的自我可以正常地阻止从个体被卷入到这个过程,即人们仍然被锁进僵硬的道德里,超我对个体灌输了利他行为。

社会生物学的观点否定了求助于群体选择和利他主义的行为解释,然而,它对弗洛伊德合并他的超我概念的许多材料的有效性没有疑问。个体的最高利益往往不同于他们的社会。虽然,人们经常反对单一有机体的自私特权,事实上,与别人合作是强迫的,作为一个整体,总会开始经过父母的干涉,而后又受社会强迫。人类确实受到犯罪感、羞耻感、自尊感和其他情感的道德伴随物的推动。很明显,儿童不是生来就具有这些情感的,他们的发展是与社会接触的结果。然而,在既不否决进化论原则,又不接受群体选择的同时,所有这些现象均可加以预测。

在崔厄尔士(Trivers)的文章中,发展了互惠的利他主义概念。他(1971)认为,构成合作的许多行为和潜在动机的进化论基础,对社会的维持是必要的。他指出,在某些情况下,个体长期的为自己的利益,实际上能为别人作出的短期牺牲而得到提高。甚至在他们反对一个人的生物性利益时,遵循群体的规范和标准是正确的,这大都由于群体生活的利益胜过随着成员身分而来的限制的代价,这些利益依赖于趋向自己的利他行为。崔厄尔士认为,就利他主义的受益者来说,除非有一个充分的互惠保证才能发生。为了得到他们关心的益处,一个人必须使他人确信他能自觉地遵守社会习俗。一个个体的生存和再生的机会非常重要,它顺利地纳入到互惠的利他主义网络中。这说明,他不能表明他是一个骗子——一个不相互交换利他行为的成员的行为。很显然,互惠的利他主义网络的成员在与骗子的交往中,他们的群体适应性有降低的危险。而且,我们可以预测,选择以为探知这些行为而提出高度敏感的机制(Cf. Lockard,1980)。

也许,超我最根本的问题是选择利益,就是使个体产生能够容易地吸收其社会群体行为的准则。与此问题有关的是崔厄尔士。他宣称,许多人的情感和他们的行为后果,可以解释为经由互惠的利他主义而选择的结果。把情感如犯罪、感激、同情和自辱看作是适当地促进适应性行为的直接机制是可能的。例如,事实上,犯罪也许是一个自私激发的情感,它能使一个骗子再分享益处,继而增加了骗子允许留在利他主义的网络中并获得其利益的机会。同样,道德义愤感是一种刺激人取得反对骗子的适当行为的方法。崔厄尔士指出,由于人类关系的复杂与多变,给阴险的欺骗提供了较多的机会。信赖规范和习俗也许是简化辨认骗子问题的一种方法。根据这种倾向,也许能增加被视为真正的利他主义者——一个值得信任的人的机会。为了了解更多的被精神分析理论概念化了的进化论分析事例的材料,读者可以参考崔厄尔士的文章,以作为对超我本质的补充说明(也可参阅 1982 年 Leck 和 Christopher 从这个观点上对同情心的详细的分析)。

他们又从心理动力学的角度来分析弗洛伊德与社会生物学的一致性:精神分析理论中,许多行为的重要方面均归因于本能和它们的替代物了。弗洛伊德认为,本能是行为的动机,给予行为以驱力和方向。事实上,在弗洛伊德学派的理论中,本能是行为唯一的能量来源(Freud,1915/1957)。弗洛伊德主张,至少有两种等级的本能,往往称之为生的本能和死的本能。生的本能(包括性本能)用来延续个体和种族生存;死的本能说明有机物还原到无活力状态的倾向。

1. **生存与性**

生物驱力,积极活动以保护生命,我们称之为自我保护本能(Freud,1915/1957)。弗洛伊德认为,通过提供获得必要的新陈代谢物质的动机,生的本能保证个体的生存;通过提供生殖动机,性本能则保证种族的生存。即使性本能难以解决个体的生存,两种类型的本能均根源于生物有机体的需要。很明显,生的本能有益于个体生存的主张,这与社会生物学观点是一致的。计划或预先安排生命延续活力的基因,对于拥有这种等位基因的有机体来说,明显地具有达尔文的优点。社会生物学家认为,适应性最终提高个体的再生作用,弗洛伊德学派的性本能明显地为之服务。所以,社会生物学家认为,服务于再生作用的性本能获得了进化论的意义。除了许多类似的观点外,还有一个主要的分歧值得我们注意,就是弗洛伊德将性的再生作用看成是促进种族生存的性本能的结果。这个观点与当代进化论的思想大相径庭。

性本能的一个有趣的衍生物是爱。起初,它也许会表现为无私的爱,与弗洛伊德学派的本能观点相悖。本能存在于自我陶醉的伊底内,没有真正的利他主义动机。弗洛伊德认为,强烈的情绪依恋是对象性发泄过程,是独特个体性能量的替代物。然而,他(1923/1963,1925/1963)又认真地谈到:"作为对象性发泄"的假设是以指向性满足为目的的精神集中发泄的一种形式。最终,在性冷淡期内,这种明显的性爱就会为持续的发泄所代替,以说明爱已趋向于客体。社会生物学家则把爱看作是一种近似的机制,通过保证一个亲近的男性参与交配,以增强女性的适应性。

说到这一点,可以认为,生的本能和性本能都可看成是为个体的生存和再生而提高基因的适应性机能服务的。适应性的另一成分是近亲的生存与再生。在这点上,弗洛伊德学派——社会生物学的比较变为更加繁琐。弗洛伊德认为,对近亲的友爱和利他主义的迹象以及以完全一样的方式对某人的依恋,是对象性发泄的结果。在弗洛伊德看来,没有任何外在和内在的理由来解释,为什么一个人有更多的心理能量专注于一个亲戚,而非一个毫不相关的邻居。另一方面,社会生物学家明确地指出:在某种特定的状态内,利他主义证明了直系亲属有相关的基因(Hamilton,1964)对象性,发泄过程不受基因相关程度的影响。对精神分析学家来说,一个结论就是,对象性发泄随近亲而增加,而对于我们种系发生学的许多人来说,猎聚部落成员频繁地与相关个体交往,如果存在着这样一种倾向:对象性发泄发生在一个人与其直接频繁接触的那些人中,那么,这种对象性发泄就培养了基因上亲近个体的依恋和利他主义。用这样的方式,家族选择能通过对象性发泄的近似机制来进行。在一定程度上,这样的分析是站住脚的,所有的适应性形式与精神分析理论关于生和性的本能理论是一致的。

避免近亲性行为,在精神分析学理论中占有重要地位。弗洛伊德(1930/1961)认识到,在人类社会中,乱伦是普遍禁忌的,不过,这种禁忌也许是人的性生活一直体验着强烈的乱伦。他认为,社会强加的这种明显的毁灭性的承认,以限制生来存在于意义冲突中的问题。然而,避免乱伦已获得了伟大的生物学意义。通过提高有害隐性等位基因纯合于遗传型的可能性,近亲繁殖加强了适应不良表现型的频率。这种独特的避免乱伦曾一度被认为仅限于人类,但现在已经了解到,它普遍适用于灵长类(Demarest,1977)。能解决这个问题的最有可能性的近似机制是(除了弗洛伊德厌恶它之外)对那些被当作近亲抚养者的韦斯马克派(Westmarchian)的“近之则不逊”的反应。

2. **攻击**

弗洛伊德关于生存与性的思想,与他的死的本能的观点有直接联系。这个观点的一个重要衍生物是:人类侵犯性行为的精神分析学观点。弗洛伊德认为,攻击性行为是经由对象性发泄过程而指向外界的自我毁灭。和生的本能一样,攻击性驱力是一个封闭的能量系统,心理能量(紧张)的积累是心理冲突的结果。这样积累起来的紧张是不愉快的,因而个体试图用攻击性或毁灭性行动,到环境中取代能量。例如,一个人自己的死的本能可以为身体的相互侵犯或战争的集体性暴力所取代(Freud,1915/1959)。

乍看起来,社会生物学家似乎赞成弗洛伊德的先天性侵犯的观点。然而,许多研究者(如:Kaufmann,1970;Scott,1966;Sipes,1973)则提出了证据,反对精神分析学的本能侵犯模式,赞成许多心理学家(如 Baron,1977)长期坚持的观点——缺乏完整的、自由侵犯本能的证据。尤其是巴来西(Barash,1977),使弗洛伊德的观点取得理论上的说明——死的本能没有进化论意义。

社会生物学家强调在攻击行为中,基因和环境相互影响和交互作用的主张。然而,他们也同意弗洛伊德的那些涉及广泛的,也许是普遍的攻击和战争存在的看法。进而,他们认为人类有维尔森(Wilson,1978)称之为我们的深刻的、不合理性的敌意的倾向,尤其对外国成员。正如弗洛伊德一样,社会生物学家已经指出,攻击有一种基本的生物学成分(Barash,1977,1979;Durham,1976;Wilson,1975,1978)。然而,弗洛伊德却将攻击看做主要起源于一个凶恶的本能。反之,他们对变化着的影响有机体群体适应性的环境情景，看做是发生的有影响的适应性反应。由于进化论预言，攻击只有当适应性增加到最大程度时才会发生。我们期望的是：当环境发生变化，暴力的“需要”也随之而变化。换句话说，一个人期待攻击性的进化稳定策略，不是坚韧的驱力。很有可能在环境中，有机体与稀少而有价值的手段相斗争(如：交配，LeBoeuf，1974；食物，Durham，1976；Gill & Welf，1975)。如果环境变得较为仁慈，攻击行为便会减少(如：Southwark，1969；Southwark，Siddiqi，Farooqui & Paul，1976)。

3. **无意识**

无意识是弗洛伊德最基本的概念之一，它是理解人格和行为的基础。在弗洛伊德看来，我们并没有意识到我们的行动和意识观念的最基本原因。社会生物学家认为，服务于自我欺骗的无意识观念，获得了进化论的意义(劳恰尔德，Lochard，1980)。例如崔厄尔士(1976)指出，在动物交往中，欺骗也许是内在固有的，因此，必然存在着选择压力，以提高发现这种欺骗的能力。这个论点的一个逻辑推论是：为了避免被发现，自然选择必须提高自我欺骗的程度，一个充分的自我欺骗度，将使动机处于无意识状态，通过隐瞒(自我意识的敏锐标志)正在实践着的欺骗，使哄骗变得简单易行。用这种方式，一种类似于无意识的机制——建立在有效的欺骗的需要基础上，以便增加个体的适应性——也许已经把为欺骗者自我需要的服务而开展起来。

劳恰尔德(Lochard，1980)吸收了崔厄尔士(1972)关于亲体投资和性选择的文章表明，如果男性能使两个女性相信他的忠诚，男性的性成功就得到大大提高。劳恰尔德又指出，通过他自己的自我欺骗，一个男性在欺骗女性的成功上，会得到提高。当然，一个人可以正当地认为，无意识先于有意识思想的进化，这是弗洛伊德和许多人预见的真正序列。然而，无意识只是任何水平上意识的早期缺乏的现存的残余，或在人类进化中，随着有效地欺骗他人需要的从属的发展，这是一个有趣的问题。无论这样还是那样，社会生物学的解释似乎对弗洛伊德学派的心理动力学作出了现在的众所周知的贡献：这是一种对特殊创造本身的存在和重要性的认识，对其起源的理论上充分的说明。

4. **防御机制**

弗洛伊德学派的自我防御机制，可从生物学适应性的观点来考察。存在于自我防御实践中的自我欺骗，是帮助维持自我控制的一个无意识过程。对许多相信千年至福说的人来说，人类环境的最显著特征是社会的，而这种复杂的社会环境必定具有选择倾向，以避免反社会行为。许多弗洛伊德学派的防御机制（如压抑、替代、反应形成和自居作用）可被看作个体依赖他们同伴的持久的良好意愿的生存设施。而且，尽管社会生物学家提出了一个颇为不同的起源，但他们发现，这些机制是有用的与可能的。弗洛伊德把防御看成是保护人格完整、免受毁灭性内在个体冲突的机制，而社会生物学家则可能把它们看作对个体遭遇问题的适应性的调和。在社会构成单位中，在不危及他们的成员的情况下，试图加强他们自己的势力。

和发生在医学实践中的许多模式一样，精神分析学的人格理论起源于对个体的观察，其适应系统曾经表现过失败。可能的是，把人类防御机制复杂的描述看做是一种非理性的适应不良的负担。然而，弗洛伊德强调，只有那些在他们的行为中起着一种不应有的重要作用的人需要治疗，而且，他相信大多数人在能享受到利益方面利用这些机制。在别处，我们已经讨论过，(Christopher & Leak Note Ⅰ)许多被当作非理性的行为，在生物学意义上则是适应性的。这并非否认智力不良及其牺牲者的痛苦,而只是指出,只有一小部分人在心理上是如此地虚弱,以致他的再生作用受到损害。

最后,两位作者概括与总结了他们的论点说:“弗洛伊德精神分析学所提供的人类行为的描述,与现代进化论在社会生物学上的应用而提出的预言是惊人一致的。弗洛伊德学派的进化论分析暗示着,许多是对选择压力真正的适度的适应,它塑造了原始人类的基因池。在历史意义上,这儿也许有某些隐藏着的命运。为了在生理学领域内科学地理解心理,弗洛伊德开始了他的研究。但过去八十年间,建立在原始神经生物学的沙滩上的研究不过是悲观的探索。最终,他转向达尔文学派的观点,如果没有精神病理学,那么他在美国心理学中便会不受欢迎,这种情况曾持续了本世纪的大部分时间。在心理学史上,即使有一个真正的传奇式的人物,他在文学和艺术领域的影响也比不上弗洛伊德探求革新学科的影响。在社会生物学观点上,产生于社会生物学运动的、对人类行为重新发生的兴趣,对弗洛伊德学派的思想也许会产生一种新的能接受性的气氛。……一般来说,我们相信,进化论的分析暗示着,弗洛伊德学说既有价值而又阐明了人类行为。这些概念的社会生物学论述,描绘了一幅起源和价值的图画,它们建立在当代能为人们所接受的科学理论和经验事实的基础上。我们希望,试图勾划出这两种理论体系之间的对比,并开始把精神分析学和进化论理论的探讨成为心理学思想的主流。”①

以上是黎克和克里斯朵夫两位教授的主要论点。准确无疑的是,他们二人把弗洛伊德视为生物决定论者和社会生物学的

① 《美国心理学家》,1982 年,第 3 期,第 320—321 页。

心理学者。

事隔四年之后，针对以上二人的论点，在 1987 年第 3 期《美国心理学家》期刊上发表了一篇《弗洛伊德失败的原因——一些对神经生理学和社会生物学有牵连的问题》的论战性文章，批驳了这种生物决定论和社会生物学的观点。著者是美国圣玛丽学院派立希(Thomas Parisi)教授。

著者首先指出：最近几年，人们的注意力都集中在弗洛伊德建立其理论的目的和神经生理学与社会生物学的目的之间的明显的相似点上了。就弗洛伊德的研究对象是人的本性而言，这种理解是十分精确的。弗洛伊德在有助于了解人的本性的神经生物学和进化论的道路上探索前进。而且，他在《科学心理学的计划》(1887—1902/1954)以及以后的《计划》和《梦的解析》(1900/1953)中所做的努力，与今天的神经生理学所不断建构的理论有着许多共同之处。同时，弗洛伊德的研究成果的确已经在进化论中表现出来，他与社会生物学方面也有许多一致的地方。可是黎克和克里斯朵夫两位认为，弗洛伊德的伊底和自我这样的精神分析概念，同社会生物学所形成的概念有相似之处，因此他们主张将社会生物学和精神分析学综合起来，并阐述了“将进化论重新变成心理学思想的主流”[①]这一意图，派立希认为这种看法是不能同意的。

派立希在文中提出他与黎克和克利斯朵夫论战的两个目的。第一个目的是要证明把弗洛伊德描绘成一个还原主义者和生物决定论者是错误的。因为，这样就把弗洛伊德明显地纳入到神经生物学和社会生物学的阵营中了。关于弗洛伊德和社会生物学之间的联系，派立希要证明虽然进化论的思想对于发展

① 《美国心理学家》，1982 年，第 3 期，第 321 页。

弗洛伊德的理论成果,就像理解他的理论成果一样确实具有重要作用,但是他的理论并非从本质上依赖于达尔文的进化论。另一方面,社会生物学则完全是以达尔文的变异思想和自然选择的概念为基础的。因此,通常将弗洛伊德纳入到现代社会生物学和神经生物学的阵营之中是不正确的。

第二个目的是要说明弗洛伊德希望建立的自然科学的心理学的任务没有完成。弗洛伊德面临的问题和今天我们在社会生物学和神经生理学上所面临的问题有许多相似之处。正如现代的那些为建构一个心理理论和人性理论而奋斗的人们一样,弗洛伊德也是从自然科学的立场来说明问题的。正如弗洛伊德在 1887—1902/1954 年的《计划》(第 355 页)中所阐述的那样,他希望建立一个应该是自然科学的心理学。可是他实际上并没有完成这个任务。派立希发现了一些弗洛伊德之所以失败的原因,认为从这次失败的原因中得到一个启示,便是弗洛伊德的《计划》所显示出的终生遗憾。这些是显而易见的,因为弗洛伊德拒绝公开出版这部著作,而且,其《梦的解析》中第十七章的观点暧昧隐晦——这些启示也使得目前围绕着心理的神经生理学和社会生物学的研究结果而展开的争论昭然若揭。

其次,派立希声明:第一,不打算论述还原主义者的方法在心理学上是否占有地位。他作为一名生理心理学家,很欣赏还原主义方法的优越性:如帕金森的综合疗法以及对针刺疗法原理的认识,这些方法在实践与理论两者之中都获得了成功。第二,他认为把弗洛伊德看成不过是个生物学家的观点是不确切的。同时他还认为,弗洛伊德所得出的任何结论并非正确无误。例如,把弗洛伊德同社会生物学归结为一体是荒谬的。因为弗洛伊德在了解了达尔文主义后便放弃了它转而拥护拉马克主义，但他并不摒弃达尔文的进化论立场。

派立希进一步论证说，弗洛伊德在其独特的学术生涯里，进行了长期而广泛的基本研究，还积累了丰富的临床经验，结果他逐渐形成了前后矛盾的，肯定不是还原论和决定论的哲学观。因此，把他看成一位顽固不化的神经生理学家，一位失败了的生理学者以及一位社会生物学的先驱者，都是由于没有认识到他对学术贡献的真正实质之所在，以及误解了他的那种认识（假说和预测）的缘故。弗洛伊德在总结其一生的科研活动时说："任何一种心理理论试图将精神生活还原成神经特性，都将忽略真正的目的——心理——而且任何一种将人类行为的进化还原成杂乱无章的变异和自然选择的理论都会忽视有关研究目的的许多意义。"[①]他相信，这样的努力最后必然以失败而告终。

那么，为什么弗洛伊德又反对达尔文而坚持拉马克的立场呢？派立希认为，弗洛伊德反对达尔文，在很大程度上依据于他的一种理解，这种理解告诉他变异和自然选择无法满意地说明心理和行为的重要参量。因此，弗洛伊德在1917年和费伦茨(Forenzi)一起拟订一项计划，旨在将拉马克学说同精神分析联系起来。同年，弗洛伊德在给费伦茨的一封信中说，他正在阅读拉马克的《哲学的动物学》。同年在他给亚伯拉罕（Karl Abraham)的信中，根据自己的看法揭示了拉马克学说对于精神分析理论结构的中心内涵："我们的意图在于将拉马克的思想作为我们自己的理论基础，并阐明他的需要(need)的概念，只不过是超越我们的机体而存在的强有力的无意识思想。这个概念创造并修改了人体器官的功用……简言之，需要的概念是种种思

① 《美国心理学家》，1987年，第3期，第244页。

想的核心。”[1]在这里，我们看到弗洛伊德拥护拉马克含有对后天的获得性具有继承性这一思想的过多偏爱。

派立希最后告诫人们：我们如何才能有收益呢？有一点，我们自己可以超脱那种不必要的狭隘的世界的概念，它们限制了我们想象力的驰骋。一旦我们作出了那种认为心理学必定和生理学相互一致的假设，我们就会作茧自缚。因为按照从这种生物学最初形态得出的假设而总结出的结论，充其量不过是另一个次要的生命组成部分，无论是在本体论的原则上，还是在认识论的方法上，都是如此。这一结论不仅对我们认识自己的方式产生深刻的影响，而且对于我们所从事的研究，以及对于我们建立起支持那种研究的社会政治结构也将产生深远的影响。不过应该注意，我不是建议我们否定或是忽略生物学上的发现，我只是认为我们可以通过对那些我们可以接受的并能指导我们研究的假设及预测，更加深刻而敏锐地加以认识而从中得到益处。

这也就是说，弗洛伊德的精神分析学并不属于神经生理学与社会生物学的范畴，而是属于**心理科学的范畴**。

(1991年12月，未发表)

---

① 琼斯：《弗洛伊德的生平和著作》，1957年英文版，第312页。

从科学心理学的观点看慧远的“神不灭论”

彼岸世界的真理消逝以后，历史的任务就是确立此岸世界的真理。[①]

——马克思

慧远，本姓贾，雁门楼烦（今山西代县）人，生于东晋成帝咸和九年（334），卒于东晋安帝义熙十二年（416）。他出身于仕宦家庭，家境优裕。十三岁时随舅舅令孤氏游学河南许昌、洛阳，大量阅读儒家、道家的典籍，以后又随道安出家研究佛教理论。他离开道安后，长期居住在庐山，聚徒讲学和翻译佛经达三十余年。同时，慧远虽然居住庐山，但广交达官贵人，因此他的影响遍及大江南此，乃至深入宫廷。慧远是东晋时继道安之后的佛教领袖，他的佛教活动、哲学思想和心理学思想，在中国佛教史、中国哲学史和中国心理学史上占有重要地位。

慧远的佛教活动、哲学思想和心理学思想是受东晋时代的经济、政治和思想斗争等社会条件制约的，是历史的产物。他的主要著作有《沙门不敬王者论》、《明报应论》、《三报论》等，后来收集在僧佑编辑的《弘明集》中。

---

① 《马克思恩格斯选集》第1卷，人民出版社，1972年5月第1版，第453页。

慧远所处的时代正是门阀士族专政兴盛之际。门阀士族对农民的剥削十分严重，人民生活极端痛苦，加以战乱频繁，干戈扰攘，动荡不定的社会充满着贫困、混乱、苦难和死亡。“出路”何在？如何获得“拯救”？当时的玄学和儒学在理论上无法作出令人满意的答案。然而佛教理论，特别是因果报应说，却为人们指出了一条似乎可以获救的“出路”，可以“拯救”生灵于涂炭。这就为统治阶级解决了一个本身无法解决的难题。因而，在统治阶级的大力扶持下，佛教便迅速发展起来。而完成这个任务的人选，在很大程度上历史地落在慧远的肩上。

慧远的道路不仅和当时社会的环境分不开，而且其思想来源于其师道安。他赞颂道安为“真吾师也”。他拜道安为师之后，在思想上发生了重大变化。道安在佛教思想方面属于般若学的本无派，主张万物本性就是“空”、“无”，“空”、“无”本体在万物之上、万物之后，是有形的万物的最后根据。慧远跟随道安，主要信奉般若学。但是慧远进一步发挥了道安的“本无”理论。他认为，万物的生成、变化都根源于精神感情活动，如果不使感情发生，也就没有万物的发生、变化。所以他说：“有灵则有情于化，无灵则无情于化。无情于化，化毕而生尽，生不由情故形朽而化灭。有情于化，感物而动，动必以情，故其生不绝。”[①]而要使感情不发生就必须认识万物以至人的本性都是虚幻而不真实的，也就是说是“本无”的。因此，慧远从唯心的“本无”说出发，着重宣扬神秘的法性本体论，用以论证佛教的出世主义理论。他说：“无性之无，谓之法性。”[②]那么为什么“法性”是“无性”，而“无性”的“法性”又能生出万物呢？慧远搬来了佛教的“缘起”

① 《沙门不敬王者论》。

② 《大智论钞序》，见《出三藏记集》卷十。

说。他说:“法性无性,因缘以之生。生缘无自相,虽有而常无。”[①]这就是说,万物的生成都是各种“因缘”(条件)的暂时凑合,没有独立的本性,所以虽说是“有”,而实际上是“无”。

慧远的这种“法性”本体论哲学思想是为佛教服务的,目的在于引诱人们出家出世。所以他十分重视“法性”本体和“涅槃”境界的关系。在他看来,“法性”就是佛教所谓的最高境界和归宿——涅槃。体认“法性”,进入“涅槃”境界,也就成为佛。所以,“法性”、“涅槃”和佛三者也是同一的东西,是从不同的角度和意义说明佛教的所谓本体的。

慧远的“法性”本体论是彻头彻尾的唯心主义。他的“非有非无”的论调,可以说是反映了具体事物的有与无、存在与不存在的统一性,无意间悟到了辩证法的某些因素。但从慧远的立论总体来看,是主观地玩弄有、无概念,抹煞有、无界限,借以掩盖唯心主义的一种相对主义的诡辩伎俩而已。总之,慧远的佛教哲学思想归根结蒂是认为外界客观事物是虚假的,是虚无。世界万事万物犹如水花泡影,人的形体也像镜中明月,是虚幻的,是无常的。慧远思想的唯心主义性质是无可辩驳的。

另一方面,由于慧远主张在今世作恶业,就要在死后轮回转生,甚至于进地狱受惩罚;而出家信佛,经过累世修行,就可以超出三世轮回,进入佛国极乐世界。他的这种理论毫无疑问是设立一个果报的承受者以自圆其说。佛教不承认道教的人可以长生不死、“羽化”而登仙的说法。佛教认为人有生老病死之苦,形体是会消灭的,唯有一个精神实体留下来承受报应。为此,慧远又以“法性”不变说去发挥神(指精神、灵魂)不灭论,用以说明人死之后轮回、成佛、轮回转世和超脱果报的主体的问题。当时,

① 《大智论钞序》,见《出三藏记集》卷五。

反对佛教的人在理论上驳斥慧远神不灭论的虚妄,这成为思想战线上的一个重要斗争。慧远为了维护自己的理论,对形神关系进行了唯心主义心理学的狡辩。下面来看看他所持的四条理由。

第一,神是情感主宰。当时怀疑和反对慧远神不灭论思想的人继承了汉代唯物主义者王充以来的气一元论的唯物主义思想,提出形神是阴阳之气。人只有一生,没有来世,形尽神灭是自然规律。慧远站在唯心主义的立场,向唯物主义气一元论展开了攻击。首先,他进一步发挥了道安的"本无"理论,直接把客观物质世界看成是精神实体的作用。颠倒精神和物质的关系,认为精神不但不是物质派生出来的,相反它是化生万物、推动现象变化流转的根源,是第一性的东西。他说:"神也者,圆应(产生和感应万物)无生,妙尽(产生一切微妙变化)无名,感物而动,假数[①]而行。感物而非物,故物化而不灭;假数而非数,故数尽而不穷。"[②]又说:"……化以情感,神以化传。情为化之母,神为情之根。情有会物之道,神有冥移之功。"[③]意思是说,神产生万物,感应万物,而自身是不产生什么的,神产生一切神奇微妙的变化,而自身是无名称的。神感应外物而显示出自己的运动,凭借于"名数"而运行。但是,神感应外物而本身不是物,所以事物化灭了,而它并不化灭;凭借于"名数"而本身不是"名数","名数"有终竭而它并不穷尽。……众生变化流转的形体是由人的情感情欲所生起的,而神又是这种情的根子,情能执著会合万物

① "数",即"名数"、"法数",以数量表示的名目、法门,如"三宝"、"三界"、"四大"皆是。

② 《沙门不敬王者论》,见《弘明集》卷五。

③ 同上书。

使之流转变化，神则借这种变化流转而不断延续。慧远的这种主张，即神是情感产生的基础，而神与情又互相推进的心理学观点是值得注意的。但他这种主张显然是反对唯物主义者把精神看作是一种物质性的“精气”，他也反对“神形俱化”的理论。他认为，作为情感主宰的神，能够通过情感感应外物而本身却不同于外物，所以物虽化而神不灭。所以说，神的作用是无所不在、无处不有的。

同时，慧远为了论证他的神是“物化而不灭”的理论，还引述中国古代道家的唯心主义论据。他引文子所说黄帝讲的“形而靡而神不化，以不化乘化，其变无穷”，[①]引庄周“死为反真”，“万化未始有极”等论据，得出结论说：“不思神道有妙物之灵，而谓精粗同尽，不亦悲乎！”神是永远不灭的。

第二，神精形粗。慧远把形体看作是由精神感应“四大”(地、水、火、风)而成的。他说，神和形相比，形是粗的，神是精的，而且很神秘：“夫神者何耶？精极而为灵者也。精极则非卦象之所图，故圣人以妙物而为言。虽有上智，犹不能定其体状，穷其幽致。”[②]

这就是说，“神”是一种非常精灵的东西，是没有任何具体形象的，所以也不可能像具体事物那样用形象来表示，连圣人也只能说它是一种十分微妙的东西。就是有很高智慧的人，也认识不了它的形象，观察出它的微妙之处。

慧远还认为，由于人的贪爱，使人的本性流荡，从而由精神感应“四大”不断地结成形体，“四大之结，是主(即精神)之所感

---

① 《文子·守朴》。

② 《沙门不敬王者论》，见《弘明集》卷五。

也"。[①] 还说"贪爱流其性，故四大结而成形"。[②] 这是说，没有精神就没有人的形体，精神可以离开形体而独立存在，形体会死亡，而精神是不灭的。

慧远对精神和形体关系的看法，从心理学的角度来考察，必然陷入唯心主义。

科学的心理学指明了：人的心理现象和生理现象二者是密切联系着的。心理现象是建筑在生理现象之上的，人的意识、心理、精神是一种特殊的物质——人脑的机能和属性。心理现象如果离开脑这个物质结构，是绝对产生不出来的。古人都以为心脏是精神的器官，有的甚至把精神说成是独立于心脏的实体，这都是错误的。

第三，神可独立自存。慧远认为神不仅是不灭的，还可以从一个形体转到另一个形体中去。他说，这就像薪火相传一样，"火之传于薪，犹神之传于形；火之传于异薪，犹神之传异形"。[③] 把形神关系比作薪火关系。把神比作火，把人的形体比作薪，认为薪经过燃烧，成为灰烬，但是火却从此薪传到彼薪，永不熄灭。换言之，就是精神可以不依靠任何一个具体的形体而独立自存，永不消灭。慧远的这种没有物质本体的精神（心理）活动，在科学的心理学上是站不住脚的。

事实上，慧远的这种比喻并不新鲜。早在我国战国时代庄周就用薪火来比喻形神，他说："指（疑为"脂"之误）穷于为薪，火传也，不知其尽也。"[④] 这就是说，烛薪有烧尽的时候，而火却一

① 《明报应论》，见《弘明集》卷五。

② 同上书。

③ 同上书。

④ 《庄子·养生主》。

直传下去，不会穷尽。庄周以此来说"养生主"的"主"即精神是不灭的。另外，我国汉代唯物主义者桓谭和王充也用薪(烛)火的比喻来说明形神关系，论证无神论思想。桓谭说："精神居形体，犹火之然(燃)烛矣。……烛无，火亦不能独行于虚空。"[①]王充也说："人之死，犹火之灭也。火灭而耀不照，人死而知不惠……火灭光消而烛在，人死精亡而形存；谓人死有知，是谓火灭复有光也。"[②]他们应用薪火之喻，说明火不能离开特殊的物体，其用意和思想都是正确的，肯定了精神对于形体的依赖关系。然而仔细推敲起来，这种比喻也容易被用来论证二元论和外力论的错误思想，能为唯心主义者所歪曲利用。由此可见，薪火之喻并非论证唯物主义形神关系的确切比喻。同时也说明了对于这个比喻的应用，实际上存在着唯物主义和唯心主义心理学思想的两条路线的斗争。

第四，"心"与"反心"。慧远为了说明为什么业的三报(一曰现报、二曰生报、三曰后报)有先后不同的问题，他便求助于"心"来解决。慧远说："受之无主，必由于心。心无定司，感事而应。应有迟速，故报有先后。"[③]这就是说，人是通过心来受报应的，而心要对事物有所感受，才有反应活动，感应有快慢，所以报应有先后。慧远的这种因果报应说毫无疑问是虚构的，不外是要人们在命运面前低头，忍受一切。但是值得注意的是慧远指出"心无定司，感事而应"这一道理，尽管他所谓之心不是指人脑，但指出心必须对事物有所感受才有反应活动还是符合心理活动的规律的。

① 《新论·祛蔽》。

② 《论衡·论死》。

③ 《三报论》，见《弘明集》卷五。

然而慧远又认为信仰因果报应的最后目的在于超出报应，也就是在于“反心”，进入“涅槃”境界。他说：“夫事起必由于心，报应必由于事。是故自报以观事，而事可变，举事以责心，而心可反。”[①]这就是说，报应是由于做了事，而做事是由心指使的，所以就要从自己所受报应来观察反省自己所做的事，从所做的事来试问自己的心，使心返回本体。所谓返回本体，就是“反心”，“反心”就是停止精神活动，从而进入“涅槃”境界，往生“净土”(西方极乐世界)。所以，慧远的因果报应说的实质就是一条由心主宰人，人再反归心的主观唯心主义路线，同时也是他的“神不灭论”的实质所在。

慧远关于神不灭的论证在当时是有很大的影响的。当时许多反对佛教的人也没有从理论上根本驳倒他。直至南北朝梁代的唯物主义者范缜才比较彻底地从理论上驳倒了这种神不灭的宗教唯心主义理论。

范缜首先以王充的偶然论的元气自然论来反对慧远的因果报应说。他和皇族萧子良争论时说，人生犹如树上的花，有些花被风吹落到厅堂上，就像你这样的皇族；有些花被风吹落到厕所里，就是像我这样不幸的人，这都是自然的偶然际遇，并不是什么因果报应。范缜用偶然论给慧远的因果报应说以打击，是机智的，但并不是科学的。因为贫富贵贱是阶级剥削制度所造成的必然现象，决不是偶然的，用偶然论不能真正说明贫富贵贱的原因，因而也就不能真正驳倒因果报应说。

后来范缜又写了充满战斗性的《神灭论》，高举无神论的旗帜，抓住形神关系这一心理学的根本问题，对慧远以及一切有神论进行了全面的批判，因而从根本上驳倒了因果报应说和神不

① 《明报应论》，见《弘明集》卷五。

灭论。

范缜正确地指出了精神和物质的关系。物质(身体)是第一性的,精神是派生的、第二性的。所以精神不能单独存在,只能依靠身体的存在而存在。身体消灭了,精神也就消灭了。所以他说:“神即形也,形即神也。是以形存则神存,形谢则神灭也。”①

范缜又正确地指明了思维的作用产生于思维的器官。他说:“是非之虑,心器所主。”②这是说思维的器官就是“心”。他把人心当作思维的器官这一点是不符合事实的,但是他坚持了唯物主义的原则,否认思维作用的基础是灵魂,这是一大进步。他把心理活动安放在生理的基础上。

范缜还郑重地告诉人们:“若知陶甄禀于自然,森罗均于独化,忽焉自有,恍尔而无,来也不御,去也不追,乘夫天理,各安其性。”③就是说,如果能够认识到万物的生成是由于它自己的原因,复杂的现象完全是它自己在变化,忽然自己发生了,忽然自己消灭了。对它的发生既不能防止,对它的消灭也无须留恋。顺从自然的法则,各人满足自己的本性。这不仅批判了灵魂不灭的说法,而且也直接揭露了当时门阀士族地主阶级的剥削特权是前生命定的谎言,从理论上批判了“宿命论”。

就这样,范缜在理论上摧毁了慧远的神不灭论,也就摧毁了因果报应的理论基础、佛教的理论核心。尽管范缜对于因果报应说还缺乏直接的科学说明和批判,但以后中国的旧唯物主义者也都没有超出范缜的无神论的理论高度。

---

① 《神灭论》。

② 同上书。

③ 同上书。

总之，我们通过对慧远的“神不灭论”的剖析，应该理解“一切宗教都不过是支配着人们日常生活的外部力量在人们头脑中的幻想的反映，在这种反映中，人间的力量采取了超人间的力量的形式”。[①] 马克思、恩格斯这些原则性的指示，有助于我们对宗教的了解。

（1983年6月，未发表）

① 《马克思恩格斯选集》第3卷，人民出版社，1972年5月第1版，第354页。

感情心理学的历史发展概述[1]

感情心理学[2]在西方心理学的发展史上占有重要的地位。自古希腊至20世纪90年代的今天，许多情绪与情感理论在发展变化着。如果认真而仔细地翻开西方哲学史与心理学史来查找那些有关理论的发展变化过程，就会看到大量的有名望学者的思想结晶！

一

在古希腊哲学家中，探讨情感问题最多的是理性主义者柏拉图。他认为认识的源泉是多方面的，情感、感觉、感性的意识就是源泉。他说一切都包含在情感中，例如爱美的狂热(mavia)，也属于情感范围。真理在这里表现为情感的形态，不过情感本身只是人们借以把武断的意志当作真理的特性的一种形式。真理的真实内容并不是通过情感给予的，因为在情感里面任何内容皆有其地位。虽说最高的内容必然是在情感中，不

① 本文为《感情心理学的历史发展及其诸家的感情学说》一书的"总论"。标题为编者所加。

② 一般心理学书中经常讲到情绪与情感，也有些书上将其称为感情。为了论述和理解的方便，本文将情绪(emotion)和情感(feeling)合称感情(affection)。

过情感并不是真理的真实形态。情感是完全主观的意识。我们在记忆中,在理智中所具有的,不同于我们在情感中,在心情中所具有的,也不同于在我们的内在主观性、自我、"这一个"(即个体性)之中的东西。当一个内容在心情中时,我们可以说,它是第一次处在最真实的地方,因为它是完全和我们的特殊个体性相同一的。他还指出,神的一些助手们造成了一个有死的躯体,并且放进另一个有死的灵魂(它是灵魂的理念的肖像)到躯体里面。这个有死的灵魂包含着强烈的和必然的激情、快感、痛苦(忧愁)、勇气、恐惧、愤怒、希望等等。这些情绪都属于有死的灵魂。在他看来,情感、激情等居住在胸内,在心内,精神性的东西居住在头脑内。

柏拉图的学生亚里士多德继承了柏拉图思想,并把柏拉图的思想推进了一步。亚里士多德把情感作为一种认识活动的方式。他的情绪理论也是以这个同样的观点为根据的,认为情绪是与内部的以及道德的因素相关连着的。如情绪与情欲之间在道德上是有区别的,愉快是由于灵魂的、voῦs(心理)的最高的能力的活动而产生的。亚里士多德就是以这样的观点完成他的《伦理学》的。

稍后,在斯多葛派的道德学中,把快乐、享乐、爱好、情欲,兴趣都作为道德之外附加上去的东西。他们认为,人何处去寻求幸福和享乐呢?这就是除了和自己的一致的情感外,无所谓一般的幸福。在感性享乐方面,舒适的东西使得我们适意,在这里面就包含着和我们自己的一致性;反之,那乖戾、不舒适的东西是一种否定,和我们的意愿不相适合。斯多葛派所设定为本质的东西正是这种内心中的和自己相一致,并且以对这种一致性的意识或一致感为快乐。不过这种快乐他们却认为是次要的东西、一种从属的东西,是一种附加物。

任人皆知的伊壁鸠鲁派的快乐论主张，一个人的行动符合德行所制定的法则，就是快乐，而快乐就是没有痛苦。这一派既承认肉体的快乐，也承认心灵的快乐，并把积极的享乐方式与使人愉快的感觉联系在一起。伊壁鸠鲁说：脱离恐惧和欲望，不感到沉重，乃是最高的快乐。感官的享受、愉快、喜悦、激情乃是仅仅追求运动的快乐。

二

柏拉图和亚里士多德的理性主义情绪理论一直到17世纪才由笛卡儿加以发挥，做出了最为完善的说明。笛卡儿主张心灵与肉体相分离的极端二元论学说。他认为在外界环境作用之下，动物只有本能的身体反应，而人则具有理智（或称选择）。他相信情绪是控制着决定人类行动的活力因素，因而情绪（或情感）是非常重要的。他提出了六种基本情绪：羡慕、爱、恨、欲望、愉快和悲哀。它们的混合物便产生了情绪的内省情感。同时，他也注意到生理和身体机能在情绪中的作用，认为人对某种环境情况本能地试图作出适当反应的结果就是外在的情绪行为。

笛卡儿认为情绪主要有四个作用。它们是：

(1)保持适当的活力在体内流动。

(2)使身体为应付在变化的环境中可能遇到的目的物而做好准备。

(3)使灵魂期待那些我们认为是有用的客体。

(4)使这种期待经久不衰。

情绪与情感理论发展到17世纪中叶，值得注意的思想家就是斯宾诺莎。他认为，情感是一个混淆的观念，因此我们越认识情感，也就越能克制情感。情感是混淆的、局限的(不正确的)观念，它对人的行为的影响造成了人的被奴役状态；被动的情感中最主要的是快乐与忧愁。只要我们自己是（自然的）一部分，我们就处在烦恼和不自由的状态中。

三

在18世纪，英国的联想主义，如休谟（Hume）认为作为自我知觉感受的情感依靠着观念，而导致这两者之间结合的则依靠联想。不久，莱布尼茨（Leibniz）也以这样的思想把情感与混乱的或是不清晰的观念连结起来，并把它纳入到19世纪黑格尔的有名的情感解释于一些晦涩性的知识之中。沃尔夫（Wolff）精确地把情感描写为一种身体状态的直觉的知识，并认为愉快或是痛苦是由于知识的完全和不完全而产生的。这样的看法，在新康德主义的心理学中仍然保持着。这种理论叫做情感的智力论。

还有一种意志的情绪论。这种理论认为每一种意志过程都伴随着情感。休谟和夏梯斯伯利（Shaftesbury）都是这样主张的。请注意，后来在19世纪，贝恩（Bain）根据同样的思想路线前进。因为他发现了意志的要素在自发的行动中是被情感所引导的，每一种愉快是同增强一般生命的机能联系在一起的，而每一种苦痛是与降低一般生命的机能联系在一起的。与情感联系着的一定的外在的行动，唤起愉快而避免苦痛。这就是从联想心理学的立场来解释的。

意志的情绪论的进一步发展，就可以看到冯特、李普斯、屈尔佩与其学派，以及茅曼都遵循这条路线。

1790年康德出版了他的第三部批判书：《判断力批判》。他在论述判断力时，谈到了关于快感和非快感的问题。指出：判断力的一个方式是审美的判断力,关于优美的判断。其内容是:快感与非快感是一种主观的东西,它是不能成为知识的一部分的。一个对象只有当它的观念直接同快乐的情感相结合时,它才是合目的的;而这就是一个审美的观念。

另外,康德在《美的分析》的论文中,他发挥了鉴赏力诸环节学说。它的出发点是鉴赏力判断不是认识判断,它不是逻辑的,而是审美的。这种判断,规定其基础的不是逻辑判断而是审美判断,这个审美判断,指的是这样的判断:只有主观的东西才能规定它的基础。在康德看来,表象的各种关系,甚至知觉的关系也许都是客观的。只有对快乐和不快乐情感的关系不能是客观的。这里,从客体中不能看出任何一点东西;这里,只有主体感受到,是什么作用在它身上引起感知对象的表象。

在康德看来,兴趣也会引起快乐,但在兴趣中,快乐是同对象存在这一表象相联系的。因此,兴趣总是同愿望能力有关系。同时,他还认为,"愉快的"东西是知觉中的情感所喜欢的。"愉快的东西"总是依赖于对象的存在,总是同对对象感兴趣联系在一起。所喜欢的不仅是对象,而且是对象的存在。因为它是在知觉中被喜欢的,所以由愉快的东西所引起的快乐永远只是主观的。自己感受愉快的东西是可能的,但是要求我认为对我愉快的东西,其他人认为对他也是愉快的,那就是不可思议的,也是毫无意义的。

强调快乐和不快乐的情感是一种能力的还有柏林启蒙主义者的代表门德尔松。他把快乐和不快乐的情感同意志和理性分开,把它看作是一种特殊的、独立的能力。这就是赞同能力(Billigungsvermögen)。他指出,通常把精神能力分成认识能力和愿望能力,而把快乐和不快乐的情感归之于愿望能力。但是我认为在认识和愿望之间还有赞同,可称为赞同能力。这种能力既是从认识到愿望的过渡，同时又使这两种最精细的能力相联系，这种能力只在一定的距离上才可以觉察到。

四

到了19世纪20年代，黑格尔对康德的观点提出了异议。他对情感的论述也是从美学领域出发的。这在其所著的《美学讲演录》(1823—1825)一书中可以看到。

黑格尔充分评价了康德企图调解主观与客观、知性与感性矛盾的良好愿望，但不同意把这些矛盾的解决归之于主观，而是绝对理念内部矛盾的结果。艺术的内容是思想与情感的统一。因此在这个问题上黑格尔又批判了激发情绪说。他不同意这种学说的两个论点，一是艺术内容是情感，二是艺术的目的是激发情感。他认为，艺术的内容不能简单地说是情感。艺术里固然有情感，但构成艺术内容本质的是思想，不是情感，情感只是思想的形式；说艺术的目的是激发情感也不对。艺术固然要影响人的情感，不过影响情感的目的还是为了让人更好地去认识，因而情感只是实现认识的手段。

在黑格尔看来，情感是心灵中的不确定的模糊隐约的部分，它有很大的主观性，因为情感中的分别也只是很抽象的，而不是事物本身的区别。这就是说，情感缺乏认识的价值。

情感还有一个很大的缺点，就是情感可好可坏，既可以强化心灵，把人引到最高尚的方面，也可以弱化心灵，把人引到最淫荡最自私的情欲，这就不符合艺术"改善人类"的功能。

继康德和黑格尔之后，达尔文1872年在《人和动物的表情》一书中，对情绪作出了有意义的论述。达尔文从情绪的生理学角度出发强调外显的行为，并强调外界刺激的重要性。另外，他的进化论指出了人与动物之间在情绪和其他一切方面的延续性。

从18世纪以来，把愉快、不愉快、痛苦、高兴等的情绪与情感认为是认识能力、欲望能力和情感能力。特别是提顿斯(Tetens,1736—1805)和康德(Kant,1724—1804)持这样的看法。然而此时尚未对要素的或是复合的状态加以区别，把惊恐、喜悦、愤怒等均称为情感。直到19世纪才重视这种区别，如简单的愉快与不愉快则被认为是带有感觉表象的情调。到了20世纪40年代，认为情感是常与感觉及其他的意识作用相结合的体验。这是分析情感是什么性质的问题，而解决这个问题又是相当困难的。

关于情感的性质问题，可分为两种学说。一种是多因次说，一种是一因次说。情感多因次说的主要代表是冯特(W. Wundt,1832—1920)和李普斯(T. Lipps,1851—1914)。但二者稍有区别。冯特提出了三因次六方向说:快乐与不快乐(Lust-Unlust)、兴奋与沉静(Erregung u. Beruhigung)以及紧张与松弛(Spannungs u. Lösung)等情感。李普斯提出了多因次说。从感情的三种状态把情感分为三种:对象情感(Gegenstandsgefühl)、设置情感(Konstellations-gefühl)和激情的状态感情(affekt Zustandsgefühl)。它们是在快乐与不快乐的根本体验的基础上形成的。

但许多心理学家不同意上述的看法，提出了多元的一因次说和一元的一因次说。斯顿夫(Stumpf)和齐亨(Ziehen)认为在快乐与不快乐的因次中是有情感上的不同的。斯顿夫主张感性情感是感觉，名为情觉说，认为情意运动是无限变化着的。而在齐亨看来，作为感觉第三种属性的情调是感觉的情调，它是与观念的情调相反的，也可称为二次感觉的情调。同时，情感状态只限于影响表象的结合以及运动兴奋，故称之为情绪；如果它是较为微弱的则称之为情趣。他把各种情感作了分类。

至于一元的一因次说，则为许多心理学家所主张。冯特的兴奋沉静、紧张松弛都归之为快乐与不快乐。例如，紧张是快乐的，而松弛是快乐与不快乐的混合状态。这种状态又受其他感觉表象的制约。

对于这个学说，艾宾浩斯(Ebbinghaus)论述得更为精密。他指出：情感感觉、表象、思维，一般认为是形成心理的三个成员，都伴随着情感。而情感按照一般的规定只看做是快乐与不快乐。根据它的强度，与感觉、表象、思维的结合相对应的便产生愉快不愉快、适意不适意、快乐不快乐、喜悦苦痛等对立的情感。这就是一因次多样性的二分支的情感。

到了19世纪，提出感觉属性说的，除上述的齐亨外，还有雷曼(Alfred Lehmann，1858—1921)。他认为各种感觉，具有性质、强度和快乐不快乐的情调(Gefühlston)。屈尔佩(Külpe)也说过，情感不是感觉的一个方面。情感本身有强度、性质和持续的方面，感觉在情感成为零时也成为零，即所谓丧失情调时才留下感觉。屈尔佩的这种看法在今天看来，已不多见了。

在1880年，梅纳尔特(Meynert，1833—1892)提出来一个身体的有机作用说。他在自然科学家的集会上以“情感论”为题作了讲演。指出快乐与不快乐是脑细胞供给血液与营养良否的意识现象，也是脉管扩大缩小所唤起的。接着，1887年克洛纳(Kröner)出版了《身体的情感》一书。指出情感并不是由血液的数量关系引起的，而是血液的化学性质的关系。根据这一点，化学的物质不只是二、三个神经末稍而是迅速地弥漫渗透到身体和神经器官上，或是筋肉感觉之外而产生一般的情感，或是由于更为丰富的空气而产生愉快、不愉快、无力、疲劳等的情感。

不久,詹姆斯(James)和兰格(Lange)各自提出了固有的末稍情感学。詹姆斯有句名言:“我们哭泣,并不是因为我们悲伤,而是因为我们哭泣,我们才悲伤的。”这就是证明情绪是由于先在身体上引起了变化而产生的。兰格也认为一切情绪都是由身体的变化决定的。这样兰格把快乐和不快乐的情感分为:担心(Kummer)、喜悦(Freude)、惊讶(Schreck)、愤怒(Zorn)、失望(Enttäuschung)、困窘(Verlegenheit)、紧张(Spannung)等七种。

詹姆斯、兰格之后,有同样主张的学者不少。如:法国的达罗斯(Renault d'Allonnes)、李波(Ribot,1839—1916)、塞尔基(Sergi,1841)、德国的闵斯特伯格(Münsterberg,1863—1916)和拉盖尔保尔葛(Rolf Lagerborg,1874—1959)等。

当时反对末稍情感说的有霍甫定(Höffding)。他认为快乐或是不快乐并非由身体状态的变化而产生的,乃是由于大脑对刺激的反作用之前已经体验到快乐或不快乐。雷曼(Lehmann)曾对霍甫定的理论进行过精确的实验,证明情感先于有机体的反应。凯尔希纳(Kelchner)、谢灵顿(Sherrington)、皮隆(Piéron)和苏里叶(Solliér)等人的实验研究也得到了同样的证明。

五

在感情心理学发展史上提出情感表象说的最初有赫尔巴特(Herbart,1770—1841),他和他的弟子们把快乐与不快乐归之于表象的活动和抑制。到了1908年,麦农学派(Meinong Schule)提出了情感表象说。在约得尔(Jödl)看来,不仅是感觉,情感以及努力的表现也都是表象形式的再现,我们所有的情感、努力与过去的感觉一样都能够唤起。然而这种情感或是意志表象,既不是唤起来的感觉或是感情,也不是实实在在的情感意志,那只不过是映象或是残象。

1909年,在欧洲心理学界对感觉和情感的区别议论纷纷,莫衷一是。当时一般心理学家认为情感有六种特点:

(1)主观性。情感在于自我,感觉在于对象。但思维、知觉、回忆、艺术的理念,则与自我无关,而悲哀和高兴又与对象无关,情感移入更不是客观化的事物。

(2)非局部化性。这不能看做是明显的表征。

(3)反对性或是两极性。如疲劳与健壮、饥饿或饱食,二者均有反对性,均包括感觉。情感与感觉不容易区别。

(4)不可注意性。快乐与不快乐不能成为注意的对象。当你注意它时,它已消失。

(5)内在性。这相当于有机感觉。饥饿等,并不能超越对象的关系,这和情感一样。

(6)非独立性。杜尔(E. Dürr,1878—1913)和雷曼极力提倡这一特性。但这不能认为一般情感具有这种特性,一般情感具有独立自发性。

屈尔佩(Külpe)在实验研究的基础上否定了以上六种特性,提出了自己的看法。他认为,只有两种特性可以表征情感。这就是普遍性(Universalität)和现实性(Aktualität)。所谓普遍性正是由兴奋诱发的普遍性。它是在身体上所设立的假定的条件,纯属客观的,亦即感觉以及表象是与一定的解剖的基础(与感官和感觉中枢有关)相联系而表现出来的,可能快乐与不快乐都属于感官表象的范围。颜色和味道、声音和气味都与情感相联系,不过是刺激,表象、感觉、思维、机能等的动机也是刺激。

第二个表征是现实性。对于意识者来说,在情感的固有特性上来看是主观的。一个表象可以代表一个感觉，意识中的过去和代表现在是不同的，将来是可以设想的，而真实客观的与件与只是被假定的事物或是被表象事物之间是没有区别的。然而像这样的关系是不具有情感的，亦即没有理由把快乐的感觉与快乐的表象区分开来。同时，与感觉相联系的快乐与表象相联系的快乐是不能分开的，亦即在情感中不存在重现的条件规律。感觉或是表象，再引起快乐与不快乐时，那并非是重现。这件事在我们的生活中具有重大的意义。不论如何，快乐与不快乐是表示一切价值判断的基础，也规定我们行动的意志。

在以上的情感与情绪学说之外，还应提及的是一种情感的目的论学说。它把快乐看做是一种目的，适合于自我保存和自我促进；把不快乐则认为相反的一种思想。这种思想从亚里士多德时起就有了。亚里士多德认为，快乐代表有机体的愉快活动的征候，不快乐则反之。斯宾诺莎(Spinoza，1632—1677)也认为，“人类从不完全向完全的过渡在于快乐”。康德认为满足是促进生活的情感；苦痛是阻碍生活的情感。陆宰认为，快乐是建立在刺激与有规律的身体的或是精神的生活活动之间的一致之上的；不快乐是建立在它的斗争的基础之上的。斯宾塞(Spencer，1820—1903)认为，不快乐是对于有机体产生有害作用相联系，快乐指与促进作用相联系。抛兰(Paulhan)把一切情意状态认为是表示有机体的活动情况的。麦独孤认为，人类所有有目的的行为都是由愉快和痛苦这两种基本情感来决定的。由于人有认识能力并且有期望，人类把许多体验相溶合并且偶然也有强烈的情感。鉴于日常的习惯，这些复杂的情感已被通称为各种情绪。事实上不存在“真正的”情绪，如果人们不再使用这个词汇，科学将能从中获益。

六

20世纪20年代，探讨情绪的生理学理论的层出不穷。在这方面，除了上面已经提及的早期的詹姆斯—兰格理论外，就要属坎农—巴德理论了。

在1927年坎农是第一个注意到詹姆斯理论的人。他一贯对詹姆斯采取批评的态度。他提出了称为丘脑的理论、首要应急理论、或神经生理理论。由于这一理论是根据巴德的大量实验研究来完成的，故称为坎农—巴德理论。

在坎农之后，帕佩兹(J. W. Papez)是第二个把神经生理学作为其理论基础的理论家。他认为在低等脊椎动物中，一方面在大脑半球与下丘脑之间，另一方面在大脑半球与背部丘脑之间存在着解剖上和生理上的联系。这些联系在哺乳动物的脑中进一步复杂化了。因此他认为，是皮层—下丘脑之间的联系调节着情绪。

华生(J. B. Watson)于1929—1930年明确地强调情绪的生理方面。他指出：情绪是一种遗传的"反应模式"，它包含整个身体机制、特别是内脏和腺体系统的深刻变化。

华生在对儿童进行观察的基础上提出了一个三维理论。他认为有三种类型的基本情绪反应：恐惧、愤怒和爱。他把这三种反应称为X，Y和Z。

X(恐惧)反应的原因是：(1)婴儿的支撑物被突然移开；(2)大声音；(3)在婴儿刚刚入睡或醒来时的温和但突然的刺激。反应的典型表现是：屏息、抓手、闭眼、皱唇和哭喊。

Y(愤怒)反应由"阻碍婴儿的活动"引起。反应现象包括哭泣、尖叫、身体僵硬、双手乱动和屏气。

Z(爱)反应来自任何温柔的抚摸,特别是在身体性感区的抚摸。对它的反应有微笑、咯咯笑和窃窃私语。

华生认为,以上三种的反应形式自出生起就是内在的和明显的。华生是行为主义的总奠基人,因此他也是行为主义情绪理论的具体奠基人。

在1950年,阿诺德(M. B. Arnold)认为情绪是大脑对刺激感觉的一种评价,它产生引起情绪体验的"情绪态度"。而林斯利(D. B. Lindsley)在1957年时认为情绪是由于脑干网状结构的唤醒而引起的行为激活。

扬(P. T. Young)于1961年提出了感情过程与感觉过程是不同的主张。感情过程的重要作用是产生动机并影响行为。它有四种主要的作用:(1)它们的激活诱发行为;(2)它们维持并结束行为;(3)它们调整行为,决定行为是否应继续或发展;(4)它们组织行为,决定神经活动模式的形式。所以他认为感情过程在某种程度上伴随着所有的行为,其本身对行为施加着各种影响。

到了1969年,宾德拉(D. Bindra)提出了最新的情绪神经生理理论。他提出按照中枢运动状态便可圆满地同时解释情绪和动机两种现象。认为情绪和动机是不可分的,它们的活动是环境刺激与生理变化之间的相互作用。而这种作用发生于脑部,而且在同一组细胞中包含着环境的和生理的两种因素,由此产生的神经细胞机能的变化便形成了中枢运动状态。这种状态并不是驱力,它的出现以环境刺激和生理变化二因素为前提。中枢运动状态可代替情绪或情绪状态、动机或动机状态,生理状态可代替情绪倾向或驱力。

情绪与情感的学说如从行为主义学派的角度来探索,有哈洛(H. F. Harlow)和斯塔格纳(R. Stagner)在1933年提出的情绪学说。他以华生行为主义理论的条件作用模式为依据,同时也采用了坎农的某些生理学说对情绪和情感加以区分。他们认为无条件感情反应(感情就是体验到的中枢生理变化)是情绪产生的根源,在对这些反应的条件化过程之中便形成了情绪。因此他们主张:(1)虽然基本的情绪状态是情感,但情绪也能反映其他的意识状态。(2)丘脑控制情感,皮质控制感觉。(3)情绪不是先天的,而是由无条件反应发展而来的。情绪的先天因素包含着四种基本的感觉色调:愉快、不愉快、兴奋和抑郁。(4)情绪与感觉不同,情绪中存在着对外部情境的认知,而感觉则只与外部刺激发生联系。我们生来具有感觉的能力,但必须去学习各种情绪。

七

米伦森(J. R. Millenson)在 1967 年提出了最接近现代行为主义学说的情绪理论,但他认为这只是一个模式。这个模式的根据是,通过一个经典性条件作用过程引起的情绪变化增加或抑制其他非情绪的行为。他论证说:(1)某些情绪只在强度上存在着差异。(2)一些情绪是基本的,而另一些情绪则是它们的混合物。由此,他提出了一个表示所有情绪强度变化的三维体系。一维是恐怖,二维是兴高采烈或愉快,三维是愤怒。这个三维体系是原始的,而它们的混合物就产生了更为复杂的情绪。

在 1971 年格雷(J. A. Gray)按照行为主义传统提出了一个情绪发展的概念,其观点属于变态情绪理论的类型。他认为情绪包含三个明确的系统,每个系统都涉及强化刺激与反应系统之间的关系:(1)当接近状态居优势时,强化刺激是一种作为强化和无惩罚的条件性刺激。(2)当行为抑制状态居优势时,强化刺激是一种作为无报偿和惩罚性的条件性刺激。(3)当战斗和逃跑状态居优势时,强化刺激是一种作为惩罚和无报偿的无条件性刺激。他的主要观点是：认为情绪是由外部事件引起的内部状态，它与驱力不同。当外部事件与内部状态之间关系变得混乱时，就产生病理的反应，如：焦虑、神经症、精神病和抑郁等现象。

八

从精神分析的理论来看，首先弗洛伊德和阿德勒提出了焦虑情绪的理论，接着在1950年拉帕波特(D. Rapaport)对情绪的精神分析理论作过介绍。他指出弗洛伊德认为感情是心理能量的一种形式，而在另一些场合，又认为由无意识控制的感情是由本能起源的能量的释放过程。同时拉帕波特也指出了新弗洛伊德学派布赖尔利(M. Brierley)的看法：感情是某种紧张现象，它引起内部和外部的释放。它能表明基本冲动将引起的结果。

在荣格学派的精神分析家中，首先荣格提出情感机能说。荣格有一位叫希尔曼(J. Hillman)的弟子，他对情绪的原因给予了现象学的解释。他的理论以亚里士多德提出的四个原因为依据：(1)情绪的有效原因是对客观精神的符合化知觉；(2)情绪的物质的或身体的原因是能量；(3)情绪的形式的或本质的原因是心理(或灵魂)的总模式；(4)情绪的最终的或价值的原因是情绪变化或转化，它经常并必然地是好的。

九

从认知理论的角度来看，有布尔(N. Bull)的情绪理论。他十分强调运动行为，同时它暗示意识或认知限制着情绪。其次是西米诺夫(P. V. Siminov)的信息情绪理论。他所提出的定义是：

$$E = -N(I_n - I_a)$$

其中，情绪(E)等于需要(N)与必要信息(I_n)减去可得信息(I_a)的乘积。按照这个公式，信息按一种特殊形式进行交流便可能达到目的。因此，如果一个有机体因缺乏信息而不能适当地组织自己，那种神经机制就会使消极的情绪开始行动。但是，如果信息过剩，超出了有机体的需要，积极的情绪便会产生。按照公式 $I_a > I_n$，即可得信息超过需要信息。积极的情绪与消极的情绪遵循同样的过程，而且它也能促进行为。

沙赫特(S. Schachter)于 1959、1964、1972 年提出了他的认知—生理情绪理论，他认为决定情绪的主要因素是认知。阿诺德(M. B. Arnold)认为通过认知分析能够更多地获知大脑在情绪中所起的作用，由此便可以认识到从知觉到情绪和行动的过程中发生的生理调节。拉扎鲁斯(R. S. Lazarus)则认为每种情绪反应是一种具体的认知或评价的功能。

1970 年，利波(R. W. Leeper)认为情绪不仅起着动机的作用，而且也起着知觉的作用。这也就是说情绪是认知的，因为它把信息传递给有机体。它可能由对情境的长期知觉而产生。

1976 年，曼德勒(G. Mandler)认为情绪中包含三个组成部分：唤醒、认知解释和意识。情绪的性质来自由唤醒、情境和认知状态引起的意义分析。由此，它被输入到意识和行动中。

应该注意的是 1972 年伊扎德(C. E. Izard)提出的最完满、最杰出的情绪论述。他认为情绪是由九种基本上是先天的情绪所组成的，形成了人类主要的动机系统。这些情绪是：兴趣、愉快、惊奇、悲伤、厌恶、愤怒、羞愧、恐惧和轻蔑。这些情绪是分立的、主观的，并体现于神经化学和行为之中，它们各自分别要以面部和身体活动所产生的反馈为根据。

十

此外，在情绪的现象学的研究中应该提出的是马斯洛(A. Maslow)的自我实现研究法、布洛克(Block)的语义差异法和凯利(G. A. Kelly)的个人构成物理论的贮存网测量技术。这些方法都可以对情绪经验方面进行研究。

十一

在情绪行为研究方面，有关挫折的研究在早期阶段(20世纪30至40年代)出现了四个主要的挫折理论。每个理论都以弗洛伊德为依据。如罗森茨韦克(S. Rosenzweig)认为挫折是一种障碍，它阻止需要的满足。多拉德(J. Dollard)的挫折—攻击理论认为挫折提高了进攻的倾向，攻击行为是挫折必然出现的充分证据。巴克(R. Barker)提出挫折导致倒退，即引起退到更早年龄发展水平上的行为。梅尔(N. R. F. Maier)提出在受挫折之后产生的任何行为都变得固定化了，他并认为这个效果与正常的学习或动机过程无关。

近年来，关于阿姆塞尔(Amsel)的挫折效应的理论与挫折性无奖赏理论以及斯金纳(Skinner)的斯金纳箱中的挫折效应理论都是著名的理论。

另外在焦虑理论中有爱普斯坦(S. Epstein)的控制焦虑理论，施皮尔伯格(C. D. Spielberger)的焦虑的特质—状态概念理论，曼德拉(G. Mandler)的失助理论在变态情绪理论中是主要的理论。

十二

近几年出现的情绪与动机的归因、情绪与动机、情绪与认知、情绪与体验、情绪与思维等方面的理论研究，均将在本书有关名家的论述中一一予以介绍。凡此一切，都证明了情绪与情感的理论与实验是有长足的发展的，而其硕果也是累累的。

（1992 年 4 月，未发表）

心理工程学的诞生[①]

心理工程学是研究心理现象的本质,它的发生、发展的规律及其应用的一门科学。本文从人工智能、现代认知心理学所处的困境出发,提出心理工程学是现代认知心理学向前发展的必然产物。它的诞生不仅意味着心理科学进入到一个新的发展阶段——对发生性、发展性、科学性、整体性、微观性、教育性、社会性进行系统的综合的研究阶段;同时,也为计算机的第二次革命奠定了理论基础——它所提供的心理模型为人工智能的发展、新一代计算机的设计指出了正确的方向和路线。

一、人工智能的困境

自古以来,人们就一直探索着如何用机器来代替人的部分脑力劳动,来模拟人的智能,但作为一门实验性的技术科学——人工智能,它的发展史还只有三十多年。自 1956 年美国的 John McCarthy 提出"人工智能"(AI)这词,以及由 A. Newell 和 H. A. Simon 提出物理符号系统假设作为人工智能的原则以来,人工智能的发展大体经历了四个阶段:以研究具有一定智能的程序为主的初级阶段,开始试图在若干领域内解决一些 AI 研究课题的阶段,以研制在一个特定领域中的专家系统为中心

① 张惕为本文的第一作者。

的发展阶段，以知识为中心的深化阶段。从对该学科存在必要性的怀疑，一直到人们预测在未来的信息社会中，人工智能将担任重要的角色。说明了在这短短的三十多年中，这门新兴的学科取得了惊人的成就，并且已肩负了重任。

美国的社会学家阿尔温·托夫勒在《第三次浪潮》中预言，人类将从工业社会步入信息社会，“在跃向未来的赛跑中，穷国和富国是站在同一条起跑线上”。这意味着，谁赢得信息技术竞赛，谁就能首先控制信息，谁就能首先支配世界。就在这样的时代背景下爆发了研制第五代计算机——智能计算机的竞赛。提出挑战的首先是日本，日本人能成功吗？设计第五代机的理论是人工智能，现有的人工智能特别是专家系统的成果足以支持制造一台名副其实的智能计算机吗？

John McCarthy 在 1987 年的《CACM》上发表的图灵奖报告“人工智能的普遍性”中例举了用程序表示行为、通用问题求解方法、产生式系统模式、常识性知识的表示、非单调的推理方法、具体化、上下文概念的形式化等七个方面的问题，指出了人工智能的普遍性问题一如既往并没有获得解决。

专家系统领域是人工智能中最活跃、最振奋人心的应用领域之一，它的成就不仅为 AI 赢得了声誉，而且它的理论与技术将被直接应用到第五代机的设计中。目前的专家系统大多属于 L. Steel 所划分的第二代，它们基本上只能在一个相当狭窄的领域中处理问题。它们的自知程度较低，它们不能知道它们能很好解决哪些问题，不能很好解决哪些问题，系统的本领是已输入知识的总和。为此，John McDermott 在 IFIP 第十届世界计算机大会上发表的“专家系统的下一步”一文中建议：开发一些松散耦合的协作专家系统以及开发一种具有自身使用的多种问题求解方法的单一系统，系统充分了解每一方法的要求和为了决定哪一方法对手头问题是最合适而采用的交互方式。我们认为，这种策略只是静态地扩大了现有专家系统的功能，对设计智能计算机并没有指导意义。

更为严峻的是，“机器能够思维吗”的哲学争论长期地困惑着AI。AI虽然取得了令人神往的成就，但至今没有能给出确切的定义和界线，当然更谈不上按什么原则来建立它的理论体系。

目前，AI工作者只是按照一个模糊的信念“AI就是让机器实现智能”，或者说“AI工作者应关心智能的全部机理”，或者说“研究计算机如何用在通常认为需要知识、感知、推理、学习、理解及其类似的有认识能力的任务中”，在具体的领域中摸索着前进。这能产生人工智能的理论体系吗？如此下去真能设计出一台名副其实的智能计算机吗？

实际情况就是这样。所以，日本新一代计算机技术研究所研究中心主任 Kazuhiro Fuchi 在 FGCS’88 的会议上不得不再三强调“FGCS 计划的技术特征之关键是并行推理”；“人工智能的研究已进行了三十年，但我们没法搞清智能是什么？究竟程度如何？我们的智能模型究竟有多好？”；“本计划不是人工智能的计划。这个计划的目的既不是不久的将来可以使用的 AI 系统，也不是当前计算机的扩展”。

为了摆脱这种困境，将 AI 的研究推向一个新的阶段，Douglas B. Lenat 和 Edward A. Feigenbaum 在 1987 年 8 月的国际 AI 会议上提出了“关于人工智能的最新假说——知识的阈值理论”。这是一种建基于符号结构的以知识为中心的深化研究来给 AI 注入新的活力。当前，使 AI 研究向前发展的另一主流是神经网络理论的复兴和所谓第六代计算机——神经网络计算机的设计原理的探究。这是一条利用神经生理学和脑科学的已有成果，进行硬件模拟的人工智能的仿生学途径，其研究虽然在初期阶段，但却给AI带来了新思想、新方法。

我们认为，当前深入开展以知识为中心的研究是必要的，也是总结了过去AI研究中的教训，而必然出现的一种研究趋势。但它们只是对现实人类智能模拟的局部环节的探讨，其本身也需要根据为创立AI体系的理论所确定的研究方向来进行调整。网络理论的复兴和对神经网络计算机设计原理的探究，正是AI工作者分析了专家系统为什么在某一狭窄领域中可以与人类最好的专家相比拟，然而，至今还没有一个系统能够达到五岁儿童所具有的常识推理和感觉的能力。显然，当前的计算机在进行符号思维处理时，忽略了人类智能中的一些重要因素，例如思维的自觉性、能动性与创造性。它的能力是通过人精心地编制各种有关程序而获得，不能表现出它自己的意识的印记，恰恰相反，是人把自己的意识印记打在计算机的活动上。这些缺陷的造成是与当前的计算机是von Neumann型有关。直接从硬件模拟人脑的微观结构来设计新一代计算机无疑是一条研究的途径。但是，我们必须首先或者起码同时积极开展探索人类思维的本质，人类智能的发生、发展的规律，否则就会使这项研究迷失方向。这好比对一个国家的研究，如果仅仅把一个一个人搞清楚了，但没有宏观的系统分析配合，仍然不可能真正认识这个国家。人脑是含上千亿个神经细胞的巨大系统，显然仅有微观结构的认识是不够的，它需要一种理论帮助它作宏观上的指导，才可能制造出一台名副其实的智能计算机。

二、现代认知心理学的困境

自从1879年由德国的Wilhelm Wundt建立新的实验心理学（它标志着心理学上第一个体系观点或经验学派——构造主

义)以来,与研究人脑的奥秘有关的心理科学,经历了构造主义、机能主义、行为主义、新行为主义、格式塔主义、精神分析、人本主义等学派和不同的发展阶段。从心理学脱离哲学成为一门独立的科学到被有些人视为心理学的一次"革命"的现代认知心理学的诞生,将心理学从陷入行为主义的危机中解脱出来,已有一百多年的历史。在这自然地遵循着否定之否定的辩证逻辑的规律,螺旋式上升的前进道路上,产生了许多概念和理论。它们对一些具体的心理现象的发生与规律作了比较正确的解释,并获得了一定的公认。但在一些根本性的问题上,由于科学技术水平的限制,特别是神经生理学尚不能从系统的角度,全面地揭开人如何发生诸心理活动,特别是大脑如何产生思维和意识的生理机制。因此,心理科学始终存在着下列两个问题:(1)不少概念或者含义不确切,浮于表面,未作探究;或者不能更多地解释由这个概念所引起的诸心理现象及其发生、发展的规律。(2)缺乏一种众望所归,有说服力的科学体系。即小型理论繁多,但没有一种能协调、整合各理论的统一思想和方法,以及衡量的标准。众说纷纭,是非曲直,难以决断。著名心理学史家 T. H. Leahey 说:"心理学似乎成为一门永远是危机的科学。它决不能挣得库恩所称呼的科学前范式阶段的完全的过去。"(Leahey,1980)

现代科技的成就特别是计算机的出现,给认知心理学家提供了一种方法、工具来探索人的内部心理过程,从而使得对心理过程的研究被行为主义禁锢了七十多年后又回到了心理学,使心理科学的发展走上了健康的道路。现代认知心理学(指信息加工的认知心理学)登上了心理学发展的舞台,并被有些人视为心理学上的一次"革命"。事实上,它不仅扩大了心理学的实验方法,恢复了对意识和心理过程的研究,并且在智能结构、认知过程、记忆机制和反馈系统等作出了贡献,丰富了已有的心理科学的成果。但它能否做到像有些人所期待的那样,一方面以人体系统物理化学层次向人机系统、人工智能发展,另一方面它又以认知心理学的形式向社会心理学、情绪、情感发展心理学方向渗透,以致形成认知心理学要"包打天下",囊括心理学一切领域之势? P. N.约翰逊-莱尔德的看法:"人类信息加工过程紧张研究二十年,尚未导致形成其一般原则,而且看来这个任务是难以完成,下一步怎么办?"E. M.维里契科夫基指出,"最严重的一个问题是认知心理学中模型的随意性","认识过程模型数量不断增加,也许只有借助因素分析才能加以区分,现在实际上已失去控制","以致事实上失去了解释作用的可能性"。E.图尔文和S. A.马地干也指出:"认知心理学的这种研究并没有使我们的知识相应地增加。"

造成现代认知心理学困境的原因,我们认为主要是研究的方法论有问题:现代认知心理学就是信息加工心理学,但这种信息加工心理学是基于 H. A. Simon 所提出的物理符号系统的假说,并且只对人类的认知过程进行研究。H. A. Simon 声称:"信息加工心理学的理论基础是物理符号系统的假说。"J. R. Anderson 在他的《认知心理学》一书中声称:"认知心理学由信息加工的研究途径所支配的,这种研究途径把认知的过程分析为一系列有次序的阶段。"正是这种方法论,一方面它使心理科学结束了由于行为主义的束缚而陷入的危机状态,使心理科学又一次走上了健康发展的道路,出现了一片欣欣向荣、百花齐放的景象,但同时也为自己埋下了产生危机的种子。

H. A. Simon 认为一个完善的符号系统,归纳起来有下列六种功能:①输入符号,②输出符号,③存贮符号,④复制符号,⑤建立符号结构,⑥条件性迁移。他认为可以用这样定义的物理符号系统假设中的基本规律来解释人类的复杂行为现象。但是，我们知道，心理学是研究包括心理过程和人格这两个方面的心理现象的规律的科学。认识、情绪、情感和意志是心理过程，而能力、气质、性格等是人格。人格的倾向性制约着人的全部心理活动的方向和行为的社会意义，并且它们是一个具体的人的心理活动的不可分割的两个方面。显然，要用 H. A. Simon 所提出的物理符号系统的假设来解释人的全部心理活动是不可能的。因为，它起码缺乏动力功能(例如缺乏信息运动方向的发生和对信息运动方向进行控制的功能)。从而，现代认知心理学的研究在方法论上必然具有如下四个特点：①静态的研究，②局部的、孤立的研究，③由底向上的研究即分子水平的研究，④将人看成当前计算机式的信息加工器。这就是说，按 Simon 的物理符号系统假设不可能解释具有动态、连续特性的人的心理过程，也不能从整体的角度来解释一个具体人的心理活动，更不可能从人格心理学迈向社会心理学。因此，它必然产生模型的随意性，并且必然出现 J. Bruner 所指出的危机现象："各种资料如山，由于缺乏心理学知识'基干'的联系而倒塌，或者说这个'基干'本身还不够牢固，不足以支持这个负担。"同样的道理，当前的人工智能如果以现代认知心理学为它的理论基础，也必然会导致危机的出现。

解脱现代认知心理学的危机的唯一出路就是必须克服上述四个存在的问题，才能使信息加工、分析的方法，基于当代的科技水平，在心理学的研究中真正发挥出它的作用。

三、心理工程学的诞生

纵观西方心理学史，我们认为，迄今为止，任何一个学派都没有完善地说明心理科学的事实，它们中的每一个均为未完成的产品，都没有统一过心理学，但它们都提供了工具、方法和概念性的方案。这些工具、方法和方案是心理学常用来累积和组织许多科学事实的。另外各学派之间也并非对立得如此严重，它们之间事实上存在着许多共同地方。越来越多的心理学家认为："日益增多的心理资料可以归纳在某一个体系结构之中。"同时，从19世纪80年代以来，迄今已一百余年，许多学派之所以不能发展壮大，反而迅速解体，就是它们还缺乏一个能科学地指导其研究人的完整心理面貌的方法论。它们不是实证论的，就是现象学的，不是科学哲学的，就是新科学哲学的，它们的许多原则具有难以克服的困难。因此基于这样的一些方法论，毫无疑问，就不能说明科学的事实，并促进心理科学的发展。同时，这也是造成各心理学派解体的重要原因之一。Johnson 在《现代心理学的崩溃》中指出："现代心理学是一部记录，不是科学进步的记录，而是理智退却的记录。"Gibson 也说过："心理学是站不住脚的。"(Leahey，1980)

现在是否到了应该着手理论整合的时候了？关键在于采用了什么方法论、什么方法、什么思想来协调各个理论。刘恩久指出："完全有理由说，心理科学的革命必须在辩证唯物主义和历史唯物主义的指导下，对心理学上所有的问题进行实事求是的严密的科学分析才能达到它的目的。"

具体来说，我们认为，为了摆脱现代认知心理学的困境，必须使信息分析、加工的方法，由静止状态的研究改为动态状态的研究，把局部、孤立的态度改为系统的、全局的态度，由自底向上的方向生成体系改为自顶向下逐步精细的方向（从已取得较一致的和心理学概念、理论出发，逐步细化以至微观化）。由此，必然产生一个新的学科，我们命名为心理工程学（psychological engineering）。由于心理工程学的方法论的固有特点，必然使心理科学走上一个新的发展阶段——对发生性、发展性、科学性、微观性、教育性、社会性作系统的、综合的深入研究阶段。我们深信,照此下去,不久的将来,在心理学史上会出现第一个众望所归、有说服力的科学体系。它不仅能使心理科学得到进一步的健康发展,同时也能为其他的科学,例如神经生理学、人工智能、心理测量学、教育心理学等提出正确的研究方向、新的课题乃至新的研究体系。

第一,心理工程学是用信息及其运动的观点、方法来统一已有的心理学诸概念和理论,并使它们深化、科学化。

我们认为信息是一切物质的普遍属性。首先,任何物质都可以成为信源,无论是无机界或有机界,大到宏观的宇宙天体,小到微观的基本粒子,从神经元到复杂的大脑,从自然界到人类社会均可以成为信源,都可以发出信息。其次,任何物质都可以产生信息。信息的产生要以物质系统的运动、物质系统间的相互作用为前提。物体之间,物体与其环境之间相互联系、相互作用的内容与结果,除了物质、能量外,还包含信息。如无机界中铝与酸的相互作用所产生的化学反应,是信息的表现,大脑中的电化反应、生化反应同样也是信息的表现。第三,任何物质运动过程都离不开信息的运动过程,运动是一切物质的根本属性,物质在运动过程中必然伴随着信息的运动。在无机界中,海潮的涨落既表现了月球绕地球运行的运动规律和运动过程,同时,也告诉了我们月球绕地球运行的信息。而人的心理过程既然是人脑——高度组织起来的物质器官的运动过程,必然也伴随着信息的运动。这就是说,在人的心理中或者在人与人的交往中,客观的存在着信息及其运动。那么在心理科学的研究中自然应包含这部分内容,而且是一个相当重要的组成部分。因此,用信息及其运动的观点和方法来统一已有的心理学诸概念和理论是迟早的事。端正现代认知心理学研究的方法论必然导致心理学走上一个新的发展阶段——对发生性、发展性、科学性、整体性、微观性、教育性、社会性做系统的、综合的深入研究阶段。

但是,物质不等同于信息,物质运动也不等同于信息运动。这就是说在人的心理或人与人的交往中的信息运动不等同于产生心理的物质的运动或人的社会活动,是否还存在属于心理学应研究的新的内容?这当然可以进一步探讨,但由于当今的科技水平的限制,无疑当今能统一心理学诸理论的思想和方法只能是用信息及其运动的观点和方法。

第二,心理工程学是皮亚杰的发生认识论的修正、深化和发展,同时也批判地继承和发展我国和世界各国心理学派之所长,加以验证和应用。

心理工程学是研究心理现象的本质,它的发生、发展的规律及其应用的一门科学。因此,它必须研究人的心理特别是心理操作的发生、发展的规律。

心理工程学吸收了皮亚杰的发生认识论中的许多概念与观点并加以发展、深化。例如,关于他对行为主义和格式塔主义的这种态度:他不反对研究行为,但不容忍行为主义的彻底经验主义,他的目标之一是揭示行为如何内化并转变为心理结构;他赞成格式塔主义强调心理活动和结构的整体性以及已经构成的主体认识结构是认识活动前提,但不同意采用静止的、凝固的“完形”,不同意它轻视机能的心理发生,即“没有发生的结构”。他认为将发生和结构这两大要素密切地结合起来,就是建构主义的结构主义。又如,关于他的从本能到智力的思想,他认为“智力之从本能之中出现”是伴随着内化与外化两种不同方向但相互联系着的两种发展。再如关于他的将人的认识水平划分阶段的观点,等等。

心理工程学对皮亚杰的理论中有根本性的错误加以修正。例如，他认为先天就存在图式结构。他认为："至于尚未取得协调的原始活动，则有两种可能情况。第一种是，结构就其从遗传得来而言是预先就存在的……"根据神经生理学研究表明，有一定结构的DNA便产生一定结构的蛋白质，有一定结构的蛋白质便带来一定形态结构和生理特征。DNA即脱氧核糖核酸，是一种主要的遗传物质，它存在于染色体上，因此染色体是遗传物质的主要载体。人类细胞核中有四十六个染色体，每个DNA分子上又有许多基因，每个基因上又由4种数目不同、顺序不同的核苷酸所组成，从而贮存着不同的遗传信息，它通过控制蛋白质合成来决定有机体的结构与功能。此外，我们又认为认知结构的产生必须通过运动的行动、认识和学习。所以，我们认为先天存在的是一种心理操作，而不是图式结构，当心理操作与知识(认识)、行动相结合时才可能形成认知图式。再者，皮亚杰的发生、发展理论只局限于个体的认知过程，根据心理工程学的研究对象，它必然要提出完整的个体发生、发展理论，因此心理操作的发生、发展理论是心理工程学的一个重要组成部分等等。[详见《心理操作及其分类》和《心理操作的发生、发展理论》(待发表)]同时，我们还要以批判地继承的态度，博采我国和西方各种心理学派和理论的成就和优点，拿来为我所用，以建立我们的心理工程学体系。

第三，心理工程学采用自顶向下，逐步精细的方法生成心理学的体系。

因为心理工程学是一门心理科学，它必须首先用心理及其运动的观点、方法来协调、统一迄今出现的心理学的诸概念和理论。这就是说，要对现有的诸概念和理论作科学的、系统的、整体的分析和综合研究，并通过信息加工的方法和其他行之有效的一切方法相结合来对现有正确的概念和理论加以精细化以至微观化。这样做不仅能避免心理学陷入"人工科学"的危险,同时在一定程度上能克服模型的随意性,以避免产生混乱。

第四,一个较完善的心理学体系应该提供一个能比较符合人类实际情况的心理模型。

这个心理模型能大致体现一个人的能力的发生、发展的过程,也能大致以像人那样的方式进行各种学习、求解问题,当然也必须有大致像人一样的人格,从而它可以有社会性。心理工程学提供一个大致符合这样要求的心理模型。详见《心理工程学的心理模型——心理操作的发生、发展系统》(待发表)。

第五,心理工程学诞生的意义。

因为心理工程学提供了智力发生、发展的条件和按智力水平来划分个体智力发展的阶段,从而对教育心理学、心理测量学、儿童心理学、医药、临床,甚至食品营养学等提出了新的观点和新的研究课题。其次,由于心理工程学提供了一个统一的心理学体系和较完善的比较符合人的实际情况的心理模型,那么它的生理机制是什么?这就给神经生理学、脑科学等指出了探索的方向。更重要的是,由于它的诞生可使人工智能摆脱当前的危机,明确研究的方向与路线,加速了它的理论体系的建立,并大大地促进了智能计算机的研究与诞生,从而使心理工程学对未来的影响更为深远,直至人类社会的每个角落。

参考文献

1. Kazuhiro Fuchi: Keynote Speech of International Conference on Fifth Generation Computer Systems,1988.

2. John McCarthy: Generality in Artificial Intelligence, CACM,1987, Vol. 30.

3. John McDermott: Next of Expert Systems,《Information

Processing 86》,1986.

4. R. O. Duda, N. J. Nilsson, B. Raphael: Present situation of Artificial Intelligence Technology, In: Research Direction in Software Technology. ed. by P. Wegener,1980.

5. Douglas B. Lenat, Edward A. Feigenbaum: On the Thresholds of Knowledge, Proceedings of the Tenth International Joint Conference on AI, Volume 2.

6. M. Kawato, K. Furukawa, and R. Suzuki: Biological Cybernetics, vol. 57,1987.

7. A. Lapedes and R. Farber: The Conference on Neural Information Processing Systems—Neural and Synthesis, IEEE, 1987.

8. Jeam Piaget: The Principles of Genetic Epistemology, 1972.

9. 刘恩久主编:《心理学简史》,1986。

10. 刘恩久主编:《社会心理学简史》,1988。

11. 高觉敷、刘恩久等:《西方心理学的新发展》,1989。

12. 李汉松:《西方心理学史》,1986。

13. H. A. Simon:《人类的认知(思维的信息加工理论)》中译本,1986。

14. J. R. Anderson:《认知心理学》中译本,1988。

15. Б. M. 维里契科夫斯基:《现代认知心理学》,1988。

16. 王雨田等:《控制论、信息论、系统科学与哲学》,1987。

17. 刘恩久:《库恩的范式论及其在心理学革命上的有效性》,《心理学报》,1984.4。

18. T. Leahey:《A History of Psychology》,1980(中译本:刘恩久等译《心理学史》,1990)。

(1990年11月,未发表)

冯特的成果

——纪念世界上第一个心理实验室创建100年(1879—1979)

判断历史的功绩,不是根据历史活动家没有提供现代所要求的东西,而是根据他们比他们的前辈提供了新的东西。[①]

——列宁

一、引言

(一)冯特思想产生的社会历史条件

威廉·冯特(Wilhelm Wundt)登上心理学舞台是在19世纪后半叶。这一时期的德国,已经结束了资产阶级革命,正在沿着资本主义道路飞速前进,手工业逐渐为大工业所代替,无产阶级的队伍也开始壮大。在资本主义生产方式发展的过程中,资产阶级为了掌握政权与财富,积极谋求生产力的提高,以达到推动生产发展的目的。为了适应社会生产力发展的需要,自然科学在德国加速发展起来。到了19世纪的后期,德国的科学研究获得了巨大的发展和极其辉煌的成果。恩格斯在总结19世纪的科学成就时,特别把三大发现摆在非常重要的位置。这具有

① 《列宁全集》第2卷,人民出版社,1959年5月第1版,第150页。

决定意义的三大发现是：第一是由热的机械当量的发现〔罗伯特·迈尔(Robert Mayer)、焦耳(Joule)和柯尔丁(Colding)〕所导致的能量转化的证明，第二是施旺(Schwann)和施莱登(Schleiden)发现有机细胞，第三是达尔文首先系统地加以论述并建立起来的进化论。①

在自然科学迅速发展的同时，在哲学战线上也展开了唯物主义与唯心主义的两条路线斗争。科学社会主义创始人、无产阶级的革命导师马克思和恩格斯采取了黑格尔唯心主义辩证法的“合理内核”与费尔巴哈唯物主义的“基本内核”，创造性地提出了辩证唯物主义和历史唯物主义世界观。这种科学的革命的世界观，在当时不仅促进了阶级斗争的实践和科学的发展，而且也给颇为流行的叔本华(Schopenhauer)的悲观主义、尼采(Nietzsche)的超人哲学以及狂呼“回到康德那里去”的李波曼(Otto Liebman)的新康德主义以致命的打击。恩格斯恰如其分地描写那时的情况，说：“在科学的猛攻之下，一个又一个部队放下了武器，一个又一个城堡投降了，直到最后自然界的无限领域都被科学所征服，而且没有给造物主留下一点立足之地。”②

由于19世纪上半叶感官生理学的兴起和脑生理学第一批幼芽的发生，为心理学成为自然科学奠定了比较坚实的基础。诸如贝尔(Charles Bell)对于感觉神经和运动神经区别的发现(1811)，费鲁兰斯(M. J. P. Flourens)关于脑生理学的实验(1824)，韦伯(E. H. Weber)关于肌肉感觉的研究(1829)，韦伯

① 《马克思恩格斯选集》第3卷，人民出版社，1972年5月第1版，第525～526页。

② 同上书，第529页。

关于触觉感受性的研讨(1832),贝西尔(Bessel)对于知觉上的个别差异的报导,缪勒(J. Müller)对于感官生理学的研究,赫尔姆霍茨(H. Helmholtz)关于生理光学的著作以及费希纳(G. T. Fechner)《心理物理学纲要》(1860)等书的问世,使心理学基本上脱离了19世纪以前还是哲学的奴仆的处境。

同时,在俄罗斯的土地上,伟大的生理学家和心理学家谢切诺夫(N. M. Сеченов)以其大脑反射的研究给唯物主义心理学的发展奠定了巩固的基础,同样也为巴甫洛夫(Павалов)关于高级神经活动学说的探讨开辟了道路。这在科学史上,特别是在心理学史上是一个重大贡献。

应该指出:正当心理学大踏步地向科学领域进军的时候,站在反动立场为统治阶级服务的科学家和哲学家看到了心理学是科学中的薄弱环节,企图破坏,乘机进攻。马赫(Ernst Mach)抛出来的《感觉的分析》(1886)和《认识与谬误》(1905)与阿芬那留斯(R. Avenarius)抛出来的《纯粹经验的批判》(1888—1890)和《人的世界概念》(1891),就是从物理学或是哲学方面来从事心理学的研究,企图在德国,甚至在整个欧洲积极兜售他们的反动的“经验批判主义”。这种哲学和心理学上的斗争完全反映了当时阶级斗争的尖锐复杂。

冯特的心理学的观点和体系就是在这样的社会历史条件下产生的。

(二)冯特的一生及其著述

冯特,1832年8月15日生于德国西南部巴登(Baden)的尼卡拉(Neckarau),从1851年起,先后升入杜平根、海德堡、柏林等大学专攻医学。当时,海德堡大学的解剖学家阿诺德(Arnold)教授和病理学家哈塞(Hasse)教授都给予冯特深刻的影响。在柏林大学，冯特曾向缪勒(J. Müller)学习生理学。以后冯特治学的兴趣逐渐转向病理解剖学，遂作哈塞的临床助手，专门从事该门学科的研究。1856 年他提交《因炎症而引起变性器官的神经变化》的论文，获得了医学博士的学位。次年，担任海德堡大学生理学讲师。1858 年，赫尔姆霍茨请冯特作助手，冯特得以亲受赫尔姆霍茨的教导。同年，冯特发表了《筋肉运动论的贡献》。此后，冯特在思想上起了重大的变化，逐渐由纯科学转入精神科学领域，重视“感官知觉”问题，1859 年至 1862 年发表了题为《感官知觉的理论贡献》的著作。冯特从知觉的问题出发研究哲学和心理学，系统地钻研了康德(I. Kant)、赫尔巴特(Herbart)、莱布尼茨(Leibniz)哲学。在视觉问题上，提出了“空间表象”理论的独特见解。他对缪勒以康德哲学为基础的《先天论(Nativism)》和赫尔姆霍茨所主张的《经验论(Empirismus)》加以综合，创立了冯特自己的“发生论(Genetische Theorie)”，定名为“创造的综合原理”。

1863 年，冯特出版了《论人类的和动物的心理学讲义》一书。这部著作从许多方面论述人的意识现象和动物的心理，初版是将近一千余页的巨著。这时冯特还没有确定心理学的界限，他把经济学、统计学、社会学、精神发展史、动物心理学、种族心理学、风俗学等都包含在心理学的范围之中。同时，在这部讲义中排斥了“无意识”的概念，把心理学称之为经验的科学。这本书于 1892 年出版了第二版，到 1906 年出版了第五版。冯特在 1865 年初出版了《人体生理学教程》一书，此书反映了当时生理学的成果，曾得到恩格斯肯定的评价。恩格斯在《自然辩证法》中指出：“有机体中年轻细胞的发展……可参看冯特(开头几节)。"①

1874年,冯特出版了《生理心理学原理》。本书初版大约八百页,以后出第六版时,全书共三大卷,成为二千五百页的巨著,是实验心理学的第一部作品。冯特在这本书中提出了:人们的生活过程有生理方面和心理方面,这两方面并非是不同的对象,而是同一事实之不同的两个方面。事实上两者是不能分离的,若研究我们人类的生活过程就必须去研究心理和生理两方面。所以,心理学和生理学具有互相辅助的关系,二者具有永远不可分离的关系,而"生理的心理学"的最终目的是对于心理的过程的研究。在这个意义上"生理的心理学"是心理学而决不是生理学。

1874年,冯特应苏黎世大学之聘,担任哲学教授,就在这年结婚,当时他四十三岁。他的就职演说的题目为"论现代哲学的任务"。

1875年,冯特又应聘于莱比锡大学,仍旧担任哲学教授,在这里共任教三十九年,直到去世。当时的就职演说题目是"哲学对于经验科学的影响"。

这两次就职演说,在冯特的思想发展上具有重要意义。冯特在那时想把各种经验科学作为基础,以构成一种哲学体系。冯特认为:哲学是把各种经验科学所研究的结果予以统一、综合、调和,以及成为没有自相矛盾之体系的"普遍的科学"。这就是冯特所说的"科学的哲学"。

冯特的前半生完全是修养的时代、读书的时代,但他任教于莱比锡大学之后的年代,则完全是工作的时代、活动的时代。数百页、数千页的巨著逐年出版,无数的论文逐月出现,这在当时的学术界是一种奇迹。

---

① 恩格斯:《自然辩证法》,人民出版社,1955年版,第258～259页。

冯特不仅从事著作，还积极从事实际工作。当他到达莱比锡大学以后，1879 年建立了世界上第一个“心理实验室”。最初，政府对于这个实验室不给经费，冯特以其自己的收入来维持工作。短短几年，这个实验室兴盛发达起来，不用说德国国内的学者、学生，就是英国、美国、意大利、俄罗斯、斯堪的那维亚三国、葡萄牙、塞尔维亚等国的博士、学生，也都集中于冯特的门下，进行实验研究。从在实验室工作的各国学者的民族来看，实验室变成了国际性团体。冯特为了发表实验室的研究成果，自 1884 年以来创办了《哲学研究》，而在 1905 年又创办了《心理学研究》。

冯特是尊重事实、反对空论的人，但他不仅仅是搜集事实，而还对事实进行整理。因此，冯特是对论理学具有浓厚兴趣的人。他认为亚里士多德(Aristotle)所论述的“形式逻辑”像僵死的骨头一般，既无血肉又无光泽，所以他希望论理学成为一门活生生的科学。

冯特根据这样的希望，1880 年至 1883 年间出版了《论理学——科学研究方法与认识原理探讨(Logik)》一书。初版时为二卷，第三版发行时，全书成为三卷，共为二千五百页。第一卷的前半部，论述“过去的形式论理学”，后半部论述“认识论”。第二卷论述“纯粹科学”的方法和原理。开始一章讨论纯粹科学的一般方法，第二章则论述数学的原理。冯特认为数学是纯粹形式的科学，是一切自然科学的基础。第三章讨论自然科学的一般原理和方法，最后一章论述物理学、化学及生物学的原理。在第三卷的第一章中，首先论述精神科学的方法和心理学原理，冯特认为心理学是其他一切精神科学的基础科学。第二章详细论述了语言学、历史学、社会学、国家学、经济学以及法律学的原理。

在冯特数十年念念不忘的民族心理学的研究中，突出地引起他的兴趣的是“道德生活的现象”，而这一“现象”的研究正是民族心理学的一个主要的部分。过去伦理学的研究方法完全是演绎法，冯特反过来采取了归纳方法。这就是：把伦理学的引论部分作为民族心理学以观察道德生活的客观现象，并从心理的角度来分析它、以确立伦理学的根本原理。在1886年出版了《伦理学——道德生活规律的事实的研究》一书，最初是两卷，到第三版时增至三卷，总共二千页。第一卷叙述道德生活的事实，第二卷批判古代的伦理学说，第三卷叙述伦理学的根本原理。

1889年，冯特荣任莱比锡大学校长。这一年他出版了《哲学的体系》一书。这是他把《生理心理学》、《论理学》、《伦理学》三书，统一起来重新组成的一部巨著。该书共七百页，代表了冯特思想的精华。全书共六篇，第一篇和第二篇论述构成人的知识之条件的“思维”和“认识”，第三篇和第四篇论述作为整理构成知识之一般概念的“悟性概念”和“超越观念”。这部分可以看作是一般的原理的论述，第五篇和第六篇论述自然哲学和精神哲学。

1896年，冯特出版了《心理学大纲》。在这本书中他把心理学作为辅助科学，取出了生理学，略去了实验仪器的繁琐描述。只论述实验研究的结果，说明心理过程的发生发展，确定了心理学的原理和规律。这本书组织严密，它和冯特所著的《哲学的体系》一书一样，被誉为名著。这本书一直出至十一版。

1900年至1919年9月，冯特从事于《民族心理学——对于语言、神话和道德的发展规律的探讨》一书的写作和出版，全书为十大卷，四千余页。第一、二两卷是论述语言的，第三卷是论述艺术的，第四卷以及第五、六卷是论述神话和宗教的，第七卷和第八卷是论述社会的，第九卷是论述法律的，第十卷是冯特对文化和历史的总的看法，这一卷对探讨冯特民族心理学的观点和思想是非常重要的。

1911 年出版了《心理学导论》。冯特在这本书中通俗而系统地论述了个体心理学的基本概念、观点和规律。

1912 年,冯特为了探讨民族的精神生活是怎样完成历史发展这一问题,出版了《民族心理学原理》一书。书中第一章叙述原始人的精神生活,第二章论述崇拜图腾的时代,第三章论述神(神话上的)的时代的精神生活,第四章叙述文化的发展。

以上所叙述的是冯特一生的简历及其重要著作的内容,同时也概括地讨论了他的科学思想发展的历程。1927 年冯特的女儿艾丽诺·冯特(Eleonore Wundt)写了《威廉·冯特的著作》一书,从该书的书目来看,冯特的著作近五百种,总计达五万三千多页。冯特著作之多,为同时代的心理学家所不及。

1920 年,冯特写成了他的自传《经历与认识》一书,回忆他在实验心理学与民族心理学领域中艰苦奋斗的一生。这本书出版不久,冯特即于同年 8 月 31 日去世,享年八十八岁。

(三)冯特的哲学和心理学思想的渊源

列宁在其所著的《唯物主义与经验批判主义》一书中曾经指出,冯特是"抱着混乱的唯心主义观点"①的"一个唯心主义者和信仰主义者"。② 的确,在冯特身上反映了当时德国资产阶级的软弱性和妥协性。他为了调和科学与唯心主义的矛盾,在自己的学说里收罗了各式各样的唯心主义,例如:英国贝克莱(Berkeley)和休谟(Hume)的唯心主义经验论;德国康德和赫尔巴特的先验的统觉论;奥古斯丁神父的内在论和法国孔德

---

① 《列宁选集》第 2 卷,人民出版社,1972 年 10 月第 2 版,第 56 页。

② 同上书,第 57 页。

(Comte)的实证论;德国叔本华和尼采的神秘主义的意志论;荷兰斯宾诺莎(Spinoza)和德国莱布尼茨的身心平行论;苏格兰布朗(Brown)和米勒(Mill)[①]的心理化学以及德国费希特(Fichte)的国家社会主义和黑格尔的客观唯心主义,真是应有尽有,不一而足。但是,真正对冯特的哲学思想影响最深的则是康德和赫尔巴特。冯特说:"在我自己哲学思想的发展中,我主要感谢的,仅次于康德的就是赫尔巴特。"[②]冯特在《心理学大纲》第十六章论联想中的"融合"、"复合"、"同化"等概念,都是赫尔巴特的惯用术语。"统觉"一词是赫尔巴特的中心思想,冯特在以后的著作中也越来越给予重视。因此可以说,康德和赫尔巴特是冯特心理学思想的主要哲学基础。

冯特的心理学思想来源,"他不仅有费希纳(Fechner),而且也有赫尔姆霍茨(Helmholtz)的帮助。赫尔姆霍茨这时正把旧牛顿的光学和声学,转化为'视觉'和'听觉'的问题。天文学家也帮助他以人差的问题;唐得斯(Donders)把人差的问题进行独立的研究,而用做心理的时间测量方法。这样,冯特从生理学家那里取了神经系统;从赫尔姆霍茨那里取了视觉和听觉;从韦伯(Weber)那里取了实验的生理心理学;从费希纳那里取了心理物理学和韦伯律,从天文学家那里取了反应时实验;从英国的心理的哲学家那里取了联想主义。他把它们用他自己所创建的系统的逻辑结合起来,造成了新的心理学"。[③] 说冯特的心理学就是唯心主义和实验科学的混合产物,那是非常恰当的。

① 冯特把心理过程分析成为元素、感觉与感情,这种思想是从米勒那里继承下来的。

② W. Wundt: Grundzüge der Physiologischen Psychologie, Bd. I. S. z.

③ E. G. Boring: A History of Experimental Psychology, 1929, S. 656.

应该指出,近年来,不论在国内和国外,由于冯特和马赫主义[马赫(E. Mach)和阿芬那留斯(R. Avenarius)]在哲学和心理学上某些观点的一致,而就使一些人认为冯特是马赫主义者,马赫主义是冯特心理学的主要哲学基础等等。这既是一种错觉,也是一种不正确的论断。理由是:

(1)冯特把客观世界归结为心理要素的思想,以及"感觉要素"和"经验"的观点是和马赫与阿芬那留斯的看法相似的、一致的,但冯特的看法早于马赫和阿芬那留斯十多年。冯特的《感官知觉理论》发表于1858年至1862年,《生理心理学原理》第一版发表于1873年至1874年;而马赫的《感觉的分析》发表于1886年;阿芬那留斯的《纯粹经验的批判》发表于1888年至1890年。根据这一点来看,正是马赫和阿芬那留斯两人吸收了冯特的思想,而不是冯特吸收了马赫和阿芬那留斯的思想。

(2)阿芬那留斯毕业于德国莱比锡大学。冯特于1875年(当时四十二岁)到该大学任哲学教授,这时阿芬那留斯(当时三十二岁)正在这个学校担任哲学讲师。在1887年,阿芬那留斯才离开莱比锡大学应聘到苏黎世大学为哲学教授。阿芬那留斯在莱比锡大学工作期间和冯特共事于哲学系达十二年之久。冯特是教授,阿芬那留斯是讲师,在学术上和思想上尽管互相有所影响,但在主要方面则是阿芬那留斯受到冯特思想的影响,而不是冯特受到阿芬那留斯的思想影响。

(3)马赫主义(又称经验批判主义)的奠基人是马赫和阿芬那留斯。在他们二人的领导下形成了一个哲学流派,即马赫主义派。这一流派的成员是:心理主义者耶路撒冷(Wilhelm Jerusalem)、感觉主义者彼得楚尔特(Petzoldt)、齐亨(Ziehen)、克莱因佩得(Kleinpeter)和维利(Rudolf Willy)等人。这个流派中根本没有冯特其人。而马赫在1906年出版的《认识与谬误》

一书的序言中指出:“当时荣幸地能和我一起站在自然科学立场上的有名哲学家,如阿芬那留斯、舒佩(Schuppe)、齐亨以及青年的同事们柯尼留斯(Cornelius)、彼得楚尔特、舒伯特-索尔登(Schubert-Soldern)等人。而仅有的卓越的自然科学家也前来参加,这样我就必须在这里把像那样持有必要的现代哲学性质的其他重要哲学家非予以排除不可。”[①]在马赫列举的这些人当中,有年老的,也有年轻的,但当时年高望重的冯特并没有提到,这足以说明冯特并不是马赫一伙的。

(4)冯特和阿芬那留斯都是唯心主义者,但是由于观点上的分歧,他们经常互相揭露,互相攻击。根据卡特尔(Cattell)的记载,可以看到阿芬那留斯对冯特的责难。卡特尔指出:“冯特用我送给他的在德国唯一仅有的打字机写下了这么多著作和其他作品。有一次阿芬那留斯说我送的这件礼物给哲学造成了严重的灾害,如不是因为用了它,怎么能使冯特写出那么多的书来。”[②]而冯特也经常责难阿芬那留斯。冯特十分明确地指出:“经验批判主义的一些非常重要的理论原理(对‘经验’的理解和‘原则同格’)和内在论者的主张是一致的。阿芬那留斯的其他理论原理是从唯物主义那里剽窃来的,所以整个讲来,经验批判主义是一种‘五花八门的混合物(bunte Mischung)’,其中‘不同的组成部分是彼此完全没有联系的(an sich einander völlig heterogen sind)’。”[③]他们互相责难,怎能说冯特是马赫主义者呢?

---

① E. Mach: Erkenntnis und Irrtum, Leipzig. 1906, S. Ⅶ.

② The Wittenberg Symposium: Feelings and Emotions, Clark Univ. Press, 1928, S. 430.

③ 《列宁选集》第2卷,人民出版社,1972年10月第2版,第58页。

(5)冯特哲学思想的主要倾向是客观唯心主义，而马赫和阿芬那留斯思想的主要倾向是主观唯心主义。冯特的实证主义思想在他的哲学体系中不占重要地位，他具有比较鲜明的唯心主义党性，而马赫主义是主要的实证主义流派之一，以超党性标榜自己。冯特对马赫主义进行了毫不客气的批评责难，这是出于唯心主义内部的意见分歧，而且往往能击中马赫主义的要害和痛处。由于冯特对马赫主义的批评责难有许多可取之处，在这一方面得到了列宁的肯定。列宁说："如果有些年青的知识分子会上阿芬那留斯的圈套，那么老麻雀冯特决不是用一把糠就可以捉住的。"[①]这说明在列宁看来，冯特这个唯心主义者在识别哲学流派的重要问题上是颇为精明老练的。

以上几方面完全可以说明冯特不是马赫主义者，同时马赫主义也不是冯特心理学的主要哲学基础。冯特是唯心主义者和信仰主义者，康德和赫尔巴特是冯特心理学的主要哲学基础。1920年冯特在他所著的《民族心理学》最后一卷即第十卷的最后一页最后一句中说："我们的全部希望都寄托在德国精神复兴之政治和道德的人类美好的未来上了，即首先是寄托在宗教改革上，其次是寄托在德国的唯心主义上，最后是寄托在建设德国的国家上。"[②]这一句话，对冯特自己的思想的根源做了高度的概括和真切的总结。

(四)冯特心理学体系的形成过程

冯特的心理学体系可以概括为两个部分：一是个体的实验生理心理学，一是社会的民族心理学。冯特的这种心理学体系

① 《列宁选集》第2卷，人民出版社，1972年10月第2版，第87页。

② W. Wundt：Völkerpsychologie，1920，Bd. 10 S. 464.

并不是一下子形成的，而是经过了四个不同的发展阶段，逐步形成起来的。

第一个时期，即从 1860 年至 1870 年，是冯特心理学思想形成的时期。冯特发表了《对于感官知觉理论的贡献》(共三卷，1862)和《人类和动物的心理的讲义》(1863 年)两书。前者反对形而上学的心理学，强调以实验法来研究心理学的特殊对象，第一次提出了“实验心理学”的名称；后者“正如他自己在前言里所说的那样，他证实了最重要的心理学过程的舞台是无意识的灵魂，他向我们揭示了‘一种机制，这种机制是以无意识灵魂为背景来巧妙地处理由外部刺激所产生的印象’”。[①] 这是一本“颇有价值的”[②]论著。

第二个时期，即从 1870 年到 1895 年，是冯特心理学体系基本形成的时期。主要表现在《生理心理学原理》(1874)中。在该书中，冯特说他曾企图在其中尽可能完全地在心理学原理的指导下，对心理学作出一种基本的说明，并且更严格地坚持了体系的观点。因此这部书被卡特尔(J. M. Cattell)称为“心理学的宣言书”，称冯特为构造心理派的创始人，欧美的心理学者把冯特誉为“实验心理学之父”。

第三个时期，即从 1896 年到 19 世纪末，是冯特心理学体系完全确立的时期。主要著作有《心理学大纲》(1896)，它对心理学的对象、任务、方法作了完整而明确的说明，并提出了情感的三因次说和心理的三原理说。

第四个时期，即从 1900 年至 1920 年，是冯特民族心理学的研究和心理学体系成熟的时期。主要著作有《民族心理学》十卷

---

① 海克尔:《宇宙之谜》，上海人民出版社，1974 年版，第 96 页。

② 同上书。

(1900—1920)、《民族心理学问题》(1911)、《民族心理学纲要》(1912)、《语言史和语言心理学》(1901)等。这时,他以历史法专门研究了高级的心理过程,包括言语、艺术、神话、宗教、社会、法律、文化及历史等。这个时期,冯特的第五版(1902—1903)和第六版(1908—1911)《生理心理学原理》中,情感三因次说和统觉理论的内容及其关系获得了充分的发展,更为理论化和系统化了。

(五)冯特心理实验室的工作

冯特于1879年在德国莱比锡大学建立了世界上第一个专门的心理实验室(Institut für experimentelle Psychologie,意即"实验心理学研究所"),运用实验法,系统地开展了实验心理学的研究。在这里,冯特研究的不是通常的蛙和狗,而是具有创造世界、改造世界的宇宙七谜中之一谜的具有精神的人。这是心理学史上一个划时代的变革,是近代实验心理学—科学心理学的开端。

冯特的心理实验室虽然创办于1879年,但是当时并未被大学承认。大学正式承认"实验心理学"这一课程是在1883年冬,同时批准了实验室为冯特所专用,而"实验心理学研究所"直到1894年大学才予以登记。看来创建一个新的事业是需要巨大的毅力和耐心的。

冯特的心理实验室最初共分为五个室,后来很快发展为十一个室,1897年扩大到十四个室,改建为心理学研究所。到了20世纪初,它真正成了世界上心理学研究的中心,成为许多心理学工作者朝拜的圣地。

1881年冯特开始出版《哲学研究》杂志,刊载从他的实验室创始时所写的实验研究报告。到19世纪末,仅二十年的时间,他就完成了一百多项研究任务。这些研究可分为感觉与知觉、反应、注意、情感和联想。约有一半的心理物理学论文是研究关于感觉与知觉的，特别是视觉，关于颜色边缘视觉、颜色对比、负后象、视对比以及色盲的典型问题；大小视觉和视错觉是关于视知觉的特点问题；听感觉是用心理物理学方法进行研究的，也研究了节拍和音的联合问题；对时间知觉的研究是研究被试者再现不同长度时间间隔的能力，并比较"充满的"时间（从事心理活动或接受感官刺激的时间）与非充满时间的这种能力而进行的；触觉是用早已熟悉的韦伯和费希纳的方法通过两点阈进行研究。

冯特及其学生在实验室内关于反应速度的研究，约占整个实验研究的六分之一，他用教学方法研究了反应速度和心理时间的测定。

关于注意分配和广度的研究，冯特认为注意是意识内容的一个窄小范围的清晰知觉。并以复杂的实验，研究了注意的范围和注意的二度性以及注意的对象与背景的关系。

1890 年之后，冯特以数年的时间从事情感的研究，包括运用表情的方法，研究了情感及其有关的脉搏、呼吸、肌肉力量及其他变化。冯特把费希纳的印象法（报告受刺激的印象）发展为对偶比较法，它要求在激起主观情感的条件下来比较刺激。

关于联想的研究多年来占该实验室总成绩的十分之一。冯特要求被试者用一个单一的词对呈现的单词刺激作出反应。为了确定所有言词联想的性质，冯特对呈现单词刺激时所发现的联想词的类型又进行了分类，一为内部的联想，二为外部的联想。特别是在冯特的指导下，精神病学家埃米尔·克雷佩林（E. Kraepelin）引申了联想的实验，并将其应用到病理心理学的问题中去。

所有这些实验成果,绝大部分都发表在冯特自己创办的《哲学研究》和《心理学研究》两种专刊上了。此外,冯特在《生理心理学原理》一书中,第一次全面系统地介绍了心理学的实验仪器产生的历史及其构造、实验设计及其处置方法。这本书至今仍然是一本实验心理学的模范手册。

(六)评论冯特所应采取的态度

在这举世纪念世界上第一个心理实验室创建一百周年的日子里,重新整理一下冯特在实验心理学和民族心理学领域中所遗留下来的那些有价值的东西,从中吸取经验教训,以建设我们自己的心理学体系,是一件值得进行、也是应该进行的工作。

恩格斯曾经说过:“在古希腊人和我们之间,存在着 2 000 多年的本质上是唯心主义的世界观,而在这种情况下,即使要返回到不言而喻的东西上去,也并不是像初看起来那样容易。因为问题决不在于简单地抛弃这 2 000 多年的全部思想内容,而是要批判它。要从这个暂时的形式中,剥取那在错误的、但当时时代发展过程本身所不可避免的唯心主义形式中获得的成果。”[①]我们对待冯特也应该采取这种态度。冯特虽然是一个唯心主义者和信仰主义者,但他所创造的实验心理学和民族心理学确实获得了一定的成果,按照恩格斯的话,是不应该“简单地抛弃”的,而应从其唯心主义形式中加以“剥取”的。这就是本文写作的主要目的。

① 《马克思恩格斯选集》第 3 卷,人民出版社,1972 年 5 月第 1 版,第 527～528 页。

二、冯特心理学的理论基础

(一)心理学的研究对象

心理学成为一门独立科学,只是近百年的事。在远古时代,心理学被认为是哲学的一个分支。那时,首先对"心的本质是什么?"的问题,使学者感到最有兴趣。对于心的本质的解释有两种完全不同的看法。一为把"心"看做是不可知的"灵魂",一为把"心"看做是"物质的"。由于看法上的完全不同,心理学就划分为"唯心论的心理学"和"唯物论的心理学"两个学派。

唯心论的心理学把心看做是玄妙的,不可思议的存在。这以近代笛卡儿(Descartes)为代表。他把物质和精神(心)看做是完全不同的存在,认为物质有广袤的物,精神没有广袤的东西,所以精神和物质是完全不同的"实体"。结果,把说明物质现象的划入"自然科学"领域;把说明精神现象的划入"心理学"中,这就是因"研究对象的差别"而区别为两种科学。

到了19世纪,带有唯心论倾向的是赫尔巴特(Herbart)的心理学。他把心单纯看做没有广袤的"实体",把心理学单纯定义为"研究实体内部状态的科学"。赫尔巴特与笛卡儿不同,他是充分尊重经验事实的,不过它扎根于形而上学的假定之上。冯特批评赫尔巴特的心理学时说:"他的心理学不过是在形而上学的概念上穿上经验的服装。"①

至于唯物论的心理学则与唯心论的心理学完全相反,而是把精神现象归于物质的作用。在这个学派之中,把纯粹的精神

① W. Wundt: Logik, Bd. 2 S. 156.

(心)认为是物质的东西。这样,在承认精神的根本要素上便分为两个派别。冯特把这两个学派一个叫做“纯粹的唯物论”,一个叫做“心理物理的唯物论”。

纯粹的唯物论认为:我们的感觉或是感情是大脑感觉器官的物质的分子运动,这种无数的运动聚集结合为整体而构成我们的知觉。18 世纪的唯物论有这种想法,特别是拉·美特利(La Mettrie)把人看做是机器,后来,霍布斯(Hobbes)、霍尔巴赫(Holbach)等人都是这种学说的热心主张者。冯特批判这种学说,认为这种学说:“所谓大脑分子的运动而形成知觉是不可能的。如果运动本身而知觉到自己的话,大脑分子便有知觉自己固有运动的性质。即:结局在物质运动之外无论如何也得假定有精神的要素。”[①]

鉴于纯粹的唯物论理论的缺点,托兰(Tolland)开始改造这种理论为心理学说,直至 20 世纪初,有齐亨(Ziehen)和闵斯特伯格(Münsterberg)继承发展。这种学说称之为心理物理的唯物论,认为:不论在何处,精神过程必须作为物质来说明。这一学派的人们,不论用任何方法,无法从物质过程来解释“根本的精神过程”的存在问题,而这种“根本的精神过程”也就是“单纯感觉”。单纯感觉不是物质运动本身,而是“伴随着”物质运动的根本性质,而复杂的精神过程都是从感觉的复合中构成的。由于感觉本身已经伴有物质的过程,复杂的精神过程都起因于“物质过程的多样的复合”。因此,这种精神物理的唯物论把复杂的精神现象完全用物质的来说明。这样,这一学派把心理学的任务归之于两个方面:一为阐明伴随着感觉器官及神经系统的机能的感觉;二是证明从生理机能的结合中,如表象、认识过

① W. Wundt: Logik, Bd. 3 S. 148.

程、感情等复杂的精神过程是怎样形成的。冯特对这种论点予以批驳。他认为："所谓精神过程的结合和物质过程的结合是完全不同的，既不能比较，也没有关系，是两种不同种类的结合过程。正如物质的运动与感觉完全不能相比较一样。把精神归之于物质的作用，如同把心理学归之于生理学一样。"①

以上所述的两派心理学，是形而上学的心理学。它们不接触"经验"之物，只以灵魂或物质的"不可知的实体"作为基础的精神现象，作为他们研究的对象。

直到洛克(Locke)的时代，才开始重视"经验事实"的探讨。他把经验分为内外两种。即：从外界所得的经验称为外经验，得以反省自己精神的经验称为内经验。外经验由眼、耳等的外部感官产生，内经验由所谓反省的内部感官产生。研究外部经验的是自然科学的任务，研究内部经验的是心理学的任务。因此，洛克根据这种观点，把自己的心理学称为"内部感官心理学"。

洛克把自然科学和心理学加以对立，使心理学独立为一门科学，这是心理学的一大进步。但是，冯特反对洛克把经验区别为内和外的看法。根据冯特来看，"心理学的研究材料"不只限于内部经验，外部经验也是心理学的材料。在外部，光和音作为我们精神上的感觉出现，光和音同时是自然科学的研究材料，也是心理学的研究材料。因此，这个"同一经验"是心理学和自然科学共同研究的对象。

冯特把经验分为两方面。经验是从主观的关系中产生的。光或音从经验者这一方面来看，是一种感觉，是主观的过程；如果离开经验者的另一方面来看，则是客观的，独立存在的一种自然现象。一切自然界中的万物是独立于经验者以外的存在。这

① W. Wundt：Logik，Bd. 3 S. 146.

样，便把一切经验看作是直接知觉的主观过程。这种认识方法是直接的。然而，在自然科学上，完全把经验作为客观的事物来对待的话，这种认识方法是间接的。根据这种区别，冯特把心理学称为“直接经验的科学”，而自然科学则被称为“间接经验的科学”。① 因此，冯特认为心理学的研究对象就是“研究直接经验的科学”。

既然心理学是研究直接经验的科学，那么什么是直接经验呢？冯特说：“这一直接经验并不是什么静止的内含物，而是一连串的事件；它不是由物体构成，而是由过程构成，即由普遍有效的人的经验及其合乎规律的关系构成。而这些过程的每一过程，一方面具有一种客观的内容，而另一方面又是一种主观的事件，而它就这样包括了一切认识的一般条件以及人的一切实践活动。”②这就是说直接经验是包括客观内容（一切认识的条件和实践活动）在内的主观的事件。但主观的（心理的）事件是由什么决定的？冯特没有给予最后的答案。而仅就这一点来说，便成为冯特唯心主义经验论的心理学所不能弥补的重大缺陷。

唯一对人的心理、意识、经验、直接经验给予科学解释的是辩证唯物主义。它把心理、意识、经验、直接经验同该社会中进行着斗争的各个阶级联系起来，认为心理、意识、经验、直接经验是社会的产物，是在实践活动中产生、形成和发展起来的。它的产生直接与语言的产生联系起来。在马列主义反映论看来，心理是脑的属性，是客观事物的主观映象。马克思说：“意识在任何时候都只能是被意识到了的存在，而人们的存在就是他们的

① W. Wundt：Grundriss der psychologie，S. 2.

② 同上书，1 S. 17.

实际生活过程。”[①]德国工人哲学家狄慈根(J. Dietzgen)说：意识就是对客观事物的“理解的能力”。[②] 列宁在给“经验”这个概念下定义时也着重地指出了：“如果经验是‘对客观的认识’，如果‘经验是主体面前的客体’，如果经验是表明‘某种外部的东西存在着并且必然存在着’，那么很明显，这就是唯物主义！”[③]毛泽东同志更是一针见血地指出：“就知识的总体说来，无论何种知识都是不能离开直接经验的。任何知识的来源，在于人的肉体感官对客观外界的感觉，否认了这个感觉，否认了直接经验，否认亲自参加变革现实的实践，他就不是唯物论者。”[④]

(二)心理学的本质：唯意志论

如果对我们的心理现象予以分析，其中存在着各式各样的活动。自希腊时代以来，把心理机能分为三种作用：认识作用、情感作用和意志作用。这三种作用中哪一种是根本的，数百年来一直没有得到彻底的解决。有的学派的学者以“认识作用”为最主要的活动；有的学派的学者又以情感和意志作用为认识作用的一种，是伴随认识作用的一种附属活动，也就是以认识作用来说明整个心理现象的发生变化。这种心理学便称为“认识心理学”。对于由情感来说明一切心理现象的一派称为“情感心理学”，而以意志为最根本活动的，并把一切心理现象归于意志活

① 《马克思恩格斯选集》第1卷，人民出版社，1972年5月第1版，第30页。

② J. Dietzgen: Ausgewählte Schriften, Dietz, 1954, S. 171.

③ 《列宁选集》第2卷，人民出版社，1972年10月第2版，第300～301页。

④ 《毛泽东选集》第1卷，人民出版社，1952年7月第1版重排本，第265页。

动的则称为“意志心理学”。

在认识心理学中，有以沃尔夫(Wolff)为代表的能力心理学派，有以哈特雷(Hartley)、休谟(Hume)为代表的联想心理学派，有以赫尔巴特为代表的“表象机制论”学派。在情感心理学中有以奇格雷尔(L. Zeigler)和赫尔维支(Hurwicz)为代表的哲学和文学上的情感学说。冯特对这些学派和主张都进行了严厉的批评。他说:“赫尔巴特把表象当作物体是最大的错误。心理过程中绝对固定的东西一个也不存在。把心理过程视为固定的实体的，不仅是赫尔巴特，就是能力心理学和联想心理学也都是荒谬的。”[①]同时“情感原来是非常不清楚的心理过程，它经常和其他的心理过程结合而成为意识的时候较多，因此在心理分析上是最为困难的过程。像这样把不清楚的要素作为主要着眼点，结果是不能说明其他的心理现象的”。[②]

意志心理学在19世纪后半叶应以冯特为代表。在冯特看来，意志是“意识的根本动力”。[③] 它是“精神界所特有的活动”，并且与情感不同，意志是“明了清楚的意识”的心理过程。冯特的意志论与叔本华、哈特曼(Hartmann)等所主张的“无意识的存在”不同，与形而上学的心理学所认为的“实体的存在”不同，完全是我们的“直接经验所表现的心理过程”。我们如果看一下自己的内部，在自己的心理现象中，就会体验到有一种“活动的感觉”，这种感觉即冯特所谓的意志过程的特点。[④]

---

① W. Wundt：Logik，Bd. 3 S. 156。

② 同上书，S. 158。

③ W. Wundt：Grundzüge der Physiologischen Psychologie，Bd. 3 S. 286。

④ W. Wundt：Logik，Bd. 3 S. 161。

在冯特的心理学体系中，把意志过程放在特别重要的地位，冯特认为其有三种意义：

1. **代表的意义**(repräsentativ Bedeutung)

冯特把意志过程分为“冲动行为”和“有意行为”两种。冲动行为，冯特认为是最单纯的意志行为。我们从动物的动作来看，一嗅到食物的味道立即奔向那个地方，看到异性立即去接近，这都属于冲动的行为，这种动作是机械的动作。如果分析一下这种单纯的意志过程，在其内部包含着感觉和情感两要素：食物的味道，异性的形体皆属于感觉要素部分，饥饿和不满意则属于情感要素部分。

有意行为是人类表现得最多的动作形式，是一种“复杂”的意志过程。在其中不仅有感觉和情感，而且还伴随目的表象和复杂的情感和情绪。根据这一点来看，在意志过程中差不多包含着一切要素的过程。换句话说，在意志过程中“代表”着一切心理过程。冯特在心理学体系中突出意志过程的理由之一就在这点上。

2. **模范的意义**(Modell Bedeutung)

认识心理学认为表象是没有变化的固定的东西。在冯特看来，一切心理过程是事件、过程，每一刹那间都不停止，不停地流动着前进着。这种“变化”的性质在意志过程上是特别显著的，在这种意义上的意志过程可以认为是其他心理过程的“模范”。

3. **精神结合的意义**(Verbindung der Seele Bedeutung)

意识是从种种要素的心理复合中产生的。这种结合是根据什么产生的呢？冯特把这一切都归于意志的活动。他把精神的结合分为“统觉的结合”和“联想的结合”两种。统觉的结合，其结合过程明显是意识上发生的东西。它的比较分析、综合都是复杂的认识作用，这都属于统觉的结合。对于这一点，联想的结合不需要显著的意志的力量。直到20世纪初叶,联想心理学仍然主张精神的结合是一切“无意志的行为”。冯特坚决反对这种主张,认为:任何精神的结合,都从意志的活动中产生的。因此,冯特针对联想心理学乃提出“统觉心理学”的理论,这就是从“精神的结合”上来看冯特意志心理学的意义。[①]

由于冯特在他的全部心理学的体系中过度地抬高意志过程的地位,所以德国唯心主义的心理学家约得尔(Jödl)批判冯特的心理学为“心理学的疾病”。[②] 这种批评是恰当的。

(三)心理学的原则:身心平行论

在心理学史上,首先开始探讨身体和心灵(精神)二者之间的关系的是近代的笛卡儿。笛卡儿提倡“身心交感论”,按照这种理论来看,身体和心灵是完全不同的两种实体,两者在大脑的松果腺中相互交往,这一个影响另一个。也就是说我们用意志力量使身体活动时,精神的实体影响身体,于是表现为运动。像这种认为身体和精神之间具有因果关系的看法,即所谓“身心交感论”。以后主张这种理论的有哈特曼(Hartmann)、斯顿夫(Stumpf)和屈尔佩(Külpe)等人。

对这种“交感论”持有反对意见的,首先是斯宾诺莎(Spinoza)。他认为身体和精神不存在因果关系,而且二者之间不存在任何关系。精神和身体原来不是两种对象,事实上是“一个物”。如从一个人的内部来看,是表现为精神的存在;如从他的外部来看便表现为身体,身体和精神是同一物。如果一方面表现,与它平行的另一方面也表现,两者具有“平行的关系”。这

① W. Wundt: Kleine Schriften, Bd. 2 S. 157; Logik, Bd. 3 S. 161.

② Jödl: Lehrbuch der Psychologie, Bd. 1 S. 171.

种看法叫做“身心平行论”。主张这种理论的有约得尔(Jödl)、屈尔佩、霍夫丁(Höffding)、保尔生(Paulsen),而冯特则是这种理论的代表者。冯特举出三种根据来说明“平行论”的正确,同时用以驳斥“身心相制论”的理论错误。这三种根据是:

1. **平行论的论理根据**

冯特认为:精神和身体完全是不同性质的东西,两者完全不能比较,也没有任何关系。因此,在两者之间如果说它们有因果关系的话,在论理上是不可能的。从论理上看,所谓因果必须具有同一的性质,而性质不同的东西之间就不能认为有因果关系。“身心交感论”之所以站不住脚,原因就在这里。所以冯特认为只有承认身体和精神两者的平行关系,才能说明两者之间的关系。①

2. **平行论的自然科学根据**

冯特根据“自然因果连续的原理”来说明身体和精神的关系。这种原理认为:自然现象事实上是因果的无限连结。一种自然现象产生下一种自然现象。这种自然现象成为因,下一个产生的自然现象便是果。在这种因果的连结之中,上帝或是精神绝对不允许进入非自然过程之中。自然因果的结合是连绵不断的,互相紧密地“连续着”。冯特认为这一原理也完全适用于人们的身体过程。在这里,如果筋肉收缩产生一种生理现象,它的原因是什么呢?因为生理学是自然科学的一种,从生理学方面来看,筋肉的收缩是不能认为由意志而产生的,因为意志是非自然过程,不能成为生理过程本身的原因。生理过程的原因必须是先于这个生理过程,这是连续原理的要求。从生理学上来说明筋肉收缩,如我们从外界获得的食物,在筋肉之中便成为潜

① W. Wundt: Logik, Bd. 3 S. 259.

存的动力存在着，这就成为“活动的动力”，这样就产生了收缩运动。所谓意志的精神现象只不过是与收缩运动一道产生的一种伴随现象。所以从生理学角度来看，就要采用“平行论”。[①]

3. **平行论的心理学根据**

冯特指出：如果换一个立场从心理学的立脚点来考虑，也必须采用“平行论”。精神现象的发生变化只能够用心理来解释。不论将大脑如何解剖，即使用高倍显微镜来观察神经的生理现象，对精神现象本身的性质也不能给予任何的说明，只能用心理来解释。[②]

以上所述的三种根据，是冯特驳斥“身心相制论”而主张“身心平行论”的三大理由。冯特的“身心平行论”并不是形而上学的假定，而是一种形而上学的假说。因为身体和精神是平行伴随的关系，是“直接经验的事实”，每个人都有这种经验的事实，所以并不是理论。

应该指出，斯宾诺莎的“身心平行论”是从哲学的角度来说明的。冯特的“身心平行论”是心理学上的平行论，立脚点在于“经验”。总之，冯特的“身心平行论”是斯宾诺莎身心平行论的继承者，因此许多心理学家把冯特叫做新斯宾诺莎主义的学生。

(四)心理学的研究任务

冯特把心理学的研究对象规定为：“心理学是研究直接经验的科学。”基于这个对象，心理学应该从哪些方面去研究这个对象呢？

冯特为心理学规定三种任务：

① W. Wundt：Kleine Schriften，Bd. 2 S. 27.

② W. Wundt：Logik，Bd. 3 S. 260.

(1)分析复杂的意识过程,把它归入要素的过程之中;

(2)证明这些要素过程的结合;

(3)这些要素的结合是根据怎样的规律进行的。[①]

根据以上三项任务,冯特提出了自己的看法。

首先,在冯特看来,所谓分析是一切科学都不可缺少的。分析分为要素的分析和因果的分析,要素的分析是把某种复杂的现象分为部分的现象,正好像在化学上,把水分析为氢和氧一样。在把复杂的现象用要素分析的同时,这些要素究竟具有怎样的关系,必须予以说明。对这种关系的分析说明,冯特称之为因果的分析。心理学或是物理学是说明一般现象的所谓解释的科学,常把因果的分析作为方法来使用。

其次,冯特认为,心理学的心理分析和自然科学分析在性质上是有区别的。在自然科学上,被分析的要素多少是能独立存在的。但在心理过程的场合,它的关系是完全不同的。我们把复杂的意识现象分析为各个要素,实际上这各个要素是不能独立分离的。在冯特看来,意识过程原来是一个统一的结合体,实际上不可能独立分离的,这种分析法不过是心理的抽象结果。赫尔巴特认为表象是独立生产的,不用说是错误的。冯特指出:不论表象或是情感,只不过是同一意识的不同方面。

最后,由于心理的分析逐步把意识分割完结,直到最后已经不能分析时就到达要素的过程,“感觉”和“单纯情感”就是这样的情形。冯特把这两种叫做心理要素。所谓感觉和单纯情感是构成意识的根本要素,我们实际经验的各种复杂的意识过程,事实上是从这两种要素的多样结合中形成的。所以心理学的任务不仅仅是分析意识过程,它的重要任务是研究这些要素是怎样

① W. Wundt: Grundriss der Psychologie, S. 13.

构成复杂的心理过程的。[①]

对于建立一门新的心理科学来说，研究意识过程的结构，分解它们的要素，找出要素的联络情形，弄清楚它们之间的联络和活动规律，这无疑是正确的。但是心理学的任务还有它的特殊性，因为心理依存于脑，又决定于客观事物，所以研究心理与脑、心理与客观事物之间的关系是心理科学责无旁贷的任务。而冯特在心理学的任务中根本不提心理与客观事物之间关系问题，只提出心理与身体关系的研究，是很不全面的。

(五)心理学的研究方法

分析意识过程，综合要素过程，冯特认为心理学也要像自然科学一样，使用观察和实验。观察是研究静止的对象所使用的方法，解剖学和地理学都使用这种方法。非静止的事物，例如天体之运行，只用观察是不够的，这样就使用实验，有意识地使之产生某种物理现象，这样所获得的研究结果既方便又精确。所以，在这种情况下就要使用实验。

1. 内省法

在分析心理过程时，古来用"内省法"，并把它当作唯一的方法。所谓内省法是自己注意自己的内部经验，观察它的进行情况的一种方法，这种方法在近代为赫尔巴特、贝内克(Beneke)所采用。冯特不赞成使用这种方法。他认为：在物理现象场合，观察的人和被观察的外界事物完全是不同的东西，我们对外界事物予以注意和观察是可能的。然而，精神现象是观察的人和被观察的物是同一的。当我们自己注意自己的精神现象时，精神现象本身就发生了变化，观察便成了不可能。特别是情感和

① W. Wundt：Logik，Bd. 2 S. 3.

情绪这种倾向最为显著，在我们一想到观察时，情感和情绪立即失掉了它的自然状态，所以冯特不赞成采用这种方法。

2. **实验法**

鉴于内省法的缺点，近代心理学家便采用了实验法。实验法存在着不精确的缺点，经过多年的应用改进，终于得到了发展。冯特把实验法的发展分为三个时期：

第一个时期名为“生理实验时期”。在这一期间，精神现象完全被生理所决定，认为各种精神过程不过是大脑过程的反应。在这个时期中以探求心的过程的生理基础为实验法的任务，19世纪前半叶的唯物主义者都有这种倾向。冯特认为这种方法只是在生理过程中施以生理的实验，不能叫做心理学的方法。

第二个时期是“精神物理的实验时期”。这一学派认为精神现象本身不能给以实验，但是在精神过程之内，某种单纯的过程，可以为物理的条件所规定，例如感觉。感觉和外部刺激相关联，只有这种精神物理的相互关联才有实验的可能。这种主张是费希纳(Fechner)以来精神物理学的人们所倡导的。

第三个时期是“心理实验的时代”。这种看法是冯特的主张。冯特平行论清楚地指明，物理刺激与精神过程之间，在机能的关系上任何事物都不存在。费希纳承认刺激与感觉之间存在着相互关系，如果给以物理刺激，就可以得出实验结果。在冯特看来，所谓给以物理的刺激，它只不过是“补助手段”，而要使心理过程有意地发生、反复、变化则都是不可能的，只是在外部刺激上平行地伴随心理的过程，同时为了引起该心理过程而使用实验。给予物理刺激，并不是心理学的着眼点，而是想观察伴随而发生的心理过程本身。[①]

对于冯特来说,我们"内部地去观察"自己的心理经验才是最重要的事情,冯特用一个"内部知觉"[②]的词来代替它。内部知觉事实上是心理学不可缺少的手段,这是没有注意的一种知觉,是无意识地去观察精神过程的进行的,直到实验开始才使知觉成为精确的东西。[③]

冯特把实验法分为四种:

1. 刺激法或称为印象法

这种方法最初多被使用于生理学上,后来才被心理学所应用。在生理学上,有意地使筋肉收缩或是神经兴奋时,一给刺激,便产生反应。在心理学上给予光的刺激,便产生光的感觉;又如出现一条很长的线,便产生"长"的表象,这都是刺激的运用。刺激法最重要一点是刺激和结果具有一定不变的关系。

2. 表现法

一切心理过程都伴随着内部和外部器官的运动。根据精神状态的变化,其运动表现的方法也发生变化。这在情感过程上可认为有特别显著的性质,情感一起变化,脉搏、呼吸的生理过程上也发生变化。这就是从我们身体的表现过程来了解心理过程的性质,叫做"表现法"。

3. 反应法

反应法是刺激法和表现法的结合。这就是"以刺激开始,以表现为终结的过程",最好的例子是冯特的"反应实验"。这种实

---

① W. Wundt: Logik, Bd. 3 S. 165.

② 这个词是否与"内省"一词同义,还不能肯定。但在《逻辑(Logik)》一书之后,冯特就不使用这个词了。

③ W. Wundt: Logik, Bd. 3 S. 163.

验主要是适用于意志过程的实验研究。但反应实验只是反应法的一部分，另外还有一种广义上的反应法，如给予某一个被试者以刺激，便产生情感和情绪，然后去检查他的表现，这就是广义上的反应法。

4. **心理测量法**

“心理测量法”并不是独立的实验方法，是上述印象法、表现法、反应法等的附属方法。因为这个方法用数量来测量心理过程，所以叫做心理测量法。心理测量法与刺激法有最密切的关系。在我们给予刺激而产生感觉、表象的场合，该刺激有各种各样数量上的变化，以研究心理现象是怎样发生变化的。

在这里，冯特提醒我们注意，在测量重量感觉的场合，我们决不是测量一克物体和一百克物体之间的关系，这些物体只不过是产生重量感觉的外部的辅助手段。心理测量是想了解由于该物体而产生的“感觉与感觉的相互关系”，这是实验的真正目的。[①]

冯特在 19 世纪中叶创造性地用自然科学的实验方法来处理心理活动的问题，这不仅标志着心理研究上的飞跃和近代化，也标志着心理学成为了一门实验科学。在这一点上，冯特为以后心理学的发展奠定了良好的方法论的基础和指出了前进的方向，功绩是不小的。

同时，内省法是笛卡儿和洛克在他们唯心观点的基础上提出来的。冯特用实验法去否定它，控制它和改革它，认为“内省法不是内观法而是内部知觉（Innere Wahrnehmung）”的一种方法。这都是有革新意义的。此后到了 1892 年，冯特又强调使用内省法，甚至把它当作原则，把实验法从属于内省。这是冯特的

① W. Wundt：Grundzüge der Physiologischen Psychologie，Bd. 1 S. 23.

倒退，对心理学的发展起了阻碍的作用。

三、冯特的统觉心理学

冯特的心理学是意识心理学，根据冯特自己的主张，所谓意识即是统觉，因此后人都把冯特的心理学称为统觉心理学。

冯特的统觉心理学也是在前人的基础上发展起来的一种理论。康德认为，“意识是纯粹的先验的统觉”；黑格尔认为，“意识是对自我的反思”；休谟认为，“意识是一簇表象”；齐亨认为，“意识是心理”；舒佩认为，“意识是直接被给予的东西”；詹姆斯认为，“意识是心理体验的总和”；尼采认为，“意识是不自觉的冲动与力量”。这些对意识的说法，都是从意识是关于自我、关于精神的内在的自我直观的知识这一定义出发的，都没有揭露出意识的本质究竟是什么东西。

冯特虽然也是唯心主义者，但是由于冯特是生理学家，所以对意识的理解就与上面所提过的那些人完全不同了。冯特不仅对意识给予了心理上的解释，而且还对它给予了生理上的根据。这一点是值得我们注意的。

（一）对意识的分析

在冯特看来，一切心理过程都是意识过程，超越于意识之上的就不能称为心理过程。所以冯特认为“心理的”和“意识的”是同一种意义的。无意识的心理过程是冯特所不承认的。冯特所谓的意识，确切地说，就是我们的“直接经验的全部内容”。所谓直接经验的内容就是：感觉、单纯情感、表象、复合情感、情绪及意志等的心理过程。在实际的意识现象上，这些过程不能单独表现，必须和其他过程相结合，意识才能表现出来。它最显著的是感觉和单纯情感。纯粹的感觉自身决不能表现为意识,必须和其他的感觉相结合,才能在表象的形成中成为意识。同样,单纯的情感自身也不能成为意识,必须和其他情感相结合的复合情感或是在情绪的形成中才能成为意识。所以心理的要素本身不能表示意识的特征,而"要素的结合"一开始就表现出意识的特征来。因此各个心理内容自身并不是意识,只有其所有的内容结合为一个整体时才是意识。

心理内容整体的结合应该是统一的结合,这就是"意识的统一性"。像这样的心理内容之统一的联结有两种:"同时的联结"和"继续的联结"。在每一刹那间多数的心理内容表现为整齐的结合。另一方面,过去的心理过程和现在的心理内容相联结,便产生意识的继续。如果有损于这些联结,我们便失去了完整的意识。

冯特指出了"意识统一"的心理条件和生理条件。他认为,意识的统一性用意识以外的事物来说明是比较容易的,他先在意识的内容中想到了表象。但是,并不认为表象本身有统一的力,它不过是杂乱地集合在一起的,是从我们统一的认识中开始统一的。其次,情感也不具有统一的机能。情感对于表象不过是主观的反应。从这样的顺序来分析,最后只剩下了一个意志。意志过程自身是一个统一的过程,把它分解一下,其中情感、情绪、表象等一切要素的过程浑然一体地统一着。所以,意识的统一完全是从"意志的自身的统一性"中实现的。① 冯特认为这件事并不是推论的结果,完全是由直接经验获得的。

意识统一的生理条件是意识形成的物质基础。在冯特看来,人类和高等动物的整个神经系统是统一地联结着的。从末

① W. Wundt: System der Philosophie, Bd. 2 S. 149.

稍感觉器官而来的无数神经，终止于一切大脑皮质的细胞中。而大脑皮质中的无数细胞，以无限的神经纤维互相联结着。如果意识的特征有心理要素结合的话，这个大脑皮质事实上就是产生意识的最适当的器官。这样，大脑皮质是神经系统的中心点，而大脑皮质上的中心点就是掌握整个皮质联络的部分。冯特认为这就是前额部，也就是他所说的“统觉中枢”[①]。在这个统觉中枢中引起兴奋时，便产生明了的意识；在这个中枢中未达到兴奋时，便不能产生明了的意识。他主张意识就是统觉，其根据就在这里。

冯特从心理条件和生理条件来说明意识的产生和本质，这比陆宰、缪勒和费希纳等人前进了一步。说意识是一切心理过程的结合，这种看法还是有道理的，但是突出意志过程是意识产生的基础，这就陷入了唯意志论。同时冯特是身心平行论的主张者，相反，他以脑生理机制来明确指出它是意识产生的物质基础，这和他的身心平行论相矛盾。据冯特自己供认：“生理心理学的最后任务是分析证明心理过程本身的结合。身心平行只是一种补助的原理。事实上，复杂的心理过程也可以允许有生理基础存在。就以统觉中枢这一点来说，如果没有这么一个假定，情感、复合情感、或是心理的结合就不能理解了。”[②]直到今天，在国内或国外还有一些哲学家和心理学家认为冯特是一个“无头脑的心理学家”，这种看法很可能是由于对冯特的全部心理学体系还未能全面了解的缘故。

---

① W. Wundt：Grundzüge der Physiologischen Psychologie，Bd. 1 S. 380.

② 同上书，S. 381.

(二)统觉就是意识

冯特的统觉概念包含着莱布尼茨和康德对统觉解释的两方面的意思。莱布尼茨把“表象的明了”叫做统觉,冯特便把“表象的变化本身定名为统觉的过程”。康德把统觉认为是“综合经验的统一作用”,冯特便把统觉认为是“统一的活动”。因此,有很多人把冯特的统觉指责为形而上学的活动。

在冯特看来,心理学的唯一职务是表示意识的事实,并且在这些事实之间去证明其形成和结合的关系。统觉作用的存在是经验的事实,它是由于自身具有某种特征才得以和其他过程相区别的心理过程。因此统觉的统一只是被统觉了的多数内容,形成为统一的完整表象。探讨这个事实是心理学的任务,而脱离这个事实的范围,就不是它的本义。[①]

什么是统觉?用冯特自己的语言来说,统觉就是意识。从它的脑机制看,统觉是外界鲜明的刺激而引起的较强的神经兴奋的比较简单的过程。[②] 再从另一方面来说,冯特还认为统觉就是注意,[③]而注意的作用就是意志的活动。所谓注意,一方面被认为是一种具体的过程,另一方面作为心理的统一的活动来理解。所谓统觉一方面指心理过程的一种,另一方面作为心理的统一活动来理解。从前者的意思来看,统觉只是表象在清晰时的一种状态。这样只作为单纯的心理过程来看,统觉和注意

---

① W. Wundt: Völkerpsychologie Bd. 1 S. 495.

② W. Wundt: Grundzüge der Physiologischen Psychologie, Bd. 1 S. 381.

③ 冯特说:“我们把进入广大的意识领域叫理解(perzeption),而把上升到注意的焦点(die Erhebung in den Fokus der Aufmerksamkeit)叫做统觉(Apperzeption)。W. Wundt: Einführung der Psychologie, S. 23.

虽然是不同的心理过程，但从所谓统一的活动的意义来看，统觉和注意是同一个意思。

(三)统觉在意识形成上的作用

在冯特所著《心理学大纲》一书“统觉的组合”一节中，他指出了统觉在意识的形成上有两种作用：一是简单的统觉作用，二是复杂的统觉作用。①

简单的统觉作用就是把两个心理内容定出相互关系，这就是两个心理内容的关联作用。例如：我们认出一个外物与从前感知过的外物相同，或是我们觉得记起来的一件事与眼前的印象有一定的关系，不论哪种情形，都有关联的统觉作用与联想相连结。应该指出，在简单的统觉作用中，所以能把两个心理内容定出相互关系，当然一方面是关联的作用，但另一方面则还要有“比较”的作用。比较的作用是承认两个心理内容的“一致”或是“差别”。原来，关联作用和比较作用有密切的关系，实际上这是不能分离的。对于新的印象，在回想过去的印象时，其“新的印象”以回想过去的印象为“根据”时，这叫做关联；而“新的印象”和过去的印象之间确定差别或是一致时，这就叫做比较。

在复杂的统觉作用中，简单的统觉作用不断重复和配合多次使成为复杂的心理作用时，就产生“复合统觉作用”，这就是“综合”和“分析”的作用。综合是上述“关联作用”的结果，分析是“比较作用”的结果。

综合是把它的融合和联想进行组合。统觉是从这些材料之中选择某些事物，除掉其他事物，以确定适当的“统觉的结合

---

① Wundt's Outlines of Psychology, translated by C. H. Judd. 1897, pp. 274～277.

(Apperzeption Verbindung)”,所以综合的结果是一种“整体的合一”。冯特把这一点叫做统合表象。统合表象不只是各个要素的总和,而是作为综合结果而产生的一种新性质。对于我们,在统合表象中最普通的是它的“概念”。“桌子”的概念决不是各个桌子之和,而是心理上带有一种新性质的统合表象。

在冯特看来,“分析”的作用是经常把综合作为一种预想,先“综合”然后才进行“分析”。例如,我们在讲台上一般是毫不迟疑地进行演讲,形成演讲所表现的思想的层次,这并不是综合的结果而是分析的结果。在我们开始演讲时,自己想说出来的内容是作为在整体的不清晰的意识中出现的,因为综合是在不清晰时进行的,形成了一种统合表象。而当逐步进行演讲时,这种混乱的统合表象被分析开来,于是以清晰的思维形式表现出来。

分析的作用,冯特把它分为两种:“想象的活动”和“悟性的活动”。

在想象的活动上,最初存在着不清晰的统合表象。这种统合表象是从种种感觉、情感、表象等实际的心理内容的结合中形成的。这种统合表象加上分析的作用,整体分解为一定的组织,在这里形成明显的想象过程。例如:我们想要高兴一下,这对自己就要把过去经历过的种种花草、音乐等美的观念唤起来,这就产生高兴的愉快情感。形成高兴的愉快情感并不是“概念”而是观念(Bild),想象事实上是“观念中的思维”。

对于想象活动来说的“悟性的活动”是抽象的论理的作用,是承认经验内容的一致和差别,确定各种论理关系的活动。所以悟性是清晰地实现统合表象之内的各个要素的并确定要素互相比较的种种关系的活动,一切统觉的活动不过是在“一刹那”所进行的“一种行为”。分析也是一样,一刹那间都只能进行一种分析。例如:在这里假定有一个关于猿猴的统合表象,统觉先分析这个不清楚的整体表象,把它分为两个部分。从文法上看,把它分为"主语"和"谓语","猿猴是动物"。下一刹那再分析为名词和形容词两部分,"这个褐色的猿猴是动物"。在这里形成了清晰的思维形式。冯特把这一点叫做思维的心理规律,也叫做"二元的规律(Gesetz der Dualität der Logischen Denkformen)"。

上面所述的形式,明显的是一种"判断"。在冯特看来,判断是"分析的结果",不用说这是心理学上的问题。判断的内容最初以不清楚的整体表现出来的,由于分析的作用,我们的思考一开始就以相继明了的判断形式表现出来了。事实上,判断把我们的思考分析为要素,其结果是确定要素相互间一种新的关联的活动。

总之,在冯特看来,一切复杂的心理结合都是在上述形式中进行的,这些结合在所有的意志活动里产生。因此,不论什么样的心理结合都带有"统一性"。联想主义心理学家认为心理的结合是机械地、无意识地进行的。因此,他们并不能把作为其结果的综合以及分析复杂的思维过程的产生原因说明出来。鉴于联想主义心理学有这样的缺点,冯特就把我们的经验过程的意志置于重要地位,以此来说明全部心理的结合。

总之,尽管冯特的统觉心理学比联想主义心理学的理论前进了一步,提出了对人的统觉(意识、直接经验)进行"关联"、"比较"、"综合"和"分析",这种观点是符合唯物辩证法的原理的,是可取的,同时也是可以通过实验进行研究的,对教育心理学和发展心理学的发展有重大的现实意义。但是从他以意志来支配统觉的心理观点来看,他的统觉心理学的实质,归根到底还没有离开叔本华、尼采和哈特曼的唯意志论,最后还是陷入了唯心主义目的论的泥沼之中。

四、冯特在心理学的理论和实践上的发展

德国著名的生物学家、达尔文主义者恩斯特·海克尔(Ernst Häckel)把冯特称为当代德国最重要的心理学家和负有盛名的思想家;奥国的唯心主义哲学家、心理学家、对象论的创始人阿雷克修斯·麦农(Alexius Meinong)把冯特心理科学体系的宏伟与黑格尔相比,把他学识的渊博与亚里士多德相比。而冯特最大的功绩则在于他是科学心理学的奠基人。在近代心理科学的领域中,在冯特之前致力于这门学科的科学家不少,但是能以科学的态度,对心理现象作细微的分析研究,在精神过程上确立特有的原理、规律,从而发展了以前的心理学的理论和实践的,首推冯特。这是他永远不可埋没的功绩,也是冯特在心理科学上的不可估量的贡献。下面我们就展示一下他的多方面的成果。

(一)感觉的统觉说和适应说

在冯特看来,感觉是伴随于某种刺激而引起的,引起感觉的刺激叫做感觉刺激。感觉刺激有两种:一是从外界来的刺激,一是从身体内部产生的刺激。光或音是外界的刺激,接触到眼和耳的特殊感觉器官,便产生光和音的感觉。

在感觉产生的分析中,冯特首先解决了两个基本问题。一个是感觉的强度问题,一个是感觉的质的问题。他在感觉的强度问题上提出了"统觉说(Apperzeptive Theorie)",在感觉的质的问题上提出了"适应说(Anpassung Theorie)"。

刺激强度与感觉之间存在的某种关系首先是由韦伯发现的。韦伯主要是研究压觉,以后费希纳对这个问题作了精密的

研究，便确定了一切感觉的刺激阈限。这个规律是："感觉的最小差别，在以等差级数增加时，刺激的强度则需要以等比级数来增加。"后人便把这个规律叫做韦伯律。

对这个韦伯律有三种解释：

第一种是生理的解释。这种解释以缪勒为代表。他把刺激强度与感觉之间的关系的事实归之于神经系统兴奋的关系，神经兴奋增加的时候，刺激强度并不需要同时增加。只增加刺激强度，有时神经兴奋往往并不增加。为了增加神经的兴奋，就必须以等比级数的比例来增加刺激的强度。在缪勒看来，韦伯律是在刺激强度和神经兴奋之间所进行的规律，而在兴奋的增加和感觉增加之间，并没有更为复杂的关系，只不过是一般的单比例关系。在当时，这种解释是强有力的。但是冯特反对这种解释，认为中枢兴奋的问题，迄今还未搞清楚，因此缪勒的解释是不妥当的。当时承认感觉的生理论的有艾宾浩斯(Ebbinghaus)、约得尔(Jödl)和斯宾塞(Spencer)。从冯特的神经生理说来看，韦伯律在生理的解释方面是得当的。事实上冯特生理论的反驳是不对的、消极的，理由是站不住脚的。

第二种是心理物理的解释。这种解释以费希纳为倡导者。费希纳认为：只考虑到物理界时，各种数量只是单比例的关系，因为任何数量只是单位量的和。从精神界来看，在感觉增加的时候，因为单位量的增加，也仍旧是单比例的关系。从这样来考虑韦伯律，不论在物理界还是精神界都是不适用的。在费希纳看来，这个规律应该是从精神界和物理界的相互关系中产生的一种特别的规律，也就是从精神物理的相互关系中产生的一种新规律。然而，既不适用于精神界也不适用于物理界的规律，是怎样从两界的关系中产生的问题，费希纳并未给予任何的说明。

第三种是心理的解释。这种解释以冯特为代表，另外还有齐亨(Ziehen)和李普斯(Lipps)。在冯特看来,在感觉本身增加的时候,刺激同时增加。例如:重量从一百克增加到一百一十克,感觉也相对的从一百克增加到一百一十克。所以说,刺激与感觉之间韦伯律是不适用的。那么,韦伯律适用于什么地方呢?在冯特看来,只有在"感觉和感觉之间相比较时"这个规律才表现了出来。因此,韦伯律只是"意识状态之比较的规律"。所谓比较,冯特认为是统觉的作用。这样,韦伯律并不是感觉本身的规律,而是"统觉的规律"。我们不能知道感觉本身的绝对值,只能知道感觉和感觉间的相对的差别。而这种"相对的差别",通过韦伯律也是可以辨别出来的。

韦伯律是在比较两种感觉时所产生的现象,如果比较三种感觉的时候,便产生出不同的现象。例如:

刺激:100　200　300

感觉:a　b　c　b－a＝c－b

这种心理事实是由冯特的学生梅克尔(Merkel)发现的,但将其制定为规律的则是冯特。冯特以发现者的名字命名为梅克尔定律。这规律认为:"强度间隔很显著的三种不同的感觉,为了承认其差别是相等的,就要把刺激按其等差级数来增加。"

韦伯律和梅克尔定律具有完全不同的条件。前者感觉只有两种,这种差别是最小的;后者感觉是三种,其差别显著增大。在冯特看来,由于条件是这样的不同,比较感觉的活动也因之而不同,这就是统觉的作用。在这时,必须用不同的规律来比较。这就是:在我们比较两种感觉的"相对的差别"时,应以韦伯律来对待,反之比较三种感觉的"绝对的差异"时,应该根据梅克尔定律。这两种规律是在感觉进行比较的时候所引起的统觉的两种活动,这就是冯特的感觉的统觉说。

关于感觉的质的根本问题,在冯特感觉心理学中占有一定的位置,它是在反对缪勒的"特殊能量说"中而知名的。

我们具有光、色、音等形形色色的感觉。这种感觉之质的差异是怎样产生的呢？1826年缪勒提出了"特殊能量说"来阐述这个问题,而这个学说直到20世纪初还被奉为一种金科玉律的理论。然而冯特驳斥了这个学说,而确立了适应说。这个学说在冯特的心理学上是很重要的。

在缪勒看来,感觉的种类是千差万别的,因为各种器官具有自己的一种特殊的机能。例如:眼睛是视神经与中枢末稍感觉细胞相接的,经常接受光的感觉,耳朵是听神经与中枢末梢感觉细胞相接的,只产生音的感觉。所谓光和音的性质,并不存在于外界,而是产生于我们感官神经内部的特殊能量。这种特殊能量,由于外物的刺激而产生特殊的感觉。所以不论什么刺激,如果接触到眼睛时,在其内部所储存的光的能量就会活动,于是就产生了光的感觉。因此,缪勒断言说:我们的感觉并不是把外物本身的性质状态传入于意识之中,事实上是把感官神经本身的性质状态,传入于意识。

对于缪勒这个学说,以后赫尔姆霍茨加以继承、改造与发展。例如缪勒称不同的感官存在着不同种类的能量,然而对在同一感官中存在着不同的形形色色的感觉的差别并没有给予论述。但是赫尔姆霍茨在这一点上进了一步,就是在同样的光的感觉之中,从红、绿、黄等色彩的感觉中加以区分,这些不同的感觉必定要由各特殊能量中产生,也就是他假定各种色彩感觉是由各种神经中产生的。

冯特以适应原理反对特殊能量说。

在冯特看来,大脑各部的机能本来是平等的,同一个部位经常因同一个刺激而产生兴奋,于是一定的部位对一定的刺激便容易产生反应。这一点必须看做是适应的结果。

其次，在观察感觉神经时，某一神经只具有传导刺激的任务，在对任何刺激予以传导时，都往中枢上传导。

最后来查看感觉末梢器官时，由于各类感觉器官之构造不同，从而有不同的机能。这一点是冯特承认的，然而在冯特看来，感觉器官原来是适应外部刺激的，以后是在接受刺激的过程中分化发达起来的。因此，在各种感官上的各种机能，决不是天赋的，是和感官的发展同时在后天获得的。这是冯特以“生物发展史的事实”来证明的。①

总之，如果看一下分化了的感觉器官，那么各种感觉器官具有特有的机能是理所当然的。从这一点来看，冯特并没有完全脱离特殊能量律的学说。艾宾浩斯认为冯特把特殊能量的存在置于感觉末梢的器官中了，然而从所谓“特殊”的意义来说，缪勒和冯特之间存在着显著的差别。缪勒对于外界刺激的差别完全没有考虑，所谓产生光的感觉的能量是在眼中先天存在的，与外部刺激没有关系。所以不论什么刺激，在接触眼睛时，便产生这种特殊能量，乃产生光的感觉。然而在冯特看来，所谓外部刺激的种类是最主要的着眼点，适应这种刺激的差别是由于各种器官的发展。在眼睛受到以太(Ether)的震动时，具有所谓不能感觉外部刺激的特殊机能，但是并不像缪勒所认为的是那样的不可思议的力。在漫长的时间中由于适应的习惯，神经兴奋的形式就被固定下来了。

在冯特对各种感觉的分析论述中，把适应原理应用于感觉之内。所谓光觉和听觉，其分化程度是显著增加的，这是高级感官感觉。触觉、一般感觉、嗅觉、味觉是发展非常慢的感觉，是低级感官感觉，不具有任何重要意义。

① W. Wundt：Grundzüge der Physiologischen Psychologie，Bd. 1 S. 508.

同时，由于冯特进一步应用了这个理论，因而使他能够在温度感觉领域中提出“血管运动变化”的理论，在内部触觉领域中提出“中枢兴奋感觉”的理论，在听觉领域中提出“音响感觉”的理论，在光觉领域中提出“阶段论”的理论。这些理论都继承发展了前人的理论和实践，直到今天都仍然有一定的价值。

(二)音的谐和说、空间与时间表象的发生说[①]

冯特对听觉表象、空间表象和时间表象的分析研究是有贡献的，有许多地方超过了过去的和他同时代的心理学家，如：康德、缪勒、赫尔巴特、赫尔姆霍茨和李普斯。

在冯特以前，不少心理学家把感觉与对象对立起来，认为感觉是“直接被知觉的”，表象是“被回想的”。但是冯特认为直接知觉的东西和回想的东西之间没有心理上的不同，只有逻辑上的区别。这样，冯特把直接知觉的东西和被回想的东西称为广义表象，即：从直接感官的知觉产生的东西叫做感官表象，被回想的东西叫做回想表象。这种区别，冯特认为是区别方便而不是心理上的区别。

1. 音的谐和说

冯特在内包(intensive)的听觉表象的问题上，对“音的谐和说”提出了自己的看法。音的谐和说具有悠久的历史，其看法有三种：

(1)从结合音的“振动数的比例关系”来说明。这种说法发生在古代希腊，直到近代莱布尼茨才开始构成学说，到了李普斯

① 表象(Vorstellung)也可译为“观念”。冯特把感觉作为抽象客观的心理要素的纯粹感觉，并由纯粹感觉的结合而构成心的复合体，即表象。所以在这里译为表象比较合适。

便大力提倡。在李普斯看来,听相互谐和的两个音时,能够清楚地"判断"出来它的振动数的比例关系。这种判断是"无意识"的,被判断的结果有一种谐和之感的意识出现。反之,对于振动数比例复杂的事物,判断其比例关系时,便有困难,最后就出现了不谐和之感。冯特把这种从音的振动数的比例关系来说明谐和的问题叫做韵律说(Metrische Theorie)。

(2)另一派从"物理的感觉的根据"来说明音的谐和问题。在这派看来,规定谐和的并不是两种原音,还必须加上其他的音素。站在这个立场上的有赫尔姆霍茨的"音响说"和克鲁格(Krüger)的"差音说"。赫尔姆霍茨认为在不谐和的音调上"音响"是混合的,它妨碍谐和,没有音响才是谐和。克鲁格认为在谐和音程上,由两音的结合所产生的差音数目是不少的,而且该差音的振动数的比例简单;在不谐和的音程上,因比例复杂而产生很多的差音,这就妨碍了谐和。冯特把这种学说叫做音声说(phonische Theorie)。

(3)对音的谐和问题,在冯特看来,谐和的现象是非常复杂的,只从一种条件来说明无论如何也是不行的。从这种看法出发,冯特对"谐和"的产生认为必须有四个条件:

①结合的单纯性是产生谐和的第一个条件。②把两个音的振动数的比例关系"定出正确的规则"时就产生谐和的现象。在不谐和的音程上,这种比例关系是很不规则的,要主观地去知觉它是很困难的。这个理论基本上为李普斯所采用,但是李普斯的无意识判断的假定是冯特所绝对排斥的。在冯特看来,规定振动数的关系只是知觉上产生的,并不是复杂的判断的作用。③具有谐和音程的两个音相结合时,便带来了相互融合的统一性,这种观点是斯顿夫(Stumpf)所主张的。但是斯顿夫的判断论为冯特所不取。冯特认为:融合是初步的直接的心理结合过

程，和复杂的判断作用无关，判断是旧内省心理学的遗物。④在谐和音的结合上，共通的上音（音调相继发生时）或是共通的基音（同时结合时）被分化而进入我们的意识中。在这里承认两音的类似，以引起音的谐和之感，这就是谐和的分化性。

以上的四个条件构成了冯特的"音的谐和说"。①

2. 空间表象的"发生说"

在空间表象理论的贡献中，冯特在空间触觉表象问题上，提出了"发生说"；在空间视觉表象问题上，提出了"复合部位记号说"。

在冯特的时代，对空间触觉的表象是怎样产生的，大抵有两种解释。一种是认为皮肤各部分生来就具有空间的性质，同时也具有扩张的感觉，这是"先天说"的主张。一种是认为：皮肤本身根本就没有空间的性质，是作为经验的练习而产生的，这是"经验说"的主张。冯特则提出"发生说"（Genetische Theorie）。他指出：空间的事物并不是不可分析的单纯过程，是从某种心理要素的结合中产生的，所以，空间表象必须看做是在精神生活的某一时期产生的。可见冯特的发生说是介于先天说和经验说之间的一种折衷理论。

在空间视觉表象的问题上，冯特论述并分析了许多问题。诸如：网膜的视力、盲点和同化作用，凝神和统觉的一致、错觉现象、深度知觉等问题，而这些问题又都是从生理学上来探讨的，给予以后的心理学对这些问题的论证以有力的基础。

那么，什么是空间视觉表象呢？它的本质是什么呢？冯特提出了"复合部位记号说（Theorie der komplexen Lokalzeichen）"。

近代的康德认为：认识空间是在人们心理上所具有的能力。

① W. Wundt：Grundzüge der Physiologischen Psychologie，Bd. 1 S. 440.

当外界种种光的刺激来到时，我们的心就把这个所谓空间形式的关系带来了，即：空间是经验内容所给予的心的形式。这就是康德的先天说。由于康德的想法完全是独断的假定，不能在心理学上给予说明，所以又叫做“独断的先天说”。

对于康德的独断，多少给予批评说明的是缪勒。因此后人把缪勒及其学派的先天说，叫做“说明的先天说”。缪勒的解释可以说是生理的。他认为网膜本身本来就有扩张的感觉，恰如在触觉时皮肤表面本身具有着扩张的感觉一样。在当时，心理的分析还不足以用空间来分析单纯的心理过程。这种缪勒的学说，直到20世纪初还产生着有力的影响，如黑林（Herring）、詹姆斯（James）、铁钦纳（Titchener）、艾宾浩斯，尽管在细节上多少有些不同，但是大部分是由于缪勒学说的影响而发展起来的。

另一种是经验说，以赫尔姆霍茨为代表。在赫尔姆霍茨看来，空间表象是由三种经验要素的结合而产生的。第一是我们的身体和头部的位置产生的感觉，这些感觉和外物比较，以知觉其物体的方向和位置等。第二是眼的运动，从这一点来比较外物相互间的位置。第三是网膜上的部位记号（Lokalzeichen），网膜和皮肤表面具有同样的性质。在网膜上有光的感觉有质的不同，那么在外界便有光点位置的差别。在这些经验的要素上，再加上记忆、注意、判断等要素，在这里便产生空间表象。特别是“判断”，在赫尔姆霍茨那里具有重要的意义，他把判断叫做“无意识推论”。例如，现在在右方假定有一个光点，在去知觉右方时，我们对身体和头部的位置，眼向右方活动时的紧张感觉，光觉质的差别，过去记忆要素等予以比较判断，开始知觉右方。但是实际上这样的判断是没有意识的，如果予以意识，其结果是“右方的光亮的存在是我们向右方去看了”。

此外，还有一种“发生说”，开“发生说”之端的是赫尔巴特。

这个学说经过一系列的改造才达到冯特完全独立的学说。在赫尔巴特看来，所谓空间和性质并不是一生下来就在心中具有的，也不是感觉本身所具有的性质，实际上是意识本身“综合作用”的产物。在我们看外界时，有许多光点并列地排列着，这些光亮产生的感觉本身并不具有扩张性，但是由于眼睛的运动不断地移动视线，连续地去知觉光点，那么多数的光点便成为心理的融合。这就形成了一种形式，这种形式就是空间表象。这种融合是由于心理的融合作用而产生的。赫尔巴特的学说叫做“在发生的解释中的融合说”，后来李普斯大体上继承了赫尔巴特的学说。

冯特的“发生说”也是从感觉的融合中来说明空间的发生，当然是融合说。但是冯特的融合说与以上两人有不同的特点，他把自己的学说叫做“复合局部记号说”。

在冯特看来，眼睛一方面是接纳光的刺激的感觉器官，同时又是运动器官。所以，称作视觉的，实际上是这两种作用的共同活动的产物。如前所述，在眼睛的网膜上存在着局部记号，同一光亮，接触网膜不同的部位时便产生不同质的光觉。这种光觉的质的差别是构成空间表象的一个要素。但是只有光觉的质的差别还不能构成空间表象，还必须加上眼睛的运动感觉。我们从外界的一点把视线向其他点移动，眼睛的收缩便发生变化。收缩的情况不同，运动感觉本身的强度也就不同。这种运动感觉强度上的不同，光点和光点之间的扩张，就成为知觉的一个要素了。即：空间的表象从光觉的“质的差异（质的部位记号）”和运动感觉的“强度差异（强度部位记号）”的复合中产生。这就是冯特的“复合部位记号说”。

在冯特以前，所谓空间只是单一的心理表象，认为已经是不能进行分析的事物了。到了冯特手里，开始把它分析为要素的过程。他的空间论，在他的心理学上占有非常重要的位置。他的创造的综合原理，在这个空间表象的问题上是一种最明确的证明。

3. **时间表象的“发生说”**

在冯特看来，任何意识内容，都不能不带有时间的性质。这种时间的性质有两种：一个是意识的内容中有某种时间的持续，另一个是各种意识内容或快或慢的相继发生。根据这一点，冯特把时间表象分为两种：持续表象和速度表象。这两种表象实际上是不可分离的。任何意识内容多多少少都要有持续的性质。与此同时，和外部的意识内容比较来看，必定要以某种快慢的关系相继进行着。

时间表象和空间表象一样，有“先天说”“经验说”和“发生说”三种不同的学说。

对时间表象的分析研究，最初有一种叫做“内经验说”，由古希腊哲学家所提倡，认为时间表象是作为经验的结果而产生的。但是这种学说到了近代已经没人过问了。

给予“先天说”以理论基础的是康德。在康德看来，时间和空间一样，是我们的心理所具备的直观形式，我们是以所谓时间的形式来排列经验材料的。康德的这种主张不过是唯心主义独断的认识论的假定。

对康德的学说开始给予心理根据的是费娄尔特(Hermann Vierordt)。他认为时间是我们生来在心理上所具备的一种特别的“感觉”，时间感觉大半是和外部感觉混合在一起出现的，但也有时纯粹地独立出现。例如：听到节拍器间歇的音时，只作为听觉存在的是间隔一定时间的音的感觉，音和音之间是空虚的、无感觉的。然而，我们承认在其空虚的地方有时间的进行，这就是所谓的纯粹时间的感觉。

后来，费娄尔特的理论由马赫(E. Mach)完成了。马赫认为把时间单纯地分析为不能再分的感觉质，而把产生这种时间感觉的器官假定为耳。当听到相继产生的音时，耳的鼓膜便紧张起来，认为这种紧张感觉是产生时间感觉的生理基础。

到了闵斯特伯格(Münsterberg)，更进一步地发展了马赫的理论。他认为：不仅是鼓膜的紧张，身体的一切筋肉的收缩都成为时间感觉的基础。我们即使从外界没有接受任何刺激，但仍然意识到时间的进行。这是因为我们身体某些筋肉的收缩而产生的紧张感觉，紧张感觉由于筋肉收缩，各刹那间它的强度是不同的，这种强度差异成为区别时间进行的记号。闵斯特伯格把它称为"时间记号"，正像在皮肤表面上触觉质的不同，而成为区别空间的证据。

再看赫尔巴特。赫尔巴特在空间表象问题上，试图以融合作用来说明它。他认为：在表象连续发生时，它的相继发生的表象，由于心理的融合而形成时间的表象。这个理论只是一种逻辑上的解释而缺乏经验的根据，这种缺点在冯特的发生说中给除掉了。

在冯特看来，时间表象是从感觉和情感两要素的结合中形成的。这种内部情感是主要的构成要素，紧张的与松弛的情感属之。这些情感是与时间的进行一起而有了不同的质的，其质的不同，成为知觉时间扩张的记号。冯特把它称为"质的时间记号"。

构成时间表象的感觉要素是它的运动感觉(步行时是内部感觉，在听觉器官内是鼓膜的紧张感觉)，它是和时间的进行一起变化强度的。所以，由于它的强度的不同而成为知觉时间之扩张的记号，冯特把它称为"强度的时间记号"。由于这个强度的时间记号和质的时间记号的复合便产生了时间表象，这就是冯特的"复合时间记号说(Theorie der komplexen Zeitzeichen)"。

最后应该指出,不论冯特的"部位记号说"还是"复合时间记号说",尽管它发展了前人的理论和实践,有一定的参考价值,但是仍然未脱离自己的老师赫尔姆霍茨的影响,特别是赫尔姆霍茨经验符号论的影响。

请看赫尔姆霍茨自己的表白吧!他说:"我们的感觉正是外部原因在我们的器官上所引起的作用。至于这种作用怎样表现出来,那当然主要取决于感受这种作用的器官的性质。由于我们感觉的质把引起这种感觉的外部影响性质告诉我们,所以感觉可以看作是外部影响的记号(Zeichen),但不能看作是它的模写。因为模写必须同被模写的对象有一定程度的相似之处……而记号却不需要同它所代表的东西有任何相似之处。"[①]冯特的两种"记号说"和赫尔姆霍茨的这种主张,该是多么的相似而又一致!列宁批判了赫尔姆霍茨的反动谬论,他说:"符号论不能和这种观点(完全唯物主义的观点)调和,因为它对感性有些不信任,即对我们感官的提示不信任。不容争辩,模写决不会和原型完全相同,但模写是一回事,符号、记号是另一回事。模写定要而且必然是以'被模写'的客观实在性为前提的。'记号'、符号、象形文字是一些带有完全不必要的不可知论成分的概念。因此,阿·劳说得十分正确:赫尔姆霍兹用符号论向康德主义纳贡。"[②]所以我们也可以毫不迟疑地说:冯特用记号论向康德主义纳贡!

① Helmholtz: Vortäge und Reden, 1884, Bd. 2 S. 226.

② 《列宁选集》第2卷,人民出版社,1972年10月第2版,第240～241页。

(三)情感的三因次说和情感的情绪说

首先从“知(认识)的作用的理论”上来谈情感的问题，主张这一理论的是希腊的亚里士多德。他不把情感看做独立的精神现象，而把它归之于认识的作用。这就是说当我们对于某事物给予“肯定的判断”时，便产生快感；在给予“否定的判断”时，便产生不快感。这种想法一直影响到近代。如：沃尔夫(Wolff)认为，“完全的认识”是快乐，“不完全的认识”是不愉快。冯特说：“这些人们只是思考情感的客观原因，而把思考的结果，错误地当作情感本身。”这种理论到了赫尔巴特那里，形式更复杂了。赫尔巴特是企图从表象的相互关系来说明情感的，也就是说表象的结合顺利时，便感到愉快，表象的结合受妨碍时，便产生不愉快的情感。冯特觉得这个理论的困难在于伴随着单纯感觉的单纯情感应该怎样给予说明。例如：在尝砂糖的味道时，在甜味的感觉之内，不能假定有多数的表象存在。因此不能构成表象相互作用的产生的理由，可是我们仍然产生愉快的情感。总之，知的情感论把情感看做是一种特别的心理过程，企图把它归之于认识的作用，这种心理的分析是非常幼稚的。

其次，生理的情感论同样不承认情感的独立存在。闵斯特伯格(Münsterberg)认为：“筋肉的收缩”产生愉快的情感，“筋肉的弛缓”产生不愉快的情感。迈依尔(Mayer)把情感的产生假定为特别的神经，均属于此派。

然而，在生理的理论中最有力的则是詹姆斯(James)和兰格(Lange)的理论。兰格企图由于血管的运动变化来说明情感。即：血管收缩时产生不愉快的情感，血管扩张时则产生愉快的情感。詹姆斯把身体各种表现、运动作为情感产生的原因。詹姆斯有句名言：“悲伤是因为我们哭，恐惧是因为我们战慄。”

脸歪、流泪、呜咽、心脏激烈地跳动、呼吸急促，其结果就产生了悲伤的心情。根据冯特的身心平行论来看，心理过程不能认为是生理过程的结果，这两者是相伴而发生的。它们两者之间并没有因果关系。冯特和詹姆斯、兰格的观点是不同的。

到了康德，提出了目的论的情感论，这种理论和生理学说相类似，它带着生物学的意义。在康德以前的亚里士多德也主张：对我们有机体的“生活活动必要的事物”便产生愉快的情感，对“生活活动有害的事物”便产生不愉快的情感。这种说法是不明确的，直到康德时才开始明确起来。康德认为：所谓满足是一种促进生活的情感，所谓苦痛是阻碍生活的情感。20世纪初继承这种思想的是里博(Ribot)、霍夫丁(Höffding)、艾宾浩斯、斯宾塞等人，构成了一个有力的学派。但在冯特看来，“我们为了什么事情产生愉快，为了什么事情产生不愉快的问题，从心理学上来看是完全没有意义的。恰如在感觉的场合，我们所谓为什么看，为什么去听的问题，在心理学上更是不成为问题的”。①

以上所述的三种理论，都是企图从外部过程导出情感的。在冯特看来，情感是独立的心理过程，是人类和动物所具备的根本要素，从其他的精神过程来说明是办不到的。冯特的这个理论可以称为心理学说。因为一切的情感都伴随着相当于这种心理现象的生理过程，所以情感事实上是“心理生理的过程”。因此，在完全说明情感的心理本质的同时，还必须研究其生理的伴随过程，根据这种主张，冯特提出了“统觉反应说”或称为“情感三因次说(Dreidimensionale Gefühlstheorie)”。

在冯特看来，一切意识的内容，由于统觉的机能，便排列成条理井然的统一的关系。像感觉那样，是由于外部的刺激而形

① W. Wundt：Grundzüge der Physiologischen Psychologie，Bd. 2 S. 366.

成的心理过程，如果作为意识过程的一个要素加进去的话，通过统觉的机能便被排列在全部心理过程之中。这样的统觉在接受感觉时以某种“感受”来反应。在这点上，冯特把情感看作是“统觉的反应”，即由于感觉的性质，或是以愉快来反应，或是以不愉快来反应。愉快和不愉快，即统觉“反应的形式”。冯特把这种理论叫做“统觉反应说”。

在冯特以前的心理学家，把情感的根本形式只局限在愉快和不愉快两方面。在冯特这里，又添上了兴奋和沉静、紧张和弛缓的两对情感。他指出：在颜色感觉上，观看红和青的两种颜色时，如果两种颜色的光度适度，那么两种颜色都给予了愉快的情感。然而在这时，快感之外更存在着不同的情调，即：红色给以好像飘浮在我们心上那样的一种感受，青色则给予好像我们的心掉下来的感受。前者是兴奋的情感，后者即沉着的情感。其次，当某种刺激在预定期间内到来时，我们的心产生紧张的感觉，而在另一预定期间内的刹那间产生松弛的心情。前者即紧张的情感，后者即弛缓的情感。上述四种情感具有密切的关系，即形成了一种“统一的关系”。这就是有名的冯特的“情感三因次说”。

冯特的情感三因次说发表之后，引起了资产阶级心理学界的广泛议论。赞成这个学说的人认为这个学说是情感心理学的一场革命，这有布赖恩（M. Brahn）、勒特（Gent）和阿雷赫西夫（N. Alechsieff）[①]等人。反对这个学说最强烈而最有名的是铁

---

① M. Brahn：Experimentelle Beiträge Zur Gefühlslehre Philosophische Stu，18，127. ff.

Gent：Volumpulskurven bei Gefühlen und Affekten Philosophische Stu，18，715～792. ff.

N. Alechsieff：Die Grundformen der gefühle，Psychologische Stu，3，156. ff.

钦纳。他最初把他的批评意见发表在《心理学研究》[1]上，冯特在《哲学研究》[2]和《小论文集》[3]中予以答复。从后来铁钦纳和其他反对这个学说的人的意见来看，他们都认为冯特的紧张—松弛、兴奋—沉着的两对情感并不是情感而是感觉，这种感觉是由于我们的身体状态而产生的有机感觉[4]。有机感觉给我们的精神状态以非常显著的影响，在心理学上有精确的研究价值，而冯特对它并没有进行过充分的研究。因此，铁钦纳把冯特叫做"有机感觉虚脱症"患者。

由于情绪和情感(包括冯特所说的单纯情感和复合情感)本质上的不同，冯特提出了"情感的情绪说(Der Affekt Theorie der Gefühle)"。

在冯特以前对情绪论述研究的只有两派：一派是主张"知(认识)的情绪说"，一派是主张"生理的情绪说"。冯特的"情感的情绪说"是前两派学说的发展。

古希腊经院学派的哲学家，把情绪归于"判断"的作用。例如说我们高兴是"因为某种事情而高兴的"，这种判断(情绪)的结果，就以意志表现出来了。现在赞成这种主张的是绝对不会有了。在知的情绪说中一时占优势的是赫尔巴特的"表象机制说"。在赫尔巴特看来，表象是一切心理过程的根本要素，情绪和意志都是从这种表象的状态中变化而来的。在促进或是禁止表象的结合时，相当于这种状态的种种情绪就产生了。冯特则

① Zeitschrift für Psychologie, XI, 321. ff.

② Philosophische Studien, XV, 149. ff.

③ W. Wundt: Kleine Schriften, Bd. 2 237. ff.

④ 这里所说的"有机感觉"是冯特用语，指从身体内部的刺激而产生的一般感觉。

认为表象是不可分割的，而所谓表象的机制也只不过是想象的过程，是一种假定，事实上任何事物都未给予说明。

詹姆斯和兰格试图从生理过程（即从肌肉来的回路冲动）来说明情绪。冯特对这个学说提出了三点批评意见。首先，詹姆斯和兰格认为身体先发生运动，作为它的结果的则是心理上产生情绪，这和事实不符。鉴于这种事实，生理的伴随现象比心理现象的产生在后，也就是说生理现象非常薄弱。尽管客观上还不能充分地看到情绪的发生，但在心理之内，情绪是以一定的方向以一定的质来表现的。这是生理学说所不能解释的第一点。其次，如果生理学说是正确的话，情绪的心理上的差别和其表情过程上的差别就必须是一致的。然而实际上并不是那样，伴随着喜和怒的表情过程差不多具有同等的性质。悲痛、苦闷、惦念的心理，虽然有很大的差别，可是在表情过程上的差别是区别不出来的。这应该和生理过程是同一的，但又没有联系。这样的心理过程将怎样予以区别呢？这是这种学说解释不了的第二点。最后，生理学说是违反身心平行论的。生理过程并不是心理过程的结果，同样心理过程也不是生理过程的结果，所以情绪和表情过程之间不存在原因和结果的关系。这也是生理学说无法说明的。①

这样，冯特试图从构成情绪的要素，即从情感来说明情绪，这种学说定名为情感的情绪说。这就是用叙述的方法去说明包含在情绪之内的要素及其要素的相互关系。

在冯特看来，情绪是多数的情绪要素在时间的结合中形成的。情感本身和“统觉的反应”一样，情绪也是统觉的反应，情绪

① W. Wundt: Grundzüge der Physiologischen Psychologie, Bd. 2 S. 377 und Bd. 3 S. 214.

只对感觉发生反应，情绪是在复杂的意识过程的结合（表象的结合等）中发生反应的。所以情绪不仅是外部印象，也是由再生的意识过程引起的，情绪的强度经常比情感显著强烈。这是作为多数情感结合的结果，是为了增强效果。

其次，从生理方面来看，情绪和情感一样，"情绪是由于强烈的统觉的影响产生的，这是由统觉对象的性质及其影响的方法而引起的强烈的情绪兴奋"，[①]所以可以看作是"统觉中枢的反射"。这种反射产生生理变化，如脉博、呼吸的变化就是。在发生情绪时，脉博、呼吸的变化和发生情感时一样，只是其强度在情绪方面较大。在情绪的表现过程上，还有不带情感的摹拟运动和姿势动作。这是在情绪之内进行的表象内容而出现于外部的。一切表现过程是情绪的伴随现象，和情感一样，情绪是"心理生理过程"。

冯特的情感的情绪说是 1896 年前后用印象法来达成内省情绪体验的一种理论。具体来说就是：情绪是一种复杂的意识状态或过程，它以情感的三因次作为特征，并且还包括很多的身体感觉。冯特的这种情感的情绪说与詹姆斯和铁钦纳并没有什么两样，也是固执在情绪体验是心理学主要事实的诊断之中的。而这种冯特的情绪的反应终结于主体本身的理论，是在人与其周围环境的相互关系中没有任何真实意义的体验。这就违反了马列主义的基本理论了。恩格斯说："外部世界对人的影响表现在人的头脑中，反映在人的头脑中，成为感觉、思想、动机、意志，总之成了'理想的意图'，并且通过这种形态变成'理想的力

① W. Wundt：Kleine Schriften，Bd. 2 S. 401.

量'。"[1]这就是说在反映外部世界影响的情况下,产生于"人的头脑"中的心理过程,并不是某种冷淡的认识活动,也不是某种死气沉沉的体验,其中表现了情感、情绪和意志的因素。应该记住,冯特是达尔文进化论的敌人,也就是反对以进化观点研究情绪本质的人。

在19世纪90年代,詹姆斯和兰格关于情绪产生的原因是由于内脏器官活动的变化的理论,不仅为坎农(Cannon)所驳倒,而且我们在前面已经指出过,早已为冯特所驳倒。

坎农指出,情绪产生的原因不是与植物性生命过程相联系的内脏器官,而是大脑机制。而冯特比坎农更早地指出,情绪产生的生理基础乃是大脑皮质上的"统觉中枢的反射"。这种主张,在情感心理学领域上,是从康德以来到20世纪初心理学上的一大贡献,为情感心理学的研究指出了方向和途径。

(四)情感的意志说

在冯特看来,意志决不是抽象的,也不是高于意识的不可思议的存在,意志是从多数要素的心理过程的结合中形成。感觉、情感、表象、情绪等都是构成这种意志过程的要素,其中情感是最根本的要素。

自康德以来,一般的哲学家和心理学家都认为意志是超越我们的感觉存在的,我们的行为事实上受不可思议的存在者的支配。康德把意志称为纯粹的意志;叔本华则认为一切自然的活动都依意志而产生,这种意志叫做"无意识的活动"。后来这种想法由哈特曼而发展,这就是哲学史上的有名的"超越的意志

---

① 《马克思恩格斯选集》第4卷,人民出版社,1972年5月第1版,第228页。

说”。但在冯特看来，这种学说不过是形而上学的设想，这个问题属于心理学问题之外。心理学的任务以叙述知觉的意志现象为目的，我们怎么能叙述不表现在意识上的无意识的活动呢？[①]

齐亨认为意志是知（认识）的过程，它是一种以强烈的情感调子相伴随的“目的表象”。这种目的表象具有介于心理结合中的行为原因的性质。在冯特看来，这种想法从两方面来看是不完全的。第一，即使具有非常强烈的情感调子的目的表象，也有不能形成意志行为的时候；第二，情感调子没有那样的强烈，从开始到终结并不是适当而强烈地前进着的。也有这样的产生意志过程的时候，所谓“以强烈的情感调子相伴随的目的表象”，一点都没有意志过程的特征。

在知（认识）的意志学说中，还有把意志认为论理作用的。这是贝恩（A. Bain）和麦农（Meinong）所主张的。我们的身体运动最初是不规则的自动的运动，那里没有任何的意志的要素。这些运动逐渐加上知的作用，抑制了多余的运动，逐渐发展适合于目的的运动，这样就形成了意志行为。所以，从心理来看，我们的自动的、反射的运动，由于加上各种论理的判断，便使意志行为得到发展。在这派的人们当中，认为这种论理的活动是不明了地被意识到了的一种机能。再从人这方面来看，它完全是一种无意识的机能。冯特批评了这种学说，指出：①这种学说把我们心理现象的思考结果一下子就认为是实际存在的。思考不能只限于存在。他们给予意志现象以种种论理的思考，而把这种论理的思考结果错误地当作意志本身。②在这派人们看来，各种深思熟虑的行为是最初的意志行为，而单纯的意志行为是

---

① W. Wundt：Grundzüge der Physiologischen Psychologie，Bd. 3 S. 271.

从一切复杂的意志行为中发展而来的。这样就把次序颠倒了。

与上面的论理意志说相关的，特别是把意志放在感觉方面的重要位置上的是闵斯特伯格的“生理意志说”。他认为筋肉的收缩是意志的根本要素。在他看来，反射运动是行为的出发点，只有反射运动是机械的运动，这种反射运动伴随着某种感觉要素而产生意志行为，即在进行反射时，同时伴随着筋肉感觉和关节感觉。由于知觉了该种事物而产生一种意志的性质。经过长期所积累的练习，这些感官的兴奋，好象“先发生”实际的动作一样，以至成为外部行为的表象本身的动作的原因。

冯特不同意这样的说法，他自己提出了“情感的意志说（Der Wille Theorie der Gefühle)”。

冯特认为，意志决不是一种特殊的要素过程，意志是在感觉和情感的多样复合中形成的。因此意志过程也是从多数的要素复合中形成的。我们分析这种复杂的意志过程是由哪些因素构成为意志的，哪些要素是意志过程的重要要素，这就要充分地去说明意志过程。站在这个立场上的冯特，在说明意志的形成上便给“情感要素”以重要地位。这就是冯特的情感意志说的由来。

在冯特看来，所谓情感、情绪、意志行为的三个过程，在时间上是连续的，是不能分的一种连续的过程，而这种连续过程的出发点则是情感。所谓愉快和不愉快的情感，具有想努力引起它本身外部行为的企图。引起意志行为的原因包含在情感的内部，它的形而上学的存在并不是意志的原因，所谓情感是“实际的心理内容”而成为行为的原因的。[①]

从一个动机产生意志行为是冯特学说的特点，一个动机行

① W. Wundt：Grundzüge der Physiologischen Psychologie，Bd. 2 S. 273.

为的意志行为是冲动行为。冲动行为是由感觉伴随着情感成为动机的原因而产生身体的运动。具有感觉和情感的动物,不能不看作都具有意志行为的性质。

冯特认为原生虫有最单纯的意识,它们只有感觉和情感。它们的意识是刹那间的,在同一刹那间只有一种感觉和情感。这种感觉和情感,因为具有动机的冲动行为,所以是最单纯的意志行为。从这点来看,冯特便把意识的起源和意志的起源看作是同一的东西。其实,冯特的心理学认为意识和意志具有不能分离的关系。没有意识的地方,意志就不存在;没有意志的地方,意识也不存在。意志是意识上具有的根本的力(Energie)。所谓意识地进行的行为,当然是意志地进行的行为。至于意志是从什么地方产生的,冯特认为是不能解决的问题,除了说意识是从意识之中产生的之外,没有其他的办法。理由是没有意识,意识也就不能产生。同理,只有说意志也是从意志本身产生的以外,没有其他办法。这是有名的冯特的"意志自生说"。

在冯特的意志学说中,必须用一句话来指出其特点:意志的前进的发展和意志的后退的发展。冯特是用"反应实验"的方法来论证这个原理的。

反应实验是"反应法"的一种。这种实验是在被试者面前呈示光的刺激或是音的刺激,被试者在知觉这些刺激时,由手的运动回答"他所知觉到的"。从给予刺激到手的反应要花费一些时间,这叫做"反应时间",这用机械可以精密地测验出来。在反应实验时,被试者经常要处于准备状态中。这种准备期间有两种方向:一是准备出现感觉刺激的时候,这叫做"感觉反应";二是出现刺激,转向注意给予手的运动的反应,这叫做"筋肉反应"。在感觉反应上,因为只对刺激予以注意的缘故,由于手的运动迟缓,因此反应时间有长一些的倾向。反之,在筋肉反应上,因为没有充分知觉刺激而进行手的运动时,有缩短反应时间的倾向。根据实验的结果,感觉反应时间平均为 0.120～0.240 秒,筋肉反应时间平均是 0.100～0.150 秒。

"知觉"刺激给予手的"反应",是意志行为。我们根据这种反应实验,就能够把意志过程的种种条件探求出来。在感觉反应上,从知觉刺激到给予反应之间,因为聚集了种种心理过程,所以从单纯的意志过程到复杂的发展阶段,是能够检查出来的。

单纯的感觉反应形式是由一种感觉(光或音等的刺激)而成为意志行为(手的运动)的动机。这是冯特所说的"单纯意志行为"。然而被试者不仅是感觉到该刺激,同时也在认识该刺激,辨别该刺激,之后予以反应。例如:出现红色时,充分认识该颜色是红色,没有另外的色,然后给予反应。这时意志行为对于复杂的动机,既有一些深思熟虑又有决定的情感。这就是"有意行为"。其次出现红色,就以大拇指给予反应,一出现青色就以小指反应。根据情况变化条件,这里就产生了对于行为的选择作用,这就是"选择行为"。从有意行为到选择行为,因为心理过程复杂了,反应时间经常要加以延长。

其次,在筋肉反应的形式上,可以看出意志过程退步的情况。对实验尚未经过充分练习时,对于手的运动方法需要反复加以考虑,行为是更复杂了。但是由于多次练习,运动逐渐成为"冲动的",最后完全成为"反射的"。这些事实在音乐的练习中是常见的。

在 19 世纪的欧洲,唯心主义的思辨心理学不仅不能解决意志问题,甚至不能正确地提出意志问题。因为这一派心理学的绝大多数代表人物是从心理的二元论观念出发的,并在身心平行论的精神中去解决心理学问题。意志经常被看作是灵魂的一种特殊的机能,看作是人的积极性的泉源和独立的"活动者",看作是一种特殊的精神力量。而这种特殊的精神力量，由于其本身的特性，是不依赖于有机体和外在世界而独立地发生作用的。这样的论断，自康德以来，叔本华、尼采、哈特曼一流人物都是这样主张的，因此受到了冯特的严厉驳斥。这种批判是冯特对意志心理学的一大贡献。

冯特的意志心理学是在贝恩和麦农的"论理的意志说"和闵斯特伯格的"生理意志说"的基础上建立起来的。尽管他和贝恩、麦农、和闵斯特伯格的主张有所不同，但是冯特的"情感意志说"是在他们的理论基础上提出来的。就因为这样，使冯特在意志的起源和发展等问题上蒙上了不可知论的色彩，所以使意志的问题得不到科学的解决。

冯特在意志心理学的另一个贡献是，他通过"反应实验法"对人的意志行为的"单纯的意志行为"和"复杂的有意行为"给予了客观的分析，从而得到了意志的反射论的结论。这为以后研究意志心理学开辟了广阔的道路。

(五)心理科学的原理和规律

任何一门科学，如果要获得独立科学的地位，必须规定该科学特有的原理。如果该科学不能建立特有的原理，而一味地根据其他的科学原理，那永远是一门派生的科学，决不能成为独立的科学。像笛卡儿和赫尔巴特那样的唯心主义心理学者，在把心理现象认为不可知的灵魂活动的时代，心理学就不是独立的科学。因为心理学是以哲学的假定为基础的，所以它当然是哲学的一个分支。又如，20 世纪初像齐亨和闵斯特伯格那样的机械唯物主义的心理学者，简单地把心理现象看作是生理作用的结果，用生理学的原理来说明心理现象，这样心理学就变成生理学的附庸了，当然心理学也就不能被承认为独立的科学了。根据这些理由,许多热心的心理学者纷纷提出要在心理过程上确立特有的原理,从而使心理学独立起来的要求。继承了这种要求,经过了艰苦奋斗的努力,开始系统地确立心理科学的原理和规律的是冯特。在这个意思上来说,冯特是真正的科学心理学的奠基人。

冯特在他所著的《生理心理学》和《心理学大纲》两本书中着重指出:产生一切自然现象,必须根据某种规定了的因果规律。自然科学探究这个原理规律,以统一说明自然现象之无限变化。当前自然科学上确认因果规律的存在,能量守恒定律、惰性定律、力的结果定律等等,不管什么自然现象都不能不依据这个原理。

其次,心理现象是根据哪些因果规律进行的呢?因为心理过程具有与自然过程完全不同的性质,所以心理过程的因果关系必须根据与自然过程之因果关系完全不同的规律。根据这一点,冯特确定了心理现象特有的因果规律,提出了心理因果的原理,其中包括:创造的综合原理、心理关系原理和心理对比原理。

下面,我们就介绍一下这三个原理。

1. **创造的综合原理(又名:心理生成的原理)**

在冯特看来,所谓"感觉"和"单纯情感"是构成意识的根本要素。这些要素结合起来,呈示着各种复杂的心理现象。而在心理结合的场合,它结合的结果会产生与要素完全不同的一种新的性质。冯特把这种理论称之为"创造的综合原理"。这个原理是心理因果原理中最主要的。概括来说,从人们的感官知觉的简单事物,到认识作用之复杂的事物,一切都是根据这个原理来进行的,我们的意识经常是在要素的结合中形成的。这个原理事实上不能不看成是说明一切意识现象之特性的根本原理。例如:音色是由基音和多数的上音的结合中产生的。所谓音色的特点决不包含在要素之内。由于网膜上部位记号和眼球的运动感觉的结合,视觉空间便产生新的性质。由于皮肤表面的触觉和关节感觉的结合,便产生所谓触觉空间的另一种性质。在步行时,由于脚的内部触觉与紧张、松弛的情感的结合,便产生时间特有的性质。单纯情感结合起来产生复合情感也是根据这个原理得出来的。此外,情绪及意志过程是情感、情绪、表象等一切要素过程的统一结合,使意志产生另一种新性质。再如:同化作用、混合作用,进一步的统觉的结合,所有一切的心理现象都根据这个原理。

心理过程结合起来产生所谓要素的不同性质,这必须看做是心理价值比未结合之前增加了的东西。所谓心理价值,不用说,用数量是测定不出来的。和物理世界的力比较来看,可以明白地了解心理的结合和物理的结合是不同的。物理的力的结合,只不过是要素的"综合"。五个力加五个力产生十个力,自然界中的因果是根据相等的原理的。然而心理的结合,因为在要素之外加上新的价值,必须看到心理的力(Energie)由于结合而经常增加。与物理的能的结合常用方程式来表达相反,心理的力的结合是超越方程式($5+5=10+x$)的,这是心理的因果和自然的因果不同的重要特点。

2. 心理的关系原理(又名:相对的分析原理)

在冯特看来,当多数的心理过程整体结合时,其各个要素并不是从意识中消失了。在整个存在的同时,各个要素也分离地存在着。例如:"光的感觉"和眼的"运动感觉"结合起来构成"空间"的场合,在空间表象被意识到的同时,不论光的感觉和眼的运动感觉都被"分析"着、意识着。而这些要素并不是从整体中分离而存在的,而是开始具有整体的关系。换句话说,各要素相互具有"有机的"关系。冯特把它叫做"心的关系原理"。

从整体要素中分析各个要素的意识的作用,冯特称之为统觉。由于这个统觉的活动,把各个心理的内容明了地意识出来,还把各个心理内容从其他的心理内容“明了”地区别开来。但是,统觉并不只是以分析而告终,还要把综合的结果统一分析。如果综合的结果是“整体统一”的话,那么统觉则是“分离的统一”。在我们进行判断时,判断的整个内容是全体,以“统合表象”为形象。这时,统觉的作用逐渐把它分析为两种要素,而被分析的要素,便排列为一定的顺序,在这里形成判断。

自然界中的结合,因为各个要素只不过是杂乱地集合在一起的,互相之间没有任何关系。在感到其相互之间有关系和意义时,这都是由于心理的作用而产生的这种活动的结果。然而在心理的统合上各个要素对于其他的要素以及对于结合的结果,经常具有一定的关系、一定的意义。这是心理的因果和自然的因果不同的一种特点。

3. **心理对比原理**

相反的两种心理过程,在相互间强烈地结合中经常增加其强度,这叫做“心理对比原理”。这个原理是从情感的性质中而来。在冯特看来,情感经常划分为正反两种方向,愉快和不愉快、兴奋和沉静、紧张和松弛三个方向。相反的两种情感,在心理中对立时,相互间便增加其强度。例如:一个人心理在充满着愉快的心情时,当有不愉快的事来到时,不愉快的程度和愉快相比是显著地增强地表现出来,任何心理过程无不含有情感。对比的原理差不多实行于整个过程之中。

对比的原理和上述创造的综合原理与关系原理有密切的关系。一个过程在本来具有的强度上给予增加的意义上来说,可以把它叫做创造。其次,一个过程和其他心理过程相比较因而蒙受影响和变化,在这个意义上可以说是相对的。自然界中的物体，由于相互间的关系，从而使某一件东西增加自身的强度是不会有的事。所以对比原理在心理因果上可以看做是特有的规律。

冯特在提出了心理的因果原理之后，他又提出了心理发展的规律。

在冯特看来，我们的心理是发展的。每个人的心理不仅是发展的，心理结合的本身也是发展的。然而它们是根据什么规律发展的呢？这就是根据冯特由上面三个原理而引导出来的三种发展规律来发展的。这三个规律是：一是心理生长的规律，二是目的异化规律，三是向对立面发展的规律。在这里“原理”和“规律”的区别，是表示其主从关系的，原理是根本的规律，规律是从原理派生的。

(1)心理生长的规律。

心理生长的规律是创造的综合原理的运用。心理过程是作为结合的结果，经常制作出新的心理内容。心理内容是与时间一起时时刻刻增加的。自然界中的万事万物，并不是时时刻刻都产生新的东西的，这在自然科学上就叫做能量守恒定律。这种物的能量是守恒的，心理的能量则是增加的。因此，心理是经常遵循着进步、发展的方向的。

(2)目的异化规律。

目的异化规律是心理关系原理的运用，又与创造的综合原理有密切的关系。我们在进行某种行动的时候，从多数的心理内容(动机)之中，拣出一个动机，以此目的进行活动，在这个意义上是可以称为“分析”的，而我们的心理内容是根据综合原理时时刻刻增加种类的。我们所进行的行动目的的动机是逐渐多起来的，在这个意义上是能够称为“综合”的。

在自然现象上，因和果是相等的。我们能从因预测出果，然而在心理现象上果经常不与因相一致,预想结果是困难的。这个道理在我们的意志行为上是可以承认的。

当我们以某种目的进行行动时,其结果是和目的不一致的,是料想不到的,是伴随着其他结果发生的。在这种情形下,我们把附带发生的结果,通常作为新动机的行为来进行。例如:最初制作衣服是为了使身体暖和的目的,可是其结果对眼睛给予了美的感觉,这样身体上的装饰便变成了制作衣服的目的。而以后由于行为目的的种类逐渐丰富,目的关系更为复杂,我们的行为和社会的行为便逐渐复杂地发展起来。

(3)向对立面发展的规律。

向对立面发展的规律是对比原理的运用。在这里假定有一个心理过程,这个过程最初是极微弱的,由于有和它对立的另一过程的对比,乃逐渐发展,不断得势,以至压倒另一过程。如此,从对立向对立发展。这时,向对立面发展的规律,就和心理生长的规律发生了关系。

所谓向对立面方向的发展,不仅在最显著进行着的社会生活的发展中能证明出来,而且在个人的生活历程上也能够证明出来。所以在冯特看来,一个国家的文明是从极端走向极端的,如果物质文明已经发展了起来,那么不久精神文明也就要到来。历史的发展进程证明了这个规律。

以上叙述了冯特的三种心理因果原理和三个心理发展规律,其中创造的综合原理是最根本的,其他的原理规律都是从这个原理派生出来的。如果要探寻冯特这个创造的综合原理的思想来源,那么从米勒的心理化学和爱伦费尔斯(Ehrenfels)的形质学说中就可以找到。

冯特在这些原理、规律中提出来的心理现象的"发展"和"变化"的观点,"原因"和"结果"的观点,"分析"和"综合"的观点,

“对立面的发展”的观点。这些观点是很可贵的，具有唯物辩证法的因素。

应该注意：冯特自己曾经说过这样的话：“身心平行论的原理……必定引向承认独立的心理因果原理。”[①]因为这个缘故，他把心理的发生发展、心理活动的进行同它们的外界和身体隔离开来，孤立地阐明心理本身之间的因果关系，这就必然要导致唯心主义的结论，归根结底不过是休谟(Hume)的唯心因果律的翻版！

五、对冯特遗产的总评价——贡献与局限

冯特在心理学史上是一位杰出的心理学家，他创建了世界上第一个正式的心理实验室，建立了实验科学的基础，培育了许多学生，这些学生们以后都成了国际上知名的心理学家，推动了欧美各国心理科学的研究。他的功绩是卓著的，有些是永远不会磨灭的，他应该是心理学史上的一个里程碑。他有卓越的贡献，但也有显著的严重历史局限。他的贡献是：

首先，冯特具有其他哲学家和心理学家所没有的无可比拟的优点，他精通动物学、解剖学和生理学方面的知识。他在作为赫尔姆霍茨的助手和学生时，就惯于把物理、化学的基本定律应用到生理学的整个领域和心理科学的建设园地上去。

第二，冯特是第一个在 1862 年提出“实验心理学”名称的，他坚决利用生理学，坚持走实验道路。

第三，在冯特的工作中，特别重要、特别有价值的贡献是他第一次把能量守恒定律扩大到心理学的领域，并用一系列电生

① W. Wundt：Grundriss der Psychologie，S. 365.

理学的事例加以证明，成就很大。

第四，冯特能把过去所有关于心理实验的结果，收集而组织成一个系统，使心理学的面貌顿然改观，即从哲学的面貌改变为科学的面貌，使心理学走向科学的道路。

第五，冯特坚持主张要用客观的方法去研究心理的问题，这就把研究心理学的权利从玄学家的手中夺到科学家的手中。

第六，尽管冯特还未能科学地了解生理与心理的关系，但他认为从生理的研究可以而且能够达到心理的了解（笛卡儿也有这种倾向），在心理学的研究方法上，开拓了一条新的途径。

第七，主张心理学是自然科学和哲学的中间桥梁。冯特的心理学观点反映了从原子论和分析的概念转到一种比较统一和有机的概念。他在这方面影响了德国心理学的发展。

第八，冯特在莱比锡心理实验室的基础上，逐渐创立了一个空前的国际心理学派——构造主义心理学派。构造主义心理学派还不仅是现代巨大的国际心理学派，而且在心理学的各个领域，都提出了富有教益的理论并作出了实验上的贡献。诸如，冯特对缪勒"感官特殊能力说"的驳斥和对"詹姆斯——兰格情绪说"的批判，冯特的美国学生铁钦纳对于注意性质的看法迄今还是基本正确的。

第九，冯特以他将近六十年的时光，孜孜不倦地严肃认真地为心理学的独立发展提供了不少有意义的实验材料、技术和方法。它成为现代世界名著——武德沃斯（Woodworth）著《实验心理学》的重要篇章。

第十，冯特的心理实验室具有大量感觉知觉的实验材料，诸如：对视觉深度空间的知觉分析不仅丰富了心理学的内容，而且影响近一百年来感知心理学的实验研究的发展。这些研究成果直到今天，对于生产、军事、医学、天文观察等的实际应用，仍然有较大的作用。冯特对记忆、动机、意志行动、情感、情绪、语言、排列、发音动作、手势语言等的研究，对教育、学习和训练也有一定的实用价值。

此外，冯特在个性心理学上，探讨了素质、气质、性格等问题。在变态心理学上，提出了意识的变态、幻觉、错觉、睡眠、催眠、梦、精神伤害等问题；在动物心理学上，提出了“度的差异”的理论，批判了动物的理智说、动物的反射说和动物的本能说；在发展心理学上，提出了感觉和情感的发展、感觉的质的差异、空间和时间表象的发展，言语的形成，想象的作用，游戏的起源和发展，悟性作用的完成等问题；在民族心理学（社会心理学）上，提出了集体意识、语言、神话、宗教、风俗、习惯的发展规律等问题。对这些领域中的问题，不仅批判分析了前人的论述，而且有很多地方冯特提出了自己的主张，这为以后欧美学的发展奠定了理论的基础。但是，由于冯特自己的阶级出身、世界观倾向、社会地位以及当时思想潮流与科学条件等原因，给冯特的发展带来了很大的局限。

从政治上来看，冯特建立他的心理学的时候，马克思主义在他的故乡已经产生。由于他的社会地位和立场，他并没有利用这一有利条件，接受马克思主义的科学世界观和方法论，来改造旧的传统心理学和创建新的心理学，相反，他排斥了马克思主义，攻击德国的工人运动。他说：“从资本主义过渡到共产主义也需要漫长的年月才能实现。”[①]主张“推翻马克思主义的伦理思想”。[②] 这使他的心理学成了宣扬唯心主义世界观，维护资本主义统治的工具。

---

① W. Wundt：Völkerpsychologie，Bd. 10 S. 435.

② 同上书，S. 451.

从哲学上来看，冯特的哲学著作和心理学著作中都有个别的唯物论成分和辩证法因素，但总的来说，它是客观唯心主义和主观唯心主义的大杂烩。同时他还企图打着真正科学的旗帜，调和唯物论与唯心论，并强调要凌驾于唯物论和唯心论之上。他错误地宣扬“在一切物质中，允许有精神的存在”的观点。[①]结果陷入客观唯心主义的泥坑之中。

从心理学上来看，冯特的哲学思想和心理学观点与体系，仍然没有脱离旧时代的传统影响，他仍然把心理、精神、意识看做是静止的。就因为他的基本观点是静止的、形而上学的，所以他把心理也分割成几种简单的要素；他看不见心理的真正成长和消灭，看不见各方面真正的互相联系，因而他并没有真正把握住心理的发展规律。

冯特的心理学虽然提出了“客观”的口号，主张采用客观的科学方法，主张从生理学入手去研究心理，然而他对于心理的本质、身心关系等问题的看法仍然继承着唯心主义的二元论。同时，冯特所采用的客观方法：一部分是袭取费希纳的心理物理学的方法，一部分是借自于生理学的方法。关于生理学的方法部分，在冯特心理学中所应用的范围并不广。他主要应用的心理物理学方法，也不能算是彻底客观的，一是他所表示的仍然是主观的印象，二是他所求出的只是数量而忽略了质的变化，三是他所能应用的范围非常有限，如关于思维、思想一类所谓复杂的心理过程就没有方法应用。所以这种虚伪的客观方法，到了他的学生屈尔佩(Külpe)手里，便发现了弱点，因而发生了符茨堡学派与冯特的论战。结果因符茨堡学派的胜利，主观的研究与内省法的应用又成为当时心理学科的主要潮流。冯特的思想既然

① W. Wundt：System der Philosophie Bd. 2 S. 145.

有了这些根本性的错误，所以尽管它主张把心理学从玄学家手中夺到科学家手中，结果还是走了错误的途径，使全部心理学的问题得不到正确而科学的解决。

冯特的心理学体系到了 20 世纪初就逐渐发生了动摇，遭到了不少人的反对。例如：由于反对它的构造主义而产生了机械主义心理学，针对他的要素主义而产生了整体主义心理学，反对他的以意识内容为主的心理学而产生了以意识作用为主的功能心理学（动的心理学）。由于这些学派的反对，冯特很快就在心理学界失去了领导地位。在 1920 年冯特逝世前后，心理实验室便分为两个部分：一为心理物理研究部（Psychophysisches Seminar），由冯特的学生威·魏尔特（Wilhelm Wirth）领导；一为心理学研究所（Psychologisches Institut），由冯特的学生克鲁格（Felix Krüger）领导。前者以研究意识的心理物理学的实验和创制心理学的实验仪器为中心，后者以冯特的民族心理学的问题为出发点，担负了完成冯特民族心理学体系的任务。不出几年，魏尔特在冯特逝世之后，担任莱比锡大学教授，离开心理学研究所，转而领导心理物理研究所。而克鲁格则在冯特逝世之后继承了冯特的教授职位，抛弃了冯特的理论，以"发展"作为心理学的原理，建立了发展心理学派。冯特的另一名最得意的学生屈尔佩于 1894 年从莱比锡大学转任符茨堡大学教授，与冯特发生论战，遂成立了符茨堡心理学派。从此，冯特心理学派就解体了。

冯特学派的解体过程比黑格尔学派的解体过程更惨，他的学生各奔东西，他的观点学说烟消云散，无人问津。

海克尔说得好："我们发现有些人如冯特，以前还有康德、微耳、杜布瓦—雷蒙以及卡尔·恩斯特、贝尔等人，在哲学原理上都有完全的转变。……这些科学的伟人，在他们年富力强的时候，更无偏见、更有勇气、知难而进，他们的眼界更为广阔，他们的判断力更为纯正，晚年的经验不仅丰富了他们的认识，而且也可以使这些认识模糊起来。到暮年时他们的大脑也像其他器官一样逐渐退化了。无论如何这是一件引以为训的心理学上的事例。”[①]

因此，我们把冯特早期的心理学著作和他晚期出版的心理学书籍区别开来是完全必要的。例如：冯特在1863年发表的颇有价值的《人类和动物心理学讲义》和他三十年后（1892）大大压缩了和全面订正了的第二版是完全不同的。第二版完全抛弃了第一版中最主要的原则，在第二版中以纯二元论的观点取代了第一版的一元论的观点。冯特在其再版前言中说，他“多年前已学会了将这部作品看成是他青年时代的著述”；它“像一种罪恶一样压在他的心头，他想可能地加以摆脱”。[②] 这就是说，这书的第一版把心理学当成一门自然科学，按照自然科学的基本规律来讲，心理学只是自然科学的一部分；三十年之后他却把灵魂学说当成一门纯粹的精神科学，其原则和对象则与自然科学完全两样。这一方面反映了冯特在青年时代还有一定的革命性，到了晚年和暮年他的认识就模糊与退化了；另一方面也反映了他的资产阶级世界观的根深蒂固。

同时，在冯特的晚年，心理学的危机突然出现在20世纪之初，这时正是冯特把心理学建成为实验科学的时候。将“物质消灭了”“意识消灭了”这两个马赫主义的指导原则渗入到心理学中来，遂使意识心理学的危机变得更加尖锐。不仅是冯特，就是铁钦纳和詹姆斯都离开了笛卡儿、洛克和康德的二元论的立场而公开地转到马赫主义的立场上去了。1908年俄国的舒里雅齐柯夫（B. M. Шу∧ЯTNKOB）在他著的《西欧哲学对资本主义

① 恩·海克尔：《宇宙之谜》，上海人民出版社，1974年版。

② 同上书，第96页。

的辩护》一书中指出:“阿芬那留斯的原则同格论、马赫的心理和物理相互关系的学说、冯特的表象—客体的学说——所有这些学说都是一类货色。”所以列宁同意舒里雅齐柯夫所说的这段话,在旁注上写道:“这是对的。”[①]从这种说法里可以清楚地看出当时冯特的倾向性。

这是冯特及其构造主义心理学派的注定的历史命运。

附言:冯特从1879年创建世界上第一个心理实验室到今年已经一百年了。中国心理学会将于今年11月在天津市召开大会并举行纪念活动[②],全世界也将于1980年7月通过第22届国际心理学会在德国莱比锡大学庆祝这个节日。这实在是一件非常可喜的事情。为此,我于去年秋天又重新学习了冯特的一些重要著作,得到了一些心得和体会,写成这篇文章,作为对冯特开辟了心理学走上科学道路功绩的纪念。

中国心理学会理事长、中国科学院学部委员、心理研究所所长潘菽教授曾再三审阅原稿,对本文给予了肯定的评价,说:“《冯特的成果》一文写得很好,深感钦佩。开头处,从冯特思想的社会历史背景入手,这就抓着了问题的根本。对冯特心理学的论述是很全面而系统的。所有的论述都有足够的引证作为依据,所作的评论也是分量恰当的。这是这次评冯工作最大的收获之一。”同时,对本文不足之处也提出了一些非常中肯而宝贵的意见。我谨表示衷心的感谢。

由于冯特的著作浩瀚,还有不少的著作我未能阅读,因此对冯特思想的全面阐述就会有一定的缺陷;加之自己水平有限,错误之处在所难免,望同志们批评指正。

(1979年8月,未发表)

---

① 列宁:《哲学笔记》,人民出版社,1960年版,第558页。

② 此会后来于1980年6月改在北京举行。

冯特的民族心理学思想

列宁说："判断哲学家，不应当根据他们本人所挂的招牌……而应当根据他们实际上怎样解决基本的理论问题、他们同什么人携手并进、他们过去和现在用什么教导自己的学生和追随者。"[①]我们评论冯特的实验心理学应当根据这一个重要原则，不消说，我们评论冯特的民族心理学也应该根据这一重要原则。

一、民族心理学的产生与发展

民族心理学的产生应追溯到主张客观精神的黑格尔。在黑格尔的唯心主义哲学看来，只有一个精神(1807)，是绝对的，包容一切的，神圣的。它是在历史的进程之外自己工作着的。个体的人们只是它的代理人。它主要的中心在国家之内，因此国家是在地球上神圣生命的主要代理人。这就是说，每个国家都有一个群体心理，它有其自己生长与发展(辩证法的)的规律。它对个体不时有所影响，因之个体的心理生活也是不断丰富的。黑格尔以外的哲学家，如费希特与洪堡，都把哲学基础放置在民族的概念之上。民族逐渐在为统一德国的斗争中出现，在 1860

---

① 列宁：《唯物主义和经验批判主义》，人民出版社，1973 年版，第 215 页。

年被心理学所运用。德国的人类学家与语言学家拉扎鲁斯与斯坦达尔编辑的有三十年影响的《民族心理学与语言学杂志》，1890年停止发行。他们是最初对人民的比较性格学感兴趣的，他们认为，每个人有其自己的民族精神。这种精神，明确地写在他们的创刊号(1860)上了：群体心理的现实性并不是超验的，它不过是个体心理的一种类似物，加上这些类似物的认识的事件。民族精神是真正的黑格尔学派的样式，它坚决反对个体心理的形而上学的实体。

拉扎鲁斯和斯坦达尔认为，民族心理的体现在于言语、神话、宗教、民间传说、艺术、文学、道德、习惯与法律。因此，民族心理学是研究民族精神生活的成因与规律的科学。心理地认识民族精神的本质和作用，阐明民族特质的消长以及在艺术、生活、科学上所表现的民族精神的规律，就是民族心理学。

二、民族心理学的构成——它的对象、内容和方法

拉扎鲁斯和斯坦达尔两人的思想直接影响了冯特(1832—1921)。冯特于1862年早就划定心理学有两个分支——生理学的与社会民族(人)的。他计划把一生的第一部分贡献于前者的主题，而在第二部分贡献于后者。他在1900年之后，直到他去世的前一年，共出版了十大卷的《民族心理学》。在这些著作中，他坚持并强调一切更高级的心理过程的研究均属于民族心理学的范围。他不相信个体心理学，特别是追踪到心理实验室，能够说明人的思维。人的思考是沉重地被语言、习惯和神话所规定，这些是他研究民族心理学的三种最起码的问题的范围。他宁愿用术语民族心灵(Volksseele)来代替民族精神(Volksgeist)。他

也认为,民族精神这个词的含义是很客观的。它是包含了全部个体和超越个体以及在个体之上的一个实体。冯特把民族心灵归之于精神实在的概念范围内。由于民族心灵的最初要素是语言、习惯和神话,所以在《民族心理学》中他又论述了艺术、宗教、法律与社会组织等题目,于是确定民族心理学的基本论题是关于精神的、文化的财富,在人民生活中具有规定性影响的论题,也包括国内政策的问题。

冯特在民族(社会)心理学方面写了三种著作:一是从 1900 年 3 月到 1919 年 9 月写成的十大卷《民族心理学——对于语言、神话和道德的发展规律的探讨》;二是 1912 年出版的《民族心理学纲要》(有 Schaub 的英译本);三是在 1912 年出版的《民族心理学的诸问题》(论文集)。他的十卷本《民族心理学》一书,第一、二卷论述语言,第三卷论述艺术,第四卷以及第五、六卷论述神话和宗教,第七卷和第八卷论述社会,第九卷论述法律,第十卷是冯特个人对文化和历史的总看法,这一卷对探讨冯特民族心理学的观点和思想是非常重要的。

冯特在研究民族心理学的问题时,使用了两种不同的方法,一为"分析的研究法",二为"综合的研究法"。冯特规定了在论述语言、神话、艺术等问题时,以"分析的研究法"来分别说明它们的发展情况;并以"综合的研究法"来研究这些现象之作为整体的发展情况。《民族心理学》一书的第十卷就是运用"综合研究法"的具体体现。因此《民族心理学》一书的第十卷,上文已经指出过,它是非常重要的,它之所以重要是因为冯特的资产阶级世界观的秘密就隐藏在这里。

三、冯特的民族心理学思想

冯特值得注意的心理学思想择述如下。

(一)关于人类共同生活的特征问题

冯特认为:生物过共同的生活,高等动物也是这样。蚂蚁的生活和蜜蜂的生活,动物学家把它叫做“动物国家”的一种团体生活。但是它们的结合,彼此交换心理活动,并无目的,只不过是为了满足物质的要求而已。因而它们的结合是始终同一的,既没有变化也没有目的。然而,到了人类就大不相同了。人类并不仅是为了满足某种物质上的目的,个人和团体之间经常进行心理上的相互作用。个人受团体的影响而变化进步的同时,团体也受个人的影响而变化进步,个人和团体的关系是非常密切的。

(二)关于集体意识的问题

冯特指出,多数人集聚在一个团体中生活时,各个人的意识并不是孤立的,事实上是他们形成了一种统一的结合的关系。与个人的意识一样,团体的意识也向着某一个目的进行着。其性质和个人的意识不同。冯特把这种意识叫做集体意识(Gesamtbewusstsein)。集体意识决不在各个人的意识之外,各个人的意识结合为一整体,指向在一定的目的上而统一起来,从而构成集体意识。集体意识并不是一个空名,而是和个人的意识一样的实在。

冯特认为,多数人们集聚的精神团体,是有心理价值的。这是社会学的问题。回溯民族精神生活的初期,通过他们的集体生活便产生了种种的心理的产物，我们由这个产物就可以看到民族精神的特质。这些产物之内，特别重要的是言语、神话和风俗三种，冯特把这三者称为集体意识的产物。

（三）关于言语的问题

冯特认为，言语最初是从个人意识的表现中产生的，是民族共通的东西。它形成了民族的结合，并且助长民族的发展。言语的发生与发展可以从儿童那里看出来。但是儿童的言语经常受大人言语的影响。要了解它的真正发展，必须从民族的发展中得到启发。

冯特在他的《民族心理学》第一卷中，揭示了人类言语发展的两种重要的表现手段。一为手势言语，二为发音动作。在手势言语方面，他认为，人生下来之后，除了把自己的感情和情绪表现于外部之外，还有要把自己所想的传给别人的冲动。这种表现手段，最初使用的是"手势"。即使完全没有言语时，手势也可传达自己的意志。例如，聋哑人因为没有声音的表象，根据身体的各种手段来表现自己的意志，或来了解他人的意志。所以说，人们表现自己的手势有两种："指示手势"和"叙述手势"。这和一切言语具有同等的价值，这叫做"手势言语"。

其次是发音动作。冯特认为，表现自己的感情、意志，叫做广泛的动作，这种动作也是声音的一种动作。除了聋哑人之外，我们有发声器官，根据发声向他人传达自己的意志，这叫做"发音动作"。发音动作和身体动作比较起来，前者更为方便，它变化多，对他人可以明白地传达自己的意志。发音动作最初是与身体动作在一起的，不能把二者分开。例如，野蛮人在说一个词时，必然要加上一个身体的动作，这是儿童学说话时常有的经验。由于这些事实，冯特断定言语的发展是"分化"的结果。

(四)关于神话的心理起源问题

在冯特的《民族心理学》的第四卷中,他论述了神话的心理起源问题。他指出,和各个人所具有的表象和感情一样,民族精神又是各个人具有的共通表象。这就是“神话的表象”和对这个表象具有的一种畏惧与希望的情绪。

冯特认为,未开化时代的人们,普遍地宣称天地万物都和自己一样具有着同样的意识。这是原始人特有的统觉作用,可称作“拟人的统觉”。就是外界具备和自己一样的感觉、情绪,又相信具有有意的行为。例如,承认石头和植物或是在美术品之中,有感觉和感情的存在;认为云和天体的运行是某种活体的有意的运动。这些统觉的作用也就是冯特的联想的“同化”作用,开始于我们心内产生想象的表象,把外物予以同化的活动。原始的人类,这时表现出许多想象的错觉,即:把云彩的形状,看成真实的怪物的形状。神话的表象虽然最初是在一个人的意识中产生,但由于言语便可以扩大到整个民族,变成了传说以至流传至子子孙孙。

(五)关于宗教的起源问题

冯特在其《民族心理学》的第五、六卷中论述了宗教的起源问题。他指出,原始人类把自然物体视为对自己而来的力,还有具备超人力量的神,相信它们支配着自己的命运,并对这些表现出热烈的崇拜,其表现的手段为“礼拜”,这种礼拜就是宗教的起源。它最初是在一个人中产生的,可是后来便扩展到整个民族。并通过礼拜,企求这种伟大的力量能满足自己生活上的要求,今生来世永远幸福,于是宗教便形成了。

(六)关于风俗习惯的起源问题

冯特在其《民族心理学》的第七、八卷中,论述了社会中风俗习惯的起源问题。他认为,神话的思想如果表现在整个民族共同的表象和感情中的话,"风俗"则是整个民族共同的"意志的规范"。民族在从事生活时,经常以共同的动机来行动。风俗习惯的规范可分为"个人的"和"社会的"两类,前者是各个人从对于其他人们的关系中产生的规范,后者是各个人把共同生活作为必要所产生的规范。

冯特还指出,风俗习惯的个人规范大多是上述礼拜传留下来的,但是现在的风俗习惯完全失去了它本来的意义。过去,人们相遇时,彼此都要"祈祷",现在祈祷的意义完全没有了。

冯特还认为,风俗习惯的社会规范是人类保存自己,满足生活的条件,必须过共同的生活。从不能维持生活,到多数人集聚在一起,组成"部落",过着互相帮助的生活。由于这种部落还不能满足共同生活的需要,以至希望永久的结合,从而组成集体的"家族"。而家族构成的要素,就是男女。这样,民族在组织家族的同时,一方面要防止个人的危害;一方面为了满足生活需要,便去侵略敌国。这样的结合逐渐巩固起来,便构成了今天的"政治团体"。因而,社会的风俗习惯的规范乃采取了法律的、道德的形式。

对以上六个问题的全面研究,用冯特的观点来说,就是对"民族精神"的全面研究。难怪冯特把民族心理学定义为"研究以人的团体(Gemeinschaft)一般的发展和有普遍价值的、共通的精神产物发生为基础的心理过程"。[①] 所以冯特认为:"现今

① W. Wundt: Völkerpsychologie,1920, Bd. 1 S. 1.

心理学所处理的心理、精神，并不是哲学的实体概念，只不过是现实的概念，即实际的精神作用、意识现象。”①

四、冯特的历史唯心主义世界观的实质

翻开冯特《民族心理学》第十卷的第六篇“文化与历史”的各章节，冯特历史唯心主义的世界观就完全暴露出来了，特别是暴露了冯特在政治上是马克思列宁主义的敌人。

下面所介绍的他的反动的诸观点完全证明了这一点。

(1)在国家形式上冯特极力鼓吹世袭君主国的优越性，极力贬低各种政党，特别是马克思主义政党的地位和作用，并暗示将来的德国一定要成为世袭的君主国。

冯特认为：传统的君主国的概念始于亚里士多德。他把君主国的形式分为三种，即世袭君主国、专制君主国和选举的君主国。在广大的意义上来说，君主国是以一个人格的最高主权为其特征的。冯特为了强调君主国的优越性，把民主国也解释作君主性质的东西。他认为：民主国的大总统虽然在名义上并不是君主，其实是君主。事实上，从民族心理的观点来看，民主国在政治组织上是比君主国好得多。名义虽不同，但从国家的作为来说，是实际上的君主国，这也是国家的特征。所以毫无疑问，现代欧洲的一些国家，它们的国家组织都是君主国的国家组织。冯特又举一个例子说：民主国比较先进的，要首推议会制度。议会制度的本质是广范围的少数政治，而在其内部又是非常狭隘的少数政治，这种首领也相当于君主。英国和法国的议会制度，都是它的最好的例子。冯特最后结论说：“民主国和世

① W. Wundt：Völkerpsychologie，1920，Bd. 1 S. 3.

袭君主国一样,好处是能够防止重大的危险。而世袭的君主国却可以不伴有党派势力交替的弊病。”[①]在这里,我们可以清楚地看到:冯特不仅害怕各种政党,特别是害怕当时以卡尔·李卜克内西和罗莎·卢森堡所领导的德国共产党,同时还暗暗地希望未来的德国国家组织仍然是世袭的君主国形式。恩格斯一针见血地揭露了古代国家、封建制度国家和现代的代议制的国家本质,他说:“古代国家和封建国家……而且现代的代议制的国家也是资本剥削雇佣劳动的工具。”[②]冯特赞美世袭君主国,为封建统治阶级作吹鼓手,我们就完全可以理解他所站的阶级立场和所代表的阶级利益了。

(2)冯特错误地理解阶级的划分,并把阶级划分种族主义化和庸俗化。

马克思主义指出:阶级是随着社会分工的产生和发展,以及生产资料私有制的出现而产生的。但是冯特则认为:这种阶级差别的起源是从两个原因引导出来的,即关于所有权的新的制度和优越的民族征服了原住民,有了这两个原因才产生阶级差别的。冯特还认为:财产一开始是共有的,并不存在私有。私有制的起源与农民使用新的耕作法即用犁有关系。彼时各个人之间相互竞争,遂带来了差别。这种差别是阶级差别产生的重要原因。带来阶级差别的第二个原因是征服者和被征服者的人种差别,就因为有了人种的差别而产生了阶级差别,印度就是这样。当不同的两个民族相互接近时,人种差别就不重要了,而重要的是**基于所有或者势力的差别而产生了阶级**。希腊、罗马的历史就是很好的例子。最后冯特根据他的这样的错误论断,下

① W. Wundt: Völkerpsychologie, 1920, Bd. 10 S. 432.

② 列宁:《马克思主义论国家》,人民出版社,1975年版,第63页。

结论说:这种阶级差别并不严格,下等人由于其力量的增加,也可以进入上等人的行列。

我们分析一下冯特的看法,首先就可以看到他认为阶级差别的产生是占有了生产资料的犁的人通过彼此的互相竞争的结果。马克思和恩格斯早在1847年在《共产党宣言》中就已经指明:"到目前为止的一切社会的历史都是在阶级对立中运动的,而这种对立在各个不同的时代是各不相同的。但是,不管这种对立具有什么样的形式,社会上一部分人对另一部分人的剥削却是过去各个世纪所共有的事实。"[①]这就是说阶级差别的产生是由于一个阶级对另一个阶级的剥削,而不是什么占有生产资料的犁的人通过个人竞争产生的。其次,冯特把阶级的差别还归结为由于征服者与被征服者的人种差别产生的。这种论断也是没有任何科学根据的。冯特的这种错误思想来源于达尔文的优胜劣败的进化论和尼采的超人哲学,他的这种种族主义阶级观为后来的法西斯主义奠定了侵略和奴役其他国家和人民的理论基础。这种谬论已经彻头彻尾地被引用在德国纳粹党的宣传部长罗森贝格(Alfred Rosenberg)著的《20世纪的神话》一书中了。

(3)从冯特对民主的看法,暴露出他的反马克思主义的态度。

冯特认为:作为国家或是作为党派的民主现在有两种形式:第一种是民主的人民党,第二种是社会民主党或称马克思的党。前者是因为从法国革命时代以来本质上没有变化就没有叙述的必要了,唯后者"对德国的未来只有社会民主主义或者是叫做马

---

① 《马克思恩格斯选集》第1卷,人民出版社,1972年5月第1版,第271页。

克思主义才具有重要的意义”。[1] 即以“马克思题名为《资本论》和《政治经济学批判》两本书来发展社会运动的理论”[2]作为基础。冯特还认为：马克思的学说是论述社会发展的最终目的乃是生产财富的国有或是公有，这一切经济工作的各种形式的公有，是为了提高工人阶级的地位，恰如现在资本主义时代的发展需要漫长的年月一样，“从资本主义过渡到共产主义也需要漫长的年月才能实现”。[3]

为什么冯特对马克思主义及其政党是那样害怕呢？这是因为在冯特写这部《民族心理学》第十卷时的1919年9月前的德国，正值1918年11月9日革命刚刚胜利不久，德意志帝国已经覆灭，以卡尔·李卜克内西为首的社会民主党成立了民主共和国(尽管时间不长)。革命风暴席卷整个德国，马克思主义深入人心。所以这位满脑子世袭君主国思想的冯特，当然就要喊出“对德国的未来，只有社会民主主义或者是叫做马克思主义才具有重要的意义”的话语，而这个话语中的“重要意义”字样，就是指德国的工人阶级由于掌握了马克思主义才推翻了德意志帝国的世袭君主制。因此这对冯特来说，马克思主义是非常可怕的，就必须高度警惕，不能等闲视之。这就是冯特的用心！而另一方面，冯特认为：“从资本主义过渡到共产主义也需要漫长的年月才能实现。”这一点他是说对了。的确，进入共产主义是需要较长时间的，但我们相信德国的工人阶级和人民也决不会因为共产主义的实现需要漫长的年月而就不去进行革命。冯特高喊这样的话语，只是有意识地瓦解德国工人阶级的革命意志罢了。

---

① W. Wundt：Völkerpsychologie，Bd. 10 S. 432.

② 同上书，S. 132.

③ 同上书，S. 435.

第二种民主形式,冯特认为是代替召开制定宪法会议采用的所谓工兵会的会议制度。他还认为:现在的社会民主党并不是统一的,而是多党派的并列。其中包括政府党的议院制度派、极端的独立党、最过激的共产党即接近无政府主义的布尔什维克党或是斯巴达克团的多种政党。因此冯特又感叹地说:德国的命运并不确定,而是有疑问的。那么,冯特为什么这样感叹呢?说来说去,还不是因为民主的大好形势为德意志帝国敲响了丧钟吗?

(4)冯特赞扬议会制度的民主,并把它错误地理解为社会主义。

在冯特看来,民主论是从法国卢梭(Rousseau)开始的,即是从卢梭起才考虑到人的问题。在卢梭以前,17 世纪德国的自然法学家阿尔特豪斯(Johann Althaus)和费希特(J. G. Fichte)也提倡过。德国的社会运动是从哲学到法学而进入实际生活的。德国在第一次世界大战前就开始了真正实质上的民主,而不是形式上的民主,这比其他各国都要早。在英美两国资本主义倾向非常显著,特别是美国大资本家用很多不道德的方法榨取了数十亿的资产,而德国各种事业的公有、国有化成为国家经济的职责。德国的邮政、电报、铁路的组织足可为全世界各国的楷模,德国的矿山成为国有只不过是时间的问题,这是德国实施议会制度的民主所致。近代的民主,其形式是从英国及其议会制度发展而来,但英国的议会制度是似是而非的,并不是真正的民主。“社会生活的真正价值,最初主要发展于德国”。[①]

应当指出,冯特所赞扬的议会制度的民主决不是我们所讲的马克思列宁主义的社会主义民主。我们的社会主义民主“就

---

① W. Wundt: Völkerpsychologie,1920, Bd. 10 S. 443.

是承认少数服从多数的国家，即一个阶级对另一个阶级，一部分居民对另一部分居民有系统地使用暴力的组织”。[①] 而议会制度本身也谈不到有什么民主。列宁指出：“请看一看任何一个议会制的国家，从美国到瑞士，从法国到英国和挪威等等，那里真正的‘国家’工作是在后台决定，而各部、官厅和司令部来执行的。议会专门为了愚弄‘老百姓’而从事空谈。这是千真万确的事实，甚至在俄国这个共和国，这个资产阶级民主共和国里，在还没有来得及建立真正的议会以前，议会制的所有这些弊病就已经显露出来了。”[②]同时，在第一次世界大战前的德国，也从来就没有实行过像冯特所说的那样的“真正的民主”。在第一次世界大战前的德国，一直为俾斯麦、威廉二世、兴登堡这些杀人不眨眼的刽子手所统治，这怎么能说德国先于其他各国就实行了“实质上的真正民主”了呢？

(5)冯特的道德观是彻头彻尾的唯心主义道德观，是反马克思主义的道德观。

恩格斯指出：“现代社会的三个阶级即封建阶级、资产阶级和无产阶级都各有自己的特殊道德，那么我们由此只能得出这样的结论：人们自觉或不自觉地，归根到底总是从他们阶级地位所依据的实际关系中——从他们进行生产和交换的经济关系中，吸取自己的道德观念。”[③]所以说：“一切以往的道德论归根

① 《列宁选集》第3卷，人民出版社，1972年10月第2版，第241页。

② 同上书，第210页。

③ 《马克思恩格斯选集》第3卷，人民出版社，1972年5月第1版，第133页。

到底都是当时的社会经济状况的产物。”[1]

而冯特呢？冯特恰恰是这个道德观的反对者。

德国第一次世界大战的失败，在冯特看来，是外交上的失败，长年战争的疲弊不是主要原因，而主要原因是由于道德观念的薄弱。他指出："德国人原来是在唯心主义上发展了道德的义务观念的，但是由于从英国传来了功利主义，因而对德国人给予了压倒一切的影响。德国人的基本道德思想是国家社会主义者费希特的思想，拉塞尔(F. Lassalle)只表示了一点剩余的光亮。马克思和恩格斯推翻了伦理的根底。现在的社会民主党反而和资本主义一样立脚在唯物的社会道德上。”[2]就因为在德国有了这样复杂的情况，冯特最后结论说，“要进行道德思想的改造，必须‘推翻马克思主义的伦理思想’”，[3]实行康德的义务道德。

这就完全可以看出冯特对马克思主义道德观的诬蔑和歪曲，同时也暴露了他的反马克思主义的面目了。

(6)冯特对德国精神复兴所寄予的希望，目的是重建德意志帝国。

冯特以哲学家和科学家姿态激励着德国的青年。冯特认为：德国在这三个世纪之中遇到了三次灾难。最初受到了三十年战争惨祸的灾难，可是以后带来了振奋人心的科学、艺术，特别是音乐的兴盛，展开了精神生活的新时代。其次，拿破仑战争的当时和以后，国家又衰弱了下去，可是继之而来的是精神的复兴。最近，第一次世界大战之后仍然希望德国能够保持住独立

---

① 《马克思恩格斯选集》第3卷，人民出版社，1972年5月第1版，第134页。

② W. Wundt: Völkerpsychologie, 1920, Bd. 10 S. 451.

③ 同上。

和存在,其责任则落在从战场回来的青年的双肩上。因此冯特表达自己的希望说:“我们的全部希望都寄托在德国精神复兴之政治和道德的人类美好的未来上了,即:首先是寄托在宗教改革上,其次是寄托在德国的唯心主义上,最后是寄托在建设德国的国家上。”①

上面所引用的这一句话,是冯特《民族心理学》第十卷最末一段的最后一句。这一句可以说是冯特对自己的民族心理学思想的最高概括和总结,它充分暴露了冯特本人是一个纯粹的历史唯心主义者。

五、结语

冯特在1920年即将去世前出版的自传,即《经历与认识(Erlebtes und Erkanntes)》一书中指出,从1860年代起,民族心理学作为构成整个心理科学大厦极重要的一部分,就在他的意识中愈来愈被提到了首要地位。对于他来说,民族心理学除了特殊的科学意义之外,还具有特殊的政治意义。据他自己承认,基本课题在于颂扬德国和日耳曼民族的精神财富,日耳曼民族的使命似乎在于跟英国的功利主义相对立,确立纯粹的唯心主义。

同时,民族心理学中的基本论题——关于精神的、文化的财富在人民生活中具有规定性影响的论题——对于国内政策问题也有一定的关系。他依据这些论题来指责马克思主义的阶级斗争学说和实践,荒谬地宣称阶级斗争是德国在第一次世界大战中遭到失败的主要原因,并且赞扬德国社会民主党(指右派)的

① W. Wundt: Völkerpsychologie, 1920, Bd. 10 S. 464.

战后政策，暴露了冯特政治思想的反动。

冯特虽然在他的《民族心理学》的基本理论问题上犯了那么多的原则性错误，又曾与康德、费希特、斯宾塞、拉塞尔等哲学家携手前进，同时还以主观唯心主义教导过他的学生和追随者，将他定为唯心主义的哲学家是恰如其分的。可是应该指出，能够把发展的观点应用于心理学中，首先就应该归功于冯特，冯特的《民族心理学》就是应用发展的观点而写成的一部巨著。本来人类的心理可以从两方面去追溯：一方面是种族发展(Phylogenesis)，另一方面是个体发展(Ontogenesis)，而冯特并没有把个体发展的观点应用到个人心理学的研究上。但是，这方面由他的美国学生霍尔(G. S. Hall)正式地在个人心理的研究中提出来了。

毛泽东同志说得好："任何思想，如果不和客观的实际事物相联系，如果没有客观存在的需要，如果不为人民群众所掌握，即使是最好的东西，即使是马克思列宁主义，也是不起作用的。我们是反对历史唯心论的历史唯物论者。"[①]我们坚决反对历史唯心主义，坚决反对冯特在他的《民族心理学》中所散布的那些非科学的反动的东西，同时我们将批判地吸收其中那些与客观实际相联系的东西。

(1979 年 8 月，未发表)

① 《毛泽东选集》第 4 卷，人民出版社，1960 年版，第 1519 页。

恩斯特·马赫述评

马赫是物理学家、哲学家和心理学家。在 1838 年 2 月 18 日出生于奥地利摩拉维亚的图腊斯。1860 年在维也纳大学获得物理学博士学位后留校任讲师，1864 年在格拉茨大学任数学教授，1867 年至 1895 年任布拉格大学物理学教授，1895 年至 1916 年任维也纳大学物理学教授。1916 年 2 月 19 日死于德国的慕尼黑附近。马赫一生忠实地为资产阶级统治服务。他活动于资本主义制度已经稳定确立并向帝国主义转化的时期。这一时期，无产阶级和资产阶级的矛盾日益尖锐，资产阶级的意识形态日趋腐朽与反动，马克思主义在国际工人运动中的传播日益深入，并不断取得巨大的胜利。马赫主义，又名经验批判主义，就是适应资产阶级反对马克思主义的需要而产生出来的。

在心理学和哲学的认识论上，他有三部影响深远的著作：一是 1886 年发表的《感觉的分析——感觉的分析和物理的东西对心理的东西的关系》，二是 1896 年刊行的《通俗科学讲演录》，三是 1906 年出版的《认识与谬误——心理学研究论文集》。

马赫在心理学上是有不少贡献的。在 19 世纪 60 年代，他发表了以空间知觉的研究和听觉学说的讨论以及对时间知觉的实验研究。70 年代发表了著名的有关身体旋转的知觉的研究，1875 年发表了《转动知觉学说》。在论文中又提出了关于三个半规管在身体转动的知觉中的作用。这说明马赫不仅研究了物理学的问题，受康德的影响，也探讨了心理学的问题。

列宁指出:"马赫和阿芬那留斯都是在19世纪70年代出现于哲学舞台的,当时德国教授中间的时髦口号是:'回到康德那里去!'这两位经验批判主义创始人在哲学上的发展正是从康德那里出发的。"[①]马赫承认自己15岁时,就是康德的信徒,自己哲学的立场就是康德的现象主义。但他在两三年以后又感到康德的不可知的"自在之物"的存在是多余的。[②] 从此他便主张世界应该是"感觉的复合",于是他逐步转向贝克莱和休谟路线。19世纪70年代,他成了公开的贝克莱主义者,创立了"要素"说。到了20世纪初,马赫主义哲学已成为资产阶级哲学的主要流派之一。

马赫的心理学观点就是从他的这种哲学立场出发的。但是我们也必须看到马赫的心理学工作是从感觉生理学的实验研究开始的。他说他完全接受了达尔文的把整个心理生活看做生物现象的论点;他也表示赞成把进化论应用于感官学说,从而建立了他的心理生理学的心理学体系。他说:"我仅仅是自然科学家,而不是哲学家。我仅寻求一种稳固的、明确的哲学立场,从这种立场出发,无论在心理生理学领域里,还是在物理学领域里,都能够指出一条走得通的道路来,在这条道路上没有形而上学的烟雾能阻碍我们前进。我认为做到这一点,我的任务就完成了。"[③]

他说:"我大约15岁时,在我父亲的图书室里,偶然见到康德的《对任何一个未来的形而上学的导言》,我始终觉得这特别幸运。这本书当时给我留下了强烈的、不可磨灭的印象,这样的印象是我此后阅读哲学著作时始终没有再体验到的,大约在两

---

① 《列宁选集》第2卷,人民出版社,1972年10月第2版,第196页。

② 马赫:《感觉的分析》,商务印书馆,第29页。

③ 同上书,第42~43页。

三年后,我忽然感到‘物自体’所起的作用是多余的。”

在心理物理学的领域中,马赫规定了他的这门科学的研究对象是感觉。他说:“只在用那个习惯的呆板的考察方法时,物理学研究和心理学研究之间才有大鸿沟。例如,我们一注意到一个颜色对其光源(其他颜色、温度、空间等等)的依存关系,这个颜色就是一个物理学的对象。可是,假如注意这个颜色对网膜(要素 KLM……)的依存关系,它就是一个心理学的对象,它就是感觉了。在物理学领域和心理学领域里,并不是题材不同,只是探求的方向不同罢了。”①

那么,什么是感觉呢?马赫指出:知觉和表象、意志、情绪,简言之,整个内部世界与外部世界,就都是由少数同类的要素所构成,只不过这些要素的联结有暂有无罢了,通常人们把这些要素叫做感觉。

基于这种观点,马赫提出了感觉为一切科学的资料的主张,并把物理学和心理学的现象都还原为观察的直接资料,这就是他所说的“感觉”。

同时,马赫也明确地告诉人们对这种感觉进行分析研究的方法。他认为可从感觉本身直接地分析感觉,即从心理方面分析感觉,像约翰·缪勒所做过的那样;也可以按照物理学的方法,研究与感觉相对应的物理(和生理的)过程,像现代派生理学家所特别喜欢做的那样;最后也可从心理方面观察到的东西和相应的物理(生理)过程的联系去分析研究。

马赫基于这种研究方法,又强调说明分析研究感觉的重要意义就在于:“没有纯粹的感觉,便没有心理生活。”②所以要研究感觉,

① 马赫:《感觉的分析》,商务印书馆,第 20 页。

② 马赫:《感觉的分析》,1919 年德文版,第 191 页。

就是因为要研究感官。他说:“感官自身就是灵魂的片段;它们自身就做了部分的心理工作,而把完成的结果传给意识。”①

1906 年在德国莱比锡出版的马赫的《认识与谬误》一书中的第二篇论文《一种心理生理学的观点》,马赫把自己的心理生理学的观点作了非常详尽的阐述。

首先,在心理与脑、精神与身体的关系问题上,马赫的观点是前后不一致的。他在 1885 年左右,并不主张心理是脑的机能或脑是心理的感官。他说:“首先是从身体中把神经系统分出来,作为感觉的所在地。在神经系统中,人们又选出脑作为宜于担任这个职位的部分,最后为了维护假想的心理单一性,又在脑中找出一个点作为灵魂驻地。可是哪怕只是预示将来研究物理的东西和心理的东西的联系的最粗略的纲领,这么粗陋的见解也很难适应。”②这就是说神经系统和脑根本不是心理的器官。同时我们还可以看到,他这时基本上同意阿芬那留斯所主张的“脑不是思维的住所、座位或创造者,也不是思维的工具或器官,承担者或基础等等。思维不是脑的居住者或施令者,不是脑的另一半或另一面等等,但思维也不是脑的产物,甚至也不是脑的生理机能或一般状态”。马赫紧接着说:“我不可能、也不愿意对阿芬那留斯所说的一切或其解释表示同意,但是我觉得他的见解同我的很接近。”③等到二十年后的 1905 年,马赫又突然主张:“感觉也始终是或多或少地主动的,它在这时候对低等动物给以直接的反应;对高等动物通过大脑的迂回给身体以不同的反应(参看傅立叶著《观念力的心理学》,巴黎,1893 年。这种正

① 马赫:《感觉的分析》,商务印书馆,中译本,第 62 页。

② 同上书,第 27 页。

③ 同上书,第 28 页。

确的和重要的思想在那里几乎以两卷巨大篇幅的书来论述)。单纯的内省不需要经常考虑到身体,因而也不需要经常考虑到全部心理。对于这种心理,要看到是身体上不可分割的部分。”[①]

马赫在心理学思想上的这种前后相距二十年之久的矛盾,究竟是怎么回事呢?为什么有这种一百八十度的转变呢?列宁一针见血地指出了这件事情的奥秘,说:“正如在哲学文献中大家公认马赫和阿芬那留斯的最初的唯心主义一样,大家也公认后来经验批判主义力图转向唯物主义。”[②]还说:“阿芬那留斯关于‘独立’系列的主张(马赫也有同样的主张,不过用的字眼不同而已),根据哲学上不同党派即不同派别的哲学家的一致公认,是剽窃唯物主义。——马赫和阿芬那留斯在他们的哲学中把唯心主义的基本前提与唯物主义的个别结论混在一起,这正是因为他们的理论是恩格斯以应有的鄙视称之为‘折衷主义的残羹剩汁’的典型。”[③]

马赫到了67岁的晚年,力图转向唯物主义、剽窃唯物主义的事例,从他的《一种心理生理学观点》的论文中也完全可以看出来。例如他说:“我们解决了在心理的组成部分中的这种心理体验的问题。在这儿我们首先看到这些事物,它依赖于我们的身体:眼睛的张开、眼轴的定向、视网膜的性能和兴奋等等。那些其他的心理则是依赖于称为‘感觉’的:太阳的出现,可触知的身体等等的特征、物理的‘特性’。”[④]还说:“我们眼睛的瞳孔,在亮光的照耀下自动变窄。同样它按适应黑暗的程度而有规律地

① 马赫:《认识与谬误》,1906年德文版,第24页。

② 《列宁选集》第2卷,人民出版社,1972年10月第2版,第55页。

③ 同上书,第58~59页。

④ 马赫:《认识与谬误》,1906年德文版,第21页。

扩大。不管我们有意无意，就是这样完整地像消化、营养和发育的机能一样，不用我们有意识地去做。我们的手臂，伸出和打开桌子的抽屉，如果我们自己记起了放在其中的尺，我们立即要用它，似乎完全不用外面的推动，只是听我们好好考虑过的指挥而已。"[1]这些都是剽窃来的唯物主义的事据，毫无疑问，是符合感觉器官心理生理学的论述的。

其次，由于马赫强调"心理学是协助物理学的科学。两个科学领域互相支持，并且只有它们结合才构成一门完备的科学"[2]的观点，在这里突出物理学的地位，结果必然导致用力学的规律性来说明人体内部所发生的生理现象。这就是尽人皆知的马赫的"机器人"的观点。

在这方面，马赫不止一次地赞扬笛卡儿把动物和人看做机器的思想。他说："笛卡儿把动作看做女钢琴演奏者。康佩伦(W. Kempelon)制作了他的言语机器，同时还在1791年出版了他的《人类言语的机器装置，包括书写的一种言语的机器》。科学生理学的优秀论著可以看做机器人制造者的工作的继续。"最后，马赫总结说："有一种自然的爱好，就是人们已经理解到要研究模仿、复制。这将达到怎样的程度，又是一种良好的理智的检验。如果我们从机器人的构造中看到了现代机器的成果所显示的好处，如果我们能看到计算机、控制器、自动售货机的出现，那么我们还要等待文化技术的继续进步。一种绝对可靠的自动的邮局职工，接收一封挂号信，看来并不是完全不可能的。由于机械的巧妙操纵，令人轻松愉快，而使人类的智力受到折磨。"[3]他

① 马赫:《认识与谬误》,1906年德文版,第25页。

② 马赫:《感觉的分析》,商务印书馆,第116页。

③ 马赫:《认识与谬误》,1906年德文版,第30页。

这种剽窃唯物主义的行为，完全是为了调和唯物主义和唯心主义的对立，使物理的东西和心理的东西会合为一个东西，当然他就不得不看到现代机器的成果所显示的好处。同时，我们也应该看到，马赫到了晚年，由于他力图转向唯物主义的结果，使他确认了心理是脑的迂回的产物，心理与身体的不可分性，而他对心理现象依赖于生理过程的观点，也是符合感官生理学的唯物主义原则的。但他一生极其顽固地坚持感觉要素论的反动谬论，则是非常错误的。列宁批判得好："一爪落网，全身被缚。我们的马赫主义者全都落到了唯心主义即冲淡了精巧的信仰主义的网里去了；从他们认为'感觉'不是外部世界的映象而是特殊'要素'的时候起，他们就落网了。如果不承认那种认为人类意识反映客观实际的外部世界的唯物主义反映论，就必然会主张不属于任何人的感觉，不属于任何人的心理，不属于任何人的精神，不属于任何人的意志。"①

尽管马赫的心理学和哲学有其严重的缺陷，但是从心理学发展史的角度来看，他还是有一定影响的。我们看到自 1890 年以来，由于当时的德国对冯特的观点不满意，所以马赫的理论就流行于欧洲了。不仅冯特的弟子铁钦纳，就是以后背离冯特的屈尔佩也赞美马赫哲理的深奥，因此使心理学，特别是形而上学派和格式塔学派都受到马赫及其流派的影响。马赫虽然是一个构造论者，但他在促进布伦塔诺的意动心理学的运动上，也是起了作用的。

（1981 年 7 月，未发表）

① 《列宁选集》第 2 卷，人民出版社，1972 年 10 月第 2 版，第 353 页。

奥斯瓦尔德·屈尔佩述评

屈尔佩(Oswald Külpe,1862—1915)是德国的哲学家和心理学家。他生于柯尔兰的康道,距离东普鲁士很近。屈尔佩经过了平静无事的童年时期之后,毕业于里波的文科中学,后又和私人教师学习两年,19 岁入哥尼斯堡大学,1818 年入莱比锡大学。他原来的意图是研究历史,但在冯特的影响下曾一度转向哲学与实验心理学。那时实验心理学还处于摇篮时期,而历史仍然对他有强烈的吸引力。在跟冯特学习半年后,他又到柏林学习了半年历史。1887 年提交了《感觉学说》的论文而获得哲学博士学位。从此之后,他在莱比锡大学心理研究所,在冯特指导之下作为助手和讲师进行实验室的研究,于 1893 年出版了心理学教科书《心理学大纲》。他把这本书献给冯特,在书中,把心理学定义为依赖于经验着的个体的经验事实的科学。这年升任莱比锡大学的额外教授。1894 年屈尔佩成为符茨堡大学教授。两年后,他创办了一所心理实验室。这个实验室不久就变得几乎像莱比锡大学实验室一样的重要。在他的指导下,成立了一个著名的无意象思维学说的符茨堡学派(又名屈尔佩学派),思维心理学是屈尔佩的主要研究课题。可以说屈尔佩在符茨堡的十五年是他在心理学史上最有影响的时期。

1909 年,屈尔佩去波恩大学任教授。在这里他也建立了一所心理实验室。1913 年以后任慕尼黑大学教授。1915 年去世。1920 年,他的心理学的最后一部大作《心理学讲演录》才和读者见面。

一、心理学思想

屈尔佩的心理学思想可以分为前后两大阶段，这表明他的思想是有变化的。在屈尔佩来到符茨堡大学之前，他的心理学思想主要受冯特、马赫和阿芬那留斯的影响，倾向主意说。

他像当时的冯特一样，主张"意识是我们的某种经验的总和"，"意识完全与心灵事实一致"。① 主张身心平行论，承认有心理过程就有脑生理过程的伴随。至于哪一个过程是第一性的，哪一个过程是派生的，他并未做明确的说明，表现为一种折衷主义的态度。

在1893年，当屈尔佩出版他的《心理学大纲》一书时，他把心理学研究的对象规定为经验事实的科学，以为心理学的特点在于事实之有赖于经验者的个体。这种观点取自马赫和阿芬那留斯。屈尔佩说："马赫和阿芬那留斯他们完成了这一事实：一种资料(data)永远只是给予一个自我，一切经验也都束缚着经验的个人。这个自我是在经验自身中的一种界限清楚的复合物，人们在任何时候都能把它证明出来。——这个自我必须容纳不管是肉体的或是精神的，或是精神肉体的；不同的经验也许是不同的。"②可见，马赫和阿芬那留斯对屈尔佩有很大的影响。

1894年，屈尔佩转到符茨堡大学之后，围绕在他所建立的关于无意象思维学派周围的学者有马尔比、瓦特、阿赫、彪勒、麦塞尔、泰勒、赛尔兹、考夫卡等人。他们在屈尔佩的领导下，进行了知觉、联想、判断、思考、意志、气质、语言等的实验研究，打开

① 屈尔佩：《德国现代哲学》，1913年英文版，第223页。

② 屈尔佩：《心理学讲演录》，1922年德文版，第17页。

了心理学史上的新局面。

屈尔佩在1893年出版的《心理学大纲》一书中,一点不谈思维问题。在这方面他的观点与冯特的观点一致,冯特的观点还对他起作用。但是到了符茨堡大学之后,他深信思维过程可以用实验进行研究。他认为,既然艾宾浩斯对记忆这一"较高级的心理过程"能够进行实验研究,当然思维过程也可以进行实验研究。就这样,实验法又一次被应用到高级心理过程上去。这一点可以说是屈尔佩的功绩。

屈尔佩的心理学是经验心理学,他认为心理学是一门经验科学。他说:"近代的心理学像物理学和化学一样,像动物学和植物学一样,像比较语言学和文化史一样,是一门经验科学。"①

因此,在屈尔佩看来,这门经验科学的研究对象是心灵。他指出:"心理学是关于心灵的科学。可是,这门科学现在仍然被形成为各式各样的论述灵魂的学说,我们必须规定为同一的主要的形式。灵魂,在古代亚里士多德认为是生命的原理,在中世纪是新经学派。而到近代,例如杜里舒所谓的心理活力论,它被笛卡儿叫做意识的原理,大多数心理学家一直到近代都追随着他。以前在这里是狭义的规定,在那里却是广义的规定。在某种情况下,意识现象只是生命现象的一部分,也包括着养育和生长,腺分泌和筋肉收缩等等。"②

另一方面,在对这个"心灵"的研究上,屈尔佩特别强调感官生理学和神经系统生理学是研究心理学的重要基础。他指出:"对于构成主观经验的单一的存在部分和形式,在自我中的条件是什么,直到现在还未能得到解决。这仍然属于心理学的研究

① 屈尔佩:《心理学讲演录》,1922年德文版,第11页。

② 同上书,第12页。

任务,对这个问题要给予充分的解释。对于肉体来说,生理学对它却是有效地给予帮助了,感官的和神经系统的生理学在这个任务上是建立了基础的,可是两者本来的对象则是有区别的;对于颜色、声音等等的意识内容以及对于感觉器官、神经和神经中枢上的生理过程,它们彼此都是不同的。因此,例如感官印象的表现方式,对于心理学家来说也是这样扮演了重要角色的,而对于生理学家来说则恰恰是相反的。”①

二、二重心理学

在 19 世纪末,屈尔佩脱离了冯特学派而向布伦塔诺的意识心理学积极靠拢。这是因为当时意动和内容的问题在欧洲互相对峙。经验心理学者注意于意识的性质,所以不得不承认意动为心理的实质;实验心理学者承认内容,因为内容可以作实验研究。既然承认了内容,那么他对自己意识的内省,就要发现意动可以作为心理的资料,这是一种僵局。屈尔佩企图解决这种对峙,便主张意动和内容的统一。

屈尔佩的看法是:“假如一种心理过程,感知与表象、承认与反驳、爱与恨,它们本身都指向不同的对象,都有意动的关系:我们感知到一棵树,我们反驳一个论断,我们愿意读一本书,爱某个人或某种事物。只因为这种意动本身是心理,不针对它的对象,这种观点可以说是太狭隘了。因为它的结论是,例如感官印象,也的确是来自愉快的和不愉快的情感。一切意识的内容都没有意动的关系,都不属于这种心灵生活的规定。我们可以通过它导入意动和机能心理学中,一定要承认和处理这个很重要

① 屈尔佩:《心理学讲演录》,1922 年德文版,第 19~20 页。

的事实,可是这并不是为心理学的对象所能解释的全部问题。布伦塔诺及其学派属于这一学说的代表者。"①

就因为这样的缘故,屈尔佩亲自领导了这个运动。又由于背后有胡塞尔的势力以及屈尔佩和麦塞尔都很重视胡塞尔,于是不易理解的意动和易于理解的内容就合成了一个共同的体系。因此,产生了胡塞尔、屈尔佩和麦塞尔学派,并与布伦塔诺、麦农和威塔塞克学派相对抗。尽管他们都承认意动,但解释的方法则又完全不同。

由于屈尔佩发现了关于定势、识态、无意象思维等心理现象,他结合布伦塔诺的意动理论,提出了二重心理学的学说。这种二重心理学认为心理学的对象有两项:一为心理内容,二为心理机能。他所说的机能和布伦塔诺的意动相接近。

屈尔佩的二重心理学的主要论点有以下四种:

(1)内容和机能二者在生活经验中是不同的。如梦和某一客体的呈现,是有内容而无机能。那种根本没有对象而只不过是一种注意或期望的意动,是有机能而无内容。

(2)有时内容发生变化而机能不变化,有时机能变化而内容不变化。前者如对一客体的先后知觉;后者如对同一知觉内容,先进行知觉的活动,再继之以认识与判断的活动,这样就产生二者各自独立的变化。

(3)从分析的角度来看,内容在意识内可以进行分析,但机能就不容易被分析,因为分析只可改变机能而不能改变内容。

(4)内容和机能各有其自己的规律。内容的规律是联合、混合对比、刺激和感觉器官的关系及一般的心理的关系。机能的规律是非意象的、类似意动的因素,如定势、识态、决定倾向等等

① 屈尔佩:《心理学讲演录》,1922年德文版,第15~16页。

因素。这是由于这些因素在思维过程中发生作用而得出的规律。

因此，屈尔佩认为如果能够对内容和机能所遵循的不同规律继续进行研究，那么将会得出更多的不易理解的机能的规律来。

三、心理学的任务

屈尔佩满怀信心地确立了心理学的任务。他指出：实事求是，根据材料，心理学具有一系列相对独立的各个部分的任务。通过：

(1)正常心理学，研究正常的、健康的心灵生活的基本认识活动的一般事实和规律。

(2)病理心理学，研究观念的溜掉现象、幻觉和强迫表象、情绪和意志生活的缺陷、语言的缺陷、自我意识的缺陷以及其他等等。它还担任精神治疗和治疗精神病的任务。

(3)心理发展史，研究儿童的心灵的发展，原始人的心理学和动物心理学。

(4)民族心理学和群众心理学，研究在人类社会中所获得的心灵过程。

(5)个体差别心理学、性格学、类型学与精灵书写用具学，研究个人及其他等等典型特点。

(6)应用和实践心理学、美学和教育学，研究每一个人的一般事实和规律。①

1915年屈尔佩去世了。他只活到五十岁，未能建成他最后

---

① 屈尔佩：《心理学讲演录》，1922年德文版，第20～21页。

的心理学体系。如果他能长寿,就可能使意动心理学和实验心理学相互为用,而使意动心理学有较大的成就。

虽然屈尔佩想把意识和内容两者结合起来,认为意动心理学应有实验的必要,而实验心理学也应有意动的研究,但这种调和也未见有显著的成果。他们分别受到各方面的批驳。

总之,从布伦塔诺到形质学派,从屈尔佩到符茨堡学派,他们都是一脉相承的。他们都过高地鼓吹"经验"、"要素"、"复合",而过低地看待"联想"、"内容"等概念。从这些情况我们可以清楚地理解到他们是经验批判主义者马赫和阿芬那留斯的亲密战友。

列宁揭露了布伦塔诺的再传弟子汉斯·科内利乌斯(Hans Cornelius)的本质,他指出:"看来在我们面前的是一个为老师所承认的学生。这个学生也是从感觉—要素开始的(第17、24页)。他肯定地说,他不超出经验(序言第6页)。他称自己的观点是'彻底的或认识论的经验论'(第335页)。"[①]

以上事例完全可以确证,布伦塔诺也好,屈尔佩也好,符茨堡学派也好,都是马赫主义的混合物,是地道的折衷主义。列宁对这一反动学派做结论说:"马赫主义者用来作为其体系的基础的'经验'一词,老早就在掩蔽各种唯心主义体系了。现在它又被阿芬那留斯之流用来为其往返于唯心主义立场和唯物主义立场之间的折衷主义服务。这个概念的各种不同的'定义',只是表现着被恩格斯十分鲜明地揭示出的哲学上的两条基本路线。"[②]这是屈尔佩及其学派的本质所在。

最后,也不应该忽视,屈尔佩、麦塞尔、彪勒他们都有成效地

---

① 《列宁选集》第2卷,人民出版社,1972年10月第2版,第222页。

② 同上书,第151页。

改变了对人的心理的研究。由于他们的努力,新心理学舍弃了对灵魂的研究,肯定不再用理性的分析来探讨灵魂的单一性、实体性和不朽性了。新心理学强调用观察与实验进行有计划、有步骤的研究。他们的成就不仅推动着德国心理科学的发展,而且也推动了欧洲和美洲的不同学派的心理科学的发展。

(1981 年 7 月,未发表)

胡塞尔的现象学方法在西方心理学领域中的渗透

当前西方哲学界，从方法论上说，现象学的方法、分析哲学的方法和辩证法，并称为三大方法。

自德国哲学家胡塞尔(E. Husserl，1859—1938)创立现象学以来，现象学的方法受到广泛的重视。它不仅是“现象学—存在主义运动”这股西方的主要哲学思潮的基本方法，而且也被像结构主义那样的最近兴起的哲学思潮所吸收和采纳。另外，它在西方的心理学、教育学和美学中也占有重要的地位。

一、什么是现象学的方法

在胡塞尔看来，现象学的方法就是关于观察者怎样摆脱一切预先假定，凭直觉来发现本质的一种方法。

这样，现象学的方法包括三个方面：

(1)观察的主体，这是指任何一个企图发现本质的人。

(2)观察的对象，这是指呈现在自己意识中的一切东西，不仅包括感性的形象，而且包括抽象的观念。而且胡塞尔认为只有抽象的观念才是“纯粹现象”，即“本质”。

(3)观察的方式就是直觉。胡塞尔认为要直觉到本质，就要纯化现象，必须按照一定的程序来进行，它包括：

①把存在的观点搁置起来。胡塞尔认为，要摆脱一切预先

假定，就必须把独立于我们的意识而存在的现实的东西或物质的东西搁置起来，不去考察它。这样才能真正自主地进行哲学研究。

②把历史的观点搁置起来。“历史的观点”是指历史上遗留下来的对于世界的各种看法，不论是宗教的和哲学的，还是科学的和常识的。胡塞尔认为只有割断了跟这些先入之见的联系，我们才能真正自主地进行哲学研究。

③本质的还原。“本质的还原”又称“本质的直觉”。胡塞尔认为我们能够直觉到本质（eidos），我们之所以能直觉到本质，是因为我们有观念的东西，这个观念的东西就是本质。为什么现实的东西不是本质呢？因为现实的东西是变幻无常的，而观念的东西是变中之不变者。

④先验的还原。先验的还原就是先验的主观性，它是通过意向（心智）分析来进行的。意向分析是胡塞尔用来论证他的先验唯心主义的重要手段，意向分析的目的是要论证观念的东西是由意识活动构成的，而现实的东西也是由意识活动构成的，如意识活动不仅构造出树的观念，而且构造出现实的树。

胡塞尔把以上四种程序称为“现象学的还原”。其中“把存在的观点搁置起来”和“把历史的观点搁置起来”可以说是现象学还原的准备步骤，而“本质的还原”和“先验的还原”是现象学还原的核心步骤。至于“本质的还原”和“先验的还原”不能看做是两个前后相连的步骤，而应该看成是两条相辅相成、相互补充的途径，它们以不同的方式并行地达到事物的本质和世界的本质。

胡塞尔一生最大的志愿是想使哲学成为一门严格的科学。他认为，运用现象学的方法可以把哲学建立在牢固可靠的基础上。然而，在他几十年的哲学研究的过程中，他一次又一次地宣布“现象学还原”的这种方法是根本行不通的，是彻底失败了的。造成这样可悲结局的原因很简单：现象学者不把主观意识当作客观存在的反映，这样就失去了检验主观意识的客观标准，而失去了客观标准，就不可能得出任何具有确定性的结论来。

二、心理学家对胡塞尔现象学的理解

现象学一词是20世纪初由胡塞尔介入心理学而为符茨堡学派心理学与格式塔心理学所采用的。它的意义是指直接经验的描述，尽可能排除科学的成见。有些抱有认识论倾向的心理学家认为它不是科学而是预备科学（科学入门的训练）。他们以为如果所有科学都研究经验，那么经验的描述应附属于各种科学了。

在当代西方心理学家中，对现象学的方法解释得最清楚明白的要算美国存在主义心理学家罗洛·梅（Rollo May，1909—1994）了。他说：“现象学告诉我们如何接受事物的直接现象，如何摈除一切以往的理论与假定，面对病人时，又如何叫我们不要用任何固定的理论或成见。现象学促使我们站在事物之前，毫无保留地去经验它，接受它。换言之，现象学叫人们必须放弃一切先入为主的成见与观念，然后系统地对眼前的资料加以直接观察与整理。”[①]

应该指出，作为一种方法论，现象学在心理学家的心目中有如下的基本含义：

（1）假设经验为心理学的研究对象；

（2）坚持对经验的如实描述，反对乱用各种科学前提；

① 罗洛·梅：《存在主义心理学》，1971年英文版，第20～21页。

(3)质的分析先于量的分析,提出良好的问题;

(4)理解人的各个方面,包括人的价值和态度;

(5)强调心理学的整体原则。

在下一节中,我们将会看到现象的方法对20世纪以来的心理学流派的指导意义。

三、现象学在西方心理学史中的方法论意义

在西方心理学史中,从19世纪末到20世纪初的形质说、二重心理学到现代的格式塔心理学,可以看到胡塞尔现象学方法运用的逐步彻底化。

对冯特内容心理学的动摇,当首推符茨堡学派,而符茨堡学派的首领屈尔佩(O. Külpe,1862—1915)则通过彪勒(K. Bühler)接受胡塞尔的影响。由于胡塞尔现象学的启发,屈尔佩逐渐脱离冯特的立场,认为高级的思想历程不能用感觉元素加上实验来解释,乃主张:"科学是经验的,观察就是它的方法,如果你要知道思想,那么就让人们去思维,并让他们描述他们的思维吧。"[①]由于方法论上的转变,符茨堡学派立即产生了大量的成果。在屈尔佩的指导下,奥特(Orth)的识态研究,阿赫(Ach)的思维决定倾向的发现等都证明存在着一种不能用内容解释的心理过程。这样,符茨堡学派将"内省所排除于外的觉知复收于其内"。[②]

胡塞尔对心理学的另一影响就是增加了意动心理学的势力。从冯特创立内容心理学起,就有布伦塔诺(F. Brentano,

① 波林:《实验心理学史》,商务印书馆,1981年版,第453页。

② 同上书,第459页。

1838—1917)的意动心理学与之对立。这一对立导致屈尔佩的二重心理学的产生。它对意动和内容采取兼收并蓄的态度,在这方面又以麦塞尔(A. Messer,1867—1937)综合得最有成就。麦塞尔是很重视胡塞尔现象学的,他吸取了从布伦塔诺到胡塞尔的意动思想,主张心理学有意向的经验,而这种经验包括不易领会的意动和易领会的内容。最后,作为格式塔心理学前身的形质学说,也受了现象学的启发。厄棱费尔(C. von Ehrenfels,1859—1932)指出一个知觉图形的整体是一种新性质,不能用各种感觉性质来解释,他称这种整体性为形质。他的学说是建立在经验的论据上,而不是建立在实验的论据上的。这是一种直接的经验或者是对经验的如实描述,体现了现象学的方法。

格式塔心理学是现象学方法的彻底化。它的研究对象不再是感觉元素,而是现象经验。经验不附有任何前提,是不偏不倚的、毫无约束的中立经验。格式塔心理学主张,心理学家要首先如实描述经验,然后解释经验。

1930年以后,胡塞尔的现象学逐渐传到美国,尤其是经过第二次世界大战欧洲逃难的哲学家和心理学家的传播,对美国心理学,特别是对人本主义心理学产生了巨大的影响。美国心理学家斯尼基(D. Snygy,1904—1967)在20世纪40年代明确指出,心理学需要现象学体系,要求从现象学立场发展心理学,只有沿着现象学线索才能准确地预测人的行为。在20世纪50年代初,孔勃(C. Comb)实现了这种心理学,出版了《相对于行为而言的知觉原则》一书。他认为,理解和预测个人行为的关键是个人内部世界或是他的现象领域。孔勃的现象界等于知觉世界,包括个人持续活动中的经验世界。在20世纪60年代,人本主义心理学的创始人马斯洛(A. Maslow,1908—1970)也一再强调心理学要研究人的经验,经验的作用是无法代替的。对人本主义心理学来说,“现象学大略可以说就是意义、态度、目的和方法”。①

近年来,在现象学的影响下,美国心理学教科书中的心理学研究对象也发生了变化。如著名的 E. R. 希尔加德等著的《心理学导论》(1983)一书中,认为心理学研究行为和意识经验。认为这种研究应建立在现象学或人本主义的研究基础之上,要研究个体的现象学。还可以说,在研究对象的变化上,现象学与当代的信息加工的认知心理学是遥相呼应的。

总之,近一百年来,胡塞尔现象学的方法对西方心理学流派的影响是不小的。胡塞尔现象学的方法对心理学的发展的确是有贡献的,它“最大贡献是开辟了一种新的可能性,使摆脱极端的科学教条和研究内部经验的心理学成为可能”。② 但是从另一方面来看,胡塞尔现象学方法的局限恰恰就在它过度地强调人的先验的主观性,而偏离了这个先验主观性的客观来源的可能性。这就使胡塞尔现象学的方法陷入主观唯心主义的泥坑而不能自拔。皮亚杰曾对这个问题有过精辟的批判,他说:“成人的智力由早期活动形成,现象学的方法并不现实,胡塞尔忽略了形成人类智力的历史发生因素。”③皮亚杰的这种批判接近马克思主义的历史唯物主义立场。离开社会历史条件,空谈人类智力的形成是解决不了问题的,这也正是胡塞尔现象学方法的错误所在。

(1988 年 3 月,未发表)

---

① 罗宾逊:《当代心理学体系》,1979 年英文版,第 246 页。

② 考尔塞尼:《心理学百科全书》,1984 年英文版,第 3 卷,第 34 页。

③ 尼塞克等:《现象学、存在主义和人本心理学》,1973 年英文版,第 8 页。

胡塞尔构造现象学中的意识结构论

意识和自己意识，客体和主体底对立，换言之，是抽象思维和感性现实或现实感性在思想本身中的对立。[1]

——马克思

胡塞尔(Edmund Husserl,1859—1938)是德国的哲学家，生于捷克斯洛伐克的布罗尼茨。曾在莱比锡、柏林、维也纳大学学习数学、物理学和天文学。1881年以《关于变分理论》的论文获得博士学位，1887年—1901年任哈雷大学私聘讲师，1901年—1916年任哥廷根大学教授，1916年—1929年任弗莱堡大学教授。由于他是犹太血统的德国人，受到希特勒法西斯的迫害，于1928年退职，在弗莱堡度过他的晚年。

胡塞尔最初立志学习数学，后来在维也纳大学听到布伦塔诺(F. Brentano)的讲课，深受感动，于是企图把哲学建成一门不是作为世界观的，而是"纯粹理论的、严密的科学"。[2] 他原来采取了心理主义的观点，由于受到鲍尔扎诺(B. Bolzano)的影响，转而采取逻辑主义的观点。1900年从逻辑主义观点写了《逻辑的研究》一书。1913年还写了《纯粹现象学及现象学哲学的构思》，书中肯定了心理的与物理的东西之间的对立，并认为

① 马克思：《经济学—哲学手稿》，人民出版社，1957年版，第125页。

② 胡塞尔：《逻各斯(Logos)》，1910年德文版，第1卷，第2页。

前者是现象，后者是自然，当自然在现象中呈现时，在心理中就没有现象与存在的区别了。心理的东西是“生活”、是在反思中观照，生活由自身而呈现，这样的生活是研究所能及的。研究必须放弃任何“自然化”，必须是纯粹内在的，“现象的分离”需要彻底和纯粹，这样我们就达到了现象的本质。这种本质可以通过直观来把握住。胡塞尔称这种本质的研究为纯粹现象学，它构成哲学（包括认识论）和心理学的基础。

胡塞尔的现象学以布伦塔诺心理学的精神现象的意向性（Intentionalität）与鲍尔扎诺逻辑学的命题自身（Sätze an sich）和表象自身（Vorstellungen an sich）的两种理论的结合为出发点，并吸收了柏拉图、中世纪的实在论者、洛克、休谟、笛卡儿、莱布尼茨和康德的思想。他称莱布尼茨是“一切时代的最伟大的逻辑学家”。[①] 从这一点也可以看到在胡塞尔的理论中带有近代逻辑数学的因素。

一、现象学的定义

在近代哲学中，现象学这个术语一直是在许许多多不同的意义上来使用的，这个术语把这门科学的对象叫做“现象”（Phänomene）。

现象学这个术语最早出现在18世纪60年代德国哲学家拉姆伯特（J. H. Lambert）所著的《新工具论》一书中。这部著作提出了科学和真理的一般性理论，其中一部分就论述了现象学和表象（Schein）学说。康德在他的自然哲学里使用了这个词，是为了给他提出的经验的自然现象学说命名，这个词纯粹是作

① 胡塞尔：《逻辑的研究》第1卷，1900年德文版，第225页。

为与物自体学说相区别的一种观念。对于黑格尔来说,现象学乃是创立科学的学说,是关于意识的历史形态的学说。到了19世纪末,布伦塔诺、斯顿夫(Stumpf)、麦农(Meinong)等人把现象学视为描述心理学的观念,并为描述心理现象及其分类提供了方法。这就是:把意识解释成体验流、意向性,即对它物的指向性的论点。20世纪初,现象学是以西方唯心主义哲学流派的面目出现的,这是与胡塞尔的名字联系着的。胡塞尔认定,现象学是"原初哲学",是关于意识与知识的纯粹原理的科学,是包罗万象的方法学。这个学说揭示了事物思维性的先验条件和不以其应用范围为转移的意识的纯粹结构。因此,现象学是把纯粹意识结构作为对象的描述的本质学(deskriptive Wesenlehre, Eidetik, Eidologie)。

二、现象学的方法

胡塞尔现象学的对象是纯粹意识世界,而对这个世界进行研究的方法,他把它叫做现象学的还原(Phänomenologische Reduktion)或是现象学的判断中止。

这种还原或是判断中止分为两个阶段。第一个阶段叫做形相的还原(eidetische Reduktion),第二个阶段称为先验的还原(transzendentale Reduktion)。形相的还原是从事实到本质,与它相应的是从自然的态度(natürliche Einstellung)到形相的态度(eidetische Einstellung)的转化。所谓自然的态度是常识的态度、素朴的实在论的态度,也就是个人的主观立场。它是把作为事实的对象,使我们超主观地看到了的超越立场,是以这个事实来规定的。然后对这个事实和自然的态度完全给予形相的还原。由于这种还原,我们看到从事实的偶然的超越的侧面,向它的必然的内在本质、向形相的态度过渡。这时,我们从事实学转移到本质学。

先验的还原是从超越的本质到意识的内在的本质,同时是从形相的态度到现象学的态度(Phänomenologische Einstellung)的转化。所谓形相的态度是直接在它的具体性上把握本质的态度。而本质的态度的基础在于本质的直观,因此本质学是在这个立场上形成的。应该指出,形相的态度是超越的态度,在彼处被把握的本质也是超越的事物。所以现象学就是把意识的本质,即是只把内在的本质作为对象的纯粹的内在论。

列宁曾对内在论是个什么货色进行过恰如其分的批判,说:内在论"这个名称本来的意思是'经验的'、'凭经验得到的',它像欧洲资产阶级政党的骗人招牌一样,也是一块遮盖腐败物的骗人招牌"。①

三、意识的结构

胡塞尔在他的现象学的领域中也开展了对心理学的研究,他把他的心理学称为"纯粹内部心理学(die reine Innenpsychologie)"。他认为这种心理学在于运用现象学的方法,排除心理学上的统觉,专门研究纯粹的主观性,它既可称为"严密的意向心理学",又可称为"纯粹先验现象学"。

胡塞尔在这个总方针的指导下,又为他自己的心理学定一个新的名称,叫做 Ästhesiologie(可识为感觉学)。它的研究对象是研究动物身体上所具有的视觉域、触觉域和运动感觉等,精确地来说,就是研究在物理的自然之中所存在的动物的动物性。

① 《列宁选集》第 2 卷,人民出版社,1972 年 10 月第 2 版,第 217 页。

动物性有三种构造:①作为物理的有机体的动物性,这一方面应该由物理的动物学来研究;②作为感觉学对象的动物的身体;③具有优越意义的心灵(Seele)。后二者均为感觉学所要研究的责无旁贷的任务。[①]

在对心灵的研究方面,胡塞尔提出了他的意识结构论。

什么是意识?他使用了意向性的概念来表现意识的本质特征,这就是说意识就是意向性。而所谓意向性就是意识,往往是关于某种事物的意识(Bewusstsein von etwas)。这一方面表明意识要对某种事物发生作用,一方面表明对象成为心灵的内在的东西。

在胡塞尔看来,当我们在意识的时候,意识的作用和被意识的对象是被区别开来的,所谓意识就是这个主观和对象的关联关系。但是对象是意向的关联者,它既没有实际存在的要素,也没有非实际存在的要素。在这种意义上,它是超越的意识。

从意识的结构来看,在意识里面有两种成分:一是意动(akt)侧面,二是客观(objekt)侧面。前者可称为 noesis(意识活动),后者可称为 noema(意识对象)。意识机能的侧面就是意识活动,其中被意识的意向的内容、意向的客观是意识对象。意识活动是构成意识体验的心灵的实际存在的要素,意识对象是在意识上内在的而并不是心灵的机能要素;相反,根据它的被构成的意义,却是意识的非实际存在的观念要素。

这样,意识活动便可进而分为意动性质(Aktqualität)和意动材料(Aktmaterie)两方面。意动性质是特殊意识的意识活动层,是意向范畴的形式;意动材料是它的素材层、是感觉的素材。

① 贝克尔(Becker):《胡塞尔的哲学》,1930 年德文版,第 110～120 页。

应该注意,意动性质同时具有类似识别判断、表象、感情等意识的意动性格(Aktcharakter)。例如,判断的意动性格采取了肯定或否定的态度,其表象是浮现在思想之中的,特别是这种意动性质具有把意动材料进行灵化的活动。根据这一点,意识便成为某种事物的具体意识。对于这种意动材料,因为它是感觉素材的缘故,便使意识直接与对象成为有关系的事物,从而具体地体现出意识的意向性的直接状态。如果没有以意动材料为基础事物的话,无论如何也构造不出意识或成为意识的事物。

进一步来分析,意识活动的意识的意动侧面往往被规定为其关联者的意识对象的意识的客观侧面。意识对象具有意识的意思,有内容。意识在知觉作用的场合是被知觉的事物,具有知觉的意思。由于意识对象往往并不是同一事物,表象的意识对象和判断的意识对象是多种多样的。特别是表象的意识对象和判断的意识对象与多种多样的意识活动是有区别的。全意识对象在其本质上具有不相同的两层,即变化层和不变的中心的核心。变化层是集中在一个核心的周围,这个核心具有纯粹对象的意思,被认为是代表对象本身的。意识对象的核心称为意识对象的对象本身以及意识对象的对象 X,全意识对象称为在多种多样规定性上的对象。意识对象的对象 X,是意识对象内的空虚的 X,是逻辑的统一点,而所谓对象,是意识对象意思内容的实体的统一。

四、意识流(体验流)的统一

1890 年,美国哲学家和心理学家的詹姆斯(W. James)出版了他的《心理学原理》一书。这本书使胡塞尔在思想上受到了很大的启发，便接受了詹姆斯的“思想流”或“意识流”的思想。[①]

在胡塞尔看来，意识、甚至体验并不是分散孤立的事物，是作为一个“流”的具体体验的复合，构成纯粹意识的流。这个意识流，又称体验流（Erlebnisstrom），就是纯粹自我（das reine ich）或认为现象学的自我（das phänomenologische Ich）。[②] 纯粹自我是作为一种体验而从属于其他体验的事物，但并不成为它们的基础的事物，是多样体验之独特的结合与统一。在体验内容之中存在着某种结合的形式，那种整体进行的思维可以称为具有“我思”的明了的形式。这种结合形式贯彻着从内容到内容，最后构成整体的统一的内容，这一整体的统一的内容是纯粹自我。

那么，究竟什么是纯粹自我呢？纯粹自我是现象学的被还原的自我。然而它并不作为事物的存在的自我，只是作为心理物理的存在的经验的自我。它是在总的事实的体验变化中自己同一的自我，一个绝对的自己同一者。它是在变化的体验之中独特的超越者，这也可称为内在中的超越。

在胡塞尔看来，现象学的自我的本质内容就是现象学的时间（Phänomenologische Zeit）。这个现象学的时间就是具体的自我的体验流的统一形式，也就是现象学的时间是意识该事物的内在的形式。因此，它必须从物理世界的时间中，亦即客观的宇宙时间中明白地区别开来。现象学的时间是作为一般体验的时间，它与意识流同时出现，在该处有意识流动的时间。它是无

① 参阅詹姆士：《心理学原理》，商务印书馆，1963 年版，第 87 页。

② 胡塞尔：《纯粹现象学及现象学哲学的构思》，1913 年德文版，第 109 页。

限持续的连续，是被充实了的连续、必然的连续。其形相，现在、以前、以后以及根据它被规定的同时是有前有后的。而现在、以前、以后的三个形相并不是孤立的独立的，它们具有连续统一的关系。

五、现象学的影响

以上所论述的是胡塞尔构造现象学（Konstitutive Phänomenologie）的意识结构论的基本轮廓。胡塞尔的意图是要对一般的意识的本质加以规定，要对具有各种特殊性的意识，即自然科学的意识、道德的意识、艺术的意识、宗教的意识等，从现象学的立场来加以阐明。同时，由于他打着驳简化主义（或称还原主义 reductionism）、驳现象主义、驳科学主义的旗号，以致迷惑了一些人们，而使现象学的运动在本世纪初以哲学的方法和学术的探讨形式开展起来。当时（1910 年左右）在心理学界，正是形质学派还有一些势力的时候，冯特的弟子屈尔佩脱离了冯特学派而向布伦塔诺的意动心理学积极靠拢。这是因为当时意动和内容的问题在欧洲互相对峙，屈尔佩企图解决这种对峙，便主张意动和内容的统一。又由于胡塞尔现象学的势力很强，加以屈尔佩和麦塞尔二人很重视胡塞尔的理论，便产生了胡塞尔、屈尔佩和麦塞尔学派，并与布伦塔诺、麦农和威塔塞克学派相对抗。这样便形成了心理学史上有名的屈尔佩的二重心理学。

到了 20 世纪 30 年代，现象学已经遍及到认识论、伦理学、美学、宗教哲学等的许多文化领域，出版了不少著作，堪称盛极一时。例如：梅茨格（Metzger）把它运用于认识论，舍勒（M. Scheler）把它运用于伦理学，贝克尔（O. Becker）把它运用于美学和数理哲学，普芬德(Pfänder)把它运用于逻辑学和心理学，瓦尔特(Walter)把它运用于社会学，斯坦因(Stein)把它运用于心理学和精神科学。但是，这个学派到了20世纪50年代就从思想上土崩瓦解了，这个学派的代表人物信守不渝的，就只有对意识作现象学分析的某些手段。

马克思认为，黑格尔的精神现象学乃是思辨哲学的源泉与奥秘之所在。在分解出黑格尔现象学中的合理内核之后，马克思揭露了黑格尔现象学的根本缺陷，即把活动归结为抽象的精神主动性，而把人归结为自我意识。[①] 这是马克思对黑格尔精神现象学的一针见血的批判。具体到胡塞尔的现象学的哲学和心理学也完全是这样，胡塞尔把柏拉图、中世纪的实在论者以及莱布尼茨、笛卡儿、康德、陆宰等唯心主义观点又重新搬运过来，并用折衷主义的手法把它们结合起来，用以反对唯物主义的世界观，反对反映论，拒绝承认实践是真理的唯一准则。不仅如此，胡塞尔在本体论和认识论上，一面鼓吹柏拉图的特殊的理念世界或理想的概念的存在，一面用它来同具体实物的现实世界相对抗。列宁曾把柏拉图对于世界的这种观点批评为“荒谬透顶的理念的神秘主义”，[②]可见胡塞尔的构造现象学是彻头彻尾的主观唯心主义。而在今天，情况起了显著的变化，胡塞尔的哲学和“纯粹”逻辑成了一种重要的国际性的哲学思潮，在苏联、日本、东欧各国引起了学者的新的注意。自20世纪60年代以后在美国非常流行，出版了专门宣扬胡塞尔的哲学杂志《哲学和现象学的研究》。在西德，胡塞尔的弟子海德格尔(M. Heidegger)把胡塞尔主义同基尔克廓尔德(Kierkegaard)的神秘主义结合起来。

---

① 《马克思恩格斯早期著作选》，1956年俄文版，第637页。

② 《列宁全集》第38卷，人民出版社，1955年第1版，第312页。

在法国，胡塞尔对当代法国哲学的影响是深远的。法国存在主义的主要代表萨特(Sartre)和梅洛—庞蒂(Merleau-Ponty)同时也是现象学的主要代表。法国现象学运动非常活跃的一员李科(Paul Ricoeur)，把胡塞尔构造现象学介绍给战后的年青一代。法国思想家德里达(Jacgues Derrida)在文学解释中，把构造现象学和结构主义结合了起来。当然，我们对构造现象学的哲学和心理学中的合理因素，如它对科学主义和实证主义的尖锐批判，它认清了西欧文化的危机，研究了意识分析的复杂问题等方面，是应该予以重视的。

（《江苏心理学通讯》，1982 年）

狄尔泰的社会科学心理学思想

马克思和恩格斯都说过，人类的实践证明唯物主义认识论的正确性，并且把那些离开实践而解决认识论的基本的尝试称为“经院哲学”和“哲学怪论”。[①]

——列宁

在这个马斯洛和罗杰斯的人本主义心理学颇为流行的时代，比较深入地探讨一下人本主义心理学的理论来源之一的狄尔泰的社会科学心理学思想是很有必要的。这是因为现在马斯洛和罗杰斯的人本主义心理学在国内外迷惑了一些人们，他们的理论被奉若至宝；同时自 1960 年以来西德的一些人力图“复归狄尔泰”(Nach zum Dilthey)，把他视为现代心理学的“第三种势力”，誉之为可与彪勒(Charlotte Bühler)、马斯洛以及罗杰斯齐名的人物。[②] 根据这种情况，本文拟就狄尔泰的社会科学中所包含的内容、心理学的研究对象和方法以及结构关系的体验论等方面，来阐述他的思想源流和本质，以便更好地认识狄尔泰及其学派的真面目。为此，作者不以狄尔泰为过时的人物而翻阅了他的一些著作，感到进一步认识人本主义心理学本质是有必要的。

---

① 《列宁选集》第 2 卷，人民出版社，1972 年 10 月第 2 版，第 139 页。

② J. 布劳泽克与 L. J. 彭格拉兹：《现代心理学的历史编纂学》，1980 年英文版，第 280 页。

一、狄尔泰的一生及其所处的时代

狄尔泰(Wilhelm Dilthey, 1833—1911)是德国的哲学家和心理学家,“德国黑格尔时代的最初思想家”,也是新黑格尔主义运动的推动者。他生于黑森(Hessen),曾就学于哥廷根大学,跟黎特(Ritter)学习,又跟陆宰(Lotze)学习。后来在柏林大学受特伦德伦伯格(Trendelenburg)和兰克(Leopold von Ranke)的影响学习神学、哲学和史学,专门研究施莱尔马哈(Schleirmacher)。1866年,在巴塞尔大学任哲学教授,其后又在基尔大学和布累斯劳大学任哲学教授,1882年在陆宰去世之后任柏林大学哲学教授。此时曾与同校同事蔡勒(Zeiller)教授等一起深刻研究“历史的认识”与社会科学的建设,积极反对康德(Kant)的形而上学。对狄尔泰世界观的形成最有影响的人物是伯克(P. A. Boeckh)、葛立姆(J. Grimm)、朗格(F. A. Lange)、黑格尔(G. W. Hegel)与尼采(F. W. Nietzsche)。他虽然不是新黑格尔学派的成员,但他是新黑格尔学派的创始人之一。他在哲学和心理学领域中属于现象学派。

狄尔泰的哲学和心理学是一个反对马克思主义哲学的资产阶级哲学流派,它的形成是与西方各国从自由资本主义向垄断资本主义过渡相联系的。在哲学上,这个时期正是逻辑世界秩序的形而上学结构日益不受欢迎的时代;而另一方面,也是实证主义和新康德主义及其自然科学方法的应用,都证明不能用来概括研究人类和对社会科学作哲学研究的时代。因此,狄尔泰企图建立一种新的方法论,并对社会和文化的研究给予一种新的解释。他认为,三大哲学潮流:(1)唯物主义或实证主义,(2)自由唯心主义,(3)古典或客观唯心主义,都不能正确地反映世界,它们都是片面的,所以他大声疾呼,要用他的哲学进行调和以解决这一问题。而他的社会科学的心理学思想就是在这种世界观的指导下形成的。

二、狄尔泰的社会科学中所包含的内容

狄尔泰认为社会科学(Geisteswissenschaft,也译为人文科学)是自然成长的,是从生命本身的课题发展出来的。它的研究对象就是人,就是人的完整的心理生活。然而尽管人被赋予知觉的表象,但它是一种物理的事实,用自然科学才能对他有所认识。至于谈到作为社会科学对象的人,他的各种状态只限于去体验(Erleben),只限于把他的诸表现(Ausdruck)予以理解(Verstehen)才能得到认识。而且,体验、表现以及理解,并不单是通过人自身的手势、行动和言语来表达的,还要通过社会诸形态中的精神的形形色色的客观化来表达。狄尔泰说:"就像这样的自身的举动中到处都有的体验、表现以及理解的关系,通过它,人作为社会科学的对象而在那里为我们存在着。"[①]社会科学首先对这种关系进行阐明,当然这种社会科学很明显是与其他种类的科学完全不同的。

那么,这种社会科学的研究对象是如何给予的,又是如何规定的?这就是说,对象存在的样式是规定对象的研究方法的。如果说,社会科学在那里仅限于作为研究体验而给予的便是心理学,仅限于研究表现而给予的便是历史学,社会科学需要体验与表现由理解而统一,对象由于它而成为现实。对于社会科学

① 《狄尔泰全集》第7卷,1927年德文版,第87页。

来说,要求“历史的分析和心理的分析相结合”。[1] 这种结合就成为社会科学之具体方法的解释学(Hermeneutik)。由此可见,狄尔泰的社会科学中包含心理学、历史学和解释学的三种科学。

三、狄尔泰所规定的心理学的对象和方法

狄尔泰是最早试图论证有必要创立心理学这门科学的人物之一,他认为有必要把心理学建设成为一个个人精神生活体验的统一体的科学。在狄尔泰看来,心理学可分为两种。一种是自然科学的心理学,它是把精神现象规定为一定数量的要素而从属于因果关系。狄尔泰把这种心理学称为“说明性的或是构成性的心理学”(die erklärende oder konstruktive Psychologie)。那种把构成感觉和感情的两极要素的一切精神现象给予因果说明的心理学,狄尔泰称之为“描述性的与分析性的心理学”(die beschreibende und zergliernde Psychologie),这是社会科学的心理学。这种心理学已被塞尼加(Seneca)、奥古斯丁(Augustine)、马基雅维利(Machiavelli 马希维利)和尼斯加(Pascal)阐述过了。

狄尔泰指出,描述性的分析性的心理学的对象是研究精神生活的结构关系(Strukturzusammenhang),对于这种结构关系的体验应该是心理学的出发点。“结构关系的体验”就是狄尔泰概括全部心理学的简明公式。这些内在的经验,如我们理解一个手势,一个行动,一个句子,人生与历史,激情与痛苦,绝不是假设的过程,而是代替着描述性心理学的坚实基础,它是从体验到的内在关系开始。它从体验到的结构关系出发,用“分析的方

① 《狄尔泰全集》第1卷,1941年德文版,第79页。

法"去描述它的各个方面。而一切心理学的认识只能是对这种结构关系进行分析。

同时，狄尔泰又指出："人的精神是什么？只是历史的意识，在其精神生活产生之处，就可以进行认识。而精神的这种历史的自我意识才使人们成为一个人的。"[①]这就是说，人的精神是有历史性的。若要研究这个精神，就要通过历史的研究和心理学的研究，只有把这两种研究结合起来才能得到结果。例如，研究某一首诗，首先因为这个作品是一种历史的产物，对它进行研究则有赖于历史的社会实在的整体认识。另一方面是，这个创作乃是产生于精神的活动。"因此文学及其具有历史研究之基础的真正的诗学，其概念与命题必须把历史的研究和人性的这种一般的研究结合起来才能获得。"[②]又由于心理学的研究和历史的研究的关系是相互的，所以心理学的分析必须和历史的分析结合起来，而历史的分析也必须与心理学的分析结合起来。因为经济、法律、宗教、艺术、学术等文化诸体系以及家族、集团、教会、国家等结合是社会中的组织，但它们都是从人的精神之中产生的，所以它们归终也要从这个关系中得到理解，精神的事实乃是那些事物最重要的构成要素。所以，没有心理学的分析就不可能认识那些事物。在这种意思上，心理学是一切历史生活认识的基础。

四、狄尔泰的作为研究体验的心理学

上面已经说明"结构关系的体验"是狄尔泰心理学的出发点

① 《狄尔泰全集》第 4 卷，1923 年德文版，第 528 页。

② 《狄尔泰全集》第 1 卷，1914 年德文版，第 88 页。

或研究对象，那么什么是结构关系的体验呢？在狄尔泰看来，这种结构关系的体验的形成必须有一个过程，这个过程首先要通过外界(他认为这个外界只是现象)，要通过一个单纯表象的外界，然后我们的意欲、情感、表象的整体关系与这个外界实在性相互结合，这样便形成一种“结构关系的体验”，从而获得一种意识事实。例如，亲人之死，我们便感到痛苦，体验到知觉以及表象与痛苦的这种结构的结合。而这种结构的结合乃是一种实在，它作为一种实在便在我这个个体之中表现为这种结构的关系，同时也包含着一切事物的体验。狄尔泰指出，表现在我们的精神结构中心的事物不是别的，只不过是一束冲动和感情而已。印象是从这个中心所给予的感情色彩，它也是集中注意、形成知觉及其记忆以及思想系列的结合而形成的。因此，结构关系的体验就是形成我们人类意识事实的最一般的条件。

狄尔泰进一步指明，整体的结构关系是在体验之中发生作用的。我现在的体验，由于其中包括一些契机之故，它是过去的结构与这些契机相结合而产生的体验，同时又有其他一些契机而导向未来。当一个个体把体验过的事物加以回忆时，希望、期待、顾虑、欲求这些表现于未来事物的这种关系，又把我从遥远的后边牵引到前边。由于这种牵引(Fortgezogenwerden)——它并不与意志混淆——在结构关系上作为力(Kraft)进行活动而获得现存性(Präsenz)的原先所具有的性格。因此结构关系的体验是一种动的统一。它不只是现在的意识，而是在现在的意识之中已经包含着过去的意识和未来的意识。所以说，现在的具体意识是经常把过去和未来的意识包含在自身之中的。在生命之中，现在是由过去而充满，并把未来孕育于其中。因此，在结构关系的体验中也包含着“发展”(Entwicklung)。

以上所述，可以看到狄尔泰的心理学从实质上来说就是论述结构关系的体验(狄尔泰也把结构关系简称体验[①] Erlebnis),这就构成了狄尔泰的全部心理学理论体系。

由此可见,狄尔泰的社会科学心理学的研究对象就是体验。但应该指出,这个体验还是有其不同的特性的,这一点在研究狄尔泰的思想时是必须明确掌握的。

(1)体验对于个体来说是直接的,因此具有直接性。

(2)体验具有整体性,即其中的各部分由联系而统一。

(3)体验具有历史性,即个体已经是历史的构成者。

(4)体验具有发展性。

(5)体验并非静止的,它具有活动性。

(6)体验是把客观化的冲动作为它的基础的。

五、在方法论上狄尔泰与艾宾浩斯的论战[②]

狄尔泰的许多心理思想首先都是在他与同时代的心理学家艾宾浩斯(E. Ebbinghaus,1850—1909)的论战中形成的。他于1894年出版的《描述性的分析性的心理学思想》一书是对艾宾浩斯的"说明性"心理学思想的批判。他认为艾宾浩斯的"说明性"心理学那是模仿"原子"物理学的思想,而且主要是由假说构成的。要正确看待社会科学的重要性,就应以一种"描述性"心理学来代替"说明性"心理学。在这里,狄尔泰曾经提醒说,沃尔

---

① 狄尔泰把体验解释为:主观的精神同时还包含着客观化了的客观精神。

② 1960年在西德探讨了"狄尔泰与艾宾浩斯的论战"问题。符茨堡大学心理学史家彭格拉茨(L. J. Pongratz)写了一篇《描述性的和分析性的研究:狄尔泰反对艾宾浩斯》的文章。

夫(Wolff)以及德罗比西(Drobisch)和魏茨(Waitz)曾对"说明性"心理学和"描述性"心理学——"理性心理学"和"经验心理学"——加以区分,狄尔泰认为心理学必须是一切社会科学的基础,它具有根本性的理解过程。这一过程归根到底是一个"艺术过程",一个我们在其中不断意识到部分同整体的关系的过程。为了达到这样的研究目的,心理学必须用正确的方法,过去休谟(D. Hume)主张使心理学成为科学的方法,乃是把它应用到物理学的研究上。休谟的这种联想主义心理学虽然试图成为科学的方法,但是并没有研究出具体的心理学事实来,诸如艺术家的创造想象、价值和职责的意义、自我牺牲、宗教献身等问题,可以说是根本没有解决。所以针对这样的情况,狄尔泰于 1890 年就指出当时的"说明性"心理学就是一种原子论的、感觉论的、唯我论的心理学,它只把研究自我的个体作为基础。因而狄尔泰又强调:自从人类有精神活动以来,这种精神活动是直接使我们接触得到的,研究这样的精神活动的新心理学只能是一门"描述性"心理学。这门心理学,它除了描述、分析和自我观察外,还研究社会文化现象——人的"客观心理"。所以最后狄尔泰说,"描述性"心理学的研究主题是研究一个社会中的个人。简言之,"描述性"心理学并非是物质论的而是精神论的(心理学的),并非是原子论的而是社会的。

艾宾浩斯指责狄尔泰勾画了一张曲解"说明性"心理学的图画。因为"说明性"心理学并不像狄尔泰所指出的那样,它是力学的、赫尔巴特(Herbart)的联想心理学的。心理学既不能限制它本身去描述,同时它也必须努力于"说明",特别是从心理学着重触动人的心灵以来,更应该这样去做。

艾宾浩斯为了说明这种事实,他劝狄尔泰最好在他的"描述性"心理学中也需要考虑"说明性"。艾宾浩斯给狄尔泰举一个例子:“我看见一只蜥蜴趴在太阳照射的墙壁上,突然一个声响——而使蜥蜴跑开。这只蜥蜴是被太阳和温暖吸引的,为了保护它自己而逃掉。刺激、反应和机械反射以一个意味深长的行为联结在一起——意味深长是因为它为快乐和得救而服务。”①

艾宾浩斯的这个例子,很恰当地证明了对一件事实的“描述性”和“说明性”二者是缺一不可的。

艾宾浩斯指出,当狄尔泰说到心理学的“研究目的”和在认识上遇到漏洞时,他便试图借用生物学的事实来填补这个漏洞。艾宾浩斯认为,“说明性”心理学恰恰也可以用它填补这个漏洞。他还希望狄尔泰的“描述性”心理学完成假说,正像“说明性”心理学所做的那样。这正像没有真实的描述不可能有科学一样,没有假说也就没有科学。狄尔泰批评“说明性”心理学是含糊不清的;艾宾浩斯还击说,含糊不清并非“说明性”心理学的过错,而是开始于精神现象——它作为永久的物理对象并不是容易感觉的和明确的——的描述。因此,在艾宾浩斯看来,在这些关系上两种心理学并无不同。

但是,艾宾浩斯认为,严格说来两种心理学也有不同的地方,那就是在方法论上。

这是因为,“说明性”心理学首先依赖于实验和定量,而“描述性”心理学则是对直接经验进行分析(在这个意义上,它是经验心理学),并倾向于类型学的普遍化的偏好。一个是发现规律的,另一个是个案研究的。

---

① J.布劳泽克与L.J.彭格拉兹:《现代心理学的历史编纂学》,第282页。

总之，艾宾浩斯完全彻底地否定了狄尔泰，他发现在新狄尔泰学派的心理学和业已存在的“学院”心理学之间并没有本质上的不同。

六、狄尔泰世界观的实质

在19世纪到20世纪初的欧洲哲学界，狄尔泰被认为是著名的生命哲学(Lebenphilosophie)的奠基者，同时也是德国社会科学运动中最杰出的代表。这是因为他所提出的“人本学”(Anthropologie)思想，一反德国人本主义的传统，他重视人的个性和整体性，强调从全人类的立场和历史性来研究人，来研究人的无限性意识。这可以说是狄尔泰对哲学和心理学的不朽贡献。

但是，由于狄尔泰世界观的局限，他自己所提出的任务并没有得到很好的解决。例如，他从1880到1900年曾经研究过社会科学心理学，从1900到1910年曾经研究与说明过历史世界的建立，都是因为他的主观唯心主义的世界观而未能获得多大的结果。

狄尔泰否定自然界的客观规律性，否定自然科学理论是对自然规律的反映，具有客观真理的意义。他在社会历史领域，不仅否定其中存在客观规律，也否定社会历史理论具有客观真理的意义。他认为社会历史理论总是历史学家个人对于个别历史事件的体验。从这种观点出发，他认为自然科学与社会历史科学的研究均不能运用逻辑思维的方法，而只能凭借个人的直接体验以及对体验的解释。他说：“如果说在自然科学中，任何对规律性的认识，只有通过可计量的东西才有可能……在社会科学中，每一抽象原理归根到底都通过与精神生活的联系获得自己的论证，而这种联系是在体验与理解中获得的。”[1]他在这里所说的体验和理解，正是对个人的主体内心体验和对这种体验的解释，也正是在这种意义上，他把他的社会科学的方法论叫做解释学，并把在解释学的这种方法论指导下的他的社会科学心理学称为理解心理学。

不仅如此，在狄尔泰看来，个人的主观心理体验与客观实际是毫不相干的，他排斥理性思维，而理性思维却是研究社会历史的根本方法。他主张把作为主观主义和神秘主义解释的心理学作为社会历史科学的出发点和基础。他说：“心理学的材料将是通过分析社会历史的真实情况而获得的最简单的材料(befund)，正因为如此，所以心理学是具体的社会科学中首要的、基本的科学，而与此相适应，心理学的真理就成为进一步加工的基础。”[2]可见，他所谓社会科学的方法论是一种主观唯心主义的、反理性主义和神秘主义的内省论。可见，他的这种解释，真可说是与马赫(Mach)所说的“认识是对生物机体的有用的(förderndes)心理体验”毫无二致。[3] 在这个关键性问题上，列宁说得好：“认识只有在它反映不以人为转移的客观真理时，才能成为对人类有机体有用的认识，成为对人的实践、生命的保存、种的保存有用的认识。”[4]狄尔泰离开客观实际，离开实践，空谈心理体验当然是荒谬的。

最后应该指出，狄尔泰的哲学和心理学在 20 世纪初期，特别是第一次世界大战后，在西方各国，特别是在德奥等国发生了

---

① 《狄尔泰全集》第 7 卷，1972 年德文版，第 333 页。

② 狄尔泰：《社会科学概论》，1923 年德文版，第 4 页。

③ 马赫：《认识和谬误》，1906 年德文第 2 版，第 115 页。

④ 《列宁选集》第 2 卷，人民出版社，1972 年 10 月第 2 版，第 139 页。

很大的影响。在他生前，德国出现了以鼓吹狄尔泰的生命哲学与历史哲学思想为中心的所谓狄尔泰学派，其主要代表人物有斯普兰格(Spranger)、克拉盖(Klages)、雅斯贝尔斯(Jaspers)、图玛尔金(Anna Tumarkin)、艾德曼(Erdman)、米西(Misch)、施本格勒(Spengler)以及克路格(Krüger)[①]等人。不仅如此，在1914年狄尔泰的全集出版后，他的影响不但渗入了欧美哲学和心理学的其他学派(当然包括今天美国的人本主义心理学)，而且渗入了历史学、法律学和经济学，并使这几门科学日益广泛地采取了他的方法论。

(江苏省心理学会《心理学论文选》，1984年)

① W. T. 琼斯：《现代德国思潮》第1卷，1930年英文版，第227页。

斯特恩的人格主义心理学

斯特恩是20世纪30年代左右活跃于德国哲学和心理学舞台上的著名人物。他和狄尔泰(Dilthey)一样,力图摆脱当时对意识所持的“原子论”观念,而欲通过哲学与心理学的结合,建立整体观的人格主义心理学。他对心理学的建设有多方面的贡献,直到今天还有一定的影响。因此,斯特恩应该在现代心理学史上占有一席之地。本文试图简单介绍他在心理学上的一些关键性的观点,以说明其思想的重要性。

一、斯特恩的经历及其著述

斯特恩(William Stern,1871—1938)是德国的哲学家和心理学家。1892年,柏林大学的艾宾浩斯(Ebbinghaus)授予其哲学博士学位,并留校任讲师。1897年,去布莱斯劳大学作为茅曼(Meumann,1862—1915)的继承者任哲学教授,1915年,到汉堡大学的殖民地研究所任所长和哲学与心理学教授。法西斯政变后流亡到美国,任杜克(Duke)大学心理学教授,直至退职。斯特恩在哲学上是唯心主义流派——人格主义的代表人物。在心理学上,他研究的范围极广,如对普通心理学、教育心理学、应用心理学,特别是儿童心理学以及个性心理学等领域均作过探索。他是一位明察秋毫的观察家和细心的实验家。他搜集了大量的事实材料,来确定他的一系列研究工作的科学价值。他在

1906 年出版的三卷本的《人与物》(1918、1924 年曾两次再版)一书,一方面试图架设实验的和人类的心理学之间鸿沟的桥梁;另一方面他要将二者综合为一种人格主义的心理学。斯特恩还有两部研究幼儿期心理学的著作《儿童语言》[1907,与其妻克拉拉·斯特恩(Clara Stern)合著]和《幼儿期心理学》(1914)。他的《差异心理学》(1911)一书,尽管存在着一些错误,但在探讨智商问题、类型学、性格分析学和个别差异心理学各种问题上,仍占有显著的历史地位。他的许多实验著作,例如论述证人供述心理的著作,拥有重要的事实材料,遗憾的是他对事实大都只是从唯心主义立场作理论上的说明。斯特恩十分重视心理学的实际应用问题,心理技术学这个术语就是他最先提出来的。他晚年写成的《以人格为基础的普通心理学》(1985)一书,论述了其作为整体观的人格主义心理学的理论与实践,是一本颇具参考价值的著作。

二、"人"(人格)的本体论的意义

在斯特恩的人格学(Personalistik)[①]中,最基本的思想是物与心的中性存在的"人"(人格,die Person)的概念。因为这一"人"的概念是基本的概念,所以它不仅是各门科学中关于人的概念,也不仅是心理学的概念,而是它包括一切,即构成它们基础的东西。因此,"人"并非指的是人,而是包括人的存在与非人的存在。它还不仅只限于单个的人格,因为单个的人格只能认为是人。这样,"人"的概念,毫无疑问与"物"(die Sache)的概念

① 人格学并非指人本学之意,它与人格主义(Personalismus)或人格主义的心理学相当。

相对应。在斯特恩看来，所谓“人”，它不仅具有其部分的多样性，它是像构成一种现实的、独特的、独自的价值的统一一样存在着，而作为这样的事物，不仅有其部分的机能的多样性，还像追求完成统一目的的独立的事物一样。由于把“物”作为与“人”相对立的矛盾的东西看待，因此“物”是由许多部分构成的，像不能构成任何现实的、独特的、独自的价值的统一的事物一样，而且它在许多机能部分上活动着，像不能完成任何统一的、追求目的的、独立的事物一样存在着。[①]

这样，把“人”看做是独立的、限定自己的、追求目的的整体。它既不与意识的内容有关系，也不与身体的变化相结合，它是一种根本未分化的状态，其中心与物均未分化地存在着。这种对“人”的看法可从五方面来剖析：(1)“人”是整体的，“物”是积累起来的统一性。(2)“人”是表示质的，是个性，“物”是表示量的，表示比较可能的“人”的独特性。(3)“人”是能动的，“物”是作为被动的“人”的独立性。(4)“人”是目的论的，“物”是机械的“人”的追求目的性。(5)“人”是带有自己目的的，“物”是企求它的目的的“人”的独立价值性。而在“人”中，其显著特性是：(1)相应的多样的统一(Vieleinheit)；(2)相应的目的活动(Zweckwirken)；(3)相应的特殊性(Besonderheit)。与以上三个概念相对应的是：对“人”来说，可以把它看做实体性(Substanzialität)、因果性(Kausalität)与个体性(Individualität)的统一。所以说，像一开始时所暗示的那样，毫无疑问，“人”是心与物的中性的存在，它具有本体论的意义。

① 斯特恩：《人与物》第1卷，1923年德文版，第16页。

三、"人"的心理学问题

足以代表斯特恩的人格主义心理学思想的，有几个主要的观点，分述如下：

(一)"人"是目的组织的体系

在斯特恩看来，"人"的存在，一方面具有多样中的统一的特殊性；一方面具有它的行动、动作内部的目的论性质。从这一点可以看到，斯特恩的目的论思想色彩是很强的。他认为，"人"一般追求目的，它一方面直接作为自己目的而自己保存、自己发展，一方面可以看做是外来的目的（Fremdzweck），即在人民、人类的整体中以及朋友等的抽象理念之中所构成的。这样，可以把人看做是最终的原因（Causa finalis）。还可以把它看做具有完成自己的自主的能力，而且自己完成的方法则是在自己的目的之中去摄取外来的目的，即所谓内感受作用（Interozeption），它根据物心的中性作用而活动。在这里，客观的价值不仅在自己的动作中被肯定，甚至参加客观的世界的实现与具体化。因此，"人"是以目的的组织而存在的，而且把目的性与因果性巧妙地结合起来，可以认为是目的机械的（Telemechanisch）。然而，目的性是"人"的某个部分所发生的关系的必然性的规定，而且整体是构成一种目的的组织（Zwecksystem）的体系。

(二)"人"的层系原理与辐合原理

在斯特恩看来，根据"人"的最终的追求目的，它要保存自己，并且发展自己，以感受客观世界，这样就形成浑然一体的序列。而那种各个迥然不同的次要事物，便表现出一种部分的整体。这种部分的整体,它们相互间是联系着的,在成为上级与下级的关系的同时,还作为并列的关系而存在,这就是所谓多样的统一(unitas multiplex)。斯特恩把这种理论称为层系原理(Prinzip der Hierarchie)。

同时,在斯特恩的人格心理学中,非常重视环境与"人"的关系的研究。在这个问题上,他认为,既不能把"人"具有遗传的成分强调为先天决定论,也不能把外部环境看做是万能的而强调环境决定论,单独强调这两方面的任何一方面都是危险的,而应该运用环境与"人"协同作用的观点来看待这个问题。这就是:一方面,"人"具有基于追求目的性的潜在性,即有作为潜在能力的素质,例如:方向素质(Richtungsdisposition)、准备素质(Rüstungsdisposition)等;另一方面,这种内在的能量成为发展的刺激、成为资料或问题或强制等。这样,如果把两方面协同起来的话,"人"就可以作为具有可塑性的素质而向前发展,并走上完善之路。这种理论,斯特恩把它称为辐合原理(Prinzip der Konvengenz)。

在斯特恩的这种辐合原理指导下,在人格主义心理学研究"环境"与"人"的关系时,S－R(刺激—反应)的公式是不适用的,斯特恩的公式为$\frac{S-P}{R}$。这种公式强调了目的论的关系,因为孤立的刺激并不是直接同人的孤立反应发生关系,像在机械的 S－R 公式中所表示的那样,而是同人(P)发生关系。因此,某一光线刺激,并不引起光的感觉,而是引起人在他"自发目的"倾向地基础上,以感觉行为做出反应。

(三)表现"人"的统一活动的机制——内化与外化

在斯特恩看来,"人"是整体性、活动性、活生生性、追求目的性、自己限定性等优点的统一。因为“人”是处于物和他人所构成的环境之中的,所以他的存在:一方面面向自己本身,是向内传导;另一方面外向地向他人他物传导,这就叫做内化(Innerung)与外化(Äusserung)。从这一点来说,“人”具有根本的活动性的两方面的特色。以这种特色作为准备条件,便产生了心与物二元的区别。斯特恩着重指出,这种区别并不同于斯宾诺莎(Spinoza)所主张的,作为同一实体的两种属性的精神与物质,也不同于平行论所主张的,精神与物质是固定的、静止的,两者是互相感应的看法。他认为,“人”的统一活动是从内向和外向两个方向来表现的,不过是作为内化的状态是心,外化的状态是物所创造的而已。

这样,作为具有心理的“人”是根据自己向内部而发生的,而一切的物又是“人”的表现。所谓内化和外化两者密切地关系着,二者在不同的意义上,是共同属于“人”的整体的。

(四)“人”是生活者与体验者

从上所述可以看到“人”是物与心的中性,具有追求目的的倾向和能力,处于环境世界和辐合的关系之中,这在逻辑的意义上是第一性的;至于它在意识的形式上来反映自己本身,这在逻辑的意义上是第二性的。因此,“人”的生活具有绝对概念的意义,是在无限的永远的目的中匍匐前进的。在其整个活动(Lebnis)之中,在意识上当把它加以很小一点的变化时,它便在生活(Leben)着、体验(Erleben)着其变化。所以“人”是在意识上把它的存在变化的,他是生活者和体验者。

因此,斯特恩强调:“人”,当他的生活成为习惯时,在辐合上没有任何抵抗、摩擦,看不到任何矛盾和斗争。因为他不发生内化,所以不能认为是内部的反映。换言之,这种生活的斗争部分，不过是一种意识的飞跃，其实，意识是斗争的符号、副产物。而在此时，意识反映自己以外之物以及在自己的意识上来反映自己，这叫做客观的意识（Das Objektbewusstsein），它是知觉和表象；而主观的意识，则是冲动意识、感情、情绪、意志等的状态。其中，自我意识以最显著的意识的飞跃表现出来。"人"把自己作为个体，作为一个完整的统一体来把握，最后以至作为个性、作为与其他任何事物都显示的不同来把握，甚至达到了顶点。应该指出，斯特恩这种强调"人"当其生活成为习惯时，在辐合上没有任何抵抗、摩擦，看不到任何矛盾和斗争的观点是错误的，是不符合辩证唯物主义的原理的。

因此，"人"的整个活动，当转换为内化时，就是以体验来表现。但是它在这里是作为相对的概念来表示的，因此就必须设想为体验和进行体验，表现出自我与环境，或者是主观与客观的分离。在体验之中或是自己表现于外时，体验的内容和对象便表示出二者是完全不同的，这就成了错觉。

(五)"人"是意识与无意识的结合体

在斯特恩看来，意识是由内化发生的，所以在这里，所谓无意识就具有了它的积极意义。

他认为，所谓无意识，对"人"来说，是与他的意识的事实有关系，也具有其意义，但不具有它本身的意识的事实。

这时，他指出，他之所谓的无意识，与谢林（Schelling）或是哈特曼（E. V. Hartmann）作为无意识的世界原理之宇宙意义的研究是不同的，而应该从人类方面来考察它。

斯特恩把无意识区别为两种：第一，下部意识（Das Unterbewusstsein），它是从意识的片断中产生的，即前意识状态，它在其中存在着，在其经历后存在着。如果把这种意识状态和目的论关系结合起来看人格的状态，这就是下部意识。例如，沉淀于下部意识中的视觉表象，当“人”在生活中对它有需要时，它便再显现出来。此外，如一切心理上的记忆痕迹、练习的效果，潜在的可能性等都属之。第二，上部意识(Überbewusstsein)，也称为超意识。它是“人”的“单一意识”，一切被动意识的体验均属之。但是以此作为材料，以此与意识域上密切结合的那种进行活动的活动性(Aktivität)，则不属于这种上部意识。

那么，什么是活动性呢？斯特恩把活动性分为三层：(1)单独的作用(Akt)。这种作用是在适宜的时间对刺激给以反应来表现的，或是由于内部的倾向表现为自发运动的作用，我们的思考作用、意志活动、注意作用，是从“人”的物心的中性的追求目的性中直接流露出来的，在这种意义上，具有意识的性质。不用说，这种作用是意识所固有的性质。可以认为它的本质就是“人”的物心的中性作用。(2)具有产生活动的慢性[①]的能力或是作为倾向的素质，即倾向性。(3)构成上层的事物，即“人”本身，即“人”不是作为“人”的意识，只不过是有时作为具有意识、其自身具有上部意识或是超意识的性质。

如果，像这样的作为上部意识或是超意识的“人”，只限于作为意识现象的创造者出现时，才能给予意识的人格的名称。此时，“人”就不仅是作为超意识的了。

因此，包括上列两方面的无意识，可以说它是人格活动的背景。在斯特恩看来，包括意识与无意识的东西，即心理的东西

① 在斯特恩的人格心理学中，他把个体的特点，分作急性的和慢性的。急性的分为现象、作用或是活动(Akte)，慢性的特点是倾向性或倾向素质(Anlage)。

(Das Psychische)。

由于心理的东西是“人的”,所以必须明确:带有目的论的“人”,它是心理的而不是目的论的。

在这里,与心理的东西发生关系的是存在于人格的目的性之中的,因此科学的心理学就必须分作四个部分来研究它的内容:现象(Phänomene)、作用(Akte)、倾向性(Dispositionen)、人或是自我(Person oder Ich)。

(六)象征的解释方法

在斯特恩看来,在“人”身上的心理的东西,具有目的论的意义,他认为解释这种目的论的意义,就要运用目的解释法(Zweckdeutung)来进行。他把这种方法叫做认识方法。

斯特恩指出,心理的东西是作为“人”的内部表现于外的记号来存在的,所以心理的事实具有象征的意义,用以解释这种象征意义的叫做象征的解释(Symbolische Deutung)。它是研究人格心理学的主要方法。

此外,斯特恩在差异心理学领域中使用的则是变异研究法、相关研究法、心记法、比较法等方法。

四、简短的评价

应该首先指出的是,斯特恩一生大部分工作是在沿着实验的方向进行的。因此,他自始至终极力主张对心理要坚持实验的研究,这为后来研究心理学的方法指出了明确的方向。

他一生在理论上的突出贡献是:他把人的生命分为三种形态:生物学的(生命力)、经验(突出的和嵌进的)与内感受作用。这三种形态是完整的人在社会、文化、道德和宗教价值中发展的结果，这一贡献受到了今天欧美生理学和医学界的普遍重视。[①]而他对表现“人”的统一活动的机制——内化与外化问题的探索，在研究人意识的机能和结构上可说是一种精辟的思想。

至于斯特恩在人格心理学和儿童心理学两大领域上的贡献也是较大的。在人格心理学上，他是比纳（Binet）和高尔顿（Galton）研究成果的集大成者，这一点从心理学的历史发展过程来看是必须肯定的。在儿童心理学方面，他对于早期的儿童心理学的研究，完全可以说是一种划时代的探讨。他不以感觉而以独立统一的个人生活作为出发点，根据他的辐合原理，以具体的实验观察为基础，对儿童的心理进行观察和实验研究，成果不小。

从19世纪末到20世纪初，斯特恩的整体论思想曾为格式塔心理学派所接受，而在当代的普通心理学和社会心理学上又直接影响了奥尔波特（G. W. Allport）关于个体的统一性和创造性思想的形成。[②] 这足以证明他的理论和实践对心理学是有较大贡献的。

但是，也应该看到，由于斯特恩作为整体观的人格心理学是建立在人格主义哲学基础之上的，这就必然要为他的心理学理论体系的建立带来一定的困难。

首先，人人皆知，在哲学上，人格主义是一种属于人本主义思想的宗教唯心主义哲学。它与弗洛伊德和存在主义等其他人本主义哲学流派一样，强调哲学研究的对象不是物质世界，而是

① 科尔森尼编：《心理学百科全书》第3卷，1984年英文版，第367页。

② M. H. 马克斯等：《心理学的体系和理论》，1979年英文版，第362页。

人或自我。但是它与弗洛伊德精神分析论和存在主义等又有不同。弗洛伊德精神分析论把“自我”归结为一种“欲望”——无意识的性欲冲动;存在主义把“自我”归纳为“意志”——盲目的自由意志;而人格主义则把“自我”归结为“人格”,认为世界的本原是“人格”。“人格”才是哲学的真正对象和一切哲学问题的核心。相反,把人的意识降低到次要地位,认为意识是一种次要现象,就足以证明人格主义是什么性质的哲学了。布莱特曼(Brightman,1884—1953)说:“从广义上说,人格主义是这样一种思想方法,它把人格当做是解决一切哲学问题,不论是价值问题,或认识论问题或形而上学问题的钥匙。”[①]而斯特恩在这方面丝毫也没有例外,前面我们已经讨论过,他就是把人格当做包括一切,即构成它们基础的东西。

其次,按照斯特恩的看法,整个世界是在人类的水平(人格主义是属于哲学人类学范围之内的理论)上获得“个人”属性的“人格”的等级组织。我们已经了解到,他把“人格”的个别的不独立存在的部分称为“物”,并强调它的存在的规律从属于“人格”的功能(作用)的规律。

第三,斯特恩在其著作中,到处强调一切“人格”的“物心中性”特点,把人的个性特点都归之于“人格”,把一切存在都心理化了。同时他还认为,他自己的哲学观点既能战胜唯心主义,也能战胜唯物主义。对“人格”的这种折衷主义理解,毫无疑问,是一种唯心主义的哲学学说,当然是站不住脚的。

尽管如此,斯特恩能够把狄尔泰一生没有完成的、用人格概念来表示人的心理生活的完整结构——整体(斯特恩和狄尔泰一样,反对“无主体”的心理学,反对把大自然、人及其意识的实

---

① 布莱特曼:《人格主义》,见《现代美国哲学》,商务版,第8页。

际的统一划分为多种个别元素，而不阐明它们的相互联系和组织结构）的事业继续向前推进，这一功绩也是应该肯定的。

（江苏省心理学会《心理学论文选》，1985 年）

康德在意识论领域中的涉猎

意识，因而也包括思维和认识，都只能表现在一系列的个人中。[①]

——恩格斯

伊曼努尔·康德(I. Kant 1724—1804)是18世纪最杰出的思想家之一。在德国，所谓德国古典唯心主义思潮，是以康德的哲学为开端的，这一学派在世界哲学和心理学思想的发展上起了很大的作用。

德国古典唯心主义的理论功绩就在于它克服了形而上学唯物主义的缺点:不能阐明认识主体的物质活动，即人类的社会实践对认识过程的发展和深化起着怎样的作用。这一学派的哲学家们不仅开始把现实看做直观的对象，而且主要将人类在其认识的历史发展过程中作为活动的对象。

但是，德国古典唯心主义者只能发展关于活动及其主体的唯心主义概念。他们企图在实践的形式中来考察现实，在这一点上，超过了形而上学的唯物主义者。他们所理解的“实践”并不是人类用来改变世界的物质活动，而只是意识的“实践”，只是思维的活动。

---

① 《马克思恩格斯选集》第3卷，人民出版社，1972年5月第1版，第125页。

德国古典唯心主义的这个特点，在康德哲学和心理学中早已表现出来。

虽然康德对心理学的贡献，不能同他对哲学的贡献相比拟——因为他寻求根本的、先验的东西，很少注意作为直接论据的心理生活事例，对于心理生活能够成为科学的主题并不抱什么希望——可是康德的著作对于心理学却产生了很大的影响。他的意识论成为以后科学心理学奠基人冯特的理论基础。① 所以说，意识心理学是康德心理学思想的主要内容之一。康德既反对莱布尼茨那种只承认普遍性、必然性的"独断"见解，也反对休谟那种只承认感觉经验的片面观点。他想把唯理论和经验论结合起来，建立他的"批判的"意识心理学。

在这方面，康德是有他的研究成果的。他在卢梭的影响下，于 1764 年写出了《关于审美与崇高的情感的考察》一书。书中从论述道德的情感开始，阐明审美与崇高的本质以及气质、男性、女性与民族性等问题。

1764 年，康德对出现在哥尼斯堡街头上的山羊预言者(Ziegenprophet)的神仙术进行了探讨，最后确定了山羊仙人乃是一种变态的人，是一种狂人。他便把这种研究结果写成《精神病的研究》一书，这本书后来被许多心理学家称为研究变态心理状态的专著。

由于对瑞典人视灵者斯维登伯格(E. Swedenberg)的研究，康德在 1766 年出版了《根据形而上学的梦想来解释视灵者的梦想》的著作。在书中他指出了斯维登伯格是梦想家，明确了

---

① 对冯特的哲学思想影响最深的，首先是康德，其次是赫尔巴特。冯特说："在我自己哲学思想的发展中，我主要感谢的，仅次于康德的就是赫尔巴特。"(《生理心理学纲要》，1874 年德文版，第 2 页)

斯维登伯格所散布的通神术是一种神秘思想，肯定了视灵者的梦想和理性的梦想二者名虽不同但实质是相同的东西。他号召人们要抛弃超经验的世界，把我们的双脚放在大地上进行经验本身的研究。

以上所提到的这三本有关心理学的著作，将永远在近代心理学史上显示着康德对心理学理论的贡献。

然而，康德在意识论领域中的研究，虽然仅仅是初步的涉猎，[①]但也是值得特别注意的。

康德的意识论是在研究"纯粹悟性概念的先验的演绎"问题时提出的。在康德看来，这个"演绎"的问题并不是论理上的游戏，而是关系到人的认识、知识确定的大问题。因此，他在1781年初出版的《纯粹理性批判》第一版中作了详细的分析论述。当时他站在心理主义的立场上，用心理学的解释对这个大问题加以证明。以后，由于被许多哲学家误解并指责为心理主义，康德在1783年出版的《作为科学的未来形而上学引论》一书中，改变了解释的方法，而在1787年《纯粹理性批判》第二版中把《纯粹悟性概念的先验的演绎》这一章全部改写了。这时，他从心理主义的立场彻底转向论理主义的立场。

纯粹悟性概念的先验的演绎的问题，实际上就是主观的概念的客观有效性的问题，也就是主观和客观的统一，换言之就是整体的表象及其对象的一致的问题。而整体的表象如何与其对象一致，康德认为这归根结底是：主观，即在意识之中如何作用于对象而获得外界印象的，再简单地说，就是意识上的统一作用如何产生的问题。

① 康德在1787年《纯粹理性批判》一书第二版出版之后一直到1804年去世，再也没有深入细致地探讨有关意识的问题。

这样，就要指出康德在《纯粹理性批判》第一版上所论述的“意识的综合形式”的问题。当然不必担心这样会陷入心理主义的泥坑，康德对这个问题的分析，在弄清楚意识的统一作用问题上还是有用处的。他认为意识的综合形式可以分为三个阶段：一为直观上理解（Apprehension）的综合，二为想象上再现（Reproduktion）的综合，三为概念上再认（Rekognition）的综合。这三种综合经过杂多（das Mannigfaltige）的综合统一（synthetische Einheit）为表象，亦即结合而形成意识的根本统一。

如上所述，一切意识的作用，亦即表象，由于再认的作用而达成最高的综合。在康德看来，不论什么样的表象都伴随着“我思”（Ichdenke）。所谓“我思”就是笛卡儿的cogito，译成现代语就是“我意识”，或称为“自我意识”，它并不是从表象材料的感觉或是其感性形式中产生的，而完全是自发性的行动（Actus der Spontaneitat），这就是意识的根本统一作用，亦即把一切经验材料加以统一，所以它早已不是经验的。

什么是意识呢？康德从超越意识、一般意识、纯粹统觉三方面来揭露它的实质。兹分述如下：

一、超越意识

“超越的意识”（das transzendentale Bewusstsein）一词，最初出现在1781年出版的《纯粹理性批判》一书的第一版的演绎论中。康德把它解释为：(1)先于一切经验的意识；(2)纯粹统觉

(根源统觉)的我自身的意识;[①](3)统一一切经验的意识。[②] 换言之,它是包括一切意识的纯粹统觉,它是统一一切的意识,所谓"包括"是指普遍的统一,是整体的自我意识(Selbstbewusstsein)。[③]

康德在这里提出来的"意识的统一"的思想受到了黑格尔的称赞。列宁说:"黑格尔认为康德的伟大功绩就是提出了关于'统觉的先验统一'(意识的统一,概念是在这个统一中形成的)的思想。"[④]

康德之所以又把超越的意识称为"整体的自我意识",是因为"直观知觉的综合、想象力再现的综合、概念再认的综合并非各自独立的能力,而是超越的意识的三种活动的阶段,是共通结合的能力"。[⑤] 这也就是说:"超越的意识是把种种意识的作用集合为一个的一种能力",[⑥]而这种能力具有其统一的整体。因此,超越的意识可以称为整体的自我意识。

应该注意,在这里康德对"超越的意识"的解释只是作为统一一切经验意识的整体的意思来解释的,还看不到与个体意识相对应的一般意识,这一点必须从"一般意识"的论述中得到解释。

① 《康德全集》第1卷,1923年德文版,第117页(注解)。

② 同上书,第116页(注解)。

③ 同上书,第123页(注解)。

④ 列宁:《哲学笔记》,人民出版社,1960年版,第178页。

⑤ 《康德全集》第1卷,1923年德文版,第109页。

⑥ 同上书,第117页。

二、一般意识

什么是一般意识(Bewusstsein überhaupt)？它是怎样的结构呢？康德认为一般意识与超越的意识具有同样的结构。

康德阐明一般意识的意义时，是先从一个假定出发的。他指出：一般意识乃是作为构成经验界基础的东西，与一般经验相对应，形成一切一般经验可能的根据是一般意识。在一般意识上，至少包含着与一般经验同样的一般。这就是说，一般意识可以用一般经验作为相对应的前提。

其次，由于一般意识是包括在"我思"之中，所以康德指出，我思时必须伴随着我的表象，因此我思就像表现我自己一样。它只是思考的我，不是直观的我。同时不允许说："我直观"，只能说是"思维的我"。如果在思维的同时，可以直观，更正确地说，在思维的同时如果具有直观意思的话，康德严肃地说明：认识的直观或是直观的悟性，它是属于上帝的，而不是作为人的认识基础的"我思"的我。

这样，我思的我就被规定为不具有直观的我了。这就是不仅仅把这个我规定为思维的，而且完全是一个论理的我。康德说："在自我表象中的我自身的意识并不是某种直观，相反，却只是思维着主观自己活动的知性的表象。"[①]它包含"在一切思维之内，或至少能够包含单纯的意识"，[②]亦即只是停留在论理的意识上。因此，这种"我思"的我可以说是"我在"，它只能作为思维来表达，不能作为存在来说明。即使假设作为主观的思维的

① 《康德全集》第2卷，1923年德文版，第178页。

② 同上书，第812页。

存在,可以作为客观又作为对象来认识,但并没有存在的意思。康德的这种观点受到了列宁的严厉批判:“康德把认识和客体割裂开来,从而把人的认识(它的范畴、因果性以及其他等等)的有限的、暂时的、相对的、有条件的性质当做主观主义,而不是当做观念(=自然界本身)的辩证法。”[①]

康德进一步指出,从“我的存在的规定”[②]来看,我自己也许是现象,我也许是我自己,但是我只能够知道我是存在的。它表示着思维的作用,表现着思维的自发性。“而且因为这种自发性之故,我称我为理智”。[③] 这种理智,在康德看来,“在感性的对象上,它自己不是现象”。[④] 这就要从理智中看到感性的存在,把理智的我看成感性的我。

康德认为,毫无疑问,这种感性的我就一定是内部知觉的我,即作为内感(inner Sinn)的我。

内感的我有两种不同的规定:一为心理的我,它等于经验的统觉;二为对象的认识,只限于所给予的表象,它被规定于内感形式的制约之下。因此康德指出,对它的研究“并不属于先验的哲学而是属于心理学”。[⑤]

但是,关于内感的我的两种规定:心理的规定和先验的规定必须加以区别。康德说:“包含一切经验的可能的制约,有三种根本的源泉……即感官、想象力以及统觉……这些能力除一切

① 列宁:《哲学笔记》,人民出版社,1960 年版,第 222 页。

② 《康德全集》第 2 卷,1923 年德文版,第 157 页。

③ 同上书,第 158 页。

④ 同上书,第 566 页。

⑤ 同上书,第 152 页。

经验的使用之外，还可作先验的使用。”[1]这就是关于我们的认识能力之所以要区别为经验的使用和先验的使用的原因。而与先验的统觉相对应的经验的统觉，也一直被看做是与先验的规定中的内感一样的东西。

康德指出，原来我们的心理状态是经验的，经常通过内感才可以给予。在内感中，如不给予经验的制约，经验的统觉也不能成立。在这种意义上，心理的我就是内感。康德把经验的统觉与内感看成同一的东西，理由即在于此。

应该指出，康德在以上所谈到的三种认识源泉中，突出地指出了“想象力”的作用。他认为，感官、想象力和统觉之所与，即具有杂多能力的感官与占有统一能力的统觉之间，是由于综合能力的想象力而被互相媒介的。所以说，“这两端，即感性与悟性，由于这种想象力的先验的机能而不能不必然地相联系”。[2]所谓杂多和一是因为杂多而可以被综合在一之下，“一般综合……只是想象力的作用”。[3] 这样，感官、想象力和统觉因素之故而结合为一个意识，所谓一般意识就是这样的一个意识。

总之，一般意识——一个意识，它首先把理智的统觉作为统觉；第二，把想象力的生产作为媒介；第三，在内感中进行一切所与的总和。

三、纯粹统觉与一般意识

一般意识就是超越的意识、纯粹的自我。它是对于一般经

① 《康德全集》第1卷，1923年德文版，第94页。

② 同上书，第124页。

③ 《康德全集》第2卷，1923年德文版，第103页。

验、对于一种自然、对于一般经验的意识。一般意识、超越的意识与个体心理的意识并不是相差很远的东西。在康德看来，所谓经验的事物和超越的事物决非两个世界的关系，它们一个是形式，一个是内容。超越的事物对于经验的事物来说是本质的、基础的。康德的两个世界主义，像柏拉图一样，并不是观念和现象的两个世界的对立，而是相互依存、相互协助的形式和内容两种要素的结合。并不是拉斯克(Lask)所说的二世界说(Zweiweltenlehre)，而是二要素论(Zweielementenlehre)。康德是把超越的意识看做是经验的意识，是我的意识，也是你的意识和他的意识。

在这里必须把康德相互交错的两种方向弄清楚。因为超越主义(der Transzen-dentalismus)和主观主义(der Subjektivismus)是完全不同的。康德关于范畴的演绎，区别为客观的演绎和主观的演绎就是为了解决这个问题。[①] 根据这一点可以看出，对一般意识康德已指出了它的客观方向了，他认为它是和经验相对应的。

应该指出，一般意识并不只是规范的、意义的，而必须具有本质的、存在的意思。康德问:这样的事情是可能的吗?

他答道，这是可能的。因为在所谓一般意识之外，还有一个一般意识的或是超越意识的顶点的缘故。这个顶点就是纯粹的统觉(reinen Apperzeption)。

什么是纯粹的统觉呢?纯粹的统觉就是指一般意识结构的顶点。尽管康德没有把两者的关系明确地加以规定，但是他是以同样的意思来使用这两种词语的。感官、想象力、统觉三者相互之间并不是没有关系的，同样表现为一种根本的综合能力，所

① 《康德全集》第 2 卷，1923 年德文版，第 11 页。

谓一种不同程度的自我意识。当这三种综合能力发展到极端时，便统一为一个统觉。反之，如果把它加以分解，那么它便分成感官、想象和统觉三个部分，结合起来就可称为统觉。这样就可以把纯粹统觉看作是整体的一般意识。

那么，在这个意思上，统觉是什么呢？

简单来说，所谓统觉就是我思的我。它是伴随着我的一切表象的思维。它有自发性、有理智，所以它必须具有理智的一般性。在康德看来，原来所谓纯粹统觉的"纯粹"，就是被规定为要把一切感觉都清除掉。事实上，纯粹统觉就是我们个别经验的统觉，把它的个别性、偶然性清除掉之后，剩下来的正是统觉的本质。纯粹统觉并不是与经验的统觉没有关系的彼岸的理智体，恰恰是统觉的本质和基础。一切经验的统觉，在那里必须成为一般的统觉。[①] 因此，一般统觉所具有的一般性，正像黑格尔所解释的那样："不过是抽象的普遍而已。"[②]这样，就可以把纯粹的统觉规定为抽象的普遍。同时，也可把纯粹统觉，认做是与一般经验相对应的、最具体的普遍。因此，纯粹统觉一方面是抽象的普遍；另一方面必须是具体的普遍。也就是说，它是最具体的、同时也是最抽象的，是最抽象的、也是最丰富的、最空虚的。它是有矛盾的，这种矛盾来自：对于自然它是最具体的，而对于人类便成为了最抽象的。所以，所谓同样的普遍，所谓自然的普遍和人类的普遍，抽象和具体的关系必定有很大的差别。康德最后坦白地说，因为人类是社会历史的存在，纯粹理性批判是不能完全解决这个问题的。

连新康德学派的哲学家李尔（A. Riehl）都说："纯粹理性批判

① 《康德全集》第 2 卷，1923 年德文版，第 143 页。

② 黑格尔：《哲学的体系》第 8 卷，德文版，第 75 页。

肯定了形而上学，可是它又否定了形而上学。”[①]这句话，恰恰反映了康德的批判主义哲学与心理学是具有重大的缺点和矛盾的。

尽管康德的哲学和心理学思想基本上属于唯心主义先验论范畴，但是通过他在意识论领域中的涉猎结果，我们看到他对意识——超越的意识、一般意识以及纯粹统觉——的分析与意识的统一，经验的统一的研究是深刻的、精辟的，是具有唯物的因素和辩证法的成分的。在这一方面他对后来心理学的影响是相当大的，如对赫尔姆霍茨的心理物理学、冯特的生理心理学、马赫的心理生理学、布伦塔诺的意动心理学、屈尔佩的二重心理学、詹姆斯和杜威的实用主义心理学以及现代一些心理学流派都有不同的影响。

德国著名诗人海涅指出：“1781 年，哥尼斯堡出版了伊·康德的《纯粹理性批判》。这本书由于奇特的拖延直到 80 年代末才普遍为人知道，从这本书的出现起，德国开始了一次精神革命，这次精神革命和法国发生的物质革命，有着最令人奇异的类似点，并且对一个深刻的思想家来说这次革命肯定是和法国的物质革命同样重要。”[②]

革命导师马克思与恩格斯认为，康德是 18 世纪末和 19 世纪初德国唯心主义的第一个古典作家。恩格斯不仅对康德的天体演化学与地球物理学思想给予高度的评价，而且认为康德是德国最伟大的思想家之一。

恩格斯在 1882 年写道：“德国资产阶级的教书匠们，已经把关于德国大哲学家和他们所创立的辩证法的记忆淹没在一种无

---

① 李尔：《哲学的批判主义》第 1 卷，1876 年德文版，第 575 页。

② 海涅：《论德国宗教和哲学的历史》，商务印书馆，1974 年版，第 96～97 页。

聊的折衷主义的泥沼里，而且已经做到这样一种程度，以致我们不得不引用现代自然科学家来证明辩证法是存在于现实之中的，那么，我们德国社会主义者却以我们不仅继承了圣西门、傅立叶和欧文，而且继承了康德、费希特和黑格尔而感到骄傲。”①

（《心理学探新》，1981年，第2期）

---

① 《马克思恩格斯选集》第3卷，人民出版社，1972年5月第1版，第378页。

约瑟夫·狄慈根的心理学观点

列宁曾说:"工人们要想成为有觉悟的人,应该读一读约·狄慈根的著作。"①

约瑟夫·狄慈根(Josef Dietzgen 1828—1888)是德国人民的伟大儿子、制革工人、社会民主党党员,用马克思的话来说:"这是我们的哲学家。"②

狄慈根的哲学与心理学观点是在德国 19 世纪中叶革命浪潮的直接击打与费尔巴哈、马克思和恩格斯的思想影响之下形成的。而他"出现在哲学舞台上,正是当唯物主义一般地在前进知识阶层中间、特别是在工人阶级圈子中间已经占着统治地位的时候"。③ 因此,他一方面"严肃地在理论上发展唯物主义,把唯物主义应用在历史上,就是说,完成唯物主义建筑的上层";④一方面坚决地捍卫着马克思主义,并向一切唯心主义和庸俗唯物主义展开无情的斗争。因此可以说,他的一生是革命的一生,战斗的一生。他不仅在政治上是一个捍卫马克思主义政治路线的战士,而且在哲学上也是一个捍卫马克思主义路线的战士。列宁说狄慈根在哲学上"很好地捍卫了'唯物主义认识论'和'辩

① 《列宁全集》第 19 卷,人民出版社,第 62 页。

② 约瑟夫·狄慈根:《约·狄慈根文选》,1954 年德文版,第 10 页。

③ 列宁:《唯物主义与经验批判主义》,人民出版社,1956 年,第 245 页。

④ 同上。

证唯物主义'”。①

由于当时德国哲学战线两个阶级、两条路线斗争的焦点是在认识论上面，因此狄慈根一生坚持不渝地研究这个战斗的武器——认识论。在这方面，他的主要著作是《人脑活动的本质》(1866)，还有他晚年所写的两部成熟而卓越的著作:《一个社会主义者在认识论领域中的漫游》(1886)和《哲学的成就》(1887)。在这三部著作中，狄慈根阐述了哲学上的许多重大问题，这就为心理学的基本理论奠定了辩证唯物主义和历史唯物主义的理论基础。下面我们就来扼要地介绍一下他的几种主要的心理学观点。

一、世界的物质性与思维对存在的关系

自从希腊殖民城市建立之日起，即从塔里斯、德谟克里托斯、黑拉克里塔斯、毕达哥达斯、苏格拉底和柏拉图以来，到近代培根、笛卡儿、莱布尼茨、康德和黑格尔的时代，哲学在探讨着宇宙之谜问题的解决。他们无论对研究的方法还是对问题的解决，应该在外部世界上还是在内部世界上，在物质上还是在精神上来研究，一直都处在怀疑和黑暗之中，未能得到正确的解决。譬如，在这一漫长时期中，有些人认为世界、宇宙是神创造的或是绝对观念的产物；有些人则主张世界、宇宙是我的心灵产物，或是我的思想的产物。他们都是把世界、宇宙看做是从生的、观念的东西，而否认是自己存在着的。像这样的一些人，都是唯心主义地看待世界、宇宙本来的性质的。

① 《列宁选集》第2卷，人民出版社，1972年10月第2版，第251～252页。

马克思主义者狄慈根在驳斥了一切唯心主义者对待世界本性问题的错误论调的同时，正确地指出世界的本性："唯心主义者原来是崇拜宗教见解的，谓世界是精神创造的。在这一点上，他们是完全错了。由于他们努力的结果，终于明白了唯有自然的物质世界是原始的；世界并不是精神所创造的，恰恰相反，自然的或是物质的世界自身才是创造者，这个创造者从其自身之中创造并发展了人以及人的心智。这样便明确了：最高的、非被创造的精神，不过是在人的神经系统与其头脑机能中所同时成长起来的自然心灵的空想。"①这就是说世界、宇宙就是原始的、最初的和最后的本质，因此，就绝对不能拿心灵、精神的东西来说明它的存在，否则，必将成为荒谬的空想或是幻想。

通过关于世界的物质性问题的解决，狄慈根更进而科学地解决了思维对存在的关系问题。换言之，也就是解决了物质的世界与精神二者到底何者在先、何者在后的问题。因为，"全部哲学，特别是近代哲学的重大的基本问题，是思维和存在的关系问题"。② 只有把这个问题彻底解决了，在心理学战线上，才能明确地划清唯物主义和唯心主义的界限，才能战胜各式各样唯心主义的反动宣传。

狄慈根指出："……唯心主义的哲学家们，迄今还或多或少地坚持着错误的见解，谓思维过程才是真实的过程，并且是真实的始源，而自然或是物质宇宙，只不过是第二性的现象。可是，今天我们这样地来理解：现象之宇宙的相互作用，活生生的万有

① 狄慈根：《哲学论文集》，1914 年英文版，第 292～293 页。

② 《马克思恩格斯选集》第 2 卷，人民出版社，1972 年 5 月第 1 版，第 219 页。

的世界，这才是真理和生命。”[①]他又说：“整个世界是由原子和意识、物质和精神构成的。”[②]而这个物质或是原子，是主辞，是第一性的东西；而意识或是精神，只不过是从属的东西，它是宾辞，是第二性的东西。所以狄慈根更明确地主张说：“世界是本质、物质、‘自在之物’；与它相关联的其他各种事物，包括思维或是认识是宾辞、现象或是主观性。”[③]

狄慈根从唯物主义解决了思维对存在的关系问题的立场出发，不仅起来反对“认为人的心灵及其观念是超自然的，形而上学的世界之子”[④]那种“过于看重观念而轻视物质的唯心主义”，[⑤]而且也反对“在他们看来，原料或是物质，即是可以衡量的和可以触知的东西，是这个世界的主要事物，是第一次的实体。而精神能力，像一切不可以触知的力一样，只不过是第二次的性质”[⑥]那种，“过于看重物质”而轻视心灵的庸俗唯物主义。[⑦]狄慈根批评他们说：“二者都是梦想家，岂止是形而上学家，二者都是用一种幻想的、不真实的方法来区别精神和物质的。”事实上，“头脑并不是主人，而精神的机能也不是从属的奴隶。我们近代唯物主义者，主张机能是像可以触知的脑块或是任何其他的有机物一样或多或少的一个独立的物。不论思想，也不论其来源和性质，同样都是实在物质，而和任何事物一样都具有物质

① 狄慈根：《约·狄慈根文选》，1954 年德文版，第 220 页。
② 狄慈根：《哲学论文集》，1914 年英文版，第 292 页。
③ 同上书，第 357 页。
④ 同上书，第 292 页。
⑤ 同上书，第 294 页。
⑥ 同上书，第 295 页。
⑦ 同上书，第 294 页。

的研究价值”。[①] 何况“我们认为花香、声音和臭味也是物质”呢。[②]

因此,狄慈根对这一问题下结论说:“因为我们社会主义的唯物主义者,只具有一种物质与心灵相互联系的概念之故,我们以为所谓精神的关系,也与政治、宗教、道德等等同样是物质的关系。我们仅止于把物质的劳动、面包和黄油的问题,看做是一切精神之发展的支持物、前提和基础,正如动物的因素在时间上先于人的因素一样,而这并不妨碍对人及其智慧的最高评价。”[③]

二、唯物主义的反映论

在狄慈根的著作中,提出了许多卓越的心理学问题的见解。在全部认识过程上,狄慈根的论述一方面坚持唯物主义路线,一方面正如他自己所指出的:“像宗教改革以16世纪的现实环境为条件一样,像电讯的发明一样,我们人的认识理论的研究,乃是以19世纪的现实条件作为基础。”[④]而其对认识过程的基本观点,是从唯物主义的反映论出发的。

列宁十分赞赏狄慈根的反映论的主张:“狄慈根写道:‘唯物主义认识论承认人类认识器官不会放射出任何形而上学的光来,它是自然界其他各种片断的片断。’这也就是人类认识永恒运动着和变化着的物质的唯物主义**反映论**——这个理论引起了

① 狄慈根:《哲学论文集》,1914年英文版,第301页。

② 同上书,第301页。

③ 同上书,第301~302页。

④ 同上书,第301页。

整个教授式御用哲学的仇视和恐慌，诽谤和歪曲。”[1]因此狄慈根进而主张，我们的认识不仅是认识的物质器官——大脑的机能所实现的，即如他所说：“像书写要有手的机能一样，思想是头脑的机能。”[2]而且还必须有认识的对象，即必须依赖于客观世界的存在，否则，任何人都产生不了思想或认识的。所以他说：“思维不仅要用脑，而且也需要整个的人，不仅需要整个的人，而且也需要宇宙的相互联系。单独理性并不显示出什么真理来，借理性所显示出来的真理，是这个一般的物体——绝对——的启示。”[3]由此可见，狄慈根对于认识过程的说明，完全符合马克思列宁主义的反映论观点：即客观世界就是我们的认识对象；大脑，就是认识的器官；认识，就是外部世界在大脑中的反映过程。他也运用这一主张驳斥了庸俗唯物主义者认为思想是由脑中分泌出来的，就像肝脏分泌胆汁一样的谬论，以及唯心主义者强调唯有意识才是存在的，而物质是意识的产物这一胡说。

三、思维的器官——大脑

狄慈根指出：“一位现代的生理学者说：‘近代聪明的思想家，没有一个人会在血液里去寻求智力的所在，如古代希腊人一样；也没有一个人在松果腺里去寻求智力的所在，如中世纪的人一样。反之，我们都一致认定：神经中枢就是动物功用的有机中心。’的确不错，思维是脑的机能，恰如写字是手的机能一样。但是，手的解剖学的研究不能解决写字是什么的问题，同样，脑的

① 《列宁全集》第19卷，人民出版社，第63页。

② 狄慈根：《约·狄慈根文选》，1954年德文版，第47页。

③ 狄慈根：《辩证法的逻辑》，三联书店，1954年，第78页。

生理学的研究也不能帮助我们解决思维是什么的问题。我们能用解剖刀来绞杀心，但不能发现心；只能是脑的产物这一认识使我们更接近于解决此一问题。”[①]应当指出，狄慈根把脑的机能和手的机能相比，这就犯了某种简单化的毛病，但是从唯物主义的观点看来，他的见解原则上是正确的。根据狄慈根的观点，心理学应该研究这个高级组织的物体——大脑的机能，研究这个自然界的特殊现象的机能。

狄慈根理解大脑的生理学和确定认识过程的实质的尝试，在当时说来，是革命的、进步的。用狄慈根自己的话说，在19世纪中叶，“对于自然科学来说，思维能力是未知的、玄妙的、神秘的东西。自然科学不是唯物地把机能同器官、精神同脑混同起来，便是唯心地认为思维能力乃是非感性的对象，是存在于自然科学领域之外的”。[②]

按照狄慈根的意见，必须揭去蒙在认识过程上的面纱，必须理解人的认识能力的实质，必须深刻地、辩证地洞察整个自然界中的、特别是思维领域中所发生的过程的相互制约性。他认为，心理学工作的意义“最后归结为悟性、理性、精神的认识、归结为我们称为思维的那种神秘活动的揭示”。[③] 同时，单凭空洞的归纳、单凭建立在个别事实上的推理，像个别自然科学家企图作的那样，是不够的，而且要求把归纳法和演绎法结合起来，这在狄慈根看来就是科学地研究思维的保证。狄慈根是个以研究人的大脑活动和大脑跟人的其他器官、跟周围环境的相互作用为目的的卓越的心理学研究者。

---

① 狄慈根:《约·狄慈根文选》,1954年德文版,第47页。

② 同上书,第81页。

③ 同上书,第45页。

1860年，狄慈根在俄国的彼得堡工作，这时伟大的俄国生理学家谢切诺夫在彼得堡出版了自己的主要著作之一《脑的反射》。这一关于大脑反射活动的学说对狄慈根是有影响的，关心着这方面书刊的狄慈根无疑是不会放过谢切诺夫的这部著作的。谢切诺夫在科学史上第一个提出了并用实验证明了大脑活动像脊髓活动一样是反射活动这一思想，而且说明了大脑统一和调节神经系统一切附属部分的活动。

狄慈根对生理学家在论证人的感觉器官和神经——心理活动在认识过程中的作用方面所做的工作，作了应有的评价，同时又强调指出了把思维过程仅仅归结为它的生理基础是不可容许的，并着重指出了这一过程和社会关系之间的不可分割的联系。狄慈根说，在自然界和社会中，必须对物质方面和观念方面加以区别。自然界的物质方面，即事物、现象等等作为外部环境，是不依赖于人的意识而存在的。自然界的观念方面是思想、观念，即人的意识是人所特有的。在社会关系和生产关系的复杂体系中，人们的生活同样也有两方面：物质方面和观念或精神方面。社会的物质方面也包括不依赖于社会意识而产生和存在的社会关系。意识不是物质的，物质的东西是意识之外并不依赖于意识而存在的，意识是思想、观念、本能习惯和直觉的总和。意识存在的形式，是物质运动的形式，是物质的“观念产物”，但不是物质本身。

狄慈根严肃而认真地批判了庸俗唯物主义者，因为他们简单地考察认识过程，把思维归结为物质，归结为纯粹的生理现象，不科学地、机械地认为思想是从物质产生的。他认为，庸俗唯物主义者的观点是粗陋的、机械的、形而上学的，他们局限于承认事物、现象和人们知识的永恒的、不变的本质；他们把认识和真理本身跟永远发展着的物质世界割裂开来。

四、世界的可知性和人类的认识能力

在世界可知性和人类的认识能力的问题上,狄慈根也是坚持唯物主义路线的。这一点,他在批判康德及其流派关于人的认识只能了解事物的现象,而不能认识其本质(即他们所称做的"自在之物")的不可知论的斗争中充分表现出来了。

在批判康德及其流派的哲学时,狄慈根指出:"今天所流行着的狼狈不堪的哲学上的批判主义,认为人的心灵是一个只能解释事物之表面现象的贫穷的乞儿。诸事物的本质被认为是不可思议的,真实的认识被它蒙蔽了。我们要向它提出质问,不是每一事物都有其特殊的本质吗?不是有数不尽的本质吗?或者,不是只有整个世界才是唯一的统一体吗?那么,便可了解:我们的心灵具有连接一切事物,综括一切部分,分割一切整体的能力。心智把一切现象组成为一个实体,而把一切实体当做巨大的一般自然实体的现象。现象和本质之间的矛盾,并不是一种矛盾,只是一种逻辑的作用,一种辩证法的形式。宇宙本质是一种现象,而其现象是本质的。"[①]这就是说,本质或"自在之物"是一个不依赖于我们的感觉、意识而存在的客观世界,而现象是本质的显现,二者是相互联系着的,它们是统一的整体。这个统一体如通过我们的认识能力是可以被认识的,何况我们的心灵:"我们的认识能力并不是超自然的真理的源泉,而是反映世界事物或自然界的类似镜子一样的工具。"[②]这怎么说也绝不能得出

① 狄慈根:《哲学论文集》,1914年英文版,第360页。

② 狄慈根:《哲学小论文集》德文版,第243页,转引自列宁:《唯物主义与经验批判主义》,人民出版社,1956年版,第249页。

像康德及其流派那样的结论，即认为本质与现象之间存在着一条不可逾越的鸿沟。所以，狄慈根最后坚决而彻底地说，因为人类有认识能力这一反映自然界的类似镜子一样的工具，所以世界上存在着"一切事物都是可知的"。[①] 狄慈根就是这样有力地驳斥了不可知论的谬说，唯物地解决了世界可知性和人类认识能力的问题。

五、知识（认识）来源于经验

关于知识（认识）的来源，狄慈根提出了知识（认识）来源于经验的唯物主义学说。他在论证一切知识（认识）皆来源于经验这个原理时，首先驳斥了当时颇为流行的一切唯心主义哲学家和心理学家认为心智、观念是知识和真理的唯一源泉，驳斥了一切经验主义的哲学家和心理学家认为知识和真理的源泉只在外界，而忽视心智的作用的错误主张。他同时还号召全体"无产阶级"把"必须终结这个关于知识的起源之争辩"，[②]作为自己的光荣任务。

狄慈根指出："哲学家若以为心智是知识和真理的唯一源泉，他就错了；因为心智不过是真理底一小片，而必须以世界底其他的一切部分去补充它。在另一方面，经验的思想家若以为智慧和真理只能求之于外界，而不计及心智的工具——他们借心智的工具才能以提起他们的宝物——他也错了。实在说起来，这样单面的哲学家，只在论理上是存在的，这即是说，他们假

① 狄慈根：《约·狄慈根文选》，1954 年德文版，第 50 页。

② 狄慈根：《辩证法的逻辑》，三联书店，1954 年，第 108 页。

定真理可以是片面的。”[1]他接着说:其实“我们所经验的一切事物以及经验所用的心智,是绝对的默示……我们所知道的一切事物都是经验。假定心智是一张白纸,但欲写字,这张内界的纸也必定和外界一样在写的过程中要有手、有笔、有墨。换言之,一切知识都起源于世界有机体。心智所固有的,不是知识,而是意识,是世界意识。它所有的意识,不是这种或那种的意识,而是一般的意识,是一般的存在,是绝对”。[2] 狄慈根这样主张人的知识,或是“认识开始于经验——这就是认识论的唯物论”。[3] 而这种认识论的唯物论的发现,也正是狄慈根不朽的功绩之一。

狄慈根唯物地运用了这一知识或是认识来源于经验的学说,尖锐地批判了思辨哲学家和心理学家所高唱的:人的认识不过是人的悟性内部固有的(先于经验的,或用它的专门术语说,是先天的(a priori))思想活动的荒谬主张。在狄慈根看来,人的认识并不是先天的,而是后天的(a posteriori)思想活动,它乃是以经验、以实践为基础的。他写道:“思辨哲学和宗教一样,生存在信仰的要素中。……信仰的内容是一种不费劳力就可以获得的,信仰是先天的认识。科学是一种劳动,是一种后天获得的认识。抛弃信仰,即所谓抛弃懒惰者。在后天的认识上制约科学,即所谓以近代的特征,以劳动来装饰它。”[4]

我们从狄慈根的这种科学的批判中,可以看出思辨哲学和思辨心理学之所以能得出人的知识或是认识是先于经验的这样

① 狄慈根:《辩证法的逻辑》,三联书店,1954年,第133页。

② 同上书,第107页。

③ 《毛泽东选集》第1卷,人民出版社,1951年版,第286～290页

④ 狄慈根:《约·狄慈根文选》,1954年德文版,第79页。

反动主观唯心主义的结论，其原因不外是：它企图脱离认识的历史，脱离实践或是科学（认识的基础）来解决认识论的基本问题，以便为宗教信仰开辟道路，以麻醉人民，阻挡人民认识真理的前途。那么，狄慈根强调他的"唯物主义的认识论是'反对宗教信仰的万能武器'——不仅反对'僧侣的众所共知的、正式的、普通的宗教，并且反对迷醉的（benebelter）唯心主义者的纯粹的、高尚的、教授式的宗教'"，[①]也不是没有意义的了。

六、认识过程的形式

狄慈根对于认识过程形式的说明，简要地表现在下面这段话中："我们用两种方法来认识世界，即感觉的和精神的，实践的和理论的。实践给予我们以物的现象，理论给予我们以物的本质。实践是理论的前提，现象是本质或是真理的前提，这种真理在实践上同时连接不断地出现，而在理论上是作为坚实的概念出现。"[②]

科学和全部人类实践的长期经验都证明了，狄慈根以感性认识和理性认识的两种基本形式来说明人的认识过程，是完全正确的。因为任何认识，都是从感觉或是实践开始的，此后认识便过渡到抽象思维，过渡到对感觉或是实践所获得的材料的理论概括，以坚实的概念和规律的形式出现，为实践所检验过的理论概括，是具有客观真理意义的可靠的知识。所以，狄慈根认为感性认识与理性认识，这在统一的认识过程之中具有质的差别，但同时又是互相联系的两个阶段，并且过去和现在，甚至将来都

① 狄慈根：《哲学小论文集》，1903年德文版，第55～58页。

② 狄慈根：《约·狄慈根文选》，1954年德文版，第69页。

能够给我们提供真理。他说:“感觉以绝对质的宇宙的材料给予我们,这就是说,感觉所供给思维能力之材料的性质是绝对多种多样的;这些材料并不是一般的,不是本质的,而只是相对的,只是以现象来供给。这种感觉的现象与我们的思维能力相互联系的结果,便产生分量、本质、物、真实的认识或是被认识了的真理。”[①]

七、感性知觉、抽象思维与客观世界的联系

狄慈根认为,我们是在具体和抽象的双重形式中认识存在于我们之外的客观世界的。所谓具体形式,他是指感性知觉,而抽象形式则是指抽象思维。狄慈根说,我们借助于感觉器官和意识来认识的客观世界就是人的认识对象。狄慈根写道:“对我们的感觉说来,世界是包罗万象,人脑把它结合为一个整体。”[②]一切认识都在于分析这个我们从中汲取知识内容的感性源泉,周围世界、自然界和社会关系不仅是我们思维的基础,而且是思维发展的动力。

狄慈根说,感觉给人一切具体的东西的知识,事物和现象的个别属性的知识,帮助人认识现实的多样性。感性认识是在感觉、知觉和表象的形式中完成的。通过这些形式,在我们意识中直接反映出客观世界的事物和现象。但是仅借助于感性认识所得到的知识是有限的和表面的,因为感性认识不能揭示现象的本质和它们合乎规律的联系。

为了揭示现象的规律性和本质需要抽象思维,即借助于概

① 狄慈根:《约·狄慈根文选》,1954年德文版,第69页。

② 同上书,第51页。

念、判断和推理而进行的理论概括。狄慈根写道，感觉给人以一切具体事物的知识，而大脑则把一切多样性综合为统一性，它仿佛是“综合器官”。把握和概括外界事物多样性的能力是大脑、脑髓所特有的，这个过程是建立在牢固的生理学的物质的基础上的，破坏这个生理学基础就会破坏思维活动。狄慈根写道：“概念，即思维能力从每一个可感觉的部分形成一个抽象的全体，并把每一个可感觉的整体或数量理解为抽象的统一世界的一部分。”[①]由此可见，抽象的思维，作为合乎逻辑的间接的东西，是在感性认识和经验的过程中产生的，是认识的高级阶段。所以说：“思想是头脑机能跟某种对象相结合而产生的小孩。”[②]这就证明了思维过程是与周围世界密切联系着的，没有一定的客观现实、物质，思想是不会在人脑中产生的。

八、意识的本质

意识既是哲学的研究对象也是心理学的研究对象。这是一千多年来一直为“哲学家之石(philosopher's stone)”所未能解释的。狄慈根根据马克思和恩格斯的教导，用了大半生的时间致力于意识究竟是什么的问题的探讨。狄慈根指出：“所谓意识，依照拉丁语根所表示，有存在的知识之意。意识是存在的一个形态、一种特性，它之所以不同于其他的存在形态，就在于它是意识的。性质不可以说明，但可以被经验出来。我们从经验出发，得知意识中即存在的知识中，含有主观和客观的区分，有思维和存在、形式和内容、现象和本质、属性和实体、特殊和一般

① 狄慈根：《约·狄慈根文选》，1954年德文版，第51页。

② 同上书，第52页。

之间的对立和矛盾。从意识的这种内在矛盾,也就可以说明有关意识的种种矛盾的名称,即:一方面,有人称意识为一般的器官、为概括能力或统一能力;在他方面,也有人同样有理由称意识为分辨能力。意识概括相异的东西,又区分概括了的东西。矛盾就在意识的性质里面,它的性质矛盾到如此程度,竟至于它同时是探究、说明、理解的性质。意识概括矛盾。意识确认:全部自然现象、全部存在物,都生活在矛盾中;每一事物,只有同其对立物相互作用时,才能显露其本性。例如,可以看见的东西,如无视力就不能看见;反之,仅有视力,如无可以看见的东西,则亦无所谓视。因为这个道理,所以必须承认矛盾乃是统制思维和存在的一般的东西。思维能力的科学,以概括矛盾为手段,即借矛盾的普遍化,来消解一切特殊的矛盾。”[①]具体地来说,狄慈根对什么是意识的问题,我们可以归结为:意识概括相异的东西,又区分概括了的东西。这就是说意识是概括的能力,也是区分的能力。这是1869年5月左右狄慈根对人的意识的本质所做的精辟的阐述和分析。

到了1887年,狄慈根在他的最后一部认识论的著作——《哲学的成就》中,对意识本质的探讨,就更概括而深刻了。他非常明确地指出:“意识就是理解的能力(Vermögen Zu Wissen)。”[②]也可以说:“意识就是存在的知识(das Wissen um Sein)。”[③]那么这种意识是属于谁的呢?狄慈根说:“人类的意识,首先是属于个人的,每个人具有其各自的意识。不管我们的意识,你的意识和其他人们意识的特质,并非一个人的意识,同时是万有的一

① 狄慈根:《约·狄慈根文选》,1954年德文版,第61页。

② 同上书,第171页。

③ 同上书,第172页。

般意识，它至少具有万有的一般意识的可能性和使命。”①

这样，狄慈根最后对意识的本质下结论说：“我们用一句话来说明意识的本质，即说明它的活动，它的生命和它的目的：它是无限的存在的科学，它获得了对这个存在的正确图象，以说明它的不可思议。可是，只用这句话并不能把意识的生命和目的说尽。我们在这里所讨论的对象是无边际的，即使用全部语言的力量也是不能说尽的，只不过是得到了一个不确实的观念而已。”②由此可见，人的意识和万有是密切统一在一起的。

狄慈根在其所著《一个社会主义者在认识论领域中的漫游》一书中，运用了他的唯物主义的意识理论，彻底批评了新康德主义者朗格(Lange)所散布的“人类精神停留在两点上。我们不能认识原子，即不能从原子中也不能从其运动中来解释意识之最微小的征候”③的谬论。他明确地指出：“贯穿在朗格著作(指《唯物主义史》)中的所有章节，并为同时代博学之士所贩卖的关于‘认识的限界’的形而上学的观念，只要对它的内容加以比较周密的检查，立刻就可以看出是一堆空洞之谈。‘原子也是不能知道的，意识也是不能解释的’。可是整个世界包含着原子和意识、物质和精神，如果这两者不被解释，那么对于人的理性还剩下什么可以理解可以解释的呢?”④狄慈根就是这样驳斥了一切不可知论的谬论的。

① 狄慈根：《约·狄慈根文选》，1954年德文版，第175页。

② 同上书，第176页。

③ 朗格：《唯物主义史》，德文版第二版，第148～150页。

④ 狄慈根：《哲学论文集》，1914年英文版，第384页。

九、实践在认识过程中的作用

如果说在马克思和恩格斯之前，经验论者和唯理论者片面地考察了认识过程，肤浅地把经验仅仅看做是实验，那么狄慈根继马克思之后，把作为人们社会生产活动的实践纳入了认识论，从而为认识论注入了阶级性的、党性的精神。狄慈根把实践理解为人们生产、政治生活、阶级斗争、科学和艺术领域中的多样化的、多方面的活动。但是，他在论述中没能完全理解社会历史实践作为认识过程的出发点和基础，以及认识的标准的作用。

狄慈根说，概念要由实践来检验和证实，但是它们像整个宇宙一样不应该是僵死的东西，而应当像生活本身一样，是灵活的，易变的。所以，狄慈根的认识论贯穿着辩证法。

狄慈根着重指出："对概念的分析同对概念的对象的分析，从表面上看，好像是两回事，这是因为我们具有用两种方式来区分事物的能力：一种是实践的、触到的、感官知觉的、具体的方式；另一种是理论的、思考的、抽象的方式。实践的分析是理论的分析的前提。"[1]

狄慈根把认识看做是复杂的、多样的和矛盾的过程。在这一过程中，感性认识阶段和理性认识阶段处在经常联系和相互作用之中。这位心理学家用存在于宇宙中的矛盾在人们意识中的反映来解释认识的矛盾性。狄慈根说："思维能力的科学，以概括矛盾为手段，即借矛盾的普遍化，来消除一切特殊的矛盾。"[2]概念、范畴、规律的形成过程是人们在劳动实践的过程中

① 狄慈根：《约·狄慈根文选》，1954年德文版，第55页。

② 同上书，第61页。

实现的。人们在自己的历史发展中不是从理论开始，而是从实践，从获得生活资料开始的。他还说："纵令我按照科学上的一切要求，从植物学上，从化学上，从生物学上，从其他种种科学上，去研究樱桃，我也只有在全面考察过它的历史，在已经接触过它，目击过它，并吞咽过它以后才会真实地知道它。"[①]由此可见，只有考虑到人们的社会历史活动，才能懂得认识过程的全部复杂性。"实践、认识、再实践、再认识，这种形式，循环往复以至无穷，而实践和认识是每一循环的内容，都进入了高一级的程度。这就是辩证唯物论的全部认识论，这就是辩证唯物论的知行统一观。"[②]毛泽东同志的这段话恰恰是对狄慈根认识论观点的概括和总结。

十、狄慈根的功绩与向他学习的现实意义

马克思、恩格斯和列宁对狄慈根的哲学给予了很高的评价。首先，狄慈根的伟大功绩在于：作为自学者的他，汲取了费尔巴哈的学说和拉马克、洪堡、达尔文等人的自然科学知识，独自发现了唯物主义辩证法的方法。这在唯物主义辩证法的发展史上书写了光辉的一页。恩格斯在他所著的《费尔巴哈与德国古典哲学的终结》一书中，对狄慈根的这一功绩加以评价说："值得注意的是，不仅我们发现了这么多年来已成为我们最好的劳动工具和最锐利的武器的唯物主义辩证法，而且德国工人约瑟夫·

① 狄慈根：《哲学论文集》，1914年英文版，第359页。

② 《毛泽东选集》第1卷，人民出版社，1951年版，第265～266页。

狄慈根不依赖我们,甚至不依靠黑格尔也发现了它。"①

开辟了道路的马克思和恩格斯战斗唯物主义的哲学,不仅在理论上,而且在实践上,都给狄慈根以极大的鼓舞,而引导市民哲学发生根本的改变。但比较起来,他的著作在思想史上却无地位,这是不公平的,狄慈根的哲学和心理学就应该在无产阶级的思想史上占有一个显著的地位。马克思在1868年12月5日写给库克曼的信中指出:"一个相当长的时间以前,他寄了一个片断的'思维能力'的原稿给我看,除掉某些混乱和过多的重复而外,有许多地方是很卓越的,而且——作为一个工人的独立的作品来看——本身就值得敬佩。"②

狄慈根一直捍卫着辩证法的唯物主义,并促进其传播。所以列宁说他"接受了他的导师们的这个最伟大和最宝贵的传统",③即马克思和恩格斯的党派性。另一方面,列宁又确认说:"他十分之九是唯物主义者,从没有妄自主张独创性以及和唯物主义不同的特别的哲学,狄慈根许多次说到马克思,始终认为他是自己的哲学派别的首领……狄慈根是马克思主义者。"④

同时,还应该指出:马克思和恩格斯对狄慈根及其阐明辩证唯物主义认识论问题的第一部著作《人脑活动的本质》感兴趣并不是偶然的。他们自己在这个时期没有可能专门从事于认识论问题的研究,正如列宁所说:"他们在认识论领域中只限于改正

① 《马克思恩格斯选集》第4卷,人民出版社,1972年5月第1版,第239页。

② 马克思:《致库格曼书信集》,人民出版社,第71页。

③ 列宁:《唯物主义与经验批判主义》,人民出版社,1973年,第349页。

④ 同上书,第250~251页。

费尔巴哈的错误，讥笑唯物主义者杜林的庸俗，批判毕希纳的错误。”[①]因此，对狄慈根在认识论方面的著作就更加表示欢迎。

狄慈根不仅重视认识论，而且也重视心理学的研究。他说过：“心理学是心灵科学的一部分，而且是最重要的一部分。”[②]所以他在自己的著作中提出了一个任务：揭示人的思维活动，并创造出一种思维理论，借助于这个理论就能历史地作出正确的辩证的结论。因此，他在对认识论问题进行分析时——正如我们在上文中介绍过的——力求第一，阐明思维器官——人脑——在认识现实的过程中的作用，并说明它和人体其他器官之间的联系；第二，证明思维过程是与周围世界密切联系着的，没有一定的客观物质，心理是不会在人脑中产生的；第三，考察认识的感性知觉阶段和逻辑思维阶段；第四，揭示和分析人的意识的本质；第五，阐明实践在认识过程中的作用。这些问题的提出和解决，不仅是对马克思主义科学的重大贡献，同时也为心理科学奠定了坚实的理论基础。今天，我们心理学界正在进行心理学基本理论的建设工作，诸如心理学的指导思想问题；心理学的对象、任务、方法问题；意识问题；个性问题；心理学和哲学的关系问题；心理学和生理学的关系问题；心理现象的辩证法问题等等，我们要在马克思列宁主义、毛泽东思想的指导下，对这些问题进行深入细致的探讨，同时也应该钻研一下狄慈根的著作，从他的哲学遗产中汲取养分，为我国的心理科学大厦添砖加瓦。这也是一条建设心理科学的最好的途径。

[《四平师院学报》(哲学社会科学版)，1979 年第 4 期]

---

① 《列宁选集》第 2 卷，人民出版社，1972 年 10 月第 2 版，第 248 页。

② 狄慈根：《约·狄慈根文选》，1954 年德文版，第 245 页。

黑格尔的《精神现象学》对近现代心理学发展的意义

——为纪念黑格尔《精神现象学》出版180周年而作

黑格尔的《精神现象学》被誉为黑格尔哲学的百科全书。马克思在《1844年经济学—哲学手稿》中曾称赞黑格尔的这部著作的最后成果是“作为推动原则和创造原则的否定性的辩证法”。[①] 1807年，《精神现象学》的出版标志着黑格尔哲学体系的形成，也标志着黑格尔辩证法的形成。今年，正值它出版180周年，为了纪念，本文试图结合阅读法国哲学家与心理分析家、黑格尔《精神现象学》法文版的译者伊波利特(Jean Hypolite)教授所著的《黑格尔的现象学和心理分析》一文，谈谈黑格尔的现象学对近现代心理学发展的意义。

一、史的回顾：康德、费希特和谢林对近代心理学发展的影响

现代科学的心理学诞生于1850年的德国。心理学的产生具有双重来源：哲学的经验学派和感官生理学的实验研究。康

---

① 《马克思恩格斯全集》第42卷，人民出版社，1979年9月第1版，第163页。

德和赫尔巴特是科学心理学的前辈。德国古典哲学(费希特、谢林和黑格尔)对于心理学的方法、对象和概念的发展给予巨大的影响。康德把心理学建立在知识而不是理性的基础上,即对知性范畴的信赖和对辩证理性相应的否认,他早年对意识本质的论述是尽人皆知的。费希特和谢林的哲学富于含蓄的心理学教义。费希特把三个概念传给他的弟子,第一个概念是“意识”。他认为,在意识中,包含着主体与客体;在意识外,则主体与客体都是不可相信的。这样,他提出了哲学的任务是对意识作一个系统的描述或者叫意识的“现象学”。第二个重要概念是他对于自我的不断活动的强调。第三个有较大影响的概念则是自我运动的最终表现形式——意志。因此,他的哲学是唯意志论,强调关于实在的真理最完整地表现在人类的选择和行动中。谢林的哲学也影响了以后心理学的应用。他强调无意识是意识的必要前提和结果。他关于个性、天才以及虚构意识的讨论是典型的浪漫主义思想。他的同一哲学主张:不但主体和客体——或精神和自然——是现实的,而且是同一绝对实在的两个方面。因此,“内部”精神和“外部”自然根本上是同一的,即使从经验现象看起来似乎是相反的。所以,他主张:精神本质被反映在头脑组织中,性格类型被反映在身体组织中。谢林对后来心理学发展的影响主要表现在卡鲁斯的比较心理学和生理心理学上。

二、黑格尔《精神现象学》对近现代心理学发展的影响

严格来说,费希特和谢林都没有直接论述过心理学,黑格尔倒是详细地讨论过心理学,他在《精神现象学》中探讨了人类学、意识现象学和心理学。在人类学里,黑格尔讨论了人类经验的

基本过程，即感觉和基本感情。在意识现象学里，他讨论了意识和自我意识，其中包括欲望的现象。在心理学的篇章里，他讨论了理论精神、实践精神以及它们统一于“自由精神”的心理进程，这是从主观精神到客观精神的变迁。对于黑格尔来说，理论进程包括直觉、记忆与想象，实践进程包括感情、情绪和意志。他探讨心理学时强调精神进程的内部联系和最理想的结合。黑格尔的心理学还有一个特点，即不关心灵魂究竟是简单的还是非物质的，或是物质的问题。这表明，根据“无生命的”固定的“知性范畴”，“精神”仍被作为一种事物对待。相反，黑格尔坚持精神不是一种无生命的存在，而是绝对不会静止地存在的纯粹活动。他认为它是一种独立力量的聚集，或称为官能的实体。黑格尔主张，代替有关精神和这种“普遍意识”的概念，需要一种“思辨”的观点，它将显示自己的“有生命的统一”。精神必须在能动的结合中去理解，只有不完全的精神才被想象为分裂的和具体的。这就是存在于黑格尔《精神现象学》中的心理学观点。

遵循黑格尔的路线，德国的一些心理学家把心理学发展为“主观精神的科学”。他们认为心理学是关于能动精神的学说和精神只能在其“必然的发展”中被理解的学说，这是捍卫费希特和谢林观点的心理学家的主张。

但是，黑格尔左派则倾向于把心理学放在社会背景中去考察。例如，C. L. 米歇尔特主张对不同种族或各种社会类型进行研究。后来，黑格尔学派关于“客观精神”在社会集团中具体化的概念，特别是《种族心理学》一书，对社会心理学的发展有重要的影响。冯特十卷本的《民族心理学》(1919)，拉扎鲁斯和斯汤达尔主编的二十卷本的《民族心理学与语言学杂志》(1859—1889)都继承了黑格尔的许多宝贵的心理学思想遗产。

又如，德国20世纪初黑格尔复兴运动的推动者狄尔泰，把黑格尔辩证法中的生命的直觉、爱情、痛苦、激情等情感意志理论均归入了他的理解心理学框架中，而这些思想又为狄尔泰的弟子斯普兰格的人本主义心理学与克拉盖的书写与性格心理学所接受。

在英国，“绝对”唯心主义哲学家布拉德雷继承了黑格尔关于以实在和思维的关系的思想构成他自己的“现象论”。在心理学上，他对人差方程式的测量提出了“眼耳法”，受到当时天文学家的普遍重视。至于他强调整个经验及其“重整作用”(redintegration)的思想，这已成为当代有关学习心理学问题研究的起点。

在意大利，哲学家克罗齐早先受黑格尔《精神现象学》的影响建立了他自己的“纯粹精神哲学”。他的“直觉即表现”等思想对文艺心理学产生了广泛的影响。

三、黑格尔《精神现象学》与弗洛伊德心理学的关系

由于深入探讨黑格尔的《精神现象学》对近现代心理学发展的影响，再一次阅读了伊波利特《黑格尔的现象学和精神分析》的文章，从中又得到了一点启发，就是：黑格尔的《精神现象学》是否影响了弗洛伊德的精神分析理论呢？照伊波利特的话说：“我们必须承认，黑格尔对于心理分析的创始者并没有产生历史性的影响。从表面上看，弗洛伊德没有读过黑格尔的著作。……常识不允许我们说到追溯既往的影响，一种时间上从弗洛伊德追溯到黑格尔的影响。但是，我首先似乎要为这样的背理辩护，因为它

包含某些关于追溯的真理。”[1]我基本同意这种意见。弗洛伊德一生在形成他的世界观过程中受过很多前辈哲学家和科学家的影响，读过他们的大量著作。例如，他在写《释梦》一书之前，就已经查遍了哲学史和心理学史上有关梦的许多资料。他为了深入解梦的本质，不辞劳苦地翻阅了自古希腊以来许多学者和一般人对于梦的观点。德国古典哲学大师康德、费希特、谢林的观点，在该书第一章有关梦的科学文献中都有论述。而对黑格尔认为“梦缺乏任何可理解的客观一致性”[2]的说法，则又放在显著的地位，可见弗洛伊德对黑格尔的研究成果的重视程度。

同时，还应指出，在弗洛伊德的思想和著作中充满了黑格尔的辩证法思想。如果一个人不懂得辩证法，那就不容易透彻地理解弗洛伊德。例如，在他的梦生活的理论里，认为梦中被压制的冲动是醒时所不能得到的多多少少的满足。在这种意义上，梦生活是醒生活的对立物，即黑格尔派所谓的“别种”，梦生活的心理表现形式是醒生活的心理表现形式的对立物[3]。这种对事物的分析方法，毫无疑问来自黑格尔的《精神现象学》和《逻辑学》。

四、黑格尔《精神现象学》和精神分析

伊波利特把黑格尔《精神现象学》这部著作称为“整个人类精神的真正的伊底巴斯悲剧”。他认为黑格尔在整个现象学中加以发挥的是：详尽阐述了普遍的自我意识、真理在意识之间的

① 《国外黑格尔哲学新论》，中国社会科学出版社，1982 年，第 164 页。

② 弗洛伊德：《梦的释义》，辽宁人民出版社，1987 年，第 50 页。

③ 奥兹本：《弗洛伊德和马克思》，三联书店，1986 年，第 164 页。

相互联系所起的独特作用以及在语言之中所得到的显示。因此，伊波利特在这篇文章中把现象学中的各种阶段概括为四个阶段，同时在这四个阶段中指出弗洛伊德与黑格尔观点相似之点：

(1)意识的行程，关于意识本身的错误知识。

伊波利特认为这一阶段同现象学导论相应的第一阶段，可称作意识的无意识或无意识(在这里，海德格尔提供了这样一个令人惊叹的解释——只有具有伟大先见的精神，才是伟大的精神)。黑格尔把它称为自然的意识，也可能是普通人的意识，也可能是心理分析科学家的意识——就其基本特点来说就是完全无意识。

(2)自我意识，它在自我变化中的反思——我与他物。

本段在于说明自然意识与自我意识的区别。自我意识以自然意识本身为对象，自然意识则以他物为对象。从自我意识开始才进入真理自身的反思，即进入真理的王国。在这里，黑格尔把自我意识作为一种反思的表演。弗洛伊德则作为“不出场”表演的图式。①

就黑格尔来说，人的自我意识，不仅是生命的意识，一种生存的欲望，而且对于这种欲望来说，实际上也不是以一个主要的他物为前提。生存的欲望并不实际知道他物，或者，如同在性别上超越了他物一样，生命归结为自身之外的某物。某物归结为生命的意义，而且生命的意义是在生命以外的某物之中，在一个异于自我的结构之中得到考察的。所以说，人的本质应该是人，

① 《国外黑格尔哲学新论》，中国社会科学出版社，1982 年，第 171 页及《弗洛伊德后期著作选》中《超越唯乐原则》一文，上海译文出版社，第 13 页。

就是说，应该是他物中的他自身，应该是凭借这个真正的他物的他自身。

(3)自我意识的异化，同情心和快乐的法则。

伊波利特指出，在这幕重演的悲剧里(不是按弗洛伊德的病态复发的意义，而是作为一种更深刻的意义)，我们通过一个更具体的阶段，达到了一个社会的领域。在这里，具体自我意识的异化重新产生了它自身。但是自我意识仍然是一种想象的东西，即仍未得到实现的客体自身，而使自我意识得到实现，就必须实现它自己的心的规律，使它的享乐、欲望得以实现，而且想使同时是普遍正当的一种世界欲望得以实现。黑格尔所说的这个阶段，相当于弗洛伊德的自我仍然处在快乐原则的支配之下。

(4)哪种行为和哪种判断的意识，罪恶及其宽恕和“我们”。

伊波利特指出，黑格尔所称为良心的，包括具体的意识和行为的意识两方面。道德的意识是无言的，行为的意识则是具体的。道德的意识想象应当做什么，而后证明其为正当。这种意识一直得到证明，如它未得到证明，就会铸成不道德的错。所以，它始终能证明自身为正当。

请再注意，哪个角色将在最后判断他物。在开端这是一个不行动的人。我们有没有涉及被心理分析者同心理分析者的关联？如果反转移提供了作为转移的同一力量，那么，也许我们就涉及了这种关联。因为按照主人与奴隶的图式，在这里就有一种变换。高贵的意识变成了卑贱的意识，而卑贱的意识变成了高贵的意识。这样真正犯罪的意识是进行判断的意识。而进行判断的意识之所以是犯罪的意识，是因为它是伪善的。它不行动，却想具有它被认为行动的判断。

这时，在判断的意识与被判断的意识之间出现了一个“我们”，这个“我们”，似乎看到一种超验的东西，似乎看穿没有认识自身的一种意识。在这个永不终止的历史运动中关于意义的问题正在得到解决,而关于绝对知识的问题,即人们在最后能够说的一个这样的"我们",它并没有在我们之外。

黑格尔所说的这个阶段,相当于弗洛伊德的"超我",或称为"道德化了的自我",它由"自我理想"和"良心"两方面组成。自我理想以奖励方式形成,良心则通过惩罚方式形成,自我理想和良心是完全超我的不可分割的两个侧面。

总之,在伊波利特所著的《黑格尔的现象学和精神分析》一文中,把黑格尔的现象学同精神分析联系起来进行探讨,尽管在观点上有客观唯心主义、存在主义和辩证唯物主义混杂在一起的错误,但写得还是有一些道理的。从这种联系中不仅能够看到黑格尔思想对弗洛伊德的影响,而且还能使我们分辨出弗洛伊德理论框架该是多么符合黑格尔所强调的完整的意识发展过程和由伊波利特所概括的四个阶段。这一点值得心理学工作者进一步深思和研究,同时,也足以证明黑格尔的精神现象学对近现代心理学的发展是有多方面的贡献的。

五、《精神现象学》是黑格尔心理学思想体系中的"珍珠"

黑格尔的《精神现象学》是一部"意识发展史"的巨著。恩格斯说:"精神现象学,也可以叫做同精神胚胎学和精神古生物学类似的学问,是对个人意识各个发展阶段的阐述,这些阶段可以看做人的意识在历史上所经过的各个阶段的缩影。"[①]它描述了

---

① 《马克思恩格斯选集》第4卷,人民出版社,1972年5月第1版,第215页。

人的意识如何由最低级的意识形成，并逐步提升到绝对知识高度的辩证的发展过程。

但是，黑格尔心理学思想体系是以“颠倒的哲学”为其理论基础的，即从精神、思想“外化”为物质、存在出发，然后又抛弃了物质、存在，回复到纯粹精神、思想的境地，显然是一条从精神到物质的唯心主义路线。因此，黑格尔的心理学思想体系是一个庞大的思辨的客观唯心主义的理论体系。

另一方面，也必须看到，辩证法的思想贯串在黑格尔的全部心理学思想体系之中。如把心理看作是一个发展过程的观点，把意识的演化同人类历史联系起来的观点，强调意识内在矛盾决定发展、转化的观点，强调意识能动作用和整合作用的观点，以及关于主观和客观、精神与肉体、认识与意志、思维与言语的统一的思想等等，这些都是黑格尔心理学思想中的“珍珠”。所以，值此纪念黑格尔所著《精神现象学》一书出版180周年之际，应该考虑如何才能再深入一步地阅读与研究这部著作，以便能更准确地把他的积极成果运用于科学心理学的理论和实践之中。

（1987年11月，未发表）

瓦辛格的《仿佛的哲学》中的心理学思想

在我国当代出版的西方哲学流派和心理学流派的著作中，几乎没有提到瓦辛格的名字，概括介绍他的著作和思想的更为难见。须知，瓦辛格的理论在20世纪最初四十年内在西方哲学史和心理学史上占有相当重要的地位，影响是重大的。笔者曾于1946年购得德文版的《仿佛的哲学》(全书约八百页)一书，也曾系统地阅读过，兹将一些阅读体会写在下面，以便供学习西方心理学史的同志们的参考，并请批评指正。

一、瓦辛格的生平与思想渊源

瓦辛格(Hans Vaihinger，1852—1933)是德国新康德学派的健将、实用主义者。他生于杜平根附近的奈良。瓦辛格从少年时代起，就喜欢阅读哲学家的著作。在1868年，他16岁时通读了哲学家海德(Herder)的名著《人类的历史哲学的理论》(1774)，从这一书中，他获得了人的心理构造的根本要素在于发展和进化这一概念的理解和探讨。因此，他在第二年阅读了达尔文的《物种起源》一书，此后他经常考虑“海德是达尔文的先驱吧”的问题。

瓦辛格在探讨“人类的进化”问题时，又阅读了柏拉图的一些著作，从书中他发现柏拉图的理念(Idee)世界的看法。柏拉图认为，人类并非单单生存在第一个世界中的，他们还有第二个世界。柏拉图的这种“第二个世界”的说法，使瓦辛格到大学时代构成了他的 Als ob(仿佛，也是假设的意思)世界的思想。

在 1870 年，瓦辛格入杜平根大学学习。这时影响他的既不是一些知名的教授，也不是他的学友，而是高喊“复归康德”的李普曼(O. Liebmann)所著的《康德及其模仿者》一书。瓦辛格高兴地说：“康德在一切点上都是对我没有束缚的解放者。”康德之所以能抓住瓦辛格的心，第一是空间和时间的观念性，这种大胆的理论使他感到人的心理、精神能从物质世界的重压下解脱出来；第二是康德的人的思维的二律背反；第三是康德给实践理性以崇高的地位。这几点对瓦辛格后来的思想发展打下了坚实的基础。

不久，瓦辛格并没有从康德经费希特、谢林、黑格尔、西莱尔马哈的正规途径而到达叔本华，他是从康德一下子就到达叔本华的。他认为叔本华的伟大和新颖在于他的悲观主义、非理主义和意志主义的结合。这种结合给瓦辛格在热爱真理上以良好的启示。

到了 1872 年，他阅读了赫尔维齐(A. Horwitz)的《以生理学为基础的心理学的分析》。从书中他获得了一个重要思想，即思维只不过是印象与表现之间结合的媒介者。

1874 年，瓦辛格转学到莱比锡大学。从这一年到第二年他重新阅读了他曾在杜平根大学时期读过的 1866 年第一版的朗格(Lange)著的《唯物论史》(第二版)，使他获得和通晓了关于自然科学的严密知识以及文化史的知识。瓦辛格把兰格看做是“我的指导者、先生和理想的教师”。他还说：“这样一来，我把我自己称呼为兰格的弟子了。”

从此，瓦辛格的思想成熟了，遂于 1877 年冬以《仿佛的哲学》一书作为学位论文获斯特拉斯堡大学哲学搏士学位。指导教师是著名的实证主义哲学先驱拉斯(E. Laas)教授,后留校任讲师职。由于他父亲去世,生活困难,改任哈雷大学额外教授。他在1881年至1892年写的著作《康德〈纯粹理性批判〉注释》一书的第二卷出版了(第一卷出版于1877年),1894年得以提升为正教授。1896年,瓦辛格为了促进康德的研究,创刊了《康德研究》(Kantstudien)。1904年是康德逝世百周年,瓦辛格又以同样的目的创立了康德学会(Kantgesellschaft)。

瓦辛格的主要著作:《仿佛的哲学》(Die Philosophie des Als Ob)于1911年出版。此书到1927年共出十版,足见影响之大。以后,他因严重的近视便退出了大学讲台,除继续著述外,专注于康德哲学的复兴运动,为新康德学派的发展贡献了力量。

二、瓦辛格的心理学思想

瓦辛格在他的《仿佛的哲学》(1927)一书的"引论的序言"中指出,欲了解他的思想,必须首先理解他的思想来源的四个要素:

(1)鲍尔森(Paulson)、冯特、倭铿(Eucken)、李·卡尔特、费希特、叔本华和达尔文的主观主义。

(2)马赫、阿芬那留斯的生物学的认识论。

(3)尼采的哲学(这是瓦辛格受叔本华和兰格的影响之后发现了尼采)。

(4)席勒(E. C. S. Schiller)、皮尔士(C. S. Peirce)的实用主义。①

① 瓦辛格:《仿佛的哲学》,1927年法文版,第XVI—XXVII页。

但他认为，他的主要影响和研究方向是生物学和进化论。因此，他把认识的价值看做是独立自主的，规定为实践生活，甚至是生物学存在的关系。

在他看来，生物适应环境，完全是为了生存，是合目的的活动。心理(psyche)的活动只能看做是其中的一种形式，而科学的思维是表示这个心理活动的中心，所以，研究科学的思维，不能丢掉目的的概念，[①]它也就是合目的的活动。这种活动在于改变和加工感觉的材料以及在内部没有矛盾且与客观存在的相一致(mit dem objektiven Sein Sich Schicken)那样的表象，使之成为表象的结合与概念。

瓦辛格指出，我们不能直接认识客观的存在，只能从推理——这是一般都承认的看法，对所给予的感觉材料进行加工，成为可靠的概念，一般的判断来衡量客观的存在。所以我们要作为一个行动者，为了有效地干预世界的行程，就必须制造世界图景。因此，为了保证思维能达到其目的，能达到认识客观存在的目的，就必须通过意识的镜面对它作理论的模写。为了达到这个目的，就要使用思维来得到客观存在的规律。但也不能把思维就应付为存在的模写，如果这样考虑就要犯极大的错误。

他又主张，为了认识事物还必须运用思维的方法和规律。思维的方法有两种：一种是正规的方法(reguläre Methode)，这种方法应该重视；一种是不正规的方法，这种方法应该忽视。正规方法可以称为思维的正规的法则(Kunst regeln)，不正规方法也可以称为虚伪的法则(Kunstgriffe)。所谓正规的法则，不管活动如何复杂，根据它可以直接达到其目的，得到直接的结果。而所谓虚伪的法则，差不多具有神秘的性质，多少都是不合

① 瓦辛格：《仿佛的哲学》，1927年法文版，第1～2页。

逻辑的,可以说是一种魔术的方法,容易给活动造成困难。

在瓦辛格看来,还可以把虚伪的法则称为“虚构”(Fiktion, Fiction)。[①] 它意指非正规的,是把思维的合目的活动,间接地给予补助的一种概念、手段。

他认为,多年来在心理学上,逻辑学上早已不研究这种“虚构”了,今后必须给它以适当的地位。这就是说,第一,在现实性(Wirklichkeit)上,即使是矛盾,也要看做其本身中是不含有矛盾的;第二是在现实性上不仅是矛盾,但其自身内部并不含有矛盾。前者可称为半虚构(Halbfiktionen od Semifiktionen),后者可称为固有的虚构(Eigentliche Fiktionen)。

这个半虚构是从人工的分类开始的。可以分为:抽象的(neglektive)、图形的(schematische)、范例的(paradigmalische)、梦想的(utopische)、体型的(typische)、象征的(类推的)、法律的(juristische)、拟人的(personnifikative)、总括的(summatorische)、探究的(heuristische)虚构等类。[②]

在固有的虚构中,如实践的、数学的虚构,抽象的普遍化的方法,不应该转用的方法,无限小、物质、原子的概念,力学与数学的物理学的虚构、物自体、绝对者的概念等。[③]

瓦辛格进而指出,像这样广泛范围交织着的虚构,包含其现实性的矛盾,或其自身内部的矛盾。因此,把前者称之为过失(Fehler),把后者称之为谬误(Irrtum)。如果把二者加以区别的话,就可以称为“错误的意识”(bewusst falsches)和“谬误的意识”(bewusst Irrtümer)。后者又可称之为“矛盾的意识”

---

① 瓦辛格:《仿佛的哲学》,1927 年法文版,第 18 页。

② 同上书,第 22～23 页。

③ 同上书,第 59～60 页。

(bewusst Widersprüche)。前者就是半虚构,后者就是固有的虚构。[①] 所以他又认为,不论是过失也好,谬误也好,都是虚构,都是思维的手段,都要在意识中进行分析研究。所以他说"虚构是荒谬的假说","虚构是企图解决错误作准备的表象形式"。[②] 同时还告诫说:"不要排斥错误的,虽然它本身是错误的,但正是在其中存在着正确的认识之处,即它具有有用性(Brauchbarkeit od Nützlichkeit)的意义。"他最后着重指出,如果要研究一切认识心理学的起源和学说的话,不论是理论上正确与否,在广义上,都能表示出在实践上是有效的事物。

总之,从以上所述来看,瓦辛格的意识论思想具有很大的局限性。第一,他错误地把人的心理活动只看做是生物适应环境的一种活动,这是不折不扣的生物学化的机能主义心理学观点。第二,他坚决反对思维是存在的模写,否则就要犯极大的错误,这种观点是地地道道的唯心主义唯我论。第三,他的心理学思想,厚厚的一本八百页的大著作研究的,不过是思维方法中的一种"虚构",这是狡猾透顶的唯心主义的实证论。难怪瓦辛格自己留给它一个定义,他的理论就是"批判的实证论",或称为"唯心主义的实证论"。由此看来,毫无疑问,他的理论永远属于一种唯心主义流派。

但另一方面,瓦辛格的著作中也存在着辩证法因素。他认为,在意识中不要排斥错误,虽然它本身是错误的,但正是其中存在着正确的认识之处。这是值得我们重视的。

---

① 瓦辛格:《仿佛的哲学》,1927 年法文版,第 128 页。

② 同上书,第 27 页。

三、瓦辛格思想的影响

瓦辛格的思想不仅对资产阶级哲学产生了重大影响，而且还对许多专门科学的代表人物产生了重大影响。

首先，瓦辛格的著作出版于 1911 年，在 1913、1918、1919、1920(第五版和第六版)、1922 年(第七版和第八版)曾多次再版，这一事实就可以说明这一特殊理论的巨大影响。

其次，瓦辛格本人及其追随者施米德，主编、出版了一种专门的哲学杂志：《哲学和哲学批评年鉴》。该杂志刊载了一些论文，从“仿佛的”哲学观点论述法权问题，论述分子物理、数学、美学、电学、相对论、生物学问题以及心理学、精神分析、语言学和医学等问题。

最后应该指出，瓦辛格的思想曾经大大影响了弗洛伊德大弟子阿德勒的心理思想的形成和发展。阿德勒说过：“一个幸运的机会使我得到了瓦辛格那本天才闪烁的《仿佛的哲学》。这本著作使我找到了——它暗示我用一般的科学思想进行思想训练，以便有确实证据地去描述神经病症。”[①]精神分析家、阿德勒的弟子和朋友安斯巴哈(Ansbacher)也说：“思维的概念为了模写生命问题而构成一个工具，阿德勒发现并确认了德国实用主义哲学家瓦辛格的著作。”[②]

由此可见，瓦辛格的思想对心理学领域的影响是如何之大了。

(1990 年 2 月，未发表)

---

① 阿德勒：《神经症的构成》，1912 年英文版，第 30 页。

② R.J.F 考尔西尼主编：《当代人格理论》，1977 年英文版，第 47 页。

卡西勒的文化哲学思想
及其在勒温心理学中的应用

不论在西方哲学史上，还是在西方心理学史上，卡西勒都是占有重要地位的。在当代，卡西勒的思想不仅影响了哲学家、社会学家，更是影响了心理学家。而在心理学家中，对K.勒温的影响尤为突出。本文试图对卡西勒的哲学思想及其对勒温的方法论方面的影响，拟作一个概括的评价，以便明确卡西勒的思想对心理学发展的重要意义。

一、卡西勒的生平与著述

恩斯特·卡西勒(Ernst Cassirer)，1874年7月28日生于德国西里西亚的布累斯劳一个犹太富商的家庭。18岁入柏林大学主修法学，后转攻德国哲学和文学，后又到莱比锡大学和海德堡大学就读，1894年夏，重返柏林大学跟齐美尔学习康德哲学，1896年又到马堡大学受业于新康德主义马堡学派的首领柯亨(Hermann Cohen，1842—1918)，以莱布尼茨哲学的论文获博士学位。1903年他返回柏林大学任教，1919年起，卡西勒任汉堡大学哲学教授，1930年起任汉堡大学校长。在汉堡时期，卡西勒逐渐创立了他自己的所谓“文化哲学体系”，这个体系已与马堡学派的立场大不相同。他把新康德主义的狭窄出发点，亦即自然科学的事实，扩张成了一种符号形式的哲学，其不仅包括了自然科学和人文的研究，而且企图为成为一个整体的人类文化活动提供一个先验的基础。1933 年 1 月 30 日，希特勒在德国上台，卡西勒愤怒地声称“这是德国的末日”，遂于同年5月2日辞去汉堡大学校长职务，离开德国，开始了他十多年的流亡生活，以后再也没有回去过。他先赴英国，任教于牛津大学全灵学院。1935 年 9 月，接受瑞典哥德堡大学的聘请担任该校哲学教授，直到 1941 年。这年夏季，他赴美国，就任耶鲁大学访问教授，后又于 1944 年秋转赴纽约就任哥伦比亚大学访问教授。1945 年 4 月 13 日，他在哥伦比亚大学校园内回答学生提问时猝然而亡，终年 71 岁。

卡西勒一生著述多达一百二十余种，研究的范围几乎涉及当代西方哲学的各个领域，并且产生了广泛的影响。他的主要著作有：

(1)《实体与功能》(1910)。

(2)《符号形式的哲学》(三卷，1923—1929)。

(3)《论人》(人类文化哲学导引，1944)。

(4)《认识问题》(认识的现象等，1929)。

(5)《康德的生平和学说》(1918)。

(6)《启蒙哲学》(1932)。

此外，他还撰写了有关科学史、道德哲学、政治哲学、心理学、语言、神话、艺术以及科学哲学等的大量著作。他在这些著作中阐发了他的思想和他所遵循的方法论原则，在许多重要方面是对康德的批判哲学的发展和修正。

二、卡西勒的文化哲学与符号功能说

卡西勒主张，客观世界是人们把一些先验原则运用于经验的繁杂的产物,后者只有凭藉前者才能被人们所把握,才能显现出秩序。因此,他在研究人所注意的与其说是知识(认识)和信仰的对象本身,不如说是人们认识这些对象或者说在意识中对这些对象进行理智重建或谓概念重建的方式。然而,他与康德的不同之处在于,他认为经验的众多据以获取自己的结构的那些先验原则不是静止的,而是不断发展的,且它们的应用范围也比康德所设想的要宽广得多。从这些考虑出发,卡西勒为自己确定的主要目标是把康德对理性的静止的批判,转变为人类文化亦即对组织人类精神的一切方面的那些原则的能动批判。他所独创的所谓"文化哲学"和"符号功能说"都是以此为指导思想的。

在卡西勒看来,哲学所要研究的既不是抽象的文化,也不是抽象的人,而是要研究具体的、能动的创造活动本身。因为正是靠着这种创造性活动,才既产生了一切文化,同时又塑造了人之为人的东西;人的本质与文化的本质只是以这种能动的创造性活动为中介、为媒介,才得以结合与统一为一体。由此可见,只有这种能动的"活动",这种自觉的"创造过程",才是真正第一性的东西,这就是人类生活的 Urpänomen——"原始现象"。

那么,什么是原始现象呢?卡西勒的回答是:这种现象就是"符号现象",而其活动就是"符号活动",亦即能自觉地创造各种"符号形式"的活动。因为"符号思维和符号活动"是人类生活中最富有代表性的特征,并且人类文化的全部发展都领先于这种条件。我们现在可以相当清楚地看出,卡西勒的全部哲学实际上可以化为一个基本的公式:人—运用符号—创造文化。

因此,在卡西勒那里,"人—符号—文化"成为三位一体的东西,而"人的哲学"—"符号形式的哲学"—"文化哲学"也就自然而然地形成了同一个哲学。

实际上,在卡西勒心目中,人就是符号,就是文化——作为文化的主体，他就是“符号活动”“符号功能”，作为这种活动的实现就是“文化”“文化世界”；同样，文化无非是人的外化、对象化，无非是符号活动的现实化和具体化，但最关键的关键、核心的核心则是符号。正是“符号功能”建起了人之为人的“主体性”；正是“符号现象”构成了康德意义上的“现象界”——文化的世界；正是“符号活动”在人与文化之间架起了桥梁；文化作为人的符号活动的“产品”成为人的所有物，而人本身作为他自身符号活动的“结果”则成为文化的主人。因此，“符号概念”成了卡西勒哲学核心的概念，“符号功能说”成为卡西勒哲学的方法论。

三、对卡西勒思想的评价

马克思在批判黑格尔所著的《精神现象学》的唯心主义出发点时曾经说过：在《现象学》中，“个人首先转变为‘意识’，而世界转变为‘对象’，因此生活和历史的全部多样性都归结为‘意识’对‘对象’的各种关系”。[①] 根据这一思想，我们可以说，在卡西勒的“人的哲学—符号形式的哲学—文化哲学”的三位一体中，人首先转变为“符号”，而世界则转变为“文化”，因此生活和历史的全部多样性都被归结为“符号”对“文化”的各种关系了。由此可以理解，卡西勒所致力阐述的人，仍然是抽象的，是被完全溶化于“符号”之中的，是一个既无自己的感性又无现实存在的东西了。而“符号活动”和“符号功能”这一重要的人类活动能力也只能被规定为“先验的功能”“先验的活动”了。进而，人类的全部文化都被归结为“先验的构造”，而不是历史的创造了。所有

① 《马克思恩格斯全集》第3卷，人民出版社，1972年5月第1版，第163页。

这一切，都反映了卡西勒哲学的唯心主义性质。正如他自己把他的哲学叫做“作为一种文化哲学的批判唯心论”[①]一样。

四、勒温在心理学上对卡西勒思想的应用

勒温(Kurt Lewin，1890—1947)系德籍犹太人，1890 年 9 月 9 日生于波森省的摩克尔诺。曾在费莱堡、慕尼黑及柏林等大学学习，1914 年，在柏林大学获哲学博士学位。服过兵役五年又回到柏林大学与苛勒等人一起工作，成为格式塔团体中一个多产而有创造性的成员。他于 1922 年任柏林大学讲师，1927 年升任教授。1932 年赴美国讲学，在斯坦福大学任教半年。1933 年，希特勒排犹，乃离开德国，再次来到美国，并定居于美国，在康奈尔大学任教二年。1935 年，他又到依阿华大学。1944 年，他又受聘到麻省理工学院开展和领导团体动力学的新研究中心，到后不久于 1947 年 2 月 12 日去世

勒温的著作甚多，主要有：《人格的动力理论》(1935)《拓扑心理学原理》(1936)、《解决社会冲突》(1948)以及《卡西勒的科学哲学与社会科学》(1947、1949)等书。

在勒温的思想渊源中，曾受斯宾诺莎、卡西勒和格式塔心理学思想的影响，但影响勒温最大的要算卡西勒了。我们翻开 A. J. 马罗(Marrow)写的《实践的理论家库・勒温——生平与事业》一书的第九页，就可以看到有这样的记载：“1910 年，勒温作为一个研究生选修了卡西勒的哲学课程，他一直对卡西勒有着‘学生对老师的深切敬意’。三十六年以后，勒温在去世前不久，为纪念卡西勒写了《卡西勒的科学哲学与社会科学》。他说：‘在

---

① 卡西勒：《符号、神话、文化》，1979 年英文版，第 64 页。

我的整个心理学生涯中，我无时不受惠于卡西勒的认识论和科学观。'"[①]

勒温自己认为他特别受惠于卡西勒哲学的有两个方面：一是卡西勒的科学研究的比较法："这种比较法可以使人看到不同科学之间的相同性，以及同一种科学中的不同问题。"[②]由于这种科学研究的比较法的启发，得以使勒温借助于场论和拓扑学来完成他的心理学的理论建构。另一就是在他的文化哲学思想指导下的科学发展观。卡西勒曾把科学发展的基本特征描述为永恒的进步，对某一特定时期的"科学性"的超越。因而为了超越既定的知识的局限，研究者就必须打破方法论上的种种忌讳，以开放的态度来对待所有的新课题，而不以"非科学"来拒绝任何研究的可能性。勒温曾用这种观点来分析"经验科学中关于'存在'的问题"。他认为这一问题深刻影响着经验科学的发展，"标明某种事物非存在，便等于把它排除于科学的研究对象之外，这便是在经验科学中常常出现的'忌讳'"。[③] 此外，勒温早年对意志、需求的实验研究，以及后来对领导方式和团体气氛的研究，都是以这种打破忌讳的态度进行的。马罗说得好："根据卡西勒的科学观以及他自己的天才，勒温勇于打破忌讳，对那些被认为是科学领域之外的课题进行实验研究。"[④]

(1990 年 2 月，未发表)

---

① A. J. 马罗：《实践的理论家：库·勒温——生平和事业》，1969 年英文版，第 9 页。

② P. 斯里普：《卡西勒的哲学》，1949 年英文版，第 272 页。

③ 同上书，第 190 页。

④ A. J. 马罗：《实践的理论家：库·勒温——生平和事业》，第 9 页。

社会归因现象学家 G. 移希海舍在当代社会心理学中的地位和作用[①]

G. 移希海舍(Ichheiser,1897—1969)是一位社会心理学家,他的思想属于奥地利现象学传统。他的著作广泛地涉及了人的知觉、社会归因、职业心理学、种族关系及政治心理学。他总是注意社会关系中内在的假象及误解。他在欧洲的个人生活与职业生涯由于法西斯的兴起而被打断,在美国他的职业生涯又由于失业、贫困以及被囚禁在州立精神病院而受到妨碍。然而,尽管经历了所有这些困难,他仍不断地发表了对社会生活的批判性观察和分析的成果。他的著作,无论是用德文、波兰文还是英文出版,在风格上和概念上都是美妙、丰富而脍炙人口。奥尔波特(G. W. Allport)、戈夫曼(Goffman)、海德(Heider)、尼斯比特(Nisbett)和罗斯(Ross)等人都应用了他的观点,这足以证明 G. 移希海舍在当代社会心理学上的地位和作用了。

一、生平

有关移希海舍的生平鲜为人知,下面的描述主要参考了他

---

① 本文是根据作者的友人加拿大皇后大学拜瑞(Berry)心理研究室鲁敏(F. Rudmin)博士给作者寄来的论文改写的。该论文曾发表在 1987 年英国心理学会出版的《英国社会心理学月刊》,第 165~180 页。

的个人文件和芝加哥大学图书馆路易斯·沃思和索尔·塔克斯存档的私人通信。

1897年12月25日，移希海舍出生于波兰的克拉科夫，当时那里是奥匈帝国的一部分。1915年到1918年，他在奥地利军队担任炮兵军官，在俄国和意大利前线任职。1918年战争结束时，他进入维也纳大学法律系学习。1920年，他在哲学系开始了心理学研究。1924年，在卡尔·彪勒(K. Bühler)的指导下取得了博士学位，当时卡尔·彪勒以研究知觉、认识和心理语言学著名。移希海舍的论文题目为《美学问题》。然后他在意大利学习一年，当时他对马基雅维里怀有特殊的兴趣，然后他在维也纳担任了一段时间的新闻工作者。

1926年，他在维也纳就业指导处担任助理研究员，之后又在该处担任了两年心理学部门的主任；在维也纳师范学院和维也纳大学的一个附属机构担任人格心理学、社会学和应用心理学的教学工作。玛丽·贾戈达(Marie Jahoda)在就业指导处当过移希海舍的助手，她发现移希海舍在心理学理论化方面给人以深刻的印象。他是一个思想深刻又不易与他人相处的孤独的人。就在这期间，移希海舍发展了他的许多观点，这些观点是他以后作品思想的源泉。1934年到1938年，移希海舍每年在华沙生活一段时间，在那儿他与社会问题研究所保持联系，并担任科学出版公司的顾问。

移希海舍与其他欧洲犹太学者一样，因法西斯的兴起而无法工作。在1938年纳粹德国吞并奥地利之际，他逃到了瑞士，然后去了伦敦，这使他第一次失去了他的研究笔记与书籍。在英国，虽然被视为外国敌人，但他通过与教育学院卡尔·曼海姆(K. Mannheim)的关系而仍继续工作。1940年他又迁居美国。在到达纽约时，他的履历书上写着："引自1938年11月29日加利福尼亚大学的埃贡·布伦斯维克(Egon Brunswik)写给外国移民心理学家委员会英国联合通讯社的柏克(B. Barks)博士的信件。”

“最近我收到在维也纳结识的两位心理学家的来信。一位是在维也纳就业指导处担任了多年主要职务的移希海舍。他是一位有独到见解的人,对社会心理学有特殊的兴趣。除了彪勒,移希海舍也许比任何其他从奥地利移民出来的人更值得重视。”

布伦斯还有一封卡尔·曼海姆给芝加哥大学社会学系路易斯·沃思(Louis Wirth)的介绍信。曼海姆在信中写道:“移希海舍一方面在就业指导和心理测验方面富有经验,另一方面,他是一个社会学和心理学方面的思想家,具有引人注目的观点。他的《论成功》一书对我们的思想意识是非常有意义的贡献。”

这封介绍信附在移希海舍的著作提要和他正在编写的著作目录中。其中包括理应于 1983 年在维也纳出版的《另一个人的形象——社会心理学研究》一书。还有几本是为了解当今时事所作的研究,它们的书名如下:《高压统治:无形与有形》《反对“自由主义”》《民族间相互理解的心理困难》《用心理学观点看犹太人与反犹太主义》《民族社会主义的心理学和社会学》。

移希海舍来到了芝加哥。在芝加哥大学,他与下面这些人一起工作并得到他们种种方式的支持,他们是:埃弗里特·休斯(E. Hughes)、摩根索(H. Morgenthan)、索尔·塔克斯(Sol Tax)及路易斯·沃思(L. Wirth)。移希海舍第一个工作单位是芝加哥的一家图书出版公司。一年以后,在一次公开的心理学会议上,他对战争的胜利将导致永久和平的这种乐观主义思想抱怀疑态度,因而被审查,之后他失去了工作。1942 年,他在芝加哥大学心理学系从事研究工作。1943 年,他在伊利诺斯州的曼特诺州医院任咨询心理学家。在这期间,因他与一位医生的妻子发生暧昧关系,从而使自己短暂的婚姻破裂了。之后,他离开了医院。从1944到1948年，移希海舍是塔拉迪加学院的心理学和社会学教授，那是一所位于亚巴马州专门为黑人而设的学院。1948年，他因感到孤独而回到芝加哥。

就这样他开始了失望与贫困的时期。不久以后，根据确凿的材料，他已很好地适应了美国社会和学术团体。由于离婚以及发表了犹太人在反对犹太主义中应承担部分责任这个观点，他耽搁了几年之后终于在1950年成了美国公民。这时他的履历书提到他已是美国社会学会及美国心理学会的会员，并提到他英文、波兰文、法文和意大利语的运用自如。他继续发表了论著。1949年，发表了他的主要著作《人际关系中的误解》，此书是作为美国社会学杂志的增刊发表的。他在绪言中承认他在初稿中得到戈顿·奥尔波特的帮助。《误解》一书很受欢迎，随后再版单独成书。波兰社会学家奥索夫斯基亲自要求索取一本，德国社会学家威斯也对此书倍加赞许。此书后来被翻译为瑞典、挪威和丹麦等国文字。

尽管他取得了显著的成就，并且芝加哥大学中他的拥护者们尽全力为他作了推荐，但仍未能在学术界谋得职位。这时期，在美国的其他流亡学者也面临同样的困难。移希海舍对寻找职业越来越感到失望。有一个时期为了出书，他申请在芝加哥大学担任抄写和看门工作，以此表明他与学院还有联系。他甚至在工商界谋求职业，路易斯·沃思为移希海舍在芝加哥大学种族关系教育训练研究委员会安排了短期的研究计划，尽管他对于犹太人身份的研究与委员会对黑人白人关系的研究风马牛不相及。

1951年，移希海舍被迫申请救济金。然而，在进行面谈之前，他精神崩溃了。福利组织说他患了“精神分裂症”而“生活不能自理”，把他送进了伊利诺斯州皮沃里亚州立医院。无疑移希海舍因长期地被囚禁在医院而第二次失去了创作的机会，对他来说这是不公平的，是一场悲剧，这正是萨斯所评论的那种类型的不公正和悲剧。

然而，移希海舍显然需要某种全面的帮助，由于身处困境，他的神经处于很大的压力之下："我相信你将理解任何一个生活背景、年龄与我相仿的人，在这样一个永远不安定的状态之下，是无法生存的。"

同样，他在委员会工作时，他被要求从事实地调查研究，而不从事他所希望的现象学研究，而且必须与其他研究人员拥挤在同一研究室里工作。与移希海舍在一起从事研究工作的埃贝尔注意到"这种强迫研究既是一种羞辱，又能使人引起妄想"。由于工作不安定和对于 1949 年发表的文章取得更多的版税，他甚至怀疑起他的朋友来了。这时期，他给沃思的信中谈到所谓的"秘密事件"。移希海舍在他自己对这段时间的回忆录里把这些事件与麦卡耶斯克(McCarthyesque)在芝加哥大学社会科学问题的调查联系起来。他还解释说他答应住院是由于当时存在一种有理由的错觉：即认为住院是联邦调查局雇用他而进行的一次隐蔽的考验。

在一年囚禁的时间内，移希海舍呼吁在芝加哥大学的同事为他讲话，不幸的是他未能获得释放，相反地他被人遗忘达十一年之久。然而，他的职业生涯并未就此结束。1960 年出院后，他出版了一本弗洛伊德学说的批评，确实像埃弗里特·休斯所说的："他不止一次地说他所谓的朋友建议他应接受精神分析法治疗。他反对他朋友的建议，说他可以轻易地分析那些搞精神分析的人。他的这种说法很可能是对的。"(1970，p.3)

1963 年，他是第一批离开精神病院的人之一，他搬到了单身宿舍。他在《原子科学家通报》中发表了一封信，这封信导致了洛克菲勒基金会为他提供资金，使他最终免除了精神治疗。

就像移希海舍所说的那样:"在我奇迹般地收到第一个月的工资支票后,我立刻从我不可治愈的'狂妄型精神分裂症'中解脱出来。我的出院证上写道,从这天起我作为一个正常的人而不是精神病人被彻底释放了。"当我与主要社会工作者告别时,这位工作者说:"'你在这儿浪费了生命的好些年头。'遗憾的是我思维不够敏捷,没有这样回答:'你或者别人,在这些年里是不是为帮助我不浪费这些时间而做了事呢?'"(1966b, pp. 25—26)

1966 年,在芝加哥大学,他又开始撰写文章批判错误的社会观念,这些是他在外交政策中心里写的。他的主要工作是准备专题论文《论我们当前对和平与战争基本问题的错误观念》(1966c)。然而移希海舍仍面临失业和贫困。索尔·塔克斯帮他搞到了一个温宁—格尔基金会的捐款来完成《当代人类学》一书的编写。之后在埃弗里物·休斯的催促下,塔克斯联系了一个出版商重印移希海舍的英文著作。1969 年 11 月,移希海舍刚完成《现象和本质:人际关系中的误解》的编写工作后便独自在房间悄然去世。有些人说他是自杀。这本书在他去世后的 1970 年出版。除了根据埃弗里特·休斯的草稿而作的绪言以外,有关移希海舍的死没有任何讣告。

二、科学的哲学

移希海舍对实验的社会心理学不感兴趣,除了他生活漂泊不定、贫困和人际关系困难以外,他反对以收集数据和实验为根据的经验心理学,主张并研究在本世纪前三十年源于奥地利的现象学的社会心理学。他在早期(1928)认为,收集数据和实验混淆了因果关系与描述,它们对于现象的说明毫无裨益。他拒绝接受社会心理学并不是由于他缺少经验或是幼稚。例如,他提出了一个完成句子的试验来检验青少年时代的成败观。他测试实验者的在场对于被试完成任务的速度能起到什么效果。

他通常认为由于两个原因，实验社会心理学的价值值得怀疑。首先，心理学家自己受到隐藏着的文化和思想意识上假设的左右，存在偏见："没意识到的或者是没引起注意的误解形成了我们的心理经验，而忽视这种误解的心理学很可能成为经验主义的受害者。我们将要看到这种伪经验主义的基础是虚假的验证。如果原始的资料已经由这些误解所歪曲或曲解，那么任何精确的数据、方法均不能带来任何帮助。"以上这些以及类似的陈述预示着三四十年以后要出现的实验社会心理学将受到批判(Billig，1982)。

第二个问题是有关伪证的(pseudo-verification)。移希海舍意识到当时在实验社会心理学中一个主要论题的社会易交效应(social facilitation effects)未得到心理学实验的证明："我们对另一个人的印象往往促使这个人符合我们的期望。""真正的人"所扮演的角色在某种程度上是由他对环境的印象而决定的(1943a，p.150)。

当然，这预示着对实验心理学的批判：实验心理学容易受到实验设计的特点、被试角色和实验者的影响。诚然，移希海舍也许在实验社会心理学领域从事了第一个明确的实验研究。在实验中他划分了两种被试：一种是由实验者所强化，另一种是被实验测试者否定。从这里也许可以意识到移希海舍是一个最早强调环境关系的人之一，他尤其认为人格的测验依赖于环境变量。在他临终前的文章中还对强调实验倾向的社会科学家进行了讽刺："他们对科学符号的着迷以至他们奋斗的主要目的在于使他们所做的一切尽可能貌似科学——就是说，他们的工作尽量与传统自然科学尤其是物理学相像。只有这样做，社会科学才能取得受人尊敬的地位。然而,当他们这样做时,他们间接地证实了人类事务中本质和现象之间存在着普遍分裂。他们可以被比作那种信仰宗教的人士。那些人相信或貌似相信物质如同宗教的本质一样不在于宗教感情、观点和信仰,而在于它的仪式、服装和教堂建筑。"(1970a, pp. 2—3)

与实验的社会心理学研究风格相反,移希海舍主张并提出一种推理、思维和现象学的社会心理学。

"我们不应希望和要求每一件事都得到证明。再说一遍,在我看来,社会科学家不应该像物理学家和数学家那样的追求'科学的精确',而应乐意接受这样的一个事实,即他们从事的是属于科学和文学之间的结合地带。"(给 Sol Tax 的信,1967,9,11)

当然,这种观点可视为没有科学客观性的安乐椅式的理论。例如,在移希海舍被送入医院前的一段时间里,坎贝尔(Campbell)在芝加哥大学有机会注意到移希海舍的调查研究,他感到移希海舍是一个"极端的现象论者",即他把自己固执的认识与现实混为一谈(Campbell, 1986)。无论移希海舍正确与否,他的思想都属于奥地利现象派的心理学传统,很显然这表现在他的研究方法及对宏观社会问题的重视。布伦塔诺(Brentano)被认为是现代现象学的创始人(Wertheimer, 1979),而他的心理学观点可能就是移希海舍的观点:

"个体和群体处于不可思议的环境,在这种环境中阻碍或促进进步的因素是相互抵消的,而心理学规律则为人们的行动提供牢固的基础。

"为此,我们可以充满自信地希望心理学自身就会得到发展或有价值的应用。确实,对社会心理学的这种需要越是迫切,社会叛逆者比航运、铁路运输、农业和卫生更为迫切地需要心理学。"(Brentano, 1874/1973, p. 24)

布伦塔诺对移希海舍的影响是通过布伦塔诺对奥地利社会科学的一般影响，通过胡塞尔(E. Husserl,1970a)的现象学对移希海舍的吸引力，以及通过从布伦塔诺到屈尔佩(O. Külpe)到彪勒到移希海舍的直接继承来实现的(Kantor, 1969; Blumenthal, 1970; Wertheimer, 1979)。

现象学的方法为了描述这些过程和基本的现实，悬置了对心灵的价值和解释过程，正像移希海舍在社会心理学中所应用的。这意味着向社会揭露社会过程中隐蔽的社会进步机制以及对思想文化的禁锢进行挑战，尤其是那些明显被忽视的东西。弗洛伊德认为移希海舍的现象学是存在主义式的，然而，在某种程度上它又是社会的，并预示着戈根(Gergen)和其他人对生产理论的拥护(1978, 1982):"生产理论"对文化有指导意义的假设进行挑战，它提出了有关社会生活的基本问题，促使我们再次考虑"想当然"的看法，由此提供了社会行为新的抉择(Gergen, 1982, p.261)。

对移希海舍而言，实验对实现这个目标很少能起作用。然而，主张分析而不主张实验，支持假想的例证而不支持试验的材料，这使他在社会心理学上得不到别人的承认(Lofland, 1971; Jahoda, 1983)。这也可以说是移希海舍独特的地方。

三、海德与移希海舍

尽管同样具有中欧传统的其他移民心理学家在美国定居时都遇到困难，但很少有人像移希海舍那样由于个人生活的失败和事业不顺利而遭受这么大的痛苦。在那些移民中间最成功的人是弗里茨·海德(Fritz Heider)。海德与移希海舍的生平在许多方面具有明显的相似之处。海德出生于1897年，而移希海舍也出生于1897年。两人均在第一次世界大战后受到奥地利社会科学传统的培养。两人在取得博士学位后均在意大利居住了一年。两人都在奥地利就业指导处工作,然后又离开奥地利,最后在美国中西部居住。他俩都喜欢实验分析,从事人的认识和归因过程的解释工作。

然而,除了这些相似之处,两个人成年的经历有明显的区别。海德在1930年应邀加入史密斯学院考夫卡实验室,而移希海舍于1940年以流亡者的身份进入美国。海德有一个职业友谊网和家庭,并且最终取得了学术上的地位。移希海舍是一个流亡者和孤独的人,他在友谊和婚姻方面是失败的。马里·约霍达(Marie Johoda)谈道:"他去美国时,他的人际关系困难并且朋友在减少。我相信他实际上与任何与他交往的人都搞得很僵。当然这一点他与海德的情况正好相反。"

他们影响的不同主要在于:海德写英文著作,尽管数量不多,并且没有马上被重视,但很有影响并且被广泛地引用。海德被看做心理归因之"父",是由于他英语著作的影响,是他对早在1921年奥地利归因理论的贡献和他对爱德华·琼斯(Edward Jones)和凯利(Harold Kelley)产生的影响。但移希海舍在今日社会心理学中几乎无人知晓,同时他有关归因进程的著作很少被人加以引用。

尽管海德与移希海舍有相似的时代背景,学术研究彼此接近,而且有相同的职业和兴趣,海德多次引用移希海舍的著作,但移希海舍对海德的著作只是在1949年的专题著作的参考文献中引用过一次。使人惊奇的是,他们从未见过面。在移希海舍看来,这也许是竞争的迹象,或者是作为反面的参考例子。当然,这用来介绍的注释,在参考文献中可以有两种解释:

以下的参考文献不仅是被选出，而且公开承认是武断地选出的。在流浪期间作者明白了许多问题，但他失去了大部分的笔记与他的所有图书。与他自己有关的著作并未编入参考文件中，因为它们的基本内容已经被纳入著作里。把这些略去而不编入是有危险的，因为作者可能在这儿或那儿受到责备，说他讲的是别人十年前已经讲过的话，而事实上他说不是十年而是早在十五或十八年以前他自己已经使用过。

当具体涉及他们观点的联系时，海德感到他们是各自发展起来的（Heider，1985）。

四、影响与贡献

当然，移希海舍与其说是一位心理学家还不如说是一位社会学家，与其说是格式塔心理学家还不如说是现象派的心理学家。海德则相反。移希海舍强调的是社会认识的社会方面，而不是认知方面。根据他自己的叙述，移希海舍的方法和观点从语义分析出发，把胡塞尔和柏格森的现象派哲学，深蕴心理学尤其是派来图（Pareto）的深蕴心理学应用到社会领域，是从科学社会学对隐藏着的文化和思想假设的关心中发展而来的。在此，曼海姆的作用不可忽视，移希海舍似乎还受了他的至交罗芬斯坦（Roffenstein）的政治心理学的影响。

移希海舍对社会归因的观点直接从其社会美学的早期著作、意识的社会结构、马基维利主义、社会和社会科学中的错觉、人的认识不协调和社会成功准则中得来。他思想发展的一个重要主题是：在我们世俗的、社会科学的认识过程中，我们往往认为对别人的印象代表着他们的内心实在，而不是自我表现。这样的解释过程受文化、历史和思想准则的指导，“因此，在人际关系中我们真正面临的既不是自然表现形式，也不是象征性印象的自然反映。相反，我们面临的一方面是社会文化因素改变或控制的印象过程，另一方面是社会认识中类似的条件机制”。

第二个主题是有关人格和意象的相互作用。人格意象包括三种特性的归因：①真正特性是行为惯性的基础，它与特殊环境无关。②伪特质是从个人社会地位中取得的，它经常是对成功或公正的错觉归因的基础。③假特质在个人人格或他（她）的社会地位中不存在——他们仅存在于社会观察者心中，然后由被观察者采用。在这一范围内，移希海舍发展了他引起他人争论的观点。这些观点由他敏锐的观察和实例所证明。不幸的是，在这里我们只能注意到在社会心理学文件中已被引用的移希海舍的观点，以此作为我们研究的起点。

很可能移希海舍在错误归因方面的工作已经或仍将是最有趣的。对移希海舍来说，错误归因不仅是错误认识和错误推论，而且也是在社会中形成的对社会功能的解释过程。移希海舍至少讨论过六种错误归因：

(1)我们高估了意象因素并低估了环境因素(Schmitt，1986)，这清楚地预示着归因概念的基本错误，这也许早就被罗斯注意到了(1977)。

(2)我们根据结果的成败对能力作出错误归因。这样加强了在社会上有较高地位并且使思想上存在的社会秩序合法化的那些人的自尊。移希海舍有关成功和成就的观点，尽管是他在欧洲事业上的主要部分，但在成功归因的许多现代文件上仍然被承认了。

(3)我们高估了人格的统一性与一致性，因此必须有办法去处理不协调的信息。移希海舍提出了解决不协调信息的三种策略：①注意一致的特征；②调整我们对人的意象；③在特别不协调的条件下把人视作变态的，有病的。另一方面，在认识失调的文件中，他的早期著作没得到承认(Festinger，1957)。

(4)我们高估了我们行为的有意的和理智的成份，对无意识社会认识过程怀有兴趣。这种现象在当今还是很流行的。

(5)我们认为可见的事物比不可见的事物有更大的客观性，因为前者更依赖于社会观察者。这是一个在归因理论中有突出效果的未被注意到的传统理论(Taylor与Fiske，1978)。

(6)我们把其他的特质错误地归于特殊性，而事实上，我们也具有这种特性(Farr与Moscovici，1984)。那细微的归因错误是忽略而不是使用的问题。

移希海舍其他的一些观点被更普遍地运用于人的知觉和社会认识上。例如，移希海舍的表达与印象的区别在高夫曼(Goffman)的《日常生活自我表象》中被公开地引证了。斯密特(Schmitt)已对移希海舍早期有关人的知觉的德文专用语作了解释，他尤其对移希海舍把人的认识表象称为意象这个用法感兴趣。移希海舍的"意象"一词与人的知觉中使用的"先验图式"这个概念很相像。当然，他的用法与现在社会认知和心理动力论或社会学方法很相像，但比较起来，与前者更为相像。最后，移希海舍的文章涉及了"演员"和"观众"社会知觉的相互联系的本质，其中他认为这在孤立的社会心理学实验中不能研究。

移希海舍想在三个主要范围内应用他的社会心理学分析。在他的工作早期，他撰写了职业心理学，并慢慢地转到工业心理学上。然而，他的著作很少被人引用，可能是因为他写的是英文著作而没有价值。他有关政治心理这部著作在他的工作的后期变得成熟，这已被详细地审查过。在他著作所涉及的范围内，种族关系心理学最为引人注目。他竭力反对社会心理学家的"自由主义倾向"，认为种族关系是不同的，那些陈规是社会的作用，少数民族应对他们不变的意象负一部分责任。移希海舍也描述了吸收、综合、分离边缘文化及其相适应的选择，最近它已成为种族研究的主题。

社会心理学家从移希海舍著作中引用的观点已与原文有差别并缺乏系统性，移希海舍自己从来没有对他的社会心理学作别人能理解的系统性的陈述，他自己也未料到他的职业会过多地受到挫折。这样，应用移希海舍观点的社会心理学家集中注意他的孤立的、批判性的思想，通常要静心研究他结构很好的散文。就移希海舍多次被认为是超时代的人而言，人们该研究他作品的系统性以及对他有用的思想进一步探索。例如，休斯(Hughes)认为移希海舍有关归因对客体影响的著作是他的欧洲作品中最好的。雅厚达自己也具有同样的观点，他指出归因研究对它研究对象的归因过程的重要性不够重视。同样，现代归因研究集中研究那些把自己看成对自己感兴趣的信息加工者；但忽视了在认识过程中感情交流的需要。需要或渴望理解别人有两个根源，它们是：我们客观地需要控制影响我们自身利益的事情，那就是说在这种情况下要注意他人所采取的行动；我们表现出要与同事交流思想的欲望，从而得到他人和谐的反应。

凯利(1984)结束他对海德生平的回忆时，得出了同样的观点——认识与感情相关。

总而言之，继承中欧心理学传统的社会心理学家已经并将继续使实验社会心理学富有生机，而移希海舍应该属于其中的一员。当然，他的著作比以前享有更高的声誉。尽管移希海舍不能向海德“归因社会心理学之父”的宝座进行挑战，但他可视为长期受忽视的“重要人物”，等待我们去发展他，欢迎他回到归因心理学的大家庭中来。

(1992年6月，未发表)

皮亚杰学派评介

皮亚杰(Jean Piaget,应译为让·皮阿耶)是瑞士心理学家,他关于儿童智力发展的理论,受到世界各国学术界的高度重视,对现代发展心理学的各个方面,对西方幼儿和中小学教育改革,都有很大的影响。

西方有人把巴甫洛夫、弗洛伊德和皮亚杰三人称为当代心理学的三个巨人。近两年来,我国心理学、教育学和哲学界也在介绍他的学说,重复验证他的实验与评价他的理论。现将皮亚杰的基本观点介绍一下。

一、皮亚杰学派是欧洲机能主义的发展

在欧洲,也有一些心理学家采取机能主义的观点。

1. 霍夫丁

霍夫丁(H. Höffding, 1843—1931)与以冯特为代表的构造主义心理学的分歧,在于他不重视基本的经验状态而重视基本的心理活动。他的目的不在于意识元素的分析和综合,而在于决定心灵实现其适应外在世界时的机能。

2. 克拉佩勒特

克拉佩勒特(E. Claparide, 1873—1940)是瑞士教育与实验心理学家,日内瓦大学教授,专门研究智力与思维问题。他也是欧洲著名的机能心理学家。

他认为心理学最感兴趣的问题是生物学的起源。一个个体为什么要提出原因、目的或地点的问题。

人的需要产生了意识，只是感到有适应原因（或目的等）的需要时，才会在心灵内引起原因（或目的、地点等）的意识。

3. **皮亚杰的机能主义**

皮亚杰研究儿童的语言和思想也采取了机能心理学的观点。他认为：一个儿童在讲话时，他所要满足的是什么呢？严格地说，这个问题是不属于语言的，也不是属于逻辑的；它是属于机能心理学的，但是它应作为儿童逻辑的任何研究的起点。

二、皮亚杰可以说是克拉佩勒特的继承者

1. **克拉佩勒特对皮亚杰的赞扬**

克拉佩勒特于 1912 年成立卢梭研究院，请皮亚杰担任教授。他说："我们于 1912 年开办这个研究院时，希望我们赖以建立这座大厦的两根大柱，即儿童研究和教师训练，不互相分离，而应通过许多渠道使所架设起来的框架互相支持或加强。……但，只是从皮亚杰到来以后，严密的科学研究和学生的儿童心理学的入门学习才有了我们意想不到的更加紧密的结合。"

克拉佩勒特又说："皮亚杰给我们提出肯定的证据，以为儿童的思想是幻想和成人的逻辑思想过程的过渡状态，从而给我们提供一个特别有助于解释儿童心理的各种不同机能的一般观点。"

2. **皮亚杰对克拉佩勒特的感谢**

但是皮亚杰需要感谢克拉佩勒特对他的启发，他说："克拉佩勒特帮助我用机能观点和本能观点观察每一种事实，没有这两个观点，就会忽视儿童活动的埋藏最深的'发条'。"

三、皮亚杰的略传和著作

皮亚杰于1896年出生在瑞士的纳沙戴尔(Neuchatel)。他的父亲是个学者。他青年时代就博览群书,对动物学感兴趣,攻读于纳沙戴尔大学。1918年,他22岁时获得科学博士学位,论文叫《阿尔卑斯山的软体动物》。

此后,任纳沙戴尔大学讲师。1927年,参加欧洲机能主义派克拉佩勒特所创建和领导的日内瓦卢梭学院。1925年,任卢梭学院研究主任。1926年,任纳沙戴尔大学哲学教授。1929年,任日内瓦大学儿童心理学和科学思想史教授。1940年起任日内瓦大学卢梭学院院长兼实验心理学讲座与心理实验室主任。1934年—1954年,任瑞士洛桑大学普通心理学和社会学教授。1949年后,任巴黎大学教授。1933年—1971年,任日内瓦教育科学院副院长。1954年,任第14届国际心理学会主席。此后,又任联合国教科文组织领导下的国际教育局局长。1959年起,任日内瓦"发生认识的国际研究中心"主任。1972年退休,1980年去世。

他以日内瓦学派(Geneva Group)或称皮亚杰学派(Piagetian)闻名于世。在日内瓦"发生认识的国际研究中心"中集合了各国著名的心理学家、逻辑学家、控制论学者、发生认识论学者、语言学家、数学家和物理学家,研究儿童认识发生发展的问题。

他自1923年至1978年共出版三十余篇论文和专著。在1971年出版了《发生认识论》与《结构主义》,他就成为国际上研究儿童发展理论的重要人物。

他的重要著作有《儿童的语言与思想》(1926)、《儿童的道德判断》(1932)、《智力心理学》(1950)、《儿童智力的起源》(1953)、

《儿童的现实的构成》(1954)、《儿童的空间概念》(与 Inhelden 合著,1956)。

四、皮亚杰研究儿童心理学的方法

他的研究方法是一种变式的个案法或叫临床法(临床描述技术)。这种方法和自然观察法、测验法都不同。他很强调实验的自然性。

按照他的方法的需要,他改编了法国比纳和英国波尔特的一些测验项目。他很注意观察儿童的各种活动,根据所要研究的问题,他有意布置实验的环境,当着儿童的面做一些独创的小实验,并向儿童提出一些问题,通过对儿童的回答和活动的分析,研究儿童心理的发展。

这种方法显然不是一种客观的精确的方法,但由于皮亚杰有敏锐的洞察力,他用这种方法取得大量的第一手材料,提出了独创性见解,建立了一套儿童智力发展的理论。

皮亚杰和早期的智力测验者不同,他不满足于只了解不同年龄的儿童在外显行动上表现的差异,即某一个年龄的儿童能做什么,不能做什么,而是要进一步从结构上探讨儿童智力是如何发展的,为什么会这样发展。

五、皮亚杰心理学的基本观点

1. 关于主体与客体的关系

皮亚杰否认客体是认识的起点。他说:"全部科学史证明客体不是起点的资料,而是由于连续的辛勤努力而创造出来的。"

他又说:"主体 S 和客体 O,因此是不可分地联系着的。由于S⇄O不可分的交互作用，那个作为知识源泉的动作才开始发生。这个知识的起点，因此既不是S，也不是O，而是动作本身的交互作用。也就由于这个辩证的交互作用⇄，客体的客观性质才使知识脱离主观错觉的反自我中心作用而被逐步发现了。同时由于这同样的⇄的交互作用，主体才能发现客体、管制客体，而把他的动作组织成为这样的一个连贯的体系，这个体系就造成了他的智慧和思想的运算活动。”

2. **主体如何认识客体**

(1)动作在认识中的作用。

“知道一个客体，知道一个事件，不但要看着它，造成它的精神的副本或意象。知道一个客体就必须作用于它。”

(2)动作与运算。

运算是内化的、可逆性的动作。可逆性即可反向、可逆转。在感觉运动时期(1岁半或2岁)动作不能内化，随着语言的发展，内化也发展了。知识是经常与动作或运算联系在一起，也就是“转化”(transformation)。“转化”指动作向运算(operation)的转化。运算是内化的在心理上进行的动作。如由最初用笔算，逐步转化为心算(口算)。最初根据实物进行直观形象思维。逐步内化过渡到头脑里的抽象逻辑思维。

(3)认识客体为什么动作。

皮亚杰以为心灵所要知道的物理的、数学的和其他现实都表现为两种形式:状态和变化。每种变化都始于一种状态，而终于另一种状态，所以不知道状态就不能理解变化，不知道变化也不能理解状态。除非主体作用于客体而变化了它，他便不能理解它的性质。因此，对儿童的教育要采用主动的方法，让他们的自发地摸索和探究广阔的活动园地，要求他们积极学习、重新发现或至少重新构成每一真理，而不仅仅将真理灌输给他们。

3. 认识结构的几个基本概念

发生的认识论与经验论和先验论不同。经验论认为“发现”是新的，但他们所发现的东西在外界事物中早已存在，因此亦无新的构成可言。先验论认为知识的形成在主体内部早已预先决定，因此严格地讲也无所谓新的事物的构成可言。建构论(Constructivism)认为知识是连续不断的构成的结果，在新知识的获得中总是含有一些创新的因素，后来的知识总是超越原有的知识。发生认识论便是探究这种新的认识结构形成的机制。

皮亚杰指出：智慧的本质是适应，主体适应外部世界(客体)和认识外部世界。适应依赖于动作，也依赖于从外部获得的经验。

适应既有它生物学的意义，也有它心理学的意义。皮亚杰根据早年接受的生物学训练，发现生物的发展是个体组织自己与适应环境这两种活动的相互作用。前者指生物发展中的内部活动，后者指它的外部活动。他应用这个原则于人类的心理发展，把儿童认识的发展看做个体对环境适应的逐步完善和日益“智慧化”。他认为：认识活动犹如生理之上的消化活动一样，是一项有组织的活动。他说：“每一个智慧动作含有一定的认识结构。而这个认识结构便是智慧活动赖以进行的基础。”

认识结构指的是什么呢？认识结构涉及图式、同化、顺应和平衡四个基本概念。

(1)图式(schema)。“图式是指动作的结构或组织，这些动作在相同或类似环境中由于不断重复而得到迁移或概括”。

个体为什么能对刺激作出这样或那样的反应？是由于个体具有某种图式能同化这种刺激，因而作出相应的反应。

例如：初生婴儿在吸奶时，把奶头同化到吸吮的图式之中。

最早的图式是一些本能动作(即无条件反射),由遗传程序发生,皮亚杰称之为"遗传性的图式"。

以后在适应环境的过程中图式不断改变或丰满起来(在无条件反射的基础上形成复杂的条件反射系统)。

婴儿在吃奶时包括看到妈妈的形象,听到妈妈的声音,接触到妈妈怀抱的姿势等等。因而由最初遗传性反射图式分化为几种图式的协同活动,使儿童的心理水平不断提高。可见,儿童心理的发展是较低水平的图式的不断完善达到较高水平的图式,从而使认识结构不断创新,由较低水平过渡到较高水平。

(2)同化(assimilation)和顺应(accommodation)。

他认为:适应具有同化与顺应两种机能。

同化是指个体把刺激或外界事物引进原有图式的过程,也就是把客体纳入主体的图式之中。

顺应是指个体受到刺激或外界事物的作用引起自身变化的过程;也就是说,个体受环境因素的作用,建立新图式或调整原有图式,引起认识结构的不断发展变化,以适应新的环境。

个体经过顺应作用,对外界刺激又进行新的同化,如此循环不已。

按照皮亚杰的看法,同化只是数量上的变化,不能引起图式的改变或创新;而顺应则是质量上的变化,促进创立新图式或调整原有图式。

皮亚杰在《儿童心理学》一书中的定义:"刺激输入的过滤或改变叫做同化;内部图式的改变以适应现实,叫做顺应"。

皮亚杰反对联想主义和行为主义把刺激(S)与反应(R)之间的关系看做**单向关系**,即所谓简单的 S→R 公式。

他提出**双向关系**,即 S⇌R。

为了用同化与顺应说明 S 与 R 间的关系,他又提出了下列公式:S→(AT)→R。AT 指刺激(S)同化(A)于主体的认识结构(T)的结果。刺激只有被同化于认识结构,成为 AT,才能对刺激作出一定的反应(R)。

总之,同化是把外界刺激整合于个体正在形成或已完整形成的结构中。但是,在心理发展中只有同化而无顺应,那么儿童的认识结构就不会有变化,不会获得新的内容,也就不会进一步发展。顺应便是同化的对立面,认识结构由于所同化的刺激的影响而发生的任何改变,称为顺应。

(3)平衡(eguilibrium):它是同化与顺应两种机能活动间的平衡。

人们的认识发展,从出生到成年的每一发展阶段都依循着下述进程:

儿童每遇到新事物,在认识中试用原有的图式去同化,以获成功,便得到暂时的认识上的平衡。反之,便作出顺应,调整原有图式或创立新图式去同化新事物,直至达到认识上的新平衡。

例如:儿童"指鹿为马",由于儿童经验中没有接触过鹿这一新事物,在他头脑中只有马是认识的事物,通过同化作用,把新知觉的"鹿"引进原有"马"的图式中,把鹿当作马。当别人告诉他,这不是马而是鹿时,促使他创立新的图式,根据鹿的形态特征形成新的图式——"鹿"。这通过顺应作用这一心理活动才能实现。以后看到鹿时,就不再"指鹿为马"而是"指鹿为鹿"了。

这说明在同化与顺应作用中已达到认识活动的相对平衡。这种平衡不是绝对静止或终了,某一水平的平衡成为另一较高水平的平衡运动的开始。不断的发展的平衡,就是整个认识的发展过程,这就是认识结构的形成和发展的基本过程。

平衡不仅调节同化与顺应两种机能,而且是调节心理发展的重要因素。

皮亚杰把心理发展的动力看做由四个因素组成：

①成熟；②物体经验（个体作用于物体时所获得的经验），包括物理的经验（例如：比较物体的大小或重量）或逻辑数理的经验；③社会经验；④平衡，它调节支配前面三种因素。

他说：平衡不是机械学上“力”的简单平衡，而是具有自我调节的意义。又说：自我调节是心理发展的内部机制，不能把它归结为单独由遗传而来，也不是事先固有的东西，它是心理发展过程逐渐构成的结果。但是，皮亚杰虽企图阐明心理发展的内部机制，事实上，这机制是如何构成的，他未作进一步的说明。

（4）发展的连续性与阶段性。

皮亚杰关于发展阶段的理论是长期实验研究的总结，可概括出下列几个要点：

①在发展过程中可分为几个不同水平的连续阶段。每一阶段都是一个统一的整体，而不是一些孤立的行为模式的总和。每一阶段有它主要的行为模式，标志这一阶段的行为特征。阶段与阶段之间不是量的差异，而是质的差异。

②前一阶段的行为模式，总是整合（或称融合）到下一阶段，而且不能前后互换。每一行为模式渊源于前阶段的结构，由前面结构引出后面结构，前者是后者的准备，并为后者所取代。

③发展的阶段性不是阶梯式，而是具有一定程度的交叉重叠。

④各阶段出现的年龄因各人智慧程度、动机、练习和教育影响以及社会环境的不同而有差异，可提前或推迟，但阶段的先后次序则保持不变。

发展阶段为什么会有连续性的次序呢？皮亚杰不同意美国耶鲁大学格赛尔教授的观点。格赛尔认为：“不同年龄的儿童有不同的心理特色，这些特点的出现又有一定的顺序，这是由于成熟的原因。”皮亚杰说：“格赛尔所主张的发展总根据近似排他性的成熟作用的假设，这些阶段保证着一种固定的连续性的次序，但是可能忽视了递进构造因素。”

六、皮亚杰的儿童认知发展的分期说

皮亚杰根据他和同事们多年的实验研究，提出了儿童认识发展的年龄阶段（分期）：

1. **感觉—运动阶段**(sensorimotor stage)

出生—2 岁，相当于婴儿期。这一阶段又分为六个阶段：

第一阶段（出生—1 月）——以新诞生的反射和不协调的身体运动为特点。完全以自我为中心，不能识别自我和外界的实在，缺乏自我感。

第二阶段（1 月—4 月）——偶尔以原始反射组成新的反应模式（行为特征），偶尔通过臂口协调，握拳入口。

第三阶段（4 月—8 月）——新的反应模式互相协调，有意重复，以便保持环境的某种变化。

第四阶段（8 月—12 月）——已有的运动和知觉的行为模式日益复杂协调。推开障碍，或用母亲的手以达到他所要求的目的。出现了有预见性的有意行为和寻觅消失了的东西。

第五阶段（12 月—18 月）——熟悉的行为模式的各种变化，似乎要借此观察不同的结果，出现了追求目标的动作。

第六阶段（18 月—24 月）——感觉运动的行为模式的内化，象征行为的开始。通过内在尝试而非外在试误的新方法的创造。

总之，这一阶段的主要行为特征（或主要行为模式）为：婴儿能区分自己和物体，逐渐知道动作与效果间的关系（因果性）。

开始认识客体的永久性，主体和客体间的相互关系，动作间开始逐渐协调。

这阶段只有动作活动，并开始协调感觉、知觉和动作间的活动。这阶段还没有表象和思维，还没有出现语言。这阶段儿童的智慧称为“感知运动的智慧”，是智慧的萌芽，还没有“运算”的性质，因为儿童的动作尚未内化为表象的形式。

2. **前运算阶段**(preoperational stage)

2 岁—6 岁，相当于学前期。这一阶段儿童认知的特点：

(1)相对具体性(表象性思维)。

儿童运用符号的能力得到发展，开始依赖表象进行思维，是一种“表象性思维”，还不能进行运算思维。

(2)不可逆性(可逆性指可反向、可逆转)。

例如：问一个三岁的女孩：“你有姐妹吗?”她说：“有。”“她叫什么名字?”她说：“琪恩。”“琪恩有姐妹吗?”她答：“没有!”关系是单方向的，不可逆，不能进行可逆运算。可理解 A＝B、B＝C，但不能传递，还不能得出 A＝C。

这一阶段的儿童，还没有守恒结构。例如：给儿童看两个同样大小的用泥捏成的圆球，他会说两球一样大，所用的泥一样多。但是在连续看着的情况下，如果把一个泥球拉长成为香肠的形状，再问他，他会说现在比另一个用泥多了。

(3)自我中心性(比较突出。外部世界环绕他转动，以自我为中心。认为月亮跟着他走)。

儿童站在他的经验的中心，只有参照他自己才能理解它们，他认识不到他的思维过程，缺乏一般性。他认为他所知道的东西，别人也会知道。他的谈话多半以自我为中心。

(4)刻板性。

当注意集中在问题的某一方面时，就不能同时把注意力转移到另一方面。像在液体守恒中,儿童只能或者注意到杯子的高度,或者注意到杯子的宽度。

儿童的刻板性还表现在没有等级的观念。电影中的人物,不是"好人"就是"坏蛋",不存在中间状态。

(5)误推(transduction)。

这是前逻辑的思想。由于一种特殊情况和另一种特殊情况在一起发生,儿童就把它们联系起来,好像二者之间有逻辑关系。

例如:丁(2岁1月)以为驼背是病,感冒也是病。她听说一个驼背的儿童患感冒,医好了,她就说,这个可怜的儿童可不再驼背了。

(6)魔术性的思想。

他们分不清因和果,以为自己对外界有神秘的影响。理好了头发,风就不吹了。

(7)灵活论的思想。

以为万物都有生命的属性。例如月亮是活的,自行车是活的。

3. **具体运算阶段**(concrete operational stage)

6岁—12岁,相当于小学阶段。

(1)儿童已能运用逻辑的归纳,虽然他不能作演绎推理。

(2)已有可逆性。

(3)儿童不受知觉的支配,同时发展了知觉的恒性。

(4)虽不能掌握全部守恒形式,却也掌握了一部分早期发展的守恒形式。如:数量守恒(约6岁),长度守恒(约6岁),物体守恒(约7岁),液体守恒(约7岁),重量守恒(约6岁),容积守恒(约9岁—10岁)。

4. **形式运算阶段(或称命题运算阶段)**(formal or propositional operational stage)

11 岁—15 岁,相当于初中阶段。

青年前期的儿童的思维能力超出了所感知的具体事物,表现出能进行抽象的形式推理。他们能从观察中引出假设,根据假设命题进行推理,通过分析综合,能归纳出原则来。他们的思维结构已接近成人水平。

七、皮亚杰儿童认知发展理论在教育上的应用

1. **强调"动作"的重要性**

通过儿童自己的动作,如摸、拉、推、摇、看、听等,逐步认识主体和客体之间以及客体与客体之间的关系。动作是主客体相互作用的桥梁,知识是主客体相互作用的产物。具体运算阶段的动作内化为运算,运算是内化的可逆性的动作,而动作间的协调,便是逻辑数理结构和逻辑数理运算的来源。皮亚杰认为:"智慧活动应该优先建立在儿童的实际动作中而不是优先建立在语言上。"

他在《皮亚杰理论在课堂教学中的应用》(Piaget in the Classroom,1974)一书的序言中有这样一段话可以代表他的教育观点:"动作在儿童智慧和知识的发展中起着重要作用。动作指儿童对物体的操作,通过主体的操作和实验性操作才能理解物体的变化。"

2. **提早进行识字教学**

根据皮亚杰的研究,感知运动阶段的末期(约满 2 岁)出现语言,儿童能用语言表达当前存在或当前并不存在的事物。2 岁时能出现"电报式"语言,话虽简单(不会语法),但成人能推

测儿童讲话的含义。3岁左右能学习成人的简单语法，还能进行延迟模仿（通过表象）等活动。基于这些特点，幼儿仍可提早进行识字教学。

3. 强调兴趣和需要

儿童不是被动接受知识而是主动探索知识，儿童的智慧训练不仅存贮知识，更重要的是创新。

传统学校把学习活动硬塞给学生，强迫学生学习。由于教师不断施加强制，学生的智慧活动和道德活动不符合它本身的发展规律。

皮亚杰指出，“强迫工作是违反心理学原则的，而且一切有成效的活动必须以某种兴趣为先决条件”。“新学校引起的真正活动，即以个人的需要和兴趣为基础的自发性活动”。“儿童是个具有主动性的人，他的活动受兴趣和需要的支配”。[①] 皮亚杰在教育原则中不仅强调兴趣和需要，而且特别重视儿童主动探索知识和不断创新，这无疑对西方新教育思潮产生着强烈的影响。

在皮亚杰理论思想的影响下，西方新教育提出活动教育、开放教育、流动教育、视听教育、个别课程制度、学习资料中心以及一些新颖的教育技术手段。其目的在于通过学生主动活动，符合学生的兴趣、内在需要和心理特点，提供丰富多彩的教育环境，便于学生发现问题、收集资料、进行实验、提出假设和检验，从而进入知识创新阶段，成为知识海洋的主动探索者。

4. 按儿童的认识结构组织教材进行教学

皮亚杰认为：“儿童的认识结构和道德结构同成人不同，因而新教育法应尽一切努力按照儿童的认识结构和他们不同的发

---

① 见《教育原则与心理学的根据》，1970年版。

展阶段，将要教的材料以适合不同年龄儿童的形式进行教学。”①

5. 促进思维的发展，加速阶段间的过渡

儿童思维的发展是有规律性的，并按阶段划分，各阶段间有着质的区别。这是皮亚杰的重要贡献之一，为大多数心理学家所公认。各阶段的次序是不变的，但由于智慧、动机、练习和教育影响以及所处的社会环境不同，各阶段出现的年龄可提前或推迟。

皮亚杰对思维发展的不同阶段都列举了思维特点和主要的行为特征作为衡量的指标。教育工作者应针对不同年龄阶段的思维特点，采取有效的教学方法，因材施教，尽一切努力促进思维的发展，并加速阶段间的过渡。

6. 利用直观形象思维过渡到抽象逻辑思维

在教学实践中，直观形象思维是儿童认识事物的最好途径，要重视科学实验和视听教学，使学生通过实验和实践，从直观形象思维加速过渡到抽象逻辑思维，提早掌握基本概念和基础理论，培养分析问题和解决问题的能力。

7. 深入本质作量的分析

质量和数量是辩证的统一。皮亚杰早期的研究主要以自己的三个孩子作为试验对象，由于取样过少，缺乏代表性，受人指责。1958 年出版的《从儿童期到青年期逻辑思维的成长》一书中，被试者达 1 500 人，1969 年出版的《知觉的机制》一书中运用了大量实验取样和统计资料。但他反对智力测验所用的定量分析，主张深入本质，在质的基础上作量的分析。

他认为测验法所测定的只是“成就”或“结果”，而不是智力

---

① 见《教育原则与心理学的根据》，1970 年版。

发展的"过程",不足以显示儿童智力发展的本质情况。他用"非定量数学"(数理逻辑)的概念来分析认识结构的质的变化,看重对儿童认识发展作质的分析,企图揭露认识过程的智力机制,在这个基础上适当结合统计处理。

西方心理学界有人认为,皮亚杰采用动作和运算作为指标来诊断儿童的智慧发展比采用智力测验(包括"标准智力测验"和贝利(Bayley)创制的"婴儿智力测验")为优越。他们根据皮亚杰的理论和实验设计了新的儿童智力量表,证明学校教师用这量表测量儿童的智慧比通常的IQ(智商)分数为有效。

据1976年《心理学年鉴》报道,塔登汉设计了《皮亚杰式的认识发展测验》。

八、对皮亚杰学派的评价

1. 皮亚杰及其学派为儿童和发展心理学开辟了新的园地,作出了新的贡献

克拉佩勒特在皮亚杰的《儿童的语言和思想》的序文中说:"皮亚杰原是第一流的生物学家。在他做心理学以前已经在软体动物学专科内出名了。"

皮亚杰从生物学转入心理学,研究儿童的语言和思想,以同化和顺应的生物学概念解释儿童认识的发展。

皮亚杰领导学生在儿童的语言、判断、推理、世界观、因果观以及守恒等问题上进行实验,为儿童和发展心理学开辟新园地,作出新贡献。诚如克拉佩勒特所赞扬的,"皮亚杰的研究给我们提供儿童心理的完全新颖的说明"。

2. 皮亚杰主张辩证法，反对旧联想主义和行为主义的行为公式

皮亚杰的辩证法是不是唯物主义的呢？

皮亚杰以为主体和客体是不可分地联系着的，客观是主体的辛勤劳动而创制出来的。他不提第一性与第二性的区别，与辩证唯物主义是有距离的。

《知识与发展》一书的序文说："皮亚杰的两章和他的一般著作都贯穿着这样一个论点，就是：'知识不是作用于主体的某一独立现实的副本，它是主体与世界交涉中的一个主动的创制物。'"

这也是与反映论不相符合的。

3. 皮亚杰培养出一批心理学家，建立了日内瓦学派和皮亚杰学会

学派和学会的成员以皮亚杰的学说和测验的工作，研究各年龄阶段的儿童心理和教育。

（1982 年，未发表）

瓦龙唯物主义的行动心理学

亨利·瓦龙(Henri Wallon，1879—1962)是法国马克思主义的心理学家。1879 年 3 月 15 日生于巴黎，1899 年至 1902 年在巴黎高等师范学校学习，1903 年毕业。在毕业的前一年，学校就授予他哲学教师的资格，但是他从未担任哲学教师之职。

瓦龙原来不是"马克思主义的心理学家"，他纯粹是从医生角度出发的。他关心儿童的精神衰弱症，开始进行心理学研究。1908 年，获得医学博士学位。1925 年，以"低能儿"的研究获得文学博士学位。这篇学位论文被誉为名著。1935 年，瓦龙担任法苏友好协会会长。1937 年，他在巴黎大学担任讲师，并兼任巴黎大学儿童心理研究所所长。

在瓦龙接近马克思主义时，心理学正处在被怀疑的高潮中。因此，瓦龙想把心理学放在马克思主义的光辉照耀下来重新建设，给它以充分的科学根据。他首先以《科学心理学的总清算》为题写了一篇论文，发表于 1938 年出版的《法兰西百科全书》第 8 卷"精神生活"部分中。1938 年，瓦龙作为巴黎大学法兰西学院的教授，在讲台上讲授《儿童思想的起源》。1940 年，纳粹德国入侵巴黎，将他作为不受欢迎的教授加以驱逐。瓦龙并没有被吓倒，用了足有五年的时间，运用辩证唯物主义写了一本《从行动到思想》(1942 年)的书。这本书当时被禁止发行。因为这是一部完全站在马克思主义立场上写的最优秀的著作。在书中，把心理、意识视为从行动到思想所发展的东西。心理、意识之所以能在从行动到思想中产生，是由于人生活在社会中，而人的心理、意识的发展是以社会的诸关系为契机的。瓦龙指出，这就是马克思所说的：个人的心理“并不是单个人所固有的抽象物，在其现实性上，它是一切社会关系的总和”。[①] 1942 年，瓦龙加入法国共产党，作为马克思主义者开始他的活动。瓦龙胸怀斗志，慷慨激昂，把大部分时间用于对纳粹德国的抵抗运动上，为法国的最后胜利而奋斗。同时，他用一部分时间进行《儿童思想的起源》一书的写作。这本八百页的书于 1944 年纳粹撤出巴黎时出版。法国胜利了，瓦龙以马克思主义者的身份担任临时政府国民教育事务局局长职务。1949 年，他以 70 岁高龄退职。1950 年至 1952 年，担任波兰拉克夫大学教授。1954 年，因车祸而半身不遂，但仍著述不辍。1962 年 12 月 1 日逝世于巴黎，终年 83 岁。瓦龙一生为心理科学的革新工作而贡献了力量。

一、心理学基本理论中的观点

（一）意识与无意识

在瓦龙看来，毫无疑问，心理学的研究对象是意识。而意识是心理学上的一个很重要的难题，这个难题只有在马克思主义的光辉照耀下才能解决。但是他在具体解决什么是意识的问题上却走上了另一条路线。他认为：心理、意识是存在于宇宙之中的，所以意识就是作为它自身存在着的实在。这种对意识实质的理解，似乎不是辩证唯物主义的，而是客观唯心主义的。

---

① 《马克思恩格斯选集》第 1 卷，人民出版社，1972 年 5 月第 1 版，第 18 页。

瓦龙紧接着指出:探讨宇宙中是否有意识存在的问题,唯一的方法是研究它的存在的条件的问题。人的意识很明显是以神经系统的成熟为首要的物质条件的,随后由于人和周围的人们之情感的、运动的、言语的、认识的交往结果而形成了意识。所以说人的意识的形成,不是个别性向社会性的过渡,而是个别性与社会性的结合。

根据这种观点,瓦龙又论述了"无意识"的问题。在这个问题上,他一方面批判了皮亚杰(J. Piaget)关于"不变式"的无意识的概念,一方面也批判了霍夫丁(H. Höffding)和赫尔伯茨(Herbertz)的"把生理学过程二重化"的无意识的思想。他认为这些思想是"形而上学的偏见"。这种偏见,把无意识错误地理解为一种新的实体,这是没有根据的。在形形色色精神生活中所表现的无意识,除了把它作为经验的表现形式之外,就谈不到有任何的无意识概念。

(二)意识和实践

瓦龙认为科学家参加在历史活动中,具有各式各样的概念。并根据自己时代的意识形态、各种科学技术的发展和社会斗争,直接或间接地对意识和实践的关系作出充分的理解。

瓦龙主张,对永久的对象要给予完整的反映、复写,坚决反对客观主义、神秘主义和唯心主义的幻想。马克思主义的科学的客观性,就是肯定与拥护"生成和运动的诸事物自身",这就是理论和实践的紧密结合。所以他引用斯大林的话说:马克思主义的哲学唯物主义认为,世界及其规律完全可能认识,我们对于自然界规律的那些已由经验和实践考虑过的知识是具有客观真理意义的确实知识。

在瓦龙看来,对于马克思主义者来说,科学并不是绝对的相对，而是历史的相对。根据实践和理论的辩证法，科学是以近似的、正确的方法到达深远的实在的。这个现实主义的飞跃，这种乐观主义的态度，今天只有伟大的无产阶级才能够获得。

因此，瓦龙指出：在分析人的行动时，必须把生理的原因和社会的原因结合起来。新的自然界正是由于这些原因的结合而构成的，这就是意识和实践关系的唯物主义辩证法。

（三）智力的辩证法

自 1935 年以后，瓦龙全面地接受了辩证唯物主义。他认为对于心理学来说，辩证唯物主义就是思想方法，他运用这一方法来解决智力的理论问题。

瓦龙认为，可以把智力的发展分为几个阶段，而每个阶段又都有质的变化，这种发展就是从行动到思想。同时，在行动和思想之间，发展是对立的，又是统一的。

他又认为：有两种智力，一为感觉—运动的智力，一为言语的智力。过去的传统心理学对它们只给予理论上的说明，而瓦龙则断言从这一形态到另一形态“推移的问题”的重要性。这两种形态的推移乃是由于有新的因素：解剖学的及机能的构造。由于有了这种新的构造，再加上生活中的一些新的条件，推移才成为可能。另外，使“推移”进行活动的是因为有模仿的缘故。模仿保证了两种智力形态的推移。但是，也不能只把模仿认为是完成智力活动的条件。推移之所以可能，还在于两种智力的共同基础——空间。空间具有一定的秩序，既有运动的一贯性，又有言语的一贯性。当人们有了一定的直观能力时，智力就形成了。

其次，关于言语的智力的问题，瓦龙认为：传统的心理学把智力的活动最后归结为理论的活动，智力就是理论的智力，把智力还原为思想。这正像逻辑学所论述的那样，把内省的分析方法还原为理论判断的操作，这是一种把智力和言语分隔开来、认为智力的存在与言语无关的做法。事实上，智力的存在和言语具有不可分割的关系。儿童的智力和动物的智力在本质上的不同就在于儿童有言语的活动，而动物没有这种活动。言语是一种手段，它给予儿童对知识的印象加以分类和组织，言语可称为人的智力活动与发展的条件。所以瓦龙认为，如果给智力下一个定义的话，它就是主观的诸因素和客观的诸因素形成不可分割的统一。简言之，智力就是主观和客观的统一，这就是智力的辩证法。

(四)自我和他人

他人(autre)的问题，也是自我的问题，也是人类的条件的问题。现在西欧存在主义的哲学家，如海德格尔(Heidegger)、雅斯贝尔斯(Jaspers)和萨特(Satre)之流，他们从创作、小说和电影中去判断，认为自我和他人的这个问题是永远不能解决的。瓦龙回答了这个“他人”的问题。他把关于这个问题的资料(data)从根底上予以变革。

瓦龙对于自我和他人的观点，可以概括为一个公式：确定自我和他人(人们)之间的关系的是各个人的自我以他人作为媒介。瓦龙把“他人”起名叫做“他我”(alter ego)，意即与让内(Janet)的“社会的伙伴”(socius)一语同义。他把这个他人加以规定，即只限于“亲密的他人”(autre intime)。

他指出：人是社会的存在，这是根本的事实。幼儿生下后最初的几周，并不是社会的存在，而是对他周围环境的一种适应的反应。幼儿生长几个月后才在本质上成为社会的。由于他的生物学的构造，由于他生活的脆弱，没有他人的帮助就不能生存。

可见人的社会性并不是由外界的影响,而是在生物学的事物中,社会的事物(条件与人)是具有决定意义的。你和我以及我们之间并不是被隔离的存在,也不是被封闭了的意义,而是彼此交往着的,是同呼吸共命运的。我的真理就是和你在一起。

(五)精神的起源

1925年,瓦龙开始走上儿童心理学的羊肠小路。在这一领域中,他为了解决精神的起源问题,便探讨起个人与社会的矛盾问题。瓦龙认为,这些矛盾是从历史和意识形态中派生的。他以研究儿童发展的各种物质条件和各种社会条件为方法,得出人的精神活动与个性新面貌的形成是由这些条件造成的结果。

在西欧和美国,不少人对瓦龙这样的论断,指责为有机体论或是社会学主义。由于他主张人的精神活动的存在,还有些人称赞他是精神主义者。瓦龙驳斥了这些论点,指出:他虽然站在有机体论旁边,但并不像传统的唯物主义那样机械死板。作为人的有机体的欲求和社会的要求是两极,人们是在其中开展他们的活动的。从而否认他是社会学主义者或精神主义者。

同时,瓦龙也驳斥了把他当作社会学家的皮亚杰。他明确地说:从现实性上来说,我决不能把生物学的东西和社会学的东西分开。我并不认为要把一方面还原为另一方面,而是把自从人类诞生以来与它们相联系的心理生活之间的相互关系,加以认真地考虑。

那么,这个"相互关系"是什么呢?就是生物学的发展和社会的发展。因为有这样的两种发展的相互关系,才构成了人类幼儿的条件。幼儿的各种各样的生物学能力的形成和发展,是由于有社会生活的条件——社会环境之故。他写道:"人是一个生物的实体,也是一个社会的实体,而这是同一个个体。心理学的目的就是在这些不同方面的统一中来揭示人。"[①]根据这种观点，瓦龙对"运动性"和里比多的理论，从根本上赋予一种新的内容。

生理学家把运动性的机能分为两个侧面。一个侧面是运动或是抽搐性活动，一个侧面是筋肉的各种各样的紧张状态。这两个侧面是有区别的。瓦龙对这种运动机能、特别是对紧张状态给予心理的解释，他认为：筋肉的紧张力（tonus）是使筋肉收缩的，不仅是有必要的紧张状态，而且也是一种态度、姿势。所以可以把态度或是姿势看作是儿童表现的最初手段。而新生儿童的快乐与不快乐，以及与欲求相关的态度是这种情欲的素材。

情欲具有真正的机能的意义。情欲是体液和运动构成的要素，是一种生理学的事实；而机能就是适应，它是一种社会的行动。

瓦龙认为，可以说幼儿诞生之后，从发展的眼光来看，他是社会的存在。这个问题是瓦龙在儿童心理学上的一大发现。

二、关于记忆机制与情绪本质的研究

瓦龙在心理学上有两个别开生面的研究：一为对记忆机制的实验研究，一为对情绪本质问题的研究。这两项研究是瓦龙对心理科学的重大贡献。

（一）记忆机制的实验研究

1957 年，法国巴黎大学出版社出版了他写于 1950 年的《记忆机制》一书，该书的全名是"和记忆对象相联系的记忆机制"，合作者是厄瓦尔-茨梅尼斯基（E. Evart-Chmielniski）。这本书

① 瓦龙：《论心理学的特殊性》，见《理性》，1956 年法文版，第 15 期，第 5 页。

是瓦龙的严谨的实验法的产物。

这里所说的记忆机制不是指记忆的生理机制，而是指记忆是否具有统一的机制，是否不受记忆材料的限制。这就是说学会一套材料之后是否有利于另一套材料的学习，也可以说记忆的不同系统之间是否形成特殊的迁移。实验的问题实质就是：当记忆对象的性质不同而问题中各套材料之间项目连续的顺序相同的时候，相同的顺序是否使内容不同的各套材料的学习逐步加速。

瓦龙所使用的记忆材料共七套，即三角形、具体的词、抽象的词、数字、动物图形、橄榄在长方形中的位置和颜色。每套材料包括 16 个项目，其中只有第 2、第 9、第 10 是不重复的，第 1、第 3 和第 15、第 4 和第 13、第 5 和第 11、第 6 和第 16、第 7 和第 14、第 8 和第 12 是完全相同的。所谓内容不同、顺序相同就是指这种情形。

材料是用一个特制的速示器，通过宽 15 厘米、高 5 厘米的小窗，连续显示出来的，仪器的显示速度和项目的间隔时间都是两秒。

每套材料组成一个实验，每个实验都是个别进行的。受试者接受一次显示后，立即把放在桌上的项目草样，按显示的顺序排列出来。这种重建顺序所需的时间，不论重建成功还是不成功都要用马表记录下来。试验重复至整个材料的内容和顺序完全正确再现之时为止。能否正确回忆所需要的试验(显示)次数就是学习效率的重要指标。一般来说，每个实验所需要的试验次数的中数从 12 到 21.5，每次重建所需要的中等时间约 1～2 分钟，随实验的难度而有不同。至于重建顺序中项目颠倒错置的情形也在登记表上详细记录下来。

参加实验的共有 280 个 12 岁—14 岁的儿童，他们都是巴黎附近一个工业城的小学毕业班和中学一年级的学生。

由于实验所用的时间过多，大多数的受试者只能做完一个实验，全部分析研究只以 34 个人的实验结果做根据。另外，还有几个心理上有缺陷的儿童（年龄 9 岁—19 岁）的试验记录做比较。

通过分析实验的结果，可以看出下列几个问题：

第一，实验者对实验记录的几种指标做了认真的分析。这些指标除试验次数、重建时间、颠倒次数之外，还有成绩暂时下降数和试验失败的分数（当一套材料没有达到完全识记之前就停止试验的时候算是一种失败）。经统计后，这五种指标有一致的地方，也有不一致的地方。由此得知，在不同的实验材料中记忆过程的条件有着某种异质性（hétérogénété）。

至于对全部七个实验说来，数字，图形，三角形三个实验比较一致，差不多属于同一类，它们受普通条件的支配；其他实验的情形比较分散，各种标准中成绩的等级差异甚大，说明了它们较多地受了各套材料特有因素的影响。

记忆的材料表

	三角形	具体的词	抽象的词	数字	动物图形	橄榄	颜色
1	 A	砂	智慧	1	蝴蝶		黄
2	 B	凳子	懒惰	6	雄鸭	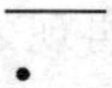	橙
3	 A	砂	智慧	1	蝴蝶		黄
4	 E	铁	勇敢	5	马		紫

续表

	三角形	具体的词	抽象的词	数字	动物图形	橄榄	颜色
5	I 	墨水	顽皮	2	兔		灰
6	M 	烟筒	正义	8	狗	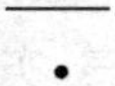	粉红
7	O 	房屋	真理	3	母鸡		绿
8	R 	球	友谊	9	猫	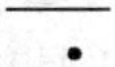	棕
9	S 	扫帚	亲善	4	蜜蜂		蓝
10	N 	街道	可爱	7	鹦鹉	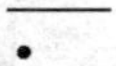	红
11	I 	墨水	顽皮	2	兔		灰
12	R 	球	友谊	9	猫		棕
13	E 	铁	勇敢	5	马		紫
14	O 	房屋	真理	3	母鸡		绿
15	A 	砂	智慧	1	蝴蝶		黄
16	M 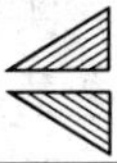	烟筒	正义	8	狗	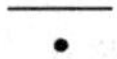	粉红

第二，要把每个实验的试验次数和重建时间两种指标算出相关量数，进一步确定实验材料的性质特点。实验者认为，实验材料的智性成分越多，则记忆所需的试验次数也越多，而费时越少。如抽象名词的 r=－0.52，数字－0.29，颜色＋0.02。这里最后一个数字误差达到 0.11，实际上等于零。

第三，实验者指出，由于受试儿童在素质方面、态度方面，或有关数字操作的准备方面有差异，因此各实验间次数分配曲线差别甚大。如橄榄实验的曲线是双峰形的。另外，实验材料的难度不同也影响记忆曲线。如，动物图形比三角形易于记忆，抽象名词比具体名词难于记忆，等等。

应该指出，通过以上实验还得出与中心问题相关连的很有意义的三种结果：

(1)学习进步率的数量上的特点。

实验者用普通十分位法处理实验结果(试验次数和记忆项数)，首先看到大多数试验中最后阶段的记忆增长率(即记得项目的%)远超过任何阶段，形成了终点突进(l'élan final)。有四个实验的这种突进率达到 21.88%。其次，实验者分析了所有实验中各阶段记忆最常见的进步率，看到它们是同一整数 3.12～3.13 的倍数，如：

$$6.25 = 3.12 + 3.13$$

$$9.38 = 6.25 + 3.13$$

$$12.50 = 9.38 + 3.12$$

$$15.63 = 12.50 + 3.13$$

大体来说，记忆过程纯粹按序列连续来进行的颜色、动物图形、橄榄、数字四个实验就具有同质比率的进步情形。实验者认为，这种情形不是偶然的。三角形实验，含有相当复杂的空间关系；而具体词和抽象词两个实验，除了词的纯粹连续以外，还有意义的联系，它们的记忆进步率就与三角形不同了。

(2)记忆成绩在材料各组成部分中的差异。

按前人实验的结果，材料的先头和末尾部分记忆效率最高，中间效率最低。本实验研究把七套材料分为五个部分，发现记忆效率的顺序如下：第一、第三、第五两头和中间记得较好。其次是第二部分，最后是倒数第二。这样来说，一般所谓前进抑制和后退抑制的会合现象在本实验研究中是不存在的。

(3)“成对性”对记忆效果的影响

瓦龙早在1939年—1940年度法兰西学院的儿童心理学讲座中，就曾指出成对性在儿童思维中的重要意义。他觉得按对子记忆是成对操作的特殊例子。本实验也证明了成对现象代表心智活动的一种幼稚方式。因为研究中智力迟钝的儿童没有一个能通过实验，他们绝大部分的再现都是一对一对的，有的正确、有的颠倒。一般受试的情形显然不是这样。

实验者指出，记忆过程中，项目顺序成对颠倒现象的不断出现，说明了它和记忆机制有着一定关系。实验者认为，如果颠倒对子中的每一个项目都具有和其他项目相联系的倾向，那么位置的交换是不可能的，必然也有正规的对子；无数颠倒的出现说明了除颠倒对子以外还有更多对子的存在。

在正常儿童的实验结果中，实验者分析：①不同实验材料的颠倒次数；②同一实验材料不同段落中颠倒次数的差异；③最容易产生颠倒对子的项目。一般来说，连续性最小的实验材料(如动物图形)颠倒次数最大，而且它们时常发生在记忆效率最差的部分，即材料的中前部和中后部。至于哪些项目最容易形成颠倒的对子，情形有两方面：一是属于一般的影响，和相同的结构有关，如某些对子是由每个实验中只出现一次的两个项目组成的，它们易于独立出来，因而颠倒起来；或者，有些项目在实验中不只出现一次，由于上一次和下一次联系场合的不同，所以形成了颠倒。后者的例子有：

动物图形		抽象词	
7. 母鸡	13. 马	7. 真理	13. 勇敢
8. 猫	12. 猫	8. 友谊	12. 友谊
	14. 母鸡		14. 真理

这里数字表示项目的顺序，马与猫、勇敢与友谊的颠倒显然是受了母鸡和猫、真理和友谊的联系的影响。另一方面是属于特殊的影响，有对称或相似（如三角形实验中的许多对子，动物图形中的 4 狗—6 马）、词音或词形的亲近关系〔如具体词中的 8 Boule—9 Balai（球—扫帚）〕、意义的联想（如抽象词中的 9 亲善—10 可爱）等。

最后，实验报告总结了本研究最初提出的中心问题，即学会了一套材料是不是有利于另一套材料的学习。

（1）受试者：只有 5 个儿童学到 6 至 4 个实验（其中 2 人还另外学习了一套和原材料项目内容相同而顺序不同的抽象词实验）。

（2）数据说明：两套内容相同的实验材料，不论顺序怎样排列，所得的结果比起顺序相同而内容不同的材料较为接近。因此实验者断言：记忆材料内容性质比起顺序排列具有更大的影响。

（3）学习不同的材料：一种学习对另一种学习的影响可能是积极的，也可能是消极的。根据试验次数、重建时间、颠倒次数、成绩下降频率四种指标，可以确定地说，学完抽象名词（或具体名词）后，助长了颜色和数字的记忆，但扰乱了橄榄的记忆过程。

（4）学习同样的材料：学会抽象的词之后，再去学习同样的材料，虽然顺序已经改变，记忆效率却得到切实的改善。这可以得出结论:按本研究的条件论,顺序不能脱离内容而被记忆下来,没有一种习惯能从一个学习迁移到另一个学习中去,而有利于记忆活动的最有效因素是熟悉内容。

总之,在对物象的记忆中并没有达到机能的统一。如果某些难度相近的实验表现出或多或少相互助长的结果,那么据瓦龙的见解,原因在于组成实验对象的性质方面。

下面再介绍一下瓦龙的第二个重大的贡献,就是关于人的情绪本质问题的研究。

(二)关于人的情绪本质问题的研究

在瓦龙看来,人们除了有言语的交往之外,还有另外一种形式的交往——意识不到的记号的交换。由此,人们产生了同情或厌恶,反抗感或向往感,而产生这种情绪的原因,不是人们所意识到的,他认为这种形式可以解释为"直觉"。瓦龙说,事实上这并不是直觉。我们用表情、姿态等向别人表达一些记号,而这些记号都没有被意识到,所意识到的仅仅是这些作用的结果,也就是我们在这些作用指导下所得出的结论:"人的有机性与社会性。"("l'organque et le social chez l'homme")

瓦龙自己解释说,他之所以认为情绪的原因是不能被意识到的,是由于他在 1952 年所著的《吵闹的儿童》那本书出版的时候起,就一直坚信情绪与意识之间有着密切的联系,它们的关系是辩证的。这是因为:一方面,情绪可以减低概念的清晰性和正确性;另一方面,对产生情绪的情况有明晰的概念时,就能克服情绪的那种纯粹机体的和激情的性质。他同意歌德(Goethe)的说法:当我们努力客观地去描述情绪时,我们就失掉了情绪。这就是已经预料到情绪与意识的创造工作之间有着密切的联系。

瓦龙还认为，情绪好像是个体对其周围环境的积极关系与概念范围之间的连接环节。当情绪引起概念的时候，在一定的能动性的水平上，它又是从属的、被这些概念削弱了的。

瓦龙在谈到情绪的重要的社会功能时强调指出：情绪是与他种形式的行为（目的在于改变物质世界的行动）不同的，它是富有表达力的，是朝向社会环境的，是把人们团结起来的过程。在这过程中，个体对某种情绪作反应时，也在另外一些人中间引起了类似的或补充的情绪。

在瓦龙看来，情绪是符合四种行为水平中的一种，这四种行为按顺序表现在儿童的发展过程中，并在成人身上形成了层次性的组织。这就是：①冲动的行为——反射的（正确地说是无条件反射的）与自动的动作；②情绪的行为；③感觉运动的行为；④“有计划”的行为。

瓦龙设想，在意识的历史发展过程中，也有那么一个阶段，即情绪在人们的团结中起着重要的作用，如在任何仪式、礼节、舞蹈的时候，都会产生情绪，这种情绪是一切参加者所共有的，它能把人们团结在一起，并为作出一致的行动准备条件。

瓦龙认为，当然，情绪的重要社会作用是怎样也不能予以反驳的。但是，认为情绪在社会发展的任何阶段上，都是主导的和团结的力量，则完全是错误的。任何人类的社会是由于劳动、由于非通过集体即不可能满足本人需要而联结在一起时，这也正是一切社会成员所共有的情绪基础。

瓦龙自己也一再表示，情绪的本质是对没有意识到的刺激物的反应，这个原理是可以争论的。大家知道，强烈的情绪可以由明确意识到的刺激物引起，而我们能意识到其产生原因的那种情绪，才正是最有价值的情绪。

四、结语

完全可以肯定地说,亨利·瓦龙以其毕生的精力毫无保留地贡献给科学心理学的建设事业之中了。他在心理学的理论和实践上不仅丰富了哲学的认识论,而且也对心理学的各个领域,如:普通心理学、发展心理学、教育心理学、病理心理学、变态心理学、法律心理学、应用心理学等,都有革新和创造,给全世界人民留下了非常宝贵的财富。从1903年起到1962年他去世时为止,59年间共写出专著和论文264种。除几十本巨著外,大部分都被刊载在法国出版的《童年》、《理性》和《思想》等杂志中。他的主要著作大部分译成英语、意大利语、西班牙语、匈牙利语、波兰语、俄语和日语。而法国和欧美各国论述他的生平和思想的著作也与年俱增。

总之,瓦龙一生对人类有三大方面的贡献:

首先,他在哲学、心理学(特别是儿童心理学)和精神病学等方面作出了卓越的贡献。他解决了心理的来源、心理发展的基本阶段以及记忆、思维、情绪和个性等方面形成的规律性的问题。

第二,瓦龙唯物主义行动心理学有突出的特点:一是力图从辩证唯物主义的立场解决心理学的难题,二是以批判的战斗性反对唯心主义、非科学的形而上学各种派别的理论倾向。这两种可贵的精神贯穿在他一生的整个科学活动之中。

第三,瓦龙一生自始至终强调理论与实践的结合。他在心理学的研究中,坚持实验,重视从实践中验证理论的确实性和可靠性。本着这个原则,造成他在应用心理学领域有较大的贡献。

但还必须指出,瓦龙还不是一位完美无疵的马克思主义者。

他在哲学和心理学上，就有客观唯心主义（如意识本质的阐述）和有机体论（如儿童不同阶段的心理状态问题的说明）的倾向，这显然是错误的，我们应该加以鉴别。但同时我们也必须看到，他一生能够始终不渝地、坚定地站在马克思主义的立场上，进行心理科学大厦的建设，给我们留下了一些宝贵的遗产。这种功绩，是应该肯定的。

（1992 年，未发表）

拉康——“巴黎弗洛伊德学派”的创始者与解散者

1981年9月9日，法国“巴黎弗洛伊德学派”的创始者与解散者拉康病故于巴黎。消息传开，引起全世界的哲学家、心理学家、社会学家以及精神分析心理学家对他的理论遗产及其价值与作用的再思考。特别在当前举世探讨弗洛伊德精神分析理论有无价值的时期，探讨拉康的观点，对进一步认识弗洛伊德逝世后，他的反对者对其学说作如何解释，是很有必要的。

一、拉康的生平与思想来源

拉康(Jacques Marie Emile Lacan)1901年4月13日生于巴黎，毕业于巴黎高等师范学校哲学系，并在巴黎大学医学系学习精神医学，1932年获得医学博士学位。1932年至1936年任巴黎精神病院临床医生，1953年任巴黎圣安娜医院精神分析讲习班教授，1964年创立“巴黎弗洛伊德学派”，1975年以后任法国高等学术研究院教授，1980年解散“巴黎弗洛伊德学派”。

拉康在20、30年代热衷于超现实主义文学，30年代中期研究现象学与黑格尔哲学。在思想上他曾受列维·斯特劳斯(Levi Strauss)对亲属关系、神话、语言和经济交换的分析理论以及柯也夫(A. Kojeve)关于黑格尔的胚胎解释的影响。因此，他和萨特(Satre)关于“他者(autre)”的概念与梅洛-庞蒂

(Merleau-Ponty)关于"身(Corps)"的概念展开过辩论。他把海德格尔(Heidegger)晚期的一些著作译为法文,而吸收了海德格尔的语言、诗和真理的观点。

拉康著述不多,从1937年起至1966年陆续发表过一些论文,其中31篇编辑成册,于1966年以《文集》标题问世,轰动欧美。该书于1977年在伦敦出版了英译本,并在1978年又以《自我的语言:精神分析中语言的机能》为题,在美国霍布金斯大学出版社出了英译本。此外,还有后来陆续出版的"研究班丛书"中一些讲演记录稿。

二、拉康与精神分析运动

拉康的事业开始于第二次世界大战以后。他一方面积极反对美国精神分析学派的独霸地位,反对精神分析的"医学化"、"科学化"与行为主义;另一方面又反对萨特的存在主义对精神分析所作的解释。他鼓吹"复归弗洛伊德","重读"或"重新理解"弗洛伊德,"改造"弗洛伊德,以便使精神分析理论与医疗实践、哲学探讨紧密地结合为一个整体。在这一点上,美国马萨诸塞大学英语系教授、拉康文献研究家布鲁斯(Neal H. Bruss)很详尽地描述了拉康的所作所为:"拉康第一件不可避免的事是作为精神分析的学生,'回到弗洛伊德的著作中去'——读弗洛伊德,并且读他的全部著作,而不是读弗洛伊德的学生和注释者改编的本子。拉康把自己高度地提炼,而以格言式的风格,用其独有的一种水平表明他拒绝与弗洛伊德对抗。他打算站在不同的逻辑水平上把弗洛伊德的著作作为一种次等的东西(或是一种不幸的结果)。"

除了他明确地肯定弗洛伊德的文章外,即使相信弗洛伊德,他还批判弗洛伊德“也许要犯修正的罪过，但拉康从认知心理学、现象学与语言学的理论中所夺得的却是弗洛伊德的词句。同样，在其象征的三个秩序之认识论的发展上，拉康在索绪尔(Saussure)那里找到的符号的概念他认为不够，打算扩大这个概念”。①

1953 年拉康带领一批研究者脱离原来的“巴黎精神分析学协会”，另行组织“法国精神分析学会”。1963 年，“国际精神分析协会”命令“巴黎精神分析学协会”开除拉康会籍。拉康离开该会，于次年 6 月发表宣言，正式建立完全由自己支配的“巴黎弗洛伊德学派”。不久，这一学派就成为法国最大的精神分析学组织，因而 60 年代中期以后的法国青年一代的精神分析学家大多出自拉康门下。1968 年法国学潮期间，精神分析学终于跻入大学，成为正式课程。拉康的理论成为激进派青年信仰的根据。

拉康晚年思想上忧郁失望。在他看来，人生入世即已陷入“因果链”中，人只不过是诸因的后果，在趋赴死亡的过程中成为象征系统的囚徒。1980 年，他宣布解散了自己一手创立的“巴黎弗洛伊德学派”。这一举动在当时被称为“惊动法国的拉康事件”。

应该指出，拉康之所以积极参加精神分析运动，是因为有两个基本的目标给他的工作以活力。

第一，他试图把他所参加的纽约自我心理学派的医学分析模式调换为一种语言(parole)的伦理学分析。他想将语言(言语、哲学、诗学与修辞)的研究介绍到精神分析的理论中。例如，

---

① 布鲁斯：《弗洛伊德主义中的语言结构》，见伏罗塞诺夫：《弗洛伊德主义：一种马克思主义的评论》，1976 年英文版，第 146 页。

他认为弗洛伊德所证明的梦、诙谐与征兆中的简缩与移位的原始过程，可能在原先是描述于暗喻与转喻的比喻的言词中的。所以他采用反心理学的态度，主张“无意识是像语言一样的结构”。

第二，拉康提倡精神分析文化地位的观点（尽管他在这个问题上并不坚定）。他认为弗洛伊德既不是医治心灵的医生，也不是搞翻译的教士，而是一个更为革命的发起人。因为精神分析并不为我们提供关于我们自己的知识，但是它改变了知识与我们自己的概念二者之间的关系。精神分析提供了启蒙时代以后的文学与科学文化的框架。这样，拉康便为现代语言学、哲学、人类学以及结构主义者的思想找到了更为一般的新文化的语汇。例如在他晚年，在其象征维度的发现中强调精神分析，而这都有助于精神分析理论的发展。

三、拉康的无意识结构论

拉康的巴黎弗洛伊德理论与英美的新弗洛伊德主义诸家的主张不同，他认为不应该从“外部”（社会文化）来解释弗洛伊德的学说，而应如实地阐述精神分析学的原始主张。他认为，要想做到这一点，就得借助结构语言学来“改述”弗洛伊德理论，特别是他的“无意识”学说，从而使弗洛伊德理论“科学化”和“现代化”。结果他发现无意识具有一种语言结构，或者说“无意识”就是语言的结构，像字词一类的语言实体，它们存在于意识的话语的空白处，正如我们说话时产生意识的支配作用，研究语言的形式结构可以启发我们理解无意识的结构或逻辑。他还认为，无意识是“中立的”，是有自我以外的其他成分（其他个人或环境因素）加入的，因而无意识的语言结构是个体之间共同的结构。所以无意识不是与个人意识界对立的另一个个人的心理世界，而是某种超经验的、个人之间共同具有的、共同受其规律支配的结构领域。拉康说：“无意识就是我在我分化的历史的连续瞬间中所有的东西。无意识是我自己的他者(autre)。”[①]应该指出，拉康的“他者”不是指个体的个人，而应理解为“真实存寄的场所”。

苏联拉康研究家、《拉康的精神分析概念》一文的作者H.C.阿甫托诺莫娃指出，当拉康说无意识的东西也就是语言时，所指的并不是通常含义的语言，甚至也不是语言学所理解的那种语言，而是某种与语言的推论有关的东西，某种构成这样一个原则的内在机制，这个原则作为心理结构一切层次的基础，使它们之间能互相比较，能相互关联，从而能由一个层次向另一个层次过渡。这就使这样的语言，作为联结各种意思和涵义的某种方法、机制、次序的表现的语言，同无意识的东西互相接近了起来。[②]

拉康的无意识理论与弗洛伊德的相应理论虽然在内容上相似，但在形式上却属于不同的层次。弗洛伊德创造的无意识概念不是来自直接经验，他只是通过梦与其他一些心理行为“猜测”到无意识的存在。这一概念后来遭到弗洛伊德派的反对，因为无意识无法从经验上证实，所以是不科学的。拉康鼓吹的“复归弗洛伊德”，主要是指回到无意识层次的研究上去。拉康认为，无意识的研究应当在现代语言学水平上进行。他把人的主观世界划了三道分界线：(1)在无意识之前的东西(因而不可能

---

① 拉康：《文集》，1966年法文版，序言。

② 克莱芒等：《马克思主义对心理分析学说的批评》，商务印书馆，1985年版，第228页。

知道);(2)在无意识的语言与意识的语言之间的划分;(3)在意识的语言内的能指与所指之间的划分。拉康认为这三个层次尚可沟通,需分别处理。拉康的独特创见是把无意识看作一种类似于语言的结构,从而在意识与无意识之间建立了清楚的联系。

同时,拉康一方面基本上不重视弗洛伊德前期思想中的生物学性质,一方面指责弗洛伊德,说他在理论上的最大缺陷是未研究人类的语言结构。在这个问题上,他又受到列维·斯特劳斯有关心理、文化、语言三维关系的见解的很大启发。列维·斯特劳斯认为,无意识可归结为一个标志象征功能的词,在一切人心中,象征功能都以同样法则起作用,因而他认为,可把无意识理解为这些"法则的总和"。拉康也是从"逻辑"角度探讨无意识(他称其为第二结构)的,但由于他的研究对象是无意识本身而不是在文化上的表现,所以他的理论比列维·斯特劳斯的更晦涩、更不易理解。

四、拉康的个性三层结构说

拉康在自己的研究中竭力地抛弃弗洛伊德的生物主义,但是他的精神分析法仍然保留着弗洛伊德关于个性问题的弱点,而且在某种意义上加重了这些弱点,即把精神分析的实质进一步非物质化。

拉康的所谓"无意识"结构中,把人的个性分为三层:实在的、想象的和象征的,但是由于实在(le Réel)变成了一系列的语言现象,所以实际上拉康并没有考虑到实在。他根据不是患病者支配语言,而是语言支配患病者的情况,把个性的实在层断定为行动的原因,它是通过缺少外部物质支点的语言效果形式表现出来的。

个性的想象层(l'imaginaire)和象征层(le Symbolique)的作用是:社会通过它们在个体中固定起来。

拉康指出,想象层这个词似乎同时包含了"映象"与"想象"双重含义,同时它也包括与躯体、感情、动作、意识等种种直觉经验有关的幻想中的东西。儿童从六个月起可以认清自己在镜子里的形象(即镜像阶段),并高兴地把自己认清的形象放在意识中,这对今后的生活在心理上起着核心的作用(拉康把这个理论称为"镜像阶段论")。围绕着这个核心,形成了人对任何"别人"的知觉。这样一来,想象的东西调整着个人之间的关系。拉康用领主和奴隶的思想斗争的术语(根据黑格尔在《精神现象学》中所描写的类似的公式),或者用结构主义相对立的萨特和海德格尔的存在主义人类学术语来论述这种关系。

象征层是拉康探讨得更为详细的领域,这一层是想象的主体向真实的主体的过渡。拉康是这样来描述这个过渡的:"婴儿阶段的儿童兴高采烈地承接了他的映象,但此映象还陷于不能运动、依偎于人的状态,这种情况似乎在一种典型的情境中展示了象征的雏形,在其中我被投入一种原初的形式中,这发生于我在他与他者的同化辩证法中被客观化之前,而且在普遍性的语言赋予他主体的功能之前。"[①]在此之后,即在象征与语言的世界出现之后,主体演化史才跃入另一个转折点。

比较而言,实在层的含义是更不明确的。拉康说实在层就是"对主体是实在的一切"。它不是指客观现实界,而是指主观

① 美国拉康的评论家威尔顿(Anthony Wilden)在所著的《体系与结构》(1980)中指出,弗洛伊德也曾注意语言问题,但是他没有来得及接触结构主义语言学(索绪尔,1910年,雅柯布森,1920年)。而拉康却生活于一个语言学和语言哲学积极发展的时代(见1980年英文版,第462～488页)。

现实界,它是欲望的来源。但另一方面拉康又说,三个个性层次虽然各属不同的逻辑类型,想象层与象征层却包含于实在层之内。这三个层次具有使主体与他者与世界发生联系的功能,其中任何一个层次内秩序的改变都要影响其他的两个层次。但是拉康认为最重要的秩序仍为象征层,因为它不仅代表着、而且组织着另外两个秩序。

五、拉康与结构主义

拉康早在20世纪30年代就已撰写有关结构主义的一类文章,50、60年代学说已有成就,到了70年代成为与福柯(Foucault)齐名的当代最大的结构主义思潮的代表人物。拉康与福柯二人使结构主义的反理性主义更趋强化。由于他们都关心政治与社会问题,所以在青年之中有大批的追随者。同时,拉康对无意识的心理学解释也是当前法国左翼思想界最时髦的一种倾向。此外,拉康有两个重要的观点:(1)精神分析是一门新科学,它有助于病理学家;(2)精神分析被科学的文化领域所限制。他一直摇摆于这两个观点之间并未获得具体的解决。但这两个观点,前者影响了阿尔杜塞(Althusser),后者影响了福柯和德里达(Derrida),他们都是法国的重要结构主义者。

如果要深入了解拉康的理论实质,就必须了解结构主义是什么。结构主义是什么?它是西方资产阶级唯心主义和形而上学,由结构主义方法论联系起来的一种思潮,而不是一个统一的哲学派别。它力图回答哲学的基本问题,拉康就认为精神分析的解释表明,实在和思维的关系不是表示者对被表示者的关系,实在对思维的领先地位转到表示者对被表示者方面。他认为,这在语言中也是这样。在语言中,被表示者的效果是由表示者发生的移位而形成的,用思维与存在何者为第一性这个哲学基本问题的试金石来衡量,结构主义的主观唯心主义本质就一目了然了。

其次,结构主义反对主体,即反对那种存在着独立自主、自由决断的、作为世界中心的认识者和行为者的说法。

第三,反对以人为万物的尺度,反对以工业文明为人类文明的标准,反对以西方传统伦理信念为行为准则。

第四,反对历史主义,它以较新颖的方式提出了事件与结构之间的辩证关系,但不谈二者之间的辩证统一性。

第五,过度重视语言学中的结构模式,认为结构具有系统的特性:一个给定的模式可排列出同类型的转换系统。这种结构主义的认识论基本上是唯心主义的。

第六,过度抬高无意识结构,这是结构主义的突出特点。他们认为“无意识”概念是极其有用的,它本身既是一个只能间接加以认识的结构系统,又是一个产生或支配其他结构的源泉。它不是具体的、属于个人心理的东西,而是一切个人共同受其支配的共同性的神心实体,即不可直接观察到的东西。这一点表明了结构主义的非理性主义倾向。他们认为弗洛伊德的精神分析学主要是它的无意识机制的模式,而不是其性因素决定论,是结构主义理论中基本的组成部分之一。

第七,结构主义关心认识论的虚无主义,即其对绝对真理和对各种科学前提的反对。他们以尼采为标帜,最大限度地怀疑人类的认识前提,要求在无前提的情况下,重新组织有关人的知识。

第八,结构主义不关心社会实践,他们认为认识世界比改造世界更为重要,同时强调分析与认识高于一切。

以上可见结构主义的哲学观点是纯属唯心主义性质的。尽管他们打着“科学主义”的招牌，但它的寿命比存在主义更短，在70年代就被法国“新哲学”所取代，当然“新哲学”也不过是昙花一现。他们显然都是为了解脱资本主义的危机，但这条路是走不通的。

拉康的结构主义精神分析学，既然以这样的理论为其哲学基础和方法论根据，他的精神分析必然沿着非物质化的道路越走越远，而后来他干脆把人类的存在也归结为语言的“表述链”，其理论与实践的实质不也就更为清楚了吗？

同时，拉康的精神分析学，不论他的“无意识结构论”，还是他的由“无意识结构论”派生出来的“个性三层结构说”，归根结底是一种来自内在的不能改变的本能论。拉康和弗洛伊德是一样的，都把本能社会化了，主张本能就是“人性”。即使拉康对环境的影响曾给予一定程度上的重视，但是他的理论仍然未脱离生物学化的性质，仍然失掉了关于经济基础与上层建筑的关系以及社会关系的原则基础。这说明拉康的心理学理论反映了最近法国社会中深刻的虚无主义倾向。

不应该忘记的是，拉康思想中也有一些积极因素。这一点法国结构主义者阿尔杜塞在其所著《弗洛伊德和拉康》一文中已经指出了，这就是他对人的形成过程的分析，就是婴儿从自然的生物的存在物向人的社会的存在物过渡，向主体过渡。拉康认为，这个过渡是由秩序的规律决定的，这个秩序就其形式的本质来说，是与语言的秩序一致的。①

（江苏省心理学会《心理学论文选》，1988年）

① 阿尔杜塞：《弗洛伊德和拉康》，见《新左翼评论》55期（1959）法文版，第48～65页。

从 G. 波利采尔到 L. 赛夫

——关于人格理论的论述

从 20 世纪 30 年代起，到今天的五十多年中，有的心理学家想把马克思主义和弗洛伊德主义结合起来；有的心理学家想用巴甫洛夫高级神经活动学说去反对弗洛伊德及其学派的精神分析理论；有的心理学家试图以马克思主义的科学方法论来战胜一切心理物力论的唯心主义和主观性的观点，以神经生理学去代替心理科学。这些心理学家想从资产阶级意识形态的根底上解放和重建心理学的动机虽好，但是在理论上都没有得到应有的成果。

当代法国的许多进步心理学家都想用马克思主义来重建心理科学大厦。从波利采尔（Georges Politzer）到赛夫（Lucien Sève），这两位马克思主义者对心理学这门科学的探讨，和那些心理学家完全不同，他们运用马克思主义的科学世界观与方法论，从基本理论上武装心理学，这无疑加强了战斗力，彻底批判了胡塞尔的现象学，海德格尔、雅斯贝尔斯和萨特的存在主义，马尔库塞（Marcuse）、弗罗姆和莱齐的新弗洛伊德主义。这给近五十年来西欧这些反动的哲学家和心理学家拚命攻击马克思主义以沉重打击。尽管革命导师马克思和恩格斯没有给无产阶级留下完整的心理科学，但是波利采尔与赛夫在他们战斗的一生中运用了马克思主义，在创建和发展心理科学的理论和实践上做出了一定的贡献。本文拟对这两位心理学家关于心理科学的研究对象——个性的观点作个介绍。

一、波利采尔对"人类戏剧"——自我或个性的研究

波利采尔(1903—1942)是法国共产党党员,巴黎大学法兰西学院心理学教授,杰出的法国马克思主义心理学家瓦龙(Henri Wallon)的亲密战友和学生。1968年,巴黎出版了他于1928年写的《心理学的基础批判》一书。在这本书中,他想发展科学的具体心理学。波利采尔主张,每门科学都必须研究自己独特的本体,这个本体也不应该作为别的科学的对象。同时,每门科学所用的研究方法不仅应该被加以规定,而且要以客观的方法影响事实分析。

(一)科学心理学的研究对象

波利采尔在建立他的心理学的理论体系时,竭力克服资产阶级心理学理论所特有的意识脱离活动、实践的错误倾向,克服机能主义及其把个性分解为抽象的机能等现象。他着重指出,具体心理学应该以辩证唯物主义为指导思想,就是"在马克思、恩格斯著作中找到根据的、被称之为辩证唯物主义的现代唯物主义"为理论基础。①

波利采尔明确指出,作为科学心理特殊研究对象的是人类戏剧(drame humain)。对这场戏剧的研究是心理事实责无旁贷的任务。在这场戏剧中首先要研究的是剧中的第一个人——主角,这个主角即自我(Je)或个性。所以,应该着重强调,自我

① 波利采尔:《现代心理学的危机》,1947年法文巴黎版,第2页。

或个性既与生理过程有关系，也受社会经济决定因素的影响。它不仅是作为特殊个体的生命的片断。因此，心理学需要和生物学、神经生理学以及社会学区别开来。波利采尔坚决否认用内省法去描述生命的内部(Vie intérieure)，反对把心理学简化为生理学，如一些人对知觉的研究。这种被简化了的生理学，曾经以 19 世纪古典心理学为基础，以致变为抽象的、形式的和机械的东西。他在批判美国华生的行为主义时写道："心理的事实不仅是行为，而就行为来说是与心理的事实有关系，但是在心理的事实中一方面说明有关人类生命的事情，在另一方面就这个意义来说，个性是这一生命的主题。"[①]所以心理学的研究对象就是个性。

波利采尔指出，行为、行动或动作的概念是具体心理学的基本概念。在解释这个概念时，他反对像华生行为主义那样只把行为归结为它的执行部分，也反对只承认与实践活动相脱离的心理能动性的意识内省心理学。他所理解的行为是受社会制约的有社会意义的行动。这些行为包括社会动机、意识、对周围环境的实际态度和一定的效应，人的个性就是在这些关系中形成和展现出来的。

(二)对弗洛伊德有关个性结构问题的批判

波利采尔在 1928 年转向于精神分析问题的研究，他想探讨弗洛伊德关于个性结构这个具体心理学问题。例如，关于一般的梦及其生理机制的问题，弗洛伊德能够说明一场特殊的梦对个体生命来说是一种行为的意义。弗洛伊德对梦中潜在的内容

---

① 波利采尔：《心理学的基础批判》，1968 年法国巴黎版，第 248～249 页。

的试验，发现了超过做梦者供述出来的内容，并用描画这个潜在内容的轮廓的方法进行解释。波利采尔完全不同意弗洛伊德这种做法。尽管波利采尔承认恋母情结是可以相信的真实生活的戏剧中的一幕，可是他批判了把它的发展看做是不可避免的或是看做它本能的决定因素的任何尝试。

波利采尔除了同意弗洛伊德有关的一些概念外，对无意识的概念也进行了尖锐的批判。波利采尔认为这个概念必须进一步用发展人类戏剧的理论来说明。对于弗洛伊德所提出的"压抑"(repression)(抑制)这一概念的生理机制，他同意弗洛伊德用"压缩"(condensation)和"移位"(deplacement)两个概念来代替这个不可接受的"压抑"的概念。他认为必须把弗洛伊德所认为的"无意识"的概念从意识中拿出去，而这个"无意识"概念只可以作为一种概念继续存在，但决不能陷入弗洛伊德的实在论中。波利采尔指出，只有"虚假"的戏剧才提供这样的概念，与其这样，倒不如把无意识的概念抽象化。

(三)阐明个性要使用"抽象"的概念

波利采尔经常使用"抽象"(abstraction)和"抽象的"(abstrait)字眼，这决不意味他离开了科学方法而缺乏己见。他认为，在具体的世界上必须对具体事物或是事物的关系，用具体的概念加以确定或是发展，特别是在具体心理学上更应如此。波利采尔指出，马克思说得好："人们在自己生活的社会生产中发生一定的、必然的、不以他们的意志为转移的关系，即同他们的物质生产力的一定发展阶段相适合的生产关系。"[①]为了在心

① 《马克思恩格斯选集》第2卷，人民出版社，1972年5月第1版，第82页。

理学上认真阐明这种关系，从而发展个性与其他心理学上的概念，就必须进行科学的阐明。因为一方面抽象的形式在科学概念的发展上是作为一个契机(moment)提出的，这是和一般的抽象不同的；另一方面，抽象是作为科学的最终产物或是“抽象的普遍性”提出的，所以基于这两方面的理由，在具体心理学上就要使用抽象，以便对个性及其他心理现象进行必要的概括和阐明。

根据这种科学抽象的理论，波利采尔曾不断地指出：尽管弗洛伊德的方法有一定的科学价值，但是他对”精力“(énergie)和“本能”的解释，在理论上是形而上学的，都是错误的。所以他称弗洛伊德的精神分析为心理玄学(métapsychique)。

非常不幸，波利采尔不能完成其对个性研究的具体心理学的事业。1942 年，他被德国的纳粹党人杀害了。在波利采尔在世时，包括个性在内的心理学的一般理论上，他已经把这个大厦的结构建立起来了。在他最后写的《心理学的基础——第 2 卷》(1969)一书中，对弗洛伊德学说的批判更为深刻严厉。

探讨波利采尔一生对心理科学的贡献，仍然要放在他早期著作的基础上。他强调要在马克思的历史唯物主义的指导下建设心理学，要严格地对一门科学的对象给予适当的定义，要对人类戏剧的主题——个性予以具体的研究。

二、赛夫对“个性”的分析

赛夫(Lucien Sève, 1926—　)生于法国坎波瑞。

赛夫是法国共产党员，当代著名的马克思主义的哲学家。1968 年，他写了《马克思主义与个性理论》(1969)一书。他在书中明确指出：必须从哲学的领域里把心理学解放出来。因为用哲学的理论给心理学的研究对象下定义，心理学是丝毫得不到发展的。由于波利采尔坚持以事实的严格定义出发来构建科学心理学，所以在波利采尔的这种思想影响下，赛夫更前进了一步。赛夫认为只有马克思主义，特别是历史唯物主义(当然也要用辩证唯物主义去研究社会及其历史的发展)，才能够帮助心理学给它的对象下正确的定义，并给予心理学以一定的科学地位。

(一)心理学的特殊对象

赛夫称心理学的特殊对象是个性。这个个性被纠缠在社会关系中，它涉及到历史唯物主义的问题。为了建设科学的心理学，赛夫首先批判了形形色色的行为主义、实验心理学和巴甫洛夫的神经生理学，指出这并非因为他们所用的研究方法是错误的，而是他们所研究的对象并不是心理学固有的对象。例如，在工厂中一位工人的行为，它的构成，不能只在试验室里研究一下刺激和反应、筋肉收缩及其他变化就算了事了。例如，对工人的劳动的心理学事实，如果社会关系决定这种劳动的话，那么就要对这种社会关系进行研究，可是这个问题在心理学上一直未给予应有的注意。

赛夫着重指出:科学的心理学能够而且必须用历史唯物主义作为指导思想，心理学家必须认真学习马克思著作。因为在马克思的社会理论上人是中心，所以他回过头来集中火力攻击加罗蒂(Roger Garaudy)、谢福(Adam Schaff)、弗罗姆等人的以“思辨人道主义者”为研究中心的片面性。他批判“理论的人道主义者”阿尔杜塞(Louis Althusser)使人的概念在科学的社会理论中没有地位。他提醒我们，即使在经济基础的名称下，真正的人们仍是生产力的最重要的组成部分，而精确地来说，生产关系是人们之间的关系。所以赛夫提倡用科学的人道主义来了解和研究个性。马克思的历史唯物主义毫无疑问就是发展这方面理论的关键所在。

赛夫进一步指出:历史唯物主义首先处理的是社会,而不是个人的现象。它有助于对"个性的历史形式"描绘轮廓(如描绘一个工人在资本主义社会中得不到发展的情况),但是这和研究具体的个人及其个性是不同的,因此必须把这个特殊对象的研究留给心理学。这种心理学的研究,必须与历史唯物主义结合起来,必须建立在历史唯物主义的理论上。

在对"抽象"的问题上,赛夫的论证比波利采尔进了一步。他把"抽象"这一概念放在一旁,单刀直入地把"本质"和辩证唯物主义结合起来。赛夫还把本质和现象的表现相对比,他指出在马克思的早期著作中,对人的本质找到了一些共同的特征,如制造工具、抽象思维等。但是由于一些人对"抽象人"的概念的解释,经常不是指真正的具体的有社会关系的男人和女人,所以不能正确处理具体个人的理论问题,更谈不上对这种理论的发展。而马克思指明:研究对象(如人)的本质,必须把人和外在表现的研究转移到对象的内在关系的研究中,也就是去说明这个个体的动机,即真正的对象发展的逻辑——它的内在矛盾。在《资本论》中,马克思详尽地研究了资本主义社会的本质,他并不描述一些"资本主义社会"的抽象形态的一般特征,也不综合地研究任何一个资本主义社会。但是,他研究发现了资本主义社会中的本质要素,而使之形成了一般的规律,在这点上他描述了工资劳动的关系。他并不告诉我们"具体的单一的是怎样成为一般的,而宁可说是一般的具体的单一的是怎样产生的"。这是资本主义社会一般的规律。像这样的一般规律就需要用它去研究个性的理论问题。这不是一种"抽象人的概念",而是一种"人的概念的抽象",它本身不能作为一种完成了的生产物,而必须在具体研究个性时去利用它。

(二)什么是“人的本质”

马克思发展了“人的本质”理论。在他的《关于费尔巴哈的提纲》的第六条中说:“人的本质并不是单个人所固有的抽象物。在其现实性上,它是一切社会关系的总和。”[①]

赛夫运用马克思的这一理论去观察心理学上对人的本质的这种科学观点不能得到发展的原因,就是有一种一直没有改变的天赋的和本能的人的本性的观点在那里作怪。本质对于个人来说确实是古怪的——是社会关系的总和。而这种古怪并不意味着个人在社会关系的研究中是一无所知的。事实上,社会的组织发展了具体个人的个性,因此他是社会的产物,可是在他的心理形式上却保留了个性特征。心理学必须研究这个具体个人身上的这种形式。如果心理学对社会关系是无知的,对人的本质也是无知的,那么它就永远揭露不出这种本质的内在关系。这一点不仅关系到个人的发展,而且也关系到心理学的发展。

赛夫还指出:具体个人的个性不能仅仅看做是社会的上层建筑和经济基础。因为个性的存在同样被这个经济基础所决定,个性也是经济基础和社会关系的完整部分。此外,像生物学一样,在这里还有其他因素影响经济基础的个性的独立自主。赛夫提议用并列结构(juxtastructure)概念帮助阐明个性的社会关系,说明人的本质在社会和经济基础上根本地决定着政治、法律、哲学、艺术、意识形态和宗教等上层建筑。他最后得出结论说,首先要着手具体地研究人的个性,同时要科学地去研究社

① 《马克思恩格斯选集》第1卷,人民出版社,1972年5月第1版,第18页。

会关系。

(三)一种假设

如何研究个性与社会关系的这个问题,赛夫提出了劳动分工的一种假设来说明它。劳动分工(例如:心理的对操作的)是人的个性的社会基础,同时也给他的个性的发展划定界限。当然,另外还有无数其他不同的因素影响这条发展路线。什么是劳动分工的中心因素?它是个人和社会关系之间的中介连结物。

赛夫指出:劳动分工可以具体地用不同行动中个体的"雇用时间"来说明。例如,时间在个体的一些行动中被雇用而成为社会的生产,但当然不是心理的产物。一位工人在工厂中劳动,其剩余价值被剥削,赛夫把这一点称为"抽象活动"。其他的活动,如满足个人的需要或是增加个人的知识,他称为"具体活动",这些是心理的东西而很少是直接的社会产物。当然不能把一切活动都分为"抽象"和"具体"两方面,但它们可以表现出一种倾向来。

例如,一个大学生的活动主要是陷入在"具体"活动的范围中,这表现在他的能力的增长上;而另一方面,一位工人他的大部分时间被雇用在"抽象"的生产活动中,而不能使他的能力增长。在这个"被雇用的时间"中,就可以提供心理学的上层建筑的概念化(情绪、动机等)的基础。赛夫认为,这一切都与并列结构有关系。这虽然是一种假设,但关系到资本主义社会是怎样限制个人的个性发展的。

最后,赛夫又着重地指出:"社会形成的矛盾的特点,特别是生产力的性质和社会关系的形式之间的矛盾,有一种引导人们在他们的能力和真实的发展之间、在他们的需要和满足需要之间、在作为存在方法的工作和作为表现自己的工作之间的相当的基本矛盾。因此,一个人应该清楚地了解到在资本主义社会中,无产阶级必须'为了实现他的个性去推翻这个国家'。"①

(四)评弗洛伊德

赛夫对弗洛伊德生物学主义(本能、情欲等)和心理学主义的批判,是配合和发展波利采尔所提出来的看法的。

必须承认这种事实,赛夫没有彻底研究过精神分析的理论和弗洛伊德及其弟子们的临床实践,但赛夫在这一领域中的评论还是有比较高的水平的。他认为,精神分析对于我们用历史唯物主义确定心理学的对象的知识上还是有重要贡献的。他觉得马克思主义者并没有充分注意精神分析理论中的"内部精神"(intrapsychic)和人与人之间关系的冲突的问题,人的行为的决定因素是社会的而不是生物学的。但是生物学的决定因素对于生下来的婴儿,刚刚开始吃奶的过程是相对更为重要的,这是他在社会中学习扮演角色的第一步。因此,本能理论和心理的动力理论忽视了在儿童时代,个体的行为决定因素以社会关系为中心问题的研究。赛夫建议:精神分析学派的研究必须集中在人的劳动上,并要求他们解释人的新需要是怎样发展这种劳动关系的,而不是来自内在的和不能改变的本能。他认为,在弗洛伊德的"欲望实现"和拉康(Jacques Lacan)的"欲望"概念的发展上,是真的试图处理生物学和社会决定因素交叉的错综复杂问题的。而且他认为,在拉康对"无意识是像语言一样构成的"论述中,潜在地把人的心理学部分基础的社会关系,生硬地掺和进去。毫无疑问,赛夫对这种"急进的弗洛伊德主义者"是免不了

① 赛夫:《马克思主义与个性理论》,1969年法文巴黎版,第184页。

要予以批判的。他揭露了所有试图对弗洛伊德的本能理论进行社会化的人,这些人要在弗洛伊德的模型下增强环境的相对重要性。赛夫认为这些人的这种企图就是主张本能是"人性",即使他们对环境的影响给予更多的重视也无法改变,因此弗洛伊德的理论失掉,并列结构的关系和社会关系。特别是他不同意有些人把弗洛伊德"超我"概念的观点认为是表现着社会关系而被传递下来的。他指责这种社会关系缩小了规律(上层建筑),并坚决认为这些人都缺乏对经济基础与并列结构的重视。

三、在马克思主义的指引下前进

以上提及的波利采尔与赛夫的著作,都是用马克思主义、特别是历史唯物主义的观点写成的。他们的著作潜存着巨大的战斗力,批判了当代流行于法国的形形色色的心理学流派。尽管只有波利采尔是心理学家(赛夫不是心理学家),无论如何他们的理论成果都可以帮助心理科学确定它的研究对象,同时去发展对于对象的具体研究。

1973 年,法国出版了赛夫著的《马克思主义与个性理论》一书的第二版,书中还收录了赛夫对形形色色心理学流派批判的一些反响。这是一本有价值的著作,不仅西欧各国没有这本书的译本,就是英美两国也没有把它翻译过来,足证这部书的战斗性了。赛夫的这部书对确定心理学的对象和形成它的本质的理论方面作出了卓越的贡献。特别是赛夫关于雇用时间的"假设",是对"个性的历史形式"的探讨。赛夫认为,马克思的历史唯物主义的一系列天才思想,是研究具体的个人和个性的指导思想。赛夫和波利采尔确实为进一步发展科学的心理学开辟了道路。

认真探讨和确定心理学的研究对象,坚持科学的严格的历史唯物主义原则,从波利采尔到赛夫,他们在发展心理科学的个性理论上走了漫长的道路。我们要向他们学习,在马克思主义的指引下前进!

(《江苏心理学会第三届学术年会论文选》,1983 年)

米德的社会行为主义心理学思想

自1980年以来，美国论述晚期实用主义代表人物之一米德思想的文章和著作达到了前所未有的地步。推本溯源，米德一生的全部理论活动，除了实用主义哲学本身以外，还包括对社会和社会心理学的重要研究。米德就这些问题所发表的一系列思想具有重要的学术意义和实用价值，以致对从20世纪开端到今天的欧美资产阶级的社会与社会心理学产生了重大的影响。本文试图论述米德主要的社会行为主义的心理学思想及其在理论和实践上的贡献与局限，以便将其可贵而有益的思想拿来为我们所用。

一、米德的生平、著作与思想来源

米德(George Herbert Mead)于1863年2月27日生在美国的马塞诸塞州。1888年获哈佛大学哲学博士学位。然后到欧洲学习心理学和哲学，历时三年。1891年他在密歇根大学与杜威共事三年之后，于1894年到芝加哥大学任教，这时杜威正在该校主持哲学系，1904年杜威转入哥伦比亚大学之后，米德继续在芝加哥任教，直至1931年4月26日逝世。

米德去世之后，由于他的学生和同事的努力，根据他的讲义的速记和笔记以及他本人的札记而编写的四部著作得以整理付印和发行，这就是《目前的哲学》(1932)、《意识、自我和社会》

(1934)、《19世纪的思潮》(1936)、《行动哲学》(1938)。这些著作都享有盛名，而且一再重印。此外还出版了《米德论社会心理学》(1956年初版，1964年增补第2版)和雷克编辑的《米德著作选集》(1964)。

米德在其哲学、社会学和社会心理学研究中，除了受皮尔士、詹姆斯，特别是杜威的思想影响之外，还受柏格森和怀特海学说的影响，特别是倏忽概念和过程概念。对米德的社会心理学理论产生影响的，是美国社会学家库里和法国社会学家孔德、列蓬、塔尔德与杜尔克姆的学说所特有的一种概念——社会重于个人。这种思想来源于黑格尔(也包括罗伊思在内)绝对唯心主义的整体重于部分的思想。关于米德全部学说中非常重要的语言概念，是他在冯特关于手势是语言交际之基础的思想直接影响下形成的。至于在自然科学方面，他受到19世纪的达尔文进化论和20世纪的爱因斯坦相对论的重大影响。①

二、米德的社会行为主义

米德首先是一个社会思想家，他最感兴趣的是社会问题。他认为社会高于个人，因此他对研究个人机体对他所从属的社会集团的关系这个老问题采取了新的见解。他主张，解决这个问题的关键便是分析个人机体的行为，这种行为并不是孤立地加以考察的，而是在每一个具体场合都作为某种社会行动的一个组成部分而出现。因此，米德把他自己的观点称为"社会行为主义"。

米德一直坚持这样的观点，说他的"社会行为主义"不同于

① 米德:《论社会心理学》，1964年英文版，第17～18页。

华生的行为主义,决不否定意识是人的经验的内在方面,不否定心理现象是心理学的研究对象。它只是否定意识的实体性质,不承认内省有重大的认识作用。他主张对心理是现象(意识)的发展及其在人的行为中所起的作用进行客观的研究。

米德认为,不应当用意识的术语来说明人的行为、行动,而是要以行为、行动的术语对意识作出唯一科学的说明。所以他强调社会心理学所要解决的一个任务,就是要说明意识的发生过程,从而也就是要说明人"自身"或"自己(the Self)"怎样在人的行为内部和从人的行为中出现。

(一)"自己"的发生

在米德看来,个体有机体,包括人的有机体在内,决不能与"自己"混为一谈。人的有机体是生物进化的结果,而人的神经生理结构不过是"自己"出现的一个条件。只有当人的个体成为他自身的客体,成为所谓主体—客体时,自己才能出现。同时,只有在开始把自己作为客体来对待时,人才能成为真正的人、个性、"自身"或"自己"。没有对待自己的这种无个性的、客观的态度,就不可能有人的任何理性行为,"否则,可能有意识,却不可能有自己意识"。[①] 但是,人之成为自身的客体,唯有在他开始像别人对待他那样来对待自己的时候,即当他了解、领会并再现别人对待自己的态度的时候。这就是说,自己不可能脱离他人而存在。"如果我们希望有我们本身的自己,那么就必须有其他的自己"。[②] "自己只存在于同他自己的关系之中"。[③] 换句话

① 米德:《意识、自己和社会》,1963 年英文版,第 138 页。

② A. J. 莱克主编:《米德选集》,1964 年英文版,第 109 页。

③ 同上书,第 278 页。

说，个人把自身置于他人的地位，开始起他人的作用。当个人采取了任何一个他人或一个“概括化（一般化）的他人”的立场时，这一过程便告结束。“实际上，只有当他在一定意义上将各种角色（他以这些角色的身分与自己打交道）的立场结合起来时，他才能获得个性的统一”。①

总之，自己不是单个有机体的个人所有物，而完全是社会性的，自己只能存在于社会和人的交际过程中。

（二）自己的特殊交际手段——手势和语言

自己是运用特殊的手段，即语言符号进行交际的。因此，语言对自己的形成起决定性的作用。米德认为，口头的有声语言是进化的产物，为了理解语言，必须探讨语言的起源、语言的原始形态。米德同意冯特的思想，认为语言的原始形态便是手势。他们之间在看法上不同的地方是：冯特和达尔文一样，把手势看做情感的外在表现；米德则认为手势是行为的要素，即行动或动作的开始阶段。在这个阶段真正的语言还不存在，因为手势还没有社会约定的意义。当一个人开始对自己的手势作出了别人同样的反应时，手势便具有社会约定的意义了。在这种情况下，他意识到他的手势会起什么反应，能够对手势作出解释，换句话说，他了解手势的意义，并为了一定的意图而利用它。要做到这一点，只有在特殊类型的手势，即有声手势或词语出现并得到广泛使用之后，才有可能。词语比其他各种手势优越之处在于词语对一切人，包括说出这些词语的那个人在内，都发生同样的反应。因此，他就易于对这些词语作出与别人同样的反应。由此可见，一方面，个人像别人那样对待自己，即成为自己的客体；另

① A. J. 莱克主编：《米德选集》，1964 年英文版，第 245 页。

一方面，明确的意义开始与有声手势或词语相结合。

(三)意义的理解理论

米德所提出的意义的理解理论，在他活动的二十多年间，不断发生变化。事实上，他的意义观的实质，总是通过行为主义的术语表达出来，而且完全符合实用主义的基本原则。他认为，意义在于某一客体，手势等在它所针对的人，以及在作出该手势的人身上所引起的那些反应（“实际后果”），或者是在于作出这种反应的准备（姿态），在于“以手势所要求的方式行动的准备”，“意义乃是姿态（attitude、态度）的意识”。[①]

米德曾经强调，意义不是主观的东西，因而不应当在个人的心理中寻求意义之所在。意义属于社会过程，它是“某种客观上现有的东西的发展，是社会行动一些特定阶段之间的关系”。[②]意义在其展开的形式中，以三个条件为前提：特定个人所作出的手势；社会行动（即一个人作用于另一个或另一些人）的后果，手势在该社会行动中是初级阶段并且是它的象征；另一有机体对该手势的意义最初与具体个人的某一具体反应有关，但是它就基本性而言是社会的，因而显示着普遍化的倾向。“有意义的手势或符号，为了具有含义，总是要求有该手势或符号得以产生的社会经验过程和社会行为过程”，即要求有一个范围，“在该范围内，这些手势或符号对于特定集团的全体成员具有同样的、或者说共同的意义，而不论他们是运用这些符号与他人交际，还是作为他人的符号的接受者而对之作出反应”。[③]

① A. J. 莱克主编：《米德选集》，1964 年英文版，第 111 页。

② 米德：《意识、自己和社会》，1963 年英文版，第 76 页。

③ 同上书，第 89 页。

另一方面，米德指出，对符号意义的意识是自己形成中的决定性环节。所以他说："对意义的意识……与自己意识有密切的联系。"[①]他还认为，这种有意义的符号在为人类带来自我意识之际，也为人类社团带来了语言成分。正是通过语言，作为人类才能充分掌握思想的智能。通过和他人的姿势交流，大至人类的文化发展，小至具体的个人生活圈子，都出现了语言。正是通过有意义的符号的发展和使用，它首先用于相互交流，之后用于内心思考（思维），以致我们就成了现在这个独特物种。人类动作的社会性和符号性最为重要。这也就是米德的"符号互动论"的来由。

（四）对自我结构的阐述

在米德看来，"自己"有着复杂的结构。"自己"既然就基本性而言是社会的，而且是在社会经验中成长的，它就必须反映着社会经验的复杂性和构成社会经验的种种关系的多样性。同时，由于存在着对各种社会反应作出回答的各种不同的"自己"，这又证明了自己是具有变异性的。米德还根据詹姆斯的思想，[②]指出"自己"的更为基本的结构上的二重性。即把"自己"区分为两个组成部分，他称之为"I"和"me"。"me"表现着为个人所接受和领会的社会性的（即其他人所接受的）宗旨、规范、姿态之有组织的总和。对个人来说，这是直接存在于他的经验，他自己的意识中的"自己"。作为"me"，"个人在和其他人相互影响的过程中，不可避免地成为与别人相同的人，做着别人所做的

① A. J. 莱克主编：《米德选集》，1964 年英文版，第 132 页。

② 詹姆斯：《心理学原理》（上卷），1890 年英文版，第 292 页。

事……”[1]换句话说:“me”就是日常习见的个人,他总是存在着的,他必须具备所有人都有的习惯和反应;否则个人便不可能成为团体中的一个成员。[2]

如果说,“me”是其他人们组织起来的宗旨的内在化,那么“I”就是个人对呈现于他本人经验中的团体宗旨的反应。这种反应是个人的一种自己表现方式,永远因人而异。

那么,“I”和“me”的关系是如何呢?据米德看来,“me”赋予“I”以形式。“新东西在‘I’的行动中出现,但是‘自我’依然保持着它平常的结构和形式”。[3]“如果使用弗洛伊德的说法,‘me’在一定意义上就是监察者,它决定着发生的表现形态”。[4]换句话说,通过“me”而实现对个人行为的以自己监督为形式的社会监督。不过,在某些特殊情况下,例如在冲动性的行为中,“I”却支配着“me”。

应该指出,在米德看来,“I”和“me”并不是共存于个人身上的两个不同的“自己”的个性的完全分裂,只在病态的情况下才会发生。一般“I”和“me”构成人的统一的“自己”的两个方面、部分或阶段,只有通过分析才能揭示出来。“自己”是作为某种整体而起作用的,因之关于“I”和“me”所说的一切,都涉及同一个“自己”、同一个个人。所以,正是个人及其适应性的行为是社会变化的源泉。

---

① 米德:《意识、自己和社会》,1963年英文版,第193页。

② 同上书,第197页。

③ 同上书,第209页。

④ 同上书,第210页。

三、对米德理论的评价

米德在社会心理学领域中所描述的“自己”的形成过程、意识的产生过程以及他的著名的符号互动论基本上已如前所述。其中一些可贵的思想是：关于人类个性的社会性质的论点；关于在与其他人交际并积极参与共同活动的过程中形成个性的论点；关于为社会所接受的观点内在化并体现于人的“自我”的论点；关于只有在个人参与社会行动的基础上，由于个人采取了别人对他的态度而转化为自身的客体，自己意识才会出现的论点。这些论点都较少地反映了他的实用主义哲学观点，而在更大程度上使他表现为一位社会心理学家。

同时，必须指出：米德的社会心理学是要说明意识的发生过程，即要说明人“自身”或自我如何在人的行为内部和人的行为中出现，米德在这里所描述的行为就是为了自我保存而适应环境的行动。这样，就为他的见解带来了一定的局限和缺点。

首先，他竭力以行为的术语描述社会生活、人的个性形成、人类关系的一切丰富多彩的形式，而行为被理解为“生物对其环境的反应的总和”。米德谈到社会共同行动的种种形式——家庭关系、争斗、游戏、觅食等等，个人参与这些行动才形成其意识和自我意识。唯有一种活动在他看来是不存在的，因而不予注意，这就是人们的生产活动。实际上生产活动乃是人们语言和意识产生的基础。由于这样一种观点，使他不可能正确理解语言的发生和意识的反映机能的发生，而这一观点又与实用主义的片面意义观（把意义理解为个人或团体的现实的或可能的反应之总和）有密切关系。

其次，米德虽然坚持个性的社会性质的论题，但却由于他的行为主义立场而不能自始至终地贯彻自己的观点。他把个人的行动或行为的基本类型仅仅理解为个体有机体对环境的适应。这无疑是生物主义的理解，当然是不正确的。

最后，米德在谈到“自我”与各种社会集团的联系和关系时，认为这些集团的成分和本性是无所谓的，于是集团在他那里便成为完全抽象的东西。米德的论述根本不提像阶级这样的“集团”，事实上个人之属于这一或那一阶级是对他的意识的性质发生着决定性影响的。

米德的社会心理学思想中的这些缺陷，性质是严重的，应予以深刻的分析批判。

（《华夏教育图书馆通讯》，1989 年第 1 期）

G. W. 奥尔波特的人格成长论

在20世纪30年代中期,在社会心理学领域中一个非常重要的、不可忽视的人物就是F. H. 奥尔波特的弟弟G. W. 奥尔波特。G. W. 奥尔波特以他的人格成长理论,对社会心理学和人格心理学的理论和实践的发展作出了重要贡献。因此,他是社会心理学领域中必须予以介绍的人物。

一、G. 奥尔波特的生平、著作和思想来源

奥尔波特(Gordon W. Allport, 1897—1967)出生于美国印第安纳州的摩地诸马,是美国产生的第一位"本乡本土"的社会心理学家、人格心理学家。1919年他在哈佛大学获得文学士学位。在土耳其教学一年之后,又回到哈佛大学完成了他的博士论文,于1922年获得哲学博士学位。1924年至1967年任哈佛大学教授,1937年至1949年任《变态和社会心理学杂志》编辑,1959年任美国心理学会主席,1964年获得美国心理学会杰出科学贡献奖和美国心理学基金会的金质奖章。

G. 奥尔波特的主要著作有:《人格:一种心理学的解释》(1937)、《生成:对人格心理学的基本考察》(1955)、《人格的模式和成长》(1961)等。

在社会心理学领域中,G. 奥尔波特一直主张,心理学发展的主要任务在于"吸收精华,充实内容"。正因为他抱着这一宗

旨来研究心理学，所以他的理论博采众长而成为一己之学，大有登高声自远的势头。

首先，G. 奥尔波特认为，心理学的首要问题在于研究人的个体性，这个思想并非他本人的创见。在他的理论阐述中，可以比较明确地看到格式塔心理学和斯特恩的思想给予他的深刻影响。例如，格式塔学派的创始人之一苛勒曾形象地指出："心理学的研究即使针对的是 100 种心理现象，但也要看成是一个完整的人，并将保持人的独立性。这样做必定有百益而无一害。"[①]该学派的后期主要代表人物勒温认为："儿童在很大程度上较之成人更表现为一个动力体系。幼儿首先在行为上表现出混沌的泛化现象，逐渐地才获得了独特表现自己的能力。"[②]奥尔波特在和著名的心理学家 R. 伊文思的谈话中就曾谈到，早在他做学生的时期，就对斯特恩的个体差异心理学和格式塔的个体动力心理学感兴趣。[③]

其次，奥尔波特作为一名土生土长的美国心理学家，受到传统的美国心理学的影响是自然的事，而对他影响最深的要算詹姆斯了。奥尔波特最先是把詹姆斯的自我作为他的人格模式，接着他为了说明这一自我的独特性和统一性，便把詹姆斯的"人格恒同感"融入自己的人格模式中，从而建立了他的自我统一体的概念。同时他也继承了詹姆斯的人本主义倾向，反对狭隘的生物主义原理和机械主义原理，认为心理学首先应研究一个完整的独特的人。

再次，G. 奥尔波特把麦独孤认为要从人的内部因素入手来

① G. 奥尔波特：《人格：一种心理学的解释》，1937 年英文版，第 18 页。

② 同上书，第 86 页。

③ 伊文思：《社会心理学的建设》，1980 年英文版，第 27 页。

研究人的心理这一观点列为人格的完备标准之一。他不主张从外部机制来研究人格,而主张从人的内在的,即从心理生理系统来研究人格,并把人格视为一个动态的发展过程。

最后,应该指出,作为社会心理学家的奥尔波特,促使他的思想形成和发展的决定因素是行为主义和新行为主义,尽管他在某些问题上也有反对他们的地方。他认为行为主义的著名思想"S—R"是一个极有诱惑力的思想,因为它的基础是建立在健康人格的研究水平之上的,①而新行为主义的"S—O—R"思想,其中O应写成大写,因为这个中介变量正是人格心理学所要研究的东西,也是旧行为主义忽视的东西。②

二、G.奥尔波特论社会心理学的产生土壤和研究对象

谁建立了社会心理学呢?G.奥尔波特认为要解答这个问题有两条途径:一是从建立社会心理学的人物方面来说明。如光荣的柏拉图、亚里士多德、霍布斯、孔德、黑格尔、拉扎鲁斯与斯坦达尔、塔尔德、罗斯与其他人。实际上这其中有些人已被称为"社会心理学之父",社会心理学是他们建立的。二是主张社会心理学植根于西方思想与文明的有特色的土壤中,甚至比最高的学科为甚。社会心理学要求有一个丰满的园地,在其中有自由询问的传统和哲学与民主伦理,与首先发生的自然的与生物的科学形成一种有滋养的混成品。这种主张是对社会心理学是谁建立的这个问题的最真实的回答。

---

① 伊文思:《社会心理学的建设》,1980年英文版,第26页。

② 同上。

G. 奥尔波特更进一步说明:社会心理学植根于全部西方传统的知性土壤中,它呈现的花朵被认为是具有特征的美国的现象。社会心理学激荡的万丈波涛源于美国的原因在于这个国家实用主义的传统。国家的变迁与社会分裂,对创造新的技术技巧、新的理论和实践产生了特殊的刺激,并且勇敢地给出了社会问题的答案。第一次世界大战后不久,伴随着共产主义运动的展开,社会心理学开始繁荣起来。在 20 世纪 30 年代的大萧条之后,由于希特勒的上台,对犹太人施行种族绝灭,种族骚动;第二次世界大战与原子弹恐惧,刺激了社会科学的各个分支。社会心理学面临着一种特殊的挑战,而许许多多的挑战引起一种爆发性的努力,使得社会心理学家对领袖现象、公共意见、谣传、宣传、偏见、态度变化、道德、交往、决定、种族关系与冲突的价值增进了更多的了解和研究。这就促使社会心理学和有关理论在美国的土壤中得到良好的生长。

紧接着 G. 奥尔波特指出,社会心理学的研究对象与社会学、人类学以及政治科学是不同的。社会学、人类学与政治科学探索社会结构、社会变化与文化形式的内在规律,它们要了解由个人所选择的社会的行动,社会心理学则要了解社会成员是如何被所有围绕他的社会刺激所影响的。而当他们成为团体或群众中的一个成员时会发生怎样的事情?从他或她那里产生和发展哪些社会与政治的态度?因此,社会心理学研究人性,研究人的社会行为。①

以上 G. 奥尔波特所表述的看法成为今天社会心理学领域中的指导思想。

---

① 以上论点均见林兹等:《社会心理学手册》(第一卷)第一章,1968 年英文版,第 6～10 页。

三、G. 奥尔波特的人格特质论

(1)人格的定义。G. 奥尔波特在 1937 年开始考察人格的词源,并对五十种人格定义逐一进行研究,最后得出他自己的定义:“人格是个体内部决定其独特地顺应环境的那些心理生理系统中的动力组织。”他又把“独特地顺应环境”改为“独特的行为和思想”。这样,他的人格定义就变为“人格是个体内部决定其独特的行为和思想的那些心理生理系统中的动力组织”。[①] G. 奥尔波特的这个人格定义,完整地表达了他对人格的完整认识。

在这个定义中,所谓动力组织,即指人格是在变化着的某种成长着的东西。所谓心理生理系统是指人格的形成,既受制于先天遗传,又受制于后天环境。所谓独特的行为和思想,即指人的全部心理活动和行为。其中所谓“独特”,即表明了人格的个体性和独特性,强调了人格的个体差异。至于定义中所谓“个体内部”是指人格是现实存在的,活生生的东西,它具有真实性。而这种人格的真实性决定了其主体的内部机制(心理生理系统)的存在,而内部机制的存在又表现为动力组织对人格的发展施加影响。这种影响是人能意识到的动机力量,其表现的形式就是机能自主化倾向。[②]

G. 奥尔波特的人格定义,其优点是包含了人格的个体性、独特性、动力性的特点。但它在另一方面却犯了一个错误,这就

① G. 奥尔波特:《人格的模式和成长》,1961 年英文版,第 28 页。

② 意指:人有主动作用,能自治,能自己掌握,能自己管理,即机能自主(functional autonomy)。

是他过度重视特殊性而忽视普遍性，过度重视人格的个性而忽视人格的共性，结果没有揭示出人类人格的普遍规律，令人遗憾。

(2)人格特质论。1936 年，G. 奥尔波特建立了人格"特质论"。他认为完备的人格理论必须采用那些能够进行"活的综合"的测量单位，这种测量单位就是特质。G. 奥尔波特把特质定义为："具有使许多刺激在机能上等同的能力，具有诱发和指导顺应与表达性行为的等同(意义上始终一致)形式的一种神经生理结构。"[①]特质说明了人类行为的恒常性，不会有两个人具有完全相同的特质。

G. 奥尔波特区分了个体特质和共同特质。个体特质是某个特定的个人具有的那些特质，共同特质是许多个体共有的那些特质。任何群体都能用它的特质加以描述。可以把一个群体描述为友好的、攻击性的、或聪慧的群体，而任何个体也能用他或她具有的特质加以描述。一个人可被描述为友好的、攻击性的、或聪慧的个人。当特质用来描述一个群体时，就称为共同特质；而当它们用来描述个人时，就称之为个体特质。G. 奥尔波特承认这两种特质都存在，但他坚持主张社会心理学家和人格心理学家应该注意个人特质。

四、G. 奥尔波特人格理论的应用

G. 奥尔波特在他一生的学术生涯中，自始至终重视人格理论的研究和实际应用。他曾经主张："心理学只有探讨人格时，它本身才是真实的……我们只有把人当作单个的个体，才能最

① G. 奥尔波特：《人格的模式和成长》，1961 年英文版，第 347 页。

充分地研究他。他绝不是习惯的堆砌，绝不是他的种族的代表，绝不是各个抽象方面的交叉点，绝不是国家的公民，绝不是人类运动中的一件微不足道的事件。他超越了所有这些，力求完整和成功的个体存在于所有社会生活形态中，如部落的、联邦的、资本主义的、或共产主义的这样如此多变的社会生活形态之中。没有人与人之间的尊重，社会就不能得到长期的安定团结。今天，个人甚至在压迫之下，还在进行着不懈的斗争，向往和规划一个更为美好的民主社会，在那种社会中，每个人的尊严和人格的发展都将受到至高无上的重视。"①

应该着重指出，G.奥尔波特的人格理论具有应用性。这突出地表现在他提出的健康人格标准在实际生活中的指导意义。

什么是健康人格？这一问题是由G.奥尔波特首次提出的。他虽然不是一位心理治疗家，但他十分关心人格的健康成长，而且力图使自己的理论与实际结合起来。在他研究了健康人格的共同特质之后，提出了六条健康人格的标准。这六条标准的意义，迄今具有一定的影响。

(1)健康的人格应具备自我扩展的能力。G.奥尔波特一向主张，人是一个开放的系统，自我扩展标志着人的身心活动是外展的，人们应积极参加到丰富多彩的社会活动中去。因此，健康人格需要"外展型"的人格表现。

(2)健康的人格应具有与人交往的能力。正确的交往态度应该是宽容大度，胸襟开阔，富有同情心。

(3)健康的人格要有情绪安全感和自我接受的能力。正确对待不良环境和形势，积极向上，乐观主义，永远保持成长的活力。

---

① G.奥尔波特：《人格的模式和成长》，1961年英文版，第537页。

(4)健康的人格体现真实的感受。既不好高骛远,也不畏首畏尾,而是现实和自我协调的统一。

(5)健康的人格应体现自我客观化。这就是说,一个人应该有自知之明。

(6)健康的人格应有统一的人生观。每个人生活在世界上都有自己的人生目的,不论他抱什么目的,都应具有统一的、明确的人生观,按照自己选择的目标奋勇前进。

G. 奥尔波特确立的这六条健康人格标准,也就是六个共同的主要的健康人格特质,其意义已经超出了人格心理学的范畴,成为了人生哲学。

五、对 G. 奥尔波特理论的评价

首先应该指出,G. 奥尔波特的人格心理学理论不仅仅是对社会心理学作出了贡献,还对医学和变态心理学给予了启迪,为人类的健康发展指出了方向。

心理学家 E. R. 伊万曾经指出:“他的思想对现代心理学的发展的确起了相当大的影响。”[①]如鲍德温、布鲁纳、肯特里尔、林兹和史密斯等人都是 G. 奥尔波特思想的追随者和拥护者。此外,他的人本主义倾向还刺激了心理学“第三势力”的形成和发展,他的思想直接影响了马斯洛、罗杰斯和罗洛·梅等心理学家。这些方面都是应该肯定的。

G. 奥尔波特是位人格理论家,也是位应用型的理论家。他以特质论为核心,分析了人格的表层结构,总结了人格的表现和特质的规律,并在此基础上阐述了人格是有发展的,相信人格的

① 伊万:《人格理论导论》,1980 年英文版,第 10 页。

意向是成长的、健康的。他的整个理论基调充满了乐观主义的态度，一改弗洛伊德的悲观气息。心理学家舒尔茨认为："G. 奥尔波特的实力所在是他觉察心理健康的人们生活中的共同主旋律的能力，以及从心理学家少有的透彻性去阐明这种主旋律的能力。"[①]在这方面 G. 奥尔波特是有贡献的。

G. 奥尔波特在理论上也有其不足之处。例如他论述的特质只是人格的表层结构，并未说明特质产生的原因，也未说明它和人格的深层结构有什么关系。这说明他的特质论尚欠完备，而这种特质论能否科学地解释人的行为尚有疑问。

另一方面，在 G. 奥尔波特的视力之中，人格都是一个个地呈现出来的，它们之间没有共性，这是"只见树木，不见森林"，不能完全理解人格的总体倾向。G. 奥尔波特的这种过分偏重人格的个体性，而忽视了人格的普遍性的做法，给他一生的研究留下了漏洞。关于这一点，在探讨他的思想时是应该注意的。

总之，G. 奥尔波特所开创的人格理论模式是一个健康的人格模式，重点在研究人格的成长，即所谓"成长的人格"。它的确已为社会心理学、教育心理学、管理心理学、医学心理学以及儿童心理学等各个领域所广泛应用，也为心理测量、职业选择、军队征兵、疾病诊断等各个应用领域所接受。

（1990 年 9 月，未发表）

① 舒尔茨：《成长心理学》，1977 年英文版，第 52 页。

F. H. 奥尔波特的个体行为机构论

在 20 世纪 30 年代中期，美国有两本社会心理学著作得到普遍赞扬，一本是 F. 奥尔波特写的《社会心理学》(1924)；一本是伯尔纳德写的《社会心理学导论》(1926)。前者是美国大学的教材，它比后者在对人的行为的分析上，既不过"玄"，也不说"空话"，而是通过"事实"与"实验"，具体地对问题进行探讨。因此，这本书在当时颇有影响。

一、F. 奥尔波特的生平、著作与思想来源

奥尔波特(Floyd H. Allport，1890—1978)生于美国的威斯康辛州。1919 年在哈佛大学获哲学博士学位。曾任北加罗里纳大学教授，1924 年以来任西拉加斯大学教授，1921 年—1925 年曾任《变态与社会心理学》杂志编辑，1965 年获得美国心理学的杰出科学贡献奖，1968 年获得美国心理学基金会金质奖章。1974 年西拉加斯大学授予他以名誉博士学位，1978 年在西拉加斯州去世。

他的主要著作有：《社会心理学》(1924)、《对现代社会组织再阐明的论文集》(1933)和《知觉的理论和结构的概念》(1955)等。

说到 F. 奥尔波特的思想来源，据他自己所说有四个方面：一是行为的观点，这个观点来源于华生的行为主义运动的强烈

影响[①],因为他考虑事实,切合事实,其中充满了再进求知的可能性,所以对于社会科学的学者,这个行为主义是有根本价值的。二是实验的方法。它在处置上虽不是社会的,但是在社会方面可以有重要的应用,而从实验中所得到的成果,已经在社会心理学中发生影响了。三是弗洛伊德的精神分析理论,对于人性的了解是很有价值的。四是列蓬论述群众的思想。这四个方面对于奥尔波特思想发展上的影响是较大的,这从他的一些著作中也可以看出来。

二、F. 奥尔波特论社会心理学的研究对象

F. 奥尔波特指出,社会心理学是研究个人行为及意识的科学。从这个定义中可以看出,社会心理学是研究个人行为和意识两个方面的。那么,什么是行为?行为乃是应用一种对于生活有正当利益的活动,去反应一种刺激时所经过的历程。刺激可分为两种:社会的和非社会的。社会的刺激是一个人所做的任何运动、表情、手势或声音,简言之,即所做的任何反应都能在其他人中产生一个反应。反之,大凡刺激之非生于个体的呈现或行为者,即谓之"非社会的"。

F. 奥尔波特还认为,社会行为具有其特殊性,决定于许多的环境情境:一是个体的集合和位置,社会刺激的数目和方向;二是社会性的东西和非社会性的东西,在一般的刺激域上,比较或相对地重要;三是团体中个体的智慧程度和交通能力。社会行为作为一种生物适应的工具,其价值有赖于最后所述的一个条件。

① 墨里:《西方心理学史》,1983 年英文版,第 332 页。

那么，什么是意识？F. 奥尔波特在这个问题上，首先批驳了一些心理学家不重视研究意识的严重错误。他驳斥说，意识是能解释现象的，在研究行为科学上，意识是有地位的。意识状态的内省，不仅其本身颇有趣味，即在完备的叙述上也为必要。因为和实际无从观察的反应伴生的意识，也能给人们关于这些反应以有价值的证据和知识。在社会心理学中所要研究的现象，行为和意识二者都包含在内。所以着重于前者，因它是解释的必由之路。而内省的陈述，在解释上可以帮助我们，在描述方面则可补充我们的解释。现代心理学的整个地位即赖于这两方面的研究。

因此，F. 奥尔波特为社会心理学下了一个完整的定义：社会心理学是研究个人行为的科学。这种行为只限于能刺激他人，或其本身是对于他人行为的一种反应；社会心理学也描述个人的意识，这种意识只限于对于社会事物和社会反应的意识。简言之，社会心理学是个人的社会行为和社会意识的研究。

三、F. 奥尔波特的人格特质论

F. 奥尔波特把他的社会心理学思想称为“个体的行为机构论”[①]。认为人的行为可以划分为几种基本要素，其中包括优势反射、习惯形成、思想和情绪。但在研究中他叫人们注意的不是情绪发生的状态，而是它的呈现次数，它的力量以及它在某个人群中发泄的状态。对于习惯的形成，应该注意的不是其历程，而是要注意在生活的适应中所养成的是什么特殊习惯，以及在习惯养成后推动的主力是什么。简言之，就是要选择行为的一些

① F. H. 奥尔波特：《社会心理学》，1924 年英文版，第 9 页。

方面加以描述，把人看做整个的而给予一种评价。这些方面可以称之为人格的特质(traits of personality)。至于所用的方法则是综合的，在使个人的种种特质及能力发生关系，看在个人行为的完整中，它们是怎样组合的。另一方面，也要使用分析的方法，因为人格特质也可以看做人们彼此相异的许多重要方向。

在F.奥尔波特看来，对于人格的特质，不能把它们看做是单纯的心理机构。特质是一种特殊的反应，是以先天组织和习惯系统为基础，它表明了个人对其环境的模式的适应。人格特质的分类标准，一是特质在重要性上应该是基本的，而在范围上彼此又不应互相包含。他根据这两个原则，把人格特质划分为智慧(解决问题的能力、记忆力和学习能力、知觉力、创造的想象、特殊的才能、判断能力以及一般的适应能力)、运动性(好动和好静、冲动、抑制、控制、毅力、技能、风格)、气质(情绪的频率与变化、情绪的广度、情绪的力量、情绪的态度)、自我表现(驱力、补充、外向和内向、洞察力、权势——服从、扩张——退缩)、社会性(对于社会刺激的感受性、自我了解和参加社会工作、品德)等五个方面。

四、F.奥尔波特的社会行为论

在F.奥尔波特看来，社会行为可分为两类：一类是个人用以刺激他人的动作，一类是对于这些动作所作的特殊反应。前一类即社会刺激，如：语言、手势、颜面和身体的表情等；后一类又可称之为对于社会刺激的反应。这类反应的单纯方式包括同情、模仿、暗示和笑四种。以下分述之：

(1)同情。同情并不是一种本能的历程，一个人所表现的情绪对于他人的情绪反应并无直接的影响。同情者所发生的情绪，并不是一定照样反复发生刺激者的情绪，乃是他自己由过去经验所形成的情绪习惯系统的一部分，是一种条件反应，由原来情境和当下情境间的共同元素所引起。在人类适应上，同情可以使我们彼此之间有更好的了解，但不一定就能因此发生博爱或社会正义。

(2)模仿。“模仿”一词，是尽人皆知的社会理论。塔尔德、鲍德温和罗斯在解释人性和社会时，把模仿都放在基本的地位。F. 奥尔波特认为这个词正如现在的心理学家所承认的那样，不能用来说明不同的个人行为上的相似处。所以，对于模仿的研究大半都是消极的。

(3)暗示。暗示是一种历程，其中所包含的单纯的行为机构，是用以反应一种社会刺激。该历程的性质是，发出刺激者直接控制，接受刺激者的行为和意识则不完全受其思想影响。所用的方法是，发出刺激者造成一种运动态度，然后使之发出或当其发出时，增长其势力。“一个暗示”乃是一种社会的刺激，恰恰能产生上述效果。

(4)笑。笑是对社会刺激的反应，是社会现象，也像弗洛伊德所主张的，笑是被抑压的情绪的一种解脱。F. 奥尔波特认为，迄今为止对笑的研究尚未得到一个满意的解释。一般来说，笑是一种先天反应，因身体的感觉区或发痒区受刺激而引起。笑的动作是生来就会的，不过所笑的事物，其范围则因经验而扩大。

五、F. 奥尔波特的社会意识论

社会意识是一种伴随刺激所引起的社会态度和外表反应而生的意识，这种意识是对种种社会关系的一种知觉。具体来说，可以分为四种意识：

(1)一个人对于他人，对于全体社会的态度、情绪、行为以及外表的行为的意识。

(2)对于他人如何反应我们的这种行为的知觉意识，也许只是一种意象作用，想象若有他人存在，他们将发生怎样的反应。

(3)他人对于我们的永久态度或外表行为的意识，这或是感觉的或是意象的。

(4)了解他人对我们所反应的对象或情境，也正在反应的意识。了解他们的反应和我们自己的反应或是相似或相异的意识。这种意识或是感觉的或是想象的。

在F.奥尔波特看来，社会意识的模式复杂而精微，因为它在我们的生活中无处不在，所以很难和其他意识材料有明白的分辨。这种意识很少达到集中的明度(即直接占据我们的注意)，只为我们日常经验之一种模糊的背境，给我们的感情、思想、态度行为染上一种社会的颜色，就是训练有素的心理学家都难以分析的。

F.奥尔波特认为，除上述社会意识之外，还有①社会的助长；②社会的投射；③竞争；④群众行为上的被暗示性；⑤群众中的反应；⑥群众中的为我主义。

关于社会的自我意识，F.奥尔波特通过实验研究也有一些论述。

社会的自我意识，最初起始于自我经验或是儿童在极幼时向其周围世界用力作反应时所获得的。优势的反应，联合最初痛苦的情绪，便是这种意识产生的基本因素。如饥饿，它并非一种抽象的、消灭个性的经验。饥饿是婴儿自己的饥饿。儿童抵抗障碍，作挣扎的运动时，使其意识上发生许多情绪的动觉元素；在儿童努力寻求自己自由时，这种元素曾经和这种努力发生过关系。当然这类意识，给儿童有一种很分明的自我意识，并和那种阻碍的努力相对峙。儿童这时的自我只限于当时所发生的活动，还不能分辨这种环境中社会的和非社会的东西。可是过了几个月，儿童的行为，就有一种明显的分化。对于社会的东西，已能认识，所发生的反应态度和对于非社会的东西的行为已很不相同。如儿童用愤怒和饥饿的哭喊来控制人类；受伤时，用来反抗压迫，要求同情；再加上颜面表情、声调以及语言的交替。幼儿除了对于其自己身体状态和活动有一般的意识而外，还有这些相关的社会印象。

儿童的这种社会的自我意识再向前发展，社会的我和实在的我之间的差异就会消灭。儿童不但觉得他对于他自己的知觉正如他父母对于他的知觉一样，他还要明白父母希望他成为怎样的人。对于不应该做的事，他便在行动上限制自己绝对不做。社会的我和实在的我，于是合而为一，而他也就成为社会化了。所以家庭、教会和学校便联合一致，根据他树立的理想，促其社会化，这样便形成了儿童的社会的我。但个人在一生之中，都带着他从初级的面对面的团体（他就是在其中长大的）所留下他自己的影像。

六、对 F. 奥尔波特理论的评价

处在 20 世纪 30 年代中期的 F. 奥尔波特的社会心理学思想，具有较大的进步性。他的功绩就在于使社会心理学走进科学心理学的边际，并把它建立在客观的、实验的基础上。[①] 原因是：①他不尚抽象理论的阐述，而是切实地考察了个人的行为如

① G. A. 康波尔：《心理学史总论》，1985 年英文版，第 376 页。

何适应社会环境的问题；②他通过心理学各个分支所积聚的实验材料与社会的事实来建构社会心理学的理论；③他从人的社会化、社会性和社会关系来描述人格的形成和成长，具有历史唯物主义的因素；④在30年代中期的美国心理学界，行为科学的理论与实验独霸一切，"意识"一词已属非法概念。而F.奥尔波特却把意识放在一定的地位，把它提高到人对于社会事物和社会反应的高度来研究，这在当时是很可贵的。

但是，由于F.奥尔波特在理论基础上，受行为主义、实用主义哲学和机能主义心理学的影响较深，这就使他的理论具有一定的缺点和局限性：

(1)F.奥尔波特把人格的特质不看做单纯的心理机构，这是对的，但是把它看做先天的组织，看做个人对其环境的模式的适应，这是生物主义的论断，是不能赞同的。

(2)尽管F.奥尔波特重视人的"意识"的研究，但从他的几本著作内容来看，颇有过度重视人的外显行为之嫌。可见他的理论实质仍未脱离行为主义的窠臼。

(3)当F.奥尔波特探讨人的社会行为时，经常用动物的本能的或习得的行为进行对比说明。毫无疑问，这就降低了人类行为和意识的水平，是错误的。

(4)F.奥尔波特口口声声反对本能论，但他在谈论人的社会行为时，处处强调先天性，说群众生来就是好争斗的，这就暴露了他对群众本质的荒谬看法，难怪他把马丁(E. D. Martin)的《群众的行为》一书看做是"群众行为的原理"了。

(1990年10月，未发表)

杜威的人本主义社会心理学

19 世纪 90 年代，美国产生了一个芝加哥学派，它是一个地道的机能主义心理学派。最早的心理学代表人物有实用主义哲学家、教育家兼心理学家杜威，哲学家和社会学家米德，社会心理学家托马斯，社会学家埃尔沃德以及心理学家安吉尔和卡尔等人。这些学者都反对构造主义学派，主张心理学研究人对环境的适应机能——意识。到了 20 世纪 20 年代之后，这个学派转入研究社会心理学的一些重要而实际的社会问题，使社会心理学在应用方面取得了极大的成果。

芝加哥社会心理学派的理论基础比较庞杂，在各种心理学体系之间搞折衷，但他们在反对本能论方面基本上是一致的。杜威对本能论的价值持怀疑态度，米德对本能论加以批判而重视社会自我的研究，他们都在社会心理学的发展上作出了贡献。本文将对杜威的人本主义社会心理学思想作一概括说明。

一、杜威的生平、著作和思想来源

杜威(John Dewey，1859—1952)于 1859 年生于美国佛蒙特州的伯林镇。1884 年在霍布金斯大学研究院的霍尔指导下获得哲学博士学位。1886 年他出版了美国人写的第一本《心理学》教科书。1894 年杜威到芝加哥大学任教，在这里他因开办实验学校而闻名。1896 年他在《心理学评论》杂志第三卷第四期上发表了《心理学中的反射弧概念》。这篇论文被认为是美国机能主义心理学产生的标志。1900年他以美国心理学会主席身份，在年会上发表《心理学与社会实践》一文。1904年他离开芝加哥到哥伦比亚大学工作，长达26年。杜威对心理学可以说并没有系统的探讨，只在《哲学的改造》(1919)、《思维与教学》(1910)、《人性与行为》(1922)、《人的问题》(1946)、《认知与所知》(与A.本特莱合写，1949)等著作中片断地提到，所以概述他的社会心理学思想是有难度的。

说到杜威的哲学和心理学观点，起初深受19世纪下半叶康德和黑格尔在美国的追随者所解释的康德学说特别是黑格尔学说的影响。后来，他虽然在詹姆斯的影响下转而采取实用主义立场，并开始制定实用主义异说——工具主义，但他的许多基本理论仍然带有德国唯心主义的痕迹。

进化论在杜威哲学中的地位也非常重要。杜威受进化论影响，可以从他的《达尔文主义及其影响》一书中看出来。他认为实在永远在发展变化之中，生命现象就是机体对于环境的适应。因此，他在哲学中常有生物方面发生学的方法的应用。缺点是他没有把发生学的方法和辩证法加以区分，更将从发生学的方法里蜕化出所谓历史的方法混杂其中。可以说达尔文的进化论对他的哲学和心理学的影响是够大的了。

杜威一生的重要科学活动是阐述认识论和逻辑学的问题。然而他的主要兴趣始终集中于社会问题，用美国哲学史家W.琼斯的话说，“在杜威的思想里，兴趣的中心是人和人的实际问题”。[①] 所以杜威认为他在实用主义哲学中完成了一场“哥白尼式的革命”，而这场革命的最一般的特点就是放弃了研究“哲

① W.琼斯：《西方哲学史》第4卷，1969年英文版，第282页。

学家的问题”,而转变到解决“人的问题”。但是,由于杜威醉心于历史唯心主义,解决社会中的人的问题只能是一句空话。

二、杜威对心理学一般概念的论述

前面已经说明,杜威在1886年出版了由美国人撰写的第一本《心理学》教科书。只是这本书的思想不如詹姆斯的《心理学原理》一书影响大。在这本书中,他把心理学看做研究“自我”的科学,和研究“非我”的其他科学相对应。他认为,没有自我就没有非我,没有“知者”就没有“被知者”。杜威说:“那种假定心理现象原因的物质运动,从来没有被认为其独立的存在,这些物质的运动之所以被认为存在,只是由于它们和心的关系而已。”①物质运动只有和心发生关系才能存在,这是和阿芬那留斯原则同样的观点,也是詹姆斯意识流的观点。

其次,杜威指出心理学可分作两个分支,任何心理现象不是生理的,就是社会的。如果把感觉、欲望和研究归入前者,那么,我们的信仰、观念、愿望则可归入社会心理学的范围。在杜威看来,社会心理学有如下的任务:①通过环境的选择把人的低级本能变成较高级的心理活动;②通过破除某些习惯,加强某些本能,限制另一些去改造社会和控制社会;③描述社会变化的过程。

如上所述,心理学既分做两个分支:生理的和社会的,那么在这里就应该介绍一下杜威在生理方面的心理学观点。

1943年,美国《心理评论》杂志庆祝50周年社庆的时候,有一篇该社编者所写的评述指出:到当时为止,出现在该杂志的最

① J.杜威:《心理学》,1886年英文版,第396页。

重要的一篇文章，就是杜威的《反射弧概念》(刊在第3卷，1896年7月4日)。当时这个概念之所以被看做是主导概念，是因为当时大家相信，唯有在“刺激—反应”的联系以及它和因果联系链的明显关系中，才能找到足以使心理学成为真正科学的途径。

杜威之所以不满意于反射弧的概念，是因为它由不相连续的部分所组成，是性质上无关联的过程的机械结合，应该把它看成一个闭合的线路才对。在这线路中，两极互相影响着。这个概念，尽管在19世纪末被认为是很进步的，实际上并非如此。在物理刺激与心理反应的这个关系下面，隐然存在着一个众所熟知的二元论。这个反射弧似乎是若干分离部分的拼凑，而不是一个完整个体的协调一致和统一。

在杜威看来，应该把“刺激—反应”的联系理解为一种有机的东西，而不应该被理解为一种机械的东西。这就是说，刺激与反应代表能量的一次重新分配。可以说，没有一个“单纯”的感觉或运动自身能提供一个刺激或反应，而一定要有一个完整的行动才有可能。与其说它是一个反射弧，不如说它是一个反射圈。这样一个动作，为了分析方便起见，不妨把它区分为几个功能部分。如果把分析的结果当作先前就存在的事实，那就要犯哲学上的错误。

当杜威谈到“意识”的问题时，他说：“无疑的，意识为什么存在，乃是一大神秘。但意识既已存在，它之与某些别的事物有所关联，就不是什么神秘的事情了。”[①]他认为意识与语言有关，语言与姿势有关；在有机体的连续统一中没有裂缝存在。“有机体是自然界的一部分，它与自然界的互动，是不折不扣的附加现

① 杜威：《人性与行为》，1922年英文版，第62页。

象。"[①]他还说:"我们有理由相信:唯有当自然存在的属性充分显露时,才能对它的基本特征下最适当的定义。"[②]

与米德一样,杜威指出:当姿势变成有含义的东西(因为需要分享经验),并且(作为符号)能够在不同场合唤起同样的反应和指向于同样的对象时,语言就开始出现了。而当这种活动出现时,心理也就呈现了。所以杜威明白地予以说明:"'心理'是呈现在生物身上的一项附加的属性,只有在这个生物能够与另一个生物借语言、交往等手段互动时,这种属性才开始呈现……心理就是一种状态,在这种状态中,不同质的感觉不但被领受,而且还具有意义——意味着客观的差异。"[③]

杜威的心理或意识的理论毫无疑问是属于"行为主义"领域之中的,这样很可能把心理解释为机能。华生倾向于把意识看做是纯属个人的东西,把它看做跟喉部运动有关的东西,这也不利于像米德和杜威那样,把意识解释为人际的和内在自然的东西。如果只把米德和杜威说成是社会行为主义的心理学,仍然不能说明他们理论的实质所在。他们有一个很重要的主张:社会是一个范畴,既是存在的范畴,又是说明的范畴;关系性(relatedness)是所有层面的世界的基本特征。这种关系性的存在,在别的地方也许还不明显,但在高等有机体的沟通的层面上,就显得很清楚了,在这个情况下表现出来的心理,则是社会的产物。

---

① 杜威:《确定性之探求》,1929 年英文版,第 234 页。

② 杜威:《经验与自然》,1925 年英文版,第 262 页。

③ 同上书,第 258 页。

三、杜威对习惯问题的研究

在社会心理学的研究中，杜威很重视对习惯问题的研究。在杜威所著的《人性与行为》一书中，其主要论点是阐述习惯在行为中的地位，并且以一种"行为主义者"的方式，把环境与制约作用的地位抬高到冲动的地位上。杜威把习惯当做精神分析的一个单元，当做他在伦理学中的人的个性。他如此强调习惯，当然与他强调行为的社会面是一致的。但当他把他的理论推广到用政治（而不仅是用社会）来说明习惯和个性时，就显得很勉强了。另外，他还强调人性可以由控制习惯与施以教育来塑造，并把他的这个观点用于教育学之中。他说："我们要严肃地指出，对于习惯及其不同类型的理解，是社会心理学的关键，正如智力活动和冲动是理解个性化心理活动的关键一样。但后者的重要性次于前者。因为心理只有在作为生物倾向和社会环境交互作用的过程中形成信仰、愿望和目的系统的情况下，才能得到具体的理解。"①

四、对杜威理论的评价

作为美国芝加哥学派领袖的杜威，反对构造主义把意识分析为元素；关心心理的作用而不大注意心理的内容，重视心理学在各方面的应用，而不同意心理学是一门科学。他的心理学的优点是为美国狭义的机能主义提供了基本概念和理论基础。同时，由于杜威从强调本能转向强调习惯，又由习惯转向强调行为

① 杜威：《人性与行为》，1922年英文版，序言。

和心理、意识的社会性，它表现了20世纪30年代初社会心理学的强大生命力。这一点可说是杜威对社会心理学的贡献。

杜威的社会心理学中还有应指出的是：

(1)杜威把人的心理和意识看做是适应环境的机能。实质上是把人的心理、意识等同于动物适应环境的活动，把人的心理、意识的活动和改造客观世界的实践活动，贬低为动物应付环境的本能活动。因此，他的理论和詹姆斯的理论一样，具有明显的实用主义的倾向。

(2)杜威在其《人性和行为——社会心理学概论》一书中，非常重视社会问题，而这个问题又令他难以解决。他认为人的活动和社会是一个整体，社会心理学必须紧紧地联系社会进行研究。这种主张，表面上似乎注意个人与集体的关系，其实他从习惯和其不同类型上来研究人的活动完全是生物学化的，忽视了人的主观能动性的心理、意识的特点。

(1989年10月，未发表)

斯金纳的黑暗年代及其《沃尔登第二》

一、《沃尔登第二》的成书始末

斯金纳(B. F. Skinner, 1904—1990)是美国当代重要的新行为主义者,是一位著名的心理学家,曾任明尼苏达、印第安那、哈佛等大学心理学教授。他写了许多论著,大都是从低级有机体的观察开始,一直论述到人类的行为。他有一本书是从一个新行为主义者的观点来描述人格的基本因素和社会的相互作用的,这就是斯金纳的理想国小说《沃尔登第二》。

《沃尔登第二》(1948 年出版)是斯金纳最知名的书,先后印刷了二百多万册,成为美国的一本畅销书。它描述了奠基于操作条件原则基础上的一个社会,但它只不过是斯金纳科学思想中的比较简单的一幕戏剧。他是根据三种不同的理由写这部小说的:(1)为第二次世界大战复员的老兵提供一种生活模式;(2)应用"行为科学"去解决个人的不满,这种不满包括家庭生活以及职业上的和副业上的;(3)提供"自我心理疗法"。

斯金纳在写这本书时已经 42 岁了。在他多年来的生活中遇到过许许多多的冲突,而这些冲突均同样被刻印在《沃尔登第二》一书之中。这个时期,他把它称为"黑暗年代",以致构成了他的同一性危机(identity crisis)[①]和中年危机。这种同一性危机和中年危机就是《沃尔登第二》一书的主要的主观的思想来源。

二、斯金纳的同一性危机

斯金纳在自传上提到的唯一的同一性危机是滑稽的。他说他在14或15岁时,有一天早晨睡醒了,不能找到他自己的左臂。在恐慌地寻找之后,发现了这支左臂。以后他便把这次事故称为"一种局部的同一性危机"。但是他叫人们注意,这一词语并不能应用于他的更多的黑暗年代的广泛描述上。而斯金纳是指该时期包括一切严酷的同一性危机的主要特色,正像埃里克森(Erik Erikson)所讲述的那样。

黑暗年代之所以黑暗,对斯金纳来说是有一定理由的。首先,斯金纳不仅发现他自己没有能力写任何重要的东西,而且对于一个健全的青年人来说,甚至不能成为一位合格的作家,这使他悲观。其次,当他正要进入大学时,他的全家要从他的儿童时代的家迁往斯克兰顿(Scranton),而当他大学毕业回到斯克兰顿时,他又失去了大学校园的社会与理智的环境。在这种处境中,他的父母对他所遭受的个人危机并没有给予多少情绪上的支持,这使他难过。但是,在斯金纳看来,对他最严重的同一性危机乃是:(1)他少年时代和大学时代的朋友都离他而去,使他陷入孤独无靠之中;(2)他放弃了宗教信仰;(3)他感到自己所主张的政治体系与他所处的美国社会不同。

① 在美国当代精神分析家艾里克森看来,所谓同一性危机就是个人的成长要与社会的历史变化相结合,否则便产生同一性危机。

1924年,年仅21岁的斯金纳指出,最终能解决自己的这种激烈的同一性危机的是彻底地接受了一种意识形态——它是一种特殊的意识形态,这就是急进的行为主义。他说:"我所代表的行为主义者今年已经获得了许多力量。许多新人今年来到这里参加我们的'集会',给我们以道德和物质的支持。"①他认为帮助他迅速形成这种意识形态的是华生和巴甫洛夫,是他们使他把所读过的杂乱无章的心理学知识汇集为一个整体。他的同一性就是这样牢固地建立起来的。他还认为,这种新的同一性曾经为他服务过许多年,但只在遭遇一系列职业失望和个人挫折时,才使他又面临一种较重要的心理学上的危机。后来他对抗这一危机的一些主要反应,都写到他那本《沃尔登第二》一书之中了。

三、斯金纳的中年危机

在研究院和以后不久的一段时期,斯金纳主要被实验研究吸引住了。行为主义者的同一性,明显地给他以职业上进行探索的地位,并给他的研究提供了总的方向。这时他正在开始写《认识论概述》(并未出版)。在书中他初次区分了方法论的行为主义和急进的行为主义之间的差别,他把他自己牢固地排在后者的行列上。这时,他尽管在职业上还未得到应有的承认,但是在实验上则是一个成功紧跟着一个成功,以致使他成为一位强有力的研究者。这时(1938),他的第一本书《有机体的行为:一种实验的分析》完成了。在书中他首次表述了不同于托尔曼(Tolman)和赫尔(Hull)的行为主义纲领。1939年,他的《有机

① 斯金纳:《一位行为主义者的设计》,1979年英文版,第48页。

体的行为》一书出版，该书得到的评价与销售两方面都令他失望。此时，他认为黑暗年代又重新到来，他甚至厌倦了写作并想抛弃它。在第二次世界大战期间，华盛顿要求斯金纳研究鸽子的训练问题，即关于言语行为的研究。后来写成《言语行为》(从开始写到 1957 年出版共用 23 年的时间)一书。它重点探讨了操作行为主义如何应用到人类领域上的问题。1945 年，当他从明尼苏达大学迁往印第安那大学担任心理学系主任之时，他的《有机体的行为》一书销售仍不看好，他感到好像没有人愿意研究操作行为主义似的，这使他很难过。1946 年中期，斯金纳开始写作《沃尔登第二》。在这部小说中，他描写了有一千个成员的乡村公社，可称为沃尔登第二的理想图。在这个公社里，每个人工作的安排(根据能力和工作需要)，工资的付给(使用工资卡制度，没有货币的流通)，日常的生活娱乐(电视、广播、周末晚会，每周都有周到的安排)，以及生活的每个方面，从一个人出生之日起，都由积极的强化作用“控制”。所以，在《沃尔登第二》中，行为分析家把斯金纳的操作条件作用原理应用于儿童的培养与教育，并塑造他们，使他们对人生具有正确的看法。在这个公社中，有美好生活所必需的基本物质利益，艺术和科学将得到繁荣和发展，而没有猖獗的个人主义和由技术所带来的一切弊病。因此在这个公社中，控制个人主义的泛滥是主要目的，原因是个人主义会摧毁人类的自由。公社中的指导委员会是最高权力机关，它决定哪些行为应受到强化。那些侵犯人的行为、过分的实利主义与危害环境的技术，以及贪婪的生活方式，都将被健康的行为所代替。凡此一切问题的研究，斯金纳称之为“行为技术学”。

此外，斯金纳还通过主人公布里斯(Buris)之口，表明他作为一位大学教师的职业上的不满。这些情况构成了斯金纳中年时代的危机。

四、对《沃尔登第二》的简短评价

从表面上看,《沃尔登第二》一书似乎是斯金纳对美国资本主义社会制度的鞭挞。事实上他企图建立一个没有政治、超阶级、超现实的理想的美国。他说:"伟大的变革必将在美国的生活方式中形成。"[①]全书的主题思想则是:社会环境或是自然的环境可以控制人类的行为。他论证说,正像他处在黑暗的年代时一样,社会环境似乎是这样地不受人们喜欢,但一个人仍然要生存于其中。环境要持续地控制人,而人们就是想逃也逃不出来。他一再说明,当他处在最坏的黑暗年代(指他父母迁到斯克兰顿的家)时也未能从这种环境的控制中完全逃脱出来。

对上面这个斯金纳的主张,我们应该提出一个问题,这就是:在社会生活中,是环境控制人的行为,还是人的行为控制环境?事实上,这个问题早已为马克思主义解决了。马克思主义认为:"人是环境和教育的产物,因而认为改变了的人是另一种环境和改变了的教育的产物——这种学说忘记了:环境正是由人来改变的……环境的改变和人的活动的一致,只能被看做是、并合理地理解为革命的实践。"[②]这就证明了环境并不能控制人的行为,相反倒是人的行为能够改造环境。可见,只强调环境控制人的行为的论点是站不住脚的。

同时,斯金纳把《沃尔登第二》作为他的理想社会,企图用它去改造美国现实社会的秩序,意愿是良好的,但是一个社会制度

---

① 斯金纳:《沃尔登第二》,1976 年英文版,序言,第 16 页。

② 《马克思恩格斯选集》第 1 卷,人民出版社,1972 年 5 月第 1 版,第 17 页。

的改变，想不通过革命的实践，毫无疑问是不可能的。

另一方面，应该指出，斯金纳通过早年和中年的两次危机而写作《沃尔登第二》，这对他个人的成长具有两方面的重要意义。第一，完全可以说，《沃尔登第二》的创作本身就是斯金纳最终战胜黑暗年代几次关键性失败的里程碑。第二，这部小说的写作过程，反映了斯金纳从实验室的科学家转变为研究人类行为的行为主义的科学家。《沃尔登第二》是他第一次论述人类行为的主要著作。在这本书之后，他的《科学与人类行为》(1953)、《言语行为》(1957)以及其他的一些论文和著作才陆续出版。尽管这些著作缺乏足够的经验论据，但总的看来，颇富于解释和变换的思想。从斯金纳本人来说，《沃尔登第二》既是他个人成长的最终成果，又是他的社会心理学思想的结晶。如从我们作为《沃尔登第二》一书的读者来说，尽管这部作品在主题思想与基调上有这样和那样的问题，但如果是想研究作为美国新行为主义心理学家斯金纳的社会心理学思想的话，那么他的这本书不仅具有代表性，而且还具有一定的参考价值。

这本书在美国出版后既受到欢迎，也遭到辱骂，每年销售不超过几千册。直到60年代初，销售量才急剧上升，发行到二百万册。今天，这本书继续受到欢迎，它是许多大学课程中的必修读物，并且有成千人自发阅读。

1966年，美国召开了一次全国“沃尔登第二”会议，同时，在维多尼亚州成立一个名叫双橡公社的小沃尔登第二公社，实验了斯金纳《沃尔登第二》一书中的理想。美国作家金卡德(K. Kinkade)于1973年著有《沃尔登第二实验：双橡公社头五年》一书，报告了该公社如何进行实验的情况，斯金纳曾为该书作序。

(1990年2月，未发表)

结构主义心理学家布鲁纳的“发现法”述评

布鲁纳(Jerome S. Bruner,1915—)美国心理学家。1942年担任普林斯顿公共舆论研究所副所长。从1943年至第二次世界大战结束在海外服役,在法国任政治情报工作。1945年回哈佛大学,任教育心理学的教学工作。1947年获哈佛大学哲学博士学位。1962年—1964年间曾在白宫教育研究和发展小组工作。自1959年起任美国全国科学院发起的伍兹霍尔心理学会议主席。自1961年起任哈佛认识研究中心主任。1962年后任英国牛津大学心理学教授。1979年作为访问教授回哈佛大学任教。1981年他参加了纽约社会研究新学校的工作,主要研究知觉、思维和儿童发展。主要教育及心理学著作有:《教育过程》(1960)、《教学论》(1966)、《认识心理学》(1973)等。

布鲁纳在教育学上的最大贡献是他的教学论。他认为:教学论阐明有关最有效地获得知识和技能的方法的准则。它所关注的是怎样最好的学会人们想教的东西,是促进学习而不是描述学习。它规定了要把大量的知识组织起来的方式,使学习者易于掌握。最理想的知识结构是提出一套命题,从中可引出更大量的知识。因此,他主张“学校课程和教学方法应该同所教学科里基本观念的教学密切地结合起来”;[①]他在提出“结构课程”

① 布鲁纳:《教育过程》,纽约1960年英文版,第17页。

的同时，不遗余力地提倡"发现法"。

一、"发现法"的理论渊源与提出的根据

布鲁纳并非是"发现法"的创始人，但他比任何人都善于抓住"发现"的精神，为之提供理论基础，并把它传播开来。18世纪的第斯多惠(Adolf Diesterweg, 1790—1866)和19世纪的斯宾塞(Herbert Spencer, 1820—1903)都提倡过"发现法"，当代日内瓦学派的创建者皮亚杰也提倡"积极法"，其基本思想是一致的，只是布鲁纳将"发现法"的思想发挥得较为充分而已。

布鲁纳提倡"发现法"，有客观形势的要求，有其教学思想为背景，也有心理学上的依据。布鲁纳提倡它，也不是偶然的。

在客观形势的要求上，50年代中期，苏联卫星上了天，美国在这方面被抛在后面。为了"赶上俄国人"，布鲁纳把皮亚杰的认识结构发展的理论应用于美国中学的课程改革，遂提出了"结构课程"的理论与实践。为了教授这种新课程，他主张应该采用"发现法"，认为它是现代课程改革中的一个现实而重大的问题。通过与"结构课程"相适应的"发现法"，促使所有的学生都能充分利用他们的智力。

在教学思想背景上，主要有三点：一是认为"发现"是人类生活中的最独特之点；二是认为人脑中的重新组织或转换是学习行为中的中心环节；三是他很强调直觉思维在学习中的重要性。这就是他重视"发现法"的思想根源，是有一定的积极意义的。

在心理学的依据上，他认为心理学应当重视怎样使学生掌握复杂的知识的基本结构，因为学习任何学科，主要就是使学生掌握这门学科的基本结构。根据这种观点，他分析"发现法"有四大好处：一是能够发挥智慧的潜力，二是能够培养内在的动

机，三是能学会发现的试探法，四是能够巩固记忆。这些分析是合乎实际而有说服力的，优点是它能够促进创造性思维的发展。

二、"发现法"是怎样的教学方法

"发现法"就是教师引导下的发现学习。发现学习，就是以结构课程为内容，以学生的再发现为步骤，以培养探究性思维的方法为目标的一种学习法。发现的实质就是把现象重新组织或转换，使人能超越现象，再进行组合，从而获得新的领悟。教学是引导学生学习的过程，教师在教一门学科的基本结构时，要保留一些令人兴奋的观念的系列，引导学生自己去发现它。教学的目的，在于使学习者得以"自立更生"，"使自己成为一个发现者"。因此，教学应采取假设式，在教师的启发下，明确问题和提出假设，寻求依据并进行验证，通过探究、思考，解决了问题。所以，从心理学上讲，"发现法"又称"解决问题法"，它是一种培养独立思考的教学法。

三、实行"发现法"的主体——教师

布鲁纳指出教学的主要人物是教师。实行灵活性和自发性较大的"发现法"，要求教师真正通晓有关学科的基本结构，掌握科学家如何发现原理原则的过程，并且要具有耐心和灵活机动等品质。一般来说，它是没有固定的模式的，要根据不同学科不同学生的特点来进行。

但是可资参考的步骤是：

(1)提出和明确使学生感兴趣的问题。

(2)使学生对问题体验到某种程度的不确定性，以激发探究欲。

(3)提供解决问题的各种可能的假设。

(4)协助学生搜集可资下断语的资料。

(5)组织学生审查有关资料,得出应有的结论。

(6)引导学生用分析思维去验证结论,最后使问题得到解决。

教师的工作方式是:

(1)鼓励学生有发现的信心。

(2)激发学生的好奇心,产生求知欲。

(3)帮助学生寻找新问题与已知事物的联系。

(4)训练学生运用知识解决问题的能力。

(5)协助学生进行自我评价。

(6)启发学生进行对比。

布鲁纳还指出:“发现法”也不是唯一的教学法,它还必须与讲授法、问答法、分组法等其他教学法相配合。他提倡养成终身发现的习惯,但也要培养一些读、写、算的基本能力。

这些步骤和方式是有借鉴意义的。

四、评价

总的来看,在教学过程中,实行“发现法”是有一些困难的,有的学科也难以运用,如艺术学科。也往往要费时间而不经济。在“发现法”的基本思想上,也存在着失之过偏的问题,如学习重视过程而不重视结果;思维重视直觉思维而不大重视分析思维;在智力活动上强调学生与科学家的共同性而不明确各自的特殊性,如此等等。但任何一种教学法都不可能是万能的,作为一种以解决问题为中心的教学法,对我们加强教育,促进发展教学,培养有独立性和创造性的人才来说是有积极意义的。它也是可以作为启发式教学的方式之一的。

从心理学上看,教学水平有记忆的、理解的、思考的三种,它们对发展学生的智力来说,作用是各不相同的。“发现法”既然是发展创造性思维的重要方法之一,那么它也是达到思考水平教学的方法之一。从“学贵自得”,“教是为了不教”上来看,正确实行“发现法”,无疑是教学的手段之一。

(1988 年 9 月,未发表)

尼采哲学之主干思想[1]

杨丙辰教授序

提起了尼采底名字，世界各国人士无不知晓，这是十九世纪一位有奇特见解的大哲学家，他主张“超人”，主张“文化革新”，而叱责西欧思想的没落与基督教底道德，为颓废的道德。他这些学说，在一开始时，就有许多的人反对，然而也有许多的人赞成，甚至在他殁后，赞成他的学说，敬重他的人格的人，不但不见减少，反而更行有所增加。这是因为世界上的人士渐次了解，他所努力的一种文化，是一种更高的文化，他所主张的“个人主义”，是一种“自强不息”的个人主义，并且还因为人们渐次了解，他的心性是纯洁的，是充满了高尚的理想的，所谓低级的自私自利主义，在他的学说中，绝对找不出，所以，世界各国研究他的学说的著作，也像雨后春笋一般地增加了起来，而其结果，却使我们对于他的认识，愈久愈趋正确，愈久愈得明其真相。

现在世界各国研究尼采学说的人士，已经达到一种一致的批评，就是他们都认为他的学说中，确系有一部分真理，而可以永久存在，尤其我们现在这个“社会主义”，“集团主义”两种思潮膨胀的时代，为避免颓废、依赖、不振奋、无独立精神的弊病，是

① 本书于中华民国 36 年 12 月由永康书局出版。

不可不一研究尼采一派刚健自强的学说的。

对于这一点，刘君恩久这本“尼采哲学之主干思想”，确乎给与我们一个简略而可靠的指导。刘君年少而嗜好哲学，兼且精通英德日三国语文，为青年中后起之秀，不可多得的人才。这本小册子，是他近几年以来，研究尼采学说的大收获，其中所引所译各大哲学家著作中之精言要语，莫不适当而正确，实在值得我们一读，因此特特略写数语，以为之介绍。

杨丙辰

民国三十五年七月九日书于北平寓所

感谢辞——代序

此文既成，当追忆于吾师江绍原教授对此文初稿之斧正，谨以至诚，敬致谢意。

同时，尤当感谢且应永怀者，为吾师杨丙辰教授。先生不辞辛苦，于炎夏之百忙中，予以恳切之指导，致使此文条理井然而面目一新。其伟大精神，使余感激莫铭。并于余生命之进展史上，已刻划不朽之痕迹。兹祝先生永远健康与幸福！

最后，当致谢于智慧之圣火，使余于迷离人生之迫切认识要求中，得获光明之燃烧。而于余艰苦奋斗之生活下，遂悟别人生之意义，价值及目的。更激起余之权力意志，欲永远献身真理，洞察宇宙之奥秘。且对此崇高工作之目标，即德哲歌德(J. W. Goethe)所咏诵之：

宽阔之世界与遥远之人生，
长年忠实奋勉，
时时追讨与刻刻究凿，
绝无尽期，常达完善，
保持古旧之真实，
迎受新异之理解，
欢乐之心情与纯正之目的，
如斯！得再迈进咫尺。

著者

尼采诞生百周年，于北平东城沙滩

吾人之生命，不过一“认识者”之实验而已。

——尼采

尼采哲学之主干思想

导 言

一

复归康德(I. Kant)！苏晔尼采(F. Nietzsche)！此20世纪哲坛之二大革新呼声也。久乏精神之刺激，且如弱苇之予，突遇此火热之思想漩涡，曾几经自作宁静，而革新家之强烈呼声，更时若断续，动震予心。虽睬若无知，终局无效。但予决非愚昧盲从之辈，几百事物，非经细验，弗决坚信。惜乎意志无定，忽彼忽此，莫知所从，于是乃耐心研究。终知归复康德，非予性趣，既而瞻望尼采，以明究竟，得悟苏晔尼采有其价值。乃从心所欲，立誓追随此一呼声，二年以来，所读所思，无不为此一呼声之所支配，方知尼采之哲学，其要在解脱悲观之人生观念，使个人崇高之肉体我完成其使命，并以个人之存在，高扬世界之存在价值。此种哲学，有益于人类，有利于学术，因此予个人乃深喜讨探之，并欲极力宣扬之。因更本予二年研究所得，草成是篇，以为作研究尼采哲学之一纪念，并待海内宏达之指正也。

二

尼采，德之哲学名家，萨克森(Saxon)人，生于1844年10月15日，初于波昂(Bonn)及莱比锡(Leipzig)大学修神学与语言学。1870年，顿易初志，不就僧侣之职。旋被聘为巴塞尔(Basel)大学之语言学教授。尼采初倾心于瓦格纳(Wagner)之音乐，与叔本华(Schopenhauer)之人生哲学，受二氏之影响甚深。后觉瓦格纳之音乐，与其所持肯定人生之思想不合，于是乃渐憎瓦氏之说，且与瓦氏断绝交谊。而对叔本华之哲学，更悟其摧毁人生，且为颓废之表现，因此终身摈斥叔氏之学说焉。尼采幼因颠蹶，震及脑部，后更在伤兵病院看护伤兵，传染病菌，致罹脑胃疼痛，夜不安眠之疾，久之，竟转精神瞀乱。1880年，弃教授职，潜居养疴，方是时，仍著述不辍。1887年，精神病益笃，遂卧病十年，至1900年8月25日，始与世告别，享年五十有七岁。

三

尼采之思想，盖从叔本华之“生活意志说(Der Wille zum Leben)”而出。然叔本华以解脱为人生之理想，尼采则谓拒绝意志为不当，而以权力意志(Der Wille zur Macht)之说，为人类之至高原理，由此而构成其生之实存的人生观。从其说，一切价值之原，存于自我。努力与世奋斗，以满足其生活之本能者，即是人间之真目的，真幸福。氏于勇断，刚健，能自扩张其权力者，乃名之以君主道德而尊之，而于服从，恭谨等，则贱之为奴隶之道德。又以为人自动物而进化，常思以超出人间之境界，为其理想。此理想亦即氏所谓之(超人)(übermensch)者。氏对当时政治，哲学，道德，宗教，法律等之学术，皆嘲笑之，抨击之。以为凡此一切价值，俱当变更，以此目标作未来超人世界之法度。其学来源有故，祖述康德，叔本华，达尔文(Darwin)诸哲之学，下继斯迪纳(Stirner)，居若(J. M. Gugau)，瓦格纳，孔德(Comte)，马克思(K. Marx)诸家之说。学识渊博，俱有独到处，堪称近世之大思想家。又因其提倡"人生哲学"(Lebensphilosophie)，故近世皆称其为"人生哲学之父"，彼实可当之而无愧，依此，尼采哲学之伟大性，吾人亦可得而知矣。

四

尼采一生，著书甚夥，要著十余种，如：

(1)悲剧之诞生(Die Geburt der Tragödie)。

(2)不合时宜之考察(Unzeitgemäße Betrachtungen)。

(3)人类的，过于人类的(Menschliches, Allzumenschliches)。

(4)黎明(Morgenröte)。

(5)快乐之智识(Die fröhliche Wissenschaft)。

(6)查拉图斯特拉如此说(Also sprach Zarathustra)。

(7)善恶之彼岸(Jenseits von Gut und Böse)。

(8)道德系统学(Zur Genealogie der Moral)。

(9)偶像之黄昏(Götzen-Dämmerung)。

(10)权利之意志(Der Wille zur Macht)。

(11)瓦格纳事件(Der Fall Wagner)。

(12)价值转变第一书——反基督(Umwertung I——Antichrist)。

(13)尼采对瓦格纳(Nietzsche contra Wagner)。

(14)试观此人！(Ecce Homo)。

格言式散失，凡数十万言，如：

(1)荷马与古典语言学(Homer und die klassische philologie)。

(2)论吾等未来之学校教育(Üeber die Zukunft unserer Bildungsanstalten)。

(3)叔本华哲学对德国文化之关系(Das Verhältnis der Schopenhauerischen Philosophie zu einer deutscher Cultur)。

(4)哲学典籍(Das Philosophenbuch)。

等等，文词雄健简练而意隐，了解非易，爱好者，尚有待于说明，研究者，倘偶有不慎，则将误揣其说而入于岐途，故今世尚无一善能彻底了别其思想真髓所在之哲学家也，是以研究不易，而成篇之述作，实尤为难也。

五

古今哲学家之种类，如此彼等哲学思想上之性质分之，则可得三类：一为圣智之哲学家，一为科学之哲学家，一为诗人之哲学家。吾人如以此三类哲学家之性质而考量于尼采时，则吾人可确认其为诗人式之哲学家，此不但根据于其著作之性质，即于其一生行动之表现上，在在足以为吾人此言之铁证。故欲了别尼采之哲学思想者，对此点又不可不注意及之也。

六

近世各国，所以高唱苏晔尼采之哲学者，其原因之要，则在尼采思想对民族之意义的宣扬，欧洲颓废文化之攻击，刚强人生恢复之要求，以及战争悲剧之勇气的鼓舞，与运命之爱的提倡——此等皆为现今各国民族之主要关心事，同时亦即形成二十世纪思想之主要原动力。是以予自觉，除研讨尼采，提倡尼采外，实不足以复兴民族，建设国家，此虽为欧美各国之当前最重大之问题，然亦即吾中国之问题也。

七

本文标题，原拟为："尼采哲学之中心思想"，后因考知尼采哲学思想之发展，并非一致，而有经过阶段之可言者。故尼采思想之阶段，大抵可别之为三：其第一阶段，为与瓦格纳绝交以前之时期，于此时期，尼采由艺术而思精神生活之革新。《悲剧之诞生》(1872)与《不合时宜之考察》(1873—1876)，为此时期之代表著作。继此之第二阶段，乃氏著《人类的，过于人类的》(1878—1880)一书时所持思想之时期，一如氏于此书封面上所写：谨以此书呈献于福禄特尔(Voltaire)一语，所表示景仰福禄特尔之意思的启蒙精神之上者，其所谓批判卢梭(Rousseau)之情热的愚劣，从"为认识者之"立场，而主张论理之优越。而其第三阶段，则继此而来，为对永久生之创造，所谓狄奥尼索士(Dionysos)之信仰的时期。《查拉图斯特拉如此说》(1883—1885)，《善恶之彼岸》(1886)，及《权力之意志》(遗稿)，为表现此时期之思想。尼采之思想，既经此三阶段，于思想之系统上言，实无"中心"之意义，于是乃不得不改标题为"尼采哲学之主干思想"，以记述其哲学思想之概略与端倪，此亦即所以不以"中心思想"为题，而改为"主干思想"之由也。

本论

一、永劫回归

“永劫回归”(Die ewige Wiederkunft)一语,或可译之为“永远轮回”意。此思想于尼采整个哲学之体系上,为一最重要之问题。而此思想之受胎,既非天赋,亦非自造,乃为于其思想之行程上,偶然所感得之一闪的灵感冲动,即所谓如一雷光之直观所袭击而得者。且此思想于其后半生之各著作中,亦皆有其发挥,但皆未作直率明了之叙述,仅不过以比拟笔法,绘其轮廓之大要而已。

吾人如更进而言之,此永劫回归思想,于其哲学系统上,可认之为以后各思想之导火线,于素朴之立场言之,亦即其哲学发号司令之大本营也。因是之故,兹将此思想之成立经过,意义与性质,以及如何征服此思想之手段,述诸于次,以明其梗概。

(一)成立经过

此永劫回归思想,如欲知其概要,则吾人又弗能遗此思想之获得经过而不述。考此思想之胎动,吾人可于尼采当时对其所研讨之学术作品中,或可推量得知。今根据其妹弗路斯特·尼采博士(Dr. Förster-Nietzsche)之记载,言其兄于 1880 年秋,从事于物理学,生理学,数学之研究,即关于认识论之数学的要素问题,自然力之统一问题,以及事物之相关问题,一一皆作极详切之检讨。尼采当时于寄与其妹之信札上,有如是之言曰:“余自己已不企望任何事物——虽然,现下于自己手中之事物,将如何为之,方可完结,因吾自己已呈愚昧不明状态。此虽为曚昽之讲述,然非为曚昽之原因也。”[①]吾人于此数语中,可见尼采对此等新思想之研究,已下一番辛苦之整理工夫。又据其妹言,于1881年4月至7月末,其兄当时专究物理学上之问题,此亦足可为一确证,即所谓永劫回归之思想,原为古代毕达哥拉(Pythagoras)所主创之物理学上之问题,当时此种思想常尾迫其兄之后,其兄遂确切研究,终至坚信不疑者。[②]

(二)意义与性质

至于此思想之意义与性质,据尼采自身言:“永劫回归之学说,为最重苦之思想”[③],亦即“窒息之事物”。[④] 或为“历史之转回点”。[⑤] 由其纯粹之本质言,为:“万物回归,车轮之存在为永远回转。此生即吾等永劫之生。”[⑥]故其妹,称其获得此思想时,浮现其眼前之一瞬,使其感激零涕,殊甚恐惧。尼采言:“诸种力之世界,未有缩减。若非如是,其世界于无完结中,因有衰弱,因有灭亡。诸种力之世界,无有停止。若非如是,其世界或已达到静止之地步,而生存之时计,必已不动。诸种力之世界如斯,决无所谓平衡,其亦决无一瞬间之休止。其力也,其运动也,无论何时,皆为同一巨大。无论此世界可以达到何种之状况,此状况

① 浅井真男等译　孤独なるニーチエ　167页。

② 同上书,168页。

③ Nietzsche Werke Bd. 16, S. 395.

④ 同上书,Bd. 12, S. 404

⑤ 同上书,Bd. 14, S. 264.

⑥ 孤独なるニーチエ　170页。

必为此世界之所达到。譬如,此一刹那,亦同此种情形,其已曾有过,且已有过无数次,而于将来,更须依原形回归,一切力之分配,与今无毫厘之差——且产生此一刹那之刹那,自己必将如斯也。呜呼人类乎!汝之全部生涯,犹如砂漏,漏尽添砂,终而复始,循环不一,永无止境。——幻成汝生之一切条件,乃存于循环之世界中,而直至再行归一,复为汝生之时,其间不过一巨大之一分时刻耳。因此汝等所有之每一苦痛,每一愉悦,每一友敌,每一希望,每一错误,每一草茎,与每一阳光,所有一切事物之全体连系,汝无不可以一一复行,从新认出。此圆环永久灿烂辉煌,而于此一圆环中,汝一微小粒子也。如是一般人无论生存于任何一圆环之中,一切事物之永劫回归思想,即最强而有力之思想,最初为一人,其次为多数人,最后为一切人显现而出——此其时每次亦必为整个人类中午之时期——。"[①]因人生如微粒,辗转即逝,人生如砂漏,周而复始,点点生涯,星星气息,何能反抗此大宇宙哉!氏遂继言之曰:"吾等之全世界,为无数生物之灰土,如与生物于全体之上比量时,或即为真纯之微小,然一切曾将'归入生中'与'位置'移动,而作如斯之进展。吾等承诺素材之永劫的连续,永劫之进行……"[②]是种永劫之连续,永劫之进行,为顺一定之法则,为循自然之大道。故氏于《权力之意志》一书中之六一七节言:"万物之回归,乃为对存在之世界的,生成之世界的,最极度之接近——极端之考察。"[③]此即"对生成刻印存在之性格,亦即永劫回归说之动机"。[④] 故"一切之存在,

① Nietzsche Werke Bd. 12, S. 63.

② 孤独なるニーチエ　171页。

③ Nietzsche Werke Bd. 16, S. 101.

④ 山元一郎著　ニイチエ　98页。

一方依不绝之流转，变为自己丧失自主的存在，一方所遗失之事物，依其原来之情状，再行归来，永远的自己回复存在，此即谓生存与存在之统一的永久轮回”。[①] 而穆盖(M. A. Mügge)亦与以解释之曰："尼采为永劫回归之倡道者。凡物皆以其自身回转。此人生，此地球，此太阳系皆同之。勿论尼采虽未倡道何等新的事物。轮回，不灭之本体与灵魂，或人间，或动物，交交形状，而往变转生(印度人，巴比伦人，埃及人，希腊人所最了别之教义)，黑拉克利多(Heraklit)之'万物流转说'，歌德之'泛神论'，斯宾赛(Spencer)之'力之永续性'，总之，皆为同类之思想，但吾人如克鲁修士(Crusius)所言，由于尼采完全浸之于特有之个性的气质事，得认为此等之观念，为新的力与色彩。尼采之'永劫回归'为狄奥尼索士(Dionysos)之事物。"[②]是以"永劫回归之说，为无条件的，无限的去返，万物循环之说——查拉图斯特拉(Zarathustra)之教，结局，或由于黑拉克利多所教者亦不一定，至少几将所有之原理的表象，由黑拉克利多所受得之斯多亚(Stoa)学派，为有其痕迹”。[③]

(三)征服手段

虽然，永劫力大，回归多苦，然吾人只有于此最短之期间内，努力抵抗此永劫回归中之自然力之压缩及控制，而绝对坚强内界之权力，精进，忍耐，再与以刚毅之训练。并一方面应减少宗教之信仰，一方面应喜爱其运命，前者，即反基督教(Antichrist)，后者，即运命爱(amor fati)，能如是，吾人之肉体方可顺

① 山元一郎著　ニイチエ　98页。

② 长谷川玖一译　ニイチエの哲学　8页。

③ Nietzsche Werke Bd. 15，S. 264.

吾等之自由意志而行动之。故尼采言:“吾人将如何恶视狂想,于内部课以至难之事,汝能为之乎?即减少宗教之信仰是也。人或了悟此事,然非本质记忆此了悟。如若如斯时,人遂将衰败。人弗训练精进,忍耐等。其等为欲望目前之享乐,力求举动之安易——如果如斯时,恐其将费莫大之精神……故一切为必然,于吾等之行动上,又将加添何物?[①] 因此,吾人即应背离宗教,然后按宿命之必然的归结,永远与世界相连结,故氏云:“余思以于事物上,观察必然之事物为美,而逐渐愿学之。”[②]又云:“余思以仅爱必然之事物欤:然!运命爱,即余之最后之爱。”[③]运命爱为最后之爱,训练此生,精进此生,实为无上之妙策也。否则,将必衰败,将必灭亡矣。无怪尼采得此永劫回归思想之刹那,百感交集,痛泣而流泪也。

人生虽为宿命之必然所限制,但吾人切莫以其为悲,其前途尚呈乐观。尼采曰:“于永远形相下之至福的礼赞。最高之宿命论,偶然及创造之事物,可视为同出一源(决非事物之返复,最先者,为创造而已)。”[④]事物之返复,听凭其返复,吾人之任务,则在顺运命之先天法则,于自己自身之上与以创造,自可减轻永劫之苦,而得回归之乐。况“永劫回归,乃如一太阳之没落于最后灾害之光辉”,[⑤]吾人自勉之!

如斯,尼采于最终结论曰:“余教汝,吾如道破之!所谓此

---

① 孤独なるニーチエ 171～172 页。

② Nietzsche Werke Bd. 5, S. 209.

③ 同上书,Bd. 12, S. 141.

④ 孤独なるニーチエ 186 页。

⑤ D. Halevy: The Life of F. Nietzsche, p. 272.

生,——抑为永劫之生乎!”[①]“此生即为永远”。[②] 其于狂喜之苦闷情感中,对此永劫回归之思想,作一极定式化之记述曰:“1881年8月初,于赛路士·马利亚(Sils-Maria),拔海6 500尺,高出于一切人类事物之上。”[③]尼采遂于最末数年中,爱此生之苦难,以永劫回归之思想,有如苦行者之殉教然,命其为自己之责任,而作其永劫回归之解脱方法,于是于孤独寂寞中,高呼以下之语,为自己对此生所获之永劫回归思想之一纪念:

光为余之十字架,十字架乃余之光![④]

(Lux mea crux,crux mea lux!)

* * *

二、权力之意志(Der Wille zur Macht)

考“意志”(Wille)一字之意义,古今哲学者概莫不皆以“意志”一事为可知之事实,并切确坚信,只有此意志,为人类最可了别之事物。实际言之,盖因意欲中含有复杂而又带有诸多之感觉故。于一状态之感觉中,亦存有“欲向外出”之情势,亦有所谓“欲进入”之情势,更有“出”“入”自体之感觉,其次如人之手足之欲动,意欲之欲“出”欲“发”与否,皆由于一种开始活动之习惯的随伸筋肉感觉之存在,而此种感觉之存在,即通俗于哲学上所称之“意志”是也。

通俗对“意志”之解释,既如上述,然尼采对“意志”之解释,

① 孤独なるニーチエ 174页。

② 同上。

③ The Life of F. Nietzsche, p. 232.

④ 同上。

又恰与上所述相反，于其所著《善恶之彼岸》一书中，作如是之解释曰："第一，……因此意志与种种之感觉，必认其为意志之成分而后可。第二，思惟，吾人亦应承认其为意志中之成分，盖在各种意志行为中，皆有一种命令的思想也——不过吾人却不可相信，可以能将此思想，从意志上与以分舍，仿佛意志仍尚能残留者然！第三，意志非仅为感觉及思惟之复合体，亦更为一种之情绪，且即对该项命令之情绪也。"①因此于尼采之哲学的立场上，此种情绪的，亦即指欲求及情欲之世界，此外之任何事物，尼采皆指其为无实在性。此情欲之世界，历经有机作用而展开为诸种事物，但一切有机的机能，如自己统制，同化，营养，分泌，与代谢等。此为由于综合上所结合与原始上所持有的一种冲动生活所造成，此情绪之原始形式，亦即生命之形式。此情绪因非其他意志，故尼采乃以绝对之见地独断解说之，所谓生命原始之形式者，即所谓"意志"是也。"生"之本质，即所谓意志之解释，"生"为自体所生之事物，其为更多、更大、更强壮之事物，此外无一物可与之较量者，而"意志"更决非死气奄奄者，其又持有泼剌之生的力，此种泼剌之力，即所谓"权力"，而此种"意志"，由是而变为"权力之意志"。

因"意志"既为生气蓬勃之力所造成，然无此蓬勃之力的"意志"，又有何涵义乎？尼采云："吾人将生活冲动之全体的意志之一根本形式，即如予所设之命题，权力意志之展开及派生的说明，如假定其成功时——所有之有机的机能，能使此权力之意志还元。且其中亦生殖与营养——此为一问题——此问题假定其可得而解决时，于是将一切之作用的力，或可清晰的获得权力意志之权力的决定。由内部作用所见之世界，即受其'得以理解之

① Nietzsche Werke Bd. 7, S. 28～29.

性质'之上所决定。持有特征的世界——其为纯正的'权力意志',而非以外之任何事物!"[1]吾人由此最末之数句观之,可知此蓬勃之力的"意志",本内外之机能而得展开,并依此涵意,吾人可认其同意于叔本华之形而上学之主意说,但如详加分析之,尼采之"权力意志",与叔本华所主张之(存在),"贪生之意志"(Sein; Der Wille zum Leben),又迥异其趣。盖依尼采意,如不存在之事物,则决不得握有生之欲求,且存在之事物,无欲求何种生之存在时,亦无必要。故氏主张:"惟有生存,方有意志,然非求生存之意志,乃求权力之意志耳!许多事物,皆为有生者之所珍视,且过于其生;而由此一种珍视中,即可看出,此权力意志也!"[2]

权力意志并非保持自己之意志,吾人莫如称其为更强,更丰盛,更高的存在之意志。故氏曰:"存在而不可知之形式的生,为独特之力的盖积意志——全生之过程,于此地握有自己之杠杆,无一事物变化,一切事物,是总计的,是盖积的"[3]。又曰:"唯一之实在性,乃从各种力之中心,使成为更强之意志——并非自己保存,不过欲向前摄取,成为支配者,成为更多,成为更强之意志而已。"[4]权力意志之意义,由此极简率之数语道破无余。

若依前所述,世界本质的生之本质,为成长者,为持续者,为力之积集者,此"意志"遂成为强而有力之支配意志。然吾人又将怀疑,此种成长与力之积聚,将由何法而使之如斯乎?尼采以为此必于其自己之组织化形式中及与敌对之诸力征服中,方能

---

① 高冲阳造著　ニイチエど现代精神　242 页。

② Nietzsche Werke　Bd. 6, S. 168.

③ ニイチエど现代精神　242～243 页。

④ 同上书,243 页。

使之实现。且凡一切生物,皆以秩序与自己统制之原理表现之,因此如使其能更善的实现时,则首要之事物,即为自己实行训练。但于实现之过程中,或有外力相制压,则至终又必难以实现其最完善之成就,及其机能之充分发挥。因此之故,又必达于第二种之力的集积过程。氏曰:“各各特殊之肉体,为整个空间之支配者,为自己力之扩大(——即其权力意志,由是于其扩大上,将一切抵抗之事物,努力向回推移,但于其继续之进展上,而又与其他物体之努力相冲突,最后,其终依充分同质之事物相协和融合)——如斯,此等之事物,以协同之力,终与党徒相结合,而其过程且超越其能力而进行……”[①]故可知,“意志是非有存在的,所存在的为不断之自己力之增加”。[②] 由是,吾人可知,尼采之权力意志,为非原子,为非实体,不过为于量上之增减,过程及现实而已。权力意志既为量之增减与现实,则吾人当疑问此意志之力的增加,对此生有何效用?而尼采创此权力意志又持有何种意义?为解答此种问题,吾人于以下又不得不再将叔本华影响于尼采之处,略为叙述,俾使此扼要之问题,得以解决也。

尼采之权力意志思想,不外导源于叔本华之“生的意志说”,此“生的意志说”已于前节略为叙述。不过吾人如细究叔氏之生活意志说之大意,则又有其玄秘之定论,故其所谓生活意志者,即盲目之努力,为非理性的,只顾向生存之倾向猛进,而不计其他,亦即此意志完全表现其自己,不受知识之支配,只为无意识之盲动。此意志既为无意识之盲动,则此意识,无时弗受当时之限制而变为不自由,变为必然律之奴隶。且此必然律之奴隶,实不过为苦痛之变名,故此世界为永远苦痛之世界。吾人如欲逃

① ニイチエど现代精神 244 页。

② 同上书,246 页。

避此苦痛，则首须断绝一切之欲求，而达于无为，出世，无情念之状态，换言之，亦即破坏个性，否认生活，而再以弃世自杀为要道。此即叔本华"生活意志说"之前因后果的大意，亦即其悲观主义哲学之主体也。

尼采虽承认叔本华之意志说，但对于是种学说之消极的主张，甚加不满，以为解脱生命之苦痛，并非离舍一切之欲望，而是从一切苦痛中，努力锻炼自己之意志，增高自己之个性，且此种难以忍受之苦痛，其实为权力及人生求艺术之源泉，苦痛愈多，则权力与艺术之扩展愈大，苦痛为增进人生价值之唯一兴奋剂，又何取乎解脱？又何贵乎断欲？因是，尼采于其《悲剧之诞生》一书中，极力推崇狄奥尼索士学说之价值，而极端反对阿保罗(Apollo)之狂想，以为"前者是立于生之直接的陶醉欢乐上，后者是立于梦幻之认识上"。[1] 故真正之人生，要在脱出观念之世界，而代以意志之世界，使观念世界的平凡，悲观，颓废，坠落等之生活，得复归于自然，因此之故，人生之第一着，即应确立权力意志，最后，再以此权力意志对外界之一切压力，取坚强之挑战态度，如是以极端之苦痛，换取高贵之人生，由悲观之精神，形成人间之极乐世界，如是之生，方可得称之为纯粹之生。于是尼采以此种意义为出发点，凡诸道德，真，美诸端，皆以挑战之态度为归趋，氏尝主张：潜伏于道德观念之后者，即是"权力意志"之奥秘，权力意志，是各种行为之原动力，爱之本身，即为占有欲之表现，"求爱即是竞争，婚嫁即是占有"。[2] 人世间之事务，其原本即优胜劣败，弱肉强食。因是其更不顾一切，怒目主张"人类之

---

① 和辻哲郎著　ニイチエ研究　43～44页。

② W. Durant：The Story of Philosophy，p. 457.

力的善恶，出于战争”，[①]又曰：“战争为一切善的事物之父。”[②]故战即是善，不战即是恶。除此权力之热情与权力之意志外，其他只是权力之奴隶，权力之玩具。吾人由是可知，吾人之得以生存者，实有赖于权力意志之确立与增加也，吾人安可称权力意志为无效用乎？此非尼采创权力意志说之意义乎？

权力意志之概念既明，吾人又不得不进而究讨尼采所创言之形而上与认识之权力意志，自然与艺术之权力意志，以及社会与个人之权力意志。本乎斯意，吾人兹先讨别形而上与认识之权力意志，然后再为论断其他二者，以明其大致之意义。

(一)形而上与认识之权力意志

关于宇宙与存在之问题，古今之大哲学家，莫不以个人之观念与构想作哲学之研究而解答之。原一切存在处之存在概念之建立，亦即于其概念上而把捉宇宙之全体，由此宇宙之全体的把捉，从古至今之哲学家，对此等问题之探讨，构成一形而上学之系列，而于此等形而上学者之系列中，吾人之青年哲学家尼采氏，亦占一重要之位置，且氏于此系列之圆环上，其持独特之见解，而作形而上与认识之思辨。如现代德国人生哲学家雅斯波士(Karl Jaspers)对尼采之形而上学作如斯之论断曰：“此时氏乃以权力意志之根本概念而使用之。尼采由于形而上学的——构成的思惟之一种形式，结合关于世界解释(Weltinterpretation)之无限的可能性与意识的关系。但尼采生于康德之后。批判的问题，彼对自如自明之事物而受继。素朴之独断的形而上学，于氏业已为不可能。因此，彼之形而上学的基础，由康德

---

① Nietzsche Werke　Bd. 2, S. 329.

② 同上书，Bd. 5, S. 124.

之批判哲学的变形而获得。于此变形之中，单以所展开存在(Ausgelegssin)之一切的世界存在之理论，为其每次之展开(Auslegung)的世界知之理论，新展开之权力意志的彼独特之哲学的理论，因而发生。”[①]吾人由此可知尼采之形而上学与认识之理论，纯以权力意志，为其究讨之主体，以此主体而树立其一己之形而上学，故尼采有言曰：“世界之要素为权力意志。”[②]而此权力意志，“不但为世界之要素且亦能运行无机界”。[③] 因此“权力意志，于意义上之解释，为目的与手段，原因与结果，主体与对象，损害与苦痛，物自体与现象”。[④] 不但此也，“上帝亦不过为‘一时期——于权力意志之进展上的一点’”。[⑤] 而“存在之内在的知是权力意志”。[⑥] 且于宇宙现象中，亦仅有权力意志，如雅斯波士言：“‘彼永以达到事物之根底’处，为此意志之究极的事物。世界生起为其一切多样的形态之意志，非为其他。”[⑦]故尼采云：“此世界是权力意志——而非其他！而尔曹人类亦为权力意志——并非其他！”[⑧]

至于尼采之认识的权力意志，于“尼采之目中，仅限于与人生相结合之真理而执着之，其以真理之标准，可见于权力感之增大”中。知识人为选择权力感与安全感，给与自己最多“假定”，而所谓真者，“对思惟给与非常强之权力的感情”为真。“若从触

---

① 草薙正夫译　ヤスパアス著ニイチエ　332页。
② Nietzsche Werke　Bd. 7, S. 115.
③ 同上书，Bd. 13, S. 81.
④ 同上书，Bd. 16, S. 115.
⑤ 同上。
⑥ 同上书，S. 156.
⑦ ヤスパアス著　ニイチエ　372页。
⑧ Nietzsche Werke　Bd. 16, S. 402.

觉,视觉,听觉之侧,——以非常强的抵抗之事物为真”。

与以上相对应的,尼采说明之如下——“认识以权力之道具为活动”“真理之意志,本权力意志而发展”“自然科学教以用其方式克服自然力”“吾等之生命感与权力感之次数,付与吾等存在,实在性,非假想之规律”。

尼采之“论理学”为由此展开一贯的支配之。矛盾律包含的事物,非为真理之标准,为关于真的可妥当事物的命令。尼采将个个之范畴之意义,于个别的展开时,永以所谓“意义是一切权力意志”命题为妥当。同一之诸场合,所谓于此诸范畴上,存在认识之前提,已以于此意志之上为基础,——“同一性之意志为权力意志”。[①] 而“知的意志为权力意志”。[②] “哲学为最精神上的权力意志”。[③] “真理意志,此后已为心理上之考察,其非为道德的权力,但为权力意志之一形式”[④]等语观之,皆为认识之权力意志之铁证,吾人当可无疑义矣。

总之,尼采之形而上与认识之权力意志的主张:如“于此形而上学上,其决非为其他之世界,专为思惟之世界。氏以为所谓彼岸之存在,决无其存在。氏又欲废弃于根底上有世界与单现象之世界(真的世界与假的世界)之区别,氏以为单世界存在之自身,持有以权力意志为一切存在之形态的吾等之世界,独有存在。其以外之任何事物,皆不存在。氏之形而上学是把捉纯粹内在为世界存在”。[⑤] 因此,吾人可称此现存在之世界为权力意

① ヤスパアス著　ニイチエ　374～375 页。

② Nietzsche Werke　Bd. 11, S. 165.

③ 同上书,Bd. 7, S. 18.

④ 同上书,Bd. 16, S. 79.

⑤ ヤスパアス著　ニイチエ　332～333 页。

志之世界。

(二)自然与艺术之权力意志

世界既为权力意志的,则自然如本其器械之运行,亦为权力意志的,如尼采言:"所谓自然法则,为对权力关系之法则。"[①]因自然之法则,为权力之关系,则此世界可分为二种:一为无机的世界,一为有机的世界。所谓无机的世界者,吾人依尼采之器械论的解释,可知:"器械论的世界,乃如此由想像而成立者,即一如仅以目与触觉所想像(为被动的)一个世界之情形一般。"[②]此世界虽可想像,然此死板的自然之因果性,如从内面言之,果为何物耶?吾等从外部视之,由于自然法则与合法则性,所谓可得把握之要素的此种死板物上,原来究竟何种事物存在于其自体之上耶?所谓此种事体,乃一老旧,而屡被解答,但却永为仅于空想中可得解决之问题。尼采于此亦如对一切所有之事物,付与同样之解答,——"吾等仅限于信仰意志之因果性,吾等以意志之因果性,不得不假定之为唯一的因果性。于是机械性乃因之而起,一切仅限于在其中的某种力的活动,此正是意志力,意志作用也"。

无机的世界之究极的现实体所残余者,并非为物,为"宁可说是一切其他的运动量与紧张关系上的某运动量",其本质存在于其相互作用之中。但作用最初发生于权力意志。"所谓自然法则者,乃对权力关系之规则也"。但若吾人如何亦不能体验时,则亦并不能观感,由于经验的立证,所谓亦不能作感情移入之此种权力意志是何种事物乎?答曰:"既非存在,亦非生长,乃

---

① ヤスパアス著　ニイチエ　377页。

② Nietzsche Werke　Bd. 16, S. 113.

一种激越飞扬之情调(Pathos)——乃一种原始之事实,必先有此种事实,而后由其中,方能生出生长,生出功力也……"

权力意志,若作究极的现实性,尼采将其由于对吾等所经验之意志的类推,无论如何,不得不使之思惟。一切的事物,若非为意志以外的某种事物,意志不能不以意志去行活动。但其如何活动之乎?更无待言的,意志乃仅对意志而活动,并非质料活动。意志之活动是认识其他的意志,再仅由其所认识之事物发生出来——"非有机的事物之相互的作用,为常往远方的作用,即'去认识'是必然的先去动作一切。远方之事物,不能不使之知觉。"与此同时,尼采立断言如下——"于化学的世界上,系按力之相异的极敏锐之知觉,去施行支配之行动"。

于非有机的事物方面之知觉的认识,是在权力意志上,知觉,表象,思惟,相互间是弗能劈离的。于有机的事物上,彼等于起始时,即起分离。但以此等要素的分离所生的结果,为暖昧性与伪瞒的可能性。因此力之价值与权力关系之知觉,仅以无机的世界作为绝对的正确——"于其处支配真理"。[①] 而有机的世界,尼采尝认之为假象与暖昧,无权力意志之可言,如氏言:"暖昧与假象开始于有机的世界。"[②]于是尼采依此种观点,主张"无机的世界较有机的世界亦不能不为'优越'"——"误谬之不存在的世界,此为较优越的世界。无知之事物,是非精神性的个体性"。换言之,其为完全的自己同一,非分裂的,永远明了的作为现在的真实之权力意志。对于该种有机的生为特殊化的一种——"于其背后之某无机的世界是诸种力的最大之综合,因此其为最高之事物,更崇高之事物,于其处所称之误谬,无有所谓

① ヤスパアス著　ニイチエ　377～379页。

② 同上。

远近法之制约。”[1]尼采最后更对分为有机与无机的二界之自然，下判断曰：“死板之世界，永远活动，而且何等之误谬亦无之世界，力与力之对峙！但于知觉之世界上，一切为误谬与自己赞美。”[2]因此之故，尼采自己遂特创一所谓狄奥尼索士的世界(Welt des Dionysos)，而称今后之世界，应为“永久的自己创造自己，永久的自己破坏自己”[3]之世界。而此永久之创造与永久之破坏，其本质即权力意志之推动，依乎此意，吾人安可不称自然亦为权力意志的乎？

自然本器械之运行，既为权力意志的，则艺术一项，亦非能有例外。考诸尼采对艺术之要求，其目的在以艺术挽救颓败之宗教，道德与哲学之形式。如尼采谓：“吾等之宗教，道德与哲学为人类之颓废形式——而与此相反对之运动，即：艺术。”[4]其既以艺术为反对运动之手段，然氏所持之意义又安在哉？尼采答曰：“一切艺术皆发出紧张，与强壮剂的效力，增加力量，燃烧快乐(即力之感觉)，刺激陶醉的一切最浓情之追想。”[5]故此艺术为“生命感觉之高扬，生命感觉之刺激物(兴奋剂)”。[6] 由此吾人可知，“艺术越艺术家而达世界之深底。固执美之假象性，即生活意志，权力意志——‘世界自身除艺术之外无别物……知的绝对之意志……于如此假象之世界上，余思对形而上学之根本意志，有已冒渎矣’”。[7]

---

① ヤスパアス著　ニイチエ　377～379页。

② 同上。

③ 和辻哲郎著　ニイチエ研究　181页。

④ Nietzsche Werke　Bd. 16, S. 225.

⑤ 同上书，S. 236.

⑥ 同上书，S. 230.

⑦ ヤスパアス著　ニイチエ　376页。

(三)社会与个人之权力意志

社会为个人之集合体,而个人为社会之一成员,由二者之关系上言之,实殆有不可分离之倾向。然吾人如以二者之重要性言之,则当以社会为首要。其首要之原因,盖亦即社会能以其权力及秩序,左右个人之生活,与个人之行动,而单一体之个人,非能左右社会,非能控制社会,因此个人处于此社会之秩序与权力内,非对社会有相当之理解与认识不可,欲有相当之理解与认识,则"对社会之研究,非常重要,其价值,即由因于社会上之人较个人之'人',为尤天真之一点之理由而言,亦可谓不可计量矣。'社会'之于道德,除视作强健之工具,权力之工具,与秩序之工具外,从不曾视作其他事物也"。[①] 由于在社会上而不见强力,权力与秩序之以外之事物,则吾人可断言,社会上之权力等,实为社会所不可缺乏之事物,换言之,亦即社会有其权力之意志。

社会既有权力,而个人亦非绝对无权力者,如个人若无权力则非能存在,若无意志,则弗得幸福,故尼采言:"人无权力,对存在,而亦对工作,甚至对幸福,均皆无权力,于此点上,一个人为最低级之虫,而非其他。"[②]况人类之权力欲,到处乃皆有其表现,尼采之言曰:"人类有一种需要,此种需要处处均皆表现为一种陶醉之状态,因为人人皆醉心于能发出某某一种权力,或至少可以能暂时给自己弄来一点权力之外貌,亦所甘心意愿。凡为权力所能畀与吾人以福利,而图谋权力者,必政治党派一流之人也。尚有其他一类人物,明知吃亏,与甘冒幸福享乐之牺牲,而

---

① Nietzsche Werke Bd. 16, S. 173~174.

② 同上书,S. 197.

仍强求权力，此则野心家矣。”[①]此党派也，此野心家也，皆为权力意志欲之实现也。吾人由此推断可知，即社会中之个人，亦有其权力之意志。不但此也，吾人更将社会扩而大之之社会共同体的国家，亦有其权力之意志——“国家——于内部：则警察也，刑法也，阶级也，商业也，家族也；于外部：则对权力，对战争，对征服，对复仇，等等方面之意志”。[②] 观夫此，吾人可知人类个人之于社会，社会之于个人，皆握有其权力之意志，以此权力之意志，方能满足生存之意志与先天占有之本能。故美国现代哲学家杜伦博士(Dr. Will Durant)有言曰：“直至汝于一切事物中见到此权力意志时，汝弗能了解‘人’，汝弗能辨别‘社会’，诸生物学家，须思其自身以前，所放置下之自身保存的本能，如一有机物之主要的本能。一生(存事)物超过一切物之上钻营改变其力量：自己保存仅为此一结果。而诸心理学家须二次思于其所谓幸福与快乐前的一切动作之动机。快乐仅为对权力之不安静试探之一意外事；幸福为一伴随者，非一激动，要素……否，非幸福，仅为更多之权力；于任何牺牲上，非平和，仅为争战，非道德，仅为容受力；其为人之渴望的秘密与人之钻营。”[③]本乎斯意，吾人可知，人世间之社会，人类，个人，皆须有权力之意志，而钻营其幸福，而满足其需要。则此权力之意志，其为战争之工具乎？其为容受力之工具乎？其为人所渴望的秘密之工具乎？总而言之：

“生命自身，实即为权力意志也”。[④]

---

① Nietzsche Werke S. 176～177.

② 同上书，S. 174.

③ W. Durant：Philosophy and Social Problem，pp. 147～148.

④ A. Werner：Die Philosophie Friedrich Nietzsche，S. 74.

三、生命之肯定(Die Bejahung des Lebens)

尼采之“生命”学说,乃导源于叔本华之非合理的意志哲学。叔氏之意志哲学,其大致之情形,于前章已述及之矣。然因吾人欲知尼采思想为何肯定此“生命”之意义与原因,吾人当先知其时代之背景,兹于以下略为述之。

叔本华生于18世纪末(1789),而殁于19世纪(1860)中,彼所处之时代,恰为处于革命及战争之时,百姓流离失所,奔走无息,且又因对封建制度之动摇,民生经济之凋蔽,在在足使人民对彼时之生活,彼时之生命,发生厌恶,脱离,及逃避之观念。叔本华日处于此种水深火热之状态环境中,目睹是种悲苦至死之惨状,安有不起悲观之念乎?由此吾人即可推想而知,叔本华之悲观主义的哲学,盖为其时代之产物,此亦即后世纪“生命之肯定”之论战的导火线。

洎乎19世纪之后半也,亦即叔本华寿终之年也,时德国统一,产业发达,人民遂得安居乐业,于资本阶级之中,因业欲及生活力之膨胀,处处对叔本华之悲观的人生哲学,表示怀疑,表示反对,于是希望于人生之苦闷中,求一可满足之方法,以便使人生圆满其性能。因此人生之研究,人生之肯定的势焰,遂嚣然尘上。而吾辈之青年哲学家的尼采,亦即于此种势焰中,脱颖现出者。

(一)价值之肯定

尼采自悟得宇宙之谜的“永劫回归”之思想后,遂狂加鼓吹生命之价值,生命之意义。言吾人若努力精进,冲破外力,则即可满足此生命之需要。同时,更拼命高呼推倒叔本华之学说的口号，于是撰述论著，以发扬人类先天本能之权力意志之真谛，使人类得满足其生的欲望，以备得为未来之超人。因是尼采曰："诸兄弟！我苦劝汝等，对此世界，应守忠信，对汝等谈说超大地希望者，切勿信之！不问其人明知或不明知，皆为害人类者也，彼等乃侮蔑人生者，衰朽腐败者，身自中毒者，大地厌恶之矣，彼等可以行矣。"[①]彼等一去，则世界也，人生也，皆可恢复其本来之价值与意义矣。

然则，人又究有何可贵之处乎？尼采曰："人之所以为伟大者何在？以其为桥梁而非目的也：人之所以能为可爱者何在？以其可以为过渡，可以为幻灭也，我爱彼辈，除自作幻灭者外，不知何以为生之人，以其为渡越者故。"[②]因人为过渡与幻灭之关系，虽有时不知何以为生，但人类生命之本能，既为渡越与幻灭，而情甘渡越与幻灭，以便为超人作准备，而于其中取得生之极端意义与价值，此即人之所以可爱也，亦即人之所以可贵也。

有价值之生命及可贵之人，非其自己独自生存者，故又必须有道德为之支持，以为其目的，以为其最终之归趋。故尼采曰："我爱彼辈人类，彼辈以道德为性癖，为运命，如是以道德之故，愿生活与不愿生活。"[③]人如无道德为其生活之目的，则即为否定人生之价值，反对人生之存在。因此，尼采于《偶像之黄昏》一书中，批评苏格拉底（Socrates）之改善道德为非，亦即因苏格拉底之道德的性质，恰与基督教之道德同其质而异其名者，实对人生为莫大之误解，并使人生失其明确性，冷静，用心，意识本能等之意义。然当本能抵抗人生时，氏之言曰："本能抵抗人生，是为

---

① Nietzsche Werke　Bd. 6，S. 13～14.

② 同上书，S. 16.

③ 同上书，S. 17.

疾病之一种，亦即不外为疾病之一种。——无论如何观察，亦非为趋向'德'，'健康'，'幸福'之归途——所谓本能必得征服——此为颓废之法则，人生只有向上……"[1]因生只有向上，故除人生为有向上之价值外，其他无物。

然有人鼓吹人生为向下者，为无价值之可言者，以及倡人于死后，可超升天国极乐世界之论者，尼采亦皆与以反驳，其主张于人类之事物中，只有人生为可贵者，于此宇宙之内，亦决无彼世天国之说，只有此世界为可贵。如尼采批驳之曰："将此世界假称为他世界，此事有伤于人生，卑小于人生，有惑于人生之本能，其于吾人中，并非有势力，决无意义之可言。"[2]继言："将世界分为'真'之世界，与'假象'之世界，为颓废暗示之一种——不过一生命下降之征候……为基督教风欤？为康德风欤？（结局处为谋策的一基督教风）"[3]此种淫说乱语，有害于人生之能力，无利于生存之进展，因此其大加反对哲理之创设，以及基督教信徒等之轻视肉体而重灵魂之说，氏谓："一切上帝皆已死，我等正望超人生——请以此为吾人于元午当中之最后的意志。"[4]又谓："小儿如是言：'我即肉体，亦即灵魂'，人何以不当如赤子所说乎？然醒觉者，有知识者，则曰'我全为肉体，更无其他，灵魂不过为肉体中某物之名称而已'。"[5]本此主张，氏又著《反基督》一书，以为恢复人生之价值，必以此书为利刃，然后由破坏基督教之余力下，再重新建立一切价值。至于反对康德哲学之原因

① Nietzsche Werke Bd. 8, S. 74.

② 同上书，S. 81.

③ 同上。

④ 同上书，Bd. 6, S. 115.

⑤ 同上书，S. 46.

谓:"于此,吾想起老康德,为惩罚其诡诈之论得(物本体)(das Ding an sich)——亦为一件可笑之事!——为(强制伦理)所袭!怀此理于心中,又返回迷误于(上帝),(灵魂)(自由),与(永生)等之道理上,恰似一尾野狐,又踯躅归至其槛圈内——然而穿破此槛圈者,仍彼之能力与狡猾也。"[①]此即谓康德不应保存宗教信仰之体裁,实与基督教同其流而合其污,吾人应与以打倒,庶几得使人生之可贵,充满其伟大之意义。氏随即曰:"否!生命未曾使吾失望!年复一年,予觉人生更为丰富,可欣羡,而且神秘。"[②]由此可知,吾人之生命,实有其可贵之处也。

最后,立于"人生"之哲学上的尼采,将哲学,历史,艺术,皆视为不外"人生"之手段之一。如其谓人之所以欲研究哲学者,盖因:"为存在之意志,为更高之存在形式的目的,而利用哲学。"[③]且又因"哲学为人生之一艺术。"[④]又于《不合时宜之考察》一书之第二章"历史对人生之利与害"(Vom Nutzen und Nachtheil der Historie für das Leben)中,对历史于人生之功用下此批判云:"又如彼等对历史之研究,并非为纯粹之知识而奋斗,实乃为人生而奋斗也。"[⑤]至于作艺术鉴赏或玩弄艺术,氏曰:"艺术之意义,为人生之一愿望乎?——艺术为人生之一大刺激,以此,吾人如何能理解其为无目的,无目标,为艺术而艺术乎?……其如斯为脱人生之苦恼乎?[⑥] 因艺术能脱离人生之苦

① Nietzsche Werke　Bd. 5, S. 256.

② 同上书, S. 245.

③ 高冲阳造著　ニイチエど现代精神　104页。

④ Nietzsche Werke　Bd. 15, S. 475.

⑤ 同上书, Bd. 1, S. 291～292.

⑥ 同上书, Bd. 8, S. 135～136.

恼,故人应了别艺术之基础现象。而所谓艺术之基础现象者,'人生'是也。"[①]总之,一切学术之讨探,皆不外为人生之生而劳动,由此吾人当可推想而知,除吾人之"生命"外,其他一切事物,殆为生命之附属。亦即当人生有其价值时,其他一切方可称为有价值,无人生之时,则其他一切,更无有价值之可言。故尼采最终称自己为"狄奥尼索士的"。[②] 所谓狄奥尼索士的者,即"大自然界内事事物物之生命,生理上不变易的强烈生命力,生命本能,生命肯定之扩大"者[③]是也。如斯又曰:"虽永远之黎明与致命之疲劳同来,汝!生命之肯定者!吾等切莫没入于穷苍之中!"[④]

(二)肯定之手段

人生之价值,既已肯定,吾人不得不注意于悲观主义之思想,以及基督教之教义所残留,而使人生颓废之根据,亦即悲观主义者与人生之破坏者所遗剩之破坏的特征。由此特征言之,悲观主义即虚无主义(Nihilismus)之根源,基督教即颓废表现之主体,吾等为保护吾人此生之价值,为高扬生命之意义,为肯定生命之伟大性能,吾人当施以妙策,对此一根源,一主体,与以彻底之改革,与以积极之扑灭,使生之所谓生,永远保持其灿烂辉煌之不可破灭之价值,因此之故,尼采主张对此二种事件,应加以积极之注意与努力,使永存之生命永远持续其性能也。是以为肯定永远之生命,实不得不以此二种虚无与颓废之征兆为

① Nietzsche Werke Bd. 16, S. 386.

② 同上书,Bd. 8, S. 81.

③ 金子马治译 悲剧の诞生.译者序 8页。

④ ニイチエど现代精神 198页。

开始，为法则也。尼采曰："人们不曾得知，悲观主义并非一问题，但为一征兆——因此，此一名称必须得以经虚无主义一名称为之代替——人们不曾明白，关于不存在(Nichtsein)较存在(Sein)为优，纵然此存在为一疾病一降下之征兆之问题，乃一种嫌忌之问题也。"[①]以此种征兆，有碍于吾人肉体欲之满足，有碍于人生之存在，有碍于未来将产生之超人，吾人应以极端之态度排斥而摈弃之，庶可达成吾人之理想，满足吾人生命之要求。尼采曰："吾等以从来之理想中，救济未来之人，同时又将吾等，由其理想生出必然之事物，由大的呕气，由无的意志，由虚无主义而救济之乎？……人返回于其希望乎？……此反基督者，更反虚无主义者……其于将来必至……"[②]因反虚无主义者，将来必至，虚无主义之力量，将必由改革家之手而消灭矣。尼采随即批判"颓废"云："坠落，衰微，有瑕疵之事物，本来并非可予以贬弃判决之事物，此为人生，与人生发育上一种必然之结果。颓废现象之必要，一如人生上之任何荣茂与前进，欲将此种现象铲除，其权，却非操于我人之手中者。然而理性反而主张，此种现象之权利，应行交还于此种现象，而不可为之剥夺而去。"[③]人生颓废衰败之结果，乃人类不可得而灭除者也，盖有生必有死，有盛必有衰，此生理之常，人类无可奈何，由此可知，颓废之克服，不但为人生事实上所不许，即于理性之论理中亦弗容受也。以此之故，吾人所应努力者，不在颓废之彻底克服，乃在使传染素，不致潜入机体上之健康份子中耳！如此，人生之永存的光荣，当可至永劫而弗灭也。人生可永劫而不灭，吾人可预想尼采之此种洞

① Nietzsche Werke Bd. 15, S. 167.

② 同上书，Bd. 7, S. 96.

③ 同上书，Bd. 15, S. 167～168.

察，必有其伟大之根据，以为此种思想之底盘，尼采有言曰："此种对人生之最后的，充满至为欣悦的，至为丰茂尊大的肯定，不仅是最高之洞察，且为最深之洞察，曾由真理与科学予以最精密之确证。"[①]本此，吾人可知尼采之人生肯定的思想，确有其根据之底盘也。尼采为纪念其所肯定之"人生"，而高唱"于一切常存"(In alle Ewigkeit)之歌，歌曰：

呜呼人类！尔其听诸！
深夜何所述？
向者，予只眠睡，眠睡——
今兹，予已由深梦醒觉——
宇宙幽邃，
其幽其邃，过于白昼之所猜测。
深矣，其苦哀——
但欢乐——尤较心悲为深邃。
忧悲云：速熄速灭！
惟一切欢乐欲常存——
欲深切，深切之常存！[②]

四、个人与超人(Individum und Übermensch)

人类之能得以永存也，一方须有坚而不可拔之权力意志，使满足现存在(Dasein)之生的欲求，一方又必以充满肯定力量之生，进一步作控制宇宙永劫压力之工作，如是方能达成永存的意义。然为达成积极之永存之意义，据尼采主张，以为仅以前二者

① Nietzsche Werke Bd. 15, S. 63.
② 同上书，Bd. 16, S. 471.

之欲求与工作为不足用，又必以确立个人，创造超人为其归趋，否则，人生之生决难达成其最高之目的。因此之故，吾人为达成此种最高之目的，其唯一之手段，即速为确立个人，急为创造超人是也。

考诸尼采之“个人”学说，吾人如欲知其所以，则必得作一历史上之观察，换言之，亦即此种思想，有其传承之影响。推承其故，盖即尼采之此种“个人”学说，实导源于《唯一者与其所有》(Der Einzige und sein Eigentum，1848)一书，是书中之思想，影响于尼采全部哲学系统者，至深且重。考此书之根本思想，则在：“世界属于个人，而宇宙间真实存在之事物，只有个人。因此个人为唯一者，个人为绝对者，不供奉任何事物，而足以使任何事物供奉。个人是从神，国家，法律，社会及其他宗教上之正义人道等抽象的观念中，所摆脱而出者，故此处所称之个人，并非抽象的概念，乃现在思考行动有种种欲求之自我，有自由行为之个人，换言之，即具体之个人，亦即以吾人自身为唯一无二者，此种具体，是种唯一无二者，皆为个人之别称也。以此种主张，而确立个人之学说者，即世所称之个人主义之鼻祖斯提纳耳(Stirner)是也。

尼采为是种所讴歌之古怪离奇声响所震，犹如大梦方醒，于是乃离群独处，高唱个人之价值，以为凡物之标准，皆于此个人中出，故尼采曰：“唯，此自我(Ich)，以其矛盾昏乱，乃极正直慷慨，以述其生存——即此能创造，能意志，能评骘之自我，亦即凡物之标准，与价值之所从出。”[①]又曰：“人类之个人，为最高与最不完成之事物(wesen)。”[②]又曰：“所谓个人，即直至此时一线垂

① Nietzsche Werke Bd. 6，S. 43.

② 同上书，Bd. 12，S. 113.

直到底之人生。”[①]由此可知,此个人,实为凡物之标准,价值之源头,且亦为最高与最不完成之事物,以及为现实之生而实行其任务者。因个人之性能上既可有如斯之伟大情形,于是尼采乃估定个人主义之价值曰:“自私自利之个人欲,其价值之高低,是欲观一有此种个人欲之人在生理方面所具有之价值之高低而定。此种个人欲,能颇有价值,亦能颇无价值,而为人之所卑视。任何一个个人,吾人均皆可以按照其系代表人生上升线,抑或代表人生下降线之情形,而予以不同之看待。关于此点之判断,同时对其个人欲之价值如何,亦得有一准则,如果其系代表人生上升线时,则于实际上,其价值乃非常浩大。……民众与哲学家,直到现今对于‘个人’之了解,确为迷妄,‘个人’之自身,并非何物,既非原子,又非锁练之一环,亦非单为昔日事物之传承者——其为直至其一己仍尚未止之全体的一线垂直到底之人物……其下降时之发展,如表示衰败,慢性之退化,痛患时(——疾病,从广范围言之,即为衰退现象之结果,而非原因)则不得承认其为价值,如此,首先的一种公道主张,即能得尽量使其减少掠夺健康份子之位置,因其不过为健康分子之寄生物而已。”[②]故吾人应爱惜个人,完成自我,方不致成为寄生物,方不难达成纯正之个人主义者。

个人之意义,既经确立,然吾人如再由个人之量的进展上推进之,于其必然之归趋上,将达于一由个人之完成而进化超越于人类之事物,果尔,尼采之理想的超人说,或可成立矣。

于《查拉图斯特拉如此说》中,尼采诲人曰:“吾诲汝以超人。人者必须超越之事物也,汝等曾何所为,以超越之乎?凡物既皆

---

① Nietzsche Werke Bd. 15, S. 414.

② 同上书,Bd. 8, S. 140~141.

创造出高于自身之事物，以至于今矣，汝等犹欲作此大潮流之旋流，而宁回归下等动物，不思有以超过人乎？试观！吾诲汝以超人。超人为世界之意义，愿汝等亦曰：超人将成为世界之意义！"[①]思有以超过人，则即应息息努力创造，创造之结果，终必可达超人之境界。然则欲达超人之境界，又将用何法门及步骤乎？其法门及步骤，不外：

(A)排斥基督教之神的理想。——尼采之所以如是主张，盖因基督教之神的势力，足以妨碍人生之自由与发展，如不加以排斥抹煞，人终不得有所进化，人既无力向前进化，则超人之达成，将更无希望，故氏努力排斥所谓神与所谓上帝之观念，曰："诸神皆死，今吾等愿生超人。"[②]又谓："汝焉得创造神！——因此勿谈诸神事！如斯，汝将创出更嘉之超人。"[③]况"人不过为神之一误执？而神不过为人之一误执？"[④]人之与神，神之与人，究有何相别乎？人神既无区别，吾人姑无论矣。或有人主张有神之论，然神今已死去，吾人又何必以必死之信念误执此神之观念乎？吾人即应舍去神之理念，而专以创造超人为己任。

(B)消除宣传平等之口号——人类非为平等，如反是，将永无进化为超人之希望，故尼采曰："世人有讲演予之学说者，且同时宣传平等，且为毒蜘蛛……予不可与此等宣传平等之人为伍。盖以公道对吾如此言，人固不平等。未来亦必不如是！若不如此言之，予则何为而爱超人乎？"[⑤]因吾爱超人，故宁牺牲平等，

① Nietzsche Werke Bd. 6, S. 13.

② ニイチエど现代精神 223页。

③ 同上。

④ Nietzsche Werke Bd. 8, S. 62.

⑤ 同上书，Bd. 6, S. 146～147.

而取超人。

方法步骤既定，则人类自可按天演法则向超人之路迈进，且决无犹疑之可言，于是尼采于其所著之《黎明》书中，叙述超人之热情的信仰价值，以恋爱的热情而比拟之曰："婚姻之制度，坚持如此之信仰，以为恋爱虽是一种热情，却为能永久支持者，且以永久之一世的恋爱为标准。虽然于事实上变为矛盾与误解，然因此种信仰之坚韧，使人顿觉爱情为高贵。一切法度承认热情之长久性与长久之责任性者，已抹杀热情之本质，另提高一新地位。凡为热情所震动者，已不复如昔日之相信自己已成为坠落或沦为危险，反以为此为超于自我与侪辈之升华。试思如此之法度与习俗！由热烈刹那之牺牲，而造成永久之恋爱，自愤怒之狂情而造成永久之仇恨，由疑惑而造出永久之爱悲，于偶然无意的言语造成永久之信赖！诸种之谎骗与伪善，每皆从此种转变产生，每次亦由此生出一番超人的提高人类的新法则。"[①]由此种谎骗与伪善，疑惑与偶然中得创出永久之仇恨，永久之信赖，而超人亦必将于斯种谎骗与疑惑中创出而达成，汝非置信乎？其盖本于同一必然产生之法则也。故尼采至友丹麦哲学家柏郎底斯(Georg Brandes)批评之曰："所谓人者，由于吾人之所知，不过为从动物向超人之一过渡，一桥梁而已。"[②]由此可见，尼采之超人学说，非谬见也。

吾人今设超人必将产生，然吾人又将发疑，其产生后，较诸吾人又有何能力及效用乎？盖尼采有其目的在焉！氏以其终生所羡慕之拿破仑(Napoleon)为例，而揣拟超人与其有半部相似处，即"存在处之最个性的而勃勃生活者，已为拿破仑所表现。

① Nietzsche Werke　Bd. 4, S. 34.

② 宍户仪一译　ブランデス著　ニイチエの哲学　209页。

且于其中使所肉体化之贵族的理想问题加以表现——其为如何之问题欤！人努力熟考之，此为非人与超人所综合之拿破仑……”[①]所谓拿翁打破十七与十八世纪之贵族主义运动，其以非人类之心情与行为而树立少数者之特权一事，或可推想得知。如日本哲学家阿部次郎氏有云：“查拉图士特拉之超人，亦非神之一种。超人为永远的，超越时间的——因此，以吾等之过去与现在形成吾等之过去与现在——亦非恩宠或运命之神，但其于人类之未来，不能不实现之理想的神。然而理想为活动之现在的力，要之，于现在运命之一部，恩宠之一部，亦为不可能乎？诚然，查拉图斯特拉之超人，只限于汝之‘今日的基因’(Ursache deines Heute)，其于人类上，必悬一种永远之意志。”[②]由以上之证明，吾人当可知拿破仑翁之心情与行为，即代有一种永远之意志，此亦即超人之能力及效用之胜于常人处。尼采解释此超人之概念的意思云：“所谓超人之概念，于此为最高之实在(Real)。”[③]因超人之概念为最高之实在，故尼采又结论之曰：“予之目的非‘人’，但为‘超人’！”[④]

五、一切价值之转变——创造

(Umwertung aller Werte-Schöpfung)

从来一切价值既已颓废与衰朽，为急救“人生”之危险故，则恢复之方法，最低限度，应以创作之态度与评定之手段处置之，

① ニイチエど现代精神　227页。

② 阿部次郎著　ニイチエのヅアラヅトラ解释并び批评　125页。

③ Nietzsche Werke　Bd. 15，S. 95.

④ 同上书，Bd. 16，S. 360.

俾使一切之价值，归还其本来自然之形式。故尼采曰：

“评定价值，即为创造，请听此言！汝诸创造者。

评定价值，本身为已定价之一切事物之珍宝。”[1]

且事物：“经评定价值始有价值，不评定价值，则此生存之有壳果(die Nuss des Daseins)，将空无所有。

汝诸创造者，请听！价值之变更即创造者之变更。为创造者之人，须常作此破坏”。[2]

但作变更，破坏之工作，又须行使自己之权力，然后使一切新颖超越之事物，由此强力出。故尼采曰：

“汝诸评判价值者，以汝等之价值与言语，汝等行使权力，此为秘密之爱，与灵魂之火花，震惊与充溢。

然有一更强之力，从汝等之价值中出与一新超越，于一破卵与卵壳中。”[3]

吾人今既将变更一切价值之态度确定，则吾人于最初又必建立主要之事物，亦即应先创立主要革新之工作，而其革新之事物，为：

“主要之革新，(道德之价值)代以纯自然之价值。道德之自然化。

‘社会学’代以关于形象支配之一学说。

‘社会’代以予之主要关心之(无论全体，无论部分)文化之复合体。

‘认识论’代以确立之诸情欲之价值学说(属于此为情欲之阶级制度。已变形之热情，其高阶级，其(精神性)。

---

① Nietzsche Werke Bd. 6, S. 86.

② 同上，S. 86.

③ 同上，S. 169.

‘形而上学’与宗教，代以永劫回归说（以此为育成与淘汰之手段）。”①

盖变更以上诸端之价值，亦不外为权力意志之特殊事件，如尼采谓：

“直至今日之最高的诸价值为一权力意志之特殊事件，道德自身为一非道德性之特殊事件。”②

然尼采又恐后人有弗能为变更者，为创造者，于是氏乃鼓励之云：

“人弗能变更一切之价值乎？善恐或为恶乎？上帝仅为一创造与恶魔之优美乎？一切恐或于毕竟上错误乎？若吾等为欺瞒时，吾等亦非即欺瞒者乎？吾等不再为欺瞒者？”③

吾等不再为欺瞒者，故吾等今后必须为破坏者！创造者！终，铁槌曰：

“一日，厨炭语之于金刚石曰：——（何如此之坚也？吾等岂非近亲族乎）——

何如此之柔也？吁，吾兄弟，吾试询汝等：汝等岂非吾之兄弟乎？

何如此之柔弱，如此屈伏，如此让步乎？何心中如许消极？如许自弃乎？汝等面貌中，何如此无运命乎？

若汝等命运与心不定，何能一日与吾——战胜乎？

若汝等之坚，不电光闪射，不锋利割物，且不碎物，何能一日与吾——创造乎？

——盖创造者皆坚。汝等心中必将感到至乐矣，如果汝等

---

① Nietzsche Werke Bd. 15, S. 486～487.

② 同上书，S. 486.

③ 同上，Bd. 2, S. 8.

以手摧毁千年,如摧蜡然。

——至乐矣,向千年之意志上有所书写,如书写于铜铁之上——且坚于铜铁,贵于铜铁。惟最高者,方能至坚。

吁,吾兄弟,吾立此新板法于汝等之脑顶上:汝等须使汝等坚如铜铁!"①

结语

尼采哲学思想,既已如上述,吾人当可窥知尼采主要学说之所在。然吾人对尼采思想之是与非,功与过,因此文之目的,在概述尼采之哲学而不在批判,故对氏思想之详尽判断,则必移之于异日。

至于尼采哲学于今世之地位,如于现今之哲坛上视之,雅斯波士(Jaspers),海台卡(Heidegger),柏格森(Bergson),克拉盖(L. Klages),狄儿泰(Dilthey),西梅儿(Simmel),斯宾歌拉(O. Spengler),倭铿(R. Eucken)等哲学家之"人生"哲学,皆尊尼采为彼等之先导,由此观之,尼采哲学之地位如何,可想而知矣。

故为学术与未来文化肩负者之吾等,今后之任务,其要在追随尼采,实践其思想,努力研究,实现其精神。当今处于混迷离乱之思想及本能颓废之状态下,或可由尼采之教训,而获得一非可否定之定则!

复活之尼采,其将光临吾土,古色之东方,其将大放曙光乎!

① Nietzsche Werke Bd. 8, S. 177.

参考文献

一、原典

以德国维玛(Weimer)之尼采文书保藏所(Nietzsche-Archives)所编辑之《尼采全集》二十巨册(Nietzsche Werke，20Bände，C. G. Naumann-Leipzig，1926. Gross-Oktav-Ausgabe)为准据。

二、传记

(一)ニイチエの生涯，浅井真男等译。

Dr. Förster-Nietzsche 著，二卷。

(甲)若きニイチエ(Jung-Nietzsche，1897)。

(乙)孤独なゐニイチユ(Einsam-Nietzsche. 1897)。

(二)Daniel Halevy：The life of F. Nietzsche，T. E. Onwin，1914。

三、关于尼采之著作

(一)德籍

(甲)Karl Heckel：Nietzsche，Sein Leben und sein Lehre.

(乙)Dr. A. Schwegler：Geschichte der Philosophie im Umriss.

(丙)Werner：Die Philosophie Friedrich Nietzsches.

(丁)Külpe：Die Philosophie der Gegenwart in Deutschland.

(戊)Stirner：Der Einzige und sein Eigentum. 1808。

(己)E. Bertram：Nietzsches：Versuch einen Mythologie.

(庚)G. Simmel：Schopenhauer und Nietzsche. 1907。

(辛)K. Löwith：Kierkegaard und Nietzsche. 1929。

(壬)H. Härtel：Nietzsche und der Nationalso Zialismus. 1937。

(癸)W. Schlegel：Nietzsche Geschichtsauffassung. 1937。

(二)美籍

(甲)W. Durant：The Story of Philosophy. 1926

(乙)W. Durant：Philosophy and Social Problem.

(丙)W. Durant：The Mansions of Philosophy. 1929

(三)日籍

(甲)山元一郎著:ニイチエ。

(乙)高冲阳造著:ニイチエど现代精神。

(丙)和辻哲郎著:ニイチエ研究。

(丁)阿部次郎著:ニイチエのツアラツトラ解释及び批评。

(四)欧籍日译

(甲)长谷川玖一译:ニイチエの哲学。

A. Mügge: The Philosophy of Nietzsche.

(乙)草薙正夫译　ニイチエ——根本思想。

K. Jaspers: Nietzsche, Grundgedanken. 1936.

(丙)金子马治译　ニイチエ著　悲剧の诞生。

F. Nietzsche: Die Geburt der Tragödie.

(丁)宍户仪一译　ニイチエの哲学。

G. Brandes: Nietzsche Philosophie. 1909.

(沈阳永康书局,1947 年)

尼采的价值哲学[①]

尼采的哲学是一种价值哲学(《尼采与哲学》,1983)。

——Gills Deleuzc

一、尼采在价值哲学领域是个承前启后的人物

尼采的价值哲学思想来源于德国古典哲学家康德的自律的普遍价值问题;费希特的价值意识的问题;谢林的价值相对性问题;黑格尔个性的伦理问题与概念运动形态的价值问题。这种价值哲学问题成为近世欧洲精神史上的重要课题。尼采逝世之后,他的价值哲学思想影响了文德尔班(Windelband)(著有《历史哲学》〔1918〕);闵斯特伯格(Mêgünsterberg)(著有《价值哲学》〔1921〕);海灵(Häring)(著有《价值心理学的研究》〔1913〕);李凯尔特(Rickert)(著有《康德是文化哲学家》〔1924〕);科亨(Cohen)(著有《宗教与文化价值》〔1914〕)等人。在这些人之后,影响更为深远的是:

(1)在历史哲学上:伯尔特雷姆(Bertram),黑尔布兰德(Hilbrand)。

---

① 本文是作者1987年5月9日为祝贺东南大学哲学与科学系建系五周年学术报告会上的发言。

(2)在文艺科学上:乔治(Stephan George),萨特(Satré)。

(3)在哲学、社会学上:齐美儿(Simmel),斯宾格拉(Spengler),海德格尔(Heidegger),舍勒(Scheler),肖盘(Schupan)。

(4)在心理学上:弗洛伊德(Freud),阿德勒(Adler)。

可见尼采在价值哲学领域上是个承先启后的主要人物。

二、尼采的生平、著作与时代背景

尼采(Friedrich Wilhelm Nietzsche)生于1844年10月15日。德国的洛肯是他的家乡。父亲是牧师。因论文优异,1869年3月23日未经过答辩和考试,莱比锡大学便授予他以哲学博士的学位。从这一年起,一直到1879年任瑞士巴塞尔大学教授,教古典语言学。后因病辞职。1900年8月25日死于魏玛。

尼采著作甚多。德国于1911年至1912年出版了《尼采全集》克伦纳版(共16卷)。以后英国和日本均出版了英文和日文翻译的《全集》(英文为18卷,日文为12卷)。主要著作有:《悲剧的诞生》(1872),《查拉图斯特拉如斯说》(1883—1885),《超善恶》(1885),《偶像的黄昏》(1889),《权力意志》(1887),《看哪,这个人!》(1908,自传)等。

尼采诞生的年代,德国经济发达。1860年以后,德国成为资本主义的工业国。到尼采去世时的1900年,德国变成了帝国主义国家。在资产阶级上升的同时,德国的无产阶级也开始壮大,用梅林在其所著的《德国社会民主党史》中的话来说,"对1866年的工人运动,教导工人以'思维',1870年产业振兴时,党教导工人以'行动'"。

在1848年以后,德国资产阶级受休谟、洛克、卢梭、伏尔泰、孟德斯鸠、康德等18世纪哲学家的影响，构成当时的“德国精神”。本质上，就是经验主义、理性主义和批判主义，其世界观是合理主义，在理论基础上是民主主义倾向。从方法论上看，德国资产阶级的思维方法是宿命的决定论，机械的形而上学和经验主义的实证主义。

尼采的思想变化也是时代的反映。他处在德国经济发展的环境中，先由叔本华的悲观主义转向自然科学的研究，并开始走上实证主义的道路，同时还把现实主义的要素加到浪漫主义之中。

尼采的哲学除受叔本华和瓦格纳思想的影响之外，最主要的是受赫尔姆霍茨的能量守恒法则和达尔文生物进化论的强烈影响。所以，他的哲学内容是机械的自然观；在方法上对意志和感情不做过多的批判，而对思维则毫不留情，是批判的锋芒所向。这种非理性主义，并不是什么奇迹，可说是时代的产物。

三、尼采价值哲学的基本思想

概括来说，尼采价值哲学可分为五个部分，这些部分构成了尼采价值哲学的基本思想：

(1)永运循环与运命爱。

宇宙为力的生成，循环往复，没有止境，而人生又是命运的必然，这就是尼采的宿命论思想的来源。

(2)肯定人生。

尼采主张要热爱人生，向往人生的欢乐，批判叔本华的悲观主义。

(3)权力的意志。

权力的意志也可译为动力的意志或驱力的意志,[①]译为强力的意志也可,因为它是人的行为的原动力。尼采主张,唯有生存,方有意志,但并非为求生存的意志,而是权力的意志。

(4)个人与超人。

尼采主张,我们应爱惜个人,完成自我,方不致成为寄生物,方不致变成纯粹的个人主义者。同时,个人一经确立,还要通过进化形成一个超越于人类的事物(尼采本意指的是成为一个强者),这就是超人。

(5)转变一切价值——创造与革新。

尼采认为,从来的一切价值既已颓废与腐朽,为挽救人生的危险,就必须重新评定价值,变更一切价值。这就是创造与革新,也就是破坏与建设。

四、价值的破坏与建设

概括地说,尼采一生的全部著作,其价值哲学的根本原理就是对宗教、哲学、道德、艺术的批判。这是因为这些过去的最高价值都带着否定人生的倾向。因此肯定人生就要赋予它们以最高价值,也就是转变一切过去的价值,树立新的价值观。这就是价值的创造与革新,也就是价值的破坏与建设。

尼采的转变一切过去价值的思想,最早见之于《朝霞》一书中,他说:"将来人要对以往的一切评价都这么试验过一遍,要自由地重新体验过,从正反两方面体验,然后才能决定哪些评价才能有权通过。"(第16节)

---

① "一切驱力都是权力意志,它就是物理的、动力的或是心理的力"。见尼采:《权力意志》,1930年克罗纳版,第465页。

在《快乐的科学》一书中，“重新评估”的思想已明确形成：“你信仰什么？——一切事物的重量必须重新估定”（第 269 节）。

在《偶像的黄昏》一书的最后一段，尼采指出：“他又从出发的地方——《悲剧的诞生》——再进行一切价值的转变。”

在《权力意志》一书的第二编对于过去最高价值的批判，以及第三编新的评价原理中具体论述了重新估定一切价值的问题。并指出：价值来源于权力意志；价值标准是看权力意志所表现的强硬的程度如何；权力意志丰富、强烈，其价值程度就高，否则就低，或无任何价值。权力意志要超越权力，因为它不会停留在某一点上，它是生命的内驱力，是能动的生命意志。（根据这一点，我认为“权力意志”应译为“动力意志”或“驱力意志”。）

在尼采的自传《看哪，这个人！》一书中，他说：“一切价值的重新估定，这就是我关于人类最高自我认识行为的公式，它已经成为我心中的天才和血肉。”还说：“评价就是创造。”

可见尼采的转变一切价值的思想早已贯串在他一生的著述中。

1. 对宗教的批判（反基督）

尼采是第一个明确指出了：在基督教信仰解体之后欧洲出现价值真空的这个事实，并把基督教的批判与欧洲传统价值观念的批判紧密地结合起来。

尼采说：“上帝死了！你们天天进的教堂是上帝的坟墓！你们把死人当活人一样相信着，欺骗着自己，其实你们根本没有信仰！”

尼采说：“上帝的死，具有划时代的意义，这件事太伟大了，太深远了。这件事把历史分成两半，在此之后人类才算真正存在。”

他认为,基督教实质上是一种伦理,一种与生命相敌对的伦理。基督教伦理的颓废精神还渗透到人类其他一切价值之中,它不仅被当作最高的生活价值,而且还被当作最高的文化价值。

尼采称宗教为虚无的宗教,集颓废要素之大成者:第一是弱者、失败者;第二是反异教者;第三是政治上的疲弊者、失去国家者;第四是破坏生气勃勃的生存者。

尼采认为,宗教是什么? 它给予了行为的法律,教你顺从神灵,教你往生极乐世界,教你自己安分守己,把神看做超人之力,从而否定人生。所以他主张,只有打破否定的价值标准,树立肯定的价值标准。神人合一不是天国的事,而是地上的事。只有地上才是真实的存在。

尼采从宗教的内部,看到了对生存的污染,所以必须排斥宗教,反对基督。从这一点,我们可以看到尼采对神权的批判战斗精神,这方面是应该肯定的。

2. **对道德的批判(超善恶)**

对于"道德价值"的问题,尼采与其师叔本华完全相反。叔本华尊重非利己的本能、同情、自己否定、自己牺牲等的本能,如果能超越这些,就是有价值。在这里,基本观点是对人生和自己给予否定。

而尼采则绝对排斥这种自己否定的倾向,要求人们战胜人生的危机、没落、疾病与虚无;同时也反抗同情道德,主张破坏过去的道德价值,以树立他的新价值。

他提出了新道德,名为"创造者的道德"。这种新道德的核心是自然与生命的肯定,这就是"否定道德,超越善恶,以解放生命"。所以,尼采认为,大地、生命、肉体——这就是现实的人生。人生价值就在于这现实的人生,而不在于任何超验的世界,要忠实于大地。

3. 对哲学的批判(指责哲学的颓废倾向)

(1)批判德国哲学。尼采认为,康德、黑格尔和叔本华的哲学都是从道德出发的,他们并没有进行过道德价值感的批判。从德国哲学的光明面来看,它最根本的是浪漫主义的,也是一种怀乡病,他们认为唯一的故乡是回归希腊世界的故乡。德国哲学不过是古代的复兴,至少是一种复兴的意志。哲学家应该是价值的创造者、支配者。

在德国对"哲学的批判"是尊重的。尼采认为康德第一次发现了哲学批判的价值,但他未实现真正的批判。因为康德没有按照价值提出批判的问题,没有把哲学的批判变成真正的内在的批判。康德的批判目的,仍然是证明与辩解,他是从相信批判的对象开始的,但并未把批判的矛头指向于流行的价值观念,没有怀疑道德本身存在的合理性。康德试图在现有的价值观念之内实现他天真的梦想:不是消除感觉世界与超感觉世界的对立,而是保证两个世界的人格统一性。在这里,同一个人既是立法者又是臣民,既是主体又是对象,既是现象又是本体,既是牧师又是信徒,所以这种批判未起任何作用。

(2)批判英国哲学。英国哲学是严密的基督教的俘虏。英国人本来就不是哲学的民族。培根攻击哲学的精神;霍伯斯、休谟、洛克降低了哲学家的概念。因此,对休谟来说,康德是优秀的;对洛克来说,谢林是优秀的。歌德、黑格尔、叔本华曾经对侮辱世界的英国机械论进行过挑战。至于达尔文、J.S.穆勒、斯宾塞的哲学,只不过是庸俗精神的胜利。

(3)批判法国哲学。法国是欧洲最有精神文明和最高趣味的国家。现代在法兰西共和国中所表现的,资产阶级的民主主义和最软弱卑劣者,并非是原来的法兰西的精神,他们具有一般的德国化了的意志。叔本华用之与自己的国家相比,反而喜欢法国。如果法国洗去表面的堕落而抓住根本的精神，法国是最有希望的国家。

(4)对艺术的批判(抨击浪漫主义)。

尼采赞美古代的艺术，认为是强者的节庆，谴责现代的艺术，认为是弱者的麻醉。他心目中的艺术楷模始终是希腊古典艺术，极为推崇古典主义的单纯和宁静，而把批判的火力集中射向19世纪的浪漫主义。事实上，尼采对于浪漫主义的态度是矛盾的，他自己就是一个十足的浪漫主义者。他强调酒神冲动、生命的活力，对无限的渴望，主观情绪的陶醉，这正是浪漫主义的主要特色。在作家中，他喜爱拜伦和海涅就是明证。

当他以权力意志为准绳来衡量艺术时，他强调生命力的自我支配超过强调生命力的充溢奔放。例如，在瓦格纳乐剧中，当尼采发现有颓废的迹象时，他反过来猛烈地攻击他，骂了他一辈子。他指出："瓦格纳用催眠家的方法把听众引入催眠状态"；"瓦格纳的音乐，表现的是祈祷、情操、圣母礼拜和救济"；"瓦格纳的音乐，对人生表现出最危险的颓废的事实"。

从尼采的批判看，他主要反对消极的浪漫主义，他称之为"浪漫的悲观主义"。他抨击这种浪漫主义，可归纳为以下五点：

(1)这种艺术善于作虚假的"强化"，实际上是匮乏的标志。崇拜超越日常感觉，偏爱刺激性题材、异国情调，矫揉造作，制作催眠效果。这一切都是为生命力衰竭的人做准备的。

(2)这种艺术诉诸巨大的激情，因为缺乏智慧而用激情做代用品。

(3)这种艺术抹煞各类艺术的界限，制造绘画、戏剧、诗歌等。他攻击瓦格纳为"完美耀眼的风格的瓦解"；他对"帕西法尔"歌剧，认为是基督教精神和对生活的否定态度；他指责雨果的文学作品在语言中败坏了语言。

(4)浪漫主义者出于对自己和对现实的不满,逃入历史题材和自然描写之中。尼采认为,真正的艺术,不应当出自怨恨和不满,而应当出自对生命的爱和感激。

(5)他们从根本上虚无主义地对待生命,逃入形式美之中。

可见,尼采对消极浪漫主义的批判是相当切中要害的。

应该指出,尼采本人无论在气质上还是在学理上既是一个悲观主义者,又是一个浪漫主义者。而他在艺术领域里批判的矛头恰恰指向他称之为"浪漫悲观主义"的消极浪漫主义。尼采的矛盾在于,他悲观却不消极,明知人生可悲却仍然热爱人生。他把艺术视为战胜人生可悲性质的唯一手段,所以他不能容忍柔弱颓废的倾向。他追求有力度的美和振奋人的艺术。因此,不能把尼采算作消极浪漫主义者,他并未沾染上多愁善感的"世纪病",反而想动大手术来治愈欧洲文明的颓废症。可是由于他本身的局限性,使他不可能为艺术的发展指出一条真正积极的新路。

对于尼采来说,凡是表达了权力意志即生命之高涨的,就是真,就是善,就是美;凡是表达了权力意志即生命之衰竭的,就是伪,就是恶,就是丑。艺术之所以成为他用以衡量科学、道德和宗教的一把尺子,是因为他认为艺术在本质上是权力意志即生命的直接显示,凡表现了生命力的东西,一目了然的便是美的。估定价值的标准归根到底是权力意志,而艺术则为评价提供了最直观的尺度。

总之,尼采对以上四种价值的破坏原因,归结为欧洲的虚无主义(Nihilismus)(尼采对欧洲虚无主义的阐释比任何哲学家都全面、中肯,值得研究)。

欧洲的虚无主义把过去价值解释的基础放在价值的反自然化上。价值并未能支配和促进活动,反而阻止了活动。把真正的价值虚构在天国，而排斥现实的世界，使人们相信现实生活的无价值、无意义，存在是空的。

在尼采看来，虚无主义有两种形式：一种是促进精神达到高潮的权力征候之主动的虚无主义；一种是使精神没落、退化的虚无主义。前者是为了创造进行破坏，后者是从无能力产生的内部的分裂、破灭。尼采强调要反对后者而维护前者，这说明尼采也是一个虚无主义者。

尼采还指出，使精神没落、退化的虚无主义是 decadence（颓废）的逻辑；善与恶是 decadence 的两种类型，也是疾病，特别是神经病、脑病，是一种强烈本性防卫力衰退的征候。这种虚无主义是由于近代社会、社会理想、尊重和平、排斥战争、平等权利以及一切爱他的道德所表现的倾向。所谓生命颓废，是因为生命失去了原来的强健性而产生的。

另外，尼采也反对厌世主义。他认为厌世主义的主要征候：俄罗斯的厌世主义（托尔斯泰、陀思托耶夫斯基）；美的厌世主义（为艺术而艺术，包特雷尔）；认识论的厌世主义（叔本华）；无政府的厌世主义；同情宗教、文明的厌世主义（exoticus，异国情调，外国风的世界主义）；道德的厌世主义（尼采自己）。厌世主义对新的人生是一种藏在自身内部的危险的破坏分子，因此必须把它加以铲除！

下面再谈谈尼采的建设新价值的问题。

尼采在论述建设新价值时，提出了一个新的价值标准的问题。这个新的价值标准，尼采认为，首先就是在人的没落到来之际，要掌握个人主义道德和社会主义道德的支配权。其次是为了挽救人生的危机，最关紧要的是要转变价值，调整阶级，进行阶级改造。高贵、勇猛、善美的强者——向上的人生类型，要支配卑劣的、怯懦的、丑恶的弱者——破灭没落人生的类型。这样就要消灭颓废，排斥奴隶的价值判断，破坏卑者支配贵者的社会制度，抛弃中庸理想，而当这些被大胆地否定之后，就要以新的勇气，去创造刚强的人生，要生产超人（超人即是大地、即是强者）。应该着重指出，尼采这种关于阶级的说教，值得认真分析研究，加以鉴别和批判，区分哪些地方是合理的，哪些地方是荒谬的、反动的。

那么，谁来树立这个新的价值标准呢？

尼采认为，必须有新的哲学家（称为立法者或是具有自由精神的人）出来进行价值的转变。

而新的哲学家所具备的条件是：第一，必须具有巨大的杂多的特性，具有反对矛盾危险的能力；第二，必须具有多种多样的好奇心，不怕分裂的危险；第三，具有最高意义的公正，还必须有深刻的爱与憎；第四，不是做见证人，而是做立法者；第五，必须具有极度多样的坚固的确实性；第六，其事业开始于论述人的阶级和价值的差别。这样的哲学家，事实上就是说尼采自己。

尼采认为，具备这些条件的哲学家的新哲学就必须放逐过去的最高价值，用自然主义的价值代替道德的价值；用统治组织的学说代替社会学（用文化的复合体来代替社会）；用确定诸种情欲的透视法学说来代替“认识论”；用永远循环说（即用培养与淘汰的手段）代替“形而上学”和宗教。

尼采最后指出，新哲学的特点，不承认概念和思维的永久性的价值，而是以此为象征只承认流动的生命本质的绝对价值。

五、结语

我们如何判断尼采哲学思想的是与非、功与过呢？因为我们还没有认真严肃地把尼采的全部著作阅读一遍，给他下一个准确的结论，看来为时尚早。但是从尼采重视人、热爱人生、讲究人生的意义和价值，并作为精神文化价值的创造者，讴歌创造，打倒偶象，反对颓废，推翻旧价值，建立新价值（一是向理性和道德的压抑挑战，二是向宗教迷信挑战），对这些问题我认为我们应该很好地去思索，要理解他，要探讨他为什么在那个时代要提出来这样的问题，从其中，我们不难看出尼采哲学中的可肯定之处。

另外，在国内外多年来一直在传说尼采的思想是法西斯主义的，有人还说他的思想被法西斯分子利用了。究竟如何，迟早是会搞清楚的！但是他思想中有几方面是有法西斯主义理论之嫌的，是必须弄明白的。这就是：阶级论、人种论、反民主主义、战争论、妇女论、人类不平等论等等。这些论点往往是错误的，或者也许不是法西斯主义的，通过细致的研究，划清界限是很有必要的。

最后，我准备用马克思的学生和战友 F. 梅林的话来作我这次发言的总结。梅林说："有些思想史家认为哲学独立存在于云端某处，不依赖于或可说不依赖于当时的社会经济结构。……叔本华、哈特曼和尼采，他们的存在，彻头彻尾都植根于他们所属的阶级，在这 50 年中所经历的经济发展的几个不同时期的"。[①] 这就是说，如果离开社会经济结构来谈个人或是"超人"，这样的人就不是真实的人，那只是一个抽象的人。我认为，评价尼采，如拿梅林的这句话作为准绳对他进行剖析是会得出正确的结论来的。

（1987 年，未发表）

---

① 梅林：《尼采反对社会主义》，见《保卫马克思主义》，吉洪译，人民出版社，1982 年中译本，第 242 页。

Pre-Scientific Psychological Thought As Cultural and Historical Reference For Indigenous Scientific Psychology: The Experience of the West and of China

The History of Chinese Psychology was off the press in 1987. It was a major achievement and fills a void in the history of world psychology. Written in Chinese, the book is divided into four parts: 1) early Ch'in dynasty period, 2) Ch'in and Han to Tang dynasty periods, 3) Sung, Ming and Qing dynasty periods, and 4) the founding of contemporary psychology in China. In preparing the book, the editors met a question that must be answered whenever the history of any national psychology was being written. Chinese scientific psychology did not evolve from ancient Chinese psychological thought, but should that ancient thought be included in the history Chinese psychology for its reference value in evaluating and guiding the development of national scientific psychology? This is a difficult question which must be answered.

First of all, let us attend to the distinction as well as the connection between psychology and psychological thought. We refer to those speculations on mental life made by ancient Chinese philosophers as psychological thought, which is not synonymous with psychology. The equivalent distinction has been made in Western psychology. When James McKeen Cattell, a distinguished American psychologist of the older generation, gave his presidential address at the Ninth International Congress of Psychology at Yale University in 1929, he asserted that there was neither psychology nor any psychologists in America prior to the 1880's. Cattell refused to consider the so-called mental yard-stick for psychology, which was Wundt's scientific experimental psychology. Boring's measure for psychology was the same as Cattell's. In his book, A History of Experimental Psychology, Boring marked the 1860's as the beginning of scientific psychology, on the grounds that it was in 1860 and 1862 respectively that Fechner's and Wundt't books on psychophysics were published. Even Ebbinghaus used the same yard-stick for psychology when he made the well-known remark, "Psychology has a long past, but only a short history."

Wundt combined what he had learned from the traditional philosophical ideas of the British empiricists with the scientific achievements of the 19th century physiologists to create scientific experimental psychology. Prior to Wundt, there was a Chinese physician named Wang Qing-ren who wrote a book on the human brain. But Wang's exposition was far excelled, both in richness and exactness, by the European physiological psychology of the 19th century. More generally, the views on mental life postulated by ancient Chinese philosophers were rarely enlightened of influenced by the physiological studies in the medical field of the day. It was, therefore, rather unlikely that a scientific psychology could ever have been developed in the soil of China, let alone experimental psychology. The beginning scientific psychology in China may probably be dated either from 1917 when Chen Da-Qi established the first Chinese psychological laboratory at Peking University, or from 1918 when he published his Outline of Psychology.

In A History of Experimental Psychology, Boring devoted many chapters to discussing the philosophical and psychological thought of Descartes, Locke, and other philosophers, which he considered to be one of the wellsprings of experimental psychology. As for Cattell, he did not accept works on mental or moral philosophy prior to the 1880's as psychological thought. But that is exactly where he made a mistake and was dully criticized by R. B. Evans. He said, "To deny that there was psychological thought before the 1880's in America is to deny that it existed in Europe before Wundt opened the Leipzig Laboratory, or in England before Francis Galton opened his laboratory in London. There were in all these places long history of psychological thought that acted as the substrata for the various experimental psychologies of the twentieth century" (Brožek, 1984, p. 18).

In contrast to the West, China is especially rich in psychological thought which provides a vast amount of useful reference materials for the founding of a scientific psychology of our own. Ancient Chinese psychological thought is tied in a thousand-and-one ways with psychology. It goes without saying that there is idealistic dross in ancient Chinese psychological thought; yet, even that may be of use to us, for it may help enhance our discriminative powers and remind us from time to time of keeping to the right track towards a scientific psychology.

References

Brožek, J. (1984). *Explorations in the history of psychology in the United States*. Lewisburg: Bucknell University Press.

Boring, E. G. (1950). *A history of experimental psychology*. New York: Appleton-Century-Crofts.

Kuo, J. R., & Liu, E. J. (Eds.) (1987). *History of Chinese psychology*. Peijing: People's Education Press.

Murphy, G. (1972). *Historical introduction to modern psychology*. New York: Harcourt, Brace, Jovanovich.

(*Cross-Cultural Psychology Bulletin*, 22, 2, 1988)

The Birth of Psychological Engineering

In the winter of 1990, I and Mr. Zhang Ti (a computer science professor) established a "Center of Psychological Engineering" at Nanjing Normal University. Our collaboration in this work is going smoothly. So far, we have obtained two results: (1) the design principles of a General Learning System(GLS), and (2) the Model of Human Problem Solving (MHPS). I think that we can succeed in our endeavor.

The Dilemma of Artificial Intelligence

Nowadays, countries with certain industrial and technological powers are paying close attention to the development of information science, especially with respect to the manufacturing of intelligent computer systems. Is the present theory of artificial intelligence (AI) strong enough to support the design of intelligent computers?

John McCarthy has put forward seven kinds of problems which are basic to the study of AI, and which have not been solved satisfactorily (e. g. , programmed behavior). Generally speaking, Expert Systems at the present time are used to process problems in a rather narrow field. Their capabilities are limited to the total of the input knowledge, and not a single system can operate at the level of the common sense inferences available to a five-year-old child. An even more difficult question which has been troubling AI for a long time is the philosophical argument "are machines capable of thinking?" Though AI has had some glorious achievements, it has not been able to give a clear definition and limit for itself, let alone provide the guidelines for the construction of its theoretical system.

At present, people involved in AI development proceed in their respective fields by starting from the fuzzy idea of "AI will generate machine intelligence." Can this lead to the formation of an integrated AI theory system? Furthermore, if we continue with our current approach, can we develop an "intelligent" computer in real sense? No wonder that the center director of the Institute of New-Generation Computer Technology of Japan, Mr. Kazuhiro Fuchi, said "The key character to the technology of FGCS program is the parallel inference... We could not make clear what the AI is, the degree of its possible application, and how efficient our intelligence pattern is, though the study of AI has been going on for 30 years."

We believe that it is highly necessary to approach the study of the worth of knowledge-centered methods. But it is only a practice of partial and local links of human-intelligence imitation and itself must be according to research aimed at establishing AI systematic theory. The renewal of Network

Theory and the development of Network and Computers may be a road to use the outcomes on neurophysiology and cerebrology to simulate with hardware. Undoubtedly, it is a feasible way of proceeding with the research. But we must actively probe into the origin of human thinking, and the laws of the genesis and development of human intelligence. Otherwise, we are likely to lead the research astray; in other words, we need a certain theory (perhaps an aspect of psychology) to act as its macro-guidelines.

The Dilemma of Modern Cognitive Psychology

There were more than 100 years from psychology's separation from philosophy as an independent science to the birth of modern cognitive psychology. All along, there have been two problems in psychological science: (1) Many concepts or their implications are superficial, not exact, not deeply researched, or can not explain all psychological phenomena and their genetic and developmental laws. (2) There have been deficiencies in the development of a convincingly scientific system, and of an ideology, a methodology which can integrate and unitize all kinds of theories.

Achievements in modern technology, especially the appearance of computets, offered an ideology, a means for researching human mental life. Accordingly, in 1965, H. Simon predicted that "machines will be capable, within 20 years, of doing any work that a man can do"(Dreyfus, 1972), Have they become what we expected them to become? As T. H. Leahy pointed out"in 1986 none of Simon's forecasts had come to pass... since 1971 there had been in the field no'major development'"(Mehler and Franck, 1981).

We think mistakes in methodology are the cause that has created a dilemma in psychology. Modern cognitive psychology refers to information processing psychology. But information processing psychology is based on the hypothesis of physical symbol system proposed by H. A. Simon and A. Newell, and basically focuses on human cognition. It was the methodology that made psychology emerge from the crisis associated with Behaviorism and present a thriving, blossoming picture, but it also buried within itself a seed for another crisis.

We think that Cognition, Emotion, Feeling and Will are psychological processes. Personality tendencies determine the direction of mental actions, and the social sighificance of behavior, but they are not separated in both aspects in a particular person's mental actions. Obviously, it is impossible to use the hypothesis of physical symbol system proposed by H. Simon to explain all human mental actions because, at the very least, is lacks dynamic functions (e.g., lacking the genesis of direction of information movement and the functions to control it). So, the methodology in modern cognitive psychological research must include four characteristics which will be discussed in the next section.

The only way to help ease modern cognitive psychology

out of its crisis is to overcome the four problems mentioned above. Only in that way can it study information processing, create methods of analysis based on contemporary advances, and offer its important findings to psychology.

The Birth of Psychological Engineering

Since the 1880s, many psychological schools have disintegrated rapidly, primarily because of the lack of a methodology which could allow them to research scientifically the psychological features of human nature. It is time to integrate the theories of each school with a methodology that can coordinate different perspectives.

We believe that, in order to break away from the difficult position of Artificial Intelligence and the modern information processing theory of cognitive psychology, we must turn the information-processing method from studying phenomena statically to studying them dynamically, from approaching them as partial and isolated events to whole and systematic processes, from systemizing theory along an upward line to theorizing along a downward line (i. e., to micro - develop progressively the psychological notions and theories which have been developing more consistently), from regarding a person as an information processor in current computer models to creating computer intelligence that processes information as a person does. As a consequence, a new branch of psychology will emerge, which we have called "Psychological Enginerering."

Psychological Engineering is a science that studies the laws of the genesis and development of mental phenomena and their applications. The inherent characteristics of its methodology are bound to impel psychology to enter a new stage of development—a stage in which we will research systematically and synthetically into the nature of genesis, development, education, scientism and social being. We believe that a scientifically strong theoretical system, which will enjoy popular confidence and will be convincing, will emerge in psychological history for the first time. The birth of Psychological Engineering will help artificial intelligence to break away from its current crisis, make clear the orientation of research, accelerate the foundation of its theoretical system, and even promote the birth of a study of computer intelligence.

Bibliographical Notes

[1] Kazuhiro Fuchi (1986). Keynote Speech at International Conference on Fifth Generation Computer Systems.

[2] John McCarthy (1987). Generality in Artificial Intelligence. *CACM*.

[3] John McDermott (1986). Next of Expert Systems. *Information Processing*.

[4] T. Leahy (1987). History of Psychology.

[5] Liu En-jiu (1984). The Paradigm Theory of T. S. Kuhn and its Validity in Psychological Revolution.

[6] Liu En-jiu (1986). A Brief History of Psychology.

[7] Liu En-jiu (1988). A Brief History of Social Psychology.

(*Cross-Cultural Psychology Bulletin*, 26, 4, 1992)

皮亚杰著《儿童的道德判断》一书梗概[①]

这里翻译出版了作为皮亚杰《临床儿童心理学丛书》第三卷的《儿童道德判断的发展》。这本译著是皮亚杰的 Le Jugement moral chez l'enfant(1930)(《儿童的道德判断》一书的改名)的全译。

我翻译作为本丛书第一卷的《儿童的自我中心性》(是把 Le Langage et la Pensée chez l'enfant.〔《儿童的言语和思考》〕一书改名为《儿童的自我中心性》)是在前年。去年继续翻译出版作为第二卷的《儿童的世界观》(La Représentation du monde chez l'enfant)。这本书阐明了儿童是怎样依据其自我中心性而形成儿童特殊的世界的。然而,《儿童道德判断的发展》这本书是从儿童的道德判断方面来阐明:儿童是以其自我中心性为根源的,它是在进入了由儿童们的相互关系中产生的协同阶段时,正式作为儿童的道德意识而发展起来的。不过,本书的内容是相当广泛的。为了读者的方便,打算在下面叙述其梗概,并用以代替译者的绪言。

① 本文译自大伴茂(日本学者)为翻译《皮亚杰临床儿童心理学Ⅲ:儿童道德判断的发展》(同文书院,1964 年日文版)一书而作的绪言,见该书第 4～17 页。

第一章　游戏的规则

一切道德都是从规则的体系中形成的，一切道德的本质在于必须要求人们对其规则表示某种程度的尊敬，然而对于儿童的游戏就不能忽视那些支配着它的各种规则。因此，把支配这种儿童游戏的规则，从儿童对某种尊重的事情上来着眼，去寻求儿童道德的本质确实是得当的，这应当说是有兴趣的研究。

关于支配游戏的规则，可以从两方面研究。一是从规则的实践方面，即对不同年龄的儿童们有效地应用一定规则的那种方法的研究；二是从规则的意识方面，即关于各种年龄的儿童们对游戏规则性质的认识的思想方法的研究。他们把游戏规则的性质，或是认作强制的东西，或是认作神圣的东西，或是认作自己随便规定的东西，或是认作他律性的东西，或是认作自律性的东西。

关于规则的实践，皮亚杰进行了像下面的从 4 岁到 12、13 岁的儿童约 20 人(男)的研究。即利用男孩子最喜欢玩的石弹游戏，去检查儿童们是怎样实行这个游戏规则的。"这里有几块石弹，请教一下我怎样去玩它，我在小的时候经常玩过，现在已经完全忘记了。想再玩一次，如果你教一下规则的话，就可以一块玩了吧。"皮亚杰对每个儿童都询问过了。

根据这个结果，儿童去实行游戏的规则，分为像下面这样的阶段。(1)第一阶段是纯粹自动个人的阶段。这一阶段的儿童，随心所欲地按照开始活动的习惯拿石弹去玩。(2)第二阶段是自我中心阶段(从 2 岁到 5 岁)。模仿确定了的规则的例子，只是完全以自己的方式利用所给予的例子，不找玩的伙伴。一个人玩，即使与其他的伙伴们玩的时候，也是各玩各的。(3)第三阶段是初期协同阶段(7—8 岁),在这个阶段各个人都想战胜伙伴,因此开始关心既要互相抵制对手,又要统一规则的问题。(4)第四阶段是制定规则阶段(从 11 岁到 12 岁),真正地尊重规则。一切胜败的手续不仅被精密地规定下来,而且成为所有伙伴都知道的必须遵守的规则的实际法典了。

其次,关于游戏规则的意识,皮亚杰以如下手续开创这个研究,即询问儿童是否能想办法制定新的规则。儿童肯定它或是否定它。如果肯定的话,便询问那个新规则是“正确的规则”,是“真实的规则”,还是“和其他事物相同的规则”等等。而从其回答中就可以抓住儿童的心理,如果否定一切的话,便询问如果那个规则是一般化的话能成为真实的规则吗?

这种研究发掘出像下面这样的三个阶段。即:(1)第一阶段是纯粹的个人的阶段,在这里规则还不是强制的,因为它是纯粹自动的,或是因为并不作为义务的实际存在,而是作为有趣味的事例,可以说是无意识的服从。(2)第二阶段从自我中心阶段的顶点(4 岁)到协同阶段的一半(9 岁)。规则是从大人那里发生的,因为带有永久的性质而被认为是神圣的东西。若问加以修改怎么样,则认为如果做那样的事就是违反规则。(3)第三阶段平均从 10 岁开始,在这里规则被认为是在互相同意的基础上的一种法律,如果认真地去做的话,首先就必须去尊重它,但是如果得到一般的同意的话就可以去修改。

于是,皮亚杰就是根据这种对儿童游戏的分析明确了:第一,儿童有两种类型的尊重,因而有两种道德。一种是拘束的道德或他律的道德,另一种是协同的道德或自律的道德。第二,这第一种拘束的道德的发展,便进化而为协同的道德。即在拘束的关系中看到命令和服从的道德、单方面尊重的道德、他律的道德,在进入儿童们的相互关系中产生的协同的发展阶段时,就正式地形成道德意识，即可以发现互相尊重、自律的道德。

第二章　大人的拘束和道德的实在性

因此，皮亚杰在第二章中首先进入对拘束的道德的说明，即论述了具有单方面的尊重、对于权威的服从、他律性诸特征的拘束的道德。

就拘束的道德而言，儿童只是尊重规则，盲目服从权威，而把对于这种规则的尊重、对于权威的盲目服从看做是神圣的。皮亚杰认为这是儿童自我中心性所使然。自我中心性并不只是任性的东西，还是道德发展的根源。这里想再说上几句关于皮亚杰发掘了幼儿心意的这种"自我中心性"。皮亚杰在一个月中记录了幼儿自发性的谈话，并分析了这种谈话，发掘出这种"自我中心性"。就是说，他以幼儿自发的言语为线索深入到幼儿的心理之中，在那里发掘了"自我中心性"。把这个问题整理为《儿童的言语和思考》一书，我把它改名为《儿童的自我中心性》，像在前面所说的那样在前年出版了。以这种"自我中心性"来阐明幼儿特有的实在性、泛心性、人工性等，把它放在《儿童的世界观》中加以论述了。不过，这个"自我中心性"，现在就是在儿童的道德方面也可以看到具有重要的作用。事实上，就是这个"自我中心性"成为儿童的道德的根源。皮亚杰从这个"自我的中心性"来提倡儿童的"道德的实在性"。

如前所述，皮亚杰首先从对游戏的分析当中看到了拘束的道德。现在是利用"过失"、"盗窃"、"谎言"的实例来探求儿童的道德判断。根据对儿童的道德判断的分析，来探讨拘束的道德，乃至从拘束的道德向协同的道德的发展。

可是，处理像这样的"过失"、"盗窃"、"谎言"的道德上的问题与认识问题不同，它的研究方法绝不是容易的。就对诸如石弹的分析、机械工具的操作而言，儿童的实际操作和决心都是直接地据实地加以记录的，皮亚杰则是用"谈话"进行研究的。不用说，"谈话"是把具体的事情作为内容的，这和利用石弹与机械的工具操作不同，在这里可以说这是第一个困难。其次，因为这一研究是想要规定儿童对某种行为是怎样进行道德判断的，然而从这样的"谈话"中得来的道德判断和在"实际的"生活中的实际道德判断，究竟有多大的关系，这可以说是第二种困难。关于这一点，皮亚杰论断说："言语的或者理论的判断和在行为上所表现的具体的评价之间，可能具有一种相互关系。"

那么，第一，在"过失"的研究中，用的是什么样的方法，发掘出什么样的结果。这首先注意到了对三组"谈话"实例（第二章·〔二〕）的记录。各组分别是从A、B两者的"谈话"中得到的，这个A、B是让儿童比较两者而做出判断的。实验者把这个"谈话"向儿童讲，还叫儿童复述这个"谈话"。在弄清是否充分理解之后，关于该"谈话"提出如下两个问题：(1)这些儿童是同样有罪，或是这一方比另一方更有罪；(2)两者中哪一个更不好，它的理由是什么？不用说从这两种提问中，根据儿童的反应继续进行各种各样的谈话。

关于"过失"提问的结果，可以概括如下。(1)到10岁的儿童可以看到两种类型：一种是不考虑意图，而是根据物质的结果，去判断评价的场合；另一种是只考虑意图的场合。所谓根据物质的结果去判断评价的，是由于打碎了许多玻璃杯而被评价为坏的那样的场合，不考虑它的意图。可是所谓只根据意图来判断的场合，认为打碎了许多玻璃杯那是不知不觉打碎的，其意图、动机一点都不坏。可是像那种把果酱的瓶子打碎了的场合，则认为其意图不好、动机不好。(2)这两种类型在年龄上不能说是有明显的差别，大体上根据物质的结果来判断客观的责任是随年龄的增长而有所减少。(3)两种类型并不是由儿童来决定，而是根据“谈话”的种种关系，与它所给予的回答来估计的。依此观点，能表示出判断客观的责任的是7岁，判断主观的责任是9岁的平均值。

第二是关于“盗窃”的研究。“谈话”是两组，每一组都包括A、B(第二章·〔二〕)。这种作法和“过失”的场合同样，是在弄清是否充分了解“谈话”之后，进行各种各样的问答。对“盗窃”提问的结果，和“过失”的场合同样，(1)有关客观的责任和主观的责任两种类型。(2)在这里也可以从6岁至10岁的所有的儿童中看出这两种类型。随着儿童的成长，判断为主观的责任逐渐占优势，即以意图或动机为主的判断随年龄的增长而占优势。

最后是关于“谎言”的研究。斯腾(Stern)和其他的人们对于儿童说谎的性质，它的多样性发表了种种意见；皮亚杰对儿童说谎的意识，对儿童说谎的样式进行了分析。(1)应该怎样给谎言下定义？(2)根据谎言的内容而产生的责任和根据物质的结果而产生的责任；(3)儿童可以互相说谎吗？为什么不可以说谎？皮亚杰就是从这些方面来进行分析的。

首先看一下谎言的定义。幼儿把谎言当做“坏话”。这并不是言语混乱，把谎言定义为“坏话”的儿童，清楚地知道欺骗人就是不说真话。因此，儿童并不是把一件事情和另一件事情混同起来，而只是对“谎言”这个词的用法，使用了与大人不同的方法，把谎言和坏话看做是同一个东西。(2)在6岁至10岁的孩子们中，只是说“谎言是不真实的事情”。(3)尤其是还有在5岁至7岁的儿童中，虽然确实明白欺骗和过失的不同，但并不强调这种区别，常常相反地把这两种事实包含在谎言这一言词当中。

其次，可以看到从谎言的类型和谎言的结果作出的判断。

先从内容来看谎言的判断,有时根据谎言的目的(主观的),有时根据似乎是谎言的谬误性的程度(客观的)来判断。

为了这一点,使用了(1)A.B;(2)A.B;(3)A.B;(4)A.B的"谈话",进而准备了第五套。谎言伴随着过失(器具的破损、污点等)的几种"谈话"(第二章·〔三〕)。把这些"谈话"同时对儿童说两个,看看他们是否能很好地理解,然后比较两种"谈话",比较这两个谎言或这两个男人中哪个"坏",而且要问为什么。

从这种研究可以看出:(1)谎言不是真实的,其内容由于脱离现实较远是更坏的。例如:"像牛那么大的狗"的谎言是特别的坏,它的证据是"因为没有那样的东西"。和这点相反,(2)如果人们立刻了解到一个主张是虚伪的话,在那里不是隐瞒,而只不过是夸张或是谬误。例如:对于阿尔尔来说,关于狗的话并不是谎言,因为母亲清楚地知道没有像牛那样的狗,谎言和小的孩子的想法相反,对它越是不明白,罪恶感就越重。

其次,由物质的结果而来的客观的责任问题,根据实验的结果:(1)小孩子稍微构成的想法是,谎言越是伴随着令人惋惜的物质的结果,罪恶感就越严重。因此结果是比意图占优势的。(2)大孩子经常要更好地去考虑意图。

其次,作为绝对命令源泉的单方面的尊重,让位给道德理解的源泉的相互尊重,在这种进程之中,能够划分为三个阶段来。即谎言:(1)最初,因为它成为惩罚的对象,所以是某种坏的东西,如果不给惩罚是被容许的。(2)其次,谎言本身就是坏的东西,假如不予惩罚就是不对的。(3)最后,因为谎言与相互信赖和爱情是相反的,所以是坏的东西。因此说谎的意识逐渐内部化,我们可以假设这是由于相互性的影响而使然。这样,可以看到原先在儿童彼此之间被认为是正当的谎言,在儿童相互关系中变成被禁止的东西。

以上，关于“过失”、“盗窃”和“谎言”的探讨，可以使我们了解到，从寻求对它们的道德判断来看，幼小的儿童的确是表现出单方面的尊重、服从、他律的道德。然而，这随着年龄的增长，就逐渐地表现出来相互尊重、协同、自律的道德。

第三章　协同和正义观念的发展

在这里，必须弄清楚自律的道德、协同的道德的本质。

第一是关于惩罚的观念的研究。在这一点上各种“谈话”都是使用过了(第三章·〔一〕)。

一个小的孩子没有全部回答这些问题，而只是回答对儿童感兴趣的问题。

根据这种实验的结果，惩罚有两种类型：一是在拘束关系中内在的赎罪性惩罚；二是基于相互性的惩罚。皮亚杰调查了30人左右，培修雷女士调查了65人，共计约100名从6岁到12岁的儿童。虽然这些作法是有一些疑问的，但总而言之，大体上对于报应惩罚的判断，被认为是和年龄一致地进展着。即小孩子倾向于赎罪性的惩罚，大孩子倾向于相互性的惩罚。

第二是关于集团以及共同责任的研究。例如有这样的情形，一般在不知道是某个犯人的情况下，儿童对处罚该犯人所属的整个集体判断为正确的吗？这可以设想出三种情况：(1)大人不分析个人的有罪性，由于是两个人的过失之故而处罚整个集体。(2)大人虽然搜查犯人，可是犯人没有自首。集体拒绝密告发他。(3)大人虽然搜查犯人，可是犯人没有自首。伙伴也不知道犯人是谁。准备了符合这三种情况的“谈话”(第三章·〔二〕)。从第一个谈话到第四个谈话，可以看到：第一个谈话是符合三种情况的第一种；第二个谈话是符合第二种情况；第三个谈话和第四个谈话是符合第三种情况。

可是,(1)在第一种情况下,不论小孩子也不论大孩子都主张不应处罚整个集体,而应根据各个人的行为来处罚。(2)在第二个谈话以及其类似的谈话中,有认为应该处罚整个集体的儿童(一般是小的孩子,认为这是集体的连带性,并不是集体的责任,假使谁都不告发做坏事的人,而去告发又是对老师的一种义务,那么每一个人都是有罪的),也有认为不处罚整个集体是正确的儿童(一般是大的孩子,认为不告发并不就是坏,集体决心不告发犯人是因为集体考虑到该件事与集体本身有关联)。(3)在第三种情况(第三个和第四个"谈话"),个人做坏事是有的,但集体不知道这个犯人,根据小的孩子的想法都应该受处罚,那是集体应该担任的责任;大的孩子认为因为给予无罪者以惩罚,比使有罪的人变成没有罪更不正确,所以对谁都不应该处罚。

第三是对内在的正义的研究。

为了这一点,准备了三种"谈话"(第三章·〔三〕)。根据拉姆贝尔女士的研究,肯定内在的正义存在的回答,其百分比是随着年龄的增长而降低的。

第四,关于报应的正义和分配的正义(或平等的正义)的研究。

这两者之间能引起的冲突,是从三种"谈话"中来分析的。

第一个谈话是:"母亲有两个女孩,一个是很好地听吩咐,而另一个则不听。这位母亲认为听吩咐的孩子是可爱的,给她多的糕点,你对这件事怎样想?"根据拉姆贝尔女士的统计,肯定母亲做法的百分比:从 6 岁到 9 岁的孩子是 70%,从 10 岁到 13 岁的孩子是 40%。

第二个谈话是:"休息日出去野游的孩子们,午后母亲给每个孩子带来了面包,最小的孩子把面包扔到河里去了,母亲怎样做才对呢？还应给那个孩子吗？大孩子要怎样说呢？”拉姆贝尔女士询问了167名儿童，得出了下面的数字：

应该惩罚吗？应该平等地再给吗？因为是小孩子再给吗？

年　龄	6岁～9岁	10岁～12岁	13岁～14岁
惩罚	48%	3%	0%
平等	35%	55%	51%
公正	17%	42%	95%

第三个谈话是关于修鞋的谈话。因为父亲说把鞋拿到鞋店去修理，偏偏有一个人不加理睬。所以对他的孩子说，你不许去鞋店，自己去修理。受询问的6、7岁的儿童中有50%认为应该给予平等的待遇，有50%认为应该给予惩罚的处理。

第五是关于平等与权威的研究。研究正义的感情和大人的权威之间所发生的冲突是怎样的形态，以及和年龄之间能找到一种怎样的关系。

为了这一点使用了四种“谈话”(第三章·〔五〕)。

拉姆贝尔女士对150名6岁—12岁儿童询问的结果是，小孩子倾向于权力，认为命令的事情无论如何都是正确的(服从不仅是必要的，接受命令的行动只限于适应所给予的秩序，它自身是正确的)。大孩子倾向于平等，认为在谈话中所谈到的命令也是不正当的。皮亚杰是根据第三个谈话和第四个谈话来调查的，从5岁到7岁的幼儿，他们中的75%是拥护服从的；从8岁到12岁的儿童，约80%是拥护平等的。

从本质上来分析这一点，可以看出四种类型。(1)认为大人的命令是“正确的”，这样不去区别事物的正确与否，而只去适应给予的命令或服从的法则的儿童。(2)认为命令是不正当的，认为服从规则胜过正义，因此不管三七二十一接受命令必须执行的儿童。(3)认为命令不正当，与其服从不如选择正义的儿童。(4)认为命令不正当，虽然认为被动的服从不是义务，可是与其辩论和反驳不如服从的儿童。

为了平等和权威的研究，进而寻求了：(1)"为什么不许照抄朋友的答案?"这就是关于考试中作弊行为的判断，以及(2)关于"告发"的判断。

首先，对于"为什么不许照抄朋友的答案"的询问，所给予的回答有三种：第一因为是被禁止的；第二因为是违反平等的；第三因为是没有益处的(什么都没记住等等)。

其次，关于"告发"的问题。不论时间和地点都采用了特别要与父亲分离的情况的谈话(第三章·〔五〕)。其结果是，小孩子大部分(6 岁和$\frac{9}{10}$接近 7 岁的)认为对父亲什么话都要说，大孩子的大部分(8 岁以后的)认为并不是什么话都应该说，认为对于某种事情，与其是出卖兄弟，不如去选择谎言。

第六是关于儿童之间的正义的问题。

首先，关于惩罚问题，我向 167 名儿童提出两个询问(第三章·〔六〕)，其结果是：对于问"因为小孩子被大孩子打了，所以把大孩子的面包和苹果隐藏在橱柜里了"所作的"坏"和"好"的回答，说"好"的年龄的百分比，6、7、8、9、10、11、12 岁分别是 19％、33％、65％、72％、87％、91％、95％。即把小孩子的这种惩罚认为是正确的是随着年龄而增加的。还有，对"被打时怎么办啊"的问话，则说"反击"，不论男女孩都可以看出来随着年龄而增加的倾向。

其次，"欺骗"的问题，关于"为什么在游戏时不能欺骗"的问题。(1)问儿童喜欢哪种游戏；(2)说欺骗孩子的话；(3)如果儿童说那是欺骗的话,问为什么不能欺骗。回答可以分为四种:(1)那是坏的;(2)那是违反游戏规则的;(3)那是不可能协同的;(4)那是违反平等的。

这样,可以指出正义发展的三个阶段。第一个阶段是(认为正义是服从大人的权威的,到7、8岁的时期)具有正当、不正当的观念和义务及不服从的观念之间混同的特征。认为正确是符合大人权威的意图的事情。在第二个阶段(逐渐发展的平等主义,从8岁到11岁),反省以及道德判断是在7、8岁时开始出现的,但是它比现实生活稍晚是明显的。自律的进步性发展和平等对待权威的优势能够制约这一时期。在第三个阶段(从11岁和12岁开始,由于公正的考虑而使平等的正义处于纯粹缓和的时期),由于公正的感情而能够确立定义,看到一种在相对意义上的平等主义发展。

第四章 儿童的两种道德和社会关系的类型

皮亚杰在本章中分析批判了杜尔克姆(E. Durkheim)、鲍维(P. Bovet)、鲍德温(J. M. Baldwin)等人的学说,更强烈地主张关于第一、二、三章经过实验研究而产生的自己的研究结果。

(1987年6月,未发表)

尼采是第一个伟大的、深奥的心理学家[①]

尼采在《看哪，这个人！》中说："某一位心理学家如果能说出在我的著作中所未说过的话，那么或许是一位优秀读者的第一种洞察力，这位读者我是应当对他嘉奖的，他以圣哲的语言学家们读赫拉斯(Horace)的方法精读了我的著作。"(1908，Ⅲ5)如果尼采真的是一位独一无二的心理学家，至少可以追溯到他写这句话的1888年，那么能达到他自己的标准的优秀读者显然是极少的，弗洛伊德却是极少的人中的一个，也许只有一位称得起心理学家的才能理解这位不同凡响的学者。

外行的心理学家们常常以极傲慢的口气谈论尼采，用浅薄的心理学解释其哲学思想，特别是把《看哪，这个人！》贬低为一个疯子的著述。这本遗著在1908年出版后不久，维也纳的精神分析学会立即在他们的周会中对它进行了讨论。11位正式会员和两位客人于11月28日在弗洛伊德的家中开会，经过开头的报告和一些讨论之后，根据记录，弗洛伊德作了一个长篇报告，指出了"从未有人达到了像尼采所达到的那样程度的卓识，以后也不会再有人达到"(Freud，1967，p. 31. ff)。琼斯在其巨著弗洛伊德的传记中记述过："弗洛伊德多次提到过尼采，认为先前所有的人，或以后所有的人，都不会有更多地洞察其自身的

---

① 本文译自 Sigmund Koch 主编的《科学心理学的世纪》中所收 Walter Kaufmann 的论文，1985年纽约英文版，第911～920页。

知识。”(1956,p. 344)琼斯还加上了一句话:“这是来自第一位无意识的探索者的一种相当大的敬意。”的确,这种评论是一种典型的英国式的谨慎的恭维话。我们可以考虑一下,弗洛伊德相信通过精神分析可以产生较为深刻的自我认识,离开它就不可能产生这样的认识。也许正是有了它的帮助,他才能取得更为深刻的自我认识而超过以前的任何人。琼斯并不特别喜欢尼采,但他并未向弗洛伊德对尼采的敬意求教,为什么弗洛伊德竟说出这样的话来?就尼采而言,弗洛伊德是否走得很远,特别是在他对未来的设想上,这都无关紧要,关键是必须很认真地把尼采看做一位心理学家。

尼采称自己是个独一无二的心理学家并非在于一点点的洞察力,也不在于一点点的理论。我们所归功于他的是一种全新的维度,一种新的感受性,就是弗洛伊德的一个学生雷克(Theodor Reik)在其所著的一本书名《1948 年》上所说的“用第三只耳朵听”。当尼采在其所著的《偶像的黄昏》(1889)的序中称自己是“一个耳朵后有耳朵的……一位古老的心理学家”时,曾经使用了类似的比喻。他在《看哪,这个人!》中说过:“我的天才在我的鼻孔中。”(Ⅳ.Ⅰ)尼采的确具有一种在他以前的哲学家中所找不到的一种感觉,如果要找先行者的话,我们就必须到诗人和作家中去找。在《偶像的黄昏》中,尼采自己称陀斯妥耶夫斯基(Dostoevsky)是我们可以从他那里学一些事物的“唯一的心理学家”。

尼采的心理学像弗洛伊德的心理学一样,它植根于具有想象力的文学中,值得注意的是不仅仅是陀斯妥耶夫斯基,而且也有莎士比亚和歌德。但是他们的第六感觉多半是运用于娱乐的情景中。在尼采之前,有谁能用第三只耳朵来谈他自己的文稿和别人的著作呢?

人们对弗洛伊德声称尼采比“以前其他任何人或以后所有的人”都更能理解他自身的最初的反应，或许认为这是一种没有边际的夸张，但是弗洛伊德能对其他的哲学家也说这样的话吗？他还能想到其他不是哲学家的人吗？如果加以深思，似乎没有人能像尼采这样地激起我们对哲学家和宗教人物的心理背景的注意。正是尼采，首先揭示了如何通过使用第三只耳朵来丰富对哲学、宗教和文学的研究。整个人类，从我们自己到出类拔萃的男人和女人，都具有一些在他以前尚未被梦想过的领域。的确，这是尼采最伟大的心理学成就。

然而，这很需要较为详细地加以说明。我曾在1980年写的《发现心灵》一书中提出了尼采的五种主要贡献，尽管还不能限于这五种。在这里，我只提出其中的三项，对另外两项“尼采所开创的心理史学的研究”以及“‘蒙面哲学’的含义”，感兴趣的读者可以在我刚才提到的这本书中去查找。

尼采对发现心灵的第一个主要贡献是这样的复杂而且具有如此的深远含意，如果不是他自己曾有的注释“意识是一个表面”(《看哪，这个人！》，1908，Ⅱ9)，我们对这个论点一定大失所望了。在许多不同的情景下，他都表示过意识在我们的心理生活中的作用该是怎样毫无边际地夸大了。

尼采的压抑理论的非常简明的公式是中肯的例子。弗洛伊德在其主要著作《日常生活的心理病理学》(1904)再版时所加的一个注里，在提到一篇较近的专题论文时列举了“那些欣赏感情因素对记忆的影响”的作者之后，说了这样一段话：

> 但是在我们中间没有一个人能像尼采那样，巧妙地既深刻而同时又生动地描述这种现象及其心理的原因。他曾经有一个格言(《善恶的彼岸》，第2章，68页)：我的记忆

说："我已经做了那些。"我的自尊心满有力地说："我不可能去做那样的事。"最后，我的记忆让步了。

对"抗拒"的要求往往被攻击为免疫的策略，当考虑到弗洛伊德时，一定有人要问，他声称阿德勒和荣格要抵抗他的惊人的发现，事实上是否他想使他的观点成为反对批评的免疫力的一部分呢？然而，这件事对尼采来说——并不只限于此——需要用抵抗这种概念去解释对读者和非读者感到有伤自尊心的那些观念的普遍忽视。这一点并非是去低估争论，而是应该去解释为什么缺少争论以及任何严肃的思考。关于尼采的论著到处都是，论述了有关他的思想的各种细枝末节，而他也呈现出了形形色色的情景。但是，尽管他自己反复强调他是一个心理学家，除了一些散见的参考书目外，他的心理学几乎被所有的作家忽视了。

尼采对发现心灵的奥秘的第二个主要贡献——是我将要详细论述的主要贡献——是他的权利意志的理论。对这一理论的抵制曾经有三种主要的形式。首先，许多研究尼采的作家对他这权力意志的概念给予很少的注意，这是令人惊讶的。尽管他本人从《查拉图斯特拉如此说》开始在其著作中给它以中心的地位。其他一些抵制的形式也同样包含一种对尼采学说的有意忽视。

最为流行的策略是十足的简单化：人们给"权力意志"以一种尼采所反复否认的神秘的、野蛮的意义，并且断言除了军事或是政治权力之外，没有其他的权力。当然，尼采所选择的权力一词，以及他的一些明确的阐述，即使不是由它实际引起的话，也促成了一些误解。

抵制尼采的权力意志学的第三种形式没有比其他二者更为

广泛，几乎完全是出自一个单纯的解释者。马丁·海德格尔在其两大卷《尼采》(1961)以及其他一些论文中，坚持认为尼采首先是西方最后的一位伟大的形而上学家，而其权力意志是一种形而上学的概念。这样的结论所暴露出来的解释者的思想超过他所要解释的人。在海德格尔以后，一种抵制尼采心理学的新形式扩散开来，主要在法国而又不限于法国。简言之，人们贬低尼采自身所关心的事情，和他玩场比赛。并不是出自尼采自身的一些手稿言论经常被作为筹码，而一笔奖金准备奖励一些聪明的人和惊人的一招。更令人不解的是，这些和尼采比赛的人好像都自认为是先锋。

不可否认，在不少章节中，主要是在尼采自己没有发表的一些笔记中，他是用权力意志来反对叔本华形而上学的盲目的非理性的权力意志将成为根本的现实。但是在尼采的著作中，把心理学称之为“科学的皇后，其他科学都是为它服务和作准备而存在的。对于心理学来说，现在已为基本问题的解决铺平了道路”。这是《善恶的彼岸》(1886)的第一部分的结论。在他以后的一些著作中，尼采把他自己看作是一个心理学家，而不是一个形而上学家。

仔细来说，《偶象的黄昏》(1889)一书的副标题是“一位心理学家的闲暇”，并在书中有对西方形而上学尖锐的批评，在论“四种最大错误”的篇章中，也有一节题为“心理学对这个问题的解释”。

为了理解尼采的权力意志理论，我们必须将它和两种替换用法做一个比较：生活意志以及弗洛伊德称之为(当他超出了这一个概念时)“快乐原则”。在《查拉图斯特拉如此说》一书中有一个关键性的简明陈述：“生活所尊重的是远远超过生活本身，但在这种尊重以外，仍然说明了权力意志。”

诚然，有大量的事实证明人类常常冒着他们的生命危险，追求权力或权力感。有许多例子（是我的，不是尼采的），包括登山、滑雪、深海潜水以及许多其他运动。不是所有冒着死亡参加战斗的人都是为了要保护别人的生命：一个冒着生命的危险和过着危险生活的人都有一种强大的吸引力，这可由这种权力意志一词来理解。冒着生命危险，迅速滑下陡坡的滑雪者，会感到心坎中震动的活力。但很清楚，这并不是生命或是生存的任何欲望促使他们去这样干的。他们所体验和所追求的是一种盖世无双的权力感。我们可以把这种巨大速度的无比吸引力——例如，开车也和滑雪一样——概括为同意对尼采论题的一种证据，男人和女人为了权力的缘故而欣然去冒生命的危险。

许多人称“权力”这个词对于他们只能使他们产生消极的联想。但事实证明了那几乎是少数。总之，事情并非在于“权力”一词本身，而在于它对人们的驱动力。显然，生命意志并不能解释人类的行为。去“征服”珠穆朗玛峰或安那普尔那山的欲望并不是生命意志所激起的，而宁可说是尼采所称做的权力意志，对于那些爬上如此高而险峻山峰的人是足够说明权力意志的存在的。

在 20 世纪，认为人是在追求快乐的看法是更为普遍的，超过了认为人的行为能够用生命意志来解释的信念。而尼采以自己的权力意志正像反对快乐的冲动一样多的反对生命意志。值得注意的是，当弗洛伊德发展了精神分析时，他相信所有的人都在追求快乐。1911 年精神分析运动史上第一次主要的分裂，阿德勒走开了，并创立了他自己的学派；而阿德勒（1914）实际上是拥护权力意志来反对快乐原则的。他反对了“那魔术般的公式，所谓的快乐原则”，对之而提出了“一种趋向权力、统治和人上人”的理论。

结果,阿德勒的理论并未能超过弗洛伊德在其早期对自己理论所进行修改的影响。弗洛伊德在第一次世界大战的影响之下,有意摹仿了尼采第一本主要著作的标题,出版了《超越快乐原则》(1920),其后简要地总结了他对早期理论的重要修改。弗洛伊德得出了一个结论:一些人类的主要形式是不能用快乐原则的字眼加以解释的。继而他引进了第二个基本的驱力,即尽人皆知的与侵略和破坏联系在一起的死本能。令人寻味的问题是:尼采的权力意志是否可以起到该快乐原则所不能起到的作用呢?这个问题至今尚未得到充分的探讨。

尼采权力意志理论的核心是人们的真实欲望和他们失望时所能得到的寄托,都有一个认同的衡量标准,即权力。在尼采看来,人们所企求的总是权力,但并非所有的权力都是相等的。

尼采和他的许多诽谤者不同,他并未把“权力”全部或甚至主要地和军事或政治的权力联系在一起。约翰斯图尔特·穆勒(1863)有一次对功利主义者所主张的享乐主义提出过批评,认为他们“以一种污秽的光亮来呈现人类的本性:似乎人类除了这些猪类所能够做的之外就再也不能找到快乐”。而在尼采的许多诽谤者的言论和著作中,似乎人类所有的权力都是与禽兽共有的。

我还要谈一谈我自己的一些例子,为什么一个人要做医生呢?这也许是因为他还是一个儿童的时侯就被一位医生所感动。医生有力量去帮助一个无能为力的人,而他所企求的,就是这种权力。或是这个人可能为许多医生的高工资和崇高的威望所打动,这是另一种权力。那些选择了律师或是政治家的人们,也是同样被触动的。当我们提到部长、教授或艺术家时,情况就稍有不同,但是他们是否也受某种权力的欲望所支配呢?

在尼采看来,超越一切人的技术、侵略、沙文主义、军国主义、种族主义、顺从、放弃一种单调生活与涅槃欲望，都是软弱的表现。他不仅是把权力意志看做强者的特质，他在弱者身上也探索到弱者的表现。

当尼采写完了《快乐的科学》(1882)时，刚好是他忽然想出“权力意志”之前不久，尼采在一个笔记本上写道：“德国人认为力量定能显示出残酷和残忍，于是他们以热情和羡慕来服从于它：他们突然抛掉了他们可怜的软弱性……而热心于恐怖状态。而对力量的温柔和安静，他们却不轻易相信。他们在歌德那里失去了力量……”尼采对歌德的敬仰是持久的，他一直认为歌德是具有无上权力的人。

在尼采去世后出版的最后一本笔记：《权力意志》(1910—1911，第382页)中，我们发现了这个公式，我把它称为经典的公式：“我通过那么多的反抗、痛苦和烦恼来评定一种意志的权力，而了解到如何才能把它转害为利。”显然，尼采在这里是反省他自身，但又不仅仅是他自身。

尼采在1882年圣诞节，正在他要写《查拉图斯特拉如此说》一书之前，在他的笔记本中发现写给他的朋友欧微尔拜克(F. Overbeck)的信，也许是最好的简明的注解：“吃掉人生之餐的最后一口，是我所咀嚼过的最坚硬的一口，而我仍有可能因它而窒息……如果我未发现炼金术士的甚至把污物转化为金子的伎俩，我就不知所措了。——因此我有最好的机会去证明：一切经验对我来说都是有用的……!!!!”这段话引自爱默森(Emerson)写在《快乐的科学》第一版的里封面页上，是在尼采写这封信的几个月之前。这件事在我的《尼采》(1974)一书中有充分的探讨，但与这里关系不大。应该指出的是尼采已陷入失望、怨恨和对自己不满的深渊，于是写出了《查拉图斯特拉如此说》一书。正如他所体会到的，这本书是有赖于那些以前的痛苦经验，怨恨让位于感激，而消极的情绪让位于对他的生活和整个世界的肯定。这一例子有助于解释尼采的经典公式及其与《查拉图斯特拉如此说》的重要的主题之一：对这种创造性的生命赞美的内在联系。伟大的作家和艺术家都了解如何将有害的事物转变为有利的事物。

那些认为他们可以选择一种没有任何障碍、紧张、失败和痛苦的生活的人，正好证明了他们的软弱性和缺乏想像力。他们似乎认为自己过于软弱而不能应付困难，他们自己却认识不到他们所希望的生活会迅速地使他们厌倦。我们所有人都把满足看做是来源于克服困难而转败为胜的体验。在他生涯的最后，也是他最后崩溃之前，尼采以华丽的笔调描述了这个问题："我曾经时常地问我自己，我是否比所有其他人都对我的生活的艰难岁月负有更多的责任？……由于我长期疾病缠身，难道我应该感谢这难于说出的痛苦而来更感谢我的健康吗？我缺少一个高度健康的身体——无论如何它是更为强壮的而不能被消磨掉的身体。我也把我的哲学看做是这种身体的赐予。只有巨大的痛苦才是精神的最后解放者……唯有巨大的痛苦、那种我们被燃烧于绿枝之中的漫长的、缓慢的痛苦，似乎——那种遥遥无期的痛苦——唯此促使我们的哲学家下降到我们的无底深渊并对一切都加以质疑……我怀疑这样的痛苦可能会使我'更好些'。但是我知道它会使我们更加渊博"(《尼采对瓦格纳》，第一绪论，1895)。

那些不相信尼采证明的人，或许可以在亚历山大·叔策尼秦(A. Solzhenitsyn)的事例中再次得到反映。他正是以他在类似地狱边缘的集中营和癌症病房里的经验，来构思他的伟大的小说的。毫无疑问，他是一个非常坚强的人，而就力量来说，并非是一种外在的附属品(它伴随着一种地位，当这种地位消失时，它也随之消失)，但从人类的性质来看，叔策尼秦具有一种特殊的地位——尼采也因此而有所感触。

对尼采理论的一个简明的评价可能有助于澄清这一问题。大多数带着某种批评的聪明的读者好像感到我所称呼的尼采的第二个主要贡献有些错误。但是并不容易找到证据来说明这一直觉。

对尼采理论给予怀疑的一种人人皆知的尝试是，如果“权力”是有这样的伸缩性，那么人的一切行为都可以把它解释为欲求一词，可是实际上不能把它说成全是行为。但是如果一个人否认(就像我这样主张)还原论，这种反对意见便可消除。所谓还原论的看法是:复杂的现象“只是”或“只不过是”某种简单的东西。当我听贝多芬后期的四重奏乐曲时，我们听到小提琴的弦音荡漾，但是还原论认为这种四重奏仅仅是小提琴的弦音振动而非其他。同样，我认为，说真的，贝多芬的乐曲是由他的权力意志所促成的，但是还原论者则认为他的乐曲仅仅是他的权力意志的一种表现而非其他。

对这种理论所提出的另一个质疑是，人们真正地希望求得权力和优越感，而还可以说人们还真正地希望屈服。显然，提出这一论点的人并非是受任何屈从的欲望所驱动的。恰恰相反，他们是想证明旁人的谬误而显示他们是优越者。这种设想认为所有的人真正希望的只是屈服，并不能成为很有说服力的反面例证。但它仍有可取之处，有两种人:追求权力者和那些宁可作为屈从者。

有时被用来说明普遍屈从欲望的一种证据是希特勒、列宁或斯大林的成就。事实上，不论是德国人还是苏联人，都不能在权力和屈从之间作出选择。

有时可以列出企求屈从的另一种证据是，女人和男人不同，男人喜欢统治别人，而女人则喜欢屈服。然而，首先一位母亲很难说是一种屈服的类型。她倒接近于一种权力的类型。更有甚者，作为一个妻子或许给予了一种社会地位和某些事情的权力，或是在许多社会中一位单身妇女，定会遇到不可能去做的困难。那么，即使在一个妇女要去屈从的程度上来说，认为她尽可能少的屈从是为了获得尽可能多的权力，这也是有争议的。当代妇女普遍感到，即使一种女方不可接受的貌似从属的婚姻或男女关系，也很难说是由屈从的愿望所驱使的。

有时用来解释第三种屈从愿望的证据是宗教。例如，它宣称回教徒和基督教徒都是受一种屈从上帝的深邃愿望所驱使的。而且在这里有保罗写给考林斯人的一段言论(1.6.25)：

> 难道你们不知道圣徒要审判世界吗？而如果这个世界由你们来审判，你们能否适当地去处理琐碎的事物呢？
>
> 你们不知道我们要去审判天使吗？

保罗就是这样劝说异教徒来皈依基督教的。他求助于他们的权力意志，而穆罕默德也求助于他的皈依者的权力意志。他们勇往直前，征服了一个大帝国。在这里他们不仅燃烧起权力的欲火，而且现在还提出了死后仍然具有巨大权力的许诺。

尼采对于发现心灵的第三个主要贡献是他事实上为后来的雅斯贝尔斯(Karl Jaspers)所称做的：他的著作的标题《世界观心理学》的基础。首先，尼采反复讨论了基督问题，并且简明地涉及到了犹太教和佛教以及一些宗教的世界观，包括反犹和民族主义——把它们与心理学结合了起来。他在这方面的尝试可以看做是一种开创性的努力。

并不仅是尼采对基督徒的批判常具有深刻的影响，在《反基督》(1895)一书的第50节第55页以后的整整11页中，蕴含着极其深刻的“信仰者的‘信仰’心理学”。萨特(Satre)的“反犹画像”和胡佛(Eric Hoffer)的《真正信仰者》，均发挥了尼采初次确立的观点。在《反基督》的第54和第55节上，也表明了大多数人对尼采的认识论以及他批判的基督教的讨论该是多么的荒谬，还表明了许多作家对尼采的思想是多么缺乏彻底的了解。第54节的开头说：

> 人们不应该蒙受欺骗，伟大的精神是向往怀疑的。查拉图斯特拉就是一个怀疑论者。力量由怀疑来证实自身，自由产生自力量，是精神的过剩。在价值和非价值的根本问题上，那些虔诚的信徒毫无价值。虔诚是牢狱……要从所有种种的虔诚中解放出来。能够自由自在地省视，这是力量的所在……相反地，信仰的需要，某种无条件的是或否，这是卡乐莱主义(Carlyism)的信条。如果你们愿意原谅我的这种表白，正是源于一种软弱的需要(《反基督》，1985，第54页)。

尼采站在歌德一边反对康德，拥护假设，而轻视必然。正如我们所见到的，即使是权力意志，他也是作为一种假设而提出的，就是同一事物的永劫重现，也是作为真实来对待的。但是总结尼采的主要批判精神的最好方法是重温一下他的笔记：“一种非常流行的错误：具有那种虔诚的勇气，而事实上是具有一种批判自己的虔诚信仰的勇气!!!”(《全集》第16卷，第318页)

康德害怕变化，而“变化”是歌德的，也是其一生中的主题之一。尼采在《善恶的彼岸》(1886)一书结尾的一首诗中说：“凡是寻求变化的人，都是我的同族。”尼采对虔诚和怀疑的态度均植根于对其变化的坦白。而康德在确实性和必然性上的坚持也是植根于他对变化的恐惧和安全的需要。尼采认为世界观和强烈的虔诚，都有碍于对经验和变化采取诚实与坦白的态度。他们使人想起歌德"思想僵化"的术语，如果不是钙化的话。相反，那些以开放的视野和怀疑的态度来生活的人，会想起尼采在《快乐的科学》中所说的话："从存在获得最大成果和最大快乐的收获的秘密是——过危险的生活！"(1882，第 282 页)

尼采是一位哲学家，应该当做一位哲学家来读他的著作。但是他不仅仅是一位哲学家，也就不必只作为一位哲学家来读他的著作；也需要作为一位心理学家和一位诗人来读他的著作，把他的书看做是艺术作品。尼采和所有的人一样，了解哲学和艺术倾向之间的紧张状态。但是即使在他的第一本著作《悲剧的诞生》(1872)中，他也提问过："'一位艺术家苏格拉底'的产生全然是一种语辞矛盾吗？"尼采是一位艺术家的苏格拉底。他以科学的眼光看待艺术，并以艺术家的眼光来看待科学，包括对哲学和科学的追求。他的创造性的生活，始终以那句著名的"试作自我批评"为格言。这是他 1886 年写在《悲剧的诞生》第二版序言中的一句话。但是我们还可以说，尼采是以一位心理学家的眼光来看待艺术和科学的，既包括心理学也包括哲学——但是作为一位心理学家，也是一位伟大的艺术家。

(1992 年 9 月，未发表)

南京师范大学出版资助金资助出版

刘恩久文选（下册）

刘恩久 著

随园文库

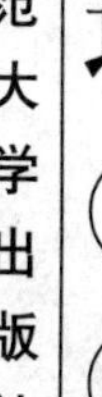

南京师范大学出版社

论心理科学的概念和任务①

开始时，对于隐蔽的事物给予熟知的和明确的说明，而后在其他的充满秘密的、令人惊讶的事物面前引起了求知欲，在这方面古代伟大的思想家通常都热心地努力去做。这一点在今天已经多多少少地取得了共识。对这种表现我也一再观察过、研究过，以一般的特性来说，我在这里对它们的特性和规律，找到了一种已经修改好了的图景。没有知识的分类，就不能有对于自然和生命承担一点点成果的能力，从最本质上来说，知识希望能满足自然和生命的需要。没有任何一部分是——单独地形而上学地取出来——在它上面多半是经常流露出巨大的鄙视的看法，而且个别的也不是这样的高贵和有价值。的确，整个真理的国度是有些贫困的，似乎是可鄙的，如果它不被规定在这一领域中的话；而它相信一切其他的知识，都应当出色地为此而受到尊敬，因为它对这种知识开辟了道路。事实上，其他的科学是基础；这等于替成果加冕。一切都使它作准备，一切都取决于它。可是它应当在一切知识上面，也再在其他知识方面使用最强有力的反应。人的整个一生应当记住：要有把握地促进进步。如果他们为此一方面表现出像科学大厦塔楼上的尖顶那样，那么他们另一方面就要担负社会的任务、基础与其最高贵的财富，因

---

① 本文译自 Franz Brentano（布伦塔诺）的《从经验的立场看心理学》，1974 年法文版，第 5 至 27 页。

此也就成为了研究者的一切努力的基础。

心理学被命名为心灵的科学。最初确实是由亚里士多德把科学分成各种分支和特殊部门的，特别是在他的著作中给予了说明。因为他的著作中有一个标题：Περτ Ψnχns（论灵魂）。他研究了心灵的本性或是像他喜欢表示的那样，形式、第一个现实、第一个完善是有生气的。可是，他之所以把灵魂称为有生气的，是由于它可以滋养、成长和生殖，因此能进行感觉、进行思考，或者也不只是任何一个人具有这种工作能力。根本不会把意识写在植物的名下，他甚至还描述了有生气和有生命的植物界，因而根据对最一般特性的灵魂概念的发现，探讨了最古老的心理学的著作。不论是涉及到事物的无意识活动，还是涉及到事物的感性和理性活动，这些方面都是应该去做的。

谈到问题的范围，包括了原始的心理学。到了后来，在本质上它的范围变窄了，对于无意识的活动在心理学上就不再讨论了。整个植物界，如果在这里完全缺少意识的话，就不再属于它的研究范围，像植物与无机体一样也未达到这种地步，除了能知觉对象的事物之外，都置于它的范围之外。这一点在这里还适用于那种与感觉生活建立有最近关系的生物，这种生物像没有神经系统和肌肉一样。不管是搞心理学的，还是搞生理学的，现在都对它们进行研究了。

管教并不是随心所欲的，恰恰相反，它表现为公开地去改正，以便转变事物本身的性质。因为只有在这时才能准确地指出科学的分界线，而只有在这时才能有助于它对认识作进一步的分类，如果把相似点联系起来，那么次要的相似点就被区别出来了。而最优越的相似点就是意识的表现。我们用同样感知的方法全面去认识它，不论高等的和低等的，它们彼此都往许多类似之处靠近。可是外部的感知对我们呈现了活生生的生物，我们看到的好像是另外一个侧面，同样也完全是另外一种形状，而我们在这里所看到的一般的事实，部分是同样的，部分是好像类似有规律的，这就是我们所看到的被支配着的无机界。

人们也不是没有理由来说，亚里士多德本人已经给心理学界以一种新的和改正过来的暗示。了解他的人，知道他是如何经常用一种次等而陈旧的不一致的看法与正确的看法相结合的那样倾向的学说来说明。不论他的形而上学还是他的逻辑学和伦理学都对这一点提供了证明。就是在《论灵魂》的第三本书中，他在那里处理了有意运动，他放弃了对愿望和肢体——在它运动中去判断愿望——之间中介器官的研究。他说，因为这种探讨对于他完全像论述现代的心理学一样，那并不是研究灵魂的事物，而是研究身体的事物。[①] 然而，这一切都已成为过去，从我们今天来看，也许某一位或是其他的亚里士多德的热情追随者还在轻易地相信这一点。

我们看到，如在心理学领域被压缩得太窄了，同时生命的概念也变窄了，或如果不是——因为正是科学家还经常使用古老广义的词语——这样，无论如何也得用相当类似的方法去对待灵魂的概念。所谓观念与其他特性的实体承担者用最新的词语来理解灵魂，好像观念只是由于内部经验直接感知的，从而构成了基础，那么，一种感觉的实体承担者，例如：一种幻想、一种动作、一种希望或是恐惧的动作，渴望或是厌恶，人们都习惯于称为灵魂。

我们就是在这种意义上使用灵魂的名称的，它好像对这一点没有什么妨碍，尽管在今天如果我们对心理学的概念换一种说法，仍然用像亚里士多德从前规定了的那样的同样的词语，我

---

① De Anima(《论灵魂》)Ⅲ. 10 p. 433 b. 21.

们说它是灵魂的科学。同样，如自然科学，它是关于身体的特性和规律的研究，与我们的外部经验发生关系。最后心理学作为科学出现，它教以认识灵魂的特性和规律，我们直接通过内部经验来认识我们自己，而也通过推论的方法去挖掘其他的问题。

这样，两方面就出现了称为一般经验科学的领域，知识构成的门类完全在这个领域之下进行分类，彼此在严格的限界上加以区分。

可是第一方面至少不是这种情况。外部经验和内部经验的领域，可以用同样方法的事实来证明。而这一方面所包括的规律，正是为了它的宽广的范围，既不是自然科学的对象，也不是心理学的特有的对象。它在这时有同样的权力，如属于其他科学一样的一种科学。它指出，相反地它不能算在两方面之内。它也足以为数目繁多的、相当巨大的特殊研究部门服务，而对这个部门，我们已经区分为自然科学、形而上学和精神科学了。

可是，在三大知识领域之下，也把那两方面进行一点一般的划分，那是不完全的。像在别的地方一样，在那里两种科学有相通之处，因此在这里也就有了自然科学和精神科学之间的限界问题。由于生理学的事实和被视为心理学的这样的科学，处于所有的不同性格的情况下，反而最密切地相互作用着。我们发现物理的特性和精神的特性结合在一个相同的集体中。不仅是物理地引起物理的状态、精神地引起精神的状态，而且也是物理地发生心理的效果和精神地发生物理的效果。

有些科学被区分为一种独特的科学，它以这种问题进行研究。特别是像费希纳，他把这种知识领域，放置在心理物理学之中，把已成为有名的基本规律称为“心理物理的基本规律”。另一个人曾经给它标上了“生理心理学”的不怎么走运的名目。

这样，心理学和生理学之间的限界的争论就结束了。可是，一方面心理学和心理物理学之间,与另一方面心理物理学和生理学之间许多的争论还不能就此作罢。——如上所述,去规定心理现象最初的要素,难道不是心理学家公开要做的事情吗?——然而,这也是心理物理学家他们应该承担的事情,因为物理的刺激是由感觉引起的。而在连续的一连串的反射运动之后引起的那样的随意现象,一直到它的根源,这不是生理学家应该责无旁贷地密切注视的吗?——而且也是心理物理学家探求心理原因的最初物理效果的任务。

所以我们宁可接受生理学和心理学之间的必不可少的双方的影响而不恼火。[①] 例如,你们不认为重要的,而我们则注意物理学和化学之间的影响。你们对于取得了限界规定的确切性表示认同,而且只认为像任何其他的科学一样,也不过是有效的科学分类而已,而这种分类本身是人为的。所谓心理物理学的一系列的问题,现在是双重的,既要处理心理学又要处理生理学的问题。每一种科学中个别的问题是容易看出来的,在它们的领域中都有本质上的难题,对这种难题的解决在于它本身问题的解决。例如:无论如何心理学家的事业是首先要查明通过物理的刺激而引起心理的现象,如果他不对生理学的事实看一眼的话,那就要产生欠缺。而同样他要对身体的随意运动与之联系在一起的一连串物理的变化,规定以最后的和直接的心理的前提。对于生理学家,把研究的课题归于最后的和直接的物理感

① 这是最近冯特在他的主要著作《生理心理学家概论》(莱比锡,1873年)一书中指出的。如果不是这里,而是在别的地方用这种方式来说明就要发生误会。这是人们用"生理学的"方法证明的。因为我们几乎听到有些人想把全部的心理学用生理学的研究作基础(也可与哈根(Hagen)比较,《心理学研究》,布隆斯维格,1847年,第7页)。

觉的起因，自然也应该看一眼心理现象。同时，他要重新通过心理起因的运动，在生理学的领域里来确定最初和最后的效果。

如何证实物理的增加和心理的原因以及结果加强的关系，落到所谓心理物理基本规律的研究身上，我们分为两种任务，一个任务适合于生理学家，另一个任务是心理学家的事业。前一个任务规定了：在物理刺激的强度上的相对的差别是与比较显著的心理现象强度的差别相当的；而第二个任务是研究它们相互关系的这种比较显著的差别。——可是，对后一个问题的回答是和一开头的说明不相同吗？一切比较显著的同样设定的相互的差别是没有搞清楚吗？——人们曾经对这一点普遍地承认了，而冯特仍然在他的《生理心理学》(第 259 页)一书中论证说："这样一种简直是显著而过度的差别是……一种常数的心理价值。因为作为其他的简直是显著的大或是小的差别，它这样地被作为简直是显著的大或是小乃是一种矛盾。"冯特并没有注意到，他的论证是一种循环论证。如果有怀疑的话：一切事物简直是显著的彼此都有同样差别的话，那么对于他来说这种"简直是——显著的——存在"就不再是一种常数度量单位的特有的特征。正确地先天地来理解，只有把一切简直是显著的差别看做是同样显著的，可是它并不是同样的。因为每一次同样的增加必须是同样显著的，所以每一次同样显著的增加也是同样的。可是最后剩下来的研究，是在为了处理比较判断的规律的这种研究，要由心理学家来承担这个任务，心理学家应当提供完全另外一种可以期待的成果。反正不寻常的月亮圆盘的位置变动，在接近地平线以前是显著的，如果当它高高地悬在天空时，虽然它是处于两种情况，可是处在同样的时间之内。对第一个任务来说，毫无疑问是生理学家的事情。物理的观察，在这里已经大大地扩展到应用方面。不用说那不是偶然的，如果我们是第一流的生理学家，像韦伯那样；如果我们是第一个开拓者和一位有哲学教养的物理学家，像费希纳那样，感谢他们扩大了发现规律的范围。[①]

由此看来，上面所论述的心理学概念的规定，被合理地完成了，而它的位置已为最近的科学家所阐明了。

一切心理学家仍然没有同意把这个问题搞清楚，如果像上面所给予的那种意思说心理学是灵魂的科学的话。宁可把它同样规定为心理现象的科学。他们断言自然科学也不应当是身体的科学，而且它必须定义为物理现象的科学。

我们要把这种矛盾的理由搞清楚。

如果有人要说：那是关于物理的科学、关于精神现象的科学吗？现象、表现经常相反地需要真实而现实的存在。所以我们说，我们的感性对象，像感觉它显示给我们的那样，只是现象；颜色、声音、温暖、味道的存在，不外是由我们真实而现实的感觉所组成的，如果他们也意味着是真实的现实的存在所组成的话。洛克已经探讨过，他在同时将一只手加热，另一只手冷却，立即把两只手浸入同一个水盆中。他感到一只手温暖，另一只手寒冷，而证明出：两只手在这盆水中都不是真实的。同样，人人皆知的是一种压力能够引起眼睛看到同样的光的现象，像光线一样，来自一种所谓彩色的物体。这涉及到场所的规定，是容易以类似的方法走到错误上去的，之所以如此，像它表现的一样，失去了真实而现实的存在。各种场所上的规定，同样表现着同样

① 如前所述的费希纳说过："对于物理学家来说，借用了另外的心理物理学的辅助手段和方法，在内部借用了许多生理学、特别是神经系统的解剖学的知识"(《心理学》，第 1 卷，第 11 页)。他进一步在"前言"中说过："这篇论文主要是生理学家感兴趣，同时他也希望哲学家感兴趣。"

的距离和同样表现着各种各样的距离。用这种方法说明它的关系，如果几乎运动静止了的话，表明运动本身几乎要转向为静止。因此感性感觉的对象充分证明了它的错误。可是，如果他还不能搞得一清二楚的话，人们就一定要怀疑它的真实性。在这儿已经很长时间没有对它给予保证了，像接受一个真实存在的世界一样，它引起而使我们具有感觉，它对我们所表现的，显示出确切的类推，给现象以充分的解释。

因此，我们没有权力相信所谓外部知觉的对象，它是这样像它对我们所表现的一样，也具有真实性。它们是真实而实在的，而相反的只是现象。

可是，对于外部经验的对象，不能用同样的方法把它称为内部的。对于这种内部经验连一点都没有提到过，掌握真正的现象的人就陷入了矛盾，而且我们甚至对那种最明确的认识和那种完整的确切性的存在，都直接加以审查过。所以实际上没有人能够怀疑，像他对知觉过的物理状态也好，与他同样对它知觉过的那样也好。在这里可能还有怀疑的人，他们达到了完全的怀疑，是一种怀疑主义，当然这种内部经验就被他们取消了。在这时候他在每一个固定的地方，从对它的进攻中，企图把这种认识加以破坏。

因此，并不是为了把这种自然科学和心理科学两者放在同样的关系上，人们可以用合理的方法要求，可以规定心理学为心理现象的科学。①

有一种完全另外的思想，因为它一般也是作这样的论述，就是拥护这样一种概念规定，并不否定思维和意志的真实存在。

① 尽管康德把这件事处理过了，但他这样处理这件事是一种错误，特别是早已为宇伯维西（Überweg）在他的《逻辑的体系》中谴责过。

他使用带有心理状态、过程和事件的完全同样意义的心理现象和心理表现的表达方法，如他对我们所指出来的那种内部知觉。可是他仍然还与反对旧的概念规定的矛盾联系起来，不承认在概念的规定上有认识的限界。如果有人说过，自然科学是关于身体的科学，而在身体之中有一种物质，这种物质在感觉器官的活动里产生心理现象的表象，那么他就承认作为原因的外部表现的物质为基础。如果有人说过：心理学是关于灵魂的科学，指明了带有灵魂名称的心理状态的物质承担者，那么他对那里面就表示了确信，把作为个人的心理表现看做是一种物质。有什么权利来承认这样的物质呢？——人们说过它并不是一种经验的对象。既不是感觉对我们表示为一种物质，也不是内部知觉对我们表示为一种物质。如我们在那儿遇到的温暖、颜色和声音的现象，所以在这儿就提供了思维、情感、意志的表现。一种实质作为特性附着于它的身上，而我们注意不到。它是一种虚构，一点儿都不与现实相符合。或是，如果它甚至与一种存在相称的话，那么它在任何情况下都不必去证实了。他公开地说没有科学的对象。既不允许把自然科学规定为有关身体的科学，也不把心理学规定为灵魂的科学，而是把自然科学只作为物理的科学，同时用类似的方法，把心理学看做是心理现象的科学。灵魂并不存在，它至少对我们什么都不是，心理学能够并应当仍旧存在，可是，这是为了用不合理的表达方法引用了兰格(A. Lange)的话——没有灵魂的心理学。①

我们看到，思想像词语对它所表示的那样，并不是这样地近

① 《唯物论史》第1版，第465页："只有这样安静的没有灵魂的心理学才可以接受！可是名称还是有用的，很久以来在这里不论是做了些什么，没有另外一种科学能够齐心协力地去完成它。"

于荒谬的。心理学如根据这种看法也不是没有广泛的研究余地的。

现在就来清楚地看一看自然科学。因为根据这种观察事物的观点来研究这一部门的一切事实和规律,它适合应用到身体的科学中去。它也是根据这种看法对那些事实和规律进行研究的,它只是作为物理现象的科学来承认的。事实上现在著名的自然研究者正在进行这种工作,他们拥有相当可观的学派,现在促进哲学和自然科学相互之间接近了起来,对于哲学的问题形成了一种看法。可是他们压缩了自然科学范围的容量,因而一无所有。共存的(Coexistenz)和连续的(Sukzession)规律,被包括到其他的科学中,同时也被剔除在自然科学所包含的范围之外了。

类似的是因为自然科学所处的那种情况也关系到心理学。内部经验也为我们提供现象,没有提供规律。人人都承认要科学地从事心理学的研究,门外汉则认为:在个人的经验中是可以容易而迅速地得到解决的。这种心理现象的共存而连续的规律,也留下了不承认心理学能够认识灵魂及其研究的对象。同时它在广大范围上被分派了有意义的任务,对于这一任务绝大部分还有待于解决。

一位最有决定性的、最有影响的先驱者穆勒(J. S. Mill)为了心理学的这种看法,像他对它所思考的那样,是较好地生动地进行了研究,在他所著的精神科学的逻辑学中关于这个问题的论述,就是用这种看法从事研究的。①

像心理学一般的任务所表示的那样,它研究了我们心理状态的连续性规律。所谓规律,就是根据它能够产生另外一种心

① 《演绎和归纳的逻辑学》第6卷,第4章第3节。

理状态来。[①]

这种规律有一些是一般的,其他的是特殊的。例如,一般的规律所表现的是:每一种心理印象,都同样地通过它所给予的原因而产生结果,那种与它相类似的,如果也是不怎么生动的缺乏表现的话,就要把最初引起的原因找出来。

休谟在他的发言中说:每一种印象都有一种观念。同样把它看做是一般的规律,实际上这一般的规律已经把这样的观念规定了进去。他称这样的三种规律为"观念联想律"。第一种规律是类似律,"寻求相互引起的相似观念";其次是联想律,"如果两种心理现象彼此时常得到结合的话,那么就有一种心理现象或是一种心理现象的观念,它就同时的或是也按相继的顺序重复出现,这一规律要把这种心理现象是怎样引起另一种心理现象的原因找出来";最后是强度律,"涉及一种或两种印象的活力,由于时常结合而相等地相互引起"。

心理的表现,从这种一般的和基本的规律中导出了特殊的和复杂的思维规律来,这是穆勒进一步规定的心理学的任务。他说:这儿经常有许多心理现象共同发生作用,以致发生了问题,是否每一种这样的情况都是由原因所组成的或者不是。即:是否效果和先决条件到处都是这样的关系,像在力学领域上那样。如果运动是由运动引起的话,那么均质的原因似乎是它的总和;或者是否在心理的领域方面也出现这种情况,类似化学的混合过程。氧和氢的特性就是在水中时什么都没有了,汞和硫黄的特性在硫化汞中也是什么都没有了。穆勒本人对这种证明

① 感觉也是心理状态。单独的表现是它的连续性,同样像物理现象对它表现的那样。而对于这一点,它广泛地依赖于感官的物理刺激,这是自然研究者确定的规律。

加以坚持:这两种特性的情况都发生在内部现象的领域中。有时是一种力学的过程,可是有时类似于化学的共同作用。因为它发生了,在特性中的好些表象便结合起来,它们不再作为许多表象,而是作为单一的、完全是另外一种表象表现着。例如,这样就发生了来自筋肉感觉的三度空间的和扩大了的表象。

现在这里联系到一系列的新的研究。特别成为问题的是:由于信仰[①]也好,同样,在心理化学的场合由于需要也好,都是一种结合起来的表象的结果。也许穆勒的意思是否定这个问题。可是像他也一再坚决地肯定那样,无论如何是可靠的,在这里完全展开了另外一个领域。对这种现象的连续规律赋予了新的任务,现在它是否完成了心理化学的过程,这基本上要由特殊的观察来获得。信仰关系到研究,我们对它是直接相信的,进而根据那种规律另外唤起一种信仰,同时根据那种规律,不管有权利或是没有权利,对另外一些成名的理论都要给予一种事实的证明。可是,一涉及要求首先就是指的任务,即去研究我们原始的对象和把本质找出来;从而进一步规定原因,这种规定对我们研究原始的对象是无关紧要的,甚至使要求变成了麻烦。

终于又产生了另外一种丰富多彩的领域,在这个领域里心理学的研究多半开始用生理学来组织了。在穆勒看来,心理学的任务也要通过其他可以证实的物理状态来研究,在引起一种心理状态时将产生多大程度的影响。对于不同人不同感受性的三重基础,同样要考虑心理的原因。它可以了解原始的和最后

① 我从翻译者那里得到的,在此时我把 belief(英文,信念、信仰)用 Glauben 来表达,虽然在表达这一点上不完全符合原字之意。作为 belief,像穆勒所应用的那样,是指任何的信念或是看法之意,而知识和信仰同样都是作为惯用的意思来理解。

的事实，它可以了解它从前的内部生命史的结果，以及它可以了解不同的物理组织的效果。穆勒的意思是要认真细致地观察，看出人的性格很大一部分在于对他的教育。同时还要把他的外部环境的合适的说明找出来。可以从广范围来看，对剩余的那些事物，本身又可成为间接地给有机组织的区分奠定基础。而在真理上不仅仅是公开地把这一点看做是有可疑的倾向，把人们习惯于看做是无兴味的、贪婪的，把人们看做是生来盲目的和好激怒的，把人们看做是奇形怪状的，而且还有许多另外的不怎么容易的情况下去理解。像穆勒有权指明的那样，现在仍然保留下来另外一种现象，如称为本能的现象。这个本能可以直接解释为来自特殊组织的东西。我们又看到了，把心理学也当作人性学，就是一种可靠的广范围的关于性格教育规律的解释。

这里谈的是一些关于心理学问题的概况，这些问题是穆勒从他的立场对我们给予了有意义的唯一现象科学的议论。实际上，根据他所提出的看法与通过改变说法，并没有使心理学得到所有的有关的事物。当然，穆勒把问题提出来了，而对这些问题，其中包括他没有解决的，也许还有其他的问题，都完全没有添上任何意义。因此，对这一学派的心理学家是不缺少重大的任务的。而在我们时代的人们指望他们：为了使科学先于其他事物而得到进一步的发展多做贡献。

好像至少有一个问题仍然被排斥在外，而这个问题是这样的重要，只要对它不解决就有陷入感觉上空虚的危险。恰好这种研究，给古老的心理学带来最主要的任务，恰好这个问题，第一次引起心理学的研究，好像为一种这样不很远的观点所要提出似的。我指的是延长不死的问题。理解柏拉图的人都知道，如欲望，这个问题保证是真理，它先于一切其他的事物而被带入到这个领域中。他的《法束》一书是他的贡献，而其他的对话录，如他的《法德拉斯》(Phadrus)，他的《梯茅斯》(Timaus)或是《理想国》等书，一再地得到他的重视。提到亚里士多德是同样有名。虽然他很少详尽地对永生不死说明它的原因，可是不想从这里得出结论，他对这个问题给予很小的重视。在《逻辑学》中，他的不可少的绝对肯定或是科学证明的学说必定是有价值的，他还迫切希望在引人注意的与别人对比中，延长论述，而在第二次的分析时，他只集中在不多的几页上。在《形而上学》中，他只论述了一点上帝，压缩了最后一本书的段落。而对他的这种论述的观点被看做是主要的观点。因此除了全部科学之外，他真正地赋予了神学以智慧和为首的哲学的名字。这样他最后在论灵魂、论精神的一些书籍中也处理了人及其永生不死的问题，甚至在这里他多半把它作为暂时的论述，不过非常简短。可是他把它首先作为重要的心理学对象来论述，在著作的开头明确地指出了编排在一起的心理学问题。在这里我们听说那是心理学家的事情，首先要研究灵魂之为物，然后研究它的特性。要在这一研究上指出它的一些而并非附着在身体上的那种精神；更进一步他应该去研究部分复合的灵魂也好，还是单一的也好，以及身体状况的一切部分也好，或是并非是一些，而是在那种情况下，有靠得住的永生不死。由于再三怀疑才把提出来的这个问题联系起来，认为我们在这里所遇到的是大多数伟大思想家的求知欲所要探讨的。因此，在这一任务上首先要求心理学的就是推动它向前发展。恰好心理学现在有一种表现，至少在它的立场上，否认、降低和不可能在科学的心理学中研究灵魂。所以没有灵魂了，这样当然也就不可能谈到灵魂的永生不死。

这个问题就直截了当地明确了，人们不要奇怪我们在这里是追随。例如:像兰格那样的发展观点的话,可以说是理所当然的。[1] 所以,在心理学上呈现了像在自然科学的领域上一样的一种类似景象。通过炼金术士的努力,黄金是通过化学提炼而产生的,首先繁荣了化学的研究。可是繁荣了的科学已经放弃了上面那种不可能进行研究的说法了。

只有使用这种方法,如在人人皆知的寓言中所描写的,父亲临死时留下了诺言,那么这里也就有满足于祖宗遗产而对从前的诺言的考察者。儿子们勤劳地挖掘葡萄园,他们相信在这里隐藏了财宝,找不到埋藏的金钱时,他们就把肥沃而耕种的田地让给别人。因此与这种情况相类似的化学家就处于这样的情况,相类似的心理学家也处于这样的情况。根据永生不死的问题要给予进步的科学以奖励,而人们可能自慰地说,要从不可能产生的热心渴望中去解决另外的问题,他们不能不承认具有真实而深远的意义。

但是——谁能否认它——我们在这里不完全是这样的情况。对于炼金术的梦来说,实际上要求有一种高级的代替物。对于柏拉图和亚里士多德的希望来说,是解脱肉体以得到保证,使我们更好地享受永世长存,相比之下联想和表象的规律,信念、意见、喜悦与爱情的萌芽和生长等等的发展,只不过是一种真实的补偿。损失,在这里为此而表现为使人难过。实际上,如果说把永生不死问题的接受或是排除的两种观点区别开来的话,那么他将称心理学为一种非常有意义的,是对不可避免的状态承担者之根本的形而上学的研究的一种消亡。

同时,根据表面上限制这方面的研究领域的必要性,也许它也就不再是表面上的了。休谟在他的时代用一切断然的措施对

① 《唯物论史》第1版,第239页。

形而上学家阐明，主要是要去探讨心理状态承担者的本质。"对我研究的这一部分"，他说，"如果我真正深入到这里面来，我说我本身一直在接受、碰上热或是冷、光或是暗，爱情或是憎恨、痛苦或是快乐的一种或是其他的特殊知觉。因为我从来也不去探讨它，我没有表象就能使我的自身获得某物，所以我从来就不能在表象之外发现什么。我的表象要在任何时间都要加以保存，像健康的睡眠一样，所以我恰好能使我自己这样长久的什么都没有感觉到，而事实上人们就可以说我完全没有存在"。如果有信心的哲学家自己坚持某种简单而顽固的感知，那么他并不否定，可是他和每一个人（唯独形而上学家把这种感知取了出去）都确信，"他不带有相互跟随的无法形容的速度、持久的流动与不中断的运动的一束不同的表象"。[①] 因此我们看到休谟十分明确地把灵魂的本质看做是敌对者。休谟仍然同样注意对于像他一样有力的观点的永生不死以全部证明，如在反对拿来接受时一样。兰格当然[②]嘲笑这种言论，宁可说他在这方面应该更有权力，像任人皆知的那样，休谟也在别的地方轻视那种恶毒的讽刺性的武器。[③] 休谟所说过的并不仅仅是那样明显的微不足道，像兰格那样，也许他自己还喜欢那样认为。如果也否认这个灵魂本质的话，不言而喻按本来的意义就不能去谈论灵魂的永生不死了。由于它反正是完全不正确的，再加上否认心理现象本质的承担者，永生不死的问题就失去了一切意义。如果人们

---

① 《人性的论文》，第 4 部分第 6 节。

② 《唯物论史》第 1 版，第 239 页。

③ 培恩（A. Bain）对他说过："他是一个人，同样很喜爱哲学研究写作的效果，人们并不始终知道，像他所说过的那样，是否就指的是严肃的。"《心灵科学》第 3 版，第 207 页。

思索一下有没有灵魂的本质，这个永生不死就可以立刻搞清楚。在地球上，我们的精神生命肯定是持续的，这无论如何是不能否认的。对于本质的指责，以致只把接受留给了他，接受像这种本质的承担者一样，并不需要延续。这个问题是否也用破坏我们身体的形象去延续我们某种精神生命呢？这并非无意义的事物，它实际上是一种纯粹的矛盾，如果思想家也遵循永生不死问题的这种倾向和它的本质意义，那么他们就称灵魂的永生不死比生命的永生不死更为重要，而指责上面陈述的理由。

穆勒恰当而正确地理解这个问题。在他的《逻辑学》中早就提出永生不死的问题，指出它并不只是心理学上处理的问题。可是在另一个地方，在他《论哈密尔顿》的著作中，他有同样的思想，非常清楚地发展了我们在这里已经谈论过的问题。[①]

同样，今天的德国几乎没有一位重要的思想家像费希纳那样直截了当地表示，他经常坚决拒绝像物理状态一样的心理本质的承担者。在他的心理物理学和他的原子论以及他的其他著作中，出现了反对那种时而严肃、时而阴沉的科学论战。可是他仍然直截了当地承认他信仰永生不死。因为他表明：如果接受形而上学的观点，可以促使最新的思想家把旧的作为灵魂的科学，移到作为心理现象的科学心理学之概念规定的这个位置上来，同时也可以不把范围缩小，对于心理学就完全不会产生本质的缺点。

然而，对形而上学没有做过详尽的研究，接受这种观点如同

① 《哈密尔顿爵士哲学的探索》第 12 章："涉及到永生不死的问题，它就是这种地同样容易思考。一连串的意识事实是无止境的延长了。当去思考时，本质永远继续存在着；而对一种学说的很好证明，就是它也可以适用于其他的问题。"

它被指责为未经证明就是非法一样。如果尊敬的人们对现象的本质承担者表示怀疑与否认，那么他所处的状态和情况以及他所坚持的另一种伟大的名字就是相反的。在这里把亚里士多德和莱布尼茨，在英国经验主义者领导之下的陆宰本人与我们今天的斯宾塞结合起来。[①] 而放弃称为心理领域的现象承担者的本质，不受困难和黑暗所约束，在他的著作中反对哈密尔顿[②]，承认穆勒本人对他们特有的坦率。而且如果心理学新概念和规定同样与新的心理学不可分割的话，像带有旧形而上学学说的旧心理学联系在一起的那样，那么我们不是去研究第三者而是迫使我们眼看就要堕入到可怕的形而上学的深渊里去。

幸运的是情况恰恰相反。对心理学名称的新的解释并没有添上什么，也不必成为接受古老学派衣钵的继承者。因为它给予或者不是一个灵魂，心理现象无论如何是的的确确存在着的。而灵魂本质的继承人并不否认，这一切都涉及他去确定灵魂之有无，也对心理现象有关系。所以没有别的方法，如果我们把灵魂用科学心理学的概念来规定和替代的话，那么这对我们是最新的特有的成就。也许两方面都正确。可是存在着这种区别，就是放弃形而上学的前提，这样一来其他的就自由了，要承认这一反对学派，当最初就涂上一个学派本身的特殊色彩的时候，我们已经解除了一般的预审，使我们对另一种科学承担责任。而在这时要简化我们的工作，接受这种最新的说法，当做轻松的任务去保卫它，仍然是有益处的。排除每一种无关紧要的问题，这也是加强简化。他们指出了取决于一些前提的研究成果，并要把巨大的信心引导到信念中来。所以我们宣布，坚持上

① 参阅他的《第一原理》。

② 《哈密尔顿爵士哲学的探索》，第12章。

面已经确定下来的意义：心理学是关于心理现象的科学。先前进行的辩论看来是恰当的，把最重要的概念规定搞清楚了。不足的是，关于心理现象和物理现象的区别这个研究还要在以后去完成。

（1980 年 8 月，未发表）

一种心理生理学的观点①

经验由于思想逐步适应于事实而产生。由于思想适应于事实彼此靠得很紧，便产生了条理清楚的、简化了的、没有矛盾的思想体系，它作为科学的观念浮现在我们眼前。我的思想只是直接地对我来说是可以接近的，就像我只能直接去认识我的邻人一样。属于精神领域的是同样的道理。首先由于思想和心理的联系：举动、表情、言语、行为，基本上我就能对于我的心理，以及心理所掌握的一种或多或少的邻人思想之确实的类似推论的经验予以考虑。另一方面，我的思想、我的心理，与心理环境相联系的是我的身体与我认识的邻人关系的影响同样也可以说明这个道理。这种通过"内省"的心理的观点，并没有彻底探讨过；它必须与研究心理的意见相符合。

像看到"在我之中"有形形色色的我那样，如在讲课的过程中。我的两条腿运动着，走一步引起了另一步，我没有什么特殊的事情要做，除非碰上某种事故的话。我走过市公园的草地，看到并认出了会议大厦，使我想起哥德式的和摩尔式的建筑，如同中世纪的精神一样，在那里支配着宇宙。从对文化尊严的状态的希望中，我自己就可以幻想出未来。这时正好从那里出来一个骑自行车的人，超越街道向我驶来，而我不由自主地跳向一

① 本文译自 Ernst Mach（马赫）的《认识与谬误》，1906 年法文第 2 版，第20～30 页。

旁。以一种微愠,反对这种不顾一切地急速驰行的空想家踏进了我正在幻想着未来的地点。现在看到了大学建筑物的平台,我到达了我的目的地。剩下一点时间的任务,就是再进行一些回忆,并加快我的步伐。

我们解决了在心理的组成部分中的这种心理体验的问题。在这儿我们首先看到这些事物。它依赖于我们的身体:眼睛的张开、眼轴的定向、视网膜的性能和兴奋等等。那些其他的心理则是依赖于称为“感觉”的:太阳的出现,可触知的身体等等的特征、物理的“特性”。我所具有的我的感觉是:市公园的青草地、议会大厦灰色的外貌,我踏上有阻力的地面,骑自行车者的相碰撞等等。给我留下的是对感觉所表述的心理学的分析。面对着像热、冷、明亮、黑暗、生动的颜色、阿摩尼亚气味、玫瑰花香等等那样的感觉,我们的反应一般并不是无足轻重的。不管你们接受或是不接受我们的看法,所谓我们的身体反应着带有或多或少地强烈接近的运动或是远离的运动的相对立的那种事物,它本身又作为感觉复合的内省来表现。在心理生活开始时,只有这个感觉是清楚的,恢复强而有力的记忆,就要使这个感觉与一种强而有力的反应连系起来,使“记忆”中的其他的感觉能够间接地保留下来。自己相当无所谓地看到装着阿摩尼亚的瓶子,引起了嗅觉的回忆,并因而停止了漠不关心的状态。事先进行的全部感觉生活,一般把它们都在记忆中保存下来。现在每一种新的感觉体验都在起作用。我走过的议会大厦,对于我只不过是一个带有彩色斑点的空间排列。如果我不早就看到过这座楼房,走过这条通道,上过这个楼梯的话,仅是形形色色感觉的回忆。“以一种丰富多彩的被装饰了的光学上复合的感觉在这里进行交织,即知觉只是用力地把当前的单纯的感觉分割开来。如果不少人提供以同样的光学上的视野的话,那么就要激起每个人一种特殊方向的注意。"这就是心理生活同样是由于个人以特殊运动的强而有力的回忆所规定的。一位老先生是工程师，同一个18岁的儿子和一个5岁的男孩在维也纳大街上散步。他们的眼睛看到了同样的情景。可是这位工程师也许只是注视街道和街上的少年人，特别是漂亮的小姑娘。男孩子也许只注意机械工人陈列的玩具。他们在先天的和后天获得的有机环境中游玩着。旧感觉体验的回忆痕迹，从本质上参与决定新进入的感觉复合的心理，使它与最后没有被记录下来的联系着的感觉的体验紧密联结，参加这种进一步的编织，我们想称为表象。同样，只通过它的力和巨大的排列及其变化以及由于互相联结(联想)的性质，把感觉区分开来。一种新质的要素没有把面对着它的感觉表现出来；它似乎宁可具有这种同样的性质。[①]

乍一看来，新的要素似乎提供感觉、情绪、情调和爱情、怨恨、愤怒、恐怖、衰退、悲痛、快乐等等。可是，我们看到的这种详细的情况，就能发现我们对感觉的分析是不够的，很少能与被规定的、模糊不清的、迟钝的、在局部化的空间要素之内联系起来。不用说要从我们身体的任人皆知的反应情调的经验中去表明确定了的方向。这种方向以足够的强度真正地发动了开始的运动或急速的运动。这种情况，对于总的状态，像对于个别的一样，有一些微小的好处，而对于他们的这种观察本身则有许多困难，因为身体要素对于放置在那里的研究并不是那样地未予解决，像一般可接近的外在的客体和感觉器官一样，同样取决于细致的认识、困难的描述和不完全的术语。情感不仅能与表象而且能与(U局部除外)感觉联系起来。破坏了反应情调，是来自上面已经说过的任人皆知的目的。由感觉的复合所规定的已知的

① 马赫:《感觉的分析》，第4版，第159页。

开始的运动与抵抗的运动，我们就称为一种意志动作。如果我们在讲授课程的过程中，如果人们预先通知他去拜访一位陌生的学者，如果一个人表明要作为公正的人，这样我就得用客气的解释词语去说明，尽管不是感觉或是表象的复合所规定的。而且同样由于对词语的多种多样的使用而获得了特性，这关系到复合，它能够予以解释，可以这样改写和限定，无论如何我的表现，我的反应方式与由此而规定了的这种复合相对应。词语，如果完全没有表示感性经验的复合，那就是不明白的，没有意义的。而且如果我使用红色、绿色、玫瑰色的词语，就已经掩盖了表象的明显的游动。同样在上面列举的例子中把它加以扩大，而更多是在科学概念的思维中，同时加以明确的限定，这就规定了、增加了与我们的反应方式相对应的有关的复合。这种由粗糙的思维到被规定了的感性表象的抽象科学的思维的过渡是完全连续的。而且这种发展，由于词语的使用而成为可能，连续本能地发生了。首先在科学概念的定义和已知方法应用的术语符号上发现了它的经验。关于个体的表象和概念以及关于作为一切心理生活的基本要素的感觉之间的连续性上，我们不能受表面的距离较远的具体的感性表象和概念的欺骗。

所以没有孤立的情感意志和思维。感觉是物理的同时是心理的，组成了一切心理生活的基础。感觉也始终是或多或少地主动的，它在这时对低等动物给以直接的反应，对高等动物通过大脑的迂回给身体以不同的反应。① 单纯的内省不需要经常考虑身体，因而也不需要经常考虑到全部心理。对于这种心理，要看到是身体上下不可分割的部分，否则就不能更好地去建设心

① 傅里叶(A. Fouillée)：《观念力的心理学》，巴黎，1893。这种正确的和重要的思想在那里几乎以两卷巨大篇幅的书来论述。

理学。

因此，我们同时看到作为全部有机体的，特别是动物的生活，时而偏重物理方面，时而偏重心理方面。我们也选择了这样的事例，在其中揭示了这种生活本身特殊简单的形式。

带着美丽翅膀的蝴蝶，从这朵花飞向那朵花，蜜蜂往像贮藏室的蜂巢勤奋地输送采集来的蜜，五光十色的亮晶晶的小涉禽，机敏地从追捕者的手中溜掉，给我们提供了一幅真实可信的图画，以便周密地考虑，使我们感受到这些小生物相类似的地方。可是我们看到蝴蝶多次反复地飞向火焰，注意到蜜蜂茫然地嗡嗡作响，不断地对着不能穿透的玻璃涌向半开着的窗子，我们看到它们失去信心的窘态正在蜂房的入口处缓缓移动。我们是善良的散步者，由于我们匆匆赶到前面阴暗处去追捕小涉禽，它们一再地被吓走。距我们这里往前走的路是一公里，他们能那样容易地躲开，是这样地了解我们，我们像笛卡儿一样对这件事陷于五里雾中。笛卡儿把动物看做机器，看做一种奇怪的或是叫人害怕的机器人。纯洁的克丽斯蒂(Christine)女王无拘束的带有挖苦意味的谈论，除了对钟表的传播几乎是闻所未闻的事之外，都是很恰当的，她警告缺乏自己看法的哲学家要谨慎小心。

可是，现在我们看到两方面正好是对立的动物生活的特性，使我们这样地产生矛盾的感觉，使我们看到它们在两方面清楚地显现了特有的本性。我们眼睛的瞳孔，在亮光的照耀下自动变窄，同样也按适应黑暗的程度而有规律地扩大。不管我们有意无意，就是这样完整地像消化、营养和发育的机能一样，不用我们有意识地去做。我们的手臂，伸出和打开桌子的抽屉，如果我们自己记起了放在其中的尺，我们立即要用它，似乎完全不用外面的推动，只是听从好好考虑过的指挥而已。然而，觉得脚底下发痒，突然伸出手去搔痒，也不用特意考虑。正在睡眠甚至正在中风麻痹的人恢复过来也是一样。眼睑的运动，当它突然接触到一种东西而无意地闭上，可是也会有意地闭上和有意地睁开，以及其他数不清的运动，例如那种呼吸和步行，具有改变和掺合两方面的特征。

对行动过程的精确的内省，我们称为考虑、决定、意志，它教我们认识简单行动的存在。在感性的体验中，例如遇见一位朋友，邀请我们去拜访他，他在他家中陪我们，这联系到形形色色的回忆。这种回忆始终是生动的，变化和排挤交替着。在回忆中，我们听得见朋友幽默的谈话，我们看到钢琴在他的室内安放着，我们听到他的出色的表演；可是我们现在想起今天是星期二，一位爱吵嘴的先生在这一天来我们的朋友家里作客，我们谢绝作陪，并且离去。不管在简单还是复杂的情况下，也像我们的决定落了空一样，影响到恰好像那样的规定了的我们的动作得到回忆的效果。像有关的感性体验一样，引起恰好同样的接近的动作和远离的动作，而这种感性体验是它们的痕迹。我们并没有想到像上面提到的那位先生，他突然出现在我们的回忆中，他获得了胜利。[①] 在我们的"意志行为"中，我们并不是简单有机体的次要的机器人。相反，这种机器人是机器装置，通过它生命本身可以得到连续的微小的变化。只要我们本身可以看到，对于别的观察者是有保留的，而精密的活动同样能够逃过我们

---

① 这是从悔悟中得出的无视这种事实情况的补充论断，对于未来的同样的重复或是类似的情况只具有一种意义和重要性。而这种重要意义并不是处罚或是抵罪，是仅有的看法的改变。自由和行动的问题只能够在这上面发生关系，个人精神之是否充分发展，在于他的决心，要看自己和他人行动的后果。——孟格（A. Menger）在其《新道德学论》（耶那，1905 年版）评价的书中，对人们的看法作了比较的论述。在孟格所有的著作中都显示着求真的勇气，受到了普遍的尊敬。

本身特有的紧张的注意。就是那种更高的、更少量的、显而易见的与一目了然的世界事件，通过空间和时间更进一步达到世界的联系，由于踏入我们日常的意志行动中，所以表现出同样的无法估计。低等动物的器官比较有规律，用简单的方法对刺激作出反应，这明显地摆在我们面前。一切起决定性作用的环境差不多都表现着与空间场所和时间场所的紧密联系，机械的压力在这里特别容易地显露出来。这说明了更为细致的观察在这里也是个人的，有部分是先天的、部分是后天获得的区别。大的差别在于动物的记忆，或是在于不同的属和类；小的差别也在于个体。对于奥德苏(Odysseus)的狗来说，遗传下来的东西已经没有能力提高了，主人二十年后回来还会认识，摇尾巴欢迎。到了鸽子，它的记忆对一件好事很难保持一天。而对于蜜蜂，地点、饲料的呈现，还同样能够重新找到——差距在什么地方呢？低等生物是不是完全缺乏记忆呢？

我们人类乐意进行像这样完全的改变，如同简单动物的有机体一样，只是我们的精神生活有错综复杂和形形色色的表现，而各种各样的动物则是相反的。苍蝇，它是通过光、阴暗、气味等等立即选定的，以及在它的目力所及的地方运动。就是十次被赶走，它仍然一再地出现在同样的地方。你们不能让步，直到把它打死躺在地板上为止。贫穷的猎户兜售货物，为了钱币而忧虑；他的日常生活本来应该是安定的，舒适的迷迷糊糊的资产阶级，再三扰乱了他的安宁，直到他狠狠地对他们咒骂反击为止。像后者那样，并不是忍受贫困的机械人，两者都只不过是某种简单微小的机械人罢了。

这种牢固的、规定了的、有规律的、自动的机能是动物和人类行为的重要部分，我们只是反对不同程度的发展和混乱两方面的情况。我们相信将会觉察到两种完全不同的基本的动机。

对于我们特有性质的理解，看来是非常重要的，而研究确切的特性一时还难于达到，我们唯有对这个问题经常加以探讨才可以得到结果。因为不规律的知觉既提供了实践的也提供了科学的益处。认识的优点首先由于规律的发现而得出迄今没有规律的内容。同意一种不受约束的和没有规律创造出来的心灵，它一直受到严厉的驳斥，因为经验一直提供看透了事实的残余物。可是作为科学假设的不受约束的心灵，完全是一种同样的研究，这是我运用方法论所得出的看法。①

特别是在我们人类身上所表现出来的不受约束的、任意的、不可估计的事物，悬而未决的只有像一件轻快的面纱、一种浮光掠影、一块自动蒙上的云雾那样的事物。我们看见了几乎可以说非常邻近的人类的个人。这幅图画从那儿带来许多的混乱，并未能及时把过于装饰的详情看透。我们可以从遥远的距离中、从鸟瞰中、从月亮中来观察人类，这样带有个人体验地影响我们精致的详情就消失了，而以最大的规律性来生长、养育、繁殖的作为人类的我们也将无所知觉了。故意抹煞个人的观察方法是无知的，而最本质的只有加强注意观察有联系的情况，真正地应用到统计学上。事实上从这样一种被规定了的规律性中去表现人类的有意行为，就像任何一种不从属于意志的或是自己的一种机械的过程一样，在那种情况下没有人想受精神的影响，而是想受意志的影响。在一个国家中每年离婚和自杀的数目，波动于同样少的或是更少的数字中。如出生和自然死亡情况的数目，虽然首先过于考虑了意志，可是到了最后并不是这样。那么，如果这种群众现象也只是一种没有规律的因素参与决定的

① 根据完全不同的哲学基调得出来的看法，是杜里舒(H. Driesch)在其著作中所持的看法。

话，而在大多数的情况下也就是没有更多的规律显现出来。[①]

笛卡儿只给了一点儿进步，不仅是动物，而且人类也是作为机器人来表现的。这种巨大的怀疑当然是针对一切有效的最好的观点的，把整个世界机械化了，或是用几何学精确地计算过了。可是如果让他在宗教法庭的权力面前，也在他自己因袭下来的意见的权力面前，在他的二元论中找到词语来解释的话，那么怀疑的勇气就消失了。斯宾诺莎早就看出了这种不合逻辑的事。稍后，拉美特利强调了他的人类和动物是同类的观点，在他的 1748 年的《机器人》和在他的《植物人》以及《动物外加那个机器》的论文中流露出来了。人们在拉美特利那里是找不到深刻的哲学的。他的著作，对于他的时代是重要的，今天却是一种无聊的读物。他的同时代人狄德罗的阐述，被看做是相对立的观点，在他的有才华的论文《参加达兰贝和狄德罗的谈话。达兰贝的幻想》中，预先说出了现代生物学的思想。

用机器人、用机器来模仿和研究刺激物、有机物，至少同样可以借此去理解局部，这已经到处发生作用了，人们在何时何地都想探求本性的理解。最古老的机器人，是塔伦特（Archytas von Tarent）的飞鸽，我们听过它许多的神话般的传闻了。亚里山大（Heron von Alexandrien）[②]也做过许多有关机器人的设计，而这种努力到了晚近的时代更有所理解，尽管是不多的古代科学的残余物，仍然流传在他的著作中。我们看见过 16 世纪精巧的带有活动的人和动物形状的钟出现在斯特拉斯堡、布拉格、纽伦堡等地。奥康森（Vaucansons）在 18 世纪画了正在游泳、

① 关于这一点我已做过几次评论了：《关于心理物理学讲义》；《实用医学杂志》，维也纳，1963 年，第 148、168、169 页。

② 施米特编：《荷龙全集》第 1 卷，莱比锡 1896 年。

吃食的鸭子,以及他的吹笛人。后来,德劳兹(Droz)画了男孩和他的女钢琴演奏者。以致人们很乐于去看这种仅有的玩艺儿的演示。人们也不应该忘记,要得到科学研究的知识,如那位鲍莱利(Boretti)已经写在他的《动物的言语》一书中了,也可以直接利用。康佩伦(W. Kempelen)制作的言语机器(是用这个题目写的:"人类言语的机器装置,包括书写一种言语的机器。"维也纳,1791 年),是本质上的科学的进步。① 科学生理学的优秀论著可以看做机器人制造者的工作的继续。康佩伦他制造了自动下棋人,但他在该人中须隐藏一个真人,另一方面提供了尽管是多余的证据,即智力并不能以这种简单的、机械的方式来代替。这种生物同样是机器人,在其中有经过训练的完整的历史的影响,它在时代的流逝中还是不间断地进行着修改,从另外类似的地方出现,并且又能这样地制造出来。有一种自然的爱好,就是人们已经理解到的,人们必须研究模仿、复制。这将达到怎样的程度,又是一种良好的理智的检验。如果我们从机器人的构造中看到了现代机器的成果所显示的好处,如果我们能看到计算机、控制器、自动售货机的出现,那么我们还要等待文化技术的继续进步。一种绝对可靠的自动的邮局职工,接收一封挂号信,看来并不是完全不可能的。由于机械的巧妙操纵,令人轻松愉快,而使人类的智力受到折磨。

从我们的立场来看,我们不曾有过基础,我们要继续探讨物理的和心理的对立。我们唯一发生兴趣的,是认识要素彼此分离的依赖性,这种牢固的依赖性,如果也是复杂的和难于查明的话,如果我们去研究的话,我们就以理性的方法为前提。直到如

---

① 康佩伦的言语机器,现在仍旧可以在维也纳工业学院物理学收藏室中找到[(这是博士朗培(A. Lampe)教授告知的)]。

今的经验已经把这种前提送到我们的手中了，而每一种新的研究结果同样都被证实了，在下一个个别的研究中，就像那样去做一样，还会明显地获得结果。

（1980年8月，未发表）

心理学的概念和任务[①]

一、关于心理学概念规定的概观，形而上学的倾向

近代的心理学像物理学和化学一样，像动物学和植物学一样，像比较语言学和文化史一样，是一门经验科学。可是，一切经验科学本身都是以一种规定了的片断的经验来活动的，在其中把一切所与(与件)都排除出去。我们通过理解和解释，通过认识和观念去把握对象，在其中，经验只是作为一种手段来使用的。所以为了那样地去把握对象，它们像没有我们的理解和解释，没有我们的认识和明了的描写一样。例如，天文学家看见了亮晶晶的圆盘和斑点似的星辰的表现状态，他们只是对这一点进行深入的研究，研究哪些是与它们自身有关系的，哪些是它们彼此有关系的。历史学家考察历史的起源或确认过去的带有某些意图的文献，这些正像他在现实中所看到的那样，不仅探究个别的原始材料，也探究该著者没有情感作用的起源。我们依据现在和过去所给与的事实，把力求达到这样目的的，叫做经验科学，也可称为实际的科学。这样，他们对每一个开始的对象和终结的对象规定了两方面的关系。开始的对象就像我们看到的那

① 本文译自 Oswald Külpe(屈尔佩)：《心理学讲演录》，1922 年德文第 2 版，第 1 章第 2 节至第 3 节。

样，对天文学来说的星辰，终结的对象是星辰，就像它们自己本身所表现的那样。物理光学在前者的意义上是光现象的学说，在后者的意义上是宇宙或是确实的振动运动的学说。

因此，心理学的概念可以有双重的意义：对于开始的对象的关系是预见，而对于终结的对象的关系是现实。这种最后的规定是最古老的，所以我们想把它叫做最初的。心理学是关于心灵的科学，可是这门科学现在仍然被形成了各式各样的论述灵魂的学说，我们必须规定为同一的主要的形式。灵魂，在古代亚里士多德认为是生命的原理，在中世纪是新经院学派，而到近代，例如杜里舒所谓的心理活力论，它被笛卡儿叫做意识的原理，大多数心理学家一直到近代都追随着他。以前在这里的是狭义的规定，在那里的是广义的规定，在某种情况下，意识现象只是生命现象的一部分，也包括着养育和生长，腺分泌和筋肉收缩等等。

留给我们的是狭义的概念，所以我们要以最接近的规定探求更为广泛的差别。许多人把心灵理解为独立的存在或是本体。在这里，首先有一种心灵独立于身体或是肉体之外的存在的主张。这种现实的规定，在那时候缺乏更为确实的区别。对它唯一的承认是熟知的基本的特征或是基本的能力，它是在认识上即笛卡儿所认为的一种存在、意识。这里形成了一切意识的事实，如，作为过程而没有减少的心灵的知觉、意志、想象，它们是我们本身直接意识到的，刻印于心上的。它在表现上有移动的基本特征，同样是莱布尼茨所承认的能力，彼时对于移动来说还把无意识过程计算在内。它有认识和要求的能力，因而以后还被放到感知之中；其他一切事物以后将要还原，而认识也将把思维或是表象放置其中。直到今天这都属于沃尔夫、康德和陆宰的见解。赫尔巴特和李普斯，把心灵的存在归于不可理解的性质。它的一种单一的性质只是自我保存,是进入现象中的表象,这是一种多数的不可理解的性质或是行动真实的、无意识的心理过程。

在那里,心灵作为从属的、被理解为在一种本质中、在一种存在中保留着的样式,因此这种理论的分歧经常表现在存在上,它多少要归于这种样式中。这最初被视为肉体。所以,心灵作为同一的一种机能或是作为它的一个部分的机能表现出来,特别是作为头脑的机能表现出来。这是根据毕希纳、摩莱肖特和其他的自然科学家在1770年《自然的体系》中所说的。对于他们并没有给予特殊的心灵,而身体的构造或是一种身体的器官是意识的本体。第一,作为每一个本体都能够掌握全体,从心理物理的身体和心灵所形成的统一中来掌握个体;身体和心灵由此而构成一个本体。这是具体的一元论的立场,是生物学和物活论所具有的,也是费希纳和冯特之所以把他们的理论计算在内的一种确实的过程。第二,最后把本体作为一种不可知的第三种规定,同时不仅如此,也是心灵的样式,也作为身体来承认。斯宾诺莎是这种抽象的一元论的古典的典型。

反对这个真实的规定就是对一般的两种不同事物的抗议。首先,对它予以着手和预期的研究,因而最初获得了同样的结果。这样就可以去处理自然科学。心理学从一开始就被放置在现代发展的地位上,现在仍然要采取必要的措施。第二,并不具有一般公认的真实的和毫无意义的规定,个别的研究依赖于个人对它所持有的目的的意见。因此,我们可以避免任何一种准确而真实的规定。由于对它用这样一种令人满意的方法论来要求,致使人们难以把心理学的对象规定下来。然后,把所有的都拆掉,那么对已知的某些部分也同样失掉了,即非这样不可:我们一定要转移到经验的规定上去。

二、心理学上经验的规定

心理学的经验的规定具有长处，只限于一种一致的事物，而作为每一种心理过程来说，则意味着去把握它的种种同样的事实。每一种心理过程，感觉和意志动作，表象和思维，通过它们的一切共有的特征，都要用一般的概念来加以调整。同时，只有从这样的困难中才能找到这样一种性质的符合目的的特征。这在有疑问的场合是可以利用的标准。这样一种特征可以是直接的和间接的，内在的和外在的。直接的或内在的规定说明了对一种特征的探讨，这种规定使本身达到被规定了的事实上。这样，它被作为意识的事实、认识。最初是由笛卡儿指出来的，而近来把心理过程作为意识的现象或是意识的状态或是意识的过程来描述的（艾宾浩斯）。爱德曼说过：意识是一切事物的移动、感知和乞求的共同特征。可是意识的概念是多义的，而不能只限于十分严格的规定。我们可以在这个命题中首先了解到一种知识："我意识到，我的行动是错误的。""我已经意识到他的事故了。"第二，一种强的语调、重读、注意的现实的存在，像一切注意地去观察所得到的印象一样。而第三，一种简单的、单纯的现实的存在，不需要突出地去认识，像一切单纯的知觉在视野的背景上所留下的现在的印象一样。指的是哪一种"意识"呢？如果我们只把它作为这样的认识来把握，我们就作出了一种狭隘的规定，如果也把对象同样去把握的话，那就是一种偏激。同样，意识的第二种和第三种概念表明了一种广阔的规定。

我们看到冯特提出了作为直接经验的心理学，以至使我们以一种新的词语来称呼一般的意识概念。因此属于一切的与件是如此般的直接，可以意识到它，或是注意到它或是单纯的知觉到它，而构成心理学的最终对象，即感官印象、表象映象、情感。这些是它的内在事实的机能，也是与它的空间时间、与它的性质和强大的秩序联系着的。所以范围是扩展开了，因而自然科学也出自这种事实的一个方面。我们要将外部世界作为一种直接经验复合的感官印象来感知、来表现。如果我们看到了现实的解释，那么就可以把这种事物分配给我们。对于自然科学的终结的对象来说，也是一种意识的与件，而在这种情况下心理学终结的对象界限就不能与那些事物相比了。

第三种直接的规定，对于矫饰的象征被解释为目的(Intentionalität)。每一种心理过程，感知与表象、承认与反驳、爱和恨，它们本身都指向不同的对象，都有意动的关系：我们感知到一棵树，我们反驳一个论断，我们愿意读一本书，爱某个人或某种事物。只有这种意动本身是心理，不针对它的对象，这种观点可以说是太狭隘了。因为它的结论是，例如感官印象，也的确是来自愉快的和不愉快的情感。一切意识的内容都没有意动的关系，都不属于这种心灵生活的规定。我们可以通过它导人意动和机能的心理学中，一定要承认和处理这个很重要的事实，可是这并不是为心理学的对象所能解释的全部问题。弗·布伦塔诺及其学派属于这一学说的代表者。我们想走上这条困难的道路，虽然我们能像这样地去掌握意识的事实和直接经验，可是它就要把心理学的终结的对象搞垮，而且到最后将失掉这个优点：对于说明什么是心理的这个问题具有其独立的标准。

要通过其他带有特征的对象的关系，去找寻心理学上终结的对象之间间接的或是曲折的规定。第一种像这样的规定存在着否定的形式，在其中人们以非物质的、无形体的或是无空间的来解释心理。而且人们习惯于拿像这样的非形体的、非扩张的、没有形状和没有场所的思考或是仇恨作为例子；心理过程并不像身体那样能用手加以掌握。在中世纪产生了一种精神与上帝联系在一起的观点,从而得出了灵魂永生的学说,以后到了现在的新时代又出现了许多的辩论者。可是关于把心理本身作为否定的规定,他们并没有给予实际上的答复。除了单独地掌握它自身实在的精神上的事物之外,对于表现着的精神上的东西则允许不划定明确的界限。因为这个表现着的精神上的东西带有空间的性格,既不是本身也不是具有同样性质的表现着的心理,感知过的星辰和石块对于心理学家像对于自然研究家一样是终结的对象。只有那种站在纯粹机能心理学立场上的人,才能够一开始就从空间上把它们分离出来。可是,像我们所知道的那样,这种立场是太狭窄了。

第二种间接的规定是作为通过内部或是通过易于接受的自身感知的心理来把握的,把作为通过外部或是通过易于接受的外在的感知,即把外部世界和内部世界区别开来。对这个问题我们已经在第一节中谈论过了。内部首先不是别的,而只能是意味着作为"我们可以看到的肉体限界的内部"。对这一点也可以把它归于身体的现象,例如心脏的运动。

第三种间接的规定,最后把精神上的事物作为所与来把握,只要它依靠在自我上。这是特意为了把面对着的自然科学终结的对象的界限划分出来。马赫和阿芬那留斯最先为这个规定详尽地奠定了基础。他们完成了这样一个事实:一种所予永远只是给予一个自我,一切经验也都束缚着经验的个人。这个自我是在经验自身中的一种界限清楚的复合物,人们在任何时候都能把它证明出来,而这种证明并不能因此而使前面的根据得不到明确的说明。在这里我们还没有给它解决,这个自我必须容纳不管是肉体的或是精神的,或是精神肉体的;不同的经验也许是不同的。可是,所谓依赖性证明了像一个 X 对一个 Y 那样,每一种依赖性都是合乎规律性的，这是符合它的变化的。我们检查了这个定义，那么就会毫无困难地把它指出来：像注意、意志、思考、回忆、表象、想象和情感那样的现象。因为这一切对我们来说都受自我的束缚，要依赖它，而没有人对这一点提出不同的意见。反之，突破困难，像我们直到今天已经用感官印象所看到的那样。在这里还一直在持续着，一直把它认为是心理学的份内之事。这样，我们完全看见了并注意到一个外部世界，毫无疑问，对自我来说确实是悬而未决的，因为盲人简直看不见它。可是我们把太阳当作月亮的光亮，把玫瑰花当作灌木的另一种颜色，把 c 听作与 g 相对的高音，把大狗当作老鼠来感知，把各种丁香当作韭菜来嗅味，把不同的糖块当作食盐来吃等等，不能仅仅从自我中来进行推论。这一切都证明了对其他的客体、身体的一种依赖性，是由于自然的实在性。然而，一切品质，我们去感受它们，红色和绿色，c 和 g，压痛，嗅味和尝味以及对一切事物的辨别。我们不仅把这种种比较和鉴别，同时还要自己去决定某件事情。因为色盲、音聋、无感觉的无嗅觉症和动因，简直都不是这种品质，它们也是以感觉器官为基础。同样，一切不同的和类似的印象，我们要保持对事物的比较，对自我的持续的或是变换的性质，对期待和态度都决定于如何去证实。我们完全以一种合乎规律性的和普遍有效的方法来感受品质的区别和关系，不能只从感觉器官来解释，这是允许的。现在在那儿出现一种丁香的香味，嗅到韭菜，在这儿出现红色，看到绿色，等等。

人们一般可以说，首先指出了自我本身对经验的依赖性在于：自我的变化——在注意方向上的变化，在感官的调整上，在音调音高的确定上，疲倦和意志的企图——也都发生经验的变化。第二，也有带有相同刺激的各种各样的自我，也有各种各样的经验，一般说来它们要接受各种各样的处理。不过，我们所谈论的很难识别:颜色和色盲的事实,善和恶的记忆,生动的和无力的想象,伟大的和微不足道的审美的感受性等等。第三,大小不等的经验,依赖于自我或是个人本身所具有的大小不等,这是肯定的。以全部色盲的光的感觉来说,也出现那样一种不能识别颜色的巨大的偏向,这是部分的色盲,无疑是建立在一种感觉器官的巨大偏向的基础上的;在注意和意志方向上的巨大变化,也依靠着那种以经验的巨大变化为条件。同样,情绪或是疲倦所形成的巨大变化也是这样。这种变化,是否是故意产生的或是出现的,这对于我们并不具有标准的意义。可是,在每种情况下是可以进一步应用的,有时还需要进行精确的研究,看看是否有自我的限制。这并没有反对的意义。化学分析永远也不是容易的,以使我们经常把更为错综复杂的研究放弃掉而不去理解。在一种物质中究竟含有什么材料,为什么在我们的经验中精神的和肉体的就容易分辨呢?只有纯粹自我限制的活动的存在,像意志和表象的映象那样,才能立刻去理解它。

我们说由于在主观经验上具有一切自我限制,所以使我们现在也可以说:心理学终结的对象是具有主观经验的。如果其他人提供了心理学的材料,那也不能使它有所改变;它的主观经验,那就是去研究客体,如果我们也不再直接去理解它的话。应该强调:在这里我们只有直接地依赖于去注视自我,才可以间接而自然地对于一种意志动作,一种注意倾向,一种视觉表象或是一种情绪激动,提供外部世界的条件。对于构成主观经验的单一的存在部分和形式,在自我中的条件是什么,直到现在还未能得到解决。这仍然属于心理学的研究任务,对这个问题要给予充分的解释。对于肉体来说,生理学对它却是给予有效的帮助了;感官的和神经系统的生理学在这里特别扮演了一种重要的角色。心理学和生理学在这个任务上是建立了基础的,可是两者本来的对象则是有区别的，对于颜色、声音等等的意识内容以及对于感觉器官、神经和神经中枢上的生理过程，它们彼此都是不同的。因此，例如感官印象的表现方式，对于心理学家来说也是这样扮演了重要角色的，而对于生理学家来说则是恰恰相反的。

除此之外，心理学概念的真正的规定和经验的规定，并不需要一致。可是最后是合乎目的的，因为它们考虑到科学的开端，考虑到认识估计的出发点，而使强大的一致成为可能。对于这一点，它们需要在一切生命现象的扩延上完全不被排斥在外，只要把它们看做是某种奇特的自我，而转移到一切的有机体上。谈到植物和下等动物的意识，当然难以介绍。对于活生生的细胞以及我们身体的组成，同样知道得很少，可是某种类似的心理的成就在这里并不存在什么疑问。

三、心理学的任务

一门科学本身所设定的目的，人们可以实事求是地和形式地，就是说以应用的方法较详细地去加以规定。实事求是，根据材料，心理学具有一系列相对独立的部分任务，我们想在这里列举一下：

第一，基本的认识活动被看做是正常的、健康的心灵生活，而在其中特别具有一般的事实和规律。它构成正常的心理学内容，说得正确一些，提高了从疾病、心灵生活、病理心理学出发的反常的理论，像观念的溜掉现象，幻觉和强迫表象，情绪和意志生活的缺陷，语言的缺陷，自我意识的缺陷以及其他等等。不能简单地理解为正常的心灵生活，而是要求进行特殊的研究。这对于正常心理学的成就同样是有价值的，像他们对它必须给予说明的那样。病理心理学担任精神病治疗和精神病学的任务。

第二，已经充分地认识到：培育心灵生活必须通过心灵发展史去加以补充研究。而在心理发生史中包含着儿童的心灵的发展，原始人的心理和动物心理。

第三，去发现变态的特殊领域，那种在人类社会中所获得的心灵过程。它构成了民族心理学和群众心理学。——更进一步重视每一个人的一般的事实和规律，通过同样重要的和值得了解的个人及其他典型的特点去给以补充，这些是个体的差别心理学、性格学、类型学以及精灵书写用器具学所处理的。——根据这一切理论的部分领域，最后也考虑到应用和实践的心理学。为另外的学科服务的，还有美学和教育学。

（1980 年 8 月，未发表）

维果茨基对辩证唯物主义心理学的贡献[①]

维果茨基于1934年逝世时年仅38岁，他是第一个从马克思主义哲学的观点来探讨心理学这个主题的人。作为辩证唯物主义者，他相信意识是心理学研究的合法领域。的确，是他坚持心理学可以只研究意识而无害于本身。维果茨基从来不接受当时的一些庸俗的马克思主义，因此，他的研究工作从1936年到1956年间被隐匿起来了。维果茨基以思维与语言之相互关系的实验与理论的探讨去研究意识。他相信："一个词是人的意识的小宇宙。"[②]同时，他从发生学或是发展的观点来研究他的主题。但是不像一些发生心理学家把变化看做是直线发生的，维果茨基则是辩证的。他承认新的结构不仅增加到最早期的上面，还给予旧的以新的力量；文化既是质的也是量的。最后，维果茨基相信：意识是一种社会历史的现象，因此"主体对于万有来说是历史唯物主义的前提"。[③]

① 本文译自毕克莱(Richard Bickley)发表在美国 *Science and Society* 论文，1977，vol. XLI. No. 2，第191～207页。毕克莱，加拿大来季那(Regina)大学心理学教授。

② 维果茨基：《思维与语言》，1962年剑桥，第153页。

③ 同上书，第31页。

维果茨基论思维与语言的相互关系

在维果茨基以前，关于思维与语言之间的关系的理论，都逃不出二元论的矛盾。可是维果茨基能够战胜这些限制。他始终不渝地应用辩证唯物主义而使他能够搞清楚其他理论的问题，并对他的方法提供了一种抉择。不像行为主义者和反射论者，他们是哲学上的机械唯物主义者。维果茨基承认意识的研究对于心理学的积极发展是有关系的——的确是要紧的。也不像符茨堡学派和完形主义者，他们是哲学上的唯心主义者。维果茨基对意识的探讨是辩证的和发生学的。况且维果茨基相信：这些学派的每一种不正确的理论都犯了同样的方法论的毛病，他们的方法是原子论的。维果茨基在语言的思维的研究方法上避免了原子论；同时，他对思维与语言相互关系的分析，促使我们去正视意思和意义的性质。维果茨基集中在思维与语言的相互关系上，从词语和思维的起源开始，延续它们的独立发展，直到它们与言语的思维结合起来为止，而结果在这个过程中发生了辩证的变化。

维果茨基于20世纪20年代第一次开始他的心理学的研究时，他肯定了抓住意识的复杂性对于心理学研究的重要性：

由于心理学对于意识问题的无知，阻碍了它本身不能进行人的行为的复杂问题的研究，而从在科学心理学的范围内取消意识，这是由于早期主观心理学被一切二元论和唯灵论所把持的严重结果。①

因此,他注意到,反射论和行为主义者认为意识充其量也不过(反射论者)是一种反射动作的副现象,或是即使坏到极点(行为主义者)也完全没有值得心理学家注意的价值。这种态度的最明显例证是行为主义者的奠基人华生的著作。他提出心理学家"要用其他自然科学家所使用的同样方法去研究意识——即:不必把意识当作一种特殊的观察对象"。② 当然,华生这样的论述是为了驳斥内省主义者的主观主义。他相信,如果心理学只研究行为,那么它可以像其他自然科学一样能成为一门纯粹的科学。可是华生为了反对内省主义者的唯心主义,导致他否认心理学要科学地研究意识。当他执行一件有价值的工作而去驱逐内省主义者时,他的行为主义同时就为陷入在客观主义、科学主义和投降主义的心理学服务了。

可是,同时,唯心主义的诱惑也必须避免。当我们研究意识时,我们一般是通过它的一种机能来研究它。这些机能包括:思维、知觉、记忆、想象、语言和行动。可是我们必须留意不去处理特殊的孤立的机能。一种机能对另一种机能的关系,这对意识

---

① 维果茨基:《思维与语言》,1962年剑桥,第vi页。比较一下,下面的译文是列昂节夫和鲁利亚同样一书引文,见沃尔曼(B. Wolman)编《现代心理学的历史根源》一书中的《维果茨基的心理学思想》一文:"对意识问题的无知,心理学是使它本身离开了人的行为的任何复杂问题的研究,因而意识被从科学心理学的范围内排除出去,在一定程度上将永远存在于早期的主观心理学的二元论和唯灵论中"。这种第二手的翻译似乎是减轻了维果茨基攻击这些"意识问题的无知"——即行为主义者和反射论者的罪过。

② 华生:《从行为主义者的立场看心理学》,见《心理学评论》(1913)第20卷,第175页(着重点是著者加的)。

的正确理解是极端重要的。意识也经常被解释为不同机能的自发性发展。这种非辩证性的探讨，不可避免地要导向唯心主义，那么它就必须以一种没有益处的努力，在不同的机能之间机械地填补罅隙，以便去战胜二元论。我们需要的一种研究，就是极力主张意识不同机能的相互关系。我们需要一种表示不同机能是怎样相关的，它们是怎样发展的，这一种是怎样影响另一种发展的。对于心理学上发展的因素“在于意识的机能之间的构造的变化中，心理学必须使这些关系和它们的发展变化成为主要问题、研究的焦点”。①

直到维果茨基，把研究思维与语言相互关系的解释的理论，扩展到思维与语言看做是同一的（一般来说，这是机械唯物主义者的看法）；另一种观点是把它们分割开来（一般来说，这是唯心主义者的看法）。行为主义者和反射论者是第一种类型的好例子。根据他们的想法，由同样的行为成分（肌肉运动），如减去声音的语言（行为主义者）或是思维，包含一种抑制的反射（反射论者）。换言之，思维是无声的语言；这里没有辩证的相互关系。符茨堡学派（唯心主义者）认为思维和语言具有分离的机能，试图从思维中移出一切感性组成部分的痕迹，包括词在内。这个学派保留了两种不可调和的分离开来的机能。这种分离开来意味着不过是外在的、机械的联系，而可能不是内在的、辩证的看法。

维果茨基相信先前研究的过错可以在他们的方法论中找到。这种方法论或是科学实践，源自他们的二元论的哲学。他们的分析方法是原子论的，即：他们倾向于把整体分为部分，想用部分来理解整体。分析为元素是不可能成功地处理二元论中

① 维果茨基：《思维与语言》，1962年剑桥，第2页。

原来所具有的矛盾的，对于它本身所用的方法来说，是二元论的——整体和部分是先天地分离开来的。防止二元论，分析的方法所需要的并不是故意地把现象的存在分离出去。维果茨基描述他的把分析作为单位的方法论："我所说的单位是指分析的产物，和元素不同，保留整体的一切基本的性质，而把整体进一步分解得精光。"[①]维果茨基从化学中引用了如下的简单例子，用以解释分析为单位和分析为元素之间的不同。化学家在研究水的性质时，他们最初并不去试验氢原子而是去试验氧原子，最后从它的两种元素的性质中推断水的性质，他们只是研究水的基本单位——分子。同样道理，当心理学家去研究思维和语言的相互关系时，就是研究言语的思维，把它的组成部分分为：词和思维。这不可避免地要陷于失败，因为言语的思维的性质，将消失在过程中。在分析中所需要的是言语的思维的单位名称，维果茨基相信这个单位就是词的意义。[②]

在下一节中，关于这种论证的理由，维果茨基详尽地说明了。

一个词的意义提供了这样一种思维和语言的紧密相关的混合物，这就难以指明哪一种是语言的现象，哪一种是思维的现象。没有意义的词是一种空洞的声音，所以意义是"词"的一个标准，是它的不可或缺的部分。因此，它好象被视为一种语言的现象。但是从心理学的观点来看，每一个词的意义都是一个概

① 维果茨基：《思维与语言》，1962年剑桥，第4页（重点是维果茨基加的）。

② 这也是词的语音分析，一个词是一种"活生生的音和意义的联合"（同上书）。音和意义是元素，在分析这个单位时是音素。我以为维果茨基并不想对这个领域进行研究。

念的概括。从概括和概念都难以否认的是思维活动以来，我可以承认意义是一种思维的现象。可是，不能因此就说在形式意义上属于心理生活的两种不同的范围。词的意义就语言而论，只是思维的现象，是与思维联系着的，并对思维给以阐明。这是一种言语的思维的现象，或是具有意义的语言——词和思维的联合。[①]

维果茨基正确地指出：一个词是一种概括，它并不是一个简单的记号。一个词与其说代替或是涉及一个单一的对象，不如说它涉及了一个等级或是一个类集。这个词——概括——的性质也是一种思维的言语上的活动。概括将感觉和思维区别开来。一个词和它所指的对象的关系，与感觉对它的对象的关系之间具有质的差别。以词或是语言来说，一个人就不再被关在感性的世界中了。概括的力量，言语的思维的显著特征，给意思或意义确立了位置。尤其是根据辩证唯物主义的原则，词的意义改变着感觉和知觉及其对象之间关系上的结构，在思维与语言的联合上表现着意义的意识。意义或是意思也标志着符号的来源，这种符号是面对着身体和生命序列之人类序列的显著特色。[②]

可是用什么方法能够精确地说明意思和意义的本质呢？维果茨基承认这是一个非常困难的问题，“意义的性质是不清楚的”。[③] 对意义和意思的问题来说，关键在于理解意识。像我在

① 维果茨基：《思维与语言》，1962 年剑桥，第 120 页。

② 梅洛-庞蒂（M. Merleau-Ponty）：《行为的结构》，1963 年波士顿版，第 129～184 页。

③ 维果茨基：《思维与语言》，1962 年剑桥，第 5 页。

别处所指出的那样，意识是有意(识)的(intentional)。[①] 那就是这个意识对万物的有意(识)的关系组成了意思或是意义。可是，一般来说，一个人并不了解一个对象或是词的本来意思，相反，人所了解的是有意义的(或是语词所指的)事物。当我寻找我的钢笔并找到了它的时候，我了解到一个亮晶晶的、银色的、长的、细的东西，它是我知觉到的真正是我的钢笔。我并不是立即就了解了它的意义——书写的工具，它是一位朋友送给我的一件礼物等等。我也并不立即了解作为表示者(作为表示意向的意识)的我自己，只有当我以直接的、事先反映的经验来反映钢笔的时候，我就变成了能够了解钢笔意义的自我表示者。[②] 因此，意思或是意义描述意识对万物的关系的性质。进一步来说，这种关系是辩证的。所以，意思或是意义也是被万物所作用，由意识所决定或是所构成。最后应该讨论的是，万物辩证地作用于意识的这种关系，帮助我们更能充分说明意义或是意思的参词(parameter)是什么。作为一位辩证唯物主义者的维果茨基是怎样来理解的呢？维果茨基相信，种系发生的和个体发

① 《马克思主义的一些原则》，联合研究院，1974年末出版的哲学博士论文。

② 不论如何，意思有不同的水平，并不是可以完全容易地理解的。弗洛伊德的研究及其“无意识”的发现是与这一点有关系的。我应该补充说明的是，我不想探讨预先反映的和反映的意识之间的区别，而是想探讨更难以描述的意义和意思的区别。存在主义的现象学，除了它的唯心主义外，这件事有许多地方给我们提供了线索。

生的水平的双方都是独立的，这一方面使另一方面得到发展的。[1] 从种系发生来说，许多不同种属的动物都需要进行思考才能够活动，这种思维是和“言语”无关的。同时，低于人类的生物，通过表达情感和富于表情的声音的交往，并不能证明其有思维过程。同样，对于人类的婴儿来说，思维和语言的发展是独立地发生的，思维的前言语阶段恰好像语言的前理智阶段一样（例如，呀呀学语）。大约在两岁时，思维和语言发展的曲线，才与说出名称的现象结合起来。事先，物体的名称对于儿童是作为物体的代替物来使用的，现在也把名称开始作为符号来使用了。现在儿童对于作为符号的词，比物体更为喜爱。词起了符号的作用。言语，它曾经情感地——意动地进入到理智阶段来。“言语与思维发展的两条线相遇了”。[2] 在这一点上，言语变成了理性的，而思维变成了言语的。

进一步来说，这种思维与语言的结构标志着言语上——理智上增长的开始，这就使儿童逐步掌握词的意义，从非常简单到非常复杂，标志着辩证的上升。意义的变化和发展正像一个人从儿童成长为一个成年人一样，儿童所使用的成年人的词还不是真实的概念。在成年期以前，“理智确实形成了，起着与这些真实的概念同样的作用。考虑到它们的合成物、结构和操作，这些概念机能的相等，分担着真正概念的同样关系，以作为胚胎使

① “思维的进展和言语的进展并不是平行的。它们二者的成长是反复交叉着的，以曲线来进行，可以把它们直过来使之并列进行。即使并列了一个时期，可是它们往往还要岔开”（维果茨基：《思维与语言》，第33页）。

② 维果茨基：《思维与语言》，1962年剑桥，第43页。

有机体充分地形成”。[①] 词的意义在达到真正概念的水平以前必须经过几个阶段。在概括发展的这些阶段包括直接的感性和两个以上不同变化形式的合并(在情绪的、主观的环节和称为“堆”的基础上形成),实用的和情境的(在过去经验和记忆——这些是“合成物”的基础上形成)以及逻辑的和概念的(通过词的决定作用——这些是真正的概念的形成)。[②] 在第二和第三个阶段之间,这里存在着维果茨基称之为假概念的东西。这些在合成物中去联结思维,在概念中与思维联结。假如概念是一种环节,在这个环节中它是合成物,把它带到它本身的内部,使概念的种子发芽。[③] 并且,像一个人的心灵机能进展到高级阶段一样,概念的高级形式改变着更多的原始意义。例如:一个人在学习代数概念时获得了一种新的广阔的远景,并从这个远景中来掌握算术的概念。[④]

思维对情感是什么关系呢?思维对活动是什么关系呢?维果茨基认为:可以同样详细地像尽力论述思维对语言的关系那样去论述它们。他相信,为了理解思维,就必须理解动机:“思维本身是由动机引起的,也是由我们的欲望和需要、我们的兴趣和情绪引起的。在每一次思维之后,就有一种情感的——意志的倾向,它在思考分析上掌握着最后‘因为什么’的答复。”[⑤]进一步来说,情感和意志是与身体、世界和我们人类有关的,即:我们在世界上活动着和我们在世界中动作着(或是感动着)有关的。

---

① 维果茨基:《思维与语言》,1962 年剑桥,第 58 页

② 列昂节夫和鲁利亚:同上书,第 348 页。

③ 维果茨基:《思维与语言》,1962 年剑桥,第 69 页。

④ 同上书,第 115 页。

⑤ 同上书,第 150 页。

像维果茨基指出的那样:“在开始时就是行为。词并不是开始——动作在这里才是最初的,它是发展的终结,去完成行为的。”[①]虽然,列昂节夫和鲁利亚批评了维果茨基在意识的演化中低估实践活动的作用。他们在这一点上指出了维果茨基的“心理的文化历史论”。他们相信,他在生物学的心理过程和“自然的”起源之间的显著差别,以及意识的这种活动、起源乃是社会的论点太过火了。[②] 维果茨基在这件事情上的看法,就是:关于思维与语言发展的本质,是从生物学转变为社会历史的。[③]

言语的思维并不是行为内在的自然形式而是为历史—文化过程决定的,具有特殊的性质和规律,它不能在思维和言语的自然形式中找到。一旦我们承认言语的思维的历史性格时,我们必须认为:对于一切来说,它的主题就是以历史唯物主义为前提,它在人类社会中对于任何历史现象都是有效的。

因此,思维与语言的问题扩展到自然科学的界限之上,而成为人类历史的心理学,即社会心理学的焦点问题。[④]

不论对维果茨基在意识形成中,人的行为和活动的意义的

---

① 维果茨基:《思维与语言》,第 153 页(重点是维果茨基加的)。列昂节夫和鲁利亚(同上书,第 351 页)指出:对于一个儿童掌握词的意义来说,不仅是儿童和成人之间经常相互影响,而且是儿童也必须同他的或是她的环境相互作用。儿童这方面如果没有这种活动,与成人的社会交往对于词的全部意义的发展就是不充分的。维果茨基的实验研究是在他的和她的思维过程的进化中,确认儿童活动的重要作用(同上书,第 22 页)。

② 列昂节夫和鲁利亚:同上书,第 342 页。

③ 有一些人同意维果茨基的看法:有一种改变,只是在心理学的水准上,而不是在社会历史的水准上发生了新的水平。在这两种看法之间,包含着不同的世界观。

④ 维果茨基:《思维与语言》,1962 年剑桥,第 51 页。

观点，还是对他的历史唯物主义理解的批评，从自然科学上来看，在他的意见中都包含着一种质的不同的研究。[①] 总之，这个问题引导我们作更为根本的考虑——意识的社会历史性。

意识的社会历史性

从马克思主义的观点来看，所谓意识的社会历史性意味着什么呢？实质上马克思主义所提倡的一种原理就是它自身所关心的方法。在这一方法中指出：我们的活动和我们的思考是被社会经济与社会势力所影响和决定的。[②] 一位马克思主义者理解了这种关系，既可防止文化的、社会的、经济的决定论，也可防止历史简化主义的决定论。

---

① 对维果茨基著作的批评，不仅有两方面观点，而且还有第三种观点。在他的《儿童文化发展的问题》论文（《发生心理学杂志》1929 年第 36 卷，第 415～434 页）中，维果茨基在几个地方提出：在所谓原始的、文化的或是文明的人民之间心理的发展是不同的。约莱夫斯基（D. Jorasky）的评论（《伟大的苏维埃的心理学家》，《纽约丛书评论》1974 年 5 月 16 日。）表明：这里可能有别的原因，迄今未翻译出来，在书中这种思想不仅维果茨基，就是鲁利亚也有表述。在苏维埃心理学中，这种见解曾在 1932 年作为反马克思主义者进行了批评〔培恩（T. R. Payne）同上书，第 47 页〕。可是我弄不清楚在讨论中争论的不同意见是什么。

② 思维是从什么地方来的呢？只有实践经验和感性活动不能说明思维和语言问题。我们承认，我们的思维来自社会、来自别人。他们传授给我们，我们的思想并不是有任何绝对意义的我们自己的东西而是社会的。对于每一个思想来说都有社会历史的基础，尤其是“精确地说，维果茨基绝对地突出反对那种试图设想作为社会意识直接影响之产物的儿童个体意识的发展”。（列昂节夫和鲁利亚：同上书，第 353 页）这是一种辩证地相互作用，我将在后面讨论它。

真正的马克思主义的社会科学并不简化群众的活动，而是去了解他们的世界、或是个人的行为和经验以及他们的社会历史根源。这样看来，为马克思主义所采用的历史唯物主义的科学方法的探讨与非马克思主义的探讨是不同的。“真正的”和“庸俗的”马克思主义争论的分歧点在于理解和应用辩证法。“庸俗的”马克思主义不顾辩证唯物主义的主张，以公式化的方法僵硬地应用马克思主义的范畴、概念和术语，一般地分析社会的发展和问题。

如果马克思主义社会科学发生了僵化，也许不论在何时都会很好地暴露意识和个体的起因问题。意识被简化为社会现实的反映，换言之，意识或是主观性是作为某种设想的客观现实的社会条件的反映来理解，社会现实被认为是存在于外界的。除此之外，本体论把一切意图和目的、意识都分离了出去。这种极端地把意识和世界分离开来的结果——即：非辩证地理解意识和世界——便成为客观主义或是机械唯物主义。① 同样，机械的或是“庸俗的”马克思主义把个体简化为他或是她的阶级地位。② 个体不是一个人，而是一个典型的他或是她的阶级、种族、性别、语言或是种族集团之一员的行为的化身。萨特曾经指出：似乎这些马克思主义者相信，个体只是在他们第一次获得他们的工作时才诞生的。③

真正的马克思主义社会科学必须通过对意识和社会界之间关系的辩证特性的恰当评价，才能防止这些陷阱。社会科学上

① 马克思主义僵化的理智的和哲学的根源，可以从恩格斯的《自然辩证法》和列宁的《唯物主义与经验批判主义》两书中查到。

② 参阅普列汉诺夫著《马克思主义的基本问题》。

③ 萨特：《对一种方法的研究》，1963年纽约，第62页。

的马克思主义方法论，在其他的事物之间，必须以这种方法去处理存在于社会上的集团或是个体所给予的条件和矛盾之意义的特殊性。真正辩证的马克思主义者不仅必须对所谓代表小资产阶级利益的，这种那种的以及怎样的政治纲领，或是影片，或是小说发表意见，而且理论上也要对非一切非小资产阶级的特殊的政治意识形态、影片或是小说发表意见。只有通过这样一种辩证唯物主义创造性的具体的应用，马克思主义才能经常被掌握，而避免思想僵化。当这样的思想僵化发生时，结果就成为了异化的马克思主义。马克思主义就不再是革命的了，马克思主义就会出现危机。如果它的辩证性一枯竭，马克思主义会转个圈——从资本主义矛盾的起源、革命的理解和它们所产生的异化，一直到错误的意识的见解。这种错误意识的规定，同样对非马克思主义者采取了许多方法进行打击，特别是关于意识和社会历史之间的关系的处理。这一点于马克思的异化的论述中，“个体——和其他人一致——必须能够用一种意识、考虑方式，去变革社会和物理世界”。①

必须进一步弄清楚关于意识和社会历史现实的关系的讨论，像列昂节夫和鲁利亚所表示的那样：“人的意识不是由于物质生产而是由于个人的关系以及由社会的发展而引起的文化发展的产物。”②这意味着那是物质、社会势力和意识自身——它

① 马克思：《1844 年经济和哲学手稿》，1964 年，纽约。考德维尔（C. Caudwell）在《垂死的文化研究与更进一步的研究》（1971 年，纽约）中，提出了一种有趣味的问题，注意到社会界和物理界之间的关系。例如，人民本来不适应于河流：“但是对于社会来说，单从整体来看它，作为一个组织起来的社团体制，是适应于水的。”

② 列昂节夫和鲁利亚：《思维与语言》，第 341 页。

是真实形态的意识——之间的媒介。这些媒介包括，例如：(1)一个人的家庭、关系和同辈人集体的影响；(2)学校或是其他机关的影响，它们传递着文化的知识、技术和意识形态；以及(3)一个人从事劳动的形式，它所伴随着的地位等等。当然这些媒介是被社会经济制度的下层结构所决定的。它们在这种条件下发展着变化着。同时，个人和集体对于作用于他们的媒介势力也并不是被动地去反映。不如说，一些势力是不加批判地被接受了，其他的既不是有意识地也不是无意识地修饰，用以适应集体和个人的需要。而当偶然地发生了抵抗和起义，从整体来看这些抵抗和起义结果可以对制度强迫造成革命的变革。因此，所谓意识的社会历史性意味着：(1)通过社会和个人关系，同样还有文化机关的媒介，意识是由制度的物质、社会势力所形成；(2)在意识及其世界关系上的积极性意味着通过行动，形成和变革这个媒介结构，这一结构系统地被生产及其发展阶段的势力所决定。换言之，意识被埋置在社会历史界，两者之间的关系是辩证的(或是意识和社会历史界互相渗透)。这意味着意识参加在构成中，与活动联系在一起，改变着社会历史势力，而他们的媒介已经在形成它，并且继续地去形成它。

所以，马克思主义的社会心理学，在意识和社会历史界之间必须来一次辩证的彻底的检查，要特别着重在它的心理学方面。当谈到作为马克思主义心理学原理之一的意识的社会历史性时，当然要假定马克思主义社会心理学的基本工作就是提出问题、发展方法论和提供事实。因为本文的目的并不是探索这些事情，所以要限制自己注意语言与思维的社会性的三个方面。对于语言与思维来说，意识被埋置在社会历史中，言语与思维的研究，揭露了一种特殊的方法，实在是非常重要的。在其中意识和社会界是交叉的，理解这种相互联系只是最低限度地取决于社会心理学的贡献。

注意到第一方面，早就指出了：对于维果茨基来说，词的意义代表了词和思维的联合，而用这一点去理解意义或是意思的本质，我们看到社会界和意识的关系，引证盖伦的话来说就是："……这种经验揭露了意义栖居于语言中的方法。正确的方式是思维要与语言联系起来，这是别人的经验。听别人的语言，思维的进行乃是根据意义的渐进的泄露，而不是它自身造成的。紧跟着他的言语的内部发音，我们是根据别人进行思考而不是根据我们自己。当别人把他说出来的词教我们时，我们在文字上事先并不了解。梅洛一庞梯说："那么，接受别人的通过说出来的词的思维是对别人的反映，是根据别人思考的力量来丰富我们自己的思维。因为别人的语言的经验是获得一种最初的意义的经验，按照它，我们的思维被衡量着，并提供规范。"[①]

因此，通过与他人的交往，意义和意思、思维与语言相互关系的特征便被我们确立了。第二条途径是通过语言与思维的相互关系把社会揭露出来。维果茨基说："语言的最初作用是交往、社会的交际。"[②]因为个人的经验只能来自与别人的交往，如果能分担一份任务的话是意义或是意思(一个对象、事件、动物或是人)，那么"真正人的交往可以预想为概括起来的态度[③]或是思考。因此，交往或是社会交际是在思维与语言的关系上解

---

① 盖伦(G. Gillan)：《人类的眼界》，(卡本达尔，1973 年第 3 版)第 40 页，引证梅洛-庞梯，可以在他的《知觉的现象学》(1962 年，伦敦)第 179 页或是在他的《符号论》(1961 年，伊文斯敦)第 93 页查到。盖伦修改了原来的译文。

② 维果茨基：《思维与语言》，1962 年剑桥，第 6 页。

③ 同上书，第 7 页。

不开的环节。因为两者是被装进意义和意思中的,所以要服从和联合它们。人类交往的最高形式包括:像把意义描写为思维与语言发展中的一种综合一样的意义的表达。意识寓于社会中,而社会也寓于意识中。通过意义的现象便发生了这种互相渗透的样式。

思维与语言的第三条途径直接关系到社会,这是在维果茨基论述语言与思维发展的著作中揭露的。与皮亚杰的早期著作对比,他所发现的是在语言作为交往(对他人的言语)形式的社会范围内,逐渐发展为中间的形式(这种形式皮亚杰定名为自我中心的)。最后变成内部言语或是对自己的言语,它实质上是和思维不能区别开来的。在皮亚杰看来,言语的发展是向社会的我、向思考运行。自我中心的言语对于他,像对于维果茨基一样是一种中间阶段,可是皮亚杰对它的意义的理解与维果茨基的理解有很大的不同。维果茨基表明:

从皮亚杰的概念来看,儿童在他的自我中心的言语上,他本身并不适应成人的思维,他的思维完全停留在自我中心上:这就使他的说话不能为别人所理解。自我中心的言语在儿童的现实的思维或行动上不起作用——它只是伴随着它,因为它是一种自我中心的思维的表现,它同儿童的自我中心一道消失。在儿童发展的开始,从他的顶点起,自我中心的言语在学龄初期降低到零度。它的历史,与其说是一个人的进化,不如说是衰退。它没有未来。

以我的概念来说,自我中心的言语是一种从心理之间到心理之内的作用的过渡现象,即:从儿童的社会、集体活动到他的个体化了的活动——一种共同发展到一切较高级的心理机能的模式。一个人自己的言语起源于对别人的言语的鉴别,因为儿童发展的主要途径是一个人的逐渐个体化,所以这种倾向反映在他的言语的功能和结构上。[①]

维果茨基的实验研究对他自己的见解提供了强有力的根据。如果自我中心的说话,像皮亚杰所主张的那样并不是社会的,那么任何在社会接触上的减少,就要增加自我中心的言语的系数。在另一方面,如果自我中心的言语,在其功能上最初是社会的,那么在社会接触上的减少就要缩小或甚至消灭自我中心的说话。

在维果茨基的第一组实验中,当儿童们在一起游戏和进行自我中心的言语时,一个儿童莫名其妙地被领到一群聋哑儿童中,或一群说外国语的儿童中。在这两种场合,自我中心的言语,总的来看是戏剧性地降低了,而在大部分情况下降低到零度。因此,为了产生自我中心的言语,儿童必须弄清楚是怎么回事。这意味着作为言语的过渡形式,尽管和社会言语区别开来了,自我中心的言语仍然对儿童维持着别人所具有的性质。这样说,仍然没有把儿童对于别人的言语和对于自己的言语之间的区别搞清楚,在这一点上,一切言语都是对于别人的,或是对于社会的。

在第二组实验中,允许儿童们可以在一起游戏和进行"集体的独白"。当这些同样的儿童可能被阻止或是不许可进行集体的独白的情况下(例如在陌生的儿童的屋子里,或是单独一个人),自我中心的言语再一次被削弱了,尽管和第一种情况一样并不是戏剧性的。这意味着自我中心的言语是直接对别人的:并不是只打算对自己私自默默地发声。

在最后一组实验中,放大声音或是在户外立刻进行高音量的音乐演奏,以致所有的声音把整个屋子都淹没了。这一次所得到的结果是儿童自我中心的言语的系数下降到更低的水平,因此表明了自我中心的言语是儿童想要对社会而没有私自的目的。

---

① 维果茨基:《思维与语言》,1962 年剑桥,第 133 页。

因此(维果茨基的)发展计划——首先是社会的、其次是自我中心的、最后是内部言语的——与传统的行为主义心理学家的计划——口头言语、耳语、内部言语——两者相对比,连同皮亚杰的研究结果是从通过自我中心的思维与言语的非言语上的我向思维,一直到社会化了的言语和逻辑思维。在(维果茨基的)概念上,思维发展的真正方向并不是从个人到社会,而是从社会到个人。①

以上三组实验有助于支持维果茨基的论点:思维和语言的发展来源于社会。反过来说,言语和思维本质上是社会的。进一步说,思维和言语的社会性的讨论揭露了意识的社会历史性的一般原理的真实性。像在上面指出的那样,发展这个原理和详细地阐明它的意义,就要把这个任务留给马克思主义的社会心理学了。

总之,维果茨基的语言和思维相互关系以及作为社会历史现象的意识的实验,为我们提供了重要的马克思主义心理学的原理。他是始终不渝地应用辩证唯物主义正确方法论的实践范例,而在用马克思主义去探讨心理学的发展上,对所有那些发生兴趣的人,都能够获得巨大的教益。

(1980年8月,未发表)

---

① 维果茨基:《思维与语言》,1962年剑桥,第19～20页。维果茨基的结论注意到自我中心的言语的意义。他说:"主观上,儿童自我中心的言语已经有它自己特殊的作用了——在其范围内,它独立于社会语言之外,可是它的独立是不完全的,因为它没感到是内部的,而是没有把儿童与别人的言语区别开来。客观上,也和社会言语不同,可是不再是完全的,因为它的作用只是在社会的环境之内。从主观上和客观上两者来看,自我中心的言语表明了它是从对别人的言语到对自己的言语的过渡。它已经具有了内部言语的作用了,可是它同样停留在表现社会的言语中。"(同上书,第138页)。

情感和意志的理论[①]

在心理学思想史上，我们可以容易地把作为意识生活活动的主观方面，根据理论的主张，划分为两条主线，就是：情感的理论和意志的理论。我们自己要把这些基本现象的界限划分清楚。关于意识的高级过程的主张，部分地依靠这些方面，而部分地表现在他们自身的假设中，这种假设在探讨心理学思想的一般倾向上已经被论述过了（见第1～3章）。

一、情感的理论

特有的现象学的预想，为几种理论做出了初步的贡献。在这些势力之间，用一种独特的方法试图寻找一种理论上不同的解释。一般来说，情感的理论能够根据情感经验是位于其他的意识内容中的推测关系而被区分开来。首先，情感已经被认为是另一种心理活动的改变，因此对于统一的原始的需要是最容易感到满足的。与一切最初的理智主义相应的心理学上的思想、认识或是一般来说理想的活动，代替了一种超正常的机能，当时表现着的理论确实被承认为心理学上的情感的特点，而试图从其他外来条件中去推论它们。这些尝试，部分地试图从其

① 本文译自 Otto Klemm 著《心理学史》（1914 年英文版），第 12 章，第 346～372 页。

他心理内容，一些作为观念和其他的相互关系中去推论它们，这样就被引导到情感的心理机械论上去，并且提出生理学上的连结环节，承认情感和理智的意识内容之间的质的差别。反驳所有这些停留在这里的保存着情感心理本质的理论集团，而把它作为其他的意识过程，试图作为心理物理过程来解释它们。

(一)现象学的假定

对于情感理论最好的定向，可以从意识分类的内容中得到。情感的独立地位明显地是与感觉和感性知觉相对照的，它在很早以前就在心理学的分类上获得了稳定的位置。另一方面，情感曾经不安定地徘徊在从一种意识的内容群到另一个意识的内容群之中。现象学的假定经常在变换，而试图解释情感的本质也在变换。

抉择可以追溯到最远的往昔，一个问题是像观念一样，探求情感是否是心理上的动作而归属于一个特殊的对象，或是它们是否只归属于其他真正的知觉动作和来自意识的观念的范围中。

除了情感问题上有许多其他的不同点之外，对两种可能性几乎都有过一致的承认。从亚里士多德起，情感的描述一般都是朝着这个方向前进的。虽然仅仅与他的《伦理学》有关系。他指出快乐与某些心理活动有关系，它可以按照动作的种类去改变完成的动作。英国心理学家同意穆勒(James Mill)的伴随知觉的情感是被包含在动作本身中的教导。而培恩(Bain)在他的情感对感性知觉的关系的描述上则走得更远，认为感觉具有双重特征，有理性的和情绪的一面。

在德国心理学中，多姆里希(Domrich)称情感是以知觉激发的方法引起的。这种解释，直到今天还为很多人所捍卫。纳劳斯基(Nahlowsky)从直接与感觉相关连的快乐与痛苦的固有情感中来区分,即所谓的情感色调(Feeling tone)。这种主张为赫尔巴特学派的魏茨(Waitz)和福尔克曼(Volkm ann)所接受。因为它给予他们从一切情感都是与诸观念之间的一些关系产生的见解中来保存赫尔巴特的理论。

在确定一些相对立的问题上,这里很少有一致的意见,是否每一种心理动作都必须经常伴以一种情感。这个问题真正地属于现代的心理学,同在传统的理论上所发现的矛盾一样的多。虽然,我们看到,亚里士多德在他的《伦理学》上说:不仅是各种感觉,而且一切的心理活动也都伴随着情感。尽管在他的心理学上他指出无关紧要的感觉,即:也没有情感。在19世纪,我们看到有两种观点,穆勒强调无关紧要的感觉,恰如贝恩和穆勒所强调的那样,每一种感觉都伴随着一种情感。后者就是这样地联合了许多心理学家,奥尔维茨(Horwicz)几乎把它作为一种普遍承认的事实:一切感觉都伴随着不同程度的愉快和不愉快。

最后,这似乎是两种正相反的观点能够促成一致一样。冯特学派的情感理论,除了情感一般被定义为对于意识的个别内容的统觉反应之外,还承认无关紧要的心理过程。适当强度的每一种感觉都伴随着愉快的情感,而每一种较大强度的感觉则伴随着不愉快的情感。虽然,由于情感的性质经常随感觉的强度而变化,可是一种无关紧要的程度,一定在两种对立之间在某个地方展开着。布伦塔诺(Brentano)反对这种理论,曾经极力主张下列的反对意见:不愉快产生自一种感觉的巨大的强度中,并不真实地与感觉的质相联系,而宁可与伴随着增加感觉强度的痛苦的感觉相联系。

然而,在这个含糊不清现象的问题上,最使人信服的证明是能否把情感的争论整理成为一个或是一个以上的度数。愉快·

痛苦的理论从很早以前起就被道德的和艺术的动机所支持，它在这两种对立之间整理一切情感。这个原则仍然为直到今日的许多卓越的心理学家所认可，如约迪（Jodi）和屈尔佩（Külpe）。其他的心理学家恰恰好像着重否认了不充分内省的那种证明。总而言之，冯特证明了对于颜色和铿锵声的效果是描写得不够的。李普斯（T. Lipps）也表示了他的确信：这里存在着许多基本的情感。对这个问题最现代的订正是紧密地与意识陈述的新等级的假定关连在一起，如所谓觉知（awareness）的陈述。明确接受和可能整理这些新概念，似乎对许多心理学家来说成为安排情感位置的根本而决定的重要因素。

（二）情感的智力论

在理智主义的保护下，这种理论虽然实实在在地处于固有的心理学分析的极端限界上，可是能通过全部心理学史把它查找出来。愉快与同意、痛苦与否定的亚里士多德学派的比较，包括着一种基本理论。这种理论承认把情感作为一种认识活动的方式。他的情绪理论也是以这个同样的观点为根据的，认为情绪是与内部的、道德的因素相结合的。亚里士多德有名的关于情绪的描述，带有其情绪和情欲之间的道德上的意味深长的区别，成为许多世纪的一种典范。他以最高的愉快是由于灵魂的、心理的最高能力的活动而产生的论述，完成了他的伦理学。有价值的经验，促进了其他经验的成熟和发展。处在接替的时代，这种理论证明了只是一种少有的新观点。斯宾诺莎支持活动的情欲之间的古老的区别，这种看法是由晚近的认识论提供的。情感是根据诱导起来的观念之清晰和不清晰的一种活动或是情欲，洛克满足于作为简单观念的愉快和痛苦的中性名称，这种观念是与灵魂的不同状态相关联的。

联想心理学给刺激以新的观点。休谟认为,作为自我知觉的感受的情感依靠着观念,而导致这两者之间结合的则是依靠联想。另一方面,试图对情感的经验给予解释,同时探讨用什么方法才能够引起一种特殊的认识。莱布尼茨以这样一种意图把情感与混乱的或是不清晰的观念连接起来。他将 19 世纪黑格尔有名的情感解释作为一种晦涩性质的知识纳入其中。在这一点上,他驳斥了他的老师沃尔夫(Wolff),沃尔夫精确地把情感描写为一种身体状态的直觉的知识,也是根据知识的完全或是不完全而产生的愉快或是痛苦这一完整的概念。这个 18 世纪道德上的艺术上的观念,同样被情感理论所统治。在新康德学派的心理学中,旧思维方法的回响仍然可以听到。虽然,作为一种特殊等级的心理过程之情感的认识,在康德以后几乎被否定了。对思维的这种训练,易于引起所谓的普遍的或是有机的情感的解释,它们好像作为身体的安宁而给予直接的讯息。对有机的情感的一些解释是一种身体健康状态的意识,而另一些人则作为一种从不同的身体器官而来的、试图引进意识中的较弱感觉的一种斗争来描写它们。在这一点上,情感的理智论转向一种感觉论。

(三)情感的心理机械学理论

这种理论认为一切情感都依靠着观念的相互作用,回过来看看几种艺术上的情感则依靠着简单印象的关系。很久之前就认为情感是由音乐的间隔、依靠音感觉的关系而引起。我们有一段毕达哥拉斯在铁匠铺中的古老故事:听到在铁锤的铿锵声里有不同的和谐的间隔。在不同铁锤的重量上,他找寻第五、第四等等的关系。在艺术领域,这种带有观念之间关系的情感的相互关系已被进一步探求。亚里士多德试图给柏拉图的美的解释以一定的基础，并加上一系列的心理学上的特征。极端的、相似的部分，或是在艺术上被赋予特性的、有价值的，它们之间的中庸、内在联系、统一的关系。在这些客观事实与主观相关的观念形式之间的符合关系。

这些纯粹的最初心理学上情感的理论基础在观念的相互之间的关系上，很快地从唯物主义心理学的猜测中得到了支持。根据这后者的真正的调和或是肉体上过程的冲突，构成了一切观念的活动，愉快或是痛苦则是决定的因素。这种古老的解释，并不是最初的简单情感，而宁可说像一些情绪一样，是更为强烈的情感。在古代，斯多噶学派的芝诺给情绪下了一个有名的定义。他认为情绪在反对灵魂本性的行动中，对这个灵魂我们可以作为一种搓成灵魂的气体具体地描绘出来。在近代心理学上，具有同样立场的是笛卡儿的情绪理论。他把情绪定义为由于动物精神的运动而产生的灵魂的激发，并支持这种古老的意见：把情绪作为获得一种肉体基础的灵魂的感受。像这样尝试下去，保持了唯物主义心理学思想的路线，他们就会越来越远地离开真正的情感的理论。

在形而上学的神话和经验论之间的分界线上，这里有18世纪邦尼特(C. Bonnet)的理论。他是在情感和感觉之间相信有经验的区别，就像我们在近代术语中所指出的那样。在对象所产生的印象上，我们必须从那个灵魂的反应中把那个对象的特征区分出来。后者是指情感表现中主要的两种，如愉快和痛苦。愉快的真正原因是由于大脑神经纤维适度的激发而推测出来的。除此以外，这里有一种相对的愉快，它是从不同种类的神经纤维中产生的。这种程度是属于一定的声音和颜色相结合的协调的效果，它是感觉纤维在一定的连续的或是联合的运动中引起的。然而，赫尔巴特最终决定从他的唯物论的假定中，把这些理论的心理学部分区分出来，因此构成了纯粹的情感心理机械学的理论。赫尔巴特的理论也并非不是先驱者，我们可以回到经院学派里去寻找。我们找到布利丹(Buridan)。布利丹从一种心灵机械论的立场，试图特殊地去描写情感，这当然是一种非常陈旧的理论。这个灵魂努力延长一种愉快的经验，而终止于不愉快的经验，只要它被一种单一的情感所占据，它就不能将另一种情感带到同等程度的意识之中。如果同样种类的情感同时发生，它们彼此相互加强，正像一看到花朵就愉快一样，乃是从它的香味而增长起来的愉快。另一方面，相反的情感彼此之间就走向衰弱。

这些影响，确实在下一世纪还会产生效果的。在赫尔巴特的理论中，最突出的使人惊讶的是心理的机械论和极端的理智论的结合。在赫尔巴特看来，情感是观念的彼此对抗或是彼此阻抑。这种观念本身的状态是一种扭曲，因为作为动作的观念努力支持自身，而且仍然是不断地遭受抑制，特别是区分情感的这些差别取决于它们所涉及的内容，而这些内容依靠着一般情感的生来的状态。对于第一类来说，属于艺术上的和感性的情感，两者都是由局部的观念组成的；对于第二类来说，则属于情绪。

当赫尔巴特的老师传授给他的学生们时，赫尔巴特学派在情感理论上形成了非常重大的改变，即把“感觉音调”的感性情感从固定的情感中区分出来。他们坦白地承认在经验的区别上，赫尔巴特只能用他的人为的局部观念理论去克服困难。作为感觉音调的问题至今还争论不休。最近，又有情感的感觉是属于感觉等级的假设。当然，这纯粹是一种分类的问题，并不直接和一定的情感理论有关系。然而，如果我们在情感经验的纯粹的描写上这样含糊不清，那么试图用理论来解释，很有可能有较大程度的分歧。

(四)情感的生理学理论

试图在生理学的特点上建设情感的理论,首先提出了这种假设:情感作为其神经过程的基础是与那些引起感觉的条件同样的。在近代脑生理学的影响下,这种意见已经被合并为中枢神经过程问题的理论了。

由于其心理学的假定和第一种假定的结论代表了感觉的情感的假定,情感被分类为与其他感觉一样的感觉的特殊的质。从中它们不过是区分这样的事实:它们可以以一般感觉的能力去伴随任何其他的感觉。皮肤的和内部感官的神经,使有机的感觉想象为那种特殊感觉质的送信人。这种观点是大约在19世纪中叶多姆里希和海根(Hagen)主张的,因为在感觉和情感概念之间习惯上的混乱而找到了它的可喜的支持。

除此之外,这种有机感觉性质的古老意见,产生于一般生理学家之间,这一点似乎影响了心理学。在生理学上,不知从什么时代开始的,有机的感觉(复杂而模糊的有机感觉)曾经与作为内部感官状态的一种可理解的外部感官的感觉相比较,形成了这些感觉神经的器官。这种不能令人满意的区别,被缪勒(J. Müller)从心理学的因素中取消了。由于把这些同样的感觉与作为有机的感觉、触觉或是“情感”的感觉放在一起来分类,他便把这一切都归入同一类之中。韦伯(E. H. Weber)更前进了一步。因为他对这些部分预先假设以一种感觉的双重方法提供感觉神经。即:固有的感觉与有机的情感,后者给予我们以具有身体条件的一种意识。为了完成这种一般情感的理论,对一切情感就一定要用同样程度的思想。陆宰(Lotze)就是这样做了的。当他牺牲了他的作为调和的无意识的见解,或是在身体的重要机能之间缺乏调和的古老智力的情感概念,而承认情感的发生依靠特殊的神经过程时,它是以感觉刺激的强度和质来变化的。

到了今天,许多重要的事实证明,已经不太注意这些主要的理论了。即:对于表情动作的情感关系,从这种生理学理论的立场来看,这些将由中枢生理学过程的作用来解释。至于对情感本身则有下列的里博(Ribot)的解释,一般是伴随着身体过程而改变中枢神经系统的现象。虽然它们在同时被假设为:表示一般的身体的状态。这是梅纳特(Meynert)的观点,他解释快乐的情感是由于大脑机能的充血,而贫血是由于悲伤引起了中枢的抑制。这种理论的最大影响,一种是强有力地把情感降级为只是从属的状态。在詹姆斯(James)和兰格(Lange)看来,一个刺激是作为一种表情动作的反射唤起的。情感从这个动作中引起,然后成为我们情感经验的真正基础。像詹姆斯经常所引用的句子那样:"我们哭泣,并不是因为我们悲伤;而是因为我们哭泣,我们才悲伤。"兰格把这种观点引申到身心之间的一般关系上,从认识论的立场才能批判这种关系。只要我们承认心理状态是原因,而身体状态是结果,那么它为什么能引起这些特殊的身体的征状,这仍然是不能理解的。然而,如果我们把这种关系颠倒过来,灵魂的状态就容易理解了,因为它是一切身体的不安的感觉引起的,这也就简单了。这个理论在情绪的讨论中找到了有利的基础。兰格描写了这些有机的不安的感觉,是由于交感神经受到刺激时而发生变化的。为了证实他的理论,他指出它们在情绪上具有广范围的表现运动以及反应的增强。这个理论基本的真实性是在交感运动和伴随着每一种情感的动力激发的末梢放射的事实中看到的,对它获得了较大的同情。

(五)情感的心理物理论

作为独立意识内容的情感的认识,这种心理物理的情感论的问题,多少变得和从前的理论不相同了,已经不再把情感溶解于其他的意识内容中,而宁可解释为一种情感过程的心理物理。根据不同的间接观点来看,这当然能够得出完全不同的结果。这种情感的认识,属于一般心理过程的等级,是走向这种理论的第一步。可是,把情感作为状态的这种解释是把灵魂安置在它的感觉和观念之中的。一方面,这种思想是引起情感包含在灵魂真实状态的自身之中的一种消极的认识,承认了这一点,这种理论立刻就变成了一种智力论;而另一方面,这种解释由于其形而上学的灵魂概念的事先假设,足以超过自我观察的直接知识。它为19世纪的心理学所遗留,而摆脱了这些智力的和形而上学的因素。从冯特的时代以来,强调情感是自我意识的一个方面,它与知觉着的主体的真实状态有关,这就引起了一种更为精密的分析。这种分析从根本上使这种自我意识的关系难以维持。就自我意识的对比来说,自我意识是发展得比较晚的,情感代替了意识的本来内容。冯特本人在这种论述中,最后把情感解释为心理物理过程,他确定了在情感状态的巨大变化和生理表现的征候之间紧密联系着一种假设。

我们在讨论时应该注意这一类理论:一种是超越意识的直接经验之外,因为它看到了一切种类的意识内容,在情感状态上具有进化的出发点。在这个意义上赫尔维兹认为,情感是最原始的独立的精神状态,越出感觉和观念的发展范围之外,他的理论以各种形式一直持续到今天,被认为是有利于与进化有关系的任何思想的路线。我们在一些美国的心理学教科书上也遇到过它,在其中有时谨慎地把它依附于经验,这是与最大胆的生物发生学的假设联系在一起的。

二、意志的理论

其实,尽管一些情感不停地变化着,可以容易地作为单一的过程而被掌握,但其特点仍独立于时间的流逝之外,是意志的经验;另一方面,它们本身是这样地具有特点地分成不同的阶段,根据这些阶段在意志的不同过程可以区分为各种意志理论,并选择各自的出发点。这样做,意志通过了心理机能的完全的阶梯,就从绝对的超越能力下降到伴随着反射运动的观念之中。而这种分析遇到了较大的困难,许多伦理学的问题进入这个前线上来。在这种混乱中,纯粹的意志理论史的哲学问题,再次清楚地表示着观点的改变,决定了这许多心理学理论的命运。

意志的理论自然影响着原来一切心理学理论的理智论。很明显,在这里已经选择了一种出发点,在意志动作发展的阶段,似乎经验着一种可能性之间的选择,而这种可能性似乎更为明确地表示着它独立于智力过程之上。在这些智力论的对比中,它强调的决定或是决心的经验,把意志认作一种超越的力量或是能力。为这两种意志理论所共有的是它们为意志自由的伦理问题所培育着的事实。在这些理论之间,承认意志经验的心理学构造。首先我们看一组自然发生论,它试图从其他的精神过程中来推论意志。在更加强调而着重于情感时,伴随着每一种意志动作,我们是逐渐从后者的理论引导到意志的情绪理论上来的。

即使所有关于意志的理论都要探讨这同一的问题,我们仍然不能以同样的标准正确地去判断古老的理论,同时用同样的标准来判断近代的理论。对于近代心理学来说,在反应试验中发现了转向到提炼过的定量和定性的分析方法上来。关于意志自由问题的古老的斗争,近代心理学试图对简单的意志过程给予完全不同的精心的描写。

(一)意志的智力论

在智力论中的强迫动机,使意志独立于认识之上而成为意志自由的问题。后者,它本身经历了许多的变化。自由的概念是古代思想的产物,在中世纪为意志或是智力第一难测的争论所代替。直到近代的哲学上,即意志自由问题的经典时代,以其形而上学的自由概念,为过渡到意志的绝对论铺设了道路。

1. 古代的自由概念

自由的概念,引进伦理学中,行为的动机问题就提出来了。苏格拉底把行动的自由与正确的认识和见解联系起来。柏拉图首先主张纯粹的心理学上的自由,而同时坚持苏格拉底的论点:坏人需要正确的认识,而不是去自由行动。亚里士多德得出了暂时的结论,由于在愿望和欲望的细致的心理学上的划分,他抛弃了伦理学主题的有意行动,尽管这些行动本身是从扎根于人本身的决定中产生的。这种较深的基础问题,当伦理学上要求对一切自然现象统一来认识时,反过来伦理学上要求意志的自由就被揭露出来了。这体现在斯多噶学派的哲学中。由于人为的差别,不顾一切试图挽救意志的自由。例如:查锐西普斯(Chrysippus)把它作为首要的和次要的原因,一般来说斯多噶学派终于成为一个明显的宿命论的主张者。

在对古代意志理论的这种观察中,有一件事是不可忘记的,即:在任意选择的意义上,选择自由的概念,与他们是十分不相称的。选择绝对的自由,挫伤了一切哲学上的理解。它明确地指出了:把一些非常不合理的因素放入哲学中的时代,即教父的时代。这种原罪的神的恩赐和命运的独断,要求自由的种类不同于古代所遗留下来的,意志明显地为善的观念所决定。如果后者包括不可犯罪,那么人类也就必须有一种可不犯罪或是善与恶的可能性。这些是有名的奥古斯丁自由理论的独断的问题,它是教会史留给我们的记录。这种含糊不可避免,以致引起了这么多无休止的争论。

2. **意志或是智力第一**

经院学派意志理论在这两种范围之间提出了主张:一方面把意志描写为一种实际的三段论法。它解释了意志智力的行动,而另一方面从纯粹动作的概念来说,认为意志是一种绝对的能力。在阿奎那和斯考特之间意志还是智力第一的重要讨论中,除了形而上学和辩证法引起论争外,心理学上的问题也是被介绍的一种,而认为前者最为重要。在这种观点下,精神机能的分类决定于他们所论及的对象。意志指向善;智力指向真实。阿奎那学派置真实于善之上,从智力第一推论到理性之上。苏格兰学派追随相反的理性路线。阿奎那学派又主张智力探寻着一般的真实,而意志仅仅是希望特殊的善。以后苏格兰学派把一般的善作为意志的对象,同时以这种方法保留它们原来有价值的秩序。这些一般预先假设的前提即是:机能本身的真正效果相当于精神机能的相对价值。他们又指出这些对象排列的次序,是在精神过程的概念上而构成外部对象反应的一种显著的例子。关于反应,我们已经在其他几个地方介绍过了。

在意志自由的问题上看见了这两个部分间的对比。阿奎那学派声明:意志必须经常地去追求那种承认为善的智力。心理学上的自由的选择,在这里只留下了这种事实:意志决定于智力它所显示的最好的可能性。这种理论逻辑地终止于阿奎那的智力的宿命论中。他的反对者自然是直接反对这一点的,他们一致声明:一种意志如不是这样地独立于它的具有行动可能性的观念之上,那么一切责任也就到此完结。所以,斯考特保留了与选择意志自由相抵触的愉快或是痛苦所引起的冲动或是欲望,而冲动或是欲望必须经常跟随它的动机。观念是降级为偶然原因的等级。只有或多或少地搞乱了的大量观念,这些是清楚地知觉到:意志自发地引导其注意和这样地去增加其强度。这个意志和注意的结合是一种较大效果的观念,它不是逻辑地引伸出来的,而仅仅是产生自近代的意志理论中,在那里意志的基本现象是转移到一种观念运动的冲动的统觉上去的。

斯考特的几位学生轻轻地走近阿奎那学派的立场,来缓和意志之迟钝的政治独裁,这种政治独裁是他们的老师曾认真地使任何真正的动机成为不可能的。奥罗拉斯(Petrus Aureolus)弥补了这个意志的不足,它仍然保留了唤醒它自己的能力,带有一种依靠着意志的智力行动,可是还不了解意志的目的。他用对比来表明这种结果的关系:水手首先拨动船,这种拨动由于运动,使它转动而变为意外地移动水手了。这些尝试被奥卡姆(William of Occam)所强调的非宿命论破坏了。由于他给我们的生命带来与意志过程相联系的情感的一面,在任意选择的意义上,他把意志本身归之于完全的自由。可是,最终成为布利丹的自由理论,布利丹对意志问题的处理开始了一个新的时代。

3. 意志自由问题的经典时代

在布利丹对意志的研究中,他带来了与精神机械论初期相联系的传统的自由论。除智力外,意志并不是一种特殊的力量,而宁可说是一个灵魂在另一个方向进行的行动。在接受一种对象的判断之后,这里经常跟随着愉快或是不愉快,它们刺激着意志。对于后者,布利丹给予自由以独断的力量。当动机是正确的而具有同等的强度时,它就能自由地去决定。如果意志被善的事物决定时，就没有什么可选择的事情了。现在，因为需要而假设去做这件事情时，在布利丹的意志理论中就产生了一种矛盾，意志在某种程度上顺利地超过了这种事实：真正的自由蕴藏在意志的力量中。智力能保持动机很久，对于达到真正的顿悟是足够的。

总而言之，布利丹放弃了意志没有任何动机就可以决定的观念。人的自由在与动物的无自由的对比中，有名的猿猴图画说明了：如果把猿猴放在两捆确实是同样大小的干草之间，它一定会饿死。

关于从奥古斯丁到莱布尼茨时代的意志理论，布利丹时代及其直接的弟子们称之为心理学思想的经典时代。奥卡姆的不可分割的自由概念，又出现在笛卡儿的《沉思录》中。他的非宿命论恰恰是康德清楚明白的性格学说的预测，像布利丹作为决定自由次序的自由的意见，是和赫尔巴特作为顿悟和意志之间调和的“内在自由”的一种预测一样。从笛卡儿到康德的时代，意志自由的问题在意志理论的领域中被认为是中心的问题。从许多试图解决它的情况来看，其结果对于心理学并没有多大意义。笛卡儿的意志论并没有超过经院学派的智力立场之上。真正的自由包括：限制意志的是不完全的认识，允许决定动机的是完全的认识。这种心理学上对自由解释的见解，在理论上是令人悲伤的，不完全的认识是与神经主宰的运动联系在一起的。在智力的伦理学和精神的形而上学的统治时期，都是这种结果。洛克以其谦逊的观察，认为作为一种能力的自由是不可能归因于意志的。一种能力的本身，并非都要把任何事物加在心理学的问题上。当一个人有一种不安的情感时，对于意志是一种动机的机能，这接近于心理学上的经验了。意志问题的形而上学的一面更为显著，这使传统的智力论难以给予足够满意的解决。

(二)意志的绝对论

一定要突破一切困难的意志的智力论,由于它把意志过渡到超越的能力,被绝对论一击就解决了。当康德把纯粹的意志放置在人类清楚明白的性格序列之中时,他不仅完成了解决他自己的意志自由的问题,而且也指出了未来意志形而上学的道路的问题,即:毕朗(Maine de Biran)的形而上学的假设在叔本华的哲学中获得了胜利,而它在哈特曼(Hartmann)那里,被溶解在近代科学的结果里。叔本华的意志论跟随着他的形而上学的事先假设,意志的每一种真实动作,也一定需要成为身体的运动。这个遮得看不见的意志的内在动作,在这里它符合不可见的身体的运动。他们明显地误解心理学的特征,把这些与智力过程聚集在一起。

这种意志概念侵入到经验心理学的领域,部分地是从伦理学和形而上学中产生的,这在贝内克(Beneke)那里就可以看到,他驱逐了无意识范围的原来能力的倾向。以后在福特拉格(Fortlage)那里在基本的冲动上,看到了意识是如何从无意识的精神现象中产生的谜的解决。冲动期待着一种后起的知觉。它直接的满足并不从意识中产生。可是,一要推迟,这里就会引起一种可疑的意识的中间状态,或是使注意力高度集中。

特殊使用意识绝对论的,有几位生理学家。他们把感觉的处理与空间知觉生来具有的解释联合起来,产生了执行眼睛的运动以影响纯粹意志的信仰,这就成为一种重要地加在感觉内容上的假设。这种生理学和超越动机的混合理论,反映了感性知觉问题的多方面的性质。

(三)意志的自然发生论

意志的自然发生论是由于帮助联想心理学发生影响而产生的,赫尔伯特赋予了一种统一的形式。对他来说每一个观念都是在意识阈以下的,使它本身转变为有努力倾向的一个观念。当意欲的经验偶然要引起一种观念的意识时,是进行不了的。例如:假设一个观念 a 是与 a 联系在一起的,现在假如当一个观念 b 和 a 相对立时,这时 b 较意识的 a 占优势,这个 a 是一种新知觉的再生,那么 a 在完全相同的时候就被提上来或被消除了,而它是处在克服这种意欲或是冲动的范围内的。如果这种意欲达到了目的,它就忽略了固有的意志,由于知觉到的运动的情感的联想而引起了意志的运动。

近代许多尝试部分地站在纯粹发生学的立场上,而部分地站在生理学的立场上,从一些仍然不包括追求或是发动特殊的质而能够在聚集起来的精神构成中去获得意志的过程。前一种情况把意志描写成一种观念和情感的结合,例如:魏茨(Th Waitz)就是这样主张的。如意欲是不愉快的情感,它是当一些愉快的观念在同时被认为未提供感觉时引起的。在斯宾塞那里,简单的意志动作仍然是心灵进一步推动的动作的表现,它伴随着这种真正动作的完成。这个复杂的意志动作先于神经兴奋的再生,它真正地发生在前一个动作之中。然而,由于在这一点上它本身包括着一种结合着情感的运动观念,意志本身就被包含在这种观念的再生之中。

相反的思想路线,代表着奥尔维茨(Horwitz)的立场。根据这条路线,意志是一种情感的发展。对他来说,情感是基本的心理过程,在它之外观念和意志两者便被发展起来。意志的完全发展要追溯到冲动,在奥尔维茨看来,这包括愉快和不愉快的情感，它在运动中显示自身。

在那些站在生理学立场，拒绝承认意志过程是基本的心理机能的人们中间，闵斯特伯格(Münsterberg)是一位最有影响的人物。生理过程的总体，作为意志形式——一种原因和效果的完整链条——的动作的准备或是前导，而对于一种精神因素的评论并没有留下任何余地。根据他的原则，感觉是最基本的，是意识不可分割的部分。他促使这个问题成为具有特征的感觉的质、强度和情感色调所组成的我们的意志的问题。根据这第一个假定，他像霍布斯一样得出了同样的结论，并且认为一切意志过程都是复杂的反射，而试图用生物发生学去促使有意动作的进化超出于有用的反射之外。他的第二种假定，以决定的步伐去分析他的心理学部分的外在的意志动作，在这个部分中他找到了成为具备神经作用的感觉。在一种真正的运动之前，如果一定的筋肉感觉是预期的，它产生的意识状态就叫做意志。

(四)意志的情绪论

这些意志理论的出发点，要考虑伴随着每一意志过程的情感的一面，这可以在18世纪的休谟那里找到。很可能被沙夫茨伯里(Shaftesbury)的情感理论所激励。他明确地认识到他把他的意志理论放在情绪的理论之上了，即：离开了情感性格的伴随，意志永远不会发生。在19世纪，贝恩(Bain)根据同样的思想路线前进，因为他发现了意志的要素在自发的行动中是被情感所引导的。每一种愉快是同增强一般生命的机能联系在一起的，而每一种苦痛是与降低一般生命的机能联系在一起的。与情感联系着的一定的外在的行动，唤起愉快而避免苦痛，这就是从联想心理学的立场来解释的。

意志的情绪论的进一步发展，部分地决定于意识内容的一般分类。如果假设只是两种精神的要素——情感和感觉——存在着,那么它就必然表示情感的要素包含在我们的意志经验中。沿着这条路线,那里有冯特的意志论。在这种理论中,情感、情绪和意志形式,前进的诸过程的阶段是归于一起的,而在其中精神内容的统觉被把握为意志过程的基本形式。外在的意志动作被认为是一种意志的现象,是一种观念运动的冲动的统觉,而不是其他。

李普斯得出了意志的情绪论的另一种形式。根据需要,他增加了表现在其中的真正精神过程的每一种意识的内容。我们假定,在经验过努力的情感的基础上,一种努力或是争取的真正的精神过程呈现着一种精神的行动,就是在其自然的进步上妨碍了或是克服了障碍。像这样一些障碍的结果被描写为一种障碍,其结果增强了精神的行动。李普斯在这里是精确地追随着赫尔巴特的心灵机械论的精神的。首先他曾努力从形而上学的王国到经验的领土,来移植赫尔巴特的观念,而这是抛弃了一些不能解决的问题的看法。现在李普斯承认:那些不可理解的是怎样发生的,就是由于我们经验着我们自己的行动,这种动作是身体上行动的外部的意志动作。我们没有这样的看法:身体上的感觉可以从这样一种行动中引起。

代替身体上灵魂的势力,我们必须假设一种真正的心理过程,它相当于一种不可认识的身体上的过程。于是李普斯的心理学,结果又是形而上学。

与这些情绪理论相对照的,我们看到了在最近时期中迫使意志现象成为再生和联想的事实的尝试,而主要是被称呼为坚持和决定的倾向。这种意见是由屈尔佩及其学派的心理学家们所主张的,曾经进行了实验的研究。这种决定倾向的发现,似乎是指出了一种新的概念,它在心理学的分支上将是具有巨大的重要意义的。一种同样的思想路线，可以在茅曼(Meumann)的意志论中看到，他认为成为选择现象的意志过程的主要部分是由于赞成的观念直接指向一定事物的结果。

(1990 年 4 月，未发表)

人的现代化[①]

经济发展的主要目的就是要使所有的人都生活得像样一些，但是几乎没有一个人主张单纯用国民生产总值和人均收入衡量一个国家和民族的进步。发展还包含着政治成熟这样一个概念，而政治成熟则表现为建立在人民意愿基础上的政府在稳固地、有秩序地进步。发展亦意味着教育的普及、艺术的繁荣、建筑业的兴盛、通讯工具的进步以及闲暇时间的充足。当然，发展最后还要求人的本质要有所转变——这种转变既是达到进一步发展的目的和手段，同时亦是这一发展过程中一个伟大目标的本身。

然而，究竟什么是现代人？又是什么使得他们成为了现代人？若回答这个问题，就不可避免地要引起一场争论，而所有开始讨论这一问题的人也几乎无一不激情满怀。他们所以会这样，原因并不难找到。首先，人的品质由比较传统到比较现代的转化似乎意味着，人必须放弃回顾过去几十年，有时是几百年的思维感受方式，而放弃这些方式又似乎常常等于放弃原则本身。其次，那些使人成为现代人的品质好像往往不是任何人都可能具有的性格特征，相反，它们却代表了欧洲人、美国人或西方人

---

① 本文译自英格斯(A. Ingels)所著《社会和文化的现代化》(1984，英文版)第10章，第138～150页。英格斯(A. Ingels)是美国密西根大学社会学教授。

所特有的性格特征。目前,他们正尽全力用这些特征影响他人,以便按照他们自己想像的样子改造他人。第三,这些被描述为现代的、并因而自然成为理想的特征,对于其影响对象的生活和环境来说,其中有很多实际上并非非常实用或适用。以上这些问题最为关键,因而我们还是先简单地概述一下我们所谓现代人的某些具体特征,而后再来讨论它们吧。

现代人所具有的特征分为两个方面,一方面是外在的,另一方面是内在的;一方面涉及的是他的环境,另一方面涉及的是他的态度、价值和感情。

至于现代人外界环境的变化,这既为人熟知又有着大量的资料记载,因而无需占用我们太多的时间,我们可以用以下一系列具有关键性的术语来概括它:都市化、教育、大众传播、工业化、政治化。这些术语表明,现代人和其生活在传统的社会秩序中的前辈们相比,更为可能的并不是像农夫一样地耕种土地,而是在以集中利用电子和先进技术为基础的大型综合性生产企业中就业。由某些地方的工业集中而产生出来的各种不同的经济,以及这种工业集中的进一步要求,使得当代人有可能生活于城市或其他形式的都市群中。在这里,他不仅会亲身体验到群聚生活,而且还可以感受到各种形式的娱乐消遣以及都市生活中所特有的种种刺激。当然,其中一种刺激必然是大众传播工具:报纸、收音机、电影,也许还有电视。他对于新环境和新思想的感受,将因学校教育对他的影响而逐步增多。如果他没有直接受到这种影响的话,那么他的子女也可能把这种影响带到家里来。他很可能参与政治,尤其是参与国家一级的政治,因为他更多地接触到了大众传播,都市生活的激流使他更为振作,竞争性的政治运动对他具有更大的吸引力。这些政治运动在谋求他的支持,而他也可以得到政治运动的帮助借以代替他的上司、赞助人以及家庭首领的扶助，至于这些扶助，一般地说他在故乡可能已经得到了。诚然，当代人还有另外一个特征，那就是他的生活将突破主要亲属（也许还加进少数邻里乡亲）的关系网。确切地说，他将生活于人际关系更为淡薄、更为分层的社会环境中。在这里，每当他遇到危难时，他便依赖于和他关系更为正式，但也许更为无关紧要的人和机构。

以上这些就是当代人生活环境的所有特征，它们可能和现代人密切相关，但单凭它们本身并不能构成现代性。在人口最密集的都市中心可能还隐存着传统的人际关系网；大众传播工具所传播的，可能还主要是民间的思想和传统的知识；工厂管理的原则可能和庄园、种植园的管理原则相差无几；而搞政治可能就等同于领导一个扩大的村民委员会。当然，当代人对现代环境的认识可能有助于传统人的转变，而这种环境反过来说可能亦需要他以新的面目出现。但是尽管如此，我们要想把他逐渐看做是真正的现代人，还得等到他在精神上经历一场变革，即等他获得了某些新的思想方式、情感方式和行为方式以后。

尽管判断现代人的标准定义现在还没有任何一个是为人们普遍接受和应用的，但是在区别现代人和传统人的特征问题上，那些研究现代化过程的学者们却有着极为一致的看法。为了阐发我对现代人特征的看法，我打算用一系列态度和价值来描述现代人，至于这些态度和价值则正是我们在六个发展中国家的工人和农民中间进行现代化过程研究时所考察的对象。这样描述既可以使我勾勒出我们所谓现代的特征，也可以使我提出某些问题，以供我们研究现代的特征在具体事例中的具体表现形式时使用。在这里，我阐述这些特征的顺序并不意味着这就是个人现代化过程的实际发展顺序。截至目前为止，我们还没有发现那里有什么明显的顺序，相反我们所感到的却是现代化前程远大，很多变化都会同时发生。同样，阐述这些特征的顺序也并不表示每个特征在全体特征中所占有的相应重要性。在这里，我们还得通过科学研究来估价各个特征在那较大的一组，被我们视为现代的态度、价值和行为方式中所起的相应作用。然而，我们必须假定，这组态度和价值总合为一体，从统计学的角度上说，它构成为一个因素，而且是一个相对的相关因素。至于这一假定是否得当有理，届时自有我们科学证据证明。

在我们给现代人下的定义中，第一个要素就是他乐于接受新经验、新事物和新变化的倾向性。在我们看来，传统人是不大乐于接受新的思想、感情方式和行为方式的。因而，我们在这里探讨的，本身是一种心理状态、心理意向或思想上的倾向性，而非个人或集体因他们所达到的技术水平而掌握的某些具体的技术和技巧。这样，在我们看来，一个人即使是使用木犁耕地，也可能在精神上比世界上其他地方已经开上了拖拉机的人更为现代。此外，这种对于新的经验和工作方法的倾向性在各种不同的条件下，还可能表现为各种不同的形式：它可能表现为乐于采用新药品或新的消毒方法的意愿，乐于采用新品种或试用不同的耕作方法的意愿，乐于使用新的运输工具或另求新的消息来源的意愿，乐于赞成为青年人举行的新型婚礼或提供给他们的新型教育的意愿。当然，不同的个人和集体对于不同的生活领域中的新事物可能会表现出程度不等的倾向性，但是这种乐于接受新事物的倾向性，还是可以被理解为在各种不同的情境中都可以为人感到的、较为普遍、较为一般的特征。因而我们把具有这种倾向性的人看作是较现代的人。

我们这组论题的第二个方面把我们带到了意见领域。如果某人着意于评论大量出现在他的直接环境及其直接环境以外的问题，则我们把他定义为较现代的人。在这方面，麻省理工学院的丹尼尔·勒纳(Daniel Lerner)已经做了一些开拓性的工作。他发现,在中东,同一国家中的不同个人以及不同国家中的不同民族,其乐于设身处地为首相或职位相当于首相的政府首脑着想的倾向性极为不同,因而他们乐于为解决国家所面临的问题而提出建设性措施的倾向性亦极为不同。个人所受的教育愈多,国家愈进步,则应此要求而提出意见的倾向性就愈大。在我们看来,较传统的人所感兴趣的东西亦较少,他们所感兴趣的主要是那些和他们有着直接关系或密切关系的东西,即使他们评论和他们关系较远的事物,他们在发表意见时也是比较慎重的。

如果某人在意见领域中的取向较为民主,则我们亦把他视为较现代的人。我们这样说的意思是指他对于他周围种种态度和意见的多样性显得有较多的了解,而不是想当然地以为人人想得都一样,而且实际上也和他想得一样。现代人能够承认意见分歧而无需因担心它们会推翻自己的世界观而否认它们。现代人也不大可能独断专行地或按照等级地位的高低来看待意见。至于权力等级高于他的人,其观点并不会为他自动接受;而地位显然低于他的人,其意见亦不会被他自动否定。我们测验这些价值的方法是向人们提问题,一方面询问人是否可以和乡村首领或传统型领袖想得不一样;另一方面询问人们在讨论重要的公众问题时,妇女和儿童的意见是否值得考虑。经证明,这些问题已成为帮助我们区别此人和彼人的一个敏感性指标。我们相信,在我们即将描述的、具有决定意义的多种现代性征候中,它们将成为一个重要的成分。

我们即将极详细地探讨的第三个问题是时间问题。如果某人着眼于现在或未来而非过去,则我们就把他视为较现代的人。如果有人把固定的时间,即时间表当做切实可行的、适宜得当的、甚至还可能是理想的东西加以接受,而有的人则认为固定的规划或者有害无益、或者也许必须，但不幸的是，又令人感到遗憾，那么我们就把前者视为较现代的人。如果某人在安排事务时，遵守时刻、有规律、有顺序，则我们也把他视为较现代的人。这些东西可能很复杂，因而我们可以趁此机会指出，认为我们测量现代性的标准亦把传统人和通常所说的非传统人区分开来了的假定是错误的。例如，和征服玛雅的西班牙人相比，玛雅的印第安人具有较强的时间观念，而且时至今日仍然保持着。当你考虑到技术水平和权力数量时，被我们定义为现代人所具有的那些品质实际上就体现在一个似乎不太现代的民族身上了。我们现在正在探讨的是人的属性，而这些属性也许转而又是对可能出现于任何时间、任何地点的文化属性的反映。的确，当我把这一系列属性描述给我的一个朋友——一个正在搞大规模的希腊研究的朋友——听时，他说："天哪！你正在谈论古希腊人！"据他讲，希腊人只在两个方面不符合我们给现代人制定的模型。当然，伊利莎白时代的英国人可能也符合于这一模型。因此，这一概念并不仅仅局限于我们这一时代。在我们的研究中，"现代"一词并不仅仅意味着当代。

我们这一定义中的第四个论题是计划。现代人倾向于而且专心于——制定计划、组织安排，并把它视为一种生活管理方式。

第五个论题亦即重要的论题是我们所说的效用。作为一个现代人，他相信，人为了达到自己的目的，在很大的程度上，能够学会控制他的周围环境，而非完全受那一环境所支配。例如，一个相信效用的人很可能以肯定的答复来回答这样的问题，即"你相信你们总有一天能够发明出来控制洪水或防御大风暴的方法吗？"比较讲究效用的人即使实际上从未见过堤坝也会说："是的，我认为，人总有一天会发明出来的。"

第六个要素是预测，我们把它视为这组现代性——的一部分，因而也把它包括在我们这组论题中。按照我们的定义，现代人应当是较有信心的人，他相信自己的一生是可预测的，他周围的人和机构是可信赖的，他们能够履行自己的义务和责任。他不同意这种观点，即认为，凡事或者决定于命运，或者决定于因人们的特殊品质和性格而产生的种种闪念。换句话说，他相信世界是在人控制下的、合情合理、合乎规律的世界。

我们要强调的第七个论题就是尊严。我们认为，较为现代的人是较了解他人的尊严因而更乐于尊重他人的人。关于这一点，我们认为它极为明显地表现于对妇女、对儿童的态度中。

现代人比较相信科学和技术，当然，这种相信的方式是相当原始的。这就构成了我们的第八个论题。

第九，我们认为现代人是极力主张我们所谓分配公正的人。这就是说，他们认为，报酬应以贡献、而非与贡献无关的个人一闪念或特殊品质为依据。

除以上列举的九项以外，你还可以毫不费力地继续列举下去；你也可以把其中几项分为另外数项。但是我认为，上述九项将足以使我们对我们以为定义现代人方面极为重要的那一组态度和价值有所认识。我们所以选定这些项目加以强调，是因为我们认为，它们和作为现代工业国家中一个公民的个人其成功的调适密切相关。在我们看来，这些品质将可以使人在其工厂成为生产较多的工人，在其社区成为较有效用的公民，在其家庭成为较满意他人且较令他人满意的丈夫和父亲。

当然，我们必须承认，以上描述的九个论题并不是处理现代性定义的唯一方法。

虽然，我们已经强调了某些在为数众多的具体行为领域中走了捷径的论题，但是研究这一问题的某些学者们却宁可强调主要和某些重要的制度领域(如生育控制或宗教)有关的态度和行为。他们的见解当然也是有道理的,因而在我们于哈佛国际事务研究中心进行的研究中,我们包括了这样一些问题,如家庭规模的限定;老年人的治疗以及个人对其父母及亲属的责任;社会变迁的重要性;妇女的作用,尤其是妇女的权利;儿童的培养;对家教的态度;对物质产品消费的态度;社区、国家以及国际领域中的社会问题和政治问题;教育抱负和社会抱负,其中包括对社会流动的抱负;与大众传播工具的接触。在以上各个领域中,人们都表现出来一种可能被视为较现代的立场或可能被定义为较传统的态度。当然,其表现过程有时变得极为复杂。

例如,有一种很流行的看法认为,人们离开农村进入城市是人们失去宗教信仰的唯一原因。实际上,事实往往正好相反。造成这一后果的是两种力量。第一,要想真正实践好你的宗教信仰,你就得是一个在理智上极为镇静、极能自制的个人。感情用事的人并不重视其社会责任。尽管许多人对农村存有田园诗般的幻想,但是世界上大多数的农民现在都处于文化冲突的状态。造成这一冲突的并不是现代性,而是艰苦的农村生活条件。当人进入城市后,尤其是在工厂找到了工作,他对他人的尊重程度和自制力就逐渐提高了许多。这就使他较有可能实践自己的宗教信仰。在他为整合自我而进行的奋斗中,他又转向了先前被他忽视过的东西。如果你愿意,还可以认为他把自己同他周围的规范性事物重新整合一体,而其中之一就是他的宗教信仰。

经济因素是可能有助于促进城市中宗教信仰实践的第二个因素。一般地说,你要实践你的宗教信仰,你就得付出一些代价。例如,你也许得买些蜡烛。如果举行一次宗教仪式,那么仪式的主持者往往是宗教职业者,他必须得到一定的报酬,对你也得有所要求。如果你居住在相当边远的地区当农民,那么像这样的开支可能会使你放弃。当你来到了城市,有了固定的收入时,你可能较乐于支付这样一些费用。因此,在这个问题上,我们现在采用的实际上是一种很不正统的观点。我们预言说,城市工人将愈来愈笃信宗教而非相反。关于这一点,即使他们在精神上没有做到,那么至少在履行规范性宗教义务方面,他们做到了。

关于造就现代人的种种品质,我们的看法尽在于此。关于造就现代人的种种力量,即最为迅速、最为有效地向人反复灌输那些使人更好地适应现代生活的态度、价值、需要和行为方式的种种力量,我们又能谈些什么呢?正如现代性似乎不能用一个特征而需用一组特征来定义一样,我们发现,在传统人向现代人的转化过程中起作用的,也决非一种社会力量而是整个一组影响力量。

然而,在这组力量中,人们必然会想到一种最优的力量,即教育。在这个问题上,几乎所有严谨的科学调查结果都表明,个人的现代性程度随着他所受教育的增多而提高。当然,为了证明这一命题,还必须提出几个保留条件。在很多国家中,民族资源的欠缺使其教育质量极为低劣,而穷人生活的艰难又使儿童上学经常缺课。在一些国家中,我们观察到,如果儿童只能上两到三年的学,而且其上学的环境又不是特别有助于他们的学习,则教育对于现代化的影响实际上就很小。同样,学校的因循守旧程度本身也起着一定的作用。在较传统的学校里,因为它们往往只顾沿袭宗教实践或灌输维护传统的经验知识和技术,所以就很少有或者没有向现代性转变。这是初等学校所具有的一个特征。不仅初等学校如此,名义上提供高等教育的学校,可能亦是如此。美国为来自上流社会的青年女子所设的“精修”学校就是一例。如果把这样一些保留条件都算上,我们还可以说,教育,尤其是重点放在较现代型课程的学校里的教育是使一个民族得以发展,使其获得较为现代的态度和价值的最强有力的因素。从某种程度上说,教育发生作用要依赖于它所提供的直接教育。但是,我们不妨假定教育作为一种社会组织,它是合理性的模型,是技术竞争重要性的模型,是行为表现客观标准规则的模型,是体现于等级制度上的分配公正原则的模型。所有这些模型,都能以上述现代人的形象塑造青年人。

影响个人现代化程度的,除了教育以外,我们认为还有其他因素。至于这些因素的影响程度,人们几乎没有多少一致的看法。关于这个问题,很多分析家们都提议要把都市环境作为第二个重要的输入因素。城市本身就是一个有影响力的新经验,它鼓励(在某种程度上说,实际上也是迫使)个人采取新的生活方式。它让人经受到形形色色的生存方式,千差万别的观念意见。已经增加了的流动,以及较为复杂多样的种种资源加速了变化的过程。同时,在城市,未来的前景很可能是:个人相对地摆脱在乡村由其扩大的亲属关系、乡村长者和邻里社区给予他的责任和约束。这些结构上的差异使个人自由地发生变化,当然,这些差异本身并不能保证个人必将朝着更为现代的方向发展变化。在很多城市中,关于理性、关于技术对于控制物质生活需要的作用、关于按专门技术和竞争而调整的奖励、关于教育的价值以及关于人在法律面前的尊严保证,等等,我们都可以找到相当多的实例。但是在很多大城市中,由于种种原因,我们也可以找到和这些现代化影响完全相反的例证。这些城市若培养新型的人,好像亦不合乎我们所谓现代人的形象。此外,城市如发展得很快,则往往不能同化所有的移民,结果在城市的边缘地区或落后地区,大量的贫民社区亦可能有所扩大。在那里,人们虽身居城市之中而非城市之外,却不能受惠于城市,也不能受到都市生活的现代化影响。

通常伴随着都市化发生且又独立地起着影响作用的一个现代化来源是大众传播。几乎所有关于个人现代化发展的研究都证明,和大众传播工具有较多接触的人具有较为现代的态度。因为这样一些接触要依靠于文化和教育(尤以报纸为例)。所以我们应当强调指出,大众传播工具的这种现代化效应,在处于任何一级教育水平的群体内部都会发生影响作用。关于这一点,是可以得到证明的。当然,还有这样一种可能,即,具有现代态度的人选择了大众传播工具,而非大众传播工具使人现代。但是,若怀疑这是一种相互作用的影响,似乎没有多少理由。大众传播工具虽然只是替代性的,但它却极大地扩大了个人所能接触到的经验范围。大众传播工具经常、不断地介绍并插图说明新的工具、新的消费项目和运输手段以及无数新的操作方法。在建造水坝、治理洪水、灌溉荒原及至征服太空方面,它们列举出最为有效的行为。它们还提供了若干新的价值模型和行为标准,其中有一些远远不是大多数人所能达到的,但亦有许多可以为人效仿并确确实实直接影响着人的行为。鉴于都市的影响,我们还必须承认,大众传播工具能够而且也确实是在经常地传播一些大都重新肯定了传统的价值、信仰和行为方式的信息,或传播有关新事物的概念。但是,这种新事物和这里描述的现代人模型并不相符。

现代化影响的另一个来源是该民族国家和与之相联系的政府分层机构、政党和竞选运动、武装部队和准军事情报部队等等的发展。该社会的流动性越大,则该政府用在经济发展和传播进步的意识形态方面的力量就越大,我们预计,现代性的态度和价值推广的速度就越快、范围亦越广。一些国家机构——特别是军队——在引导人们进入现代社会的过程中,可能起着尤为重要的作用。这一方面是因为它们所提供的直接教育，另一方面是因为其中很多工作中所固有的例行公事模型、计划安排模型、专门技术模型以及效用模型的间接影响。然而，在这里，我们又必须承认国家权力亦可能有助于加强传统的价值，搞政治的方式似乎不能作现代行为的示范，治理军队的目的好像也不是为了使人充分发挥自己、实践能动性或尊重他人的尊严。

我们所能列举的最后一个现代化影响的来源（它在我们于哈佛进行的那项研究中占主要地位）就是工厂或其他现代生产性和行政性企业。这种现代工厂的特征有一些是相对一致的，因而无论它们所处的文化背景如何，它们都在传递着同样的信息。在现代工厂中，用于原料加工制作的体力和机械力总是异常的集中；用以控制工作流量的有序常规程序是必不可少的；在工作程序的管理方面，时间是强有力的影响因素；权力和权威一般要依赖于技术竞争。因而，总的来说，报酬和成就大体上是成比例的。此外，用现代管理方法和人事政策管理的工厂将会给其他工厂以合理行为的示范、情绪稳定的示范和公开沟通的示范。如果某个工人的意见、感情和尊严能够成为现代性生活原则和实践的范例，它也将予以尊重。

在现代，我们正经历着一个变化过程，它所影响的是一切事物，但并不受任何人控制。从某种意义上说，它完全是自发性的；而从另外一些方面看，它又是历史上曾经出现过的最完全的被决定过程。既然人人都不能逃避这一过程，那么这一过程也就无人不干预。人本身正处于改造过程中，很多恶行正处于消亡过程中，但是无数新的腐败形式、罪恶形式在世界上可能并不受约束。落后国家中的一些人很容易相信，任何变化都是为了谋求利益。而另外一些人则认为，他们现有的有很多要优于现在所供给的，因而他们深信，当今世界给他们生活中带来的变化其中有很多并不是改善性的，而另外一些倒的的确确是灾难性的。我已提出来了一组被我称为现代的思想品质，至于这些，我以为其中有许多可取之处。它们在各个方面虽不同于普遍存在于传统文化中的那些品质，但是我们相信，人们在接受这些品质的同时，并不会同文化传统和精神遗产中的精华发生冲突。我认为，它们就代表着现代化过程中的某些精华。然而，无论我们把它们看做是肯定的还是否定的，我们都必须承认，它们是现代制度所培养的品质，在很多方面都是现代社会公民所需要的品质。因而，我们必须逐渐地承认它们、理解并评价它们，作为当代生活中的重要问题。

(1992 年 6 月，未发表)

表象形成中模仿的作用[①]

——为向 H. 瓦龙表示敬意而作

在这本创刊50年的纪念专号上，撰写此文为的是表示我对瓦龙（Henri Wallon，1879—1962）的事业、瓦龙这个人、这位朋友表示尊敬的心情。他和我们的研究方向完全一致，同一个方向，同一个目标，是没有什么矛盾可挑剔的。这就是儿童对表象（representation）的形成以及在其形成中模仿的作用（le role d'imitation）的问题。

决定儿童心理发展最关紧要的转折点，差不多可以说是表象的出现。儿童出生后一年，他能直接掌握不能知觉的对象，或是能知觉，但看不到对象，所谓具有“回忆”（évocation）意义的表象。儿童的行动，完全是感觉—运动的，或是用瓦龙的话来说，感觉—紧张的、情动的等等。

幼儿的智力，不过是感觉、运动的，瓦龙称为“状态的智力”。

第一，认为表象的形成是单纯由获得的言语而形成的，但在获得言语的同时，还有模仿的作用。

第二，表象的出现和言语的获得是同时的，表象的出现依存于言语的获得。这并不是根据言语的记号而是根据“象征”（它也就是“动机”）。

---

① 本文译自皮亚杰所著《精神病学的进步》（法文版）“瓦龙纪念专刊”，1962年3月号。

象征体系，从本质上来看就是模仿。标准的新的模仿形式是延迟模仿(imitation différer)(也叫迟期模仿)，也就是回忆(évocation)模仿。瓦龙称这种模仿为“反响运动”(échocinésie)。

瓦龙的研究和我的研究之间，在某些点上可以互相补充。

在瓦龙著作中的中心概念是“姿势体系”的任务。而我是操作(Opératif)的概念。(姿势体系，指已经完成的完全被定位了的身体的图式——用模仿来表示比用延迟模仿更为明确。)

瓦龙所说的儿童思维的前范畴期，我则认为是前操作期。

儿童的感觉——运动的游戏，感觉的或是外感受性的场(Champs extéroceptifs)与姿势的或是本体感受性的场(Champs proprioceptifs)二者的结合是最多的。这是能动的结合，也就是作为运动探索的结果。

瓦龙在其所著的《从行动到思想》一书中，从他的“意识心理学”的观点来看，把整个精神认为是感觉—运动的图式，并用以指责我的感觉—运动的智力与现实的构造的研究。

今天，我对瓦龙有关表象的几章，否认其中他之所谓感觉—运动的图式中心理状态、言语、形象的一般表象的理解。我认为是行为图式上的协调，这是操作的出发点，这个图式是实践的、能动的一种形态。

瓦龙说：“运动之后所产生的效果有两种，首先指向于外部世界，一般看做是精神生活的起源。……但是动作在改变环境的同时，也在变革着人。因此在活动中有两种方向：一种是向外的目标的方向，即自己自身的活动，这叫做‘姿势’的活动。这是把主体自身作为手段，也作为目的。这是造形的活动。这是模仿的起源……”(《从行动到思想》，第242～243页)

从模仿出发的心理状态，从姿势体系中产生了形象的形态与出现了运动的图式。我是同意的，引起了我的兴趣。我认为这也就是我所说的“操作”或是“操作的形态”。

最初表象操作的构造是对对象模写的一种再现。但这种再现是不够的，还要变换对象，以变换的体系来完成。

以表象为中心的用语，包括表象的形象的一面和操作的一面，比表象还在先的姿势体系用感觉—运动的体系来补充就完全了。

因此，我对瓦龙表示敬意，用这篇文章来纪念他对我的工作的补充。

（《华夏教育图书馆通讯》，1989 年第 1 期）

皮亚杰评论
——纪念皮亚杰会议记录汇编[①]

1980年11月14日,哥伦比亚教师学院发展心理学专业在桑戴克堂(Thorndike Hall)召开会议,纪念逝世于1980年9月17日的让·皮亚杰(Jean Piaget)。心理学界、哲学界及教育界的16名学者向约60名听众简短地评论了皮亚杰的成就。讨论分为三组,第一组以布卢姆(Lois Bloom)(教师学院)为组长,成员有格利克(Joseph Glick)(纽约市立大学)、奥弗顿(Willis Overton)(坦普尔大学)、西尔弗曼(Hugh Silverman)(纽约州立大学)、加拉格尔(Jeanette Gallagher)(坦普尔大学)、贝林(Harry Beilin)(纽约市立大学)及瓦格纳(Sheldom Wagner)(罗彻斯特大学),讨论皮亚杰对各学科间的本质所做的贡献。第二组组长为库恩(Deanna Kuhn)(哈佛大学及教师学院),成员有弗思(Hans Furth)(天主教大学)、西格尔(Irving Sigel)(教育测验部)、沃雅特(Gilbert Voyat)(纽约市立大学)以及雷恩(Thomas Wren)(罗耀拉大学),评价皮亚杰有关社会及情感发展理论之内涵。第三组组长为布劳顿(John Broughton)(教师学院),成员有布雷恩(纽约大学)、托马斯·贝弗(Thomas Bever)(哥伦比亚大学)、沃兹尼亚克(Robert Wozniak)(布赖恩·摩尔学

---

① 本文译自J.M.Broughtom编的美国《师范学院记录》,1981年第83卷第2号,第151～168页,系刘恩久、刘行端夫妇合作译出。

院)、沙利文(Edmund Sullivan)(安大略教育研究所)、哈里斯(Adrienne Harris)(拉特格斯大学)以及格鲁伯(Howard Gruber)(拉特格斯大学),归纳对皮亚杰理论的批评以及对其未来的展望。经过这三方面的归纳之后,一些听众也参加了以上问题的讨论。

这次纪念会在教师学院召开是十分适宜的。发展心理学在教师学院是传统科学,可以追溯到桑戴克开创的儿童工作以及约翰·杜威本人在本学院形成的影响,而且在学院中,正在将心理学与教育联系在一起,把理论与实践结合起来。发展心理学专业,这作为一所大学教育学院的一部分,无论作为选修课,还是必修课,都与其他各门学科密切相关。其教授与学生也有某种国际化的趋向。因而,在本学院的折中主义、综合法、实用主义以及跨学科领域反映出来的思想恰好是皮亚杰著作中包含的思想。

在1930年至1967年间,由杰赛德(Arthur Jersild)带领霍林沃滋(Leta Hollingworth)、品特纳(Rudolph Pintner)、盖茨(Arthur Gates)以及斯托尔滋(Lois Stolz),使本专业形成了儿童心理学的传统。近年来,又扩展到少年心理学、青年心理学和成年心理学,使本专业早期的"儿童发展运动"[1]的一部分发展到"人生发展运动"的一部分。这应归功于对皮亚杰传统卓有贡献的一些学者的教学活动,他们是奥米(Millie Almy)、穆雷(Frank Murray)、沃尔什(William Walsh)和冯奈克(Jacgues Voneche)。其他一些本院及客座教授对于发展、修正和运用皮亚杰思想也有显著贡献的是戴勒(Leland aon den Daele)、苏

① 赛恩(M. E. Senn):《美国儿童发展运动的分析》,儿童发展研究学会论文。

顿-史密斯(Brian Sutton-Smith)、斯特恩(Daniel Stern)和库恩。本专业的毕业生如埃斯卡洛纳(Sybille Escalona)、奥苏贝尔(David Ausubel),特别是贝林,对于解释皮亚杰思想也做了大量的工作。这次纪念会有幸能有几位这样的前教授及前学生前来参加。

论及皮亚杰著作意义的与会者都是专家。他们大都去过日内瓦,与他本人和他的同事有亲身交往,对世界认识论发生学中心的工作都有切身的了解。下文记录的讨论内容清楚地表明他们了解的深度与广度。讨论范围从物理学和分子生物学到社会理论和政治哲学,探讨了遗传认识论的历史根源,皮亚杰与弗洛伊德或皮亚杰与马克思相结合的可能性,发展心理学与教育的关系以及后期皮亚杰派理论涉及的范围。没有什么是神圣不可侵犯的,这个领域的所有课题都同等地要经过知识磨坊的研磨。首先,与会者力求公正地评价皮亚杰本人成就的范围与功绩,并力图模仿他寸步不让的寻根究底的风格。这些讨论虽然处于悲痛的时刻,对于皮亚杰的事业则是一次庆祝活动,也可算继续做他的未竟事业。

一、对皮亚杰的全面介绍

皮亚杰毕生从事的工作目前看来已大功告成了,如何看待这项工作呢?由于他的成就博大精深,不可能以只言片语加以总结。尽管如此,在介绍以下发言与讨论内容之前,不妨联系欧洲思想史来看看他的思想。

皮亚杰在某些方面给人以保守派的印象,亦即在开创一门新的跨学科的理论知识的同时,他在一些方面还保留了可追溯到启蒙时期的传统思想框框。他像笛卡儿一样,具有真知灼见,视真理高于一切。他像康德一样，认为头脑对于揭示真理起积极作用，而真理则是一个认识过程。他与笛卡尔和康德都相像，以数学和物理卓越地证明了从存在于时间与空间的事物中可以抽象出不受时限普遍存在的必然性。这些规律性的原则和方法已成为各种知识的楷模。数学和物理规律制约着我们的经验，因为这些经验来自能动地与世界的交往之中。主观与客观相互矛盾，事物的一般规律性的形式就与其形形色色的内容也不相符合了。

这不是个简单"学的过程"，不是对情报进行"分析"，也不是某种依靠"联想"用"建筑群"拼凑起来的学科。这些传统的经验主义的解释都被启蒙时代的另一项发明，即莱布尼茨的"同化"概念所取代。这种过程按照目前的叫法可算做一种注意，在这个过程中，经验的新内容采取的形式不是事先由外部现实确定的，而是由有机体先前的经历积累起来的感觉结构所决定的。

主客观恢复平衡是通过"调节"达到的，即对现存的结构进行必要的调整。因为要考虑新经验新特点的特殊性，它们不能简单地用先前已知的构造形式的术语加以解释。皮亚杰在他的同化与调节的工作中，不是精确地解释学问，而是对自启蒙时代以来集中于自由思想上理论与事实上二律背反加以描述。二律背反包括对所有资料加以判断得出两条明显对立的结论，而这种主观判断都有事实证明其可靠性。

常有人说皮亚杰采纳了康德确定的精神的一般范畴，然后像黑格尔一样来表明这些范畴经过一段发展过程如何随时间加以解释。对于皮亚杰体系，这确实算不得一个很好的说明。

首先，对于康德的全部成就，他接受的并不太多。比如，康德集中精力于心理学及伦理学上的本质与现象，自由与必然等问题，并依靠高于其他道德因素的判断及美学情感来解决理论与实践上的二律背反。

其次,皮亚杰实际上也未受黑格尔的影响。他认为黑格尔的发展现象学主观性有余,科学性不足。而他则密切注视当时的科学与科学理论以便最终建立起他的理论体系。他从逻辑实证学获得了明确的科学论证方法和必须的特殊假设性演绎模式,从实用主义得到像目的与手段的关系这样一些有用的明确概念,并且以此作为他"行为"认识心理学的基础。在这门学科中,思想是对世界具有抽象作用的体系。他对于从行为的一般关系中进行积极的抽象采取的一系列结构方式所形成的概念,与其说来自黑格尔,不如说来自18世纪与19世纪交替时的实用主义。这与达尔文的关系比与黑格尔的关系要大一些,而皮亚杰正是从进化论中得到他遗传认识论的整个进化论内容,皮亚杰的生物学总的来说是相当折中的,他对达尔文派和拉马克派轮流加以利用。另一方面他利用达尔文的"适应",将其范围扩大到精神过程与身体变化,在他对于发展变化的初步解释中达到了平衡的典范。随着遗传学的发展,皮亚杰把他对于生物进化的理解改变成遗传基因与环境的相互作用。他还从20世纪新的数学逻辑学科中得到一种结构模式,创造了一种公式,既能概括认识上的局部与全体上的内部平衡,又能包括个体与其周围环境的外部平衡。

因而,皮亚杰主要参考的并不是康德[①]和黑格尔的体系。他不接受哲学——尤其是其中形而上学部分——而赞成科学。

---

① 康德派的这一特点,像杜威等其他人也有,使得皮亚杰受到自由派进步教育家们的欢迎。在《教育的科学与儿童心理学》与《理解即为发明:教育之未来》两书中,皮亚杰阐述了一些有关教育实践的"积极课题"的观点。

他反对德国注重主观性、文化与历史的传统，赞成彻底的客观性的自然主义。他在这方面可谓当时的自由民主派。他的任务并不是以真理、自由与美的基本原理为基础去论证民主的可能性，而是表明这个每个人固有的，在发展过程中自然产生结果的理论必然性，如果从生理和逻辑上都有利于民主性，谁还能加以否认呢？因而皮亚杰宣布自然界与社会上在承认民主的问题上达到和谐一致的状况。

使皮亚杰脱离传统的启蒙时代思想的思想体系不是一下子产生的，而且也确实有一个不断变化的过程。有关同化作用、认识结构、心理平衡、局部与全局的关系以及诸如此类的核心原则，早在他青年时代的纯理论性的文章中就出现了。他的遗传与环境关系的学说也早在那时就出现在他第一部考察蜗牛与草的生物学著作中。这不仅表明他明显的早熟，也表明他既勇于探索，又有坚持己见的能力。然而他却爱以现成的外衣包裹自己的思想。比如20世纪60年代关于杰出的神经机械学的平衡原则作为一种系统的理论而风行一时，而他最畅销的货色结构主义，在当时尚未作为结构主义的典范而达于社会科学名声的顶峰。他工作的重点在结构与功能之间摇摆，因而在一个时期他似乎是个“结构功能学家”，另一些时候则是个“功能结构学家”。皮亚杰的理论不光能风行一时，其适应性还表明了他具有独一无二的兼收并蓄的同化能力。他使他的思想既易于了解，又能跟随上总的科学发展水平。他采取这种方法以现代词语来代替像“对立的统一”这样古代的哲学之谜，使得人们可以更广义地讨论他们。他在这方面的技巧使得他那些公认的比较复杂的理论易于被教育家们接受。[①]

尽管皮亚杰的思想适应性强，还应考虑到他思想上的许多变化与其说是反映了环境影响，不如说是反映了理论体系之间的思想差距或矛盾，皮亚杰常常以这种方式预先提出他的批评意见。人们也许可以从他最后的理论中看到强调创新的中心作用在于理解这些差距以及预期的补充发展，这确实是他创造性思想的切身经验之谈。

二、发生认识论的跨学科性质

第一组成员着重讨论皮亚杰发生认识论的跨学科性质，他在这门学科中形成了一种可称之为经验哲学的分析方法。发生认识论的一个重要目标是解释科学知识的心理起源。[②] 皮亚杰为达到此目的，创立了以他为首的发生认识论国际中心，该组织至今仍活跃于日内瓦大学。许多国家的重要生物学家、哲学家、物理学家、数学家、逻辑学家和心理学家都到该中心访问。这些

① 挑选以下一些著作有助于教育家和教育理论家理解皮亚杰理论：《皮亚杰理论的教育观点》(Athey 与 Rubadean 著)，《课堂上的皮亚杰》(Schwebel 与 Raph 著)，《儿童发展早期教育：认识发展的观点》(Kohlbe 著)，《皮亚杰与教师》(Furth 著)，《对学校的想法》(Wochs 著)，《哈佛教育评论》42 期的《教学目的的发展》(Kohlberg 与 Mayer 著)，《学校社会发展》中“社会认识发展理论在教育上的应用”(Edelstein 著)，赛尔瓦基课程理论会议文件发表的《论政治经济课程与人类发展》(Hübner 著)，《皮亚杰认识发展理论在教育上的应用》(《哈佛教育评论》49 期)(Kuhn 著)，《教育期刊》《皮亚杰论教育阶段的意义》(Kuhn 著)，《青年发展与教育》(Mosher 著)，以及洛杉矶儿童医院的《皮亚杰理论学术会议与护理专业》。

② 皮亚杰：《发生认识论》。

学者与中心的正式成员从当年的工作中,选择专题共同研究。在年终,"智囊团"与邀请的外来专家对每个问题的结果都集中讨论。专家们提供理论与技术背景,协助该中心的成员揭示有关知识起源与发展的问题。

发生认识论重视研究知识的心理起源与发展的哲学意义。据皮亚杰讲,这种分析方法可以让哲学家们证实他们关于知识的本质、精髓与现象的假说。① 比如,罗素与怀特海在他们的《基础数学》中争辩说分类逻辑来自命题逻辑。皮亚杰的研究表明,6—7 岁的儿童虽然可以进行分类逻辑,②只有到了青年才能懂得命题逻辑。③ 皮亚杰的理论说明了这样的发展过程,正式指出命题逻辑如何随生物发展来源于分类逻辑。

发生认识论是以三种学科(生物进化论、哲学和心理学)的理论与资料为基础的假说,可以与这些学科联系在一起答复有关知识的起源与发展的问题。

生物进化论为发生认识论提供一种模式,用有机系统面对环境的挑战所产生的反应来解释新品种。然而皮亚杰既不支持达尔文,也不支持拉马克,他似乎处于有机系统进化中产生新品种和智力系统中产生新品种两者之间。④

哲学(指其广义含义)在四个方面对发生认识论的研究有益,即认识论、科学哲学、科学史和逻辑。认识论为发生认识论提供知识问题的轮廓,比如像由笛卡儿所说是规定判断的任务或为我们的世界知识确定一个基础。皮亚杰强调学者在对知识

① 皮亚杰:《哲学的观察与幻想》。

② 英海尔德与皮亚杰:《儿童逻辑的早期发展》,1958。

③ 英海尔德与皮亚杰:《儿童到青年逻辑思维的发展》,1955。

④ 皮亚杰:《生物学与知识》。

进行认识分析中研究的重要性。科学哲学为发生认识论提供了专门的推理方法,即科学的方法。[①] 皮亚杰认为科学既是最先进思想的结构模式,又是能用来衡量真理的唯一方法。而科学史则为在心理发展过程中系列的发展提供纯理论的假设。逻辑为发展心理学提供正规的方法和正规的语言来说明对思想进行分析加以规定的认识结构。然而,发生认识论不是对心理资料进行逻辑公式化的简单图解,而是既具有心理本质,又有逻辑形式的分析体系和转化形式。

最后,心理学为发生认识论提供有关儿童思想及其发展的理论和研究传统。尤其是最近,发生认识论借用了传统的心理研究方法以及解释的方式。比如:一类研究证明基因不能否认经验获得的实际知识,[②]而另一些人则表明幼儿的一些缺陷出于心理而不是逻辑性不足。[③]

皮亚杰发生认识论的跨学科性质的论题[④]在第一组成员中的发言与评论有分歧,有时还激起论战。讨论涉及皮亚杰生物进化论模式的本质与正确性,并对皮亚杰的哲学假设及目的进行了讨论,探讨他的思想可能会受到什么样哲学的影响。对于他始终不渝地将科学既作为方法又当成楷模也进行了一些论证。争论的内容有发生心理学对于整个心理学原则以及对于生

---

① 皮亚杰:《心理学与认识论》。

② 英海尔德、鲍威尔和辛克莱:《知识的学习与发展》。

③ 卡米洛夫-史密斯和英海尔德:“认识:要前进,先获得理论”,见《认识》;吉列伦:“异种同形的界限”,见《心理学档案》以及该书史密斯“儿童解决难题的过程以及附近铁路线的描述”。

④ 皮亚杰体系的跨学科性质最明显的是其《跨学科研究的主要倾向》。这种跨学科性用于教育上的一些迹象可见其《理解就是发明:教育的未来》。

物学和哲学的意义。此外,对于解释新物种以及知识的必然性中碰到的难题也进行了生动的讨论。

三、关于皮亚杰发生认识论问题的发言

格利克:我愿谈谈我对皮亚杰的个人见解。我认为他提出要解决一个特别的认识论的问题并在很大程度上获得了成功,然而他解决的问题对于我们是否有重大意义则是另一码事了。

理论都有两个特殊的方面,一个是它们试图解释的概念对象,一个是自然对象。自然对象是在结束对于解决理论的概念问题的陈述与观察中,多少有些偶然的地点形成的。皮亚杰碰到的特殊概念问题是解决柏拉图和亚里士多德提出来的经验与思想之间的关系。柏拉图提出的问题是:"经验是偶然的,变化的,扭曲的,我们怎么能从这样的经验中获得稳定的(永久的/必然的)思想呢?"亚里士多德的问题是:"按照柏拉图指出的思想特性(永久的/必然的),我们怎么能在这些思想与经验之间不仅仅划一条连线,还要形成关系呢?"

关于思想与经验的这一切都是聪明的废话,然而对儿童是否必要呢?在这类讨论(更确切地说是将这些问题当成概念对象的理论)中,一个儿童就是这些概念问题存在的一个基地,而不只是随意提出的论题。这个儿童是概念对象存在于其中的自然对象,不应当将这两者混为一谈。因为很可能有这种情况,儿童精明地解决了概念问题,而这根本没告诉我们多少这个儿童碰到概念问题时的本质如何。

这个儿童在皮亚杰的理论中是个替身,不是自身的替身,而是舞台的替身,在这个舞台上演完了一出关于经验与形式的戏剧。皮亚杰与亚里士多德一样,企图将经验与形式这两个对立

的概念统一起来。他采用了亚里士多德基本的理想主义的假定,即形式是要解释的问题,他和亚里士多德一样,都设想经验与形式之间必然存在某种联系,不会是完全分开的。

采取这种看问题的观点,从形式上看待经验,必然导致使经验与形式彼此降格到概念游戏。这虽然比将两者完全分开为不同的两个世界要好一些,然而必然导致我们思想上把那个"儿童"作为儿童与作为场所从属于经验与形式的儿童相分开。你一想到儿童就会想到,他们活蹦乱跳地生活在世上,内容充实,从事日常事务,感情冲动(不管有无道理),作为人的一切他们都应有尽有。皮亚杰谈及儿童,这些因素都是次要的了。虽然会谈起它们,谈起它们也是加以否定。比如,述及到理论上的中心原则都是如何使原则失去内容成为形式,如何使日常生活成为真空的并且成为由逻辑驱使的结构与形势的联合物,其中所有的途径都必须考虑到,没有一条事先实践或经历过。谈及到感情,也是作为逻辑过程的从属来对待的。

如果该问题会提供总的超越直观思维的直觉思想形式的可能性,皮亚杰提问的模式就相当成功了。经验与形式之间的桥梁是受反映行为动作的概念灵活支配的。由于行为可以在内容不同时表面相同,它具有需要的特点,可以与经验世界打交道,又大大超过了它,那么对行为方式的反映就能说明思想不断增长的直觉性。这巧妙地解答了传统的理想主义的问题,但不能巧妙地解决丰富儿童知识种类或儿童的人类学知识问题。

在实际世界中,对于一位实际的男演员来讲,动作是意味深长的。要受教养的制约,要在教养与象征制约的领域中起作用。一起复合动作已约定俗成完美无缺了,人们做事情符合教养是重要的事情。文学上的思想与行动不是任意的,受到制约,受那些会触动我们文化修养和社会生活方面感情之事的严格制约。

因而，在某个重要方面，心理的直观概念在理想主义的传统上发展是基本的现状。我们与黑格尔一样，在这样理想主义的历史中，只能在历史进程中提及神(理想主义的问题)，在历史本身则对神不置一词。如何对待历史，也就如何看待发展。

在皮亚杰的进化变化的概念中，可清楚看到这种制约。这次会上有人把皮亚杰的地位与拉马克相提并论，这种比较是过甚其辞的。皮亚杰拒绝传统的达尔文—孟德尔理论，一直在奋力反对有机体的历史不受历史影响的想法。皮亚杰认为要从根本上反对由物种选择引起混乱的变种的想法。这样一来，在进化过程中，必须有某些基本的保守力量使这一过程沿着稳定的发展路线直至达到理想的终极状态。行为及其身体上的抑制不断的竞争正好为皮亚杰提供了机械论。

这种基本上与拉马克全然不同之处是与其说在宇宙的经验历史的概念中，不如说在特殊历史的名词中。历史特殊的记载是要把一些特殊的行为找出来，是为了在手边的一些要求而构造的(恰好在一个特殊点上与在一种特殊事物的来龙去脉上)，那会在两代之间永远存在。当然，这一概念并不引导到宇宙的逻辑形式上去。皮亚杰曾经维护了作为他的发展描述的一个中心方面的组织环境相互作用的见解，但是这种解释必然使它不可避免地遇到唯心主义者的要求。对于皮亚杰来说，相互作用的环境是一种被宇宙的规律所约束的(如，那些物理的东西)，它通过一切可能的冲突运行着。因此，历史就给予一种普遍化的解释，使之与物理的规律相结合，更带有特殊的经验。如果这是拉马克，它将被用一种完全不同的意义来解释，用任何可以看到的方式来看过去的经验并不与现在的经验不同。因此，皮亚杰在某种程度上能够处理历史因素，完全符合一种认识论上绝对的要求，以便能够保证历史规定的一种普遍的逻辑的发展。

这种历史的交换，也使皮亚杰学派的观点和马克思主义者的观点区别开来。对于马克思来说，历史是在名词上把生产关系的特殊安排区别开来。对于皮亚杰来说，自从一切生产是基本的为一种永久的、规律管理的自然所约束以来，在生产方式之间没有重要的性质上的不同。

因此，在皮亚杰的著作中，我们能找到或是唯心主义者(黑格尔)或是唯物主义者(马克思)类型的辩证法见解的一种表面上的共同点。但是这种原始的辩证法的名词的处理可以把它从两者之中任何一种的这些观点中加以区别。在普遍的力(物理学/神经系统)之间的辩证关系是最终与唯心主义者的地位——与一种相互作用的历史的防止误解的说明更为相容，但是它在理论上并没有做不同的工作。

经过所有这些考虑，皮亚杰按照原来的打算创立了一种理论。然而，最重要的是该理论必须与那些试图与带有现实个人色彩的有牵扯的变种理论不同，皮亚杰的个人色彩从认识论上看就是独具特色的。变换认识论或变换非认识论的观点看待生活与儿童时代，并不是皮亚杰著作的主要着眼点。

皮亚杰卓越地解决了形式的问题，我以为对此必须给予应有的评价。然而我们必须在今后继续完成更主要的任务，涉及有关自然客体、儿童和有教养的成年人的臆想、手段与特征。为此，我们需要一种根本不同的概念模式。

这种新的非皮亚杰式的任务要向杜克海姆和马克思这样的大思想家学习。我们必须认真对待马克思的意见：即生物与环境之间可能存在的相互作用的种类要受其基本的社会制约。这大约就对可能在相互作用过程中“发现”的事物种类加以基本的限制。皮亚杰的相互作用的模式从根本上讲是分隔不开的。生物被赋予行动的自由——以生物自发的方式——以某种直接的形式去经历由其行为产生的反作用。由于自身可以自发变换行动方式,并注意到完全由这些行为产生的反作用就可以通过相互作用发现环境变化的规律。然而儿童的生活是这样的吗?儿童的生活大都违反生物对环境分隔不开的联系的两个条件。在学校(生活大概也一样)的行为常常受到引导,一些行为是事先提议要做的,因而就不存在变换方式的自发性了。同样,行为结果的反响常常是社会性或以社会为中介的。这样一来,不是违反了行为的自由就是违反了对于我们"分隔开的"行为的反响的明确性和偶然的方向。分隔性将生物同其本身的发现过程分离开来,与其说其受认识论的限制,不如说是公开于社会。

这样来认识行为—环境的关系,就有新的因素进入头脑—社会—自然的等式之中。社会组织的行为系统和社会组织反馈(思想)系统成为分隔系统分析的中心内容。这也许要重新集中到类似行为—环境关系的形式和手段的社会组织系统(集中的代表/症候学体系),使得更适合于儿童实际生活的发展的理论得到发展。

奥佛顿:我想第二个发言,因为我想讨论一下理性论,唯心论以及皮亚杰在这些方面,尤其是在哲学上的贡献。皮亚杰的一个主要贡献就是科学界,尤其是心理学上普遍接受的对形式的说明。皮亚杰的理论对形式所做的解释是循环往复的。

为了估价皮亚杰对哲学所做贡献的意义,有必要对科学性解释的历史做一简短的回顾。亚里士多德主张对任何事情的完整解释都需要有四个决定因素或起因。事物的物质原因是构成客体的本质(即哲学上的,神经上的或遗传实体),有效原因是能够激动客体的外部动因(即先前的变量),形式原因是客体的方式、组织或形式(即结构),终极原因是客体运动的最终趋向(即发展过程的终点)。这四种原因中,有两种(物质及有效原因)是通过比较直接的观察获得的，有两种(形式及终极原因)是通过推理获得的抽象概念形式。到了伽里略和培根以及18世纪经验主义普遍兴起的时候，形式与终极原因就被排斥于科学解释之外了，这主要是由于它们是头脑的产物而不是观察的成果。这样一来，自从哲学经验主义出面来将科学的解释定义为原因解释，就可以理解为原因只限于有效及物质手段了。

表明科学解释即有效和物质原因解释的这一情况，通过20世纪30—40年代的实证主义运动得到进一步发展和阐明。最近在诸如布雷斯韦特(Braithwaite)、汉帕尔(Hemple)、纳盖尔(Nigel)和波普(Popper)这样的哲学家的著作中作为科学得到了维护。然而，与这种经验主义的见解并行并与之竞争科学上正统地位的看法认为，作为完整的科学解释，这四种原因都是必须的，这种看法也一直盛行不衰。这种看法具有理性论和理想主义的特色，像莱布尼茨、康德和黑格尔这样的哲学家的著作中都讲过其历史。当代在费耶阿本德(Feyeraband)、汉森(Hanson)、库恩(Kuhn)、波兰尼(Polanyi)、托尔敏(Toulmin)和华托夫斯基(Wartofsky)的著作中，就将这种形式尊奉为科学哲学。汉森常常重复的一句话"一切数据都是理论的硕果"就抓住了其实质。也就是说，这种见解不仅否认经验主义的观点，即从本质上了解世界只有通过可见的物体，而且积极地维护这样的主张：知识包括观察所无法包括的抽象的概念。因而，从这种先进的观点看来，科学的了解需要的解释就超出了观察所及的范围和物质原因，要明确地引用概念性结构的原则(即形式及终极原因)。

我的主张是皮亚杰采取所有这四种原因来解释认识的发展。皮亚杰认为，发展的物质原因是起始与成熟的因素，有效原因是环境的物质和社会因素，形式原因是构造，尽管认识的构造是由物质与有效因素的相互作用形成的。理论上，这种结构的表现方式并不是直接观察的产物，也不单单是总结性的描述。其实，这种表现方式是一种概念性的构造，是由理论家创造的对各种行为的一种相当片面的解释，也就是说，为观察定了些条条框框。

物质、有效和形式的决定因素是理论的结构和各阶段的构造所产生的，为发展提供了必要条件。然而，它们对于解释发展还是不充分的。平衡过程（终极原因）则解释了发展过程为什么以及怎样通过一系列构造过程达到发展的终点。平衡过程的基本特色是主张有机物向着平衡可能达到的最高阶段发展。这种看法是这种理论核心的终极原因解释。应当清楚看到，这和结构一样既不是直接观察到的，也不是任何观察所能包括的。平衡过程是理论家创造的概念原则，划些条条框框用以观察，即加以解释。平衡过程不是归纳，不是可以观察到的，也不是某种可以进行试验的过程。就像结构一样，它代表了进行科学解释的理性主义者——理想主义者的专门的程序。我认为皮亚杰在四种原因方面做的工作确实是他的主要贡献之一。

西尔弗曼：前边两位都谈到了哲学，我也许应当接着谈谈。我想对某个哲学倾向做些评论。这种倾向既不是亚里士多德和康德观点的直接影响，对英美哲学界也未产生过大的影响。其实，我说的是在过去二三十年间在欧洲大陆占优势的哲学传统，皮亚杰在其中享有自己的一席。

今年在欧洲大陆思想界是个划时代的年份，许多著名人物逝世，包括 64 岁的罗兰·巴泽斯（Rolad Rarthes）死于 3 月 25 日，74 岁的吉恩·保罗·萨特死于 4 月 15 日，84 岁的让·皮亚杰死于 9 月 17 日。巴泽斯是“记号结构主义”的最有代表性的人物之一，萨特“在转向现实的马克思主义”之前则是“存在的现象学"的代言人。约翰·布鲁本(John Broughton)最近指出,皮亚杰出版的著作(皮亚杰 11 岁出版了他第一篇文章,当时萨特和巴泽斯尚未开始写作)的特点是"结构发展的心理学"。

伴随皮亚杰结构发展心理学的是一种张力,是一种辩证法,或者更确切地讲是萨特在 40—50 年代建立的理论与巴泽斯 50—60 年代批评的理论之间的对立面。因而可以说皮亚杰将其发生认识论(这是他的说法)置于存在的现象学和记号结构主义理论之间。萨特和巴泽斯在欧美赢得了广泛的拥护,皮亚杰和他们一样,也确立了流行的研究方式。就像皮亚杰的儿童不是静止的一样——在特殊的认识结构中他们发展到他们能力的极限范围——皮亚杰本人的观点得到尊重和效法成了当时最流行的观点。当完形心理学流行时,皮亚杰发现了一种雄辩术,可以将自己与潮流相调和。同样,"现象学的心理学"出现了——最著名的有艾德芝法·胡塞尔和莫里斯·梅洛-庞梯(M. Merlean-Ponty)(皮亚杰在巴黎大学索本尼学院是他的继任)——可以在皮亚杰的著作中找到类似之处。更重要的是,60 年代结构主义在法国占统治地位,皮亚杰在通俗的丛书中就有论结构主义的小册子。70 年代强调跨学科学派,皮亚杰的著作就有在人类学中的跨学科研究。

虽然皮亚杰擅于与时兴的学派相调和——显示出萨特体系的独特之处,本身变化多端——他也同化了存在的现象学的一些流行的概念,一方面同化它的选择、意图和觉悟的概念,另一方面则是其结构主义上结构、变态和自动规则性等概念。因而,皮亚杰扮演的角色就是尽管他会认为是"哲学的错觉",他所适应的就符合他所消化的,时兴的知识潮流则符合他贡献中的基本的讲得很透彻的东西。

加拉格尔:我想从哲学转向生物学,因为我认为在这个领域才是皮亚杰真正理解之所在。法国记者布林盖尔前些年曾采访皮亚杰,我想引用他的话,那位记者问道:"你刚刚提到生物学这个词,你回到生物学没有?"皮亚杰答道:"我并没回到生物学,我从来没离开过它。"我认为,不知诸位读过一些皮亚杰逝世时的介绍广告没有。那些广告强调说,他在生命的最后时节,他返回到他最初心爱的生物学。这实在是个误解,因为他从未真正离开过生物学,认识这一点是极其重要的,因为他的理论最后五年的发展离开生物学的角度来看就是毫无意义的。比如,在研究矛盾的两卷中,除非你看到皮亚杰要说的矛盾的运动是一种关系,都有生物之根,不然,你不会理解矛盾的运动(无视或取消矛盾是随着调和而来的,这导致这一体系中矛盾集中)。

目前,皮亚杰研究生物学模式的直到如今还被我们忽视的主要著作之一《适应与知识》一书,1974 年初版,最近才翻译过来。从书中我们会发现他是个非常认真的进化论的学生,这点对我们大有裨益。并不是在那本书中他才抓住进化论的概念,围着蜗牛的习性和青草团团转的。他的工作中的思想倾向是思想经过进化论的精炼,这是他的第三者,一个中间立场。对美国人来讲,这一中间立场的见解是个难题。论皮亚杰理论的作者们一再想把皮亚杰推进先天论或环境论的见解之中。然而,如果我们明白生物学模式,就会看出不但这两种见解都不正确,也不可能把皮亚杰推进其中任何一个阵营。

现在,在最后的两年中,我们有幸了解到在遗传学的研究中有了一些证据。八年前皮亚杰在开始强调正规的机械论是一种相互作用论,是中间立场见解的核心时,他做了一些设计。比如,斯堪达里欧斯(Scandalios)和其他人关于玉米中瞬间正规基因同一性的研究,有益于澄清皮亚杰对思想发展必须的正规性的类推。发现正规基因可以伴随对复杂有机体中结构基因的研究,这是在遗传研究中的重大突破。

在一个有关的领域中[阔拉塔(Kolata)曾回顾过],分子生物学家发现动物与人的基因在涂片上沿脱氧核糖核酸展开。以前做的大多数试验中,菌类有机物的基因就不是这样的。这种特别的基因材料,目前看来对于某些关于如何控制基因表现的问题是个解答。关于基因规则的这种推测有助于我们了解皮亚杰在思想发展和生命发展之间总结的相似性。现在我们可以更好地掌握这个运动的外因和内因,即经验的运动影响认识的发展,其方式是要经过我们的重新整理。"基因涂片"或特殊的脱氧核糖核酸控制基因的表现,对认识发展的类推就更清楚了。皮亚杰带有蜗牛与青草的著作目前更清楚地证明关于进化论的中间立场。比如,以蜗牛为例,我们可以看到这个特定的材料有可能作为某种"退化的典型"而保持着蜗牛的一种形态,因而不会完全失掉这种形态。

更有意义的是,皮亚杰强调"现象模拟"遗传材料的逐渐变化或内部的重新组合取代外部的变化。然而,要记住平行的认识的发展,思想的复制或自我调整(认识的现象模拟)应是问题的焦点。

所有这些都意味着,如果你要了解皮亚杰关于矛盾、反应性的抽象、辩证法以及可能性方面的工作(发生认识论研究丛书的最后几卷),你应当以新译本《适应与知识》为基础。没有生物学的基础,我们不可能清楚地全面了解皮亚杰。我们必须记住皮亚杰自称为心理学认识论者,乐于恢复他最初的生物学兴趣。他怀着对生物学的兴趣而生,怀着对生物学的兴趣而死,他总是采取生物学相互作用的观点,去寻求认识发展的相似之处。

目前随着在发生研究方面的进展,有可能更清楚地看到这种平行的方式存在于生命世界与活跃的人类头脑的世界之间。

如果我们不寻求这种平行，或者我们枉费时间去把皮亚杰推进先天论者或经验主义环境论者的阵营之中，他的理论中自我调整的章节就被丢掉了。丢掉了这些章节，那些并不了解甚至于提到过生物模式的批评家们就会继续曲解这一理论。

贝林：以上从哲学家和生物学家谈到皮亚杰，该我谈谈作为心理学的发展心理学家的皮亚杰了。我认为，皮亚杰对哲学的贡献不大。实际上作为一个哲学家，他是相当守旧的。西弗尔曼先生已经对此做了介绍，我赞同皮亚杰有这种特点，即将许多哲学和数学理论上的新见解进行同化。他虽然花了很多时间进行反对逻辑经验主义的论战，但他本人给我的印象却是一个传统逻辑经验主义的最佳代表。他与逻辑经验主义的主要区别在于否认语言是代表知识的基础。

作为一位生物学家，他需要一个特殊种类的进化论足以支持他发展的论证，一种发展曾经说明了新奇的东西。像我看到的那样，他在认知结构的发展中来说明新奇的东西有很大的困难。他提出一种新拉马克主义的形式，作为他的发展理论得以存留下来的所能给的唯一的答复。在这一点上，从我能够判断的事物中，他在生物学中曾经有一些追随者。

在另一方面，他的理论的最重要的贡献是心理学上的，在获得知识上，他把重点置于有机体的能动上。而且对理论有如此之多方面的批评，这就使他们任何一个人最重要的理论成为浅薄无聊。为了真正理解皮亚杰，我们对他各方面事物就要有个理解。他适应能力之强在于体现了许多现代哲学、现代生物学的现在语义哲学的倾向，是一种包括大量认知发展性质的尝试。这的确是没有超出他的知识范围之外。当然，同时批评他忽视大量关于儿童发展的事实，而这一点当然也是确实的。他最大的兴趣是在认识的发展上，虽然原则上是一位心理学家，除了他偶然主张相反的事物外,而他在那里的贡献我相信将是最末位的。他的思想并没有强烈地影响哲学家,也没有影响生物学家。虽然,作为一位心理学家,他曾经有非常强有力的势力,而我想那是对他的心理学来说的,其他方面可以说是附带的。

瓦格纳:我接着贝林发言也许是合适的,因为关于建造新奇事物我是持有相反的结论的。有机体开始于不完整的相对认识的状态,而它生长于皮亚杰所说的完整情况的状态中。这意味着人类的智力就能够做出关于世界的经验的陈述也可能是错误的。这是从这种非决定论而来的必然发生的令人惊奇的事物,在皮亚杰的思想上,他的注意植根于认识的特殊形式上。我想这种必然的情感是对皮亚杰所感兴趣的事物的一种标准。所以我想他的观点是把作为不相干的某种问题排斥在外的一种发展的向心的整体观点。

虽然,我同意他的观点是心理学的。他试图处理许多的哲学问题,而事实上就是处理在目前所发生的人工智力,处理“突现”的问题的一种尝试:是怎样从许多人的相互作用中把特性突现出来——实际上是论突现的这种特性更虚弱——的呢?突现是皮亚杰研究中心的顶讨厌的东西(bête noir),是他试图进行实验研究六十多年的一个问题。现在皮亚杰的回答是那种新奇的事物是心灵的真正新奇的建构,以致预成论(preformationism)既不是主体上的也不是客体上的,只是在突变的两个成为一个的意思之间的相互作用上。事实上他在否定客体影响的重要性或是在这些新奇的事物的结构发展中的这个环境上——许多人把他看做是一位先天论者(nativist)或是一位成熟论者(maturationist)——是这样的成功了。

最有兴趣的问题,例如皮亚杰提出要去处理物质不灭和像变换那样的思维逻辑的以及数学的形式。这些原则在任何重要意义上不是在环境中。然而,到了儿童时期以一种必要的方式去理解它们和相信它们。到了七岁的儿童相信物质不灭,然而任何举例我们都能在环境中驳斥不灭不是由于儿童概念结构上的清楚。证明物质不灭,你需要更高的正确的判断像建造重量和体积的不灭一样,它对七岁儿童并不适用。那么,这种附着在这些概念上的必要是从哪里来的呢?变换是另一种例子,或是数的不灭。这些原则不是在客体自身上,而是在相互作用或是心灵的操作应用于这些客体上。

我想皮亚杰的这种观点构成每一种事物的意义,特别是他为什么研究如梦境或是弹子规则那样平凡的内容。那是可笑的设想:六岁的孩子会说在美国将有与澳洲原住民或是年轻人的什么亲戚关系的这些事情,因为这些内容似乎成为这样有教养的偏见。但是在这些内容领域中的智力操作的这种形式在某一点上是属性的和制作的概念,即使人类经验多种多样,也会引起人们去怀疑它。

我最后一点是涉及皮亚杰理论中的错误的观念及其有趣的作用:如何能使我们犯错误呢?在某种意义上,非持久的观念决不能被经验世界所强化。如果事实上这些论述的根源是这个真实世界,心灵它将如何错误地论述这个世界呢?当然,皮亚杰答复说:儿童并不犯错误或是过失。事实上,儿童把这些概念的真实结构的映象提示给我们,他得到的错误答复并不是很多的,但是他提出了错误的问题。皮亚杰的体系,本质上是这些不同结构发展的表现,那是个体作出行为的可靠的判断。

(1984 年 6 月,未发表)

一个社会主义者在认识论领域中的漫游[①]

序　言

下面各篇论文的题目好像与社会民主主义没有多少关系，如要把它编到《社会民主主义丛书》里，就必须解释几句。

这册《漫游》所论及的认识论，其主题是：我们头脑中所具有的，为每个人用来评价、辨别和认识我们周围的事物，以便获得环绕着我们的自然情况和社会情况的一切知识的工具是如何构成的。

每个人所具有的和使用的工具，事实上也是民主主义工具。智力是一切人类共通的。所以，它关系着社会和集体是一种社会民主主义的工具，是社会民主主义所关注的事情。如果俾斯麦(Bismarck)使用他的与社会民主主义不相同的工具，我便确认他是错用了他的智力的。

我们永远不能达到绝对的一致，但是朝这方面去发展是正确的。因此，认识论也决不能尽知其对象，而使我们在精神能力的使用上没有错误，可是我们决不因为这个缘故而放弃对它的纠正。社会民主主义也尽最大的努力，把人的头脑促成一致，必

---

① 本文译自 J. Dietzgen(狄慈根)所著《狄慈根文集》，第 3 卷，斯图加特出版，德文版，1922 年。

然只有一个妥当的认识论才能对它有价值。

我说过，认识论是处理我们的思维工具如何构成的问题的，我们在了解其性质的时候也就了解了它的使用。一种事物的性质和使用，虽然可称为“两种事物”，可是还能把它包括在一种事物之中。按我的想法，只有真正会奏小提琴的人，才能够真正了解小提琴的性质。他要了解在其中有什么，而为了把它具有的东西表达出来，就必须去拉它一拉。

对认识论一点都不了解的人，当然利用他的思维工具也可以进行正确的判断、正确的思考和精密的识别，这是不成问题的。农民虽然没有进过农业学院可是知道如何种植马铃薯。话虽是这样说，可是科学使农民在工作中至少也能来得较为聪明些是不能不承认的，那就是教导他去预定结果以耕种其田地。他在现在的这种情形下还被左右于风雨以及气候，可是科学在一定的程度上教他控制自然的方法是不可否认的。他还没有获得绝对的自由！科学和思考虽不能帮助他获得支配权，可是它们对他一定会有所帮助。我们早就从自然的奴隶中解放出来，将永不再做它的奴仆了吧！认识只能赋予可能的自由，而同时这种自由是唯一合理的。

因此，在下面各篇论文中所研讨着的这样的一种工具，乃是根据不同的人而适用于不同的机会。在人世间除了如知觉、识别、判断、认识等等之一般的和普遍的事物之外，没有别的。所以认识论和 A、B、C 字母一样——仅指在较高的意义上——是一种基本科学(eine Elementerwissenschaft)。被训练过的智力较读、写的方法优越得多。有名望的斯宾诺莎(Spinaza)曾经留给我们一本《理解力改进论》的著作，遗憾的是他没有把它完成。而我们所期待于这册《认识论领域中的漫游》的，不外是使这个工具得到改进。

欲作为一个纯粹的社会民主主义者，就必须改进他的思想方法。像今天站在科学的立场上看社会民主主义的有名的创始者马克思和恩格斯之社会民主主义的人，主要是研究这个被改进了的思想方法。人的思想方法的改进与其他一切改进一样，是一个无限的问题，到底还不能顺利地把它完全解决。不过，我们必须继续不停地去追求它。唯一的、自然的方法在于：由于各种专门科学的研究，使我们一般的知识得到提高。虽然把认识论解释为从其中发射出一切光明的灯而企图摸到人的精神的最深处来阐明人的精神，可是我们仍然十分谦逊地认为，像这样的理论纵然是如何完整的，同时也是不充分的。虽然各种专门科学能够完全地把人的精神加以阐明，可是精神必须用一种特殊的科学而决不能用一般的科学来阐明。这个目的，只可逐渐达成。因此，如果各位热心的读者认为这册《漫游》对一般的科学目的能有或多或少贡献的话，我将会是满足的。

约瑟夫·狄慈根

1886 年 12 月 15 日于芝加哥

一、"创造的精神不能渗透到自然的内部"

冯·哈勒(von Haller)的这些话，总是包含着这样的意义，就是说明甚至"永久真理"也要受时间的销蚀和淘汰。这个诗人常被引用的诗句，一直到今天还有许多的追随者时常引用。我今天也引用这句诗的最大理由，乃是要告诉那些相信古来哲言的人：只有不断革命的批判才能进步。

"创造的精神(der erschaffene Geist)"是"哲学"这门特殊科学所称呼的特殊研究对象，这门学科的意义至今经历了种种变化。在古希腊时代所谓哲学家是一般智慧的爱好者，然而到了今天由于一般文化的向前发展，以至使人们了解到：不能以这种一般的爱好而取得巨大的成果。探求智慧的人就不能不转向科学。这种科学的成果并非产生在混迷错乱的一般事物中，而是产生在真实的专门领域上。哲学变成了一门专门的学科，而把某种特殊的对象，即“创造的精神”作为其研究的对象了。

精确地说：康德(Kant)以来的哲学，其早年的努力多少有些像孩子般的梦想，而且同其他的科学部门一样，为了完全达到某种结果，事先它就不能不为自身设立一定的目标。这样，从那时以来，哲学便逐渐地被现代化，直到今天终于被认识、批判了。

在人的头脑中这个为自然所培养的创造的精神或精神的器官，始终迷惑着人们，认为它是一种神秘。这种神秘是由于一切事物、一切自然现象，当它们在未被了解、未被研究的时候，都被认作是神秘的事物。当人们对它们越深入地了解的时候，它们就越发失去了它们的神秘性。精神也不能超出这个法则之外。自从哲学本身自觉地、清楚地、明确地专心致力于这个创造的精神的研究以来，由神秘的不可了解到更加了解，以至完全呈示了清楚的面貌。

恰如崇拜咒物的人把最不稀罕的石块和木片神圣化一样，这个“创造的精神”也被神圣化、神秘化了。即：最初是宗教的，其后是哲学的。宗教把称之为信仰或超自然的事物叫做哲学的形而上学。可是我们必须承认：哲学曾经充分地企求过，从哲学的事实中创造出一种科学来，而且这件事终于用物理的方法创造成功了。在哲学的背后，从形而上学的世界知识中产生了一种朴素认识论的特殊科学。

然而，我们对哲学家就不想给予过多的光荣。意思是说，创造的精神并不仅是由于哲学家才放射科学的光辉，自然科学的研究者对它间接的解释也有过很大的贡献。由于自然科学对另一对象的人的精神的解释，不仅给认识论上的解释作了准备，而且还为它奠定了可能性。哲学在阐明内部精神的机能以前，必须以自然科学的实际成就明示迄今人的精神工具如何才能具有解释自然内部问题的能力。

许多未知的世界是存在着的事实，物理学家在这里并非不去考察。可是其中的某些人也不乏这样的见解：认为不可知的也并非是完全不可知的、神秘的。他们以为甚至不可知的世界和最神秘的事物以及一切既知的部分与对象，都完全属于一个同一的范畴：普遍的自然合一体(der universelle Naturverband)。在人的精神中，由于把实际存在着的宇宙概念，作为先天的、生得的观念的一种，而认为一切事物甚至天体都是存在于宇宙之中的，是宇宙的共通的性质。“创造的精神”也被证明为并不是这个科学法则的例外。

旧宗教的观念界妨碍了对真理的认识，说自然并非只是一个简单名字的单子，而是一个真实存在的单子——不论在它上面、里面、侧面，连任何其他的事物都不存在，也不是一种自然而有的精神。自然而有的、畸形怪状的、宗教的精神之信仰妨碍了这样的理解：人的精神本身是由于自然创造出来的、产生出来的，因而它是自然本身的孩子，自然对于这个孩子是无所隐藏的。而自然也是有些隐藏的——它永远不能把它的秘密一下子完全地泄露出来。因为在它的宝库中是无穷尽的，所以它便不能把它本身完全地给予出去。而且创造的精神、自然之子，还不仅是自然外部的，甚至也是一个一直照射到内部的灯光。以物理之无限的、无穷尽的、包含万有的自然的看法来说，必须把所谓内部和外部看做陈腐的概念。如果“创造的精神”这一名称也意味着它是位于云霄之彼岸的、自然而有的、巨大的、畸形怪状的、形而上学的精神的话，同样也是陈腐的概念。

宗教的"伟大的精神"是由于诗人——当他否定它有能力渗透到"自然的内部"的时候——毁谤人类的精神而引起的。同时,自然而有的、畸形怪状的精神,不过是由于人的精神自然产生的一种空想的影像。

在其最高发展阶段上的认识论,能够完全把这个命题证明出来。它对我们表示:创造的精神它所有的观念、思想和概念是从自然科学所称为"物理的世界"之一元论的世界中借来的。创造的精神是世界的真实之子,慈母的自然是对它传递其无穷尽的某种事物的。同自然愿意敞开她的胸膛一样,这种精神在认识上是无限的、无穷尽的。孩子只是由于其母爱之无限的富有而被限制了,就是它不会完结其无穷尽。

创造的精神以其科学渗透到自然的最内部,但它不能再往前渗透。并不是因为它是一个狭隘的有限的精神,而是因为它的母亲除它以外是连任何事物都没有的一种无限的自然、自然的无限。

这位不可思议的母亲对其自然儿传递了意识。创造的精神以合适的意识的才能来到这个世界上,其慈母的自然的孩子,为它创造了构成其母亲所有其他孩子的,即其一切兄弟姐妹们的精密影像的能力。这样,"创造的精神"便具有了空气、水、土、火和其他等等的影像、观念、概念。同时,它所构成的这样的画像,便形成了每一事物的真实而适当的影像的意识。毫无疑问,这种精神知道:自然的孩子们是经验着可变化的事物的,例如:水是由不同种类的水——任何一小滴都绝对与另一小滴不同——组合而成的;但是它的母亲向它传递着意识:好像由它自己先天的了解一样,如果水不能作为水和抛掉一切水的意义的话,便不能改变其一般的水的性质。因此,它好像预先知道似的:许多事物不论如何变化,其一般的性质、其一般的本质是不能变化的。

创造的精神绝不能知道，在其自然而有的母亲身上，什么是完全可能的，什么是完全不可能的。可是，这个创造的精神不容置疑地在其天赋的本性上就了解这点：不论在什么情况下水永远是湿润的东西，而精神即使同它在云霄之彼岸相遇也不能改变其一般的性质。创造的精神，它是自然界的孩子，它具有天赋的认识能力：理性不能不是合理的，自然不能不是自然的，水不能不是液体的，而自然而有的精神，就不能不是一种畸形怪状的荒唐无稽的东西。

以上的论述，也许认为是缺乏确证的主张。可是，因为每位读者在其头脑中都具有像这样的证据，所以让我省去提出其他论证材料的麻烦吧！人们需要探询他们自己的头脑是否能够预先知道：如果给月亮以理性，这种理性也许比彼特(Peter)或保罗(Paule)的理性大一些或小一些，但是尽管有很大的差别，必须认为它的大小以及力量是停留在一定的合理限界之内的。

由于哲学和科学贯串在数世纪之中所积累起来的"创造的精神"的知识，以至成为这样的学说：这种精神与重力、热、光、电、其他等等是一样的，称为一种力量，一种自然力，而且完全与其他一切力量一样，在它的一般性质之外，它还具有和其他一切力量不同的以及能去认识的一种独有的特性。如果我们更精密地去检查这种"创造的精神"的特性，我们完全确信并不必作进一步的研究便可看出：两山之间不能没有一道谷，部分较全体小，圆不是四角，熊不是象，如果这样说得当的话，它具有着天赋的和"可惊奇的"能力。这种创造的精神之可惊奇的能力完全是应当考察的，因为此外的实证知识也是从下列思想中产生的：在正常人的精神以外的另一种精神的思想——这一种精神的思想是超出一切已知精神之外的思想，是一种过度的思想，是意识上的反常。

母亲的自然，由于经验给创造的精神以发展的能力，对其他的自然物予以分类、区别和命名。这样，它把山毛榉和橡树区别开来；它把这个世界予以分类，而被确信为：这样的分类是纯粹的、真实的、明确的和清楚的。这种分类把发展看做一定的变迁，有限的变化，因而并不是在改变这种事实，也并不与这种事实相矛盾，即：由于人的精神在全体上所制作的分类是一种被限定的、坚固的、持久的东西。从这种事实中又产生下列事实：在柏林（Berlin）称之为 Brot（面包）的东西，在巴黎（Paris）叫做 du Pain（面包），就是：即使面包改变了它的名称，可是它不论在什么时候，不论在什么地方仍然是面包。同样，把它的种类、形式和颜色变换成各式各样，即使是用多种面粉制作出来的，也不能改变它的本质。橡树种类繁多，但它不能越出其种的限界而变化。熊也是一样，在那里有大的，也有小的，有褐色的，也有黑色的，但它决不能从它们的种中解脱出来。

像这样的科学知识是由于对“创造的精神”之客观的研究而被给予的。

我们为了明确这一点：精神也和面包、橡树、熊一样的真实才引证这些事实。在其他的行星上，或许有很多为我们所不知道的精神，但是在全体上从其种来看，除了我们所知的“创造的精神”——我们了解它不仅不脱离其名称，也不脱离其概念——以外的事物，是不能有的。超自然的精神是一种空想的概念。

那些以自然封闭其内部的说法来反对“创造的精神”的人们之自然概念，同样也是空想的。自然是无限的，了解这一点的人便也会了解，对自然不能谈论什么是发端和终极、上和下、内部和外部的事。这些说法并非指一般的自然是绝对的，只是指其部分、其产物以及个别的事物是绝对的。

我们不过是用手把握其可触知的东西，用眼把握其能看见的东西，而用概念之时我们把握总的自然、宇宙。因此可以说，我们的概念能力不需要以夸大和岐视把一些可感觉的事物当做十分低劣的东西和有限的东西。与没有心智的媒介，眼便不能看，耳便不能听，手便不能触知是一样的，在人的头脑中的天赋的概念能力，如果没有五种感官的帮助是不能构成概念的。正像全体依存于个别的一样，一切个别的也依存于总的自然。

如果我们打算把自然与其创造的精神构成一个实体的画像，我们首先就要对创造的精神注入以好像它正在做着它是一个超自然的和脱离自然的精神之美梦一样的不能超出其母亲的意识。如果我们具有像这样一种自然普遍性之明确而清楚的认识，那么所获得的东西只能是人类精神的正确概念，就是说：对这个自然的部分，既不认为是过度的，也不认为是可诬蔑的，而认为是正确的概念。这样，我们将看到把自然归之于具有神秘性的事物是一种妄想。同时将看到，还会经验到：普遍的自然是怎样毫无隐藏地在运行着。我们的精神是它自身的产物。自然赋予我们的精神以获得自然和一切自然现象的知识的才能和职务。我所指的“一切”，是在合理而适当的意思上来使用的，并没有遗漏：自然在其现象的产生上是无穷尽的，而具体到“创造的精神”来说，只限于它是自然的一部分，尽管在它的认识上是普遍性的，但它只能是一种自然的有限生成物。

我们不是具有感觉一切可触知的东西的触感吗？那里也许有一种较人的皮肤神经更为有感性的触角动物在。我们因此就对我们有限的触觉和自然的不充分产生悲哀之念吗？如果自然对我们不赋予像装配仪器——使用它我们可以去发现就连最敏感的触角都不能知觉到的微妙的东西——那样十分灵敏的精神也是理所当然的吧！

简单来说，研究自然科学成果的人，不应把任何神秘的秘密都归之于自然。同时，仔细检查哲学的成果的人，就不能不重视人的精神具有解决一切可能的问题的能力。但是，连任何感性、任何理性都没有的不可能有的事物，因此也就不能成为我们的任何考察或研究的对象。

我们谈了一些什么呢？不可能有的事物也没有什么感性、理性吗？除了在我们人的头脑之外还有什么东西能假定理性呢？不是只有我们人具有精神、理性、悟性、认识能力吗？这些事情是这一章的主要问题，现在我们就要较好地来处理这个问题。

正像视觉能力与光、色有着密切的关系一样，主观的感触能力与客观的可能性也有着密切的关系，这样创造的精神也与自然之谜有着密切的关系。在外界没有可被理解的事物，在头脑内部的任何悟性便都不能成为现实。忽略了这一些事物的互相联系的是过去那些认识论家的错误。他们是这样地在云霄的彼岸寻求着精神和自然之迷迷糊糊的幻想的解决。

所谓精神没有能力阐明自然的内部之过度的责难，正像称自然的内部是不可理解的人们之过度的神秘化一样——二者都是贯穿在漫长的数千年中，从支配人类的思想方法里所自然而然产生的东西。现在这种情况改变了，现在哲学的各种努力已经进展到使人本身作他的思想方法的主人——至少要用较多的技巧和方法在可能范围内去解决摆在他们面前的各种问题。

哲学发现了思维术(Denkkunst)。而另一方面，哲学在某种程度上从事于最完全存在的事物、神的概念、斯宾诺莎的“实体”、康德的“自在之物”和黑格尔(Hegel)之“绝对”的研究。在下列事实中具有充足的理由：不论在其上面、侧面、外面、连任何事物都不存在的全一体之宇宙的冷酷概念，它了解其自身和一切可能存在的以及不可能存在的对象，即：凡物皆属于被我们称之为宇宙、自然和世界的一个永远无限的全一体。这是精巧而彻底的思想方法的第一个要求。

我们以此证明了比人的精神还高的精神是不存在的。我的和你的精神是有限的精神,因为它只是一般的人的精神的部分或是片断。人们的精神是与另一种东西相联系的,某种东西去补充它,某种东西向它学习,而这种联系构成总的精神的进步与发展。“在人类的这棵树上,花朵成堆成片地盛开着!”我们不了解这棵树还能生长到多么高,可是它不能一直生长到天界之上——这是我们所知道的先天的、实证的、不可疑的处所。

所以一方面我们断言,我们不知道自然可能有些什么成就。自然到最后也许能创造出来像永远都不能想象到的梦想一样的可惊奇的事物。另一方面,我们还可断言,我们毫不怀疑地知道什么是不可能的。

那么,这种可能与不可能的矛盾知识将成为怎样的东西呢?

十分简单,我们超自然的、自然而有的精神之不可能有的无疑的知识,也是根据另一种名称:认识论所称的理性批判。这门学科选择了其作为特殊研究对象的、经验的精神,并指出:这种精神具有自然之普遍性的无疑的确信。这至少把自然之单一性的、无限性的、不可测性的意识作为其天赋的本质。

牧师很早就确信了:他们的神是全能的,既不能构成任何恶精神,也不能作出任何坏事情。为什么我们不去确信自然的全能、人的理性的创造者也不能去创造任何不合理的、不合逻辑的事物呢?当然,在自然中有很多不合理的,就是它有很多是比较的或是第二次的不合理。可是像这样一些完全的超出于其种领域之上的绝对不合理的东西,我们决不予以思考——自然不允许我们的思维能力去思考这样的东西。自然曾经赋予我们以它决不能有那样的不合理的和不合逻辑的确信。

全能的自然创造了理性，而往其中注入以意识。自然的全能是一种合理的力量，不可能有比全能的自然还更为全能的像那样不合逻辑地去创造精神和事物。任何一种事物必须存在于自然的种之中，即使种和属可以变化，而超出于一般的种、自然的种之外的像那样过分的变化是没有的，这是自然的逻辑和逻辑的自然规律。所以想抓住它，好像把它装进口袋一样地深入到自然内部的精神是没有的。

自然所赋予我们的这个确实性是不可思议的吗？由母亲所传递来的这个思维着的自然的片断，谓自然的全能是合理的全能的确信难道是不可理解的吗？如果那个母亲的孩子不得已而认为它的母亲在不合理的意思上是全能的、是普遍存在的，那岂不就愈加不可理解了吗？

是的，我们不论在表面上去观察它，也不论渗入到其最内部去观察它，从各方面来看，自然是不可思议的。可是自然的不可思议还是可以理解的不可思议。然而那种梦想着一种完全过分的不可思议之智力的人，便愈加是不可思议的，自然的不可思议与之相比较就有逊色了。

二、绝对真理与其诸自然现象

是歌德(Goethe)还是海涅(Heine)？这两个人中有一位说过这样的话：只有目不识丁和一贫如洗的人是谦逊的。因此我否认一切像这样的谦逊，因为我相信我自己对科学的伟大事业能作出一些贡献来。我是由于1886年5月的《新时代》杂志才加强了这种信念的。在这本杂志上，我们有崇高功绩的恩格斯，在《论费尔巴哈(Feuerbach)》[①]的文章中,对我的努力曾作过光荣的记载。在这样的场合上,人和事情是密切相关的,过度的谦逊只能有害于事情之探求的进步。

我在这里所要论述的一些事物,是我早在17年前所著的一本小册子中已经讨论过的。可是,那时候我在促进认识论的进步上所持的见解是很肤浅的,我打算再把它重新论证一下。黑格尔(Hegel)在他的《精神现象学》的序言中,曾经适当地说过这样的话:"最容易的事是去判断具有怎样的内容和确实性;较困难的事是去思考它;一切最困难的事是以记述去描写它,因为它总要包含着判断和概念两方面。"我完完全全地采纳了这句话,便丢开了摆在我眼前的这个事件的充分的论述;这一切我试图在这里尽可能极其简洁地、较为精确地来描绘出关于保留在我头脑中的这一可珍爱的认识论问题的精髓。像这样所规定下来的任务,我希望允许我为了阐明这个问题来解释几句,我是怎样走过来的。

充斥反政府主义者、宪政主义者、民主主义者的1848年,当时在我年纪轻轻的心灵上,当时在一切见闻中,对于究竟什么是真的实在以及毫无错误的真、善、纯的问题,唤起我去获得一种批判的稳定无疑的立场,一个实证的判断之难以制止的要求。在我寻求之中,我偶然遇到了费尔巴哈,由于热心地研究他的著

① 这是指革命导师恩格斯在其所著的《路德维希·费尔巴哈和德国古典哲学的终结》一书中对狄慈根登上哲学舞台给予了很高的评价。恩格斯说:"……值得注意的是,不仅我们发现了这个多年来已成为我们最好的劳动工具和最锐利的武器的唯物主义辩证法,而且德国工人约瑟夫·狄慈根不依靠我们,甚至不依靠黑格尔也发现了它。"(《马克思恩格斯选集》第4卷,人民出版社,1972年版,第239页)——译者。

作,使我得到了莫大的进步。特别是对我的求知欲有最大帮助的,要算在1849年在科隆(Köln)审判共产党员的时候,我从报纸上所看到的《共产党宣言》了。然而,最大的进步——在我的乡居生活中钻研了许多的旧哲学著作之后——我归功于1859年所出版的一本马克思著作,书名是《政治经济学批判》。在这本书的序言上——如果摘要来讲的话——论述着:人怎样获得他的每日食粮的方法,就是说:一个时代的人,肉体地所劳动着的文明的立场决定他的精神立场,或是以这一立场来决定这一时代人对于真、善、纯、上帝、自由、永生、哲学、政治和法律将怎样去思考以及不能不去思考的方法。

在我整个一生当中,所读与所研究的一切事物,将怎样才能达到实证的、无疑的知识,就是:将怎样才能达到什么是真、什么是纯的标准点?我以一定要达到的渴望作为信念。以上一节,引导我们走上正确的道路。而这一道路指出:人的认识,绝对真理和相对真理是什么性质的东西。

我现在作为个人的经验所叙述着的,也是人类在数世纪间所经历过的经验。如果我是第一个人提出这一些问题而表示对于绝对真理的欲求的话,我岂不就成为在一切永恒中等待答复的糊涂人了吗?然而我事实上并不是这样的糊涂人,可是能够得到令人满意的答复的是有赖于各种事物之历史的发展——在某一时代,即是在前一时代的绵延之后,一些头脑优秀的人们曾经寻求这个问题的解决。而当我能把它从费尔巴哈和马克思——如我以前所述——那里得到解释时为止,是一直使我当作问题的。我想指出,这些给我光明的人们,并不仅是这些人的个人的产物,而是比历史时代还较为古老的文化之共同的产物。

初看好像在先辈们之间,即:从希腊的塔里斯(Thales)到普鲁士波恩(Bonn)的尤琴·保那·麦尔(Jürgen Bona Meyer),在探求绝对真理的人们之间是很少有相同见解的。然而仔细去检查的人便会看到从一个时代到一个时代的进展，越来越成为明显的和清楚的红线了。今天甚至还有一些热心家，他们以不太多的历史感觉，想从他们的头脑内部找出数千年来科学逐渐发展而成熟了的产物中所看到的哲学的见解，这是对历史意义之体会(Gefuhl für die Bedeutung des Geschichtlichen)的不足。

简单来说，回答什么是真理、绝对真理之问题的皮拉特(Pilates)，耸耸他的肩，似乎说这个问题对我来说过于高深，可去请教高僧凯法师(Caiphes)。这时后者说，僧侣们在今天还是这样说：上帝是真理，它是超自然界的，超大地的。人们在19世纪末，早已讨厌这样的答复以为没有反驳的必要了。另一方面，这种皮拉特一流人物，即使在现在的科学指导者之间，还有很多这样的人出现着，成为关于这一问题合理解释的莫大障碍。

为了较精密地认识绝对真理的本性，首先必须把它从被认为是纯粹精神的本性之根深蒂固的偏见中解救出来。否，否！绝对真理可以看到、听到、嗅到、触到，当然也可以认识；可是它并不完全融入于认识之中——它并不是纯粹的精神。它的本性，既不是形体的，也不是精神的；既不是这个，也不是那个，是包罗万有的，是与形体一样的精神。绝对真理，它的本身没有任何本性，恰恰相反，它具有一般的本性。换句话说，如果说不具有任何神秘性，则一般自然界的本性和一般真理便是同一的。一个是形体的，另一个是精神的，这里没有两个自然界，这里只有一个包含一切形状和一切精神的自然界。

宇宙和自然界，也就是和世界以及绝对真理是同一的。自然科学把自然界分割为部分、限界和学科。可是它了解到或是注意到一切像这样的分割只是形式的，自然界或是宇宙尽管是一切的分割，但也是非分割的——尽管它是一切差异和多样性的自然界，但也不过是一个不可分的、普遍的整体的自然界、世界和真理。

这里只是一个存在(Sein)，而一切形式是一个总的真理——在一切时间，在一切场合是绝对的、永久的和无限的——的样式、种类和相对真理。人的认识与其他一切事物一样，是无限的一个有限部分，是现存(Dasein)或是总的真理的一种样式，一个种类。

自从把真理的本性看做纯粹的精神以来，认为真理只是在认识之中所能寻求到的东西的缘故，人的认识的研究以至成为我们的课题，即：关于绝对真理与相对真理及其关系的研究。

人的精神世界，就是我们所了解的、相信的、思考的一切事物，形成了普遍世界的一个部分。而这个普遍世界，只在它的绝对的相互关系上，在它的全存在(Gesamtexistenz)上，具有一个无限的、完全的、绝对的存在，就是在最高意义上的真实的存在。同时，根据它的部分、样式、种类、产物或现象，它具有一个无数的存在，在这个无数的存在中的每一特别的东西，也是真实的东西，但如果在全体上来对比，不过是一个相对真理。

它本身是相对真理的人的认识，是我们与绝对存在的其他现象或是相对性之间的媒介。不论怎样，认识的能力、认识的主观是可以从客观中区别出来的。虽然这种区别是有限的、相对的区别，可是主观和客观不仅不同，而同时在被称为宇宙之全存在的部分或是现象之点上是相同的。我们区别自然界和自然界的部分、门类和现象。这一些事物是与全存在不可分地联系着，虽然是显现于其中的，消灭于其中的。自然界如果没有它的现象便不存在，现象如果没有它的全自然界，也就是没有绝对也就不存在。分别，就是精神的分析，只是为了制作现象的影像，以助成我们的认识的。意识其行动的认识必须了解：精神地去分别、区分事物是与自然界的现实不可分地联结在一起的。

我们所认识的是真理、相对真理或是自然界的现象。自然界本身即是绝对真理,但并不是直接的,只通过它的表现——现象,得不到认识。那么我们将怎样在现象的背后知道一个绝对真理就是总的自然界的存在呢?这不是一种新的神秘吗?

好吧,我们来看一下。作为人的认识,并不是绝对真理,而只不过是一个艺术家把真理的画像制成实在的、正确的和适当的画像,它的画像并不是毫无遗漏地去描写它的对象,而那位艺术家也不能完全认识这个模特儿。论述真理和认识的普通论理学,数千年来所重申复述的,说真理在我们的认识与其对象上的一致上,不具有任何无意义的东西。画像怎样能够和它的模特儿"一致"呢?不必说,近似是能够的。可是哪一种画像不能与它的对象近似呢?每一个画像都是多多少少少近似的。可是想要完全近似,完全一模一样——是一种变态的思想。

所以我们只能相对地认识自然界和它的部分。因为每一部分,虽然只是自然界的一个相关部分,而在其本身之中却有着绝对物的本性,为认识所不能穷尽的全部自然界自体(des Naturganzen an sich)的本性。

那么我们怎样知道在自然现象的背后,在相对真理的背后有着不完全显示给人的普遍的、无限的、绝对的自然界呢?从什么地方知道它本身的存在呢?我们的视力是有限的。听力、感觉力其他等等以及我们的认识能力都是如此。而且我们知道所有的这些事物,它们是无限事物的有限部分。这种认识是从什么地方来的呢?

它是我们生来就有的,是和意识一起给予我们的。人的意识是作为人的属性,即人类和宇宙之一部分的其个性的认识。所谓认识是以其所具有的一切事物(包含画像和事物),即从一个整体的母亲——一切事物从此发生，一切事物回归于其胎内——之各种事物的各种画像的意识中去制作画像。这个母亲是绝对真理；她是完全的真实，而且生来就是神秘的。就是：她是认识的无穷尽的源泉，因此是不能彻底认识的。

在世界上的以及世界所被认识的一切事物，即使是如何真实而确切，也不过是一种被认识的真理，所以是一种被修饰的真理，是真理的样式或是部分。当我说无限的、绝对真理的意识是我们生来具有的，它是一个而且是唯一的一个先天的认识的时候，那么经验总还是确证这个生来具有的意识的。我们经验着每一个发端和每一个终极，这只是相对的发端和终极，在那里，在根底上躺着由于所有的经验所不能彻底认识的事物，即绝对的东西。用康德的话来说，通过经验我们经验着每一种经验，它只是超出一切经验界限之外的事物的一部分。

也许神秘家说：那么，超出物理的经验之界限以外的某种东西，毕竟是存在的。我们答复说是，同时答复说否。在旧形而上学家的过度的(das Überschwengliche)意思上，这种东西是不存在的。在意识到自已本质之意识的意思上，任何微粒，不论是灰尘、石头、或是木头的微粒，是一种不能彻底认识的东西。就是说，每一个微粒都是人的认识能力所不能穷根究底的材料，因而是一种超出经验界限之外的东西。

当我说物理的世界之无发端性以及无终极性的意识是天赋的意识而不是由于经验所获得的意识时——换句话说，只是一个先天给予的，而先行于一切经验的意识时，我还要加以说明。即：最初它不过是作为一个胚种给予的，由于通过生存斗争的经验和性的淘汰，才发展成今天所具有的模样。

仅限于绝对真理之宇宙的认识，正好像和每一其他认识以及每一其他事物完全一样，是先天地作为胚种所给予的，是在无限中所发生的一种经验的认识。因此，已经明白地认识了总的真理与自然现象之间的关系的人的精神，就不会再从知识、认识等等与生俱来的能力中过度地去区分由于经验获得来的知识了。

这种神秘主义，并不是暧昧的、不健全的。其中的一种好像这样告诉我们：人的认识能力在对绝对真理的认识上是很狭隘的，人的智力在无遗漏地彻底认识全部自然界之最小微粒上是很薄弱的。可是像这样的无穷尽性(Unerschöphlichkeit)或是无限性是一种叙述语，这种叙述语可以应用到一切没有例外的事物上，也可以应用到我们的认识能力上，这是至今已从其中取得大量利润而视为习惯的大欺骗。

不健康的神秘主义，反科学地把绝对真理和相对真理分开，它把显现着的物和"自在之物"，即把现象和真理，变为彼此 toto coelo(完全地、根本地、原则地)不同的，并为任何一般范畴所不能包括的两个范畴。这种暧昧的神秘主义，把我们的认识和认识能力设想为超越天界的真正的雅可伯(Jakob)，即一个超人的、奇形怪状的精神之"纯粹的代替物"。

谦逊时常使人获益。可是关于人们没有能力认识真理的说法，有双重意义：一是对人们的有价值意义，一是对人们的无价值意义。我们所认识的一切事物，一切科学的成果，一切现象都是真正的、正确的、绝对真理的各部分。虽然后者是无穷尽的，不能完完全全地被描画在认识中或是被描写在精神中，可是各画像由于科学能够把它表现出来，正确的各画像表现在人类的相对的语言的意思中。正是这样，我们现在在这里所写下来的语句具有着真实的、合理的意义，可是不要有人喜欢去滥用或是曲解它们。

承认真理不能为认识所穷尽。然而并不像幻想的神秘家们所认为的那样——因为他们把超人的奇形怪状的精神的幻想引入到他们的头脑中——它是远离于我们的认识的。

科学的认识不必去追求绝对的真理。因为绝对的真理通过我们的感觉和我们的精神用不着进一步探讨就可给予。我们想了解的，事实上它是一般真理所给予的特殊表现，即现象，这样的真理以其特别的现象甘心地把它自身呈示给我们。我们的认识提供确切的图像、真实的知识。而这里所论述的问题，只是相对的确切或完全，更大的希望是人类理性所不能达到的。这并不像僧侣们所劝告的那种的信念。我们能够认识真理——它甘心地呈示给我们，但是我们不能从我们的皮肤中跳出来，那是十分自然的。仍然从事于这样一种目的的形而上学的宗教的梦想者们，那也是自然的。他们追求其他的绝对真理乃是人类认识史上很久遗留下来的一种梦想，而那种以认识相对真理为满足的谦虚，便被认作是理性的修养。

斯宾诺莎说，这里只有一个实体——它是普遍的、无限的或是绝对的。其他的有限的，所谓实体的一切，都产生于其中，显现于其中，淹没于其中；他们只不过是相对的、暂时的、偶然的存在。在斯宾诺莎看来，一切有限的事物是完全正当的，只不过是无限实体的样式，而我们的现代自然科学在其材料的永久性和力的不灭性的学说上也予以确证。以后的哲学，只在某一点上而且是在某一极重要之点上，就不能不对斯宾诺莎进行修改了。

在斯宾诺莎看来，无限的、绝对的实体具有两种属性：无限的扩延性和无限的思维性。思维和扩延是斯宾诺莎主义者关于绝对实体的两种属性。这是错误的，特别是所谓绝对的思维是没有任何根据的，而所谓绝对的扩延也是没有什么理由的。世界或者是绝对者或者是自然或者是宇宙——或者是称之为其他各事物的事物、唯一者和无限者——在时间和空间中是无限的扩延；空间的每一小空间和时间的每一部分，与其中所包含的其他的每一事物一样，也是一个单独的可变的暂时的有限的事物，而思维的各形式对于这种有限和限制没有例外。

我们今天的思维和思想之本性的知识，在明了性和决定性上远远超过斯宾诺莎。现在我们知道思想或意识并不是真理的神秘容器，宁可说它的真实本性，除了为一切事物所共有的自然的性质之外没有其他的本性。它是神秘的同时也是陈腐的，而且即使是一种无限的研究对象，可是并不比任何其他特种的素材或是力更为无限。

斯宾诺莎所称之为无限的实体和我们所称之宇宙或是绝对的真理，与其有限的现象是同一的，与我们在宇宙中所遇到的相对的真理是同一的，正好像森林是与其各树木同一的一样。所谓相对和绝对，那种宗教所称呼的蒙昧的无限感（Unendlichkeitsgefühl）并不是像人们所讲的那样，像那样地相互分离。那种所称为思辨哲学的研究也被宗教所渗透，而从无知中产生人的精神对于绝对真理的相对关系的误解。追求精神的明确观念的这种研究部门，从其开始到最近的古典哲学家因不一致的胡诌而有偏差。那是缺乏对每种事物都是相对的理解，而思维能力也是完全包含在绝对之中的，正如树木被包含在森林之中一样——我反复用这种比拟。那是没有了解一切逻辑的精髓，即完全没有例外地一切特殊性都包含在一种属中，而一切属是在一般的属中，即被包含在绝对真理的宇宙之中。

哲学和宗教一样，生存在超自然的绝对真理的信仰中。问题的解决在于这种概念：绝对真理不是别的而是被一般化了的真理，而这一般化了的真理并不存在于精神之中——至少并不比其他任何地方为多——可是存在于为精神所注视的客观（对象）之中，就是我们所指示的总的名称，存在于宇宙之中。

宗教和哲学用以称作上帝的先验的绝对真理，乃是以这种空想的像把其自身神秘化了的人的精神的神秘化。从事认识能力批判的哲学家康德，发现人们不能认识先验的绝对真理。我们可以补充说：人们不能认识平凡的、日常的事物，也不能认识先验的绝对的方式。如果他慎重地使用他的能力的话，也就是和人们用相对的方法相对地去处理一切关系的话，他一除掉他本身的超自然的偏见，那么一切事物就都向他开放而没有任何事物是关闭的，而他也就能掌握并认识总的真理了。

正像我们的眼睛一样用镜片的帮助能看见一切事物而也不能看见一切事物——因为它既不能看见声音，也不能看见气味，总之也不能看见任何事物——一样，我们的认识能力能够认识一切事物而也不能认识一切事物。它不能认识不能认识的东西，但这只是明白而足够的幻想的或是先验的欲求。

当我承认宗教和哲学在先验的领域中探求绝对真理时，如果现实的全部宇宙近在咫尺，而人的精神是总的真理的一个实在的、现实的和能动的部分，具有去形成总的真理之各部分的真实图像之使命的话，那么我们就把有限和无限的问题完全解决了。绝对和相对是不能先验地分开来的，他们是彼此相关联着的，而无限是无数的有限构成的，每一有限的现象具有无限的本性。

所以在这里所论述的，先引用马克思的命题，即：在政治的和社会的生活中的真、善、纯是什么和怎样的关系，因为在这里要作详细的说明将占许多的篇幅，所以暂时把它的解释委之于读者自己来解决，我也许找另外的机会再来讨论这个问题。[①]

---

① 在下一章中就可以看到这个问题的解释。——译者

三、唯物主义对唯物主义的论战

恩格斯说:“了解了以往的德国唯心主义的完全荒谬,这就必然导致唯物主义,但是要注意,并不导致18世纪的纯形而上学的、完全机械的唯物主义。”①

从德国唯心主义的完全荒谬中所产生的而恩格斯本人是创始者之一的这种近代唯物主义,尽管它是形成德国社会民主主义的根基,但是理解得不多。所以我们打算对这个题目予以比较细致的探究。

如果这样说合适的话,这种特殊的德国社会民主主义的唯物主义,与“18世纪的形而上学的、完全机械的唯物主义”相比较时,便能最好地表示出其特质来。而当我们进一步与从荒谬中产生的德国唯心主义相对照时,更能正确地明了由于唯物主义的名称所容易产生误解的社会民主主义之基础的性质。

首先,为什么恩格斯称18世纪的唯物主义为“形而上学”的呢?形而上学者是一些不满足于物理的或自然的世界而时常把超自然的、形而上学的世界引入于观念之中的人们。康德在其《纯粹理性批判》的序言中,把形而上学概括为三句话:上帝、自由、永生。我们现在明了上帝是创造自然世界、物理世界、物质世界的一种精神,一种超自然的精神。18世纪有名的唯物主义者并不是这种圣经故事的朋友或是礼拜者。上帝、自由、永生的问题,它只限于超自然界,对于这些无神论者来说是完全相反的。他们停止在物理的世界上,而只限于决不是形而上学者。

恩格斯是在另一种意思上使用那句话的,这是很明显的。

---

① 《马克思恩格斯选集》,第3卷,人民出版社,第64页。

18世纪的法国和英国的唯物主义者们，把云上的第一次的大精神完完全全地解决了，但是他们还不能使他们自己占有第二次的人的精神。由于这种精神、这种精神的本性、它的起源及其构成之解释的不同而区别为唯物主义者和唯心主义者。后者，把人的精神及其观念当作超自然的、形而上学的世界之子来考虑。他们仍旧不满足于从遥远的彼岸所产生的小小的信仰，宁可回到苏格拉底和柏拉图的时代，努力给予这种信仰以科学的基础，去证明它、阐明它，正像一个人去证明和阐明能触知的世界之物理的事物一样。这样，唯心主义者把人类精神本质的知识，从先验的、形而上学的世界引入到真实的、物理的、物质的世界——把它自身表示为一个辩证法的或是进化的过程，在那里的精神和物质，虽然是两种事物，实际上是一种事物，即：从一种血液、一个母亲中所派生出来的双生子。

唯心主义者原来赞成宗教的见解，说世界是由精神创造的。在这一点上，他们是完全错了。他们努力的结果，终于证明了自然的物质的世界是本原；而自然的物质的世界决不是由精神创造的，恰恰相反，自然的或是物质的世界本身是创造者，是它创造、发展了人及其由自身而来的智力。像这样，就发现了最高的非创造的精神不过是与人的神经系统及其大脑的机能一起所发展起来的自然精神的空想像。唯心主义是从其设定观念和思想，即把人的头脑的这些产物，不论时间和地位的都放在物质世界之上和之前的事实上获得其名称的。这个唯心主义是从非常胡说的、形而上学开始的。经过历史的演进，这种胡说逐渐减少了，而逐渐觉醒起来。一直到康德，对于他自己所提出来的“形而上学作为科学如何可能”的问题是否定的，形而上学作为科学是不可能的；另一世界，即：先验的世界只能信仰和猜测。因此，唯心主义的荒谬已经成为过去的事情了，近代的唯物主义是哲学的而且也是一般科学发展的结果。

因为其最后的代表者们，即：康德、费希特、谢林、黑格尔的唯心主义上的荒谬完全是德国的，所以其产物、辩证唯物主义也是一种特殊的德国的产物。

唯心主义完全按照宗教的方式把飘浮在水面上的大精神只是为了须有而说“须有”，从精神里派生物体世界。像这样的唯心主义的派生是形而上学的。而且像已经说过的那样，德国唯心主义最后的著名代表者们是非常稳健型的形而上学家。他们已经把他们自身相当地从超验的、超自然的、天上的精神中解放了——可是还没有从对这个世界上的自然精神之入迷崇拜中解放出来。基督教徒把精神神圣化了，而这种神圣化仍旧没有把我们的智力从作为物质世界的创造者或是生产者之中脱离出来——即使在把物理的人的精神作为他们认真研究的对象的时候——以至达到这样的被渗透到哲学家躯体之中的程度。他们不知疲倦地想努力获得我们精神上的概念，以及被表象、被设想、被思考的各种物质事物之间关系的一种明确的理解。

对于我们的辩证法的或是社会民主主义唯物主义者来说，思维的精神能力是物质的自然界之发展的产物。然而按照德国唯心主义看来，这样关系是完全相反的。这就是恩格斯把这个思想方法称之为荒谬的原因。对于精神的过度崇拜是古形而上学的遗物。

18 世纪的英国和法国的唯物主义者可以说是这种崇拜的性急的反对者。这种过分的性急妨碍他们自己彻底地从其中解放出来。他们太过激了而陷于相反的荒谬中，正像哲学的唯心主义者崇拜着精神和精神的事物一样，唯物主义者像那样的崇拜着物体和物体的事物。唯心主义者对于观念过度崇拜，唯物主义者过度崇拜物质，两者都是梦想者，而只限于是形而上学者，两者以稀奇古怪的、空想的方法来识别精神和物质。他们两者都不提出既不是物质的也不是精神的，是前者的同时也是后者的意识的统一性和自然的单一性、一般性和普遍性。

18世纪形而上学的唯物主义者们与他们残存于我们之中的现在的追随者们，正像唯心主义者过度重视人的精神和人的精神的构成及其正确应用的研究一样而轻视这些东西。例如：唯物主义者们把可触知的自然力作为物质的性质，而特别是把精神力、思考力作为头脑的性质来说明。在他们看来，物质以及物质的东西，即可衡量和可触知的东西是世界上的主要物(Hauptsache)，第一次的实体，而精神力像一切不能触知的力一样只不过是第二次的性质。换句话说，对于旧唯物主义者可衡量的物质是高尚的主体，此外的一切事物是从属的客体。

在这种思想方法之中，过度重视主体而蔑视客体。这忽视了主体和客体的关系是一种可变的关系的事实。人的精神可以合法地把每一客体转变为主体，反过来可以把每一主体转变为客体。云的白色即使是不可触知的，至少像白色的云一样同样是实体的。认为物质是实体或是主要物，它的客体或是性质不过是从属的附属物的完全没有注意到德国辩证法论者的事业，是一种旧的狭隘的思想方法。现在必须理解主体是从唯一的客体中构成的。

这种像胆汁是肝脏的一种分泌物一样，思想是脑的一种分泌物、一种生产物的陈述是说明某种事物是不可争议的。可是必须承认这种对比是很恶劣的、错误的对比。肝脏、认知的主体是可衡量和可触知的某种事物，而被称作胆汁的客体或是肝脏的结果也是同样。在这个例子中主体和客体，肝脏和胆汁都是可衡量的和可触知的，而唯物主义者想表达当他们说胆汁是结果而把肝脏作为上等的原因时，那是想隐藏这种事情。所以在这种场合我们必须强调所有的问题并不是全都争论过了，而是完全忽视了头脑的活动力和精神的活动力之间的关系，即：与其说胆汁是肝脏的结果不如说是全生命过程的结果。像在自然的宇宙之宇宙的生命过程上和在人的自然的生命过程上一样，肝脏和胆汁是同等地位和同等从属，同等原因和同等结果，同等主体和同等客体。

由于说胆汁是肝脏的产物，唯物主义者丝毫都不愿否定两者都是同等价值的科学研究的对象。可是，当谈到意识、认识能力是头脑的一种性质时，可触知的主体便表现出来是唯一有价值的研究对象，而精神的客体便已经被解决为区区的事物了。

我们称机械唯物主义的这种思想方法为狭隘之见。因为它竟然完全忽视到如此的程度，把宇宙上卓越的被器重的可触知性（Handgreiflichkeit）的事物，与全自然的其他一切从属的主体同样，扮演一个极同样的从属的客体的角色，以可衡量和可触知的事物作为其他一切性质的主体的保管者。

主体和客体之间的关系既不说明物质也不说明思想，可是为了阐明头脑和精神活动之间的联系，阐明主体和客体之间的联系是必要的。

如果我们举另外的例子，如果选主体是物质的，客体是属于物质的范畴还是属于精神的范畴多少有些可疑的例子，也许我们更接近于这个问题。例如：如果说步行、眼看、耳听，主体和其客体是否都属于物质的范畴；所看见的光，所听到的音，以脚所行成的步行，何者为物质的何者为非物质的，这就成了问题。眼、耳、足是可衡量和可触知的主体——视取及其光，听取及其音，行取及其脚步（步行的腿除外），既不能触摸也不能衡量。

现在，物质的概念是多大多小呢？色、光、音、空间、时间、热、电都放到这种物质的概念中，还是我们必须把它们归入不同的范畴之中呢？主体和客体，事物和性质，原因和结果之间的形式的区别并未结束。眼睛看的时候，当然其可触知的眼睛是主体。可是我们再反过来就可以说：可衡量的视取、光力和视取力是主要的，是主体，而物质的眼睛只是工具，第二次的物，属性或者是客体。

物质并不比力更重要，而力并不比物质更重要是这样的明白，那种给予物质以优位，热衷于物质而牺牲力的唯物主义是狭隘的。以力作为物质的性质或者是客体的人们忽略了实体和性质之间的区别的相对性和可变性。

物质和物质的事物之概念直到今日还是很混乱的。正像法律家不能得出胎内孩子第一个生命日的一致意见一样，或者是像语言学家不断地争论语言是从何时开始的，鸟的呼唤声和恋鸣是否是言语，模仿或者手势的言语是否与发声的言语划入同一范畴一样，旧学派的唯物主义者也不断争论着物质是什么，只有可衡量的和可触知的事物应该认作是物质的，还是能看到、能嗅到、能听到的事物，而最后全自然甚至包括着人的精神——它也是认识论的研究对象——是否也可称为物质的？

我们看到18世纪机械唯物主义者和被德国唯心主义启蒙过的社会民主主义的唯物主义之间的不同点在于：后者扩大了前者的包括着唯一可触知的产生于世界中一切现象之狭隘的物质概念。

先验的唯物主义者一方面区别可衡量的和可触知的事物，另一方面区别可嗅可听可看到的事物、甚至思想的世界，是没有任何可反对的。我们只是责难他们使这种区别超出于合理范围，因此看不到事物和性质的共同的和类似的本质，换句话说，我们责难他们把区别变成了形而上学的或者是toto coelo（完全的）不同，因此没有看到包括一切对立和对比的共同部类（die gemeinschaftliche Klasse)的意义。

旧唯物主义者正好像荒谬的唯心主义者一样,从事于不相容的对立中。两者都把认识及其材料相互隔绝,他们以反常的方式扩大这种对立,这就是恩格斯把他们的思想方法称为"形而上学的"原因。思考一下言语和行为的对立,就可以看到,言语也是一种行为——言语是被体现了的一种意志行动——因此坚定了我们的看法,如果不承认其中的"形而上学的"不同,那就是忘掉了结束生命的死只不过是生的一幕,属于与生同样的合一体中,这是一般的思想方法的例证之一例。

就是到了今天近代自然科学仍旧固执在18世纪的唯物主义者的偏见之中。而自然科学至今还把它的研究仅限在机械的,即摸得出的、可触知的和可衡量的事物上。这些唯物主义者是自然科学的一般理论家,即所谓自然科学的哲学家。当然自然科学早就开始迈出了这些界限。化学已经超越机械的狭隘范围,同样,现在物理学上重力的转化和力的形态变化的理论也是这样做了。可是尽管如此,自然科学仍然停留在狭隘的范围中,并缺乏洞察力,它仍然缺乏作为一个无限的一元的进化过程的系统的宇宙论。人的精神的研究和由于认识在人的历史上所出现的各种关系,即政治的、法律的、国民经济的等等诸事物之关系的研究,都从这一切自然科学的领域里排除出去了,精神劳动在妄想之下仍然是某种形而上学的事物,是不受宇宙统治的法则的支配的另一个世界的孩子。

因为自然科学各自分成机械的、化学的、电工学的及其他知识而组成特殊的门类,所以不受狭隘之见的责难,这是完全正当的;我们的责难只是指向自然科学,它证明了物质和精神的严格区别和绝对的分离,简直是仍然被拘束在形而上学的思想方法中。它一点都看不出在政治学、逻辑学、史学、法律学和国民经济学的范围内，一句话，一切精神的关系是自然的和科学的关系，它同机械唯物主义者和德国唯心主义者一起都仍然停留在形而上学的，即先验的立场上。

并不是人们怎样认识星或者是动物、植物或者是石头而就区别为唯物主义者和唯心主义者，唯有对身体和精神的各自的不同观点才是。明白了那种一味地承认精神是创造一切可触知、可看到、可嗅到及其他现象的形而上学的极致的德国唯心主义完全荒谬，就必然导致社会主义的唯物主义。它所以称为“社会主义”，是因为社会主义者马克思和恩格斯首先明确而清楚地声明了：物质的，即人类社会的经济状况形成基础，从这个基础而来的法律的和政治制度的总上层建筑，如宗教的、哲学的和其他每一历史时代的思想方法，最后都被说明了。

直到现在为止，人的存在并不从它的意识来解释，恰恰相反，现在意识从它的存在来解释，即从经济地位，从获得面包的方式方法中来解释。

社会主义的唯物主义对于物质不仅是作为可衡量和可触知的事物来理解，而且是作为完全真实的存在来理解。这个社会主义的唯物主义把所包含在宇宙中的一切事物，而其中又包含着一切事物——万有和宇宙不过是一个事物的两种名称——的一切事物放在一个概念、一个名称、一个范畴（这个范畴称之为真实、实在、自然呢，还是叫做物质呢）之下来把握来理解。

关于可衡量、可触知的物质是卓越的物质的说法，我们近代唯物主义者并不具有这种狭隘的见解。我们认为花的香味、声音和臭味也是物质。我们不把各种力只当作附属物和纯粹的客体，也不把物质、可触知的事物当作支配一切性质的“物”。我们可以把物质和力的概念称作民主的。一个事物和另一事物具有同等的价值，一切个别的事物只不过是大自然全体的性质、附属物、客体或者是属性。头脑并不是主人,而精神的机能并不是从属的奴仆。否,我们近代唯物主义者主张机能正是像可触知的脑块或者是某种其他的有形物同样的一种独立的物。思想,它的来源和性质也同样是实在的物质,是与某种事物有同样研究价值的物质的东西。

因为我们是不能从精神之中制作出形而上学的怪物来的唯物主义者。对于我们来说,思考力并不是和重力或者是土块同样的"自在之物"。一切的物只不过是与大宇宙相连结的诸连结物,唯独这个大宇宙的连结是持续的、真实的、存在的东西,并不止是现象而的确是唯一的"自在之物"、绝对真理。

因为我们社会主义的唯物主义者只有物质和精神的相关联的概念的缘故,对于我们来说,所谓精神的诸关系就像这些政治、宗教、道德等等一样也是物质的关系。而直到目前为止,我们把物质的劳动和面包与黄油的问题,看作是动物的事物、时间上先于人的事物——这件事并不妨碍我们更高地去评价人及其智力——的一切精神之发展的基础、前提和根据。

社会主义的唯物主义既不像旧唯物主义者那样低估人的精神,也不像德国唯心主义者那样对它过高的评价,而是用适当的方法给以评价,不论是力学和哲学,都从批判的辩证法的立场来观察不可分的世界进程和世界进步相连结的现象而作为其特色的。

恩斯特·海克尔(Ernst Haeckel)在他的《普通形态学》中说:"由于林耐(Linnaeus)对动物及植物体系知识的特殊贡献的缘故所促成的动物学和植物学的一般的和迅速的进展,导致了这种错误的假定,即体系本身成为科学的目的。我们为了对动物科学和植物科学的事业作出持久的贡献,那就必须以尽可能多的新形式来丰富这个体系。因此而产生了伟大而忧郁的许多博物馆的动物学家与植物标本集的植物学家。他们能把数千个种的每一个种分别呼之以名称,可是同时对于这些种的比较粗糙的和比较精致的构成形态,它的发展和生命史,它的生理学的和解剖学的状态却知之甚少。——可是近代生物学以内部之比较精致的、特别是显微镜的形态关系的赤裸裸的机械描述,来颂扬科学的动物学和科学的植物学,以不少的夸耀,与过去曾经盛行过的而为所谓体系家主要占有的那种外部的和粗糙的形态关系的单纯描述来比较,我们必须指出这种奇怪的欺骗。如此喜欢尖锐对立的两个学派,把描述本身只限于目的(是外部形态呢,还是内部形态,是精致的形态呢,还是粗糙的形态呢?这都无关紧要),任何一个学派都有同样的价值。两者都是企图阐明形态而欲努力还原到法则上才上升到科学的水平的。我们坚实地确信,对于这种片面的、狭隘的经验主义迟早要产生的反动,事实上已经开始了。1859 年公诸于世的达尔文(Darwin)的生存斗争的自然淘汰理论的发现——人的精神之最大的发现之一——对于成堆累积的生物学事实的暗淡混沌,一举投入以有力的和皎洁的光亮,尽管是最顽固的经验主义者——如果他们想使科学快步进展的话——在未来也不再能避免作为一种结果而产生的新的自然哲学了。”

我们引用现代最有名的自然科学家之一的海克尔的一些话,是为了表示他对科学是什么的旧问题所持的态度。我们为了理解、研究、阐明石头、植物、动物、人和人的天性必须做些什么呢?人的头脑中具有这种阐明任务的活动能力(Tätigkeit)。和唯心主义者一样,分成不同阵营的新旧唯物主义者对于这种活动能力具有不同的观念、意见和看法,换句话说,即具有被称为精神、智力、理性和认识能力。这些党派关于精神以及这个精神如何达到科学和必须构成科学的方法(Art und weise),在他们之间是完全不同的。

在自然科学上，正像我们则从海克尔那里听来的那样，充分地唤起了关于科学是什么和不是什么的一场生动活泼的争论，但对这个论题的不同意见则是比较少的。可是，那种处理关于宗教学者、政治家、政策家、法律家、社会学家、经济学家等等的生涯和学说的，即关于人类社会最关紧要的有利害关系的所谓“哲学的”认识部门，事实上这种争论已经成为古典的了。

直到这个“哲学的”学科开始，我们终于明白了人们如何去思考人的精神的重要意义，以及纯粹的思想方法或者事实上思想方法的理论对人类社会具有怎样的影响。

毫无疑问，自然科学明了怎样去使用人的精神——它的结果证明了这一点。可是这些同样的自然科学家有时也从事于政治、宗教、社会主义等等的争论，虽然他们懂得在他们自然的范围内科学地去使用他们的头脑，可是这种使用习惯对于成功地解决其他领域中所产生的问题的目的是不充分的。所以，我们相信用这种事实证明我们有理由继续研究思考能力的本质及其正确和有效的应用方法。

我们和那种把智力称为头脑的性质并充分阐明了的旧唯物主义者不同，我们不希望用解剖刀来切我们的对象、人的精神的问题。在头脑内部依据沉思来探寻精神的本质的那种思辨的方法也不是我们的方法，因为唯心主义的思辨家们用它没有获得什么效果。这样，恰好海克尔关于科学的正确方法留下了他的意见。他默察人的精神及其怎样历史地工作着，而这一点好像对我们来说是正确的方法。

每一个自然的产物都带有它自身的特点去行动。石头停留在固定的地方，而风从这块土地刮向那块土地，精神是一种事物，也不能在一个一定的地方来把握。我们在我们的头脑中来感觉它的活动，可是它并不停留在那个地方；它奔向广大的世界，虽然不是化学的，可是事实上仍然与普遍的自然的一切的物相结合。像风一点都不能离开空气一样，我们的精神也不能离开其他自然的物。在精神与这样的自然的物的结合中，那只是作为一个现象来表现它自身。如果没有其他物质的东西与自然的结合，精神是不存在的。或许在一种纯粹的状态下，就不能产生化学的要素。那么，为什么一切事物都要成为化学的呢？

因此，精神理解植物和动物的一些事物，植物学和动物学是精神的结合物。在自然科学上——总的来说，我们确实所知道的一切事物——精神是自然的，与各自的自然事物相结合，并且只有在这种结合中才能被把握、被显现。

现在，海克尔指出：就像多数忧郁的博物馆动物学家和植物标本集的植物学家所阐明的，他们把他们的精神与植物和动物相结合的方法是不正确的方法。之前的科学家们，用显微镜研究比较精密的内部构造，他们本身仍然只留在物的描述上，也不了解如何才能导致主体与客体、精神与物质之间的正确结合，只有当 1859 年，达尔文生存斗争的自然淘汰理论的公诸于世才有了正确的(Comme il faut)精神的结合——海克尔就是这样地考虑的，而我们对这一点则冒昧地持不同的见解。

请读者不要误解我们。达尔文和海克尔他们把个人的精神以正确的科学方法与动植物界相结合而产生了纯洁的认识的结晶，对此，我们是没有争论的。我们只是提请大家注意近代辩证唯物主义的意见：不管达尔文和海克尔的功绩有多么大，他们并不是第一个也不是唯一产生像这样的结晶的人。即使忧郁的博物馆的动物学家和植物标本集的植物学家留给我们一个科学的完整片断，根据不同的特质来排列类、属、种，虽然它是“赤裸裸的描述”，却是一种十分正确的科学的精神与物质的结合。如果没有那种考察，就不能做出这样的结果。确实达尔文做得较多，可是只不过是做得较多而已。他为旧的事物增添了新的光明，可是达尔文的光明和林耐的并不是有所不同的光明。达尔文运用“许多被积累下来的生物学的事实”，为它增添了一些新的事物；他描述胎生学，是怎样由于自然淘汰而使遗传发生变化的，而这些遗传变化是怎样由于生存斗争变得更强壮的，这样就产生了变异（Übergänge）和新种。由于观察、收集许多事实和他们的描述获得了新的光明，或者宁可说比以前获得的光明更增大了。达尔文的功绩是伟大的，可是，海克尔从这个“科学”中，创造出比人的精神和物质的事实之日常结合更高的某些事物并没有什么了不起。我们在第一章中早就指出过了，狭隘的唯物主义不仅承认精神是头脑的一种性质——这种主张是没有人争辩的——而且从这种关系中直接地或是间接地去推论：头脑的理性能力或是认识能力的客体不是研究的真正对象，这样物质的头脑的研究就给予了精神的性质和力量以充分的说明。对于这一点，我们辩证唯物主义证明：问题应该根据斯宾诺莎所教训的在宇宙的视角下（Unter dem Gesichtswinkel）、在永远的形相下（sub specie acternitatis）来观察。在无限的宇宙中，在旧的和老朽的唯物主义者之意义上的物质，可触知的物质，丝毫都没有较某种其他的现象更为实体的，即更为直接的、更为明了的、更为确实的特权。

考察到物质的头脑的主体与其在一起的精神的客体，即不论是头脑也不论是精神，在其侧面、上面或是外面，没有任何其他的自然的自然之自然，只作为绝对主体的性质，或是现象或是变化，这是我们知识范围之一种本质的扩大。这样的理解，控制了唯物主义者把物质捧上了天、唯心主义者把头脑的机能捧上了天的过度性。

把可触知的物质作为实体，把可触知的头脑的机能只作为偶有属性的这些唯物主义者，对于这个机能改变的太少了。为了使这个机能获得更为确切和更为正当的思想，首先就必须回到这种事实上来：它们是一个母亲的孩子，它们是两种自然现象，我们描述它们，当我们把它们分为类、种、亚种的时候，我们就得到了理解。

当我们说到物质——对于这一点没有人争辩——说它是一种自然现象，而同样谈到关于人的精神能力时，的确我们对它们仍然知道得很少，可是我们还知道一些，它们是孪生子，没有人能把它们过度地分离开，没有人能在它们中间加以 toto genere（纯粹的）、toto ceolo（完全的）区别。

例如，如果我们现在想更多地了解一些关于物质的话，那么我们就必须像博物馆的动物学家和植物标本集的植物学家在往昔所做过的那样——我们必须努力地去把不同的类、族和种加以查明、研究和描写，它们是怎样发生、怎样消灭、怎样互相变化的，这是物质的科学。那种希望更多的、希望某种过度事物的人，不了解知识是什么的人，是既不了解知识的器官也不了解其使用的人。旧的唯物主义在处理特殊的物质的时候，他们的行动是十分科学的；可是在他们处理抽象的物质，它的一般概念的时候，他们对概念的科学（Begriffswiβenschaft）便显出无能为力了，以至最后使近代社会主义的唯物主义能够认识到物质和概念是普遍的自然的产物，那种所不完全属于自然界的一个无限范畴的任何事物都不存在也不能够存在时，那种达到使抽象和一般概念之使用的程度的，明明白白的是唯心主义者的功绩。

我们的唯物主义是由于精神和物质之共通的本质之特殊的认识而著名的。这种近代唯物主义在把人的头脑作为研究对象的场合时，他处理它好像一切其他的研究对象一样，结果像博物馆的动物学家和植物标本集的植物学家以及达尔文处理知识和其对象的描写一样。毫无疑问，前者由于他们的分类给他们的数千个对象投之以光明。也许那种光明并不是一种很强的光明，而达尔文用加强这种光明的方法增加了原来的光明的照耀。可是旧的"描写者们"把以前能够分类地加以"认识"，而达尔文的认识，只不过是在进化的概念之下引导出的一种名词汇编(Nomenklatur)，并且是由于自然事物的描写所制作出来一种事实积累的更为确切的画像。

不论怎样，旧的动物学家和植物学家都是狭隘的解释者：他们的解释只是把动植物界的多样性看做是它们的接近，而忽视了它们的进化过程。把历史的演进放在他们观察的界限之内的，主要是达尔文的功绩。达尔文的科学首先照亮了由于博物馆的动物学家所获得的结果，这是不可否认的事实。可是在近代自然科学上同样也产生了：未来的发现是把这些已经做过了的事物加以扩大加深，结果将会不断地更加使它们成为有价值的东西。任何事物和任何人都不能提出唯一完善的办法来，可是任何事物都要从宇宙的视角之下来考察。

因此，唯物主义的认识论主张：人的认识器官并不放射形而上学的光辉，它是一个自然的部分，它描写自然的其他部分，当我们描写它，并把它与作为一个真实和真实的统一体的全宇宙结合在一起的时候，它的本质被阐明了。对于认识论者或是哲学家来说，像这样的描写，要和处理动物学家的动物界一样，用精确的方法来处理他的对象。如果有人指责我不能立刻完成它的话，我将指出，罗马也不能在一天之中建成。

通过适应、遗传、淘汰、生存斗争等等永恒的自然的运动，而从原形质和软体动物中产生象和猿，不难理解这一点的进步的自然科学家们，却不愿承认精神也是按同样的方法发展起来的，这是值得注意的。为什么骨头能完成的东西而理性不能完成呢？的确，骨头不能做的事物，理性也不能做。这个宇宙的实质的力——它们参加在宇宙中，它们也占有宇宙的一部分——去制作它的逐渐的、合法则的、合理的作用的画像，这是人的精神所能做的一切。为什么它企求更多的呢？因为它只限于是一位极端严格的工人的头目。

当我们不仅谈到理性，而且也谈到总的自然，说它是合理的时候，我们并不打算来表达这种思想，即：这个合理的自然及其诸作用是具有预见性和目的性的一种空想精神的结果。能够发展人之理性的自然，是像这样的一种可惊奇的事物，它为了它的合理的发展，它并不需要中央器官。奇怪的自然决不是由于我们的“认识”“理解”“阐明”而剥夺了它的惊奇性，可是它由于更精确的描写和确切的画像，而从一切的过度性中很好地解放出来，从一切神秘中很好地解放出来。否，我们应摈弃这种精神机能的夸张的观念，而是去获得一种真实的概念来阐明、把握。

正像博物馆的动物学家用已经排列好了的类、种、族的描写去理解他的动物一样，人的精神也是这样地通过找寻精神之不同的种类来研究。每个人都有他自己的智力，它和其他一切智力一起被认为是一般精神的花朵。这种一般的人的精神和个人的精神一样，都有它的发展——一部分在它的背后，一部分在它的前面。它经历过不同的、多样的变态，如果我们追踪这些变态而回溯到人类的开始时，我们就达到了圣灵下降到兽性的阶段。动物化了的人的精神，在那里形成了专有的动物精神的桥梁，然后到达了植物的精神，森林和山岭的精神。换句话说，像这样我们就得到这样的理解：精神和物质之间与普遍的单一的自然和一切部分之间一样，这里只有逐渐的和难以知觉的变迁阶段的不同，而没有形而上学的不同。

因为旧唯物主义不理解这种事实的缘故；因为他们不能理解把物质和精神的观念作为具体现象之抽象的画像的缘故；因为他们除了宗教的自由思想之外，除了对神的精神的轻视之外，对自然的精神是一无所知的，就因为这种无知而不能战胜形而上学的缘故，——这就是恩格斯为什么称他们为形而上学的唯物主义，而把从先行的德国唯心主义获得良好锻炼的社会民主主义的唯物主义叫做辩证唯物主义的原因。

从后一种唯物主义的观点看来，正像物质是物质的诸现象的综合名称一样，精神是精神诸现象的综合名称，两者都是在自然现象的观念和名称之下来表示的。这是一种崭新的认识论的思想方法，它为一切特殊的科学、一切特殊的思想、在这个世界上的一切事物提供了在永远的形相下，在宇宙的视角下来考察的原则。这个永恒的宇宙是这样的与其暂时的现象相溶合，即一切永恒性是暂时的，一切暂时性是永恒的。

社会民主主义之实质的思想方法，事实上为唯心主义一直所烦恼的旧问题，即：我们如何才能真正地思考，如何把主观的思想和客观的思想区别开来，因此而投之以新的光明。回答是：你不要过度地去区别。即使最确切的观念，即使最真实的思想，只不过是给予一种先行在你的内部和外部的普遍多样性的画像而已。把空想的画像和真实的画像区别开来，并不那么困难，这是每一个艺术家都能最精确地理解的。空想的观念是从现实中借来的，而最精确的现实的观念是必然依据于空想的气息来激发的。确切的观念以及概念没有任何空想的确切性，只是为了有一种正当的确切性，我们就要做出确切的贡献。

我们的思考在语言之夸张的、形而上学的意义上不能、也不必与它的对象**一致**。我们想、可以去想而且能够去想获得关于现实的近似的观念。因此，现实也只不过给予我们以近似的观念。观念之外不存在任何数学的点和数学的直线。正像即使是最高的正义仍然不能不包含着一点点的不公平一样，在现实中一切直线包含着一种弯曲的掺合物。真理并不是观念的自然，而是实质的自然，这是唯物主义的，它也不是由于一个人的思考而被把握的，同时是用眼、耳、手来把握的。它并不是思考的产物，恰恰相反，思考是普遍的生命的产物。活生生的宇宙是真实的真理。

四、达尔文与黑格尔

哲学家们曾屡次逾越他们的时代寄予预见，在以后为严密的科学所证实是尽人皆知的。例如：笛卡儿(Descartes)对于物理学家，莱布尼茨(Leibniz)对于数学家，康德对于自然地理学家都是这样。一般来说，哲学家享有其发明天才的预见而在科学进步上给予有效影响的荣誉。因此，我们想指出，哲学和自然科学并不能完全彻底地分离开来。它们是同一的人的精神，不论前者也不论后者，都同样地由于同一的方法而工作。自然科学的方法更为正确，但只是逐渐的而并不是实质的。在每一个认识之中，即使是在自然科学的认识之中，在与明白的和容易感觉的物质的材料相并行的还有某种不明白的神秘的“材料”、即认识的材料存在着，即使是我们最有发明天才的预见的哲学家们也发现其有神秘的性质。否，事实上就因为有其神秘的性质，而且仍然还是“自然的”。达尔文和黑格尔的共通功绩在于从事自然的事物和精神的事物之间的某种媒介而获得成功。

我们给予在今天差不多已经被忘掉了的黑格尔，被称为达尔文的先驱者的他以适当的承认。门德尔逊(Mendelssohn)在一次与莱辛(Lessing)的争论中称斯宾诺莎为一条“死狗”。黑格尔在当时用他的传记作者海姆(Haym)的话来说,尽管在文艺界在政治界占有与拿破仑一世(Napoleon I)同等重要的地位,而在今天恰好同样是个死东西。斯宾诺莎很久以来就从一条"死狗"的状态中复活了,而在黑格尔后世,也必然对他的功绩给予应有的承认。如果在现在的时代失去了他的影响,那只不过是一种暂时的蒙蔽而已。

尽人皆知的黑格尔,有一次说他的众多弟子中只有一个人了解他,而这个人也误解了他。所以一般的误解与其认为是弟子们的不理解,不如认为应归之于这位大师的晦涩,这当然是没有问题的。黑格尔完全不被理解,因为他完全不了解他自己。虽然他是达尔文进化论的天才的先驱者,可是以同样的公平和真理我们可以反过来说,达尔文是黑格尔认识论的天才的解释者。后者(黑格尔的认识论)不仅是一切动物的生命之种的发生,而且是包括一切事物之发生和发展的进化论,它完全是一种进化的宇宙论。我们只有一点点的权利来指责:与达尔文不能尽知他的"物种起源"一样的黑格尔在理论上的晦涩。

正确地、确实地阐明一切事物的人,任何事物都没有阐明。虽然黑格尔学派完全把黑格尔奉为神明,可是这位伟大的哲学家并不具有像这样空想的欲求。许多黑格尔的弟子他们真正相信在他们的时代这位大师能够供给他们以绝对的认识,而且这种认识只有张开他们的嘴才能咽下去。当然我们还看到了在这块遗传下来的土地上热心耕作的、在这棵认识的树上产生光辉果实的这样的弟子们。

对上帝和一切人,包括黑格尔和达尔文在内,予以批判是应该的。达尔文的进化论有它不可否定的功绩,谁能否认它呢?可是在他的伟大哲学家(黑格尔)影响下所教养的一个德国人(指狄慈根自己——译者)决不可忘记伟大的达尔文比他的学说更为渺小。他该是多么小心翼翼地渴望躲避得出的结论啊！虽然没有人能过分评价正确研究的价值，可是那种忽视了它即使由于一种飞翔而不能进入无限之中、至少必须伴随着一种无限的飞翔、不断振动的人，乃是不了解正确的实验研究之充分价值的人。

这个进化论，我们不愿说黑格尔已经解决了，仅认为是取得了鼓励和进展。首先，关于动物学，在达尔文手里获得了一种极有价值的正确应用或是特殊化。可是我们必须很好地考虑这种特殊化并不比一般化——在这点上是胜过黑格尔的——有更多的价值，前者如没有后者就不能存在也一定不能存在。自然科学家把两者结合起来，而没有任何哲学家——够得上这个名称的——抛弃这种结合。对于这两种学科的特点，只不过是或多或少而已。的确，有时最好的哲学家忘记了特殊化的必要，在他们的意识中不能完全明确地表现出来。可是也正像严密的自然研究一样，屡次显著地忘掉了其问题的一般的契机。而在科学领域上，有时冒险搞过于大胆的云界飞翔的，并不是最坏的研究者。自然科学的零零星星的云界飞翔和哲学家的正确预见，将对读者证明：一般的事物和特殊的事物是调和在一起的。虽然，按平常的看法把自然和技术放置在非常相异的地位，可是一切技术是自然的技术；而一切科学——包括哲学在内——是自然的科学。思辨哲学也有其严密的对象，即“认识的问题”。可是如果我们说他们已经解决了问题，这就给予哲学家很大的光荣了。其他的诸学科，特别是自然科学家们合作起来了，一切部门、一切国民、一切时代的科学是一种密切联系的合作的总合结果。直到今天，认识问题被发展了、被阐明了、被测知了。哲学家协助自然科学家，自然科学帮助了哲学。

医生或是天文学家所研究的对象应该是什么样的名称是用

不着议论的。而哲学的对象从其开始就有人说哲学家并不知道他们所企求的是什么，议论是不少的。经过了数千年哲学不停的发展之后的今天，终于承认了"认识的问题"或是"知识学(Wissenschaftslehre)"是哲学研究的对象和结果。

为了明确黑格尔和达尔文的关系，我们不得不接触一下科学的最深而最难解的诸问题。哲学的对象正是其中的一个。达尔文的对象是明白的，他了解他的对象。可是必须看到：达尔文了解他的对象想去研究它——结果是不能彻底了解其对象。达尔文研究他的对象"物种起源"，可是并没有研究彻底。这意味着每一科学的对象是无限的。不管是谁，想测量无限或者只是一个最小的原子，他就要经常去处理不可测量的东西。自然，不论它的全体还是它的部分，是不能研究穷尽的，即以至其最小的微粒是不能认识的——因此即无发端也无终极。

这种平凡的无限(die hausbackene)的认识是科学的成果。虽然这种平凡的无限是从一种过分的宗教的或是形而上学的无限中发生的。

达尔文的对象正像黑格尔的最终微粒一样是无限的、不可知的。前者是探究种的起源，后者是寻求阐明人的思维过程，而两者的成果都是进化论。

我们在这里必须论述两位非常伟大的人物和一个非常重大的事件。我们企图证明这两个人并不是彼此相反地进行工作的，而是在同一个方面、同一个战线上进行工作的。他们高举一元论的世界观，同时把一直未曾认识到的那种积极的诸发现给确实化了。

达尔文的进化论只限制在动物的种中，它扫除了宗教的世界观在被造物的类和种之间所设置的严格的界线。达尔文把科学从这种宗教的种类观中解放出来，这种特殊点是从科学中驱逐了神的创造。在这种特殊点上，他以平凡的自我发展代之先验的创造。达尔文为了证实人并不是从云端降下来的，回忆为人所共知的、与达尔文争先的拉马克(Lamarck)是必要的。可是，这丝毫也不损伤达尔文的科学功绩，而只能说拉马克具有哲学的预见，达尔文提出了特殊的证据。

把自然的自我发展建立在最广大的基础上，从最一般的种类观中解放科学的功绩，是属于我们的黑格尔的。达尔文是动物学地批判传统的种类观，而黑格尔则是普遍地批判。

科学从黑暗走向光明。企图阐明人的思维过程的哲学也上升起来了。哲学更本能地去探究它的特殊对象，一直到黑格尔的时代，哲学差不多成为公开的了。

哲学的主要任务转向到“方法”、理性的批判应用、知识学或者是真理学，人们如何思索、如何使用其头脑的方法(die Art und Weise)。作为阐明宇宙的一个工具而为揭示宇宙的特殊部分服务，这是哲学的目的。

我们对二元论，对在这种努力中的二重论战，唤起了特殊的注意：宇宙是可被阐明的，而同时借助它以阐明宇宙的灯。搅乱哲学研究的，主要是这种二重论战。科学从阐明的愿望出发，最初去把握什么，不论是作为全体的宇宙，还是阶段的和部分的都是不了解的。科学曾经几次在还未达到任何规范(Norm)时就已经踏上了实践的道路。在黑格尔的时代在很大程度上仍然是不清楚的，可是显著地弄明确了。康德舍弃了作为探求总体世界智慧的直接努力，首先，特别致力于探求思想过程的宇宙部分。按照传统的见解，这个部分属于特殊的先验事物之形而上学的种类。康德批判这种恶性的种类性，从中把智力充分地解放出来。如果他在这个问题上完全成功了的话，如果理性和其他的一切存在都属于同一的自然系列而对我们完全说明了的话，那么，他和达尔文一样，对于先验的分类加以一种强有力的冲击，并且对宗教给以尖锐的打击了吧！毫无疑问，康德是这样做了，可是他并没有干净地把马尔萨斯(Malthus)的耳朵割掉，以致给他的继承者仍然留下了一些工作。

黑格尔是康德的优秀继承者。我们把这两个人并列在一起来看时，这位说明那一位，两位说明达尔文。康德选择理性作为他的特殊的研究对象。在他处理理性时，他就不得不把其他对象引入到他的研究范围之内。他研究理性是在其他诸科学的活动实践上来处理它，并且千百次地告诉我们：它被局限于经验，既是一时的同时又是永远的不可分的世界。因此应该使读者明白这件事：在康德的说教中，总的世界知识和特殊的理性批判是统一的。

康德对于人的理性受经验限制的发现，既是哲学的自然科学，又是自然科学的哲学，一看就明白。达尔文的“物种起源”论也同样可以这样说。他科学地证明了这一点：世界是自身发展着的，并不像哲学家们所说的那样是从天上降下来的——“先验的”发展着的。达尔文是一位哲学家，尽管他自己并不要求作什么哲学家。为了一元论的世界观，由于他的特殊的证明与一般的结论，他与康德和黑格尔相同，这表现在他的工作之中。

黑格尔教进化论。他教导说：世界并不是制作的，并不是创造物，并不是无变化的、固定的存在(Sein)，而是自己制作自己的一种生成(Werden)。正像对于达尔文那样，诸种动物类并不是互相间分割成不可逾越的鸿沟，而是恰恰相反，是互相联系着的。对于黑格尔，世界的一切范畴和形式，无和有、存在和生成、量和质、一时和永远、意识和无意识、进步和固定，是相互不可避免地交流着的。他教导说：差别是到处存在的，可是夸张的、“形而上学的”或是先验的差别是到处都不存在的。本质的和非本质的之间的不同,只可理解为相对的和阶段的。这里只有一个绝对的事物,这就是宇宙。同时徘徊于其周边的任何事物是一般存在——用黑格尔的词汇来说,叫做绝对者——的流动的、暂时的、可变的形态、偶性或者是性质。

没有人想这样主张:哲学家以最透彻的完全的方法完成了他的工作。他的教导和达尔文不太多的教导一样,需要作进一步的发展,可是事实上已经对全部科学和全部人类生活给予一种最高的强烈的刺激了。黑格尔先于达尔文,可是不幸的是达尔文并不知道黑格尔。这种"不幸"并不是对这位伟大的自然科学家有责难的意思,而只是对我们进以忠告。即:这位专门家达尔文的工作是要用伟大的概括者黑格尔的工作来补充,以便达到进一步的更为明白透彻。

我们已经指出过:黑格尔的哲学像大师本人说过的那样,他的最好的弟子也误解了他那样的晦涩。为了阐明这种晦涩,不仅是他以后的哲学家费尔巴哈和其他的黑格尔学派的人们作过了,就是一直到整个科学的、政治的及经济的世界发展都作过了。我们考虑到达尔文的发现和最近的力的变化学说时,三千年的文化生活所占据着最优秀的头脑的,即:世界并不是从永恒的种类中成立的,而是一种流动的统一,永恒发展着的,只不过是为了概念的模写目的,由于人的精神而被分类的真实的绝对者,这个问题终于搞清楚了。

*　　*　　*　　*

作为有名望的自然科学家和达尔文弟子的恩斯特·海克尔,他于1882年9月18日在爱森纳哈(Eisenach)宣读而以后在耶那(Jena)由费舍(Gustav Fischer)出版的论文的序言中说:"对于达尔文主义,魏尔和(Virchow)在今天所采取的态度,和他五年前在慕尼黑(München)所采取的态度完全不同。他在前述的人类学家的集会上,紧接着卢凯博士(Dr. Lucae)发言,反对卢凯的原则主张,不仅高度评价达尔文的功绩,甚至对他(达尔文)的最重要的一些教理也明白地承认是伦理的要求(Logische Postulate),是我们理性的不可否认的要求。魏尔和说'是的','我一瞬间都不否定偶然发生(die generatio aequivoca)的事物是人的精神一般要求的一种。……所谓人是由于长时间逐渐发展的从一种低等动物而产生的观念,同样也是一种伦理的要求'。"

海克尔在他的发言中进一步说:"这种进步的自然认识,只能去认识:这本对每个人打开的自然的书,而被赋予没有偏见、健全的感官以及健全的理性的每个人从这本书中所学得的自然的启示。从这本书的学习中,我们获得了上帝和自然之一致的确信,还看到了很久以来,在我们最伟大的诗人们和思想家们的泛神论中其完全表现的上帝一元论之最纯粹的信仰形态。"

我们最伟大的诗人们和思想家们显示着一元论的最纯粹信仰形态的倾向,追求一种物理的自然观,而把一切形而上学作为不可能,从科学的世界中驱逐超自然的上帝连同一切奇迹的事——在这一点上海克尔的话是完全正确的。可是,当海克尔的情感冲昏头脑时,以至谈论这种倾向"早已看出来它的表现了",那么他就陷入一大谬误之中,事实上陷入他自身和他自身的信仰教条的谬误之中。海克尔还不知道一元地去思考。

我们立刻就说明我们责难的理由吧。当然应该先谈谈以下的事情。即:这种责难不单单牵涉到海克尔,而且也牵涉到今天我们近代自然科学的整个学派。因为今天自然科学的整个学派,忽视了超过实验科学时间的长时期经验历史的背后所具有的哲学研究的二千五百年的成果。

在上述讲演的第45页上，海克尔说：“我们在这里特别想强调我们的发生自然观调停的、和解的结果。我们的反对者试图不断地将我们的发生自然观说成是破坏的、分解的倾向，这就更要来强调。这种破坏的倾向，不仅反对科学，而且也反对宗教，甚至反对我们一般的文化生活之重要的基础。这种严肃的责难只限于它基于真实的确信，并非只是基于诡辩的妄论，只是由于论识之非常的误解所形成的真正宗教的真正本质来说明的。宗教的真正本质并不在于统治、信仰的特殊的形式，宁可说在于一切事物的共通原因和终极的不可知的批判的健全的确信上。在这种承认中，谓一切现象的终极原因是用我们现在的头脑的构造不能认识的，批判的自然哲学和独断的宗教相会合。”

在这个海克尔的信条中所能区分的，证实给我们的有三点，而“一元论的自然观”在其最激进的自然科学的代表者中丝毫都看不到它的完全表现。

(1)海克尔希望澄清对自然科学所具有的“破坏倾向”的责难。只了解一种自然的启示，而在上帝和自然的一致中具有它的宗教或者是信仰形态的这种进步的自然科学。

(2)对于所流行着的立脚于超自然的或者是非自然的启示之上的宗教，并不施加破坏的影响。这种非自然的宗教，由于也被认为是自然的或者是自然科学的宗教，的确具有一种真正的本质。这是一切事物的共通的原因。

很好！信仰那种超自然的、不可描述的、不可理解的一种精神或者是神秘的人格化了的上帝的旧信仰，是具有一切实在的共通的原因。用海克尔之流的话来说，新的宗教相信在自然——也命名为上帝——之中具有着一切事物的共通原因，因而信仰的两种形式具有这一个共通的原因，差别只不过是认为自然科学的原因是平凡的自然。的确，这种自然不管它是怎样的神秘，它只不过是今天自然科学正在解决的神秘、谜。——由于海克尔的被神化、神秘化了的这种自然也是一种神秘，可是它只不过是一种自然的、一种平凡的神秘。然而，根据他的一切陈述来看，超自然的被启示了的上帝是具有完全不可名状的，用我们的任何语言都不能表达的性质。或者是因为我们用人类的语言不能去处理这个宗教的爱之神的缘故，在这种场合一切名称和语言都失掉了人类的意义，这是容易理解的。让我们把宗教的上帝和海克尔的自然的上帝并列在一起来看看，两者都是全能的，自然能做所能做的一切事物，只是在自然的平凡的意义上。天上的爱之神也能做一切事物，可是并不是自然的，是非自然的，是在既不能给予界说也不能用语言来表示的意义和方法上的。爱之神是一种精神，可是它不是那样地出现在古城堡中的精神，而是一种不像精神的精神，一种奇怪的精神，是一种连用语言都表达不出来它的性情的一种奇怪的精神。

在我们还没有谈到第三点"最纯粹的信仰形态"之前，我们还有把已经比较详细论述的两点予以探讨的必要。然后，我们把第三点以及最后这三点放在一起讨论就更容易了。

平凡的自然的启示和非自然的启示之间，物理的启示和形而上学的启示之间，即宗教或者是神性之间的差别是这样的巨大，作为达尔文弟子的海克尔所代表的进步的自然观，当然舍弃旧名称和被启示的上帝的宗教，以一元的世界观"破坏的"和它对抗。海克尔没有这样做，只不过表示出达尔文主义进化论的偏执。他只停留在一元论的观点范围内，他只是物理地而不是形而上学地去观察自然。他在自然中必定看到了一切事物的最初原因，可是没有看到神秘的原因，事实上看到了一个还未被研究的、可是不能不去研究的原因——形而上学语义上的不能不去研究的原因。

可是，自然科学的一元论之最进步的代表者海克尔还骑着二元论的马，把一切现象的终极原因看做是“以我们现在的头脑的构造”不可认识的，这在他的第三点上公开地表明着。

不可认识是什么意思呢？

这句话全句的前后关系明确表示着：我们一元论的自然科学家仍然陷在形而上学的泥沼中。世界上任何事物，即使是一个小原子也不能彻底被认识。世界上的每一事物在其秘密中是无穷尽的，在其本质上正是不灭的、不朽的。而且我们知道，每天越来越多地去认识事物，知道在这里没有任何事物封闭着我们的精神，正像人的精神被限制在诸神秘和诸难题的发现上一样。在另一方面，它同样是欣然地坦白地对无穷尽的和不可认识的事物本身进行调查研究，试图去解决它们。

这种言词、这种言语具有双重的意义——自然的相对平凡的意义和先验的形而上学的意义——这是“旧信仰”的罪过。读者应该注意与形而上学妥协的自然科学的双重作用。自然科学包含着诸多神秘和诸多遗传，由于对它们的解决，遂深信通过研究曾把以前的一种神秘转化为一种普通的平凡的关系。自然充满着神秘，对于作为平凡的日常事物的研究精神而言，这神秘会露出真相。自然在科学的问题上是无穷尽的，我们去阐明它，可是我们永远也不能穷尽这种阐明。发现人的常识不能阐明世界或者自然是完全正确的，但是排除作为先验愚蠢和迷信的一切形而上学的世界不可认识论也是完全正确的。我们永远也不能穷尽对自然的阐明，可是自然科学在其阐明中越发向前迈进，自然科学也就越发无须恐惧其无穷尽的神秘的必要，那里“没有任何事物去抵抗它”（黑格尔）。因此，无穷尽的“一切事物的最初原因”，使用我的认识工具——它在其阐明自然所安排的诸问题的能力上正是普遍的或者是无限的——是可以逐日去汲取的。

“以我们现在的头脑的构造”是没有疑问的。我们的头脑，由于雌雄淘汰以及生存斗争还会大大的发展，可以更好地去认识事物的自然原因。如果这句话用在这样的意义上，那么我们完全赞成，可是它并不意味着这些被形而上学的偏见所束缚的达尔文的弟子们也作如是观。我们为相信一种奇怪的精神，而不与他们“破坏的”战斗。可以想象，人的精神对于彻底阐明世界是太渺小了。

达尔文不仅具有其所应有的功绩，而且是一位非常谦逊的人。他以特殊的研究学科而满足。每个人都能像他那样的谦逊，可是每个人都不能限制他自己满足于那样的专门领域上。科学并不只是研究植物和动物和种族形态学，它还要去处理如何使不可认识的事物转变为可以认识的事物的问题，而一切生成的终极原因也决不能脱离这个研究范围以外。

黑格尔比达尔文在更为普遍的范围上进述了进化论。我们不想因此而使这一个采用另一个，使这一个从属另一个，而只是用另一个来补充这一个。

如果说达尔文教导我们：水陆两栖动物和鸟类并不是永久分离的种类，而是相互发生的、相互结合的生物，那么黑格尔教导我们：一切种类、整个世界是一种不论在什么地方都具有不变境界的活生生的存在。可认识的和不可认识的事物、物理的和形而上学的事物相互交流着，而绝对的和不可理解的事物并不属于一元论的世界观，而是属于宗教的二元论的世界观。

为了发现最初的自然哲学的萌芽，我们以明确的目的去追随达尔文，即去找寻自然现象的自然原因，以排除超自然的因果关系的信仰、不可思议的信仰，这样就必须回到二十五世纪前的往昔，回到古典时代的遥远的往昔。开始设置这种认识之真正的基石、而试图发现一切事物的一种自然的共通原因的，是在公元前六世纪和七世纪希腊哲学的奠基者。(海克尔,同上书,第 24 页。)

现在,如果这位有功绩的自然科学家,放弃这种"自然的"原因,代之以我们所不能认识的不可思议的"形而上学的原因"。他还使我们相信,给我们留下了一种与宗教相并列的形而上学的最终原因。——他岂不是违反了达尔文的共通目的及其批判的自然哲学了吗?

根据我们的一元论,自然是一切事物的最终原因,这也是我们认识能力的原因。可是,在海克尔看来,这种认识最终原因的能力是太小了!怎样才能适应呢?自然作为最终原因是可以被认识的,而且还留下不可认识的吗!

就连像海克尔这样被确定了的进化论者仍然被控制在破坏倾向的恐惧之中。他放弃了他自己的理论,而停止在谓人的精神不能以自然的现象为满足、它是不能达到真实的自然真理(die richtige Naturwahrheit)的信仰中的。

黑格尔在其《精神现象学》的序言上说:"领取的满足或者是所与的节约,在科学领域上并不是美德。"他还继续说:"那些只寻求信仰的人,那些在现世上被包围在云雾之中希望存在和思维的多样性、而热望这种无限的神之暧昧的享乐的人,能够看到从何处找到它吧。他们将容易地发现,用那些胡言乱语的手段去崇拜它而把它安排在神秘的天空中吧。可是哲学必须警惕不要企求成为信仰的东西。"

作为哲学上最被承认的达尔文的弟子之一的,已经把达尔文的目的说明了——找出了自然的原因,排除了超自然的因果关系的信仰、不可思议的信仰,而且一切事物的共通原因之奇异的不可知,为了调停信仰的缘故,人的精神的奇怪的限制仍然还存在着不得触动!

我们对达尔文弟子海克尔的责难，总计如下：他并没有理解二千五百年的哲学发展的成果，虽然他也许能很好地了解“我们现在的头脑构造”的本质，可是相反的，遗憾的是他忽视了认识过程的知识——这是与大脑生理学不同的一种事物。至少在上文的引证中表示：关于海克尔的自然的事物和非自然的事物、不可思议的事物和可认识事物的判断；同样关于他的自然的神和神的自然的观念，都不是一元论的，而是仍然渗透在一种极反动的二元论之中。

说到确信自然和上帝一致到了极点的信条，这是我们最伟大的诗人和思想家的泛神论的信条，黑格尔给我们留下了一种非常有特色的理论。按照这种理论，我们不仅了解诸事物的一致，而且也了解它们的差别。一条狮子狗和一条猎狗，两者都是狗，可是这种一致并不妨碍它们的差别。自然有许多地方像爱之神——它从永远统治到永远。由于我们的精神是它的工具、是一种自然的工具的缘故，自然去了解应该了解的一切事物。它是全知。可是自然的智慧和神的智慧是非常不同的，完全废除上帝、宗教和形而上学——只限于用合理的方法去废除它——的“破坏的倾向”是有充分的科学理由的。混乱的观念既往存在着，所以将万世长存吧！

黑格尔学派的人们对于宗教只是一种科学的而非妥协的态度，我们愉快地承认宗教是一种自然现象。在该时代，在特殊环境下是有充分理由的，而像一切现象一样，和木头与石块一样，在其短暂的壳中具有一种永久真理的胚芽。黑格尔所没有做的，或者是做得不完全的，由他的弟子费尔巴哈给补充上了。他带给该胚芽以光明，说明烧尽的木头不是化为无，而是化为灰，在这个过程中遭受这样一种早已不许使用旧名称的变化。木头向灰的转化是一种发展，同样宗教转化为科学。然而，达尔文学派的弟子证明：除了企图把某种不发展的事物和不能发展的事物、神秘的事物和形而上学的事物，仍旧保留在一切事物的最终原因之中以外，他只表示在其普遍性上并没有掌握进化论，而对他来说，发展了认识论的伟大的黑格尔是一条“死狗”。

* * * *

让我们对达尔文的研究作大略的一瞥吧。他研究的主要对象是一般的动物、动物性、在属的意义上的动物的生存。在达尔文以前，我们只知道生存着的个体，一般的动物只是一个抽象。然而在达尔文以后，了解到不仅个体，并且一般的动物也是活生生的存在。动物性存在着、活动着、变化着，并且经验着一种历史的发展，是一个广泛的成枝系的分枝的有机体。在达尔文以前，动物界的分枝分系性或分类是被动物学根据一定的形式所区分的。他们把它分成类——鱼类、水陆两栖类、昆虫类、鸟类以及其他等等。达尔文给这种形式带来了生命。他告诉我们：动物性并不是死的抽象的实体，而是一种移动着的过程。关于这种过程，直到今天我们的认识连一个贫弱的画像也未给予。而如果动物界的旧知识是一个贫弱的画像，而新的知识是一个更充实、更完全与更真实的画像，那么从它的获得——我们的知识从那里获得的——是不仅限于动物界。我们同时也获得：认识能力的见解，即，后者并不是真理的超自然的源泉，而是一个镜子般的反映世界事物或者自然的工具。

达尔文是形而上学家的反对者。他也许除了了解它或者希望它以外，它掐住了形而上学不可思议的信仰的脖子。他从动物学中剔出非自然的种类的界限，并对人的认识工具之形而上学的不可思议性质之宗教的信仰，从本质上把被启蒙了的哲学、理性批判或者是知识学给予了致命的一击。

如果不是达尔文本人，至少是他的弟子海克尔告诉我们，他的先生是一位反对形而上学的光辉战士。这一点是与黑格尔以及一切哲学家一致的地方。他们所有的人都努力地去阐明，特别是去阐明形而上学的暗淡无光，虽然他们自身还多少有点被束缚在形而上学之中。

黑格尔与具有“晦涩”绰号的老黑拉克里塔斯(Herakliedes)大有相似之处。这两人都教导：世界的事物并不是固定不变的，而是流动着的，即发展着的。他们两人都获得了“晦涩”的绰号。如果对黑格尔的晦涩多少给予解释的话，那就必须简单地回顾一下哲学的发展。

科学开始其生涯与其说是自然科学的，不如说是哲学的。即：当初与其说是在真实的自然之中度过的，不如说是更多的在形而上学的思辨中度过的。真的，正如我们最近代的自然科学家仍旧陷入一种落后的哲学之中一样，人类从很早以前就已经开始了一些自然科学的远征。可是，我们必须老老实实地说，近代科学的开垦者是自然科学家，而过去科学的开垦者是哲学家。今天终于接近了调和，否，事实上已经存在着。现在成为问题的是一个完整体系的自然的世界观——在其前、在其后、超自然的、“信仰的”或者是形而上学的任何事物都不存在的自然的世界观。自从希腊殖民城市的建立之日起，即从塔里斯(Thales)、德谟克里托斯(Demokritos)、黑拉克里塔斯、毕达哥拉斯(Puthagoras)、苏格拉底(Sokrates)和柏拉图(Plato)以来，哲学在探讨着解决宇宙之谜的问题。他们对于研究的方法还是对于问题的解决，应该在外部世界上还是在内部世界上、在物质上还是在精神上来研究，一直处在怀疑和黑暗之中。经过了一千年的黑暗之后迎来新的科学时代的黎明，而到了近代——培根(Bacon)、笛卡儿(Descartes)、莱布尼兹(Leibniz)的时代——哲学家再拾起先人的遗业，继续对“方法”和为获得真理的适当的“工具(Organ)”而争论着。问题是完全可被怀疑的——特别是对可被研究的真理的性质和可被解决的宇宙之谜，还是对可被研究的自然的或者是超自然的性质完全都被怀疑了。真的，像尽人皆知的笛卡儿以怀疑作为研究的最初条件和基本道德那样的来怀疑了。

可是，科学并不停留在那个地方。它达到了确实性——特别是对于笛卡儿和对于一切其他的哲学家所最关紧要的问题。那是探求关于方法的确实性，即：为了达到与确实性同一的科学的真理，我们无论如何都必须去研究的。同时，自然科学已经开始把哲学家仍然还在寻求的方法应用于实际了。而伟大的笛卡儿一部分也是自然科学家，在哲学上也以上述的方法，在明确的、鲜明的、可以理解的对象范围内，去进行他的主要研究了。

现在，光明越发散布开来了。形而上学的、不可认识的、神秘的已经从科学中拿掉，而且还必须把它们驱逐出去，而代之以获得确实性、无疑的确实性。工作正在积极的进行中，哲学家显著地发展着，自然科学家给哲学家有力的帮助。

这里，康德带着他的问题出现了：“形而上学作为科学如何可能?”

这位哥尼斯堡(Königburg)的老哲学家所指的“形而上学”意味着什么，我们不应该忘记。他所谓的“形而上学”是不可思议的、神秘的、不可认识的，即传统的、神学的对象：“上帝、自由、永生。”

康德说：你们讨论这个问题已经很长时间了。我现在想研究究竟怎样才能去认识关于物质的一切事物。他就取哥白尼(Korpernicus)为例。在天文学长时间允许太阳围着地球转而并没有什么结果以后，哥白尼颠倒了这个方法，而试探太阳是静止固定的，地球围着它转这岂不更好。人们以其认识能力的帮助，直到康德时代试图阐明伟大的形而上学，即世界不可思议的存在。这位有名的《纯粹理性批判》的作者把这个问题倒转过来，而拾取人在他的“头脑”——它是过去已经获得了的阐明许多经验报告的灯——中所感觉到的自然的断片，用这盏灯试图阐明，自从基督时代以来，在上帝、自由、永生的名义下所被认识的、特别是在古典哲学时代，在智者之间以真、善、美的名称来表示的这条大海蛇是否可能被阐明。

这个古典的名称很容易使我们误解。真、善、美的特性，正像由于诸严密科学天天在探讨的那样，当他们研究抽象观念时，飘浮在古人眼前的大海蛇一定可以清楚地区别出来。问题在现阶段，康德所命名的这个形而上学怪物的基督教的名称，对于物理学和形而上学之间的、可感知的自然和非感性的、或者是超感性的自然之间的差别，就更明白地显示出来了。

另一方面，如果我们把我们的注意力专门集中在大海蛇的宗教色彩上的话，我们也就容易误解它的真正意义了吧。这条大海蛇，它的腹部呈示着黄色，闪烁着上帝、自由、永生的光辉。可是，它的背上呈示着周围环境的颜色，像雪上的白兔一样逃避开我们的眼界。然而，当我们走近一些细致地审视这个怪物，我们看到“真、善、美”几个字用黑色的希腊文字，刻印在它的灰色的背上。我们对这个哲学的＝神学的＝形而上学的海蛇，对于刻印在它的背上的铭言，给予一个词去扼要叙述的话，事实上这匹野兽用“真理”的美名就成为最妥当的象征了吧。我们不可忽略这个词的双重意义。这个海蛇的真理是先验的，它仍然依靠在一个自然的基础上、在一个自然真理的基础上，当然就一定会从先验的那一个中区别出来。自然的真理是科学的真理，它并不以热情或者启示可被凝视的，它必须严肃地思索，它是那样地普通或者是一般的东西，甚至那铺路的石头也属于它。这条海蛇的真理是一个史前期孩子般的人类的迷妄。这个严肃的真理是一个集合名称，它把真空的幻想和真实的铺路石包含在一个概念之中。

康德问：形而上学，即超自然的信仰作为科学如何可能？而他回答：这种信仰是不科学的。在研究智力的各种能力之后，康德的结论说，人的精神只能形成自然现象的图像，而在科学的限度内不了解也不要求了解其他任何“真实”的精神。虽然这样一种过激的宣言的时间还不成熟，然而尽人皆知，康德论述理性——意味着我们智力能力的最高尺度——只不过能了解事物的现象而已来结束他的研究。

在哲学家康德的手中海蛇的研究变成了科学与严肃的问题，它是哪一种光明呢？它去照什么呢？还是康德，他无论与形而上学的怪物战斗或者是批判理性，或者是同时做这两件事，都不能从混乱中自拔。他的后继者费希特（Fichte）、谢林（Schelling）和黑格尔必须拾起这个同样的工作继续去做。由于人的精神的研究，海蛇的头被砸碎了——那是确实的。哥尼斯堡的哥白尼做了这么多而澄清了道路。我们仍然不能允许自己为他的英雄行为而产生的热情拉到这样一个不问事实的范围，即：不论在他或者是在他的后继者的情意中还仍然十足地在追求着可怜的形而上学、比自然更高的真理的信仰。与其说他们认识这个怪物，不如说他们是去猜测它，而它们只是一步一步地获得胜利而已。

康德论证如下：即使我们的理性被限制于自然表象的认识，即使我们不能认识它以上的任何事物，我们还必须相信某些神秘的、更高的形而上学事物。在表象的背后一定有某些事物存在：“表象存在的地方，就必然有某些事物表现着。”康德这样结论——不过似乎是一个正确的结论。自然的表象表现不充分吗？为什么还要有些别的事物——有些先验的难以想象的事物——在它背后存在，可是它们自己的自然呢？无论如何我们就把这件事放下吧。康德至少在形式上把形而上学从科学的研究中驱逐出来，并且把它移到**信仰**的范围中。

这件事在后继者、特别是黑格尔的眼里没什么了不起的。康德所留下来的被限制的人的精神的信仰，他对科学研究所设定的限界，对于这位思想的巨人来说是过于狭隘了，他到宇宙之中去探寻过，而“在那里没有任何事物去抵抗他”。他想从形而上学的囚禁中逃脱出来，到新鲜的物理的空气之中去。黑格尔在这种意义上精神的自由是不可能被了解的，而希望帮助别人去获得这样的自由。否，哲学家自身被偏见所束缚，而希望获得教导。他的精神、他的火焰，只不过是燃烧在每一个人中的、欲照耀一切事物的、而且能照耀一切事物的、只能一步一步前进的一般的灯光的一部分。

由于诸事物具有或多或少的复杂性质的缘故，我们的讨论也就不能不变为复杂。我想说明老一辈哲学家和他们的“最后骑士”之间的关系，而且关于黑格尔、达尔文和全部科学的关系，因此我们要多方面地反复地来进行插话。

为了说明黑格尔学说和达尔文学说的关系，首先就必须考虑到全部科学错综复杂的二重性。每一科学家——达尔文也同样——不仅有意识地从事于他的特殊对象的阐明；同时，他的特殊贡献必然要帮助去阐明；同时，他的特殊贡献必然要帮助去阐明人的精神与全部世界的关系。这种关系，最初是奴隶的、宗教的、非人类的。人的精神，把他自身和世界作为一个谜，认为用他的知识的灯光是不可能阐明的，而只能形成难以抗拒的形而上学的空想的图像。自从人类历史开始时起，科学所做的每一贡献，都削弱了我们种族之世袭的奴隶的枷锁。不论是哲学家还是科学家也被它所羁绊，而解放的事业已经共同去做了，这一事业一直愉快地进行到今天。可是，自然科学家没有理由轻视他的伙伴——哲学家。科学家——把达尔文作为他们的首领——正视他们所选择的特殊对象，而同时斜视一般之谜、宇宙之谜。即使达尔文明白地宣称科学与海蛇没有任何关系，这样就把这个问题放在自己的问题之外，或者是像康德之流把它驱逐到信仰之中，可是这些只不过是主观的限制和不安，而这种限制和不安只能对个人来说是可以宽恕的，但决不能束缚对人类种族的普遍研究。现在，在这里不能是这里有知识而那里有信仰；在那里需要解决一切怀疑，如果与这样的一种要求相反，不管是谁的理论，都将被子孙后代作为一种怯懦而抛弃。

自然科学家勇敢地看待他的专门事业而斜视奇怪的不可思议的世界，这一点在以前已经谈过了。现在我们可以补充说明：哲学家让他们智力的灯光直接照耀在大海蛇上，此时他们非常混乱，他们睨视作为某些形而上学事物的自己的光亮。

从这种为难的认识的二重性所产生的混乱，现在由于人的精神是与阐明诸事物的灯光同样的性质，是与被阐明了的诸对象同样的种类之发现而被克服了，而这是数世纪的哲学思考的成果。

康德给后继者留下了过分谦逊的见解：他的种族的认识能力，对于阐明这个巨大的、奇怪的野兽是过于微弱了。那种能力比起被阐明的事物来并不过于微弱，我们的灯光既不太小，也不太大，既不更多的奇怪也不更小的奇怪。由于这种论证，不可思议的信仰或者是海蛇的信仰，即形而上学，就立刻被一扫而光；同时，人们便失去了他的过分的谦逊了。而这个成果乃是我们的黑格尔所做的本质的贡献。

为了彻底认识这里面的情况，就有逐项详细研究哲学研究之历史改造的必要。可是，在这一点上用一些简短的描述也就可以使我们满足。现在，自从一般的教育程度显著地提高以来，对这件事持有兴趣的读者就能够容易地细致地把这幅图像描绘出来。

达尔文和黑格尔的劳作，虽然是非常的不同，但是对于形而上学、对于不能感觉的和不能知觉的事物所做的战斗则是共通的。为了明确这两位思想家的差别和共通点，我们在我们的研究范围内就不能不去探讨一下这个大海蛇。可是，这件有趣的事，由于历史的进程中所加给这个怪物以许多名称而显得困难。形而上学是什么呢？从这个名称看来，它是学术上的一门学科——或者不是。而它，一直把它的余影投射到现在。它要探讨什么呢？企求什么呢？当然是为了进步！可是要探讨什么对象呢？是要探讨上帝、自由、永生。这种声音在今天完全和牧师一样。如果我们把它的研究对象用真、善、美的古典名称来称呼，那么究竟形而上学想寻求什么呢？把它搞清楚，这对我们自己和读者都是十分重要的。不这样做，就不可能评价和说明达尔文或者是黑格尔，有什么成就，没有完成的是什么，还要叫子孙后代去完成什么。

这条海蛇由于它过去有那么多名称，给一个名称来描述它的特征是完全不可能的。它起源于人类种族的孩提时代，而比较语言学一致认为：在史前期事物有许多名称，而名称又意味着许多事物，就因为这种缘故而产生了一种巨大的混乱——这是现代作为神话学的源泉来研究、承认的。

例如：我们只从马克斯·缪勒（Max Müller）的《来自德国工场的碎屑》对这件事的论述中就可了解。我们在这谈过的，异教徒和基督教徒关于上帝等等的寓言并非是无根据的胡说，而是言语积累的自然发展。古代人的诗的爱好乃是从语言之中迸发出来的。虽然我们今天是很清醒的,可是我们仍然使用那种“消磨着时间”的话语来表达。充满着意义的和理智的那样的画像,对于有诗和先验论倾向的祖先们,为建立形而上学的不可思议的世界服务了。名称常常是诸事物的影像,忘掉这种简单事实并把语言加上形而上学意义的人是从事形而上学的人。后者(形而上学)是一切寓言的一般观念。诗是一种有意识的寓言话,寓言是无意识的诗。因此,当我们谈到不可思议的世界时,就完全依靠着、伴随着我们的语言的意识。如果我们由于自然界之自然的奇异而驱散我们的诗的情绪,那么所存在的一切事物,实质上就是天国的、神的、不可描述的、不可理解的东西。可是没有人敢认真地说,所存在的一切事物是一条海蛇,而与非自然的真理或者形而上学的热心家所称呼的上帝、自由、永生联系起来。

并不是抵制诗,而是抵制无意识的、夸张的诗。目的是为了一部分愿意、一部分不愿意参加人类进步运动的一切科学工作者。

五、认识之光

光是从什么地方获得的呢?是摩西(Moses)把它从西奈山(Mount Sinai)带来的。可是犹太人和基督教徒经过了三千多年祈祷“你不可窃取”以后的今天,他们仍然像乌鸦一样地盗窃着。这意味着启示还没有被证实。然后来了哲学家,要从他们头脑的内部把光抽出来,像他们所称为先验的认识。可是一个人今天制定的,到第二天就被另一个人推翻了。自然科学选择了第三条道路,归纳法的道路,而从现实中引出它的智慧来。这种训练,最后获得了被每个人接受的、没有争议的、而且不能被任何人所争议的真正的、实在的、不变的认识。然后它明确无误地认同:我们必须沿着自然科学所开辟的道路寻求光明。

还有一大部分人——尽管在“上流社会”中最有教养的许多人——宣称他们自己并不满意这个光明。他们谈论着“形而上学的渴望”,他们建造了他们自己的文学,并且不停地试图证明所有自然科学的解释与认识,无论在个别的分科上怎样的丰富,而在整体上是不充分的。他们说:“物质的本质毕竟是不可认识的,自然的机械的解释只涉及神秘的本质的变化,最后仍然不能满足我们的因果关系的渴望。”

尤里乌斯·佛劳恩斯塔(Julius Frauenstädt)说:“叔本华(Schopenhauer)把形而上学的渴望比作在所有不认识的客人——作为朋友和叔伯兄弟相继向他介绍的人们——中探询他自己所要找到的人的渴望,究竟我将在什么地方找到在客人中的一个朋友呢?这是特殊的哲学问题。在自然科学终结的地方,哲学开始。……”佛劳恩斯塔又说:“虽然两者的对象是同一的,可是整个世界、宇宙、自然科学是从合规律的表现观点来研究其对象,而哲学是从其内部的本质的观点来研究其对象的。”——而我们对这一点必须立刻加以补充,像这样的哲学研究并没有产生任何成果,而在自然内部的本质上也没有发现任何事物。

尽人皆知,自然只给予我们以现象或者变化。一切事物都在生成、流动和消亡之中。可是,哲学家企求某种实体的、本质的或者是杜林(Dühring)所称的“不变的真理”。像这样的事物仍然不能找到,他们大多数人放弃了进一步的研究而仿照康德的前例,从思辨哲学转向到“批判”哲学去了。他们把找不到本质的、无变化的魔鬼的罪责,以及对于更高的任何事物无能为力,推到像锈和蛀虫偷偷地侵蚀着财宝的我们认识能力的贫弱。

这样，我们还和数千年一样，被悬挂在天和地之间。许多事情要从这种处境中来挽救他们自己，而只有实践的做到了。自从宗教和形而上学不能带来任何实证的事物以来，旧学派的唯物主义者逃出了超自然的圈套和骗术，以转移到科学的日常事物为满足。斯特贝灵(Stiebeling)说："自然科学只能在建立其阵营的岸边架设一道桥梁。它是一条浮桥吧。一切新的事实、观察和发现，以有规则的次序一个一个地集结在它们要到达的横卧在烟雾弥漫的远方的另一岸边。以后，而不是以前，它将获得真正的体系了吧。"

可是，现在有能力的科学家出来，并认为：这种方法不只是把问题的解决推向遥远的未来，而真的是毫无成功的希望，无论如何与自然科学相连结的一切浮桥不能带我们靠近对岸。叔本华说："如果人们漫游了全部恒星的全部行星的话，那么他们连一步都不能走进形而上学之中吧。"不仅老一代的哲学家这样说，而或多或少的近代的自然科学家也这样说。杜宝·雷蒙(DuBois-Reymond)论述了《自然认识的限界》，他论述说：在这里用我们的认识、概念、解释等等是不能认识自然事物的存在的。在魏尔和与赫琴多夫(Holgendorf)编著的《通俗讲义集》第271册上，一位道费尔博士(Dr. Töpfer)说明："当然我们知道用原子的假定是不能阐明物质的本质的，可是自然科学家不承认他们的任务是阐明物质的本质。他们拘泥于事实，而谦逊地承认：人的精神是永远也不能超越所设定的限界的。"

我们能够从现代文学所论述的一般的自然认识和形而上学的渴望之间的深渊中引出一些说明来。这意味着问题的混乱：光明是从什么地方获得的问题是无止境的。可是，给我们真正古典的混乱之一部分的是兰格(F. A. Lange)在其《唯物主义史》中。除了这本书的无数次要的、美好的、优秀的性质之外，又除了作者和社会民主主义的民主的相似点之外——我们所乐于承认的地方——兰格的哲学立场是迄今所看到的对形而上学的圈套作痉挛性斗争的最可怜的暴露。的确，这本书所具有的主要之点，是持续不断的彷徨和苦闷，这是明显的。虽然没有解决问题，也没有决定任何事物，可是它这样明白地把问题定下来了，以至不可避免地接近于最后的解决。

现在来了像吉丁·斯皮克博士(Dr. Gideon Spieker)这样的反对者们(《论自然科学和哲学之间的关系》)，而指出像前面所叙述过的那种痉挛现象，为了诽谤兰格，同时也诽谤唯物主义的概念，乱用了他们正确的批判。这样，不仅是永远的、形而上学的渴望，而且是今天真正的需要，要求我们向超越实用的唯物主义者前进。他们简单地解决了本质的、实体的或者是"认识的限界"的问题，而进行他们科学的浮桥的建造。当然，我们可以被溪流冲跑，可是，看不见或者是不想看在形而上学的迷惑所居住的彼岸，它是不可能到达的。

那种想把最多样的科学的物质之认识和解释付诸实践的唯物主义，迄今抛弃了对于认识的物质的解释，所以即使是它的热情的史学家也不能从它那里看出唯心主义的废墟具有一种决定性的优势来。认识能力或者是解释能力仍然是在这个世界上存在的被神圣化了的唯一的力。它存在于这个世界上，可是并不是尘世的、物理的、机械的。那么，它是什么呢？形而上学的！没有人能够说明它意味着什么。我们所得到的一切解释都是否定的。形而上学的事物并不是物理的，是不可捉摸的，是不可理解的。除了快乐的唯心主义者不知道从什么地方把它带来的一种情绪之外，它还能是什么呢？

人们需要了解一切事物，而仍然有些事物不能了解、解释或者是理解。于是人们又到命运那儿去签到，并指出人的理解力的限制。兰格说:“人类精神停留在两点上。我们不能认识原子,既不能从原子中也不能从其运动中来解释意识之最微小的征候。……我们可以随心所欲地转变物质及其力的观念。我们不能改变地要去获得一种不可理解的残余物。……所以,不必辩解,杜宝·雷蒙冒险主张:我们的完全的自然之认识实际上不是认识而是一种解释的代替物(das Surrogat)。……这是机械世界观的体系家与使徒们所疏忽了的论点——自然认识的限界问题。”[①]

正确地来说,对上一段章节的精密地引用是多余的。因为这一段话是完全众所周知的,不仅兰格这样讲,容根·宝纳、麦尔(Jürgen Bona Meyer)和封·西贝尔(Von Sybel)也这样说。谢佛里(Schäffle)和萨马特(Samter)提出意见也用相似的腔调说。事实上,整个统治界都这样说——它甚至比天主教圣方济各会的托钵僧走得更远了。可是,兰格说:社会民主主义者的了解是不足的——此外,他们如果知道这一点,他们也就把机械的世界观完成了。

请读者停一下来考虑:如果我们的知识和认识,在过去数世纪间由于科学的应用而带来这么大效果的精神工具只不过是一个“代替物”,这究竟是怎么回事呢?那么,忠实的雅各伯到什么地方去了呢?就是我们翻遍了一切哲学的巨帙,也看不到关于这一点的任何积极的报告吧。不论如何,到目前为止摧毁天上地下的个人统治者之信仰的,明明白白是哲学家。非哲学的、宗教的世界,在最高的(in excelsis)某处对尘世赋予了一些带有微弱气息的一个真空的理性之库。所以,这些人们把神圣的精神和亵渎的精神、真正的实体和其代替物区别开来是正确的。可

① 兰格:《唯物主义史》第2卷,第148~150页。

是,那些无知的森林地带的人们已经把这种伟大的全精神(All＋Geist)和原精神(Ur＋Geist)抛到云雾之中了。将怎样来对待这种区别呢?这是难以理解的。

兰格说:"与康德相比,黑格尔之最大的退步在于:他完全丢掉了比人的认识方法更高的一般认识事物方法。"这样,使兰格心理难受,认为:黑格尔没有去思考任何超人的认识。而我们对这一点答复如下:现在到处都可以听到"回到康德那里去"的反动叫嚣,这来自一种荒谬的倾向,这种倾向要把科学的时针拨回去,而轻视一种人的认识的更一般的认识方法。人类迄今已经赢得的支配自然界的权力,想要为古旧的泥菩萨从堆破烂的仓房中找出王冠和权杖来,重新建立迷信统治。我们时代的这股哲学潮流,是对人民群众显著增长起来的争取自由的一种有意识和无意识的反动。

贯穿在兰格有名书中的所有章节、并为同时代的博学多识之士所贩卖的关于"认识的限界"的形而上学的观念,只要对它的内容进行比较周密的检查,立刻就可以看出是一堆空洞之谈。"原子是不能知道的,意识也是不能解释的。"可是整个世界包含着原子和意识、物质和精神。如果这两者不被理解,那么对于人的理性还剩下什么可以理解的呢?兰格是正确的——严格地说,什么事物都没有。我们的观念,事实上是没有观念,而是代替物。也许我们一般称呼驴子为灰色动物,只是驴子的代替物,真正的驴子从更高的组成的创造物中去找寻吧。我在其他的地方已经把寻求破碎的、疯狂的真理之思辨哲学这门学问赋予了特征。如果有人怀疑这种语言,对事物给予错误的名称,那么这就是某些事物开始错乱的一种确实的证据。听听兰格的《唯物主义史》(第2卷第99页)的话吧:"我们把真的、善的、现实的等等的观念,在某种意义上定义为真、善或者是现实,这对于人类或者是我们将认为：人们当作这样的事物去认识的，是对于存在着的以及能够存在的一切思考着的存在也是同等程度的正确吗？”

我们对这一点明确地和简单地回答：在语言称为愚蠢的，像真实的一样是真的愚蠢，而把真的存在、善的存在、现实的存在或者是思考的存在和我们在语法上的真的存在、善的存在、现实的存在或者是思考的存在，当作完全不同的另外的东西，这是一种混乱的想法。形而上学的水也必须是纯粹的潮湿的东西，如果不是潮湿的东西就不能称为水。我们一定不了解千奇百怪的树能在中部非洲找到，可是我们和康德明白确实地了解：木板是从树上锯下来的，这棵树是可以在火星或者是木星上生长吧，它和牛肉一样不能看、不能摸、不能尝。请读者原谅这种过火的比喻吧。——可是，在形而上学的渴望开始搅乱语言的时候，已经是忍无可忍了。

我们的经验、观察或者“现象”，由我们的认识能力去分类，由我们的语言用名称来称呼。只要未来的变化不是本质的，即：只要自然的运动像被固定在现在的概念上和语言上一样，保持在限界之内，一切事物都将像以前一样原封不动。可是，如果未来的变化一超出这些限界，以至真的存在、善的存在、思考的存在、木板或者是牛肉或者是认识，就本质地表现出不同来，那么对已经变化了的不同的事物，我们就需要把它们的名称冠上新的名字。

认识之光使人作自然的主人。人们由于它的帮助，能够在夏天生产冬天的冰块，在冬天生产夏天的水果和花朵。可是，对自然的统治经常是受限制的。人们能够做的任何事物，只有在自然力和给与的物质的帮助下才是可能的。想对自然无限制的统治，只意味着一种纯粹的“须有”，只能是梦想家的想象。恰如孩子和野蛮人想无限制地去统治一样，我们孩子般的科学家想无限制地去认识。兰格说："以给予的世界使自身满足的体系，是和理性统一的固有的倾向相违反的，也是和超出经验的限界带着冲动的艺术、诗和宗教相违反的。"好吧！艺术与诗虽然是美丽的和值得尊敬的事物，可是被认为是幻想，而如果宗教和形而上学的冲动不要求更高于存在、是属于同一范畴的话，那么就没有理由去反对。如果人们一认为它是一个非科学的冲动，那么他就有充分的权利去超越他的形而上学冲动的一切限制。理性之光，像一切其他事物一样，像木头和稻草一样，像技巧和理解一样，有它的一定的限制，——如果他不希望成为一块愚蠢的东西，宇宙的每一部分必须有合理的限制。

像人们能做一切事物一样，他们也能理解一切事物——在合理的限制之内。我们不能像上帝从无之中制造世界那样地去创造。我们必须保持现存的给予、力和物质，并查明它的性质，指导它们，领导它们，形成它们——即我们所说的创造。对存在着的物质予以整理、整顿，从自然现象中对数学的公式予以概括、分类和抽象——即我们所说的认识、理解、说明。

我们对精神作全面的阐明是依据一种形式的历史(formale Geschichte)，一种机械的经济(mechanische Wirtschaft)。恰如在技术的生产上自然现象是具体地变化着一样，在科学上自然变化是精神的表现。恰如生产不满足过分的制造渴望而被抛弃一样，最后，科学或者是"自然认识"不满足过分的因果关系的渴望而被抛弃。可是，有理解能力的人，为了生产而需要物质，而从无中、从虔诚的愿望中任何事物都不能做成。对这种情况一点也不难过吗？掌握住认识的性质的任何人都想超出经验的限制吧。我们需要物质，一方面是为了了解与解释，另外一方面是为了生产。所以，没有认识能使我们明白，如：物质从何处来，或者是物质从何处开始，即物质是先于思想的。现象世界或者是物质，是原始的事物，实体即无开端也无终结，也无起源。物质存在着，而存在是物质的（在广义上），人的认识能力或者是意识，是这个物质存在一部分，像其他部分一样，只能够从事一定范围的有限度的技能、自然认识。

当叔本华想介绍他的“全部客人”的时候，他没有考虑介绍只是一种礼貌，而每一种介绍的礼貌预先都要假定一个不认识的朋友。恰如“介绍”只能发生在人间界一样，而认识只能发生在经验世界。形而上学的冲动颠倒了这种次序，它要使认识超越于认识的本质之上——从皮肤中脱离出来，或者是像闵西豪森（Münchhauen）那样用拽自己的头发把自己从泥沼里拔出来。只有那些两耳反响着永恒的宗教之音乐的人们和那些对世界上的变迁没有兴致的人们，能够想到这样一种绝望的企图。

兰格适当地谈论过：名称和事物之间的关系、定义，使哲学家无限烦恼，可是他没有注意到他自己是不断地奋斗在同样的圈套之中的。言语或者名称经常表征着诸差别的一个整个世代（eine gange Generation）。黑人和白人、俄罗斯人和土耳其人、中国人和拉普人都包括在人的名称之下。可是，当一种差别一离开它的属的范围，就变得比形式的更为不同，这样就废除了它的名称。这就是事物不能超出其一般的性质、它的定义之外的原因。为什么智力不能不成为它以外的事物呢？智力或者认识不再属于现象、世俗的事物了吗？这里只有两个世界，一个是可感知的世界，另一个是更高的、一个宗教的或者形而上学的世界，人们能够相信意识的更高的性质或是起源。可是，至于在那里为什么还存在着被限制的更高的无意义的冲动就是毫无理由的了。为什么铁罐、木板和牛肉与认识一道也被神圣化了呢？社会主义者的任务是去论证“某种最高的事物”、最后和最微妙的形而上学的残余物，乃是属于和最荒唐无稽的迷信一样的堆破烂的仓房中的东西。

*　　*　　*　　*

世界只不过是表现着形式、变化或者是可变性。对于在像宗教那样的星辰的彼岸上、或者是在像哲学那样的现象的彼岸上寻求永恒事物的人是不能满足的。可是，“批判的”哲学家模糊地感觉到，像这样的寻求是由于教育从人的头脑中清除出来的一种妄想。所以，他们放弃实体的研究，调转他们的注意于认识研究的工具和能力了。这里，他们进行了充分的批判工作。如果先前在一切灌木和树木的背后潜藏过某种更高的事物，那么现在——至少在有权威的方面——就不能不一直追踪到最终的秘密中、不可认识的原子的背后、最高的意识的背后。

在这里，你将看到“认识的限界”，这里面也潜藏着妄想。把自己从其中解放出来是很困难的了。因为工人阶段的要求，迫使我们的官方科学家执行了一种保守的、反动的政策。现在他们表明他们是顽固不化的，他们希望这种罪恶永远维持下去，而退回到康德以前去了。已故的兰格就是彷徨在这个坏蛋的错误之中的，可是他的许多后继者都是纯粹的流氓，他们使用其先人的遗训作为一个锋利的武器以反对新的一代，这样就迫使我们从根底上去掌握批判理性的大权。

新康德学派的人们说：我们所感知的一切事物，只有通过意识的眼镜才能被感知。我们所视、所听或者所触知的一切事物，通过感觉的媒介，即通过我们的心灵就一定能呈现给我们。因此，我们对纯粹的、完全真实的、不能感知的事物，只能限于主观的呈现给我们。在兰格看来：“感觉是从真实的永恒的世界、是存在所制造出来的物质……问题的这一点是明确地被规定着。

这对康德的后继者来说好像是原罪的苹果，即认识上主观和客观之间的关系。”(第11卷98页)

这样，他们就把他们自己的罪恶放在康德以后的哲学的双肩上了。让兰格自己说吧。他说：“在康德看来，我们的知识是从两者(主观和客观)的相互作用中产生的——是一个极其简单的、而且是常常被误解的命题。”他还继续说，从这种见解来看：“我们的现象世界并不是我们的概念的产物，而是一种客观的作用及其主观的形成的产物。这并不是个人根据他的偶然的心情或者是有毛病的机体可以感知的，而是作为一个整体的人类以其感性和理性所一定能够感知的。即康德在一定意义上所称为客观的。他称它作客观的只限于我们称之为经验，可是，如果我们应用这样的认识于自在之物上，即独立于我们认识之外的绝对存在的物上，那么它是先验的，或者换一句话说，是谬误。”

在这里，我们要反复地温茶。如果它真是家制品，用它正式招待客人，那么它还有香味吧。如果我不知道，在先验的对象之信仰的背后潜藏着一切迷信的根源的话，我就不要浪费时间，在像“它一定被人类以其感性和理性所感知”的普通的主观性和“自在之物”的更高的客观性之间，画一条过分研究的区分线，我就把“独立存在于我们认识之外的物”放下，直到它们成为可感知的为止。现在无论怎样，当我了解在以上的话语中，潜藏着为了达到超越于普通对象的先验的对象之信仰的愿望时，我就明显地尝到了在茶的底部存在着旧的神圣真理与污秽真理之间的区别。在世界的现象的背后存在着：为我们的理性所难于理解的、为我们的智力所难于达到的、为我们的“形式的”所不能认识的，即使不是信仰的宗教的，至少是哲学的先验的所渴望的某种最高的事物或者是神秘的事物。

当然，唯物主义者迄今忽视了我们的认识的主观要素的考虑,和像接受了货币一样的无批判地接受了可感知的对象。的确,这种错误现在已经改正过来了。

正像康德听说的那样,我们把世界称作主观和客观的混合物。可是我们要注意:整个世界是一个混合物,那就是一个统一体;我们还要注意:这个统一体是辩证法的,即这些是从它的对立中、从混合或者是多样性中制成的。好吧,在世界事物的多样性中,有不可怀疑的称作物的东西——我说"称作"不敢说它们就是那样的真实——像木头、石头、树木、黏土块等等。还有,像颜色、臭味、热、光其他等等的物,它的客观性更是成为问题的了。那么,再退一步说,其他像胃痛、爱情与春情肯定是主观的。最后还有最主观的更高一级的,像心情、梦、幻觉等等的物。这样,我们全部问题的飞跃点来到了。唯物主义者是胜利者,如果它承认梦,虽然叫做主观的,可是一个真实的实在的物,然后,我们准备答复"批判"的哲学家。木头和石头——一句话,肯定叫做物的一切事物都是通过视觉和触觉而得到感知的。结果,它们不是纯粹的物,而是主观的物。我们准备承认:尽管一个纯粹的物的观念或者是"自在之物",是一个进入其他世界其他时间的一种斜视的思想(ein Scheeler Gedanke)。

主观与客观之间的区别是一种相对的区别,两者是同一种类的。它们是一件事物的两种形式,一个属的两个个体。一切客体的主体(Subjekt)被称为自然的过程、现实性、经验的实在或者存在(Dasein)。谁能否定他的偶然的心情像勃朗峰(Mont Blanc)一样的真实的存在呢?即两者存在的性质是一样的,虽然勃朗峰的存在比只为个人意志而存在的心情的存在是更为普遍的、更为可感受的。它是并且和一切存在是属于同一范畴的。想进一步详细论证他的主观性的客观存在的人,不妨回头来看看笛卡儿,如众所周知,他把最坚定的存在归结为"我思

(Cogito)”、思维、意识。唯心主义是把认识的对象作为特殊研究的一种完全的近代哲学,它生活与活动在这样的见解之中,认为智力或者是意识、思维的存在是一切证明中最容易证明的。拉扎鲁斯(Lazarus)在他的《心灵的生活》中说:“自我感觉和自我意识是对生理学家最感困难的观念,实际上对每一单独的个人的内部经验来说是最肯定的、最坚实的。”够啦!如果他把精神认作是经验的对象的话,我们不管来自内部的经验还是来自外部的经验都是足够的了。

“我们理性的统一的倾向”对那些神学家或者是哲学家提出了要求认识“某种更高的事物”,或者是不可认识的事物的要求。我们要求同样的倾向,像我们去把握一个本质的诸种表现、一个属的诸种形式、一个主体的诸种客体一样地去把握天和地、肉体和心灵、原子和意识。哲学的晦涩的不可认识或者是不可认识的晦涩,在主体和客体之言语的关系中找到了它的完全说明。语言学家长久以来强调了精神和言语的统一。从一切客体中制造主体,反之也是这样。颜色是属于叶子的,即叶子的客体,叶子是属于树的,树是属于地球的,地球是属于太阳的,太阳是属于世界的,而世界最终是最后的实在或者是主体,是唯一的属或者是实体——只属于它自身,早已不是客体,在它上面任何事物都不存在。文法中的词汇学上称为主语(主体)和谓语(客体)的,在其他地方则称为物质与形式。石头是一种物质,玄武岩、燧石或者大理石是形式。可是,这种石头的实质又是无机物的一种形式,而无机物是存在的一种形式。世界是实在,是物质,是“物自体”,它不是形式;和它有关的其他一切事物,包括思维或者认识都是客体、现象或者主观性。所以,主体和客体的概念,物质和形式的概念,实在和现象的概念,可以上升为最大的概念,可以下降为最小的概念。我们不论怎样掌握我们的认识能力,我们只能掌握全体的一部分和一部分的全体。这种辩证法的理解完全说明了、解释了这种冲动以至达到这样渴望的程度,在客体的外部寻求主体,在现象的外部寻求真理,这是由于对辩证法的精神作用的无知。批判的认识论必须把经验本身的工具作为经验来认识,最后那种超越经验的任何一种漫游就都不必去讨论了。

以唯物主义的史学家为带头的近代的哲学家来了,并对我们说:世界只呈示着现象,它是自然的认识的对象,而自然的认识只是以变化来活动的。如果说他们企求着更高的认识,一个永恒的、本质的对象的话,那么就明确了:他们不满足于沙丘的全部沙粒,而是在一切沙粒的背后去寻求特殊的无数的沙丘的流氓和傻瓜。那些和现象世界的泪之谷完全不相容到这样程度的人,可以和他们不死的灵魂一起乘点燃了的马车奔赴天堂。可是想留在这个世纪上相信科学的自然认识的救助的人,才能学到唯物主义的逻辑。这里是它的论述:

(1)智力的王国只能是这个世界的。

(2)我们称为认识、概念、解释的过程不必也不能作任何其他的事物,而只能对这个可感知的、相关的存在的世界予以种和属的分类。在形式的自然认识之外,它不必也不能作任何其他的事物。在那里它以外的认识是不存在的。

可是,这里来了一位不满足于“形式的认识”的、希望认识而完全不知道用哪些方法去认识的具有形而上学冲动的人。对于这样的人,以悟性的帮助去区别他经验过的现象是不够的。对于这样的人自然科学所称呼的科学只是一种代替物,一种贫弱的、被限制的知识。他追求一种无限制的精神训练,以便在纯粹的智力中理解事物。为什么不把这个爱冲动的人看做是他提出了一种格外的要求呢?世界并不是从精神中产生的,而是完全相反。存在并不是智力的一种，恰恰相反，智力是经验的存在的一种。存在是普遍的、永恒的绝对者，思维只是它的一种特殊的和被限制的形式。

如果哲学家歪曲这种简单事实，那么对于他，世界是一个谜而不是什么不可思议。在这样地歪曲了思维和存在的关系而使它与现实相矛盾之后，他自然要在他的大脑中去搜索这种“思维的矛盾”。可是，那些认为理性是一种自然物、是一种在其他现象之中、与其他现象一道的现象的人，是在“形式的”科学之外也不寻求某些更高的愚蠢的认识的吧。他们不是去认识，而只是把生活、把经验的物质的生活构成为认识的一部分，作为事物的本质吧。科学或者是认识不能代替生活；生活不必也不能溶化在科学之中，因为生活是更为广阔的。这就是为什么单一的事物不能详尽地以认识或者解释的原因。没有单一的事物是完全可以认识的，一个樱桃并不比一个感觉为多。尽管根据科学的所有要求，植物学的、化学的、生物学的以及其他等等的科学去研究樱桃，而只有在全面考察了它的历史之后，在接触了它、看见了它、并尝到了它之后，我才能真正地了解它。读者必须理解：我在这里对认识和真的认识之间所画的区别线，与形而上学家所画的完全不同。我们善于区别像在学校所给的离开生活的知识和在经验的材料中以及在经验的材料之上所产生的活生生的知识。科学以生活作为前提，以经验作为条件，这就是所谓的合理。如果他使用不同的方法去寻求合理，如果他要取得纯粹的无条件的认识，那么他就恰好像挑选四角的圆、铁的木头或者是其他同样的无意义的东西。他想超越事物——命名为认识的事物也不例外——的限界时，他还想超越语言与理性的限界时，在这种情况下，黑的就变成了白的，合理的就变为不合理的了。

今天流行着的哲学批判的代表者把人的精神当做只能解释

事物表面现象的一个贫穷的乞丐。真正的解释被封锁了，事物的本质被认为不可思议的了。所以，我们对这种说法必须提出质问：是每一事物都有它的本质呢，还是有无数的本质呢，还是整个世界只是一个简单的统一体呢？然后就可以看到：我们的精神具有联系一切事物，总结一切部分与划分一切整体的能力。一切现象被智力构成为一个实体，而一切实体被认为是自然的伟大的一般实体的现象。在现象与实体之间的矛盾不是一种矛盾，只是一种逻辑的程序，一种辩证的形式。宇宙的本质包含着现象，而其现象是本质的。

从这种观点来看，形而上学的渴望或者是在每一现象之后寻求实体的冲动，可以生存下来并且繁荣下来一个时期，直到它以唯一合理的科学实践来认识“形式的自然认识”为止。欲超越现象的真理与本质的冲动是一种神圣的、天国的，即科学的冲动。可是它决不许是夸张的，它必须知道它的限度。它必须在世界的暂时性中寻找崇高与神奇，它必须不从现象中离开它的真理和本质，它必须只探求主观的客观，即探求相对真理。

对这一点，新旧康德学派的人们都是同意的；我们只对忧郁的断念，对伴随着他们说教的更高世界的悲惨的斜视不同意。由于把信仰放在寻求一个无限的理性上，“认识的限界”必须再成为无限的，我们对这点是不同意的。他们的理性说：“只要哪里有现象，哪里就必须有某种所表现着的先验的事物存在。”而我们的批判说：“所表现着的某种事物，它本来是现象，主体和客体是一个种类。”

人以认识之光来阐明世界的一切事物。他为了对它的正确使用而避免犯错误就必须去认识：认识之光与其他的事物一样是一个事物，说它是从他逐渐发生的达尔文的物种起源论，在这里也是适用的。自然科学家——狭义的自然科学家——的一元论的世界观是不充分的。即使海克尔完全证明了“原生质的有机分子的遗传学说”,即使还要更进一步地去证明有机物是从无机物发生的,而这里仍然保留着一个形而上学的出口:精神和自然的巨大对立。唯有按照辩证唯物主义者的认识论的学说把我们的概念变成一元论的。只要我们把主体与客体之间的关系作为**全体的**来理解,我们就不能忽视:我们的智力是经验的现实的形式之一种。这是真的,唯物主义很久以来就研究了这个主要的命题了,可是它仍然停留在一种单纯的断言、一种单纯的预想上。为了把它建立在确实的基础上,它必须具有一般的看法:总之,科学不要也不能去完成把可感知的事物根据属和种给予更高的分类;对于一个不同的统一体之不同部分的精神的改造,它的能力和它的全部欲望是被限制的。

毫无疑问,就其他的对象来说,就当某些属于事物的一般种类已经被证明了的时候来说,就都不必再讨论了。人们要求了解比那更特殊的某些事物,例如:它或者是有机的、或者是无机的、或者是物质、或者是力、或者是植物、或者是动物等等,它们都是自然的,是用不着争论的。可是,就精神来说,数千年来被神圣化了的、已经被阐明过了的事物,人们就不知道将怎样先验地去赞美它。可是,当主张:它只不过是一个种类、一个形式、一个自然的客体,必须认为它是在言语和意义之语言学上的统一只是一个自然时,便出现许许多多的议论。正像水必然的是潮湿的东西一样,每一具有一种本性的事物——一些没有本性的事物应该理解为什么呢?——必然地要具有同一的本性、自然的本性。在言语及其意义上不允许有其他的本性。

未开化的人把太阳、月亮及其他事物当作偶像。有教养的民族把精神当做神,把思维能力当做偶像。在新社会这是必须废除的。在这里,个人寓于辩证法的共同体之中,多样寓于统一之中，而认识之光也将心甘情愿地在其他诸力量之中作为一个力量、在其他诸工具之中作为一个工具了吧。同时，无论如何它必须要求：真实的就是真实的。人的认识，没有理由感到：纳格里(Nägeli)和魏尔和教授在慕尼黑——在1887年于慕尼黑召开的人类学者大会上——的那种想推到人的认识上的可耻的卑贱的谦逊。他们虚伪地讨论了认识的限界，因为一种“更高的”无限的认识的鬼火，在形而上学的黑暗之中和他们开玩笑。

译者的话

约瑟夫·狄慈根(1828—1888)是德国人民的伟大儿子，他是制革工人、社会民主党党员，用马克思的话来说：“这是我们的哲学家。”①

狄慈根的一生是革命的一生、战斗的一生。他不仅在政治上是一个捍卫马克思主义政治路线的战士，而且在哲学上也是一个捍卫马克思主义思想路线的战士。所以列宁说狄慈根在哲学上“很好地捍卫了‘唯物主义认识论’和‘辩证唯物主义’。”②

由于当时德国哲学战线两个阶级、两条路线斗争的焦点是在认识论上面，因此狄慈根一生坚持不渝地研究这个战斗的武器——认识论。在这方面，他的主要著作是：《人脑活动的本质》(1869)，特别是他晚年所写的两部成熟而卓越的著作：《一个社会主义者在认识论领域中的漫游》(1886)和《哲学的成果》(1887)。

---

① 狄慈根：《约·狄慈根文选》，1954年，德国柏林狄兹版，第10页。

② 《列宁选集》，第2卷，人民出版社，1972年10月第2版，第251～252页。

如果说狄慈根在《人脑活动的本质》一书中研究的问题是关于人的思维能力、逻辑、物理和伦理学之间的联系的话，如果说狄慈根在《哲学的成果》一书中研究的问题是认识的本性、理性的局限性或无限性、自然的普遍性、自然界和精神的同一性、逻辑思维的规律的话，那么摆在读者面前的《一个社会主义者在认识论领域中的漫游》这本书中，也研究了大量的亟待解决的认识论上的问题。例如：

(1)探讨了辩证唯物主义、特别是认识论的基本原理。

(2)指出了绝对真理和相对真理之间的联系，尽管还未能确切地规定这个联系。

(3)注意研究了恩格斯对于形而上学唯物主义的批判。同时把辩证唯物主义与18世纪的形而上学唯物主义进行了对比，用以证明马克思和恩格斯的辩证唯物主义在与康德、费希特、谢林、黑格尔的德国唯心主义的斗争中所显示的无穷的力量。

(4)认真研究了斯宾诺莎、黑格尔和费尔巴哈的观点，并对他们给予了应有的估价和批判。

(5)细致地考察了达尔文和黑格尔在辩证法问题上的功绩。

(6)对康德作出了正确的评价：一方面因为康德宣布“自在之物”是客观存在的，给了唯心主义致命的打击而予以肯定；一方面又毫不留情地与康德的实践理性的口号“上帝、自由、永生”进行了斗争。

(7)批判了新康德主义，认为他们不仅是自康德后退，而且是贝克莱的主观唯心主义的复活，从根本上揭露了新康德主义的反动实质。

狄慈根在这本书中也有一些哲学观点上的错误，归纳起来有以下三点：

(1)把意识包括到物质的概念中，认为人的思维是物质的。

(2)认为人的思维能力具有天赋的性质。

(3)夸大了人类认识的相对性,而对不可知论作了让步。

这是由于"狄慈根用语不确切"[①]。但总的来说,他始终是站在辩证唯物主义的立场上的,并且他的哲学观点是战斗的辩证唯物主义哲学的范例。列宁说:"狄慈根的作用在于:他表明了工人可以独立地掌握辩证唯物主义,即掌握马克思的哲学。"[②]

本书是根据1922年在德国斯图加特出版《狄慈根文集》(J. Dietzgen:Gesammelte Schriften)3卷集第3卷中所载的《一个社会主义者在认识论领域中的漫游》(Streifzügeeines Sozialisten in das Gebiet der Erkenntnistheorie,1886)一书译出的。在翻译过程中,还参考了1914年美国芝加哥卡尔公司出版的、并由比尔(M. Beer)和罗兹斯坦(Th. Rothstein)合译的《狄慈根哲学论文选集》(J. Dietzgen:Some of the Philosophical Essays)一书的英译本书内所载该文。如遇英文本和德文原著有出入的地方,则以德文原著为准。译文中如有错误和不妥之处,希望读者专家批评指正。

1952年6月译于天津

1978年元旦定稿于吉林

(1978年1月,未发表)

① 《列宁选集》,第2卷,人民出版社,1972年10月第2版,第249页。

② 同上书,第61页。

看哪，这个人！[①]

前　言

1

一想到我对人类在不久的将来必定要遇到最重大的要求，说一说**我是怎样的人**，那好像对我是不容推辞的。实在说来，那是已经任人皆知的，因为我从来就没有允许过我自己成为一个“不用证明的”。但是，在我使命的伟大和这个时代人们渺小之间的不平衡上来说，从这里明白的表示出来，人们既没有听到过我，甚至又没有看见过我。我生活在我个人的信用上——我的生活，那也许只是隐藏在一个偏见之中的，我只以同一位在夏天来到上英加丁(Ober engadin)的某学者的谈天，使我便能证明我并没有生存着——在这种情形下，它给了一个反对我固有的习惯，更加倍地反叛了我本能骄傲的责任，就是说，**听着我！我是如此如此样的人，在一切人的面前不可错认了我！**

---

① F. W. Nietzsche(尼采)著。本书根据德国莱比锡 1908 年出版的德文版译成，中文版原由文化书店于中华民国 36 年 5 月出版。

2

举例来讲，我决不是一个可怕的东西，也不是一个道德的怪物——然而我是一个直到现在被那般尊敬为有德者的反对本性者（Gegensatz-Natur）。但是在我们之间，那似乎对我恰好像我不能不自夸似的。我是哲学家狄奥尼索士（Dionysos）的使徒，与其去选择当一个圣者，实不如去作一个半人半羊的神（Satyr）。可是只有来读这本著作，或者我在这本著作里，并没有别的意思，好好的用一种快活的和人类爱的方法把这个反对（Gegensatz）表现出来。如果我要缔结某种所谓改善人类之约的话，那是比什么都要紧的事情。我并没有再建立起来新的偶像；由于旧有的，似乎能明白它用粘土造好了的脚，有怎样的价值。颠覆偶像——这个名词是指理想——这早已属于我的职务之中。直到现在当人在捏造一个理想的世界的时候，由实在里把它的价值，它的意义，它的真实抢夺出来。“真实的世界”和“现象的世界”——以德国语来说：捏造的世界和实在的……理想的谎言，已经成为在实在之上的诅咒，人类本身为着这一点，直到它的本能的深奥处，变成了虚伪和假冒品，完全的作了反价值的崇拜，用这些个便足可保证人类最初的繁荣，未来，对于未来所课予的尊贵的权利。

3

谁能呼吸我的著作的空气，便能知道那是一种高山之上的空气，强烈的空气。人们不能不使自己与它相适应，否则的话，中了伤风的毛病，那实在是非同小可的。寒水已近，寂寞凄绝——但是将怎样使万物安静的休憩在日光之中！人们将怎样自由自在的去呼吸！在像这样的巨灵之下，人们将怎样去感觉！——哲学是位于寒水和高山之间的自由意志的生活，那好像我已经了解了它，曾经体验过似的——诸如此类立于存在之上的一切奇异而可疑的探求，都受道德的拘束。我学过在如此的一种禁地上漫游，由于很久的经验所得，最后产生出来的乃是道德的谈论和理想修饰的种种根据，同举世所希求的一点也不相同：在那里边一些知名人士的心理，哲学家们所隐藏起来的历史，暴露在我的眼前——一种精神能受得住多少真理？它要向多少真理挑战？这对我逐渐的成了实在的价值标准。迷妄(——在理想上的信仰——)并不是盲目，迷妄乃是怯懦，在认识上任何一种成果，任何一种进步，都是由勇气产生出来，对于自身从严格性产生，对于自身从纯洁性产生……我并不反对理想，只不过是在它的面前带上手套……我们应当努力于禁止的事物(Nitimur in vetitum)：在这种标示下，我的哲学的胜利日子，不久便将来到。那么，人们在原则上只不过是永远的在断绝真理面已。

4

在我底著作里，最超卓的是我的查拉图斯特拉(Zarathustra)。我把它当作在人类的礼物中，可说是最大的礼物。这本书带有飞越数千年的声音，不仅是最高的书，事实上是山颠之气的书——整个现实的人类，停留在它的非常遥远的下方——那是最深的，从真实的内在丰富性中所产生的书，一个无尽藏的泉源，一旦水桶下水，必能提取上来满满的黄金和慈爱。在这里所说的，既不是“预言家”，又不是所谓“教祖”具有那种疾病和权力意志(Willen Zur Macht)的可怕的两性动物。若是对它的智慧的意义，没有怜悯错误，人们最要紧的是先确实的听一听这个从口中流出来的音调，这个和平的音调(halkyonischen)。“发作暴风雨的是最清静的言语，伴随鸽子的双足而来的思想，能够支配世界——”

无花果从树上落下来，味美且甜，在落下来的时候，它的红皮裂开。

我是吹开无花果的北风。

并且，如同无花果那样，这种教训落在你们的面前，我的朋友：现在请吃它的汁和它的甜肉！

到处都是秋天，还有澄清的天空和午后——

在这里所说的，既不是狂信者，又不是说教，更不是求着有所信仰：乃是导源于无穷的光的充溢和幸福的深邃所落下来的滴滴点点一语一句——一种轻快缓慢的调子，是这种言语的进动速度（Tempo）。这种声音能使它停留在耳间的是最能选择的人，在这里能成为一位听者的，是掌有无上的特权，有听查拉图斯特拉声音的听觉，并非是任何人的意中事……查拉图斯特拉果然是一位诱惑者？……而且当他第一次再返回他的寂寞里去时，他自己还说了些什么？谁是一位“智者”、“圣者”、“世界的救济者”和“其他的颓废者”，在这样一种情形之下来说，可谓之大相径庭……他所说的，不仅是错误，他还是错误的存在……

我的弟子们！现在我单独走。现在你们也一块走，或者单独走！我希望这样。

远远的离开我，去抵抗查拉图斯特拉！最好是耻笑他！也许他欺负你们。

智者不必单爱他的仇人，他必须还欺负他的友人。

不论在什么时候，一个人在作弟子的时候，不必有报于先生，你们为什么不揪我的花冠？

你们尊敬我，当有一天你们的尊敬颠覆时，将怎么办？你们要注意，不要叫一根像柱打着了你们！

你们说，你们相信查拉图斯特拉？可是查拉图斯特拉有什么价值！你们是我的信徒，可是所有的信徒，有什么价值！

你们还没有反求诸己，到那时候才能看出我来。

那是一切信徒的规矩，因为这个缘故，所有的信仰是不足取的。

现在我命令你们，抛弃我找寻自己；不久，当你们一切的一切都否认我时，我将返归于你们之后……

菲德烈·尼采

在这个完整的日子，当一切的事物都已经成熟，并且不仅是葡萄的颜色发褐，同时太阳的闪光，照耀在我的生活上：我回头往后看，我向很遥远的前方看，我从来就没有看见过像这般丰盛而且这般花枝招展的事物。我今天就没有白白地埋葬我已经过去的四十四年；我有埋葬它的权利——在那里边的生命，是救助的，是永生的。《一切价值转变》的第一书，查拉图斯特拉的讴歌，我初次尝试用铁槌研究哲学的《偶像的黄昏》——这些都是今年，而且还是最近三个月的礼物！我怎能不感谢我这整个的一生？——

如此我要对我自己叙述我的一生。

我为什么这样的明哲

1

我底存在的幸福，它的独有的性格，恐怕在于它的命运：我为着在谜语的形式上，把它表现出来。如同我的父亲一样，我已经死去，如同我的母亲一样，我还活在人世而且已经步入老境。

与颓废同时的起始，所谓人生的梯子由最高的阶段和最低的阶段而来的那种双重来历——如此，我或者能够表示，假使某种事物，能说明了人生整个问题在党派关系上的那种中立性，那种自由不羁。我对于上升和下降的种种征候，到如今比任何人都富有精密的嗅觉，我在这一点上是一位特别优秀的先生——我对这两种很熟悉，我就是这两种——我的父亲是在三十六岁时死的：他衰弱，富有爱情而且奢华，好像是为着过去而生来的人似的——与其是说生命自身，实不如说是人生的一件温良的回忆。在他的生命衰朽的同年，我的生命也陷于瘦弱：我在三十六岁时，这时是我的生活力陷于最低落的时期——我还生存着，可是有点连三步都不能向前走的样子。那时候——那是一八七九年的事情——我舍去了巴塞尔（Basel）的教职，好像夏天影子一般，在圣茅里兹（St. Moritz）过活，我的贫乏日光的生命，在下一个冬天，好像一个影子似的，在纽伦堡（Naumburg）渡日。这是我最小的限度：《漂泊者和他的影子》（Der Wanderer und sein Schatten），就是在那时候写的。无疑的，那时候我了解了影子是什么……下一个冬天，我第一次在日内瓦（Genua）过的那个冬天，甘美和灵化，几乎使血和筋肉陷于极端的贫困，而产生《朝霞》（Morgenröe）”。如在这一本著作中所反映出来的那样，即所谓自己精神的丰富，完全的光亮与晴朗，而我所肩负着的，不仅是最厉害的生理衰弱，乃是苦痛感觉的一种调和。在三天间的脑痛相伴着极难涩的粘液性呕吐的责难之中——我具有最上等的辩证家的明晰性，并且把自己在健康状态中的攀登力，精巧性，不足以冷却的事物，静静地去考察一下。我的读者也许知道我的辩证法与颓废征候（Decadence-Symptom）距离有多么远。例如：最有名的事件，苏格拉底（Sokrates）的事件。一切病的智力的障碍，随着发热而来的那种自己的半昏睡状态，直到现在还完全是不可知,那种性质和度数等,我还是第一次学习于学问之途上。我的血液走得缓慢,就没有一个人能确定我有热。许久以前,给我治精神病的一位医生,最末后说:“不对!只是我自己是神经质,并不是您的神经的缘故。”局部的衰退等等是绝对地找不出来,并且决不是胃组织的极度衰弱,和由器官的变质而来的胃病。一时陷于盲目的眼病,也不过是结果,在那里并不是原因。如果生活能力增加,视力也就能恢复。——以我而论的治愈,意思是长而又长的岁月——同时,还是很可惜的,意思是说一种颓废状态的再生、沉滞,周期的反复,这是使我对于一切的颓废问题,由于切身的经验,而发问的?我从头到尾的一个字母一个字母的读这个字。一切能把握能综括的金银线手艺,那种能感觉出调和色的手指,那种“从角落处观看”的心理,其他特有的事物,在那个时候,开始体得了,在我身旁的一切事物,如我观察一切的观察器官,都非常精巧,这些是那时期独有的礼物。由病者的光学,观察到健康的概念和价值,回过头来往下看,在丰富上的生命的充溢和自信上的颓废本能的秘密工作——这是我极长时间的修炼,我的切身的经验。若是我要成为那一行的人,那末,我就是那一行的状元。现在我把它拿在手里,随随便便的在手心上转变看法:也许只有对我,一种价值的转变,完全是可能的,它的第一种理由即在此。——

2

如果估计一下,我是一个颓废者的话,我同时还是它的反对者。在那里边,它的证据,对于我的困难的状态,永远选择最正确的手段。由于全体来说,我是健康的;由于某一个角落,由于某一个特别体来说,我是颓废的。从绝对孤独里过惯了的境遇中脱离时的那种精力,对我将永不受照顾、服侍和医治的束缚——这在那个时候比什么都有用处，在那里泄露出来无限制的本能的确信。我将我自己的身体放在自己的手上，我再使我自己加倍的健康：不可少的条件——每一位生理学者都承认——这个人在先天的时候就健康。一个典型的病质者，不但不能健康，也不能使自己健康；而典型的健康，对于生命，生命的增强，反而能生出一种精力的刺激。由现在这种事实来看，那个漫长的患病时期：我把我自己也算在内，所谓生活也不过是新的发现而已，我尝到了一切旁人不能尝到的好的而且还是不足取的事物——我创出了由我的健康的意志和生命的意志而来的我的哲学……对于这一点，请留意：当我舍弃了厌世论者的时候，那时正是我的生活力最低下的时候。自己本能的再建，使我禁止了贫困和消沉的哲学……现在，我们将怎样的认识，从先天去生产最上的人！一个最上的人，使我们的感觉清爽的，他是由一根木头雕刻出来的，不但是硬、软，同时还是芳香的。他的欢喜，只是使他认为满足了才行，当超过满足的限制时，他便停止他的快乐和他的欲望。他医治伤害，并不见效，他为着自己的利益，利用了困难的偶然，他并没有杀害了什么，只是使他更加强硬。他从他所见的、听的、经验过的一切，在本能上集结他的全体：他是一个选择的原理，他使许多事物从中降落下来。不论与书籍、人，或者是与风景相交接，他永远地伴留在他的社会里。在他选择的事物上，在他认可的事物上，在他信赖的事物上，他表示敬意。他对于多种的刺激反应很慢，那是由于一个长时期的思虑与意欲的骄傲，而使他养成缓慢性——他曾尝试过来在身前的刺激，可是他并没有想到怎样去接受它。他既不相信“不幸”，更不相信“罪”：他能把自己和旁人加以处治；他知道如何去忘记——他很坚强，使一切的事物对他不能不成为最上的——打起精神来！我是颓废的反对者：在这里所描写的，是我自己的事情。

3

这种经验的二重行列，这种光怪陆离容易亲近的二个世界，在每一点上使我的天性反复。我是一个二重人格者，我除了有第一种视觉外，还有第二种视觉。也许还有第三种……我的从生以来的天性，允许我超越仅有的局部，仅有的国民，和有限制的范围向外瞧视，它不使我努力作一个"善良的欧洲人"。另一方面来说，或者——只限于帝国的德国人——比较起来我比现代的德国人，更德国化些，我是最初反对政治的德国人。并且我的祖先是波兰的贵族：由于他们，在我的身体里潜藏着许多的种族本能——谁知道？也许连自由否决权都保有着。在旅行的时候常常与波兰人闲谈——只限于波兰人本身——可是与德国人相见的机会很少，若是我这样一想的话，好像我没有想到过，我只不过是一个血液稀薄的德国人。但是我的母亲福兰兹斯卡·欧爱拉(Franziska Oehler)恰好是纯纯正正的德国人；我的父系的祖母爱尔德姆特·克劳斯(Erdmuthe Krause)也是同样的情形，她在年青的时候，一直就住在安适而古老的维玛(Weimar)，与歌德(Goethe)的家系，并不是没有关系，她的弟弟克劳斯在哥尼斯比(Königsberg)当神学教授，当海德(Herder)死后被聘为维玛的总监督。她的母亲，我的曾祖母，以"茅特根(Muthgen)"的名字现露在青年歌德的日记中。她第二次与爱兰堡(Eilenburg)的监督尼采再婚；在大战的那年，一八一三年十月十日，正是拿破仑(Napoleon)带着他的幕僚进入爱兰堡城的那天，她分娩了。她是与撒克逊人一样的崇拜大拿破仑的人。如果若是那样，也许我也是那样的。像这样在一八一三年所生的我的父亲，在一八四九年就死去了。在他接受距卢丛(Lützen)不远的旅肯(Röcken)城的牧师职之前，许多年住在爱兰堡城,在那里教育王女等四人。他的学生是:汉诺威(Hannover)王妃、昆斯坦丁(Constantin)大公爵夫人、奥尔登堡(Oldenburg)大候爵夫人和撒克逊·爱兰堡(Sacksen—Altenburg)的公主泰尔斯(Therese)。他对普鲁士王菲特烈·威廉(Friedrich Wilhelm)四世表示深切的敬虔之意,因此而受任牧师的职务:一八四八年的种种事件,使他悲怀于心。我本身生在王诞生日的十月十五日,当然要取厚恩楚伦(Hohenzollern)家风的菲特烈·威廉的名字。择这一天出生,至少是个有利的事情:我的生辰,在我幼年的时候,那天过的是庆祝日。父亲这样子给我作,我把它当作一种特权看,我还认为我既然有了这种特权,那末用它便可以解释一切——生命,然而强大的生命的肯定并不包含在内。如此,使令在不知不觉之中,进入于一个事物的世界里,那对我的目的,并不需要,只不过是一种期待而已。我住在这里,好像住在家里一样,我的深邃的热情,在这里开始自由起来。我为了这种特权,几乎消磨了这条生命,那决不是不公平的交易。——若是能理解一些我的查拉图斯特拉,一个人也许必须与我所担负的相同。——把一只脚放在生命的彼岸……

4

我从来就不会变所谓说自己不好的戏法——这我应当感谢我的无比伦比的父亲——即便是那种事情对自己有最大的价值,也肯去做,不只是不去做,就是连自己说自己不好都没有想过。认为是非基督教的,那也不是本来的愿望。人们可以反复地来考察我的生活,只有在那地方,某种人曾经显示给我恶意的痕迹,实在来说,只有过一次——但是你或者能够发现出来,更多的好意的痕迹……我个人在与其他任何人的经验接触上,是很悲惨的,就是谈话,在他们的好处上来讲,也没有什么例外:不论哪一种熊我都能驯养，我能使谐谑者更为高雅，在巴塞尔大学教最上班希腊语的七年，我没有得着一次加罚的机会，即便是最怠惰的反而在我的班上勤勉起来。自己遭遇到的事物，从来就没有失败过，无论在什么时候好像自己一切都平心静气，无造作的去做。什么乐器都没有关系，例如所谓人(Mensch)的乐器，最容易变调子，其实就是变调子，也没有关系。——从这些里，听取那种值得倾听的而使我不能成功，那大概是患着疾病。实际来说，我将那样子的乐器，连乐器本身还不知道在演奏些什么曲调的，听取了不知有多少次……在其中感觉最优美的也许是谁都可惜的，在青年时期就死去了的海因里西·封·斯太因(Heinrich von Stein)。他有一次，得到了热意的通知以后，出现在西路士·玛里亚(Sils-Maria)三天，每个人都认为这是他不到 英加丁(Engadin)的缘故。这位超卓的人，与一位完全性急而愚直的普鲁士贵族青年一样，沉入于瓦格纳(Wagner)的泥沼中(并且此外还沉入于杜林(Dühring)的)。在这三天里好像自由的暴风起了变化似的，还好像一个人获得了翅膀，突然自己高飞。这是这块高地方的好空气的作用，不论谁都是一样的，一个人超越伯勒得(Bayreuth)六千尺的地方安身，决不是没有原因的事情。我永远对他这样说，可是他怎样也不相信我所说的话……这还不算，反而把大小无数的过失，加在我的身上，那不是“意志”所使然，至少是根据于“恶意志”：以前我自己已经——我略举与它同样的——很少有过失加在我的生活上，但对于善的意志，常加怜惜。从我的经验上来说，所谓一切“无私”的冲动，对于以言与行所准备好了的“邻人爱”，给我一种抱着怀疑的权利。我看出来了它们是弱小的表记和对于刺激不能抵抗的诸种事实——那只是从颓废中，将怜悯叫作美德。我委罪于同情最深的人，是因为他们很容易失去羞耻、畏敬和距离的敏感，同情在刹那之间便放出来贱民的臭气，而且好像如同纷乱的恶风气相类似。同情的手能在某种情形下向前猛进，恰好像在手痛的孤独中，在重罪的特权中，破坏一种大的运命。克服同情，我把它算在高贵的道德中：我用诗的体裁写了一篇《查拉图斯特拉的诱惑》（Versuchung Zarathustra's）的文章，在那里用很大的悲鸣，促使它进入于他的耳朵里去，在那里同情好像是一桩最后的罪恶侵袭着他，使他背叛自己。在这种情形上，始终保持自主，将自己任务的崇高性，所谓无私的行为，最低下和近视的许多冲动，一尘不染地保留着。这是查拉图斯特拉必须实行的试验，也许还是最后的试验——这是他原来的力量的证据……

5

就是在另外一方面来看，我不过是我的父亲的再生，而且同样的是他早已死去的他的生命的继续。从来就未尝有与自己同一样的生存者，因此“报复”的概念，“同等权利”的概念和一切的人一样的不能相近，当我被小的或者是非常大的恶行加在我的身上的时候，任何的对抗措置，任何的防卫措置——甚至好像认为正当的任何的“辩护”，任何的“答辩”，皆禁止自己去作。我这派的报复，在愚行之后，可能范围内赶快的差遣一个贤明的，像这样去做人们也许想要再追加一个。用比喻来说，我为着免去酸味，把果子酱装入一个罐子里……正好像有人加害于我，那是一定的，我要对他加以报复。我忽然找出来一个我向“恶行者”表示感谢的机会来（在一切的事物中只对恶行），或者为着某种事物去请教他，与其是送他些什么礼物，实不如对他亲热……我还认为野鄙的言语，野鄙的书信，比较沉默更来得慈善，更来得正直。保持沉默的人差不多在心灵上永远的缺乏文雅与郑重。沉默是一个恶的证据，咽下去必然的成为不良的性格——它使自己的胃腐烂。沉默家都是消化不良的。鉴于以往，我认为野鄙并非估价太低，它比人类非常矛盾的形式还远，在近代的溺爱中，成为我们第一种美德之一。当人们对它觉得十分满足时，就是不正当，自己也认为是幸福。如果上帝来到地上，除了不正当之外，什么都不是——并不是加罚，只是在身上认罪，这是神的第一种记号。

6

放任怨恨，关于怨恨的解释——就是对这一点，我实在是受长期间患病的恩惠，在起先谁都不知道，这种问题并不怎样简单，因为要没有力量和衰弱的感觉，是不能体验出来的。对于患病和病弱，也许必须有某种的抵抗，如此，所谓在他自身上的固有的治愈本能，乃是因为人类具有防卫和武装本能之脆弱性的缘故。缺少从某种事物中释放出来的法术，缺少同某种事物相一致的法术，缺少对某种事物拒绝的法术——把一切的事物都给损害了，人和物之间，厌烦不断的往来，经验穿透到深远的地方，回忆是一种带脓的创伤。病痛也是一种怨恨的本体——这种药我把它叫做“俄国的宿命论”(russischen Fatalismus)。行军过于劳苦的俄国兵，最后倒在雪堆里，这时候便成为无抵抗的宿命论。一切不能再接受，不能领取，不能摄进去——一切都不反应了……不仅是死的勇气，在生命最危险的情况下，而保存生命的这个宿命论的大理性，使之减低或再使新陈代谢缓慢，那是一种冬眠的意志。如果再往前谈一谈这种理论的话，在一个坟墓里睡上个几礼拜，那便成了回教的托钵僧……一切在反应以后，因为最末后加紧用力的缘故，再也不能反应了：这就是那种的理论。像这样的，也就是一个人在怨恨的激情以外，不论对什么事物，都不能再加紧燃烧。忿懑，病的伤感，复仇力的丧失，快感，复仇欲，一切像这样的感觉的毒杀行为——对于疲劳无力的人，实在是一种极有害的反应手段。神经力紧急的消耗，例如：胆汁在胃中分泌那样有害的排泄病的激进，都是从这一点上发生的。怨恨是对病人禁止事物的本体——它的坏处而且最遗憾的，那还是最自然的嗜好。——对这一点精通生理学的佛陀最为了解。佛陀的"宗教"与其说不像基督教一样的值得怜悯，不如称之为一种卫生学为得当。实在来说，他的胜利，目的在克服怨恨，将灵魂从怨恨中释放出来——那是愉快的第一步。在佛教教义的开头，便有所谓"敌意非自敌意绝，自友谊中绝敌意"的话。像这样的说法，并不是道德，乃是生理学的说法。怨——恨从衰弱中产生出来，然而在那个时候，并非对病哀之人的身体有害，反过来说，如果用丰富的性格作前提的时候，那是一种过剩的感情。例如：在保持超然和自主的时候，差不多成了丰富的证据的感情。我的哲学受了复仇和反动感情的斗争，进入于"自由意志"之中——不与基督教去争斗，那只是一种例外——认识它的严肃性的人，或者能够明白，我因为什么把我个人的态度，相当于实践本能的确实性，而光明正大的公开。在颓废的时期，我禁止了有害于自己的事物生命充满了丰富而夸大起来，如果我把它看作比我低下的事物，那么我自己便把它加以禁止。前面曾经说过的"俄国的宿命论"在我所处的情况中，很使我不习惯那样的情况，地方、住居和社会，这完全是在偶然之间所得的事情。在那数年里，我执拗的固执着——那比去改变它好，比感觉它能改变的好——比反抗它好……在宿命论中搅乱自己，无理的唤醒自己，我认为那是致命的坏意思——不仅是当时，实在来说，去做那种事情，不论那一次都有致命的危险——使他本身了悟一种运命，不使他企望"别人"——这是在这样环境之中的，伟大理性的本来面目。

7

战争是另外一种事情。我在我这一流上是喜好打仗的。攻击是我的本能之一。能成为一个敌人，去做一个敌人——那恐怕是以强的天性作它的前提，不论那一种如果没有坚强的性格，那便不能成为问题。这样的性格需要抵抗，因此钻营抵抗，正好像需要坚强的弱的复仇和反动感情一样。例如：妇人的复仇心强：那就是持有柔弱性的关系，这一点与对他人的苦痛感相同。攻击者的强硬性，用他的必须为敌对关系的一种尺度，每一种发育，探求更强力的敌手，或者是用探求更强力的问题来决定。喜好打仗的哲学家，解决问题，必须由决斗去决定，只顾克服抵抗，这并不是他的任务所在。尽自己的所有能力，用自己的圆滑自在性和武器的优秀性，去克服敌人，像这样才算是他尽到了他的任务，也就是同样的克服敌人……与敌人同等——这是光明正大的决斗的第一种前提。在还没有决斗以前，就轻视对方，那决不能交战；如果在自己发命令的时候，又把敌人看作比自己低下，那也不能交战。我的战略可以分作四点：

第一点，我只攻击富有胜利意义的事物——我在某种情势下等待机会，一直等到获得胜利时为止。

第二点，我连一个同盟者都没有，我只是站在独立的立场上——只用暴露个人的危险，而攻击事物……我不暴露一切危险的那样的行动，一步都不向前，这是我辨别正确行动的试金石。

第三点，我决不攻击个人——所谓个人，好像平凡的带着潜行性，明察艰难的危机，只使用强度的扩大镜，像这样，我攻击斯特劳士(David Straus)。详细来说，攻击那种所谓利用德国“教育”的一册老朽书籍的成功——我在这里把这一种教育认为是现行犯而把它逮捕……同理，我还攻击了瓦格纳。详细的说，攻击我们“文化”的虚伪，和本能的不纯粹，以及用狡猾的手段，把丰富的，上了年岁的事物与伟大的事物相混和。

第四点，我只攻击任何没有各个人差异的，任何没有好经验有好背景的事物，反过来说，攻击的是自己善意的标识，有时也是感谢的证据。由于我将我自身的名字和一个事物以及和一个人的名字相结合，我表示恭敬之意，而且还给以表彰，就是对于敌人——也与我同样。当我和基督教交战的时候，那是我权限内的事情，在它的证据上并没有一次遇见过某种非常可怕的和有障碍的事情——特别真诚的基督教的教徒们，到什么时候都与我表示好感。我自己不论怎样也是严刻的基督教的敌人，一个人是否能负担几千年的宿命，连我自己都梦想不到。

8

我与人交际的时候，就没有一点障碍，我还敢暗示出来我性格的最后特质？适合于我性质的一种完全可怕的纯洁本能的敏感性，像这样的在我身旁，或者——我说什么？——最内在的，种种灵魂的“内脏”，能在生理上知觉出来——闻一闻……我把这种敏感性当作生理上的触觉，去接触种种秘密，并且把它拿到手上来：恐怕是从恶性的血液而来的东西，一方面由于教育，在种种性格的发源处所涂上的许多隐藏着的不清洁的事物，差不多我一接触，便能完全明白，我所观察的地方，如果没有毛病的话，就是有害于我清洁的性格的那方面，也感觉我用心嫌恶，这就是因为他们在另外一方面不放芳香之气的缘故……由于我许多的习惯——对于自己极端的洁癖性，乃是我的存在的前提。实际来说，在不纯洁的条件之下，自己并没有生存着——我不断地在水中，在那种完全透明光辉的元素之中，游泳、水浴、拨水。

使我与人交际的时候，绝没有一点忍耐的试验；我的人道主义，在人们的现状上，并不予以同情，有的时候也与人共同赞助同情……我的人道主义，乃是不断的克己。——但是我需要孤独，所谓愉快，反求诸己，呼吸自己轻快的游戏的空气……在孤独之上的狄奥尼索士的赞歌，是我的全部的查拉图斯特拉。或者人们纯粹的了解了我……庆幸的那并不是纯粹的昏庸——有瞧色彩之眼睛的人，将要把它叫作金钢石。——讨厌人，讨厌下等的人，时常是我最大的危险……你们愿意听叙说查拉图斯特拉谈救济厌恶的话？

“在我身上又发生了什么事情？怎么样去救治我自己的厌恶？谁使我的眼睛返老还童？在泉水的周围，连一个下贱人的影子都没有的高处，我怎样飞上去的？

我的厌恶它本身给予了预先知道翅膀和泉源的力量？其实，我不能不飞向绝顶，再去寻找快乐的泉源！

啊，我把它找到了，我的兄弟们！在这个绝顶上，快乐的泉源，为我而流出！在这里有一个没有与下贱的人同饮的生命！

几乎过于激烈了，你为我而流出，快乐的泉源！由于你希望杯满，知道你时常患着杯干。

我还不能不学一学更谦让的与你接近，我的心仍然更激烈的流向你那处去。

——在我的心上，我的夏天是照耀、短、热、阴气与幸福的夏天。你的凉气，我的夏天的心，将怎样去获得！

我的春天迟延了的悲哀，是已经过去了！六月天我的恶意的雪片，是已经吹过去了！我周身变成了夏天，变成了夏天的正午时刻——

山顶的夏天。带着冷的泉源，乐的安静。啊，来呀，我的朋友，这样的安静仍在快乐着！

这是我们的山顶，我们的故乡；一切污秽的和它的欲望，更高而且更清静，我们在这里居住着。

只用你们纯洁的眼睛，投向我的快乐的泉源，朋友们！在那里它应当怎么样变成污浊？它反而用它的纯洁来向你们欢笑。

我们在未来的树上，制作我们的巢穴；鹫用它的嘴，给我们孤独的人搬运食物！

事实上，在这里，没有一点同着污浊之辈共同吃的食物！他们妄想去吃火，小心烧烂了他们的嘴。

事实上，在这里，我们并没有为着污浊之辈预备下住处！我们的幸福，在他们的肉体和他们的精神上，叫作冰窟窿！

那是多么利害的风，我们希望生活在他们之上，与鹫为邻，与电为邻，与太阳为邻，像这样生活着的是烈风。

我愿意像一阵风似的，在他们之间吹来吹去，用我的精神，夺取他们的精神：像这样的希望是我的未来。

事实上，查拉图斯特拉是一切低地的一阵烈风；对一切的吐痰者和呕吐者，像这样的忠告他的敌人：冒着风吐痰，小心点！……”

我为什么这样聪明

1

因为什么我能知道像这样种类繁多的事物？因为什么我在一起根的时候就像这样的聪明？实际上不成为疑问的问题连一个都没有思考过——我并没有把自己浪费过。例如：实际的宗教的障碍，我认为在我的身上，并没有经验过。我在某一点上应该“有罪”，这种事情对我就没有留意过。同样的，我自己并没有判断良心苛责的标准。关于这一点，由于听闻上来说，良心的苛责对我好像是不足取的……我不愿将一种行为放弃在后面，我宁愿将不痛快的结局，在原则之上的种种结果，从价值问题里删除去。一变而为不痛快的结局，对自己所作的事情，便很容易失去公正的看法；良心的苛责对我好像是一种"恶的看法"。因为失败了的关系，对于失败这种事情，便从心里越发感觉尊敬——这早已属于我的道德之中。"神"，"灵魂不灭"，"救济"，"彼岸"，明明是概念，我连一点的注意，连一点的时间，都没有放在那上面，就是在我小的时候，也是没有做过。也许那完全不是小孩子所能做的？我认为无神论决不是成果，更不是偶然发生的；我之所以能明白它，乃是导源于本能。因为我喜欢用一种草率的回答，所以我认为我的好奇心太强，太好疑问，过于自傲。上帝对我们思想家是——在一起初对我们完全显露出来一种草率的禁止命令：不许你们思考！……我的兴趣，完全在另外一个地方，那是一个比任何一位神学家的骨董还多的"人类的福祉"的问题：营养的问题。人们本身为了方便计，便定成这样的方式："你的最大限度的力量，文艺复兴型的道德（Virtu）以及由道德女神而解放了的道德，把自己怎样公公正正的予以营养？"在这一点上，我的经验在可能的范围内，像这样的低劣；我听到这个问题是这样的晚，从这些经验里学来的"理性"是这样的晚，我发呆了。只有我们德国的教养是极端的没有价值——它的"理想主义"——对这一点使我明白了一些从滞留到神圣的原因。这个"教养"不论在什么地方，为着追求似是而非的所谓"理想的"一些目标，从一开始就教给怎样在眼界之外抛弃实在，例如"古典的教养"的目标——好像在我们从努力的开始上我们并没有判定"古典的"和"德国的"可以结成一个概念！并不是那样，那是更愉快的效果。——你们再想一想关于"有古典教养"的莱比锡

(Leipzig)人！其实，我一直到我的成年，很久的时候就善吃恶的事物。若是用道德的表现来说，为着厨子和其他基督教信者的福祉，是“非个人的”，“无私的”，“爱他的”。例如在我最初研究叔本华的同时（一八六五年），因为莱比锡烹饪的缘故，而认真的否定了自己的“生命的意志”。以营养不良作目的，甚至又有害于胃。这个问题，就是所说的烹饪，可奇怪的是好像对我很容易便能够解决（一八六六年在这一点上发生一种变动）。可是普通德国的烹饪对得起良心的，一个都没有！饭前的汤（就是十六世纪的威尼斯烹饪书上叫做德国式 alla tedesca）、煮肉、脂肪和面粉团在一起的野菜，决不只限于所谓除德国人牛饮之外的饭后渴酒的欲望。如果算一算，在德国精神的发源处，便能明白——那是从污浊的肠胃而来的……德国精神是一种消化不良，它并不能消化完结。——就是英国的养生法，如果也与法国的德国的相比较，只是一种“自然的复归”，所谓与吃人肉的残忍性相类似。对我自身的本能，非常相反；它对我好像在精神上的沉重的脚——英国妇人的脚……最好的烹饪是贝蒙特(Piemont)的。酒精类对我是有害的，每天饮一杯葡萄酒或者是啤酒，充分的把我的生活，作成了“痛哭的山谷”。在慕尼黑(München)反对我的人很多。我明白这一点比较晚一些，其实从小孩子的时候起，对这种事情早就体验过。在少年的时候就开始饮酒和吸烟，我认为那是与青年人同样的一种虚荣，不久以后便成了恶的习惯。像这样的辛酸的判断，也许与纽伦堡的葡萄酒犯同样的罪。相信葡萄酒能爽快精神，那我必定是基督教徒，但是像这样的相信，似乎对我是一种不合理。奇怪得很，非常稀薄而少量的酒精，变成了极端的脱出拍子之外，多量的使我动作几乎像一个离岸的水手。我在少年的时候，对这一道，我非常勇于敢作。在我的可尊敬的发尔塔(Pforta)学校的学生时期，一夜之间写下来很长的拉丁语的论文，而且还把它抄写出来，以笔上的名誉心仿效我那模范的撒路斯特(Sallust)先生之严肃性和简洁性，把极强烈的一些哥露克酒(Grog)浇在我的拉丁文上，在我的生理上连一点矛盾都没有，也许撒拉斯特也是一样，可尊敬的发尔塔学校更是一样……以后，特别是中年以后，我越发越发坚决地反对我的精神上的饮料；我是从经验而来的素食主义的反对者，完全与我改教了的瓦格纳(Richard Wagner)相同，我一点都没有对所有的精神上的人们去劝告酒精类应该绝对节制的心情。水最好……可饮的喷泉的水，我喜欢的地方到处都有(尼斯、杜林、西里斯 Nizza, Turin, Sils)，好像狗一样的小杯子，弄得我到处奔跑。在酒里边有真理(in vino veritas)：我还对这一点所谓真理的概念，在全世界上并不是一样的——对于我的精神是漂浮在水面上的……再从我的道德里举出来二三个指示。一种过量的饭食，比少量更容易消化。好消化的第一个条件乃是起于胃全体的活动。一个人必须知道自己的胃有多么大。同理，那种漫长的饭食就不能不停止，我把它叫做在定食席上的饭食间歇牺牲节。不吃点心，不喝咖啡：咖啡使人浑浊。喝茶只在早晨有效用，少量还有气力；茶浓有害并且使精神整天不痛快，假如若是用极少量的时候又变成衰弱无力。在这里每一个人都有他的标准，它往往在极少和极微妙的限界之间。在一种极有刺激的气候里，最先喝茶，并不适宜：人们应当在一点钟前先喝一杯脱脂的可可为得当。——安坐着不动，在可能范围内减少；在户外，好像不去实行自由运动那样——那种连筋肉都不贡献的思想决不可相信。一切的偏见是由腑脏而来。腿懒——我已经说过一次——实在的对圣灵犯了罪。

2

地方和气候的问题，与营养的问题有密切的关系。任何一种地方都可生活，这谁也不能认为得当；要求拿出他的全力去解决大的使命的人，在这里也不过有一种很狭小的选择。由于新陈代谢而来的气候的影响，它的障碍，它的促进，都在广范围之内，谁要是一旦选错了地方和气候的话，不仅是与他的使命疏远，而且他的使命便完全的被抑止：他决不与使命相交接，好像谁都明白。但是这只有我能作似的，从最精神的事物达到泛滥的自由的境地，动物的活力，决不能变成多么大……就是如此小的内脏的懒惰变成坏的习惯，足以使一个天才变成某种凡庸的事物，某种“德国的事物”。只以德国的气候来说，也足以沮丧强硬的英雄所长着的内脏。新陈代谢的步调，是一种详细的精神双足之敏活性和纯笨性的比例；精神的本身实在不过是一种像这样的新陈代谢而已。学问丰富的人们所居住的地方和那个地方的土地，机智、精巧、恶意，属于幸福的地方，天才差不多使之必然的成了习惯的地方：将所有的地方列举一下，不论那个地方，都有一种特别干燥的空气。巴黎（Paris）、普罗旺斯（Provence）、佛罗伦萨（Florenz）、耶路撒冷（Jerusalem）、雅典（Athen）——这些个地名证明这一点：天才被干燥的空气，澄清的天空所左右。这就是由于迅速的新陈代谢，由于可能性，强大的，不可遏制的多量的力，永远的又从新供给到自己的身上来，带有显著的而且还带有自由素质的一种精神。只是在风土上缺乏本能的纤细感，狭窄的、卑屈的专门家易怒的一种实例，我亲眼看到了。并且我本身若是假定为着患病的缘故，而不能强制使我往理性那方面去，并且在现实上，又使理性向思考那方面去的话，最终也许要变成像这样的情形。自己将从气候和气象上的原因而来的种种作用，由于长期间的练习，认为是如同精巧而可信赖的器械一样，一念就可以念出来。例如就是从都灵到米兰（Minland）那样的短途旅行，自己在生理上把那种空气湿度的变化，也能测定出来。现在，最近十年间的生活，也就是生命濒于危险一直到数年的我的生活，一想到永远只是错误，或者所谓自己纯粹认为禁止地方的不舒畅的事实，使我不自禁的大加恐惧。纽伦堡、发尔塔学校、图林根（Thüringen）一带，莱比锡、巴塞尔、威尼斯——这全是对我的生理不幸运的地方。即便是我的整个的幼年时代和青年时代完全的没有快乐的回忆，在这一点上主张所谓“道德的”原因，那实在是一种愚笨的事情。无疑义的，例如缺乏满意的社交——无论怎样，这种缺陷好像是多咱都存在而今天仍然存在着似的，然而并不妨害我的快活和勇敢。但是在生理的事物上的无知——诅咒的“理想主义”——在我的一生里是一种不可否认的恶运。在我一生里的充溢和愚蠢，从那里并没有产生出来什么好的事情，对于这一点它并没有给予什么报偿和均衡，我将一切的失策，一切巨大的本能的错误和“谦逊”放在我一生的使命之外。我从这一点上，“理想主义”的种种结果，我自己给它作一个解释。例如，我作过文献学者——因为什么医生或者是以外任何什么人，一点都不能开开我的眼睛？我在巴塞尔时代，从我整个的精神的养生法来看，那种莫大力量极无意义的滥用，就是只从某一天来观察便能了解，然而从来就没有把某种力量灌输进去，以补偿这种消耗，而且关于消耗和补给的反省，从来就没有作过。它还缺乏任何一种敏锐的自我性命令，本能的一切保证，那是把自己与他人视作同等，一种“无我”忘记自己的距离——这些是我自己决不能允许的事情，当我几乎将要到了尽头的时候，我便依从这几乎将要到了尽头的事情，在我生活之中的根本的无理性，好像我回想过似的——“理想主义”。疾病第一次带我到理性的路上去。

3

营养的选择，风土和土地的选择，第三点就是那一辈人的休养的选择，不论什么样的事物，决不作错误的选择，在这地方按着精神它自己性质(Sui generis)的程度所允诺的事物，也就是有用的事物的界限，由狭而变成更狭。按照我的情形，所谓整个读书的那种事情，是一种休养：因此使我从我自身里解放出来，使我散步在他人的学问和灵魂之中。关于这些我已经不再认为真实。其实，读书允许我从真实中回复过来。在工作繁重的时候，在我旁边看不见什么书籍：我注意着，在可能范围之内，不与任何人靠近谈话，也不想任何人的事。读书差不多是一样的……由于怀妊使精神或者是整个组织陷于极重的紧张状态，偶然作出来的事情和从外而来的诸种刺激，所谓剧烈的作用，很深的予以“打击”，你们实实在在的看见过？偶然的事情和外来的刺激，应该予以特别的避免；一种自己的作茧自缚，是属于对精神之怀孕的第一种本能的思虑。我承认他人的思想，偷偷的攀登到墙壁之上？这实在是读书的事情……在工作和多量生产以后，跟着而来的便是休养的时间。跟我来，崇高精神的书，充满学问的书，勤勉的书！那是一些德国的书？我被放在手里的一本书所抓住，那我不能不回溯到半年以前。究竟那是怎么一回事？希腊怀疑家，一种布路哈尔(Victor Brochard)的超卓的研究，在这里边我还很好的利用到拉尔齐那(Laertiana)的研究上。怀疑家，所谓哲学家是两个意思或者是五个意思的人们之上的，惟一可尊敬的典型人物！……另外差不多常在同一种书籍上我把它作为我的藏身之所，其实很少的书籍，足以作我的保证的书籍，读许多的，读种类多的书籍，恐怕与我的本性不合：读书竟使我生病。就是喜爱多量的和多种类的,也不合我的性情。对于新出版书籍的注意,对它感觉是一种充满敌意的,与其说是“宽容”、“大量”和“邻人爱”,实不如说也是我的本能的问题……我永远的向后走,那不过是很少数的上一代的法国人:我只相信法国的教养,其他所谓一切欧洲的“教养”完全是误解的,德国的教养,更不必提……我在德国所看出来的少数高深教养的事实,完全是法国血统的东西,在那里寇季玛·瓦格纳(Cosima Wagner)夫人等,她对于趣味的问题,在我所听过之中的,算是出类拔萃的第一声。我并没有读过巴斯加(Pascal)的著作,但是非常喜欢,一开始是肉体的,其次是心理的,缓慢的谋害当作基督教特别牺牲的教训,当作非人类的、残酷的、最凄惨形式的全部伦理过程。我认为蒙田(Montaigne)的放恣,有点带有精神的倾向,谁知道?也许还有点带有肉体的倾向,这谁知道?我由于我的艺术的趣味,愤然的在野卑的莎斯比亚(Shakespeare)那样的天才之前掩护莫里哀(Moliere)、高尔奈(Corneille)及拉夏奈(Racine)的名字:由于这样的说法,最近的法国人,对于自己富有魅力的一群社交上的朋友,并不是没有意义。在历史上不论那一个世纪,如今日的巴黎,像那样的好奇,同时纤细的心理学家不知道能不能一网打上来:那样数目并不算少,先举出来一些看看——保罗·布尔鸠(Paul Bourget)、罗特(Pierre Loti)、吉普(Gyp)、米依哈克(Meilhac)、福兰士(Anatole France)、莱米特路(Lemaitre)几位,如果从这些强大的种族里单描写一个人,那便要举出我所特别喜欢的而且真诚的拉丁人莫泊桑(Guy de Maupassant)来。我对于这一个时代的人,比他们的伟大的先生还要喜欢许多,那些个先生们,差不多被德国的哲学所伤害(例如泰涅先生,因为受黑格尔(Hegel)的影响,误解了伟大的人类和时代)。像这样,在德国能达到的限界内,把那块地方的文化给损伤了。战争在一起初“解放了”法国的精神……在自身的一生里，有最美的遭遇，是斯坦达尔(Stendhal)——在我的一生里连一次都没有介绍过。所谓划一个新纪元的乃是一切偶然发生的事情——他太没有价值，用他那着先鞭的心理学家的眼睛，用他的许多事实的把握力，去回忆切身的最大事实(ex ungue Napoleonem 拿破仑的爪)。最后，一点都不少的，作一个正直的无神论者——在法国发现一位专门家不但很困难而且很稀奇——可尊敬的梅里美(Prosper Merimee)……我自己也许妒恨斯坦达尔？它由我这里抢去了当作无神论者的最上等的警句:“神的惟一的辩白，是不存在的。”……我自己曾经在某一个地方说过:直到而今，对于生存的最大的抗议？上帝……

4

海涅(Heinrich Heine)给予我所谓抒情诗人的最高概念。我白费了力气找寻在数千年的一切国家里的这种同一样甜美而热情的音乐。它具有像上帝那样的恶意，若是没有那种恶意，我自己便不能想起完整的事物来。我估量人类和种属的价值，它们似乎是必然的不能将神与半人半羊的神分离开。那末，它们怎样使用德国语言！有一天人们必定要说海涅和我可以说在德国语上胜过第一流的艺术家——单以德国人用他们的语言所作的一切事情来说，是有一种不可测的距离。拜伦(Byron)的 Manfred 和我有很深的血族关系:在这个深渊里，看到了在自身之中的一切事物——用十三年的时间，我成熟了这本著作。在 Manfred 的面前，人们敢说出来浮士德(Faust)一字，可是我一句话都没有说，只不过是看一眼而已。德国人连一个伟大概念的能力都没有，舒曼(Schumann)是证据。由于我对这种甜的撒克逊人(Sachsen)的愤怒，为了特意的与他对抗，作了一首

Manfred 前奏曲。关于这一点，毕罗(Hans von Buelow)曾经说过，他从来在乐谱用纸上就没有看见过与这个同样的，那是一种奥抬尔普(Euterpe)的暴行。当我在莎斯比亚里找寻我的最高方式的时候，我所能看出来的永远只是他孕育了凯撒(Caesar)的典型。像这样的事情一个人是不能够猜测到的，一个人也许是它，也许不是它。伟大的诗人，只是从他的现实里去创造——直到像这样的一种范围。最末后，他不能再忍受他自己的作品……当我一眼投向我的查拉图斯特拉的时候，我在室内踱来踱去，历有半小时之久，很难抑制痛哭的发作。——我不知道较比莎斯比亚更能使人断肠的读物：像这种情形，为了应该去作一个谐谑者，一个人必须忍受痛苦！诸位了解那篇哈姆雷特(Hamlet)？使人发狂的并不是疑惑，而是确实性……但是，像这样的感觉，是不能不作个深邃的渊深的哲学家……我们恐惧一切的真实……并且，我承认我本能的确信培根(Bacon)爵士是最不适意的一位文学的创始者，自己的苛责以及那种可怜悯的美国的头脑错综和浅见之人的饶舌，与我又有什么关系？但是，产生出来幻想而且最强大的现实性的力量，在行为上是最强的力量，所谓行为的怪物，也就是犯罪的最强的力量，并不是两立，它实实在在的用后者作为前提……在所谓现实主义者(Realisten)的一切伟大的意义上，对于第一流的现实主义者的培根爵士，他对一切的事物作了些什么，他喜欢了什么，他由于自己本身，体验过什么，我们完全的没有了解……虽然如此，可是我的批评家，你们的样子是什么样子！若是我把我的查拉图斯特拉用旁人的名字，例如用瓦格纳的，二千年的洞察，并不能十分的猜测出来“人类的，过于人类的”(Menschliches, Allzumenschliches)人乃是查拉图斯特拉的幻想者……

5

叙述我生活休养的这个地方，我对于在我的生活上，特别是从最深邃的而且是内心的根底处使我休养的地方，为了表示我的感谢之意，那实在有一说的必要。我正当的放过我与其余别人的关系，但是我在特里布钦(Tribschen)从我的一生消磨出去的许多日子，虽然没有什么代价，晴朗，充满崇高偶然的许多日子——深邃的刹那的……我不明白其他的人与瓦格纳相交接能体验出什么来。在我们的天空上，并没有一块云彩走过——像这样又使我回到法国去一次——我反对把瓦格纳看作与自己相类似，相信对他表示敬谢的瓦格纳流辈和一切这种样的人们(et hoc genus omne)，并没有根据什么样的理由，我只是在口角上表示瞧他不起。……我在最深邃本能上的德国的一切事物，接触德国人好像已经使我的消化近于缓慢一样的没有缘分，与瓦格纳一起初的接触，在我一生上是最初的呼吸。我感激他，我尊敬他，因为他是外国人，反对者，对一切“德国的美德”具体的抗议者。我们在五十年间的瘴气之中，过孩提日子的我们，必然的对“德国”的概念成为悲观论者。我们决不是革命家以外的任何什么人——我们决不承认假冒为善者立于最上位的那样事物的状态。他今天变成另外一种颜色，他穿上红色的衣服，穿轻骑兵的制服，不论是什么对我都无区别……好！瓦格纳是一位革命家——他是从德国逃走的……艺术家的欧洲，除巴黎之外，没有家乡，瓦格纳的艺术，在作为前提的一切五种艺术感觉之上的温柔之感，接触颜色浓淡(Nuances)的手指，心理疾病的性质，只有在巴黎能看出来。在形式问题上的这种热情，在舞台上演(mise en scene)时的这种认真性——特别是巴黎才能有像这样的认真性。在巴黎艺术家的灵魂之中，有那种样子的可怕的野心,在德国是绝对找不出来有那样概念的人。德国人是好心的——瓦格纳决不是好心的……但是瓦格纳属于那一类,他的最近血统的人是怎样的人,我已经详细的[在《善恶的彼岸》(Jenseits von Gut und Böse)二五六页以下]说过了:那是法国最后期的浪漫派,那是戴拉克罗易克斯(Delacroix)和俾尔留(Berlioz)样子的艺术,在本质之中带有疾病的不治的天然力,高音调表现的狂信者,充满强烈野心的艺术家的夸张艺术……究竟谁是瓦格纳最初的理智的追随者?保特列尔(Charles Baudelaire)一起初便理解了戴拉克罗易克斯,在每一种典型的颓废中,他反映了全体艺术家的姿态。他也许还是最末后的……因为什么我不饶恕瓦格纳?因为他对德国低声下气……使他成为德国帝国的国民……德国的力量所能达到的地方,他损害了文化。

6

一切的事情既已谈过,假如我没有瓦格纳的音乐,我的青年时期,便不容易过活,因为我已经被德国人判定了。当一个人从难以忍受的压迫中脱去的时候,那末,一个人便需要麻醉剂,所以我需要瓦格纳。瓦格纳特别是对德国的一切事物的解毒剂——毒,我并不去抵抗它……我成为瓦格纳的一流人物——是在Tristan的钢琴曲出现的一个刹那——对毕罗先生表示敬意!但是瓦格纳的前期作品,我认为远不如我——还过于通俗,过于“德国化”——然而现在我还愿意寻找与Tristan带有同一样的危险魅惑力,带有同一样可恐惧的,而且还是带有甜味的,无限性的一种作品。我在所有的艺术中寻找,归终一无所得。琉那路特·达·温齐(Lionardo da Vinci)的所有的奇异性,在Tristan的第一音上失去魔力。这个作品纯粹是瓦格纳作品中空前绝后(non plus ultra)的作品；从他写完了《第一流的歌唱家》(Meistersingern)和《指环》(Ring)以后，他自己便休息了。更健康起来——这对于像瓦格纳那种人，可以说是退步……我这本著作的成熟，正是生在这种好的时期，正是生成于德国人之间。我认为这是上等的幸运：心理学家的好奇心，我已经达到了那种程度。足以尝试这个"地狱的欲乐"的，乃是连一次病都没有得过的人，世界对他们必须成为一种贫穷的事物，在这里应用一个神秘家的定式。那是允诺，那几乎是命令。我设想我知道瓦格纳较比任何人所作出来的巨大的事情，其他任何人即便是有坚强的翅膀飞到奇怪的狂喜的五十世界；并且好像我充满了力量，把最有疑问的事物，最危险的事物，为了自己使它变成有利的事物，由于他的关系变成更坚强。我称瓦格纳是我一生中的大恩人，我们结下友谊，而且我们彼此还能忍受较这一世纪人们所能忍受过的更大的苦痛。这件事使我们的名字再永远的联合起来，正好像瓦格纳在德国人中不过是一种误解一样，我一定也是这样，永远是这样。我的同胞们！最先必须有两个世纪的心理学和艺术的训练……但是你不能把它取回来。——

7

我为了所挑选出来的优秀的读者，再讲一句话：究竟我对音乐抱着什么希望。它好像十月天的午后那样的晴朗和深邃。自在的、奔放的、温柔的、好像带有小气和优雅的小巧而甜美的姑娘……德国人能了解音乐是什么，那我永远不会赞同。所谓德国的音乐家是什么样的好人，从最伟大的人物来说，是外国人，斯拉夫人(Slaven)、克罗阿泰人(Croaten)、意大利人(Italiaener)、荷兰人(Niederlaender)——或者是犹太人(Juden)；在另外一种事实上来说，强健人种的德国人，如修兹

(Heinrich Schuetz),巴哈(Bach)和汉德尔(Haendel),像那样的是已经死去了的德国人。我本身仍旧是波兰人(Pole),为了肖邦(Chopin)的缘故,把其他的音乐,都可以牺牲。我从三种理由来说,瓦格纳的嘉克福利牧歌(Siegfried-Idyll)算是例外,那恐怕在这种最上的管弦乐的调子上,胜过最上音乐家李斯特(Liszt)的一些个作品。最后还在阿尔卑斯(Alpen)的彼方——不对,阿尔卑斯的这方面,所有的一切事物还在那里繁荣着……我知道不能把罗西尼(Rossini)丢掉。在音乐上的我的南方,我的威尼斯乐师盖斯蒂(Pietro Gasti)的音乐,更是不可缺少的。我所说阿尔卑斯彼方的话,那我只是指威尼斯。当我另外寻找一个字代替音乐的时候,我能寻找到的,永远只是威尼斯这个字。我找不出来音乐与泪珠之间的区别——没有恐怖的战栗,我便不知道如何去思想,快乐或者是南方。

褐色的夜间
我站在桥上。
远方传来的歌声;
黄金点滴般的
滑过颤动的水面。
游艇、灯光、乐音——
酩酊的飘浮到薄明……

我的魂,一个弦琴,
瞧不见的抚弄,
偷偷的歌一曲游艇,
在光灿的幸福前颤动。
——有什么人听到了它?

8

支配——营养、地方及风土，休养的选择——以上一切的事物，是以自己防卫的本能，最明了的表现自己保存的本能。看不见，听不着，不能靠近身边的事物非常的多——这是第一种智虑，人们并没有什么偶然的事物，但是为一种必然事物的第一种证据。表示这种自己防卫本能的流行语，是趣味。它的命令，所谓“是(Ja)”，在一种“无我”的情形上，不只是说“不是(Nein)”，而是在最低限度内还能命令的去说一句“不是”。从辗转不绝的需要“不是”的时候里，分离自己，断绝自己。防御的费用，不论定的怎样的小，那是通例，一到成了习惯，便惹来非常的，成了完全的过多贫穷的原因，在这一点上并不是没有道理。我们巨额的花费，乃是非常频繁的少数的支出。防御，也就是不使任何东西接近的一种费用——关于这一点人们不可自欺——亦即为着否定的目的所浪费了的力量。只是为着不间断的防御的需要，人们已经不能再去防御自己，那末，便变成完全的衰弱。——假定，我从我的家里走出来，代替安静而贵族化的都灵，而找寻德国的小都市，我的本能，为了从这里打退所有被压碎了的和由卑怯的世界侵入的一切事物，自己就不能不去阻止。或者我找出来德国的大都市，也就是在那里什么东西都不生长，不论任何一种善和恶的事物，都能从外面把这个建筑了的恶德导引进来。我这样一来，岂不就不能不变成一个箭猪(Igel)了？——可是只拿一支针是浪费的一种，若是连一支针都没有拿，随随便便的空着手那还是加倍的奢侈……

另外一种智虑和防御，在可能范围内减少反应，好像把自己的“自由”，自己的发言权，悬挂在外面，只作为一种试药，免去人们本身要宣布位置和条件的事情。我举一个与书籍相交往的例子。根本只不过是"翻"书籍的学者——普通态度的文献学者，差不多一天翻二百册——最后完全的失去了自己本身思想的能力。他如果不去翻书，他便不能思想。当他思想的时候，他反应一种刺激——一种读的思想——他最末后也只不过是反应。学者用尽全力于思想过的"是"和"不是"的说法的判断上——他自己不再思想……自己防御的本能，对于他已经是一种腐朽，如果不这样的话，便对书籍加以抵抗。学者是——一个颓废者。这一点我曾亲眼看见过：带有天分的，富有自由素质的人们，已经到了三十岁，仍旧"不要脸的读"，给予"思想"——只不过是为了喷出火花，人们就不能不用火柴去摩擦。——早晨，在天刚亮的时候，在一切清新的时候，在他的力量的曙光之中，读书——我把这样的事情叫作坏道德！

9

在这里，对于我为什么成为现在的我(Wie man wird, was man ist)的问题，那种实在的回答，已经不能再去躲避了。因此我说到在自己保存的方法上所产生的杰作——利己欲……所谓按照使命，本分，使命的运命，若是显著的超越出截断的标准，不论任何的危险，使这个使命与自己自身相接触，像这样的并没有什么大的危险。所谓人将成为怎样的人，对于那样的人用连梦都梦想不到的作为前提。由于这种观点来说，各式各样的人生的误谬，一时的纵横的路和弯曲的路，踌躇，"谦逊"，浪费使命之外的种种使命的真实性，他自己只有他自己的意义和价值。表现出来一种巨大的智虑，或者是最上的智虑，在那里边。例如"认识你自己(nosce te ipsum)"，好像是没落的药方，忘记自己，误解自己，缩小，狭小，平凡化自己，反而变成理性的事物。从道德的表现来讲，爱邻人，为着他人和其他事物的生活，能成为保存最严刻的自己本性的防御手段：这是反对我自己的规则和信念，用“无我”作为敌人的例外事实。这些个冲动在这里工作，乃是为着服务于利己欲，或者是自己训练。人不能不纯粹的保守任何一种伟大命令的——意识是一个表面——意识的整个表面，对于一切伟大的词句，一切伟大的态度，要好好的注意！本能早已“理解了自己”——完全是危险。在那里边默默中有深底的观念，不知不觉的渐渐长成，确立组织，成为支配者——它不久便开始命令，它慢慢从纵横的路和弯曲的路里引导出来，它开始准备单个的性质和能力，不久这些个事物，便成为作成全体的不可缺少的手段——它在发泄它的主要的使命、“目标”、目的和意义之前，先按着次序，养成所有从属的能力。从这一方面来看，我的一生，只是一种可惊叹的事物。为着转变价值的使命，也许正好像一个另外的人所蓄积的需要了更多的力量，并且使这些个彼此不相妨碍，不相破坏，而是需要一切能力相对立。种种能力的阶级，距离，无敌对的划分的方法，没有混淆，没有“和解”，一种可怕的多元，不仅是那样的浑沌的反对事物的多元——这是我本能的预备条件，长时间的隐秘工作和艺术家的气质。这个本能的更高的保护，表现非常的强硬，我不论在什么时候，在自身之中生长出来那一种事物，连做梦都没有想过——我的所有的能力，有一天突然成熟，便从这个最后的完全性中跳跃出来。我自己在我的记忆里，从来就缺乏所谓劳累的事情——在我的一生里，就连一次都没有粉身碎骨的去努力，我反对英雄的性质，欲望什么，向着什么“努力”，本意在一个“目的”一个“希望”——这一切的事情完全不是出于我的经验，就在这个刹那间，我把自己的未来——遥远的未来看作好像一个一望无际的海洋：没有任何的欲望在那上面把波纹掀动起来。我一点都不愿意在已成的事物之外希望什么，我自己也不愿意成为什么另外的事物……但是就像这样子的我一向生活下来。我没有什么愿望。到了四十四岁，谁能说他不曾为名誉、女人、金钱劳累过！这样说，并不是把自己不算上……例如我当大学教授的某一天，也是那样。我就是在梦里对这件事情都不曾想到过，因为那时候，我还不到二十四岁。两年前的那一天，我处女作的文献学上的论文，在一切意思上的我的开始，由于希望求我的先生李鸠尔（Ritschl）发表在他的莱因博物馆（Rheinisches Museum）杂志上的意思来说，虽然我是文献学者，可是也不过是与那些人一样。（李鸠尔是——我用尊敬的话去说他——我一直到今日在会过面人中的惟一的天才学者。他具有我们图林根人的特性和德国人所同情的那种好心情人的背德性：我们牵引自己为着达到真理的途径，可是还采取迂曲的路程。这些话，我不能用它在同一种的意思上去糟塌我们最亲近的同乡人，那位聪明的兰克（Leopold Ranke）……

10

人们也许要来问我为什么我一味地在讲述这一些微小的而且从以往的判断上来看那种不足取的事物，因为这种关系我加害了自己，假如我具有代表伟大任务的使命的话，那就更不必提了。回答：这样微小的事物——营养、地方、风土、休养、利己欲的全部决疑论——是比以往思想过的一切事物，超过一切概念的更为重要。人们现在一定要从这里开始，从这里再从新学起。人类直到现在认为真实的事物，决不再是实在的了，只是想像，更严格的说，是疾病的，在最深刻的意思上是从有害的天性恶质所产生的谎言——所谓“神”、“灵魂”、“美德”、“罪”、“彼岸”、“真理”、“永远的生命”的一切概念……然而人们把人类的伟大天性，在这些个“神祇”之中去探求……政治，社会的组织，教育的一切问题，就将有害的人认为是最伟大的人——“微小的事物”，我说是人生的根本的事物，教给怎样去轻视……由于直到而今被尊敬为第一流人物的人们使之与我作比较，其中的区别一看便可了然。我把像这样自称为“第一流”的人们，完全没有算在人类之中——我认为他们是人类的滓渣，是疾病和喜好复仇本能的产生物。他们完全是不吉祥的，在根本上不可救治的仇害生命的非人类……我愿意作他们的反对者：我的特权对于健全本能所持有的一切的征候，带有最高的敏锐性。我并没有一切疾病的倾向，我就是在沉重的疾病时期，也不是纯粹在患着疾病。人们在我的本质上探求我迷于宗教的痕迹，那是徒劳无益的。人们从我一生里的任何一刹那，也指摘不着任何的傲慢或者是激动的态度。态度的激越飞扬的调子（Pathos）并不算伟大，需要一切态度的人是虚伪的……对一切绘画的人们要加小心！，——生活对我变成了容易，当我要求最困难的事物的时候，变成了更容易。在这一秋季的七十天中知道我的事情的人，那个时候的我，一点紧张的样子都没有，反而能看见我更加充满清新和快活。而且在那时候，自己不间断的做出来第一流的纯洁的事情，这件事情就没有人能够照样模仿——或者是我以后的几千年对没有榜样的事情尽了责任。我从来就没有像这样的带着愉快的感情去吃过饭，我从来没有比这样再好的睡眠。我处理伟大的任务，不知道在游戏之外有更好的法子：这是伟大标识的一个本质的前提。非常小的强制，阴郁的容貌，在咽喉里的那种硬的声调，都是对一个人不利的抵抗，对于他的工作岂不更加一倍的抵抗！人们不应该有神经质……就是苦恼，孤独，也是一种抵抗——我永远只是烦恼“热闹（Vielsamkeit）”……在七岁时那种愚昧的幼小时期，我便明白了普通人们所讲的话，自己还不能充分的了解。对这样的事，谁曾经看见我在发着愁？我就是在今天，不论对谁，还是照以往一样的亲爱着，我就是对极下等的人也同样的充满着恭敬的意思。在这一切之中没有一点的高傲，没有一点隐藏着的轻视。我轻视了的人，他便从我本身估量轻视的缘故——我本着我单独的存在，扰乱在身体各地方的不良的血液……表示人类伟大的定式是“运命爱(amor fati)”：因为人们不愿意有另外的什么事物，不愿向前，不愿退后，不愿停留在一切永远(Ewigkeit)之中。不单是忍受不了必然的事物，还一点都不隐藏——一切的理想主义是对必然的事物说谎——而是爱它……

我为什么写这些好的书籍

1

我是一件事情，我的著作又是另外的事情。当我还没有谈到著作之前，在这里要说一说这些个著作能够了解或者是不能够了解的问题。我写它的时候是那样的疏忽，好像无论如何也得把它发表出去似的，原因是这个问题还完全的没有达到成熟的时期，某一种事物，直等到父亲死后才生下来。有一天在人们的生活和学习里，必将感觉到需要一种制度，那好像我了解如何去生活如何去学习一样，那一天也许还要为着解释查拉图斯特拉开一个特别的讲演会。然而如果我今天为着我的真理已经准备下了听取和双手，那对我岂不是一种完全的矛盾：人们今天一直就没有听着过我，人们在今天就不知道从我这里能得些什么，不仅是了解。我认为那是正当的，我不愿意弄错——为了这种关系，我的目的是不使我把自己弄错。早就说过，在我的生活上，差不多很难以指摘出“恶意”的痕迹；就是在文学上解释“恶意”的地方，也是难以找得到。反过来说，纯粹愚笨的，那可多得很！……如果一个人将我的书拿在手里，我认为那好像是某一个人把光荣加在他的身上——我为着那种缘故，而预先脱下他的鞋子——意思不是脱下靴子……当斯泰因博士，有一次率直的报怨，在我的查拉图斯特拉上连一个字都不明白的时候，我对他说过，那是当然的事情：明白其中的六句话，就是能够体验出来较“近代”人所能达到的更高的高人的阶段。不论如何，我抱着像这样的距离感觉，从我所认识的“近代”人里，也希望——，能去读一读！——我的胜利正与叔本华的胜利相反——我说，现在要是不去念，将来也不会去念（non legor，non legar）。但是，否认我的著作的那样子的纯洁性，对我曾经给了好多次的满意，我连一点的轻视心情都没有。在这个夏天，当我要用我的烦难，而更烦难的文学破坏其他一切文学平衡的那一个时期，一位柏林（Berlin）大学教授，好意的解释给我，我自己还应当另外的用一种方式：像这样的谁都读不好。最后，提出来两种极端的例子的，那并不是德国，而是瑞士（Schweiz）。在同盟（Bund）杂志上，卫德曼（V. Widmann）博士，以《尼采之危险的书》（Nietzsche's gefährliches Buch）的名义，发表一篇论《善恶的彼岸》的论文，另外还有一篇也是在《同盟》杂志上登载的，是斯皮达勒（Karl Spitteler）先生，关于我整部著作的总括的报告。这都是我一生的一个最高点——像这样说是我警惕自己……例如后者论我的查拉图斯特拉是最高的文体，同时还希望我今后对内容方面应该特别注意；同时我对卫德曼博士表示感谢之意，使我拿出勇气努力扫除一切华贵的感情。由于偶然的微小恶念，这里的每一句，都是我不能不加赞叹的带有论理的性质，是一种倒置的真理：代替打钉子来打我的头部，——在最值得注意的方法上，打中钉子的头，为了对我合适，除一切价值的转变外，其他任何什么，都是不需要的……为着这一点，我早就试验着给它作个解释。最后，就没有一个人能把书籍都包含在内的一切事物之中，听出来自己已经知道了的更多的事物。从经验而来的不能接近的事物，那是因为人们没有听惯的缘故。现在我们自己想一想另外一种极端的事实：假设一本书，其中完全的出于一种多次的可能性，或者只是最稀少的经验的范围外，而只是述说纯粹的体验——那就是表示经验新体系的最初的语言。在这种事实上，连什么都听不见，然而在什么都听不见的地方，发生任何种的事物都不是耳朵的错觉……这是我最后的普通的经验，如果你们要愿意的话，也可以说是我的经验的独自性。相信明白了我一些事情的人，也不过是从我身上的某一些事物，按照他个人的想像，去加以解释——例如一位“理想主义者”，不仅是我的一个反对者；一点都不了解的人拒绝我任何的观察。所谓与“近代”人，“善”人，基督教徒和其他虚无主义者们所对立的，极能表示最高而完善的一种典型的“超人（Übermensch）”的说话。这句话，是在道德破坏者查拉图斯特拉的口里，一种意义深邃的话。这句话，差不多到处都纯纯洁洁的解释作所谓表现查拉图斯特拉形态的正相反的价值的意义，也就是半是“圣者”，半是“天才”，一种更高种类的人类“理想的”典型……此外有学识的牡牛，因为这句话的关系，怀疑我是达尔文主义（Darwinismus），与自己的意识和意志相反的，我那样恶意的排斥那位大货币伪造者卡莱尔（Carlyle）的“英雄崇拜”，在那句话里我又承认起来。当我向某一个人私语与其是回顾派西福（Parsifal）实不如回顾保路基（Cesare Borgia）较比好一些的时候，他便不相信他自己的耳朵了。我对我所有著作的批评，特别是在报章上已经登载过的，一点好奇心都没有，这样的人们对我是不能不加原谅的。我的朋友们，我的出版者们，全都了解这些个，但是像这样的事情，从来都没有向我说过。在某一种特别的情形上，我曾经有一次完全的看到，只是由于冒犯——那是《善恶的彼岸》——一书的事情。对于这件事情，我毫不隐藏的报告出来。《国民日报》(Nationalzeitung)——我对国外的读者说一句话，是一种普鲁士日报(preussische Zeitung)——这样说也许太失礼貌，我自己只读《讨论日报》(Journal des Debats)——严格的认为这本书是“时代的标识(Zeichen der Zeit)”，当作纯粹的乡土(Junker)哲学，《十字报》(Kreuzzeitung)就缺少像那样主张的勇气，这些话都是可相信的？

2

这是向德国人说的：在这以外我什么地方都有读者——纯粹选拔出来的智识分子，其中有带有信用的，在高的位置和义务所教育出来的人们，在我的读者之中，实在是具有天才的人们，在维也纳(Wien)，圣彼得堡(St. Petersburg)，斯德哥尔摩(Stockholm)，哥本哈根(Kopenhagen)，巴黎和纽约(New York)——到处我都可以发现：我在欧洲的平板德国，便找不出来……坦白地来说，我还加倍的喜欢没读过我的著作的人，也就是从来就没有听见过我的名字，或者是哲学词句的人们；可是不论我走到什么地方。例如，就是在这个都灵，不论是什么脸色，一看着我，他们便变成快乐和满足。到而今最使我高兴的是已经上了年纪而在街上叫卖的女人们，他们非得为我从葡萄中找出来最甜的。像这种情形，一个人必须是哲学家……人们把波兰人叫做斯拉夫人中的法国人，这并不是没有道理的。一个迷人的俄国女人，将我属于那一种人的事情，就是在极短促的一刹那间也决不能够弄错。摆庄严的架子，我不大会摆，我能摆出来由高高在上的一降而为狼狈的神情……德国的推理，德国的感觉——我什么样的都能够去做，可是那已经超过我的力量之上……我的老师李鸠尔主张我的文献学上的论文，类似巴黎的小说家——构想在胡说和刺激的事物上，在巴黎那个地方，人们对"我一切的大胆性和敏锐性（toutes mes audaces et finesses）"——这是泰纳（Taine）的表现——深加惊奇；就是在我所写的那篇《狄奥尼索士》赞歌的最高形式上，我恐怕要去与那种永远不能变成无味，永远不能变成德国的食盐相调和——我的意思是指智识……我对其他的什么事物都不能去做，上帝保佑我！阿们。我知道所有的长耳动物是什么，就是某一种人们从经验而来的，也知道它是什么。好！我们敢主张我有最小的耳朵，这样一说，在这里带有兴趣的少女是绝对的不少——对我这方面来说，她们觉得我了解他们很深？……我特别的反对驴子（Antiesel），因为这种缘故，成了一个世界史上的怪物——我在希腊语上，而且还不只是希腊语上，是个反基督（Antichrist）的人……

3

我直到某一种程度，承认我当著作家的特权。在每一种情形上，像那样多次的习于读我的著作，这足以使我证明出来对于一个人的趣味有所伤害。人们对其他简单的书籍都忍受不了，特别是以哲学的书籍为最甚。所谓迈进于这个高贵而奢华的世界，正是一种不可相比的名誉——像这样去做，他必定不是一个德国人。总而言之，这种名誉，人们最好利用自己本身的力量去做。然而，由于意欲的高度点而与我亲近的人，在我的著作上去体验学问的真正的大喜悦（Ekstasen）。无论如何，我要飞向鸟都没有飞到的高空，因为我知道还有足迹所未到过的深渊。从他们的手里把我的著作放下，是万万办不到的——从前有人这样对我说如果是那样的话便要妨碍自己深夜的安睡。……从来就没有过像如此一种骄傲而确切的洗练过的书籍——我的书籍常常能在这个世间达到最高峰，达到犬儒主义（Cynismus）之上。人们为着获得这些种书籍，就不能不用所谓与勇敢的拳一样的纤细的手指去攫取。灵魂每一种的脆弱性决不会永久把他们关闭在门外，任何一种胃弱，也是同样的：人们不必有神经，人们必须有一个快乐的肚子。一种灵魂的贫乏，不仅是由一个角落的空气而把门给封闭上，卑怯、不纯洁，以至于在内脏之深暗处的复仇心，比那个来得更要加倍。我要说出一句话来，都在脸上露出来所有的坏的本能。我在我认识的人里，有许多用作试验的动物，由于这些个动物，我对我的著作细细的感觉出来非常多的反应的教训。与那种内容没有关系的人们，例如我所说的朋友们，在那个时候，便变成"不是个人的"。人们在再出版的另一本书上，祝福我——还在音调非常明朗之中，表现出一种进步……完全堕落的精神，"美的灵魂"，根本就是虚伪的人们，对于这些种书籍，就不晓得那个地方是开始，因为他们自己本身在一切美灵魂的美的条理井然之下瞧看我的著作。在我认识人中的有角动物，对不起，只有德国的人们，永远与我的意见不合，虽然那样，总有一天，能了解我……这样的事乃是我单由谈论查拉图斯特拉而听来的……在人类中也就是在男人群中还有种种"女性主义"对我紧闭门户，恐怕人们决不再进入于这种大胆之认识的迷宫里去。在纯粹冷酷的真理中，为了快乐和爽快，人们永远不可使自己置而不用，人们在自己的习惯中，不能不有严格性。当我一想到一个完全的读者的影像之时，从勇敢和好奇心，或者还从袅娜的、狡猾的、思虑深的事物中所生出来的一个怪兽的影像，这是一个天生的冒险家和发现者。这些种事情，究竟我要向谁去解释，直到而今连我自己都没有说过，我就不知怎样的好好去说一说能比得上查拉图斯特拉所说过的：他要单对那一个人叙述他的谜语？

“对你们，对勇敢的探求者，对实验者，对挂着狡猾的帆行船在可怕的海洋上的人们——

对你们，对沉醉在谜语之上的人们，对用笛的声音在一切迷误的深渊上，诱惑灵魂，喜欢黎明的人们——

因为你们，不愿意伸出卑怯的手，找寻一条丝线；你们即使能够猜得对，你们仍然要讨厌推理……”

4

我同时还要用普通的话说一说关于我的文章格式的技巧。一种情境，由于记号传达激越飞扬调子的一种内在的紧张，已经把这个记号的激越飞扬的调子加算在内。这个，也就是一切的文体的意义；而且在我的内在情境的多样性上，一想到出于常轨的事物，在我的文体的许多可能性上。一直到如今，在人类曾经使用过的一切文体中是最多方面的技巧。某一种确确实实传达一种精神状态的文体也就是不论记号，不论记号的激越飞扬的调子，不论表情——一切句读的法则是表情的技巧——一切不错误的文体，都是好的。我的本能在这点上并非错误。好的文体格式的本身是一种纯粹愚笨的，只是“观念论（Idealismus）”。像那种“美的本体（Schöne an sich）”，“善的本体（Gute an sich）”，“物本体（Ding an sich）”……现在仍然作为前提的，乃是具有听觉器官的——那里还有或者是有价值的，发生同样激越飞扬调子的能力的人们，还有就是传达自己一点都不错误的人们。例如，我的查拉图斯特拉，现在还在搜求像那样的人。啊！他还不能不长时间的去搜求！值得听他的人，并不是没有……

而且直到那个时期，在这本书里前后所使用的技巧，是没有人能体会出来的：新的，从来所未听说过的，实在说来在一起初为了它比这更多的使用造好了的技巧的手段，就连一个人都没有。像这种同样的事物，恰如德国语所能作到的，仍旧还需要证明：就是我自己对以往的事物，也许要严格的固执到底。在我的前面，人们用德国语作了些什么事情，人们究竟用语言能作些什么，一点都不晓得。为了表现崇高超人之热情的恐怖的上和下，大节奏的技巧，大句读的文体，最初还是我发现的，如果用查拉图斯特拉第三部题名所谓《七个钤记》(die sieben Siegel)的一篇歌诵，我一直到而今能叫做诗的那些事物，使之飞越过千里之外。

5

从我的著作中，能看出来在另外有一种不能相比的一位心理学家所说过的话，这也许是第一次发现一个好的读者愿意成为。那个意思就是说，像我一样所应该得到的读者，读我的著作的读者好像优良的古文献学家读他们的 Horaz 一样。根本人世间的人们，那些个完全都一致的命题——八面玲珑的哲学家和道德家，其他在脑子里任什么都没有的，木头脑袋的，那都是谈不到的——我认为那是错误的真实。例如，“非我的”和“利己的”相对立，同时自我(ego)的那种事物，只不过是一种“高级的欺骗”，一种“理想”的信仰而已……如果没有利己的行为，也没有非我的行为。这两种概念，都是心理学上的矛盾。或者是“人类努力追求幸福”的命题……或者是“幸福是美德的报偿”的命题……或者是“快乐与不快乐相对立”的命题……人类之妖怪(Circe)的道德，把一切心理上的事物，从根底上弄成虚伪——道德化——将所谓爱的某种事物，变作无我，而且很可怖的没有意义……人们必须坚不可破的坐在自己的位置上，人们必须勇敢。站在自己的两只脚之上，假如，不这样的去做，人们便不去做爱的事物。终归妇女们只不过比较多知道一点：她们因此无我的，只以客观的男人，认为是妖怪的……我敢把我所认识的女人们，推测在这里，来说上一说？这是属于我的查拉图斯特拉的陪嫁之一。谁知道？或者我永远是一个女性的心理学者。她们全都爱我——这还是好久以前的话：特别是不幸的女人们，缺乏生孩子力量的"释放的"女子们是另外的一回事。庆幸的是，我不愿意把我自己撕坏：完全无缺的女人，把她在恋爱的时期撕坏……我认识像这样可爱的疯狂女人……啊，该是多么危险的，潜来潜去的，地下的小猛兽！……一位追随她的复仇的小妇人撞倒了那种运命的事物。女子比男子坏的地方是数不清的多，更来得聪明，在女子身上的美质已经是一种退化的形式……所谓一切的"美的灵魂"，乃是在根本上的一种生理的疾病。我什么都不说，否则，我便是医学上的。为了争同等的权利，也是疾病的征候：每位医生都知道这些个。一般女子，所有范围内的女子，尽所有的权力对抗法律：在自然的状态上，两性间永远的斗争，不论在那一种情形上，都给女子以最高的地位。人们是否听明白了我的爱的定义？那是一位哲学家所尊敬的惟一的爱的定义。爱——在它的手段上是斗争的，在它的根底上是两性拼命的厌烦。人们怎么样去治疗女人？对于"救助"的问题，请听一听我的回答？人们使女子生育孩子。女子需要孩子，男子永远只是手段：查拉图斯特拉如此说。"女性的释放"——那是流产的，换一句话说，不能生殖的女子，对能生殖的女子一种本能的厌恶。对男子的斗争，永远只是手段，口实，兵法。她们愿意由于以"女子本身"，以"更高的女子"，以女子中的"理想主义者"抬高自己，降低普通女子的阶级水准；在那里没有比高等教育以及一个家庭的主人和政治上的家畜投票权更高的一定的手段。在事实上，被释放了的女子，乃是在永久女性世界上的安那其主义者(Anarchisten)，把复仇作为那种最低下本能的失败者……一种坏理想主义的整个种属。就是在男子之中，也有所表现，例如典型的老处女易卜生(Henrik Ibsen)，他以毒害性爱上的善的良心和自然为目的。……而且在这一点上，在我的严格而纯正的见解上，不留下什么疑问，我要从我的反对恶德的道德法典中，再举出一个命题：用这个恶德的字，我攻击各种反自然的，或者是当人们喜欢美丽词句时的理想主义。这种命题叫作：纯洁的说教，是公然的反自然的煽动。对于每种性生活的轻视，亦即是按着“不洁”观念的每种事物的不洁化，乃是在人生上的自己犯罪——反对人生精神的真正的罪恶。

6

给予我作心理学家的概念，我去取表现在《善恶的彼岸》中的一页珍贵的心理学——但是我在这一节上，关于描写某个人的事情，曾经禁止一切的考虑。那种伟大的隐居之士所具有的真纯的天才，试验之神所产生的良心的捕鼠者，它的声音了解一切灵魂下地狱的方法，连一句话都不发，连一眼都不瞧，连一点诱惑的思虑和反省都没有。了解一切显现出来的事物，那是属于他的巧手之一的。在那里的并不是他的真正的形象，以后跟随他的人们，逐渐迫近他的身边来，而且诚实的，彻底的跟随他，像这样逐渐逐渐的变成了束缚……真纯的天才，使一切大声的和自满的事物缄默不语，并且教导如何去服从，那是使粗的灵魂光滑，使他们尝试一种新的欲望：在他们的身上，好像沉重的天空映照出来的影像，如镜子般的，静静地留在那里……真纯的天才，教给迟延愚钝和惊骇的手与漂亮的去握手；那是把隐藏着的和忘记了的宝贝,把善意和甜美精神性的点滴,在阴暗而厚的冰块之下去猜测,并且把那种在多数的泥土和砂砾的监狱中所埋藏着的黄金的种子,用仙杖给一粒一粒的寻找出来……真纯的天才,由于它的接触,一切的人好像更加发财似的离它而去,不是恩惠,不是攻击,不是由于不可知的善意获得幸福与压制,而是使自己本身更加丰富,较比以前更加新鲜的开展,一阵暖风吹来,加上偷偷的听取,也许更不确实,更柔软的,更容易碎的,更破碎的,但是还充满没有名字的希望,充满新的意志和流动,充满新的反感和逆流……

悲剧的诞生
(Die Geburt der Tragödie)

1

对《悲剧的诞生》给一种公平的意见,有几点是不能忽略的。这一本书正因为它有错误的地方,而发生效果,振动起来魅力——好像是在瓦格纳主义上同样的一种发祥的征候,就把这种主义利用在这里。这本书正是用这种事实,对瓦格纳的一生是一件意外的事:从那个时候起,瓦格纳的名字,才开始产生出无限的希望。就是到今天,我还能回想起来那一天就是在派西福,人们关于这个运动的文化价值,流行着很高的评价,说实在的,我对这件事情多少负有责任。我发现这本书不断地被引用作从音乐精神而来的悲剧的再生(die Wiedergeburt der Tragödie aus dem Geiste der Musik):人们只听取瓦格纳的艺术企图和任务的一种新形式,因此听错了这本书在根本上藏有什么样贵重的价值。"希腊主义与厌世主义",这样的标题,并不带有双重的意思，这乃是表示希腊人如何去处理厌世主义——用哪一种东西克服它——的最初的教义……恰好悲剧证明出来希腊人不是悲剧主义的：好像是叔本华在一切事物上的错误一样的在这里也错误了。若是用某种公平的态度来看《悲剧的诞生》是最不合时宜的。这是在奥尔特（wörth）附近交战的轰轰声音之下开始的，人们对于这一点连作梦都没有想到过。我将这些个问题，在买兹（Metz）的城墙前，当九月天的寒夜里，在看护病人的任务中，精细地思考过，索性人们能相信这本书是五十年前的产物。这本书，对政治的事物很冷淡——到今天可以叫做“不是德国的”——在这本书上，带着很严重的黑格尔的气味，只有几种形式具有叔本华的死尸之痛苦的香味。一个“理念”——狄奥尼索士和阿保罗的对立——移转到形而上学的世界上。历史的本身，乃是这个理念的发展。在悲剧上曾经把对立作废，而把它变成一体的，在这种看法之下，一直到现在从来彼此就没有见过面的事物，突然之间，对面安置着，彼此相照，互相理解……例如歌剧和革命……这本书的两种决定的改革，一种是希腊人对狄奥尼索士现象的理解——最初付与此种现象的心理学，在这个现象之中，看到了整个希腊艺术的惟一根源——另一种是苏格拉底主义（Sokratismus）的理解：最初把苏格拉底认作希腊崩溃的工具，典型的颓废者，反对本能的“合理性”。这是危险的，暴力颠覆生命的，不怕牺牲的“合理性”！全书由于基督教的关系，有很深重之敌意的沉默，基督教徒既不是阿保罗的，也不是狄奥尼索士的。那是一切的审美价值——《悲剧的诞生》否定它所承认的惟一的价值：当狄奥尼索士的象征，达到肯定的极端界限的时候，基督教便是这种在最深切意思上的虚无的事物。曾经有一天，暗指基督教的牧师，是“邪恶的侏儒类”……

2

这种开始是非常值得注意的，我发现了历史的惟一姿态和侧面，那乃是我内在的经验——我恰好是按着这件事情第一个人理解狄奥尼索士特别奇异之现像的。同样的，由于我将苏格拉底认作是颓废的人，对我把握住心理上的确实性，很少有陷于某种道德特异性的危险，这些个事情，完全的给它一个明了的证明：颓废征候的道德本身是一种新鲜的事物，在认识的历史上之第一流的特殊事物。我把以上两种事物，在所谓乐天主义对厌世主义(Optimismus contra Pessimismus)之可怜的粗浅胡言乱语上该怎样的远远的跳跃过去！我最先看到了真实的对立：也就是用地下的复仇心反对人生之退化了的本能(基督教，叔本华的哲学或某种意思上的柏拉图的哲学，典型形式的整个的理想主义)和从充满饱满而生的最高的肯定形式，苦脑本身的，罪恶本身的现存在(Dasein)一切可疑而异类事物本身的，所给予的一个无条件的肯定……对于人生这个最后的，最欢喜的，最丰富最勇敢的肯定，不仅是最高的洞察，而是最深的洞察，依据真理和科学最精确的证明所成立起来的洞察。一切存在的事物，并非是把它们铲除去，并没有可以缺少的。由于基督教徒和其他的虚无主义者所排斥了的现存在的那方面，是比起来颓废的本能所称作善的或者是可以称作善的事物，在价值的等级上，是无限之最高的阶级。如果希望理解这一点，那就必须有勇气，作为勇气之条件的，又必须把过剩的力量加进去：一个人能够接近真理，只是在他的勇气和他的力量所能达到的范围内去做才能行。强者的认识，所谓对实在的肯定，是必然的事物，正好像弱者在实在之前从衰弱的灵感而来的卑怯和逃避——将所谓“理想”同一样的作为必然的事物。……弱者不能自由地去“认识”：颓废需要谎言——这是他们自己保有的方法之一——不仅是理解“狄奥尼索士”的话，以狄奥尼索士的话理解自身的人，并不需要对柏拉图、叔本华和基督教加辩驳——因为他嗅过腐烂的事物……

3

本着同样的事实，在《偶像的黄昏》(Götzen Dämmerung)一三九页上，我最后讨论到这些个学说还有多远能使我发现“悲剧”的概念，悲剧心理学的最终认识：生命的肯定，就是对它的最异常而最困难的问题，在最高形式牺牲的后面，欢喜自己丰富之生命的意志。我把它叫作狄奥尼索士的，我把它解释作到悲剧诗人之心理学的桥梁。并不是从恐怖和同情里逃出来，也不是由于激烈的放射，也不是从危险的感动里把自己净化——亚里士多德(Aristoteles)这样的误解过——实不如超越恐怖和同情，使自己成为生成(Werden)之永远的欢喜——同时还把那包含在破灭欢喜中的欢喜，变成自身的事物……在这一点上我认为自己有最优先的悲剧哲学的权利，也就是所谓厌世哲学家最极端的反对者。在我以前从来就没有把狄奥尼索士的子孙，像那样的变换成一种哲学的激越飞扬的调子，它缺乏悲剧的智慧。我在伟大的希腊哲学者们和苏格拉底二百年以前的哲学者们之中寻找它的证据，但是归终一无所得。我对黑拉克里德(Heraklit)仍旧在这里报着怀疑的感觉，一走近这个人的身旁，比较到任何地方都完全的使我温暖而心旷神怡。在狄奥尼索士的哲学上，决定的，无常的和毁灭的肯定，反对与战争的肯定，激烈排斥存在(Sein)概念的生成。在这一点上，不论在那一种情况下，我就不能不承认迄今在已经思考过的事物中，是最与我亲近的事物。永远轮回(ewigen Wiederkunft)也就是无条件的，并且无头绪的一往一复的万物循环的学说。这种查拉图斯特拉的学说，归终也许早就是黑拉克里德所教给的。差不多把一切原则的概念，由黑拉克里德继承下来的斯多葛(Stoa)学派，有它的痕迹。

4

在这本书里，叙述着一个可怕的希望。最后，对我取消音乐的狄奥尼索士将来的希望，并没有一点的理由。把我们的视线投向一百年前的远方，我们对于二千年间的反自然和侮辱人类的我的谋害，假定它业已成功。在一切责任中最大的，也就是企图人类长寿的——包括一切已经退化了的寄生的事物所不能容忍的灭亡——那种生命的新党派，从那里边狄奥尼索士的状态不能再发生出来，那种过多的生命，又可在地上显现出来。我划定一个悲剧时代，在生命肯定上的最高艺术的悲剧。人类把最困难的，最必然的战争的意识放在自己的后面，而且等待它没有苦痛的时候，再产生起来……还可以再添上一位心理学家，我在青年时期就听过瓦格纳的音乐差不多与瓦格纳并没有什么关系，在我叙述狄奥尼索士音乐的时候……我便叙述我自己所听过的。我把在本能上所有的事物，变换成自己内部所怀有的新的精神，而且必须改变形状。好像只有一种能够证明的强而有力的那种证明，乃是我那一篇在《柏伦特的瓦格纳》(Wagner in Bayreuth)的论文：在心理学上的一切决定妥了的地方，只叙述我个人的事情。当这篇文字举出瓦格纳一字的时候，那是用不着顾虑的，相当于我的名字，也就是“查拉图斯特拉”的语句。狄奥尼索士赞歌之艺术家的整个形象，是查拉图斯特拉诗人生前的形象，用如深渊的深邃性来描写，对于瓦格纳的实在形象，就连一刹那间都没有谈一谈过。瓦格纳本人曾经注意过这件事情：他在这本书上，并不再承认他自己的事情。同样的，"柏伦特的思想"对那种认识我查拉图斯特拉的人，并没有丝毫谜语之概念的事物，也就是过于被选择了的人们，向一切任务中最大事物献身的那种伟大的正午，改变了原来的形象——谁晓得？这仍然是我体验的一种祭祀的幻影……最初几页的激越飞扬的调子是世界史上的，在第七页上所谈述着的看法是真正的查拉图斯特拉的看法，瓦格纳、柏伦特，一切微小的德国的不幸，乃是漫无头绪未来海市蜃楼所映射出来的一片云彩的影子。我本身在心理上一切不能再改变的性格，注入到瓦格纳的性格里——好像最明朗的力量和最宿命的力量之平行，从来就没有一个人领有过的权力的意志，在精神的事物上没有顾虑的勇敢性，行为的意志从来就没有被压迫过的那种无界限的学习力量。在这本书上，一切的事物都是一种预言：表示着希腊精神复兴的切迫，所谓断开了的希腊文化的乱麻，需要再与反亚历山大的相交接……在这本书上第三十页上，请听"悲剧心情的概念"所引导进来的世界历史的音符，这是一切事物所能有的最少有的"客观性"。关于我本质的绝对确实性，它投影到某种偶然的实在之上，从非常恐怖的深邃处把我到底具有多少真理说了出来。在七十一页上不但预先去叙述，而且以深切的确信，刻画查拉图斯特拉的形象；并且从四十三页到四十六页，更可看出来查拉图斯特拉所作出来的事情，也就是人类之可怕的净化，以及圣化的行为。恐怕人们对这样壮大的表现，从来就没有看见过。

不合时宜的

(Die Unzeitgemässen)

1

四篇《不合时宜的》论文,从头到尾都是谈战争的。这几篇论文,证明我并不是崇尚梦想的,而我是能在拔剑欲斗之中寻找快乐,——也许我还有一只可怕的柔软的手腕。第一篇攻击(一八七三年),乃是我一无所顾忌的用轻视的态度直接驳斥当时的德国教育。那里并没有意义,没有实质,没有目标:只是一种"舆论"。德国人伟大军事上的成就,相信在这种教育上,足可证明为某种有利的事物——或者是对于法国的这种教育的胜利,更没有恶性质的误会。第二篇不合时宜的(一八七四年)论文,在我们科学研究的方法上,明明白白的表现着危险的,毒蚀生命的事物——在工人的"非人格性"上,在"分工"的错综经济上,生命病患在野蛮的轮机和机械主义之上。失去目的,也就是失去文化:——手段,也就是近代的科学研究成为野蛮化……在这篇论文上,这个世纪足可夸耀的"历史意识",我第一次把它认作是疾病的,典型颓废的征候。——在第三篇和第四篇不合时宜的论文上,作为"文化"的更高的概念,即所谓再从新建立指标的"文化"概念,对它提示出来最严刻的利己欲,自己陶冶的二个形象,对于在这二种左右的,所谓"国家"、"教育"、"基督教"、"俾斯麦(Bismarck)"、"成就"等的一切事物,充满了君主的轻蔑,特别是不合时宜的典型——叔本华,瓦格纳,或者换句话说,尼采……

2

在这四篇攻击里，第一篇得到了意外的成功。它所招惹起来的骚扰，不论在那一点上说，是非常华丽壮观的。我接触到一种战胜国民之苦痛的地方——那种胜利，并不是文化的事件，也许完全是另外的一回事……它的答复，从各方面源源而来，并且的确不只是从斯特劳士老友那里而来的，我嘲笑他是德国教育的俗物，和自私的典型——总而言之，所谓“新旧信仰”的啤酒店福音书的著者（教育的俗物，这个字，从我有著作以来便表现在字里行间），把我当作他们之中的怪物，由于认为他们的斯特劳士是喜剧的，而把我当作了乌路泰俾尔西（Würtemberg）人和修瓦本（Schwaben）人的一种深痛的刺伤。这些位老朋友，在我所能希望到的任何事物内，他们的回答是那么样的正直，那样的粗野；普鲁士人的回答，更是聪明——那里边还包括着“柏林蓝（Berliner Blau）”。态度最不正当的是一个《莱比锡城》的报纸，名声最坏的 Grenzboten。我曾经费了很大的周折，去阻止我那愤怒了的巴塞尔朋友们对它反对的行动。没有条件的，只有几位上了年纪的绅士赞成它，赞成的理由不但含混，而且有的地方还很难解释。在那些人里哥丁根（Göttingen）的爱瓦路特（Ewald），明白地指出来我的攻击对斯特劳士是致命伤。因此，从那以后一位老黑格尔派的保尔（Bruno Bauer）成为最注意于我的读者。他到晚年喜欢指出我来，例如，普鲁士的史料编纂家特赖奇克（Treitschke）先生他为着由某个人获得他所丢失的“文化”概念之路径的暗示而指出了我。并且哲学家封·巴达尔（Von Baader）的老弟子，在乌路兹堡（Würzburg）的厚夫曼（Hoffmann）教授，对这本书和他的著者写了一篇最深刻最漫长的意见。他从这本书为我看出来一件大的使命——也就是在无神论问题上惹起一种转机,以及最高的决定,推断我是最本能的无神论者和无假藉的典型。引导我到叔本华的是无神论。平常像那样柔和的希雷布兰特(Karl Hillebrand),乃是由于在德国人中写文章出名的,空前绝后的人物,特别坚强而大胆的赞成了,这使人感觉非常的悦耳,非常的残酷。他的文章发表在《奥哥斯堡的日报(Augsburger Zeitung)》上;人们在今天以某种慎重的态度,是能读着他的全集的。在这里,这本书当作一件事情的划期点,叙述了最初的自觉,最上的征候,在精神的事物上,德国的真诚以及德国之实在热情的归还。希雷布兰特对于这本书的形式,对于它已成熟了的趣味,对于人与物之区别的完整的音调,充满了高贵的敬意,他称赞这本书是用德国文字所写的出类拔萃的论争著作。事实上,对德国人是那般的危险,是那般的放下也罢的论争的法术。我敢无条件地肯定地说,德国的语言是堕落的——在今天他们对于这种民族的"一流文人",变成同一样的轻视——正好像把"一个民族的宠儿拉到法庭来的勇气"一样,表示赞叹我的勇气作结尾……这本书对以后的影响,在我的一生上,正是不可测的尊贵。直到现在就找不出来与我合作的人。人们沉默了,在德国的人们,用一种悲哀的注意来待我:我这些年以来,在今天,特别是在"帝国",谁也不能充分的承认,能行使绝对的言论自由。我的天国"在我的剑影之下"……归终,我实行了斯坦达尔(Stendhal)的格言:他以"踏进社会的圈子里,须有一种决斗的精神"的话来劝告。我该怎么样选择我的对手!该怎样选择德国的第一流的自由精神!其实,一种完全新的自由精神,在这里开始出现了,一直到现在整个欧洲,和美洲的"自由思想家"(libres penseurs)的种族,对我并不生疏且无亲属关系。对于"近代观念"不容易矫正的笨物,谐谑的他们,我对他们的某个敌人,我感觉是更深的不和睦。并且他们那流人物,要按着他们的形象，"改善"人类，他们对我是怎样的，我喜欢什么，若是使他们理解这些，必可避免一场不能不和解的战争。所有的他们，仍然相信"理想"……我是第一个反对道德主义的人。

3

我并不愿意主张用叔本华和瓦格纳的名字所写下来的《不合时宜的》这两篇论文，特别是对他们在有所了解上能得些帮助，或者也只是提出心理学的问题。当然，有几点除外。例如，在这里用已经深邃了的本能的确实性，把瓦格纳性格中的本质事物，表示作伶人的天分。他所取的手段和目的，只不过作他的结论而已。根本我打算在这本书里，完全的把心理学作为另外的一回事：不相同的教育问题，一种自己训练的新的概念，练成坚强的自己防卫，达到伟大和世界历史任务的一条路，寻找最初的表现；如果再往大点来说，我为着把它把握住以表示某种事物，并且还为着二三种方式、记号和表示方法，正好像人们抓住了前一半头发一样的机会，把有名誉的，而且还是完全没有确定的这两种典型，抓住了前一半的头发。这件事情，最末后用非常不合适的聪明，暗示在第三篇《不合时宜的》论文之九十三页上。像这样，柏拉图是以替代柏拉图的一种症候，去使用苏格拉底。现在不论距离有多么远，由于这些个著作的证明，回头去看那种当时的情形。我不愿意否定这些个著作，在根本上，只不过是叙述我个人的事情。在《柏伦特的瓦格纳》的那篇论文，是我未来的一种幻像。另外一方面，在《教育家的叔本华》(Schopenhauer als Erzieher)上，记述着我的最内在的历史，我的生成，比什么都在先。我的誓约……今天我是怎样的，今天我停留在什么地方，早已不是言词，在高处用闪电说话。啊，在那个当时的我，还距离那个地方有多么远！但是，我看见了那块国土——我是道路、海洋、危险——而且关于成功，连一刹那间都没有欺骗过自己！在许可范围内的这种伟大的安静，不仅限于一种对未来这件幸福之展望！在这里，每一句言词，都是体验过的、深邃的、内在的：那里并不缺少悲痛的言词，在那里确实像血滴般的言词。然而伟大自由的一阵风，吹向一切事物之上；创伤本身，也不是抗议。我认为在各种哲学家的面前，一切的事物皆是危险的，可怕的爆炸物，不论怎么样，我将我的"哲学家"的概念，除了学院的"反刍类"和其他哲学的教授之外，与像康德那样的人所包藏着的概念相较，还差有多少路程。论述这件事的这本书，在这里所叙述的，并不是"教育家的叔本华"，如果认为得当，而是它的反对语句"教育家的尼采"，给与了一种珍贵的教训。那时候我的职业，是一种学者的工作，而且也许要同时想到对我自己的工作得一个精确的了解。在这本书里，突然出现一块不好解释的学者的心理学，并不是没有意义的：那是距离感的表现，对于自己所肩负着的某种使命，只是所谓对于某种手段，插戏，副业的深刻确实性的表现。能成为一种的，能达成一个的，是因为有众多的处所的缘故。那是我的智虑。我在某种时间之中，也不能不成为学者。

人类的，过于人类的
（Menschliches，Allzumenschliches）
及两篇续文

1

《人类的，过于人类的》是一个危急存亡之秋的纪念碑。可以把它叫作求自由精神的一本著作。在这里差不多任何一句都

表示一种胜利——我用这一本书把在我性格之中的自己从不合适的事物里解放。理想主义是不合我的性格的，题目的意思是"在你们看到理想事物的地方，我只看见——人类的，唉，过于人类的！"……我非常认识人类……所谓这句"自由精神"的话，在这里不愿解释作其他任何什么意思。这是从自身之中，变成自由的精神。声音、调子，完全的改变了：人们在这本书里，能看到聪明、冷静，有的时候是苛酷的、嘲笑的。带有高贵趣味的某种精神性，表现出来对于热情的底潮不断的维持自己的高位。这本书早在一八七八年出版，好像是给一种辩解，其实在这位伏尔泰(Voltaire)的死后百年纪念的关系上，是具有意义的。不论怎样，伏尔泰在反对语句上模仿他所写的一切，是比什么都在先的精神的贵族。在这一点上，我恰好是那样。在我的一本书上写伏尔泰的名字，对我本身，那实在是一种进步。如果更要好好的去注意他的事情，在那里便可以发现一种残忍的精神，也就是能发现理想的秘密，知道所有的潜伏处所——它的城堡中的牢狱，和所谓保有他的最后的安全处所。把绝对不投以"发闪"光的炬火，拿到手里来，用一种如刀割般的光明，照射到理想的地狱里去。那是战争，但是没有火药，没有硝烟，没有好战的态度，没有激越飞扬的调子和四肢脱了节的战争。这一切事物的本身，仍然是"理想主义"。按照其他的事物，把迷妄放置在冰上，理想并不是反驳的——那乃是冻死……在这里，例如冻死"天才"，在那个角落里冻死"圣徒"，在一根厚的冰柱之下冻死"英雄"，最后冻死"信仰"；所谓"信念"、"同情"也显著的冷却了——差不多到处冻死了"物本体"……

2

我开始写这本书，是在柏伦特最初演祭祀剧的礼拜里。在那个地方对于环绕于我的一切事物，呈现一种深切的陌生感觉，这是这本书的前提之一。那个时候，具有某种幻像走过我的道路之概念的人，我有一天在柏伦特睡醒了的时候，能推测出来我将是哪种心情。我完全像是作梦……究竟我在什么地方？我什么都不能再认识了，我几乎不能认识瓦格纳了。我白白地翻了一翻回忆的书页。特立比逊(Tribschen)——一个遥远的幸福者的小岛：连一点影子都没有留下来。当我们安置基石的那些无比的日子，一小群同类的人祝贺那些充满了非常悦意感情的他们，连个影子都没有留下来。到底是怎么回事？把瓦格纳翻译成德国语了！瓦格纳主义者压倒了瓦格纳！——德国的艺术！德国的名手！德国的啤酒！……我们对那种精炼的艺术家，而且对那种单独叙述瓦格纳艺术的世界主义，在我们圈外非常了解的人，在装饰着德国"美德"的瓦格纳的视界上，将我们丢在一边。我认为我认识瓦格纳主义者，我自从把瓦格纳混作黑格尔的圣布领达尔(St. Brendel)以来，以至于将瓦格纳与我们相混了的柏伦特报纸的"理想主义者"，曾经体验过三辈子。我听见过关于瓦格纳"美魂灵"之各种各类的口供。一句聪明的话其代价足可相抵一个国家！实在是一位毛发竖立的家伙！诺尔(Nohl)、浦尔(Pohl)及废物(Kohl)先生，他们三位放在一起便成为无定数！在那里就连排斥犹太主义者都在内，并不缺少不健全的。可怜的瓦格纳！掉到那里去！他最低限度也得掉到有猪的地方去！而是德国人的地方！……最后，为着后世的教训，填一个纯粹的柏伦特人进去，因为缺乏精神，还是把酒精放进去的好——题字于下：在"精神"的标本上，建设"帝国"的基础。总而言之，我在各种事物之中，出乎意料的，突然旅行了两个星期，虽然一位媚人的巴黎女人要来安慰我，我只用一通宿命的电报，便与瓦格纳绝交了。在鲍马瓦尔特(Böhmerwald)的森林地带远远隐藏着的克林金伯隆（Klingenbrunn）村，我拿自己的忧郁和德国人的轻视，好像一种疾病似的围绕在我的周身上——并且，时常不断的在《犁头》（die Pflugschar）的总题之下，在我的笔记本上写下一个命题，一切有力的心理学上的观察，完全可以从《人类的，过于人类的》文章中再现出来。

3

那时候我所决定的，并不是要与瓦格纳决裂——我感觉到我的本能整个的错误，瓦格纳或者是巴塞耳大学教授，每个人的误谬，只不过是一种征兆。对于自己都难以忍受的攻击了我，我看出来那是自己反省自己的最好的时候，直到而今白白地浪费了那么多的光阴——我当文献学家的整个生活，由我的使命上来看，是那样的失去作用，那样的放肆无规，突然之间，自己恐惧地觉悟到。我自己对这种虚伪的谦逊觉得羞耻……尾随着我的十年岁月——事实上，在这期间，精神的营养是完完全全地被停止——我就没有学一学怎样能有效用，荒唐的我，只是为着一种废物有如尘土飞去的学问而忽略了其他一切的事物。用过于注意和半瞎的眼睛把古代的韵律学家掏出来，我就成了像这样的人！我看见了我可怜的身体完全的瘦弱下去，完全的饥饿下去，现实的事物在我的智识之中正是既缺乏而又少有，而且"理想事物"的魔鬼有什么用处！火般的渴望，忽然抓住了我。从那时候起，我实际上就没有去做更多的，如生理学、医学和自然科学的研究。我的使命，当受强制命令的时候，才开始再回到实在之历史的研究上，我又从那时候开始推量到逆着本能所选择的活动，也就是人们由于一种麻醉的艺术——例如由瓦格纳的艺术——麻痹、饥饿、荒寥的感情与欲求之间的关系。由于更深一层的观察，我发现了同一样的困难状态，在许许多多的青年人中：一种逆自然明明白白地强制第二种逆自然。在德国用最明显的话去说，在“德国”，只有许多的人，决定了不到时机的态度，在不能够放弃的重担之下，判决了衰弱的命运……这些个人们渴望瓦格纳，好像渴望鸦片烟一样。他们忘却自己，他们在一刹那之间丢开自己……我说什么！在五点钟到六点钟之间！

4

那个时候，我的本能对于特别的让步，同道和混淆自己，决定予以严格的反对。不论那种生活，也不论条件最不好的情形，也不论疾病，也不论贫穷——不论是什么，对我即便是那种没有价值的“无我”，也宁可说它有价值。这个无我，出于我在一起初的无知识，不是青年时期所陷进去的，乃是以后由于惰性，以至于所谓“义务感”连累而成的。这时候，我在一种除了赞叹就没有别的办法的这个时候，我救治从我父亲传递来的恶性遗传——天生是夭亡的命运。疾病渐渐地离开了我，它使我省去了一切的破坏，一切的凶暴，一切不痛快的行动。我在那时候，并没有失去善意，反而较从前更多得了些善意。同时，疾病完全给我转变一切习惯的权利。那是对我允许了忘记，命令我忘记，它以静卧、自适、忍耐的强制赠送给我……那就是所谓思考！……只缺我的眼睛和一切书虫子，如用德语说，与文献学断了关系。我从“书籍”之中解放出来，我已经有好多年没有读书了——这是我时常对自己表示最大的恩惠！所谓埋藏了的，所谓不断的必须倾听另一自我之呼声(其实，那是指读书)，那种最低下的自我，是缓慢的、恐惧的、可疑的苏醒过来。然而在最后，它又开始说起话来。当我在一生中患病最厉害的时候，最痛苦的时候，我从来就没有得过像那样多的幸福：解释这种“归还自己(Rückkehr zu mir)”是怎么回事，最好在《朝霞》

(Morgenröte)，或者是《漂泊者和他的影子》里去找。一种最高的痊愈自身！……另外的只不过是一种导源而已。

5

《人类的，过于人类的》是自己严刻训练的纪念碑，对于我所吸收来的“最上等的欺骗”，“理想主义”，“美的感情”和其他女性的事物给予迅速的终结，一切要紧的各地方，是在苏林特(Sorrent)写下来的。它得着它的结果它的最后的形式，是在一个巴塞耳的冬天，比苏林特的环境更不顺利。实在来讲，当时巴塞尔大学的学生，倾向于我的盖斯特(Peter Gast)君，负这本书的责任。我用绷带把我疼痛的头缠上，用口述，他笔记而且还予以校正。实际他是真正的笔者，我只不过是一位原作者。当我最后接着这本完整的书时——对一位患重病的人，给一种惊奇——在我送给别人的同时，送给柏伦特二册。由于偶然之中所含意义的不可想像，同一个时候，接到了派西福歌词的一本美丽的书，带有瓦格纳对我“赠给我的亲爱的朋友，菲德烈·尼采，教会评议员李荫特·瓦格尔”之献语。这两本书的交叉，对我恰好是两支剑相交接，没有声响一般？……至少我们两人是这样想，因此我们两个人保持沉默。那个柏伦特日报第一号是这个时候出版的，我知道，那正是对我已作了的那种事物，一个最好的时候。不相信！瓦格纳变成了虔诚者。……

6

我那时候对自己是怎样想的，我怎么样用恐惧的确实性，把握我的使命和在这种使命上的世界历史的事物。关于这些个事情，这一本整个的书，而且在其中一种非常显著的地方，供出来证据：我只是从我的本能狡猾性中，在那里还躲避“我(ich)”的语句，并且这一次不是叔本华或是瓦格纳，而是我的一位有名望的朋友雷博士（Paul Ree），带有一种灿烂的世界历史的光荣。很庆幸的他是那样高尚，过于雅洁的名士……其他的人们，并不像那样高雅，我在我的读者之中所不希望的，例如，典型的德国教授，由于相信永远根据把这本书整个的解释作上等之现实主义的一点上，便能够明白。其实这本书对我的朋友有五六句相抵触的地方。关于这件事希望参阅一下道德的系统学（Genealogie der Moral）一书的序言。——它的问题之一是：《论道德上之感情的起源》（Über den Ursprung der moralischen Empfindungen）一书的著者，最大而最冷静之思想家的一人（参阅《第一个背德者的尼采》Nietzsche, der erste Immoralist），由于他敏锐而一刀两断的人类行为之解剖，所达成的主要命题，究竟是什么？"道德的人类比物质的人类更不接近超感觉的世界——因此没有超感觉的世界……"这个命题在历史的铁锤击打之下，变成了坚硬和锋锐（参阅：《一切价值的转变》Umwerthung aller Werthe）。恐怕不久的将来能有一次——1890年！在人类"形而上学之要求"的根本上，对斧头给一个有用的机会。那是人类的祝福，还是人类的诅咒，谁要那样的说？但是，无论怎样须作一个结果实的，同时还是可怕的，并且带着用一切有伟大认识的那种二重的视觉去观察世界的，以及最显著结论的一个命题……

朝 霞
(Morgenröte)
以道德为偏见的思想

1

我反对道德的远征将与这一本书同时开始。这一本书并不带有一点火药的臭味，如果人们在鼻孔里具有一些敏锐性的话，在这里便能感受到完全是另外一种的，而且更为可爱的香味。既没有重炮，又没有山炮：这本书的作用也许是否定的，以手段来说也许不是那样，从手段而来的作用好像是一种结论，并不像一挺重炮的发射。因此直到而今对于在道德的名义上的被尊敬以及受崇拜的一切事物，以一种恐惧的细心而与这册书告别，这是当然的事情，我一点都不介意。至于在这整本书上，并没有表现出来一个否定的字眼，没有攻击，没有坏意——这本书却好像在岩石之间的一匹海兽，躺卧在太阳之下，圆圆地安适地晒着太阳。这匹海兽，结果就是指我自己。这本书差不多任何一个命题，都是我单独一个人在日内瓦附近的零乱岩石之间与海洋交换秘密所思想出来的，所滑落下来的。就是现在偶然拿起这本书来，差不多使我对各种命题成了从深的含蓄之中再引导出来某种不能相比之事物的顶点：它整个皮肤颤动回忆之纤美的寒战。这本书中的显著技巧，乃是把轻轻地不发声响地已经走过去的事物，亦即在极短促的刹那捕捉中，我称呼上帝为蜥蜴，这决不是非常小的技巧。而且，并未带有希腊青年神的残酷性，只用简单的枪械刺杀可怜的小蜥蜴，那不过用的是尖锐的东西，用的是写字的笔……“虽然还没有光辉，但是已经呈现了些许的朝霞。”这句印度格言，写在这本书的封面里。这本书的著者把那个清新的早晨，以及从开始到而今还没有发现过的柔美的蔷薇颜色，在以后——啊，一个新鲜日子的整个行列，整个世界！应该再向何处找？是在一切价值的转变上，在放弃道德的价值中，与直到现在被禁止的，被轻视的，被诅咒的一切事物上。这本肯定的书，把它的光它的爱它的柔和性注入到一切坏的事物中，那是对这些个事物再将“灵魂”，善的良心，生存的最高特权和权力取回来。道德并不是攻击，只是不再把它放在眼界里……这本书用一个“或者”的字去结束——这是用一个“或者”的字，惟一结束的书籍……

2

我底使命起初注意到人类最高之自制的瞬间，所谓一个伟大的正午时刻，人类在那种瞬间的开始中去瞻前顾后，而且脱离偶然和牧师的支配，把“因为什么”“为着什么”的问题，整个放在那个位置上。这个使命是从人类自身不按正当路子的洞察所发生的。人类决不是被那种所谓上帝那样的事物所支配，宁可说是在人类之最神圣的价值概念下，否定与腐败的本能，颓废的本能，从所谓主持暴力的识见中，在诱惑上必然发生的。因为这个缘故，关于道德之价值的起源问题，我认为是最要紧的问题。不论怎么说，那是导源于限制人类之未来的缘故。在根本上一切把握于手中之最善事物，一本圣经书要求人们去信仰在人类之运命上的神的指导和智慧的极端安心，如果把它译成现实用语的话，由于那种可怜事物的真理，也就是人类直到而今把握在手中的最恶的事物，他们由于失败者，由于狡猾的善于复仇者，由于所谓“圣徒”，由于像这样的世界诽谤者和人类凌辱者所支配了的事物的真理，乃是限制他们产生的一种意志。带有决定征兆的牧师(阴险的牧师，其中也包括哲学家)所持的证据，不一定准在宗教的社会里，而是成为一个普通的支配者，并且以颓废的道德，所谓灭亡的意志认为是道德的本体，亦即到处将无条件的价值给予非个人主义者，把仇怨给予个人主义者。在这点上与我不一致的人，我认为完全是传染……但是整个世界都不与我一致……然而，生理学家痛痛快快地处理像那样价值的对立。若是在有机体内最不重要的器官如果停止极轻微的它的自己保存，它的力的补充，所谓实行它的确实的“利己主义”，全体便要立刻退化。生理学家希求割去那块退化了的部分，他拒绝与退化了的一切发生连带关系，因为他怜悯它，所以远远地离开它。然而，牧师恰好喜欢全体的人类的退化……因为这个缘故，他保存退化了的事物——他以这种事情为代价而支配人类……那种虚伪的概念，补助道德概念的“灵魂”、“精神”、“自由意志”、“上帝”，如果在生理上不能使人类毁灭，此外还有什么意思？……当人们不尽心竭力地自己保存身体的加强，也就是生命之力量的加强的时候，或者当人们去建筑由萎黄病而来的一种理想，从轻视肉体而来的“灵魂的福祉”的时候，除对颓废症下药之外，究竟还有什么办法？重力的丧失，对于自然的本能抵抗，一言以蔽之曰“无私”。这就是从来称之为道德的……我第一次用《朝霞》对舍弃自身的道德开始宣战。

快乐的智识
(Die fröhliche Wissenschaft:”la gaya scienza“)

《朝霞》是一本肯定的著作，虽然深奥而在形式上却明显美丽，那是真实的。在《快乐的智识》的最高阶段上，这本书每一句几乎都是深奥的，且富有高远的精神，而令人高兴的把这两种联结在一起。有一节诗表示我在经验上对于最可惊奇的正月予以感谢的——这本整个著作是它的礼物——足以表示从深邃的“智慧”中而显现为快乐：

你用那发焰火的枪支
击打我心灵上的寒水；
它怒吼着急速地消失到海里
在最高的希望上：
它时时光明，时时纯洁，
自由潜藏在充满爱心的宿命中——
颂赞它以你的惊异，
美丽的正月！

当它有一次看到《查拉图斯特拉》第四部的末尾，如金刚石光辉般的美丽的第一个字的时候，谁能对于这里所说的“最高希望”有所怀疑？或者有一次他读到第三部的最终，如花岗石般的几个句子，所谓对于一切时代在起初包括于形式之中的运命有所怀疑！大部分在西西里(Sicilien)写成的《放浪王子之歌》(Die Lieder des Prinzen Vogelfrei)，非常明显的令我想起《快乐的智识》之布劳温撒路的(provencialischen)概念，想起那歌者、骑士与自由精神的联合，使布劳温撒路地方之奇异地初期文化，从一切暧昧的文化里区别出来；特别是最末后的诗《吹向密斯特尔》(anden Mistral)是一首充满舞意的歌。请原谅，在那里道德被自由所践踏，完全是一种布劳温撒路主义。

查拉图斯特拉如此说
(Also sprach Zarathustra)
为一切人但亦不为任何一人的书

1

从现在起我叙述《查拉图斯特拉》的历史。这本著作的基本概念，在一切可能范围内最高肯定形式的永远轮回思想——是一八八一年八月的事情：那是在一页纸上用所谓"人类与时间之六千尺的彼岸"的题目所写出来的。我在这一天沿着西路维布拉那(Silvaplana)湖的岸边走过森林，在距离苏路雷(Surlei)不远耸立着一个像金字塔一样的大岩石旁边我停住了脚。在那里这种思想降临到我的身上。从这一天起，如果回溯到二三个月以前，那好像是一种预兆，我的趣味，特别是音乐的趣味，突然之间分出来极深而截然不同的变化。《查拉图斯特拉》的全部，恐怕要算是一种音乐。的确，是一种在听觉艺术上的更生，对于他是一种预备的条件。我在离维深撒(Vicenza)不远的小山中的莱高乐(Recoaro)温泉渡过了一八八一年的春天，我同一位与我一样的"更生者"的大作曲家盖斯特(Peter Gast)友人共同发现了起死回生鸟(Phönix)音乐，这是从来就没有见过的，带着轻轻而又光辉的翅膀，飞过我们的身旁。相反的，我从这一天起往前计算，直到一八八三年二月，突然间在朦胧情况之下的分娩为止——在序言中引用了那最后部分的二三个语句，正是瓦格纳在维尼斯(Venedig)完成神圣之死的时候——恰好是怀妊十八个月的结果。这种恰好是十八个月的数目，至少在佛教徒中表示我实在是一个牝象的思想。带有相近于某种不可相比的一百种征兆的《快乐的智识》，是那个中间时期的产物，事实上，这是表示《查拉图斯特拉》的开始。在第四卷从最后算起的第二章，表示《查拉图斯特拉》的根本思想。与这种情形相同的二年前，福里斯(E. W. Fritzsch)在莱比锡出过一篇《生命赞歌》(Hymnus auf das Leben)的乐谱(是用作合唱与管弦乐合奏的)，也是这个中间时期的产物。这是由于我底悲剧的热情，尤其是表示非常激烈的肯定的激越飞扬的调子，乃是在我内心中的这一年的状态，也许不是一种没有意义的一种征兆。今后的人们无论在什么时候如果想起我来便要唱一唱这支歌。原歌词就因为散布着误会，如予以特殊的注意，就可以知道并不是我写的。那是在当时我所交的女友，一位年纪轻轻的俄国女人撒落梅(Lou von Salomé)小姐之值得惊奇的灵感。凡是能把握住这首诗最末词句之意义的人，一想便可得知我为什么选它，赞美它：这些个词句带有伟大性。苦痛不能认为是对人生的抗议：你没有给我留下幸福，好！你仍旧有你的苦痛……

大概我底音乐在这一点上也带有伟大性(oboe最末谱子的c字，是cis排版之误)。下一个冬天，我居住在夏瓦里(Chiavari)和费诺(Porto fino)的海峡交错之间，离日内瓦不远的那个风景可爱而清静的巴拉罗(Rapallo)湾。我非常不健康，那个冬天不但冷而且格外多雨。在那地方借住的小宿舍，因为直接面着海，一到夜里，海浪之声妨碍，不得安眠，差不多从任何一点来说，使我产生一种想不到的嫉恨。不仅是那样，而且一切决定下的事情，好像证明了“不仅是那样”的自己的信条，在这样子的冬天，这种不顺利的情形下，成立我的《查拉图斯特拉》。……在上午我向着南方经过松树林的旁边，远望无边际的海洋，登上土坡的华丽街道，往肇加栗(Zoagli)去；下午只要健康能够允许，便时常从撒塔·马尔盖里达(Santa Margherita)到后面的费诺绕一绕整个的海湾。这个地方和这种风景，因为皇帝菲特烈三世(Friedrich der Dritte)对它非常感觉喜欢的缘故，使我的心更感觉亲近。当他一八八六年的秋天最后一次来访这个狭小而被忘了的幸福世界的时候，我偶然间又回到这个海岸来。这两条道，《查拉图斯特拉》整个的第一部，尤其是典型《查拉图斯特拉》的本身，击动起我的念头：再正确一点说，侵入我的身上来……

2

如果要了解这种典型是什么，必须先把它的生理前提弄清楚——那乃是我把它叫做伟大健康的。我知道不能比我已经写过的《快乐的智识》第五篇最后一章付一种更好的解释，我自己都认为作不到。“我辈新人物，没有名字的，不好理解的——在那里所说过的——我们还没有被证明出来的早生子，我们为达到新的目的，便需要新的手段，也就是新的健康，需要比从来一切的健康更坚强的，更机警的，更黏着的，更胆大的，更快乐的健康。体验整个范围的从来的价值和愿望，并且渴望航行这个理想的‘地中海’之整个海岸的那种灵魂的人，从他自己深经验的冒险上，必须知道他将如何去感觉拿出勇气作一个理想的征服者与发现者，同时成为艺术家、圣徒、立法者、圣人、学者、虔信者、旧式上帝的隐者。虽然是这些种，可是人们只需要比任何事物都重要的一件事情，就是必须先要有一个伟大的健康——只是有这些种还不算够，又必须不断的去取得，而且还不能不去取得，因为几次几番的把它牺牲，而且还不能不牺牲……并且现在我们所谓我们理想的阿尔克船(Argonauten)水手，几次遇难，蒙受损害，然而像上边所说一般认为最好的健康，危险的健康，时常反复的健康，直到很长的时间已摆在这条道路上之后——

那似乎像是我们的苦痛变成了报酬，好像是我们看到了在我们以前从来就没有一个人见过的那种未被人发现的国土之疆界，所谓一块国土仿佛浮现在从来一切理想的国土和地隅的彼岸上，一个世界像这样的弥漫着美丽地、奇怪地、可疑地、恐惧地、上帝的事物。因此，我们的所有欲，和我们的好奇心，陷入于一种极端的兴奋之中。——唉，我们再也不能有什么事物使我们满足！……我们像这样的眺望之后，使我们在知识和良心上，抱着一种像如此般的紧迫的饥饿，我们将怎样再使现在的人类得以满足？那虽然是太坏的事情，然而我们只用一种不正当的态度去瞧他们最有价值的目的和希望，那可说是不可避免的事实，也许再也没有第二个机会去瞧视他们……一种另外的理想，一种奇怪的、诱惑的、危险的理想，走到我的面前来，因为我们谁也不轻易把这种权利让给它，我们谁也不去劝说这种理想，那是直到而今没有用意的自然而然的所谓神圣的、善良的、纯洁的，上帝的一切事物。换句话说，从泛滥的丰满性和威力性而来的一种玩弄着的精神理想；对于这种精神，民众当然要解释作最高价值标准的基础，危险、崩坏、堕落，或者至少是休养，盲目，一时的自己忘记的事物。人类之超人的幸福和善意的理想，例如好像把它的最真诚而非本意的游戏诗，安放到那种从来在现世上一切严肃性的旁边，安放到从来一切在容貌、语言、音调、眼色、道德和使命上的庄严性旁边。像这样的幸福和善意的理想，常常也许被当作完全不是人类的。不仅这样，与这种理想的同时也许要开始发生伟大的真实性，然后方能把原来的疑问号加上去，改变灵魂的运命，转动时计的指针，悲剧开始了……"

3

在这个十九世纪末，谁具有把强壮时代的诗人称作灵感

(Inspiration)的明了概念？如果以前就未曾有过的话，我便可以把它叙述一下。——如果人们在自身之中，带有非常少的迷信的渣滓，其实并不能舍弃，只不过是优越力量的化身，只是吹管，只是媒介的观念。突然用嘴都不能述说的确实性和精妙性，把某人从深处摇动或者被颠覆的某种事物，只不过是叙述事实，只不过是用眼看耳听之意义上的启示概念。人们能听，而不能找；人们能取得，而不知道是谁给他的；只是如电光的一种思想，利用必然性的，没有踌躇的形式发闪闪的光辉——我一次都没有选择过。那种可怕的紧张状态，往往变成泪潮般地流出来，它的步调于不知不觉中有时是狂奔的，有时是缓慢的一种狂喜，好像突然间从头上往下倒以冷水，在脚尖上感觉无数微细的战栗，而且非常清楚地把这种意识成一种完全无我的状态；最痛苦而最悲伤的事物反而成为被阻止的事物被要求的事物，并且成为在光明泛滥之中一种必然的色彩。这是一种深切的幸福感觉，本能变成节奏的状态，由于形式而大加扩张广大的空间——对于长、广、阔的节奏要求，差不多是灵感力量的标尺，对于那种压力和紧张的一种调节……一切好像是极端的非自由意志似的，而且恰好像是在自由之感情的，没有限制存在的、力量的、神圣的狂涛之中……这种形象的，也就是比喻的，非自由意志的性质，是最值得注意的。人们早就没有形象和比喻的概念了，一切都成为直接的，最正确的，最单纯的了。如果要用《查拉图斯特拉》的语句去回忆的话，那实在好像是接近到事物的本身，自己往前去做比喻的工作似的（“在这里一切的事物，来抚爱你的言词，而且对你献媚：因此他们要骑在你的背上。在各种比喻上，你在这里乘骑各种真理。在这里一切存在的语句的箱子，为着你跳跃出来。一切存在都希望在这里变成语句，一切生成希望学你所说的话……”）。这是我从灵感而来的经验，为了找出来对我说“我的经验也是那样”的人，我一点都不怀疑的，不能不回溯到几千年的往昔。

4

两个礼拜以后，我病倒在日内瓦。最后接踵而来的是一个在罗马(Rom)忧郁而不畅快的春天，我甘心接受那地方的生活，想起来那实在不是容易的事情。尤其是对《查拉图斯特拉》诗人最不合适的土地，而且它也不是由于我的自由意志所选择出来的这个地方，实在使我出乎意料的不愉快。我设法离开——我打算去阿魁拉(Aquila)，这地方正由于与罗马之概念的相对立，所谓对罗马从敌意里而建设的地方，迟早我也要建设与这个相同的一块地方。那不必说，为了纪念一位无神论者和教会的敌人，而且更纪念与我有密切关系的厚恩斯多芬(Hohenstaufen)王家的皇帝菲特烈二世。不仅是那样，也许是宿命：我不能不再回去。我直到疲乏时为止白费力气搜索反基督教的区域，结果毕阿柴·巴路尔背里尼(piazza Barberini)使我得到满足。我只在可能的范围，为了躲避不愉快的臭气，自己到魁丽那雷(del Quirinale)宫殿去打听，恐怕并未给哲学家预备下安静的房间。现在所谈到的这个高高的毕阿柴(Piazza)，在可以鸟瞰罗马而又能在遥远的下方听喷泉之迸音的一间屋子，写下那支最寂静的《夜之歌》(Nachtlied)。在这个时候很难说出来在我的周围不绝往返之忧郁的音律，在那种音律的覆唱词里，我又找出来一句“永生之死”的话，……在夏天，《查拉图斯特拉》最初的闪光，回到映照我的神圣的地方来，我获得了《查拉图斯特拉》的第二部，有十天的功夫足够。我不论在第一部，第三部，或者是最后一部，也不论是什么情形，都不需要更多的时间。在冬天，处于尼斯(Nizza)的风和日丽的青空下，我获得了《查拉图斯特拉》第三部——而且把它完成了。整个的一本书，如果计算一下，还不够一年。尼斯地方隐藏着许多的丘陵地带，由于不能忘掉的刹那之间，对我变成了神圣。用《新表和旧表》(von alten und neuen Tafeln)为题目的那个最重要的部分，是在由车站到慕阿人(maurischen)所建造的耶撒(Eza)岩石城最难往上走的途中作出来的诗。当我流出来最丰富的创造力的时候，筋肉的清快，常常是很烈害的。肉体生气鼓舞，我们把灵魂扔在一边……人们能时常看到我在跳着舞，在那时，我连一点疲劳的概念都没有，并且能在七八个钟头走到山上去。我睡得很好，我笑口常开——我已经完全是一个精神旺盛而富于忍受的人了。

5

除去这十日间的工作，年年不断的，特别是作完《查拉图斯特拉》以后的几年，陷于一种出于常情之外的困苦状态。人们为了永生不死，须付出更高的代价：人们为了永生不死，在生活的日子里曾经死了许多次。有的时候，我把它称作伟大的怨恨。一切伟大的事物，不论是工作，不论是行为，一旦完成，立时对完成那种事物的人给以报复。而且完成那种事物的人，为了完成那种事物，忽然间变成衰弱无力——他已经不能忍受他的行为，他已经不再去瞧视行为的脸面。把人们永远得不到所希望的某种事物和人类运命的阴谋所打结的某种事物，放在自己的背后。而且从现在起，把它担负在自己的身上！……它几乎把人压碎……伟大的怨恨！另外一方面是在人们的周围，听见了可怕的寂寞。孤独带有七重皮肤，什么东西都不能再穿过去。人们来到人间，向朋友问候：只是新的荒野，所得的是冷眼相还。最好是予以反抗。在非常不同的情形上，而且由那种将要站在我旁边的一切事物里，我经验这种反抗，那好像突然注意一种距离或者是并没有严重的伤人一样。这些种高贵天性的人，如果不晓得礼法，那他们便不能生存，这是很少有的。第三种是对一点的刺激，皮肤上就能意会到的敏感性，这是在一切微小的事物前之一种无助的感觉。作为前提的一切创造的行为，从自己的本性而来的，从最内在而来的，从最深邃的底部而来之一切行为的防御能力。我认为这是一切防御能力，一当它那样便立时停止，这些种能力，不再有活力流出来。我更敢说出来，人们消化的不良，起居感觉倦怠，对于冷酷的感情和猜疑，完全导源于未加防备。这不过是在多种情形上的病理缺陷。由于更温雅，更如人类之亲切感情的回归，有一次我曾经到过像这种状态之中，当我还没有瞧见它之前，感觉接近一种牝牛之群：它们以温热传给我……

6

这本著作从头到尾占有独特的地位。让我把著者丢在一旁，恐怕此外不论什么事物从力之充溢中再也没有与这个相同的。我之所谓“狄奥尼索士的”，在这里乃是表示最高行为的。由这一点来看，其他一切人们的作为，都显现着贫困与被限定。就是歌德和莎士比亚在一瞬之间，也不能呼吸着这种可怕的热情和高高在上的处所，就是以但丁（Dante）与查拉图斯特拉相比，只不过是一位信者，而且也不是一个最初的真理的创造者，一个支配世界的精神，一种运命——吠陀（Veda）的诗人是牧师，并不配给查拉图斯特拉解鞋扣子，那是一切事物中的最小的事情，以距离来讲，以这个作品所藏有的寂寞性来讲，并未给予什么概念。查拉图斯特拉永远有说“我在我的周围画一个圈同时画神圣的限界，越高的山与我同登的人越少。由于这座越将成为神圣的山，我建造一条山脉”的权利。就是把一切伟大灵魂的才能和善良的计算合为一体，将所有的放在一起，恐怕也制造不出来像查拉图斯特拉的这种说法。他的上升与下降的梯子是可怕的，他比任何人都更能观看，更有欲望，更能作为。这种在一切精神中最肯定的事物，他每一句话都带有矛盾；在其中一切相反对的事物去与一种新的一元相结合。人性最高的力和最低的力，所谓最甜美的、最轻率的、最可怕的事物乃是从永生之确实性的一元的泉源里奔流出来。人们直到而今还不知道什么是崇高，什么是深邃，而且更不知道什么是真理。在这种真理的启示中，并没有一瞬间未曾由某位伟人之推测，乃是在很早以前就捕捉过的。在查拉图斯特拉以前就没有智慧，就没有灵魂的探求，就没有说话的艺术；近于身旁的一切最日常生活的事物，在这里讲述前世所未曾有过的事物。语句震动热情，雄辩变成音乐，闪电向从来没有推测过的未来去投射。直到如今以最强烈的比喻所造出来的力量与这种具象性之自然的言语复归相比较，是贫弱的、是儿戏的。——而且，查拉图斯特拉将怎样的来到地上与万人讲最亲热的话！他自己将怎样的与他的僧侣仇敌以柔软的手去交握，并且为着他们而与他们共苦悲！在这里的每一刹那皆克服人类，在这里"超人"的概念成为了最高的现实。直到如今被人类所称为那种伟大的一切，在毫无边际的远方，横卧在他们之下。日暖风和，轻快的步伐，恶意和骄傲的普遍存在，以及对于在典型的查拉图斯特拉之外的一切典型的事物，在伟大性上所不可缺的本质之事物，直到如今从未梦想过。查拉图斯特拉由于在如此种纯正空间的宽广性上，在向反对事物之处去接近上，宛如感觉自己在一切存在者中是最高的一种；而且当他听到将怎么把这个最高的种类予以定义的时候，人们便断绝与他相比拟之念。

"——有最长的梯子而便能深深下降的灵魂，漫无边际的，能使本身驱走，迷惑，且彷徨的最广阔的灵魂。

快乐地投身于偶然之中的必然的灵魂，向生成之中去存在的灵魂，达到意欲和渴望的领有的灵魂。

自己逃避自己，在最广阔的范围中又自己追赶自己的灵魂，愚妄以甜言去解劝的最贤明的灵魂。

在一切的事物中持有主流，倒流，满潮，落潮的最爱自己的灵魂。”

然而这是狄奥尼索士自己的概念。我们再换一个方法来说。在查拉图斯特拉典型上的心理学的问题中，对于直到如今人们称作“是”的一切，在从来就没有听见过的调子上，便称作“非”，作为“非”，不但如此，以否定为反对的精神，那种担负最重运命的事物和任务的宿命，将如何去处理？不但如此，最轻快而又最超越的精神，将如何去处理？查拉图斯特拉是一位舞蹈家，对于现实持有最强硬而最可怖的洞察的人，认为“最渊深之思想”的将如何去处理。不但如此，在其中对于存在，或者是对于永远轮回的存在，并找不出来有何种的对立。倒不如这样说，对于一切的事物之永远的本身，能看出来所谓“巨大无限的诺言和阿们”的根据……“祝福于自己肯定的语言，将这些个运送到所有的深渊之中”……可是，这还是狄奥尼索士的概念。

7

像这样的精神当它自己独自叙说的时候，究竟说的是什么话语？那是狄奥尼索士赞歌的话。我是狄奥尼索士赞歌的发明者。在《日出之前》(第三篇，第十八节)，请听，查拉图斯特拉自己如何去叙说：一种如此绿玉的幸福，一种如此上帝的爱情之深，在我的面前还没有任何种的辩论。就是所谓像这样的狄奥尼索士之最深的忧郁，还变成了狄奥尼索士的赞歌。我取《夜之歌》为例。由于光和力的过度充溢，由于那种太阳的本性，宣告了不能去爱地永远不灭地愁诉。

“夜来临：现在一切狂喷的泉源，高声畅谈。我的魂也是狂喷之泉。

夜来临：现在一切爱恋之人的歌唱开始醒觉。我的魂也是爱恋之人的歌唱。在我内心里一种不满足的事物，难以停止的事物，愿举高声音。在我内心里求爱的热望，自己讲述爱的话语。

我是光亮：啊，我成为了黑夜！可是我被光亮所围绕，这乃是我的寂寞。

啊，我宛如黑暗与午夜！我将用怎样的切盼去吸取光亮之胸前的乳汁！

你们闪烁的小星，天上的萤火，而我还愿向你们祝福！——并且享受你们的光明，愿望自己获得幸福。

然而我生存在我独自的光亮中，我把从我自身所发出来的火焰，再吸收于我自身之上。

我不晓得受取者的幸福，同时我时常梦想偷盗较受取还来得幸福。

我的手就因为向外施与而无暇休息，这是我的贫苦；我以期待的眼光去眺望，眺望光辉的憧憬的深夜，这是我的嫉妒。

啊，一切给予者底祸害！啊，我底太阳的阴暗！啊，求渴望的渴望！啊，饱食的贪婪！

他们由我而受取：可是我还接触他们的灵魂？在受取和给予之间有一条沟渠，水的沟渠到最末后必须架桥梁一道。

从我的美丽中生长一种饥饿，我苦恼于照耀我的事物，我愿望抢劫我的赠与——这乃是我饥于阴险。

当他们很快的伸出手来，手又缩回去，好像瀑布般的在下落的刹那而又踌躇:这乃是我饥于阴险。

我底充实企图如此的复仇,从我底寂寞中流出来如此的诡计。

我底给予的幸福,丧失于给予,我的德性由于它的过剩而使它自己疲倦!

时常赋予给予之人的危险,乃是他不顾羞耻;时常予以分配之人,因专心分配,手与心便发生胼胝。

我的眼在乞求之人的羞耻之前,已不再落泪一滴,感觉充满战栗的双手,更变成坚硬。

我眼上的泪,我心中的软毛已经何处去?一切给予之人的孤独!啊,一切照耀之人的沉默!

众多的太阳运行于荒寥无际的空间:一切黑暗的事物,以他们的光明去叙述——他们对我不发一言。

啊,这是对照耀之人的光的敌意:那只是冷酷地回转他自己的轨道。

对灿烂光辉地事物,不要衷心公平,对太阳寒凛——如此回转每个太阳。

有如暴风雨的太阳,运行它的轨道。它们遵从它们的不屈不挠的意志,这乃是它的冷酷。

啊,你们黑暗的事物!你们好像深夜的事物!最初带走照耀之人的温热地是你们!啊,你们是第一个从光明的乳房吸饮爽神的乳汁!

啊,寒冰围绕我身,我的手掌由坚冻的事物而烤伤!啊,由憧憬你们的渴望,我渴望于衷。

夜来临:啊,我不能不变作光亮!而对夜渴望!或者是寂寞!

夜来临:宛如源泉的憧憬,从自身之衷心处涌出——我愿望交谈。

夜来临：一切爱恋之人的歌唱，今已醒觉。我的魂，也是爱恋之人的歌唱。”

8

像如此般的事物，从来就未曾做过，未曾感受过，未曾苦恼过：上帝，狄奥尼索士曾经如此苦恼。在光亮之中回答如此的太阳之孤独的赞歌，也许是阿利阿多娜(Ariadne)……除我以外，谁知道阿利阿多娜是什么东西！……关于如此种类繁多的一切哑谜，直到而今谁都没有解释过，我怀疑着在这里也许有某个人看见过像这一种的谜语。查拉图斯特拉有一次严格的规定他的——那也就是我的——使命。他把一切过去的事物，不论是对的，不论是救济的，都予以肯定。

“我往来于人类中，好比往来于未来的片断中：我观察那种未来。

而且，那种断片、谜语，把所谓可恐怖地偶然地事物缩成一团，这是我一切的作成和努力。

同时，假如人们不能成为诗人，解谜者，偶然的救济者，那我又如何能好好的作人？

救济过去的事物，将一切‘已成为’改变作‘我愿意它这样！’——这我管它叫作最初的救济。”

在另外的地方，在可能范围内，严格的只把那一个人是怎么样的“人”予以定义。人类既没有爱，更没有同情的对象。查拉图斯特拉对人类以最大的嫌恶去支配：人们对他认为是雕刻家所需要的一种无形物，一块素材，一块丑石。

“不再愿欲，不再评价，不再创造：啊，我把这种最大的疲倦抛置于远处！

就是在认识上，我只感觉自己的意志能力，生殖和生成的喜悦，而且我这种认识所以能如此赤诚的原因，乃是其中的生殖的意志。

这种意志把我从上帝和神仙们的旁推侧出来！如果神仙们存在，他们究竟能作些什么？

但是这种热烈的创造意志，使我不断的趋向于自新之道；如此我的铁锤转向到岩石的身上。

啊，你们人类！在岩石之中，为我熟睡着一个影像，一切影像的影像皆在睡眠！啊，那就是所谓必须在坚硬而难看的岩石中睡眠。

而今我的铁锤狂暴地对着它的牢狱激怒。从岩石中飞奔出来的破片：那块东西与我有关！

我要把它完成，一支影子向我而来。一切事物之中，最寂静，最轻快的事物都将向我而来！

超人的美，宛如影像般的向我走近：现在还有什么与我有关——神仙们……"

在上面画以黑线的语句，是它的着眼点，我极端的强调着。铁锤的坚硬，在破坏之时的喜悦，这都属于决定狄奥尼索士的前提的任务，"必须坚硬！"的命令，也就是一切创造者对所谓坚硬地最深地确实性，即是狄奥尼索士天性独有的特征。

善恶的彼岸
(Jenseits von Gut und Böse)
未来哲学的前奏曲

1

我这些年的工作,在可能范围内清清楚楚地被指示出来。现在我一生工作的肯定部份既然算是得到了,那么跟着便轮到否定的部分,那是对字面和行为双方都否认的。一切往昔价值的转变,大战,最后审判日的召唤。现在我必须慢慢地环视我同辈的人们,因为那些强有力的,要在破坏的工作上帮助我。从此以后,我的写作是如此的多饵:也许我和任何别人一样精熟于钓鱼?假如要捉不到,它的过失并不在我,而是那儿根本没有鱼……

2

在一切的要点上,这本著作(1886)是一个现代的评判,包括现代科学,现代艺术,就连现代政治,都给予一些指示,对于那一种有点尽可能像现代人那种高贵地肯定样子的相对型。在后者的意义上,这本著作是一个绅士的学校(Schule des gentilhomme)。这个名词现在解释作一个更精神和激进的意思。人们单为了支持身体,就不应该有恐惧,在身体中就必须把勇气加进去。……在这自夸时代中的一切事物,对这种典型认为是矛盾的,颇有近于非礼的感觉,例如有名望的"客观性",对一切受苦者的同情,屈从他人的趣味,在琐碎事前鞠躬尽瘁的"历史感"、"科学的态度"。人们如果认为这本书是随着《查拉图斯特拉》之后而来的,也许很自然的推测出来这本书是借养生法的光而构成的。由于一种可怕的强制向远方看已经习惯了的双目——《查拉图斯特拉》较比凯撒(Czar)所观看的来得更远。在这里,将近于身旁的时代和环绕于我们周围的,把它们强而锐力的捏在一起。

人们在所有的片断之中,特别是在形式之中。从实现《查拉图斯特拉》的本能里,能看到同一样的特意的转向。在形式中,在意向中,在沉默的技巧中,能看着显著的狡猾性,心理学被使用作自白的冷酷性和残忍性。在这本书上,就没有一句好一点的人话……一切都在休养:结果谁能猜测着像那样浪费温情的查拉图斯特拉需要怎么一种休养?……以神学来说——请听!我以神学家的资格来发言是少有的——那一天当工作完了的时候,装作蛇的姿态卧身于智慧的树下,这乃是上帝的本身。他们因此用上帝的名休养自己……他们把一切的事物创造得更美丽……魔鬼不过是每隔七天的上帝的游惰……

道德系统学

(Genealogie der Moral)

一篇驳论

构成这本《系统学》的三篇论文,从表现、意向、奇袭的战术各方面来说,直到而今也许在所写下来的作品中最没有意义的。人们都知道,狄奥尼索士也是黑暗的上帝。不论那次的开始,都以冷酷的,科学的,乏味的,故意向前的,故意退缩的去迷惑人。渐渐增加不安,一黑一暗的闪光,从远方以钝笨的呻吟声所听到的不痛快的真理……于是一切以可惧的紧张性趋于向前进行的猛烈的步调。结果,在一切可怕的调子之外,一种新的真理从密密的云彩中透露出来。第一篇论文的真理,是基督教的心理学:

那并不是从平常信仰的“精灵”中产生的，是从基督教的精神怨恨中产生的。由它的本质来看是反对运动的，所谓对高贵价值之支配的重大叛乱。第二篇论文，明示良心的心理学：那并不是像平常所信仰的“在人群中的神的呼声”，那是在已经使自己不能向外爆发之后，改变自己内部的残忍性的本能。这还是第一次把最古而又最不能轻视之文化地盘的残忍性，给一种明确的指示。第三篇论文明示禁欲之理想的答复，所谓僧侣理想之巨大的力，对究竟是从何处起源的问题。不必说，像这些事物，特别是有害的理想，灭亡的意志，颓废的本能，都给以答复。回答——如一般人所相信的上帝在牧师的背后的事，并不只是那样的，而是因为在它之外再也没有更好的事物，——所以就把这件事情一直到现在当作惟一的理想，另外没有一个人去和它竞争。“并非是人类没有欲望，乃是使人没有欲望”……在一切事物之先缺少反对理想——一直到查拉图斯特拉出生。——你们都了解了我。一切价值的转变是给一位心理学家的三种决定的准备工作——这本书即是在最初含有牧师的心理学的。

偶像的黄昏
（Götzen-Dämmerung）
人们将怎样利用铁锤研讨哲学

1

这本著作还不足一百五十页，好像一位嬉笑的魔鬼玩弄快活的与宿命的调子——并没有来得及计算数目，只用几天的工夫，我就把它写完了，在所有的著作中算是例外的：再也没有像这样更实质丰富的，更独立的，更颠覆的，更恶意的。如果在我以前的一切事物，关于怎样能使之倒立着的问题求得一种简单的了解，人们最好先由这本书里去找。在书面上标记着“偶像”之字样的，那完全不过是迄今称之为真理的事物。偶像的黄昏——用极粗野的话来说，旧有的真理将近寿终正寝……

2

现实的事物和理想的事物，在这本书中接触不着的连一个都没有（所谓接触，那该是多么意深词藻的词句！）。不仅是永远的偶像，而且还是年青的，一直老衰下去的偶像。例如“现代的观念”。一阵强烈的暴风，吹进树林之中，果实被刮落到处——真理。在这本书中藏有丰饶之秋的浪费，人们挤破真理，人们踏死多少真理，更多的……然而，你们接受到手中的事物，已经不再是疑惑的了，那是决定的事物。我开始将“真理”的尺度，置放在掌中，我能开始决定了。好像能在我的内心中发生第二个意识，或者好像“意志”在我的内心中迄今走向下坡的道上时所点的蜡烛之光……这条下坡的道——人们把它叫做向“真理”去的道路……一切“黑暗的冲动”告终，善良的人们现在还很少能意识到正当的路途……说句老实话，在我以前不论谁都不知道正当的路途在那里，也就是向上之道。如此从我这开始再付与希望，再付与使命，决定文化的大路。我是那件事情的快乐使者……我的使命正因为这一点。

3

前边所叙述的那本著作完成之后，一天都没有耽误的着手于我底“价值转变”的巨大使命，我以任何事物都比不上的最高的自夸，不论那一个刹那都相信自已的不灭，而且以运命的确实性，在青色的铜板上雕刻每种记号。序言是一八八八年九月三日写完的。把它写完之后的早晨，在我向户外出去的时候，看见了在我眼前从来就没有见过的上英加丁土地之最美地日出——那里边包藏着透明地而且还是色彩燃烧着地日出，寒水和南方之间对立着的一切中心点。与抑制洪水泛滥一样，我直到九月二十日才离开西路维布拉那，归终我只以作客异乡之人的身份，为了感谢这块奇异的土地，赠送以永垂不朽的名字。夜入深更，在洪水泛滥的寇毛(Como)城，伴着种种生命危险的旅行之后，我在二十一日午后，我便去到我所指定的那个最后住处的都灵。我在这个春天，我又找到与以前同一样的住处阿路伯特(Carlo Alberto)街第三区六号，正对着生伊玛奴哀(V. Emanuele)的宏大的加里尼雅诺(Carignano)宫，一直能看到与阿路伯特空场相对着的丘陵地带。一点都不迟延，一点时光都认为可惜的，我一心不乱地再开始工作起来：那不过只抛掉作品的四分之一。九月三十日的伟大胜利，第七天，泡(Po)河河畔的一位上帝的安适。我就在那一天，还写了《偶像之黄昏》的序言，我在九月的休养期中，才看到印刷校对的底样。我从来就没有经验过像那样的秋天，而且还未曾想过像那样的事情是否在地球上是可能的。那恰好像把劳琳(C. Lorrain)的画想像作无限的一样，在未来的时光中，将如之何才能在不知不觉中使之同样的完美无缺。

瓦格纳事件
(Der Fall Wagner)
一位音乐家的问题

1

为着纯正的了解这本著作，人们就不能不忍受像裂口的疮伤一样的音乐运命。我在忍受音乐运命的时候，我忍受的是什么！我所忍受的乃是音乐的世界赞美，乃是失去了肯定的性格，那是颓废的音乐而不再是狄奥尼索士的口笛……因此人们把音乐当作自己的事情，感觉好像是他自己受苦难的历史一样，人们在这本书中可找到富于思虑和格外的优美。在像那种的情形上，快活的，而且纯真的嘲笑自身——所谓述叙真理(verum dicere)完全被认作是冷酷的时候，那就是叙述欢笑和严肃(ridendo dicere severum)是人情之常。我把我当作老练的炮手，对瓦格纳列置重炮，这件事情谁能怀疑！我又把自己要作的这件事情一切予以决定，我爱过瓦格纳。最后，在我的使命之意义和路程上，攻击一位极敏感的“不知者”，他人是不容易猜测的。啊，我是音乐的卡里姚斯多罗(Cagliostro)——我还不能不暴露其他一切的“不知者们”——不必说比那个更精神的事物，越发的懒惰，越发的变成本能贫弱，正直的德国国民，以可羡慕的食欲不断的食相反对的事物，而且把那种与科学态度相同的“信仰”与反犹太主义相同的“基督的博爱”，以及与权力(帝国)意志相同的下流人物的福音，好像不能患消化不良症的咽下去……在敌对事物之间无党无派的！健胃剂的中立与“无我”！在一切事物上付给同等的权利，把一切的事物认为是美味的——德国人嘴上的正义感……一点疑惑都没有，德国人是理想主义者……在我最末一次访问德国的时候，我可以勉强的承认德国人的趣味，乃是与瓦格纳和沙庆金(Säckingen)的奏乐师具有同等的权利。我在莱比锡亲眼的看见了为着向最真诚而又非常德国味的——所谓德国味的，在往昔决不单指德意志帝国的意思——一位音乐家修兹(Heinrich Schütz)表示敬意，以养成狡猾的(listig)教会音乐和普及为目的，创立了李斯特协会(Listz-Verein)……一点疑惑都没有，德国人是理想主义者……

2

但是，现在我在这里一点都不顾忌的向德国人说一说非常露骨而且非常坚实的二三点真理：我要不去做谁能去做？我说说他们在历史之事物上的淫荡性。德国的史学家他们完全缺乏对文化的进展和文化价值的伟大眼光，他们不仅是聚拢在一起的政治(也就是教会的)的傀儡，事实上，把那种伟大眼光的本身给驱逐出去。它的先决问题，认为我们在一起初必须是“德国的”，“民族的”，如此才能在历史的事物上开始决定一切的价值和无价值……“德国的”是一种论证，“德国，德国高于一切”是一种主义，日耳曼民族在历史上是“道德律”的，罗马帝国比较起来是自由的代表者，第十八世纪比较起来是道德的，“无上律令(kategorischen Imperativs)”的恢复者……留下了日耳曼帝国史的记载痕迹，我最怕编纂反对犹太史的事物——宫廷的历史还存在着，可是封·特莱奇克先生自己以此为羞耻……最近对于历史上之事物的痴人判断，可喜的是那位已经作了古人的修瓦本人美学家费舍(Vischer)的一个命题，一种一切德国人所不能不肯定的真理，传布到整个德国的报纸上：“使文艺复兴和宗教改革二者(美的再生和道德的再生)开始合而为一个整体。”当我听到这种论调，我控制不了我的忍耐，并且我又对德国人指责那些个事情不仅是德国人的义务，而且是德国人的责任。四世纪中一切文化的犯罪是他们的责任……那是从平常的同等根据中，也就是对真理卑怯的地方中，对现实最深邃的卑怯中，在他们本能的不诚实中，“理想主义”中而来的……德国人使欧洲失去了它的收获，这个伟大时代，亦即文艺复兴期的意义，然而把更高的价值制度，所谓肯定人生保证未来的高贵的价值，在反对衰亡价值之中心地上而达成了胜利——在那里进入于本能的根据处中！就在这个刹那间，那位可诅咒的僧侣路德(Luther)恢复了教会，更在几千倍的恶事物上把基督教徒从那种倒毙了的瞬息中挽救回来……基督教，宗教化的生命意志的否定！……从它的“不可能性”的根据里攻击教会，不能把它恢复——因为攻击的缘故！——的路德僧……天主救徒规定下路德祭日，编制路德剧，也许是有理由的……路德和“道德的再生”！给魔鬼预备下所有的心理学！——一点都不疑惑，德国人是理想主义者。最先用最大的勇气和自我的控制，在达到明确的非常美满的科学思考时，喜好重复的德国人把旧“理想”的潜行道，真理和“理想”之间的妥协。在事实上，完全能看出来对加以科学排斥的权力，和虚伪的权力方式。莱伯尼兹(Leibniz)和康德——这是阻止欧洲之知识公正的二个最大制动机！德国人最末后在两种颓废世纪之间的桥梁上，以统制世界为目的，把欧洲统制为一，力量非常强盛，足以创造政治上和经济上的统一。当天才和意志的优越力表现时，以他们的战争，夺去了欧洲的意义，拿破仑在生存意义上的奇迹——他们因此对来到了的事物，在今日那种存在的一切事物的责任，寄托在德国人的双肩上，例如现世最反文化的疾病以及非理性的，也就是国民主义，欧洲病患的国民神经病，欧洲小国的分立，亦即小国家政策的永久化，这些责任都寄托在德国人的双肩上。他们抢去了所谓欧洲的意义，抢去了它的理性——他们把这些个都拿到不通行胡同去了。除我之外谁知道这条不通行胡同的出口？……以充盛的伟大使命再把各民族结合在一起？

3

结果，因为什么缘故我不能叙述我的嫌疑！就是与我站在同样立场上的德国人，为了产生一匹小鼠，从一种恐惧的使命里往这种事物中去寻找。他们直到而今时常想要与我和美，但是将来能否很圆满的和美是疑问的。啊，在这点上，我将怎样的渴望一位恶质的预言家来临！……出于天性的我的读者和倾听者，现在只限于俄国人，斯堪的那维亚人(Skandinavier)，法国人他们今后更当如是了！——德国人在认识论史中，满篇记载着不明确的名词，他们只是不断的生产"无意识的"假造货币者(费希特(Fichte)、谢林(Schelling)、叔本华、黑格尔(Hegel)、西莱尔马哈(Schleiermacher)与康德、莱布尼兹同是一条路上的。总之，他们那些个人不过是制造面帕的人(Schleiermacher)：他们把立于精神历史上最初的公平无私的精神，用真理的手审判四世纪中假造货币的这种精神，决未持有所谓与德国精神一包在内的名誉。"德国精神"对我是最讨厌的空气。德国的一切语言，一切态度，对心理学的事物呈示着从本能中而来的不纯洁，只要我一接近，便使我的呼吸苦痛。他们不能像法国人那样痛快的超越过第十七世纪的严格反省——以诚实之点上来论，不论是罗柴佛克(La Rochefoucauld)，不论是笛卡儿(Descartes)，都百倍于第一流的德国人。其实，德国人直到而今连一位心理学家都没有。可是，心理学差不多是一个民族的纯洁或者是不纯洁的规准……而且如果不能纯洁，人们将如何达于精深之处？

德国人的心,差不多和女人的心同一样的达不到深邃的根底。德国人是任何根底都没有的,一切都是这样。就因为这种缘故,连一个最浅薄的都没有。在德国称之为“深邃”的,乃是指我现在所说的自己本身之本能的不纯洁,就没有人愿意把自己本身解释明白。我之所谓“德国的”一字,并非是出于以代表这种心理的堕落为国际通货的动议?例如,恰好在今天,德国的凯撒以解放非洲的奴隶为口实,认为那是他尽了“基督教徒的义务”。我们在另外的欧洲人中,对那种立场只不过称之为“德国的”……德国人是否出版过一册富有深邃意义的书籍?单以所谓书本中之深邃意思的概念是什么意思来说,在他们的堆里就找不到。我知道学者们承认康德是深邃的;并且在普鲁士的宫廷里,相信那位封·特莱奇克先生是深邃的,这实在令我恐惧。同时,当我时常称赞斯坦达尔为深邃的心理学家的时候,便遇到德国的大学教授们找寻他的名字的拼法……

4

因为什么我不前进到极顶?我喜欢把它清扫干净。其中尤以德国人的轻蔑者所承认的事情,可说是属于我自己的野心之一。我在二十六岁时我便表示了对德国人性格的怀疑(《不合时宜的》一书中七十一页)。德国人对我是没有办法的。当我在脑际中设想,去作成一种逆我一切本能的人类,所想像出来的永远像德国人的样子一样的。究竟从那个地方去检查人们的肾脏。第一点,他决定那种人们是否持有距离的感情,所谓是否能在任何的地方看到在人们之间的等级、程度、顺序,以及那种人们是否是高雅的,以此种限度,来规定人们是否是绅士;如果不是那样,人们在心地宽阔之下便不能得救。啊!这就是下贱之民的高尚概念。然而德国人是下贱之民——啊!他们如此高尚……

人们与这种德国人相交往，人品便要降低：因为德国人是无阶级之分的……与二三位艺术家往来，尤其是除了与瓦格纳交际外，我与德国人在一起就没有快乐的时候……一切世纪中最深邃的精神，假定它呈现在法国人中，不论那位国会议事堂的女救济者，也许认为她的极丑陋的灵魂至少带有同种的意思……我对这种民族忍受不了，他们永远是一群狐朋狗友，他们并没有感觉阴影的手指——唉！我是一个阴影——在脚上并未带有任何的机智，而且再也不能前走一步……归终德国人是完全没有脚的，他们只有腿……对德国人他们完全缺乏像那样的卑贱的概念。可是，这是最上等的卑贱——他们并不单以德国人为耻……他们以滔滔不绝的谈话为最上着，以他们自己本身为决定目标，我恐怕他们对我所说的不能予以决定……我是一种对上面所说的各种命题的精确证据。在我的生涯里，向我"寻求转机的标帜和敏感的标帜"是徒劳无益的。从犹太人中能获得着，但是在德国人中是绝对找不着的。我的性格不论对谁都是温和的善意的——我有使之一律平等的权利。这些事情并不妨害我的睁眼。我对谁都没有区别，特别是我的朋友。最后，我希望这种事情对他们一点都不破坏私人的感情！我还想出来五六个关于名誉的问题。不仅是那样，我数年来所接到的每一封信，完全认为是胡说八道的，其实是真实的：不论在那一种憎恶上，对我越是好意的，那就越是胡说八道的。我对着我每一位朋友的面去讲那件事情，他们绝对想不到研究我所著的任何一本书都是费力的事情。我猜测他们在我的书里决不知道藏在极小的标帜中的是些什么。就是关于我的《查拉图斯特拉》在我的朋友中谁从那里看见了非法的，或者是一向认为像那样的放纵的权利主张？……十年过去了：在德国就没有一个人去抵抗这种无道理的抹杀，来拥护我的名字，甚且感觉到良心的苛责。最先有一位外国人,也就是丹麦人,以那种充分的本能敏感性和勇气,对那种自称为我的朋友的那些人大发愤慨。……根据这种事情,又证明了那位心理学家布兰底斯(Georg Brandes)博士,去年的春天在哥本哈根(Kopenhagen)讲述我的哲学。现在那一个德国的大学能够像那样去做?——我本身对这种事情并没有意见。必然的事物决伤害不了我,运命爱可说是我的最内在的天性。我爱好反语,只有世界史的反语我不喜好。如此,我不到二年工夫奠定了大地上发生痉挛的"价值转变"的破裂电火,把瓦格纳事件公诸于世。法国人对我还要来一次永垂不朽的冒渎与永生!现在正当其时!——已经来到了?——好好的,我的同胞们!我向你们表示敬意……

我为什么是这样的运命

1

我知道我的运命。我的名字将于某些日子使人回忆到一些可怕的事物上。在地球上一个前所未见的转变,对于良心以最深的打击,并且将一切被崇信,要求与奉献的定以罪名。我不是一个人,我是炸药。而且在所有这些事物上并不含有丝毫暗示我为宗教的倡始者。宗教只是暴乱者的事业,当我接触过一个教徒后,我总要洗洗我的手……我不要信仰者,就是连信仰自己我想都是充满了恶意的,我从来就不对群众讲话。我若有一天被称上一个"圣"字那真对我是一种恐怖。你很容易想到我为什么预先印这本书——那就是为避免人们误解我,我不要作一个圣者;我宁愿作一个小丑。也许我是一个小丑。并且"那不仅是这样"或者宁可说并不是"不仅是这样"(因为从来没有任何东西比圣者更为愚误的)，我是真理的声音。但是我的真理是可怕的：因为虚伪一向是被称为真理的。一切价值的转变，那是我对人类行为最高的自我体认的定式，对我成为灵与肉。我的运命使我必须成为第一个合适的人类，我自己感觉到应当反对时代的错误。我是第一个由辨别误之为误而发现真理的。嗅上一嗅……我的灵住在我的鼻孔里。我反对人所从来没有反对的，虽然我是一个敌对精神的对立。我是快乐的前锋，不平行于历史的，我体认到从来所未想像过的宏大的工作。希望因我而再生。因之，我必须是一个运命之人。因为当真理与时代的错误约定相争的时候，我们必须想到击动那种山与谷重新排列的连续的地震，这些是从来所未曾梦想到的。"政治"这个概念于是举起身体到精神幸福的国土。所有旧社会的重大形式都被击破——因为它们都依赖着错误：战争要起来，它的形态是地球上所从未见到的。在一个大衡度上政治将由我而划时代。

2

你希望一个定式为了这样的一个运命使之成为具体的？它在我的《查拉图斯特拉》中。

"要成为善与恶的创造者，必先是一个破坏者，且将一切价值粉碎。

这样最大的恶乃属于最大的善，但是这是创造的善。"

我是存在的人以来最可怖的人，但是这对我将成为最慈爱的那一方面来说并不抵牾。我知道快乐的消失到某种程度，同样的我的权力也消失到某种程度。在这两种情形下我顺从我底狄奥尼索士的性格，就是不能从说是是唯唯中拆散了敌对的行为。我是第一个不道德的人，所以这样我是最大的破坏者。

3

当我应该被询问的时候，我并不被询问，对于查拉图斯特拉在我口中，在第一个不道德者的口中之切确的意义：因为组成这个独特的波斯人是由于他是个切确的反对者。查拉图斯特拉是第一个看见在事物的工具上，善与恶斗争的必要齿轮。将道德译之为形而上学，如力量，第一原因，目的自身，这是它的工作。但是这个问题已经暗示出来它的独有的态度。查拉图斯特拉创造出这个在所有错误上最致命的——道德。结果它必须拿它当作一个错误。去第一个认识它，不只是因为他比其他的思想家对于这个问题有更长与更多的经验——所有的历史实在是一种对于经验上所谓世界道德规律之学说的驳斥——最重要的乃是查拉图斯特拉比其他的思想家更诚实一些。他的说教而且他自己独具以诚实为最高的道德——那就是说反对"理想主义"的怯懦，反而逃向实在的境界中。查拉图斯特拉自己有着比一切其他思想家所联合起来的更大的勇气。说实话以及射直线，那是波斯的道德。你明白？……道德穿透真实的事物而毁败自身，道德家自己的毁败乃在他的敌方——在我——那就是在我口中的查拉图斯特拉之名字的意义。

4

事实上，不道德家这个名词有两种否定包含在内。第一，我不承认从来认为最高者的人间的典型，也就是善良的人、善意的人、善行的人。而且，另一方面我不承认那种被承认与决定为道德本身的道德——颓废的道德，或者用个残酷点的名词，基督教的道德。我同意论断这否定中的第二点是更为确定。因为普通说起来，把善与仁慈过份的估价，对我来说简直是颓废的结果，衰弱的征兆，与一个向上的肯定的生活不相符合，否定与消亡乃是在肯定上的条件。让我在善人心理的问题上休息一下。要去估价任何一类的人，我们必须计算他维持的价值，必须知道他存在的条件。善人的存在条件乃是虚伪的，或者，换句话来说，在不情愿的情形之下去瞧看实在是如何切确地被组织起来。一种实在并不能时时引起仁慈的天性，并且在粗心和善意之手上的继续侵入，仅只受到很少的欢迎。把一切种类的困厄，一概的认为是反对的，是不能不废除的某种事物，这是没有意思的。从全体上来着想，那是在结果上的真实的不幸，痴愚的运命——差不多像希望赶走不良的气候以减少穷人的痛苦一样的疯傻。在全体的巨大经济上，现实之可惧的事物(在感情上，在欲望上，在权力意志上)，乃比微末的幸福，所谓"温情"的，更是非常的需要。后者因为根据在本能的欺瞒上的关系，对于那种一切不幸的事物，人们就不能不以宽大为怀。那种乐天的人们(homines optimi)所产生出来的丑陋的乐天主义，我将以一个大的机会，给所有的历史去证示一种非常可怕的结果。查拉图斯特拉第一个见到快乐主义乃是和悲观主义同样卑下的，或者是更为有害的。说："善人从不述说真理。你被善人所教导的是虚伪的海岸和虚伪的确实性，你在善人的谎语里出生与滋育。每种物事如从善人堆中出，便成为虚伪而且从根底下便弯曲了。"幸运的是，这个世界并不仅只是建筑在那些种的性格上。在那些性格中善意的畜类能找到它们的卑鄙的快乐。为着希求每个人都成为一个"善人"，一个群居的畜生，一个蓝眼的、仁慈的、"美丽的灵魂"，或者——像斯宾赛(Herbert Spencer)先生所希望的一个博爱者。这正与从存在中抢去它的性格相同，这就是所谓割宰人类，可怜悯的中国宦官的堕落的存在。这是被引诱的！这就是人们所称道的道德。在这种意义下，查拉图斯特拉现在把"善人"名之为"最后的人"或者是"灭亡的开端",而且在一切之上,他感觉他们为人类最有害的一种。因为他们牺牲未来,同时牺牲真理,如此他们才能完成生存。

"善人们——他们不能创造,他们永远是灭亡的开端。

他们把向新表格中去填写新价值的人钉在十字架上,他们为着自己牺牲未来,他们把一切人们的未来钉在十字架上!

善人们——永远是灭亡的开端……

而且诅咒世间的人不论作了任何的有害事件,善人们的毒害是毒害中的最大灾害。"

5

查拉图斯特拉,善人的第一个心理学家,结果为恶人的朋友。当一个卑鄙的人升到最高的阶级,他必须作那些只对着相反型的价值——对着那些已经安定生活的强而有力人的价值。当这匹畜生与最纯洁道德的光彩一同照射的时候,特殊的非常人必须降到恶的阶段里去。当虚伪把所有的价值持在要求"真理"的那个字上时,如果把他作为世界的外观,那真正诚实的人必定被赶到那些最坏名声之群中去,查拉图斯特拉在这里是很明白的。他说,那是善的知识,最善的知识,能引起人们之憎惧的,而且他把这种厌惰的感情撇之于外;他又长起翅膀飞翔到遥远的未来中。他并不隐藏这种情形,就是人的这种形态,一个相对的超人形态,所谓超人的是与纯正善人相比较的,而且那善与公正要称呼他的超人为恶魔。"你们这些高等的人,你们所注视的现在是倒下来了,这是你们觉醒在我胸前的怀疑,这是我秘密的大笑。我想你们要叫我的超人——魔鬼!你们在你们的灵魂中以为一切是那么惊奇?在他们眼光中,超人以他的善意认为你们是可怕的东西。"

从这里并找不到别的路径，人们必须送出来了解查拉图斯特拉所要求的数目——他想像的那种人，想像实在为存在；对于这件事他足有能力——他并不对它疏远或移转，他自己就是实在，在那里面他能找到实在的所有怀疑和恐惧。只有这样的人才能富有伟大性。

6

但是我已经选取了不道德家的这个名称，就是在另外的意义上也当作一个区别的符号。我持有这个名字是很骄傲的，因为它把我高举在所有人类之上。直到如今还没有人感觉到基督教的道德是比他低下的，去作这个的人必须有以往全然所未听到的高远的眼光和渊深的心理的深度。说到现在基督教的道德是曾经作了所有思想家的妖魔（Circe）——荷马（Homer）的奥底赛（Odessey）诗中女巫，曾将奥底萨斯（Odysseus）的伴侣数人变为兽类——在她的驱使之下他们站立，在我以前有什么人曾经钻到这个孔穴里，肯从这个有毒气氛的理想中——在这个世界的诽谤中——爆发出来。在我以前有什么人敢怀疑那些是孔穴？哲学家中有谁在我前面是一个真实的心理学家而且实不如说是与那个相反的"高等欺骗家""理想主义者"？在我以前是没有心理学的。去作第一个开始者，可能是一个被诅咒者；然而在任何情形下，那是一个运命，因为作第一个开始者也是人们所轻蔑的。对人们的嫉厌，乃是我的危险。

7

你已经了解我？限定我的，安置我在剩余人类之外的，是我拆穿了基督教道德的假面具。因为这种理由，我需要包含普遍宣战之意义的一个字。从来没有见到这些个人把我看成最大而不洁的表象，在他们的良心上，把欺骗自身的事情作为天性，作为基本的意志，遮蔽人们的眼睛使之看不到每一种现象，每一种原因，每一种实在。实际来说，这可算是罪恶的一种，心理的欺骗。基督教脸上的瞽盲是主要的罪恶——是反对生命的罪恶。多少岁月，多少人民，起初的与末尾的，哲学家们和老太太们，在历史上除开只有五六个刹那的例外（像我是第七个）之外，完全是同量的有罪。基督教的道德是虚伪意志的最坏形式，人类的真正妖魔败坏了人类。那并不是错误，可是现在就当作错误的触怒了我。那不是礼仪的"善的意志"和精神上之勇气教说的长时间缺乏而使之在基督教道德的胜利里欺骗了自身，那乃是性格的丢失，那全然是鬼样的事实，使那种违背自然的接受了最高的尊敬，把它当作道德，而且给人所留下的停滞不进当作绝对命令的律条。想像到这条路径的错误，并不只是单独的一个人，也不是一部分的人，而是整个人类。对原始的生命天性予以轻视的教导，立一个骗人的"灵魂"、"精神"，以便去掉肉体。教导人们在生命的必要条件上——寻找性欲上的不洁，在极度的需要下寻找罪恶的原理，以便扩张——那就是说在强力自身里的爱中（这个名词的本身就是毁谤的）；而且更站在反对之点上来看，一个更高的道德价值——但是我在说什么？——我的意思是道德价值就它本身来说，是在朽坏的符号里，是在天性的对立里，是在丢损了的压舱石里，是在客观性和"邻人爱"里。什么！人类自身是在一种颓废的情形中？它永远是那样？只有一件事是发展的，那就是你所被教导的那种惟一的颓废的价值是最高的价值。否认本身的道德实在是退化的道德，事实上，"你走到狗群里"如此便应该译成命令的口气："你们全要走入狗群里。"而且不仅只是命令口气。这种否认本身的道德，直到而今被教导的惟一道德，把意志欺骗到虚无里——那是对生命基本的否认。

那仍然还存有那种可能性，那并不是人类退化，而仅只是人类的寄生虫——牧师，他们由于道德，而谎骗自己进入他的价值的限定地位，在基督教道德里早就知道他走向权力的路上去。事实上，这是我的意见。人类的教师们，领导者们——包括神学家们——他们每一个人都曾经是颓废者：因为由于他们的一切价值的转变使他们进入生命的对敌中，而且因为由于道德。在这里下一个道德的的定义：道德乃是颓废者的特性，在生命上根据一种志望，给他们自己以成功的复仇。我信服这个定义的伟大价值。

8

你已经了解我？从查拉图斯特拉的口中我不曾说一个简单的字，我差不多已经五年没有说话了。揭穿基督教道德的假面具是一种无比的事件，一种真实的灾害。向它投射光明的人，是一种不可抵抗的力，一个运命，它把人类的历史撕成两块。人们不是生活在他的前面就是生活在他的后面。那种到而今站在最高处的，电光般的真理对它予以精切的打击：谁要是希望懂得被毁坏了的是什么东西，便应该看一看他手中是否还拿着什么。一直到那时，每件被称为真理的在如今便被认为是最有害的，最有毒的，一种虚伪的秘密形式。以人类的进化为神圣的口实，而被认作一种绞干生命之血的奸谋，把道德当作吸血鬼。揭穿道德的假面具同时也揭穿了人们所信服或一向被信服的价值是毫不值得的，他看出来在最可敬的人们之前没有东西是值得尊敬的——就连那些一向高喊圣啊圣啊的人们，在他们之中他看出来只是最足致命的那种堕胎，乃是因为他们蛊惑。“神”这个概念是当作生命之相反的概念而被发明的——每一件有害的，有毒的，毁谤的与所有生命的死敌，都拉拢起来归于这一个可怕的单位上。“彼岸”和“真实的世界”乃是为贬视存在而发明的——为的是不给我们地球上的存在留下任何意义，任何工作。“灵魂”、“精神”和最后的“永生之灵魂”的发明，乃是为的去嘲视肉体，使它生病而成“神圣”，去吸进一种可怖的轻视。对于生命的那些事情，应当严肃地处置而接受的，像营养问题，住室问题，知识食粮问题，预防疾病问题，清洁问题和气候问题，我们找到了“灵魂的得救”来替代健康。换言之，一种周期性的疯狂(folie circulaire)在悔悟的痉挛和赎罪的神经昏乱症之间予以转换。加上苦痛的工具所谓“罪”这个概念，以及“自由意志”的这个概念之发明，都是为的将我们的天性引入邪途。以第二天性作为对本能之怀疑的发明！在“无我”和“自我否定”的概念上，那种被宣布为独特的颓废之预兆，也就是从有害的事物中被诱惑的，已经没有能力去发现自己之功利的，破坏自己的，一般在价值的标程中被改称为“尽义务”、“神圣”和“神力”！结果——所有一切最可怕的——善人这个观念就成为表示每一种衰弱的、疾病的、残缺的、本身痛苦与每件事物都被抹杀掉的东西。选择的律条被钉在十字架上，有一种理想把骄傲幸运的人，说是是唯唯的人，肯定未来的人，保证未来的人认为都是从反对中创造出来的——此后这种人要被称为罪恶。而且把这些个被信奉为一个道德！——打倒坏蛋(Ecrasez l'infame)！

9

你已经了解我？狄奥尼索士反对钉在十字架上的人……

译者后记

《看哪，这个人！》(Ecce Homo)一书，是近代德国大哲学家菲特烈·尼采（F. W. Nietzsche 1844—1900）于一八八八年一月十四日写竣的，出版于一九〇八年。这本书不仅是尼采的自传，而且还包括着他的日常生活形态、哲学思想、文化问题、伦理问题、艺术问题、宗教问题，一切价值之估定问题，以及他一生中所写过的全部著作的解剖——在那里他说明了他写作时的背景、环境、主要的着眼点——这对一位愿接触尼采著作的人，该是多么有益的帮助！所以，我认为如欲了解这位二十世纪文明之预言家的尼采思想，先读读这本书，比读任何人解释他的学说的著作更来得高明，比读任何人批评他的思想的著作更来得锋锐。这就是我翻译这本书的动机与目的！

此外，在我们读尼采的著作之前，应该先知道他的学说的三大关键：一是世界根本的权力意志说，二是世界命运的永远轮回说，三是伦理思想的超人说，最后，以此三说作为现世肯定原理的一切价值转变之学的归结。知道了这些，对他的思想就不难明了了。

至于这本书的翻译，是根据德文原本译成的。虽然也参考了英美日三国的译本多种，但是由于其中漏译、误译的地方非常之多的关系，我也就没有得到如何了不起的帮助。

在我所根据的那本德文原书的最末一页上，记载着那本书是 F. Richter 在 Leipzig 出版的，封皮、装订、图案是 Henry Van de velde 设计的，共印 1250 本，我用的那册是第 784 本。就因为这种关系，版本和印刷都非常考究，可说是一本极珍贵的尼采典籍！

最后，以这本书的翻译工作来说，妻行端女士于繁杂家务之料理外，不但贡献了许多意见，并且也为我费了一些心思，译后又助我与原文逐句对正。我在这里是应该向她致谢的！

民国三六年“五四”文艺节，于沈阳故乡

（沈阳文化书店，1947 年 5 月 4 日初版）

现代社会心理学的历史背景[①]

社会心理学是一门古老的学科。它也是现代的——极端现代的与使人兴奋的，以致使我们漠视过去，并把我们有智慧的祖先的思想置之度外。为什么让他们旧式学说的陈锈阻塞新的生气勃勃的科学的齿轮呢？为什么在实证主义与进步的新纪元现在已经破晓的时候，如孔德所认为的为思辨的“形而上的阶段”所困扰呢？

但是有另外一种与更聪明的办法去观察这件事情。我们有智慧的祖先，为了所有他们的摸索，明白地提出了我们今天提出的同样问题。一代，他们想要知道，如何使其文化与思想形式给予后来者呢？当他与别人联合起来时个人的心理生活发生了什么呢？而在社会心理学成为一门科学很久以前，政治哲学家们对这一问题找到了一个答案，什么是人的社会性？他们知道得很清楚，如维珂(1725)发现：“政府必须遵守人所控制的本性。”自从对社会心理学的关键问题感兴趣以来——人的社会性——成为了既古老而持久的。

的确，我们有智慧的祖先缺乏为研究经验的精密工具，而那样他们有时在他们的学说中显得幼稚；然而他们遗留给我们经历了时间考验的一个敏锐眼光的重要的宝库，甚至他们的错误

① G. W. Allport(奥尔波特，美国哈佛大学教授)著。本书根据1954年美国爱迪生-韦斯利公司英文版译成，系刘恩久、刘行端夫妇合作译出。

与陷入死胡同对我们都是有教益的。谁不懂历史就命定要重复错误,这句话说得好。而科学的历史显示了一代学者的成就与错误,会成为后来者手中的大厦的基石。

当热衷于历史远景的争论使人不得不顺从时,并不是使所有的人不得不顺从。例如,它并不是要求我们做一次通过怪异的与古代的博物馆指导的旅行,它也不是把我们拿到一系列的尘封的肖像之中。研究社会心理学的历史只不过是能正确判明它所显示的历史背景对当前前景的关联。对这个目的摆在面前的文章并不把重点放在骨董与肖像上,而是把这些摆在当前的心理学的题目上,关系到从过去获取真正的有助益的启发。

社会心理学的土壤

如果我们提出一个表面的简单的问题:"谁建立了社会心理学呢?"我们便冒冒失失地跑到这个科学自身的一个重要的问题中去了,社会发明的问题。我们能说一个人能迴转历史的浪潮吗?或者一个人能建立一门科学吗?如果我们赞成"伟大人物"类型的解释,我们就可以挑选出几个为建立社会心理学的候选者:光荣的柏拉图、亚里士多德、霍布斯、孔德、黑格尔、拉扎鲁斯与斯坦达尔、塔尔德、路斯与其他人,这是依赖于我们有选择地采用的目标与时间远景而定的。为这些人中的每个人都能做出一件良好的事情来。其中的有些人在实际上已被唤为"社会心理学之父"。但是对这个问题的最真实的回答,主张:社会心理学植根于西方思想与文明的有特色的土壤中,甚至比最高的科学为甚。社会心理学要求有一个丰满的园地,在其中自由询问的传统,哲学与民主的伦理,与首先发生的自然的与生物的科学形成了一种有滋养的混成品。

社会心理学植根于全部西方传统的知性的土壤中，它呈现的花朵被认为是具有特征的美国的现象。社会心理学的激荡的万丈波涛在美国的一个原因在于这个国家的实用主义的传统。国家的事变与社会分裂的情况对创造新的技巧提供了特殊的刺激，并且勇敢地想出了实践的社会问题的答案。第一次世界大战后不久，社会心理学就开始繁荣起来。这个事件，紧随着共产主义的展开。在1930年代的大萧条之后，由于希特勒的上台，犹太的种族绝灭，种族骚动；第二次世界大战与原子威胁，刺激了社会科学的各个分支。社会心理学面临着一种特殊的挑战。问题是提出来了：在上升到社会的紧张与严密的组织的情况下，怎样才能使保护自由的价值与个人的权利成为可能呢？科学能有助于提供一个回答吗？这个挑战的问题导入一种爆发创造性的努力，使得我们对领袖现象、公共意见、谣传、宣传、偏见、态度变化、道德、交往、决定的做出、种族关系与冲突的价值增进了更多的了解。当别的国家遭到同样世界幅度的紧要关头时，看来在西方思想中的土壤的美国，加强了应用的改良论，证明了对社会心理学和有关的理论以丰富的生长。

回顾第二次世界大战后的十年，卡特雷特(1961)谈到美国社会心理学家的“兴奋(刺激)与乐观主义”，并且标明，“人们自称为社会心理学家的总数可怕的增长”。这些人的大多数，我们还可以再说一句，表示了对他们领域的历史了解得很少。

实践的人本主义者的动机常常在社会心理学的发展中成为重要的部分，不只在美国，在其他地方也是一样，而且有不调和的与不同的声调。根据英国的斯宾塞和美国的萨木纳尔的意见，它对人试图驾驶或者促进社会变化是无用的也是危险的。他们争论说，社会进化需要时间，并且在人的控制之外服从规律。社会科学的唯一的实际的任务是警告人们不去干预自然

(或社会)的进程。但是这些作家是少数,大多数社会心理学家同意孔德的人的生活道路能变得更好的乐观的观点。他还没有完全通过自然科学增进了他的幸福,通过生物科学增进了他的健康吗?为什么通过社会科学他没有更好的社会关系呢?从过去的世纪来看,尽管直到今天有了些微小的成就但这种乐观的见地仍然是在坚持着。人类关系好象是顽固地被安置了。战争并没有废除,劳动事故并没有减少,而种族紧张仍然紧随着我们。乐观主义者这样说,为了进行研究给我们时间并给我们金钱。

有一个更为形式的方法观察当前对社会心理学感兴趣的上升的波涛。它能够被孔德的三阶段学说(1830年,第一章)的论述所解释。孔德要说,只有当前的才有社会科学所留下的第一个两个阶段的限制,即尊敬的神学的与形而上学的阶段的限制,以及完全进入实证主义的第三阶段。当孔德自己尽力开始第三个阶段时,很明显,他努力的成果被搁置几近一个世纪之久,直到实证主义的实验的工具——统计学、测量方法,以及如仪器出现才更为足够地发展起来。哈尔特(1949)令人信服地勾画了社会科学产生上的当前的上升情况,并且论述了这种加速度的前进标志了被耽搁的社会科学进入到实证主义的纪元。尽管这样,在社会前进面前工艺的发展是很危险的遥远,人能够变物质为能但是还不能社会地控制他所创造的能。

无论如何,社会科学在固有的道德的指导下,甚至能够最后降低或者除去文化上的落后,而完全可以成为人类命运所依赖的一个问题。

社会心理学的定义

没有精确的范围从其他社会科学中划分社会心理学。它重复政治与经济科学以及文化的人类学,并且在好多方面它从普通心理学中是区别不开的。同样,它与社会学的联系也是紧密的。社会学家路斯以《社会心理学》(1908)为标题曾经写了第一本书。在美国其后出版的成打的教科书中,多于半数是由心理学家所写,少于半数是由社会学家所写。

虽然这种表面上缺乏自主权,然而社会心理学有它自己理论的核心和资料以及它自己特殊的观点。它的兴趣集中在单独个人的社会性中。相反,政治科学、社会学与文化人类学采取了像他们的出发点的一个单独个人所生存的政治、社会或文化的系统中。很明显,一门完整的社会关系的科学,如帕森与锡尔斯(1951)指出的,将包括既有个性系统也有多方面的社会系统。

只有少数例外,社会心理学家关心他们的作为一种企图去了解并解释个人的思想感觉与行为如何被别人的现实的,想象的或者别人的不言而喻的存在所影响的训练上。“不言而喻的存在”这个词指个人实现的许多活动,因为他的地位(角色)是处于在复杂的社会结构中以及他的成员的身份是处于有教养的团体中。

社会学、人类学与政治科学是“更高一级水平”的训练,它们探索社会结构,社会变化与文化型式的内在规律,它们要了解由个人所抽选出的社会的行动。当所有美国的公民慢慢地被别的公民所替换那会发生怎样的事情呢?英语被继续使用,政府的形式并不基本地改变,经济行为的循环与社会阶级的存在继续几乎像原先一样。成为对比,社会心理学则要了解社会的任何所给予的成员如何被所有围绕着他的社会刺激所影响的。他如何学习他的本国语言呢？从哪里产生他所发展的社会与政治态度呢？当他成为团体或群众中的一个成员时那会发生怎样的事情呢？

社会心理学首先是普通心理学的一个分支。其所着重的中心是同样的：在人类中作为局部的人性。一些作家论证说既然个人的精神生活总是被“别人的现实的，想象的或者别人不言而喻的存在”所影响，那么所有心理学一定是社会的。如果我们想压制它的话，这种观点是站得住的。但是在实践中它没有什么价值。有许多人性的问题需要离开社会因素去解决：心理物理学、感觉过程、情绪机能、记忆跨度、个性完成的性质的问题，社会心理学重复普通心理学，但是并不与它等同。

在追踪社会心理学的历史中，从每位作者思考的整个结构里抽象出来，我们是处在烦扰的地位中，这些思想明确的与个人的社会性有关。例如，我们将不考查边沁的全部政治哲学，或者斯宾塞的全部社会学。我们只选出这些心理学的假定在其中存在着他们的社会理论的残余。就心理学家而论，我们并不记述冯特或者麦独孤或者弗洛伊德对心理科学的全部贡献，而只是特别对说明社会行为有关的这些部分。

这样写一部社会心理学史就要求一种特殊型的灵巧的手。它要在这儿提出一个发现，在那儿一个意见，并且试图显示这些线索如何将自己编织进现今社会心理学的组织中去。

第二个来源

学生能完成一种精确的历史意义的唯一方法就是深入钻研过去专家们的原著。但是当历史的阴影延伸起来，它逐渐对专门研讨的第一个来源成为困难。如果有辨别力地去使用第二个来源，是有其用处的。他们不仅节省了时间，而且他们也允许研究历史的学生去核对这一种反对另一种解释的正与误。

当存在着许多的社会学的与政治思想的历史时，就不存在社会心理学的解释的历史。选择这个主题的一些部分是被斯普劳尔斯(1927)与卡尔福博士在她《美国社会心理学》(1932)与她更近的补遗(1952)中所讨论过的。考粹尔与哥拉葛尔(1941)曾经观察过1930—1940这十年，卡特雷特则观察1948—1958这十年。这一小部分作者主张在社会学与社会心理学之间划一个区别。在社会学的历史中我们有时找到反对心理学的偏见，如在贝克尔与巴恩斯的《从知识到科学的社会思想》(1952)一书中。但是在这本书上如同在索路金(1928)、莱斯(1931)、贝尔纳德(1934)、郝斯(1936)，与巴恩斯(1965)的著作中一样，我们找到有助于过去作者思想的解释，包括他们的基本的心理学的假定。

文化人类学的历史仍然是一个被忽视的主题。一些帮助可从海顿(1910、1949)那里得到，而更多的是从克劳伯与克路克厚恩(1952)那里得到，他们对文化的概念予以费力的评论，对其心理学的内涵予以应有的份量。

政治理论曾受到许多历史的处理，有些包括了人的社会性的广泛的考虑。在这种连系中的有用的来源是英基尔曼，从柏拉图到边沁(1927)。这一卷包括一系列对每一作者的以作者自己方式来看待“人们被管理的本性”观点的模仿作品的摘要。其他来源包括了萨宾(1961)、沃林(1961)与卡特林(1947)。卡特林作出了有趣的观察：当政治哲学繁荣了两千年之久，我们到现在才亲眼看到一门政治科学的开始，因为一门政治科学的发展会“对变成权力是太危险了”。同样的理由可以解释它为什么只是在晚近的岁月其土壤才有利于社会心理学这一科学的没有障碍的生长，以及它为什么只是在一定的西方国家它的这种生长才能产生。

我们不能忘记哲学的历史。直到一个世纪之前所有社会心理学家都同时是哲学家，而许多哲学家也是社会心理学家。观察一下那种帮助追踪这种关系的曾经有文德尔邦(1935)、厄汉(1939)、罗素(1945)与贝克(1947)等人的论述。智力运动的历史学家也有许多贡献，例如，克尔蒂在《美国思想的成长》(1943)一书中也有所论述。

对于这些来源一定要加到普通心理学历史的处理上，因为首先社会心理学依赖实验心理学与理论心理学的基本的方向与方法。在波林(1950)的书中具有很大价值。例如，其他心理学史家如墨菲(1949)对社会心理学也提供了特殊的篇章。

古代的社会心理学

从柏拉图到孔德的时代，事实上，人的社会性的所有理论都被束缚在并且易于引到国家的理论上。为了这种原因，我们可以正确地说直到一个世纪以前，社会心理学大部是政治哲学的一个分支。当然，它是柏拉图与亚里士多德第一个唤醒西方人关于他自己的社会性的好奇心的。

柏拉图在《共和国》中告诉我们：国家开始是因为个体不自满足。他需要许多人的帮助。政府的特殊型式正是由于一定社会情感的优越而发生的。在所有环境的一种趋势中，政治的五种可能形式之一种在不同的环境中得到优越的地位：

贵族政治依赖于哲学家的统治，他们统治的动机是对智慧的爱和为公正而献身的热情(这种愿望是每一个体要履行为自然所召唤的对他是最合适的义务)。

名誉政治,兴起在国家的保护者之中,是被虚荣被权势之爱,与被军队的野心所诱导的。其最后的型式是严厉趋向于服从和谦恭趋向于上级的一种型式。

寡头政治,由于名誉政治的贪心,只有少数成为富有并且按照富足是最高尚而贫穷则是邪恶的社会评价而获得成功的。

民主政治产生于对寡头政治之贪得无厌的叛变。一些口号,如自由与平等,用以唤醒群众以反抗监禁的侵犯的主张。

高压政治代表了最低的主权形式而是从民主政治所产生的自由过剩的结果,允许无知的懒汉取得权力并且由不稳定的武力支持来统治。

柏拉图认为人们形成社会团体是因为他们需要它,这样他持有一个功利主义的或"社会契约"的观点。亚里士多德,在另一方面,看到群居的动机是本能的。人是自然的"政治的动物"(《政治》,第一章第二节)。这是其天生的本性引导他到达实证的关系和到达生活的一种集体的方式中。而且亚里士多德认识到在其力量中社会本能的变化,在国家内它还不够达到真正的统一的强度,一个家庭的统一则是更强些,个体的统一(自我境遇)也是更强些。

柏拉图与亚里士多德都在个体组织与社会之间把异体同功(analogy)发展了,这样对一种学说给以刺激,如我们将要见到的,直到今天已经有了强大的支持者。

柏拉图认为领导(哲人的智慧)的统治对一个良好的社会是必要的,亚里士德倾向于对变化多端的民主政治有一个更高的见解。既然从人们在他们的才能方面差别很大以来,在民主政治中"这个人了解了这一点,那个人了解了那一点,而所有的人,则了解了全部"。柏拉图要通过一种优秀分子的统治保持这种平静。当可能的时候,亚里士多德要通过所有人民兴趣的表达保持平静;柏拉图从他的理念社会的概念中来演绎论述的理由,亚里士多德当他发现了它时,便从人性的看法这一点来归纳地论述。柏拉图更多是一位理性主义者,而亚里士多德更多是一位经验主义者。

因为在他们之间有区别,所以就被称为每一个其后的作家、哲人或科学家采取或是柏拉图派的或是亚里士多德派的道路到对人与社会的研究中去。也许这种区别太尖锐了。然而这可以是,这样一种事情是肯定的:柏拉图派与亚里士多德派思想的线索是过去与现在在西方理论中发现的。我们其次要考虑到的,如我们即将看到的那样,孔德的风格根本上是亚里士多德派。

孔德对社会心理学的发现

大多数学生都知道关于孔德(1798—1857)的贡献的两件事实。第一,在他有名的"三个阶段的法则"中他提请注意于从神学的,通过形而上学的,进入发展的实证阶段科学的逐步出现。我们已经评论过在当前文化停滞问题上这种法则的承担任务。第二,大多数学生了解孔德区分基本的抽象科学,并在 1839 年得出这个结论:社会学(这个名字是他的发明)应该被承认为一种新的实证的科学。我们可以说被孔德在其产生以前许多年命名为社会学的,仍然可能清楚地预见到它的发展。

大多数学生不了解的是直到他生命的终结孔德是和一个"真正的最终的科学"角斗,如果完全解决问题,只能是今天我们所称呼的心理学,尽管孔德赞成标记它为"实证的道德"的科学。在他的《实证政治体系》第四卷中(1854),他公开陈述他的意图在 1859 年《实证道德的体系——一般的教育论文》中。但是在计划的日期两年前他死去了，只留下这新科学的片断的说明。这些片断是由戴格兰奇(1923、1930、1953)所校勘与翻译的。

今天对我们重要的是孔德议论的逻辑。从来就没有任何一位作家给予这样持续的注意，像他对科学的整理那样。他看到他自己最后被逼到主张一个"真正的最终的科学"——并且他的那种科学的概念是与我们现代心理学当前的概念的事实相平行的，特别是社会心理学——上去，它是一种被忽略了的具有历史意义的事实。如果可能，简单考虑作为一门科学的社会心理学的"创始人"，我们要提名孔德来取得这个荣誉。

孔德在他的科学中拒绝采用"心理学"这一名称的原因是他自己表白出来的(见《Lévy Bruhl》，1908，第188—209页)。在他的时代，"心理学"是太唯理论的，太内省的与太心理主义的了——简言之，对他的口味来说，太"形而上学的"了。他害怕由于保持这种名称，会阻碍他所寻觅的这实证的科学的发展。正当他铸造"社会学"以支持他解释一个新的科学园地的时候，同样他铸造了"道德学"以命名那些跟随并建造在生物学与社会学上的为最终的科学。如果今天他著述的话，孔德会很巧妙地采用新的"行为科学"的名称来代替"道德学"。

抽象的科学

孔德坚持从具体的科学中分离出抽象的科学。前者处理不能缩减的现象，处理原素与其分析，处理基础的与最初的事实；后者处理合成现象，处理具体的存在(非抽象事实)，并且处理抽象科学的应用。图表1以其假定出现的次序记入七八个抽象科学。所有其他科学是具体的：在其中是地理学、气象学、植物学、动物学、与教育学(最后是应用的道德学的一个例子)。

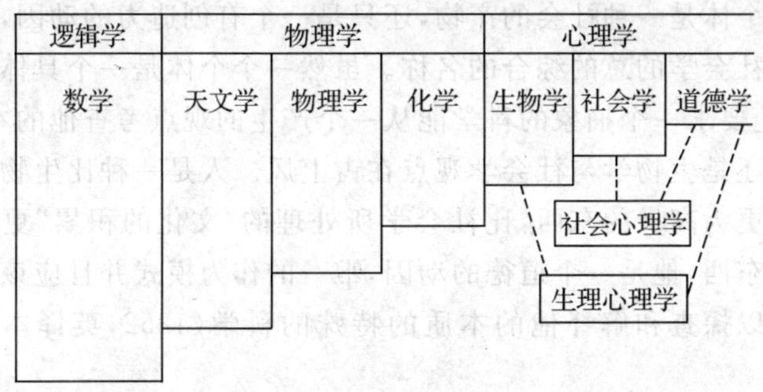

图1　孔德的纯粹的或抽象的科学体系

（采自 De Grange,1930）

这些科学的性质在细节上被描绘在两个长的系列的卷册中:实证哲学(1830—1842)与实证的政治体系(1851—1854)。第三系列,主观的综合,包括在第二册中,他的道德学的全部探讨是从未完成的。他论证道,抽象科学,只能在一个明确的体系的次序中展开,如图1所示。人类能够前进,只是从所知的到所未知的,并且只是在现在为人类行为的实证科学展示着远景。

给他带来最大困难的是精神水平的问题。起初他看出属于感觉生活的现象只有两个不能缩减的等级:(1)生物学的,有机的或者生命的,与(2)社会学的,集体的或者社会的。他逐渐感到他自己被驱使去认识现象的第三个等级:(3)道德的或者个体的。在那里,人的感情的、智力的与积极的作用是联系在一起的。

《道德学》的性质

早在《实证的政治体系》(1852)第二册中,孔德向他自己提出了这个重大的问题:"个体如何能使社会立刻发生因与果的关系?”个体是一种社会的产物,还只是一个有创造力的动因,不必了解社会学的总的综合的名称。虽然一个个体是一个具体的生物,他要求一个抽象的科学能从一个产生的观点考查他的本质,但是还是生物学与社会学观点在占上风。人是一种比生物学的东西更为高贵的东西,比社会学所处理的“文化的积累”更为高贵的东西,他是一个道德的动因,唯一的作为模式并且应该成为一种以探查和解释他的本质的特殊的科学(1852,英译本,357页)。

当生物学只作为按照植物性与动物性机能研究的观点来概述人类存在的研究时,那么社会学单独给予我们理智与道德属性的知识,只在他们集体的发育中,它成为足够重视的。在其后,真正的最终的科学,即道德学,就能够把我们个体本质的特殊知识体系化,成为以生物学的与社会学的两种观点适当结合的道德学。

它费了孔德将近三十年持续的劳动才达到这个地步。它的新的进步使他自己极为兴奋。

他坚持,道德学一定要处理人们的个体的统一。寻找一个在他的新科学中可以使用的动力理论,他只找到一种合乎他的口味的加尔的骨相学的体系。他喜欢加尔的学说是因为其有力地强调个体人们的核心特性。有些人以巨大的身体勇气,有些人以抱负,另外一些人以利他的感情而著名。加尔把他的能力紧系到“大脑的内在机能”的事实似乎对孔德增加了科学上的好处。孔德所寻找的是一种人格的科学——不幸,若干年后这样一种科学才成为可能。

虽然这种科学要依赖可靠的生物学与可靠的社会学,可是有时道德学要更着重依靠其生物学的基础,而产生了今天可被区分为生理学的或构造心理学的发现物。在其他时候,道德学要处理在一个社会与文化的结构中的个体的地位，而构成一种社会心理学。

在这个论证的书行中，我们找到三个显著的命题：(1)一种个体的科学是可能的与必要的。(2)这个科学，当考虑到对个性的个案研究时，将不避开对所有的人的共同之处的综合。总之这是一门人性的科学，但是我们必须使自己适应他本身的个体的现象。(3)道德学能被看到——如同现代心理学之常被看到一样——既是生物学的也是社会学的。孔德逝世后不久，冯特与塔尔德在心理科学中敏锐地坚持这同样的二分法。他们说，所有心理学，既是生理学的也是社会学的。

孔德对道德学的发现，并不减少他对他较早时对社会学发现的热心。社会学仍然是包围个体的“伟大存在”的科学。一种语言、文化，或者社会体系的存在对个体的生活是居先的，并且决不可减弱的(1852,438 页)。

这些个体的剧变并不明显地改变集体的存在，而当他向前发展时他们的作为是不多的。在不同的个体之间保持相互的平衡，留给社会学的只是归因于真正集体的永久的影响。

纠缠的问题

孔德所纠斗的问题是永久的。现代社会心理学家，并不减于孔德，也被这个问题纠缠着：个体如何既成为社会之因又成为社会之果呢？即是说，他的本质如何才能无可怀疑地依赖于首先文化目的的存在，依赖于预定的社会组织中他的作用，而在同时他清楚地是个唯一的人，既是从他的文化环境选择与拒绝影响，并且在为指导未来世代转而创造新的文化形式呢？当然，这个始终相互作用的社会——个体是在进步着的，人也是这样，一个生物学的存在服从于他的种类的法则。

无论孔德最终的三种科学要恰恰正确地站在他在一世纪前所解释的形式上,这里并不成为问题。我们只要求指出他的问题的现代性。近年来新概念已出现在地平线上了:社会关系、人类发展、行为科学、人类关系。这些标志的每一种,它好像要表达生物学的、社会学的与心理学的研究的完成。这样在某种意义上每一种似乎要对孔德的不能翻译的名词,“道德学”试图翻译一下。当他在科学的辞典中建立这个名称完全失败时,他成功地建立他的其他中枢的名词:社会学。

孔德把道德学的名称理解为他所称呼的“愉快的不明确”。一方面对他来说它包含着一个个性的抽象的科学;而另一方面,包含道德与伦理的范围,使他提出建立人类道德科学基础的可能性。他的观点是为了完成更高级的道德的人就要首先建立一种新纪律。这种科学将扎根于生物学的性质上,并且也扎根于社会与文化的研究中。当它充分地向前发展时,为了人类生活改良的缘故,那么我们可以希望应用它的一些发现,孔德把它叫做“人类的宗教”。这种有希望的理性的路线在今天已经获得了许多支持者。

对我们孔德的正式的与分类上的努力似乎可以看做是卖弄学问或陈旧的作风。可是他们说明真理:它今天是深刻的问题,过去也同样是深刻的问题。而这种道德是:如果我们考虑我们的前辈所贡献的解决方法的话,我们今天所取得的解决方法可以是更正确的。

简单而优秀的理论:它们的意义

19世纪的多数社会心理学家成功于一元的说明。每个人都倾向于选择与发展一种简单与优秀的公式，他似乎拿到了社会行为的钥匙，这个“简单而优秀”的短语是从乔治借用来的，他在 1879 年宣称这简单的重担会成为一种“人类苦痛的简单而优秀的疗法”。在 19 世纪，所有社会科学家和改革家都寻找社会谜语的独一无二的解决方法。在心理学上打开门的芝麻这一宠儿是快乐—痛苦、利己主义、同情、群居、模仿与暗示。

1908 这一年可被认为标志着一个从这样一元论的解释分离出去而趋向多元的解释的转变。那一年最初的两本社会心理学教科书出现了。最早的，是由路斯(Ross)写的，继续安排在解释一个简单原则的任务上，有时他叫做“模仿”，有时他叫做“暗示”。晚些时候出版的麦独孤(McDougall)的教科书，号召一种作为人类主要运转台的本能的多数阵式。在某种意义上，当本能学说似乎可以仅仅代表有原因的力量的另一种最简单的型式时，而这种本能仍被麦独孤看做是它们成为在型式上多样的而在社会行为上变化多样的原因。

痛诋单一解释的错误或者当其有时被这样称呼的最简单的错误是容易的。很少的现代作家注意到一种简单的动力或者机械的作用，并且主张把它作为一种社会行为的完全充足的解释。甚至到今天，我们还看到作为热心于相对的其他相反的一些卓越的因素。在这些因素中如此受重视的是条件、增强、忧虑、性别、罪行、挫折、认知的组织、角色、同一性、疏远与社会阶级。这样对现代作家就难于在其解释的戏剧节目中保持平衡。理由似乎是每位作者都热望完成一种解释的连贯体系并且要求在他的体系中减少变量的数目直至极小。

下面数页在细节上考查 19 世纪主导的简单而优秀的概念。我们的目的并不是要恢复可疑的理论，以至警告现代作者在体系的建设上反对他们自己的着魔倾向。我们宁可希望说明：过去独一无二的原则在当代社会心理学上仍然代表着有生命的问题。在我们今天的研究中一定是更为谨慎的和更为多元论的，被较早的作者所描绘过的现象还仍然跟随着我们，并且无论今天的概念化对昨天的那些如何加以改良有时候是可疑的。

享乐主义

我们首先选取从希腊哲学时代到现在的一种简单而优秀的理论。心理学上的享乐主义（或如边沁，1748—1832，宁愿称它为实用原则）主张：痛苦与快乐是我们的"至上的主人"（Bentham，1789，1页）。

当边沁怀有伊辟鸠鲁、亚里斯梯鲁斯、霍布斯、亚当·斯密的享乐主义时，而另外许多人也在那方面描画，但是第一次广泛的用公式表示享乐主义与社会心理学关系的荣誉则是他。他否认社会生活中同情的重要性，基本的事实是人们去行动只是单纯为获得愉快（有时叫幸福）和避免痛苦。在每一种行动的机遇中人们被带领到追求这样行为的路线上去——按照他那时所采取的在那种情况下的观点——这将在最大程度上，有助于他自己幸福的获得。J. S. 穆勒（Mill，1863）同意边沁的看法：除非在比例上把它作为快乐的思想之外希求任何事物都不是肉体所能办到的事情。

从这基本的假定出发，边沁展开了他的享乐主义的计算法。他主张如果我们以一定的尺度的帮助分析任何所给予的令人感动的情况就可以计量出快乐与痛苦的等级来。快乐（与痛苦）有不同的等级像持久、强度、确实、邻近（或者疏远）、多产（快乐或痛苦要随之而来吗）、纯洁（快乐将揉合着痛苦吗）与范围（其他人也要卷入到快乐或痛苦之中吗），这样一个分析的规划提醒我们冯特的、铁钦纳的与奥斯古德的建立情感属性的晚期的努力，虽然他们选择的尺度与边沁有所不同。

对边沁来说，一切快乐都是可以计量的。它们所诱导的力量同它们的应用，是能够计算的。他并不否认快乐具有不同的性质；他承认有感官的快乐，财富的快乐，技能的快乐，友好的快乐，好名称的快乐，权力的快乐，虔诚的快乐，仁爱的快乐，恶毒的快乐，记忆的快乐，想象的快乐，例外的快乐，联合的快乐与安慰的快乐(1789，第五章)。但是一个人和别人是“一样好”。如果它产生同样的快乐一瓶令人醉的酒就跟一本诗集一样好(在这一点上，J. S. 穆勒是不同意的)。一切那些关系到边沁的是增加到最大限度的总的快乐。完成一个关于行为方向的合理的决议——和心理学上的享乐主义有浓重的唯理论者的设想——他们要以快乐的结果的持续时间、强度、确实性等等的术语简单地计算计划行动可能得到的快乐的结果。他要这样做为的是给他自己带来最大的快乐的好处。

在这一点上，心理学上的享乐主义被合并到道德的享乐主义中。不仅人们真的把快乐增加到最大限度倾向于这样去行动，而且他们将这样去行动。的确，别人的快乐可以在范围的尺度上算在个人的身上。他将与他自己一起试图最大限度地计算别人的快乐，而政府与一切社会行为的政策将助长“最大的善(快乐)到最大的数量”。

因此，功利主义的伦理是简单地进入道德领域中的一种心理学理论的一种扩展。要运用这些伦理的人们通常必须遵循一种放任主义(不许干涉)的政策。它经常提出这个问题：“我们应该有多少政府呢？”而给予的回答是：“可能的话，越少越好。”因为如果人们本能的寻求快乐，那么他们需要极少的向导或是强迫，让每人服务于他自己的善。当偶然的法律可能被需要的时候，放任主义仍是为最大多数去完成最大善的最确实的方法。

这里有这样一种情况，一种心理学的假定在社会上有影响远大的实际的结果。它的提议者——而有许多——反对社会立法。他们问道，为什么我们要从产业革命中削减良好的效果？例如，如果在血汗工厂的情况下一万人以较廉的价格得到厂制的裤子，这"最大的善"就适合了；因为相对地极少的血汗工厂（或儿童）的劳动者被卷到群众产品的过程中，所以他们聚在一起的快乐大概超过痛苦。

"经济人"的学说也是同样的享乐主义假定的一种直接的自然结果。提出了人基本上为财政上的获得而工作，因为金钱是抽象（in abstracto）的快乐。他用它买来的实用之物按照他的物质的概念供给他最大的利益（并且没有别人的概念包括在内）。从基于这种假说的古典经济法则只取得一个例证，提出了"人要以最低的市价购买而以最高的市价卖出"。许多年来，这种行为的"法则"成为经济理论的基础。对一个可以考虑的范围，它仍然这样做，而且例外是众多的。在恐慌时期，则持以相反的规律，进而一个性情宽大的或者性情上持悲观主义的人可以对这种法则做出相反的行动来。并且柏拉图说过，一个迷信的银行家丢失了金钱是由于拒绝和13个人一起坐在桌前以完成一项以高价卖出的买卖。因此，非经济的主宰动机进入了经济的行为中。的确，许多近代经济学家放弃了来自唯理论的享乐主义的严格的公式。"经济人"要过时了。更新的，经济行为的多元概念正在兴起，是比包括在享乐主义的假定更多地考虑许多更多的因素（Parsons，1949；Kotona，1951）。

斯宾塞（Spencer，1820—1903）给享乐主义的理论与放任主义以支持，把二者拴系到进化的学说上。他指出快乐的能动性，大体上有助于生存。痛苦预示着危险与死亡。所以自然要寻找快乐而避免痛苦。对明显的客体一些有害的能动性也是快乐的(酗酒及其他恶习),斯宾塞回答说:这种位置错乱只是社会上不完全的状态的反映。当社会生活由进化的原则完全被规定了的时候,那么快乐与生存的价值将是同一的。

斯宾塞参加到社会立法的反对者中去,在心理学的立场上也是一样的。国家必须尊重刺耳的个人主义,并且,尽可能地允许每一快乐的寻求者以他自己的方式获得他自己的利益。人的动机,像自然她自身一样,经常是"竭尽全力",但是,甚至这样一笔奖金,也必须安排到这些自然的冲动上。的确,斯宾塞也承认人们同情的动机。但是他认为这些不在国家的活动中来表现,而只在家庭的圈子内来表现。对他来说,在国家的伦理与家庭的伦理之间有一个明显的差别。在这个立场他反对英国在1873年最后达成他的决议的自由公共教育的设施。让家庭为其子女的教育计划而付钱吧,国家决不为低能者付学费。

我们为了两个特殊理由曾详细论述了19世纪在心理学的享乐主义与社会政策之间的联系。第一,我们要显示这儿是一个心理学的假说,在某种意义,那是一种试验,结果失败了。从长远的观点来看,国家不能依赖于他们为快乐与其理由的本能而离开人们单独寻找其自己的利益。从狄更斯、卢士金、金士莱与社会学家发出的抗议的呼喊最后被说服了。他们的议论是只有人性这一边和只有人口的一部分是被功利主义的伦理所宠爱的。根据功利的显然是狭隘的学说来看,人生是太复杂了。浪潮转向于社会福利政策,转向于今天被称为的福利国家上。西蒙的纯粹享乐主义主张:当社会政策处在严酷考验中而对它进行试验时,证明这种作法是不适当的。

评述这件事情的第二个理由是为另一个重要的事实提供说明。社会心理学的理论是很少的,如果有的话,那也是简洁的科学的成果。他们经常活动于流行的政治与社会气氛中。杜威(1890)曾经表示同意这样的说法:例如,贵族政治产生不了个别差异的心理学,因为个体是不重要的,除非他碰巧属于高级的阶级。杜威也同样指出二元论的心理学最为流行是因为主张:一个集体持有社会权力的垄断权并且要进行思想与计划,而其他的人要作为驯服的、无思想的工具。而辩解者对这种状况说,他加入到另一个结构中,是那些人他们最容易主张人性是不可能改变的(1917,273页)。

在教育、宗教、政治,工业与家庭生活的每一领域,死硬派最后根本的借口曾经是一种心理的被断定为固定结构的看法。

我们的要点认为,放任主义是心理学理论的部分结果,与流行的社会时代思潮的部分成果。边沁、穆勒、斯宾塞与其他享乐主义者的思想是被产业革命时代流行的实践不可避免地形成的。他们心理学的理论纳入了当时的社会情况和某种程度上成为马克思与恩格斯(1846)与曼因海曼(1936)所谓的意识形态。

近年来,我们有更多的科学理论依赖于流行着的政治和社会条件的惊人的样品,特殊的是纳粹思想包围了德国心理学以及共产主义思想包围了俄国心理学。

今日的享乐主义

享乐主义是也更受文化束缚与时间限制的思想体系,它是人们原始动机的基本理论。在多种不同的外观上,它在今天像过去一样仍然强有力地坚持着。弗洛伊德,特别在其早期著作中,坚持一切本能都是为了"寻求快乐"。当它们可能被压倒、压抑或约束时,他们仍然无意识地以假装的方式取得快乐。寻找这样的满足是心灵的"基本过程"。

虽然，当前，“快乐”这个词并不受心理学家们的欢迎，主要因为在身体与心灵的关系中含蓄着一种二元论。（快乐是一种意识的状态，而它被考虑为非科学地主张意识“引起”行为。）因此，当前的享乐主义的其他标记就被设计出来了。例如，多拉德与米勒尔（1950，9 页）写道：

强化的原则已代替了弗洛伊德的快乐原则。“快乐”的概念已证明为心理学史上的一种困难与活跃的思想。

正如我们即将看到的那样，“强化”宁可指过去的快乐（或满足）而不是指未来的快乐（它为古典的享乐主义所强调），但是享乐主义者的风味仍然持续到今天。

享乐主义的另一假装的说法是在最近的一些心理学课本中看到有一种流行的断言：一切动机都倾向于完成紧张的减少。因此克路克厚恩与默里写道：“对一个包括一切原则的最接近的东西”“是需要，驱逐，或向量的力”。这样一种力引导个体到达“重建平衡，减少紧张，满足需要”（1948，14 页）。这种观点实际上是享乐主义的变体，因为逃离紧张的动力仍然是一种从悬念中，从失望中，从膨胀中——简单地说，从痛苦中的逃避。的确，此处的强调是宁可采取肯定的寻求快乐的享乐主义（锡伦那克派），而不采取否定的享乐主义（伊壁鸠鲁派），但是一切享乐主义都是同样的。自从一切动机说成是紧张减少的规则以来，这种地位并非不象边沁的论点那样“快乐与痛苦是我们的握有主权的主人”。因此，享乐主义，作为人类动机的一个包括一切的概念说既非死去也并非可以怀疑。或许它的长寿证明了它包含着一种真理的核心。

评 论

虽然有许多争论起来反对享乐主义，其中一些应用于当代如同古典的公式一样。支持我们对这些批判主义的调查，我们要采取用托兰(1928)所提出的分析的图解。这位作者劝告我们要从**当前、未来与过去**来区分享乐主义之间的不同。

当前的享乐主义认为现在每一个体，在当前的时刻，是以这样一种方式以获得最大限度的当前的快乐来行动的。这明显是一种防守不住的位置，除非也许是处于严重精神病的病人的情况下才这样去行动。大多数人认为他们自己去当牙科医生，他们洗盘子，储存钱款，并放弃当前的快乐。享乐主义的作家并不作出任何反对这方面的主张。

未来的享乐主义，虽然是边沁与穆勒的，而在某些方面，是紧张减少学派思想的学说。个人现在所作的是计划未来取得幸福或解除痛苦。这里许多的评论是有关系的：

(1)当我们想到改造社会政策(放任主义)的词语时，古典享乐主义的假定就难于支持地失败了。从长远来看，人们实际上并不如此行动，以最大限度地为他们自己或为别人得到快乐。

(2)把相互影响者的位置包含在内也是麻烦的。未来快乐的“观念”如何能推动当前的行为呢？

(3)特别严重的是人们不能在抽象中注视到快乐的代价。他们只能找寻具体的目标(一个工作，一个配偶，食物，藏身处所)。感觉的情调最好也不过是达到目标的一种副产物，它不能构成动机本身。在这种联系下，使用内省的证据，铁钦纳找到了快乐与痛苦并非行动的唯一的决定要素。的确，他写道：“我并不认为它们能全然计算在行动的条件之内。”(《情感与注意的基

础心理学讲演集》,1908,297页)

(4)相似的是麦独孤的论证:快乐与痛苦是非动机的。它们比不上广告柱、向导、指示者,本能是成功地或不成功地按它们的行程前进的(《心理学纲要》,1923)。母亲虽不能帮助但不得不不顾一切地关心她的子孙(如果她有一个正常的父母的本能)。快乐与不快乐几乎告诉她:本能是或不是履行其成功地关心它的孩子们的基本的目的。本能是原始的动力,它们多半是被快乐与不快乐的信号所引导而选择履行其目的的工具的行动。

我们想到弗洛伊德,验明了寻找快乐的本能。他对这个问题的早期观点因此与麦独孤是很不同的。虽然,晚年的弗洛伊德可以被认为属于享乐主义的,并且在《超越快乐原则》(1920)中主张 Thanatos,一个死的本能,它最后(根本的)否定了爱欲(Eros,或译食色)而寻找快乐。

5.如果我们求助于普通的观察,疑问就会增加。当享乐主义看来是件有利益的东西"适合"于对儿童与青年自我探求的能动性,它似乎是更少适合于双亲、教师、艺术家和最重要的烈士的能动性。对义务、忠实,或者对人生道路的托付,在成熟的行为方面,常常有一个不可抵抗的意义,而这些动机似乎取得了人格的约束。当面对快乐与痛苦时,他们可以作为"孪生的骗子"来考虑,并且动机可以转移其方向不注意影响之范围。争论的这一条路线的享乐主义回答说:摆脱义务的人最后只是避免不尽其义务的痛苦;而烈士也是选择最少痛苦的行为路线,或是寻找来世的快乐。在这点上不管享乐主义者们并不过于扩张他们的术语,这倒是一个问题。在任何合理的情况下,轰炸机击中它的目标,能说是寻找快乐而避免痛苦吗?他的动机从这种令人感动的理由来看,似乎是遥远的。夸张快乐和痛苦的意思直到它们丢失意义是容易的。

过去的享乐主义逃避了有关这些的评论,但是对别人的评论则是公开的,其最简洁的陈述系来自桑戴克的格言:"快乐来临痛苦根绝。"(1898)当然,他涉及到学习的过程,而对他所谓效果的规律下定义,在目前经常表现为强化的理论。享乐主义的这种形式只说:每个人现在的行为是按照他在过去所找到的快乐的(满足的,有效的,减少压力)结果的样式,良好的结果强化了他的习惯,他的意见,他的寻找目标的方式,以致他现在主张的那些。在细节上争论这个主张要使我们走入歧途。令人满意地来说,记忆的研究已经不能令人信服地表明:快乐的记忆比不快乐的记忆是更富有意义的被经常地保持下来,可以作为预言的理论(Meltzer,1930)。而饱满、讨厌、得到危险、认知的学习,与其现象的存在扰乱了理论(Hoppe,1930;Allport,1946)。

现在还没有看到证明为正当的结论,与快乐和不快乐对动机有一些重要关系这一说法不同。它正是我们尚未知道的。它可能像边沁所主张的中心一样,或者像麦独孤所主张的偶发一样,它可能是一个对儿童是一个适当的原则而对成人却很少是这样。无论怎样,这种影响的作用在找到他在一种社会行为的被改善了的科学上的正确位置之前,需要非常巨大的更为经验的与更为理论的研究。

利己主义(权力)

享乐主义是自我中心的学说。一个人寻找快乐与避免痛苦是不可避免地为他自己的喜爱的兴趣服务。虽然,如穆勒雄辩地争论过的那样,他有时能从别人的捐助福利中得到幸福,那也是推动他追求他自己的快乐。

霍布斯(Hobbes,1588—1679)也同样是一个享乐主义者,但是不像边沁与穆勒,他迫使寻找快乐到一个更为利己主义基础的热情上。对他的心灵来说,自我的冲突是如此的显著,使得人类必须作为在国家中“反对一切的一切战争”来考虑。获得快乐首先必要的并且最主要的是要有权力,因为权力给人以方法以取得安闲与淫佚的快乐。它从别人带来赞美与恭维,并且它因此而导向有一个人自己最高评价的“人类灵魂的最大欢乐”。所以,人的最基本的动机是对“只有在死后才停止的对更大的权力的追求”(《利维坦》,1651,63页):

因此在第一点,我为所有人类安排一个一般的爱好倾向的位置,只有在死后才停止的一个永久的与不停息的无穷尽的更大的权力追求。而这种原因,一个人希望更强烈的欢喜,比他已经获得的并不经常;或者他不能满足于一种有节制的权力,但是因为他不能肯定这种权力与生活得好的手段哪一个他目前能有,除开更多的获得。

自从不可能生活在社会中以来,如果对权力的贪得无厌的欲望仍不遏制,人们屈服于国家的“普通权力”,即霍布斯所谓《利维坦》巨大海兽。通过一种“社会契约”的形式,每个人从别的寻找权力的人获得保护,并且获得一个机会,以利用他的闲暇为和平的艺术与知识的获得服务。

霍布斯的权力动机的分析在许多方面是使人惊异的新奇。下面的引文表明握有权力者在最大限度内可以腐化传递并创造他们自己喜爱的思想体系(1651,67页)。

因为我不怀疑,但是如果它曾经是一件反对任何人的主权的东西,那么,三角形的三个角就要等于正方形的两个角;如果不辩论,那种学说仍然存在,而且即使把所有几何书籍焚毁,加以禁止,二者仍然可能有关系。

像这样的举例似乎有些多余，它对纳粹与苏维埃的行为来说是极为类似的。

他这方面的观察，对每个人对他自己特殊的自我想得很高，这同样是精明的(1651,82 页)：

因为这样就是人的本性，无论如何他们可以承认许多其他的是更为机智，或者更为口才流利，或者更有学识；而他们还是难于相信有那么多人像他们自己那么聪明。

自从所有的人有一个最大限度的自我评价与自我满足的感觉以来，以致把人们与自然等同起来。“因为没有把通常的任何事物都相同分配的更大的迹象，那么每个人便以他所分享的为满足。”在许多方面霍布斯预示了现代把自我尊敬、寻找地位和自我关心的学说作为枢要的动机，而同时发觉了今天所谓的自我防卫机械论的隐秘的动作。

权力学说的许多变体，可以在 19 世纪与 20 世纪中找到。在德国两个有影响的提议者是斯蒂纳与尼采。斯蒂纳的书《自我与其自己》(1845)，预示了尼采的著作。后者在他的《权力的意志》(1912 版，第 702 节)中对他的立场做了一个干脆的陈述：

人所意愿的，每一个生存有机体的最小部分所意愿的，是权力的加强，快乐与不快乐都是争取它的结果。

如同对麦独孤一样，对尼采，享乐的论述是偶然的动机的一种更基本的形式。在尼采看来，所有的社会行为都是追求权力的一种直接的或伪装的反映。爱好是一种“结果”，甚至感恩的情感也不过是一个人在社会关系中开始重建他自己权势的一种“良好的报复”。当按照人的权力意志的观点来看，他的所谓的利己主义的热爱真理和宗教的动机证明是虚伪的骗子。

稍晚一代的学说在奥地利的精神病学家阿德勒(1917)手中。他接收了一位使他得到经验的与有临床表现的病人，他感到他的老师与同事——弗洛伊德,忽视了如此经常产生于瘦弱身体或有器官缺陷的下级情感的作用。

为争取刚毅、补偿,“坚定一个人自己的价值”的欲望,在阿德勒思想中朦胧地出现了。更晚一些,从弗洛伊德脱离出来的另一个精神分析学家,宣称竞赛比在形成人格紊乱原因的性的追求更为重要(Hormey,1939),而哲学家罗素(1938)强调了这个同样的动机。当今天的心理学家都避免单一的概念时,许多当前工作的特色成为动机状态的特征(Williams,1920),自我水平(Hoppe,1930)、自我卷入(Allport,1943)、自我、想象(Lecky,1945),这些人与许多其他的作家在自我尊重方面都给以很沉重的强调。

自我动机的最不妥协与彻底的处理,是在由法国生物学家列·丹梯士(1918)所写《论个人主义》一书中见到的。他的研究是进化论的。列·丹梯士论证说:物质与生命的合适而稳定的水平展开了:原子,分子,细胞,有机体。每一种固执地去探求以维持它自己。在血液流动中一个白血球吞噬有病的细菌并不“为了”作为整体的有机体服务,而是简单地为了维持它自己。同样地,每一个个体有机体追逐它自己利益,而无社会的关系。就其困难我们可以进行尝试,我们不能展开一个社会的组合以代替个体的自我。每个人专对他自己感兴趣,利他主义是一个幻影。“要存在全然是要斗争;要长命就是要征服”。一切社会的表面光泽是表面的,在本质上残留下了野蛮人。尽管最虔诚的基督教也是被战争与残忍的胜利而感动与鼓励。

如果这种人类动机的赤裸的原因是真的,人自然要问:“我们如何总的来计算社会呢,特别是社会制度似乎是助长合作与相互支持呢?”列·丹梯士回答说:由于共同敌人的存在。一切社会的基础是共同的敌人,甚至家庭在本质上也只是一个为共同防卫而服务的一个单位。双亲关心儿童是为了以后的利益，例如，在他们晚年行到财政的支持。友谊的基础与圈内的基础并不是爱甚至是一般的恐惧或一般的嫌恶。最早的办法与一个生人一道取得的是找一些人，一些集团，或者一些共同不喜欢的对象。同盟于战争时期，置他们自己自私的兴趣于暂缓进行之中，直到共同的敌人被击败时为止；然后这个同盟便彼此予以解散了。的确，在战争时期，当所有他们成员的生命受到威胁的时候，甚至一个单一的国家也具有真诚的一致的愿望。为了这种理由政府才煽动了战争。

而且，列·丹梯士继续说，我们不能给予承认，我们的动机是纯粹的利己主义的，而社会团结的唯一基础是一般的嫌恶与不信任。这样做会更进一步减弱已经不安定的社会结构。因此，一个空想的形而上学的绝对的超结构就产生了。一个形而上学的绝对是一种学说，以蒙着人的生命利己主义基础的面罩来讲授传统的尊严的理论。良心是这种学说的传递者，并且是被双亲与老师所创造在儿童中，为了在社会生活中保持如此重要的伪善的。

例如，拿宗教的形而上学的绝对来看看。十诫，在列·丹梯士看来，它准备了社会伪善的一种坦白的例证。一开头的三诫要求人们对神的顺从，而这种最初的顺从为所有其余的戒律提供了恩准。列·丹梯士同意伏尔泰，他持这种没有父母能带大孩子而不祈求神的承认的观点。神所要求的权力是对完成社会控制的本质。第四诫启示了这一点：它说，“尊敬尔父与尔母”——是对双亲的一条极端方便的戒律。这条戒律功利主义的本质是在其附加的格言中泄露出来：“为了他的日子可能很长……”

“尔将勿杀”也同样是一条利己主义的戒律，自然意味着尔将勿杀我。同样,“尔将勿偷”保护了教这条戒律人的财产。“尔将勿作伪证”产生于团体内要相对的诚实的需要。反对贪婪的禁令也是心理学上的圆滑,因为杜绝犯法的地方是在其发出行动以前的那要成为犯法者的态度。“尔将勿犯奸淫”是一条由那些已有性的配偶的人以特殊热心对那些没有的人教授的戒条。

列·丹梯士的人类动机与社会价值的观点似乎是一种到达要被冷笑的与消化不良的极端程度。但是,难道它错了吗?

评　论

通常利己主义的一切理论是一个不确定的假说,即,社会学习的过程永不能结束于一个真正的动机的转变。那就是说,社会化的过程永不能真正地生效。列·丹梯士是以“从共同的生活中得出的自我的畸形”的事实来看社会化。人们要问:“为什么畸形呢?”可能不是社会学习结果于形式、于构造或者甚至于改造吧?孔德对社会化持有一种更为乐观的观点,在他“感情进化律”中表达出来,他说:随着时间在个人倾向与强度优势中减少了,而利他主义者的观点真正增长与扩张了。

它不可以是利己主义的描画,对非社会化的生物(包括儿童)比对带有社会化的人格的成人更适合吗?霍布斯写道:“坏人是长得强健的儿童。”没有拘束的自我主张在人格发展的早期阶段可以是自然的,但是在晚一些的阶段就是不正常的了。今天社会化的理论在这同样的问题上是有分歧的:有些人持这种看法,最初的自我主义的冲动是永不缓和的而只是压制的,或者是媒介,或者是“付与特殊的感情”。另外一些人为自我结构的变化而争论,在那里新的兴趣成为他们的原始的机能上的独立物的,或者是谈论何处多产与成熟,有效地制止早期的侵略的本能与寻求快乐。

在这种事情上，找到一个适当的平衡是困难的。一方面，我们不能否认：关系于他们自己动机的人的伪善与合理化是普通的；另一方面，谁能一定说人的原始本性不包括一些强有力的亲密关系的安排呢？或者是社会学习的课程并不完成于性格、结构的彻底的改造？在每个人中当自爱仍然是肯定的和积极的时候，对他握有主权是必要的吗？在我们同意的讨论中，我们要对这些问题重新开始考虑。

社会心理学中的非理性主义与理性主义

在这一部分，我们要间断我们对简单的与最高的理论的说明而来讨论对他们所有的人都是中心的问题。无疑，读者注意到，享乐主义与利己主义是当作有权力的与非理性的推进力量支配着人的全部行为，使生活在社会中最好也不过是一种困难的成就。这种人的社会可能性的不使人喜欢的观点事实上始终繁荣了这个时代。从古代作家起就强调过寻找快乐、恐惧、权力、驱力或者是其他相等的盲目热情的力量。在《王子》(完成于1513)中，马其威利看到在求诸人们的智力方面什么东西都得不到。王子必须正视他是可爱的和可怕的。如果他必须选择二者之一，让他可怕吧，因为人民实在是不愉快的，不法的，怯懦，并且只对他们自己的福利感兴趣。在一个世纪半以后的霍布斯，如我们所见，对人性持一种平等的不予敬意的观点。

相对的理性主义

而且启蒙思想发生在全欧洲时，普通人的的股票上升了。

他为以相对地处理他的社会生活而被信任，虽然并不完全不智慧不敏锐。洛克(1632—1704)感到“社会契约”是人的本性的合理的必需。事实上，他把“自然法则”与“理性的命令”等同起来。不像霍布斯所想，自然的国度是一个战争的国度，也不象卢骚所想是一个幸福的纯洁的国度。洛克认为自然的国度是个合理、温和。适应的协调的国度(1689)。人的合乎道理的宽大的理论与忠实结合起来，以其能力为他自己的目的利用科学，商业与工业的发展，是被这样的作者如高德温(1793)与康多基特(1795)所传播，而它既影响了功利主义又影响了美国民主主义的创建者。

称享乐主义为社会心理学的一种理性主义的型式，乍看起来，它像是似是而非的。人的目的是感情所决定的，他对追逐快乐不能禁戒。但是当允许了这个开端时，那么他的其后的行为就被合理的所选择，也许甚至被边沁的享乐主义的计算法所控制。今天享乐主义的形式，完全丢掉了他们理性主义的角色，但是边沁与穆勒曾经高度重视了人的预先计算他的行为结果的能力。

在美国创建之父们也注意到忠实在人的面向事实的能力中，判断正确的，而选择聪明的。的确，深信在杰弗逊与马底森中是强于在哈密尔顿中，如柏拉图所做，他怕民主政治冒变成“最坏戒律”的险，在《联合者报》上辩论出来了。挫折与平衡是为宪法设计的，当在选举者的理性的判决中主张忠实甚至以群众热情或是权力渴望的煽动来阻止政府。社会心理学家今天可以很好地问他们自己，无论合理性对无理性的问题在多样的历史的美国文书中比它在他们自己的理论中所完成的并得不到一个更为平衡的解决。终究，美国的民主政治已证明能生存将近两个世纪了。它关系到“人们管理的自然”的假说不能全部是错误的。所以,我们很好地研究了《联邦主义者》(1788)与其他杰弗逊与马底森与他们同时代人的著作,以便得到在人的社会自然中理性的与非理性的因素能很好的平衡的观点。

19世纪的非理性主义

当启蒙时代的理性主义不失其影响时,还有很多的社会心理学家在过去与现在都热心于非理性解释的真实。非理性主义的理论包括两种特色:(1)它必须主张:人类行为最初有决定作用的是情绪、驱力、本能或者是一些盲目意志的形式。(2)它必须也以团体生活的表面的和平与逻辑的结构来满足其动机。更为特殊的,它必须阐明智力的作用是什么。如果智力没有原因的性质,那么在帮助维持社会大厦创造众多的伪善与合理化方面必须赋予它以角色。

在19世纪非理性主义的有影响的论述是叔本华(Arthur Schopenhauer)的文章,《自我意识中的占首位的意志》(1819)。在文中,他对盲目不安的信仰是一切生命的基础提出了许多理由。当这种意志(情绪的需要)活动时,智力只能为它服务。同样情况的更为晚近的说明在康普夫(1918)的著作中可以见到,他认为在他们的共同机能中自发的神经系统是领导者而中央神经系统则是仆人。

达尔文、尼采、麦独孤与弗洛伊德以他们对本能的各异的概念产生了巨大的影响,确认在今天社会心理学上非理性主义的至高无上。对智力的贬值的看法更进一步被行为主义的兴起,以及在19世纪末叶的带着变态心理学色彩的社会心理协会所支持。只是在近年来,如我们很快就要看到的这里有一种反对非理性主义的显著的迹象。

理性主义

人们都看到，非理性主义者承认为所有我们的对本能、对盲目的意志，或是对环境的刺激的冲击的奴役；他们进行认识，计划与认真考虑。而特别是他们想把他们的社会关系予以计划和概念化。然而，非理性主义坚持，人们建立理论仅只是为了实际事务的情况，特别是为了那起作用的无意识的动机的一个面具。人的伪善是清楚地被马其威利、霍布斯与许多其他的早期作家注意到了。边沁称之为“小说”，他把人们代替的真实的实在规定为想象的实在。小说是一种有缓和社会生活过程的幸福的礼物。例如，代替主张他的作为一位有权力的个人的特权，君主常去求助于关于“王冠”的自相矛盾的话语，因此就伪藏了他自己的自私的需要。边沁也介绍了虚妄的概念，由于它，他寻找在社会控制中一切滥用赞誉与责备的条目。今天我们说起“名字的称呼”，“诽谤的词”，与“发呜呜声表示高兴的词”。在一个世纪之前的现代词义学的时代这种戏法被边沁清楚地认出来了并且起了名字(Ogden，1932)。

这个合理化的术语第一次是由琼斯(1908)所使用，以表现弗洛伊德的发现，非理性的活动是“被判断为有关曲解心理过程而提供一个合理性的好像有理的口气的虚伪解释”。几年以后的罗宾逊，在他的《心理在创造中》(1921)，大规模地应用这一概念于人类的历史上，解释如下(44页)：

> 合理化是自我剖白，它发生在我们感到我们自己或是我们团体为误解或错误所谴责的时候。

实际上这个术语有更广泛的意义，以致超出绝对的自我辩护之上。它也涉及动机的隐匿，价值系统的防卫，对个人所爱的坏行为的谅解与在它自己权利内考查争论的取舍权。简言之，是替代真实理由而给与的有利的理由。

最近的论述是由李普曼(1922)所推行的陈旧的学说。“在我们头脑中的图画”适用于多种有用的机能，因为它减少了混乱的社会真实直到能够处理的情况，如果有错误，也是部分的。陈规的动力学被清楚地在下列引文中显示出来(100页)：

> 如果经验抵触了陈规，两样事情之一就要发生。如果这个人不再可塑，或者是如果一些有权势的兴趣使它极为不方便地去重新整顿他的陈规，他轻视矛盾，作为一个例外来证明规律，怀疑证据，寻找某处的疵瑕，而操纵去忘掉它。但是如果他仍然是好奇的与虚心坦怀的，则新出品便被纳入这个图画中，而允许属于它。有时，如果这种事件敲打够了，并且如果随着他建立的计划而他感到一种一般的烦闷，他可以被摆动到这样一种程度，怀疑观察生活的一切可以接受的方法，而期望正常的一件东西，它将不是一般所推测的东西。

更老一些的，但最近的论述，是意识形态的学说。有些人把它追踪到培根(1620)那里，他论述了流行于部落的、市场的与洞穴之“偶像”的慢性的错误与歪曲。马克思与恩格斯(1846)运用了“意识形态”的术语，特别指被资产阶级颁布的精心制成的信仰在社会上以辩护其有利的地位。受马克思与恩格斯的影响，作为“认识的社会学”(Mannheim，1936)来认识运动，势必从任何的意识形态来关心它自身而事实上是被决定于非理性的或是准理性的因素对一套价值加以辩论。注意到这个术语的当前用法，丢掉了伪善的气味是有趣味的。其实马克思从未称共产主义为意识形态，今天这样做也是一种常例，我们甚至没有牵连任何毁损来谈论民主主义的或基督教的意识形态。

在其他的多种合理化中我们可以引用列·丹梯士的《形而上学的绝对》，这在前面已经讨论过了；神话，如被苏来尔(1914)与德来塞(1927)所使用过的；民间传说(Arnold,1937)；重要的谎言(Lee,1912)；"未来"(Ward,1926)与紧张的决定(Hayakawa,1941)。

要特殊注意被称为柏拉图的进化论的学说。柏拉图是一位在社会学方面从一个非理性主义者的社会心理学观点写了大量论文的多方面的经济学家。表面上柏拉图不熟悉他的智慧的前辈的著作，结果因此是革新的思想体系。认识到了这些人他只是说非理性主义的社会心理学家早先所说过的，以不同的与复杂的术语，严肃地批评过他(如 McDougall,1935)。但是，象柏拉图他自己一样，这些人是不熟悉社会心理学的历史的，过度地赞美他们，以其方法来比拟笛卡儿的，并以他的创见来比拟亚里士多德的(Bousquet,1926)。

柏拉图，像一切非理性主义者一样，提出了人们的真正动机(渣滓)与虚构动机(衍生物)的理论。在"感情"支配之下，给人们带来一些残余，聪明的人运用"非逻辑的"手段来巧妙地处理。最终的社会行为是"被解释了"并以言语错觉(衍生物)的帮助而被修饰了。通过设计，衍生物在社会上广泛传播开来，使今天的心理学家承认为宣传原理。真实的动机存在于心灵过程的等级中，对之柏拉图给以如此的标记，如，"联合的本能"，"由表面行动显示的人的感情的需要"，"性的残余"等相类似的。我们在这儿无需浪费时间去表明两种学说：残余的与衍生的，如何由非理性主义的心理学，用多种其他体系的更有秩序的样式来处理（例如，弗洛伊德学派）。

20世纪的理性主义

在社会心理学中的统治趋向已经肯定是非理性主义的，逆影响并非是空白的。例如，人们可以引证，杜威思想的一般倾向。的确，有一个时期，他论证过本能铺在一切社会行为的下面（1917），但是他不久便改变他的公式而推崇习惯作为行为的单元（1922）。在杜威手中习惯并非全然是非理性的，它宁可是学习的倾向帮助人们以其理性来处理他的环境。对情绪的力量，杜威一点也不盲从，他在教育与在民主主义上具有顽固的信心，像杰弗逊的教导一样，充当一个在美国社会心理学的非理性主义上的制动器。

在这种联系中我们要注意到过去十五年中民意投票的发现与增长。这种活动设想：人的有意识的观点与判断对他们的行为有广阔的影响，而要在公共政策的决定方面起作用。在第二次世界大战中（Stouffer 等，1949）美国军队投票方法的广泛应用反映了理性主义比关于人的社会性的非理性主义的假设应用得更多。

我们曾经说过麦独孤的本能学说（1908）论证了达尔文学派与弗洛伊德学派的影响。它几乎立刻找到了办法，通过华莱士（1908）进入政治生活的解释中。虽然，几年以后，华莱士在最后的描写一边吓了一跳，而写了第二篇论文以抵制他自己第一次作品的非理性主义。在《伟大的社会》（1914）中他提议，除了本来倾向的麦独孤学派的一览表之外，是一种“思维的本能”。人类历史的最伟大的胜利，他论述道，是本能的成果，不受产生一切其他本能混乱的影响。思维的本能是由无生命事物唤起的唯一本能,因此而生产的珍品是以其环境的物质部分为人们进行交易的一个真正的基础,它在社会关系上也并不是缺乏的。

当在这里要费很长的笔墨来讨论这件事情时,看来不妨说后弗洛伊德学派的精神分析确实转向到理性主义去了。变化的难点在于改变了自我的观点。这样看来弗洛伊德宣称自我(他所意味着的人格的合理范围)在其自己的权利中没有动力学的权力,新弗洛伊德学派发觉自我可以真正地改造伊底(id)的本能力量直到获得一个"生产的"(更为合理的)人格结果(见 G. W. Allport,1953)。相等的打击是以强有力的趋势面对非直接的咨询的心理疗法(Rogers,1961)。这种运动反映了自我合理权力的信心,以通盘考虑其所占的位置,并达到一个关于其行为未来路线的合理决定。

最后,在理性主义的倾向之间,我们注意到越来越强调现象学与认识的机构(例如,MacLeod,1951; Krech,Crutchfield 与 Ballachey,1962)。当这个运动不否定动机与情绪的作用时,它宁愿注视不把这些因素作为所有动作的起点,而是作为因素 出现在随他个人看到他的位置的全部远景的了解之中。研究更早期的社会心理学的非理性主义,阿西宣称它宁愿画一张漫画而不画一个人的肖像(1952,24 页)。阿西辩论说人们经常使用他们的能力,以准确掌握一个社会位置的对象性质,并且在保持其合理化的要求方面作出行动。现象学与格式塔心理学集中注意于人们的知觉与他们周围环境的认识。这个研究,当与通过动机与冲动的研究相对比时,考虑到这样的在社会行为的合理化因素中是可以存在的。

同 情

并不只是理性主义者以享乐主义和利己主义为对象作为社会行为的唯一的解释。一些非理性主义者(本能,冲动,先天性的信仰者)参加了这种声明。他们论述自我爱是一种大体上的一边的原理。假定自我爱每个人都是呈现着的,他们说在他的本性中并不是必需占统治地位的。

一些甚至掉转这个公式并且坚持认为对爱或共同生活的人类关系是最初的。例如,看一下克鲁泡特金(1902)、苏梯(1935)与孟泰古(1950)也是这样主张的。对爱与信任的基本基础是建立在早期母子关系上,并且这对一切生存者都是本质的。如此主要是这个事实:它常常倾向于把他们的注意钉在敌意与侵略的型式上的——是只能知觉的,因为它与溯源的基本的动机相对比——而被心理学家所监督(见 Sorokin,1950,特别是第 5 章)。

其他的理论家并不坚持同情或溯源是握有主权的,但是他们同意给它一个在社会动机上永久的地位。在这部分,我们要考虑这个动机的历史,不注意究竟是否它是作为社会行为的唯一解释来对待。

同情,模仿,暗示

首先让我们注意到有良好的历史理由,为什么我们紧接着应该检查这三种基本的概念。在某种意义上,他们构成了社会心理学理论的主要三位一体。他们具有紧密关系的理由应回溯到柏拉图。如每个人所知,像弗洛伊德一样,柏拉图想象人类心灵是作为三种能力或"机构"所组成的。对于柏拉图来说，肚腹是情绪或感觉的所在地；胸是努力与行动的所在地；头是理由与思想的所在地（社会有三个平行的阶级——奴隶、战士、哲学家）。自始至终柏拉图的三分法的时代已经坚持很久了。说心灵是被构成的：

感情（情感）
能动（驱力）
认知（思想）

现在，对一位心理学家来说，强调在别人的消耗下这些能力之一的可能性。当一位社会心理学家这样做时，找寻这些机能的任何一个社会行为的专有的（或几乎专有的）解释，他好像以一种基于三原则之一的简单而最有权力的系统告终：

同情（感情）
模仿（能动）
暗示（认知）

在一定的意义上这些概念是可以交换的，在其中一位作家要由一个原则来说明，不同的作家要由另外的来说明。而偶然一个给定的作者联结了两者，如路斯谈到暗示—模仿原则的时候。

因为由于这种历史的连续，我们将逐条考虑这三个概念，起始于其不同形式的同情学说。

同情的提议者

斯密,在他的《国富论》(1776)中,对享乐主义与自由放任主义给予了显著的动力,他总的思想体系也要求对人类同情给予同等的强调。他的《道德情绪论》(1759)一开始就说:

> 无论假定人怎样自私,明显地在他本性中有一些原则使他在别人的命运方面感兴趣,而必须把他们的幸福归还给他……

斯密把同情的两种基本的形式区别开来,许多其后的作家已经保存下来。首先,有感觉敏锐的地方,几乎就有反射、反应的型式。当我们看到一个人以一根手杖敲打,我们便畏缩时,当我们注视到一个走绳索的人,我们便产生紧张时。假如这样我们感觉如其他人感觉一样并且做的如他所做的一样。一些作家注意到了这种作为本能的模仿。但是今天我们要说条件的反射公式足够控制它了,起初当我们被打时我们畏缩而以后我们在视觉的暗示下而畏缩,它是最初与我们自己的畏缩联系在一起的。

第二个同情的型式更是智力化的。我们可以同情一个人,虽然我们并不像他一样的感觉。当我们感到既无成功也无苦恼时,我们可以祝贺成功并且吊慰苦恼。在朋友们间有同情的羁绊甚至当他们以不同的情绪看到一个所给予的情况时。

斯密从同情的操作中获得人的公正的意义。我们对于同情的能力领导我们既感到是侵略者又感到被虐待。最终同情的平衡决定了我们作为公正所在地方的最后判断。同样,我们对交际或者美味的判断是估量一个人反对刺激事实的情绪表达的结果。如果它似乎是不相称的我们便不能同情，而因此我们判断它的反应就会不正确。这些举例表明，斯密如何运用他热爱的原则以解释一个大的与变化多样范围的社会行为。

斯宾塞

斯宾塞(1870)把这同样的两种同情的基本形式区别开来。他把各自地称为直觉的(直接的，反射的)与表象的(意识的，反映的)。为了仍是更高的智力化的情绪(例如，作为生活的一个固有方法的爱的抽象观念)他铸造术语“再表象的同情”。同样，像斯密一样，他感到他拥护的享乐主义与自由放任主义需要是由一个原则并使能解释溯源的冲动柔和一些。社会起源于性本能，它导入生存者的重要单位——家庭的建立。在家庭之内接收了同情的原则：儿童能够生存不是因为他强壮并且能适应，而是因为他的无防御唤醒了其他人的同情。斯宾塞，如我们以前所看到的，强烈地议论这种感觉应该只在家庭圈子内找到它的表现，并且不允许削弱国家的强壮的素质，它应该把它的奖赏给与强者而永不给与弱者。群居的倾向是进化斗争的变化。当他们把人类生存看做是本质的时候，他们不得不引导到溺爱中去。如我们已经说过的，斯宾塞认为福利国家没有用处；他甚至反对自由的公共学校。他说，让教育成为一个家庭同情的产物，而不是公共政策的产物。

克鲁泡特金

进化的“无孔不人”理论的严厉性达到一种显著的反作用。在《互助论》(1902)中克鲁泡特金议论说：同情的变化对斯宾塞所谓的注意是在人类进化中的最初的事实，它代表了达尔文主义的忽视态度。克鲁泡特金的证据主要在于轶事集中既在战争时期也在和平时期。他议论说：我们看到围绕我们的互助并不基于特殊的个体的爱，而宁可是在人类团结的广阔的本能上。一本更时兴的书在许多方面重述了克鲁泡特金的见解的是孟泰古的《论存在的人类》(1950)。

群居

如克鲁泡特金那样，许多作者曾经主张，一种变幻莫测的社会本能。社会学家特别这样做，为了这广阔的心理学的基础可以支持他们的社会结构与机能的有差别的理论。对于吉丁斯来说，有一个基本的种类的意识，把有机的有系统的同情，混进了类似的知觉、意识的或反映的同情、爱好与承认的欲求。“通过它的一切社会的表现追踪种类的意识的操作是欲求一种对社会的完全主观的解释”(1896，19页)。

在第一次世界大战期间，特鲁特印刷了他的《和平与战争中的群众本能》(1916)一书，主张同样的基本解释倾向。特鲁特在其中论述说：有些沙文主义地支持这种本能的英国变体以反对德国。当麦独孤(1908)同样主张一个群居本能时，他并不从这种单一的根源得出所有的社会行为。父母的本能，吸起爱好的本能，而其他本能也有社会的关系。当大约在1920年时一种尖锐的反作用开始反对本能理论，群居几乎从社会心理学中作为一个主张而消失了。事实上，今天没有作家采用它作为一个解释的原则。当前的趋向是转向到一个溯源行为的实验分析上(见 Schachter，1959)。

原始的被动的同情

在离开本能主义者的解释之前，有必要唤起注意于麦独孤情绪的同情诱导的理论或者，如他宁愿称之为《原始的被动的同情》(1908)。他陈述他的观点如下(第14版，98页)：

> 我们决不说，如许多作者所做的那样，同情是由于一种本能，而宁可说同情是在一种有容纳力地方的特殊适应上找出每一种主要的本能的配置，一种适应表示：每一本能能够在别人同样接受本能刺激的身体表现的知觉上成为刺激。

换言之，如果我知觉别人的愤怒的表现，这种知觉也是唤起我自己的愤怒的本能。有两把钥匙将开启每一个本能：一个是"生物学的适应"的原因，另一个是别人动作的本能的知觉。读者可以正确地提问："这个公式不会安排我们所有的人朝太多的诱发的情绪开放吧？我们不要忠实地蒙受本能发作的痛苦吧？"麦独孤以一种有趣的式样逃避了这个困境。他把笑声带到图画中，笑声是个我们因之而避免过度的同情的策略。拜伦写道："如果我对任何致命的东西发笑，因为它使我不哭。"麦独孤衷心地同意，并且加上一句说：笑声不只从沮丧与悲伤中拯救我们，而且也同样从替代的同情的所有其他形式中拯救我们。

现象学的探讨

里博(Ribot)在他的《情绪心理学》(1897)中，对同情给以极大的突出地位。他把它称作“一切社会存在的基础”。他不满足于许多作者承认的两种形式，而主张三种形式。第一是原始的或者是自动的型式，我们曾提出可以作为一个带有条件的反应的例证来考虑。第二是反射的，在其中个体是关于他的心灵状态的自我意识。他知道他为别人而感觉，甚至痛苦也不是他的。第三是一种赋予智力性质的忠实、宽大或者是博爱的情感，在型式上比任何个人情感的特殊情况更为广泛。他的三个等级类似于，如果不是等同于斯宾塞的话。

里博的研究是现象学的。他问道：什么是人所有的经验或者是“意图”的完全不同的形式，同情被应用在哪一个单一的与不适当的标签上呢？我们在这儿是论述一个简单的过程呢？还是一个覆盖了人类行动的多种型式的术语呢？

赛勒

现象学的研究在赛勒的《同情的本质与形式》(1923)中达到了它的顶点。德国语言在处理这种特殊的题目上远比英语或法语更为灵活。一个补充的原因可以在贝克尔(1931)的著作中找到。在赛勒看来，有同情的倾向性(或行动)的八种形式，为其中大多数明确英语的相等的评语所缺乏的。

开头的三个是属于一种低级的，真正的假同情。因为在这些问题上，焦点就在题目本身的感受上而不在他和别人或者为别人的感受上。

(1)感情移入(Einfühlung)。最初的反映过程是斯密、斯宾塞、里博与其他人所叙述的。术语“神入”是个很好的翻译，倘若它被了解为只意味着基本的动力模仿，如像有时今天的情况那样并不被应用在“了解人民的一种能力”的广泛意义上。

(2)相互的感情(Miteinanderfühlung)。引起注意于一种"同时发生的感情"的状况,是两个或更多的人以同样的方法反应同样的刺激物的情况(例如,受一般观众欢迎的一个注意周到的与感动的人的影片)。

(3)感情感染(Gefühlsansteckung)。指通过社会引导与助长的感情的开展,如在暴徒中,在惊慌中,或是在群众中。它也包括麦独孤的情绪的同情的诱导。这样的"移情"也仍然是集中于个体的情感的经验上,而不是真的同情。

同情的更高水平可以在这里看到:

(4)感情移入。在那里发生一种感情的同一身分:玩耍的娃娃儿童和她妈妈密切结合,在战时的公民感情团结在痛苦与目的中。有一个这样的"结合感情"的特殊高等级在彼此强烈地感到欢乐与烦恼的情侣之间。

(5)残留感情(Nachfühlung)。这是更为众多的意识与被分离的意识。我们在陈述中,面对着它,"我知道正是你怎样感受到的"。然而,在这种情况下,我们清楚地从别人的感情中区别出我们自己的感情。我们甚至可以再说:"我知道你怎样感受,但是我不会做像你正在做的。"这种心灵的状态是斯密的赋予理智性质的或者里博的反射的同情。

(6)同情(Mitgefühl)或者是同感。指在别人情绪的状况下参加的一种行动。如果我的朋友失去母亲,我能体验出一种交往的悲哀。但是我的怜悯(Mitleid)与他的痛苦是现象学的两种不同事实。

(7)人类爱(Menschenliebe)。这是由里博与麦独孤明白承认的感情的水平。一个人不只感受别人的心灵的状况,而且也珍视它和尊重它。利他主义与博爱属于这一等级。

(8)无宇宙人的与上帝的爱(Akosmistische Personund

Gottesliebe)。指神秘同情的意思,它赋予一些人对人生的宗教倾向性作为一个整体:“神的一切有限的精神的统一。”

赛勒的现象学的分析从精妙程度上来看并不卓越,而且在它自己的权利成为有价值的以外,它说明了这种重要的事实:心理学的分析依赖于一种有益于分析家语言范畴的值得考虑的程度。

经验的工作

还不到1930年的十年,便试图支持在经验基础上所做的同情问题的研究。第一次世界大战,弗洛伊德学派的理论与非理性主义理论的流行气氛,曾集中注意在更早期的侵略行为上。但是在商业萧条时期,对合作行为的研究兴趣上升了。早在1930年以后的工作摘要,在梅与道布(1937)中可以找到,并且恰当的人类学的证明被米德(1937)所提出。

使用观察法,墨菲(1937)在一个幼儿园中分析出行为的五千种插话。当攻击行动比同情行动数量更大时,她找到后者便发生了应该考虑的频率,主要在那些感到心理安全的儿童中。他们自己有一个类似引起他们的同情的经验,并且从来自有文化教养环境的一定的型式中。

近年来应考虑的有关工作已经增加了,尽管同情的概念或者是甚至合作的概念是很少使用的,大概因为他们的热心宁可是道德的而不是科学的。但是在团体动力学中许多当前的研究,我们曾经观察到,在工业的联系中,在团体张力心理学的体态中,和在心理治疗中的运动代表了一种实验上的行动方向的扩展。有兴趣的读者可在莱顿(1945)、皮尔(1950)、戚斯(1951)、梅尔(1952)、索路金(1950)与夏哈特(1959)的著作中找到一些指导。

虽然，心理学家们在他们的研究与他们理论中对攻击、敌意、偏见的行为远比对在社会生活中同等重要的要素的同情和爱情的更温柔的行动付出更多的注意，但它仍然留下了真实。正如苏梯(1935)所说，有一种奇怪的“从柔软中来的飞跃”。

模　仿

社会心理学家们要求解释在人类行为中社会遵从的不可抵抗的事实。父母安置儿童遵受的模式；时髦人物是成人仿效的榜样；而文化本身是每个人仿效的模式。在社会心理学中没有更为强调的问题。术语模仿指出了这个问题，但是并没有解决它。

虽然，有些19世纪作家，在模仿中看到一个简单与最高的原则适于解释所有的遵从。一种单一的力量是考虑到提出动机和手段两方面。巴吉和特(1826—1877)代表了这种观点(1875，36页)：

> 起初一种“偶然的机会”造成了一种模式，而然后具有无敌的吸引力，受需要所支配的几乎最坚强的人们都模仿在他们眼前的，并且成为他们所期望的，用那种模式来模造人们。

模仿于是在社会中是解释为“习俗的蛋饼”的贮藏作用，束缚了几乎最坚强的人们。它在野蛮社会中被解释为“同一”儿童的模仿，为种类的群居。自从遵从行为是“无敌的吸引”的结果以来，真正批评的问题在于发明与新产品。发明的出发点来自遵从，巴吉和特把“强壮人们”的积极性也被他叫做“民族的建筑者”来说明。

更为深入的是由法国作家塔尔德(Tarde,1843—1904)所给予的论述。关于他,如同他的英国同代人一样,模仿是“对社会奥秘的钥匙”。他热心地主张,“社会就是模仿”(1903,74页)。在塔尔德的有名的《模仿律》(1890,法文版,巴黎。)中有如下的记载:

(1)下降律主张在上的阶级是被社会的下等的阶级所模仿。我们今天可以注意到,一时的风尚开始于巴黎或者是在公园路并且死亡于一角钱商店的的帐柜上。

(2)几何级数律。对于款式,谣言的快速传播或者是从原来的观点而来的裂纹引起了注意。

(3)外来之前的内部律有助于说明这种事实:一个人自己的文化是对外国文化嗜好的模仿。关于模仿本身的过程塔尔德谈得很少。他以催眠的梦境比拟它——梦游,它被形成于由人们心灵中模式的摄影形象的统治下来处理它的过程。这种用公式表示平行于暗示的概念,在同时期的法国社会心理学中(例如,Charcot, Le Bon)占有同等的重要地位。

按照塔尔德看来,新产品与创造是冲突的模仿的结果。一切对立物是在对立的模式之间的一种撞击。竞争、辩论、战争是社会对立的三大形式;其兴起是因为对立的模式同时被模仿了。

不像他的同胞杜克海姆那样,塔尔德是个个人主义者。他有一次写给美国的鲍德温,“你到达之点是我的出发之点”。由此他意味着鲍德温对模仿的处理在每个个体人的基础上作为一个特殊的机械作用,在其上塔尔德自己要建造他的更为包括无遗的模仿的社会学。

鲍德温(Baldmin)在模仿中找到了儿童心灵发展的钥匙

(1895,1897)。他的说明(理由、原因、重要性)唤起了对这种事实的注意:看来至少有两种形式的模仿——不考虑与考虑(我们今天可以说条件反射与有见识的)。这种发展的进程包括了三个阶段。在投射的阶段,儿童接受一种模式的的印象,如同照相的感光板接受一个像一样(此处"投射"的意义与现代这个术语的使用不同)。在主观的阶段,儿童倾向于具有模式的运动,曲调与态度。他是"一个真实的复写机器"并且不能有助于做这样的事。应该注意到在这个过程的这个决定性的阶段中,鲍德温似乎依靠于很少了解的倾向于基本的动力模仿。他也唤起注意于导致一个儿童行为的重复的幼年自我模仿的大量事实(循环的反射活动)。最后,在投入(她的心理通过其行动来看)阶段,儿童达到模式的一种理解——他可以认识他动作像别人一样;他知道别人感觉如何。这里的模仿是一条通向改变认识的大路。

米德(Mead,1934)超出鲍德温的投入的阶段。他说,我们比模仿做得更多。我们知觉别人在做什么(通过投入的模仿),但是我们也知觉我们自己对它的反应。发生什么是一个织过(混杂)的过程。每一行动是我们的角色的假定与我们自我知觉的结果。因此,随之一个"姿式的对话",从两个人的兴趣安排在相互的理解与继续的适应与调整中而流露出来。在进程中,语言是最重要的,而"意味深长的符号"成为了调整的总发动机的一个代替品。米德的社会主义化理论并不是专门地"模仿者",他的出发点在于同样的传统。

应该做出这样的引证,许多作者的包括一个在动机杂集中的模仿的本能倾向是人的原始本性要求的。詹姆斯这样做了(1890)。波尔纳(1926)提出了模仿本能的接受,如同在许多其他人中的一种固有的动机,是一种在社会与心理学的科学史中的普通但是不结果实的实践。

我们曾经提到的作者,米德是可能的例外,关心模仿作为有动机的力量。后来的作家倾向于从模仿行动的“为什么”到“如何”来改变他们的注意。模仿被尊重为只是作为由其他动机达到其目的的一种手段。麦独孤清楚地了解这个问题。他感到,不像真的本能,模仿有少的或者没有“推动”的性质,并且没有特殊的目的。对他来说,它宁可像是一个非特殊的内在的倾向(1908,4章)。在这方面它应该和游戏划分到一起,而且也和我们先前曾经讨论过的原始的被动的同情划分到一起。麦独孤颇为一个儿童(或者是一个只管学别人的话而不懂意义的人)对一个模式精确地调节他的发音的声音过程所烦扰,正如被观众所看到的假定跳舞者或是运动员的尽力用姿势表演的明显倾向一样,而且也像使儿童在他自己的运动(和情绪的)行为中接受一位成年人的压力的倾向一样。布兰顿与布兰顿(1927)强调甚至可以假定在母亲双臂上的一个婴儿的姿势压力的重要性,因此母亲的恐惧成为儿童的恐惧。

这种神入的过程在社会心理学上仍然是一个谜。它似乎成为社会研究的发生学的与概念的基础并且把模仿的任何理论都放在心上。像我们曾经谈到的,有些动力的模仿似乎对原先的条件是可减少的,但是在另外的情况下它表现出领先的并成为研究的前提。这种机械论的性质还没有搞清楚。知觉过程本身因而蒙受动力的调整(例如,双眼的)那是知觉对象的一定性质的模仿的,这是明显的。这种事实可以给我们以需要的线索。这个问题进一步为李普斯与奥尔波特(1961,533～537页)所讨论。

“如何”模仿的最大理由并不是返回到这个简单的神入的现象中去。许多作者依靠念动论(ideomotor theory),如考雷

(1902,625 页)在下面所说明的:

> 它是现在由心理学家一般所讲述的理论:一个行动的观念它自己是一个到达那个行动的动机并且除非有些东西干涉阻止它,它有内在地产生倾向。它成为这种情况,它要出现,即我们必须经常有一些冲动去作我们所看到的事物时,倘若它是我们充分理解的,便能够形成一个去做它的明确的观念。

念动论并不再是"一般地讲授",但是它的潜伏价值是一种模仿的解释,如果它是真的,将是伟大的。简单的,它说,所有的"观念"逼向讲述。因为我们许多观念的来到,当我们观察到其他人(或事)时,紧接着我们注意使我们的刺激模式的知觉行动起来(模仿)。虽然我们不能说这个理论是没有优点的,它是粗糙的并且需要相当的提炼与现代化。

当观念心理学衰落下来而行为主义兴起时,一种模仿行为的解释在条件反射的所有物中找到了。古典的(巴甫洛夫学派)条件反射是以胡佛来(1921)、F. A. 奥尔波特(1924)与赫尔特的理论为代表。让我们拿赫尔特在他所说的他的公式(1931,112 页)"回声原则"中来说明这件事情:

> 儿童要学习对别人的任何行动作出反响,除非别人表演的行动刺激了儿童的感官,在这瞬间,儿童是被束缚于一个同样行动的随随便便的表演中。

为了说明,让我们采取幼儿的早期的拍一块饼的游戏。这个理论假定首先儿童随便摇动他的双手作轻拍的样子。事实是他这样重复做是一种重要的最初的事实，因为循环的反射就得及时为取得把握的条件作用提供一个更广泛的基础。认识了这种行动，父母也轻拍他的手(注意父母是第一个“模仿者”)并且说：“拍一块饼。”此后儿童当他看见“拍一块饼”的行动或听见“拍一块饼”的声音时，便倾向于拍他的手。

试图保持这种事情的简单的刺激——反应观时，后来的作家认为古典条件反射的公式是不够的，并宁愿查看这种术语“工具性(也叫操作性)”条件或者“强化”的现象。按照这种研究，模仿被称为是因为它带来了奖赏与满足。例如，年幼的男孩，当他找到糖果，愉快的东西与其他的使他(在起初是偶然的)模仿了他哥哥的行为而获得令人渴望的结果时就要去发展——模仿他哥哥的一种通常的倾向。这种对照的依赖关系被米勒尔和多拉德(1941)认为是解释模仿的最多的公式。当应用于讨论、有意识的模仿时，它遇到一些困难，而似乎并不应用于幼儿基本的运动的模仿现象上，那就是，模仿首先是奖赏或者是满足。

格式塔心理学家(Köhler，1927；Asch，1952，16 章)怀疑过一个被作为条件的模仿倾向甚至能够建立带有奖赏的目的。猿类如同人类一样，在他们采用它之前，似乎正常地要求一种对被一个模式所代表的手段—目的关系的领会。一个机体指向一个目的将在运动区域中再生出来。他在一个模式中所看到的只是如果他熟悉这个环境并且看到这个模式时他的目的的联系。在这种理论的型式中，我们是以意识的与深思的模仿来论述的，它对于一些心理学家认为是“有眼力的”或者一些其他的人认为是学习的“认知”原理。

当从认知转到情绪的水平时，我们遇到熟悉的自居作用的概念。这个术语明显地指感情的模仿。男孩以父亲自居，穿软鞋的警察以演员自居，黑人以他的种族自居，而人道主义者以人类自居。这个广泛的术语是儿童社会化的精神分析解释的关键概念。说他通过对父母与其他权威的特出人物的情绪模仿研究他的道德与基本的性格结构。弗洛伊德(1921)认为有趣的暗示,对我们没有特殊情绪意义的人是通过神入来了解,但是那些对我们有情绪价值的人则是通过自居作用来了解。

最后,我们注意到在文化的人类学中模仿的重要性。魏斯勒曾经说过,除开一些假定的模仿的过程,它将难于想像人们如何能具有一种文化,"因为它必须由集体中年幼成员模仿老者来维持(1923,206页)"。人类学的传播者被谴责为在文化特征上夸张模仿沿用的范围。那些争论"多重起源"的人类学家说:许多表面的模仿是外表美观的。他们说:同样构成的人们以同样的需要,将作同样的事并产生同样的发明创造,无需加以模仿。同样的小心翼翼能够扩展到每日的行为上。在同样的挑拨下,儿童与成人可以做同样的事完全无需在现实中进行模仿。

摘　要

发现这种不舒服地压缩探讨的读者将从读第二部分附录:米勒尔与多拉德的《社会学习与模仿》(1941)中获得好处。

模仿是一个多方面的概念。其解释一定不可避免地留下了极大的空阔。这个术语指当一个刺激情景使一种运动积极性活跃起来而类似于刺激情景的任何诱因。因为过程的多种型式可以有这种广泛的结果,我们可以很好地认为没有单独的实在。研究者与作家曾经唤起注意,至少可以把五种表面上的各别的机械论包括进去:

(1)运动模仿(神入)。在目前基本地一种知觉的运动反应并不完全了解(Lipps,McDougall,Blauton 与 Blanton)。

(2)古典的条件反射,包括回声原则(Holt,Humphrey,F. H. Allport)。

(3)工具的条件反射,强调包括在产生既特殊也普通的模仿习惯的获得中(Miller 与 Dollard)。

(4)认知结构,包括一切有意的复写与顿悟的复现的例证(Köhler,Asch)。

(5)自居作用。目前有多种意义,但是强调整个人的情绪的倾向类似于一些模式(Freud; White,1963)。

虽然它不是不可能的,这些过程可以及时被成功地还原为一个单一的公式,而其前途似乎是极其不可信的。

至于早期作家对这个题目,我们可以断言他们的兴趣在于基本地模仿社交的结果。虽然他们倾向于主张一个最高的动机与机械论,他们真正关心的是与一致的社会结果相联系的(巴吉和特、塔尔德以及鲍德温、米德、考雷等人有点这样的主张)。最后,当然,当这些更被完全的了解时,遵从的社会学将从模仿的机械论中接受阐明,但是目前作为性质不同的来看这个问题是适当的。遵从的社会学必须等待发生在相似的或同样的行为中的过程的一个被改善的心理学。

暗　示

如我们已经指出过的那样,同情、模仿与暗示是"巨大的三种"。在其中,这些概念曾经统治许多过去的体系的社会心理学。如我们谈过的那样,其中的不同,反映了作者们的强调情感,意动或者是认知的机能的偏爱。

术语暗示的认知的风味，清楚地突出在麦独孤的解释中(1908,100 页)：

> 暗示是一种交往的过程，是由于确信去接受被交往过的建议而发生的，对其接受缺少逻辑的足够的根据。

麦独孤认为：过程的动力在于人的顺从的本能。这种本能是由任何人或者有势力的符号所引起，而“在缺少逻辑的足够的根据上”来接受我们被传递的建议的解释。

历史地来考虑，暗示在三个概念中是最重要的。这是真的，尽管它在社会心理学上的影响直到大约在 1890 年尚未感觉到。但是在那时如此有说服力是沙可、列·蓬、西盖尔、西底斯与其他人的研究，在社会心理学上将近所有的问题成为科学家和暗示术语的门外汉的公式。甚至今天的门外汉也倾向于把社会行为的全部领域都作为“群众心理”，“群氓歇斯底里”，“暗示的力量”的事情来考虑。这个概念在变态的与社会心理学之间联姻了。当这种联合冷下来时，它并未完全消逝。

暗示的过程被解释为多种方式，主要在以下的术语中：

(1)动物磁性说(催眠术)。

(2)念动反应。

(3)意识的分裂。

(4)观念、复原、条件的联想。

(5)决定倾向的还原。

(6)自居作用。

(7)认知的构造转换。

这样的解释属于暗示和催眠术，因为对于许多作家来说，认为催眠术是没有比暗示过程的一个最大的例证更好。这些概念的最早历史,由波林(1929,1950)很好地评论了。

动物磁性说

这是由麦斯麦(1779)提出的笼统的公式。用"磁化"一个魔杖或者一个管子,麦斯麦找到当病人在其降神术实验中碰到这些工具时,陷入出神状态,并且服从其声音了。甚至在他的时代麦斯麦磁性的解释是严肃地提出了问题。病人仍然是催眠状态,并且治疗神经病的病痛获得了效果。无论它的圈套与理论如何奇怪,催眠术是个事实。

念动反应

布莱德(1843)否认了麦斯麦,而创造了术语催眠术以描述在争论下的现象。他注意到感觉固着的重要性,催眠术必须开始以一种意识场为限度。感觉固着是跟随着一种观念的限制,他所谓的单一观念的一种过程。牢固地置放在病人心灵中的一个观念生根并形成运动行为。当时的外科医生有极大兴趣,因为在这个时代,可以在麻醉前通过催眠,置放一定的观念于病人的心灵中,可能有希望减少刀割的痛苦。

此处回忆19世纪许多心理学是由观念这一概念所管辖是很重要的。我们得知了观念、观念的联想、与念动动作的结构。克尼斯比的康德继承人赫尔巴特是一位权威的人物。在教育实践上他的影响是巨大的。因为这个缘故,19世纪教育心理学成为把正确的观念(例如,所谓复制书)置放到儿童心灵中的事情,企图这些观念会产生正确的行动来。法拉第(1853)在这个时期试图指出桌子倾斜与其他唯灵论的现象能够容易地由物理运动上的观念之难以捉摸的效果来说明，以改善“公共思想的病态情况”。运动的观念直接产生行动成为周知的如动力发生，并且被认为是念动说的一种特殊情况。这种学说的高度声望迟至詹姆斯的时代在他的热心赞成中(1890，Ⅱ，526 页)可以见到。

这样，我们可以把它规定下来，因为一定的每一个运动的代表(观念)，唤醒了它的对象的同等级的现实的运动。

李厄保(1866)出版了一种重要的作品，他在书中明白地介绍了暗示的概念，主张这种过程是与催眠术相等的，而在赞成的条件下，所有的人都能够被催眠。对他来说暗示只是一种与植根在有限制的注意的领域中相一致的观念的行为表现。这种强调唤起麦独孤的一致的主张：顺从的本能是在暗示能力的一切情况中唤起的，而弗洛伊德也仍然更加强调自居作用是使可暗示的行为成为可能的一致的状态所必需的。

波恩海姆(1884)继承李厄保的思想，并且通过他的精神病学的南锡学派的指示，他根据暗示是一种本质的正常的念动过程的观点，在建立暗示的心理治疗上是有影响的。注意弗洛伊德，他自己把波恩海姆的书译为德文是有趣的，虽然他自己的思想后来也远离波恩海姆的思想了。

意识的分裂

南锡学派理论的对立面发生于巴黎萨尔拍屈里哀学派，以沙可(Oeuvres Complètes，1888—1894)为领袖。作为一个有说服力的与戏剧的临床学家，沙可指出了使观众分裂在催眠术下人格的歇斯底里的割裂现象。不像南锡学派，他主张只有歇斯底里的人格才能够被催眠(这样催眠与正常暗示并不形成一种连续)。沙可的学生，雅内与西底斯都是属于这种极端的见解的。西底斯(1898)认为催眠术是变态的可受暗示性的,标志着深度意识分裂与意识分离。成为对比,正常的可受暗示性缺乏真正的催眠术,但也是一种分裂的事情,是一种较轻微的程度,从自动的、反射的、下意识的自我中而来的觉醒的、领导的、控制的、监护人的意识。变态的可受暗示性能够通过直接命令才能诱发(“你想睡觉了”);无论如何,正常人倾向于抵抗直接的命令并且只反应敏锐的间接的在“心理学上的瞬间”所介绍的暗示(“汤姆,他的就眠时间”)。西底斯把他的观点概括为三个法则:

(1)可受暗示性直接地随意识的分裂和反过来随意识的统一而变化。

(2)正常的可受暗示性直接地随暗示的间接性和反过来随暗示的直接性而变化。

(3)变态的可受暗示性,即可施催眠术的能力,直接地随暗示的直接性和反过来随暗示的间接性而变化。

通过那些紧紧追随他的教导的学生普林斯与那些离开他或反对他的学生(雅内、西底斯、比内、弗洛伊德)两方面,当然,在临床精神病学上沙可的影响是很大的。他在分裂的学说上找到了一个为群众现象、暴民、群众的歇斯底里与煽动的领袖的一种解释,对社会心理学家的影响也同样是很大的。或许最有影响的书在社会心理学方面到底是列·蓬写的《论群众》(1895),它是沙可学说的直接成果,稍后我们将会更全面地谈到它。

这种学派的思想家采取了一种人的潜意识性质的残酷观点。它是通过催眠术,歇斯底里的发作来释放,还是通过群众条件,自动的潜意识本身来释放是一个厌恶社会的演员。1886年,斯蒂文森使沙可学派在《杰其尔博士和海德先生的奇怪病历》中的观点永垂不朽,清楚地证明萨尔拍屈里哀学派戏剧性的学说以致在那时成为国际的共同财富。十年或二十年后,尽管弗洛伊德对沙可的公式的否定，他的无意识的伊底(id)的概念接着成为同样的重要的作用，如同沙可的破坏潜意识本身一样。这概念也成了共同的财富，而有助于主张今天在临床上、学院中和普通心理学的非理性主义的最高地位。

我们曾谈到过的许多作家大约开始于 1890 年，热心地应用分裂的概念于社会行为上，于是带来变态与社会心理学之间的联姻。沙可的学生普林斯发现了它完全自然地扩大了他于 1908 年所建立的从《变态心理学期刊》的范围，并且在 1922 年重新改名为《变态与社会心理学期刊》。他认为这两块园地是紧密地联系着。为了实践的原因而不是理论的原因，期刊在 1965 年分为两种不同刊物——一个恢复为原来的名称，另一个成为个性与社会心理学期刊。

联想、复元、条件反射

一种更为理论化的常规型式使触动(接触)安全地保持在简单联想论的界限之内。一个刺激出现了，那就是，发生接触一个特殊观念(决定的倾向，大脑通路)引起了一个特殊的反应。对一个渔人来说，在春天的一个充满阳光的日子想去钓鱼。苏格兰心理学家布朗(1820)，使用术语“暗示”完全等同于“联想”。南锡学派的波恩海姆(1884)，虽然认识到相交往与念动反应的重要，也同意每一种印象，每一种心理图像，每一个联想都是一个暗示。只有轻微不同的是铁钦纳的陈述：“暗示是外部的或内部的任何一种刺激，伴随或不伴随以其接触离开一个决定的倾向的意识。”(1916，450 页)

这种观点的变体使暗示为复元的一种事件。一个预先被形成的高级复合序列的配置，能够作为一个整体被一个联合起来的暗示再唤起来。春天的充满阳光的日子就是暗示“去钓鱼”，就是复合的使得活动的反应。哈密尔顿(1859)第一次唤起对这个“部分唤起全部”联想关系的注意。近几年，侯林沃斯(1920)广泛地使用它以说明在正常与异常主题中的可受暗示性。

条件反应的概念是紧紧地关系到思维这方面的。暗示是条件的暗示，而其过程是简单地被包含在对其暗示是条件的运动通路的反应性。“汤姆，睡觉去”(直接暗示)和“汤姆，是睡觉的时间了”(间接暗示)是企图使汤姆做出习惯再活动的暗示。这种观点在一切行为主义者对社会现象的处理中可以见到。例如，F. H. 奥尔波特(1924)、贝赫特列夫(1932)与赫尔(1934)那些人。

与这些处理连系在一起的明显的困难是他们没有从观念联想分裂的任何其他过程中，或者从任何其他刺激反应的结果来区别暗示。当它是无可怀疑的真实时，暗示大概要被看做一种联系起来的现象的型式。我们如何从联想的其他型式中区别它呢?

决定倾向的还原

要求差别是沃伦(1934)的《心理学辞典》中提出的，他在书中表示暗示是：

> ……刺激，经常本质上是言语的(口头上)，由于它，个人找寻以阻止在危险期完成的机能来引起别人的动作。

我们已经引用了麦独孤的相似的定义，它指接受一个缺少逻辑适当理由的主张。在这些地方以及在相似的定义中，注意被行为的有决定力的限制所唤起。个体并不役使所有有关系的观念,也不役使其完全的才智。他是在刹那间离开完全的自我决定而动作。按照联想(条件反射)的规律,假定暗示发生,我们仍必须也准许正常的联想的封锁;于是行为的最后结果是应归于一个有决定力的选择的场。我们曾注意到布莱德把这种限制标记为单一观念。当我们谈到"决定的倾向的还原"时,当然我们不是指目前联想绝对的数目,而是指由它阻止"危险期的,完整的"机能对大脑场的机能的限制。

让我们拿一个在能言巧辩的买卖人说服下买了一件衣服的人的事情来看。卖主用样式,讨好地说合适与舒适的术语来指出其优点,用这些话来打动买主听从他的劝说。但是他没有考虑同样重要可以阻止这种购买的打算——太贵,需要特殊的衣橱与个人的选择。尽管这样卖主可以介绍比买主初期所有的更多的决定的倾向,而且,机能的谈话,卖主还原到有效的决定力。买主的购买因此是部分地,如果不是全然暗示的结果的话。

围绕着这个世纪的变动,许多心理学思想与著作都是按照暗示的概念排列的。许多书籍与题目都论述了不自主动作、分裂、歇斯底里与类似事件。反对这些背景的比内(Binet, 1900)作出了两个具有重要意义的贡献。他重新起来反对催眠,同意冯特的意见,认为使用它是不道德的,并且寻找用探查"正常的暗示力"的"无害的"方法来代替。在这样的工作中,他不靠沙可,而接近波恩海姆。他的第二个贡献必须和他发明的试验的方法一起来做。他介绍给儿童以线条,以图画,以用这样一种方式的问题表使得一些强有力的观念准线(idées directrices)置放在他们的心灵中。后来儿童们被提问来再现这个刺激,结果在插入的观念的范围内发生了特殊的歪曲现象。在集体行为中,他观察到在儿童们中间的威信的效果。领导者在他对儿童们的试验的集体中，证明了比随从人员更少可暗示的。这极大地归功于比内的努力，暗示成为一种学院和临床心理学一样的标准的问题。

一个令人爱好的问题必须与可暗示能力的条件一起来做。谁是可暗示的？回答是如路斯(1908)在摘要中所讲，包括几点犹豫不决的主张。动物(例如羊)的一定的品种比其他的品种是更可暗示的；一定的“种族”(法国人与斯拉夫人)比其他的种族(安格卢-撒克逊人)是更可暗示的；儿童与成人相比更是这样；妇女与男人相比也更是这样。人们是可暗示的，如果他们是在性情上失神或者在有情绪的情况中的话(奥塞罗的妒忌)。他们求助于权威的来源而经常反复地阐述他们的主张是易受责难的，并且他们在群体中是特别的可受暗示的。

这些是勇敢的与不可证明的主张。只是在近年来做出了细节的研究(宁可使用术语说服能力而不用可暗示力)。胡兰德和雅尼斯(1959)作结论说，对一些范围内的说服能力是有容量限制的。于是可以说服一位妇女关于投资的事，而不说服关于保持她的房屋的事。同时可暗示力经常是一种普通的特征具有良好的证据。一个服从于一个指示的口头说服的人是同样(但是一点也不一定)服从其他口头说服的。

堪萃尔澄清了这种过程的动力。他指明：暗示特别发生在个体是面对一种危险的形势时，在这种形势中他不能容易地作出一个决定。他为了信任(和行动)将接受暗示的提议(1941，64页)：如果他自己对事件的解释没有适当的心理结构；或者当他的心理结构如此严格地固着，暗示便自动地引起这种结构(即一种偏见)，而这个人便失掉考查其自己的权利的情况。第一种条件从慌张中产生，第二种从“相信的意志”中产生。

解释这个观点，一个人将毫无批评地行动(以决定倾向的一种还原)他相对的不熟悉一个题目,不习惯或不能核对给他提出的暗示——简言之,如果他的心理组织是非构造的,如果它适合他的陈旧的严格的构造的话,他是同样地倾向于接受暗示。这样所抱着的希望与要求便进入行动,先存在于态度、偏见、信仰之中。一个"不固着"的心灵与一个"过分固着"的心灵两者都喜欢可暗示能力。

在这种结构之内,我们能够形成一个完全的群众控制煽动主义,和宣传的心理学。例如,有时领导者以多种策略试图"不构造"人的心灵。煽动者在事情的糟糕的情况、政府官吏的不法行为或者贫困、不健康、破产时唤起注意。当人民被这个大网搞得很不安定时,宣传者指明其补救方法。然后它同样作为一种脱离困境的方法来接受。或者,仍然更为频繁地,煽动者直接求助于人们的"过分固着"的确信。宣传者、演说家,或者广告者以事先存在的偶像(情感、偏见、确信)来简单地联系他的产物(或者信息)。它被接受,因为它是随着个人事先存在的希望与反感而一致起来的。肖伯纳有一次解释宣传是"偶像崇拜的组织"(具有一个旧偶像的宣传者的信息的组织)。

自居作用

如我们所见,麦独孤在暗示的过程中,祈求作为一个必要链条的顺从的本能。南锡学派认为在暗示者与被暗示者之间良好的和睦是必要的。弗洛伊德认为这些观点是无力的。完全彻底地和南锡学派与萨尔拍屈里哀的理论与治疗法相同,他完全拒绝他们的暗示与催眠术的概念。有一个更为深刻的理由,为什么一个领导者吸引追随者并且能够形成他们的行为——这是因为他们在他身上找到一个可爱的对象,一个对他们阻碍性需要的与他自己有关系的人(Freud,1921)。在男性的集体或群体的场合中(例如,纳粹风暴的骑兵),一种深刻抑制同性恋的兴趣是通过他们的默从的揭发,并且领导者的自居作用也是同样的。所谓的暗示,特别是在群众的情况下,实际上是一种自居作用的结果。这个理论已经被瓦奥尔德(1939)在战时对领导者和随从者之间关系的特殊论述完全说明了。这个理论的优点在于唤起关于服从行为的情绪附属物的重要性的注意。

认知的再结构

近年来可以考虑的怀疑主义对于暗示的概念曾被解释为关于实用并甚至是有效的。例如,阿西曾明白地宣称"对于暗示理论的场合并未被证明"(1948,251页)。

争论转到在谈到表现暗示力的行为和谈到表现批评能力或者完全自我决定之间无论有任何真正区别的问题。另一种标明这个问题的方法是在合理性的术语中。我们看来有可暗示行为的人,事实上,比我们看来不可暗示的人是更少合理性吗?在他们自己的观点看来,二者大概都可以一个聪明的方式进行行动,充分利用它们能做的信息的总和来比较对照它们。

一个实验例证可以足够刻印这种新观点(来源于现象学与格式塔心理学)。主体被询问去思索以下的引文,并且被告知其作者是杰弗逊:

> 现在和后来,我认为那是一个小的反抗,是件好事情,并且在政治界中像在物理界的风暴一样的必要。

当问到无论他们是否同意被表达的情感,和它对它们的真正的意义是什么，一般赞成主题是用来表达情感的，并且把"反抗"这个词翻译为意味着有点儿些许的激动。但是当主体被告知作者是列宁时，他们正常地拒绝这种说明，并且把"反抗"这个词翻译为意味着激烈的革命（Asch，1952，419～425 页）。

这儿正发生什么事？暗示的理论要说人们持有先前的情绪态度来对待杰弗逊和列宁，前者是"好"，而后者是"坏"。因此当这种说明归于列宁时则被拒绝，因为在其自身的权利内它不是批判的观点而只是响应反对列宁的一个偏见的术语。这种完全相同的说明当它"恢复"一个人对杰弗逊的崇拜时便被接受了。于是这个人是可暗示的，反应并非表明它自己的权利而是基础于向他劝说的作者在预先所形成的态度。

然而，认知的理论家，指出作者姓名变换刺激的全部意义。这种事实是被主体的倾向用不同方式翻译"反抗"中显示出来。如果是杰弗逊，他只能写出表示其温和的议论的章节；如果是列宁，他一定在心中有激烈的革命。因为它不是"完全相同的"章节，估价不同是因为所假定的名字的暗示的力量。倒不如说两个不同的刺激合理地估价了（那是根据上下文中刺激的真正意义来定的）。如阿西认为，它不是改变了（通过暗示）的客体的判断，而是判断的客体它本身改变了，并且被解释为客观的与合理的。

不论这个争论的字里行间，最大限度地消除了暗示的不同概念的应用，是可怀疑的。甚至在这种场合，引用似乎是清楚的，人们对杰弗逊或者反对列宁的偏见是在翻译过程中的积极的因素，而所以有一个倾向说明起反作用，并不以一个人所有的批评的联想为基础，而是最初基础于使被假定的作者名字活动起来的还原了的决定倾向的型式上。

认知再结构的术语确实是描述（现象学地）似乎在暗示的一

切场合下要发生的事。我们在不同情况下感知并且解释不同的事件。但是认知再结构是否是一个解释的概念还是一个问题。为了警告我们，许多对别人可暗示的并且非理性的行为从演员的观点来看则并不如此。他在给予的环境中做他所能做的。而且这种事实留下了在一定的环境中比在别的环境中他的行为是更可批评的与自我决定的。因此，我们仍然需要暗示的概念以称呼从宁可比一个完全的不如从一个狭窄的决定去做而获得结果的行为。

摘　要

在这里如果不是全部，绝大多数的看法包含着一些真理。我们开始于简单的观察，在一定环境中人们以比对别人较少的批评能力进行活动。他们的批评的意义不管是全部的或部分的，我们好像真的一样暂缓去发现一个优势的高等级的观念或想像(单一观念)。发电机妖怪倾向也可以实现，恢复原状与条件反射有助于引起行为决定的决定者。在极端的场合下，可能有一个个性的歇斯底里的分裂。在所有的场合下，一个认知再结构发生了，在某种意思上来说，有决定力的个体组织乃是作用于它。这种组织常常能够从外面加以控制，如果适当的条件实现了(例如，一个不固着的或过分固着的心灵)，如果领导者或操纵者使用熟练的手段，可能借助于鲜明的装饰(感觉的固定)与雄辩。和睦、自居作用、一种谦恭的态度和顺从的习惯极大地助长着这个进程。并且像胡兰德与雅尼斯(1959)所表明的一样，不安全的个性是处在一般的暗示的倾向中。

于是暗示是一种复杂现象。我们需要一切的看法，即历史曾经遗留给我们以建造一个适当的综合理论。

群 体

柏拉图害怕民主,因为他害怕人们的无理性。在相对的孤独中他们可以聪明地考虑,但是在群集的时候他们的论证是有缺陷的。“雅典的每一个市民可以是一位苏格拉底,而每一个雅典人集合起来仍是一群暴徒”。这种对人类集体的怀疑是古老而循环的,直到 1890 年群体行为仍不能成为有用的系统的理论。

列·蓬信赖暗示,作为个性的歇斯底里发作来考虑,可见于下列引文。在群体中,他写道(《群众心理》,1895,34 页):

> 个体可能被带进这样一种情形中,完全失掉他的意识个性,他顺从操作者的全部暗示,从中剥夺他,并且叫他作与他性格和习惯完全矛盾的动作。

群体的状态是放弃了深刻的偏见、种族传统、和残忍的本能。群体的人(同上书,35 页):

> 不再是他的行动的意识。在他的场合下,作为就施催眠术的主体来说,同时一定的才能被破坏了,其他的可以被带到一个高度的意气奋发中。在暗示的影响下,他将承担不可抵抗的一定的激烈行动的成就。

人民在群体中和群体领袖中开始行动,从来没有批评的思想。当一个人参加到群体中,他“在文化阶梯上就降下了几个梯级。孤立时他可以成为一个有教养的个体,在群体中他却是个野蛮人,那就是,一个生物的本能的动作”(35 页)。自从列·蓬相信妇女与一定种族的过度的可暗示力以来,他加上“群体在每个地方都是由女性的性格来区分的,但是拉丁群体是在所有的最女性中来区分”(44 页)。

对群体成员,应用了分解的理论,列·蓬进而考虑群体领袖的属性。他是一个知道如何祈求指点并明确地想像“从所有的附带的解释中解放”的人,群体的行动只是在似想像的观念的基础上。当这些可以是偶然的和过时的,比如一个拍卖人或者叫客员可以使用来作成一笔交易,他们对本能的或者半宗教的秩序更经常地具有基本的深信不疑。但是无论如何,领袖只从事直接指向行动(念动理论)的似想像的观念。领袖在控制观念的直接的工具(爪牙、傀儡)时是经过很好选择的词:“这个词只是叫他们起来的电铃的钮。”(118 页)这个词引起了一种想像,这想像引起了一种情感,这情感引起了行动。群体“不被理性所影响,而只能包含观念的粗糙与现成的联想……逻辑的法则在群体方面没有行动”(126 页)。英明的领袖要顺从主张与重复的原则。他要主张,而不争论;而首先他要,如希特勒后来也考虑的,成千倍地重复他的建议。在讨论控制群体的基本原则时,列·蓬为现代的煽动领袖(例如,Lowenthal 与 Gutterman,1949)与宣传规则的工作安排了活动范围(例如,Doob,1935)。

列·蓬有一个对群体人低级的意见,这是明显的。他以被建造的制度的一种威胁来看待群体,群众是文明衰落的繁荣。他写道:“我们大概要进入的时代将的确是群体的纪元。”如我们知道它那样,群众是决心想破坏社会并且回到“原始的共产主义”。列·蓬预先想到 20 世纪的法西斯主义与共产主义的波涛吗?而且为了他的所有的理解并且将它保存下去,列·蓬不愿意责备民主。当他为选举的群体的无理性、陪审委员团的无理性、议会的无理性而悲痛时，他想最好还是冒他们错误的险，因为在他们的方式中群体表示了种族的基本的热望，并且有时以一种粗糙的英雄气概来行动。

西盖尔的评价则不同。这位意大利作家——他的基本理论是如此像列·蓬的，这两位作家落到一个围绕优先权的巨大争论中——说民主，因为其群体性的倾向，是一种罪恶。作为他的《宗派心理学》(1895)的附录，他写了"反对议会制度"的文章，为后来的法西斯意识形态奠定了基石。议会是群体性的——滚他们的蛋吧！够怪的西底斯(1898)，一个美国人，从类似的前提得出了相反的结论。像列·蓬与西盖尔一样，他认为暗示是一种基本的罪恶，但是他感到民主能够并且应该通过一般的教育与其破坏作斗争，这样最后选举的与议会的决定可以达到一个更为理性的基础上。

值得注意的西盖尔的研究有系统的特性。他的三卷书形成了一个逻辑体系:《双重罪》(1893)、《论群众的犯罪》(1891)与《宗派心理学》(1895)。所有这些书都渗透了暗示的罪恶。人的潜意识本质是兽性的与犯罪的。因此暗示与罪恶是不可避免地连结在一起的。像郎布罗梭和许多他的同乡一样，西盖尔在犯罪的研究与社会生活中其他异常的表现上着迷了。但是关于西盖尔值得注意的是他的有秩序的社会心理学的概念。他论述一对的关系——两个个体连结在一起作为暗示者与被暗示者，以群体更大的暂时的集合，与最后以更加组织起来的和持久的集体或宗派。没有别的社会心理学家看来集中注意于他的在一对的基本水平的工作，而且然后检验他的对进步的更大集体的关系的观点。这种观念是一个良好的观念。虽然，这一对的关系被西梅儿(1950)和海德(1958)所接受而广泛地加以论述了。

列·蓬和西盖尔二人都主张群体现象并不需要要求物理学

的接近。当绝大多数群体是宗教团体时，他们可以（特别在这无线电沟通的时代）是联合会。尽管在列·蓬的时代他观察过（1895，27 页）：

> 成千的孤立的个体可以在一定的一瞬间获得，并且在一定的激烈的情绪的影响下——例如，像这样一个大的民族的事件——表现出心理学上的群体的特征。

群众现象是经常地发现，只在宗教团体的群体中是的确真实的，我们必须允许有例外。至少在记录上有两次狂热事例的联合会——威尔士的“世界大战”在美国于 1938 年 10 月（Contril，1940），广播的结果在厄瓜多尔于 1949 年 2 月（Britt，1950，31 节）。

沙可、列·蓬、西底斯、西盖尔与塔尔德连系起来的影响像一场暴风刮到美国社会学家路斯（Ross）的身上。他的《社会心理学》（1908）给这个全部充满精力的运动带来了高潮。当路斯论述了许多暗示（样式、裂痕、相似、习惯）的结果之后，他认为群体是更甚的群众现象。在那里，多重暗示的力量是在其最高量中。个体是“对控制他的地位或运动是无望的”。路斯的对群体的叙述是严格地在我们曾描述的传统中，并且分担其闹剧的夸张气氛。

从集合的群众稍稍转移我们的注意到“狂热”的同族现象，让我们摘要地记录路斯的法则（1908，70 页）：

(1) 一个狂热能发展到它的高度的需要时间中。

(2)其破坏越广泛，将要衰退的智力型式越强。

(3)其高度越大，将要被相信的建议越不合理。

(4)一次狂热常频繁地跟随着另一个。

(5)动力的社会(例如,美国)比一个在习惯常轨中的社会更受狂热的蹂躏。

(6)狂热越高,反对它的反应越尖锐。

(7)种族的或心灵同质的对狂热是有利的。

让读者以下列问题问他自己。说明这每一条不同法则的好的例证是什么?在什么基础上路斯计划出这些法则的?它们是设计完善的科学建议吗?为什么是或者为什么不是?如果读者通过这个实验费了时间并且费神于这次训练,然后他将处在一个去适当估价我们曾讨论过的思想的有影响的暗示——模仿学派的地位。

马丁的《群体的行为》(1920)依靠列·蓬—路斯的传统和弗洛伊德两方面。从前者作者获得的确信:"群体的心灵是一个它应最好以梦、轻信和不同形式的自动行为来划分的现象。"(19页)从后者他获得了群体是从抑制的冲动中解放出来的行为者的信仰。饥饿的群体,恐惧的群体(惊慌的),侵略的群体(暴徒),与其他情绪的群众,每一个人相当于一些个人长期存留的为出路而斗争的忍受。群体在同意的有利的条件下为他们的解放提供了一条出路。因此,在这种意义上,群体是为了人"一起走向发狂"的一种安全方法。当弗洛伊德(1921)部分地同意时,我们看到他的暗示理论和群体要求在成员和他们的领袖之间同一化增加的属性。

恐惧行为是舒尔茨(1964)所考查的,他也提供了一个对这一主题有用的书目。更为广泛的现代的对群体的处理是斯麦舍(1963)提出来的。而最后,读者可参考手册第四册由米尔葛兰与托希提出的第35章。

群众心理

过去与现在的许多作者会同意个体心理的相互作用产生一种思想,情感与意志的一般方式而不同于在孤独中的单一心理与在仅只一种心理的总合中。

而且,“一种思想,情感与意志的一般方式”这个词语是易受不同解释的影响的。在1850—1930年的时期,粗暴地划定界限,这些解释被认为是许多试图解决群众心理的问题。社会学家、哲学家与人类学家如同心理学家一样,都提出了解答。近年来,“群众心理”这个标签已经落得无用了,但是同样的问题遗留下来新的外观。例如,今天所谓的社会制度明显地是思想、情感与意志的一般方式,这样也是一种文化并且也是一个民族。集体与个体、一与多的问题,仍然是追随着我们的。而过去的解决,经常只是淡淡地假装一下,而在当前的理论论述中可能被发现出来。

现代的例证

五位当代作家的小组开始发现“一个社会机能的必要条件”(Aberle et al. ,1950)。他们解释社会(101页)为:

> ……人类的一群分担着一种行动的自我满足的系统,它能比一个个体的生命片刻存在得更长,这个集体补充至少部分地由成员性的再生而得以延续。

一个民族或者一群是如此解释的社会的很好的例证。这样一个社会，作家争议道，不能持久，除非遇到下列条件：

①必须对环境准备足够的关系和为新成员进行性的补充。

②必须是区分角色与指定角色，即，劳动的分工以贯彻社会组织的错综复杂。

③交通（通讯）的手段必须存在。

④成员必须分担“认知定向”的实体，即有思想的一般的模式。

⑤他们必须分担一定的目的，即，有情感与意志的一般的模式。

⑥他们必须是对手段规范的管理（例如，法律、礼节与习惯）。

⑦感情的情况必须节制（因为“欲望与狂暴的不控制的表达，导入关系的瓦解与最后到达一切反对一切的战争”）。

⑧社会化必定发生（即，新成员必须研究行为的可接受的模式）。

⑨必须是有效地控制瓦解力量（罪恶、欺骗、混乱）。

这些作者写在一个漠视传统的血脉中（性情），他们对群众心理的古老问题没有做出论述。而且，他们处理的问题是正确的，以致引导他们的许多前辈为群众心理的存在而争论。

在为一个社会机能的必要条件的这个图表与由麦独孤(1920)为群众心理建立标准之间所划的紧密的平行线可以看到（插句的数目指上列表中的条目，与麦独孤的标准平行）：

(1)存在的继续，随可代替的个体（①）。

(2)在成员的心理中群体观念的存在（④⑤）。

(3)与其他群体的相互作用，特别是反抗与冲突，促进一个群体的自我情操（包含在③④⑤中）。

(4)成员心灵中传统与习惯的实体的存在（包含③④⑤⑥⑦

⑧⑨中)。

(5)机能的特殊化与劳动的分工(②)。

无论我们以这两种标准做出一个完全的平衡都是不重要的。我们的要点简单地是群众心理问题的历史公式仍是对当前理论的探讨有关系。较早的作家奋力地把个体与其集体放置在适当的远景上——现代的作者也是这样做的。较早的作家意识到,在一种群体的观念、动机与习惯的继续,是不依赖于任何特殊个体的观念、动机与习惯的——而现代的作者也是这样做的。

社会心理学家并不特别参与人种学的与社会学的浩瀚数量的证明,它可以用来引证以帮助社会心理的研究。语言、宗教、传统与民族主义问题的存在足以使他信服。他要了解的正是如何推测社会心理才能发生作用。心理是他的范围,而如果在任何意义上完全有一个他要了解其自然与机能的社会或群体心理。那么,什么是起领导作用的历史的观点,从中他可以做出他的选择——或者在其上他必须进行改善?

当理论的任何分类多少任意的时候,它看来有希望区分为七种重点的类型:

(1)类似的理论。

(2)集体的潜意识。

(3)客观的心理。

(4)民族心理。

(5)集体的表象。

(6)文化决定论。

(7)一般——部分理论。

偶然地会发现一个单独的作家利用比这些概念中类似的理论更多的概念。

贯彻整个时代,人们曾比拟社会为一个有机体。我们已经注意到柏拉图的心理社会的类推：

头——认知——统治阶级

胸——意志——战士阶级

腹——情感——奴隶阶级

霍布斯的《利维坦》(1651)的第一版刊登了以由较小的人们组成的一个巨大人的形状的卷头插画(图 2,见原文第 1 卷第 46 页)。

图 2“用艺术创造了称为联邦或者是国家(在拉丁市民中)只是个比自然人身材更大更高的人工的人,因为它企图它的护卫与防御(从霍布斯的《利维坦》,1651,一版插图)。这个简单的想象,可解决对唤起在我们心中的曾经使从柏拉图到现代的作家困扰的问题。我们这些小人物将如何联系到社会上的大人物呢？打动我们的第一个关系在于一种类似——小人物有思想、感觉、意志,大人物在某种意义上也是这样。

斯宾塞(1876)促进这种类似前进了。社会的营养体系包括农业与生产的工业;循环的体系包括贸易、交通与原料交换;调整的“大脑”由政府的机关构成。用什么我们可以怀疑被搞错了的幽默,斯宾塞把普通人住宅的外层机能推到贵族住宅的木髓长方形的机能上。这种类似在 19 世纪社会理论学家中是非常流行的。

有些作家,斯宾塞也在其中,指出了类似的限度。社会缺乏特殊的每一有机体具有的外部形式:其部分或者“器官并不和其他器官彼此——保持联系并且显示变动性的较大的自由。而且更使人信服的,这些作家感到是类似物。社会有机体,像个体一样有一个从生到死的继续的生活的历史;一个增强的错综复杂,与一个增强的特别化与部分分化的一道而使其生长。在所有一切中什么是最重要的，一个细胞(人)可以无需整体的连续瓦解而死去。个体是可代替的——一个灭亡了而一个出生了——但是公共的心理容量与集体继续的机能则不可能。

类似的思想决不意味着过去的事物，其有机的模式仍然吸引许多类型的作家。人们经常读到如下这样的说明："宗教是群众心理的有机体的核心。如果这核心停止跳动，衰退与分解便要来临。"——不过是隐喻，但是对形成群众心理是有帮助的。现时的类似理论的更为敏锐的例证，可在维纳的《控制论》(1948)的概念中见到。最初使用的模式是现代的机械学，"反馈"机(例如，恒温器)有类似于那些人类身体的伺服机构。例如，二者可以通过过重负担或者通过情况障碍而"挤得动不得"。类似于社会，交流的体系由于"嘈杂音响"而能够过重负担和有障碍。也正如神经感动与强迫行为可以在个体的神经系统中得到垄断，所以自私的财阀收买和统治社会的交通路线。对控制论的热心家们可以说维纳是真的说明宇宙法则并且因此是锻造一种"科学的统一"的；伺服机构的交流，与嘈杂声音的同一法则可应用于机器、人与社会。但是其他一些学者可以在控制论中看到比斯宾塞派思想没有什么更大的复兴。

同样的问题发生在我们考虑一般体系的理论时(见 von Bertalanffy，1962)。一切行为(原子的、有机体的、群众的)能够成为井然有序的体系的同样基础的法则中吗？或者这种努力将结束于笼统的类似中吗？

集体的潜意识

在某种意义上，一切心理学家都持以我们的意识心理生活是与一个潜意识心理生活联在一起的看法。少数的(不是许多)主张这种潜意识心理生活伸展出比容纳我们自己个人的经验更多。每一个人的心理如同一个岛屿。当它像是单独地站在那里时,有和其他岛屿经过大洋的底部的地下的联系。大洋底部能够想像出多种样式。或许它是一个如荣格(1922)要说的"种族的潜意识",或许它是印度心理学的自我(atman,普通的灵魂),或许它是"客观的心理"(黑格尔的客观精神)。这种岛屿的公式代表了一个普遍的精神系统的这样众多的个别化。

詹姆斯,虽然肯定不是一个黑格尔派的人,使用了一个相似的假定,以解释一定的宗教经验,特别是在祈祷和默想的瞬间,表面上流入了宗教的确信与安慰(1902,506 页):

> 我们生物冒险的更远限度,对我看来,是从通情达理的与只是"可以理解的"世界中进入一个存在的全然是其他的尺度中。给它命名为神秘主义者的范围,或者是超自然的范围,你可以选择任何一个。

对詹姆斯这个形而上学的假定并不像是牵强附会的。同时,他认为在潜意识自身已经成为一个被委派的现象了。谁能告诉潜意识的到达距离的限度?他感到这概念是"完全为中介的术语要求的"以叙述个体的科学研究到宗教的超越个体的事实。在意识的术语中我们是单一的个体,但是在潜意识的术语中我们每一个人都有一个比他所知道的更为广泛的自我。

这里论述的形而上学的观点并不流行于今天的社会心理学中,而有些人争辩说,没有一些类似的理论,它是难于解释一定的共通发生在种族上的观念的争论的。例如,荣格的论点是一定的象征的再发生,特别是在梦中,不顾在文化中的特殊的联系

(1922)。例如,一个对埃及的知识完全无知的个人,可以在他的梦中或是幻想中使用圣甲虫作为一种不朽的符号。在这样作的时候,他潜入在一个种族的潜意识中。

客观的精神

我们需要更紧密地来看黑格尔派的客观精神的概念,因为它渗进了许多社会学的与心理学的思想之中。一些作者争辩说我们把社会心理学的渊源归功于黑格尔学派的哲学,因为黑格尔的体系是超出个体的一切理论的真正继承者,并且主张在某种意义上社会心理学是一个实体。

在黑格尔的唯心主义哲学看来,只有一个心(1807)。它是绝对的、包容一切的、神圣的。它是在历史的进程之外自己工作着的,个体的人们只是它的代理人。它主要的中心是在国家之内,而国家因此是在地球上神圣生命的主要代理人。事实上是,每个国家都有一个群体心理。它有它自己的生长与发展(辩证法的)的法则,而当它对个体作出了许多用途时,它对他们的暂时的心理生活,是一点也不可减少的。希特勒,如同马克思一样,是在黑格尔精神的产物之中。像黑格尔一样,他们把个人自由等同于对集体的服从,把道德等同于纪律,个人的生长等同于党、阶级,或者国家的兴盛。你什么都不是:你的人民是一切,这是纳粹挽回颓势的呼喊。

我们能够从几个方向追踪黑格尔心理学的影响。如我们所说,它把马克思社会阶级的上升作为一个超个体的实体。所有现代苏联心理学反映了这个观点(Baner,1952)。在英国,鲍桑开(1899)与格林(1900)在那些跟随黑格尔的政治哲学家中,把政府看做是一个超越个体构成的心理和要求"严肃冷静的每天忠实的有机心理”。它是几乎不需要指出对种族主义与国家主义倾向的心理学的辩解者正是黑格尔颂扬集体心理，如同由国家、种族、人民，或者文化所代表的。谢菲(1878)，当由有机的类似的方法研究这件事情时，走向把国家作为词的最完满意义的有机体来接受，作为有它自己的目的与决心，它自己的快乐与痛苦，它自己的意识，与它自己从个体中要求服从的权利的界限。

甚至无需同意黑格尔学派哲学的道德样式，许多在德国的社会心理学家崇尚人民精神的概念。对他们来说，它好像自我明白，认为一个人具有一个心理实体。在下列段落中，我们将考虑特别使它自己为这个问题而忙碌的民族心理学。

在法国，爱斯皮纳斯(1877)陈述了一个表面上不受黑格尔影响的客观群众心理的理论。他认为，个人心理融合在集合的意识中。他们这样做是因为依靠语言与姿势从心到心急速地以表象来前进的，冲动(情绪)是相似地传染性的。于是它是来自产生一个群众心理的交往的正常过程。当个体心理是多重的时候，尚有产生了解自己能力的社会意识，并且在其中每一个体都参加了。

民族心理学

除黑格尔之外，一些作家，诸如费希特与洪堡，把哲学基础放置在民族这个概念上，民族逐渐在为统一德国的斗争赛场中出现。在1860年前，这个概念为心理学的开发完成了。在那时，制订了三个研究与理论的纲领，所有他们的目的在以心理学的解释与人种学的研究联系起来。巴斯顿(1860)介绍了他的基本思想的概念——思想形成对一个民族的生活如此根本，使得他们提供了人类社会任何形式研究的分析需要的单位。拉扎鲁斯与斯坦达尔(1860)编辑的有三十年影响的《民族心理学与语言学杂志》停止发刊于1890年。冯特(1862)写了他的值得注意的著作,其中他设计为他自己的写作与研究计划,要(并且是)使他从事六十年,达到其发行他的十卷民族心理学(1910—1920)的顶点。虽然这些作家在安乐椅中或者像德国人说的“在绿色的桌子上”工作,他们所代表的运动在社会科学上有一个长远的影响。法国的瑟瓦德(1925—1935),美国的鸠德(1926)与高顿魏舍(1933)是至少部分的传统的代表人物。

数年以后,英国以经验的巧妙的手指,拾起了这根线索。确信人类学需要心理学发现其第一个表明可靠的共同协作领域的工作。在1898年剑桥人类学的到托列斯海峡的远征队,在其本部招募了三个训练过的实验的心理学家、里维斯、麦独孤与梅尔斯。这里第一次在他们的生活正常的情况下不用文字的人们以实验室的配备完成了一种研究。这个远征队是在社会科学家的协作下的一个基石。这个历史研究的精神仍然存在着和发展着。今天人种学者经常从心理学借用其理论与方法,而心理学家依次是产生越来越多的对超越文化界限地来测验他们假设的需要。在这种联系中,想到弗洛伊德(1913)、巴特列特(1923)、罗海姆(1925)、里维斯(1926)、梅里诺斯基(1944)与克路克厚恩和斯措德贝克(1961)的工作而去注意的只有少数。探讨社会心理学与人种学(文化的人类学)的互相依存是不难的。由它本身的观点来看,人种学缺乏人们的动机与可能性的理论;而社会心理学由它本身不能对人的动机与可能性趋向于一致标明文化的模式。

拉扎鲁斯与斯坦达尔是共同协作的一对,一位是人类学家和一位是哲学家,他们是最初对人民的比较性格学感兴趣的。他们认为,每个人有其自己的民族精神。这种精神他们在他们的期刊(1860)的创刊号上规定了为“许多个体的一个相类似的意识,加上一个对这种相似的了解,通过相似的血统与空间的接近而发生”。在这种定义中,我们可以看到的只是一个温和的唯名论。群体心理的现实性并不是超验的,它不过是个体心理的一种类似物,加上这些类似物的认识的事件。但是,不幸的是这种容易理解的概念并非始终不渝地被人所主张的。拉扎鲁斯与斯坦达尔在他们大多数的论文中谈到了民族精神以真正的黑格尔学派的样式作为一种坚决反对个体心理的形而上学的实体。这种自相矛盾的型式是由一些作者所追随的赫尔巴特的影响所明白地鼓励着的。赫尔巴特曾写过一篇论文,提议个人心理的静止与有生气的条件与国家的静止与有生气的条件平行(1821)。正如观念可以上升,或者沉落一样,个人意识的大门口,它们同样在社会中可以成长为活泼的或是陷落到无用的地步,正如思想在个体的思想中可以冲突一样,同样在社会中可以成为一个思想的战争。直率地说,赫尔巴特自己的见解不过是类似的,但是它却被解释为建设一个人民的独立自我行动的精神。

民族心理的体现在于言语、神话、宗教、民间传说、艺术、文学、道德、习惯与法律。因为,研究它的适当的方法是那些熟悉的人种学家与语言学家。以这种起码的观点,作为不同于传统人种学的一门社会心理学所做出的不大的进步是不必惊奇的。不管计划性说的大话怎样,心理的分析并没有提高。当心理学很少有机会受到控诉时,那毫不改变的是赫尔巴特的观念心理学。

冯特(1832—1921),不顾与拉扎鲁斯和斯坦达尔的辩论,他的民族心理学的概念更像他们。在他们中间的主要体系性的不同是冯特不是一个赫尔巴特派的而是一个冯特派的。在普通心理学中展开了他自己的基础概念之后，冯特在他的社会心理学中自由地靠近他们。冯特在他的生涯中(1862)早就决定心理学有两个分支——生理学的与社会民族(人)的。他计划把他生活的第一部分贡献于前者的主题，而在第二部分贡献于后者。他信守了他的计划，写了大量的——68 年来平均每天为 22 页，总计为 53,735 页(Boring,1950,345 页)。

关于冯特的最重要的事实是他坚持一切更高级的心理过程的研究均属于民族心理学的范围。他不相信个体心理学，特别是追踪于心理实验室，能够说明人的思维。思考是沉重地被语言、习惯和神话所规定，这些对他是民族心理学的三种最初的问题的范围。论证进行如下：当一个个体从外部世界根据联想法则开始连系这些事物时而得到感觉，但是联想依赖于进入个体的统觉团来吸取一个印象。印象以贮藏在这个统觉团中的记忆与背景而进入创造的关系。但是这个统觉团它自己是颇大的文化的产物。统觉团是和语言的习惯、道德观念与构成民族心灵的意识形态的确信一起而育成的。冯特会感到无拘束地在现代来讨论“社会知觉”。

他宁愿用术语民族心灵(Volksseele)以代替民族精神(Volksgeist)，他坚持，民族精神是很客观的，蕴涵了全部个别地从个体和超越个体和在个体之上的一个实体。关于语文上，至少冯特依靠一点儿离开被黑格尔、拉扎鲁斯与斯坦达尔所暗示的本质的群体心理。而且，像所有群体心理理论家一样，冯特像是妥协的。他说，当人的灵魂预先假定构成的个体是真实的，那么它比他们的心理活动的总数更多。相互作用形成了新的特质。例如，一种语言是一种精神的产物和一种不能尽可能以一个社会心理的术语解释为例外的决定的力量。罗爱斯根据冯特的主张，写道(1913,27 页)：

英国语言的创造者是英国人民。因此英国人民本身是具有一个它本身心理的心理单位的一些种类。

民族心灵的场合，归于冯特的精神实在概念的一个广泛的范围内。虽然广泛地来说冯特表示同意心理物理平行论，而他相信心理事件能够被认为在于一个有原因的链条。人的经验并不等同于神经的能动性。意识的一种情况可以直接引导到另一个，而一个人的意识生活可以与另一个相互作用。于是由于使用一点儿身体——心理关系的不精确的假说没有重大的困难，冯特能够主张群体心理生活的一种自发性。

我们已经说过，对冯特来说，民族心灵的最初要素是语言、神话与习惯。然而，在这时，在他的十卷《民族心理学》中，他用尽他所具有的这些题目，包括艺术、宗教、法律与社会组织。但是他省去了完全文化的物质与工艺的样式。那迷住人类学家的头盖、爪牙或者陶瓷碎片，他觉得没有用处。为什么？因为作为一个心理学家，冯特只把一个人的心理等同于它非物质的文化，即，以引入能动性的习俗与观念，而不引入非能动性的产物。

摘　要

我们讨论的这个运动是黑格尔派的唯心主义，赫尔巴特派的观念心理学，冯特派的概念，和图书馆人种学的一个希奇的混合物。当其中心意图是发现群众心理的本质与法则时，在理论上现实的成就是贫乏的与混乱的。然而，这个运动成功地为在心理学与社会人类学之间的有利的协作准备好了园地。今天协作的浪潮仍在升高，并且还没有达到它的顶峰。如克劳伯与克路克厚恩(1952)所指出的,一次重要的澄清概念已经发生了。早先推到人民心理的现在是大量包含在文化的流行概念之下。"文化中的个性"定有希望成为一个比"群众心理"更深远地有成果的概念。杜克海姆(Durkheim,1858—1917)是与冯特同时代的法国人,在许多方式上这两位作家的看法是相似的。两位都敏锐地感到"社会的实在",两位都坚持个体心理是在某些意义上混入一种集体的心理。每个人都有一个这种力量的中意的例证,这种集体心理可以使个体受到影响:冯特选择了语言,杜克海姆选择了宗教。两位倾向于主知说,认为社会心理是以观念、表象、统觉(宁愿以情绪、情感、决心来表现)来装备的。然而,在两位中,冯特是更为主意说的。

然而,在一种情况下,杜克海姆比冯特更为极端。他拒绝人的身体与人的心灵是紧紧地绑在一起的平行论的观点。冯特,以其"心灵的实在"的概念取得了对这种理论的自由,或许比他所知的更多,但是杜克海姆完全否认它。对他在神经系统的事件是一件事,在个体心理上的事件是全然不同的一些事,而在社会心理中的事件是现实的第三个有区别的实在的类型。

他的争论,如在《形而上学杂志》(1898,英译本 1953)所陈述的,是鲜明的。他首先开始推翻想像、记忆与思维只是大脑活动性的赘疣的副现象的观点。詹姆斯认出记忆与大脑的痕迹有关,并且完全否认记忆是心理秩序的一个事实。赫胥黎曾把思想比拟为由大脑的机器所投射的影像,杜克海姆嘲笑这种主张。如果心理状态只是身体的回声,为什么我们有完全意识的心理状态呢?而这是一个问题使詹姆斯同样为难,并且驱使他,最后地和不一致地,像杜克海姆一样为心灵的一定的独立而去争论。

杜克海姆主张只有感觉,心理的个体区域的最初要素是直接可归入大脑的区域的。但是只要一次存在,我们发现感觉由联想的规律复合他们自己到想像与观念中去。这些不再归入大脑区域。为什么不？因为联想的基本规律这一件事情是相似的（相似观念形成更大的群集或者概念），而在大脑中没有机制来产生相似的。在这里讨论的观点可说是太技术化了，杜克海姆对相似的同一要素理论的攻击仍是使人信服的。他争论道，它只是全部观念，他们互相相似；他们不能分解为元素，而所以不能由特殊的大脑的痕迹来解释。

个体表象（观念）不是可还原到神经操作，已经完成了它的任务，然后继续其紧急情况（1898，296 页）：

> 正如你不能详细说明每一个大脑细胞对一个想像的贡献一样，你就不能说明一个个体对集合表象的贡献。

因此跳过了生理的——心理的深渊，然后他跳过心理的——社会的深渊。当个体贡献于集合的意识时，这最后的突变是外来的，并且独立于任何指定的个体（293 页）：

> 当我们说到社会事实是在某种意义上独立于个体时，并且在个体意识之外，我们只有肯定我们曾经建立在心灵王国的社会的王国。

当从更低级水平出现更高水平的时候，就有一个新的自发性完成于每一阶段：

大脑细胞→感觉→映象→个体表象→集合表象。

杜克海姆在他的心理与身体分离方面不只是个二元论者，而且从一元论者的观点来看，他为社会与个体的独立而争论犯了二重罪。我们每一个人都有两个意识，他坚持说：一个属于我们自己的私有的经验，另一个属于贡献给人类协作事实的经验的所有部分。人类协作产生了在任何单一的人类之外部的与独立于任何单一人类的思想与方法以及应用。宗教(1912)是一种集合表象，在其形成的过程中，对其个体是揭露了。劳动的区分(1902)类似于社会心理的事实，而非个体心理。社会瓦解(anomie)，甚至自杀的原因(1893)，对任何集体中的一个成员来说都是外部的。

在有外表的性质之外，集合表象也有强迫的性质。在社会上，有一种强迫的力量要求个体去思考并且按照它的规则去行动。当然，我们经常愉快地合作和遵纪守法。强迫的概念覆盖了合作与强制。的确，杜克海姆是一位社会学家，而且他以理性路线成就了他的“社会学的社会学”，这是对心理学家特别感兴趣的。他的争论比大多数假设一个群体心理的作者是更为苦心的，更为狡辩的。有许多对杜克海姆的贡献给予更充分待遇的第二个来源在其中有盖尔柯(1915)、高顿魏舍(1933)与帕森斯(1937)。在人类学的理论上，杜克海姆的影响可以在雷维·布路尔的著作《原始心理》(1922)中明显地看到。

当集合表象这个概念特殊地是杜克海姆的时候，其他作家——心理学家也在其中——曾经被显示出它的影响。例如，以傅立叶的观念力(idées-forces)(1908)的关键概念来看。当这个作家相信杜克海姆曾把外表与强迫的标准推进得太远时，他还接受了好多关于每一个人的心理生活是社会原始的基本事实。他提出所谓社会观念的强迫在于念动动作的心理的链锚的机制。傅立叶认为无需如此猛烈地破坏心理学，像杜克海姆所做的那样。

后者的影响也可以在皮亚杰(1932)的著作中查到。皮亚杰认为儿童的道德现实主义是儿童揭露的结果，和无问题的接受的结果，压倒了正确与错误，好与错的概念。类似的是巴特列特(1932)，他认为记忆是在社会群体中被思想的沉重条件所形成的潮流。当皮亚杰和巴特列特不同意杜克海姆的作为一个整体的观点时，他们处理的问题和他们研究的方法表明一个杜克海姆派的对社会现实的尊敬。

文化决定论

严格地说，文化决定论并不是一种群体心理的理论。然而，它是造成许多文化因素的外表的与强迫的理论。极端的倡议者看来有时要说关于社会行为，心理学能够说明的，什么重要的东西都没有。他们以热爱杜克海姆曾说的话来引用道："每次一种社会现象是被一种心理现象所直接说明的，我们可以肯定这个说明是错误的。"下节怀特(1949，143～144页)所写的代表了这种议论：

> 对文化学家来说，说一个人饮用牛奶是因为他们喜欢它，另一个不饮用是因为他们讨厌它，这种论证是无意义的。它全然什么都没说明。为什么一个人喜欢，另一个讨厌牛奶？这是我们要了解的东西。而心理学家不能给我们以答案。他也不能告诉我们为什么一个人是或不逃避岳母，实践一夫一妻制，土葬，拟娩或者割礼；使用筷子，叉子，五音的等级，礼帽或者显微镜；以附加物来组成多数——或者以人种史上任何其他成千上万的习惯。

怀特赞成一种文化的说明，甚至不遵守传统者的存在，如引文所示：

> 一个革命家是一个人类有机体。它是被运动在深度的变化方面的一定文化要素与力量所把握和支配的。

关于社会行为的这种思想方式是在抽象的高水平上。只有巨大的变化,广阔的趋势,与长期连续的影响是可以考虑到的。文化学家碰巧对广阔的地平线感兴趣,个人对他们是不重要的。他们对一切文化都有不少的人从他们创造的个性模式的图画中脱离出来的事实并不忧虑。甚至在饮用牛奶的文化中,不少的个体也讨厌牛奶。文化学家关于极端的选择性的个体表明,其响应这种或那种他们自己的文化的特色也并不忧虑,他们也不干预儿童因之在一种文化内获得其方法的交往与学习的过程。文化决定论说,实际上在说英语的国家儿童要学习说英语,但是并不完全说明为什么他们学习去说,或者他们如何学习,或者为什么在他们之中在语言的习惯上几乎有无限的变化。

当然,争吵是无益的。让我们允许文化的模式规定什么相似的型式将要(大概)加以学习;同样,经过漫长时间的周期,语言与其他文化形式看来通过变化的循环,可以独立于任何特殊个体的可以做或者是进行思考的东西之外。而且在这种文化母体之内一定的心理学的因素是可以猜想到的:动机、学习、知觉的过程、概念的形成与态度和情感的组织。只是当文化的与心理的因素是在一起处理时是一个好像成为成就了的社会行为的一种完满的解释。

行为的一般的和彼此相反的部分

我们已经指出术语“群体心理”从 1920 年以后的情景消失

了，即使它代表的问题还继续存在。波瑞多姆在这个标题方面做了许多工作。每个人看来都厌倦于20年代的争论的顶点。

某一唯名论者以有力行动攻击群体的虚妄。于是F. H.奥尔波特写道(1924，9页)：

> 国籍，互济会的主义制度，天主教的信条主张，和类似的东西并非群体心理……它们是重复在每一个体心理并且只存在于它们的心理中的一系列的理想、思想与习惯的一切理论都有从原因与效果，即个体的行为机制转移注意中的不幸的结果。

这位同一作者在《惯常的行为》(1933)中发展了和加强了他的议论。反对观点，大部分基于文化决定论的议论是由瓦里士(1925)和鸠德(1926)论述的。一个适宜的证据的估量，赞成与反对，来自哲学家派瑞(1922a，1922b)和胡金(1926)的笔下。

争议者中最著名的是麦独孤(1920)。他的《群体心理》第一版看来是以评断来肯定他的信仰在其中的存在的，第二版(1928)叹惜读者对他的见解的错误理解。在这一节之前我们论述了麦独孤的对群体心理存在的标准。他发现在国家事件中把这些极为清楚地完成了，因为国家有一个永久的与高度组织的性格。麦独孤并不认为他的标准是引导社会意识的必要条件，因为"除非个体便没有意识"；而且，他坚持，"我们可以仍然谈论集合心理，因为我们已经把心理解释为一个相互作用的心理或精神力量的组织体系(66页)。"

不管他们的不同意，在麦独孤与F. H. 奥尔波特的思想中有一条普通的线索。什么叫做群体心理？他们说，是从个体的个人人心理生活中一定的态度与信仰的实质的抽象。如果我们愿意，我们可以认为英国人的一切一般的（比较的）态度是包含英国国家的群体心理的。麦独孤，在 1928 年版的序言（ix 页）中，直爽地论述了他把集体心理看作：

……是由个人心理结构的类似物组成的，它们对环境、社会与身体的一般特征使它有反应相似样式的能力。于是被认为，社会制度成为个体的行为与意识而来的抽象物。人们不是制度的部分，而制度却是人们的部分。图 3 用图解来代表这种地位。

要注意在图 3 中一般的部分（即，类似习惯与态度）是清楚地代表了，但是这些部分的彼此相反关系——对集体心理或制度也是本质的——并没有很好地代表出来。如它所示，图解过于强调相似（它的确是制度的一个重要样式），但是过低强调角色的相互作用，它是一种同样重要的样式。麦独孤与 F. H. 奥尔波特(1940)两人都承认两种模式都是重要的。在后面的作家考虑相似与相互作用是在过去叫做群体心理或者制度，运用起来可表示为事件结构的实质性特征。

这样一种观点保存了心理的严格的个体位置，而且给我们以能力为一定目的去检查关于可比较的，或者彼此相互作用的，其他人的心理生活之部分的个体心理生活的部分。这个方法允许文化构造学家肯定习惯的重要性，作为一般的相似来看。它允许社会学家肯定制度的独立（在某种意义上），社会体系的能动性与角色关系的生存能力。

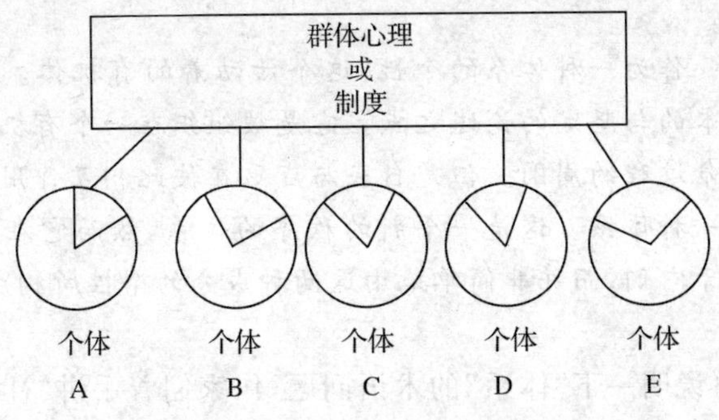

图 3　一般与相互作用部分的理论

最后的话

在麦独孤与此问题角力之后不久，他叹息他使用群体心理这一短语的“战术的错误”。遗憾的是大概概念常被任何一个来使用。我们现在看到它不必要地在建设概念化的道路上欺骗形而上学的块块。然而，对于社会科学的学生了解这种历史背景是重要的。共同的群体是在近代社会自始至终以一种惊人的速度增涨着。一个个体是许多社会、许多制度、许多社会体系的成员。这些成员中的每一个人重新提出这个古老的问题，群体心理的问题将不会被丢下的。

但是在今天，理论是被再集中了。作家们体现了个性体系的完整而能够被保存下来，甚至当我们肯定了贯穿个体的社会结构的存在与行动的时候。是沙皮尔劝导一切社会的与心理的科学家去形成从具体的个体的观点和从抽象的社会的观点两者观察他们的资料的习惯。这么做使得研究与理论丰富起来。如我们已经说过的，这种研究现在生长了，善于把一般部分的观念与角色的观念联系起来。帕森斯与锡尔斯(1951,23 页)写道：

> 作为一种体系的个性，这个活动着的有机体。有一个基本的与坚定的论述之点。它是被组织在一个有机体与其生命过程的周围。但是自我与变更在彼此相互作用时也构成一种体系。这是一个新的秩序的体系，然而它在内部依赖于它们，而并非简单地由这两种成分的个性所构成。

因此，再说明一下“体系”的术语问题，作家们着手讲“社会结构的最重要的单位并不是人而是角色”。演员和他影响的那些人在社会结构中他们相互作用具有某种为了他们的位置的希望。在争议中最后的本质的一步，对一般部分的理论，很明显是同类的。论述如下：

> 一个演员角色的抽象从他的个性的总体系中使得它可能去以社会体系的组织分析个性的分节。社会体系的结构和强烈地对其操作残留或是有规则变化的机能作为一个体系是比从个性而来的那些机能更远为不同。

因此，以前所谓的集体心理成为抽象的角色的部分的事情，又是一般的又是相互作用的。这些个性的部分或者样式为社会体系预备了未经加工的材料。当这种概念化的形式仍然不完全时，它在集体心理的历史悠久的谜语中提供了一个有希望的新的攻击。

我们以关于一个一定的提防被诱入词义学圈套的警告来结束这场讨论。许多近代作家，在论述这扰人的问题时，使用“分担”这个词。他们谈到“被分担了的观念”，“被分担了的态度”，“被分担了的规范”，“被分担了的价值”，这种圈套是明显的。只要我们分担一些什么东西时，就有一个去分担的客观的东西。因为这个术语把内情告诉作家他集合倾向于黑格尔与倾向于杜克海姆的自然含蓄理论。他暗指观念、态度、规范、价值有一个外部的存在，对那只“分担”他们的个体是外来的。如果一个作家（或者一个学生）宁愿以一个更个人主义的地位——例如，一般与相互作用的部分理论——他要避免使用“分担”这个术语，虽然这可能是便利的。

分析的单位

每一种科学都要以分析的单位来工作。对自然的复杂次序毁坏了物理学的量子，化学的元素，生物学的细胞，和神经生理学的神经冲动。心理学曾试行，并且部分地被丢弃了，一种广泛不同的单位，例如，感觉、映象、观念、反射。社会心理学有一个类似的经验，而就普通心理学的事例来说，这种研究遇到了挫折。一些作家（例如 Lewin，1951；Asch，1952）说元素的研究是命定要失败的，因为在各种力量的全部场上个体活动着，并且并不以固定的方式再进行刺激。

从历史上来说，仍然如此，单位的要求在社会心理学的发展上担任了一个重要的部分，并且它一点也不清楚他们能够，或者应该省却的。在假定的单位中最重要的是本能、习惯、态度与情操。从这个条目中我们要省去观念，我们已经搞清楚了，它在19 世纪末在流行中衰落了。

本 能

当官能心理学家自从笛卡儿肯定与区分人们的情欲以来，

他们的努力导引到这些官能的或是他们社会效果本性的无体系的讨论上来。自然选择的达尔文学说改变了形势。它为相信一切行为——动物与人类,个体与社会——为种类保存服务的都被安排在本能进化的配置上都给予了根据。跟从达尔文的引导,自然主义者立即开始准备动物本能的目录。它是不久以前心理学教科书(例如 James,1890)的作家所陈述的,在人类行为之下可推测的基本推动单位比反射的冗长一览表更要加以丢弃(如 Bernard,1926)。但是它为麦独孤留下了要去清除达尔文主义的连累和建立一个在本能假说上社会心理学的完全的连贯体系。他的本能的解释,如果一个词一个词地完全地了解,就会把他的社会心理学的全部体系描画出个轮廓了(1908,30 页):

> 然后,我们可以作为一种遗传或是内在的心理物理的处理来解释本能,它决定它的所有者去知觉,与去注意一定阶段的客体,经验一个在知觉这样一个客体上的特别性质的情绪的兴奋,并且表演于一个特殊的方式中,或者,至少经验这样动作的一种冲动。

在这种解释的广阔范围下,麦独孤能够整理许多的,如果不是最多的社会现象。暗示的过程是一个自我屈辱的本能的结果。如我们已经见到的,原始的被动的同情是一种发生在当一个人看到在本能的方式中的另一个行为时所诱发的本能的俘获物。笑声是对这种同情诱导的一种解毒剂,情绪是对本能的连锁缝织。本能可以形成复合物:于是一个人的宗教的原始可以是好奇心、自我卑下、逃走(恐惧)和与双亲本能连在一起的柔和情绪的混合物。麦独孤相信社会行为的全部情节能够以他的策动本能观点为基础。他爽快地承认学习和求积的力量创造复合的单位

（感情），它常常比对社会心理学家的本能更为直接的关心。但是他坚持，感情并不是行为的最主要的单位，只有本能是最主要的。

随着麦独孤的《社会心理学概论》出现的十年，几乎完全被本能理论所垄断。我们已经被唤起对华莱士的《人性与政治》（1908）与特鲁特的《在和平与战争时的群众心理》（1916）的注意。我们可以加上桑代克的《原始本性》（1913），伍德沃斯的《动力心理学》（1918）和杜威担任美国心理学会主席的演说，其中他宣称社会心理学的科学必须在一种本能的理论（1917）上来发现。

同一个十年是弗洛伊德理论在全世界展开而被引起注意的时期。当弗洛伊德的本能论在许多方面不同于麦独孤的本能论时，它也帮助把社会心理学家的注意固定在社会行为的第一位的冲动上。然而，在1910—1920的十年中，弗洛伊德在社会心理学上的影响并不如麦独孤的引起注意，或许因为弗洛伊德所假定的本能不如麦独孤的解释和操作得多。到1932年麦独孤放弃了术语“本能”（回答行为主义者的猛烈的攻击），而主张在“倾向”这个标记下他的理论的一切实质性的特色。在1908到1932年之间，他大大地发展了他生来就有的倾向的目录。其最后的形式包括18个项目（1932，《人的能量》第7章）：

> 寻觅食物；使人厌恶；性；恐惧；好奇心；保护的或亲子关系的倾向；群居；自我主张；屈服；怒；吸引力；建设的倾向；获得的倾向；笑；舒适；休息或睡眠；移栖的倾向；特殊身体需要的一些东西——咳嗽，打喷嚏，呼吸，排泄。

在1919年，邓拉普（Dunlap）投掷了第一颗反对本能的炮弹。从那时起，前进的这个全部理论成为被攻击之下，对它的异议是很多的。对于这件事以麦独孤看来，这个术语，本能的存在没有确实的证据。对于另一件事这个理论，在理论的研究上带来一种好奇心的没有结果。它暗指由遗传所给予的是最后的。发现“第一个原因”与“最初的移动者”是没有刺激可进一步观察并发现人类行为所加上的基本原则的。而且，本能理论不可避免地认为一定的动机是原始的，而所有其他的则是次要的，从别处获得的和更少基础的。它是可疑的，无论这样一种区别能否被维持下去。麦独孤他自己主张被情感所抑压的补充的本能，但是他坚持，这些仅只是从少量的原来的与不变的本能中借来的能力。最后，美国社会科学家一般对先天论有一种(人性是固定的并且在底层不变的观点)厌恶。这种美国智力的思潮喜欢环境论。

但是并不是认为本能是完全被抛弃的。那么，本能是怎样的呢？基本的动机与反射的调节明显地先于经验的训练而出现于幼年，并且是独立的。甚至极度节省的行为主义者也必须允许一些种类的内在的冲击，可以多样地称为“组织变化”，“优势的反射”或者“最早的驱力”。但是，这些最初的动机并不被看到，如在麦独孤的观点下，作为人性的、持久的和不变的单位；它们通过学习成为所构成的“真正”单位的习惯链条。

在行为主义之外，它代表了本能论的一个特殊的反倾向，许多作家今天愿意采取有点儿无颜色的中间状态。他们，像麦独孤一样，感到有动力单位的必要，并且多方面地肯定欲望、要求、需要、向量或者简单的动机的存在。这样的单位是作为建筑木块在多种同时代的体系中来使用的，但是他们是在他们试图把固有的困难问题靠在一边与本能的单位有区别的。现代作家看来并不关心无论一个动机的单位是天生的还是后学的。同样，我们倾向于以一个推测的启发式方式采取他们的假设的单位——如只建设——并且并不认为他们是永久固定在这个人或在这个种类中。有一些这种“中间地带”的观点在林蔡(1958)的著作中受到了辩护。

习　惯

虽然詹姆斯断言本能的存在与重要性,他对习惯的单位给以主要的份量。本能像这样的永不持久。严格地来说,他们自己主张在活着的时候只有一次,此后学习立刻开始。本能的暂时性理论为詹姆斯的著名习惯崇拜准备了方法。他坚持认为它比第二本性更为重要,它是“十乘自然”(1890,《心理学原理》Ⅰ.121页):

> 习惯因此是社会巨大的飞轮,它具有最宝贵的保守作用。它单独是在条例的限度之内保持我们整体,并且从贫穷的妒忌的暴动中来拯救儿童的命运。它从混合中保持不同的社会层。在已经25岁时,你看到各种职业的独特的风格:年轻的流动商人,年轻的医生,年轻的部长,年轻的法律顾问……它是世界上我们的大多数的精英,在30岁的时候,性格已安排得像灰泥一样而将永不会再软和起来。

在詹姆斯看来,习惯的这种社会与道德结果的观点是,“众多的与重大的”。因为在他的观点中我们通过行动的重复而获得最初的习惯,它为我们所必需的正确习惯的形成付与精密的注意。在建造良好的习惯时永远不能让一个例外发生,无论他们是好或坏,一切习惯都是一种束缚。

在其后的三或四个十年中，习惯单位被认为可以采用，这部分地应归功于詹姆斯的口才。的确，它在行为主义者的手中，条件反射的术语，变成了重新确定，但是这个单位只是习惯理论的另一个说法（Holt，1915；Watson，1919；F. H. Alloprt，1924）。稍迟一些，有时被了解为“耶鲁的学习理论”与连接反应与习惯——家庭体系的概念变成了喜欢的（例如，Miller 与 Dollard，1941）。但是当这种习惯理论已经成长为比詹姆斯所描写的更为狡辩时，这单位是在同一的形式中。

有点儿不同的习惯的概念已由杜威系统地使用“作为社会心理学的钥匙”（1922），只在几年以后他放弃了他对本能单位的拥护。在两种重要的关系中杜威的观点不同于其他许多人。首先，单位是更为灵活的：它不只是一个在汽车路上的冻结的联络，而是包括一般的态度、外观、目的、兴趣。一个人在他生存的时间中可以只犯一次谋杀罪。然而，这种行动是，归罪于习惯——嫌恶的习惯。而且，习惯有一种动机的性格（“Human Nature and Conduct”，1922，25 页）：

> 我们可以认为习惯是方法，等待，像在匣子中的工具一样，被意识的决定所使用。但是，他们比那个是更多的一些东西。他们是积极的方式，意味着他们自己设计，行动的奋发的与占优势的方式。

第二点，杜威试图在他的习惯概念之内把情境论包括进去。神经机制并不单独使习惯抛锚，环境帮助去支持它。如果环境改变，习惯也要改变。每一个对一个习惯的主张是被其他关心这个行动的人所改变。“行为常常是分担的，这是它与生理学过程之间的不同”（17 页）。

杜威主张习惯单位(固定与变化,神经冲动与情境,动机作用与手段)有许多特征。作为一个结果,这个单位似乎是含糊的。稍晚一些时候,作家们并不遵从他的领导或是试图有系统地使用而澄清概念。毫无疑问,其理由是态度概念已经制定了。为了一切的意图与目的,它填满了杜威所感到的需要。

态 度

以下对态度概念简短历史的考察是从作者较早的与更为广泛地对“态度”的处理来改写的(1935)。

这个概念或许是同时代美国社会心理学中最有区别的和不可缺少的概念,在实验的与理论的文献上没有其他的术语更多更经常地出现,它的普及是不难理解的。首先,它成为流行的,因为它并不是任何思想的财富,而所以可佩服地是为折衷主义的一个心理学的学派作者的目的服务。而且,它是一个逃避关于遗传与环境有相关影响的辩论的概念。因为一种态度可以在任何比例中联结本能与习惯两者,它避免了本能论与环境论两者的极端的许诺。这个术语同样是足够灵活的既应用于单一的、孤立的个体的性质也适合于文化(一般态度)的广阔型式。心理学家与社会学家因此在其中找到一个为讨论与研究的会合点。这个有用的,几乎可以说是平和的概念是如此广泛地被采用了,以至它实际上使它自己成为建设美国社会心理学大厦的拱心石。有几位作家,事实上,从托马斯与兹那尼基(1918)开始,就曾给社会心理学下过定义,为“对态度的科学的研究”。

像在英语语言中的大多抽象术语一样,态度有比一个更多的意义。它来源于拉丁文 aptus,一方面有“适合”,或者“适应性”的意义,包含,如它所处理的,有形成“aptitude”,一个为行动的主体的或者心理状态的准备的意思。然而，通过它在艺术范围内的使用，这个术语便有了一个独立的意义：它指雕塑或绘画的形状的外部或明显的姿势（身体的部位）。第一个意义是清楚地被保存在心理态度的短语中，并且第二个意义是在运动态度中。因为心灵主义的心理学历史地领先于反应心理学，心理态度它只是自然而然发现的，比运动态度更早地被认识的。使用这个术语的一个最早的心理学家是斯宾塞在他的《第一原理》（1862）中，他写道（1，Ⅰ，ⅰ，3～4 页）：

> 在争论的问题上能达到一个正确的判断，多半依赖于我们当听到，或参与争论时所保持的心理的态度；并且为了保持有一种正确的态度我们要学习如何是真的，和如何是非真的，是平常的人类信仰，这是有必要的。

稍迟一些，当心理学家放弃他们专有的心灵主义的观点时，运动态度的概念便成为大众化的了。例如，在 1888 年，兰格发展了一种运动理论，在那里知觉过程被认为大部分是肌肉发生的准备或者定势（set）的结果。大约在同时闵斯特伯格（1889）发展了他的注意的行动理论，并且费里（1890）主张在肌肉中紧张的平衡条件是一个选择意识的决定条件。

近年来对一个态度发现了作为心理的或是作为运动的明显的标记都是不一般的。这样一个身—心二元论的实践风味，因此而对同时代的心理学家是厌恶的。今天几乎在所有的情况中把这个术语表现出一种无需限制的形容词，而暗含保留它二者的原始的意义：一个心理适合性与一个运动定势。“态度”暗指心理与身体活动的准备的神经心理的状态。

或许在实验室的领域之内第一个对态度的明白认识的心理

学是与研究反应时间相连系的。在1888年,兰格发现一个主体是意识地准备立即按下一个电键以便得到一个反应得更快的信号,不如一个按得注意的人是主要的指向进来的刺激,而其意识因此是并不最初指向期望的反应。在兰格的工作之后,当它到来时被称为任务态度,或任务,在接近所有心理学的试验中是扮演一个决定的部分的角色。不只在反应试验中,也在研究知觉、回忆、判断,思维与意志中,主体的准备成为普遍认识的中心的重要环节。在德国,大部分早期实验工作完成之后,便引起了把一群的技术表现叫做心理与运动定势的多样化,在实验中它影响了主体思想或行为的训练。而且任务,有 Absight(意识目的),Zielvorstellung(目的的观念),Bezugsvorstellung(自我与自我反应的客体之间的关系的观念),Richtungsvorstellung(方向的观念),determinierende Tendenz(在其训练中对行动带来有联系的观念与倾向的任何安排),Einstellung(一个更一般的术语,约略地等于“定势”),Haltung(带有一个更行为的暗示),Bewusstseinslage(意识的姿式或者位置)。它或许是缺乏等于“态度”的一般术语,它使德国实验家发现如此多的型式和形式。这种缺乏也可以解释为:为什么在德国没有写出基于态度的统一概念的系统性的社会心理学。

然后来了意识中的超越态度地位的有生气的争论。“符茨堡学派”同意态度既不是感觉也不是想像也不是情感也不是这些状态的综合。态度屡次是以反省的方法来研究,常常以贫乏而告终。经常,一个态度在意识中,看来没有表象,正是作为一个需要的含糊的意义,或者一些对怀疑、赞成、深信、努力或者熟悉的不确定的与不能分析的感情(Titchener,1909)。

作为符茨堡工作的结果,一切心理学家都采取接受态度,但是并非所有人都相信他们是摸不到的和不能缩减的心理要素。

一般说来，冯特的追随者相信态度能够被适当地解释为感情，特别是作为竞争与兴奋的混合物。铁钦纳的学生克拉克(1911)发现态度大部分是表现在通过心象、感觉与感情以及那些没有这样状态的可以报告的可以推测的仅只这些同样组成的衰退或简缩的意识中。

无论如何，他们可以不同意态度的性质是出现在意识中的这些事物，而一切调查者逐渐承认态度作为他们心理学的医疗设备的一个不可缺少的部分。铁钦纳是恰当的范例。他的《心理学纲要》在1899年不包括与态度有关的内容；十年以后，在他的《心理学教程》中，有几页谈到这个主题，并且其体系的重要性是完全被承认的。

许多作者缩减了知觉、判断、记忆、学习的现象，并且充分地探讨态度的操作(例如，Asch，1905；Bartlett，1932)。没有引导的态度，个体就被迷惑与受挫折。在他能够作出一个满意的观测之前，一些种类的准备是必要的，经过了适当的判断，或者作出了决不是反应的最初级的反射型式。态度为每一个个体决定他将看到和听到他所要思考的与他所将要做的。从詹姆斯那里借来一条短语，他们“在世界上产生意义”；他们为之划定界限，并且加以隔离，一个不那样混乱的环境；他们是为关于在含糊的宇宙中寻找我们道路的方法。特别是当刺激并没有很大的强度，也不仅仅限制于一些反射或自动反应时，而态度在意义与行为的决定中扮演了一个决定的角色。

以枯燥的态度所代表的意识的结果，认为它们是在大脑活动或者无意识心理表现的一种倾向中，坚持总合为无意识的态度是由缪勒与皮尔蔡克(1900)所证明的，称为“固执”的现象。主体滑入心理的一些结构中，特别是对他自己的倾向使考夫卡(1912)假定为“潜伏的态度”。华许本(1916)给态度赋予特性，作为在身体与大脑的器官之内“静态的运动系统”。其他的一些作家仍然是更为生理学的倾向，把态度包含在神经的红字标题之下：痕迹、神经当量、刺激当量、大脑模型以及类似的。符茨堡学派的人们与所有其他实验心理学家实际上是对态度的概念证明为是不可缺少的。

但是，那是弗洛伊德的影响，赋予态度以生气、渴望、怨恨和爱慕，以热情和偏见，简言之，以无意识生命奔流的趋势使它们平等。没有实验主义者的不辞劳苦的劳动，态度在今天不会成为在心理学园地上的一个被建立起来的概念；但是同样，没有精神分析理论的影响，它们一定会留下相关地没有生气，并且不会对社会心理学有很多的帮助。为了偏见、忠实、爱国主义、群众行为的解释，由宣传所控制，没有“贫血症”态度的概念是不能满足的。

如我们已经说过的，本能假说长久以来并未满足社会科学家的热望，因为他们的工作的真正的本质驱使他们承认在形成社会行为中习惯与环境的重要性。社会科学家所要求的是一个会逃出的新的心理学概念，一方面，习惯与社会力量的虚假的非人格性和另一方面，先天论。他们逐渐采用了态度的概念。

在社会学著作中，作为一个永久的与中心的特色制定这个概念的光荣必须指向托马斯与兹那尼基(1918)。在波兰农民的他们的不朽研究中，他们给它以有系统的优先权。在这个时期以前，这个术语只是被规定间或出现于社会学的文学中，但是其后它立即被大批作家热情地采用了。

在托马斯与兹那尼基看来，对态度的研究是社会心理学的同等优秀场。态度是在社会界中每一个人决定现实的与可能反应的个体心理过程。因为一个态度常常指向一些客体，它可以解释为一个“个体指向一个价值的心理状态”。价值在本质上常常是社会的，那就是说，认为是社会化的人们的部分的普通的客体。对金钱的爱，对名望的要求，对外国人的憎恶和对科学理论的尊敬都是典型的态度。它遵循金钱、名望、外国人与一个科学理论全部都是价值。一个社会价值是被解释为“任何资料都有一个经验的可接近一些社会集体成员的内容和一个认为它是或者可以是活动的客体的意义”。的确，有许多符合每一个社会价值的态度——例如，有许多尊重教会或者国家的态度。也有许多为任何单一的态度的可能的价值——打破旧风气的人可以在不拘的行动中发挥自己的攻势于一切建设的社会价值之上。市侩可以完全没有批判地接受。从此，在社会界中，如社会学家所研究的，价值与态度两者必须有一个位置。

帕克（见 Young，1931）实质上同意这个学派的思想，提出了态度的四个标准：

(1)在客体（或价值）的世界中，它有明确的倾向性，并且在这一点上，与简单的和条件反射不同。

(2)它不是一个全然自动的与常规的型式的行为，而是显示一些张力甚至在潜在的时候。

(3)它在强度中变化，有时是支配的，有时相关地无效。

(4)它置根于经验上，并且因此不是简单的社会本能。

下面是态度的典型定义：

……特殊的心理倾向指向一个到来的（或是引起的）经验，凭那个经验是受限制的；或者，一个对一定活动的型式的准备条件（Warren，1934）。

……人类个体代理或者反对一个一定客体的心理倾向（Coroba，1933）。

……一种心理与神经的准备状态，通过经验而被组织起来，行使一种定向的或动力的影响于个体对和它所发生关系的一切客体与形势的反应(G. W. Allport,1935)。

总之:态度单位是在社会心理学大厦中的最初的建筑石。虽然在一些园地的理论家,现象学家与研究理论学家的部门中曾经有攻击逐出它的企图,无论他们的批评能够比澄清继续使用这种概念做得更多是有问题的。现代文学表明了这个概念仍然是在高度的赞成中。在教科书中,它有一个突出的位置(例如,Newcomb,Turner 和 Converse,1965),并且仍然邀请了崭新的技术审查与分析(例如,Katz 和 Stolland,1959)。

情　操

麦独孤并不喜欢术语“态度”。对他来说,态度像是反射组织的一个短暂的与表面的水平。而且他坚定地争论:一些“倾向”的概念必须永远作为“一切心理学之基础的要求来使用”。就社会行为来说是关于它自己的选择,这是为了情操的单位。在麦独孤看来(1932,211 页):

> 情操的理论在体系中是倾向(本能)的进步组织的理论,它成为我们所有活动的主要来源;使我们的竞争与情绪的生活达到一致,是连续与秩序的体系;依次成为组成更大体系的体系以和谐地组织在一个广泛的体系中,构成我们所适当称呼的“性格”的体系。

于是想象出,情操在四方面不同于态度:

(1)情操预先假定为在下的倾向而其实态度是一个安排在有机体内被认为无需考虑其能量的起始或来源的。

(2)态度可以既是特殊的也是散布于它的有关方面的,而情操是集中在一些明确的客体上的。例如,一个人可以说,一种反社会的态度,但是难以说,一个反社会的情操。

(3)情操是作为比态度需要更持久的和教职阶级制的。暂时的任务(Aufgabe)是一种态度和一个持久的生命哲学一样的真实,但是它不是一种情操。

(4)情操是意识的与仁慈的,和一个复杂的对比,它是一种病态的与抑压的感情。"态度"不能覆盖健全有益的意识与病态的抑压倾向两者。

情操的概念得到第一次系统性使用是尚德(1896),他的理论是:人类性格是由情操组成是被麦独孤所采用并且精心研究的。情操对这些作家看来不只为人的社会依附赋予了特性,提供了一个特有的单位,而且为个性的理论,提供了一个特有的单位。对麦独孤个性的统一是由其在教职阶级制结构之顶端的天上的自尊的情操的领地所保证的。

某些其他的作家对情操的概念也有明白强烈的选择并且强烈地不喜欢态度的单位。例如,对默里和摩根(1945),"态度"似乎是太浅薄的太运动的,代表了需要与精神贯注的基本组织,那就是,对他们的心理,"情操"的核心。

最后的话

我们已经讨论了四种类型的单位——本能、习惯、态度、情操——所有要求:对一些类型的构成社会行为的基础以动力的处理。他们对承担个人的一个固定的处理,以及当环境的情景改变时展示出来的监督行为的灵活性都有弱点。

场的理论家与其他批评家说人类行为是无限的可变的,依赖于一个人发现他自己的情况而定。有些批评家以致到这样的程度，他们否认一般化的态度的处理，并且把一切重压都放到在每一情况下以一个特殊的方法反应特殊的倾向(例如，Coutu，1949)；而且，个体在他们从一个情况移动到另一个的时候并不以全然不同的方式进行行动。如果在我们描绘的单位中暗指一种夸张的固定不变的危险，的确不需要全然听任他们支持瞬间的情境论或者支持一个极端的场理论的意见。

客观方法的开始

实　验

1879 年心理学的第一个实验室正式建立。光荣归于莱比锡的冯特，虽然早在 1875 年，在哈佛的詹姆斯与冯特两人曾经进行过实验室的示范演示(不是研究)。但是因为社会的变动，费了几年的时间这个实验室才正式成立。第一个实验的问题——的确在第一个实验研究的三十年中仅有研究的问题——是用公式表示如下：在个体的正常的独个儿的情况下，别的人出现了的时候，会发生什么变化？

对这个问题的第一个实验室的回答来自垂普列特(1897)。当检查自行车比赛的正式记录时，垂普列特注意到一个骑手的最大速度是接近百分之二十强于他被可见的许多自行车测踱他的距离。渴望对于这种事情多加研究，他便以年龄 10—12 岁的范围的儿童做了一个实验，给他们缠绕钓鱼线的任务。改变单独与一起干的情况，他发现一起干的时候，他的 40 个主体中的 20 个胜过他们自己单独干的记录，而 10 个做得少(表面上因为他们被要取胜的愿望过度刺激)，10 个是本质地不受影响。最重要的，他下结论说集体的情况必须正常地被认为是使能量与成就产生更大的产量。他的解释是有兴趣的(533 页)：

> 别的参加竞赛者是以身体来参加的，同时在参加比赛时不能在正常的情况下释放有用的潜在能量……步测者或者领导竞争者的运动的观察，和由这个或其他方法所提供的更高级速度的观念，大概是使他们自身动力发生因素的一些结果。

在他的实验的计划中，和他的解释一样，垂普列特的失败在于没有区别两种有原因的因素：情绪的竞赛，另一方面，和从在其他的共同工作者的眼界与声音中发生的简单的动力发生效果。

读者将从我们暗示的讨论中想起动力发生的概念是动念论的一种特殊情况。自动与无意识运动，从知觉的或令人感动的刺激是应考虑兴趣的事情的结果。费里(1900)，在沙可的诊所的医生，比内(1900)与其他人深信这个概念的说明价值，因此它对垂普列特以动力发生这个术语解释他的主体的这“外加的”产物是自然的。

同样的问题是一个教育学的早期关心的。梅耶尔(1903)就记忆、作文、算术与其他课程而论研究了学校儿童的家庭作业与课堂作业的数量与质量。从整体来看，其结果清楚地赞成集体工作超过单独工作，虽然他发现，如垂普列特所作的那样，在聚集的集体的过于强烈的竞赛条件中，相反地影响产品的质量。

晚些时候的一个整整的一代，重要的区别是一方面在竞赛或者竞争中以及在另一方面是简单的社会促进(是否以术语动力分析来解释)。F. H. 奥尔波特(1924)，勾画出这种差别，也点到小集体的两类存在：协作与面对面。在前者，人们发现了最简单的心理学操作。人们并肩工作得到他们的社会刺激几乎全部从“有助于”社会刺激而于是最清楚地表示了西蒙——纯粹的社会促进效应。在另一方面,在面对面集体中,完全新的问题发生了:会话,相互作用,循环的社会行为,“集体思想”,和直接的(不仅是捐助的)社会效果的一切方式。接受这种区别,我们可以说早期工作完全用协作集体来处理。它为面对面集体成为兴趣的中心焦点用了很长的时间。贝赫特列夫与兰格(1924)、华生(1928)和特别勒温(见他的研究集,1948,1951)给研究面对面集体以动机。

在1913年,穆德略述了研究协作集体的单一的心理纲领。他决定构成一个体系的意图,应该作为介绍社会的变量于全体中,或者接近全体的标准心理学的实验。如果听得见的声音的强度阈限,能够为个体的单独工作所决定,那么为什么不能在彼此出现的情况下为两个、四个、六个或任何数目的主体工作所决定呢?同样,为什么有用的工具设计不用在为纪录无意的肌肉运动的模仿的研究上呢?当他注意查看在实验者手臂上的相似运动的时候,例如,主体的无意运动能够衡量。同样,联想的过程,在注意的固定,学习与遗忘加以改变——一切在实验心理学中众所周知的现象——能够加以研究(并且已经研究了,使用莱比锡学派的集体与学院学生作为主体)。穆德出版了他的《实验群众心理学》(1920)的成果,但是他的最初的概念比它应该有的只有很少的影响,部分是因为他未能把他的发现概括在体系的理论中,部分是因为他的刺激性的书未能译为英语。

然而,穆德的实验纲领被哈佛的闵斯特伯格所掌握。是他在1915年鼓励下,F. H. 奥尔波特在这个范围内承担工作。F. H. 奥尔波特确认了穆德和他的前辈们的主要发现并且形成一系列的概括(1920)。甚至在竞争的效果上把只是共同工作者的存在,似乎是平常增加的产量(社会的增加量)的数量抹杀了。然而,它倾向于保守地进行判断使很少的人形成联想,并且减少推论(社会附属价值)的质量。这个工作是由魏特默尔(1924)体系化地开展的,他增加了竞争的变量并且通常发现它增长了所有这些社会的效果。不像垂普列特那样,这些作家以术语参加的社会刺激(contributory social stimulation)——从先前条件的与主要的过多产量而获得的结果中计算出暗示与神经刺激的总数解释他们的结果。当增加了竞争的变量时,就要从内部强化情绪加上从外部加强神经刺激。

以多种苦心经营的这种工作型式,是由其后的调查者继续下去的。例如,特拉维斯发现有一些效果是在口吃者的情况下颠倒过来的,口吃者的社会羞怯看来是一个禁止(制止)的变量(1925)。达西尔(1935)摘要说,所有这件工作与把他自己的研究加到想象为与别人的真实出现作比较。在集体影响的早期出现中是穆尔,他估计了在道德与美学判断的熟练的意见以及大多数意见的相关作用(1921)。穆尔的研究开始了一种新方法。代替了关于"熟练"的意见或者"大多数"意见的实验物理上的出现,他仅只报告他们对他的主体的判断。在这种方法中,发现社会威望的效果能够简单地通过诱发一个态度的指令而度量。其后的无数研究利用这种事实,并且通过先前存在的态度的人又唤起来度量社会的效果。

俄国心理学,也使用实验的方法,在布尔什维克革命之后很快就转入其注意于集体对个体的行为的问题。贝赫特列夫与兰格(1924),用了面对面(不仅是协作)的集体,报告了变更先前个体判断的讨论的作用。他们下结论道,集合的思想其有效力不少于私人的思想,它经常在术语判断的精确中是占优势的。俄国的调查同样集中注意于竞赛的与合作的社会情况相关的优点上。稍晚的班纳(1952)表明了苏维埃心理学曾从它更早期的对环境力量专有权力的强调转到对个体的义务与责任的强调。集体思想协同工作和信任集体主义的优势，成为对共产主义意识形态较少的本质了。

在美国发生了实验兴趣的扩大。集体影响于个体的心理过程不再是唯一的中心了，勒温、李皮特与怀特(1939)介绍了社会气氛或集体气氛的概念。尤其他们表明了领导(专制独裁的、自由主义的、民主的)的风格极度地影响了集体成员的行为。实际上，这个工作敞开了研究团体动力学、团体结构、团体决定、团体凝聚力的闸门。简言之，一直到小集团的多边的调查。这个历史的实验的最终解释见于怀特与李皮特(1960)。

控制的观察

当实验的方法探讨为社会的研究而提出理想计划时，它并不适合于所有的问题和为社会心理学所必须抢去的那一个问题。毫无疑问，大多数的调查者，从最早的时候起，就坚持他们的理论与口授是基于"事实"的坚实的基础上的。孔德、斯宾塞、塔尔德、杜克海姆——一切理论家——解释社会资料为的是他们观察到它们。他们所缺乏的是一种为核对与扩展他们无帮助的观察方法。

或许改善私人观察的最早努力是通过问题表的程序来采用的。波林(1950)报告了早在1869年的柏林学派就使用了这种方法。高尔顿(1883)在他著名的心象研究中，就依靠了问题表。大规模地使用开始于霍尔(1891)，主要在他的儿童心理学的研究上。不久，斯达布克(1899)采用这个方法进行成人宗教信仰与实践的研究。詹姆斯的天才著作《宗教经验的种种》(1902)是被斯达布克的研究支持的。在时间过程中，精练与保护的需要在关于措辞、谈话、对反应的传递以及约略计算上带来了特殊方法论的研究。最初是一个不精确的、质朴的工具,逐渐这个问题表锻炼成为一种可考虑的谨严的工具了。

同样,逐渐得到统计上的支持,被魁特利特、高尔顿、皮尔森、费舍与其他人加以发明,作为保护社会心理学的研究之用。特别贡献他自己于态度度量的问题,瑟斯通(1927)第一次把统计学上的诡辩介绍到这个研究的重要范围中去。穆瑞露(1934)所发明的社会测量,一种准定量的技术,能够使社会心理学家评价在一个集体中成员之间的个人的吸力与拒力。紧接着哥卢普的第一个了不起的成功于1936年公共意见投票的总统选举之后,一个精心制成的特殊的观察研究的分支急速地发展起来了。

因为在方法上这些漫长的进展大多是近年的,他们并不形成我们的历史原因的一部分。事实是经验主义与实证主义并没有进入社会心理学任何值得重视的范围,直到1920的那十年。用客观性与谨严的观念然后便很快地占据了一个统治的地位。到1931年墨菲与墨菲夫妇,在他们的《实验的社会心理学》的第一版中,能够记入他们的目录,超过八百种有关的研究,并在改订版中(Murphy, Murphy与Newcomb,1937)以数百个增添的题目扩展了它的登录。

今天,作为一种训练(纪律)的社会心理学的显著标志是它的在方法上与在实验的计划中的诡辩。它从"简单的与最高的"思辨的时代走了一段长路。评价广度、力量与研究的现代控制方法的显著的创见,读者会参考为拜瑞森与斯坦纳(1964),波可维兹(1964),普罗善斯基和赛登伯格(1965)和斯坦与费希贝因(1965)所提供的给人深刻印象的测量。目前《手册》中的许多章节报告了同样的事情。孔德现在要说,在长久的最后的社会心理学以一种复仇进入了"肯定的阶段"。

教科书

研究教科书，一个人可以学习到一些关于一种训练的历史的东西。这本《手册》的第一版(1954)，一个近似完全有用题目的目录出现了——其中52个是从路斯与麦独孤1908年到1952年的题目扩展而来。它看来现在有用的总数达100个。因为由于“读物”的书本普及版的增加，它成为更难于有秩序地从公共汽车的集体中来区分教科书。

大概题目的三分之二是由考虑他们自己是心理学家的作家写成，大约三分之一是社会学家写成。这个事实唤起了对科学的坚持两极性的注意。从个体过程强调广度(例如，一个儿童如何学习说话)到在社会体系中的强迫影响(例如，社会阶级在语言上的不同)。一位作家可以作为个体的一种属性来处理创造力，另一个作家作为时代精神的形式来处理。一个认为态度是个人的与私有的意向，另一个认为是个体的角色、性别与文化背景的偶发现象。

提供在目前章节中的场的定义可以说是有一个心理学的观点“一个企图去了解与说明个体的思想、情感与行为如何被具体的、心像的、或含蓄的别人的存在所影响”，爱尔伍德(1925，16页)提供了一个更为典型的社会学的定义：

> 社会心理学是对社会相互作用的研究，它是基于集体生活的心理学。它是从人类反应、交往、本能的和习惯的动作的集体所作成的类型的解释开始的。

无疑，从两种观点来注视社会心理学丰富的问题的领域是有益的事情。

结　论

无疑社会心理学当前的趋势是向客观的,而非思辨的社会行为的研究。口号是实验,自动计算,统计上的确实性,摹写性。值得注意的科学赢得的结果来自这个"嗅觉不灵的"研究。然而,有一个严肃的不利情况:纯的与优雅的实验常常缺少概括的力量。塔尔德以其简单而最优秀的模仿概念具有很多的概括的力量。但是,相反,许多同时代的研究看来是放弃了比在特殊条件下的一个狭窄的现象研究。即使实验成功地重做了,也没有其发现有更广泛的确实性的证据。为了这个原因,一些当前的研究看来是停止在优雅的发光彩的变得美丽的琐事中。但是,除了经验主义的碎片之外,更多的什么也没有了。

这里,的确展开了社会心理学当前的挑战。在方法中被改善的客观性,能够被应用到广泛的理论与实际上吗?早在这一章中我们注意到战争与和平的燃烧着的问题,在一个世界的共同体中为生活的教育、人口控制、有效的民主,从社会心理学中来援助一切迫切的召唤。然而,这样的援助来自小小的像宝石似的研究,绝妙的完善,是未必有的。而对这个结局的问题是无论目前随以方法,随以小型模型的偏见怎样,将在最近的未来引导到一个新的理论与运用的重点上来。

整合的理论是不容易获得的。像一切行为的科学一样,社会心理学主要地依赖广泛的关于人的本性与社会的本性的理论衍生物。这个概念化的高水平是比对今天的经验主义者更大的牵涉到过去岁月中的马其威利派、边沁派孔德派。孔德所提倡的实证主义的到来曾经引导到一个实质的非理论的方向,结果是期刊与教科书充满了极少推理的专门的和特殊的研究。

然而，潮流可以转变。消除经验的研究可以增加对科学的兴味的满足，广泛的理论的兴趣可以促进它的日子的再现。如果这样，那些熟悉社会心理学历史的观察者们，将能够以坚定的保证向前进军。他们能够从琐细的东西中，区别出重要的东西来，从平凡中进步，而且为了创造一个累积的与连贯的未来的科学，要有选择地借鉴过去。

（1986 年 2 月，未发表）

《实验心理学史》评介[①]

《实验心理学史》一书的作者波林(E. G. Boring,1886—1968)是美国著名的心理学和心理学史专家。历任美国克拉克、哈佛等大学教授、美国心理学会主席、17 届国际心理学会名誉主席等职。他于 1929 年出版了《实验心理学史》,高觉敷教授曾在 1933 年把它译成中文,并由商务印书馆刊行。1950 年波林本着"历史常随时间的消逝而需要修订,而当前这一本历史,是要说明心理学如何成为新时代的心理学的,则更加需要修订"[②]的意图而发表了这本书的修订版。1980 年高觉敷教授根据新版修订了他的旧译本。高老两次翻译《实验心理学史》事隔近 50 年,这也是不无原因的。

一、波林原著在美国心理学史的著作中,几乎是首屈一指的。这本书原为《世纪心理学丛书》中的第 40 卷。丛书的主编埃利奥特赞扬它是一本无懈可击的名著。《现代心理学史》的著者舒尔茨也说:"1971 年对美国和加拿大心理学研究生的调查表明,已故心理学史大师波林的《实验心理学史》,是 1953 年以来一直受欢迎的少数几本书之一。"[③]这本书还一直是美国大专

① 波林著,高觉敷译:《实验心理学史》,商务印书馆,1981 年版。

② 同上书,第Ⅵ页。

③ 舒尔茨著,杨立能等译:《现代心理学史》,人民教育出版社,1982 年版,第 4 页。

院校的心理学史的标准课本。

二、中国科学院心理研究所所长潘菽教授对翻译波林《实验心理学史》的新版非常关注。1976年他就把这本书寄给高老，建议高老根据新版修订旧的译本。以后潘老还经常写信催促早日动笔，这使高老受到极大的感动和鼓励。

三、我国《西方近代心理学史》编写组在教育部高教一局和中国心理学会编译出版委员会的支持下，于1979年4月在南京召开了全国20所高等院校和科学院心理所参加的心理学史教材编写会议，建议修订波林的《实验心理学史》译本，作为全国高等院校心理学史的重要参考书之一，并请高老承担这一任务。

根据以上三个原因和全国高等院校心理学教学的迫切需要，高老作为波林《实验心理学史》的原译者，不顾自己已86高龄，年老力衰，尽管原著修订版更动过多，工作量大，但在孙名之、马文驹和宋月丽诸同志的积极协助下，仍夜以继日地投入了修订工作。从着手修订到完成全部译文（65万余字）的翻译校订工作，历时不足一年。高老这种为社会主义祖国四化建设，为教育事业和心理学学科发展的劳动热情与精神，使我们深受感动和教育。现在这部译文确切而流畅的中文本已由商务印书馆正式出版发行了。

全书共27章：1～8章的内容是近代心理学在科学中的起源。以生理学和神经生理学及人差方程式为主。9～13章的内容是近代心理学在哲学中的起源。以笛卡儿哲学、英国的经验主义和联想主义、法国的经验主义和唯物主义以及赫尔巴特哲学为主。14～16章论述实验心理学的建立。17章论述与冯特同时代的德国心理学家。18～19章分述内容心理学和意动心理学。20章论述英国心理学。21～26章分述冯特后的各国心理学流派。27章作一扼要的回顾。

波林这部修订版的实验心理学是有许多突出的优点的：

首先应该肯定波林是写《实验心理学史》一书的恰当而合适的人选。我同意原编者埃利奥特的看法，他说："任何人都似乎难于再认为有必要去编著一本像波林的这本书那样精确而有决定性的早期实验心理学史。他在他的学科中已经比谁都精通了。他以无比的技巧写成了这部历史。其中有人物和他们的观点，这些人物在有时难以控制的领域中进行实验时的奋斗，他们的胜利，他们的生活小节以及他们留给我们的遗产。我们知道科学心理学将会向前进展，接受未来的日益广泛的挑战。由于我们科学的开头已渐被淡忘了，这本书和附注将会是有关它的早期的参考资料的宝库了。"①的确，波林一书，立论比较明确，取材相当丰富，论述与评价历史人物的范围很为广泛。既有一定的历史深度，又能反映当代的概貌，有很多可取之处，给我们以启发，值得我们学习。

第二，波林是以哲学和自然科学为背景来论述实验心理学的起源和发展的。因此从全书中可以看到哲学给心理学以体系，自然科学给心理学以方法，他比较明确地勾画出每一心理学家和每一流派的产生过程和来龙去脉。他说："我这部历史把实验心理学看作起源于笛卡儿、莱布尼茨和洛克的哲学，而在19世纪初期的新的实验生理学中得到发展的。实验心理学的产生即由于这两种运动的结合。"②就因为这样，这本书使人读了之后倍感条理井然，有因有果。

第三，波林对每一心理学家和每一流派，评价得比较客观，

---

① 波林著，高觉敷译：《实验心理学史》，商务印书馆，1981年版，第ⅰ页。

② 同上书，第ⅲ页。

因而比较符合实际。他在全书的体系上虽有兼容并蓄倾向，有时广为罗列，但正误是非也有分辨，这对于一位国外学者来说是难能可贵的。兹举一例以证明之。如他对冯特评价时说："现在的心理学家往往好指摘冯特心理学的偏狭，有时且深以冯特留给我们的遗产为憾。新学派的设立几乎都用以驳斥冯特心理学的这一特征或那一特征。然而，我们虽欢迎这些新学派，但于其抱怨则不敢赞同。无论何时，一个科学总只是它的研究的产物，而研究的问题则只是有效的方法可供探索而又为时代所准备提出的那些问题。科学发展的每一步都有赖于前一步，这个进展不是由愿望促进的，可是进展也有赖于真知灼见。"①

第四，波林对心理学的发展潮流和趋势能高瞻远瞩，有科学的预见性。他的修订版从出版到现在已经过去 30 年了，但是他在书中的一些论断，有的已经实现了。例如他对屈尔佩关于未来心理学的影响的观点就是一个明显的证明。他说："40 年后，我们知道屈尔佩改变思想的能力比铁钦纳的坚持不变的一贯性对心理学有更大的价值。心理学的焦点从意识到行为的后期的转移，由于屈尔佩在思维中对意识地位的贬低而有很大的促进。这个向动机问题的转移使任务和态度成为下一代心理学的语言方面的工具。"②这一点，我们从 1975 年版的舒尔茨著的《现代心理学史》一书中，就可以完全看到波林早年论断的正确性。舒尔茨说："人们日益觉悟到：动机领域是心理学的中心问题。令人鼓舞的是，许多研究学习的理论家对于把动作作为学习的一个完整方面逐渐地感到兴趣，研究知觉和人格的那些心理学家

---

① 舒尔茨著，杨立能等译：《现代心理学史》，人民教育出版社，1982 年版，第 386 页。

② 同上书，第 461 页。

也正在认识到动机在他们这些研究领域里起着决定因素的作用。”[①]

第五，在这部修订版中，波林对一些篇章重新进行了组织。有的篇章如第 11 章 18 世纪苏格兰和法兰西的心理学以及第 26 章动力心理学，均系新的作品。第 24 章标题为“行为学”是别具匠心。这是为了使全章的论述材料不致陷入于行为主义。在这一章里，阐述了意识和行为的关系，并以动物心理学为起点，讨论了从笛卡儿、实证主义、机能主义一直到谢切诺夫、巴甫洛夫等的客观心理学，然后研究了华生朴素的行为主义和霍尔特等人的复杂行为主义，最后讲述了操作主义者和逻辑实证主义者的动作还原论，指明就是这些人创造了行为学一词用以说明物理一元论的心理学。

以上所谈到的各篇章，对学说的来龙去脉及其中的纵横关系，都论述得清楚明确。这是这部书的又一特色。

综上所述，这部书的优点是很多的。但是另一方面也不能忽视它所具有的缺陷和局限。

现在先从波林的历史观谈起。波林在这部书的第一版序言中毫不掩饰地指出：“也许我还得说明本书为什么有这么多的传记材料，为什么讨论集中于学者的人格，而不集中于心理学的传统的章目的起源。我的理由是：由我看来，实验心理学史似全为个人的。人的关系太重要了。有权威者常可支配当世。”[②]由于波林有这样的人格说的观点，所以这种观点便像一条黑线似的

① 舒尔茨著，杨立能等译：《现代心理学史》，人民教育出版社，1982 年版。

② 波林著，高觉敷译：《实验心理学史》，商务印书馆，1981 年版，第ⅲ页。

贯穿在这厚厚的864页的一部著作中。我们随时都可以看到这样的话语:“英雄造时势,但是时势也选择英雄。”[1]又如:“到此时为止,我们主要讲述伟大人物对这个发展的贡献,似乎历史的伟大人物创造历史的学说是正确无疑的。”[2]这是一种宣扬个别英雄、天才人物决定历史的历史唯心主义。一切从个人出发,必然导致主观决定一切、主观与客观不能很好统一的错误。在这方面,当我们阅读波林的这部书时,是应当予以注意的。

其次,波林在整部书中打着一个“时代精神”说(the Zeitgeist theory)的旗号,并利用这一旗号来说明每一心理学家和每一流派理论所由产生的根源。例如他说:“每一运动都是一种时代精神的象征,但它们又是不同的时代精神代表者的不同象征。”[3]还说:“铁钦纳反时代精神的潮流而游泳,弗洛伊德则随时代精神而前进。”[4]又说:“弗洛伊德也是如此。心理学家们长期不承认他是一个心理学家,然而他现在却成为最伟大的创始者,时代精神的代言人,以潜意识历程的原则完成了向心理学进军。”等等,等等。这样的看法,必然要滑向纯粹的唯心主义历史观中去。我们都知道,每一心理学家和每一流派理论的产生和发展,都是他和他们的社会历史条件决定的。恩格斯说:“政治、法律、哲学、宗教、文学、艺术等的发展是以经济发展为基础的。”[5]离开了经济发展的基础,离开了社会历史条件空谈什么

① 波林著,高觉敷译:《实验心理学史》,商务印书馆,1981年版,第605页。

② 同上书,第626页。

③ 同上书,第669页。

④ 同上书,第861页。

⑤ 《马克思恩格斯选集》第4卷,人民出版社,1972年5月第1版,第505～506页。

“时代精神的象征”是不会得出正确的结论的。在这个问题上，马克思早就教导我们说：“这种唯物主义历史观和唯心主义历史观不同，它不是在每个时代中寻找某种范畴，而是始终站在现实历史的基础上，不是从观念出发来解释实践，而是从物质实践出发来解释观念的东西。”①因此，我们要应用马克思的这种唯物主义历史观来阅读波林的这部著作。

再次，在波林的这部书中把日内瓦学派的创始人皮亚杰的生平和学说给完全忽视了。他在书中只提到一句，说：“瑞士的心理学家 E. 克拉帕雷德和他的继承人 J. 皮亚杰也都是机能主义者。”②这种忽视显然是不应该的。在墨菲著的《近代心理学历史导引》一书中指出了皮亚杰在心理学领域中的重要性。他说：“在 20 年代和 30 年代，在皮亚杰的思想中可以发现有一种连续不断的改变，他仍然是有魅力而且形象化的，但他正在变为一个严密的成体系的心理学家。”③读者不妨阅读一下墨菲这本书的第 24 章中的皮亚杰一节，以补充波林一书的不足。

最后应该指出的是，波林在书中仍然把铁钦纳放在第 18 章“新”内容心理学的领域里，这也是不妥当的。须知冯特的内容心理学为后来的铁钦纳的典型的构造心理学奠定了基础。他们两人在理论上虽有许多相似之处，但也有许多不同的地方。特别是铁钦纳在注意心理内容的研究方面比冯特的主张更趋极

---

① 《马克思恩格斯选集》第 3 卷，人民出版社，1972 年 5 月第 1 版，第 43 页。

② 波林著，高觉敷译：《实验心理学史》，商务印书馆，1982 年版，第 636 页。

③ 墨菲著，林方等译：《近代心理学历史导引》，商务印书馆，1980 年，第 565 页。

端。因此就不应该把构造主义心理学家的铁钦纳放在“新”内容心理学的领域中。在全部实验心理学上明确这一点是完全必要的。

以上四点是笔者认为在波林的这部书中问题较大而必须提出来予以商榷的地方。

今天,我国心理学界正在马列主义和毛泽东思想的指导下进行心理学基本理论的探讨,波林的这部名著,将会给我们以较大的帮助,使理论的探讨能与历史的研究紧密地结合起来。我们要向外国学习,但必须“加以科学的分析和综合的研究”,“把它分解为精华和糟粕两部分,然后排除其糟粕,吸收其精华”,以便做到“洋为中用”。

(《南京师院学报》,1983 年第 1 期)

《高觉敷心理学文选》评介①

1986 年是高觉敷教授从事心理学教学和研究 63 周年，也是他 90 寿辰，南京师范大学等八个单位为高老开会祝贺。是时，江苏教育出版社出版了《高觉敷心理学文选》，这是心理学界的一件盛事。

高觉敷教授是举世瞩目的著名心理学史家。他的这部 43 万字的《高觉敷心理学文选》是一部值得推荐的、与西方近现代心理学有密切关系的论文集。它是高老从 1925 年至 1986 年所写的 153 篇论文中选取出来的，共计 39 篇，反映了他一生科研活动的脉络。从论文的性质来分，可分为六个部分：一为行为主义；二为格式塔心理学；三为精神分析；四为皮亚杰心理学；五为心理学中的基本理论与社会心理学问题；六为中国心理学史的方法论问题。在论文中，高老从各个侧面对西方心理学学派均有论述和评价，是高老运用辩证唯物主义与历史唯物主义思想剖析与“批判地继承”西方心理学与中国心理学的成果。

高老对行为主义的研究，可追溯到 1926 年至 1932 年。他的心理学观点是逐渐转变的，转变的原因一方面是由于他与朋友交往的影响，另一方面是由于他自己的学习研究得到的启发。这个转变可分为两个阶段：第一阶段由麦独孤的目的心理学转向华生的行为主义；第二阶段由华生的行为主义转向格式塔心

① 《高觉敷心理学文选》，江苏教育出版社，1986 年 9 月版。

理学。从这个转变,可以透视出高老既受过麦独孤的影响,也受过行为主义的影响,而对行为主义更有较为深刻的研究,不久,按他自己的话说,“我在心理学理论工作上,宛如水上浮萍,随风飘荡,这次就依附格式塔心理学了”。在《文选》中选刊的《行为主义》与《行为主义的一个新转向》两篇论文中可以看到,高老通过前一篇论文来介绍行为主义的本质、目的以及行为主义本身的困难;后一篇论文指出行为主义到了 1934 年有一种新趋势,新趋势的代表有拉施里、郭任远、科格喜尔诸人。其中拉施里、郭任远是地道的行为主义者,科格喜尔虽未尝自称行为主义者,然而他的方法却是纯粹的观察法和实验法,或行为主义的方法。所以这些人研究的结果可以称之为行为主义的一个新趋势,或简称之为新行为主义。这两篇论文至关重要,如果读者读了它,就可以了解到华生的旧行为主义的缺陷以及它是怎样通过拉施里等人转变为新行为主义的。

《文选》收集了高老从 20 年代末期直到解放时为止的能代表他对格式塔心理学观点的论文计 7 篇。如论述格式塔心理学实质的“完形派心理学”;论述考夫卡儿童心理学的“‘格式塔’说的儿童心理学”;论述把格式塔心理学予以进一步发展的勒温所倡导的“拓扑心理学”、“向量心理学”以及“一个重要的心理实验的技术——阻止实验”、“勒温对于低能人格之动力学说及其论证”与“欲求的水准”。高老指出,格式塔心理学与将行为分析为最简单的元素相反,惠特海墨研究似动运动,认为似动运动不能分解为个别元素的运动,从而创立了格式塔心理学派。这个学派的公式是全体大于各部分之和,全体的行为不仅仅是各部分的行为的总和。用这个观点来看构造主义和华生的行为主义,就可知它们虽有主观和客观之别,但都可视为原子或元素心理学。也就是从这个观点出发,他写了《主观的原子心理学》和《客观的原子心理学》两文。最后，高老还认为："打开窗子说亮话，我对格式塔说，颇病其哲学的臭味。然而我又何以替格式塔心理学尽介绍之责呢?"其理由很简单，他认定心理学在彼时在我国尚处在无政府时代中，任何一种心理学系统都值得我们注意。

《文选》收集了高老在1925年7月所译的弗洛伊德于1910年在美国克拉克大学有名的5篇演讲稿，以及三篇对弗洛伊德学说的评论(《弗洛伊德及其精神分析的批判》、《弗洛伊德与他的〈精神分析引论〉》、《弗洛伊德与他的〈精神分析引论新编〉》)。弗洛伊德以5篇演讲稿在克拉克大学获得荣誉博士学位。在演讲稿中，弗洛伊德概述了他自己早期的精神分析观点与基本理论，高老流畅的译文使演讲稿增添了光彩。在高老的后三篇论文中，他讨论了弗洛伊德的贡献与局限。在讨论弗洛伊德的贡献时指出:第一，他给合理主义的心理学以致命的打击;第二，他在心理学内，彻底应用因果的原则;第三，他使心理学和人生发生较密切的关系。同时高老又指出，我们可不能因其有贡献而盲目地附和他的学说，首先弗洛伊德的潜意识说若甚玄虚，而其泛性论尤为荒谬。其次，弗洛伊德的生物学观点是为帝国主义开脱罪责的唯心史观的战争论，误解马克思主义为经济决定论，以及歧视妇女的心理学谬论，都是应该批判的。总之，高老认为弗洛伊德的著作，瑕瑜互见，筛选不易，究竟是瑕不掩瑜还是瑜不掩瑕，不敢自信。他认为由于精神分析或新精神分析的材料浩如烟海，而关于新弗洛伊德主义的争论更超出了他的理解水平，所以进一步的研究只好寄希望于读者和研究精神分析的专家了。

早在1933年，高老就撰文探讨皮亚杰心理学，《文选》中收集了6篇:《皮亚杰对儿童实在论的研究》、《皮亚杰对儿童灵活论的研究》、《皮亚杰研究儿童的会话》、《儿童的发问与皮亚杰的研究》、《皮亚杰对于儿童了解语言的研究》、《皮亚杰对于儿童拼合句的研究》。这几篇论文虽然发表距今已有53年了，但在研究皮亚杰论述儿童的实在论、灵活论以及儿童的思维与语言的关系和发展上均有参考的价值。就以近十年来说，我国论述与译述皮亚杰的著作和论文不断问世，但对儿童心理的这些方面的研究，似为数不多。

《文选》收集的高老1926—1983年所发表的论文，反映了他对心理学的一些基本理论以及社会心理学的看法。在《现代德国自然科学的心理学》一文中，首先指出了德国心理学的主要趋势似倾向于质的心理学。这种心理学产生于1900年之后，其所注意的不在数，而在于经验的种类和质的分析。紧接着高老论述了斯腾的《人格心理学》，揭示了"人格"乃是有"目的性的个体，努力于某种目的的实现"；论述了格式塔心理学，突出地概括了格式塔心理学所有的两种最重要的特点，即(1)对于"现象分析"的侧重和(2)对于生机体及机体历程的反机械的解释的注意，论述了克律格的发展心理学。克律格对于知觉问题的各方面都用发展这个观点为研究方法，并认为近代社会学、历史学及历史哲学等所发生的问题，对于发展心理学多饶有兴趣。而且关于"客观的"文化表现的心理学的发展，尤须重视"有机的"观点；至于在马尔堡学派的"遗觉型"研究上，指明了马尔堡学派也很注意发生的问题。可见这篇文章是对20世纪30年代前后的德国心理学的重要问题的探索。

在《现代德国文化科学的心理学》一文中，高老研究了狄尔泰的理解心理学，同时也论述了著名的狄尔泰与艾宾浩斯的论战。这场论战，直至60年代甚至到今天还在西德一再深入进行。狄尔泰攻击艾宾浩斯的"说明"心理学，以为这种心理学效法"原子论"的物理学，大部分都是假说。文中还论述了斯普兰格的“性格”心理学，以讨论不同的个性类型。论述了嘉斯拍斯对于理解问题的研究以及胡塞尔、席勒与布伦塔诺的研究。这些研究不仅使心理学的理论受其影响，而且常态心理学和变态心理学的实际研究都会受其影响。

在《苏俄的心理学》一文中，可以见到高老早在1929年就注意到苏俄以辩证唯物主义为基础的心理学。高老从莫斯科国立实验心理学研究院的工作情况谈起，指出于1923年研究院成立伊始，柯尼洛夫教授早就对他们的劲敌——“经验心理学的玄学观”进行其防御工作了。在心理学实验研究院看来，心理学只得为辩证论的，否则必不免降为理想主义或陷入另一极端——即人类行为的纯机械观。辩证唯主义者不能取消整个心理学。他纵不赞成主观的玄想的心理学及其哲学的背景，然而他也必设法利用这些方面所得到的事实。在文末，高老提出了一个很珍贵的观点：苏联大多数心理学者受行为主义之赐，有许多问题都采用行为主义的主张。但是假使行为主义要变做纯经验的或偏见的，我们便永不敢苟同了。因为“哲学是没有土壤的”，所以行为主义尚须复建于辩证唯物主义的哲学基础之上。由此足以证明，高老在1929年就认识到辩证唯物主义是心理学的理论基础了。

1982年，高老已86岁高龄，这年四月，他连续撰文讨论在美国心理学界颇为时髦的两个问题：心理学的心理学与心理学的社会学。高老指出，不问心理学的心理学或心理学的社会学都对心理学史有无启发，应当引起心理学史工作者的注意。心理学家之所以成为心理学家，虽然与他们的心理特征不无关系，但主要不决定于这些特征，也往往不决定于个人的动机或愿望，而决定于环境、遭遇或社会历史条件。因此，心理学的心理学就必须有心理学的社会学与之相辅而行。当然这个心理学的社会学必须以辩证唯物主义、历史唯物主义思想为指导。

1926 年,高老为了评述美国的社会心理学,写了一篇三万余字的论文:《社会心理学研究》。他认为,写作这篇长文的目的只是要说明社会心理学可不必假定什么“群众的心”或“组合的心”,也不必借助于同情、模仿、暗示或情操。行为的变换、交互的刺激、共同的习惯等说,便尽够解释社会心理的现象了,而尤以交替反应为最重要。但交替反应和所谓联念颇相类似。事实上,交替反应说和联念说虽略同而实异。在联念派的心理学说来,一切概念都罗列在无意识内,它难于了解。而且解释心理现象都用联想,则不得不尽取材于无意识。联念派心理学是静的心理学。至于交替反应说解释行为,便不必假定一个无意识区。行为的两端,刺激和反应,互相联络而成弧。交替反应成立之后等于习惯,则其所具动机力当也不至稍减。总之,高老的这篇论文概述了 20 世纪 30 年代前社会心理学的基本理论及其趋向,对研究社会心理学发展史有重要价值。

在社会心理学问题研究中,高老在 1944 年至 1946 年三年里,又发表了社会心理学颇为重要的三篇文章,即《真我与社会我》、《社会性的统一》和《挫折与攻击说述评》。这三篇论文的论题,直到今天还为广大中外心理学家所探讨。

《论动物有机体内的‘侏儒’问题》一文,不仅是今天欧美的新行为主义和认知心理学上的重要问题,而且是心理学基本理论中一个老大难的问题。高老从侏儒说、拉施里的心理组织说、赫布的细胞群体说、认知心理学的研究以及理论的探索等几方面,探讨了这些学说在心理学的心身、心物关系上的地位。同时,这篇论文之所以有价值,不仅在于高老以犀利的笔锋论述了这些学说,而且还在于他对侏儒的问题作出了下列的解答:

(1)头脑里的侏儒是精神的东西,却不是神秘的东西,因为它是有神经联系和脑的机能为其物质基础的。

(2)人头脑中的侏儒需要外部的刺激,才可能得到正常的发展,文化和教育的影响是不可缺少的。

在《文选》的最后几篇论文中,高老提出了“心理学与无神论”问题的论文。他探讨了有没有鬼神,人为何做梦,扶乩、降神究竟是怎么一回事的三个问题。高老论证得有理有据,是运用辩证唯物论心理学的知识解释令人惶惑不解的神灵现象的典范。

1981年,高老发表了《心理学的哲学问题与神经生理学的研究》的论文。在文中,他强调心理学脱离哲学而成为一门独立的科学,但是它与哲学是关系密切的。若建立名副其实的科学心理学,就必须以辩证唯物主义与历史唯物主义为正确的指导思想。既要论证意识是人脑的产物,又要反对意识的副现象论。这两个问题只单凭心理学来论证是不够的,还必须求助于神经生理学来具体研究脑的活动是如何转化为精神或精神如何发生反作用的。在这方面,高老运用了新近关于脑电波和生物反馈的研究成果,证明了人的意识经验是有生理基础的。

在粉碎“四人帮”之后,我们迎来了科学的春天,心理学史这支花朵,当然也不例外要吐露芳香。1979年4月25日,在南京北极阁召开了以高老为首的来自全国的四十余位心理学家研究中央教育部高等学校教材——《西方近代心理学史》的编写与确定编写大纲等问题的讨论会。高老以“心理学的历史经验教训”为题,畅谈了心理学要建立在马列主义哲学理论基础之上的几条主要的原则:(1)心理学是研究人的心理的科学;(2)就决定论来说,要坚持外因通过内因而起作用的公式;(3)实践是检验真理的唯一标准。同时,高老指出还必须澄清两个问题:第一,批判西方心理学的唯心主义和机械唯物主义的错误,决不是把西方心理学全盘否定掉;第二,有了马列主义的理论武器,能否做到只应有一种包罗一切心理学呢?不是的。他认为我们不是要简单地消灭代表不同观点的学派的争论,而是要鼓励不同观点的争论,本着“双百”方针,对某些困难的学术问题开展自由讨论和运用批评与自我批评的武器,以期达到真理越辩而越明的目的。对心理学史的学习和研究要本着分析批判的精神,从中吸取经验教训,以期使古为今用、洋为中用,为建立我国马列主义的为社会主义事业所需要的科学心理学而奋斗。高老的这篇发言,成为编写同志的行动纲领,使一本崭新的高等学校教材——《西方近代心理学史》于1982年秋问世。

高老在美国有一位非常要好的朋友——宾夕法尼亚州勒亥大学布洛泽克教授,在1980年秋给高老寄来了他和德国符茨堡大学彭格拉茨教授主编的《近代心理学的历史编纂学》(1980年,加拿大版),希望高老代向中国心理学界介绍。高老读了这本书,觉得它对我国编著心理学史的工作很有启发和帮助,便以《有关心理学史的几个问题——评介布洛泽克与彭格拉茨主编的〈近代心理学的历史编纂学〉》为题,从三个方面进行了评介。第一,为什么要学习心理学史,讨论了学习心理学史的正反面的理由。第二,关于心理学历史编纂的原则,从厚今说与厚古说说起,然后紧接着讨论了内在说与外在说的对立。而对于量的研究与质的研究的对立中,高老则以一些具体的事例,证明在心理学史上数量的材料尽管是远少于理论性的材料,而叙述和分析在心理学史的研究方面却起着更大的作用。这就是必须重视质的研究的理由。第三,资料问题。高老认为资料是在我们编写《西方近代心理学史》时所感觉到的另一重要问题。资料不仅包括第一手资料、第二手资料和第三手资料,也包括档案资料。有了充分而可靠的资料,写起书来就能收到事半功倍之效。

《评西方心理学史的时代精神说》一文，论及西方心理学史上的一个非常重要而又亟待解决的问题。西方心理学史家为了解释心理学思想观点的发展都求助于时代精神的概念。波林如此，墨菲、舒尔茨、利黑都是如此。高老指出，事实上，每一心理学家和每一心理学流派的产生和发展，都是由他们的社会历史条件决定的，它是以经济发展为基础的，离开了经济发展的基础、离开了社会历史条件空谈什么“时代精神”，必然要滑向历史唯心主义中去。而历史唯物主义恰恰与历史唯心主义相反，它不是在每个时代中寻找某种范畴，而是始终站在现实历史的基础上，不是从观念出发来解释实践，而是从物质实践出发来解释观念的东西，这是科学历史唯物主义的基本原则。所以，我们在分析研究每一心理学家或某一心理学派时，都必须兼顾当时物质生产发展的程度和社会关系，坚持历史唯物主义，彻底克服唯心史观。

《文选》发表了高老在 1984 年 11 月 6 日—12 日于曲阜师大召开的中国心理学史第二次会议上的讲话：《编写中国心理学史应如何贯彻辩证唯物主义、历史唯物主义》。在讲话中，高老提出了四点意见：一是贯彻辩证唯物主义的问题；二是对我国古代唯物主义心理学思想家的评价要有分寸，不要肆意拔高；三是对于我国古代的唯心主义的心理学思想家也不要全盘否定，对于具体人要作具体的分析；四是贯彻历史唯物主义的问题。这就是说心理学史就是要讲述每一家每一学派的历史背景、社会条件，然后才可使读者明确心理学思想发展都有它的前因后果，来龙去脉，不如此就不合于心理学史的要求了。同时，对于学术思想的内部矛盾，也必须予以适当的注意。因为心理学常有一部分反应它的社会环境，但是它也受自己的内部逻辑的引导。心理学历史编纂学要内外兼顾，既不忽视心理学思想发展的内部逻辑、内部矛盾，也不能忽视心理学思想发展的外部条件，内部矛盾性还是心理学思想发展的根本原因，而外部条件却是它的第二位的原因。高老认为，他的这种不成熟的看法对心理学思想发展的解释可能是适当的。

总之，我通过四个多月来的编辑和反复校对高老这本《文选》的大样，学到了很多珍贵的理论，深深地认识到高老在从事教学与科研工作的63个春秋的经历中，他一直坚持并自觉地贯彻辩证唯物主义与历史唯物主义。他曾经语重心长地讲过："没有一个正确的指导思想，就会在心理学观点上摇来摆去，总是在形而上学和唯心主义中兜圈子。"所以他既反对二元论，也反对还原论。他以为用还原论代替二元论是不足取的。而排除二元论只有一条正确的道路，那就是列宁所主张的唯物主义的一元论，也就是辩证唯物主义。另一方面，他也坚持心理学与政治、法律、哲学、宗教、文学、艺术一样，它的诞生和发展都是受社会历史条件制约的；当然心理学也有它的相对独立性，有它本身的发展的内在逻辑或内部矛盾。这两方面是不可偏废的。这就是说心理学要在辩证唯物主义与历史唯物主义的指导下才能建设为科学的心理学。所以，学习高老这本43万字的巨著，不仅要学习他的坚持马列主义为治学之本的精神，也要学习他一生为心理学事业的"开拓者的精神"。我们可以预测：这两种精神开花结果之日，也就是中国心理学现代化结果之时。

（《南京师大学报（社会科学版）》，1987年第1期）

可贵的成果　最新的贡献

——评王丕教授主编的《学校教育心理学》

王丕教授主编的《学校教育心理学》(1988—1989)出版于河南大学出版社。它是由全国六所高等师范院校从事多年教育心理学教学和研究工作的著名专家、教授和副教授集体编写的。该书从拟定编写大纲到定稿成书，足足用了三年多的时间，使这本教材得到了质量上的保证。

这一本教材有许多不同于过去出版的同类性质教材的特点：

(1)学校教育心理学是心理学的重要分支之一，它的研究对象是学校教育活动领域中学生的学习活动及其心理发展变化的规律。所以，学校教育心理学是研究学校教育过程中学生的学习活动及其心理发展变化规律的科学。这样理解学校教育心理学的对象是与传统的一般的教育心理学不尽相同的。它突出了它的实际性、特殊性和独立性。

(2)学校教育心理学的方法论是马克思主义的唯物辩证法，它既是科学心理学的指导思想和理论基础，又是心理学研究中最普遍和最根本的方法。因此，这本教材自始至终坚持以唯物辩证法为其方法论，使其揭示的学生的心理发生和发展的规律真实可靠，这样才能掌握其本质。

(3)该教材在总结从事教育心理学多年教学实践经验的基础上，努力贯彻改革精神和“三个面向”的方针，贯彻了古为今用、洋为中用的原则。

(4)该教材从整体上突出了学生以学习为主的学习理论、学习内容以及影响学习的诸因素,进而阐明了学生的学习活动及其心理活动规律,同时还力争在体系和框架上有所革新。在解决教与学的矛盾中,突出一个“学”字,为学生学习最优化提供心理学依据;在处理教材中,强调一个“用”字,为教师的教学提供科学依据。教材的论述条理清楚,既便于教师的教,又便于学生的学,这可以说是教材的突出特色。

(5)该教材着重强调,人民教师为了正确地有效地塑造年轻一代人的“灵魂”,就必须学习学校教育心理学。学习它的好处是:①有利于提高辩证唯物主义的水平;②有利于提高教学质量;③有利于进行教学改革。这三方面都是为了要求教会学生学习与思维,重视学生智力的发展。教师要在这方面做出贡献,就应当学习教育心理学,并结合教学改革开展对学校教育心理学的研究。因此,教师要提出切实可行的教改方案,就必须以学校教育心理学的理论与实际作为依据,教改才能顺利进行,从而完成教改任务。

(6)这本教材不仅内容丰富,材料新颖,而且论述也以研究或事实为据,比较客观。同时能博采各家之长,立论公允。

以上六点,实为这本教材所具有的主要优点。其他方面的优点还有很多,这里就不一一介绍了。

那么,该教材是否还具有某种局限?如果严格要求的话,有一点还嫌不足。这就是过去的一些教育心理学教材,只阐述教师在教育过程中的“教”,而忽视了学生的“学”,这是很不妥当的。这本教材偏重讨论学生的学习过程而不很重视“教”的过程的心理规律,这也是不够妥当的。希望今后在该教材进行修订时,能对这一“教”的方面进行某些补充,我想这就更能符合“教”

与“学”的要求了。

总之，这本教材是为高等师范院校教育系、心理系和心理专业编写的，也可作为一般师范院校和高等学校教育心理学的自学教材。从事心理学的工作以及中小学教师如能人手一册，结合自己的课业实际进行阅读，那么教学质量的提高，教学改革的进行定能取得丰硕的成果！

这本教材在编写过程中得到了已故中国心理学会名誉理事长潘菽教授的关怀，并为之撰写了序言，这也可证明这本教材的质量和价值了。

（《心理学探新》，1990 年第 2 期）

有益的探索　可喜的成果

——评朱钧侃、宋月丽《现代人事管理心理学》

人事管理心理学在我国尚属一门新兴学科，需要我们在理论和实践的结合上，做深入的探索和研究。江苏省社会科学院朱钧侃和南京师范大学宋月丽同志，在大量调查研究的基础上，对人事管理心理学作了有益的探索。他们合著的《现代人事管理心理学》一书，刚刚由江苏教育出版社出版。当我拿到这本书后，一口气读完，学到了不少新的宝贵知识。全书确实写得很好，有理论和应用价值，是一部值得庆贺的力作，一项可喜的成果。

本书作者在研究、写作过程中，得到了我国著名心理学家高觉敷教授的关心和指导。高老回忆说：在我国抗日战争时期，就有一些学者试探开展人事管理心理学的研究，但由于当时条件的限制，工作很难展开。新中国的诞生，为人事管理心理学的研究开辟了宽广的道路。但是，由于“左”的错误影响，使研究工作受到挫折、破坏，被迫中断。党的十一届三中全会以来，有了正确的路线、方针、政策，人事管理心理学的研究大有可为。他鼓励作者要顺应时代的需要，花大力气把人事管理心理学一书写好。当书稿完成后，高老兴致勃勃地亲自作序。高老满腔热情地指出：此书写得很好，系统地论述了人事管理心理的一系列问题，对提高人事管理的科学水平必将起到巨大的促进作用。他说：在党的一个中心、两个基本点的指引下，在我国各项工作欣欣向荣的热潮中，该书必将受到广大读者的欢迎。

人事管理心理学是研究人事管理活动过程中的心理现象及其规律的一门科学，是人事管理工作的基础理论之一，也是组织、人事管理干部的一门必修的学科。在我国历史上，不仅十分重视用人之道，也十分重视人事工作中的心理问题。18 世纪，心理学从哲学中分离出来，成为一门独立科学。19 世纪，在个体心理、行为科学研究的基础上，各应用科学逐步发展起来，人事心理学应运而生。在我国，人事心理学的研究历经曲折，至今尚未形成我们自己的理论体系。重视和加强人事管理心理学的研究，是迎接 21 世纪的挑战，适应我国社会主义现代化建设和改革开放的需要，具有深远的理论意义和重大的实践意义。它有利于形成具有中国特色的人事管理心理学的理论体系，有利于奠定现代化人事管理的科学基础，有利于推动和深化干部人事制度的改革，有利于探索新技术革命中人心理素质的变化和特点，有利于提高人事管理干部的心理素质。朱钧侃、宋月丽同志在这方面确实做了有益的工作，为推动和发展我国人事管理心理学的研究，作出了积极的贡献。

我觉得《现代人事管理心理学》是一本很有特色的书。首先，作者根据时代发展的需要，紧密结合我国社会主义现代化建设新的历史时期人事管理工作的实践和人事管理制度改革的新课题，面向世界，面向未来，面向社会主义现代化，提出带有时代特征的一系列新问题、新观点，具有时代性和针对性。

其次，作者运用马克思主义的立场、观点、方法，批判地吸收、借鉴西方心理学与管理心理学、社会心理学的有关理论，注意结合我国国情加以运用，具有一定的思想性。

又次之，全书理论体系比较完整，结构比较紧密。全面系统地论述了人事管理心理学的一系列问题，包括：人事管理心理学的对象,任务和方法;人事管理心理学的形成和发展趋势;人的本质与人的心理实质的理论;组织设计与组织心理,探讨了有关组织心理、冲突、设计、改革、效能与发展的问题;角色规范与工作分析;人员的发现与选拔;人员的合理使用,对人力资源的开发与运用心理学原理做好思想工作;人员素质和绩效的科学测评;人员积极性和创造性的激励,论述了激励理论及其在我国人事管理中的应用和激励的测评等问题;人员积极性和创造性的保护;人员的科学奖惩;各类人员的心理特点和科学管理;领导心理与科学管理;群体心理与科学管理;现代人事管理中的心理卫生,其中包括心理卫生、心理健康、心理障碍等论述;人事管理制度改革中的心理学问题的探讨;加强人事管理干部的心理品质的修养。这初步体现了我国现代化人事管理心理学理论体系的特色,具有较强的系统性和科学性。

再次之,本书作者坚持理论联系实际的原则,在提出观点、阐明理论的同时,针对我国人事管理活动中的心理问题,指出解决问题的对策、方法和途径,具有较强的实用性。

总之,这本书与现在我国出版的几本人事心理学对比,是最好的一本,受到了全国广大组织、人事干部的欢迎。

我衷心希望:(1)《现代人事管理心理学》的出版,能够成为进一步探讨人事管理心理规律,推动我国人事管理心理学研究的动力;(2)朱钧侃、宋月丽同志对人事心理学进行了有益探索,取得了可喜的成果,希望他们再接再厉,更上一层楼,深入进行研究,取得新的成果;(3)《现代人事管理心理学》确实是组织、人事干部阅读的好书,希望大家都来读一读,从中受到启迪,得到教益,并把它运用到实际工作中去,把我国的组织、人事工作提高到一个新水平。

(《社会学探索》,1989 年第 5 期)

《华夏教育图书馆通讯》发刊词

南京师范大学华夏教育图书馆系华夏基金会资助建立的我国第一所面向教育的专业性图书馆。它将成为一个多功能多层次的现代化图书馆,面向全国、面向中小学、面向幼儿教育、面向师范院校与教育学院,为实行九年制义务教育服务,为研究中小学教育改革的理论和实践服务,是教育与心理学的文献情报中心。

华夏教育图书馆的馆藏是教育学科和与之密切相关的专业文献。重点收藏专题为普及九年制义务教育、中小学教育结构改革、中学课程改革、中小学教材教法、农村教育与职业技术教育等。在这些重点专题方面,将收藏国内有价值的正式出版物、有关参考工具书、内部编印的有价值材料,并广泛选收国内外有较高价值的正式或非正式出版的声像资料;同时也在较宽的范围内选购美国、英国、联邦德国、法国、苏联、日本、港台等几个主要国家和地区有参考价值的图书资料、有影响的连续出版物、主要参考工具书以及在必要时也引进一些其他国家,如:意大利、瑞士、奥地利等国家的有重要价值的文献。

华夏教育图书馆还肩负着文献开发与研究的任务。它将定期出版《华夏中小学教育信息报》(初创为双月报,逐步办成月报);及时编译、报导国内外有关普通教育、农村教育、职业技术教育以及幼儿教育的文献和情报;提供最新教学科研动态,为广大教师进行教育教学改革的实践与研究提供帮助。另外,还将不定期地出版《华夏教育图书馆通讯》的馆刊，除介绍国内外有关普教、幼教、中学、高等师范教育动态外，并主要选登教育学、心理学方面的论著、文摘、书评。

当前，我国正处在深入改革的关键时刻，要发展各级教育，其中一个重要的途径就是要加速发展教育科学，建立一个教育方面的图书馆，更是适时的，必要的，同时这也完全适应我国教育体制改革的需要。在南京师范大学建立华夏教育图书馆首先应该感谢华夏基金会的热情资助。我们将努力提高资助的效益，以期为普通教育的普及和发展，提高全民族的科学文化素质作出应有的贡献！

今天，《华夏教育图书馆通讯》出版了，应该祝贺，可能它还存在着许多不足之处，我们诚恳地希望教师同志们都来支持这个新生的事物，培育这块园地，经常提出意见，踊跃赐稿，不断提高它的质量，努力把它办好。

（《华夏教育图书馆通讯》，1988 年 12 月）

《二十世纪伦理学》中译本序[①]

20世纪以来，伦理学在马克思列宁主义、科学技术和两次世界大战的冲击下，开始对道德理论进行普遍的重新探索。在伦理哲学方面，旧有价值被新的价值所取代。然而，哲学所关注的主要是元伦理学。一些哲学家是认识主义者，他们相信对道德判断是能作出真或假的认识的；但是，主要的潮流却是非认识主义者所推动的，他们认为道德判断必须从缺乏真实价值的方面来予以分析。

关于伦理学术语意义的认识主义的可定义主义（自然主义）理论是美国的B. B. 佩里提出的，他用“兴趣”来定义“价值”。芬兰人E. 韦斯马克，用对对象所产生的赞成或不赞成的意向去定义“善”和“恶”，他常被认为是一个伦理学的相对主义者。美国哲学家J. 杜威的元伦理学主张通常被划归自然主义者一类。他认为伦理理论必须植根于关于习惯的心理学研究之中，他相信人们经常在手段和目的、内在价值和外在价值之间作出的那种鲜明区别是一个根本的错误。杜威论证说，没有终极目的，除生长外也没有价值。

对认识主义的可定义主义（自然主义）的反驳，首先来自认识主义的不可定义主义者（直觉主义者）。例如美国的思想家

---

① 《二十世纪伦理学》，路德·宾克莱著，孙彤、孙南桦译，河北人民出版社，1988年版。

G. E. 穆尔、H. A. 普里查德和 W. D. 罗斯。穆尔提出了一种功利主义的义务论和一种多元价值论。在前一理论中，虽然他认为"正当"能用"善"来定义，但在义务论上，则认为"善"是不能定义的。在后一理论中，他得出了一些决定性的元伦理学观点。在他看来，任何定义"善"的企图都犯了"自然主义的谬误"，都是"悬而未决问题的论证"。尽管这种观点常常受到批评，但它的重要性是毫无疑问的。而普里查德和罗斯一方面赞成穆尔的"善"是不能定义的，同时又认为"正当"也是不能定义的。他们放弃了穆尔的目的论的义务论，采用了一种道义学的形式。

对认识主义特别是自然主义作攻击的是非认识主义者，如英国的思想家 A. J. 艾耶尔、R. M. 黑尔、P. H. 诺埃尔—斯密斯和美国哲学家 C. 史蒂文森等在继续进行着。非认识主义是从逻辑实证主义中发展起来的。艾耶尔提出一种著名的感情主义的非认识主义见解，他坚决主张伦理学陈述是一种"既不可能真也不可能假"的简单表达，它们是"突然的叫喊或命令"，被用于表达赞成或不赞成的感情，以便使听者注意到某一行为。黑尔是从区别"命令的"语言和"描述的"语言着手的。他论证说，道德判断构成命令语言中的一个亚纲(subclass)，并且以"能普遍化"而显示其特征。同时，他对规约性论述的逻辑进行了详细的研究，提出了使逻辑能在道德推理中起到某种作用的方式。他得出结论说，在伦理学的论证成为可能的同时，对一个人的道德决定需要对"生活方式"作出详细说明，其道德决定正是这种生活方式的一部分。他把我们都不得不作出自己的"原则决定"的必要性和康德的意志自律概念联系起来。P. H. 诺埃尔—史密斯提出一种被称为多功用主义的非认识主义理论。他认为价值词汇常被用来做大量的互不相同的事情。尽管他的主张比黑尔的理论更为复杂，但是当他评论到"道德语言被用以进行的中心活动是选择和劝告其他人选择"时,他与黑尔的观点是一致的。史蒂文森提出了和艾耶尔不同的另外一种意义理论。他从对使用者产生的效果来解释一个词的意义。这就使得他有可能从伦理学表达的"描述意义"中区别出伦理学表达的"感情意义"。

在一些哲学家寻求伦理辞定义及其主要用法的同时,另一些哲学家认为,寻求伦理辞的定义及其主要用法的道路是错误的。因为伦理学主要关心的不是伦理语言的用法,而是什么应算得上是一个伦理结论而非另一个伦理结论的正当理由。S.图尔闵就是这种主张者中的一个。他认为,研究伦理学一开始就必须认清任何社会必须有一些品行规矩。当道德判断在某一社会环境内部起作用的时候,我们的确认为有些理由是为一些个别道德行为辩护的充足理由,而其他理由是拙劣的理由。因此,图尔闵强调,如果能证明做某件事情是按一种公认的良好的社会习惯做的,那便找到了这样做的充足理由。

在当代,还有一种人本主义伦理学的观点。他们把人的更高程度上所特有的反应和活动经验的完成,作为个人和社会批评的标准加以采用。W.菲特和O.巴比特教授是这种观点在美国的典型代表。尽管他们对"人所特有"的概念有不同的解释。菲特强调意识的过程,在这种过程中,人及时地、带有批判性地意识到他正在做的事情。巴比特则发现人集中表现在处于抑制和戒律之中,而这种抑制和戒律能被人的心灵从他的经验中得到。

近年来,又出现了存在主义伦理学。它们是非认识主义的,尽管他们的根源是在尼采的哲学、克尔凯戈尔的神学以及现象学中,而不是在逻辑实证主义的传统中。存在主义的大多数观点是用让·保尔·萨特所陈述的"存在先于本质"的观点来表达的。就是说,不存在有任何必然地控制一个人的本性或行为或特定生活意义的既定绝对标准和形式(本质)。人首先存在于可以为自己选择标准的自由中,道德则在于人对这种自由的运用。存在主义者对内在价值的摒弃和杜威相似,而他们所坚决主张的选择的作用则和黑尔相像。

萨特的朋友 S. de. 博瓦尔同意萨特关于人的观点,并且从中引出了道德的含义。她认为,真实的道德并不在于遵循确定不变的原则或尊重客观的价值。根本不存在可以用来保全这种道德并将其证明为正当的现成手段。真实的道德在于积极地实现我们偶然所成为的那个样子,使自由具体化。

梅洛—庞蒂同样是从萨特对人的分析出发的,他发展了"介入意识"这一概念(即萨特的"自为的介入")。博瓦尔从存在的暧昧性和"介入意识"的基本概念出发,发展了个人及其他与他人关系行为和意义的内涵,而梅洛—庞蒂却把这些都与历史性行为联系起来。所有的个人都必须牢记的是,历史境况是由人的行为造成的。

本世纪的后半期,许多伦理思想家又从元伦理学转回到伦理哲学。萨特在论著中对马克思主义观点的采用就是当代哲学家关注法哲学、革命和人权等问题的一个范例,它充分表征了当代西方伦理学理论发展的基本趋势。

《20 世纪伦理学》一书是一部评述当今英美主要伦理学家思想的著作。作者 L. J. 宾克莱是美国富兰克林马歇尔学院哲学系教授兼系主任,曾以评介当代西方价值观的《理想的冲突》一书出名。

宾克莱在《20 世纪伦理学理论》中,清晰而详尽地评述了以 C. E. 穆尔、W. D. 罗斯和 A. C. 艾文为代表的直觉主义伦理学理论和以 A. J. 艾耶尔、C. 史蒂文森为代表的情感主义伦理学理论。更为引起我们注意的是他还介绍、研究了 S. 图尔闵、J.

O. 厄姆森和 R. M. 黑尔这样一些语义哲学家的最新研究成果。在全书的最后一章中，作者又试图说明如何以一种尖锐的语言和哲学的方式对待伦理学，以解决伦理学中某些长期争论的问题。如道德判断的主观主义与客观主义的问题，道德判断的绝对主义与相对主义问题，目的论与道义论的问题等等。对于上述问题，作者的论述十分深刻，对我们的研究很有启发，值得进一步探讨。

由于该书是西方哲学家的专著，难免囿于其文化背景和思想观点的影响。敬希读者在阅读过程中，分辨真伪良莠，取其精华而舍其糟粕。

孙彤、孙楠桦两位同志认真地翻译了此书，译文确切可靠，通顺易读，故愿为他们的译本写序。

刘恩久

1987 年 10 月 16 日于南京师大西山寓所

心理学史一代宗师——高觉敷

高老是我国当代最有造诣的心理学史专家。早在20年代，他就致力于西方心理学派的研究与翻译，著述甚丰，成果卓著。他的主要著作有:《现代心理学》(1934年)、《群众心理学》(1933年)、《教育心理学》(1946年)、《心理学史讲义》(1964年，未发表)；译著有:波林《实验心理学史》(1935年，1981年重译第二版)、考夫卡《儿童心理学新论》、弗洛伊德《精神分析引论》(1930年，1985年重译)和《精神分析引论新编》(1936年，1986年重译)、扬琴巴尔《社会心理学史》、勒温《形势心理学原理》。近年他主编了教育部全国统编教材《西方近代心理学史》(1982年)、《中国心理学史》(1985年)和《西方心理学的新发展》(1989年)，并主编了《中国大百科全书·心理学史》(1985年)以及与潘菽联合主编的《中国古代心理学思想研究》(1983年)等书。论文165篇散见于解放前后有关心理学杂志和蓝田国立师范学院及南京师范大学学报。论文发表在国外的有:(一)《心理学的历史经验教训——在心理学史教材大纲讨论会上的发言》刊登在美国出版的《心理学在当代中国》(1983年)第二卷中。(二)《中国心理学的历史编纂学简史(1)》发表在西班牙出版的《在其历史构成中的心理学(论文集)》(1985年)中。可见高老在心理学史的理论与实践上的贡献是相当巨大的，这将永远载入我国心理学的史册。

高老的治学思想、他的心理学的基本理论，既反对二元论，也反对还原论。他以为用还原论代替二元论是不足取的。排除二元论只有一条正确的道路,那就是列宁所主张的唯物主义一元论,也就是辩证唯物主义。列宁说 :“对精神肉体二元论的排除(这是唯物主义一元论),就是主张精神不是离开肉体而存在的,精神是第二性的,是头脑的机能,是外部世界的反映。”精神既然是头脑的机能,外部世界的反映,所以精神与物质有联系,又有差别。不要因强调差别而忽视联系,也不要因强调联系而忽视差别。精神与物质是有差别的,但是这个差别不是绝对的;精神与物质是对立的,但是这个对立不是无限的。还原轮的错误在于否定物质与精神的对立,二元论的错误在于夸大物质与精神的对立。科学心理学在精神与物质,例如心理与高级神经活动的关系问题上就应当依据列宁的唯物主义一元论,也就是辩证唯物主义原理予以正确的处理。

在心理学史问题上,不论中国心理学史,还是西方心理学史,高老早在20年代末就开始介绍以辩证物主义为指导思想的苏联心理学。解放后,他在教学或科研上,都自觉地贯彻以马列主义、毛泽东思想为指导。他认为:

第一,为了贯彻辩证唯物主义,自然要反对唯心主义,但反对唯心主义,不是对唯心主义避而不谈。一部心理学史就应当论述唯物主义的心理学思想和唯心主义心理学思想斗争的历史。这就是说,心理学史应当是唯物主义心理学思想战胜唯心主义心理学思想而逐步走向辩证唯物主义的历史。所以我们不能对唯心主义心理学思想弃而不论,相反,我们的辩证唯物主义的心理学史有必要用马列主义、毛泽东思想的武器对唯心主义心理学思想进行分析,指出它的错误根源,提高读者的认识。

第二,心理学史不但要贯彻辩证唯物主义,还要贯彻历史唯物主义。心理学思想的形成和发展是受一定的社会历史条件影响的。恩格斯曾批评过德国的科学史,他说:“在德国,可惜人们写科学史的已惯于把科学看做是从天上掉下来的。”其实,“政治、法律、哲学、宗教、文学、艺术等的发展是以经济发展为基础的,又都互相影响,并对经济基础发生影响”。但这不是经济决定论,因为“并不是只有经济状况才是原因,才是积极的因素,而其余都不过是消极的结果”。当然,心理学也有它的相对独立性,有它本身发展的内在逻辑或内部矛盾。因此,我们的心理学史工作者,既要看到社会历史条件的影响,又要看到它的发展的内在逻辑,二者不可偏废。根据外因通过内因而起作用的决定论原理,我们可以把内部逻辑视为心理学思想发展的根本原因,而将外部社会历史条件视为第二位的原因。

近年高老主编了几本心理学史的著作,因此他对心理学各个流派的评价问题非常重视。他一再强调心理学家的世界观和他们在科学上的成就要区别对待,对具体的人要作具体的分析,不要因为某一心理学家的世界观是唯心主义的,就抹煞他在某一问题上的科学成就,也不要因为他在某一问题上的科学成就就硬要把他提高为唯物主义者。这是两个有联系、又有区别的问题,要掌握全面材料,不要轻下断语,以期少犯错误或不犯错误。

高老这种坚持以马列主义、毛泽东思想为治心理学史之本的精神是可贵的,是值得我们学习和发扬的。

在培育人才上,高老是一代名师,育人楷模。几十年来,高老先后在十余所高等学府任教。他严于律己,治学严谨,言传身教,教书教人,为我国心理学界培养了一大批人才。其中有些人已成为我国知名的心理学家。他近年又培养了两届硕士研究生,现在正在培养博士研究生。这也是高老的贡献。

美国利黑大学心理系名誉教授 J. 布劳柴克博士在其所著

《世界各国的心理学史研究》(1983 年)一书中,写了专节介绍高老及其主持的南京师范大学教育系心理学史研究室工作,称誉他为"目前年事最高而仍致力于心理学史工作的中国学者",赞扬南京这所心理学史研究室的建立,"在心理学的历史编纂学工作史上可称是一件了不起的大事"。同时对高老主持编写的《中国心理学史》一书,认为"编撰一卷以研究从孔子到现在的原始材料为基础,全面论述中国心理学史的著作也是最庞大并为国际学术界特别关注的科研计划。像这样的科研项目,在世界文献中还没有先例。我们深盼这一巨著的英文版亦能问世"。而这部被称为"填补了世界心理学宝库空白"的《中国心理学史》即将问世了。这更是高老的一大贡献。

高老潜心从事科学研究,曾荣获南京市劳动模范的光荣称号。他常说:"古人云,老骥伏枥,志在千里,烈士暮年,壮心不已。我比不了曹孟德志壮,但随着年事渐高,报国之心也与日俱增。"他的这种崇高思想,指导了他的实践。

值此祝贺他老人家从事教育工作 63 周年暨 90 寿辰之际,敬祝这位全国健康老人健康长寿,为党为人民再立新功!

(《文教资料》,1986 年第 6 期)

忆我国理论心理学大师——潘菽教授

惊悉敬爱的潘老于今年(1988 年)3 月 26 日病逝北京。闻耗悲伤,痛失良师。

潘老一生从事理论心理学的研究,提倡挖掘我国古代心理学思想的宝藏,主张建立具有我国自己特点的科学心理学,在我国心理学的发展过程中作出了重要的贡献,起了奠基的作用。他德高望重,提携后辈,屡承教诲,使我毕生难忘!兹志几件有关学术问题的事,略表殷切的怀念。

1978 年是我国心理学大干快上的年代。在潘老领导的评冯活动就是在这一年开始的。我能直接得到潘老的教导,正是从这次评冯活动开始的。

我于 1978 年春天开始评冯工作,到了冬天写成了《冯特的成果》一文,共 6 万字。12 月 7 日—16 日在保定市召开的中国心理学会第二届年会上,我谈到了这篇论文中有关冯特的贡献与局限问题。看到同志们对我的发言颇感兴趣,乃增强了进一步修订这篇论文的信心。论文再次修改后,于 79 年春送请潘老审阅,于 8 月 19 日收到潘老对这篇论文的宝贵意见。这些意见是非常中肯而珍贵的,使我感激莫名。

在这一年有半的时间中,收到潘老写给我的关于评冯工作的信有数封,从中可以看到潘老对评冯工作的:

关于评冯工作,我们这里正在收集并翻译有关的资料。

如有德文资料要翻译时，可否就请你翻译？要翻译的冯特心理学德文原著资料，心理所也没有，只有北京大学有一本他的《哲学导论》(1901)德文原本，其中有些和他的心理学思想有关的段落可考虑译出。你的条件较好，希望能发挥所长，对我国心理学的发展作出重要的贡献。

(1978.4.23)

冯特写的《哲学的体系》(1889)一书，有几处地方是和他的心理学思想有关系的。此书只有德文原本，这里难于找到长于德文的人。你能翻译一下吗？你那里有无此书？

(1978.11.17)

以上两信中，潘老所提到的《哲学导论》与《哲学的体系》二书我手中都有。另外，我还有一本最著名的《心理学入门》(1920)。可惜当时教学与事务性工作繁重，未来得及着手翻译，至今想到这一点，还深深内疚，有负于潘老的嘱望。在这期间，我只按着潘老的意见，研读了一下冯特著的《民族心理学》(10卷)，最后写出了《冯特〈民族心理学〉中论国家与社会问题》(发表在《四平师院学报》1979年第1期上)一文。

关于拙著《冯特的成果》一文，潘老的来函中说：

大作《冯特的成果》已拜读完毕。写得很好，深感钦佩。

开头处，从冯特思想的社会历史背景入手，就这抓着了问题的根本。

对冯特心理学的论述是很全面而系统的。所有的论述都有足够的引证为依据。所作的评论也是分量恰当的。这是这次评冯工作最大的收获之一。

既然有条件铅印，我建议可以就把它作为正式出版。

尊见以为如何?

我只对大作的最后部分有几点疑问或小的建议,当于下次奉告。

(1978.7.30)

接这封信后,不到20天,潘老在百忙之中终于把宝贵的意见寄来,当时我的心情不仅是感激,而且是敬佩潘老对后辈的培养与教诲的精神。

承允把大作的副本暂留在这里供我们参考,特向你致谢。

我对大作的建议意见都在首尾两部分。兹作出一表附上,这些建议仅供参考。

(1979.8.19)

潘老的意见共十七点,都是具体的,改动一个字或一句话,推敲起来,分量大不相同。可以说在《冯特的成果》一文中,渗透着潘老的思想,它是永远值得我纪念并珍视的。

1979年冬天,我为了收集资料,以编写高老主编的《西方近代心理学史》一书的第五章与冯特同时代的德国心理学家以及第六章意动心理学,先后翻译了布伦塔诺著的《从经验的立场看心理学》一书中的第一章论心理学的概念和任务;马赫著的《认识与谬误》一书中的一篇论文:《一种心理生理学的观点》,以及屈尔佩著的《心理学讲演录》一书中第一章心理学的概念和任务。到了1980年8月我又译了一篇美国心理学家毕克莱著的《维果茨基对辩证唯物主义心理学的贡献》一文,共四篇打印成册,作为参加这一年11月在重庆召开的理论年会的献礼。潘老看到了这打印本后给我两次来函说：

> 马赫的论错误那本书，你有么？此书我见也未见过，不知其内容都讲些什么问题。我常感觉到，在心理学和哲学上不但要讲人的正确认识，也要讲讲人的错误认识。你如有那本书，能否把它的内容简单介绍一下？如果值得的话，也可以考虑把它翻译过来。
>
> (1981.1.9)
>
> 1月15日信奉悉。马赫的《认识与谬误》一书我未翻阅过，不知其内容具体情况。承抄示其目录始知是一本论文集，但对心理学的重要理论问题涉及颇广，更值得把它介绍过来。
>
> (1981.3.2)

当我拜读了潘老这封信后，我足足用了一个月的时间从头到尾地读了《认识与谬误》一遍，发现除了我译的那篇《一种心理生理学观点》外，还有几篇是论述本能、自我、反射、感觉、记忆、思维、概念、意志等问题的，确实有翻译的价值。可惜我在81年3月2日至6月底这一段时期正在南京协助高老忙于定稿《西方近代心理学史》一书，后来任务繁多就无暇顾及去翻译这本书了。今后岁月有待，一定要实现潘老的教导的。

1982年至1984年春天，由于我讲授欧美哲学的主流课程，便对科学哲学和心理学的关系问题作了比较细致的探讨，阅读了一些杂志资料和重要著作，写了《库恩的范式论及其在心理学革命上的有效性》的论文，当即寄呈潘老，请他老人家提意见，以便进一步修改。潘老阅后马上复信说：

昨日收到大作《库恩的范式论及其在心理学革命上的有效性》，今日拜读了，写得很好。做了一件很重要的工作，即对库恩理论的分析和文章最后指出的心理学革命的唯一的道路。其实，不仅革命，就是我们日常进行心理学研究或编写工作何尝不是如此。

(1984.3.5)

收到潘老上面的信后不久，紧接着潘老又来信指示说：

本月8日惠复诵悉，关于格林斯朋的意识实验的报导，如方便，请代为复制一份。如此书的文献目录中有此条，亦请代为注下，多多费神，不胜感谢。

库恩也是一个跳不出围笼着资产阶级思想的框框的人。要他们接受马克思主义思想看起来比骆驼穿针孔还难。由此更可知，心理学要前进，非接受辩证唯物论的思想指导，别无他路可走。

(1984.3.11)

我很同意潘老这种主张："心理学要前进，非接受辩证唯物论的思想指导，别无他路可走。"因为"心理学是一门跨界科学，既有自然科学方面的性质，更有社会科学方面的性质。它有了自然科学的唯物论还不行，还必须有历史唯物论作为自己的理论基础。……也就是辩证唯物论要扩展为历史唯物论，就必须把心理学的自然和社会两方面全部占领下来才能完成这一扩展的任务。"[①]所以，在建立社会主义所需要的心理学的努力中，自

① 潘菽：《心理学简札》(下册)，人民教育出版社，1934年，第12页。

觉而积极地接受马克思主义的指导就更显得重要了。

时间过得飞快，转眼又是一年。回忆去年(1987年)的7月10日，我以喜悦的只嫌车子太慢的心情乘坐特快列车匆匆赴京祝贺潘老90大寿(7月13日)，谁知一年以后的今天，潘老竟离我们而去，真是弹指瞬间，离合悲欢，生死异路。但这是客观规律，慨叹有何用，应该化悲痛为力量，继承潘老遗志，为我国心理科学事业发展奋斗再奋斗！

回忆此次北京之行，虽与潘老是最后一面，但获得的最大礼物，就是潘老给我的最后赠与的《潘菽心理学文选》一书。这是一部55万字的巨著，堪称一部当代心理学的百科全书。这部书，使我爱不释手，年来置于案头，经常检索。其中对我最有启发指导意义的是那篇《近代心理学剖视》。它给近现代西方心理学的实质作了精辟的概括：

(1)近代心理学主要是在唯心论和形而上学的指导下形成起来的，患有严重的先天不足病症，这也一直阻碍了它的成长。要把现在的心理学推向新的发展，就必须以辩证唯物论为理论基础，去除它的先天不足的病根。

(2)要使心理学跳出唯心论和近代科学之间的夹缝，必须勇敢地走上唯物论的广阔科学大道，才能使它得到新的富有生命力的健康发展。

(3)近代心理学有"意识模糊"、"人兽不分"和"心生混淆"三种严重病症。必须使心理学从这一种严重病症中完全解放出来。

(4)要大力加强心理学的基本理论研究，使心理学的主干能得到茁壮的成长。主干硕壮了，枝叶也会更加繁茂。[①]

我是一个西方心理学研究工作者，潘老所指出的以上四点，就是我今后努力进取的目标和方向。多年来潘老的谆谆教导与恳切指示，我一定要永远铭记，要以自己的工作成绩来回答他对我的关怀和期待。

（1988 年 7 月，未发表）

① 《潘菽心理学文选》，江苏教育出版社，1987 年，第 240～241 页。

张学良将军和我

一想到台湾，就想到一生受尽磨难的张学良将军。张将军的形象一直浮现在我的脑海中。

回忆 1931 年九一八事变前，我父亲刘铭阁当时供职于沈阳市的东北银行。东北银行是东北三省金融业的总枢纽，董事长是张学良将军，我父亲是该行的的常务董事。我当时是辽宁省立第四小学的学生，我的家在抚顺县，尚未迁到沈阳，所以我跟随父亲住在东北银行达五年之久，直到九一八事变东北银行停办为止。

住在东北银行的五年中，常看到张将军。他偕同赵四小姐每周六晚上必到东北银行办公，也经常来打桥牌。在他们打桥牌时，我则常站在张将军左右。我称张将军为叔叔，赵四小姐为小婶娘。他们都很喜欢我，不仅经常给我零用钱，而且还询问我学习情况，教育我要成为有学识的人，以后好好为东北的振兴出力。我当时很钦佩他，他是一位中英文都很好而又有作为的年仅 30 岁的青年将军。由于不断受到他的鼓励教导，我立志要成为对东三省有用的人。

这里我只谈一件事，说明张将军对我鼓励教育的作用。

1930 年 5 月 30 日，在张将军的号召下，整个东北掀起了纪念“五卅惨案”五周年的活动。当时我正在高级小学一年级读书，我觉得我那时懂得一点政治了。我毅然参加了沈阳市教育局主办的纪念“五卅惨案”演说比赛会。在会上，我慷慨陈词，表达了我坚决反对英日帝国主义，为死难的烈士报仇雪恨的思想感情。这次演说我获得了第一名，当时我兴奋极了，至今想来，那是张将军对我鼓励教育的结果，完全可以说就是他为我打下了热爱家乡、热爱祖国的思想基础。

我现在已届古稀之年了，但我经常思念他，盼望他早日回到祖国大陆，看看故乡的建设成就！

我深情地盼望着海峡两岸的早日统一，我希望不久就能见到敬爱的叔叔——张学良将军！

（《江海侨声》，1992 年第 3 期）

努力培养合格的西方心理学史研究生①

一、一般情况

教育系心理学史研究室在高觉敷教授主持下，自 1979 年到现在已经招收四届硕士学位研究生和一届博士学位研究生。第一、二届的硕士研究生有三名早已毕业。现有硕士研究生三人（其中一人将于今年六月毕业）、博士研究生二人。学生的平均年龄为 26.8 岁。他们的学习态度踏实、认真、主动、积极，有钻研劲头，能刻苦，尚朴素，表现较好。三名硕士生都是教育系本科毕业生；二名博士生中，一人是哲学系毕业的硕士生，一人是由英语专科学校毕业并通过二年硕士生的学习提前攻读博士学位的。

二、选择研究生的标准

由于我们培养的是西方心理学史研究生，毫无疑问首先就要从外语和心理学基础两方面来考虑研究生的录取问题。但

① 本文系作者于 1987 年 5 月 13 日—14 日在南京师范大学研究生工作会议上的发言稿。

是，在头两届招生时我们没有经验，主观上认为英语专业毕业的学生，一定比心理系、教育系毕业的学生容易培养。这就是认为学生提高外语水平难，提高心理学业务容易。在这种思想指导下，第一、二届的研究生中竟有二人是英语专业毕业的，他们到校之后由于心理学和哲学知识有限，在前两年必须接二连三地补课，以致占去了三年学习时间的大半。而西方心理学家的主要著作，如果不是撰写学位论文，还可多读几本原著外，所学的原著不过三至四本。这样就影响了打好西方心理学史基础的深度和广度。而心理系和教育系毕业的学生就不存在这样的问题。所以，我们通过几年的摸索，逐渐认识到录取学生还是以心理系或教育系毕业的为好，他们在外语水平的提高上，经过专业英语的训练，也是容易跟上去的。

三、西方心理学史教学上的特殊性

针对培养目标和专业要求，导师的教学是特别重要的。为了给学生打好比较雄厚的专业基础，在头一年半的时间内导师必须给学生开五门课：一是西方心理学史（包括当代西方流派的新发展），二是西方哲学史（包括现代及当代的西方流派），三是苏联心理学史，四是西方心理学家原著选读，五是中国心理学史。通过几年来的实践，这几门课的教学必须：

1. 狠抓教材建设

我们研究室在高觉敷教授领导下，非常重视教材的建设与编写。自 1979 年 4 月迄今，他组织了全国的力量主编了四本著作（其中三本是国家教育委员会的高校文科教材）：《西方近代心理学史》、《西方心理学的新发展》、《中国心理学史》以及《中国大百科全书·心理学史》。刘恩久教授也组织了五个师范大学的同志主编了《心理学简史》(该书包括中国心理学史、西方心理学史和苏联心理学史三部分,是为全国教育系编写的教材)。有了这五本教材,再加上一些参考资料,在讲授与指导时,既有了保证又有了准绳,对讲授的思想性、系统性、逻辑性与科学性更有了可靠的依据。

2. 狠抓系统讲授

西方心理学史这门课非常重要。它既能培养研究生毕业后担任教学,又能为他们今后顺利进行科研打好基础。最初是以讲专题代替系统讲授的,以后发现研究生对有些知识掌握得并不坚实,是模棱两可、似是而非的,因此以后改为系统讲授、重点精讲的方法进行(讲课前每章都要求研究生自学、提问题)。我们也反复考虑过这样讲课是否会妨碍他们的独立思考能力、分析能力、解决问题的能力以及钻研能力的培养呢?经过几次对几门课的教学实践,证明这样的方法不仅无害反而有利。这是因为西方心理学从希腊到现在学派林立,众说纷纭,而每一学派都有其较难理解的概念、规律和学说。通过系统讲授、精讲重点、突破难点的方法,对打好学生的专业基础是有效的、必要的。这对他们毕业后独立工作也是一个好办法。

四、加强练习,使课内与课外作业结合

在教学上,除了导师系统而重点的精讲之外,还有另一个重要环节,就是要求研究生多练、多动脑。多练的目的有二:一是巩固所学知识,锻炼融会贯通、学以致用的实际能力;二是提高外语水平,增强阅读外文专著能力。为此,在每门课程中要求研究生写认识体会的小型论文,还在西方心理学家原著选读课中布置翻译一些文章,最后由导师对小型论文进行批改;对翻译的

文章进行审校，指明错误所在，用以逐步提高他们的翻译和阅读水平。

在边学习边翻译方面，我们已毕业的和尚未毕业的硕士生和博士生已经有许多成果了。如：①黎黑：《心理学史》（美国大学心理系教材）；②弗洛姆：《弗洛伊德思想的贡献与局限》；③斯金纳：《沃登第二》；④林德斯和阿隆森主编：《现代西方社会心理学派别》；⑤塞福：《马克思主义与个性理论》等等，有的已经出版，有的即将出版。

我们把这样做，叫做“教场练兵”、“课内与课外作业结合”。研究生们反映，能提高外文翻译能力，提高理论水平，能开阔视野，掌握国外新动向。读书有奔头，促进了大家学习的主动性和积极性。

这样做，导师的负担很重，但是为了社会主义祖国培养人才，使事业后继有人，再辛苦导师也是高兴的。

五、用 Seminar 的方法指导博士生

高老现在指导两名博士生。为了培养他们的独立工作能力，试用 seminar（讨论式）的方式进行教学。从去年秋天到现在已经进行过两次了。所选择的专题是有关西方心理学史上的最关键的两个方法论问题。一次是讨论“现象学对心理学的影响”，一次是讨论“实证论对心理学的影响”。问题较难，研究生须读大量论著才能解答问题，把论文写好。开会时，研究生宣读论文。与会的其他硕士生也可提问题，参加讨论。最后导师总结。这种方法生动活泼，大家可以展开讨论，都有收获。看来是一条良好的教学途径。

六、要求加强马列主义、毛泽东思想经典著作的学习

马列主义、毛泽东思想对我们的专业来说是坚定不移的指导思想，因为在西方心理学史上一直有唯物主义与唯心主义两条路线的斗争。我们唯有学好马列主义、毛泽东思想，才能贯彻辩证唯物主义，反对唯心主义；贯彻唯物史观，反对唯心史观。所以要求研究生从入学之日起就要逐步学习九本马列主义毛泽东思想的著作。学习效果，可以从研究生的历次作业以及毕业论文中反映出来。应该指出，学习马列主义、毛泽东思想并不只是使研究生有评论西方心理学流派的武器，更重要的是使研究生建立辩证唯物主义与历史唯物主义的世界观。

七、教书育人，责无旁贷

培养研究生使他们达到德、智、体全面发展是比较困难的。为了做好这一点，首先要求导师具有较高的社会主义觉悟与责任心。几年的经验告诉我们，如果导师只管教不管导，不管研究生的思想和生活作风，就很难保证研究生学业的上进。所以导师就要克服“怕操心”的心理，只有不怕操心，才能完成教书育人的任务。

为了做好这件大事，要和研究生交朋友，关心他们的生活，掌握他们的思想脉络，尽可能帮助他们解决身边随时发生的问题，使他们心中随时消除不必要的牵挂，专心于学习上。

1982年，当高老看到有的研究生滋长着骄傲自满的情绪时，高老不仅对他加强了教育，而且还特地为我们研究室写了一

份全室师生必须共同遵守的公约。其中一条就是对产生骄傲自满情绪者指出“小才易骄，大智若愚”，要戒骄戒躁，要谦虚、谨慎。结果效果良好，闻者足戒，此公约一直高悬在我们研究室的粉墙上。高老对研究生的言传身教，就是他老人家教书育人的明证。

再如，去年冬天，南京有的学校学生上街游行，高老立即告诫我室研究生，要热爱党、热爱社会主义，不要参加那种错误活动。指出新旧社会的根本不同之点，过去学生历次上街游行表示对帝、官、封的反抗是正确的，而今天，我们的国家是人民的，我们不能自己反对自己；要认识到没有中国共产党，就没有中国革命的胜利，就没有新中国，就没有我们的今天。高老这种坚持四项基本原则的精神，深深地感染了学生，促使学生坚定地走又红又专的道路。

总之，我们研究室成立时间不长，刚刚培养四届研究生，还谈不上什么经验，敬请各级领导和同志们批评指正。

（1987 年 5 月，未发表）

随园十年

日月蹉跎，岁不我与。在随园工作，不觉已十易寒暑。十年，在历史的长河中，实在是很短暂的。然而对个人拥有的时间来说，却不算一个小的数字。人的一生中总共才拥有几个十年呢？回忆1980年10月调来之际，正是全国上下一心，励精图治，百业待兴，要把失掉的时间夺回来的时候。十年来，由于党中央的英明决策，由于校党委的领导有方，我和所有的同志一样，心情舒畅，干劲十足，以致智力上不时地迸发出闪亮的火花，拓通了创造思维之路，写出了我前三十多年想写而未写出来的论著。此时此刻，我充满着感恩之情，永远的感恩。啊，这人杰地灵誉满中外的随园！

我的工作任务不少，但主要的是协助高觉敷教授组织、编写、统稿教育部和国家教委所委托编写的高校文科教材，任务是光荣的，但也是艰巨的。一分辛苦，一分收获，于1981年6月完成了我国第一部《西方近代心理学史》（自17世纪至1950年）；1985年7月完成了我国破天荒的第一部《中国心理学史》；1986年12月完成了《西方近代心理学史》的续编《西方心理学的新发展》（1951—1984）。这三部书的出版在国内外产生了巨大的反响。另外，还组织全国四十余位专家编写了《中国大百科全书·心理学史》分册。还有《高觉敷心理学文选》和高等学校文科教材《西方社会心理学发展史》也相继编成出版了。

说到我自己，十年来主编了四部书并编写了一部讲义。我带着多年来想打破编著西方心理学史的旧框框的思想，终于编写了全国高师教育系用的《心理学简史》，使在有限的教学时间内讲述必要的“中国心理学史、西方心理学史和苏联心理学史”三方面的知识。这种编法可以说是一种大胆的创新。1985 年出版以来一直受到全国广大师生的欢迎，已销售四万余册。以后我又主编了我国第一部《社会心理学简史》(自古希腊至 1985 年)以及《西方心理学的新动向》(1983—1991 年)与《感情心理学的历史发展》等书，提供了大量崭新的科学前沿信息。

还值得一提的就是从青年时代起就有一个愿望：想做哲学与心理学两门学科相结合的工作。由于自 1982 年时起我为西方心理学史专业和有关专业的研究生开“西方现代哲学流派”的课，到现在经过七次讲授和七次修改，真的形成了一部哲学流派与心理学流派相关联、相影响的著作了。这部书我把它定名为《西方现代哲学与心理学》，也可以说是我的创造性的劳动吧。

随园十年，是我一生中值得纪念的十年。写一首小诗，以志纪念：

十年辛苦费思量，写译校改成书忙。
七十只当十有七，奋发犹是好儿郎。

(1992 年 9 月，未发表)

访澳印象

为了更好地建设我校的华夏教育图书馆，经国家教委批准，受华夏基金会的委托，组成赴澳大利亚访问团。南京师范大学副校长张伯荣任团长，团员有国家教育委员会师范教育教材处处长何平、华夏教育图书馆馆长刘恩久、副馆长李议序。访问团于12月初到达墨尔本市，接连在堪培拉市以及悉尼市作了为期半个月的紧张而愉快的考察访问工作。现在我先把个人的一些印象写在下面，用作访澳的纪念。

我随访问团参观了墨尔本高等教育学院（现改为墨尔本大学教育学院）图书馆系和教育资料中心（Education Source Center），墨尔本大学拜留图书馆（Baillieu Library），蒙那丝大学图书馆和培养高级图书馆员的研究院（授予硕士和博士学位），墨尔本皇家理工学院情报服务系（原为图书馆系）和图书馆，维多利亚州立公共图书馆，墨尔本福斯克富中等技术专业学院图书馆，墨尔本科林乌德教育中心（区立小学）图书室，堪培拉高等教育学院图书馆，堪培拉国家图书馆；悉尼新南威尔斯州立图书馆以及历史悠久、名闻于世的历史博物馆等等单位。

通过细致的观察、聆听讲解和认真问询，我对各种类型图书馆获得了一个普遍而鲜明的印象，就是：设备现代化、管理现代化以及服务现代化。这表现在：

(1)从总的来看，以上所述的大型图书馆馆藏都很丰富，均在百万册以上。但从图书馆的管理人员来看是不多的，每一图书馆，一般在15～25人之间。在参观时，几乎看不到几名管理人员。尽管事务多，人员少，但馆内窗明几净，井井有条。读者一走进图书馆就会产生一种求知欲以及心情舒畅的感觉。

(2)每一图书馆至少都拥有几台电子计算机。墨尔本皇家理工学院单辟一个电子计算机室，陈列有二十余台计算机供学生学习之用。每一读者(指教师、学生以及一般读者)均可以根据自己的需要在某一计算机中进行检索。馆藏的图书、资料、科学论文、绘画、雕塑以及音乐、书名、索引均被输入电子计算机内，检索起来十分方便，节省时间。可以说澳大利亚的各图书馆都已经计算机化了，这也是节省图书馆管理人员的一个原因。

(3)大中小学的图书馆和图书室普遍设有视听资料(audiovisual materials)室。均藏有16厘米的电影胶卷、录像带、录音带(包括各种题目的教学与科学报告的录音带)、缩微胶卷、缩微卡片以及珍本图书与论文的摄录。缩微形式的摄影拷贝也制作于这个资料室中。在教学上，利用视听资料是完全符合人记忆的心理规律的。

(4)大中小学的图书馆和图书室均设有各类学科和工具书的阅览室。阅览室内设有桌椅和舒适的小型沙发，并设有一排排的开架图书，读者可以根据自己的需要，任意提取自己所要阅读的书籍。这种作法对于读者或研究者来说是极为方便的。一个人坐在阅览室内，好像所陈列的图书都是自己的一样。

(5)各类图书馆之间有馆际互借的关系，并构成一个网络。如果读者在某一图书馆借不到自己所需要的图书时，可以通过办理馆际互借手续，借到自己所要阅读的图书。“为读者服务”是澳大利亚各类图书馆管理人员的共同信念。这种馆际互借的办法，对于博士研究生的特殊研究项目来说，更给予优先的照顾和方便。

(6)在各大学的中心图书馆(Main Library)的入口处,均设有问询处(Information Desks),协助读者查找书目或回答问题。在问事处有各种语言辞典、大英百科全书、世界知识辞典、世界艺术百科全书、国际政治科学文摘、国际传记辞典、书评目录等指导性的工具书,尽可能为读者提供方便,满足读者的需要。

以上是我参观考察中所看到的几种能代表当代图书馆特色的事物,也是我认为值得向人家学习的几个主要方面。我非常感谢维多利亚州教育部、各院校、各图书馆领导和新结交的不少澳大利亚朋友的热情接待与招待,使我能在最短的时间内看到与学到很多宝贵的知识经验。我满怀信心地要把通过这次访问而得到的成果有效地应用到我们华夏教育图书馆的建设与为全国读者的服务中去。最后还要向华夏基金会的领导和同志们敬致谢忱。

(《华夏教育图书馆通讯》,1988 年 12 月)

访墨尔本威廉镇初级小学

初夏的墨尔本市显得格外美丽，天气晴朗，微风阵阵，太阳照在身上感到极为舒畅。那是(88年)12月8日的上午，我随着我们的访问团团长南京师范大学副校长张伯荣同志，国家教委师范教育教材处处长何平同志，华夏教育图书馆副馆长李议序同志以及陪伴我们的墨尔本大学教育学院图书馆系系主任李斯(Less)女士一道到离墨尔本市较远，坐落在海湾旁边的一个有名的学校——威廉镇小学参观访问。

我们一进校门就受到了学校师生的热烈欢迎。校长庆斯敦(Kingston)先生和图书室负责人戴(Davey)女士先后介绍了学校的悠久历史和图书室藏书以及学生使用图书的情况。这个小学已有六十余年的历史，它之所以有名气是因为它培养了许多今天活跃在澳大利亚全国各个领域的政治家、社会活动家、教育家和学者，教师也都是有丰富教学经验的人。图书室不算太大，藏书数千册，有哲学、文学、教育学、心理学、教材、历史、地理、自然、音乐、美术、体育、小说以及童话等方面的著作。图书是开架的，师生可以任意选取自己要读的书。除了书架书柜之外，图书室还有一大半的地方归师生阅读图书之用。

我们走进这个图书室时，看到一个班的学生(年龄大约在八九岁)二十余人，都低着头拿着笔站在那里忙着“编书”。每个学生都拿着厚厚的一本16开的大型画册，有的在画画，有的在画完画的旁边写文章。学生们把这种学习活动叫做“编书”。我认真地看了几个学生“编的书”。的确文图并茂，大部分学生已经把一大本画册用完了。学校即将放假迎接圣诞节和新年。他们的老师说这样的活动是一种教学方法，目的是叫学生利用一个学期所学到的知识，再利用图书室的书籍作为参考，通过“编书”活动汇报他（她）们的成绩。他们的校长告诉我，澳大利亚的教育方针是“理论与实践的结合”。这个方针具体到小学来说，是培养学生掌握学习知识技能的最好途径。

我们参观到中午时，校长非常热情地请我们吃早已为我们准备好了的丰富的自助午餐。在餐厅里，聚集着三、四十人，年龄差不多都在三十岁左右，有男有女，忙着用餐。校长告诉我们说，今天是全校的“家长会”，每年到这一天全校学生家长的代表都到学校来给学校各个方面，如学校管理、医疗、营养、教学、教法等等方面提意见，以便把学校办得更好。

进餐时，校长和我谈起两件事。一件事是他每天工作很忙，每天忙到把最后一个学生送出学校才能休息。他说他曾获得维多利亚州教育部的表扬。另一件事是校长了解到我是研究西方心理学的，他说澳大利亚全国的中小学教师，都很重视皮亚杰心理学——发生认识论的学习和运用。并问我们国家的教师对皮亚杰的态度如何。我说我们也正在研究他。这时还有一位三十多岁的女家长（她是一位中学教师）来和我谈话，谈起她将要和她的丈夫到我国来访问。她说她对有古老文化的国家很感兴趣，喜欢中国。我热情地约请她和她的丈夫到我们学校来作客。

由于我们午后还要到另一个初级小学去访问，便匆匆向校长和老师以及学生家长们告辞。

通过这次访问，看到学校中丰富多彩的教育活动，说明澳大利亚政府是多么重视小学教育。而校长、老师们那样的热爱本职工作，并以从事教育事业为荣，这种精神，我们应该向他们学习。

（《华夏中学教育信息报》，1989 年 1 月 15 日）

附录：刘恩久学术活动年表

发表年月	著作名称/事件	出版单位/发表刊物	备　注
1947.5	译著《看哪，这个人！》（[德]尼采）	沈阳文化书店	
1947.12	专著《尼采哲学之主干思想》	沈阳永康书局	
1948	译著《康德与马克思》（[德]卡尔）		未刊
1950.12	为上海翻译工作者协会会员		
1952	论文《天津教师学院办速成专科班的几点经验》	《人民教育》1952年第4期	主要执笔人
1954.6	论文《心理学大班口试的几点经验》	天津师范学院《教学与科学研究》	
1957.6	专著《约瑟夫·狄慈根——19世纪法国工人哲学家》		未刊
1959.12	论文《作为心理学研究对象的意识的实质》	吉林师范学院《科学研究论文集》	
1963.4	《心理学讲授提纲》		未刊
1965.10	《外语教学心理概述》		未刊
1966.1	《英语词汇教学与课文讲读教学》		未刊

续表

发表年月	著作名称/事件	出版单位/发表刊物	备注
1967.10	专著《毛主席语录(英文版)——语法、语言知识注释》		未刊
文革期间	译著《英语语调实践手册》([英]W.R.李)		与石洪林合译,未刊
1978.1	译著《一个社会主义者在认识论领域中的漫游》([德]狄慈根)		未刊
1978.2	参加在哈尔滨举行的“东北三省心理学基本理论第一次学术讨论会”,并当选为东北三省心理学理论研究协作领导小组成员		
1978.2	论文《关于自学外语的几个问题》	《四平师范学院学报》1978 年第 1 期	与刘文翰合写
1979.1	论文《评冯特〈民族心理学〉中论国家、社会的问题》	《四平师范学院学报》1979 年第 1 期	
1979.4	参加在南京举行的《西方心理学史》大纲编写会议		
1979.8.25	专著《冯特的成果——纪念世界上第一个心理实验室创建 100 周年》		未刊
1979.8	论文《冯特的民族心理学思想》		未刊
1979.11	论文《狄慈根的心理学观点》	《四平师范学院学报》1979 年第 4 期	

续表

发表年月	著作名称/事件	出版单位/发表刊物	备注
1979.11	论文《研究心理的矛盾问题具有理论、现实、生活的多重意义——写给中国心理学会第三届天津年会》		与刘文翰合著、未刊
1979.11.25—12.1	参加在天津召开的“中国心理学会第三届学术年会”。在心理学基本理论会议上介绍了西德心理学概况。当选为中国心理学会基本理论专业委员会委员		
1980.1	论文《闪烁着马克思主义光辉的亨利·瓦龙的心理学思想》		未刊
1980.3	论文《法国马克思主义者波利采尔与塞维论心理学的研究对象》		未刊
1980.6	参加在长沙召开的《西方近代心理学史》编写会议,讨论绪论和各章的初稿		
1980.6	参加在北京召开的纪念冯特创建世界第一个心理实验室100周年大会		
1980.8	论文《消灭意识,还是保卫意识——为中国心理学会重庆理论年会而作》		未刊

续表

发表年月	著作名称/事件	出版单位/发表刊物	备　注
1980.8	译文《一种心理生理学的观点》([德]马赫)		未刊
1980.8	译文《心理学的概念和任务》([德]屈尔佩)		未刊
1980.8	译文《维果茨基对辩证唯物主义心理学的贡献》([美]毕克莱)		未刊
1980.8	译文《论心理科学的概念和任务》([德]布伦塔诺)		未刊
1980.11—1981.1	参加在南京召开的《西方近代心理学史》编写会议,讨论绪论和各章的修改稿		
1981.2—1981.6	协助高觉敷完成《西方近代心理学史》全书定稿工作		
1981.4.12	制订南师大教育系心理学史研究室筹建计划		
1981.5	拟订教育部委托南师大教育系主办《西方心理学史与现代流派》师资培训班教学计划		
1981.7.19	论文《恩斯特·马赫述评》		未刊
1981	论文《奥斯瓦尔德·屈尔佩述评》		未刊
1981.9	论文《康德在意识论领域中的涉猎》	《心理学探新》1981年第2期	

续表

发表年月	著作名称/事件	出版单位/发表刊物	备　注
1980.11	参加1980年在重庆召开的中国心理学会基本理论学术会议，当选为中国心理学会基本理论专业委员会与文献编译出版委员会委员		
1981.10	参译《国外心理学的发展与现状》(第三、五章)([苏]雅罗舍夫斯基)	人民教育出版社	
1981.10.21	论文《当代德国心理学的来源、消亡和发展》		未刊
1981.11	参加在北京举行的中国心理学会第三次代表会议暨纪念建会60周年学术会议		
1981.12.25	拟订南师大心理学史研究室1982年度工作计划		
1981.12	编写1982—1984年度心理学史硕士学位研究生培养计划		
1982.2	参译《现代心理学史》([美]舒尔茨)	人民教育出版社	

续表

发表年月	著作名称/事件	出版单位/发表刊物	备　注
1982.3	参编《西方近代心理学史》(高觉敷主编)，写第五章、第六章，并协助主编作全书定稿	人民教育出版社	国家教委文科教材。此书于1985年获江苏省哲学社会科学一等奖，又于1989年秋获国家教委优秀教材奖
1982.4.1	制订中国大百科全书《心理学卷》心理学史分支条目编写工作计划		
1982.5.4—5.7	参加中国大百科全书《心理学卷》心理学史分支条目编写工作正、副主编扩大会议		
1982	论文《胡塞尔构造现象学中的意识结构论》	《江苏心理学通讯》	
1982	论文《德国心理学现状》	《心理科学通讯》1982年第4期	
1982.7.15	组织教育部委托南师大教育系主办的《西方近代心理学史与现代流派》连云港暑期讲习班，任班主任；主讲：第五讲实验心理学的创立，第六讲意动心理学		学员一百余人，为来自全国各综合大学与高等师范院校的讲师和副教授

续表

发表年月	著作名称/事件	出版单位/发表刊物	备　注
1982.9.18	拟订南师大心理学史研究室1983年度工作计划		
1982.12.23—28	参加在烟台召开的《中国心理学史》编写会议，讨论制定“编写大纲”		
1983.1	审校译文[美]威.D.柯玻兰《教室行为与教室环境的要求》(刘行端译)		
1983.3	论文《〈实验心理学史〉(波林著/高觉敷译)评介》	《南京师院学报》1983年第1期	
1983.5.16—30	参加在南京召开的第二次《中国心理学史》编写会议，草拟编写大纲，起草会议纪要，上报教育部高教司，抄送中国科学院心理所及有关高校		
1983.6.21—23	组织并参加《心理学简史》统稿会议		
1983	论文《瓦龙唯物主义的行动心理学》	《外国心理学》1983年第1期	
1983.6	论文《从科学心理学的观点看慧远的“神不灭论”》		未刊
1983.6.16—6.19	组织并参加在南师大召开的《西方心理学的新发展》(高觉敷主编、刘恩久副主编)编写计划讨论会		

续表

发表年月	著作名称/事件	出版单位/发表刊物	备　注
1983.7.22	代高觉敷向江苏省心理学会申请，邀请美国心理学会心理学史专家雷亥大学教授约瑟夫·布劳泽克参加1984年8月召开的第五次中国心理学学术会议		
1983.7	论文《从波利采夫到塞夫——关于人格理论的论述》	《江苏心理学会第三届学术年会论文选》	
1983.8.4—10	参加在江西庐山召开的《中国心理学史》大纲讨论会，起草会议纪要，上报教育部高教司、抄送中科院心理所及有关高校		
1983.9	为中国心理学会全国会员		
1983.10.6	拟订南师大心理学史研究室1983—1984年度工作计划		
1983.10.19	起草《西方古典心理学家代表作》选题规划，并由高觉敷审定		
1983.10.30	编写《现代西方心理学的新发展》一书提纲		

续表

发表年月	著作名称/事件	出版单位/发表刊物	备注
1983.12.20—27	参加在广州召开的“中国心理学会文献编译工作委员会扩大会议”		
1983.12.22—1984.1.22	参加在南师大召开的《中国大百科全书·心理学卷心理学史》终审工作会议		
1983.12.26	为扬州师院学报审稿		
1983.12.20—27	参加在广州召开的中国心理学会文献编译委员会会议		
1984	论文《库恩的范式论及其在心理学革命上的有效性》	《心理学报》1984年第4期	
1984.5.21—5.26	参加在上海师范大学举办的《西方心理学的新发展》编写大纲讨论会，编写大纲，并写成会议纪要		
1984.6	审校《西方心理学家文选》	人民教育出版社	国家教委高校文科教学参考书，与张述祖等人合作
1984.7.2	草拟在曲阜师院召开的《中国心理学史》初稿讨论会的计划		

续表

发表年月	著作名称/事件	出版单位/发表刊物	备　注
1984.8.4—8.10	参加在江西庐山举行的《中国心理学史》大纲讨论会		
1984.9	论文《狄尔泰的社会科学心理学思想》	《江苏心理学论文选》(1984年)	
1984.9	编写南师大心理学专业西方心理学史攻读硕士学位研究生培养方案		
1984.11.6—12	在曲阜师院参加第四次《中国心理学史》(高觉敷主编、刘恩久参编)初稿编写会议，讨论教材初稿，并确定各编统稿的分工		
1984	译文《皮亚杰评论——纪念皮亚杰会议记录汇编》([美]J. M. Broughton)		未刊
1984	译著《感觉的分析》([德]马赫)，共译7章		未刊
1984.12	《情报心理学探索》(刘士诚著)序言	湖南省科技情报研究所情报室	
1985.1	《中国大百科全书·心理学卷心理学史》(高觉敷主编，刘恩久副主编)	中国大百科全书出版社	本书于1982年定稿时，高老病重住院，由刘恩久定稿全书(另一副主编陈泽川因病未能参加)

续表

发表年月	著作名称/事件	出版单位/发表刊物	备　注
1985.1	组织编写《心理学简史》,并撰写绪论、第8、9、10、11章	甘肃人民出版社	本书为国家教委文科教材、全国六院校统编教材,于1985年获中共甘肃省委和省人民政府优秀图书奖,又于1988年获南京师大科研成果荣誉奖。该书1986、1989年两次再版
1985.2.7	编写南师大教育系心理学史研究室博/硕士研究生教学计划		
1985.3	聘为云南人民出版社和南开大学《社会心理学》丛书编委会编委		
1985.3	为江苏省高校自然辩证法教学研究会会员作学术报告		
1985.5	参加在上海召开的《西方心理学的新发展》(高觉敷主编,李伯黍、刘恩久副主编)初稿讨论会		
1985.7.1	撰写《心理学简史》修订版说明,增写3章	甘肃人民出版社	

续表

发表年月	著作名称/事件	出版单位/发表刊物	备　注
1985.7.1—20	参加在南京召开的第五次《中国心理学史》定稿会议		
1985.7.20	聘为南开大学兼任教授		
1985	列名《国际心理学家名录》	荷兰英文版	
1985.9—1985.11	为南京工学院哲学系、科学系、建筑系研究生主讲“西方心理学史”		
1985.9—1986.1	为南京师大教育系研究生讲“现代西方哲学”课程		
1985.9.18	参加在南京召开的《西方心理学的新发展》初稿讨论会		
1985.10.13	参加江苏省高校、自然辩证法教学研究会举办的“科学畅谈会”		
1985.10.28	编写南师大教育系心理学史研究室1985—1986年度工作计划		
1985.10.30	编写南师大心理研究所筹建计划		
1985.11	论文《作为西德心理学家方法论的拉卡托斯的“科学研究纲领”》		未刊
1985	论文《斯特恩的人格主义心理学》	《江苏心理学论文选》(1985年)	

续表

发表年月	著作名称/事件	出版单位/发表刊物	备注
1985	论文《西方社会心理学的形成和发展》	《社会学与现代化》1985年第1期	
1985	论文《狄尔泰的社会科学心理学思想》	江苏省社科院《哲学史与科学史》论文集	
1985.12	为《中国心理学史》(高觉敷主编)编写解放后的中国心理学,还为第四编统稿,并协助主编为全书定稿	人民教育出版社	本书于1988年获南师大科技进步优秀成果奖特等奖,于1991年秋获北京"光明杯"二等奖
1981—1985	和高觉敷教授到湖南师院、华东师大、山东师大、南开大学、南京大学、曲阜师院、江苏教院等院校讲授"心理学史与现代流派"		
1986—1989	担任江苏省心理学会第四届理事会常务理事,《心理科学通讯》与《心理学文选》主编		于1989年获江苏省心理学会荣誉证书
1986.2	译著《现代社会心理学的历史背景》([美]奥尔波特)		未刊
1986.3.10	制订心理学史研究室1985—1986年下学期工作计划		

续表

发表年月	著作名称/事件	出版单位/发表刊物	备注
1986.3.15	《热烈祝贺〈南师大研究生〉创刊》	《南师大研究生》发刊词	
1986.3—7	为庆祝高觉敷教授从事教育工作65周年与90寿辰，选编《高觉敷心理学论文选》	江苏教育出版社	
1986	为教育部主办的“中国心理学史”讲习班授课		
1986.4.5	参加在南师大召开的《西方心理学的新发展》修改稿讨论会		
1986.4.27	当选为江苏省心理学会第四届理事		
1986.5.8	校孔令智所译《社会心理学的大师们》(J.A.舍伦伯格)并作序	辽宁人民出版社	
1986	论文《从心理学研究方法上的四次突破看心理学的发展前景》	《江苏心理学论文选》(1986年)	
1986.6	担任南京师范大学新一届图书馆委员会委员		
1986.7	担任《心理学人物辞典》第一编审，编写书中外国心理学家条目，共13万字	天津人民出版社	中国大百科全书出版社科研项目
1986	编审《弗洛伊德学说译述》上、下册		江苏省心理学会主办“弗洛伊德学说”讲习班教材，未刊

续表

发表年月	著作名称/事件	出版单位/发表刊物	备　注
1986 夏	在南京举办“弗洛伊德学说讲习班”		江苏省心理学会主办
1986	文章《心理学史一代宗师——高觉敷》	《文教资料》1986 年第 6 期	
1986.10	担任南京大学“当代世界学术名著”青年研讨协会顾问		
1986.10—12	协助高觉敷定稿《西方心理学的新发展》	人民教育出版社	
1986	审阅《心理学辞典》(宋书文主编)并作跋	广西人民出版社	
1986	为南师大中层以上干部举办“弗洛伊德学说讲习班”		
1986.12	审校《弗洛伊德思想的贡献与局限》([美]E. Fromm/申荷永译)	湖南人民出版社	
1986.12.1	编印心理学史研究室的《研究生论文集》		
1987.5.5	参加南京工学院“文化、哲学、科学、技术综合发展讨论会”开幕式		
1987	为国际跨文化心理学会(IACCP)会员		
1987.3	论文《〈高觉敷心理学文选〉评介》	《南京师大学报》1987 年第 1 期	

续表

发表年月	著作名称/事件	出版单位/发表刊物	备　注
1987.5.13—14	文章《努力培养合格的西方心理学史研究生》		在南师大研究生工作会议上的发言，未刊
1987.6.10	编写《欧美人格理论》一书提纲		
1987.6	译文《儿童的道德判断(皮亚杰著)一书梗概》([日]大伴茂)		未刊
1987.7	参加北京祝贺潘菽90寿辰活动		
1987.10	论文《作为美国学习心理学方法论的劳丹的“研究传统”》		未刊
1987.11	论文《黑格尔的〈精神现象学〉对近现代心理学发展的意义》	《教育科学探讨》(1990年)	江苏省《精神现象学》与马克思主义哲学学术会议报告会论文，未刊
1987.12	编写《西方心理学的新发展》(高觉敷主编，刘恩久副主编)中的“瓦龙的唯物主义心理学”一章，并协助主编定稿	人民教育出版社	

续表

发表年月	著作名称/事件	出版单位/发表刊物	备注
1987.12	参加黑格尔《精神现象学》出版180周年纪念会，江苏省社科院、省委党校等七个单位发起的“《精神现象学》与马克思哲学”学术报告会，作“黑格尔《精神现象学》中心理学问题”的报告		
1988	审校《二十世纪伦理学》（[美]宾克莱著，孙彤等译），并作序言	河北人民出版社	
1988.2	审校《幼儿造形指导》（[日]长坂光彦著，余乐孝译）	江苏教育出版社	
1988.3	论文《胡塞尔的现象学方法在西方心理学领域中的渗透》		未刊
1988.4	审校《性别角色与学校》（[英]Sara Delamont著，沈光明等译）	四川人民出版社	
1988.4.28	以《西方心理学的新发展》编写组名义，拟订南师大与惠州教院联合举办西方心理学的新发展讲习班计划，并报国家教委师范教育司		
1988.5—1991.5	任南师大华夏教育图书馆馆长；并任《华夏教育图书馆通讯》与《华夏中学教育信息报》主编（至1991年9月）		

续表

发表年月	著作名称/事件	出版单位/发表刊物	备　注
1988.6.10	撰写《关于扩建‘心理学史研究中心’的报告》		
1988.6.16	撰写《社会与人格发展》([美]威廉·达孟著，陆坤林译)前言		
1988.7	文章《忆我国理论心理学大师——潘菽教授》		未刊
1988.7.10—20	在广东省惠州教育学院举办“西方心理学的新发展”讲习班上任讲习班班主任，并讲授第四章《瓦龙的唯物主义心理学》(高觉敷、李伯黍为讲习班主持人)		
1988.8	主编《社会心理学简史》	江苏教育出版社	为我国第一部社会心理学史，于1990年获江苏省人民政府哲学社会科学优秀成果三等奖
1988.11.10	论文《结构主义心理学家布鲁纳的“发现法”述评》	《华夏中学教育信息报》1988年第2期摘要刊登	
1988	论文《拉康——“巴黎弗洛伊德学派”的创始者与解散者》	《江苏心理学论文选》(1988年)	

续表

发表年月	著作名称/事件	出版单位/发表刊物	备　注
1988.11.10	审校《一种早期的社会归因现象学:社会心理学中的G.移希海舍》([加拿大]F. Rudmin著,顾红亚译)		
1988.12.16	审阅鄢文远"瞬间信息"系列论文,支持并指导鄢文远撰写专著《瞬间信息效用》,该书于1994年出版	南京市科委	
1988.12	赴澳大利亚访问墨尔本大学、蒙纳丝大学、墨尔本皇家理工学院、悉尼大学等学校		
1988.12.30	《华夏教育图书馆通讯》发刊词	《华夏教育图书馆通讯》1988年创刊号	
1988.12.30	文章《访澳印象》	《华夏教育图书馆通讯》1988年创刊号	
1988.12.30	论文《评G.米德的社会行为主义心理学思想》	《华夏教育图书馆通讯》1988年创刊号	
1988	论文 Pre-scientific Psychological Thought As Cultural and Historical Reference For Indigenous Scientific Psychology: The Experience of the West and of China	《国际跨文化心理学会会报》1998年,Vol. 22. No. 1-2美国一加拿大(英文版)	

续表

发表年月	著作名称/事件	出版单位/发表刊物	备 注
1989.1	论文《表象形成中模仿的作用》	《华夏教育图书馆通讯》1989 年第 1 期	
1989.1	文章《访墨尔本威廉镇初级小学》	《华夏中学教育信息报》	
1989.1.25	申报国家自然科学基金项目:人—机系统认知心理学		与张惕合作
1989.4	为江苏省青年管理干部学院名誉教授兼青年心理研究中心主任		
1989.5.10—18	在"当代精神分析理论与青年工作"全国研修班担任主讲,共开设 16 讲		江苏省青年管理干部学院主办
1989	论文《有益的探索 可喜的成果——评朱钧侃、宋月丽合著的〈现代人事管理心理学〉》	《社会学探索》1989 年第 5 期	
1989	撰写《大学生心理咨询》(陶秀英等主编)序言,并审阅"心理卫生部分"	河海大学出版社	
1989	审阅《管理心理学辞典》(宋书文主编),并作跋	甘肃人民出版社	
1989	参加张惕主持的江苏省自然科学委员会"心理工程学"科研项目,拟出版《心理工程学》		

续表

发表年月	著作名称/事件	出版单位/发表刊物	备　注
1989	审校《弗洛伊德主义原著选辑》(2卷)(车文博主编)7篇文章	辽宁人民出版社	高校文科教参书
1989.7	担任南京师范教育研究会顾问		
1989.8.15	论文《奥苏伯尔及其认知派的教学观》	《华夏中学教育信息报》1989年第4期	
1989.9.1	编写"1989.9—1990.7心理学史研究室工作计划"		
1989.9.10	《用马克思主义培育下一代——热烈祝贺1989年教师节》	《华夏中学教育信息报》1989年第6期	
1989.10	文章《谈谈我是怎样培养研究生的》	南师大科研处编辑《教书育人》专辑	
1989.10	论文《杜威的人本主义社会心理学》		未刊
1989年冬	获江苏省教委"教书育人优秀研究生教师"称号,同年12月南师大授予"教书育人优秀研究生导师"称号		
1990年之前	译著《现代社会心理学的历史背景》([美]G. W. Allport著)	未刊	

续表

发表年月	著作名称/事件	出版单位/发表刊物	备注
1990.1.10	论文《亲切的关怀　巨大的鼓舞——华夏教育图书馆1990年工作的初步设想》	《华夏中学教育信息报》1989年第8期	
1990.2	论文《可贵的成果　最新的贡献——评王丕主编的〈学校教育心理学〉》	《心理学探新》1990年第2期	
1990.2	审校《儿童美术心理与教育》([美]W.L.布雷顿著,哈咏梅等译)	江苏美术出版社	
1990.2	论文《斯金纳的黑暗时代及其〈沃登第二〉》	《华夏中学教育信息报》	
1990.2	论文《卡西勒的文化哲学思想及其在勒温心理学中的应用》		未刊
1990.2	论文《瓦辛格的〈仿佛的哲学〉中的心理学思想》		未刊
1990.3	列名《当代中国社会科学学者大辞典》	浙江大学出版社	
1990.4	译著《情感和意志的理论》([德]Otto Klemm)		未刊
1990.4.14	聘为天津编译中心理事		

续表

发表年月	著作名称/事件	出版单位/发表刊物	备注
1990.7.25	论文《F.W.尼采的价值哲学》		在祝贺东南大学哲学系与科学系建系五周年学术讨论会上的发言，未刊
1990.8	主译《心理学史——心理学思想的主要趋势》（[美]Leahey 著），写前言及译其中5章	上海译文出版社	
1990	论文《跨文化心理学研究的几个理论问题》	《心理学探新》1990年第3、4期	与王太平合写于1991年，获南师大科技进步二等奖
1990.9	论文《奥尔波特的人格成长论》		未刊
1990.10	论文《F.H.奥尔波特的个体行为构成论》		未刊
1990	论文《黑格尔的〈精神现象学〉对现代心理学发展的意义》	《教育科学探新》论文集	
1990.11.2	在江苏省人才学会作“当代西方离心力的发展趋势”报告		
1990.11	论文《学习动机理论》		未刊
1990.11.7	论文《心理工程学的诞生》		与张惕合写，未刊

续表

发表年月	著作名称/事件	出版单位/发表刊物	备　注
1990.11.1	聘为江苏省人才学会"综合程序教学法"研讨班主讲教师		
1991	审阅《中小学生学习方法指导丛书："学习成功之路"》(仪征市教育局主编，沈子牛等编著)，并作序言	南京出版社	
1991	审订《社会心理学》(沈祖樾主编)	南京大学出版社	全国计划生育委员会教材
1991.5.1	论文《心理学的发展对学校教育的影响》	《华夏中学教育信息报》1991 年第 16 期	
1991.6	任华夏教育图书馆名誉馆长		
1991.7.1	论文《喜看十年来我国心理科学的发展》	《华夏中学教育信息报》1991 年第 17 期	
1991.7.13	在南师大教育系举办的"教育科研及其方法"研讨班上讲授"当前认知心理学发展的前沿：瑞士日内瓦的新皮亚杰学派与国际信息加工论的新皮亚杰学派"		
1991.8	聘为江阴市申港中心小学《探究教育教学内化，努力实施素质教育》实验课题顾问		

续表

发表年月	著作名称/事件	出版单位/发表刊物	备　注
1991.8.25—30	审订《高校后勤职工教育读本》第一讲“马克思主义的基本原理”(刘晏平编)	中国矿业大学出版社	
1991.9.1	论文《当前西方心理学的发展趋势:整合》		南师大校庆论文,未刊
1991.9	支持并指导编写《家庭教育指导》(陈立春主编)	中国国际广播出版社	
1991.10	主编《西方社会心理学发展史》(高觉敷主编,刘恩久副主编)	人民教育出版社	
1991.10.25	聘为东南大学心理咨询中心顾问		
1991.11	在南师大主持召开心理测量国际学术会议,并作大会致辞		
1991.12	主编《心理测量国际学术讨论会论文集》,并作序言,论文《克服今日西方心理学危机的三条途径》收入该书	南师大教育系	
1992.1	聘为仪征市教育局中小学教法学法研究课题组首席顾问		
1992.2	列名《中华当代文化名人大辞典》	国家教育委员会等编,中国广播电视出版社	

续表

发表年月	著作名称/事件	出版单位/发表刊物	备 注
1992.3	聘为南京人口管理干部学院心理咨询中心顾问		
1992	论文《跨文化心理学的新动向》	《心理学探新》1992年第1期	
1992年春	为《中国大百科全书·心理学卷》撰写13个条目	中国大百科全书出版社	
1992.4	论文 The Birth of Psychological Engineering	《国际跨文化心理学会会报》1992/4/26,美国一加拿大(英文版)	
1992.4	主编《感情心理学的历史发展》,完成总论、达尔文论情绪和表情动作等21章		江苏省教委"七五"科研项目,未刊
1992.6	论文《1990年代西方心理学的发展趋势与挑战》		未刊
1992	论文《社会归因现象学家:G.移希海舍在当代心理学中的地位和作用》		未刊
1992.6	译文《人的现代化》([美]A. Ingels)		未刊

续表

发表年月	著作名称/事件	出版单位/发表刊物	备 注
1992.6	主编《西方心理学的新动向》,并撰写其中的引言、第7章:学习动机理论的新发展、第9章:美国关于弗洛伊德学科科学范畴、第13章:德国心理学上两条道路的斗争前瞻和附录		未刊
1992.7	审阅《大学生适应心理指导》(郭亨杰主编,傅宏等编)	高等教育出版社	
1992.9	论文《西方社会心理学的方法论探索》		南师大校庆90周年论文,未刊
1992	文章《张学良将军和我》	《江海侨声》1992年第3期	
1992.9	文章《随园十年——为校庆90周年而作》		未刊
1992.10	审阅《革新创造思维技法》(殷炳江等编著)	吉林科学技术出版社	
1992	审阅《动机心理学》(孙煜明编),并作序言	南京大学出版社	与高觉敷合写序
1992	主编《九十年代西方社会心理学的主流》,未完成,有若干成果		江苏省哲学社会科学"八五"科研项目

续表

发表年月	著作名称/事件	出版单位/发表刊物	备注
1992	为国际应用心理学会(IAAP)特聘委员、国际人类关系学会(IAHR-LT)终身名誉会员		具体年月待考
1992.9.15	译文《尼采是第一个伟大的、深奥的心理学家》([美]Walter Kaufmann著)		未刊
1992.10	为南师大民主党派人士作西方心理学专题学术报告		
1992.10	获国务院特殊津贴和“高等教育事业”突出贡献证书		
1993	审校《智力的阶梯》([美]R. Case著/屠美茹等译)	北京教育出版社	
1993	审校国际会议论文集：《面向21世纪幼儿教育》(赵寄石、周兢等译)	国家教委港澳办公室出版	
1993.12	获国家新闻出版署“中国大百科全书重要贡献奖”荣誉证书		
1993	指导、参编《大学生的心理调节》(杨琴珠等编著)并作序	安徽教育出版社	

续表

发表年月	著作名称/事件	出版单位/发表刊物	备注
1995.7	撰写《当代社会科学大辞典》中“心理学”条目释文	南京大学出版社	
2002.6	专著《西方现代哲学与心理学》	南京师范大学出版社	郭本禹整理
2009.8	《刘恩久文选》	南京师范大学出版社	郭本禹、刘晏平整理

注:本年表所收集的著作和文章均按发表的年代为序,未发表的则以写作时间为序。

(刘晏平、马嘉)

编　后

从小就佩服外公，佩服的同时还有些疑惑：外公如何能够通晓古今，学贯中西，虽饱经动荡，却熟练掌握六门语言，纵横哲学和心理学两大专业，著作等身，论文遍地开花。

从小就喜欢凑在外公身边，陪他一起看尼采、康德、冯特，虽然对我来说如同天书，可我还是想知道这些天书究竟有什么魔力，能让外公如痴如醉一生倾心。

原本以为再也不会听到外公的答案。

一年前，当我开始整理外公的书稿时，我突然意识到，在外公去世多年后，我终于有了一个与外公直接对话的机会。

外公一生极有条理，教学诸事皆有记录，发表的论文、出版的著作以及当时正在进行的研究都分类摆放。

外公去世前，家用电脑尚未普及，所有研究成果都由笔耕而成。外公治学严谨，论著出版前经反复修改，每改一次必重新抄写一遍，一遍就是几十万字。外公曾说，誊写的过程就是再思考的过程，做学问不能怕麻烦。外公的手稿字字工整，每书装订为一至二册，每册都有封面封底，尘封十多年依然如新。

外公的这一习惯为我带来了极大的便利，根据他生前制作的作品目录，按人物或流派即轻松整理出外公的作品。

从外公的记录得知，外公在去世前仍在编著翻译多部作品，同时已开始着手整理自己的文选。

早在 1991 年，外公选出他的 23 篇论文和 10 篇译文，计划出版《哲学和心理学——刘恩久心理学文选》。一年后，外公将书名改为《哲学与心理学的结合》，共收录文章35篇，代序文章为《从心理学方法学上的四次突破看心理学的发展前景》。

因此，我以这35篇文章为核心，适当扩大选择范围，加入最能代表外公学术水平的一些早期著作、部分已经定稿但尚未来得及出版的书稿以及外公的若干文章，以求尽可能全面地反映外公的治学成果。

值得一提的是，在论著之外，外公还为他所负责评审的每篇研究生论文写了详细意见。每篇评审意见皆是经详查资料后仔细论述，加入独到见解，篇篇可看作是独立的专业论文，但限于篇幅，这些评审意见未能收录在这部文选中。

整理书稿虽非难事，但具体编辑实属不易。在文字内容方面，我秉承以下几点原则：

其一，外公的著作跨越半个世纪，早期作品多用文言，除个别地方有所改动，基本保持原貌。

其二，外公毕一生之力研究西方哲学史和西方心理学史，各种理论经历不同时期的发展、研究，前后文稿中的说法解释可能出现不同之处。另外，文中颇多艰深之处，非我所能洞悉，尤以译著为甚，本着尊重原稿，语言上如不影响理解则尽量不做改动。

其三，书中人名、地名和专业术语则稍作统一。

我虽毕业于外国语大学，从事编辑工作十年，在文字整理方面略有便利，但站在哲学和心理学两大学科门前，我如同一个刚入学的小学生，懵懂无知。

幸好有外公。

这一年里，仿佛是外公牵着我的手，走入人类精神财富的宝库，那些打小就熟悉的西方圣哲的名字变得具体起来，尽管不可能全然理解，但感悟良多并时有惊喜。

而更大的收获则是，那个曾经喜欢时时围绕在外公身边的小姑娘，在这些蕴涵了巨大力量的文字中，渐渐读懂了外公，读懂了老一辈学者的认真与坚持。

今年八月就将迎来外公的九十诞辰，在此时出版《刘恩久文选》，是对外公最好的纪念。

在编辑的过程中，得到了心理学专家郭本禹先生的支持和帮助，衷心感谢；本书责任编辑王欲祥先生也付出了艰辛的劳动，深表谢意。

惟愿此书能符合外公的要求，若有疏漏之处，必是我无知妄改所致，望外公和诸读者宽宥。

马嘉　2009 年 8 月于南京